Lehrbücher und Grundrisse
der
Rechtswissenschaft

Unter Mitarbeit von

Prof. Dr. Ernst Beling-München, Prof. Dr. G. J. Ebers-Köln a. Rh., Dr. Alexander Elster-Berlin, Prof. Dr. Dr. Friedrich Endemann-Heidelberg, Prof. Dr. Hans Fehr-Bern, Prof. Dr. Heinrich Gerland-Jena, Prof. Dr. Julius v. Gierke-Göttingen, Prof. Dr. Justus Wilh. Hedemann-Jena, Prof. Dr. Herbert Kraus-Göttingen, Prof. Dr. Heinrich Lehmann-Köln a. Rh., Prof. Dr. Claudius Freih. v. Schwerin-Freiburg i. B., Prof. Dr. Fritz Stier-Somlo-Köln a. Rh.

herausgegeben von den

Professoren Dr. Hans Fehr-Bern, Dr. Heinrich Gerland-Jena, Dr. Justus Wilh. Hedemann-Jena, Dr. Heinrich Lehmann-Köln a. Rh.

und dem redaktionellen Leiter
Professor Dr. Fritz Stier-Somlo-Köln a. Rh.

Siebzehnter Band

Berlin und Leipzig 1928

Walter de Gruyter & Co.

vormals G. J. Göschen'sche Verlagshandlung - J. Guttentag, Verlagsbuchhandlung - Georg Reimer - Karl J. Trübner - Veit & Comp.

Deutsches Reichsstrafprozeßrecht

mit Einschluß des Strafgerichtsverfassungsrechts

von

Dr. Ernst Beling,
Professor in München.

Berlin und Leipzig 1928
Walter de Gruyter & Co.
vormals G. J. Göschen'sche Verlagshandlung · J. Guttentag, Verlagsbuchhandlung · Georg Reimer · Karl J. Trübner · Veit & Comp.

Auch darauf muß ein Lehrbuch verzichten, die Darlegungen Punkt für Punkt mit umfassender Heranziehung von Schrifttum und Rechtsprechung zu begleiten. Diese müssen sich vielmehr gefallen lassen, nur auswahlweise erwähnt zu werden, mag bei solcher Auswahl auch eine gewisse Willkür unvermeidlich sein.

In der Ausdrucksform gedrungene Kürze, nicht behagliche Breite. Freilich nicht jene Kürze, die die mehr oder minder unerfreulichen „Einpaukbücher" anstreben. Wollen diese einen zum Auswendiglernen gebrauchsfertigen Inhalt bieten, so verlangt ein Lehrbuch gerade nicht mechanisch-gedächtnismäßige Einprägung, sondern aufmerksames Selbstmitdenken, — was nur diejenigen Studierenden für eine Zumutung halten werden, die nicht sehen, von welchen Gefahren sie in der Prüfung bei bloß äußerlicher Stoffaufnahme bedroht sind.

Aus der Sonderaufgabe eines Lehrbuchs ergeben sich schließlich noch folgende Richtlinien:

Einmal muß die Darstellung der Regelungsinhalte des geltenden Rechts in die rechtspolitische Gedankenwelt eingebettet werden. Es sind die Erwägungen zu beleuchten, die tatsächlich den heutigen Regelungen zugrunde liegen, und es ist des in der Rechtsgeschichte hervorgetretenen Wandels der rechtspolitischen Auffassungen und, soweit heute die lex ferenda ein Kampfobjekt bildet, dieses Widerstreits der Meinungen zu gedenken. Wenn dabei der Lehrbuchverfasser gelegentlich seinen eigenen rechtspolitischen Standpunkt offenbart, so werden ihm dies auch diejenigen nicht verargen, die diesen Standpunkt ablehnen.

Ebenso wichtig, vielleicht noch wichtiger ist aber m. E. die formale Ordnung des Ganzen: ein auch äußerlich scharf hervortretendes System, das den Lernenden befähigt, die Fülle der Einzelheiten unter allgemeinen Ordnungsgesichtspunkten zusammenzusehen. Im Dienste des Systems ist die Herausstellung „konstruktiver", den Rechtsregelungsinhalten vorgelagerter Gedankengebilde unerläßlich, nicht um im Sinne der „Begriffsjurisprudenz" aus der Konstruktion Rechtssatzinhalte zu gewinnen, wohl aber, um die letzteren einzurahmen. Hier, in dieser abstrakten Höhe, stellt sich freilich manches ein, was dem Anfänger schwierig erscheinen mag. Diese Schwierigkeiten zu verhüllen oder gar die schwierigen Partien ganz wegzulassen, erscheint mir aber um so weniger angezeigt, als das technisch-methodisch Grundlegende, einmal erfaßt, vor einer noch größeren Schwierigkeit bewahrt, der Schwierigkeit nämlich, in den unzählig auftretenden Einzelfragen immer wieder aufs neue festen Fuß zu fassen. Wer sich z. B. einmal klar gemacht hat, was „Zulässigkeit der Strafverfolgung" und „Prozeßgegenstand" bedeuten, wird sich in der Lehre vom Urteil, von den Rechtsmitteln usw. wesentlich leichter zurechtfinden. Ausgerüstet mit dem allgemein Grundlegenden wird der Jurist auch den jeweiligen Änderungen der Gesetzgebung leichter zu folgen vermögen.

Bei dieser Anlage meines Buches darf ich vielleicht hoffen, daß es auch in der Praxis mit Vorteil verwendet werden kann. Ich gebe gern zu, daß die Zwecke eines Lernbuchs für den Anfänger und eines Werks, das ein Ratgeber für den Praktiker sein will, an sich auseinanderstreben und es schwer halten wird, sie zu vereinigen. Aber die von mir hier gepflegten allgemeinen Lehren sind m. E. ebensosehr ein Rüstzeug für den jungen Juristen, um in den Stoff hineinzukommen, wie auch ein Hilfsmittel für den Praktiker, um für die Lösung der an ihn herandrängenden Einzelfragen feste, ihm sonst fehlende Anhaltspunkte zu gewinnen.

Von dem „Bennecke-Beling" von 1900 weicht das vorliegende Buch auch abgesehen von dem mittlerweile erfolgten Wandel der Gesetzgebung derart erheblich ab, daß es nicht als neue Auflage jenes Werkes bezeichnet werden kann. Damals setzte meine Arbeit erst hinter den von Bennecke herrührenden und schon gedruckt vorliegenden ersten 200 Seiten ein; und wennschon ich bei Hinzufügung des Übrigen meine eigenen Wege gegangen bin, so bestand für mich doch die Möglichkeit nicht, mein System von Grund aus neu auf- und auszubauen. Auch hatte Bennecke sein Lehrbuch auf größere Ausführlichkeit in der Erläuterung von Einzelheiten angelegt, und ich mußte ihm hierin folgen, wenn nicht der einheitliche Charakter des „Bennecke-Beling" gesprengt werden sollte. Das ältere Werk enthält deshalb mancherlei, worauf ich jetzt nicht eingegangen bin. Umgekehrt fehlten in jenem zahlreiche Darlegungen, die sich für mich als wichtig ergaben, sobald ich mein Lehrbuchsprogramm und besonders mein System frei entfalten konnte.

Neu ist auch die Hinzufügung des letzten, dem Auslandsrecht gewidmeten Paragraphen. Bei der Sammlung des Materials hatte ich mich, wofür ich auch an dieser Stelle angelegentlichst danke, der Hilfe der Herren Staatssekretär Prof. Dr. Dahl-Kopenhagen, Prof. Dr. Finzi-Ferrara, Privatdozent Dr. Foltin-Innsbruck (für nordamerikanisches Recht), Lic. González López-Madrid, Prof. Dr. Kruglewski-Riga, Prof. Dr. Rittler-Innsbruck, Rechtsanwalt und Privatdozent Dr. Tzortzopulos-Athen, sowie des Herrn Geheimrats im Reichsjustizministerium Dr. Leopold Schäfer zu erfreuen, der mir an der Hand der Bücherei des Reichsjustizministeriums wertvolle Ergänzungen zu dem von mir gesammelten Material zukommen ließ. Im übrigen war ich darauf angewiesen, mich an die in unseren Zeitschriften enthaltenen Angaben über ausländisches Recht und ausländisches Schrifttum zu halten. Deshalb konnte ich weder Vollständigkeit der Übersicht erreichen, noch kann ich dafür einstehen, daß meine Zusammenstellung überall dem heutigen Stande der Gesetzgebung und des Schrifttums entspricht. Da aber bisher jede derartige Zusammenstellung fehlt, so hoffe ich, daß die meinige als erster Versuch einer solchen nachsichtige Beurteilung finden wird.

Herrn Hans Werder hier habe ich für Herstellung der Register, sowie für Unterstützung bei der Benennung des Schrifttums am Kopfe der einzelnen Paragraphen und bei der Korrektur zu danken.

München, 21. Juni 1928.

Ernst Beling.

Inhaltsverzeichnis.

Einleitung.

Erstes Buch.

Strafgerichtsverfassungsrecht.

Zweites Buch.

Das Verfahrensrecht.

Erster Abschnitt.

Das Erkenntnisverfahren als Ganzes.

Zweiter Abschnitt.

Das prozessuale Handeln.

Dritter Abschnitt.

Der Prozeßgang.

Vierter Abschnitt.

Prozeßeinlagen.

Anhang.

Abkürzungen.

AGVG.	= Ausführungsgesetz zum Gerichtsverfassungsgesetz.
a. M.	= anderer Meinung.
AStPO.	= Ausführungsgesetz zur Strafprozeßordnung.
DJZ.	= Deutsche Juristenzeitung.
E.	= Entscheidungen des Reichsgerichts in Strafsachen.
EGVG.	= Einführungsgesetz zum Gerichtsverfassungsgesetz.
EStPO.	= Einführungsgesetz zur Strafprozeßordnung.
GA.	= Goltdammers Archiv für Strafrecht.
GS.	= Gerichtssaal.
GVG.	= Gerichtsverfassungsgesetz.
h. M.	= herrschende Meinung.
HR.	= Höchstrichterliche Rechtsprechung, Beilage zur ZStW.
JLBl.	= Juristisches Literaturblatt.
JW.	= Juristische Wochenschrift.
KGer.	= Kammergericht.
LZ.	= Leipziger Zeitschrift für deutsches Recht.
ObstLdesGer.	= Oberstes Landesgericht München.
R.	= Rechtsprechung des Reichsgerichts in Strafsachen.
RGer.	= Reichsgericht.
RGes.	= Reichsgesetz.
RMG.	= Entscheidung des Reichs-Militär-Gerichts.
StGB.	= Strafgesetzbuch.
StPO.	= Strafprozeßordnung.
Vo.	= Verordnung.
Z. oder **ZStW.**	= Zeitschrift für Strafrechtswissenschaft.

Paragraphen ohne Zusatz bezeichnen, wenn sich nichts anderes aus dem Zusammenhang ergibt, Paragraphen der Strafprozeßordnung.

Bei Stellen aus Schrifttum und Rechtsprechung bezeichnen fettgedruckte Ziffern den Band, hochgestellte die Auflage.

Einleitung.

Strafprozeßrecht. Strafgerichtsverfassungsrecht. § 1.

I. Das **Strafprozeßrecht** ist derjenige Rechtsteil, der die **Strafrechtsschutztätigkeit** (Strafjustiz, Strafrechtspflege) **normiert**. Seine praktische Notwendigkeit liegt darin begründet, daß das **Strafrecht**, auf sich selbst beschränkt, in das tatsächliche Leben überhaupt nicht eingreifen würde. Denn so sehr auch das Strafrecht die „Strafbarkeit" von Menschen festsetzt, die dies oder jenes getan haben, so sehr es die Strafe zum Gegenstand eines subjektiven Rechts auf der einen, einer Leidenspflicht auf der anderen Seite macht, so stellt es doch lediglich eine gedankliche Beziehung in dem Sinne her, daß das **Strafleiden** als eine dem Staate geschuldete Leistung „gesollt" sei, daß es dem Delinquenten zukomme, gebühre, er es verdiene, ohne aber doch irgend jemandem irgendwelche Befugnisse zum Handeln, insbesondere zur Zufügung des Strafübels, zu erteilen; das sog. jus puniendi ist keine **Strafbefugnis**, sondern ein bloßer **Strafanspruch**. Dazu kommt, daß das Strafrecht zu den individuellen Vorkommnissen des konkreten Lebens in einer gewissen Lebensferne steht. Es enthält nur generelle, schematische Wertungen: es spricht nicht von dem Morde, den X an Y am 2. Januar 1928 in Z begangen hat, und noch viel weniger erfahren wir aus dem Strafrecht, ob X dies und das getan hat. Hinter dem Strafrecht liegt die Aufdeckung und Feststellung dessen, was geschehen ist, die Subsumtion dieser Lebenstatsachen unter das Strafgesetz und die Fixierung des verwirkten Strafleidens (die „Verhängung" der Strafe im Gegensatz einerseits zu der Strafandrohung, andererseits zu der Strafvollziehung); obenein ist die Strafgröße nur bei absolut bestimmten Strafdrohungen unmittelbar aus dem Strafgesetz entnehmbar, im übrigen ist sie erst für den Einzelfall speziell zu finden. Das Strafrecht ist deshalb auf eine ergänzende menschliche Tätigkeit angewiesen, die für den Einzelfall das Ob und Wie der Strafe festlegt und den Bestrafungsakt durchführt.

Diese Tätigkeit insgesamt bezeichnet man, weil dem Strafrecht zu Hilfe kommend, als Strafrechtsschutz.

Für die Art und Weise dieses Vorgehens macht sich nun im „Rechtsstaat" das Bedürfnis nach fester Regelung geltend, nach Normierung eines „Rechtsgangs", in dem unter Fernhaltung von Willkür und Zufall die Zulässigkeit und Gebotenheit der Handlungen festgelegt, Befugnisse, Ansprüche und Pflichten vorgezeichnet sind (z. B. über die Reihenfolge des Handelns, die Verteidigung, die Anwendung des Eides usw.). Eben der Inbegriff der Rechtssätze, die von dem Rechtsordnungssubjekt zu solchem Behufe geschaffen werden, ist das Strafprozeßrecht. Man könnte es auch — im Gegensatz zum Strafrecht — das „Bestrafungsrecht" nennen.

Danach bestimmt sich der Begriff des Strafprozesses.[1]) Es handelt sich bei ihm

1. um ein „pro-cedere", ein Voranschreiten, ein Verfahren, das ist eine durch einheitlichen Zweck beherrschte Kette von Handlungen, die sich zu einem Ziele hin entwickeln; nicht um einen Ruhezustand und nicht um eine isolierte einzelne Handlung.

2. Um Strafprozeß zu sein, muß das Verfahren Rechtsverfahren, d. h. nicht völlig frei von aller rechtlichen Bindung sein. Denkbar (und geschichtlich vorgekommen) ist freilich, daß sich die rechtliche Regelung nicht sowohl auf das Verfahren, als vielmehr nur auf die Ermächtigung bestimmter Stellen zu seiner Betätigung erstreckt, so, daß es diesen überlassen bleiben soll, nach Gutdünken zu prozedieren: „Polizeiverfahren" statt „Rechtsverfahren" (Rich. Schmidt[2]). Unseren heutigen Anforderungen genügt ein solches absolut regelloses Verfahren nicht. Auch das sog. „summarische" oder „abgekürzte" Verfahren ist kein solches, bei dem alle Normierung des quomodo völlig preisgegeben wäre.

3. Strafprozeß ist nur dasjenige Rechtsverfahren, das sich unter Beteiligung einer über den Privaten stehenden Stelle abspielt. Selbsthilfeübung (Fehdegang, Faustrecht) ist, auch wenn rechtlich zugelassen und im quomodo geregelt, kein „Prozeß".

Auch bei Beteiligung einer Behörde am Verfahren ist aber ein Strafprozeß nur dann gegeben, wenn die Behörde zu autori-

---

[1]) Andere Bezeichnungen: „Rechtsgang in Strafsachen"; „Strafrechtsverfahren" (Schweiz); früher „Kriminalprozeß", „peinlicher Prozeß". Französisch: Procès pénal (umfassend die „instruction criminelle" = die Untersuchung und den Beweis, und die „procédure pénale" oder „rite" = Gang des Verfahrens und einzuhaltende Formen).

[2]) Vgl. R. Schmidt, Aufgaben der Strafrechtspflege (1895) 225ff.; Herkunft des Inquisitionsprozesses, in der Freiburger Festgabe für Großherzog Friedrich (1902) 72.

tativer Entscheidung berufen ist[1]); auch beschränkt der heutige Sprachgebrauch den „eigentlichen" Strafprozeß meist auf diejenigen Verfahren, die sich vor den Justizbehörden abspielen.[2])

4. In seiner Eigenschaft als ein unter behördlicher Beteiligung vor sich gehendes Rechtsverfahren rückt der Strafprozeß an die Seite des Zivilprozesses (und sonstiger Prozesse: Ordnungsstrafverfahren, Verwaltungsstreitverfahren usw.). Das germanische Recht und sonstige älteren Rechte kannten überhaupt nur eine Prozeßgattung. Im Laufe der geschichtlichen Entwicklung vollzog sich aber eine Spaltung; der „peinliche Prozeß", „Kriminalprozeß" erhielt seine eigene Gestaltung. Die Sonderung entspricht der tiefgehenden Verschiedenheit der beteiligten Interessen, vor allem dem beherrschenden Hervortreten des (und zwar eines bestimmtartigen) Staatsinteresses im Strafprozeß. Auch soziologisch-funktionell unterscheidet sich der Strafprozeß wesentlich vom Zivilprozeß: Dieser ist lediglich auf die Fälle zugeschnitten, in denen der Auswirkung des bürgerlichen Rechts im Rechtsleben Hemmungen entgegentreten, die die Anrufung der Staatsgewalt notwendig machen; demgegenüber ist der Strafprozeß in allen einschlägigen Fällen der einzige Weg der Anspruchsverwirklichung (sobald wenigstens, wie heute, das Strafrecht nicht reines Privatstrafrecht ist, die Delikte nicht reine Delicta privata sind).

II. Eng verbunden mit dem Strafprozeßrecht im vorentwickelten Sinne ist das einen Teil des Staatsrechts bildende Strafgerichtsverfassungsrecht, derart, daß durch dessen Verständnis dasjenige des Verfahrensrechts wesentlich mitbedingt ist, und man beide Rechte auch als das Strafprozeßrecht im weiteren Sinne zusammenfassen kann.

Soweit nämlich der Staat kraft seiner Rechtsordnung auch als Rechtssubjekt am Verfahren mit beteiligt ist, bedarf es rechtlicher Bestimmung der für diese Funktionen in Betracht kommenden Staatsstellen und ihrer Einrichtung. Eben diese Bestimmungen trifft das Gerichtsverfassungsrecht[3]).

---

[1]) Deshalb stellt das in geringem Umfange gesetzlich zugelassene „Unterwerfungs"- („Submissions"-) Verfahren, in dem die Behörde und das Individuum als Vertragschließende in zweiseitig-rechtsgeschäftlicher Abmachung eine Strafe vereinbaren (vgl. z. B. RAbgO. §§ 410, 444 III), keinen Strafprozeß dar.

[2]) Danach sind Strafverfahren, die zur Entscheidung einer Verwaltungsbehörde führen — unten § 110 — keine „eigentlichen" Strafprozesse.

[3]) Französ. Bezeichnung für Gerichtsverfassung: Ordre judiciaire.

§ 2. Das Verhältnis des Strafprozeßrechts zum Strafrecht.

Baumgarten, Schweiz. Ztschr. f. Strafr. **35** 241; J. Goldschmidt, Materielles Justizrecht (1905) und Der Prozeß als Rechtslage (1925); Beling, **ZStW. 38** 479, 625, **39** 662, **40** 476; Sauer, Grundlagen des Prozeßrechts (1919) und Arch. f. RPhilos. **19** 268.

I. Das Strafprozeßrecht wird häufig mit dem Strafrecht zusammen als „Strafrecht" im umfassenden Sinne bezeichnet, derart, daß es dann als das „formelle Strafrecht" dem „materiellen"[1]) gegenübertritt. Diese Zusammenfassung ist wohlverständlich. Gleichwohl bleiben aber Strafrecht und Strafprozeßrecht Rechtsteile, deren jeder seinen eigenen Regelungsgegenstand und demgemäß einen ihm allein eigenen Sinn hat, so daß sich auch die aus der beiderseitigen Normierung hervorgehenden Rechtsverhältnisse als verschiedenartige voneinander abheben.

Eine landläufige Redewendung läßt den Strafprozeß gleich der Strafe selber „aus dem Verbrechen entspringen"; sie geht von der Vorstellung aus, als dürfe nur dem Verbrecher der Prozeß gemacht werden, als seien die Prozeßleiden, die der Beschuldigte kraft Rechtens über sich ergehen lassen muß, eine Art von Zubehör zu der Strafe, die er sich durch seine Tat verdientermaßen zuzieht. Das ist schief. Schon rein tatsächlich entspringen keineswegs alle Prozesse aus einem Verbrechen; viele rühren lediglich davon her, daß der falsche Anschein eines solchen aufgetaucht ist. Vollends unrichtig wäre die Meinung, als wurzle die rechtliche Statthaftigkeit des strafprozessualischen Vorgehens im Verbrechen. Es kann vielmehr ebensowohl sein, daß gegen jemanden ein Strafprozeß nicht geführt werden darf, der sich strafbar gemacht hat, wie auch umgekehrt, daß einem völlig Unschuldigen ein Strafprozeß gemacht werden darf. Das letztere ergibt sich aus der einfachen Erwägung, daß der Strafprozeß selbst ja erst die Feststellung, ob sich der Beschuldigte strafbar gemacht hat, erbringen soll. Gerade deshalb, weil dies nicht von vornherein feststeht, befindet sich der Staat in einem Dilemma. Er muß Strafprozesse auf das Risiko hin erlauben und anordnen, daß der Betroffene unschuldig ist, weil er sonst auf Strafjustiz überhaupt verzichten müßte.

So bedeutet die Auseinanderlegung des Strafprozeßrechts und des Strafrechts nicht bloß eine „doppelte Betrachtungsweise" eines identischen Regelungsgegenstandes[2]), sondern der Ausschnitt aus

[1]) Die Verdeutschung „sachliches Strafrecht" (RGer.) ist empfehlenswert, freilich noch nicht sehr eingebürgert.

[2]) Dies die Auffassung von Sauer.

dem Leben, den das Strafprozeßrecht regelt, ist ein anderer als der, den das Strafrecht regelt. Das letztere bestimmt nur das gesollte Strafleiden und seine Voraussetzungen, das erstere normiert bestimmte menschliche Tätigkeiten als gesollte.

Die begriffliche Auseinanderlegung des Strafprozeßrechts und des Strafrechts darf freilich nicht dahin überspannt werden, als gingen sie einander gegenseitig gar nichts an. Sie sind ja nur Provinzen einer identischen Rechtsordnung, und zwar so, daß das Strafprozeßrecht nur dazu bestimmt ist, dem Strafrecht zu dienen.[1]) So wenig es einen Widerspruch bedeutet, daß Prozeßtätigkeit erlaubt ist, wo doch ein Strafleiden nicht rechtlich gesollt ist, so kann doch die Lage des konkreten Falles derart sein, daß der objektive Beurteiler aus der Gesamtheit der Umstände erkennt, daß das betreffende Individuum nicht strafbar ist. Es liegt im Sinne der Rechtsordnung, daß in diesen Fällen jeder auf Verurteilung hinzielende Prozeßschritt und erst recht Verurteilung selber zu unterbleiben haben. Es bleibt also zwar dabei, daß der Prozeß zulässig ist, auch wenn die Lebensführung des Betreffenden keinen Verbrechensfall bildet; aber die dem objektiven Beurteiler sich erschließende Möglichkeit, daß ein solcher vorliege, („Verdacht") ist rechtlich bedingend dafür, daß gegen das Individuum vorgegangen werde. Anklage, Verurteilung usw. gegen den Unverdächtigen sind rechtswidrig. Gesellt sich ein Verschulden des Handelnden hinzu (kannte er die Unschuld oder konnte er sie erkennen), so kann disziplinarische und strafrechtliche Verantwortlichkeit eintreten, vgl. z. B. StGB. §§ 341, 344, 345.

II. Ist hiernach der Bedeutungsgehalt des Strafprozeßrechts ein völlig anderer als der des Strafrechts, so erhellt die Unrichtigkeit der Meinung, als ob ein Rechtssatz gleichzeitig beiden Rechtsteilen angehören könne. Im Schrifttum und in der Rechtsprechung begegnet mitunter die Vorstellung, es könne ein identischer Rechtssatz zugleich strafrechtliche und prozeßrechtliche Bedeutung haben („Rechtssätze gemischten Charakters"). Derartiges wird z. B. für die Bestimmungen über das Strafantragserfordernis, über Verjährung[2]), Rechtskraft usw. behauptet. Das ist nicht klar gedacht. Jeder Strafrechtssatz weist sich als solcher aus durch seinen Inhalt; es handelt sich bei ihm immer darum: soll Strafe sein? welche Strafe?

[1]) J. Goldschmidt behauptet eine „doppelte Rechtsordnung" und reißt das Prozeßrecht als „Richterrecht" vom „Gesetzesrecht" ab. Das bedeutet ein unlösbares Rätsel.

[2]) Vgl. z. B. E. 32 251, 41 167, 46 274.

und unter welchen Voraussetzungen? — und von alledem weiß das Prozeßrecht nichts; in letzterem handelt es sich darum: soll Prozeß stattfinden? wie soll er sein? und unter welchen Voraussetzungen? — und davon weiß wiederum das Strafrecht nichts. Es ist deshalb ein Zweifel daran, ob man einen Strafrechts- oder einen Strafprozeßrechtssatz vor sich hat, im ersteren Sinne zu lösen, wenn der die betreffende Rechtsfolge bedingende Umstand im Gedankenkreise des Verdientseins des Strafübels liegt; im letzteren, wenn der bedingende Umstand so geartet ist, daß er nicht sowohl zu dem Strafgedanken paßt, als vielmehr mit dem Ob oder Wie der Prozeßtätigkeit in Zusammenhang steht. Dabei ist weder die Stelle, an der sich die gesetzliche Bestimmung findet (ob im StGB. oder in der StPO.), noch der Gesetzeswortlaut (ob von der „Strafe" oder von der „Verfolgung" u. dgl. die Rede ist) unbedingt maßgebend (so gehören der Strafantrag, obwohl im StGB. geregelt, in das Prozeßrecht, die §§ 4, 67 StGB., obwohl von „Verfolgung" sprechend, in das Strafrecht).

Denkbar ist, daß ein und derselbe Umstand sowohl eine strafrechtliche, wie eine strafprozessuale Rechtsfolge auslöst (wie es ja auch sein kann, daß das nämliche Vorkommnis sowohl eine strafrechtliche, wie eine bürgerliche — Schadensersatz- — Folge nach sich zieht). Auch in solchen Fällen ist aber nicht ein „gemischter" Rechtssatz vorhanden, sondern volle funktionelle Selbständigkeit zweier Rechtssätze. Im übrigen ist eine solche rechtliche Regelung, wonach ein und derselbe Umstand zugleich Straflosigkeit und Unstatthaftigkeit des Prozesses begründet, wegen ihrer Zwecklosigkeit sehr unwahrscheinlich; und keinesfalls trifft solche Doppelnatur bei den Instituten der Verjährung und der Rechtskraft, für die sie mehrfach behauptet wird, zu.

Würde aber tatsächlich ein Gesetzesparagraph aufweisbar sein, der einen und denselben Umstand als sowohl strafrechtlich wie auch strafprozeßrechtlich bedeutsam erkennen läßt, so würde die wissenschaftliche Systematik diesen „gemischten Charakter" der bloßen „Gesetzesstelle" dahin aufzulösen haben, daß von den beiden äußerlich vereinigten Rechtssätzen ein jeder mit seiner Funktion klar herausgearbeitet würde. Mehr noch gilt dies in den Fällen, in denen eine sprachlich einheitliche Gesetzesbestimmung einen strafrechtlichen Rechtssatz mit einem strafprozeßrechtlichen derart verkoppelt, daß nicht einmal ein identischer Umstand es ist, der beide Rechtsfolgen auslöst.[1])

---

[1]) So ist im StGB. § 186 in die Regelung der Strafbarkeit wegen übler Nachrede ein Stück Prozeßrecht (und zwar Beweisrecht) eingesprengt. Vgl. Beling, Wesen usw. der üblen Nachrede S. 7ff.

III. Strafrecht und Strafprozeßrecht sind zwei gesonderte Rechtsteile. Und zwar ist das Strafrecht das logisch primäre, und, obwohl heute praktisch auf das Strafprozeßrecht angewiesen, logisch für sich allein sinnhaft denkbar (eine Rechtsordnung mit Strafrecht ohne Strafprozeßrecht würde etwa vorhanden sein, wenn der Rechtsverband die Verwirklichung der Strafleiden der Selbsthilfe der einzelnen überließe); das Strafprozeßrecht umgekehrt ist logisch sekundär, ohne Zuhilfenahme der Vorstellung eines Strafrechts nicht denkbar.

Im Prozeß figuriert das Strafrecht als von den Staatsorganen anzuwendendes Recht[1]), d. h. es liefert ihnen als Fallbeurteilungsnorm für Sachentscheidungen die Obersätze für die Beurteilung der Einzelfälle; es tritt an sie nur heran als Textbuch, nach dem sie das Verhalten anderer beurteilen, nicht als Norm, die ihr eigenes Verhalten inhaltlich festlegt, und die sie zu „befolgen" hätten.[2]) Was der Richter im Prozeß zu befolgen hat, das sind die sein Verhalten (z. B. Vereidigung von Zeugen) regelnden Prozeßrechtssätze (natürlich gibt es auch Prozeßrechtssätze, die wie die Strafrechtssätze vom Richter in Entscheidungen „anzuwenden", also für den Inhalt von Entscheidungen, z. B. über Inhaftnahme eines Beschuldigten, als Obersätze leitend sind).

Diese prozessuale Funktion des Strafrechts darf aber nicht zu der Theorie (J. Goldschmidt) überspitzt werden, als gebe es überhaupt kein Strafrecht im hergebrachten Sinne eines logisch eigenen Rechtsteils, sondern nur ein „materielles Strafjustizrecht" als einen Komplex von Rechtsvorschriften, die nicht sowohl eine „Strafbarkeit", als vielmehr nur Bedingungen normieren, unter denen im Prozeß eine Verurteilung und Vollstreckung zu erfolgen hat, so daß es z. B. einen Rechtssatz „dem Mörder gebührt Todesstrafe" nicht gäbe, sondern § 211 StGB. lediglich besagen würde, der Richter habe den Mörder zum Tode zu verurteilen. Diese Lehre übersieht, daß die Funktion des Strafrechts als des Komplexes der im Prozeß anzuwendenden Obersätze zwar die bedeutsamste und eigenartigste, aber nicht seine einzige Funktion ist. Die „Strafbarkeit" ist eine rechtliche Figur, die — wie sie sogar ohne Mitvorhandensein eines

---

[1]) Nicht (Sauer) als „zu gestaltendes Recht". Weder das Prozeßrecht noch der Prozeß selbst berühren die materiellrechtlichen Rechtsnormen in ihrem Bestande.

[2]) Das Strafrecht kann nur von den straffällig Gewordenen „befolgt" werden, und zwar dadurch, daß er die verwirkte Strafe auf sich nimmt, also durch pati.

Strafprozeßrechts gedacht werden kann — auch heute nicht restlos übergeführt werden kann in eine Verurteilungsbedingung. Nicht nur, daß die Strafbarkeit ohne jede Rücksicht auf Aburteilung und Vollstreckung für gewisse bürgerlichrechtliche Rechtsfolgen einen Rechtsgrund abgibt und darüber hinaus im gesellschaftlichen Leben mit in Rechnung gestellt wird; die Strafbarkeit erweist vielmehr ihre Sondernatur sogar auch im Strafprozeß selber: der Richter hat sie gegebenenfalls auch festzustellen ohne ihrethalben eine Verurteilung auszusprechen (z. B. im Prozeß gegen A wegen Beihilfe muß er eine strafbare Haupttat des — etwa flüchtig gegangenen — B feststellen, ohne doch den B dieserhalb verurteilen zu können). Auf der anderen Seite besteht auch die rechtliche Voraussetzung für Verurteilung gar nicht in der strafbaren Handlung selber, sondern in deren Bewiesensein, und es geht sicher nicht an, die Strafbarkeit des Mörders um deswillen zu leugnen, weil ihm seine Tat nicht oder nicht bestimmt genug nachgewiesen werden kann.

Aus diesen Gründen ist es geboten, an der hergebrachten und herrschenden Auffassung des Strafrechts als eines gesonderten Rechtsteils festzuhalten.

IV. Da andererseits immerhin das Strafrecht auch im Prozeß „anzuwenden" ist, so bedarf es bei der Vielheit der positiven Strafrechte noch eines Komplexes von Rechtsbestimmungen darüber, welches Strafrecht hier angewendet werden soll. Dieser Komplex ist das „Strafrechtsanwendungsrecht"; es schlägt die Brücke zwischen Strafprozeßrecht und Strafrecht. Es ist kein „Strafrecht" im eigentlichen Sinne, denn es setzt umgekehrt die strafrechtlichen Fragen als beantwortet voraus, und zwar als von verschiedenen positivrechtlichen Rechtssystemen (möglicherweise inhaltlich verschieden) beantwortet. Es ist andererseits kein eigentliches Strafprozeßrecht, denn es normiert nicht das Verfahren und seine Einzelheiten, sondern trifft nur darüber Bestimmung, nach welchem der positiven Strafrechte die Beantwortung der im Prozeß auftretenden strafrechtlichen Probleme ausgerichtet werden soll.

Das Strafrechtsanwendungsrecht ist dem Strafprozeßrecht derart funktionell zugeordnet, daß die Frage der Strafrechtsanwendung nicht anderswo als im Strafprozeß auftreten kann. Will man das Strafrechtsanwendungsrecht nicht selbständig fassen, so ist es deshalb keinesfalls dem Strafrecht eingliederbar, sondern nur dem Strafprozeßrecht.

Im einzelnen umfaßt das Strafrechtsanwendungsrecht

1. Bestimmungen darüber, inwieweit deutsches Reichsstrafrecht, und inwieweit dies oder jenes Landesstrafrecht;

2. Bestimmungen darüber, inwieweit dies oder jenes ausländische Strafrecht;

3. darüber, inwieweit bei zeitlichem Wandel des Inhalts des Strafrechts das ältere oder das neuere Recht bei Fallbeurteilung zugrunde gelegt werden soll.

Der deutschrechtliche Quellenbestand. Schrifttum. § 3.

I. Das geförmelte Recht, in dem heute die Regelung des Strafprozesses gründet, wird durch eine Anzahl von **Gesetzen** (im weiteren Sinne: Gesetzen im engeren Sinne und Verordnungen[1]) dargestellt.

1. Hauptgesetz ist die Reichsstrafprozeßordnung vom 22. März 1924. Textausgaben mit Anmerkungen von **Daude**, **Dörr**, **Kallenbach**, **Kiesow**, **Kohlrausch**, **Posener**, **Schäfer-Hartung**. Synoptische Ausgabe (Texte der alten und der neuen StPO. in Gegenüberstellung) von **Feisenberger**. [Vorgeschichte: Die erste Strafprozeßordnung des neuen Deutschen Reichs erging als eines der „Reichsjustizgesetze", die die Vereinheitlichung des Justizrechts zum 1. Oktober 1879 herbeiführten, am 1. Februar 1877; sie erfuhr im Laufe der Jahre verschiedene Änderungen, insbesondere während des Krieges[2]) durch die Bundesratsverordnung vom 7. Oktober 1915 und das Vereinfachungsgesetz vom 21. Oktober 1917, weiterhin durch die Entlastungsgesetze vom 11. März 1921 und vom 8. Juli 1922. Schließlich erließ die Reichsregierung auf Grund des Ermächtigungsgesetzes vom 8. Dezember 1923 die („Abbau"-) Verordnung über Gerichtsverfassung und Strafrechtspflege („Emminger-Verordnung") vom 4. Januar 1924 mit zahlreichen tiefgreifenden Änderungen[3]); auf Grund des § 43 dieser Vo. veröffentlichte der Reichsjustizminister die „neue" StPO. mit neuer Paragraphenzählung unter dem 22. März 1924[4]). — Vorher waren wiederholt Anläufe zu Neugesetzgebung unternommen worden; Protokolle der Reichsjustizkommission,

---

[1]) Verordnungen: im Umfang der staatsrechtlichen Zulässigkeit. Vgl. hierzu **Arndt**, **ZStW.** 22 371; **Anschütz**, das. 499.

[2]) Vgl. **Fröschmann-Heilmeier**, Leitfaden des Kriegsrechts, Strafrecht und Strafprozeß 1919.

[3]) Ausgabe von **Bumke**,[2] 1924. — Vgl. den Literaturbericht von **Kern** in **ZStW. 45** 336 sowie die Zusammenstellung der Besprechungen bei **Kroneder**, **ZStW. 45** 421 Anm. 1, vgl. auch **Rosenfeld** (Sammlung Göschen) 1 9. — Über die Rechtsgültigkeit der Vo. besteht Streit; vgl. **Kroneder**, **ZStW. 45** 421; das RGer. hat die Rechtsgültigkeit bejaht (JW. **53** 1436). Über den rechtspolitischen Wert der Reform: **Nagler** und **Ötker**, **GS. 90** 341, 398.

[4]) Nicht überall bewegt sich die Neutextierung innerhalb der ihr durch § 43 der Vo. gezogenen Schranken; sie ist insoweit ungültig, vgl. z. B. § 140 III mit Vo. § 27 II.

2 Bände, 1905, und Entwürfe von 1909, 1919, 1922, 1923, von denen keiner verabschiedet worden ist.]

In einzelnen Punkten ist der Inhalt dieser neuen StPO. durch spätere Reichsgesetze abgeändert worden.

Dazu als Hauptgesetz für die Gerichtsverfassung das Reichs-Gerichtsverfassungsgesetz vom 22. März 1924. (Vorgeschichte: Das erste Gerichtsverfassungsgesetz des Deutschen Reichs wurde am 27. Januar 1877 erlassen; die im vorstehenden erwähnten Novellen und Reformarbeiten erstreckten sich auch, und in besonders hohem Maße, auf die Strafgerichtsverfassung; außerdem wurde das GVG. unter dem 20. Mai 1898 neu textiert. Den Abschluß der Rechtsentwicklung bildete wie bei der StPO. die V^o^. der Reichsregierung vom 4. Januar 1924 und daraufhin die Neufassung durch den Reichsjustizminister vom 22. März 1924.)[1])

Reichsnebengesetze namentlich: das Einführungsgesetz zur StPO. vom 1. Februar 1877, das zum GVG. vom 27. Januar 1877; das Gesetz betr. Aufhebung der Militärgerichtsbarkeit vom 17. August 1920[2]) (dessen Bestimmungen jetzt übergeführt in §§ 434ff. StPO.); das Jugendgerichtsgesetz vom 16. Februar 1923[3]); die Reichsabgabenordnung vom 13. Dezember 1919; das Gesetz, betreffend die Entschädigung der im Wiederaufnahmeverfahren freigesprochenen Personen vom 20. Mai 1898; das Gesetz betreffend die Entschädigung für unschuldig erlittene Untersuchungshaft vom 14. Juli 1904.

Außerdem finden sich strafprozeßrechtliche Bestimmungen auch im StGB. (§§ 61—65, 195; 164 II, 191; 93; 186; 190; 4), in der RVerf., im Preßgesetz usw.

Soweit diese Gesetze schon vor der StPO. ergangen waren, sind sie durch EStPO. § 5 ausdrücklich aufrechterhalten.

Zu beachten ferner die Staatsverträge des Deutschen Reichs über Auslieferung und sonstige Rechtshilfe.[4])

2. In den durch die RVerf. (Art. 7^2, 13) gezogenen Grenzen kommt auch Landesrecht in Betracht. Genauer: die StPO. ist

---

[1]) Die oben S. 9 genannten Ausgaben der StPO. umfassen das GVG. mit.

[2]) Kommentare von Dietz 1920 (vgl. denselben in ZStW. 42 78); A. Hellwig 1922. Durch dieses Gesetz ist die Militärstrafgerichtsordnung vom 1. Dezember 1898 (Kommentare von Romen-Rissom, Herz-Ernst, v. Koppmann, Stenglein, v. Schlayer, Elsner v. Gronow) außer Geltung gesetzt worden (außer für Kriegszeiten und an Bord der Kriegsschiffe).

[3]) Ausgaben mit Erläuterungen von A. Hellwig, H. Francke, Kiesow, Messerer, Riß-Weitpert-Richter.

[4]) Vgl. Mettgenberg-Volkmar, Die Rechtsverträge des Deutschen Reichs, Heft 4, 1926.

eine „Kodifikation“, vgl. EStPO. § 6 I; deshalb ist abweichendes oder ergänzendes Landesrecht nur insoweit statthaft, als es durch Reichsbestimmung ausdrücklich freigegeben ist, wie in EStPO. §§ 6 II[1]), 3 II, III, StPO. §§ 39, 65, 380, 451 II, III[2]). Etwas anders steht es hinsichtlich des Landesgerichtsverfassungsrechts. Auch für dieses gibt es zwar ausdrücklich gesetzliche Vorbehalte, vgl. EGVG. §§ 3, 4, 6[3]), 9, EStPO. § 3 III; aber auch über diese hinaus ist das Landesrecht zur Ergänzung der Bestimmungen des GVG. insoweit befugt, als das Reichsrecht schweigt, und dieses Schweigen nicht als „konkludentes“ Schweigen gemeint ist. Dies ist zwar bestritten, ergibt sich aber daraus, daß das Reich durch das GVG. zwar nicht bloß seine eigenen gerichtsbarkeitlichen Einrichtungen, sondern auch die der Einzelstaaten geregelt hat, doch aber die Regelung nur auf die für die Rechtseinheit im Reiche als unerläßlich erachteten Hauptpunkte zugeschnitten hat.[4])

Einzelstaatliche Bestimmungen, die über die dem Landesrecht reichsrechtlich gesetzten Schranken hinaus übergreifen, sind rechtsungültig und auch für die Organe dieses Einzelstaats nicht beachtlich, RVerf. Art. 13 I (so z. B. die sich in gewissen Landesgesetzen findende Bestimmung, daß die sich an ein Forstdelikt anschließende Begünstigung und Hehlerei dem landesrechtlich besonders gestalteten Forstrügeverfahren unterworfen sein sollen; § 3 III EStPO. läßt ein solches Sonderverfahren nur für „Forstrügesachen“, z. B. Forst-

---

[1]) §§ 6 II[1] und [2] haben heute keine Geltung mehr.

[2]) Auch für Strafverfahren wegen landesrechtlicher Delikte gilt grundsätzlich das im Text Gesagte, also Geltung des Reichsstrafprozeßrechts auch für sie, soweit nicht die besonderen reichsgesetzlichen Vorbehalte eingreifen. Indessen wird zu behaupten sein, daß dem Landesrecht, soweit ihm durch §§ 2 ff. EStGB. die Schaffung von Strafbarkeiten freigegeben ist, zugleich auch freisteht, besondere Bedingungen für die Zulässigkeit der Strafverfolgung (z. B. Strafantragserfordernis) aufzustellen oder die Strafjustizbehörde zu ermächtigen, im einzelnen Falle trotz Strafbarkeit und Verfolgbarkeit von Strafverfolgung überhaupt oder von Verurteilung Abstand zu nehmen (so Hamburg. Fortbildungsschulges. vom 3. Dezember 1923 § 9: Durchbrechung des Legalitätsprinzips, Ermächtigung des Gerichts zu Straflosslassung, vgl. OLG. Hamburg, Höchstr. RSpr. 2 12). Derartige Bestimmungen charakterisieren sich zwar systematisch als „prozeßrechtliche“, aber § 6 I EStPO. nimmt zweifellos die volle Fortgeltung der §§ 2 ff. EStGB. stillschweigend an, und diese letzteren Paragraphen werden dahin auszulegen sein, daß das Landesrecht, wie es die in Rede stehenden Verhaltensweisen rechtlich straflos stellen kann, so auch bei Erlassung eines Strafgesetzes dafür einzelne Fälle durch Ermöglichung tatsächlicher Straflosigkeit auf prozeßrechtlichem Wege aus der rechtlichen Strafbarkeit ausklammern kann.

[3]) Vgl. jedoch unten § 16 a. E.

[4]) Vgl. R. Schmidt, Lehrb. des ZivProzR., [2] 139.

diebstahl, zu, und zu diesen gehören die in § 257ff. RStGB. behandelten Delikte nicht).

Die hauptsächlichsten Bestimmungen des Landesrechts finden sich in den verschiedenen „Ausführungsgesetzen" zur StPO. und zum GVG. sowie in den Feld- und Forstgesetzen.

Preußen: AGVG. vom 24. April 1878 (mit Novellen vom 14. Februar und 29. September 1923); Gesetz über polizeiliche Strafverfügungen vom 23. April 1883; Gesetz über das Verwaltungsstrafverfahren vom 26. Juli 1897; Forstdiebstahlgesetz vom 15. April 1878, 12. März 1924; Feld- und Forstpolizeigesetz vom 1. April 1880, 18. Dezember 1925, 21. Januar 1926.

Für Bayern vgl. Bleyer, Sammlung bayrischer Justizgesetze [2] 1926.

II. Der heutige Rechtsquellenstand auf dem Gebiete des Strafprozeßrechts ist dadurch gekennzeichnet, daß das Gewohnheitsrecht, das in Gestalt des Gerichtsgebrauchs (usus fori) jahrhundertelang maßgebend war, keine Rolle mehr spielt. Zu weit geht es freilich, wenn behauptet wird, Strafprozeßgewohnheitsrecht sei „unstatthaft"; ein solches würde, wenn „praeter legem", ohne weiteres verbindlich sein; und selbst eine „contra legem" ankämpfende Gewohnheit würde, wenn sie sich siegreich durchsetzte, geltendes Recht darstellen. Wollte man die Rechtsgültigkeit der Vo. vom 4. Januar 1924 bestreiten[1]), so würde sogar ein besonders greifbares Beispiel für Strafprozeßgewohnheitsrecht gegeben sein; denn jedenfalls hat sich das Neue, das diese Verordnung brachte, schon in der kurzen Zeit seither gewohnheitsmäßig völlig durchgesetzt. Abgesehen hiervon sind aber tatsächlich Gepflogenheiten, die zu fester Rechtsbildung geführt hätten, wohl kaum hervorgetreten (vielleicht könnte man sagen, daß der Abschluß von Vergleichen zwischen Privatkläger und Angeklagtem gewohnheitsrechtlich als wirksam erhärtet worden sei). Insonderheit steht die „konstante Praxis", auch die des Reichsgerichts, auf einem anderen Blatte. Zum Wesen des Gewohnheitsrechts gehört es, daß die geschichtliche Tatsache der langdauernden, gleichförmigen Übung selber das für die Rechtsgeltung selbständig konstitutive Moment ist; es muß also für den Gerichtsgebrauch erst die Stufe überwunden sein, auf der sich die gerichtlichen Aussprüche oder Verhaltensweisen zu ihrer Stütze auf das Gesetz berufen und nur als dessen Auslegung erscheinen; erst in dem Zeitpunkt springt die Gerichtsübung aus bloßer Gesetzeshandhabung in eine Geltung

---

[1]) Siehe oben S. 9 Anm. 4.

des Geübten aus eigener Kraft über, in dem dahin gestellt gelassen wird, ob sie eine gesetzliche Unterlage hatte oder nicht. So weit ist aber, soweit ersichtlich, die deutsche Praxis bisher in keiner Richtung gelangt. Deshalb unterliegen namentlich auch die Rechtssprüche des Reichsgerichts unverkürzt der Prüfung, ob sie eine richtige Auslegung des Gesetzes enthalten, und darf sich der Richter nach ihnen nicht richten, wo sie nicht zutreffen.[1])

Schrifttum zum deutschen Strafprozeßrecht.[2])

Systematische Darstellungen: Graf Dohna, Das Strafprozeßrecht, [2] 1925; Rosenfeld, Deutsches Strafprozeßrecht (Sammlung Göschen) 1926; Gerland, Der deutsche Strafprozeß 1927.

(Aus der Zeit vor 1924: Geyer 1880; v. Kries 1892; Ullmann 1893; Bennecke 1895; Birkmeyer 1898; Bennecke-Beling 1900; Rosenfeld,[4/5] 1912. — Beling in v. Holtzendorff-Kohlers Enzyklopädie der Rechtswissensch.,[6] 1903; v. Lilienthal in Kohlrausch-Kaskels Enzyklopädie d. Rechts- u. Staatswissenschaft 1923; Binding, Grundriß des Strafprozeßrechts,[5] 1904; v. Holtzendorff, Handbuch des Strafprozeßrechts 1877—1879; Glaser-Otker, Handbuch des Strafprozeßrechts 1883—1907.)

Löwe-Rosenberg, Kommentar zur StPO.,[17] 1927; Feisenberger, Handkommentar zur StPO. 1926; Schlegelberger-Nagel, Kommentar zum GVG.,[2] 1925.

Sauer, Grundlagen des Prozeßrechts 1919; J. Goldschmidt, Der Prozeß als Rechtslage 1925.

Zeitschriften: Gerichtssaal, Goltdammers Archiv für Strafrecht, Zeitschrift für die gesamte Strafrechtswissenschaft, Rechtsgang.

R. Schmidt-v. Weber, Aktenstücke zum Strafprozeß,[5] 1927; Beling, Fälle aus dem Strafprozeßrecht,[4] 1920; Allfeld, Fälle aus dem Strafprozeßrecht 1919; Graf Dohna, Übungen im Strafrecht und Strafprozeßrecht,[2] 1924; v. Rohland, Strafprozeßfälle 1904.

Zur Verordnung vom 4. Januar 1924: Kronecker, **ZStW. 45** 421; Drucker, **JW. 53** 241; v. Hippel, M. Schr. Krim. Psych. **15** 129; Heinrich, Bayr. Z. 1924, 36; Otker, **GS. 90** 341; Nagler, ebenda 368; Lobe, **DJZ. 29** 81; v. Staff, DRichtZ. 1924, 33; Döll, BayrZ. **24** 117; Ebermayer, **LZ. 18** 49; Heimberger, Z. f. Staats- u. Selbstverwaltung **5** 312, 333; Hartung, Recht 1924, 101; derselbe, **JW.** 1925, 884; Alsberg, ebenda 888.

---

[1]) Ist eine Strafsache aus der Revisionsinstanz an das Untergericht zurückverwiesen, so ist freilich die revisionsgerichtliche Rechtsauffassung bei der Erledigung dieser Strafsache für das betreffende Untergericht verbindlich, § 358 I. Von Gewohnheitsrecht ist aber auch hier keine Rede; die Verbindlichkeit berührt nur den einzelnen Fall in seiner besonderen Prozeßlage.

[2]) Außer den vorstehend genannten Gesetzestextausgaben.

§ 4. Der Herrschaftsbereich des Strafprozeßrechts.

Zweck der StPO. und ihrer Nebengesetze ist, den deutschen Strafjustizorganen die Normierungen an die Hand zu geben, an die sie sich in ihrem eigenen Verhalten und bei Beurteilung fremden Verhaltens halten sollen. Aber es fragt sich doch, welche Prozeßvorgänge diesen Normierungen untertänig sein sollen. Soll die deutsche Strafjustiz immer unterschiedlos nach deutschem Strafprozeßrecht verfahren? Immer unterschiedlos nach dem gegenwärtig geltenden Strafprozeßrechte? Und inwieweit soll sie sich nach Reichs-, inwieweit nach Landesprozeßrecht richten?

1. In Ansehung des „internationalen Strafprozeßrechts" gilt der Grundsatz: In einem bei deutschen Strafrechtspflegeorganen geführten Strafverfahren hat sich jeder, insbesondere der Richter, lediglich an das einheimische Prozeßrecht zu halten; so unterstehen z. B. Zulässigkeit und Art und Weise der Zeugenvereidigung, Form und Wirksamkeit einer Rechtsmitteleinlegung, einer Richterablehnung usw. ausschließlich dem deutschen Recht.

Nach ausländischem Prozeßrecht hat sich der Richter auch dann nicht zu richten, wenn das betreffende Verfahren als Ganzes bei einer ausländischen Behörde geführt wird, und er im Wege der internationalen Rechtshilfe um einen helfenden Einzelakt angegangen wird (auch in solchem Falle darf er eine Vereidigung, eine Verhaftung usw. nicht vornehmen, für die nicht die deutschrechtlichen Voraussetzungen vorliegen). Sollte die auswärtige Behörde um Besonderheiten ersuchen, die nach deutschem Recht rechtlich irrelevant sind (etwa daß bei der Vereidigung eines Zeugen zwei Kerzen brennen sollen), so hat er dem zu genügen, doch aber eben nur auf Grund des Ersuchens, nicht in Handhabung des fremden Prozeßrechts.

Fremdstaatliche Prozeßakte haben für uns nur die Bedeutung rein tatsächlicher Vorkommnisse. Eine prozeßrechtliche Bedeutung heftet sich an sie nicht an. Auf die Klage eines ausländischen Staatsanwalts hin hat das Gericht das Verfahren nicht zu eröffnen; an ausländische Urteile schließen sich keine „Rechtskraft"-Wirkungen an (Ausnahme: StGB. § 5[1]).

Besonderes gilt jedoch dann, wenn unsere Behörden im Wege der internationalen Rechtshilfe einen ausländischen Hilfsakt erzielt haben; dieser ist, auch wenn er nicht dem deutschen Recht entsprechend vorgenommen ist (z. B. wenn ein Zeuge, der nach deutschem Recht hätte vereidigt werden sollen, uneidlich vernommen worden ist, weil er nach dem fremden Prozeßrecht nicht eidesfähig war), doch als rechtlich bedeutsamer Prozeßvorgang zu berücksichtigen (natürlich nur so, wie er geschehen ist; im vorstehenden Beispielsfalle also in der Eigenschaft einer unbeeidigten Bekundung).

Ganz gleichgültig ist der Ort der Betätigung (ob im Inlande oder im Auslande). Das Strafprozeßrecht hat kein bestimmt umgrenztes „räumliches Herrschaftsgebiet"; sein „räumliches Herrschaftsgebiet" ist vielmehr grenzenlos. Die häufig begegnende Lehre: „Räumliches Herrschaftsgebiet des deutschen Strafprozeßrechts sei das deutsche Reichsgebiet"; es gelte „Territorialitätsprinzip"; „Strafprozeßrecht habe keine extraterritoriale Geltung" beruht auf Irrtum. Sie stammt aus dem internationalen Privatrecht, wo sich für die Form der Rechtsgeschäfte der Satz „Locus regit actum" herausgebildet hat. Man nahm den Prozeß als Rechtsgeschäft und folgerte (zunächst für den Zivilprozeß), daß „Ordo judicii regitur legibus loci, ubi causa agitur". Aber dieser Satz ist kein deutschpositivrechtlicher. Daß er überhaupt länger festgehalten werden konnte, erklärt sich daraus, daß tatsächlich die deutschen Organe in der Regel auf deutschem Boden amtieren (die fremdländischen vice versa), in Verbindung damit, daß nach völkerrechtlichen Anforderungen die Staaten in der Regel Hoheitsakte auf fremdem Staatsgebiet nicht vornehmen dürfen; dazu kam obenein die unklare Vorstellung eines „völkerrechtlichen Territorialitätsprinzips" in dem Sinne, als „dürfe" ein Staat nur das auf seinem Gebiete Geschehende rechtlich regeln.

Demgegenüber ist zu betonen (nicht nur, daß die Erstreckung der rechtlichen Regelung durch einen Staat auf Auslandsvorkommnisse, wie z. B. in StGB. § 4[1], durch das Völkerrecht nicht verboten ist, sondern auch), daß die Staatsgewalt nach Völkerrecht befugt ist, jenseit ihres Gebiets Hoheitsakte auf staatenlosem Gebiet, ferner auf fremdem Staatsgebiet mit Erlaubnis des fremden Staats, sowie im Kriegsfalle im besetzten Feindesland vorzunehmen, und daß das Deutsche Reich in derartigen Fällen — in denen also ausländisches Gebiet der Schauplatz deutschstaatlicher Tätigkeit ist — für Strafjustizakte das deutsche Strafprozeßrecht gehandhabt wissen will. Da die Lehre vom „strafprozeßrechtlichen Territorialitätsprinzip" dies nicht bestreiten kann (wie ja auch umgekehrt z. B. Frankreich auf dem von ihm besetzten deutschen Boden nicht nach dem deutschen, sondern nach seinem eigenen Strafprozeßrecht verfährt), so nimmt sie Zuflucht zu der „Exterritorialitätsfiktion": das Ausland sei in diesen Fällen „als Inlandsgebiet anzusehen" — eine unnötige und verwirrende Vorstellung.

Die Bedeutungslosigkeit des „Ortes der Tätigkeit" zeigt sich auch darin, daß z. B. von schriftlichen Erklärungen Privater, wie

Rechtsmitteleinlegung, Gesuch um Entbindung vom Erscheinen usw., hinsichtlich der Wirksamkeit nicht danach gefragt wird, ob der Brief im Inlande oder Auslande geschrieben ist.

Damit erhellt, was die Redewendung in § 1 EStPO.: „Die StPO. tritt im ganzen Umfange des Deutschen Reichs in Kraft", besagen will, nämlich: alle deutschen Organe sollen sich an die StPO. halten, einerlei, ob sie deutschen oder (z. B. bei auswärtigem Handeln auf Grund eines Staatsvertrags, im Kriegsfalle) fremdstaatlichen Boden unter den Füßen haben.

Noch viel weniger als der Ort der prozessualen Tätigkeit spielt der Ort der Tat (ob im Inland oder im Ausland) für die Frage, ob der Prozeß nach deutschem Recht zu gestalten ist, eine Rolle. Insbesondere machen die §§ 3, 4 StGB., obwohl sie von „Verfolgung" sprechen, die deutschrechtliche Prozeßerledigung nicht vom Tatort abhängig; gemeint ist in ihnen vielmehr die Abhängigkeit der Strafbarkeit vom Tatort.

2. Das „intertemporale Strafprozeßrecht" gilt dem Problem, inwieweit neu in Kraft tretendes Prozeßrecht die vom Zeitpunkt seines Inkrafttretens aus gesehen vergangenen und zukünftigen Prozesse und Prozeßvorkommnisse ergreift, insbesondere, ob für die Fortführung schwebender Prozesse noch das alte Recht maßgebend bleibt, oder ob umgekehrt das neue Recht rückwirkend für das bisher Geschehene maßgebend wird.

Eine allgemeine Gesetzesbestimmung ist hierfür nicht vorhanden; wohl aber sind der StPO. und verschiedenen späteren Strafprozeßgesetzen besondere „Übergangsbestimmungen" hinzugesellt worden, vgl. z. B. EStPO. §§ 8, 10, 12, EGVG. § 14; Ges. betr. Aufhebung der Militärgerichtsbarkeit Art. III, V^o. vom 4. Januar 1924 §§ 40 ff. Soweit diese Übergangsbestimmungen unvollständig sind oder ein neues Gesetz ohne solche auftritt, bedarf die intertemporalrechtliche Frage stets einer Sonderbeantwortung aus dem Gedankenkreise des betreffenden neuen Gesetzes selbst. Dabei werden im allgemeinen folgende Gesichtspunkte leitend sein müssen (immer, soweit nicht gegenteilige Willensmeinung des Gesetzgebers hervortritt):

a) Jeder erst nach dem Inkrafttreten des neuen Rechts beginnende Prozeß ist vollständig nach neuem Recht abzuwandeln.[1])

b) Prozesse, die nach altem Recht erledigt waren, bleiben

[1]) Auch wenn die Tat, um die es sich handelt, zur Zeit des alten Prozeßrechts begangen ist. § 2 StGB. findet auf das intertemporale Strafprozeßrecht weder direkt noch analog Anwendung; gleichgültig ist insbesondere, ob das alte oder das neue Gesetz „milder" ist.

erledigt, auch wenn nach neuem Recht, wenn es schon zuvor gegolten hätte, eine Fortführung statthaft gewesen wäre.

c) In begonnenen und noch nicht erledigten Prozessen ist die Frage, ob das Verfahren an sich überhaupt zulässig ist (Strafklagerecht, s. unten § 24), ex nunc zu beurteilen: ein nach neuem Recht nicht mehr zulässiges Verfahren ist einzustellen; ein nach altem Recht nicht zulässig gewesenes, jetzt aber zulässiges Verfahren ist fortzuführen. Im übrigen ist im weiteren Prozeßgang einesteils das neue Handeln nach dem neuen Recht zu gestalten, anderenteils die rechtliche Bedeutung der bisherigen Prozeßakte nach dem bisherigen Recht zu beurteilen, so daß ein solcher, wenn er danach wirksam war, die Wirksamkeit nicht dadurch verliert, daß er, jetzt vorgenommen, die Wirkung nicht haben würde, und umgekehrt durch die Rechtsänderung keine Wirkung erhält, die er nicht hatte.[1])

3. An das Reichsstrafprozeßrecht sind alle sich bei deutschen Strafjustizbehörden abspielenden Verfahren gebunden. Daneben ist das Landesstrafprozeßrecht (scil. soweit es reichsrechtlich statthaft ist) derart maßgebend, daß sich das bei einer einzelstaatlichen Strafjustizbehörde abspielende Verfahren an die strafprozeßrechtlichen Normen dieses Einzelstaats zu halten hat (die preußischen Gerichte haben sich an das preußische, und nur dieses, die bayrischen an das bayrische Landesrecht, und nur dieses zu halten usw.), und daß solche einzelstaatlichen, dem eigenen Landesrecht entsprechenden Prozeßakte die ihnen danach zukommende rechtliche Bedeutung auch für alle anderen deutschen Justizorgane zu beanspruchen haben (z. B. für das Reichsgericht als Revisionsinstanz).

Deutsches Strafrechtsanwendungsrecht. § 5.

Hegler, Prinzipien des internationalen Strafrechts 1906; Silberschmidt, **ZStW.** 22 58; Mezger, **ZStW.** 42 348; Träger, Vergleichende Darstellung des dtsch. u. ausländ. StrR., Allg. T. **6** 317; Derselbe **ZStW.** 42 721 und **GS.** 77 104; Kohlrausch, **ZStW.** 23 41; Käckell, Die Bedeutung des Strafgesetzbegriffs i. d. L. v. d. strafrechtl. Rückwirkung 1925.

Neben der Frage, welches der mehreren Strafprozeßrechte maßgebend ist, und unabhängig von ihrer Beantwortung tritt die

[1]) In letzterer Beziehung eine Einschränkung: Wo ein älterer Prozeßakt, neurechtlich betrachtet, wirksam gewesen wäre, während er es nach altem Recht nicht war, wird anzunehmen sein, daß ihm das neue Recht die ihm bisher fehlende Wirksamkeit verleihen will, wenn die Absprechung der Wirksamkeit nur die Folge haben würde, daß der Prozeßakt in der alten Weise wiederholt und damit das Verfahren zwecklos verzögert würde.

weitere Frage auf, welches der mehreren materiellen Strafrechte (ausländisches — inländisches; älteres — jüngeres; Reichs- — Landesstrafrecht) im Prozeß angewendet werden soll (vgl. oben § 2 IV).

1. Soweit es sich um die Frage der Auswahl zwischen deutschem und ausländischem Strafrecht handelt (Frage nach den deutschrechtlichen „Kollisionsnormen" auf dem Gebiete des Strafrechts)[1]), gilt der Grundsatz, daß in deutschen Strafprozessen immer nur das deutsche Strafrecht anzuwenden ist. Eine Ausnahme findet sich in StGB. § 4^3 II a. E.

2. Wenn deutschstrafrechtliche Regelungen verschiedenen Inhalts zeitlich aufeinanderfolgen, so erhebt sich die Frage, welche dieser Regelungen im Prozeß die Beurteilungsnorm für den Fall abgeben soll („intertemporales Strafrechtsanwendungsrecht"). Die Antwort ist zunächst dahin zu formulieren: es ist anzuwenden dasjenige Strafrecht, das a) schon in Kraft gesetzt ist (ein Strafgesetz, das am 1. Oktober 1927 erlassen wäre und für das als Zeitpunkt des Inkrafttretens der 1. Januar 1929 bestimmt wäre, würde vor dem 1. Januar 1929 noch nicht anzuwenden sein); b) für die Rechtsanwendung noch in Kraft steht. Zu b) fragt sich aber, inwieweit eine Neugestaltung des Strafrechts (Aufhebung bisheriger Gesetze, gegebenenfalls unter gleichzeitiger Schaffung neuer Gesetze) zugleich eine Außerkraftsetzung der bisherigen Regelung und eine Inkraftsetzung der neuen für die Rechtsanwendung bedeutet.

Diese Frage regelt § 2 StGB. in folgendem Sinne: Eine der abzuurteilenden Tat nachfolgende Neuregelung tritt für die Rechtsanwendung hinsichtlich dieser Tat nicht in Kraft (bleibt hinsichtlich ihrer vielmehr dauernd unanwendbar), es wäre denn, daß sie milder als das tatzeitige Strafgesetz ist (mit Einschluß der Fälle, daß die Neuregelung in dessen einfacher Aufhebung besteht); auch die mildere Neuregelung wird für die Rechtsanwendung durch spätere noch mildere verdrängt, wohingegen alle im Vergleich zum tatzeitigen Strafgesetz oder dem nachgefolgten mildesten Gesetz härteren Neuregelungen hinwiederum unbeachtlich bleiben (sog. rückwirkende Kraft des milderen Strafgesetzes mit Einschluß von „Zwischengesetzen").

---

[1]) Diese Frage pflegt in das „internationale Strafrecht" eingestellt zu werden. Das eigentliche sog. internationale Strafrecht hat jedoch die innerstrafrechtliche Frage zum Gegenstande, welche Bedeutung für die deutschrechtliche Strafbarkeit die Zugehörigkeit des Tatorts zum Inland oder Ausland, die Staatsangehörigkeit des Täters oder des Verletzten haben. Die oben im Text behandelte Frage betrifft dagegen die Vorfrage, ob das deutsche Recht für die Beurteilung des Falles zugrunde zu legen ist, also das deutsche „internationale Strafrechtsanwendungsrecht".

Vorausgesetzt ist dabei, daß die mehreren aufeinander gefolgten Gesetze nicht in ihrem Inhalte nach auseinanderliegende zeitliche Herrschaftsbereiche haben. Würde ein Gesetz von den im Jahre 1926 begangenen, ein späteres von den im Jahre 1927 begangenen Taten bestimmter Art sprechen, so würden beide Gesetze nebeneinander je mit eigenem Herrschaftskreis in Geltung stehen und für die Rechtsanwendung in Betracht kommen, so daß es nur auf die Feststellung ankäme, in welchem der beiden Jahre die Tat begangen ist. Vollends entfällt die Heranziehung des § 2 StGB dann, wenn gar nicht zwei Regelungen hintereinander ergangen sind, sondern nur ein Gesetz, das sich inhaltlich nur auf die in einen bestimmten Zeitraum (z. B. in das Jahr 1927) hineinfallenden Lebensvorkommnisse bezieht (sog. „Zeitgesetz"). Der „Ablauf" dieses Gesetzes bedeutet dann nur, daß die jenseits geschehenden Handlungen inhaltlich nicht unter das Gesetz fallen; es bleibt in Geltung und steht auch für die Rechtsanwendung weiterhin in Kraft. Hier so wenig wie bei Aufeinanderfolge von Gesetzen mit zeitlich getrennten Herrschaftsbereichen tritt das dem intertemporalen Strafrechtsanwendungsrecht charakteristische Auswahlproblem auf.[1])

3. In jedem deutschen Strafprozeß ist das deutsche Reichsstrafrecht anzuwenden. Daneben Landesstrafrecht, soweit es nach §§ 2ff. EStGB. reichsrechtlich statthaft ist, so jedoch, daß jedes Landesrecht nur in den vor dem betreffenden Gliedstaat schwebenden Verfahren anzuwenden ist (preußisches Strafrecht nur vor preußischen Gerichten usw.), und daneben nur das Reichsgericht zur Anwendung von Landesstrafrecht (des jeweils für den Fall einschlägigen) berufen ist.

Besonders zu beachten ist, daß möglicherweise im nämlichen Prozeß Reichsstrafprozeßrecht maßgebend, aber Landesstrafrecht anzuwenden ist (z. B. der ordentliche Strafprozeß wegen eines im bayr. Polizeistrafgesetz unter Strafe gestellten Verhaltens), oder umgekehrt das Verfahren nach landesrechtlicher Normierung vor sich geht und doch das Reichsstrafrecht der Beurteilung des Falles zugrunde zu legen ist (z. B. polizeiliches Strafverfügungsverfahren nach § 6 ³ EStPO. wegen Übertretung aus StGB. §§ 360ff.).

---

[1]) Anders nur, wenn (was Auslegungsfrage ist) die Nichterneuerung eines Zeitgesetzes auf dem Gedanken beruht, daß die in dem Zeitgesetz getroffene Regelung verfehlt gewesen sei (nicht bloß, daß sie jetzt nicht mehr nötig sei). Auf solche Fälle ist § 2 StGB. sinngemäß zu erstrecken, es ist also vom Ablauf des Zeitgesetzes ab eine Verurteilung aus diesem nicht mehr statthaft.

§ 6. Strafprozeßrechtliche Methodenlehre.

Sauer, Arch. f. RPhilos. **19** 268.

I. Die Ausmittelung des Inhalts der strafprozeßrechtlichen Normierungen steht selbstverständlich zunächst unter den allgemeinen Gesetzen alles juristischen Denkens (und damit unter den allgemeinen Denkgesetzen überhaupt). Deshalb sind die mit dem Rechtsbegriff notwendig gegebenen „formalen Grundbegriffe" (die „Kategorien des Rechts", Ordnungsgesichtspunkte) — Rechtssatz, Rechtmäßigkeit und Rechtswidrigkeit, Rechtssubjekt und -objekt, Rechtsverhältnis, subjektives Recht (Befugnis, Anspruch) und Rechtspflicht[1]), Rechtsgrund und Rechtsfolge usw. — auch für die Strafprozeßrechtswissenschaft grundlegend. Ferner ist die „juristische Methode im engeren Sinne", d. i. das Denkverfahren, das zur Gewinnung der Inhalte der (positivrechtlichen) Rechtssätze geboten ist, insoweit auch für das Strafprozeßrecht maßgebend, als sich ihre Lehrsätze als das Recht allgemein angehende legitimieren. Deshalb ist der heutige Methodenstreit über „Gesetzesauslegung" und „Gesetzeslückenausfüllung" auch für die Strafprozeßrechtswissenschaft bedeutsam. In diesem Buche wird unter Ablehnung der „freien Rechtsfindung", die in Wahrheit eine Verneinung des Bestandes rechtlicher Normierung bildet, der Standpunkt vertreten, daß

1. die „juristischen Konstruktionen" notwendig sind, um die Probleme klar und bestimmt zu formulieren und die Ergebnisse auszudrücken; daß aber solche formale logische Linienführung keine Gewähr für die Positivität der einen oder anderen Konstruktion bietet, daß vielmehr

2. das Inhaltliche der Normierungen in die Welt der empirischen Zweckvorstellungen eingebaut ist („Interessenjurisprudenz"), und als geltenden Rechtens alle die und nur die Normierungsinhalte anzusprechen sind, die mittelbar oder unmittelbar den Zweckvorstellungen der jeweils führenden Schicht des betreffenden recht-

[1]) Goldschmidt will die Begriffe der prozessualischen Rechte und Pflichten der Parteien übergeführt sehen in die der „prozessualen Aussichten, Möglichkeiten, Lasten und Befreiungen von Lasten". Richtig ist, daß eine laxe (auch dem Gesetz nicht fremde) Terminologie manches als „Recht" oder „Pflicht" bezeichnet, was doch nur auf eine Bedingung für Erhaltung von Vorteilen oder Vermeidung von Nachteilen hinausläuft (z. B. sind die Parteien nicht „verpflichtet", die gesetzlichen Rechtsmittelfristen und -formen einzuhalten). Aber neben solchen „unechten" Rechten und Pflichten gibt es auch echte (Pflicht des Beschuldigten, auf Ladung zu erscheinen, Befugnis desselben zur Anwesenheit in der Hauptverhandlung, Anspruch auf Gehör usw.), deren juristischer Gehalt mit der bloßen Bezeichnung als „Aussichten, Möglichkeiten usw." nicht ausgeschöpft wäre.

setzenden Verbandes entsprechen: mittelbar da, wo jene führende Schicht die Gesetzgebung walten läßt (Gesetzesauslegung teleologisch nach Maßgabe der Zweckvorstellungen der an der Gesetzesschaffung beteiligten Menschen); unmittelbar zur Ergänzung von Gesetzeslücken.

II. Daneben hat aber das Strafprozeßrecht

1. seine ihm eigenen, mit seinem Begriff von selbst gegebenen Grundbegriffe.

Ihre Funktion ist, wie die der allgemeinen formalen Rechtsgrundbegriffe überhaupt, die, daß sie zu notwendigen Grundproblemstellungen hinführen, auf die jedes Prozeßrecht notwendig eine Antwort haben muß, daß sie als Fragegesichtspunkte, Kategorien, für die Ordnung des Rechtsstoffs auftreten, ohne doch über das quomodo der rechtlichen Regelung Auskunft zu geben.

Der allgemeinste dieser Begriffe ist der mit dem Begriff des Strafprozeßrechts zugleich gesetzte Begriff des „Strafprozesses". Vgl. oben § 1.[1]) Bei der Handhabung dieses Begriffs ist aber zu beachten, daß unter „Strafprozeß" bald einmal die reine Verfahrensgestalt als solche, die den Strafprozeß charakterisierenden Züge selber verstanden werden, bald einmal der „einzelne" („konkrete", „individuelle") Strafprozeß als faktisches Ereignis, entsprechend wie man im Strafrecht von „Verbrechen" sowohl im Sinne des reinen Verbrechensbegriffs, wie auch im Sinne des einzelnen Verbrechensfalls spricht. Nimmt man das Wort im zweiten Sinne, so taucht das Problem der Zählung, Sonderung und Abgrenzung der Prozesse gegeneinander auf, vgl. unten § 40.

Aus dem Begriff des Strafprozesses strahlen weiterhin aus: Der Begriff des „Prozeßgegenstands" als des Themas der im Prozeß zu lösenden Aufgabe; der der „Prozeßhandlung", des „Prozeßsubjekts", des „Prozeßverhältnisses", des „subjektiven Prozeßrechts", der „Prozeßpflicht" usw.

2. Hinsichtlich der Gewinnung der Regelungsinhalte des Strafprozeßrechts ist

[1]) Eine Verkennung des Prozeßbegriffs ist es, wenn man 1. den Prozeß als ein *Rechtsverhältnis* bezeichnet; er ist nicht selber ein solches, sondern ist ein Stück Menschenleben (ein Vorgang), hinsichtlich dessen das Prozeßrecht Rechtsverhältnisse begründet; 2. ihn als eine *Rechtslage* charakterisiert (Goldschmidt); richtig nur, daß das Prozeßrecht gewisse Lebenslagen zu Voraussetzungen der prozessualischen Tätigkeit macht oder aus letzterer gewisse Rechtslagen hervorgehen läßt; 3. ihn als „*Rechts- und Sachgestaltung*" (dabei „Sache" = Prozeßgegenstand, Rechtsfall) fassen will (*Sauer*); denn damit wird nicht sowohl etwas darüber ausgesagt, was „Prozeß" ist, als vielmehr, welche *Funktionen* er hat oder haben soll (vgl. überdies unten § 26).

a) zweifelhaft geworden, ob analogische Erstreckung eines Gesetzestextes auf gleichwertige, durch den Text aber nicht gedeckte Fallgruppen in derselben Weise, wie sonst innerhalb der Rechtswissenschaft statthaft sei. Die Frage ist aber zu bejahen. Insbesondere kann dabei auch (was mitunter bestritten wird) ein zivilprozessualischer Gesetzesparagraph zum Fußpunkt genommen werden (nur daß dann, wie bei Analogie überhaupt, die Vollziehung des Analogieschlusses nur so weit möglich ist, als sich die Interessenlagerung im Strafprozeß mit der zivilprozessualen deckt).

Analogischer Ausdehnung fähig sind auch solche Gesetzesbestimmungen, die dem Beschuldigten in seinen Interessen verkürzen. Wenn § 2 StGB. das Individuum in strafrechtlicher Hinsicht vor einer zu seinen Ungunsten wirkenden Analogie sicherstellt, so beruht dies auf dem Gedanken, daß das Strafleiden, bei dem der Nachdruck gerade auf dem Leidensollen liegt, nach Ob und Wie nicht ins Ungewisse gestellt sein soll. Die Prozeßbehelligung ist generisch anderer Art; wenn sie das Individuum in seinen Interessen beeinträchtigt, so besteht darin nicht ihr Wesen, und deshalb steht sie nicht mit dem Strafleiden, sondern mit solchen Interessenverkürzungen auf derselben Linie, die sich das Individuum im Verwaltungsrecht dem Staate gegenüber gefallen lassen muß. Es fehlt somit an der ratio, um das Analogieverbot des § 2 StGB. analog in das Strafprozeßrecht zu übertragen.

b) Bisweilen taucht die Meinung auf, bei Zweifeln über die Tragweite einer Gesetzesbestimmung greife der Satz „In dubio pro reo" ein. Dies ist irrig; der angeführte Satz gilt nur für die Tatsachenfeststellung im Prozeß (unten § 52).[1])

c) Das Rangverhältnis zwischen den zeitlich aufeinandergefolgten Regelungen bestimmt sich nach dem Satze Lex posterior derogat priori. Zu beachten ist jedoch, daß die Neutextierung der StPO. und des GVG. vom 22. März 1924 gemäß § 43 der Vo. vom 4. Januar 1924 lediglich technischer Natur sein durfte, und deshalb diese Verordnung gegenüber der Textierung vom 22. März 1924 den Vorrang hat; ferner, daß das Jugendgerichtsgesetz vom 16. Februar 1923 als Lex specialis von der allgemeinen Neuregelung von 1924 insoweit unberührt geblieben ist, als diese mit den Grundgedanken des JugGGes. nicht vereinbar wäre.

d) Aus dem Gebiete des technischen Sprachgebrauchs der StPO. ist besonders zu erwähnen, daß das „Muß" in einer Gesetzesstelle

---

[1]) Zutreffend RG., JW. 1924 S. 1784.

(gleichbedeutend: „es ist . . . zu tun", „es hat . . . zu geschehen") und das „Soll" nicht dasselbe bedeuten (wie auch in anderen modernen Gesetzen). Dabei bedeutet der Unterschied freilich nicht dasjenige, was der philosophische Sprachgebrauch im Auge hat; philosophisch genommen sind alle Rechtssätze „Sollsätze" (Anforderungen, bei denen die Möglichkeit besteht, daß das Gesollte tatsächlich nicht geschieht), während das „Muß" eine unausweichliche Notwendigkeit ausdrückt. „Mußvorschriften" („imperativische Vorschriften") im Sinne der StPO. sind vielmehr solche, deren Nichteinhaltung auch weiterhin einen Verfahrensfehler darstellt (Beispiele: StPO. §§ 215, 217, 229, 259), während bei Nichteinhaltung von bloßen „Sollvorschriften" („instruktionellen Vorschriften") zwar ein Verstoß gegen das Gesetz vorliegt, über diesen aber weiterhin zur Tagesordnung übergegangen wird, so daß also das rechtswidrige Verhalten keinen rechtswidrigen Prozeßzustand nach sich zieht (Beispiele: StPO. § 64 I S. 2; GVG. § 34). Öfter wird dem Unterschied noch die weitere Bedeutung zugeschrieben, der von einer Mußvorschrift Angeredete habe ihr ausnahmslos zu entsprechen, der von einer Sollvorschrift Angeredete habe dies nur „in der Regel" zu tun, es sei ihm aber nicht verwehrt, sie unbefolgt zu lassen, wenn er Gründe dafür habe. Nun gibt es gewiß Sätze, die besagen, daß etwas „in der Regel" geschehen soll oder muß, die also dem Angeredeten ein Ermessen freigeben; diese sind aber mit den Sollvorschriften nicht identisch.[1])

Übrigens ist die Gesetzessprache nicht derart exakt durchgearbeitet, daß die Ausdrücke „Muß" (und gleichstehende) und „Soll" stets den vorentwickelten Sinn haben müssen (z. B. sind die §§ 59, 275 I trotz gegenteiliger Sprachform bloße Sollvorschriften).

Ergänzungs- und Hilfswissenschaften. § 7.

Zu II: **Beling** in v. Holtzendorff-Kohlers Enzyklopädie,[7] 5 204; **Marbe**, Grundzüge der forensischen Psychologie 1913; **Krafft-Ebing**, Psychopathia sexualis, [16/17] 1924, hrsgeg. von Moll; **Hans Groß**, Kriminalpsychologie 1898; **Wulffen**, Kriminalpsychologie 1925; **Ortloff**, Lehrb. d. Kriminalpolizei 1881; **Niceforo**, Die Kriminalpolizei und ihre Hilfswissenschaften 1909; **H. Groß**, Die Erforschung des Sachverhalts strafbarer Handlungen,[6] von **Höpler** 1921; **H. Groß**, Handb. f. Untersuchungsrichter,[7] von **Höpler** 1922; **H. Groß**, Gesammelte kriminalistische Aufsätze 1908; **Weingart**, Kriminaltaktik 1904; **Albert Hellwig**, Moderne Kriminalistik 1914; **Schneickert**, Einführung in die Kriminaltechnik 1921; **Derselbe**, Verheimlichte Tatbestände und ihre

[1]) Vgl. **Beling**, ZStW. 38 467.

Erforschung 1924; Derselbe, Signalementslehre (I. Reiß, Das gesprochene Porträt, II. Schneickert, Identitätsfeststellung ohne Signalement) 1908; St. Genzmer, Die Tätigkeit der Polizei in Strafsachen,[7] von F. Genzmer; Stieber, Prakt. Lehrb. der Kriminalpolizei,[3] von Schneickert 1921; Roscher, Großstadtpolizei 1912; Paul, Handb. der kriminalistischen Photographie,[2] 1900; Schneickert, Graphologie, ZStW. 33 637; Klages, Die Probleme der Graphologie 1910; Derselbe, Prinzipien der Charakterologie 1910; Poppée, Graphologie 1908; Klatt, Die Körpermessung der Verbrecher nach Bertillon und die Photographie als die wichtigsten Hilfsmittel der gerichtlichen Polizei sowie Anleitung zur Aufnahme von Fußspuren 1902; Windt-Kodiček, Daktyloskopie 1914; Heindl, System und Praxis der Daktyloskopie und der sonstigen technischen Methoden der Kriminalpolizei[3] 1927; Weingart, Handb. f. d. Untersuchen von Brandstiftungen 1895; Zell, Der Polizeihund als Gehilfe der Strafrechtsorgane 1909; Avé-Lallement, Das deutsche Gaunertum 1858—1862; Klaußmann, Berliner Gauner 1888; Lindenau, ZStW. 22 287, 24 381; Günther, Das Rotwelsch des deutschen Gauners 1905. — Archiv für Kriminalanthropologie und Kriminalistik, seit 1898. Vgl. auch: Der Pitaval der Gegenwart, hrsgeg. von Frank, Roscher und Schmidt (erscheint in fortlaufenden Heften).

I. Die Strafprozeßrechtswissenschaft zielt ab auf Erforschung des Sinngehalts der für den Strafprozeß geltenden Normierungen. Nicht in sie hinein fallen deshalb Beobachtungen über die sich tatsächlich abspielenden Prozesse selber in ihrer reinen Tatsächlichkeit, sei es in ihrer historischen Einmaligkeit, sei es im Sinne einer Massenbeobachtung über regelmäßig wiederkehrende Geschehnisse und Geschehniszusammenhänge. Solche strafprozessuale „Rechtstatsachenforschung", der es freilich heute noch an der wissenschaftlichen Zusammenfassung fehlt, stellt ein Stück der Soziologie dar, das man Strafprozeßsoziologie nennen kann (nicht zu verwechseln mit der Kriminalsoziologie, die eine Gesellschaftslehre vom Verbrechen darstellt). Ihre Probleme sind z. B.: inwieweit sich die Strafprozesse tatsächlich mit den Rechtsanforderungen in Übereinstimmung halten oder nicht, und woher dies kommt, woher es z. B. kommt, daß Delikte nicht angezeigt werden; welchen Gebrauch die Richter von einem ihnen rechtlich freigegebenen Ermessen (z. B. betreffend Bestellung von Verteidigern, Vereidigung von Zeugen) zu machen pflegen; in welchem Maße das Publikum von der Möglichkeit des Zutritts zu Gerichtsverhandlungen Gebrauch macht; welche Wirkung auf das Leben die Vorgänge des Strafprozesses entfalten.

Solche Feststellungen können namentlich für die Strafprozeßgesetzgebung wertvoll sein. Besondere Dienste tut dabei die statistische Zählmethode (Strafjustizstatistik, Zählung der Anklagen, der Freisprechungen, der Verurteilungen, der Zeitdauer der Prozesse usw. nicht zu verwechseln mit der Kriminalstatistik).

II. Den an einem Strafprozeß Beteiligten kommt für die zweckgerechte Erfüllung der ihnen durch die Rechtsordnung gesetzten Aufgaben die **Strafprozeßtechnik** zu Hilfe. Sie vermittelt als Kunstlehre für Rechtsbefolgung und Rechtsanwendung die erforderlichen erfahrungswissenschaftlichen Kenntnisse der Tatsachen und Zusammenhänge des materiellen und des Seelenlebens und die sich daraus ergebenden Fingerzeige für die Art und Weise des Vorgehens im Prozeß, namentlich für die Erforschung des Tatsachenmaterials im Prozeß („Untersuchungskunde", „Kriminalpolizeiwissenschaft"). Hierher gehören z. B. Belehrungen über die Aufnahme von Spuren in Schnee, Sand usw., über die Verwendung der Photographie im Dienste der Sachverhaltsforschung, über Gaunertricks und -sprache usw., sowie die auf den Strafprozeß angewendete Psychologie („Kriminalpsychologie").[1])

Dem besonderen Zwecke, den von der Strafjustiz zugezogenen Sachverständigen an die Hand zu gehen und zugleich den Strafjustizbehörden zu zeigen, inwieweit sie auf die Hilfe von Sachverständigen angewiesen sind und was sie von diesen voraussetzen dürfen, dienen die gerichtliche „(forensische) Medizin", die „gerichtliche Chemie" usw.

Die allgemeine rechtspolitische Aufgabe des Strafprozeßrechts. § 8.

Beling, Handb. d. Politik, Abschnitt „Strafrechtspflege",[3] **3** 189; **Beling**, Grenzlinien zwisch. Recht u. Unrecht bei Ausübung der Strafrechtspflege 1913; **Beling**, Strafprozeßreform u. energetischer Imperativ, Arch. f. RPhilos. **13** 253, **14** 40; **Kern**, Die Raschheit d. Justiz, in d. Mon.-Schrift f. KrPsychol. u. StrR.-Reform **15** 237; **Liepmann**, ZStW. **44** 647; **Carnevale**, L'ideale giuridico nella procedure penale, Riv. pen. **67** 5; **Pustoroslew** im Arch. f. RPhilos. **3** 141.

I. Der Sinn des Strafprozesses als Rechtsinstituts ist der: **ein Mittel im Dienste des Strafrechtsschutzzwecks zu sein.** Daß er, als ein unter Staatsbeteiligung vor sich gehendes Verfahren, jedenfalls das bessere Mittel für diesen Zweck ist, als die Überlassung der Strafrechtsverwirklichung an die Selbsthilfeübung, liegt auf der Hand. Von solcher ist erfahrungsgemäß eine treffsichere Verwirklichung der Strafe nicht zu erhoffen; sie wird gegenüber gesellschaftlich Mächtigen ausbleiben und im übrigen leicht statt zu Strafe zu Racheübung mit ihrer blinden Maßlosigkeit, ihrer Unbekümmertheit um das Gegebensein der rechtlichen Vergeltungsvoraussetzungen, sowie zu Streitverschärfung führen.

---

[1]) Diese hat mit der gleichnamigen Lehre von der „Verbrecherseele" als einer angeblich besonderen Art Seele nichts zu tun.

II. Als eine Einrichtung im Dienste des Strafrechts ist der Strafprozeß darauf angelegt, die im Strafrecht abstrakt-generell normierten Rechtsfolgen in den einzelnen konkreten Fällen zu ermitteln und zur Verwirklichung zu bringen, nicht selbstherrlich die einschlägigen Lebenslagen rechtlich zu gestalten.[1]) Er soll in einen Ausspruch auslaufen, der die Rechtsfolge so festlegt, wie sie das Strafrecht im voraus mittelbar schon gestaltet hat, und er verfehlt sein Ziel, wenn der Richter in ihm eine vom Strafrecht abweichende Lebensfallgestaltung vornimmt.[2]) Eine Befugnis zum selbständigen „Gestalten" einer Lebenslage (zur Individualregelung) kommt dem Richter nur insoweit zu, als das Strafrecht ihm solche Befugnis unter Verzicht auf generelle Normierung überträgt, z. B. für fakultative Verhängung von Nebenfolgen.

III. Ist nun der Strafprozeß dem Zweckgedanken des Strafrechtsschutzes untertänig, so wird er seinem Ideal um so besser entsprechen, je bestimmter er auf den Strafrechtsschutzzweck eingestellt ist, und je mehr die rechtlichen Regelungen unter den möglichen modi procedendi denjenigen bevorzugen, der diesem Zweck am meisten angepaßt ist.

1. Die Einstellung des Verfahrens auf den Strafrechtsschutzzweck schließt an sich nicht aus, daß dieses gleichzeitig außerhalb liegenden Zwecken dienstbar gemacht wird, deren Mitberücksichtigung bei Gelegenheit eines Strafprozesses bequem und unter Umgehung von Weiterungen geschehen kann. Es kann deshalb z. B. praktisch sein, daß das Strafgericht mit der Aufgabe betraut wird, innerhalb des Strafprozesses auch gewisse nichtkriminelle Seiten des Falles, mit dessen Prüfung unter strafrechtlichem Gesichtspunkt es befaßt ist, mitzuprüfen und die entsprechenden Aussprüche zu tun (bürgerlichrechtliche Ansprüche, sichernde Maßnahmen).

Ferner mag die Rücksichtnahme auf Volksaufklärung und -erziehung, auf Gesundheit, Verkehr usw. es rechtfertigen, daß für die Prozeßakte besondere Modalitäten (Öffentlichkeit usw.) vorgeschrieben werden, die der Strafprozeßzweck selber nicht bedingen würde.

Nur darf diese Verbindung nicht so weit gehen, daß die strafprozessualische Form des Verfahrens rein in den Dienst strafprozeßfremder Zwecke gestellt wird oder diese den eigentlichen Zweck über-

---

[1]) Fehlgehend die Auffassung von Sauer, wonach der Prozeß (und in ihm die Sachentscheidung) „Rechts- und Sachgestaltung" sein solle.

[2]) Über die rechtliche Bedeutung dieser nicht gesollten, aber doch tatsächlich vorkommenden „kranken" Prozeßergebnisse s. unten § 56.

wuchern, oder daß der Strafprozeß mit den Zugaben zu schwer belastet wird, zumal in diesen Fällen es auch für jene anderen Zwecke vorteilhafter ist, ihre Befriedigung einem eigenen, von der strafprozessualischen Form freien und dafür sich ihnen selbst anschmiegenden Verfahren zu überweisen.

So ist es unzweckmäßig, wenn eine Rechtsordnung Rechtsmittel gegen ein Urteil zuläßt, die nicht dessen Aufhebung, sondern nur die theoretische Stellungnahme zu einer abstraktjuristischen Frage anstreben (sog. Rechtsmittel in favorem legis); oder Rechtsmittel des Freigesprochenen behufs bloßer Unterbauung des Freispruchs mit anderen Gründen.[1])

Unzweckmäßig ist es aber auch, wenn z. B. ein Verfahren, das lediglich auf Einziehung oder Unbrauchbarmachung einer Sache gerichtet wird, in strafprozessualische Form gepreßt wird[2]); wenn Beleidigungsprozesse nicht so sehr in den Dienst der Klärung, ob und welche Strafe der Beschuldigte verdient, als vielmehr in den Dienst des Ehrenschutzes für den Beleidigten gestellt werden[3]); wenn die mit Rücksicht auf die militärische Disziplin gebotene Freiheitsentziehung als strafprozessualische „Untersuchungshaft" gestaltet wird[4]) usw.

Gar erst verwerflich wäre natürlich, den Strafprozeß nach der wirtschaftlichen Seite hin als eine Art Finanzquelle auszubeuten, wie wenn es sich um eine Art erwerbliches Unternehmen handelte.

2. Die Hauptschwierigkeit der Regelung ist damit gegeben, daß der Strafrechtsschutzzweck selber ein doppelseitiger ist: wohl soll einerseits der Schuldige der verdienten Strafe zugeführt werden, aber ebensosehr soll andererseits auch nur der Schuldige zur Bestrafung und auch er nur zu der nach Art und Maß ihm gebührenden Bestrafung gebracht werden. Nun weiß man ja nicht im voraus, ob man einen Schuldigen oder einen Unschuldigen vor sich hat, und es pflegen Irrtum und Ränke geschäftig zu sein, um entweder dem Schuldigen den Sieg über die Strafrechtspflege zuzuwenden oder den Unschuldigen unter die Räder kommen zu lassen. Das Verfahren muß deshalb ebensosehr auf Macht des Staates über das Individuum, wie auf Schutz des Individuums zugeschnitten sein. Dabei muß in gewissem Sinne der liberal-individualistische Gesichtspunkt des Schutzes der Unschuld überwiegen. Denn da es unmöglich

---

[1]) Unsere StPO. vermeidet beide Fehler.

[2]) Wie dies unsere StPO. tut, vgl. unten § 93.

[3]) Das heutige Recht ist insofern verbesserungsfähig, vgl. Beling, Informativprozesse (in der Festschrift für die jurist. Fakultät in Gießen) 1907.

[4]) Vgl. StPO. § 445.

ist, den modus procedendi unterschiedlich zu gestalten, je nachdem, ob sich der Prozeß gegen einen Schuldigen oder aber gegen einen Unschuldigen richtet (was man eben nicht weiß), so muß jeder Prozeß dem Umstande Rechnung tragen, daß der Beschuldigte möglicherweise unschuldig ist, also den Bürgschaften der Unschuld das erste Wort lassen, so daß die Strafprozeßordnung zur Magna Charta des Individuums, zur „Salvaguardia dei galantuomi“, zum „Code des honnêtes gens“ wird. Und doch sollen hinwiederum die Zügel der Strafjustiz nicht am Boden schleifen! Es leuchtet ein, daß die Abgleichung der beiderseitigen Interessen ein schwieriges Problem darstellt.

In der Rechtsgeschichte haben eiserne Härte und weitgehende Freistellung des Individuums miteinander gewechselt. Erklärlich ist, daß in Zeiten, in denen sich der Staat durch das Verbrechertum in besonderem Maße bedroht sieht und das materielle Strafrecht zu harten Strafen greift, auch der Strafprozeß rücksichtslos zugreifen wird. Daß man aber auch dann auf den Schutz des Beschuldigten gegen Irrungen und Vergewaltigung bedacht sein kann, zeigt das Beispiel Johanns von Schwartzenberg, der in seiner Bambergensis sogar warmherzig mit dem Lose des Individuums mitfühlende Wendungen findet. Der gemeinrechtliche Inquisitionsprozeß freilich erstarrte weitgehend zu einem die Individualinteressen ignorierenden Machtinstrument, so daß Voltaire sagen konnte: Les formes, en France, ont été inventées pour perdre les innocents. Umgekehrt betont man in England, dem „klassischen Lande des Liberalismus“, daß der Strafprozeß ein „fair trial“ sein, der Beschuldigte als gentleman zu behandeln sei; der Strafprozeß ist dort dem Zivilprozeß angenähert, was eine Stärkung der Stellung des Beschuldigten bedeutet. Eine solche Zivilprozessualisierung des Strafprozesses wird auch bei uns heute mehrfach gefordert.[1])

Der Schutz der Unschuld darf nun gewiß nicht leicht genommen werden. Ein grundloser belastender Verdacht kann über jeden wie ein Verhängnis hereinbrechen. Ob wir uns strafbar machen, das hängt von uns ab; ob wir einem Strafprozeß unterworfen werden, nicht: wir können durch Personenverwechslung, Namensmißbrauch, böswillige Denunziation usw. in ihn verstrickt werden. Und es ist keine Kleinigkeit, den Prozeß über sich ergehen lassen zu müssen: ganz zu schweigen von der lastenden Sorge, daß Verurteilung und

---

[1]) Am extremsten wohl von Bendix, Die Neuordnung des Strafverfahrens 1921. Dazu Beling, **ZStW. 43** 393.

Strafe das Ende sein würde, ist schon die Prozeßbehelligung selber ein Übel, mit der Aufregung, der Störung im Berufsleben, der Nötigung zu geldlichen Aufwendungen, die der Prozeß mit sich bringt.

Aber nicht alle Beschuldigten sind unschuldig, und nicht alle spielen ihrerseits ein „fair play“; das Allgemeininteresse verlangt gebieterisch, daß nicht der Strafprozeß zu einem Schutzschild werde, an dem jenes abprallt, daß namentlich Winkelzügen kraftvoll entgegengewirkt werden könne.

Unter diesen Umständen ist die Gesetzgebung darauf angewiesen, eine mittlere Linie zu finden. Drei Gesichtspunkte werden es vornehmlich sein, die den Einzelregelungen voranschweben: die größere oder geringere Schwere der Prozeßbehelligung; die Bedeutsamkeit der Angelegenheit; und der Grad des bestehenden Verdachts. Je nachdem wird bald einmal das Risiko, einen Unschuldigen mit der Prozeßmaßregel zu treffen, wird umgekehrt das Risiko, einem Schuldigen Vorschub zu leisten, in den Kauf zu nehmen sein. Wo sich das Exempel nicht reinlich lösen läßt, wird ein römischrechtlicher Gedanke maßgebend sein müssen, den die gemeinrechtliche Wissenschaft dahin formuliert: Cavendum, ne respectu nocentis innocens patiatur. — Satius esse nocentem absolvi, quam insontem damnari. Denn die Allgemeinheit leidet mit, wenn die Strafjustiz Märtyrer macht.

IV. Die Lösung der gesetzgeberischen Aufgabe „richtiger“ Prozeßgestaltung wird dadurch noch erschwert, daß gewisse allgemeine Belange Mitberücksichtigung erheischen, und sich zahlreiche Sonderbelange mit dem Strafprozeßinteresse kreuzen.

1. Der Prozeß soll gewiß im allseitigen Interesse **schnell**; und er soll, da er seiner Natur nach nun schon einmal nicht wirtschaftlich produktiv sein kann, wenigstens so **wenig kostspielig** wie möglich sein (Gedanke der „Prozeßökonomie“).

Daß aber unter der Raschheit und der Wohlfeilheit der eigentliche Strafprozeßzweck nicht notleiden darf, ist augenscheinlich.

2. Es gibt zahlreiche durch die Rechtsordnung sichergestellte Belange von Privatpersonen, die sich mit dem Strafprozeßinteresse kreuzen können. Soweit sie solche des Beschuldigten sind, kommen sie schon bei der Lösung des Grundproblems (III) zur Sprache. Aber auch Dritte können in die Prozeßbehelligung mit verstrickt werden, sei es so, daß das Vorgehen gegen den Beschuldigten sie mittelbar mit berührt, sei es so, daß sie von der Strafjustiz unmittelbar in Anspruch genommen werden. Man denke daran, daß die Angehörigen des Beschuldigten seelisch und wirtschaftlich unter dem Prozeß mit-

leiden, daß strafprozessualische Forschungsakte gegen geschützte Geheimnisse, gegen Ehre, Familienband, Eigentum, Hausrecht Dritter usw. anstoßen können. Sogar die eigenen Interessen des Staates selber können gegen den Strafrechtsschutzzweck quer laufen, etwa das Dienstgeheimnis der Beamten. Es bedarf auch hier wieder sehr feiner Abwägung, inwieweit dem Strafprozeßinteresse der Vorzug gegeben werden soll.

V. Aber auch auf dem Felde der Gerichtsverfassung ist es nicht gleichgültig, wie die rechtliche Regelung ausfällt. Auch hier erheischen wichtige Interessen Berücksichtigung: das Interesse daran, daß die Richter unparteiisch sind, daß sie des Rechts kundig und seiner zu walten gewillt sind, daß die Zahl, in der sie zu Entscheidungen berufen werden, psychologischen Gesetzen Rechnung trage, um nur einige zu nennen. Und auch hier stellen sich Interessenkreuzungen ein. Mehr noch, als für die Regelung des Verfahrens, treten hier besonders parteipolitische Forderungen auf.

VI. Ist so jeder Strafprozeß ein Stück Menschenleben mit viel Leid und wenig Freude, so versteht sich, daß das Rechtssicherheitsinteresse nach sorgfältiger gesetzlicher Regelung, nach „prozessualischem Legismus" (R. v. Jhering) hindrängt. Ein tumultuarisches Strafverfahren, in dem ein bis zur Willkür gesteigertes Ermessen der Behörden waltet, wie es Revolutionszeiten (Revolutionstribunale, russische Bolschewistenjustiz), aber auch Reaktionszeiten (Karlsbader Beschlüsse, Demagogenverfolgungen) eigen zu sein pflegt (Abschneidung des Entlastungsbeweises, Verurteilung jemandes, der nur als Zeuge vorgeladen und erschienen war, Ersetzung des Schuldbeweises durch richterliches Belieben usw.), ist unerträglich und wirkt verbitternd und staatszersetzend.

Von dem Grade der Sorgfalt, die die Gesetzgebung auf die allseitige Berücksichtigung aller in Betracht kommenden Interessen und deren gerechten Wertung verwendet, hängt deshalb der Wert jeder Strafprozeßordnung ab. Daraus erklärt sich, daß gerade die modernen Prozeßordnungen weit eingehender und umfänglicher sind, als es dem des Strafprozeßrechts Unkundigen verständlich erscheinen mag. Das Stück gesellschaftlichen Lebens, das hier geregelt wird, enthüllt sich eben, zumal in kulturell gesteigerten Zuständen, dem Erfahrenen als besonders reich an Interessenkonflikten; und der scheinbar zu weit getriebene Prozeßschematismus verdankt seine Herausbildung der größeren Feinhörigkeit gegenüber allem, was Menschenleid und Menschenglück angeht, gegenüber der einfachen, aber täppischen oder brutalen Regelung des Verfahrens durch ältere Rechte.

Die sog. Strafprozeßprinzipien. § 9.

Ortloff, Das Strafverfahren in seinen leitenden Grundsätzen und Hauptformen 1858; Binding, Strafrechtl. und strafprozessuale Abhandlungen, 2. Bd., III, Die Strafprozeßprinzipien und das Maß ihrer prozeßgestaltenden Kraft 1915; Heinze, Dispositionsprinzip und Offizialprinzip, **GA. 24** 265; R. Schmidt, Staatsanwalt und Privatkläger 1891; Öttingen, Die Anklagetätigkeit des Privaten im Strafprozeß 1914; Fuchs, Anklage und Antragsdelikte 1873; Biener, Abhandlungen II, S. 36; Lienbacher, Anklagegrundsatz und Anklageform, Pest 1857; Gneist, Vier Fragen 1874, S. 58; Glaser, Prinzip der Strafverfolgung (Gesammelte Schriften **1** 429) 1868; Eisler, Die Form im Strafprozeß 1897; v. Kries, **ZStW. 9** 7; Bierling, **ZStW. 10** 310; Mittermaier, Das deutsche Strafverfahren **1** 210; Bauer, Abhandlungen **3** 80; Glaser, Kl. Schriften **1** 701; Mittermaier, Mündlichkeit, Anklageprinzip usw. 1845; Feuerbach, Betrachtungen über Öffentlichkeit und Mündlichkeit der Gerechtigkeitspflege 1821; Hepp, Anklageschaft, Öffentlichkeit und Mündlichkeit des Strafverfahrens 1842; Mittermaier, Mündlichkeit, Anklageprinzip, Öffentlichkeit und Geschworenengerichte 1845; Pfenninger, Das Materialprinzip des modernen Strafprozesses, Schweizer. Ztschr. f. Strafr. **31** 61. — Vgl. auch Wach, Vorträge über die Reichszivilprozeßordnung,[2] 1896.

Aus dem Gewühl der Werterwägungen über möglichst ideale Gestaltung des Strafprozeßrechts haben sich im Laufe der Zeit einige besonders herausgehoben, die gewissen Normierungsgrundfragen gelten, und bei denen die positiven Rechte unter sich Gegensätzlichkeiten aufweisen. Man pflegt hier von einem Gegensatz der „Strafprozeßprinzipien" zu sprechen, wobei man unter „Prinzipien" (im Gegensatz zu den formalen Grundbegriffen als den rein kategorialen Prinzipien) oberste Grundsätze für die Normierungsinhalte, sachliche Maximen der Gesetzgebung, versteht. Bei ihrer Auswahl aus den zahlreichen Wertungen überhaupt läuft freilich eine gewisse Willkür unter; man könnte noch gar manche anderen Grundsätze, die das Strafprozeßrecht durchziehen, als „Prinzipien" bezeichnen (und tut dies auch wohl); aber die hier in Rede stehenden sind vornehmlich dadurch gekennzeichnet, daß sie seit der Aufklärungsperiode in den Brennpunkt der gesetzgebungspolitischen Erörterungen gerückt worden sind. Die Problematik ist dabei in der Hauptsache die gleiche wie hinsichtlich der „Zivilprozeßprinzipien"; die Stellungnahme zu den Problemen wird aber dadurch beeinflußt, daß die Interessenlage im Strafprozeß weitgehend andersartig ist, als im Zivilprozeß.[1])

---

[1]) Auf welche Seite bei den einzelnen Punkten sich unser geltendes Recht geschlagen hat, ist hier noch nicht darzulegen; ebenso ist hier noch nicht auf die Gründe einzugehen, die für ein Prinzip oder sein Widerspiel sprechen. Es handelt sich an dieser Stelle nur um einen Überblick.

I. In diesem Sinne stehen einander gegenüber

1. das „Anklage- (Akkusations-) Prinzip" und das „Offizialprinzip". Jenes knüpft das Eingreifen der Staatsgewalt an die Bedingung eines privaten Rechtsschutzbegehrens (sei es des durch die Tat Verletzten oder eines sonst in bestimmter Weise Legitimierten — „Privatklage im engeren Sinne" —; sei es cujuslibet ex populo — „Popularklage"); man könnte es auch das „Prinzip des Privatanstoßes" nennen. Umgekehrt das Offizialprinzip, bei dem von Staats wegen vorgegangen wird.

2. Im Bereiche des Offizialprinzips ist eine weitere Prinzipienfrage: ob das Einschreiten von Staats wegen zugleich ein Einschreiten von Gerichts (von richterlichen Amts) wegen sein soll — „Inquisitionsmaxime" —; oder ob eine besondere Staatsbehörde als „Anklageschaft" (Staatsanwaltschaft) eingerichtet werden soll, von der her die Gerichte mit der Rechtsschutztätigkeit befaßt werden — „Klageformprinzip" (Offizialmaxime mit Klageform) —. Die Inquisitionsmaxime stellt den schärfsten Gegensatz gegen die Anklagemaxime (Ziffer 1) dar; die Offizialmaxime mit Klageform ahmt die Anklagemaxime derart nach, daß hier wie dort das Gericht einen Anruf abzuwarten hat (Judex ne procedat ex officio; Wo kein Kläger, da kein Richter), nur daß bei ihr im Gegensatz gegen die Privatklage die organisierte Gemeinschaft selber die Klägerrolle übernimmt.

3. Bei Offizialprinzip mit Klageform taucht sofort die weitere Frage auf, ob die Klagebehörde in Fällen, in denen nach Sachlage und Gesetz eine Verurteilung begründet erscheint, gleichwohl die Verfolgung als unzweckmäßig soll unterlassen können, z. B. wegen Geringfügigkeit der Verfehlung („Minima non curat praetor"), wegen Befürchtung eines öffentlichen Skandals, im Hinblick auf erhebliche Prozeßkosten. Wo der Klagebehörde ein derartiges Ermessen versagt ist, spricht man von der Herrschaft des „Legalitätsprinzips" („Verfolgungszwang"); im entgegengesetzten Falle von „Opportunitätsprinzip".

4. Hinsichtlich der Aufsuchung der tatsächlichen Unterlagen für die gerichtlichen Entscheidungen spricht man von dem Gegensatz des „Prinzips der materiellen Wahrheitserforschung" und desjenigen der „formellen Wahrheitserforschung". Bei ersterem ist das Gericht gehalten, dem Sachbestand mit historischer Treue nachzuspüren (vorbehaltlich etwaiger gesetzlicher Sperrungen wegen überwiegender Gegeninteressen). Bei letzterem ist das Aufsuchen der Wahrheit in einen besonderen Rahmen eingespannt, gewissermaßen eine besondere strafprozessualische Wahrheit zum Ziel ge-

nommen, bei der das Tatsachenbild der geschichtlichen Wahrheit gegenüber möglicherweise unrichtig oder unvollständig ist. Eine gewisse Bedeutung hat dieser Gegensatz schon hinsichtlich der sog. Beweismittel (entweder die allgemein menschlichen Überzeugungsmittel, oder aber Formalakte, wie im germanischen Recht). Hauptsächlich entfaltet er sich aber hinsichtlich der Frage nach der Bindung der Erforschung an die Parteiverfügung, s. unten 7b.

5. Wo materielle Wahrheit erstrebt wird, stellt sich sogleich der Gedanke ein, daß von mehreren möglichen Beweiswegen immer der beste gewählt werde. Der beste Weg ist aber derjenige, auf dem der Suchende an die zu erforschende Tatsache so nahe wie möglich herankommt, d. h. bei dem der Suchende das dieser Tatsache am nächsten stehende Beweismittel und nicht statt seiner bloße Berichte über das, was jenes in sich berge, benutzt (z. B. Vernehmung von Tatzeugen und nicht Benutzung bloßer brieflicher Mitteilungen von solchen). Soweit das Gesetz solche Zwischenglieder an Stelle des Originalbeweises nicht duldet, spricht man von dem „Prinzip der (obligatorischen) Unmittelbarkeit“ der Beweiserhebung. Das Gegenteil bildet das „Mittelbarkeitsprinzip“, das aber begreiflicherweise nicht den Sinn hat, daß das Gericht gehalten sei, den Beweis aus zweiter oder dritter Hand zu empfangen, das vielmehr nur das Gericht hierzu ermächtigt (wobei die Erwartung waltet, daß der mittelbare Beweis je nach Lage des einzelnen Falles unbedenklich sein könne), das deshalb eigentlich „Prinzip der fakultativen Mittelbarkeit“ heißen sollte.

6. Ein Beweismittel (z. B. ein Zeuge) kann vollwertig — minderwertig — wertlos sein. Wer soll die unumgänglich erforderliche Wertprüfung vollziehen? Das gemeine Strafprozeßrecht rechnete mit der Möglichkeit, daß sich der Richter, namentlich der ungeschulte der damaligen Zeit, leicht in der Schätzung täuschen werde, und suchte demgegenüber gewisse jahrhundertelange Erfahrungen über den Unwert oder die Minderwertigkeit, z. B. von jugendlichen, ortsfremden, unvereidigten Zeugen usw. nutzbar zu machen. Es gelangte so zu dem System der „formellen Beweisregeln“ („gesetzliche Beweistheorie“), durch die es im voraus den Wert der Beweismittel je nach den obwaltenden Umständen festlegte (probatio plena, semiplena, nulla). Der Richter hatte also nur noch eine Art Rechenexempel zu vollziehen. Im Gegensatz dazu überträgt das „Prinzip der freien Beweiswürdigung“ dem Richter die Aufgabe, sich über den Wert jedes Beweismittels in eigener Verantwortung Rechenschaft abzulegen.

7. Im Bereiche des Klageformprinzips und erst recht des reinen Akkusationsprinzips treten der Kläger und sein Gegner einander als „Parteien" gegenüber.[1]) Dabei nun bedarf der Regelung, inwieweit die Parteien im Prozeß und über den Prozeß mit Verfügungsgewalt ausgerüstet sein sollen. Es ist denkbar, daß ihre Verfügungen die Tätigkeit des Gerichts derart bedingen, daß dieses seine Tätigkeit nur auf dem so vorgezeichneten Raume und nur prüfend und entscheidend entfaltet: „Dispositionsmaxime" im weiteren Sinne, die — nicht erschöpfend — durch das Leitwort Judex ne eat ultra petita partium ausgedrückt wird. Umgekehrt ist denkbar, daß, wenn die Klage einmal da ist, das Gericht die Lage in vollem Umfang beherrscht; in diesem Falle könnte man vom „Prinzip der Gerichtsherrschaft" sprechen; öfter verwendet man dafür auch hier, vgl. oben 2, die Bezeichnung „Inquisitionsmaxime", weil bei dieser naturgemäß eine Parteiherrschaft nicht in Frage kommt.

Das Problem bedarf jedoch noch der Zerlegung. In Frage kommt

a) eine Verfügung über den Strafanspruch selber. Ist eine Verzichtserklärung des Klägers (oder eine Erklärung, daß ein Teil des Strafanspruchs aus dem Prozeß ausgeschaltet sein solle) für das Gericht maßgebend, so daß dieses im Rahmen des Verzichts den Beschuldigten nicht verurteilen kann, und von der anderen Seite ein (ganzes oder teilweises) Anerkenntnis des Beschuldigten für das Gericht maßgebend, so daß insoweit keine Freisprechung erfolgen kann, so herrscht das „Prinzip der Sachdisposition". Im gegenteiligen Falle spricht man von „Immutabilitätsprinzip" (in Anlehnung an den Satz: jus publicum privatorum pactis mutari nequit).

b) Es fragt sich weiter, welche Bedeutung die Parteitätigkeit für die gerichtliche Tatsachenfeststellung haben soll. Muß das Gericht auf den tatsächlichen Anführungen und den Beweisanerbietungen der Parteien derart fußen, daß es alle unter den Parteien unstreitigen Tatsachen als wahr zu nehmen und Tatsachen und Beweismittel, die von keiner Partei in Bezug genommen sind, unberücksichtigt zu lassen hat, so sagt man, der Prozeß unterstehe der „Verhandlungsmaxime" (Prinzip der formellen, hier „konventionellen" Wahrheit, vgl. oben 3). Gegenteilig die „Instruktionsmaxime" (doch wird auch der Ausdruck „Inquisitionsmaxime" verwendet), bei der sich im Sinne des Gedankens der „materiellen Wahrheitserforschung" das Gericht von sich aus über die Sachlage zu unter-

---

[1]) Darüber Genaueres §§ 29, 31.

richten hat, ohne daß ihm dabei von Parteiseite der Weg vorgeschrieben oder verlegt werden kann.

c) Endlich bedarf es der Regelung des eigentlichen pro-cedere im Prozeß. Es ist denkbar, daß das Gericht immer nur auf jeweiligen Parteianstoß hin das Verfahren vorwärtsrücken läßt, der Prozeßbetrieb Sache der Parteien ist, und die klägerische Zurücknahme der Klage den Prozeß zum Erlöschen bringt: Dispositionsmaxime im engeren Sinne; oder aber Prinzip des Amtsbetriebs, wobei das Gericht von Amts wegen für den Prozeßfortgang sorgt und der Kläger ihm die Angelegenheit nicht mehr aus den Händen nehmen kann.

8. Der Prozeßverkehr (die Erklärungen, die die am Prozeß Beteiligten aneinander richten) kann entweder ein Verkehr von Mund zu Ohr, oder aber so beschaffen sein, daß er von vornherein durch den Erklärenden oder durch Aufzeichnung einer mündlichen Erklärung in schriftliche Form gefaßt wird. Insoweit das Gesetz den mündlichen Erklärungen Maßgeblichkeit zuspricht, herrscht „Mündlichkeitsprinzip" (Prinzip der Unmittelbarkeit des Prozeßverkehrs, das zu dem Prinzip der Beweisunmittelbarkeit, oben 5, zwar nahe Beziehungen hat, mit ihm aber nicht identisch ist.[1]) Das „Schriftlichkeitsprinzip" demgegenüber drückt sich aus in dem Satze: Quod non est in actis, non est in mundo.

9. Bei der gesetzlichen Ausstattung der Parteien mit prozessualen Rechten und Pflichten ist von Belang, ob sie im Verhältnis zueinander tunlichst gleichgestellt werden (Non debet licere actori, quod reo non permittitur, und umgekehrt) — Prinzip der Waffengleichheit — oder nicht.

Für ihre Rechtsstellung und im Inquisitionsprozeß für die Rechtsstellung des Inquisiten gegenüber dem Gericht kommt namentlich in Frage, inwieweit sich die Prozeßvorgänge diesen Personen gegenüber geheim abspielen oder in ihrer Anwesenheit oder wenigstens so vorzunehmen sind, daß ihnen der nachherige Einblick nicht verwehrt ist: Heimlichkeits- — Parteienöffentlichkeitsprinzip; ferner das, ob ihnen nach dem „Prinzip des rechtlichen Gehörs" vor den Entscheidungen Gelegenheit zu Erklärungen, durch die sie ihre Interessen zur Geltung bringen können, zu geben ist.

10. Ein Prozeß, in dem das Gericht nicht einmal die Parteien in seine Karten sehen läßt, ist naturgemäß überhaupt heimlich.

---

[1]) z. B. wäre die mündliche Einlegung eines Rechtsmittels verkehrsunmittelbar, aber ohne jede Beziehung zur Beweisunmittelbarkeit oder -mittelbarkeit; die mündliche Vernehmung eines Zeugen vom Hörensagen statt des Originalzeugen wäre verkehrsunmittelbar, aber beweismittelbar.

Besteht dagegen Parteiöffentlichkeit, so ist zweierlei möglich: entweder wird der Prozeß auch dem Einblick Unbeteiligter (des „Volks") offengelegt, zumal so, daß diese zu den Prozeßverhandlungen Zutritt haben; oder das Publikum wird den Prozeßvorgängen ferngehalten. Auch in dieser Hinsicht bedient man sich der Bezeichnungen „Öffentlichkeits-" und „Heimlichkeitsprinzip". Zur genaueren Abhebung dieser Art Öffentlichkeit dient die Bezeichnung „Volks"- (oder „volkstümliche") Öffentlichkeit.

II. Prinzipienfragen auf dem Gebiete der Gerichtsverfassung sind namentlich folgende:

1. „Abhängigkeit" oder „Unabhängigkeit" der Strafrechtspflege und damit in Verbindung: grundsätzliche Gleichstellung der Gerichte mit den übrigen Behörden oder aber eine gewisse Ausgliederung der Gerichte behufs Gewährung einer Sonderstellung?

In einem gewissen Zusammenhang damit steht auch die Frage nach „Ständigkeit" oder „Unständigkeit" der Gerichte, wobei es sich darum handelt, ob die Gerichte derart bereitgestellt sein sollen, daß ihnen die zu verhandelnden Sachen sozusagen automatisch anfallen, oder ob sie erst im Hinblick auf die bestimmte einzelne Angelegenheit gebildet werden sollen.[1])

2. Prinzip der Rechtsprechung durch Volksgenossen (Laien) oder Beamtenjustiz oder Bildung gemischter Gerichte?

3. Bei der Besetzung der entscheidenden Stellen erhebt sich das Problem der Zahl und Organisation der mit den einzelnen Geschäften zu Betrauenden. Es ist denkbar, daß für das betreffende Geschäft ein einzelner berufen wird (Einzelbeamtensystem, insbesondere einzelrichterliche Verfassung). Es ist aber auch möglich, daß mehrere (wobei dann wieder die Frage: „wieviel?" auftaucht) zum „Kollegium" derart vereinigt werden, daß der „Wille des Ganzen" durch gesetzliche Bestimmungen über die erforderliche Stimmenmehrheit geregelt wird (insbesondere Gerichtskollegien, „Ratsgerichte"). Endlich aber auch: „monokratisches (bureaukratisches, bureaumäßiges) System": eine Mehrheit von einzelnen, so jedoch, daß einer die maßgebliche Persönlichkeit ist, die anderen nur seine Hilfskräfte sind.

---

[1]) In einem anderen Sinne sind „ständig" die Gerichte, die immer da sind (perennierend), im Gegensatz zu solchen, die nur zeitweilig (an bestimmten Kalendertagen oder periodisch) vorhanden sind.

Erstes Buch.

Strafgerichtsverfassungsrecht.

1. Kapitel.
Die Strafgerichtsbarkeit.

A. Die Strafgerichtsbarkeit im allgemeinen. § 10.

Vgl. die Darstellungen des Staats- und des Verwaltungsrechts. Ferner Fr. Stein, Grenzen zw. Justiz u. Verwaltung 1912; Ihering, Zweck im Recht 1³ 387ff. Siehe auch das Schrifttum zu § 12.

I. Für die machtmäßige Erledigung der individuellen Lebensangelegenheiten haben sich als verschiedene Tätigkeitsarten, voneinander durch ihre Art und Weise geschieden, herausgebildet: die Gerichtsbarkeit (Justiz, jurisdictio, Rechtspflege) einerseits, die Verwaltung andererseits.

Die Scheidung zwischen Justiz und Verwaltung hängt damit zusammen, daß die Einspannung der Lebensfälle in das Strafrecht und das bürgerliche Recht überwiegend reine Rechtsanwendung ist, während die Angelegenheiten des öffentlichen Rechts (im engeren Sinne) überwiegend eine Ausführung der nur allgemeinen Vorschriften des Rechts in die Einzelheiten hinein je nach Lage des Einzelfalls erforderlich machen, und daß deshalb dort eine festere, gebundenere (eine tunlichst treffsicher die Durchsetzung des Rechts verbürgende), hier eine freiere, beweglichere Tätigkeitsform Bedürfnis ist.

Aber auch innerhalb der Gerichtsbarkeit hat sich, je mehr das Strafrecht das Verbrechen als causa publica erfaßte, an deren Bestrafung die Gesamtheit interessiert sei, je mehr also die Privatstrafe verschwand, die Zweckmäßigkeit einer weiteren Sonderung ergeben, der Sonderung nämlich zwischen Strafgerichtsbarkeit und Zivilgerichtsbarkeit.

Freilich ist der hiermit gekennzeichnete Parallelismus zwischen Tätigkeitsform und Tätigkeitsgegenstand (Strafgerichtsbarkeit: Strafrechtsfälle; Zivilgerichtsbarkeit: bürgerlichrechtliche Fälle; Verwaltung: Angelegenheiten des öffentlichen Rechts) kein unbedingter. Einmal herausgebildet, haben sich jene Tätigkeitsformen so verselbständigt, daß sie nach Bedarf ihre Gegenstände gegeneinander ausgetauscht haben. So hat die Strafgerichtsbarkeit gewisse bürgerlichrechtliche und Verwaltungsangelegenheiten in sich aufgenommen (unten § 26) und gewisse Strafrechtsfälle an die Verwaltung abgegeben (unten § 110).[1] Immerhin handelt es sich hier um Ausnahmeerscheinungen.

II. Die Strafgerichtsbarkeit in diesem Sinne ist eine Funktion des Staates, eben die in den Formen des Strafprozesses vor sich gehende Tätigkeit der Staatsorgane als Ganzes genommen.

Diese Tätigkeit kann nun nicht vor sich gehen ohne gewisse von selber nicht vorhandene zuständliche persönlich-sächliche Einrichtungen, wie Universitäten erst da sein müssen, damit der Lehrbetrieb vor sich gehen kann. Die Beschaffenheit und die rechtliche Bestimmung dieser Einrichtungen nennt man die „Strafgerichtsverfassung" (weil die Gerichte, obwohl nicht die einzigen in Frage kommenden Justizeinrichtungen, im Vordergrund stehen).

III. Die Strafgerichtsbarkeit spaltet sich in die „ordentliche", die überall da Platz greift, wo sie nicht durch besondere Vorschriften ausgeschlossen ist, und Sondergerichtsbarkeit, charakterisiert dadurch, daß unter Herauslösung aus der Hierarchie der ordentlichen Gerichte Spezialeinrichtungen für einzelne bestimmte Gattungen von gerichtsbarkeitlich zu behandelnden Angelegenheiten geschaffen werden.[2]

IV. Die gerichtsbarkeitliche Tätigkeit bedarf einer ihr vorarbeitenden, sie begleitenden, ihr nacharbeitenden Hilfstätigkeit: es bedarf der Inslebenrufung der durch das Gerichtsverfassungsgesetz normierten Einrichtungen (Bau von Gerichtsgebäuden, Ernennung von Richtern usw.) und fortlaufender Sorge dafür, daß sie bei Bestand und funktionsfähig bleiben (Dienstaufsicht, Führung von Strafregistern, vgl. Strafregisterverordnung vom 8. März 1926, Kassen- und Rechnungswesen, statistische Erhebungen, Schulung von Justizdienstanwärtern, Prüfungswesen usw.). Diese Tätigkeit vollzieht sich nicht in Gerichtsbarkeits-, sondern in Verwaltungsform und

---

[1]) Nach englischem Recht fallen Beleidigungsstrafklagen in die Zivilgerichtsbarkeit.

[2]) Vgl. hierzu unten § 12 und § 109.

bildet, da die Justiz das Objekt darstellt, das verwaltet wird, innerhalb der gesamten Verwaltungstätigkeit deren einen Zweig: „Justizverwaltung“. Sie kennzeichnet sich gegenüber der Justiz selbst dadurch, daß sie, mag der einzelne Akt auch gelegentlich eines bestimmten Prozesses stattfinden, doch nicht dem spezifischen Zwecke eben dieses Prozesses dient, sondern generelle Bedeutung hat, d. h. der Gerichtsbarkeit insgesamt dient (deshalb Unterschied zwischen Justizverwaltungskosten und Prozeßkosten; die ersteren zu Lasten des Fiskus, die letzteren zu Lasten der im Prozeß unterliegenden Partei).

B. Die Gerichtsbarkeit als Gerichtsherrlichkeit und als Gerichtsgewalt. § 11.

Beling, Strafrechtl. Bedeutung der Exterritorialität 1896; Gareis, **ZStW. 7** 633; Weismann, das. **9** 379; Sontag, Der besondere Schutz der Mitglieder des Deutschen Reichstags gegen Strafverfolgung usw. 1895; Hubrich, Parlament. Immunität und Beamtendisziplin 1901; Koppenhagen, Die Immunität der deutschen Reichstags- und Landtagsabgeordneten gegen Strafverfolgung und Verhaftung 1899; Schwedler, Parlament. Rechtsverletzungen nach deutschem Reichsrecht 1898; v. Muralt, Die parlament. Immunität in Deutschland und in der Schweiz 1902; Müller-Meiningen, Hirths Annalen **39** 641; Laband und Sontag, **DJZ. 11** 935, 1010; Alexander-Katz, **JW. 35** 638, **GS. 71** 127; Kilian, Querela denegatae vel protractae justitiae, Gießener Diss. 1926.

I. Das Wort „Gerichtsbarkeit“ wird noch in einem zweiten Sinne gebraucht, in dem es die Fähigkeit und Befugnis, die konkreten Gerichte ins Leben zu rufen, bedeutet = Gerichtsherrlichkeit (auch Gerichtshoheit). Wer, nicht damit ausgestattet, Gerichte errichten würde, würde unbefugt und rechtlich unwirksam handeln, und ebenso würde das Walten derartig errichteter Gerichte eine Amtsanmaßung und ohne rechtliche Wirkung sein.

Die Gerichtsbarkeit in diesem Sinne steht heute, im Gegensatz zu unguter Zersplitterung früherer Zeit, nur dem Staate zu (mit der Maßgabe, daß die Kirche geistliche Gerichte errichten kann, nur daß deren Tätigkeit ohne staatlichrechtliche Wirkung ist); die Gerichte sind „Staatsgerichte“, GVG. § 15. Und zwar sind grundsätzlich die Gliedstaaten des Deutschen Reichs Gerichtsherren geblieben (daher auch Zulässigkeit und Vorkommen von Staatsverträgen, durch die ein Land einem anderen Lande seine Gerichtsherrlichkeit überträgt, oder die Gerichtsbarkeiten zur Errichtung von „Kondominatsgerichten“ vereinigt werden); das Reich selber hat seine eigene Gerichtsherrlichkeit (Reichsgericht) nur hinzugefügt, vgl. RVerf. Art. 103, und sich die durch die Reichsregierung auszuübende Oberaufsicht über das Walten der Landesgerichte (die justizverwaltungsmäßige Kontrolle, ob den reichsrechtlichen Regelungen genügt wird, insbesondere zur Abstellung etwaiger Justizverweigerung oder Justizverzögerung, justitia denegata vel protracta), natürlich ohne Eingriff in die richterliche Unabhängigkeit, zugesprochen, RVerf. Art. 15.

Ganz das gleiche wie für die Gerichte gilt für die nichtgerichtlichen Justizbehörden: die Staatsanwaltschaften. Sie sind grundsätzlich Einzelstaats-Anwaltschaften, nur daß zu diesen die Reichs-Anwaltschaft hinzutritt.

Auf diese Weise gestalten sich jeder Gliedstaat und das Reich als besondere Justizkörper, Rechtssubjekte mit eigener Justizverwaltung, deren jedes sich eine Selbstorganisation für die gerichtsbarkeitliche Tätigkeit schafft, und dem als dem Erhalterstaat die Tätigkeit der Organe zugerechnet wird. Diese Nebeneinanderstellung einer Reichsjustiz, einer preußischen, bayrischen usw. Justiz hat natürlich gar nichts zu tun mit der Aufteilung von Reichs- und Landes-Gerichtsverfassungs**recht**: die Art und Weise der Gerichtsverfassung ist in den grundlegenden Punkten auch den Ländern reichsrechtlich vorgeschrieben, oben § 3. Ebensowenig läuft diese Scheidung der Justiz der Scheidung des im Prozeß zu befolgenden und anzuwendenden Reichs- und Landesrechts parallel, als ob sich die einzelstaatliche Justiz nur an das eigene Recht des Erhalterstaats zu halten hätte, oben §§ 4, 5.

II. Unter welchen Voraussetzungen und in welcher Weise die staatliche strafgerichtliche Tätigkeit geübt werden darf, wird in erster Linie durch das Strafprozeßrecht bestimmt. Aber die sich hiernach ergebenden Befugnisse sind durch eine allgemeine Voraussetzung gerichtsverfassungsrechtlicher Natur mitbedingt: die Personen oder Sachen, gegen die die Tätigkeit geübt wird, müssen von Rechts wegen dem gerichtsbarkeitlichen **Machtbereich** des Staates in seiner Eigenschaft als Justizkörper (oben I) unterworfen sein — seiner „Gerichtsbarkeit“, wie man in einem dritten Sinne dieses Wortes = **Gerichts(barkeits)gewalt** sagt.[1]) Die Frage nun, welche Personen und Sachen der deutschen Justizgewalt unterworfen sind, beantwortet das deutsche Recht nicht in dem Sinne, als würden von vornherein bestimmte Klassen von Unterworfenen aufgezählt, sondern die deutsche Gerichtsgewalt wird grundsätzlich

[1]) Auch hier tauchen daneben die Ausdrücke „Gerichtsherrlichkeit, Gerichtshoheit“ auf.

gegenüber jedermann, ohne Rücksicht auf Staatsangehörigkeit, Wohnsitz, Aufenthalt usw. (und gegenüber allen Sachen) in Anspruch genommen, so daß nur solche Klassen von Personen und Sachen aus ihr herausfallen, denen ausnahmsweise ein besonderer „Gerichtsfreiheits"- (Exemtions-) Titulus zur Seite steht.[1])

Derartige „Gerichtsfreiheiten" bestehen nun

1. hinsichtlich der Personen

a) für diejenigen fremdländischen „Exterritorialen", die diesen Charakter nach Völkerrecht dem Deutschen Reiche gegenüber haben.[2]) Das GVG. erwähnt aus dem Kreise dieser Personen die fremden Gesandten (nebst Geschäftspersonal usw.), §§ 18 I, 19; sowie (als bedingt gerichtsfrei) die Konsuln, § 21. Hinsichtlich der übrigen Exterritorialen (fremde Staatshäupter, Halbdiplomaten, Truppenkörper[3]) ist der Analogieschluß unabweisbar (bestr.).

---

[1]) Fehlgehend 1. die Auffassung, die deutsche Gerichtsbarkeit erstrecke sich nur auf die im Inland befindlichen Personen und Sachen und auf die deutschen Staatsangehörigen und ihre Sachen im Auslande (Konstruktion nach dem Gedanken der „Territorial-" und der „Personalhoheit"). Eine derartige Aufteilung der Gerichtsbarkeiten unter die Staaten ist nicht einmal dem positiven Völkerrecht bekannt. Daß das deutsche Recht selber auch seine Gerichtsbarkeit gegen im Auslande befindliche Ausländer bejaht, ergibt sich schon aus der Zulässigkeit des Verfahrens gegen Abwesende, unten § 91 (zutreffend v. Kries). Übrigens ist die Grundeinstellung auch der übrigen Staaten keine andere. Ganz getrennt zu halten ist natürlich der rein tatsächliche Machtbereich; dadurch, daß es im gegebenen Falle nicht möglich ist, dem Unterstellten etwas anzuhaben, wird die Gerichtsbarkeit als rechtlicher Machtbereich nicht beseitigt. 2. Fehlgehend auch die Lehre (zutreffend von Kohler bekämpft): der Umfang der Gerichtsbarkeit sei überhaupt nicht in einer geschlossenen Formel zu bestimmen, sondern als bloße Summe abzuleiten von den den einzelnen Gerichten für ihre „Zuständigkeit" (unten §§ 16, 17) gezogenen Wirkungskreisen. Aber die Zuständigkeitsordnung bezieht sich nur auf das Verhältnis der Gerichte untereinander und hat mit der Frage, ob der ganze Justizkörper diesen oder jenen Machtbereich hat, so wenig etwas zu schaffen, daß Fälle vorkommen können, in denen Zuständigkeit besteht, aber Gerichtsbarkeit fehlt, und umgekehrt Gerichtsbarkeit besteht, aber kein zuständiges Gericht da ist (im letzteren Fall — vgl. StPO. § 9 S. 2 und Abs. 2 — wird das zuständige Gericht erst durch das Reichsgericht geschaffen, was natürlich das Bestehen der Gerichtsbarkeit voraussetzt, da der Reichsgerichtsbeschluß selber ein gerichtsbarkeitlicher Akt ist).

[2]) Die ältere Lehre behauptete, die Exterritorialität bedeute Freistellung des Exterritorialen von Strafbarkeit oder gar von der ganzen Rechtsordnung des Aufenthaltsstaats. Sie ist unrichtig und heute mehr und mehr zurückgetreten. Vgl. Beling, Strafrechtliche Bedeutung der Exterritorialität 1896.

[3]) Letztere sind aber nur dann exterritorial, wenn sie von deutscher Seite zu dienstlicher Betätigung aufgenommen sind, was auf bundesgenössische Truppen, nicht aber auf gegen uns kriegführende Truppen zutrifft. Vgl. Beling, DJZ. 20 129.

b) Von der Strafgerichtsbarkeit frei ist der Reichspräsident, es wäre denn, daß der Reichstag der Strafverfolgung zustimmt, RVerf. Art. 43 III.[1])

c) Den Mitgliedern des Reichstags und der Landtage[2]) gewährt Art. 37 RVerf. unter den dort näher umschriebenen Bedingungen und in dem dort angegebenen Umfang Freiheit von der Strafgerichtsbarkeit (zu scheiden von der in Art. 36 VRerf. normierten strafrechtlichen Immunität).

d) Ist jemand vom Ausland zur Strafverfolgung ausgeliefert worden, so ergibt sich für ihn unter Umständen aus dem „Grundsatz der Spezialität der Auslieferung" eine teilweise Gerichtsfreiheit. Dieser Grundsatz besagt, daß der Ausgelieferte wegen solcher Taten, die er vor der Auslieferung begangen hat und auf die sich die Auslieferung nicht mit bezog, nicht vor Gericht gestellt werden darf, und auch hinsichtlich der Tat, derenthalber er ausgeliefert wurde, der Prozeß nicht auf andere rechtliche Würdigungen erstreckt werden darf, als die der Auslieferung zugrunde liegende. Ob und inwieweit solche Gerichtsfreiheit besteht, ergibt sich danach, ob und inwieweit sie deutscherseits durch Auslieferungsvertrag oder durch Spezialabrede[3]) dem auszuliefernden Staate zugesagt war.

Dagegen ist niemand um deswillen von der deutschen Gerichtsbarkeit frei, weil ein fremder Staat die Gerichtsbarkeit über ihn für sich in Anspruch nimmt und ausübt. Deshalb unterstehen namentlich die Bewohner der deutschen besetzten Gebiete, auch soweit der Besetzungsstaat über sie Gerichtsbarkeit übt, unverkürzt der deutschen Gerichtsbarkeit.[4])

In der monarchischen Zeit kam den Landesherren, den Standesherren und den Mitgliedern landesherrlicher und mediatisierter Familien Gerichtsfreiheit nach näherer Maßgabe von §§ 5, 7 EGVG. zu. Die RVerf. von 1919 Art. 109 III ordnet deren Aufhebung an.[5])

2. Gerichtsfreiheit von Sachen als Freiheit von einer sie körperlich berührenden Machtäußerung der Justiz besteht

a) hinsichtlich der fremdländischen Gesandtschaftsgebäude, der Sachen exterritorialer Personen und der exterritorialen Schiffe;

---

[1]) Entsprechendes gilt für den stellvertretenden Reichspräsidenten, Käckell ZStW. 41, 709.

[2]) Über die Mitglieder von Zwischenausschüssen vgl. Lammers, DJZ. 29 973.

[3]) Vgl. dazu E. 60 202.

[4]) E. 54 141; Kern, JW. 49 650. Die angemaßten fremdstaatlichen Gerichtsbarkeitsakte sind sogar von deutschen Rechts wegen unwirksam, oben § 4.

[5]) Vgl. dazu Käckell, ZStW. 41 680.

b) hinsichtlich der nicht justizeigenen deutschen Staatsgebäude und sonstigen staatlichen Gegenstände, insbesondere amtlicher Akten nach näherer Maßgabe der allgemeinen Rechtssätze über das Verhältnis der verschiedenen Gattungen von Staatsbehörden zueinander, vgl. insbesondere RVerf. Art. 38 II;

c) hinsichtlich der Schriftstücke, die Reichs- und Landtagsabgeordnete in Gewahrsam haben, vgl. RVerf. Art. 38 I S. 2.

Zu 1 und 2: Der sich nach dem Vorstehenden ergebende persönlich-sächliche Machtbereich der **deutschen** Gerichtsbarkeit **insgesamt** bedeutet zugleich auch den Machtbereich **jeder** der mehreren **einzelnen** deutschen Gerichtsbarkeiten; diese Machtbereiche sind in Konkurrenz miteinander identisch; namentlich macht die Gerichtsbarkeit eines Einzelstaats nicht Halt gegenüber den Personen, die sich in einem der anderen Reichsländer befinden, diesem staatszugehörig sind und dort wohnen (entsprechend hinsichtlich der Sachen).

Es gibt jedoch gewisse Klassen von Personen und Sachen, die, obwohl nicht von der deutschen Gerichtsbarkeit insgesamt befreit, doch einem oder dem anderen der Länder gegenüber gerichtsfrei sind.

a) Die im diplomatischen (konsularischen, halbdiplomatischen) Verkehr mit einem der Gliedstaaten des Reichs exterritorialen Personen (nebst den Gesandtschaftsgebäuden und den Sachen der Exterritorialen) genießen eine auf die Gerichtsbarkeit **dieses** Staates beschränkte Gerichtsfreiheit, vgl. GVG. § 18 II S. 1.

b) Die nichtpreußischen Mitglieder des deutschen Bundesrats vor der Revolution waren von der preußischen Gerichtsbarkeit als der Gerichtsbarkeit des Gaststaats, in dem der Bundesrat seinen Sitz hatte, befreit, GVG. § 18 II S. 2. Diese Bestimmung wird sinngemäß auf den heutigen Reichsrat zu übertragen sein, obwohl die RVerf. von 1919 dies nicht ausdrücklich bestimmt.

C. Die „Garantien der Gerichtsbarkeit". § 12.

Ortloff, Die Unabhängigkeit der Strafrechtspflege, **GS. 49** 264; **Düringer**, **DJZ. 27** 521; **Kern**, Ausnahmegerichte 1924; **Ders.**, Der gesetzliche Richter 1926; **Ihering** (wie bei § 10); **Dörr**, Rhein. Ztschr. f. Zivil- u. ProzR. **3** 425; **Aubin**, Die Entwicklung der richterl. Unabhängigkeit 1906; **W. Menzel**, Ausnahmegericht und gesetzlicher Richter, Bresl. Diss. 1925.

Der Gedanke, daß Anwendung des materiellen Rechts den Kern der Straf- (und Zivil-) Rechtspflege bildet, und daß hierbei jedes Abweichen von der durch das Recht vorgezeichneten Linie, jede — selbst wohlmeinende — Willkür, vor allem jede „Politisierung der

Rechtspflege", das Vertrauen auf die stete Wahrung des Rechts und damit die Autorität des Staats zu erschüttern geeignet ist, treibt über die bloße Sonderung der gerichtsbarkeitlichen Tätigkeitsform von der Verwaltungsform hinaus weiter zu einer Sondergestaltung auch der für die Gerichtsbarkeit bereitgestellten Einrichtungen. Das Gesetz erheischt deshalb „Gerichte", die etwas anderes sind, als die Verwaltungsstellen, und in deren Händen die Gerichtsbarkeit derart liegt, daß andere behördliche Stellen (Staatsanwaltschaft, Polizei) dabei zwar mitbeteiligt sein können, deren gerichtsbarkeitliche Funktionen aber doch nur eine Ergänzung der gerichtlichen Tätigkeit darstellen.

Die Eigenart dieses zuständlichen Unterbaus für die in gerichtsbarkeitlicher Form zu übende Tätigkeit gesellt sich im heutigen Recht der rechtlichen Gebundenheit dieser Tätigkeit selber derart zu, daß erst durch ihre Hinzunahme die Gerichtsbarkeit in ihrem Gegensatze zur Verwaltung vollständig charakterisiert wird.

Daß eine solche Abhebung der Gerichtsbarkeit von der Verwaltung geboten sei, ist ein Gedanke, der sich seit der Aufklärungsperiode (18. Jahrhundert) durchgesetzt hat.

I. Die zu diesem Behufe der Gerichtsbarkeit verbrieften Attribute, die sog. Bürgschaften (Garantien) der Gerichtsbarkeit, sind folgende: organisatorische Festlegung; Unabhängigkeit; Trennung von der Verwaltung; gesicherter Machtkreis gegenüber der letzteren.

1. In der vorkonstitutionellen Zeit waren zur Ausübung der gerichtsbarkeitlichen Tätigkeit zwar Gerichte vorgesehen, doch aber nicht so, daß sie eine Monopolstellung gehabt hätten. Nicht nur, daß die Gerichte selbst im Einzelfalle ihre Funktionen weitergeben konnten (insbesondere Institut der Aktenversendung an Spruchfakultäten usw.); vielmehr konnte auch das Staatshaupt die Gerichtsbarkeit an sich ziehen oder beliebigen, außerhalb der eigentlichen Gerichte stehenden Persönlichkeiten, Kommissionen, Kammern usw. übertragen („Kabinettsjustiz"). Die Gerichtsbarkeit war also mit den eigentlichen Gerichten nur lose verknüpft.

Die gegen den Absolutismus ankämpfende demokratisch-liberale Auffassung empfand solche Lockerung als abträglich für die individuelle Freiheit und anstößig wegen ihrer den Gleichheitsgedanken gefährdenden Systemlosigkeit. Wenn nun einmal Gerichte da waren, weshalb zulassen, daß an ihre Stelle uneigentliche Gerichte treten konnten? Vornehmlich waren es (neben der persönlichen Gerichtsbarkeitsübung durch den Fürsten) die für einen einzelnen Fall von der Regierung eingesetzten Sonderbildungen, gegen die sich der Widerspruch richtete. Aber auch, wenn es sich um ganze Gattungen von Rechtssachen handelte, die aus der ordentlichen Gerichtsbarkeit herausgenommen wurden, oder wenn die Aussonderung nicht auf einen Sonderakt der Regierung zurückging, war man nicht ohne weiteres beruhigt; so wurden die Zentraluntersuchungskommissionen gegen revolutionäre Umtriebe und demagogische Verbindungen von 1819 und 1833 mißgünstig aufgenommen, ebenso verlangte man Beseitigung selbst hergebrachter Sondergerichte, die zur Umgehung objektiver Rechtsprechung geschaffen waren oder zu sein schienen. Denn dies war der eigentliche Sinn des Kampfes gegen Extragerichte: man verwarf solche Bildungen, die ihrer ganzen Physiognomie nach, besonders nach der Art und Weise ihrer Besetzung, nicht die mindestens annähernd gleiche Gewähr wie die ordentlichen Gerichte gegen außerrechtliche, insbesondere politische Einflüsse boten, vielleicht sogar auf Einströmen solcher geradezu zugeschnitten waren, und die deshalb sachlich nicht motivierte Sonderstellungen, privilegia odiosa oder favorabilia, mit sich brachten.

Aus diesen Erwägungen erwuchs das Verbot von „Ausnahmegerichten", das nach Gründung des Deutschen Reichs im GVG. § 16, später in der RVerf. von 1919 Art. 105 ausgesprochen wurde: „Ausnahmegerichte sind unstatthaft." Nicht getroffen wurden von dem Grundgedanken solche „Ausnahmegerichte", die aus sachlichen Gründen aus dem Organismus der ordentlichen Gerichte abgesondert wurden und deshalb besonders hinsichtlich der Art und Weise ihrer Besetzung nicht den Anschein außerrechtlicher Tendenziosität eröffneten, wie denn das GVG. (§ 14) selbst solche eine Ausnahme von der Regel darstellenden Gerichte namhaft macht. Für sie bürgerte sich der Ausdruck „besondere" oder „Sondergerichte" ein. Die Begriffsbestimmung der Ausnahmegerichte ist hiermit gegeben.[1])

In der Zeit vor der RVerf. pflegte man freilich an Stelle der auf das Wesen der betreffenden Einrichtungen abhebenden Definition eine rein formelle Definition zu geben: Ausnahmegerichte seien (im Gegensatz zu den im Gesetz selbst erwähnten „Sondergerichten") diejenigen, die nicht auf Gesetzesboden konstituiert seien. In der Tat handelte es sich ja hauptsächlich darum, daß nicht über den Kopf der Volksvertretung hinweg Gerichtsbarkeiten usurpiert werden sollten. Immerhin beruhte jene Definition auf der Fiktion, daß die sachliche Motiviertheit von Extragerichten außer Frage stehe, wenn sie gesetzlich für gut befunden seien.

---

[1]) Anders Kern, der ein Ausnahmegericht da, und nur da annimmt, wo bestimmte individuelle Rechtssachen als solche betroffen sind.

Diese formelle Definition ist heute nicht mehr möglich, da der Satz „Ausnahmegerichte sind unstatthaft" in der RVerf. Aufnahme gefunden hat und somit seine Spitze auch gegen die Reichsgesetzgebung selbst richtet; es ist unzweifelhaft, daß nach Art. 105 RVerf. ein Gericht, das ein „Ausnahmegericht" ist, auch dann unstatthaft ist, wenn es durch Reichsgesetz konstituiert ist und dieses somit ungültig ist.[1])

Der rechtspolitische Gedanke, der den Ausschluß von Ausnahmegerichten verlangt, trägt aber noch weiter. Um Mißtrauen und Argwohn auszuschließen, genügt es nicht, daß das die Angelegenheit behandelnde Gericht ein Nicht-Ausnahmegericht ist; vielmehr müssen, wenn einmal gesetzliche feste Regeln dafür bestehen, welche Richter zur Erledigung einer Angelegenheit berufen sein sollen, alle Verschiebungen, die aus undurchsichtigen Gründen den Einzelfall an einen anderen Richter bringen, auf Mißtrauen und Argwohn stoßen.

---

[1]) Durch Erlaß des Gesetzes zum Schutze der Republik vom 21. Juli 1922 war die Rechtslage in ein neues Stadium getreten. Es entstand damit die Frage, ob der durch dieses gegründete „Staatsgerichtshof zum Schutze der Republik" ein „Sondergericht" oder ein „Ausnahmegericht" sei. Sie mußte im letzteren Sinne entschieden werden, da, zumal unter den obwaltenden Zeitumständen, ein Gericht, in dem das Richteramt hinsichtlich der Mehrzahl der Richter an gar keine Voraussetzungen gebunden war (nicht einmal an die für den Schöffendienst geltenden), sondern der Reichspräsident bei der Berufung dazu schrankenloses Belieben walten lassen konnte, den ordentlichen Gerichten grundlegend unähnlich ist. Daß sich der Staatsgerichtshof nachmals auf dem Boden des Rechts bewegt hat, kommt hier nicht in Betracht, da es für den Begriff des Ausnahmegerichts darauf ankommt, ob die Gewähr der Unparteilichkeit festgelegt ist.

Nun war das Gesetz im Reichstage mit der für Verfassungsänderungen erforderlichen Mehrheit zustande gekommen. Gleichwohl war nicht zugleich beschlossen worden, den Art. 105 RVerf. zu ändern. Das war ein innerer Widerspruch. Es handelte sich nicht bloß um Durchbrechung des Art. 105 durch eine „Ausnahme"; denn mit Zulassung auch nur eines Ausnahmegerichts stürzt der Satz, daß „keine" Ausnahmegerichte bestehen sollen, ganz dahin. Es blieb also nur zweierlei möglich. Entweder man erachtete das Gesetz vom 21. Juli 1922 trotz der für Verfassungsänderungen erforderlichen Mehrheit, mit der es beschlossen worden war, für ungültig, weil es an dem — als noch bestehend angenommenen — Art. 105 zerschellte. Oder man erblickte in ihm eine stillschweigende, nur nicht formell textierte Abschaffung des Art. 105. Da sich der Staatsgerichtshof praktisch über alle Anfechtungen behauptete, mußte man der letzteren Auffassung folgen. Ein Schutz gegen Ausnahmegerichte bestand also nicht mehr, solange der Staatsgerichtshof da war.

Durch RGes. vom 31. März 1926 ist dieser aber in seiner Eigenschaft als Strafgericht beseitigt worden, womit Art. 105 RVerf. seine grundsätzliche Bedeutung wiedererlangt hat.

Deshalb entwickelte sich neben dem Rechtssatze „Ausnahmegerichte sind unstatthaft" der weitere: „Niemand darf seinem gesetzlichen Richter entzogen werden", GVG. § 16, RVerf. Art. 105.[1]) Danach ist namentlich die Justizverwaltung gehindert, für eine einzelne Rechtssache in einer vom Gesetz nicht vorgesehenen Weise Richter aus- oder einzuschalten.[2])

2. Der Staat schafft seine Rechtsordnung als einen für Alle verbindlichen Normenkomplex. Es wäre sinnlos, wollte er gerade die zur Rechtsschutzgewährung berufenen Stellen von der Rechtsgebundenheit entheben; damit wäre die Rechtsordnung selbst preisgegeben. Und zwar ist es natürlich die eigene Rechtsordnung des Staates, die für Befolgung und Anwendung die Richtschnur bildet (mit Einschluß andererseits der in ihr enthaltenen Hinweise auf fremdes Recht). Es könnte deshalb verwunderlich erscheinen, daß das GVG. in § 1 noch besonders verordnet: „Die richterliche Gewalt wird durch unabhängige, nur dem Gesetz unterworfene Gerichte ausgeübt", und die RVerf. in Art. 102 dies in der Fassung wiederholt: „Die Richter sind unabhängig und nur dem Gesetz unterworfen."

Die Erklärung liegt nicht derart in den Worten „nur dem Gesetz", als solle das Gewohnheitsrecht beiseite gedrückt werden oder gar nur der Buchstabe des Gesetzes für maßgeblich erklärt sein. „Gesetz" ist nur eine denominatio a potiori; gemeint ist die gesamte geltende Rechtsordnung mit Einschluß des Gewohnheitsrechts und — bei Gesetzesunklarheit und Gesetzeslücken — der Bestimmungen, die in juristischer Methode als im Willen des Rechtsordnungssubjekts liegend ermittelt werden.

Die Erklärung dafür, weshalb das für jedermann Selbstverständliche dem Richter noch besonders gesagt wird, liegt vielmehr darin, daß Kräfte am Werke gewesen sind und sein können, die sich bemühen, den Richter von der Handhabung des Rechts abzudrängen oder ihn irrezuführen. Der Schwerpunkt des § 1 GVG. (Art. 102 RVerf.) liegt in der Betonung der „Unabhängigkeit"; das „nur" (dem Gesetz unterworfen) richtet seine Spitze gegen alles, was mit dem

---

[1]) Das Verhältnis der beiden Sätze zueinander ist bestritten. Nach der zutreffenden Auffassung von Kern ist das Verbot der Richterentziehung der umfassendere Gedanke, der das Verbot von Ausnahmegerichten als Einzelanwendung in sich schließt.

[2]) Wo sie, wie nach GVG. § 83, für außerordentliche Tagungen u. dgl. Richter bereitzustellen hat, darf sie dies nur generell, nicht für bestimmte Rechtssachen tun, und jedenfalls nicht so, daß Rechtssachen, die schon prozeßordnungsmäßig bestimmten Richterpersönlichkeiten angefallen sind, aus deren Händen genommen werden.

Willen der Rechtsordnung konkurrieren und durch diese nicht gedeckt Maßgeblichkeit beanspruchen möchte.

a) In erster Linie gegen Anordnungen der Justizverwaltung oder des Staatshaupts usw., die in das Gebiet der Gerichtsbarkeit übergreifen.

b) Sodann gegen sonstige Mächte im politischen Leben, die auf die Rechtspflege einen Druck ausüben möchten, politische Parteien usw.

c) Unabhängig sollen die Richter und Gerichte aber auch untereinander sein. Jeder Richter ist namentlich bei der Gesetzesauslegung verantwortlich für die Befolgung und Anwendung der Rechtsordnung selbst; er darf ihr nicht Rechtsauffassungen substituieren, die er nicht teilt, mögen diese auch die bisherige Praxis noch so sehr beherrschen; die „Tradition", d. i. der Amtsschimmel, ist keine Rechtsquelle. Nicht nach seiner wissenschaftlichen Überzeugung, sondern nach fremden Meinungen zu entscheiden (Präjudizienkultus) ist eine der schwersten Richterpflichtverletzungen, die es gibt. So wünschenswert eine „konstante, einheitliche Praxis" ist, so übel ist eine gesetzwidrige, greisenhaft erstarrte und besserer Erkenntnis den Weg versperrende Praxis.[1])

Deshalb bedeuten auch die Rechtsauffassungen, die die Obergerichte mit Einschluß des Reichsgerichts zum Ausdruck gebracht haben, für die Untergerichte keine bindenden Normierungen. Die Unterrichter sind, wenn sie ihrerseits von ihrer Richtigkeit nicht überzeugt sind, gemäß § 1 GVG. weder verpflichtet, noch auch nur befugt, ihnen zu folgen.[2])

Auch für die Richter des Reichsgerichts entfaltet dessen bisherige Rechtsprechung keine verbindliche Kraft. Jeder Senat des Reichsgerichts hat seine frühere Rechtsauffassung zu verlassen, wenn er sie für unzutreffend erachtet. Und wenn § 136 GVG. durch das Institut der Plenarentscheidungen (unten § 99) das Abgehen eines Senats von der Rechtsauffassung eines anderen Senats oder des

---

[1]) Die Schilderung, die Rosenberg, JW. 1924, S. 1657, vom Reichsgericht gibt: „Jeder, der als Mitglied oder Vorsitzender in einen Senat eintritt, wird zur Bewahrung der Tradition erzogen. Im Anfang versucht er wohl gegen den einen oder anderen Grundsatz Sturm zu laufen. Nach einigen Niederlagen ergibt er sich in sein Schicksal" — kann nicht wohl buchstäblich gemeint sein; sie enthielte ja eine schwere Anklage sowohl gegen die „Erzieher", wie gegen die Neulinge, die „sich in ihr Schicksal ergeben" in allgemein charakterlich-ethischer, wie in richterdienstlicher Beziehung.

[2]) Mit einer Ausnahme: Empfängt ein Untergericht eine Strafsache zur erneuten Aburteilung aus den Händen des Revisionsgerichts zurück, so hat es in eben dieser Sache, aber auch nur in ihr, die ihm vom Revisionsgericht vorgezeichnete Rechtsauffassung seiner Entscheidung auch dann zugrunde zu legen, wenn es sie nicht teilt, § 358 I.

Plenums erschwert, so bedeutet auch dies nicht eine Bindung der Reichsrichter an „Präjudizien", vielmehr ist jeder Richter eines Senats gemäß § 1 GVG. verpflichtet, auf solche die bisherige Praxis ändernde Plenarentscheidungen hinzuwirken, wenn jene nicht seiner Rechtsüberzeugung entspricht, wie auch die an den Plenarentscheidungen mitwirkenden Richter sich nicht durch die „Tradition" beeinflussen lassen dürfen.[1])

d) Im Sinne wie im Wortlaut des § 1 GVG. (Art. 102 RVerf.) liegt schließlich auch, daß alles nicht „geltende" Recht, alle Norminhalte, die reine überempirische Postulate sind („Naturrecht"), ausgeschaltet bleiben, und erst recht, daß von echter „freier Rechtsfindung", womöglich contra legem, keine Rede sein kann.[2])

Eine strafrechtliche Ergänzung des § 1 GVG. (Art. 102 RVerf.) bildet § 336 StGB. (Delikt der Rechtsbeugung).

Äußere Mittel, um den (Berufs-) Richter in seiner unabhängigen Haltung zu stützen, sind die unten § 13 erwähnten Bestimmungen, die seine wirtschaftliche und soziale Stellung betreffen.

3. Durch ihre Unabhängigkeit kontrastieren die Gerichte scharf gegen die Verwaltungsstellen, die ganz gegenteilig im Dienste einheitlicher Rechtsausführung grundsätzlich an Weisungen „von oben" gebunden sind. Würden nun Staatsstellen derart eingerichtet, daß ihnen gerichtsbarkeitliche und Verwaltungsgeschäfte übertragen würden (etwa wie in vorkonstitutionellen Zeiten eine „Oberamtsregierung" zugleich „Appellationsgericht" sein konnte), so würden sich die dort amtenden Persönlichkeiten fort und fort im Wechsel der Tage und Stunden innerlich umzustellen haben. Das aber ist psychologisch schwer möglich. Deshalb verordnet, wie schon die französische Nationalversammlung, so jetzt EGVG. § 4, daß **den ordentlichen Gerichten Geschäfte der Verwaltung nicht übertragen werden dürfen.** Ausgenommen ist nur die Justizverwaltung, deren Ablösung von den Gerichten praktische Schwierigkeiten hätte und deren Miterledigung durch die Justiz für die richterliche Unabhängig-

---

[1]) Auch für die Untergerichte bedeutet § 136 nicht eine Durchbrechung des § 1 GVG.; sind ihnen die Rechtsauffassungen, die in einer reichsgerichtlichen Plenarentscheidung zum Ausdruck kommen, nicht überzeugend, so haben sie ihnen — vorbehaltlich des Falles des § 358 I (S. 48 Anm. 2) — nicht zu folgen.

[2]) Auch die Laienrichter sind hierbei nicht ausgenommen. Auch sie haben nicht nach subjektivem „Rechtsgefühl", sondern nach dem positiven Recht zu entscheiden. Daß sie dieses nicht oder nicht ausreichend kennen und nicht, wie der Berufsrichter, zur Unterordnung unter das positive Recht erzogen sind, bedeutet de lege ferenda das Hauptbedenken gegen die Laienjustiz.

keit erfahrungsmäßig unschädlich ist. Tatsächlich ist auch ein Teil der Justizverwaltung den Gerichten übertragen worden (Spitze der Justizverwaltung ist freilich kein Gericht, sondern das Justizministerium; andere Stücke der Justizverwaltung liegen in den Händen der Staatsanwaltschaft).

Eigentümlicherweise wird öfter angenommen, daß § 4 EGVG. zwar den „Gerichten" Verwaltungsgeschäfte (abgesehen von der Justizverwaltung) zu übertragen verbiete, nicht aber den einzelnen Richtern. Diese Auffassung ist mit der ratio des § 4 unvereinbar.

4. Die Gerichtsbarkeit (mit ihrer Kehrseite: der darin enthaltenen Sicherheit für die Rechtsgenossen) würde gefährdet sein, wenn ihr Walten dadurch lahmgelegt werden könnte, daß eine Verwaltungsbehörde die betreffende gerichtsbarkeitliche Angelegenheit als vermeintliche oder angebliche Verwaltungssache an sich ziehen könnte. Deshalb weist § 17 GVG. den Gerichten selbst die maßgebende Entscheidung darüber zu, ob die einzelne Angelegenheit der gerichtsbarkeitlichen Erledigung unterfällt.[1])

II. Insgesamt wirkt sich die Ausgliederung der Strafgerichtsbarkeit aus der Gesamtheit der staatlichen Tätigkeiten dahin aus, daß spezifisch strafgerichtsbarkeitliche Tätigkeiten von niemandem außer den Organen der Strafgerichtsbarkeit ausgeübt werden dürfen, widrigenfalls der Tatbestand der Amtsanmaßung gegeben wäre (Beispiel: Anordnung einer Beschlagnahme durch einen nicht zu den Hilfsbeamten der Staatsanwaltschaft gehörenden Polizeibeamten oder einen Minister, vgl. § 105 StPO.).

Unter die spezifisch strafgerichtsbarkeitlichen Tätigkeiten in diesem Sinne ist jedoch das bloße Forschen danach, ob und von wem eine strafbare Handlung begangen sei, nicht zu rechnen. Solche Erkundigungen mit gesetzlich einwandfreien Mitteln einzuziehen, ist niemandem verwehrt, auch nicht, wenn schon eine gerichtliche oder staatsanwaltschaftliche Untersuchung im Laufe oder schon erledigt ist. Unverkennbar ist freilich, daß derartige Nebenuntersuchungen, insbesondere, wenn sie autoritativ geführt werden (durch parlamentarische Untersuchungsausschüsse, durch die politische Polizei usw.) der Justiz sehr abträglich sein können (Verwirrung des Sachstandes, Entwertung der Auskunftspersonen durch die Häufung der Vernehmungen oder durch suggestive Einflüsse usw.), und es wäre erwünscht, daß die Zulässigkeit von Parallelutersuchungen auf die Fälle zurückgeschnitten

[1]) Für die Strafjustiz allerdings praktisch nicht bedeutsam.

würde, in denen sie im Einvernehmen mit den gerichtsbarkeitlichen Stellen erfolgen, oder ihre Dienlichkeit für die Justiz im Sinne einer vorarbeitenden negotiorum gestio, z. B. bei Gefahr im Verzuge, ersichtlich ist, oder die Feststellung des Straffalles unerläßlich ist, um dringlichen anderweitigen Staatsaufgaben (z. B. baldigem Erlaß von Verwaltungsvorschriften) genügen zu können. Für das geltende Recht wird sich aber ein Rechtssatz, demzufolge das „Untersuchen" eine verbotene „Einmischung in schwebende Prozesse" wäre, nicht behaupten lassen.[1])

2. Kapitel.

Die Gerichtspersonen bei den ordentlichen Gerichten. § 13.

Gneist, Die Bildung der Geschworenengerichte in Deutschland 1849; ders., Vier Fragen 1874; Binding, Die drei Grundfragen der Organisation des Strafgerichts 1876 (auch in den Abh. II); Herm. Seuffert, Erörterungen über die Besetzung der Schöffengerichte und Schwurgerichte in Deutschland 1879; ders., **GS. 32** 31; Ötker, Die Rechtsgrundlage der Schöffen- und Schwurgerichtsbildung, **GA. 49** 93, 203, **50** 62, 204; ders., Bindings Handb. d. RWisssch., Neunte Abt., 4. Teil, **3** 1907; Engelhard, Grundsätzliches zur Frage des Laienrichtertums, **ZStW. 44** 57; Görres, Der Wahrspruch der Geschworenen und seine psychologischen Grundlagen, in den Jurist.-psychiatrischen Grenzfragen, Heft 2/3, 1903; Schwinge, Der Kampf um die Schwurgerichte bis zur Frankfurter Nationalversammlung 1926.

I. Die bei den Gerichten im Strafverfahren amtlich vorzunehmenden Tätigkeiten sind teils so geartet, daß sie verfahrensrechtlich zulässig und wirksam nur von dem Inhaber eines bestimmtartigen Amts vorgenommen werden können, teils so, daß es verfahrensrechtlich gleichgültig ist, wer sie vornimmt. Danach zerfallen auch die Gerichtspersonen in zwei große Hauptklassen: 1. gerichtsverfassungsrechtlich notwendige; 2. Hilfskräfte.

1. Die erste Gruppe umfaßt die Richter und die „gerichtlichen Nebenpersonen"; die letzteren sind die „Urkundsbeamten der Geschäftsstelle"[2]) und die Gerichtsvollzieher, vgl. GVG.

---

[1]) Getrennt zu halten ist die Frage, inwieweit innerhalb der Strafjustiz deren verschiedene Organe (Gericht, Staatsanwaltschaft, Polizei als Gehilfin der Staatsanwaltschaft) parallel nebeneinander untersuchend vorgehen können. Darüber unten § 70 VI.

[2]) So die Bezeichnung seit RGes. vom 9. Juli 1927. Früher: „Gerichtsschreiber". Die neue Amtsbezeichnung darf nicht dahin mißverstanden werden, als fielen alle im Prozeß herzustellenden Beurkundungen (unten § 66) ausschließlich diesen Beamten zu. Insbesondere ist auch der Richter Urkundsperson (für die Urteilsurkunde sogar nur er).

§§ 153—155, StPO. § 31 I und III. Der Urkundsbeamte hat ein bestimmt umgrenztes Tätigkeitsfeld (einen Teil der Entscheidungs- und Beurkundungstätigkeit, sowie Aktenführung, vgl. z. B. §§ 168, 187, 226, 271, 275 IV, 464 II); ebenso die Gerichtsvollzieher (Bewirkung von Zustellungen und Vollstreckungen in das Vermögen, vgl. §§ 37, 38, 463). Die nicht ausdrücklich den „Nebenpersonen" überwiesenen Funktionen sind Richterfunktionen.

2. Die Tätigkeit der Hilfskräfte (Kanzlisten, Gerichtswachtmeister usw.) besteht z. B. in Abschreiben von Schriftstücken, Türdienst, Aufrufen vorgeladener Personen. Das Reichsrecht enthält darüber keine Vorschriften.

II. Die Richter sind entweder ständige (beamtete, Berufs-) Richter oder unständige (Laien-) Richter.

1. Die Bekleidung des Berufsrichteramts ist an die in GVG. §§ 2—4 (dazu StGB. §§ 31, 33, 34^{3}, 35) aufgeführten Voraussetzungen geknüpft. Männliches Geschlecht ist seit RGes. vom 11. Juli 1922 nicht mehr erforderlich, obwohl das Richteramt (anders sonstige juristische Betätigungen) eine besonders energische Ausschaltung rein gefühlsmäßiger Einstellung erheischt, und die Frau in diesem Punkte dem Manne durchschnittlich unterlegen ist.

Die Übertragung des Amts erfolgt durch staatsbehördliche Anstellung, die behufs Steigerung der richterlichen Unabhängigkeit (oben § 12) auf Lebenszeit (so, daß Versetzung ohne Einverständnis und Absetzung nur durch gerichtliche Entscheidung und nur aus gesetzlich festgelegten Gründen stattfinden kann, und Altersgrenzen nur, soweit sie gesetzlich festgelegt sind, zum Erlöschen des Amts führen) und gegen festes Gehalt erfolgen muß, GVG. §§ 6—8, RVerf. Art. 104 I S. 3. (Das hierzu im Gegensatz stehende System der Wahl der Richter durch das Volk, womöglich nur auf Zeit oder gar auf Widerruf, würde in unseren Verhältnissen unrettbar zu einer die Rechtsordnung preisgebenden Klassen- und Zufallsjustiz führen.[1])

Sonderbestimmungen kann das Landesrecht über zeitweilige Wahrnehmung richterlicher Geschäfte treffen, GVG. § 10.[2])

---

[1]) Vgl. Wach, **DJZ.** 24 1; Reichel, Bestellung und Stellung der Richter usw. 1919.

[2]) GVG. § 10 ist durch RVerf. Art. 104, 178 nicht berührt worden, **E.** 54 260. Zulässig ist insbesondere, daß ein an einer Gerichtsanstalt angestellter Richter einer anderen Gerichtsanstalt zur Dienstleistung als „Hilfsrichter" zugeteilt wird.

Der Richter ist befähigt, grundsätzlich in allen Rechtssachen, die in seinem Geschäftskreise an ihn herantreten, tätig zu werden. Liegen freilich Beziehungen des Richters zu der konkreten Angelegenheit vor, die geeignet sein könnten, dessen Unparteilichkeit zu trüben, so kann er von jeder Partei (außerdem auch von sich selbst) als „judex suspectus" „wegen Besorgnis der Befangenheit[1]) abgelehnt werden", StPO. § 24. Er ist dann bedingt (nämlich durch die Ablehnungserklärung bedingt) vom Richteramt ausgeschlossen. Weitergehend ist er sogar, um des Ansehens der Rechtspflege halber, ohne weiteres, „kraft Gesetzes", „ausgeschlossen" (judex inhabilis), wenn es sich um die in §§ 22, 23 StPO. aufgeführten typischen Fälle möglicher Befangenheit handelt (z. B. wenn er selbst der als Verletzter in Betracht Kommende ist[2]), wenn er Ehegatte des Beschuldigten ist, und per arg. a fortiori, wenn er selber der Beschuldigte ist).

2. Zu gewissen strafrichterlichen Geschäften zieht das Gesetz „unständige Richter" (Laienrichter) heran — ein gesetzgeberischer Mißgriff, da (auch im Volksstaat) die Richter dazu da sind, das geltende Recht zu handhaben, dieses aber den Laien weder bekannt oder bekannt genug ist, noch ihnen in seinem Werte so bewußt ist, daß sie es nicht gern und leicht durch ihr subjektives Empfinden ersetzten, das Volk also durch Auslieferung der Justiz an Laienrichter seine eigenen Gesetzestafeln zerbricht; ihrer Unabhängigkeit von Justizvorgesetzten eine viel schwerer ins Gewicht fallende, weil unkontrollierbarere Abhängigkeit von Umwelt- und Interesseneinflüssen gegenübersteht; die Beiziehung von Laienrichtern unökonomisch ist; und die hierdurch zu erzielende „Hebung des Vertrauens des Volks zur Rechtspflege" teils ein bloßes Schlagwort ist, teils hinter den Schäden des Laienrichtertums zurücktreten muß. Die Gefahr der Subjektivierung und Aufweichung der Justiz ist durch das RGes. vom 25. April 1922 noch gesteigert worden, das auch Frauen zum Laienrichtertum zuläßt. Dagegen ist durch die Reform von 1924 wenigstens diejenige Form der Laienrechtsprechung beseitigt worden, die einer eigenmächtigen, die Rechtsordnung zersetzenden Justiz besonders Vorschub leistete: die Schwurgerichtsverfassung. Diese, englisch-französischen Ur-

[1]) Ob Besorgnis der Befangenheit obwaltet, ist einesteils vom Standpunkte des Ablehnenden aus zu beurteilen, anderenteils aber der Kontrolle zu unterziehen, ob dieser Standpunkt nicht unbegründet ist. So das RGer., vgl. dazu Beling, JW. 55 2446.

[2]) D. h. derjenige, dessen Verletzung dem betreffenden strafgesetzlichen Tatbestande charakteristisch ist, nicht auch „mittelbar" Verletzte, z. B. bei Sachbeschädigung der Eigentümer der Sache, nicht wer aus Kauf einen obligatorischen Anspruch auf deren Übereignung hatte. So auch das RGer.

sprungs (Jury, Assises), legte die Entscheidung in der Hauptsache in die Hände eines **nur** aus Laien bestehenden Kollegiums (Geschworenenbank). Das Schwurgerichtsinstitut fand, von romantischen Vorstellungen verklärt, in Deutschland um die Mitte des 19. Jahrhunderts Aufnahme und ging auch in die StPO. von 1877 über, wurde aber von seiten der juristischen Theorie und Praxis de lege ferenda fast einhellig bekämpft und büßte auch beim Volke mehr und mehr seinen romantischen Reiz ein.

Die andere Form der Laienbeteiligung an der Justiz ist die **schöffengerichtliche** Verfassung. Bei ihr sind die Kollegien so besetzt, daß das berufsrichterliche und das Laienelement, sämtliche Richter mit gleichem Stimmrecht ausgerüstet, zusammenwirken, vgl. GVG. § 30. Die StPO. von 1877 verwendete diese Verfassung für die erstinstanzliche Erledigung der Strafsachen unterster Ordnung, soweit sie nicht einem Berufsrichter allein übertragen waren (während die schwersten Strafsachen in erster Instanz dem Schwurgericht, die mittleren Strafsachen in erster Instanz und sämtliche Strafsachen in höherer Instanz reinen Berufsrichterkollegien zufielen). Die heutige Ordnung ist die, daß die erste und die Berufungsinstanz grundsätzlich Schöffengerichte (die Revisionsinstanz reine Berufsrichterkollegien) aufweist. Eine Gattung Schöffengerichte **heißt** allerdings „Schwurgericht" (die Laien in ihm „Geschworene"), ohne aber sachlich ein solches zu sein, vgl. GVG. §§ 81, 82. Die Schöffengerichte heben sich von den (echten) Schwurgerichten zu ihrem Vorteil dadurch ab, daß bei den Beratungen niemals der sachverständige Berater und mit **Stimmberechtigte** fehlt.

Die Schöffen, einschließlich der „Geschworenen", haben ein Amt, aber nicht die Eigenschaft von Beamten. Den Personenkreis, dem sie zu entnehmen sind, grenzen die §§ 31—35, 77, 84 GVG. ab. Ihre Berufung zum Amt erfolgt gemäß GVG. §§ 36—57, 77, 84—89, JugGerGes. § 20, teils durch Auswahl, teils durch Los in folgenden Staffeln: Urliste — berichtigte Urliste — doppelte Jahresliste (eine für Haupt-, die andere für Hilfsschöffen bzw. -geschworenen) — Sitzungsliste.

Hinsichtlich des Ausgeschlossenseins vom Richteramt in der einzelnen Rechtssache und der Ablehnbarkeit gilt für Laienrichter das gleiche, wie für Berufsrichter, StPO. §§ 31, 32.

3. Kapitel.

Gerichtsanstalten und Strafrechtspflegeorgane. § 14.

Jahrbuch der preußischen Gerichtsverfassung, redigiert im Bureau des Justizministeriums. Pfafferoth, Jahrbuch der deutschen Gerichtsverfassung. Beide periodisch erscheinend. Zachariä, Das moderne Schöffengericht 1872; H. Meyer, Die Frage des Schöffengerichts 1873; Denkschrift des preußischen Justizministeriums über die Schöffengerichte 1873; Kleinfeller, Die Funktion des Vorsitzenden und sein Verhältnis zum Gericht 1885; Mittermaier-Liepmann, Schwurgerichte und Schöffengerichte 1908ff.

Zu III: Einzelrichter oder Kollegium?: Bartning, Der Einzelrichter im Strafprozeß 1924; Rosenthal, **JW.** 1924, S. 251; Wachenfeld in Aschrott, Reform des Strafproz., S. 40; Ötker, **GS. 90** 345.

I. Für die Zwecke der Gerichtsbarkeit überhaupt stellt das Gesetz zunächst bestimmte Staatsbehörden: die Gerichte im Sinne von „Gerichtsanstalten" bereit, um dann bei diesen die spezifischen Strafrechtspflegeorgane einzurichten. Letztere allein sind es, denen die strafprozessualen Funktionen zukommen; auch für sie verwendet das Gesetz die Bezeichnung „Gerichte" (abgesehen von gewissen abgezweigten Funktionen, mit denen ein einzelner als „Strafrichter", z. B. als Untersuchungsrichter, betraut ist); z. B. ist das Schöffengericht ein Gericht in diesem Sinne (obwohl es keine Gerichtsanstalt, sondern das „Amtsgericht" die Gerichtsanstalt ist, bei der das Schöffengericht gebildet ist).[1])

Der Unterschied der Gerichtsanstalten und der Strafrechtspflegeorgane zeigt sich namentlich darin, daß die Zahl der Richter an den ersteren zwar so groß sein muß, um die gesetzlich vorgeschriebenen Strafrechtspflegeorgane herstellen zu können, im übrigen aber prozeßrechtlich gleichgültig ist (so daß z. B. eine Gerichtsanstalt 20 oder 21 oder 50 Richter haben kann — was sich nach der Größe der Geschäftslast richtet), während die Richterzahl für jede verfahrensrechtliche Funktion genau fixiert ist; ferner darin, daß Laienrichter niemals Mitglieder einer Gerichtsanstalt sind, sondern immer nur in einem Strafrechtspflegekollegium sitzen können; endlich als Folge hiervon, daß bald einmal die Gerichtsanstalt mehr Richter aufweist, als ein Strafrechtspflegeorgan bei ihr (z. B. ein mit 7 Richtern besetztes

---

[1]) Die Strafrechtspflegeorgane nennt man wohl auch „Spruchgerichte", „Spruchorgane", „Rechtsprechungsorgane", diese Ausdrücke sind jedoch zu eng, da es auch solche Organe gibt, die nicht Recht zu sprechen, sondern nur Ermittelungen und Untersuchungen zu führen haben. Man sagt auch „Strafrechtspflegekörper", doch erweckt diese Bezeichnung die unrichtige Vorstellung, als handle es sich immer um Richterkollegien.

Amtsgericht im Hinblick auf „den" Amtsrichter als dessen Organ); bald einmal dieselbe Persönlichkeit die Gerichtsanstalt sowohl wie das Strafrechtspflegeorgan repräsentiert (so der Amtsrichter als Strafrichter bei einem nur mit **einem** Richter besetzten Amtsgericht); bald einmal das Strafrechtspflegeorgan mehr Richter aufweist, als die betreffende Gerichtsanstalt (so das Schöffengericht bei einem mit nur **einem** Amtsrichter besetzten Amtsgericht).

II. Die deutschen ordentlichen **Gerichtsanstalten** sind von unten nach oben: die **Amtsgerichte**; die **Landgerichte**; die **Oberlandesgerichte** (mit Einschluß des Kammergerichts in Berlin); das **Reichsgericht** (mit dem Sitz in Leipzig nach RGes. vom 4. April 1877). Über die Besetzung s. GVG. §§ 22, 59, 115, 124, 125. **Bayern** hat außerdem ein **Oberstes Landesgericht** in München, vgl. EGVG. §§ 8—10, Bayr. AGVG. §§ 42—49.

III. Hinsichtlich der Bildung der **Strafrechtspflegeorgane** erhob sich für den Gesetzgeber das Problem: **Richtereinzahl** oder **Richtermehrzahl**? Wenn letzteres, so war freilich außer Streit, daß es sich nur um Kollegien, Ratsgerichte[1]) mit fester Richterzahl[2]) handeln konnte.

Für manche strafrichterlichen Funktionen ist nun kaum zweifelhaft geworden, daß sie zweckmäßigerweise in die Hand eines einzelnen Richters zu legen sind (so: ermittelungsrichterliche Tätigkeit, Voruntersuchung, Rechtshilfeleistung, Strafbehelfserlaß). Für diejenigen Geschäfte aber, in denen der Schwerpunkt der Strafjustiz liegt, namentlich für das Auftreten als „Gerichtshof" in Hauptverhandlung und Urteilserlaß, ist gesetzgebungspolitisch auch heute noch strittig, ob dem Einzelrichter oder dem Ratsgericht der Vorzug gebühre. Für ersteren spricht, daß er durch das Bewußtsein der Alleinverantwortlichkeit und deren sichtbares Hervortreten nach außen zu besonderer Sorgfalt angespornt wird, während sich im Ratsgericht die Verantwortlichkeit verteilt, und nach außen hin die eigentlich maßgeblichen Persönlichkeiten anonym bleiben. Für das Ratsgericht spricht, daß hier ein Meinungsaustausch stattfindet, und dadurch manches zur Berücksichtigung kommt, was dem einzelnen entgangen wäre, sowie, daß in ihm Persönlichkeiten vorhanden sind, die nicht, wie der Einzelrichter, durch die Sorge für die Verhandlungsleitung

---

[1]) im Gegensatz zur „monokratischen Verfassung", oben § 9 II 3.

[2]) im Gegensatz zu der verwaltungsrechtlichen Organisation, bei der ein und dasselbe Kollegium nicht notwendig vollzählig versammelt sein muß, vielmehr eine bestimmte Beschlußfähigkeitsziffer (sog. Quorum) maßgebend ist, so daß ein und dasselbe Kollegium das eine Mal als z. B. fünfköpfiges, ein anderes Mal als sechs- oder siebenköpfiges beschließt. — Eine nicht ziffernmäßig genau bestimmte Richterzahl s. GVG. § 138.

mit in Anspruch genommen sind und deshalb dem Sachlichen ungeteilt ihre Aufmerksamkeit zuwenden können. Insgesamt werden die Gesichtspunkte zugunsten des Ratsgerichts überwiegen. Abzulehnen ist aber die Meinung, daß die Strafrechtspflege an Wert gewinne, je größer die Richterzahl sei („Rage de nombres"); in großen und größten Kollegien ist (abgesehen auch davon, daß sie unökonomisch sind, und ihr schwerfälligerer Apparat ein langsameres Arbeiten zur Folge hat) der Verantwortlichkeitsdruck auf den einzelnen zu stark gemindert.

Die Reichsgesetzgebung von 1877 sah für die Strafrechtsprechung grundsätzlich durchweg Ratsgerichte vor mit geringer Einschränkung (Amtsrichter für Bagatellsachen). Das Recht von 1924 stellt dagegen, hauptsächlich durch Ersparungsrücksichten veranlaßt, den Einzelrichter stark in den Vordergrund[1]) und hat die Richterzahl in den Ratsgerichten zum Teil gekürzt.

Die heutige Verfassung der Strafrechtspflegeorgane ist (abgesehen von den Sonderfunktionen: Ermittelungs-, Untersuchungsrichter usw.) folgende (GVG. §§ 25, 26, 28, 29, 60, 76, 79, 81—83, 116, 122, 130, 139, JugGGes. §§ 17, 19 III):

1. Das Amtsgericht als Gerichtsanstalt entläßt aus sich das „Amtsgericht" als Strafrechtspflegeorgan in verschiedenen Gestaltungen:

a) Der (im Sinne des Amtsgerichts als Gerichtsanstalt: der einzige vorhandene oder aber einer der mehreren) Amtsrichter allein.

b) Das (gewöhnliche) Schöffengericht, besetzt mit einem Amtsrichter und 2 Schöffen.

c) Das erweiterte Schöffengericht: erweitert durch Zuziehung eines zweiten Amtsrichters, also viergliedriges Ratsgericht.

d) Als besondere Erscheinungsform von b und c: Das kleine Jugendgericht, d. i. das aus einem Amtsrichter als „Jugendrichter" (der mit dem Vormundschaftsrichter identisch sein soll) und 2 Jugendschöffen (eventuell außerdem einem weiteren Amtsrichter gemäß c[2])) bestehende Schöffengericht.

e) Das große Jugendgericht, besetzt mit dem Jugendrichter, einem zweiten Amtsrichter und 3 Jugendschöffen.

Zu b und c: Das Schöffengericht hat als erweitertes dann zu tagen, wenn die Staatsanwaltschaft (bei Verwaltungsstrafklage die

---

[1]) Vgl. unten § 16.

[2]) E. 58 332.

Finanzbehörde) bei Einreichung der Anklageschrift[1]) den Antrag auf Zuziehung eines zweiten Amtsrichters stellt, was sie nur dann tun soll, wenn dies nach Umfang und Bedeutung der Sache erforderlich erscheint, GVG. § 29 II, III.

Daß dem Staatsanwalt (statt dem Amtsrichter) die Verfügung über die Besetzung des Gerichts zusteht, ist um so eigentümlicher, als er dadurch mittelbar auch die Revisionsinstanz bestimmt (vgl. einerseits § 121 [1c], andererseits § 135 GVG.).

Zu d und e: Die Jugendgerichte haben, weil besonders geartet und mit einem ihnen eigentümlichen Geschäftskreis begabt, etwas von „Sondergerichten" an sich; sie sind dies aber doch deshalb nicht, weil sie als „Schöffengerichte" in die ordentlichen Gerichtsanstalten eingegliedert sind (JugGGes. § 17 I S. 2: „Jugendgerichte sind die Schöffengerichte").

2. Bei den Landgerichten liegt die Strafrechtspflege in der Hand

a) der kleinen Strafkammer: 1 Berufsrichter + 2 Landgerichtsschöffen;

b) der großen Strafkammer: 3 Berufsrichter + 2 Landgerichtsschöffen;

c) der Schwurgerichte: 3 Berufsrichter + 6 Geschworene;

d) der „beschließenden Strafkammer": 3 Berufsrichter.

Zu a und b: „Besondere" Strafkammern sollen für Jugendsachen gebildet werden, JugGGes. § 19 III.

3. Bei den Oberlandesgerichten: Strafsenate, besetzt mit 3 Berufsrichtern (soweit das Oberlandesgericht I. Instanz ist: 5 Berufsrichtern).

Ebenso bei dem Bayr. Obersten Landesgericht.

4. Beim Reichsgericht werden gleichfalls Strafsenate gebildet, besetzt mit je 5 Berufsrichtern (außerhalb der Hauptverhandlung mit 3 Berufsrichtern); ferner das Plenum der Strafsenate, bestehend

---

[1]) So der Gesetzestext, der aber nicht so buchstäblich zu verstehen ist (Streitfrage, vgl. z. B. **E. 59** 59, **GA. 69** 408; Kohlrausch 2 zu § 29; Kiesow 4 zu § 29; Steinbeck, **DJZ. 29** 508, **32** 378; Volkmar, das. **29** 897). § 29 hat offenbar nur den einfachsten Fall im Auge gehabt; er denkt nur an Anklagen, die auf schöffengerichtliche Hauptverhandlung abzielen, und nur an die darauffolgende erste Hauptverhandlung. Für solche schöffengerichtliche Hauptverhandlungen, auf die es der Staatsanwalt bei Anklageerhebung überhaupt nicht abgesehen hatte (Beispiel: der Staatsanwalt hat Schwurgerichtsanklage erhoben, die Strafkammer hat aber gemäß § 209 I das Hauptverfahren vor dem Schöffengericht eröffnet), sowie für alle Hauptverhandlungstermine, die als zweiter, dritter usw. dem ergebnislos gebliebenen ersten nachfolgen, besteht kein Grund, eine durch das praktische Bedürfnis geforderte Gerichtserweiterung als durch den Wortlaut des § 29 ausgeschlossen anzusehen.

aus allen diesen zusammen, und das Plenissimum des Reichsgerichts, das auch die Zivilsenate mitumfaßt.

IV. Die mit Laien mitbesetzten Gerichte unterscheiden sich von den übrigen dadurch, daß sie nicht dauernd vorhanden sind, weil die Laienrichter immer nur für die Hauptverhandlung in Tätigkeit treten. Diese Gerichte müssen also immer erst an bestimmten Sitzungstagen oder (so beim Schwurgericht) zu bestimmten Sitzungsperioden „zusammentreten" (deshalb GVG. §§ 30 II, 76 I, 82 II).

V. Besondere Funktionen strafrichterlichen Charakters sind

1. die des Vorsitzenden im Ratsgericht im Gegensatz zu den Beisitzern. Er hat in dieser Eigenschaft die Verhandlungen vorzubereiten und zu leiten. Zugleich ist er aber auch „pars collegii", d. h. er wirkt auch bei den dem Kollegium zufallenden Entscheidungen mit[1]), ohne aber dabei mit höherem Stimmgewicht begabt zu sein.[2])

2. Besondere Funktionen innerhalb eines Kollegiums sind ferner die des Berichterstatters, des beauftragten Richters (vgl. z. B. StPO. § 223), des Verfassers der Urteilsurkunde.

3. Sonderaufgaben strafrichterlichen Charakters fallen dem Amtsrichter als Ermittelungsrichter, als Rechtshilferichter („ersuchtem Richter"), als Strafbefehlsrichter zu, StPO. §§ 162, 165; GVG. § 157; StPO. § 407; ferner dem Untersuchungsrichter des Landgerichts, des Oberlandesgerichts, des Reichsgerichts, vgl. GVG. § 61; StPO. §§ 185, 186.

4. Eine besondere Funktion ist auch die des „Ergänzungsrichters" (Ergänzungs-Berufsrichters, Ergänzungsschöffen, Ergänzungsgeschworenen), d. i. — GVG. § 192 II, III — eines Richters, der als im Sinne der für die Besetzung des Rechtspflegekörpers vorgeschriebenen Zahl „überzähliger" zu einer Verhandlung zugezogen wird, um bei Verhinderung eines Richters der gleichen Gattung für diesen einzutreten. Die Funktion des Ergänzungsrichters ist zunächst nur die, der Verhandlung (im Bewußtsein richterlicher Verantwortlichkeit) beizuwohnen. Stellt sich während der Verhandlung hinsichtlich eines an ihr primär beteiligten Richters eine Verhinderung ein, so geht damit dessen volle Funktion auf den Ergänzungsrichter über. Im anderen Falle hat es mit jener bloßen Bereitschaft zum Einspringen sein Bewenden.

---

[1]) Anders im germanischen Recht, wo der Verhandlungsleiter („der Richter") nicht zugleich auch „Urteiler" war. Solche Funktionentrennung wird heute de lege ferenda öfter empfohlen, vgl. Ötker, Arch. f. RPhilos. 2 226; Drucker, JW. 53 1673; Beling, Arch. f. RPhilos. 13 269.

[2]) Ausnahme in letzterer Hinsicht: GVG. § 196 III S. 3 (Stichentscheid des Vorsitzenden).

4. Kapitel.

Tätigkeitsfeld, Machtbereich und Geschäftskreis der Gerichte.

§ 15. A. Allgemeines.

I. Jede Gerichtsanstalt hat einen bestimmten geographischen Bezirk oder Sprengel zu eigen. Die Bestimmung der Bezirke obliegt, abgesehen vom Reichsgericht, dessen Sprengel das ganze Deutsche Reich ist, dem Landesrecht, das für lückenlose Aufteilung des Gebiets derart, daß alle geographischen Punkte im Gebiet einem bestimmten Amtsgericht, sowohl wie einem bestimmtem Landgericht und einem bestimmten Oberlandesgericht zugehören, Sorge zu tragen hat.[1])

Innerhalb ihres Sprengels hat jede Gerichtsanstalt ihren Sitz (mit dem Gerichtsgebäude).

Sprengel und Sitz jeder Gerichtsanstalt sind zugleich auch Sprengel und Sitz der entsprechenden Strafrechtspflegeorgane, vgl. aber GVG. § 58.

Die Amtstätigkeit spielt sich tatsächlich normalerweise am Gerichtssitz, und zwar im Gerichtsgebäude ab, doch steht der Verlegung der Tätigkeit nach anderen Örtlichkeiten im Sprengel, auch außerhalb des Gerichtssitzes, verfassungsrechtlich nichts im Wege, vgl. ferner GVG. § 78 („abgezweigte Strafkammern“).

Außerhalb des eigenen Bezirks, in fremdem Bezirk, darf ein Gericht keine Amtstätigkeit üben, außer bei Gefahr im Verzuge, GVG. § 166.

II. Der Machtbereich jedes Gerichts gegenüber Personen und Sachen ist grundsätzlich ebenso schrankenlos, wie die deutsche Gerichtsgewalt überhaupt (oben § 11 II), beschränkt sich also namentlich nicht auf die im Sprengel befindlichen Personen und Sachen[2]), vgl. GVG. § 160. Nicht unterworfen sind einem Gericht daher nur die Personen und Sachen, die entweder gegenüber der deutschen Gerichtsbarkeit insgesamt oder gegenüber der Gerichtsbarkeit des Einzelstaats, dem das Gericht angehört, gerichtsfrei sind.

---

[1]) Hat ein Einzelstaat nur ein Oberlandesgericht, so ist dessen Sprengel mit dem Gebiete dieses Landes identisch. Ebenso ist das ganze Bayern der Sprengel des Obersten Landesgerichts.

[2]) Daher ist z. B. statthaft, daß in München ein Strafprozeß gegen den in Berlin wohnhaften und aufhältlichen X geführt wird. Daß dabei die Münchener Behörden ihre Amtstätigkeit nicht im Berliner Bezirk ausüben dürfen (oben I a. E.), steht auf einem anderen Blatte.

III. Aber in anderer Hinsicht ist die den Gerichten insgesamt zufallende Masse von strafprozessualen Geschäften unter die einzelnen Strafrechtspflegeorgane derart aufgeteilt, daß jedes von diesen seinen bestimmten Geschäftskreis hat, für die es „Zuständigkeit", „Kompetenz" hat. Ihrer juristischen Natur nach ist die Zuständigkeit kein subjektives Recht und keine Pflicht des betreffenden Organs, sondern nur eine Vorbedingung dafür, daß es sich rechtgemäß mit der Angelegenheit befaßt.

Über das begriffliche Verhältnis der Zuständigkeit zur Gerichtsbarkeit s. oben § 11 II S. 41 Anm. 1, Ziff. 2.

Die Zuständigkeitsregelung bezieht sich zunächst auf die Frage, was für Geschäfte die verschiedenen Gattungen von Strafrechtspflegeorgane, also z. B. das Schöffengericht, die kleine Strafkammer usw., haben sollen, sog. sachliche Zuständigkeit, competentia ratione materiae; sodann auf die Frage, wie sich die parallelen Organe verschiedener Gerichtsanstalten (also z. B. Schöffengericht München — Schöffengericht Augsburg), für die sie alle sachlich zuständig sind, teilen[1]), sog. örtliche Zuständigkeit, competentia ratione loci, Gerichtsstand, forum.

Der Begriff der sachlichen Zuständigkeit bedarf aber noch der Ergänzung durch den (zuerst von Wach für den Zivilprozeß herausgearbeiteten) Begriff der „funktionellen Zuständigkeit" („Zuständigkeit nach Geschäften"). Die Verknüpfung der verschiedenen Arten von Prozeßsachen mit den verschiedenen Kategorien von Strafrechtspflegeorganen ist nämlich dadurch bedingt, um welches Prozeßstück es sich handelt und was für eine Funktion demgemäß in Frage steht. Es kann daher einesteils ein und derselbe Prozeß zur sachlichen Zuständigkeit verschiedener Strafrechtspflegeorgane gehören (z. B. ein und derselbe Mordprozeß zur Zuständigkeit des Untersuchungsrichters, der beschließenden Strafkammer, des Schwurgerichts, des Reichsgerichts); und anderenteils kann ein und dasselbe Organ verschiedene Funktionen und danach sachliche Zuständigkeiten verschiedener Bedeutung in sich vereinigen (z. B. das Reichsgericht als erste und als Revisionsinstanz). In diesem Sinne fallen auseinander:

a) die Erledigung des „Hauptverfahrens", insbesondere Urteilserlaß (davon abgezweigt: Entscheidungen im Hauptverfahren außerhalb der Hauptverhandlung);

---

[1]) Hat ein und dieselbe Gerichtsanstalt eine Mehrheit von gleichartigen Strafrechtspflegeorganen (z. B. ein Landgericht mehrere kleine Strafkammern), so haben diese eine kongruente Zuständigkeit, hier setzt dann die „Geschäftsverteilung" ein, unten § 18.

b) die Entscheidung über die Eröffnung des Hauptverfahrens;

c) Entscheidungen nach Erledigung des Hauptverfahrens.

d) gewisse Sonderfunktionen, vgl. oben § 14 V; ferner Funktion als Beschwerdegericht, sowie die Funktion der Vereinigten Strafsenate des Reichsgerichts und des Reichsgerichtsplenums nach GVG. §§ 136, 138.

Das mit der Hauptverfahrensaufgabe betraute Gericht heißt das „erkennende Gericht"; die Funktionen zu b und c kommen dem „beschließenden Gericht" zu; die Funktion als erkennendes Gericht zerlegt sich weiter in erstinstanzliche, berufungsinstanzliche und revisionsinstanzliche.

Spricht man von sachlicher Zuständigkeit schlechthin, so meint man damit die Zuständigkeit für die Funktion als erkennendes Gericht; oder auch (noch enger) die Funktion als erkennendes Gericht erster Instanz.

Über die sachliche Zuständigkeit der Gerichte in Erkenntnisfunktion s. unten § 16.

Beschließendes Gericht ist, wo die Erkenntnisfunktion dem Schöffengericht innewohnt, der Amtsrichter; für das Schwurgericht die Strafkammer; für erkennende Strafsenate des Reichsgerichts, der Oberlandesgerichte und des Obersten Landesgerichts ein zugeordneter Beschlußsenat, GVG. §§ 30 II, 73, 122, 139.

Daß eine Zuständigkeitsordnung insgesamt vorhanden sei, verlangen schon rein geschäftliche Rücksichten (Arbeitsteilung); auch muß ein das Gericht Anrufender wissen, wohin er sich zu wenden hat. Aber auch das „Wie" der Regelung ist nicht gleichgültig; es melden sich dabei die verschiedenartigsten Belange zu Wort (z. B. die des Beschuldigten: ob er vor ein so oder so besetztes Gericht kommt, ob er weite Reisen zum zuständigen Gericht machen muß usw.; aber auch öffentliche Interessen, z. B. politischer Natur.[1])

§ 16. B. Die sachliche Zuständigkeit der erkennenden Gerichte.

I. Der die sachliche Zuständigkeitsordnung durchziehende allgemeine Grundgedanke ist der, daß die abzuurteilenden Angelegenheiten an Schwere verschieden sind, und wichtigere Sachen eine Erledigung durch besser besetzte Strafgerichte beanspruchen, als minder bedeutende. In diesem Sinne hatte in Frankreich die Napoleonische Gesetzgebung die strafrechtliche „Trichotomie" (crimes, délits, contraventions) herausgearbeitet und jeder der drei Klassen von strafbaren Handlungen ein ihr entsprechendes Strafgericht erster

---

[1]) Vgl. Jhering, Zweck im Recht 1^3 407.

Instanz zugeordnet (assises — tribunaux correctionnaux — juges de paix). In Anlehnung hieran war auch bei Schaffung des GVG. von 1877 eine gemäß § 1 StGB. dreigestufte sachliche Zuständigkeit erster Instanz ins Auge gefaßt worden, doch wurde dieser Aufriß im Laufe der gesetzgeberischen Arbeit nicht unwesentlich verschoben. Das Ergebnis war, daß zwar die Dreigliederung: Schwurgerichte für Verbrechen, Strafkammern für Vergehen, Schöffengerichte für Übertretungen zugrunde lag, doch aber noch das Reichsgericht und der Amtsrichter als erkennende Gerichte erster Instanz hinzutraten, und schließlich Verbrechen auf Schwurgericht, Reichsgericht, Strafkammer; Vergehen auf Strafkammer und Schöffengericht; Übertretungen auf Schöffengericht und Amtsrichter verteilt waren.

Die Neuordnung von 1924 (schon vorbereitet durch Novellengesetzgebung zugunsten des Schöffengerichts) zeigt ein wesentlich verändertes Bild. Neu in die Reihe eingetreten sind die Oberlandesgerichte als erste Instanz (vorher nur Gerichte höherer Instanz) mit einer von der erstinstanzlichen Reichsgerichtszuständigkeit abgezweigten Zuständigkeit. Beseitigt ist die Mittelstufe (die Strafkammer als erste Instanz). Die große Masse der Strafsachen ist dem Amtsgericht zugefallen, und innerhalb seiner ist zwar eine Staffelung insofern vorhanden, als Sachen, die dem Amtsrichter allein, Sachen, die dem dreigliedrigen, Sachen, die dem erweiterten Schöffengericht zufallen, unterschieden werden, doch aber die Zuständigkeit des Amtsrichters in die Verbrechenskategorie hinaufreicht. Dazu treten die Sonderbestimmungen des JugGerGes.

II. Zuständigkeitsordnung erster Instanz.[1])

1. In die erstinstanzliche Zuständigkeit teilen sich der Amtsrichter; das Schöffengericht; das Schwurgericht; das Reichsgericht.[2])

Sie stellen in dieser Stufenreihe „Gerichte niederer und höherer Ordnung" dar.[3]) Das bedeutet nicht, daß jedes nachfolgende Gericht die höhere Instanz gegenüber den vorhergehenden wäre[4]), wohl aber,

---

[1]) Zunächst ohne Berücksichtigung der Jugendgerichte. Darüber unten IV.

[2]) Über die Teilnahme des Oberlandesgerichts (Obersten Landesgerichts) an der erstinstanzlichen Zuständigkeit s. unten 4 c.

[3]) Das gilt auch für das Verhältnis des Amtsrichters zum Schöffengericht, obwohl das GVG. in § 24 deren Zuständigkeiten zu einer Zuständigkeit „des Amtsgerichts" zusammenzieht. Vgl. OLG. Hamburg, **GA. 71** 184; Klefisch, **JW. 55** 2236. — Dagegen bilden das dreigliedrige und das erweiterte Schöffengericht keine Gerichte „verschiedener Ordnung", da ihre Zuständigkeit unterschiedslos dieselbe ist. Ötker, **GS. 90** 363.

[4]) Über den Instanzenzug vgl. unten III.

daß das Gesetz die Rechtsprechung durch ein Gericht höherer Ordnung höher bewertet, als die durch ein nachgeordnetes Gericht, und deshalb ein Gericht niederer Ordnung nicht ermächtigt ist, seine Zuständigkeit zu überschreiten, dagegen die Gerichte höherer Ordnung unter Umständen auch Angelegenheiten niederer Ordnung erledigen kann (unten 4).

2. Welche der verschiedenen Gerichtsarten zuständig ist (ob der Amtsrichter, das Schöffengericht usw.), ist nicht der Bestimmung des Klägers überlassen; die Aufteilung der Zuständigkeiten wird vielmehr vom Gesetz derart vorgezeichnet, daß der Kläger ein hiernach unzuständiges Gericht nicht zuständig machen kann.[1])

Die Umstände nun, an die das Gesetz die Zuständigkeitsaufteilung bindet, sind folgende:

a) In erster Linie bestimmend ist die Deliktsart, um die es sich handelt; und zwar so, daß das Gesetz teils die einzelnen Deliktsarten namhaft macht (vgl. § 24^{3b} GVG.), teils Gruppen von Deliktsarten nach dem Maximum ihrer Strafdrohung zusammennimmt (vgl. §§ 24^{3a}, 25^{2b} GVG)., insbesondere auf den Charakter der Tat als „Übertretung" usw. im Sinne des § 1 StGB. abhebt (vgl. § $24^{1,2}$ GVG.).[2])

b) In einigen Fällen muß aber, damit die Zuständigkeit der betreffenden Gerichtsart begründet sei, zu der Deliktsart noch ein weiterer Umstand hinzutreten. So ist für § 25^{2a} wesentlich, daß die erhobene Klage eine Privatklage ist; für § 26 II, daß der Angeklagte keinen Widerspruch gegen die Befassung des Amtsrichters erhebt.

3. Soweit es sich um den juristischen Charakter der Tat als den zuständigkeitsbestimmenden Gesichtspunkt handelt (oben 2a), sind die Grenzen mit Notwendigkeit fließend. Denn dieser Charakter soll sich ja erst im Prozeß ergeben und unterliegt möglicherweise sehr verschiedenen Beurteilungen: die Tat kann im Laufe des Prozesses das einemal z. B. als Übertretung, das anderemal als Nötigung,

---

[1]) Sehr unbedacht die Redewendung im GVG. § 25^{2c}, § 26 I, JugGerGes. § 17 II, wonach der Staatsanwalt „die Zuständigkeit" eines Gerichts „dadurch begründen könne", daß er bei ihm die Klage erhebt. Gemeint ist hier, daß das Gesetz dem Kläger zwei Gerichtsarten als zuständig zur Verfügung stellt (s. unten 4a), so daß er wählen kann (nicht: welchem er Zuständigkeit verleiht, sondern), ob er das eine oder das andere Gericht anruft. Die Klage bewirkt nur, daß das angerufene Gericht mit der Sache befaßt wird, nicht, daß es zuständig wird.

[2]) Hat die Tat mehrfache juristische Bedeutung (Idealkonkurrenz, StGB. § 73), so kommt es für die Zuständigkeit auf die schwerere Qualifikation der Tat an.

das drittemal als Hochverrat aufgefaßt werden. Je nachdem ändert sich dann zugleich das Zuständigkeitsbild. Es besteht deshalb für jedes Gericht niederer Ordnung stets die Möglichkeit, daß die Tat in Wirklichkeit seine Zuständigkeit überschreitet. Wenn das Gesetz trotzdem den Gerichten niederer Ordnung Zuständigkeit beilegt, so bedeutet das, daß solche bloße Möglichkeit keine Rolle spielen soll. Wohl hat jedes Gericht die Tat grundsätzlich unter allen rechtlichen Gesichtspunkten zu würdigen[1]); und wenn für ein Gericht niederer Ordnung die Wahrscheinlichkeit auftaucht, daß Strafbarkeit unter dem schwereren Gesichtspunkt gegeben sei, so hat es sich für unzuständig zu erklären, StPO. § 270. Solange aber solche Wahrscheinlichkeit nicht obwaltet, ist die Zuständigkeit des Gerichts niederer Ordnung gegeben, und sie wird auch dadurch nicht nach rückwärts hin hinfällig, daß sich nach Urteilserlaß der schwerere Tatcharakter herausstellt.[2])

Zeigt sich umgekehrt im Laufe des Verfahrens, daß die Angelegenheit nicht vor das angerufene Gericht höherer Ordnung gehört, sondern vor ein Gericht niederer Ordnung, so kommt es darauf an, ob das Verfahren schon bis zur Hauptverhandlung gediehen ist oder nicht. Im letzteren Falle hat sich das befaßte Gericht höherer Ordnung der Fortführung des Prozesses zu enthalten (und je nach Verschiedenheit der Fälle das Verfahren einzustellen oder die Sache dem zuständigen Gericht zuzuleiten); im ersteren Falle dagegen ist der ursprüngliche Zuständigkeitsmangel geheilt, § 269 StPO.

4. Die Zuständigkeitsbereiche der verschiedenen Gerichtsarten sind nicht unbedingt ausschließlich gegeneinander. Das Gesetz verleiht vielmehr teilweise mehreren Gerichtsarten Zuständigkeit für dieselbe Angelegenheit.

a) Für „Vergehen" ist sowohl der Amtsrichter, wie auch das Schöffengericht zuständig; das gleiche gilt für die in § 26 GVG. bezeichneten „Verbrechen". Ob der Kläger von der einen oder der anderen Zuständigkeit Gebrauch machen will, ist seiner Wahl überlassen (vgl. „Antrag der Staatsanwaltschaft" in §§ 25 ^{2c}, 26).[3])

[1]) Unten § 28.

[2]) Vgl. hierzu Beling, ZStW. 38 812.

[3]) Über die Schiefheit der gesetzlichen Ausdrucksweise („Begründung der Zuständigkeit durch die Staatsanwaltschaft") s. oben S. 64 Anm. 1. — Eine „Soll"-Vorschrift für den Staatsanwalt gibt § 25 II GVG. Das dem Kläger in GVG. § 25 ^{2a} verliehene Wahlrecht ist insofern nicht unbedenklich, als er es dadurch in der Hand hat, mittelbar den Rechtsmittelzug zu bestimmen, vgl. einerseits § 76 II, 1. Halbs., § 121 ^{1b} GVG., andererseits § 76 II, 2. Halbs., § 121 ^{1c} und eventuell (§ 29 II) 135 GVG. In den Fällen des § 26 GVG. ist dem Beschuldigten wenigstens ein Widerspruchsrecht gegen die Wahl des Gerichts niederer Ordnung verliehen, § 26 II.

b) Besteht zwischen einer Angelegenheit, für die ein Gericht niederer Ordnung zuständig ist, und einer solchen, die vor ein solches höherer Ordnung gehört, ein „Zusammenhang", § 3 StPO., so ist für die erstere Angelegenheit auch das Gericht höherer Ordnung zuständig, wenn sie an dieses im Wege der „Verbindung" mit der Angelegenheit höherer Ordnung gelangt, § 2 StPO.[1]) (dazu jedoch StPO. § 384 II).

c) Für einen Teil der Sachen, die an sich der erstinstanzlichen Zuständigkeit des Reichsgerichts zufallen, sieht das Gesetz zugleich eine Zuständigkeit des Oberlandesgerichts (Obersten Landesgerichts) derart vor, daß sie diesem durch den Oberreichsanwalt und das Reichsgericht zugeleitet werden können, vgl. das Nähere in GVG. § 134 II III.

5. Daß das Gesetz in den Fällen der §§ 269 (oben 3 a. E.) und 2 (oben 3b) keine Bedenken trägt, eine Strafsache niederer Ordnung durch ein Gericht höherer Ordnung, vor das sie an sich nicht gehört, erledigen zu lassen, beruht auf Gründen der Prozeßökonomie in Verbindung mit dem Gedanken, daß die Gerichte höherer Ordnung als die besseren angesehen werden, und deshalb durch Hinaufhebung der Sache keine Parteiinteressen geschädigt werden. Herkömmlicherweise pflegt man zu sagen, die höhere Zuständigkeit „umfasse die niedere mit". Dieser Satz darf aber nicht dahin mißverstanden werden, als habe sich stets ein angerufenes Gericht höherer Ordnung der Erledigung auch von Sachen niederer Ordnung zu unterziehen; außerhalb der Fälle der §§ 269, 2 bleibt es vielmehr dabei, daß ein Gericht höherer Ordnung für Sachen niederer Ordnung unzuständig ist.

6. Die Einzelheiten der sachlichen Zuständigkeitsordnung ergeben sich

a) für den Amtsrichter und das Schöffengericht aus GVG. §§ 24—26[2]), 28, EStPO. § 3 III[3]);

b) für das Schwurgericht aus GVG. § 80, EGVG. § 6.[4])

---

[1]) Vgl. unten § 40.

[2]) Zu § 26 GVG.: Der Amtsrichter ist (bei Nichtwiderspruch des Angeklagten gemäß § 26 II) auch für schweren Rückfalldiebstahl zuständig. Bumke 1 zu § 9 der V°. vom 4. Januar 1924; Nagler, GS. 90 414; Löwe-Rosenberg 5 zu § 26; Mannheim, JW. 54 2812, a. M. OLG. Dresden, JW. 54 2811.

[3]) Danach tritt bei Forst- und Feldrügesachen an die Stelle einer sich aus dem Reichsrecht ergebenden Zuständigkeit des Schöffengerichts diejenige des Amtsrichters, sofern das Landesrecht derartiges bestimmt.

[4]) EGVG. § 6 erklärt hinsichtlich der durch die Presse begangenen Handlungen landesrechtliche Bestimmungen für statthaft, die für diese Strafsachen die Schwurgerichte für zuständig erklären. In der Zeit der Entstehung des GVG. von 1877 wurde nämlich von der einen Seite (hauptsächlich Süddeutschland) gewünscht, daß die Preßstrafsachen den damals nur mit Berufs-

c) für das Reichsgericht aus GVG. § 134 I;

d) für das Oberlandesgericht aus GVG. § 120 I mit 134 II, III; dazu GVG. § 120 II: Befugnis der Landesjustizverwaltung, die Zuständigkeit nur einem oder einigen der Oberlandesgerichte des betreffenden Landes zu belassen oder sie an Stelle der Oberlandesgerichte einem Obersten Landesgericht zu übertragen.[1])

III. Über den erkennenden Gerichten erster Instanz stehen die ihnen „im Instanzenzug übergeordneten" Gerichte. Höhere Instanzen sind die Berufungs- und die Revisionsinstanz, und zwar so, daß gegen einen Teil der erstinstanzlichen Entscheidungen Berufung (und gegen die berufungsgerichtliche Entscheidung Revision), gegen den anderen Teil Revision gegeben ist, vgl. unten §§ 78 ff.

1. Berufungsgerichtliche Zuständigkeit haben

a) die kleine Strafkammer des Landgerichts gegenüber erstinstanzlichen Entscheidungen des Amtsrichters, GVG. §§ 74, 76 II Halbsatz 1;

b) die große Strafkammer gegenüber erstinstanzlichen Entscheidungen des Schöffengerichts, GVG. §§ 74, 76 II Halbs. 2.

2. Revisionsgerichtliche Zuständigkeit haben das Oberlandesgericht und das Reichsgericht. Sie teilen sich in die Zuständigkeit folgendermaßen:

---

richtern besetzten Strafkammern entzogen würden, weil man von diesen eine parteiliche Behandlung der Presse (je nachdem, ob regierungsfreundlich oder oppositionell) befürchtete, während von der anderen Seite umgekehrt die parteipolitische Einstellung gerade der Laien und gerade in Preßsachen befürchtet wurde. Man wählte schließlich den Ausweg, daß man von Reichsgesetzgebungs wegen den Preßsachen keine Sonderstellung anwies, aber die Landesgesetzgebung ermächtigte, sie vor Schwurgerichte zu verweisen. Davon haben (jedoch nicht für alle Preßsachen) Gebrauch gemacht: Bayern, Württemberg, Baden, Oldenburg. Aber seitdem die Neuordnung von 1924 sowohl die reinen Berufsrichterstrafkammern, wie auch die echten Schwurgerichte (vgl. oben § 13 II, 2), wie sie der § 6 EGVG. im Auge hatte, beseitigt hat, muß behauptet werden, daß § 6 gegenstandslos geworden ist, also die Preßsachen in erster Instanz vor das Schöffengericht oder vor den Amtsrichter, in zweiter vor die schöffengerichtlich eingerichtete Strafkammer kommen; dies entspricht auch ganz der ratio des in § 6 enthaltenen Vorbehalts, der nur die Mitwirkung des Laienelements sichern wollte und seine Spitze nicht gegen die Schöffengerichte richtete. Anders Ötker, **GS. 90** 378, der dem Landesrecht gestatten will, Schwurgerichte alten Stils für Preßsachen einzurichten, und Nagler, **GS. 90** 407, der den Vorbehalt zugunsten der neuen (schöffengerichtlich eingerichteten) Schwurgerichte wirken lassen will. Aber gegen die erste Meinung spricht, daß § 6 sich sicher nur auf Ausdehnung der Zuständigkeit ohnehin bestehender Schwurgerichte bezog, gegen die zweite, daß das neue Schwurgericht nicht das in § 6 gemeinte ist.

[1]) Geschehen in Preußen (einige bestimmte Oberlandesgerichte) und in Bayern (Oberstes Landesgericht).

a) gegenüber schwurgerichtlichen (also erstinstanzlichen) Entscheidungen ist grundsätzlich das Reichsgericht Revisionsinstanz, GVG. § 135; die Oberlandesgerichte nur in dem Falle, daß sich die Revision ausschließlich um Anwendung des Landesrechts dreht, GVG. § 121 1d;

b) gegenüber (berufungsinstanzlichen) Entscheidungen der großen Strafkammer ebenso, wenn das viergliedrige Schöffengericht erste Instanz gewesen war, GVG. §§ 135, 121 1d [1]);

c) gegenüber (berufungsinstanzlichen) Entscheidungen der großen Strafkammer dann, wenn in erster Instanz das dreigliedrige Schöffengericht entschieden hatte, sowie gegen (berufungsinstanzliche) Entscheidungen der kleinen Strafkammer ist das Oberlandesgericht Revisionsinstanz, GVG. § 121 1b, c.[2])

Soweit nach a bis c das Oberlandesgericht in Betracht kommt, ist das Landesrecht ermächtigt, die revisionsgerichtliche Zuständigkeit auf eines der Oberlandesgerichte des Landes zu beschränken oder sie dem einen Obersten Landesgericht zu übertragen, EGVG. § 9.[3])

Die gesamte höherinstanzliche Zuständigkeit (1 und 2) ist unabhängig von den Gesichtspunkten, die nach II die erstinstanzliche Zuständigkeit bestimmen: sie ist ohne weiteres damit gegeben, daß die angefochtene Entscheidung tatsächlich von einem Untergericht herrührt, von dem der betreffende Instanzenzug zu dem betreffenden Berufungs- bzw. Revisionsgericht führt.[4])

IV. Eine gesonderte Zuständigkeitsordnung besteht für die Erledigung der Strafsachen gegen „Jugendliche".

---

[1]) Das Gleiche gilt für Entscheidung über Revisionen, die gegen die Entscheidungen des viergliedrigen Schöffengerichts unter Überspringung der Berufungsinstanz eingelegt werden (Sprungrevision, unten § 78), StPO. § 335 II.

[2]) Ebenso, wenn es sich um Revisionen handelt, die gemäß §§ 334, 335 StPO. (unten § 78) unmittelbar gegen die (erstinstanzlichen) Entscheidungen des Amtsrichters oder des dreigliedrigen Schöffengerichts eingelegt sind, GVG. § 121 1a, StPO. § 335 II.

[3]) Geschehen in Preußen: Kammergericht in den Fällen a und b, in den Fällen c dann, wenn die Revision nicht ausschließlich auf Verletzung reichsrechtlicher Bestimmungen gestützt ist, AGVG. § 50 in der Fassung vom 5. November 1925 (dazu Hartung, DJZ. 30 1774), in Bayern: Oberstes Landesgericht (durchweg), AGVG. Art. 42 III.

[4]) War in diesem Sinne der Instanzenzug in Ordnung, so erleidet also die Zuständigkeit des Gerichts der höheren Instanz dadurch keinen Eintrag, daß sich das Untergericht nicht im Rahmen seiner Zuständigkeit bewegt hat, nur hat dann das Gericht der höheren Instanz (gerade kraft seiner Zuständigkeit zur Aufhebung der untergerichtlichen Entscheidung) die Angelegenheit dem zuständigen Untergericht zuzuleiten, vgl. StPO. §§ 328 III, 354 III.

1. Erste Instanz:

a) Gegen Beschuldigte, die zur Zeit der Klage noch jugendlich (im Sinne des § 1 JugGerGes.) sind, sind an Stelle der gewöhnlichen Gerichte die „Jugendgerichte" zuständig, und zwar erklärt das JugGerGes. grundsätzlich das „kleine" Jugendgericht (Jugendrichter und 2 Jugendschöffen) für zuständig[1]); es nimmt nur diejenigen Angelegenheiten aus, die bei einem Älteren zur erstinstanzlichen Zuständigkeit des Reichsgerichts oder des Schwurgerichts gehören würden; diese fallen dem „großen" Jugendgericht (2 Berufsrichter und 3 Jugendschöffen) zu; JugGerGes. § 17 I.

Nach der Neuordnung von 1924 ist aber anzunehmen, daß auch der Amtsrichter (Jugendrichter) allein (ohne Schöffen) in die Reihe der zuständigen Jugendgerichte eingetreten ist und die §§ 25, 26 GVG. auch für Jugendsachen gelten.[2])

Der Zuständigkeitssphäre der gewöhnlichen Gerichte sind diese Jugendsachen indessen nicht unbedingt entzogen; auch jene haben für sie Zuständigkeit, wenn sie wegen Zusammenhangs mit einer „Nichtjugendlichen"-Sache verbunden bei ihnen anhängig werden, wenngleich solche Verbindung vermieden werden „soll", JugGerGes. § 26 II.

b) Ist der Beschuldigte zur Zeit der Klage nicht mehr jugendlich, aber noch nicht 21 Jahre alt, so sind sowohl die gewöhnlichen Gerichte, wie auch die Jugendgerichte zuständig; die Staatsanwaltschaft hat

---

[1]) Seit der Vo. vom 4. Januar 1924 kann dieses gemäß § 29 II GVG. zum viergliedrigen (2 Berufsrichter und 2 Jugendschöffen) erweitert werden.

[2]) Meist bestritten, vgl. ObstLdesGer., ZStW. 45 399; Klostermann, JW. 54 1460; Kohlrausch 3 zu § 25 GVG., 2 zu § 416 StPO. Aber das JugGerGes. hatte sein Absehen nicht darauf gerichtet, daß in Jugendsachen unbedingt Laien mitwirken müßten; das erhellt daraus, daß es in § 39 den amtsrichterlichen Strafbefehl (und in § 40 sogar die polizeiliche Strafverfügung) gegen Jugendliche zuläßt. Der Spezialgedanke des § 17 JugGerGes. liegt vielmehr darin, daß Jugendsachen bei Gericht grundsätzlich in der Hand von Richtern liegen sollen, die zur Beurteilung der jugendlichen Psyche besonders befähigt und berufen sind, und dazu gehört auch der Jugend-Amtsrichter. Der Gedanke der Vereinfachung der Strafrechtspflege (Verdrängung der Schöffengerichte durch den Einzelrichter), wie er für die Neuordnung von 1924 allgemein leitend war, ist deshalb auch mit dem JugGerGes. vereinbar. Deshalb erstreckt sich auch die in EStPO. § 3 III dem Landesrecht verliehene Befugnis, das Schöffengericht durch den Amtsrichter allein zu ersetzen, auch auf Jugendsachen (mit der Maßgabe, daß an die Stelle des Jugendschöffengerichts nur der Jugendrichter gesetzt werden kann, nicht andere Amtsrichter); Kiesow zu § 3 EStPO.; Bertin, Jur. Rundschau 1 64; Kohlrausch 3 zu § 25 GVG.; Hartung im „Recht" 28 197; a. M. Nathan im „Recht" 28 515.

die Wahl, vor welche Kategorie sie die Sache bringen will, § 17 II JugGerGes.[1])

2. In Ansehung des Instanzenzuges stehen Entscheidungen des Jugendrichters denen des Amtsrichters überhaupt, Entscheidungen des dreigliedrigen kleinen Jugendgerichts denen des dreigliedrigen Schöffengerichts, solche des viergliedrigen kleinen Jugendgerichts und des großen Jugendgerichts denen des viergliedrigen Schöffengerichts gleich; nur „sollen" beim Landgericht Jugendsachen besonderen Strafkammern zugewiesen werden, JugGerGes. § 19 III.

§ 17. C. Die örtliche Zuständigkeit der Strafgerichte (der Gerichtsstand).

N. Stein, Über das forum delicti commissi usw. 1876; Ortloff, GS. 1884, S. 319, 488; Schneidler, Der Ort der begangenen Handlung 1886; v. Lilienthal, Ort der begangenen Handlung 1890; Bulling, Der örtliche Gerichtsstand in Preßstrafsachen 1894; Betz, Das forum delicti commissi usw. 1896, Birkmeyer, DJZ. 4 301; Kronecker, Verhandlungen des 25. deutschen Juristentages 2 24 (1900); Kitzinger, Der ambulante Gerichtsstand der Presse 1901; ders., Ort und Zeit der Handlung 1902, Birkmeyer, Die Novelle über den fliegenden Gerichtsstand der Presse, DJZ. 7 181; v. Hippel, Zeit und Ort der Tat, ZStW. 37 1. Über den Ort der Tat s. auch die Darstellungen des Strafrechts. — Braune, Negative Kompetenzkonflikte im Sinne des § 19 StPO., Bl. f. R.-Anwendung 44.

I. Die Vorschriften über die sachliche Zuständigkeit lösen die Frage, welches Gericht sich mit einer bestimmten Sache zu befassen habe, überall da endgültig, wo das in Rede stehende Strafrechtspflegeorgan entweder nur in der Einzahl vorhanden ist (Reichsgericht, Oberstes Landesgericht) oder als Rechtsmittelgericht angerufen ist (die Zuständigkeit des Rechtsmittelgerichts ist nur davon abhängig, ob es dem Untergericht, dessen Entscheidung angefochten ist, im Instanzenzuge übergeordnet ist).[2])

Im übrigen bedarf es hinsichtlich der gleichartigen sachlich-funktionell bestimmten Strafrechtspflegeorgane einer Regelung darüber, wie sie sich in die gleichartige Zuständigkeit hinsichtlich der einzelnen anfallenden Strafsachen zu teilen haben: einer Bestimmung der „örtlichen Zuständigkeit", so, daß der betreffende Beschuldigte vor dem örtlich zuständigen Gericht „dingpflichtig" ist, seinen „Gerichtsstand" („forum") hat.

---

[1]) Über die Schiefheit der gesetzlichen Wendung „Begründung der Zuständigkeit durch den Staatsanwalt" s. oben S. 64 Anm. 1.
[2]) Vgl. oben § 16 III a. E.

Regelmäßig hat nun jede Lebensangelegenheit, also auch jeder Verbrechensfall, bestimmte geographische Beziehungen; ebensolche haben die einzelnen Gerichtsanstalten mit ihren Gerichtssprengeln. Wird die beiderseitige Beziehung zu dem Gerichtssprengel (die Beziehung der Angelegenheit und die zu der Gerichtsanstalt) aufgegriffen, so ist damit auch eine Verknüpfung mit den Strafrechtspflegeorganen hergestellt, da jedes von diesen mit einer bestimmten Gerichtsanstalt verknüpft ist. In der Tat regelt das Gesetz den Gerichtsstand grundsätzlich unter diesem Gesichtspunkt, nur daß es genauer bestimmt, was für Beziehungen der Angelegenheit zu dem betreffenden Gerichtssprengel maßgebend sein sollen, und außerdem für den Fall Vorsorge trifft, daß dieser Gesichtspunkt versagt.

Die Strafgerichtsstände sind grundsätzlich „allgemeine", d. h. sie sind unabhängig davon, ob der Beschuldigte dieser oder jener Personenklasse angehört, seine Tat diesen oder jenen juristischen Charakter hat usw. „Besondere Gerichtsstände" (wie sie die ZPO. in großer Zahl kennt) gibt es nur für Preßsachen, für Strafsachen gegen Angehörige der Reichswehr und für Jugendsachen, StPO. §§ 7 II, 439, JugGerGes. § 25.

In anderer Hinsicht zerlegen sich die Gerichtsstände in Haupt- (prinzipale) und Aushilfe- (subsidiäre) Gerichtsstände. Die letzteren greifen nur unter der Voraussetzung ein, daß ein bestimmter Hauptgerichtsstand in dem betreffenden Falle nicht gegeben ist (so StPO. § 8 II) oder alle Hauptgerichtsstände versagen (so StPO. § 9).

II. Die einzelnen Gerichtsstände sind folgende:

1. Der Gerichtsstand des Tatorts, forum delicti commissi, StPO. § 7. Die Zweckmäßigkeit dieses Gerichtsstands liegt auf der Hand: in der Regel wird sich die Strafverfolgung dort, wo die Tat begangen ist, am einfachsten, schnellsten und billigsten bewerkstelligen lassen.

Tatort im Sinne dieser Bestimmung ist natürlich nicht notwendig der Ort, wo die Tat wirklich begangen ist. Denn ob die Tat überhaupt begangen ist, soll sich ja erst im Prozeß herausstellen, während doch die Frage, ob dies oder jenes Gericht für solche Erforschung zuständig ist, logisch vorausgeht und bejaht werden können muß auch für den Fall, daß sich im Prozeß ergibt, daß die Tat nicht begangen worden ist: im letzteren Falle ist zwar Freisprechung geboten, auch zu dieser ist aber nur das zuständige Gericht berufen. Unter Tatort ist hier somit der hypothetische Tatort zu verstehen: der Ort, an dem die Tat unter der (richtigen oder falschen) Voraussetzung, daß sie tatsächlich begangen sei, begangen ist.[1])

Mit welchen ihrer Bestandteile muß aber die (hypothetische) Tat in den Gerichtsbezirk fallen, damit man von ihr sagen könne, daß sie dort begangen sei? Da das forum delicti zweifellos im Gesetz als zu allen Straftaten passend gedacht ist, das einzige und zugleich zentrale Element der Straftat aber, das bei allen vorhanden ist, die „Handlung" im juristischen Sinne, d. i. das (gewillkürte) körperliche Verhalten[2]) ist, so ist sicher, daß der Gerichtsstand des Tatorts jedenfalls da gegeben ist, wo sich der Täter, als er die Tat beging, körperlich aufgehalten hat. Wollte man statt auf die Handlung auf deren (tatbestandsmäßigen) Erfolg abstellen, so würde ein forum delicti commissi überhaupt entfallen bei den schlichten Tätigkeitsdelikten (d. i. denjenigen, zu deren gesetzlichem Tatbestande ein Erfolg überhaupt nicht gehört[3]) und bei dem strafbaren Versuch. Es könnte sich höchstens fragen, ob auch schon der Ort des Erfolgs für sich allein als gerichtstandsbegründender Tatort zu gelten hat.[4]) Aber die ratio des § 7: daß die Prozeßführung am Tatort am leichtesten sei, trifft auf den Erfolgsort nur bisweilen zu; sehr häufig kommen prozessuale Tätigkeiten am Erfolgsort überhaupt nicht in Frage; und da eine besonders weite Erstreckung des Tatortgerichtsstands deshalb nicht veranlaßt ist, weil auch noch andere Gerichtsstände zur Verfügung stehen, so wird es dabei sein Bewenden haben müssen, daß nur der Ort des körperlichen Verhaltens das forum delicti commissi begründet, was auch noch durch den Wortlaut des § 7 I gestützt wird.

Verteilt sich ein körperliches Verhalten, das als Tateinheit unter den gesetzlichen Tatbestand fällt, auf mehrere Gerichtsbezirke (z. B. bei einer fortgesetzten Körperverletzung im fahrenden Eisenbahn-

---

[1]) Nicht aber schlechthin der vom Kläger als Tatort behauptete Ort; sonst würde der Kläger durch beliebige Behauptung die gesetzliche Zuständigkeitsordnung wertlos machen können.

[2]) Vgl. Beling, Grundzüge des Strafrechts [8/9] § 14.

[3]) Vgl. Beling, Grundzüge [8/9] § 16 II.

[4]) Dieser Meinung das RGer. Noch weitergehend die Meinung, daß außerdem auch noch ein Gerichtsstand des Tatorts an allen zwischen der Handlung und dem Erfolg liegenden Orten, die von dem Gesamtvorkommnis berührt worden sind, begründet sei. (Wäre z. B. eine Kiste mit Sprengstoff im Gerichtssprengel 1 abgesandt, dann durch die Eisenbahn durch die Gerichtssprengel 2 und 3 hindurch nach einem im Gerichtssprengel 4 gelegenen Ort befördert worden, und wäre hier die Explosion eingetreten und X getötet worden, so wäre nach der letzten Ansicht ein Gerichtsstand des Tatorts bei jedem der 4 Gerichte gegeben.)

zuge), so begründet jeder der beteiligten Tatorte ein forum delicti commissi für die ganze Tat [da die Tat nur als Ganzes den Prozeßgegenstand bildet[1]), und es sicher nicht im Sinne des Gesetzes liegt, den Gerichtsstand des Tatorts um deswillen ganz ausfallen zu lassen, weil sich das ganze Handeln unter verschiedene Gerichte verteilt].

In den Fällen der Teilnahme im Sinne des Strafrechts kommt es also für jeden Teilnehmer darauf an, wo er gehandelt hat, vgl. jedoch StPO. § 13; Unterlassungsdelikte sind da verfolgbar, wo sich der Täter damals aufgehalten hat, als er zu handeln gehabt hätte; bei mittelbarer Täterschaft ist maßgebend der Ort, an dem der Täter selber (nicht die von ihm als „Werkzeug" benutzte Person) gehandelt hat.[2])

Bei den durch die Presse begangenen Handlungen hatte die (oben abgelehnte) Theorie, daß auch der Erfolgsort „Tatort" im Sinne des forum delicti commissi sei, in der Praxis den „fliegenden (ambulanten) Gerichtsstand der Presse" gezeitigt: es wurde angenommen, daß Preßdelikte überall da verfolgt werden könnten, wo auch nur ein Exemplar des Preßerzeugnisses zur Verbreitung gelangt war; bei den großen, überall im Reiche verbreiteten Zeitungen also bei jedem beliebigen Gericht. Dies wurde mehr und mehr als so unerträglich empfunden, daß schließlich (RGes. vom 13. Juni 1902) eine Sonderregelung für Preßdelikte stattfand. Danach (StPO. § 7 II) gilt als Tatort bei den durch den Inhalt einer im Inland erschienenen Druckschrift begangenen Delikten der Ort und nur der Ort, wo die Druckschrift „erschienen" ist, nur daß sich zu dem so bestimmten Gerichtsstande als weiteres forum delicti commissi in den Fällen der Beleidigungs-Privatklage der Gerichtsstand desjenigen Verbreitungsorts hinzugesellt, wo der Beleidigte wohnt.

Praktisch unverwendbar ist § 7 StPO. in den Fällen, in denen die Tat im Auslande oder an einem keinem deutschen Gerichtssprengel zugehörigen Orte des Deutschen Reichs[3]) begangen ist, oder nicht ermittelbar ist, ob die Tat in diesem oder jenem Gerichtsbezirk begangen ist. Für einen Teil dieser Fälle (Taten auf deutschen Schiffen im Auslande oder auf hoher See) trifft § 10 StPO. dadurch Abhilfe, daß er die Schiffe einem bestimmten, dort bezeichneten Gerichtssprengel zurechnet und insoweit ein forum delicti commissi herstellt; im übrigen bewendet es dabei, daß ein forum delicti commissi fehlt.

---

[1]) Unten § 28.

[2]) Diese Fragen streitig.

[3]) Dies gilt zurzeit für das Saargebiet, das, obwohl Reichsgebiet, doch nicht Bestandteil eines deutschen Gerichtsbezirks ist.

2. a) Der Gerichtsstand des Wohnsitzes (des Beschuldigten), forum domicilii, StPO. § 8 I, dazu § 11, BGB. §§ 7—11, EBGB. Art. 35 I;

b) bei Fehlen eines Wohnsitzes im Deutschen Reiche oder wenn der Wohnsitz im Saargebiet liegt: der Gerichtsstand des „gewöhnlichen Aufenthalts", StPO. § 8 II, (Saargebiets-) RGes. vom 10. März 1922, § 2 I;

c) bei Versagen auch dieses Gerichtsstands: Gerichtsstand des letzten Wohnsitzes, StPO. § 8 II, (Saargebiets-) RGes. vom 10. März 1922, § 2 I.

3. In Strafverfahren gegen Reichswehrangehörige: der Gerichtsstand des Standorts des Truppenteils, StPO. § 439.

4. In Jugendsachen: a) der Gerichtsstand der Vormundschaft; b) der Gerichtsstand des Aufenthalts, JugGerGes. § 25.

5. Wo keiner der Gerichtsstände zu 1—4 auf ein deutsches Gericht zutrifft: Gerichtsstand der Ergreifung, forum deprehensionis, StPO. § 9 I S. 1, (Saargebiets-) RGes. vom 10. März 1922, § 2 II.

6. Wo es auch an einem forum deprehensionis fehlt: der Gerichtsstand kraft Auftrags, forum mandati (Bestimmung des zuständigen Gerichts durch das Reichsgericht), StPO. § 9 I S. 2, § 9 II, (Saargebiets-) RGes. vom 10. März 1922, § 2 II.

7. Der in einer Strafsache begründete Gerichtsstand erstreckt sich auch auf jede mit ihr objektiv oder subjektiv zusammenhängende Strafsache, Gerichtsstand des Zusammenhangs, forum connexitatis, StPO. §§ 13[1]), 3, vgl. auch 388.

(Schließlich wird durch StPO. § 21 jedes Gericht für solche in seinem Bezirke vorzunehmenden einzelnen Untersuchungshandlungen für zuständig erklärt, bei denen Gefahr im Verzuge obwaltet.)

III. Die Gerichtsstände zu 2b, c, 5, 6 sind in der in der vorstehenden Übersicht zum Ausdruck gebrachten Weise subsidiär; alle übrigen sind Hauptgerichtsstände.

Im einzelnen Falle kann sich nun eine Mehrheit von zutreffenden Gerichtsständen ergeben. So können mehrere Gerichte unter dem Gesichtspunkt des forum delicti commissi zuständig sein (wenn sich nämlich die Tat auf mehrere Gerichtsbezirke verteilt), desgleichen unter dem Gesichtspunkt des forum domicilii (wenn der Beschuldigte

---

[1]) Vorausgesetzt, daß für die andere Strafsache überhaupt ein deutscher Gerichtsstand besteht. Wenn nicht, so würde § 13 erst dadurch anwendbar, daß für die andere Sache gemäß Ziff. 6 ein Gerichtsstand geschaffen wird; dann freilich sind zwei Gerichtsstände da, deren jeder für beide Strafsachen verwendbar ist.

einen mehrfachen Wohnsitz hat) usw.; es können ferner die Hauptgerichtsstände 1, 2a, 3, 4, 7 unter sich konkurrieren; die drei Gerichtsstände unter 2 können zwar nicht unter sich, aber jeder von ihnen kann mit einem der Gerichtsstände 1, 3, 4, 7 konkurrieren. Diese mögliche Fülle von anwendbaren Gerichtsständen hat deshalb nichts Auffälliges, weil bei der vom Gesetz vorausgesetzten Gleichwertigkeit der untereinander gleichartigen Gerichte es im Grunde nur darauf ankam, solche Gerichte auszuschließen, bei denen den Prozeß zu führen unzweckmäßig oder den Parteien gegenüber unbillig wäre, und die Gesichtspunkte der Zweckmäßigkeit und der Zumutbarkeit sich nicht notwendig auf ein einziges Gericht vereinigen müssen. Das Gesetz hat deshalb keinen „Konkurrenzhorror"; es löst deshalb die Konkurrenz nicht dadurch auf, daß es einen oder den anderen der zusammentreffenden Gerichtsstände zum „ausschließlichen" erklärt, überläßt vielmehr dem Kläger die Wahl, welches der zutreffenden Gerichtsstände er sich bedienen will. Vgl. aber die Sollvorschrift im JugGerGes. § 25 II.

IV. In Fällen, in denen das zuständige Gericht verhindert ist, zu fungieren (Krieg, Ausgeschlossensein sämtlicher Richter gemäß StPO. § 22 usw.), oder von der Verhandlung vor ihm eine Gefährdung der öffentlichen Sicherheit zu besorgen ist, hat das zunächst obere Gericht einem anderen Organ der gleichen Kategorie Zuständigkeit zu verleihen, sog. Gerichtsstand kraft Übertragung oder Ersatzmandatsgerichtsstand, StPO. § 15.

D. Geschäftsverteilung. § 18.

I. Durch die gesetzlichen Bestimmungen über die verschiedenen Arten von Strafrechtspflegeorganen, ihre Funktionen und Zuständigkeit ist die Frage noch nicht mit geregelt, welche Richterpersönlichkeiten dies oder jenes Amt in den einzelnen Sachen auszuüben haben. Daß diese Persönlichkeiten unmittelbar durch das Gesetz bezeichnet werden, ist ausgeschlossen. Andererseits hätte es schwere Bedenken gegen sich, wollte das Gesetz es irgendeiner Stelle überlassen, die Richterindividuen jeweils erst beim Auftauchen der bestimmten einzelnen Rechtsangelegenheit und im bewußten Hinblick auf deren Lagerung von Fall zu Fall auszusuchen, da dabei tatsächlich oder dem Anschein nach subjektiv-parteiische, insbesondere politische Gesichtspunkte, die die Objektivität der Justiz gefährden, Bedeutung gewinnen könnten. Das heutige Recht folgt deshalb dem sog. Prinzip der Ständigkeit der Gerichte in dem Sinne, daß tunlichst die Richterpersönlichkeiten mit den einschlägigen Funktionen im voraus generell betraut werden, so daß ihnen dann die einzelnen Sachen automatisch zufallen.[1])

Aus dieser Erwägung heraus bestimmt das Gesetz hinsichtlich der Laienrichter, daß ihre Dienstobliegenheiten von vornherein für das ganze Geschäftsjahr durch das Los auf die Sitzungstage bzw. -perioden fixiert werden (GVG. §§ 45ff., 77, 85ff.). Bei den Berufsrichtern dagegen bedarf es noch besonderer Bestimmungen über die sog. „Geschäftsverteilung", da ihre Anstellung bzw. ihre Zuziehung als Hilfsrichter sie zwar mit einer bestimmten Gerichtsanstalt verknüpft, ihnen aber nicht die Funktion, die sie als Strafrechtspflegeorgane wahrnehmen sollen, überträgt.

II. Diese Geschäftsverteilung erfolgt grundsätzlich für ein Geschäftsjahr durch Aufstellung eines die zivilprozessualen Geschäfte mit umfassenden Geschäftsplans (Ausnahmen: GVG. § 83, StPO. § 186). Sie ist ein Akt der Justizverwaltung, so jedoch, daß im Interesse der Erzielung möglichster Objektivität die eigentlichen („obrigkeitlichen") Justizverwaltungsorgane (die Vorstände der Gerichtsanstalten und das Justizministerium) weitgehend ausgeschaltet sind zugunsten besonderer gerichtlicher Selbstverwaltungskörper (z. B. das „Präsidium" des Landgerichts, GVG. § 64, das sog. „Direktorium" des Landgerichts, GVG. § 62 II S. 2).

Die Punkte, über die im Geschäftsverteilungsplan Bestimmung zu treffen ist, sind folgende: Wieviel gleichartige Organe soll die betreffende Gerichtsanstalt haben (z. B., wieviel kleine, wieviel große Strafkammern soll das Landgericht I München haben)? Wie sollen die der Gerichtsanstalt zufallenden Sachen unter die etwaigen mehreren gleichartigen Organe verteilt werden (also z. B. was für Sachen soll die erste kleine Strafkammer, was für Sachen die zweite kleine Strafkammer bearbeiten)? Welchem Richter soll der Vorsitz und welchem die Beisitzerfunktion in den einzelnen der Gerichtsanstalt zugehörigen Kollegien zufallen? Wie soll innerhalb jedes Kollegiums bestimmt werden, wer von den Mitgliedern in dieser und wer in jener Sache die Funktionen als Berichterstatter, Urteilsfasser usw. haben soll? Welche Richter sollen im Falle der Verhinderung eines Richters dessen Stellvertreter sein?

---

[1]) Keinen Eintrag tut es diesem Prinzip, daß die Laienrichter „unständige Richter" sind, und daß die Schöffen- und Schwurgerichte nur zu bestimmten Zeiten (Sitzungstagen, -perioden) vorhanden, also in diesem anderen Sinne „unständig" sind.

Die gesetzlichen Normativbestimmungen hierfür sind (außer für das Amtsgericht, für das dem Landesrecht überlassen ist, das Erforderliche zu bestimmen, vgl. dazu GVG. § 58) enthalten in GVG. §§ 61—70, 83, 92, 117, 130—132, StPO. § 186, JugGerGes. § 19 III, Ges. betr. Aufhebung der MilGerichtsbk. vom 17. August 1920, § 26 I S. 3.

5. Kapitel.

Die Staatsanwaltschaften. § 19.

Eberh. Schmidt, Fiskalat und Strafprozeß 1921; Sundelin, Die Staatsanwaltschaft in Deutschland 1860; v. Holtzendorff, Die Reform der Staatsanwaltschaft in Deutschland 1864, Tinsch, Die Staatsanwaltschaft im deutschen Reichsstrafprozeß 1884, Otto, Die Preuß. Staatsanwaltschaft 1899, v. Marck-Kloß, Die Staatsanwaltschaft bei den Land- und Amtsgerichten in Preußen, [2]1903, Elling, Die Einführung der Staatsanwaltschaft in Deutschland 1911.

I. Neben den Gerichten stehen heute als besondere Justizbehörden, die den Gerichten weder (GVG. § 150) untergeordnet, noch (vgl. insbes. GVG. § 151 S. 2) übergeordnet sind, die Staatsanwaltschaften. Ihre Aufgabe ist Wahrnehmung der staatlichen Strafverfolgungsinteressen, soweit es sich nicht um die spezifisch gerichtlichen Funktionen handelt, d. h. vornehmlich die Strafverfolgung im eigentlichen Sinne (im Gegensatz zur Strafrechtsschutztätigkeit selber), bestehend in Vorarbeit vor der gerichtlichen Tätigkeit (Prüfung und Entscheidung darüber, ob die Angelegenheit vor Gericht gebracht werden soll) und in Mitwirkung am Prozeß neben dem Gericht; sodann in Nacharbeit hinter der gerichtlichen Sacherledigung (Strafvollstreckung, vgl. StPO. § 451). Daneben ist die Staatsanwaltschaft zu gewissen Funktionen berufen, die das Gesetz in erster Linie, aber nicht ausschließlich, dem Richter zugedacht hat, vgl. z. B. StPO. § 98.

Das Institut der Staatsanwaltschaft ist in Frankreich entstanden („Gens du roi" im 14. Jahrhundert, später „Ministère public" mit „Procureurs d'Etat"); in Deutschland war das sog. „Fiskalat" ein Vorläufer der Staatsanwaltschaft, die um die Mitte des 19. Jahrhunderts durch die Gesetzgebung aufgenommen wurde.[1])

Zweck der Einrichtung ist einerseits Sicherstellung des Interesses der Gesamtheit an Verfolgung strafbarer Handlungen (gegenüber dem Privatklagesystem), andererseits Erhöhung der richterlichen

---

[1]) Keine Staatsanwaltschaft besteht in England (vielmehr Popularklage). Vgl. Wegner, ZStW. 45 164.

Unbefangenheit durch Abtrennung der „Verfolgungs"-Aufgabe vom Richteramt (gegenüber der Inquisitionsmaxime).

II. Das Reichsrecht schreibt vor, daß bei jeder Gerichtsanstalt eine Staatsanwaltschaft bestehen soll, GVG. § 141. Zur Errichtung dieser Behörden sind das Reich und die Länder in der gleichen Weise berufen wie zur Schaffung von Gerichten (oben § 11). Die das Reich repräsentierende Staatsanwaltschaft beim Reichsgericht heißt „Reichsanwaltschaft"). Die den anderen Gerichtsanstalten zugeordneten Staatsanwaltschaften sind Landesbehörden; sie heißen „Staatsanwaltschaft" schlechtweg („beim Landgericht", „beim Oberlandesgericht"), doch wird die Staatsanwaltschaft beim Amtsgericht als „Amtsanwaltschaft" gekennzeichnet.

III. Eine Mitwirkung von „Laien" sieht das Gesetz begreiflicherweise bei den Staatsanwaltschaften nicht vor; darin läge ja eine halbe Rückkehr zu dem Privatklagesystem, zu dessen Verdrängung gerade die Staatsanwaltschaft bestimmt ist. Die Staatsanwaltschaften sind daher reine Beamteninstitute. Zu den staatsanwaltschaftlichen Ämtern, mit Ausschluß der Amtsanwälte, können sogar nur Personen, die zum Richteramt befähigt sind, berufen werden, GVG. § 148 II. Über die für das Amt des Amtsanwalts erforderliche Vorbildung bestimmt das Reichsrecht freilich nichts, so daß das Landesrecht dieses Amt auch Nichtjuristen zugänglich machen kann.

IV. Die Beamten der Reichsanwaltschaft sind „nichtrichterliche Beamte", GVG. 148 I, daher im Gegensatz zu den Richtern „amovibel", GVG. 149 II. Die in dieser Hinsicht den übrigen staatsanwaltschaftlichen Beamten zukommende Stellung unterliegt der Regelung durch die Landesrechte; diese folgen fast durchweg dem reichsrechtlichen Muster. Sämtlichen staatsanwaltschaftlichen Beamten geht die richterliche Unabhängigkeit im Sinne des § 1 GVG. ab, vgl. unten VI 2.

V. Alle staatsanwaltschaftlichen Behörden haben „monokratische" Verfassung (oben § 9 II 3), § 144 GVG. Die der Spitze der Behörde („Oberreichsanwalt" bei der Reichsanwaltschaft; bei den Landesstaatsanwaltschaften je nach Landesrecht „Generalstaatsanwalt" usw.) beigegebenen Beamten erscheinen als deren Beauftragte oder Vertreter.

VI. Das Bestreben der Gesetzgebung geht dahin, die Staatsregierung in den Stand zu setzen, die staatsanwaltschaftliche Tätigkeit wie bei den eigentlichen „politischen Beamten" weitgehend zu beeinflussen, vor allem, um die Beurteilung der staatlichen Interessen an der Strafrechtspflege im Sinne der allgemeinen Staatsverwaltung sicherzustellen. Diesem Grundgedanken dient in Verbindung mit dem zu IV und V Ausgeführten der Grundsatz der „Einheit der Staatsanwaltschaft" (Le ministère public est un et indivisible). Nach ihm bildet die gesamte staatsanwaltschaftliche Beamtenschaft eines jeden deutschen Einzelstaats einen einheitlich geschlossenen Körper, innerhalb dessen jeder Beamte befähigt ist, alle staatsanwaltschaftlichen Geschäfte allenthalben vorzunehmen, so, daß die Geschäftsverteilung stets, auch von Fall zu Fall, dem Ermessen der Oberen unterliegt[1]) und auch die Art und Weise der Geschäftsbehandlung von oben vorgeschrieben werden kann. Wohl hat jede staatsanwaltschaftliche Behörde ihren abgezirkten (sachlichen und örtlichen) Zuständigkeitskreis, der sich an die Zuständigkeit der Gerichtsanstalt anlehnt, der die betreffende Staatsanwaltschaft zugeordnet ist, GVG. 142, 143. Aber

1. jeder erste Beamte einer oberlandesgerichtlichen und einer landgerichtlichen Staatsanwaltschaft hat die Befugnis, die Amtsgeschäfte eines Unterstellten selbst zu übernehmen (sog. Devolutionsrecht), sowie umgekehrt seine eigenen Geschäfte einem Untergebenen zu übertragen, auch einen solchen in die Geschäfte eines anderen einzusetzen, mit der Maßgabe, daß ein Amtsanwalt nur mit Geschäften eines anderen Amtsanwalts betraut werden kann (sog. Substitutionsrecht), GVG. § 145; und

2. jeder staatsanwaltschaftliche Beamte hat die dienstlichen Weisungen seiner Vorgesetzten zu befolgen, GVG. § 146 I.[2]) Die bindende Kraft der Anweisung erstreckt sich aber nicht, wie öfter behauptet wird, so weit, daß der Untergebene auch Weisungen zu gesetzwidrigem Verhalten (z. B. zu einem Verstoß gegen § 152 II StPO.) befolgen müßte oder dürfte (vgl. unten § 35 II).

VII. Gesetzliche Vorschriften über die Geschäftsverteilung entfallen im Hinblick auf das zu V und VI Gesagte. Vgl. jedoch JugGerGes. § 21 (Jugendstaatsanwälte).

---

[1]) Gegensatz gegen das Prinzip der Ständigkeit der Gerichte, oben § 18.

[2]) Zu den Vorgesetzten gehören auch die den Staatsanwaltschaften übergeordneten Ministerien. Reichsstellen sind keine Vorgesetzten der Landesstaatsanwaltschaften, vgl. jedoch GVG. § 146 II.

Zweites Buch.

Das Verfahrensrecht.

§ 20. Übersicht.

I. Das Strafverfahren als eine zusammenhängende Reihe von Handlungen zerlegt sich in zwei Hauptabschnitte.

Den Schlußabschnitt bildet das Strafvollstreckungsverfahren; ihm geht voraus ein „Rechtsvergewisserungsverfahren“: der Prozeß im eigentlichen Sinne, das Feststellungs- oder Erkenntnisverfahren.[1])

II. Das heutige Recht prägt nicht jedem Erkenntnisverfahren vor den ordentlichen Gerichten[2]) die gleiche Formgestaltung auf. Es stellt vielmehr zunächst eine Prozeßgrundform bereit: das ordentliche Verfahren, den ordentlichen Prozeß, und fügt diesem die „besonderen Prozeßarten“ als Sonderformen hinzu, die sowohl untereinander, wie auch gegenüber dem ordentlichen Prozeß eigenartig gestaltet sind.[3])

Die Herausbildung von Verfahrenssonderformen ist grundsätzlich nicht im Hinblick auf persönliche Eigenschaften oder persönliche Stellung des Beschuldigten erfolgt; es gilt grundsätzlich gleiches Verfahren gegen alle. Nur bei Jugendlichen hat ihre Schutzbedürftigkeit, bei Militärpersonen das militärdienstliche Interesse zur Sonder-

---

[1]) Genau paßt die letztere Bezeichnung allerdings nur auf diejenigen Verfahrensformen, die in ein „Erkenntnis“ = „Urteil“ auslaufen, was nicht auf alle zutrifft. — Der Streit darüber, ob die Strafvollstreckung in den „Prozeß“ einzurechnen sei, ist nur terminologischer Natur. Systematisch, im Sinne des Prozeßrechts, ist sie jedenfalls ein Stück des Prozesses. Wenn sich eine Gesetzesstelle des Ausdrucks „Strafprozeß“ bedient, wie z. B. Preßges. § 17, so ist jedesmal durch Auslegung zu ermitteln, ob im Sinne der betreffenden Bestimmung die Strafvollstreckung mitgemeint ist oder nicht. Allgemeingültiges läßt sich hierüber nicht bestimmen.

[2]) Das Verfahren vor Sonderstrafgerichten bleibt hier zunächst überhaupt außer Betracht. Darüber im Anhang § 109.

[3]) Unten §§ 85—95.

gestaltung des Verfahrens gegen sie geführt. Im übrigen sind es sehr verschiedene Gesichtspunkte, die ein vom ordentlichen Verfahren abweichendes Verfahren bedingt haben: so beim Privatklageverfahren der Umstand, daß die Klägerrolle nicht beim Staate liegt; beim objektiven Verfahren der Umstand, daß ein Beschuldigter fehlt, und es sich nur um eine nicht kriminelle Maßregel handelt usw.

III. 1. Das ordentliche Verfahren stuft sich so, daß die eigentliche Lösung der prozessualen Aufgabe dem „Hauptverfahren" zufällt. Vor ihm liegt das „Vorverfahren", berechnet auf Klärung der Frage, ob in das Hauptverfahren eingetreten werden soll.[1])

Das Hauptverfahren hebt regelmäßig an mit dem „Eröffnungsbeschluß", durch den das beschließende Gericht die Angelegenheit an das erkennende Gericht weitergibt. Auf das Stadium der „Vorbereitung der Hauptverhandlung" folgt dann (nach dem Eröffnungsbeschluß), als Kernstück des Hauptverfahrens, die Hauptverhandlung selbst mit dem Urteil. Damit ist die „erste Instanz", der „erste Rechtszug" zu Ende. Es stehen jedoch in der Regel noch eine zweite und zum Teil noch eine dritte Instanz zur Verfügung, in die sich das Hauptverfahren fortsetzt.

2. Bei den besonderen Verfahrensarten ist die Stufung zum Teil eine andere. So entfällt z. B. bei dem Privatklageverfahren das Vorverfahren. Bei dem Mahnverfahren ist das Hauptverfahren zunächst ausgeschaltet; an seine Stelle tritt entweder (nach einem vorbereitenden Verfahren) das Strafbefehlsverfahren als ein richterliches Erkenntnisverfahren ohne Eröffnungsbeschluß, Hauptverhandlung und Urteil oder ein nichtrichterliches Verfahren.

IV. Außer der eigentlichen Prozeßtätigkeit kennt das Gesetz Tätigkeiten, die mit jener in Verbindung treten, doch aber nicht oder nicht unmittelbar auf der geraden Linie zur Erreichung des Prozeßzwecks hin liegen, sondern ihre eigenen, relativ selbständigen, wenn auch zum Prozeßzweck in Beziehung stehenden Zwecke haben. Man kann sie als Prozeßeinlagen bezeichnen. Sie gleichen bald einmal einem auf einer bestimmten Stufe einsetzenden Abstecher[2]), bald können sie sich an den verschiedensten Stellen im Prozeßverlauf einlagern[3]), bald hängen sie sich an die Entscheidungen an.[4]) Sie

[1]) Hinsichtlich der strittigen Frage, ob das Vorverfahren „zum Prozeß gehört", gilt das gleiche wie hinsichtlich der Strafvollstreckung, oben S. 80 Anm. 1.

[2]) So das Klageerzwingungsverfahren und das reichsgerichtliche Plenarverfahren, unten §§ 98, 99.

[3]) So die Prozeßsicherungsmaßnahmen, unten §§ 100—106.

[4]) So das Kosten- und das Entschädigungsverfahren, unten §§ 107, 108.

dienen teils dem Zwecke, über gewisse Hemmungen hinwegzukommen, teils dem Zwecke, gewisse erst aus dem Prozeß selbst hervorgewachsene Lebensverhältnisse wirtschaftlicher Natur schon im Prozeß ihrer Regelung entgegenzuführen.

V. Die Probleme, denen sich der Jurist in Ansehung des Strafverfahrens gegenübergestellt sieht, betreffen

1. den Prozeß als Ganzes, als Inbegriff der ihn bildenden Handlungen. Es erheben sich namentlich die Fragen nach der Zulässigkeit des Prozesses, nach dem Prozeßgegenstand und den Prozeßsubjekten.

2. Es ist ferner die rechtliche Regelung der Elemente jenes Ganzen: der Prozeßhandlungen allgemein und ihrer einzelnen Arten klarzustellen.

3. Endlich handelt es sich um die Frage der geordneten Zusammenfügung der Handlungen in ihrer Aufeinanderfolge, um den Prozeßgang (und daneben um die Prozeßeinlagen).

Will man die Lehre vom Strafverfahren in einen allgemeinen und einen besonderen Teil zerlegen, so fällt die Lehre vom Prozeßgang und den Prozeßeinlagen (unten §§ 70ff.) dem letzteren, das übrige dem ersteren zu.

Erster Abschnitt.

Das Erkenntnisverfahren als Ganzes.

1. Kapitel.

Die Zulässigkeit der Strafverfolgung.

§ 21. **A. Im allgemeinen.**

I. Alle rechtliche Regelung bedeutet, daß der Staat (oder das sonstige Rechtsordnungssubjekt) den Gegebenheiten des gesellschaftlichen Lebens mit Wertbejahung oder Wertverneinung gegenübertritt. Was nach dem Inhalt der Rechtsordnung sein soll, das ist „rechtmäßig"; was nach ihm nicht sein soll, „rechtswidrig". So beherrschen diese Kategorien auch die einzelnen prozessualen Geschehnisse. Vor allem sind aber die Fragegesichtspunkte des Seinsollens oder Nichtseinsollens an den Prozeß als Ganzes genommen heranzubringen. Es drängt sich die Frage auf: Inwieweit sind denn Prozesse überhaupt rechtmäßig? Inwieweit darf prozessiert werden? Quibus sub condicionibus processus est justus? Denn daß die Strafprozeßtätigkeit nicht nach Belieben schrankenlos zulässig sein kann, ist ja von vorn herein schon angesichts der Behelligungen zu vermuten, die sie mit sich bringt, zumal es ja nicht einmal möglich ist, die Unschuld als solche gegen Strafverfolgung sicherzustellen (oben § 2 I).

Soweit ein Prozeß rechtlich statthaft ist, pflegt man von „Zulässigkeit der Strafverfolgung" zu sprechen, wobei der Ausdruck „Strafverfolgung" nicht in seinem engeren Sinne (als das klägerische Vorgehen), sondern als identisch mit der Entfaltung der staatlichen Strafrechtsschutztätigkeit gemeint ist. Gleichbedeutend „Zulässigkeit des Strafverfahrens".

Indem wir nach dem erlaubten Prozeß fragen, treten wir natürlich noch nicht ein in die Frage, ob der Prozeß so oder so zu gestalten sei, was in ihm erlaubt oder unstatthaft sei; hier interessiert nur das „Ob" des Prozesses überhaupt.

Indem wir nach dem erlaubten Prozeß fragen, stellen wir ferner unsere Blickrichtung natürlich auch ganz anders ein, als bei der Frage nach dem verwirkten Strafleiden und den Rechtsvoraussetzungen für dieses.[1]) Auch wenn wir den Prozeß in seiner Richtung gegen ein bestimmtes Individuum erfassen, wollen wir hier nicht wissen, ob es der Strafe von Rechts wegen verfallen sei, sondern ob es rechtlich gehalten ist, sich den Prozeß aufnötigen zu lassen. Es ist auch nicht einmal so, daß die Zulässigkeit der Strafverfolgung durch das Bestehen der Strafbarkeit mit bedingt wäre, als ob für jene zur Strafbarkeit nur noch weitere Bedingungen hinzutreten müßten. Die Zulässigkeit jener ist vielmehr von der Strafbarkeit völlig unabhängig. Nicht „aus dem Verbrechen entspringt der Prozeß". Schon als tatsächliche Lebensvorkommnisse „entspringen" die Prozesse vielmehr aus dem bloßen, möglicherweise unbegründeten, Verdacht; und sie dürfen auch von Rechts wegen inszeniert werden, ohne daß dieses „Dürfen" von wirklicher Strafbarkeit abhinge.

Die Verfolgungsbedingungen sind deshalb wesensverschieden von den Strafbarkeitsbedingungen; sie sind „formale" Bedingungen. Daher machen die materiellrechtlichen „Strafausschließungs"- und „Strafaufhebungsgründe" den Prozeß nicht unstatthaft. Dadurch, daß es im Prozeß zu einer Freisprechung kommt, oder sich nach dem Prozeß die Unschuld des Verurteilten herausstellt, wird dem Prozeß nicht der Stempel der Ungesetzlichkeit aufgedrückt. (Rechtlich unzulässig ist nur, daß derjenige, der die Unsträflichkeit des Beschuldigten kennt, Prozeßhandlungen vornimmt, die diesen der Strafe entgegenführen sollen.)

---

[1]) Vgl. oben § 2.

II. Aus dem Kreise der Verfolgungsbedingungen sind, weil rein strafrechtlicher Natur, auszuscheiden

1. die Zugehörigkeit des Tatorts zum Inland oder Ausland, die inländische oder ausländische Staatsangehörigkeit des Täters, die Zugehörigkeit des betroffenen Rechtsguts zur inländischen oder ausländischen Rechtsgüterwelt im Sinne des internationalen Strafrechts. Von diesen Umständen hängt nach Maßgabe der §§ 3, 4 StGB. (und der ergänzenden Bestimmungen) die Strafbarkeit selber ab.[1])

2. Das kindliche oder jugendliche Alter des Täters zur Zeit der Tat.[2]) Die Fassung des § 55 StGB. hatte zu Zweifeln Anlaß gegeben; jetzt kann nach §§ 2, 3 JugGerGes. nicht mehr zweifelhaft sein, daß der im kindlichen Alter (bis zum 14. Lebensjahre) und der ohne die erforderliche Reife im „jugendlichen" Alter Handelnde nicht strafbar sind.

3. Die sog. Verfolgungsverjährung nach StGB. §§ 67—69.[3]) Ihr Grundgedanke nach positivem Recht ist der, daß ein Vergeltungsbedürfnis gegen den Täter nicht mehr besteht, wenn über die Tat „Gras gewachsen" ist; das Gesetz läßt deshalb nach Ablauf bestimmter Zeit die Strafbarkeit aufhören (Strafaufhebungsgrund). Die öfter als Grund des Verjährungsinstituts angeführte Schwierigkeit der Beweisführung nach Verfluß längerer Zeit kann nicht die ratio legis gewesen sein, da der Zeitraum, nach dem der Beweis verblaßt erscheint, je nach Lage der Einzelfälle sehr verschieden ist und nichts zu tun hat mit dem nach dem Gesetz für die Bestimmung der Verjährungsfristen maßgebenden Charakter der Tat als Verbrechen, Vergehen, Übertretung, übrigens auch die Abstimmung der Verjährungsfrist bei Übertretungen auf 3 Monate ganz unverständlich wäre, da sich nach so kurzer Zeit in der großen Masse der Fälle noch gar keine Beweisschwierigkeiten einstellen. Die Verfolgungsverjährung gehört daher[4]) nicht ins Prozeßrecht.[5])

---

[1]) Daß § 4 von der „Verfolgung" spricht, steht nicht entgegen, weil das StGB. hier (wie auch anderwärts) beim Gebrauch dieses Wortes an die Grenzziehung zwischen Strafrecht und Strafprozeßrecht überhaupt nicht gedacht hat. Dies erhellt auch daraus, daß der mit § 4 zusammengehörige § 3 von den „Strafgesetzen" spricht.

[2]) Eine ganz andere Frage ist die, welche Bedeutung das zur Zeit des Prozesses gegebene Alter des Beschuldigten hat. Darüber unten § 31 II 2a.

[3]) Die Vollstreckungsverjährung nach StGB. §§ 70—72 ist dagegen prozessualer Natur.

[4]) trotz ihres Namens, vgl. dazu oben Anm. 1.

[5]) So auch die überwiegende Meinung. Für prozessualen Charakter Rosenberg, ZStW. 36 529; Louri é, Die Kriminalverjährung (1914) 81. Für „gemischten Charakter" Frank, Komm., II zu § 66 und die dort Angeführten, insbesondere RGer. Vgl. dagegen oben § 2 II. Das dafür angeführte

III. Nach den Verfolgungsbedingungen hat das **Gericht** zu ermessen, ob es vorgehen darf. An ihnen hat sich aber auch derjenige zu orientieren, der an das Gericht heranzutreten plant oder herangetreten ist.[1])

IV. Die Strafverfolgungsbedingungen sind teils solche, die durchgehends für jeden Prozeß Beachtung beanspruchen: **allgemeine** Verfolgungsbedingungen; teils solche, die nur bei besonderer Lagerung des Falles (nach der sachlichen oder der persönlichen Seite hin) in Betracht kommen: **spezielle** Verfolgungsbedingungen.

B. Allgemeine Verfolgungsbedingungen. § 22.

Wach, Struktur des Strafprozesses, in der Leipziger Festgabe für Binding 1914; Kohler, Zur Konstruktion des Strafprozesses, GA. 65 309; Sauer, Grundlagen des Prozeßrechts 1919.

I. Allgemeine Verfolgungsbedingungen sind[2]) (zunächst nur in noch erläuterungsbedürftigen Schlagworten angegeben zum Zwecke der Übersicht): 1. **Strafgerichtsbarkeit gegen den Beschuldigten**; 2. **Zulässigkeit des Strafrechtsweges** (geeigneter Prozeßgegenstand); 3. **Klage**; 4. **Parteifähigkeit und Sachlegitimation**; 5. **Prozeßfähigkeit und Handlungslegitimation für den Klageakt**; 6. **Einhaltung der richtigen Klageform und -art**; 7. **Zuständigkeit**; 8. **Nicht-Rechtshängigkeit**; 9. **Nicht-Rechtskraft**.

II. Der Sinn der Rubriken 1—9 ist folgender:

1. Alle Strafjustiztätigkeit ist Machtäußerung gegen die beschuldigten Individuen; sie berührt diese teils äußerlich-tätlich, teils mindestens gedanklich. Die Zulässigkeit der Strafverfolgung ist deshalb davon abhängig, daß das in Anspruch genommene Individuum der **ordentlichen Strafgerichtsbarkeit** unterliegt; gegen Gerichtsfreie ist die Verfolgung unzulässig. Vgl. oben § 11 II.

2. Die dem Strafprozeß eigentümliche, ihn von anderen Verfahren abhebende Gestaltung ist auf die Erledigung **bestimmtartiger** Lebensangelegenheiten berechnet; es wäre zweckwidrig,

---

Argument: der Richter brauche, wenn sich die Verjährungszeit als abgelaufen herausstelle, die Tat nicht festzustellen (was richtig ist), beweist gar nichts, da **jeder** Strafbefreiungsgrund für sich isoliert die Verneinung der Strafbarkeit bedingt. Wieder auf einem anderen Blatte steht, ob sich außerstrafrechtliche Tatfolgen an eine Tat trotz Verjährung anschließen können oder nicht; irgendein Argument für prozeßrechtliche Bedeutung fließt daraus in keiner Hinsicht ab.

[1]) Dazu unten § 24 III.

[2]) Über ihre Gruppierung s. unten § 24.

sie für Erledigung aller beliebigen Angelegenheiten zu gebrauchen. Hiermit ergibt sich eine zweite Schranke der Strafverfolgung: der Prozeß muß, um zulässig zu sein, einen für diese Verfahrensart geeigneten Prozeßgegenstand, einen solchen, für den der ordentliche Strafrechtsweg zulässig ist, haben. Darüber unten §§ 26ff.

3. Nach dem im gemeinen Strafprozeß geltenden Inquisitionsprinzip konnte sich das Gericht jeder Strafsache von sich aus, ex officio, bemächtigen. Das Bedenkliche dieses Systems ist, daß sich dabei der Richter („Inquirent") in erster Linie für die eigentliche Strafverfolgung interessieren muß, und ihm, der so dem Beschuldigten zugleich als Gegner und Beherrscher gegenübersteht, die volle Unparteilichkeit verlorengehen muß; das Richteramt gewinnt eine Machtfülle, die Keime des Mißbrauchs in sich trägt. Der reformierte Strafprozeß und mit ihm die StPO. haben deshalb der Forderung der „Reinhaltung des Richteramts" Rechnung getragen und das zum Inquisitionsprinzip gegensätzliche „Klageformprinzip" (Akkusationsformprinzip) angenommen. Die gerichtliche Untersuchung findet nicht mehr von richterlichen Amts wegen statt, sondern nur auf Grund einer Klage, StPO. § 151. Wo kein Kläger, da kein Richter. Judex ne procedat ex officio.[1]) Nur diejenige Strafsache wird rechtshängig (gerichtshängig), die der Kläger dem Gericht zur Übernahme angeboten hat.

Das Erhobensein einer Klage ist somit eine allgemeine Verfolgungsbedingung.

Unter der Herrschaft des Klageformprinzips wird der Strafprozeß zum „Parteiprozeß".[2]) Es stehen sich in ihm nunmehr nicht der Richter (Inquirent, Inquisitionsgericht) als das einzige „Subjekt" des Prozesses und der Beschuldigte (Inquisit) als das

---

[1]) Darüber, daß mit dieser Regelung nicht zugleich das Offizialprinzip preisgegeben und nicht das reine Akkusationsprinzip (Prinzip der Privatanklage) angenommen worden ist, s. oben § 9 I.

[2]) Das wird mitunter bestritten (so von Hugo Meyer, v. Lilienthal, Gerland u. a.), aber die gegnerischen Argumente entstammen teils der Verkennung des Prozeßparteibegriffs (vgl. unten § 31), teils (damit im teilweisen Zusammenhang) der unrichtigen Vorstellung, als müsse eine Partei notwendig einseitig „parteiisch" sein, oder als müßten die Parteien begrifflich notwendig an Macht und Rechtsstellung einander gleich sein. Wach will den Beschuldigten als (Passiv-) Partei gelten lassen, behauptet aber das Fehlen einer Aktivpartei. Aber der Parteibegriff kennzeichnet sich gerade durch seine Polarität; wo eine Partei, da auch eine Gegenpartei. — Wie im Text Bennecke, Binding, Birkmeyer, Graf Dohna, v. Kries, Ullmann, Rosenfeld u. a.

Inquisitionsobjekt gegenüber, sondern sofort mit dem Klageakt und weiterhin im ganzen Prozeß drei Prozeßsubjekte: das Gericht (der Staat als Unparteiischer), der Kläger und der Beschuldigte. Daß der Strafprozeß damit zu einem Parteienstreit genau so, wie es der Zivilprozeß ist, würde, ist damit nicht gesagt; die Bemessung der Parteienmacht gegenüber der Gerichtsmacht ist vielmehr in tiefgehender Weise im Strafprozeß eine andere, als im Zivilprozeß (vgl. unten §§ 33, 58 I 1).

4. Nicht das Klagbegehren jedes Beliebigen gegen jeden (der Gerichtsbarkeit unterstehenden) Beliebigen setzt das Gericht in den Stand, tätig zu werden. Beide Parteien müssen vielmehr a) bestimmte Wesenseigenschaften haben: die aktive bzw. passive „Parteifähigkeit"; und sie müssen b) in einer bestimmten Beziehung zum Prozeßgegenstand stehen, der „richtige" Kläger und der „richtige" Beschuldigte sein: aktive bzw. passive „Sachlegitimation", — widrigenfalls der Prozeß unzulässig ist. Näher zu beleuchten ist an dieser Stelle die aktive Parteifähigkeit; im übrigen vgl. unten § 31.

Ein Prozeß, in dem jeder Beliebige als Strafkläger auftreten kann, ist freilich nicht undenkbar. Derart beschaffen war der römische Strafprozeß mit seiner „Popularklage": es konnte quivis ex populo in der Klägerrolle auftreten; so geartet ist auch der heutige englische Strafprozeß.[1]) Was durchschlagend gegen diese Regelung spricht, ist, daß der einzelne die undankbare Klägerrolle in aller Regel aus seinem speziellen Interessenkreis heraus übernehmen oder nicht übernehmen wird, und sich ebensosehr die Gefahr eröffnet, daß Prozesse unterbleiben, die im Staatsinteresse geboten wären, wie daß Haß, Rachsucht und andere, die Klagunlust überwindende Motive zu grundlosen Prozessen führen. Deshalb erscheint auf einer Rechtsstufe, die die strafbaren Handlungen nicht mehr als delicta privata, sondern als mit öffentlicher Strafe bedrohte Verfehlungen gegen die Gesamtheit erfaßt, das organisierte Gemeinwesen naturgemäß auch als zum Betreiben der Verfolgung berufen, vor allem deshalb, „ne delicta maneant impunita". Wird so der Staat, mit besonderen Klagorganen ausgerüstet, zum Kläger bestimmt, wird also die Offizialmaxime, das Prinzip der Staatsinitiative, statt mit der Inquisitionsmaxime mit dem Klageformprinzip verbunden, so bedeutet das, daß nicht Privatpersonen (insonderheit auch nicht der durch die Tat Verletzte) „aktiv parteifähig" sind, sondern der Staat.

[1]) Befürworter dieser Gestaltung sind Gneist, v. Liszt, J. Goldschmidt, R. Schmidt, W. Mittermaier. Dagegen Binding, Wach usw., im praktischen Ergebnis auch Mannheim, JW. 1924, S. 1650.

Die Klage Privater kann von Rechts wegen das Gericht nicht in Bewegung setzen; der Staat hat ein „Klagemonopol"; der Prozeß wird von Amts wegen (nur nicht: von richterlichen Amts wegen) eröffnet.

Das heutige deutsche Recht hat nun in der Tat die aktive Parteifähigkeit in diesem Sinne geregelt, und zwar durchaus umfassend: es gibt kein Delikt, für das dem Staat die Klageparteifähigkeit fehlt. Nur das staatliche Klagemonopol hat eine Durchbrechung erlitten: es gibt Delikte, für die außer dem Staat auch Private aktiv parteifähig sind, StPO. § 374.[1])

5. Im ganzen Bereiche der Rechtsordnung ist die rechtliche Bedeutung menschlichen Handelns davon abhängig, ob der Handelnde diejenigen Eigenschaften besaß, die von der Rechtsordnung für Handlungen der betreffenden Gattung als notwendig vorausgesetzt werden („Handlungsfähigkeit"), und ob er mit demjenigen, als dessen Handlung die Handlung im Rechtssinn erscheinen soll, identisch oder, wenn nicht, derart verbunden ist, daß er mit Wirkung für ihn handeln kann (Legitimation zum Handeln). Dies gilt auch für alle Prozeßhandlungen im Sinne einer spezifischen „Prozeßfähigkeit" und „Prozeßhandlungslegitimation" (darüber unten § 43), hat aber hinsichtlich der Klage noch eine besondere Bedeutung: ist diese (wäre es auch im Namen eines aktiv Parteifähigen und sachlich Legitimierten) von jemandem vorgenommen, der nicht klaghandlungsfähig oder nicht zur Vertretung berufen ist, so dürfte auf sie hin überhaupt kein Prozeß stattfinden. Das Herrühren des Klagakts von einem Prozeßfähigen und dazu Legitimierten ist somit eine Bedingung der Strafverfolgung.

6. Daß auch die Zuständigkeit des angerufenen Gerichts (in vollem Umfang, oben §§ 16, 17) zu den Verfolgungsbedingungen gehört, liegt auf der Hand.

7. Das Gesetz bindet die Klage an eine bestimmte Form und umgrenzt für jede der Prozeßarten (oben § 20 II) den Raum, auf dem sie statthaft sein soll. Die Form der Klage und das Passen zu der Prozeßart, die sie begehrt, müssen deshalb Verfolgungsbedingungen sein, widrigenfalls jene gesetzlichen Bestimmungen ihren Zweck verfehlen würden.

8. Prozeßökonomische Erwägungen und Rücksicht auf die Interessen des Beschuldigten erheischen, daß nicht eine und dieselbe Angelegenheit gleichzeitig mehrfach behandelt werde. Deshalb ist, so-

---

[1]) „Privatklage", wenn auch nicht Popularklage, vgl. unten § 31 II 1a, § 87.

lange auf eine Klage hin ein Verfahren rechtshängig (gerichtshängig) ist, eine zweite Klage desselben oder eines anderen Klägers in derselben Sache nicht geeignet, einen zweiten Prozeß bei demselben oder einem anderen Gericht hervorzurufen. Es ist somit in jedem Prozeß Verfolgungsbedingung, daß die Angelegenheit nicht schon rechtshängig ist. Vgl. unten § 49.

9. Verwandte Erwägungen führen zu dem Institut der (materiellen) Rechtskraft (Res judicata; Ne bis in idem), kraft dessen hinter einem ersten Prozeß, in dem die Strafrechtsschutztätigkeit zur Entfaltung gekommen und eine verurteilende oder freisprechende Entscheidung erfolgt ist, nicht nochmals ein Prozeß geführt werden darf. Vgl. unten § 56. Die Verfolgung ist also stets dadurch bedingt, daß die Angelegenheit nicht schon rechtskräftig abgetan ist; sonst hat eben der Staat seine Rechtsschutzaufgabe schon erfüllt.

C. Spezielle Verfolgungsbedingungen, insbesondere der Strafantrag. § 23.

Köhler, Die Lehre vom Strafantrag 1899; Allfeld, Strafantrag und Ermächtigung, in der Vergleichenden Darstellung des deutschen und ausländ. Strafrechts, Allg. Teil, 2 161; Eulau, Geteilter, bedingter, unter Vorbehalt gestellter Strafantrag 1905; Coenders, Der Strafantrag und die Privatklage der Nichtverletzten 1915; ders., GS. 83 286.

I. In eigenartiger Weise besonders bedingt ist die Zulässigkeit der Strafverfolgung bei den sog. Antragsdelikten. Bei einer Reihe von Verbrechensarten (z. B. bei Sachbeschädigung, Hausfriedensbruch, Beleidigung, Körperverletzung, StGB. §§ 303, 123, 194—196, 232 usw.) bestimmt nämlich das Gesetz, die Verfolgung trete nur „auf Antrag" ein. Damit ist gemeint eine Willenserklärung bestimmter, dazu legitimierter Personen, die den Wunsch zum Ausdruck bringt, es möge gegen jemanden wegen einer bestimmten Tat strafprozeßrechtlich vorgegangen werden.

Die übrigen Delikte — bei denen also ein solcher Antrag nicht erforderlich ist — nennt man „Offizialdelikte". Dieser sog. „Strafantrag" ist etwas durchaus anderes als die Strafklage: das Antragserfordernis bedeutet eine Verschärfung des Klagerfordernisses; auch bei den Antragsdelikten bleibt es dabei, daß das Gericht für sein Vorgehen erst auf die Klage zu warten hat, nur daß bei den Antragsdelikten außerdem noch ein „Strafantrag" gegeben sein muß; auf bloßen Strafantrag hin kann keine gerichtliche Untersuchung einsetzen. Da freilich die Klage ebenso wie der Strafantrag inhaltlich einen Wunsch nach Prozeß ausdrückt, so kann es vorkommen, daß im einzelnen Falle eine und dieselbe Willenserklärung tatsächlich zugleich eine Klage und einen Strafantrag darstellt (sozusagen Idealkonkurrenz beider miteinander) und in beiden Beziehungen rechtlich in Ordnung ist. Aber die Kreise der Personen, die für eine „Klage", und derer, die für einen „Strafantrag" in Betracht kommen, schneiden einander: es gibt Personen, von denen eine Klage, aber kein Strafantrag ausgehen kann (so der Bedrohte, im Sinne des § 241 StGB.; Bedrohung ist kein Antragsdelikt, aber Privatklagedelikt, vgl. StPO. § 374[4]); und Personen, von denen ein Strafantrag, aber keine Klage ausgehen kann (so der Bestohlene nach StGB. §§ 247 I, 248a I, II). Ferner unterstehen Klage und Strafantrag auch hinsichtlich der Form verschiedener Regelung; auch ist der Strafantrag befristet, die Klage nicht usw. Deshalb ist bei Antragsdelikten immer (auch in den Fällen, in denen eine und dieselbe Erklärung als Strafantrag und Klage in Betracht kommt) doppelte juristische Prüfung erforderlich.

Indem der Staat hier das Klageerfordernis durch Hinzufügung des Antragserfordernisses verschärft, schwächt er zugleich in gewissem Sinne den Grundgedanken des Offizialprinzips ab. Wohl behält er sich auch hier die eigentliche Prozeßinitiative vor (dem Antragsberechtigten ist nicht kraft seines Antragsrechts die Klägerrolle eröffnet); aber er bindet sich hier insofern die Hände, als er den Prozeß bei Ausbleiben des Strafantrags der für diesen Legitimierten für unzulässig erklärt.

Der Grundgedanke dieser Regelung ist der, daß bei gewissen Deliktsarten zwar generell eine gesetzliche Strafdrohung am Platze ist, daß demgemäß auch alle hineinfallenden einzelnen Verbrechensfälle strafbar sein müssen, der Täter also Strafe verdient, daß aber im konkreten Falle eine Verwirklichung der Strafbarkeit deshalb und dann unterbleiben soll, weil und wenn entweder der Verletzte und gewisse mit ihm verbundene Personen kein Interesse an der Bestrafung bekunden, und deren Unterbleiben vom Standpunkte der Gesamtheit aus nicht abträglich ist; oder jene Personen sogar direkt daran interessiert sind, daß kein Prozeß stattfinde (z. B. in den Fällen des § 182 StGB.), und diesem Interesse der Vorrang vor dem Interesse der Gesamtheit an der Bestrafung des Täters zugebilligt wird. Danach kommt in dem Antragserfordernis nicht sowohl die Auffassung zum Ausdruck, daß der Täter bei Fehlen des Antrags keine Strafe verdiene, sondern vielmehr der Gedanke, daß der Prozeß unterbleiben solle, obwohl der Täter Strafe verdient; mit anderen Worten: der Strafantrag ist keine Bedingung der Strafbarkeit, sondern eine rein prozessuale Erscheinung.[1])

Zugleich erhellt hieraus, daß der Strafantrag nicht eine bloße Verurteilungsbedingung, sondern eine Bedingung für das Einschreiten überhaupt ist. Deshalb darf bei Fehlen des Strafantrags auch nicht einmal zu einer Feststellung gegenüber dem Beschuldigten geschritten werden, ob und daß sich der Beschuldigte der Tat schuldig und sich strafbar gemacht habe.

Und da andererseits auch nur das Einschreiten bei Fehlen des Strafantrags gehindert ist, so ist nicht ausgeschlossen, daß in einem Prozeß gegen den einen die Strafbarkeit eines anderen auch bei Fehlen eines Strafantrags gegen diesen festgestellt wird (hatte z. B. X dem Y vorgeworfen, er habe sich einer Sachbeschädigung schuldig gemacht, so ist in dem gegen X gerichteten Beleidigungsprozeß eine Bejahung der von Y begangenen Sachbeschädigung zulässig, auch wenn dieserhalb kein Strafantrag gegen Y gestellt ist).

Damit eine ihrem Inhalte nach als Strafantrag erscheinende Erklärung als solche rechtlich in Betracht komme, müssen folgende Voraussetzungen gegeben sein:

1. Derjenige, in dessen Namen (von ihm selbst oder von anderen) der Strafantrag gestellt wird, der „Antragsteller", muß eine besondere Legitimation für die Antragstellung wegen der betreffenden konkreten Tat haben; er muß entweder der durch die Tat Verletzte sein, StGB. § 65 I S. 1, oder (als „Antragsteller zweiter Ordnung") in einem besimmten persönlichen Verhältnis zu jenem nach näherer Maßgabe des Gesetzes (vgl. z. B. StGB. §§ 65 I S. 2, 195, 196[2]), 232 III) stehen. „Verletzter" bedeutet dabei nicht notwendig den wirklich Verletzten, sondern den hypothetisch Verletzten, d. h. denjenigen, der dies ist, wenn die Tat überhaupt tatsächlich begangen ist[3]); und zwar denjenigen, der in der dem betreffenden strafgesetzlichen Tatbestande charakteristischen Weise betroffen[4]) oder im Gesetz speziell

---

[1]) So auch die h. M., insbesondere das RGer. Die Richtigkeit dieser Auffassung wird auch bestätigt durch StPO. §§ 260 (bei Fehlen des Strafantrags nicht „Freisprechung", sondern bloße „Einstellung des Verfahrens", vgl. dazu unten § 25 II), 127, 130.

[2]) Wo aber als Legitimierter zweiter Ordnung nicht der amtlich Vorgesetzte persönlich, sondern der durch ihn repräsentierte Staat, Kommunalverband usw. gemeint ist.

[3]) Ist die Tat nicht begangen, so kann natürlich keine Verurteilung erfolgen; aber der Prozeß und die in ihm ergehende Freisprechung sind auf Grund des vom hypothetisch Verletzten gestellten Strafantrags zulässig.

[4]) z. B. bei einem Strafantrag wegen Sachbeschädigung den Eigentümer der Sache (nicht auch den, der einen obligatorischen Anspruch auf ihre Übereignung hat).

genannt ist[1]); und noch genauer: denjenigen, der zur Zeit der Tat in dieser Beziehung stand.[2]) Entsprechend sind innerhalb der „zweiten Ordnung" diejenigen legitimiert, die zur Zeit der Tat in dem betreffenden persönlichen Verhältnis zum Verletzten standen[3]); diese verlieren andererseits regelmäßig die Legitimation, wenn sich dieses Verhältnis löst.[4]) [5])

Der Kreis der Legitimierten ist damit geschlossen.[6])

Diese Personen pflegt man die „Strafantragsberechtigten" zu nennen, denen also ein „Antragsrecht" zustehe.[7])

Sind in einem Falle mehrere Legitimierte vorhanden[8]), so ist jeder von den anderen unabhängig legitimiert, StGB. § 62.

2. Die Erklärung muß von einem zur Zeit der Erklärung Antragsfähigen herrühren (Antragsfähigkeit eine Spezialart der „Handlungsfähigkeit"). Nicht antragsfähig sind Geschäftsunfähige und noch nicht 18 Jahre Alte, StGB. § 65 II.

3. Der Erklärende muß entweder mit dem zum Strafantrage Legitimierten (oben 1) identisch sein oder sich in einer Antragsvertreter-Stellung ihm gegenüber befinden, kraft deren seine Strafantragserklärungen rechtlich als Strafanträge des Legitimierten gelten. — Das letztere trifft zu a) auf denjenigen, der zur Zeit der Erklärung gesetzlicher Vertreter des nicht antragsfähigen (oben 2) Legitimierten ist, StGB. § 65 III[9]); b) auf denjenigen, der von

---

[1]) Vgl. z. B. StGB. §§ 170 II, 182 II.

[2]) Also z. B. bei Sachbeschädigung nicht den, der das Eigentum an der Sache nachher erworben hat.

[3]) Daher z. B. bei Beleidigung einer Ehefrau (StGB. § 195) nicht der Mann, mit dem sie nachher die Ehe geschlossen hat.

[4]) Die von mir in Bennecke-Beling, S. 227, vertretene gegenteilige Auffassung kann nicht aufrechterhalten werden.

[5]) Eine Ausnahme muß für StGB. § 196 gelten: der Staat usw. (vgl. oben S. 91 Anm. 2) bleibt auch über den Tod oder die Dienstentlassung des Beleidigten hinaus legitimiert. Gar keine Rolle spielte für § 196 das Ausscheiden oder Einrücken dieser oder jener Persönlichkeiten in das Amt des „Vorgesetzten".

[6]) Insbesondere gibt es keine Sukzession in die Legitimation, z. B. keinen Übergang auf die Erben des Verletzten.

[7]) Strenggenommen handelt es sich um kein „Recht", den Antrag zu stellen, denn Strafanträge zu stellen, ist niemandem verwehrt; es handelt sich lediglich um eine Bedingung für die Wirksamkeit der Erklärung.

[8]) z. B. eine Beleidigung richtete sich gegen A und die mit C verheiratete B: legitimiert, A, B und C.

[9]) Der gesetzliche Vertreter des Achtzehnjährigen und Älteren ist nicht Strafantragsvertreter, wohl aber zur Antragstellung im eigenen Namen legitimiert. Der gesetzliche Vertreter eines Jüngeren ist sowohl das eine wie das andere, kann also je nach seiner Wahl für sich oder für den Pflegebefohlenen Strafantrag stellen. Dies ist der (sehr umstrittene) Sinn des § 65 StGB., der freilich wegen Nichtauseinanderhaltung von „Antragsrecht" und „Antragsfähigkeit" nicht richtig zum Ausdruck kommt.

dem geschäftsfähigen Legitimierten zur Abgabe der Erklärung ermächtigt worden ist.[1]) Nicht aber, wem es der Legitimierte überlassen hat, nach seinem Gutdünken Strafantrag zu stellen oder nicht zu stellen. (Es gibt beim Strafantrag gewillkürte Stellvertretung nur „in der Erklärung", nicht „im Willen".)[2])

4. Der Antrag muß **fristgerecht** (innerhalb dreier Monate a die scientiae[3]), StGB. § 61; Ausnahme: StGB. §§ 198, 232 III[4])) gestellt sein. Die Frist ist eine „Ausschlußfrist".[5])

5. Der Antrag muß **formgerecht** (StPO. § 158 II) gestellt sein.[6])

Ein diesen Voraussetzungen genügender Strafantrag wirkt gegen sämtliche Personen, die hinsichtlich des betreffenden Vorkommnisses als Täter (Mittäter), akzessorische Teilnehmer oder Begünstiger

---

[1]) Dies ist bestritten, aber es ist nicht ersichtlich, weshalb die höchstpersönliche Erklärung höheren und sogar alleinigen Wert haben sollte. Wegen des Nachweises der Vollmacht vgl. **E. 60** 281.

[2]) Auch dies ist bestritten, ergibt sich aber daraus, daß ein Legitimierter, der seine Entschließung anderen überläßt, gerade dadurch zeigt, daß er (zwar nicht gegen, aber auch) nicht für den Prozeß interessiert ist, während doch der Kreis der zum Strafantrag Legitimierten eben mit Rücksicht auf das Hervortreten ihres Interessiertseins am Prozeß abgegrenzt ist.

[3]) Für den Fristbeginn entscheidend ist der Tag, an dem erstmals der antragsfähige Legitimierte **oder** — für den antragsunfähigen Legitimierten — sein gesetzlicher Vertreter Kenntnis von Tat und Täter erlangt hat. Einmal in Lauf gesetzt, läuft die Frist auch für einen neu eintretenden gesetzlichen Vertreter sowie für den nachmals antragsfähig werdenden Legitimierten ohne Rücksicht auf die „Kenntnis" dieser Person weiter. Nicht einzurechnen sind in die Frist die Zeiten, in denen (z. B. bei Seereisen) keine Möglichkeit bestand, die Erklärung formgerecht abzugeben, die Antragsfrist ist tempus utile, nicht continuum (dagegen die h. M.).

[4]) Der öfter gebrauchte Ausdruck „Antrags**verjährung**" ist unscharf.

[5]) Die §§ 198, 232 III StGB. besagen: Wenn es sich um einen Strafantrag des A gegen B wegen Beleidigung oder Körperverletzung und um einen solchen des B gegen A wegen solcher Delikte handelt, und einer von beiden (einerlei, ob der Erst- oder der später Verletzte) seinen Strafantrag gestellt hat, so entfällt für den anderen die Dreimonatsfrist des § 61; an ihre Stelle tritt die Zeitspanne bis Schluß der Verhandlung erster Instanz, so daß die Antragsfrist je nachdem kürzer oder länger als sonst wird. Dabei kommt aber eine **Verlängerung** der Frist nur dann in Frage, wenn diese im Zeitpunkt der eigenen Tatbegehung nicht schon nach § 61 versäumt war; das Antragsrecht des A lebt dadurch nicht wieder auf, daß er den B beleidigt oder körperlich verletzt. So auch **E. 44** 162 (bestr.).

[6]) Nach § 158 II kann der Antrag u. a. auch bei einem **Gericht** gestellt werden. Da aber der bloße Strafantrag keine Unterlage zum gerichtlichen Einschreiten bietet, so hat das Gericht, sofern nicht die Erklärung zugleich in uno eine Klage darstellt oder es schon mit Klage befaßt ist, den Antrag an die Staatsanwaltschaft hinüberzugeben.

in Betracht kommen[1]), mag auch in dem Antrag nur eine dieser Personen als zu Verfolgende genannt sein, sog. (passive) Unteilbarkeit des Strafantrags, StGB. § 63.[2]) Die ratio dieser Bestimmung ist die, daß der Antragsteller nicht willkürlich den einen oder anderen soll heraussuchen dürfen (indem er sich z. B. die Nichtstellung des Antrags abkaufen läßt). Deshalb werden die Bestimmungen über die Antragsfrist durch § 63 nicht berührt: gemeint ist, daß der Antragsteller innerhalb des Kreises der ihm damals bekannten Täter nicht teilen kann.[3])

Die Unteilbarkeit gilt auch im Bereich der sog. „relativen Antragsdelikte", d. h. derjenigen Delikte, für die das Gesetz das Erfordernis eines Strafantrags nur hinsichtlich bestimmter Täterkategorien aufstellt (z. B. StGB. § 247 I, III).[4])

Mit der Strafklage hat § 63 StGB. gar nichts zu tun. Auf Grund eines noch so viele Täter umfassenden Strafantrags kann das Verfahren doch nur gegen diejenigen stattfinden, gegen die auch Klage erhoben ist; diese selbst ist nicht unteilbar.

Rechtlich unbeachtlich ist grundsätzlich eine auf Zurücknahme des Strafantrags lautende Erklärung. Anders nur in den in § 64 StGB. in Bezug genommenen Ausnahmefällen (z. B. bei Beleidigung, StGB. § 194 S. 2).[5])

---

[1]) Aber unter Ausschluß des Antragstellenden selbst: Beling, JW. 56 2087.

[2]) Würde die Erklärung dahin lauten, daß einer der mehreren nicht von dem Strafantrage mit umfaßt sein solle, so muß nach dem Sinn des § 63 angenommen werden, daß der Antrag durch diese Einschränkung entkräftet wird (bestr.).

[3]) Diese Auffassung wird freilich nur selten vertreten. Herrschend ist die Lehre, daß sich bei Kenntniserlangung von der Person auch nur eines Beteiligten die Frist zu umfassend ungeteilter Antragstellung eröffne, so daß z. B. der von A, B und C durch anonymen Brief beleidigte X, der zunächst nur erfahren hatte, daß der ihm gleichgültige A dahinter stecke, und die Strafantragsfrist gegen ihn versäumt, nun aber erfährt, daß B und C, von deren Mitbeteiligung er nichts geahnt hatte, mitbeteiligt sind, gegen diese keinen Strafantrag mehr stellen könnte. Ein Grund, weshalb das Gesetz auf solche Interessenvergewaltigung abgezielt hätte, ist nicht erfindlich.

[4]) Haben also zwei Lehrlinge des X zusammen mit zwei Freunden den X bestohlen, so kommt es zwar für die Verfolgung der letzteren auf den Antrag des X überhaupt nicht an, dagegen gilt § 63 StGB. hinsichtlich der Lehrlinge.

[5]) Hierbei kommt es hinsichtlich der Person des die Zurücknahme Erklärenden darauf an, in wessen Namen der Strafantrag gestellt war. Nur dieser, wenn antragsfähig, oder, unter der gleichen Voraussetzung, ein von ihm ermächtigter Erklärungsvertreter, oder derjenige, der im Zeitpunkt der Zurücknahmeerklärung gesetzlicher Vertreter des in diesem Zeitpunkt antrags-

Abgesehen von den Fällen rechtswirksamer Zurücknahme bleibt der gestellte Strafantrag dauernd bei Bestand, namentlich auch über den Tod des Verletzten hinaus.

II. Einer „*Ermächtigung zur Strafverfolgung*" bedarf es bei Beleidigung politischer Körperschaften, StGB. § 197. Jene ist hier also Verfolgungsbedingung. Sie unterscheidet sich vom Strafantrage dadurch, daß die Staatsanwaltschaft zur „Einholung" einer Erklärung darüber, ob Strafverfolgung gewünscht wird oder nicht, verpflichtet ist, und daß die Erklärung an keine Frist gebunden ist. Zurücknehmbarkeit ist im Gesetz nicht vorgesehen.

III. Die Verfolgung von *Auslandstaten*, soweit es sich um Strafbarkeit aus § 4^3 (nicht $4^{1,2}$) handelt, ist ausgeschlossen, wenn einer der in § 5 StGB. aufgeführten Umstände vorliegt, vgl. auch StGB. § 4^3 II a. E. (Antrag der auswärtigen Behörde).

IV. In den Fällen der §§ 102, 103 StGB. ist das dort erforderte *Verbürgtsein der Gegenseitigkeit* („Reziprozität") Strafverfolgungsbedingung.[1])

V. Eine solche Bedingung ist auch der in §§ 102 II, 103 II StGB. genannte *Antrag der auswärtigen Regierung*.

VI. Bei Ehebruch ist nach StGB. § 172 eine Verfolgung so lange unzulässig, als nicht *die Ehe wegen des Ehebruchs geschieden* worden ist.[2])

VII. Bei Entführung (StGB. §§ 236, 237) ist die Zulässigkeit der Verfolgung dadurch bedingt, daß nicht der Entführer die Entführte nach der *Tat geehelicht* hat; die Verfolgung wird in diesem Falle erst wieder zulässig, wenn die Ehe *für nichtig erklärt wird*, StGB. § 238.[3])

VIII. Eine Strafverfolgung wegen Beleidigung oder Falschanschuldigung ist so lange unstatthaft, als ein *Verfahren gegen*

---

unfähigen Antragstellers ist, können den Antrag wirksam zurücknehmen. Daher kann z. B. der achtzehnjährig Gewordene den zuvor von seinem Vater für ihn, nicht aber den vom Vater suo nomine gestellten Strafantrag zurücknehmen. Der Vormund des siebzehnjährigen A kann den von dessen inzwischen verstorbenen Vater im Namen des A gestellten Antrag zurücknehmen.

[1]) Nicht Strafbarkeitsbedingung, wie die h. M. annimmt. Vgl. *Beling*, Lehre vom Verbrechen, S. 68.

[2]) So auch die h. M.; nach der Gegenmeinung soll die Ehescheidung eine *Bedingung der Strafbarkeit* sein. Aber die Bestimmung hängt sicher nicht mit der Wertung der Tat und des Täters zusammen, sondern will nur durante matrimonio den Prozeß verhüten, weil er geeignet ist, zur Lockerung des Ehebandes zu führen.

[3]) Ebenso die h. M.; wegen der Gegenmeinung (Annahme materiell *strafrechtlicher* Bedeutung) vgl. Anm. 2.

den präsumtiv Beleidigten bzw. Angeschuldigten wegen der Handlungsweise schwebt, die ihm durch die als Beleidigung bzw. Falschanschuldigung in Betracht kommende Äußerung nachgesagt worden ist, StGB. §§ 191, 164 II.[1])

IX. Für das Privatklageverfahren ist Bedingung, daß nicht derselbe Privatkläger schon einmal die Privatklage in der Angelegenheit erhoben und sie damals zurückgenommen hatte, StPO. § 392.

§ 24. D. Wesen und Gruppierung der Verfolgungsbedingungen. Prozeßverhältnis, Prozeßvoraussetzungen. Strafklagerecht.

Bierling, ZStW. 10 251; ders., Jurist. Prinzipienlehre 4 13; v. Kries, ZStW. 5 1; Eisler, Die Prozeßvoraussetzungen im österr. Strafprozeß, Grünhuts Z. 17 587; Rosenberg, Beiträge z. Lehre v. d. Prozeßvoraussetzungen, ZStW. 36 522; Sauer, Prozeßvoraussetzungen, LZ. 13 671; Goldschmidt, Materielles Justizrecht 1905; Singewald, GS. 81 338. — Vgl. auch Bülow, Lehre von den Prozeßeinreden und Prozeßvoraussetzungen; Wach, Handb. des Zivilprozesses 1 34; Kohler, Prozeß als Rechtsverhältnis 1888.

I. Die im vorstehenden (§§ 22, 23) aufgeführten Verfolgungsbedingungen lassen sich (abgesehen von ihrer Einteilung in „allgemeine" und „besondere") in verschiedener Weise gruppieren.

Ein Teil von ihnen besteht in rein gedanklichen Beziehungen (so die Zulässigkeit des Strafrechtsweges und die sachliche Zuständigkeit, insofern sie auf der Artung des Prozeßgegenstandes beruhen); die meisten bestehen dagegen in konkreten Lebenstatsachen (so z. B. der Klagakt, die gerichtsstandbegründenden Tatsachen, der Strafantrag usw.). Dort handelt es sich um die Beschaffenheit der im Prozeß zu lösenden Aufgabe, hier um die Sachlage, in der an deren Lösung heranzutreten ist.

In technischer Hinsicht treten sie teils positiv auf (Erfordernisse für die Zulässigkeit des Prozesses, z. B. der Klagakt), teils negativ (so daß ihr Vorhandensein dem Prozeß entgegensteht, z. B. die Rechtshängigkeit). Das Vorhandensein einer Bedingung der letzteren Art bildet ein „Prozeßhindernis"; aber auch das Fehlen einer Bedingung der ersteren Art kommt auf Prozeßhinderung hinaus.[2]) Die Prozeßhindernisse sind entweder Umstände, die der Zulässigkeit

---

[1]) Wegen des „Soll" in § 164 II vgl. oben § 6 II 2 d.

[2]) Anders Rosenberg bei Löwe 17 vor § 151 und in ZStW. 36 522, der Prozeßvoraussetzungen und Prozeßhindernisse als verschiedene Kategorieen fassen will.

des Verfahrens schon von vornherein entgegenstehen (z. B. die Gerichtsfreiheit), oder solche, die der bisherigen Zulässigkeit ein Ende bereiten (z. B. Zurücknahme des Strafantrags). Bisweilen erwächst dem Prozeß ein Hindernis erst durch Geltendmachung („Einrede") seitens des Beschuldigten (vgl. §§ 18, 16); in der Regel wirken Prozeßhindernisse aber ipso jure.

Die bedeutsamste Einteilung ergibt sich aber, wenn man die Verfolgungsbedingungen von den durch sie bedingten Rechtsfolgen aus beleuchtet. Es wird hier zunächst erforderlich, diese Rechtsfolgen juristisch genauer zu erfassen.[1])

II. Die im Vordergrund stehende Rechtsfolge, welche sich an das Gegebensein sämtlicher positiver Bedingungen und das Fehlen von Prozeßhindernissen anschließt, ist die, daß der Staat qua Gericht (Rechtsschutzgewährungssubjekt) die Befugnis zum procedere, das jus procedendi, das „subjektive Strafprozeßrecht" hat.

Zugleich begründet das Vorliegen der Bedingungen die Verfangenschaft des Beschuldigten in dem Prozeß dem Gericht gegenüber: die Rechtspflicht, sich den Prozeß aufnötigen zu lassen (natürlich nicht die Pflicht, sich verurteilen zu lassen oder Strafe zu leiden).

Endlich bindet die Gesamtheit dieser Bedingungen den Staat (qua Rechtsschutzgewährungssubjekt) derart, daß dem Strafkläger ein Anspruch gegen den Staat auf Rechtsschutzgewährung zusteht: ein jus ut procedatur, ein „Recht auf Rechtsgang", „auf Prozeß", kraft dessen die gerichtliche Tätigkeit als eine dem Kläger geschuldete Leistung erscheint: das Strafklagerecht.

Das Strafklagerecht ist von dem (dem materiellen Strafrecht angehörigen) „Strafanspruch" grundverschieden

a) in Ansehung der Voraussetzungen: es hängt ab von den formalen Verfolgungsbedingungen und nur von diesen, während der Strafanspruch die strafbare Handlung und die sonstigen Strafbarkeitsbedingungen und nichts sonst voraussetzt.

b) Daher auch hinsichtlich des Inhalts: das Strafklagerecht geht nicht auf das Strafleiden, nicht einmal auf verurteilende Tätigkeit des Gerichts, sondern nur auf ordnungsmäßige Abwicklung des Prozesses mit dem Ziel einer gerichtlichen Entscheidung über den Prozeßgegenstand. Kraft des Strafklagerechts ist der Staat qua

---

[1]) Sauer will „Verfolgungsvoraussetzungen" (z. B. Strafantrag) und „Verfahrensvoraussetzungen" (z. B. Zuständigkeit) sondern. Aber die „Verfolgung" ist die Verfolgungstätigkeit = das Verfahren, der Sinn der Zerlegung nicht bestimmbar.

Gericht verpflichtet, dem Kläger darüber Rede und Antwort zu stehen, ob der Beschuldigte strafbar ist. Diesem Recht wird genügt durch die auf Sachentscheidung hinzielende Tätigkeit und abschließend durch die Sachentscheidung selbst, sie sei verurteilend oder freisprechend.

c) Der dem Strafklageberechtigten gegenüberstehende Verpflichtete ist natürlich nicht der „Täter" oder auch nur der Beschuldigte, die ja gar nicht in der Lage sind, dem Inhalte des Strafklagerechts zu genügen, sondern der Staat qua Gericht, der allein dem als Beschuldigter in den Prozeß Verwickelten eben „den Prozeß zu machen" imstande ist.

d) Berechtigter schließlich ist beim Strafklagerecht möglicherweise ein anderer, als beim Strafanspruch. So ist bei den Privatklagedelikten, die ja nicht „delicta privata" sind, Strafanspruchsberechtigter der Staat, Klageberechtigter aber ein Privater.[1])

Angesichts des Auseinanderfallens von „Strafbarkeit" (Strafanspruch) und „Verfolgbarkeit" (Strafklagerecht) besteht die Möglichkeit, daß ein Beschuldigter hinsichtlich einer ihm zur Last gelegten Tat verfolgbar, aber straflos ist, wie umgekehrt, daß er unverfolgbar, wiewohl strafbar ist. Bei den Fällen der letzteren Art könnte man fragen, wozu dann die — doch unvollzogen bleibende — gesetzliche Strafbarerklärung da sei? Die Antwort ergibt sich daraus, daß die strafrechtliche Wertung auch außerhalb eines auf ihre Verwirklichung gerichteten Prozesses rechtliche Bedeutung haben kann (z. B. im Prozeß gegen die Teilnehmer des unverfolgbaren Haupttäters; oder in einem Beleidigungsprozeß, in dem die Feststellung zu treffen ist, ob der angeblich Beleidigte die ihm vorgeworfene strafbare Handlung begangen hat, dabei aber gleichgültig ist, ob er dieserhalb verfolgbar sei; oder bei Zeugenvernehmung, vgl. StPO. § 57[3]). Überdies kann die Unverfolgbarkeit auch aufhören (z. B. der bisher Gerichtsfreie hört auf, dies zu sein); alsdann kommt die Strafbarkeit voll zur Geltung.

Innerhalb des Prozesses wird die Auseinanderhaltung von Strafklagerecht und Strafanspruch für die Reihenfolge der Prüfung von Bedeutung. Das Gericht hat sich immer *zuerst* zu vergewissern, ob ein *Strafklagerecht* besteht; wenn nicht, so ist auf die Frage nach der Tat und ihrer Strafbarkeit nicht einzugehen. Damit ist

---

[1]) Wo der Staat der Strafklageberechtigte ist, ist er in doppelter Rolle, als Berechtigter und als Verpflichteter, an dem Anspruch beteiligt. Dies ist nicht, wie behauptet worden ist, „begrifflich undenkbar", da „Rechtssubjekt" ein formaler juristischer Begriff ist, der auf dasselbe Substrat doppelt bezogen werden kann.

ein praktischer Vorteil verknüpft, namentlich insofern Beweisaufnahmen erspart werden, wo es am Strafklagerecht fehlt.[1])

Im Schrifttum wird der Begriff des Strafklagerechts mehrfach abweichend von der ihm hier beigelegten Bedeutung gefaßt.

Bisweilen wird dieses Recht als eine Befugnis, die Klage zu erheben, gedacht. Allein das Wesentliche ist sichtlich der Anspruch auf Prozeßdurchführung, der aus der erhobenen Klage erwächst; und da die Rechtsordnung niemandem verwehrt, Strafklagen zu erheben — nur daß nicht jedermanns Klage Rechtsfolgen auslöst —, so kann von einer besonderen „Befugnis" dazu nicht die Rede sein.

Häufiger wird das Strafklagerecht parallel dem von Wach für den Zivilprozeß herausgearbeiteten klägerischen „Rechtsschutzanspruch" als das Recht des Klägers auf Obsieg im Prozeß gefaßt. Alsdann bildet es keinen Gegensatz zum Strafanspruch, ist vielmehr dadurch mitbedingt, daß Strafbarkeit besteht. Man sieht sich dann genötigt, ein „formelles Strafklagerecht" als das „Recht auf ein Erkenntnis" und das „materielle Strafklagerecht" als das „Recht auf ein auf Strafe lautendes Erkenntnis" zu scheiden; das erste hängt dann ab von den „formellen oder prozessualen Klagvoraussetzungen", das letztere von den „materiellen oder materiellrechtlichen Klagvoraussetzungen" = dem Bestehen des Strafanspruchs. Zu solcher Konstruktion werden namentlich diejenigen gedrängt, die wie J. Goldschmidt[2]) das Vorhandensein eines „Strafrechts" leugnen und nur „materielles Justizrecht" (neben dem „formellen") anerkennen. Es wird sich aber nicht verkennen lassen, daß diese Konstruktionen unnötig kompliziert sind, und die dabei verwendete Terminologie die Klarheit gefährdet. Hält man, wie es oben geschehen ist, Strafklagerecht und Strafanspruch auseinander, so mag man da, wo beides zusammentreffend gegeben ist, von einem klägerischen „Rechtsschutzanspruch" als einem Anspruch auf Obsieg im Prozeß reden, darf aber nie verkennen, daß dieser Anspruch nur ein zusammengesetztes Gebilde ist.[3])

---

[1]) z. B. kommt ein Ehebruchsprozeß ohne jedes Eingehen auf die Frage des Ehebruchs zur schnellen Erledigung, sobald sich zeigt, daß die Ehe noch besteht (StGB. § 172).

[2]) Oben § 2.

[3]) In der Zivilprozeßwissenschaft wird noch darum gestritten, ob der Kläger schon vor der Klage ein „präexistentes" Recht dieses oder jenes Inhalts habe. Praktische Bedeutung hat die Frage nicht. — Der „publizistische Rechtsschutzanspruch" (oder das „publizistische Klagerecht") im Sinne Degenkolbs interessiert für den Strafprozeß nicht, das „rechtsuchende Publikum" hat hier keine „Klagerechte" gegenüber dem Gericht, sondern nur Zutritt zur Klagbehörde (der Staatsanwaltschaft).

Mit dem hier entwickelten Begriff des Strafklagerechts deckt sich ungefähr, was J. Goldschmidt[1]) die „Prozeßlage" nennt; denn er versteht unter dieser „die rechtlich begründete Aussicht auf günstiges oder ungünstiges Urteil und folglich auf gerichtliche Geltung des Anspruchs als begründet oder unbegründet". Es wird aber nicht zu verkennen sein, daß für solche rechtlich begründete Aussicht die Bezeichnung als subjektives Recht (eben als Strafklagerecht) am Platze ist und die Bezeichnung „Prozeßlage" nur das Vorliegen der Voraussetzungen dieses Rechts andeutet.[2])

III. Das Strafklagerecht entsteht mit der Klageerhebung unter der Voraussetzung, daß auch sämtliche übrigen Verfolgungsbedingungen gegeben sind. Hier setzt nun aber die Notwendigkeit ein, diese Bedingungen — die allesamt häufig als „Prozeßvoraussetzungen" (im weiteren Sinne) bezeichnet werden, — in abstrakte und konkrete zu sondern. Ein Teil von ihnen stellt sicher, daß überhaupt „ein" Strafklagerecht jemandes „an sich" besteht, ohne aber dafür Gewähr zu leisten, daß ihm in „diesem" Prozeß genügt werden muß; erst das Mithinzutreten des anderen Teils ermöglicht die Bejahung „des" Strafklagerechts in seiner Beziehung eben auf diesen Prozeß.

Wenn nämlich die Rechtsordnung zusagt, daß einem Begehren auf Prozeß genügt werden solle, so versteht sich doch, daß dies Begehren nach Art und Weise und Umständen gehörig angebracht sein muß; die Zusage der Rechtsordnung gilt nur einer insofern mängelfreien Klage; bei Mangelhaftigkeit „dieses" Prozeßbegehrens nützt es dem Kläger nichts, daß „an sich" ein Strafklagerecht vorhanden ist.

In diesem Sinne mangelhaft ist das Begehren als solches dann, wenn

1. der Klagakt nach Inhalt oder Form den rechtlichen Anforderungen nicht genügt; oder

2. das angerufene Gericht nicht zuständig ist; oder

3. der Anrufende nicht prozeßfähig oder nicht legitimiert ist, für denjenigen, auf dessen Namen er das Begehren anbringt, zu handeln.

---

[1]) Der Prozeß als Rechtslage 1925.

[2]) Die Voraussetzungen für die Zulässigkeit der Verfolgung („Prozeßvoraussetzungen im weitesten Sinne") erscheinen bei Goldschmidt unter der Bezeichnung „Sachentscheidungsvoraussetzungen". Diese Bezeichnung empfiehlt sich jedoch deshalb nicht, weil nicht bloß die Sachentscheidung selbst, sondern auch die von der Klage her zu ihr hinstrebenden Prozeßschritte von dem Vorliegen jener Voraussetzungen abhängig sind.

Im deutlich erkennbaren Gegensatz dazu stehen z. B. die Zulässigkeit des Strafrechtswegs, das Unterfallen des Beschuldigten unter die Gerichtsbarkeit, die Parteifähigkeit und Sachlegitimation usw., bei denen nicht bloß das quomodo des Begehrens in Frage steht.

Um die beiden Gruppen von Verfolgungsbedingungen zu unterscheiden, bedient man sich (in Anlehnung an den von Hellwig für den Zivilprozeß zugrunde gelegten Sprachgebrauch) in Ermangelung besserer Ausdrücke der termini „Prozeßvoraussetzungen" (im engeren Sinne) für die den konkreten Prozeß angehenden, und „Strafklagerechtsvoraussetzungen" (im engeren Sinne) für die übrigen.[1])

Die logische Reihenfolge dabei ist natürlich die, daß zuerst in Frage kommt, ob überhaupt an erfolgreiche Erhebung einer Klage gedacht werden kann, und dann erst, wie diese einzurichten ist; und in dieser Weise wird auch derjenige, der mit Erhebung einer Klage umgeht, seine Prüfung einrichten. Aber für das Gericht, dem eine Klage vorliegt, dreht sich die Reihenfolge der Prüfung um. Das Gericht hat immer zuerst zu fragen: Bin gerade ich aus Anlaß dieser Klage, also in diesem Verfahren, dazu berufen, die möglicherweise dem Staate obliegende Rechtsschutzaufgabe zu lösen? Dies folgt daraus, daß, wenn das Begehren schon als solches nicht stichhaltig ist, jede in die Tiefe gehende Prüfung wert- und zwecklos wäre. Auch im täglichen Leben verfährt man nicht anders: man lehnt es ab, sich auf noch so berechtigte Wünsche einzulassen, wenn sie nicht in der gehörigen Art und Weise angebracht waren. In dieser Stufung der Prüfung liegt zugleich der praktische Wert der Scheidung der Verfolgungsbedingungen in jene beiden Gruppen.[2])

---

[1]) Den Begriff der Prozeßvoraussetzungen hat Oskar Bülow in die (Zivil-) Prozeßrechtswissenschaft eingeführt. Er hat seitdem festes Bürgerrecht auch, namentlich durch v. Kries, für den Strafprozeß erhalten. Inhalt und Umfang des Begriffs werden aber verschieden bestimmt (z. B. identifiziert Stein die Prozeßvoraussetzungen mit den Sachurteilsvoraussetzungen). Die in diesem Lehrbuch zugrunde gelegte Scheidung der „Prozeßvoraussetzungen" von den „Strafklagerechtsvoraussetzungen" einerseits (s. oben), den Prozeßgestaltungsvoraussetzungen andererseits (unten § 41 III) beruht auf der Erwägung, daß es sich um praktisch-funktionell verschiedene Bedeutungsbegriffe handelt. Erwünscht wäre freilich, daß die juristische Kunstsprache für die „Prozeßvoraussetzungen" einen — heute noch nicht zu Gebote stehenden — Namen erfände, der den sachlichen Gehalt des Begriffs deutlich wiederspiegelte.

[2]) Im Zusammenhalt mit dem zu II Dargelegten ergibt sich also folgende Staffelung der Fragen: 1. Liegen die Prozeßvoraussetzungen (i. e. S.) vor? 2. Wenn ja: Liegen die Strafklagerechtsvoraussetzungen (i. e. S.) vor? 3. Wenn ja: Ist ein Strafanspruch gegeben?

Hiermit ist zugleich ein brauchbarer „Prozeßverhältnis“-Begriff gewonnen.[1]) Es geht nicht an, den Prozeß selber als ein Prozeßverhältnis zu bezeichnen, wie mitunter geschieht: der Prozeß ist Tätigkeit, und kein „Verhältnis“. Ebensowenig brauchbar ist die Vorstellung eines sämtliche prozessualen Rechtsbeziehungen aller Beteiligten umfassenden „Prozeßverhältnisses“. Wohl aber ergibt ein durch das Vorhandensein der Prozeßvoraussetzungen (im engeren Sinne) konstituiertes „Prozeßverhältnis“ guten Sinn: es ist dasjenige Rechtsverhältnis, kraft dessen der Kläger darauf Anspruch hat, daß an die Prüfung des Vorliegens der Strafklagerechtsvoraussetzungen im engeren Sinne herangetreten werde, während bei seinem Fehlen die Klage ohne weiteres der Ablehnung verfallen ist. Daß ein so aufgefaßtes Prozeßverhältnis dann zugleich auch Grundlage und Rahmen für den ganzen Prozeßverlauf abgibt, ist wohlverständlich; es ist das Grund-Rechtsverhältnis, das alle einzelnen prozessualen Rechte und Pflichten aus sich entläßt.

IV. Charakteristisch ist dem Prozeßverhältnis sein Dauerbestand: einmal ordnungsmäßig begründet, bleibt es bis Prozeßschluß bestehen, mögen auch die zur Zeit der Klage gegebenen Prozeßvoraussetzungstatsachen hinwegfallen (mag also z. B. auch der Beschuldigte seinen Wohnsitz aus dem Gerichtsbezirk wegverlegen, vgl. StPO. § 8 [verba „zur Zeit der Erhebung der Klage“], oder der Kläger prozeßunfähig werden usw.). Denn die Prozeßvoraussetzungen beherrschen nur die Eingangspforte in den konkreten Prozeß, sie sind Prozeßbeginns-, Klagakts-, Prozeßgründungsbedingungen. Deshalb ist umgekehrt das erst nachträgliche Hinzutreten einer anfänglich mangelnden Prozeßvoraussetzungstatsache belanglos, außer soweit ihm — was Auslegungseinzelfrage ist — heilende Kraft zukommt.

Dagegen ist den engeren Strafklagerechtsbedingungen keine zeitliche Fixierung auf den Prozeßanfang eigen, vielmehr ist erforderlich und genügend, daß sie im Prozeß in dem jeweiligen Zeitpunkt gegeben sind. Fallen sie während des Prozesses hinweg (wird z. B. der Beschuldigte gerichtsfrei oder ergeht anderweit ein rechtskräftiges Urteil in der Sache oder ehelicht während des Entführungsprozesses der Entführer die Entführte [StGB. § 238]), so ist nunmehr der Prozeß unzulässig; umgekehrt konvaleſziert ein von Hause aus unzulässiger Prozeß dadurch, daß die bisher fehlende

[1]) Der Begriff des Prozeßrechtsverhältnisses ist besonders von Kohler als Hauptbegriff des Prozeßrechts verfochten worden. Er wird aber in verschiedenem Sinne aufgefaßt und heute vielfach (so von J. Goldschmidt und Sauer) als wertlos oder entbehrlich bezeichnet.

Strafklagerechtstatsache eintritt (Wegfall der Exterritorialität des Beschuldigten; nachträgliche Stellung des Strafantrags, Nichtigerklärung der Ehe des Entführers mit der Entführten usw.). Denn die Frage ist hier nicht die: Ist der Prozeß seinerzeit richtig eingefädelt worden? sondern: Steht jetzt dem Kläger ein Recht darauf zu, daß ihm mittels des Prozesses Rede und Antwort gestanden werde?

E. Bedeutung und Behandlung unzulässiger Strafverfolgung. § 25.

I. Die allgemeine — über das Prozeßrecht hinausweisende — Bedeutung einer Verfahrensunzulässigkeit ist die, daß jede unmittelbar oder mittelbar auf eine Sachentscheidung hinzielende oder eine solche darstellende Tätigkeit rechtswidrig, kein processus justus, ist, somit gegebenenfalls Widerstand und Notwehr gegen sie statthaft ist, und der Handelnde, sofern er zugleich schuldhaft verfährt, gegebenenfalls (z. B. nach StGB. §§ 336, 341, 344) strafbar sein kann.

II. Die spezifisch prozeßrechtliche Bedeutung der die Zulässigkeit des Verfahrens bedingenden Umstände ist die, daß bei Fehlen eines derart relevanten Umstands die auf Sachentscheidung unmittelbar oder mittelbar hinzielende Tätigkeit und jene selbst zu unterlassen sind. Rechtlich zulässig (und somit natürlich auch nicht rechtswidrig im Sinne von I) sind aber solche Schritte, die der Aufklärung dienen, ob die Zulässigkeitsbedingungen gegeben sind, und solche Entscheidungen, die die Zulässigkeit der Verfolgung verneinen oder einem Einzelakt ablehnend entgegentreten, der die Zulässigkeit der Verfolgung zur Voraussetzung haben würde (z. B. Ablehnung eines Haftbefehlserlasses). Mangelt es also in irgendeiner Hinsicht an der Zulässigkeit der Verfolgung, so hat eine trotzdem erhobene Klage der Ablehnung durch das Gericht zu verfallen, ohne daß der Prozeßgegenstand geprüft und über ihn ein Ausspruch, sei es verurteilend, sei es freisprechend, gefällt würde: „Formalentscheidung", formale „Einstellung des Verfahrens".

Diese Klagablehnung ist, wenn aus dem Fehlen einer „Prozeßvoraussetzung" hervorgehend, nur Weigerung, auf diese Klage hin vorzugehen = Unzulässigerklärung dieses Prozesses; wenn auf dem Fehlen einer eigentlichen Strafklagerechtsbedingung beruhend, Verneinung eines klägerischen Strafklagerechts überhaupt.

Im Gegensatz zu jeder formalen Einstellung als einer Verweigerung des Strafrechtsschutzes steht die Gewährung des letzteren, d. i. die Sachentscheidung, und zwar nicht bloß die den Strafanspruch bejahende (Verurteilung), sondern auch die ihn verneinende (entweder „Freisprechung“ oder „materielle Einstellung“) genannt[1]); denn auch sie gibt dem Kläger, was er vermöge seines Strafklagerechts zu beanspruchen hat: die sachliche Prüfung der Angelegenheit. Praktisch bedeutsam ist der Unterschied zwischen formaler Einstellung und Freisprechung hinsichtlich der Form der Entscheidung (Beschluß oder Urteil[2]), und folgeweise hinsichtlich des zulässigen Rechtsmittels[3]); und vor allem hinsichtlich der Rechtskraftwirkung.[4])

III. Ob das Prozeßverhältnis in Ordnung ist (also sofort ordnungsmäßig begründet oder ein etwaiger Anfangsmangel nachträglich geheilt worden ist, oben § 24 IV), und ob die engeren Strafklagerechtsvoraussetzungen gegeben sind, hat das Gericht in jeder Lage des Verfahrens[5]) von Amts wegen zu prüfen, d. h. ohne Rücksicht darauf, ob der Beschuldigte eine Rüge anbringt oder nicht. Hinsichtlich der sachlichen Zuständigkeit ist dies in StPO. § 6 ausdrücklich betont. Hinsichtlich der Prüfung der örtlichen Zuständigkeit begründet StPO. § 18, vgl. §§ 16, 17, eine Ausnahme.

IV. Eine Frage für sich ist, inwieweit ein unzulässiges Verfahren zugleich unwirksam ist, insbesondere, inwieweit eine Sachentscheidung, die wegen Unzulässigkeit der Strafverfolgung nicht hätte ergehen sollen, gleichwohl die Rechtswirkungen einer Sachentscheidung nach sich zieht. Unzulässigkeit ist nicht ohne weiteres = Nichtigkeit. Vgl. dazu unten § 48.

2. Kapitel.

Der Prozeßgegenstand.

§ 26. A. Im allgemeinen.

Schötensack im „Rechtsgang“ 3 1; Graf Dohna, Privatgenugtuung, in Vergl. Darst. des dtsch. u. ausländ. Strafrechts, Allg. Teil, 1 225.

I. Prozeßgegenstand ist die Lebensangelegenheit („Sache“, causa, res), um die sich der Prozeß dreht, deren Erledigung (durch „Sachentscheidung“) die eigentliche Aufgabe des

---

[1]) An sich ist jede strafbarkeitverneinende Entscheidung eine „Frei-Sprechung“, prozeßtechnisch heißt sie aber „Freisprechung“ nur, wenn sie im Hauptverfahren durch Urteil ergeht.

[2]) Vgl. unten § 50 V.

[3]) Unten §§ 68, 69 II, 78.

[4]) Unten §§ 55, 56.

[5]) Über die Revisionsinstanz s. unten § 83 I.

Prozesses ist (die „merita causae" oder „materialia causae" im Sprachgebrauch der gemeinrechtlichen Wissenschaft). Den Gegensatz bilden alle anderen Angelegenheiten, mit denen sich das Gericht sonst noch im Prozeß zu befassen hat; dahin gehören

1. die Prozeßangelegenheiten selber: die Frage nach dem Prozeßverhältnis; diejenige nach dem Strafklagerecht; diejenige nach der Prozeßgestaltung (z. B. Frage nach Vereidigung oder Nichtvereidigung eines Zeugen). Auch hierfür werden Feststellungen und gegebenenfalls eigene Entscheidungen erforderlich; aber sie sind den Feststellungen und Entscheidungen „zur Sache" (den „meritorischen") logisch vorgeordnet und inhaltlich von diesen deutlich geschieden; das Bild vom Prozeß ist etwas anderes als das Bild von seinem Gegenstand.

2. In den Gesichtskreis des Gerichts fallen unter Umständen Lebensangelegenheiten, die das Prozeßbild nichts angehen, und doch auch nicht die Angelegenheit bedeuten, derenthalber prozessiert wird: Angelegenheiten, die nur deshalb miterledigt werden müssen, weil sie im logisch-präjudiziellen Zusammenhang mit der Sachentscheidung stehen. Ihre Feststellung nimmt in dem Gedankengang, der zu der Sachentscheidung hinführt, nur den Rang einer Durchgangsfeststellung ein. So muß z. B. das Gericht im Prozeß gegen den der Anstiftung angeklagten A auch dazu Stellung nehmen, ob bei dem nicht mit angeklagten als Haupttäter in Frage kommenden B eine „strafbare Handlung" vorliegt; aber die Tat des B bildet dabei nicht den Prozeßgegenstand, es ist nicht „über sie" zu „entscheiden".

II. Zum Prozeßgegenstande tauglich ist nicht jede wie immer geartete Lebensangelegenheit; nur für bestimmte Gattungen von Lebensangelegenheiten ist der Prozeß (innerhalb der ordentlichen Strafgerichtsbarkeit) statthaft, „der ordentliche Strafrechtsweg[1]) zugelassen", nämlich

1. nach § 13 GVG., § 3 EStPO. für „alle Strafsachen, für welche nicht[2]) entweder die Zuständigkeit von Verwaltungsbehörden (oder Verwaltungsgerichten) begründet ist, oder reichsgesetzlich besondere Gerichte bestellt oder zugelassen[3]) sind".

„Strafsachen" bedeutet soviel wie „Strafrechtsfälle" = Lebensangelegenheiten in strafrechtlicher Beleuchtung als Vorkomm-

---

[1]) Mit Einschluß der „besonderen Prozeßarten".

[2]) Darüber unten §§ 109, 110.

[3]) „Zugelassen" (im Gegensatz zu „bestellt") zielt ab auf reichsrechtliche, dem Landesrecht erteilte Ermächtigungen.

nisse, derenthalben Strafe verwirkt, ein Strafanspruch begründet ist. Dabei ist „Strafe" im eigentlichen Sinne, „Kriminalstrafe"[1]) gemeint (im Gegensatz zu Ordnungsstrafen, Disziplinarstrafe usw.).

Bei der Bestimmung, ob eine Strafsache und damit ein tauglicher Prozeßgegenstand in Frage steht, ist natürlich nur an eine hypothetische Lebensangelegenheit mit hypothetisch strafrechtlichem Charakter zu denken; denn wie die Lebenskonkreta des Falles wirklich beschaffen waren, und ob danach Strafbarkeit gegeben ist, soll ja erst im Prozeß geklärt werden. In der Bejahung des Vorliegens einer Strafsache liegt nicht die Bejahung von Verbrechen und Strafbarkeit. „Prozeßgegenstand" bedeutet nur das „Thema" der Untersuchung und Entscheidung, etwas Gedachtes.[2]) Wird der Angeklagte im Prozeß für nicht strafbar befunden, wäre es selbst, daß sich seine angebliche Tat völlig in leere Luft auflöst, so bedeutet das nicht, daß der Prozeß keinen tauglichen Gegenstand habe, so daß formale Einstellung des Verfahrens zu erfolgen hätte, sondern es ist im Hinblick auf den — sehr wohl tauglichen — Prozeßgegenstand eine strafbarkeitverneinende Sachentscheidung (Freisprechung) geboten.

2. In Erweiterung des § 13 GVG. sind auch gewisse Nicht-Strafsachen dem Strafprozeß zugänglich, so daß sie, obwohl nicht „Strafsache", doch „Strafprozeßsache" sein können. Im allgemeinen freilich können solche nicht den Prozeßgegenstand bilden, sondern nur gegebenenfalls Thema einer Durchgangsfeststellung (oben I 2) sein (z. B. die bürgerlichrechtliche Eigentumsfrage im Diebstahlsprozeß). Jedoch

a) erstreckt sich der Prozeßgegenstand über die strafrechtliche Seite eines Lebensvorkommnisses hinaus auf gewisse bürgerlichrechtliche oder verwaltungsrechtliche Seiten desselben mit; so[3]) auf die Frage der Verhängung einer „Buße"[4]), einer „Einziehung" oder

---

[1]) Mit Einschluß der Strafe für sog. „Polizeidelikte" („Polizeistrafe"), vgl. Beling, Grundzüge des Strafr. [8/9] S. 23.

[2]) Der Begriff des Prozeßgegenstandes (Prozeßobjekts) hat daher mit dem des „Rechtsobjekts" als des Gegenstandes, an dem oder auf das subjektive Rechte bestehen können, gar keine Verwandtschaft.

[3]) Die im folgenden genannten Maßregeln sind durchweg nichtkrimineller Natur, was allerdings z. T. bestritten ist.

[4]) Vgl. z. B. StGB. §§ 188, 231. Dagegen gehören die auf das bürgerliche Recht gestützten Schadensersatzansprüche nicht hierher, auch nicht, wenn sie aus einer strafbaren Handlung abgeleitet werden. Einen „Adhäsionsprozeß" nach dem Muster des gemeinen und des französischen Rechts (Aufnahme konnexer Zivilansprüche in den Strafprozeß auf Adhäsionserklärung des zu deren Geltendmachung Legitimierten hin) kennt unser Recht nicht. Für den Adhäsionsprozeß spricht, daß die Notwendigkeit doppelter Prozeßführung

„Unbrauchbarmachung", der „Zulässigkeit von Polizeiaufsicht", der „Überweisung an die Landespolizeibehörde", von „Erziehungsmaßregeln" nach JugGerGes., der „Bekanntmachung des Strafurteils", der „Haftung Dritter auf den Betrag einer Geldstrafe" usw. Eine Aufzählung dieser dem Strafrichter mit überantworteten Maßregeln hat das Gesetz nicht gegeben. Doch gibt es einzelne Spezialbestimmungen (vgl. z. B. StPO. §§ 403—406, Preßges. § 19 II), und im übrigen ist unbestritten, daß solche Maßregeln hierher gehören, die die Gesetzgebung herkömmlich anhangsweise zu den Strafgesetzen (insbesondere im StGB. selbst) mit normiert hat.

b) Noch weitergehend bestimmen die §§ 430 StPO., 37 StGB., daß „Einziehung" und „Unbrauchbarmachung" bzw. Ehrenstrafenverhängung auch *für sich allein* Gegenstand eines „Strafverfahrens" sein können.[1])

Die Erweiterung des Strafprozeßgegenstandes über das kriminelle Gebiet hinaus zu a und b beruht auf dem Gedanken, daß jene zusätzlichen Angelegenheiten dem eigentlichen Blickfelde des Strafrichters so naheliegen, daß eine Stellungnahme zu ihnen mit Leichtigkeit „nebenbei abfällt", während ein jenseits des Strafprozesses liegendes Verfahren als unnötige Weiterung erscheinen würde.

Diese Regelung ist nicht ohne Einfluß auf die Begriffsbestimmung des „Strafprozesses" selbst. Um den Strafprozeß von anderen Prozeßgattungen abzuheben, ist es das Nächstliegende, den Strafprozeß auf das mit dem Verfahren zu erreichende Ziel der Strafrechtsverwirklichung zu beziehen. Dann ist es der Prozeßgegenstand, der das bestimmende Moment ist, so daß die Formgebung des Verfahrens nur als Ableitung aus der Natur des Gegenstandes erscheint. Diese teleologische Begriffsbestimmung bleibt auch dauernd grundlegend, insofern sie es ist, die einen Einblick in die Probleme des Strafprozeßrechts und die Gründe ihrer Lösung in dem einen oder anderen Sinne eröffnet.

Im Sinne einer zum positiven Recht passenden Rechtssystematik kann aber bei jener Begriffsbestimmung nicht stehengeblieben werden, sobald es einen „Strafprozeß" auch für Zivil- und Verwaltungssachen gibt. Wohl ist nach wie vor die Herbeiführung einer Bestrafung

---

erspart wird, und dem Verletzten die Rechtsverfolgung erleichtert wird. Gegen ihn, daß der mit der Zivilsache belastete Strafprozeß durch jene Zugabe unliebsam verlangsamt werden kann, oder daß umgekehrt die Zivilsache um der Schnelligkeit der Strafjustiz willen nicht so, wie es im Zivilprozeß der Fall wäre, zu ihrem Recht gelangt, sei es zugunsten oder zuungunsten des zivilrechtlich Berechtigten. Vgl. unten § 90.

[1]) Vgl. unten §§ 92, 93.

für die spezifische Formgebung des Strafverfahrens gegenüber anderen Prozeßgattungen zielweisend geblieben. Aber einmal geschaffen, ist dann diese Formung zum unmittelbar selbständigen Begriffskriterium des Strafprozesses geworden. Die Eigenart des Verfahrens selber, nicht die des Verfahrensgegenstandes hebt den Strafprozeß aus den verschiedenen Prozeßgattungen begrifflich heraus.

§ 27. B. Die logische Struktur des Prozeßgegenstands.

Der Prozeßgegenstand als ein Beantwortung heischendes Thema bedarf zu seinem Verständnis der Auseinanderlegung in seine logischen Elemente.

I. Das Ziel, auf das der Prozeßgegenstand hinausweist, sind die Rechtsfolgen, über die sich die Sachentscheidung aussprechen soll. Danach rollen sich auf die Frage nach der Hauptstrafe (eventuell mehreren Hauptstrafen miteinander, vgl. z. B. StGB. § 264 I „und zugleich"); — nach Nebenstrafen; — nach nichtkriminellen Maßregeln (im Sinne von oben § 26 II 2).

Um diese Rechtsfolgen bejahen oder verneinen zu können, sind folgende Fragen zu durchschreiten:

1. Ist der Beschuldigte nach § x (also z. B.: „wegen einfachen Diebstahls" nach § 242 StGB.) strafbar? Diese Frage heißt die „Schuldfrage". Sie lautet notwendig auf einen bestimmten titulus condemnationis: eine bestimmte Deliktsart, gegebenenfalls Deliktsunterart[1]) und Erscheinungsform.[2]) Dies ergibt sich daraus, daß eine Frage, ob der Beschuldigte „strafbar sei", unter Vorbehalt der Frage, welches Strafgesetz anwendbar sei, nach geltendem Strafrecht in der Luft schweben würde.

„Schuldfrage" heißt diese Frage deshalb, weil sich der Ausdruck, der Angeklagte sei „schuldig", als Synonymum für die Bejahung der Strafbarkeit eingebürgert hat. Dabei ist aber zu beachten, daß hier „Schuld" etwas durchaus anderes bedeutet, als im Sprachgebrauch des materiellen Strafrechts; es ist mehr ein Begriff vergleichbar dem Begriff „schuldig sein" im Sinne des bürgerlichen Rechts („Schuldverhältnisse"), indem das Strafleiden als eine dem Staate „geschuldete" Leistung erfaßt wird, — während der straf-

---

[1]) Dies überall da, wo die betreffende Deliktsart in Unterarten zerlegt ist, also z. B. nicht schlechthin „wegen Körperverletzung", sondern Mitangabe der betreffenden Unterart (§ 223 I, § 223 II, § 223a usw. StGB.).

[2]) Anstiftung, Beihilfe, Versuch.

rechtliche Begriff „Schuld" (Verschulden) ein Einzelelement im Begriff der strafbaren Handlung, nämlich die als Voraussetzung der Strafbarkeit in Betracht kommende Mangelhaftigkeit der psychischen Tatseite bezeichnet.

In die Schuldfrage im Sinne des Strafprozeßrechts fallen somit sämtliche Umstände hinein, die die Strafbarkeit bedingen, also[1])

Vorliegen einer „Handlung"; „Tatbestandsmäßigkeit" (samt Erscheinungsformen); Rechtswidrigkeit (und Unrechtsausschließungsgründe); Schuld im strafrechtlichen Sinne (und Schuldausschließungsgründe)[2]) samt Schuldarten (Vorsatz, Fahrlässigkeit); die „objektiven Bedingungen der Strafbarkeit"; die persönlichen Strafausschließungsgründe und die Strafaufhebungsgründe; mit eingeschlossen sind die „Straferhöhungs"- („Qualifikations"-) und die „Strafminderungs"- („Privilegierungs"-) Gründe (im Gegensatz zu den bloßen, der Strafzumessung angehörenden „Strafschärfungs"- und „Strafmilderungsgründen"[3])), wie auch StPO. § 263 II besagt.[4])

2. Bei Bejahung der Schuldfrage erhebt sich die „Straffrage" = die Strafzumessungsfrage (Frage nach der in concreto verwirkten Strafgröße) mit Einschluß aller der Fragen, die das Gesetz im Sinne besonderer Strafzumessungsanweisungen an die Hand gibt, so der Frage nach „mildernden Umständen" („unbenannter Privilegierungsgrund"); sowie der Straferlaß- und Strafaufschubsfragen, soweit das Gesetz dem erkennenden Richter die Entscheidung darüber zuweist, ob Straferlaß bzw. Strafaufschub gewährt werden soll. Die Straffrage gliedert sich nach Hauptstrafe(n) und Nebenstrafen.[5])

3. Daran reiht sich die Frage nach nichtkriminellen Nebenmaßregeln (möglicherweise auch bei Verneinung der Schuldfrage, vgl. z. B. JugGerGes. § 5 III).

---

[1]) Vgl. Beling, Grundzüge des Strafrechts [8/9] § 13; Beling, Lehre vom Verbrechen §§ 2 ff.

[2]) Soweit einer der abnormen Fälle in Frage steht, in denen das Strafrecht Strafbarkeit ohne Rücksicht auf „Schuld" eintreten läßt, fällt natürlich dieser Bestandteil in der „Schuldfrage" des Strafprozeßrechts aus. Während also in der Regel die Feststellung von „Schuld" im strafrechtlichen Sinne für sich allein nicht genügt, um die „Schuldfrage im prozessualen Sinne zu bejahen, ist hier umgekehrt die Feststellung einer „Schuld" nicht erforderlich für die Bejahung der prozessualen Schuldfrage.

[3]) Beling, Grundzüge des Strafrechts [8/9] S. 63, 98.

[4]) Über die Bedeutung des § 263 III, der den Rückfall (einen Straferhöhungsgrund) und die Verjährung (einen Strafaufhebungsgrund, oben § 21 II 3) von der Schuldfrage ausgenommen wissen will, s. unten § 53 III.

[5]) Über weitere Gliederungen s. unten § 53 IV.

II. Innerhalb jeder dieser Fragen stehen einander als Unterfragen gegenüber

1. die „Tatfrage"[1]) (Tatsachenfrage, quaestio facti), d. i. die Frage nach dem Sachverhalt, den Lebenskonkreta, die dem Strafrechtsfall angehören, den gesamten „Tatumständen";

2. die „Rechtsfrage" (quaestio juris), d. i. die Frage nach Geltung und Inhalt der einschlägigen Rechtsbestimmungen in abstracto[2]), also z. B. die Frage: Was bedeutet das Tatbestandsmerkmal[3]) „Sache" in § 242 StGB.? Worin besteht der „Vorsatz" im Sinne des StGB.?

Jede der beiden Unterfragen (Tatfrage und Rechtsfrage) gliedert sich weiter in Einzelelemente:

„Die" Tatfrage ist ein Begriff, der zahlreiche Einzeltatsachen umfaßt (z. B.: hat der Beschuldigte dem X einen Schlag versetzt? hat X davon Schmerzen empfunden? usw.).

Die Rechtsfrage gliedert sich gemäß dem strafrechtlichen System; z. B. gesetzlicher Tatbestand der Körperverletzung? der der Sachbeschädigung? Idealkonkurrenz beider? Vollendung? Versuch? usw.

Behufs Beantwortung der zu I bezeichneten Schlußfragen fordert der Prozeßgegenstand einen Syllogismus heraus, der die auf die Tatfrage erteilte Antwort und die auf die Rechtsfrage erteilte Antwort als Prämissen durch Subsumtion verbindet.

§ 28. C. Der konkrete Prozeßgegenstand. Seine Individualität und Identität.

Ernst Müller, Der Ausgelieferte vor Gericht, Hirths Ann. 1887, S. 590; G. Joël, Wirkungen der Spezialität der Auslieferung im deutschen Strafverfahren, ZStW. 48 487; Bergmann, Die Identität der Tat 1891; Keetsin Liu, Der Begriff der Identität der Tat 1927 (dort weitere Schrifttumsangaben).

---

[1]) Hierbei ist nicht an die „Tat" im strafrechtlichen Sinne zu denken. Mit „Tat" im letzteren Sinne meint man entweder das betreffende Vorkommnis mitsamt seiner juristischen Bedeutung („Straftat)", z. B. als „Diebstahl"; die „Tatfrage" im strafprozeßrechtlichen Sinne umfaßt aber die juristische Würdigung gerade nicht mit. Oder man stellt strafrechtlich „die Tat" („selber") als das täterische Verhalten in Gegensatz zu den außerhalb des letzteren liegenden Umständen, z. B. dem Zeitablauf bei Verjährung; die strafprozeßrechtliche Tatfrage begreift aber das gesamte Tatsachenmaterial, auch für Verjährung erhebt sich die „Tatfrage": welche Zeit ist verflossen?

[2]) Mit Einschluß der Sätze des Rechtsanwendungsrechts, oben § 5.

[3]) Die Tatbestandsmerkmale sind wie der „gesetzliche Tatbestand" selber abstrakte juristische Begriffe, sie bedürfen scharfer Trennung von den „Tatumständen", die konkrete Lebensgegebenheiten sind. Vgl. Beling, Grundzüge des Strafrechts [8/9] S. 19, 45, 97.

I. Durch die gesetzlichen Vorschriften darüber, welche Prozeßgegenstände für den Strafprozeß geeignet sind und welche nicht (oben § 26), wird das Gericht genötigt, nach dem ihm im einzelnen Falle tatsächlich unterbreiteten, dem „konkret(-individuellen)" Prozeßgegenstand, dem Gegenstande dieses Prozesses, Umschau zu halten. Denn wenn dieser nicht auf den ordentlichen Strafrechtsweg gehört (wenn sich etwa das Prozeßbegehren auf Verhängung einer Disziplinarstrafe richtet), hat das Gericht den Strafprozeß abzulehnen.

Aber auch zu anderen Zwecken muß Klarheit darüber herrschen, welches denn der „konkrete" Prozeßgegenstand sei. Die strafrechtswegfähigen Lebensangelegenheiten bilden zusammen eine ungeheure Masse; diese muß notwendigerweise zerlegt werden, weil nicht in einem Prozeß alles abgetan werden kann, vielmehr jeder einzelne Prozeß nur dazu da ist, einen Ausschnitt aus dem kriminellen Gesamtleben zu umfassen. Es muß jeder Prozeß mit einem gerade ihm eigenen Prozeßgegenstand zusammengehörig sein: über diesen ist hier (in diesem Prozeß) zu entscheiden; über andere Angelegenheiten ist dagegen hier nicht zu entscheiden, sie bleiben beiseite.[1]) Und weiter: dieser Prozeßgegenstand gehört nur hierher (in diesen Prozeß), nicht außerdem noch zugleich in andere Prozesse oder nach seiner rechtskräftigen Erledigung in einen späteren Prozeß.

Endlich hängt von der Feststellung des konkreten Prozeßgegenstands auch die Sachlegitimation der Parteien (unten § 31) ab.

II. Unter der Herrschaft des Klageformprinzips (oben § 22 II 3) ist es der Kläger, der den konkreten Prozeßgegenstand bestimmt; mit anderen Prozeßgegenständen, als den dem Klageinhalt entsprechenden, hat sich das Gericht nicht zu beschäftigen. Aber er kann natürlich nur unter den zahlreichen Prozeßgegenständen diesen oder jenen auswählen; was er nicht kann, das ist: durch seinen Machtspruch mehrere Prozeßgegenstände zu einem machen — er kann nur bei Vorliegen einer Mehrheit von Gegenständen sie alle mit der Klage umfassen, ohne daß sie dadurch aber ihre Mehrheit verlieren — oder einen in mehrere zerlegen. Es erhebt sich somit die Frage: nach welchen Kriterien bestimmt sich die Zählung der konkreten Prozeßgegenstände so, daß man „diesen" Prozeßgegenstand von „einem anderen" unterscheiden kann, welches ist „einer und derselbe" Prozeßgegenstand? Es taucht das Problem der Einheit und Indivi-

[1]) Höchstens kommen sie für eine Durchgangsfeststellung in Frage, oben § 26 I 2.

dualität, also der **Identität** (eadem res), und der Mehrheit der Prozeßgegenstände auf.

Die praktische Bedeutung dieses Problems zeigt sich besonders dann, wenn zwei Prozesse tatsächlich nebeneinander in Lauf sind oder aufeinanderfolgen, und zweifelhaft wird, ob sie sich nicht auf „idem", auf denselben Prozeßgegenstand, beziehen, in welchem Falle die Sätze über Rechtshängigkeit (unten § 49) bzw. Rechtskraft (unten § 56) eingreifen würden.

Dasjenige nun, was für die Individualisierung der Prozeßgegenstände ausschlaggebend ist, ist zweierlei (vgl. StPO. § 155 I): es kommt an auf die Identität der **Person des Beschuldigten**[1]) („**subjektive** Identität") und auf die Identität **der Tat** („**objektive** Identität"), so zwar, daß nur bei Zusammentreffen **beider** „eine und dieselbe Sache" vorliegt.

1. Stehen also **mehrere Beschuldigte** in Frage, wäre es auch, daß es sich um einen Teilnahmezusammenhang bei ihnen handelt (Mittäterschaft, Anstiftung, Beihilfe), so liegen mindestens so viele Prozeßgegenstände vor, wie Beschuldigte. Die Strafsache gegen den Gehilfen ist eine andere, als die gegen den Haupttäter usw.

2. Hinsichtlich eines **identischen Beschuldigten** bildet niemals dessen ganzes Leben „einen" Prozeßgegenstand; eine gegen ihn erhobene Klage ist nicht geeignet, im Rahmen **dieses** Prozesses nachzuspüren, ob er irgend wann einmal irgendeine strafbare Handlung begangen habe. Vielmehr bezieht sich jeder Prozeß nur auf ein bestimmtes Vorkommnis in seinem Leben — **eine bestimmte „Tat"**.

Die Zählung der „Taten" ist nun nicht aus den juristischen Gesichtspunkten zu entnehmen. Handelt es sich z. B. darum, daß der Beschuldigte eine Ente erlegt habe, so bleibt die Nämlichkeit des Prozeßgegenstandes gewahrt, mag man den Vorgang als Diebstahl, als Unterschlagung, als Sachbeschädigung oder als Jagdvergehen würdigen; auch das Zusammentreffen mehrerer juristischer Gesichtspunkte in Idealkonkurrenz zerreißt die Sache nicht in mehrere Prozeßgegenstände.

Die Zählung der Taten bezieht sich vielmehr auf den **historischen Vorgang**, das Verhalten, das der strafrechtlichen Würdigung unterstellt ist („idem factum"), gemessen an den strafrechtlichen Sätzen über

---

[1]) Belanglos ist die Person des Klägers, lägen hinsichtlich einer Tat eines Beschuldigten eine Staatsklage, eine Privatklage des Verletzten und eine Privatklage eines Privatklageberechtigten zweiter Ordnung (StPO. § 374 II) vor, so würden alle diese Klagen denselben Prozeßgegenstand betreffen.

„Tateinheit" im Gegensatz zur „Realkonkurrenz". Zwei „selbständige" Handlungen (StGB. §§ 74 ff.) sind immer zwei Prozeßgegenstände. Wo dagegen ein Verbrechensfall im Sinne des Strafrechts in Rede steht, ist auch ein Prozeßgegenstand gegeben; daher auch da, wo es sich um eine Mehrheit juristisch „unselbständiger" Handlungen („fortgesetztes Delikt") handelt, die zusammen „einen" Verbrechensfall bilden.

Dabei stellen sich nun freilich deshalb Schwierigkeiten ein, weil die Feststellung, ob die Tat begangen worden ist, und wie sie beschaffen war, erst im Prozeß zu erfolgen hat, während doch der Prozeßgegenstand den Rahmen bezeichnet, in dem das Gericht jene tatsächlichen Feststellungen zu treffen hat; weil sich also der Prozeßgegenstand in einer vorerst nur hypothetischen Tat erschöpft (oben § 26 II 1). Die Frage: welchen Prozeßgegenstand haben wir vor uns? ist nicht mit der Frage identisch: wie beschaffen war die geschichtliche Wirklichkeit? Nicht einmal die volle Verneinung jeder geschichtlichen Wirklichkeit hinsichtlich des ins Auge gefaßten prozeßgegenständlichen Themas hebt das Gegebensein des Prozeßgegenstands auf. Deshalb kann auch, ohne daß der Prozeßgegenstand seine Nämlichkeit verlöre, das Tatbild so oder anders beschaffen sein, wofern nur das dem Prozeßgegenstande charakteristische Vorstellungsbild dasselbe bleibt.

Die Nämlichkeit des Prozeßgegenstands bleibt z. B. unberührt davon, ob das gestohlene Geld ein 5-Mark-Schein oder ein 10-Mark-Schein oder eine Handvoll Hartgeld war; ob es dem X oder dem Y gehörte; ob es durch einmaligen Diebsgriff oder durch fortgesetztes Delikt weggenommen wurde; selbst Verschiedenheit hinsichtlich der Zeit und des Ortes der Tat zerstören das identische Vorstellungsbild nicht unbedingt.[1]) Und bei alledem ist stets zu beachten, daß es sich nicht darum handelt, wirklich vorliegende historische Momente daraufhin zu prüfen, ob über ihre Verschiedenheit hinweg „eine und dieselbe Sache" anzunehmen sei; sondern daß das Identitätsproblem auch dann auftaucht, wenn sich in einem ersten Prozeß die den Prozeßgegenstand bildende Tat als gar nicht begangen ergeben hat, und nun in einem weiteren Prozeß fraglich wird, ob sein Prozeßgegenstand nicht „derselbe" sei. Es kann etwas Unwirkliches mit etwas Wirklichem und sogar mit etwas Unwirklichem im Sinne des Prozeßrechts „identisch" sein.

Freilich läßt sich die Einheit oder Mehrheit der Taten auf logisch-mathematischem Wege nicht bestimmen; deshalb tauchen öfter Zweifel

[1]) Vgl. z. B. den Fall **GA. 69 411.**

daran auf, inwieweit der Rahmen des identischen Prozeßgegenstands gesprengt sei.[1]) Da der Begriff des konkreten Prozeßgegenstands dem praktischen Zwecke der Sonderung der Prozesse und der Konzentration jedes von ihnen dient, hinter diesem Zwecke aber die Interessen der Beteiligten stehen, so werden die in Rede stehenden Wandlungen des Tatbilds immer an diesem Zweck- und Interessenmaßstab zu messen sein: die Tat hört auf, „dieselbe" zu sein, wo das gewandelte Tatbild so gänzlich verschieden ist, daß es zweckmäßigerweise zum Gegenstande eines ihm eigenen Prozesses gemacht wird (und insbesondere dem Beschuldigten nicht zuzumuten ist, sich im Rahmen des bisherigen Prozesses dafür zu verantworten).

III. Obwohl es Sache des Klägers ist, für jeden Prozeß den Prozeßgegenstand zu bestimmen, indem er ihn in der Klage namhaft macht, ist er doch nicht zugleich in der Lage, innerhalb dieses Prozeßgegenstandes Grenzen zu setzen, innerhalb deren sich die Prüfung und Entscheidung des Gerichts zu halten hätte. Dürfen auch andere Prozeßgegenstände (also andere Taten desselben Beschuldigten oder gar anderer Personen) in diesen Prozeß nicht hereingezogen werden[2]), so ist doch „dieser" Prozeßgegenstand in seiner Ganzheit und Geschlossenheit zur Untersuchung und Entscheidung gestellt. Das Gericht ist weder auf das in der Klage etwa angeführte Tatsachenmaterial, noch auf die juristischen Würdigungen, noch auf die in der Klage etwa zum Ziel genommenen Rechtsfolgen (oben § 27 I) beschränkt.[3])

Es gilt vielmehr das Prinzip der Unteilbarkeit des Prozeßgegenstandes, das in der StPO. namentlich in §§ 155 II, 264 zum Ausdruck kommt.

Hätte deshalb z. B. die Klage nur davon gesprochen, daß der Beschuldigte aus einer Ladenkasse 5 Mark gestohlen habe, und würde in Frage kommen, ob es 6 Mark waren, oder ob dieser Diebsgriff nur einen unselbständigen Akt einer tateinheitlich als fortgesetztes Delikt zusammengehörenden Reihe von Diebsgriffen (Gegensatz: Realkonkurrenz) darstellt, so würde auch hierauf in diesem Prozesse mit einzugehen sein. Dabei sind sogar solche Tatsachen mit zu berücksichtigen, die sich erst nach der Klageerhebung während des Prozesses ereignet haben, vorausgesetzt nur, daß sie nur Elemente „derselben

---

[1]) Vgl. z. B. Beling, Fälle aus dem Strafprozeßrecht[4], Nr. 8, 52, 192.

[2]) scil. als Prozeßgegenstände; die Benutzung zu Durchgangsfeststellungen (oben § 26 I 2) ist natürlich nicht durch „Klage" bedingt.

[3]) Teilweise anders im Zivilprozeß.

Tat" darstellen[1]), z. B. der Tod des körperlich Verletzten (vgl. StGB. § 226), oder Tatfortsetzungshandlungen des Angeklagten.

Ebenso wäre eine in der Klage als Unterschlagung bezeichnete Tat einer Würdigung als Betrug oder als Diebstahl zugänglich; es könnte ferner dem in der Klage bezeichneten juristischen Gesichtspunkt ein ideell konkurrierender hinzugefügt werden usw.

Die Ratio dieser Unteilbarkeit liegt in folgenden Erwägungen: Einmal ist es vom staatlichen Standpunkte aus zweckmäßig, die innerlich einheitliche Aufgabe in einem Verfahren zu erledigen; sodann ist der Beschuldigte daran interessiert, daß, wenn er einmal angefaßt wird, dieses Verfahren das Zusammengehörige restlos erledigt; — eine Zerspaltung der Prüfung und Entscheidung, also eine Mehrzahl von Prozessen über Teile des Prozeßgegenstandes wäre unökonomisch und unbillig —; endlich würde sich bei einer Zerstückung des Prozeßgegenstandes im Falle der Verurteilung die Strafzumessung in den Teilprozessen schwierig gestalten.

Unbenommen bleibt aber dem Gericht, die Prozeßgegenstände anders zu zählen, als es der Kläger in der Klage getan hat. Bezog sich die Klage z. B. auf eine Reihe von Mißhandlungen, die der Kläger als reell konkurrierend bezeichnet hat, so hat das Gericht volle Freiheit der Prüfung, ob nicht vielmehr alle jene Einzelakte ein „fortgesetztes Delikt" bilden, und umgekehrt.

IV. Der Grundsatz der Einheitlichkeit des Prozeßgegenstandes wird durch einzelne Ausnahmen durchbrochen.

1. Es kommt vor, daß der ordentliche Strafrechtsweg zugunsten von Sondergerichten mit der Maßgabe ausgeschaltet wird, daß die Sondergerichte die betreffenden Vorkommnisse lediglich unter bestimmten strafrechtlichen Gesichtspunkten (z. B. nur auf ihren Charakter als Hochverrat hin) zu erledigen haben.[2]) Es teilen sich alsdann die ordentliche und die Sondergerichtsbarkeit in denselben Prozeßgegenstand je nach den juristischen Würdigungen; eine vor einem ordentlichen Gericht erhobene Klage würde den Prozeßgegenstand nur beschränkt (im vorigen Beispielsfalle so, daß der Hochverratscharakter der Tat beiseite bleiben müßte) umfassen.

2. Soweit es sich um den Charakter einer Tat qua Antragsdelikt handelt, ist die Verfolgung nur bei Vorliegen eines Strafantrags statthaft. Auf eine Klage hin, die nicht von einem Strafantrage begleitet ist, hat das Gericht somit die den Prozeßgegenstand

[1]) E. 58 369.

[2]) Derartiges findet sich namentlich bei Einsetzung von „Ausnahmezustandsgerichten", unten § 109 II 3.

bildende Tat nur insoweit zum Gegenstande der Untersuchung und Entscheidung zu machen, als sie den Charakter eines „Offizialdelikts" trägt. Wäre also z. B. gegen X Klage erhoben, weil er ein fremdes Pferd lahmgeschlagen habe, so würde, wenn der Eigentümer des Pferdes keinen Sachbeschädigungsstrafantrag gestellt hat, in dem Verfahren eine Prüfung unter dem Gesichtspunkt des § 303 StGB. entfallen, wohl aber könnte Aburteilung unter dem Gesichtspunkt der Tierquälerei (StGB. § 360[13]) erfolgen.

3. Wenn eine identische Tat mehrere Verletzte getroffen hat (gleichartige Idealkonkurrenz — z. B. eine Beleidigung, die sich zugleich gegen X und Y richtet — oder ungleichartige Idealkonkurrenz — z. B. ein Stoß, den der Täter gegen den Kellner X derart führt, daß X dadurch gemißhandelt wird und die dem Wirt Y gehörenden Teller und Gläser, die X trägt, in Scherben gehen —), und nur einer der Verletzten (oder ein ihm zugeordneter Antragslegitimierter zweiter Ordnung) Strafantrag stellt, so ist daraufhin zwar vorzugehen möglich (oben § 23 I 1 a. E.); aber in dem Prozeß kann die Tat doch nur insoweit, als sie durch Strafantrag gedeckt ist, zur Sprache gebracht werden; die Richtung der Tat gegen die Anderen muß unberücksichtigt bleiben.

4. Entsprechendes muß aber auch dann gelten, wenn ein Verletzter (oder ein ihm zugeordneter Antragslegitimierter) seinen Strafantrag willentlich auf eine bestimmte juristische Würdigung der Tat beschränkt hat (z. B. wenn der Täter dem X einen Schlag versetzt hat, durch den er diesem den Hut eingetrieben und ihn selbst auf den Kopf getroffen hat, X aber lediglich wegen Mißhandlung, nicht zugleich wegen Sachbeschädigung Strafantrag gestellt hat oder umgekehrt).

5. Eine Verengerung des prüfbaren Umfangs des Prozeßgegenstandes ergibt sich ferner gegebenenfalls aus dem Grundsatz der Spezialität der Auslieferung, insofern z. B. danach der Charakter der Tat als „politisches Delikt" unberücksichtigt bleiben muß (oben § 11 S. 42).

6. Da die Landesgerichte die Landesrechte der anderen deutschen Länder nicht anzuwenden haben, so ist ferner ihr Gesichtskreis bei allen ihnen unterbreiteten Taten juristisch so beschaffen, daß die Tat nur an den reichsrechtlichen Strafgesetzen und denen des eigenen Einzelstaats zu messen ist. Im Prozeß vor bayrischen Gerichten ist z. B. nicht auf die Frage einzugehen, ob die Tat ein preußischrechtlicher Forstdiebstahl sei.

7. Ganz eng umschrieben ist der Umfang des Prozeßgegenstandes im sog. objektiven Verfahren (StPO. § 430). Hier ist

der Strafrechtsfall als solcher überhaupt nicht aufzurollen, die Untersuchung und Entscheidung beschränkt sich vielmehr nur auf die Frage der Einziehung oder Unbrauchbarmachung, und zwar nur hinsichtlich der in der Klage als confiscandum usw. bezeichneten individuellen körperlichen Sache.

In allen diesen Fällen eröffnet sich also die Möglichkeit mehrerer Prozesse de eadem re mit prozeßgegenständlicher Teilung.

Dagegen bedeutet der Umstand, daß die sachliche Zuständigkeitsordnung auf bestimmte Deliktsarten abgestimmt ist, keine Teilung des Prozeßgegenstandes. Vielmehr liegt immer die Tat im vollen Umfang auch im Gesichtskreis der Gerichte niederer Ordnung; diese sind unzuständig nur für Verurteilung unter einem ihre Zuständigkeit überschreitenden Gesichtspunkt.[1]) Mit zu berücksichtigen haben sie aber auch diese Gesichtspunkte, derart, daß sie gegebenenfalls den ganzen Prozeßgegenstand an das zuständige Gericht abgeben müssen (StPO. § 270); und hätten sie keine Veranlassung hierzu gefunden, sondern die Tat abgeurteilt, so wäre damit der Prozeßgegenstand ebenso ganz erledigt wie sonst auch.[2])

Ebensowenig wird eine Teilung des Prozeßgegenstandes dadurch bedingt, daß das Privatklageverfahren auf „Privatklagedelikte" beschränkt ist. Das Privatklagegericht steht der Tat nicht so gegenüber, daß es sie lediglich unter dem Gesichtspunkte als Privatklagedelikt zu würdigen hätte, so daß die Tat im übrigen in einen im Staatsklageverfahren durchzuführenden Prozeß gehörte. Vielmehr hat das Gericht stets aufmerksam zu bleiben auf sämtliche juristischen Gesichtspunkte und sich bei Auftauchen solcher Tatqualitäten, mit denen der Raum des Privatklageverfahrens überschritten wird, der Aburteilung zu enthalten, damit die Tat ganz in einem anderen Prozeß erledigt werde (StPO. § 389); und hätte es dazu keine Veranlassung gefunden, sondern die Tat abgeurteilt, so wäre damit Vollerledigung der Sache eingetreten.

V. Die Verpflichtung des Gerichts, den durch die Klage festgelegten Prozeßgegenstand ganz zu erledigen[3]), bleibt grundsätzlich während der ganzen Dauer des Prozesses bestehen. Jedoch kann

---

[1]) Damit im Zusammenhange ist natürlich das Gericht auch für jedes auf solche Verurteilung hinzielende Aufgreifen der Sache unzuständig. Würde z. B. der Kläger eine Klage „wegen Mordes" beim Amtsrichter erheben, so würde sofort Unzuständigkeit obwalten.

[2]) Vgl. unten § 40 III 2.

[3]) scil. soweit nicht Stücke desselben nach IV außerhalb liegen.

es sein, daß sich nach einer erstinstanzlichen Entscheidung über den Prozeßgegenstand der Gesichtskreis des — nunmehr höherinstanzlichen — Gerichts verengert[1]), so daß nur ein Teil des Prozeßgegenstandes übrigbleibt.[1])

3. Kapitel.

Prozeßrollen und Prozeßsubjekte.

§ 29. A. Im allgemeinen.

Hegler, Zur Stellung der Gerichte im Strafverf., in d. Festschr. f. Binding 2 199; Maunz, Die Stellung des Staates im rechtl. Verfahren, München. Diss. 1926.

I. Wie das Recht überhaupt, so normiert auch das Strafprozeßrecht bestimmte subjektive Rechte (und Rechtspflichten) für bestimmte Rechtssubjekte. Es verfährt dabei so, daß sich die spezifisch strafprozeßrechtlichen Rechtssubjekte, je nach den Prozeßrollen, die ihnen zugedacht sind, in Subjekte verschiedener Art sondern. Unter diesen Prozeßrollen heben sich nun solche heraus, für die in jedem Prozeß ein durch sie charakterisiertes Rechtssubjekt da sein muß, und ohne die die Vorstellung des Vorhandenseins eines „Prozesses" im Sinne des geltenden Rechts unvollziehbar wäre: die Rolle der sog. „Prozeßsubjekte", im Gegensatz zu der Rolle als „Dritter", der zwar gleichfalls Träger prozessualischer Rechte und Pflichten ist, dessen Vorhandensein oder Fehlen aber den Prozeßbegriff unberührt läßt. Daneben sind Prozeßrollen denkbar, in denen der sie Wahrnehmende überhaupt nicht als mit prozessualischen Rechten ausgerüstetes Rechtssubjekt, sondern nur als „Objekt" solcher Rechte erscheint.

Wieviel und was für Prozeßsubjekte es gibt, ist allgemeingültig nur insoweit zu bestimmen, als der Staat als rechtsschutzgewährendes Prozeßsubjekt nicht hinweggedacht werden kann. Im übrigen kommt es auf die Regelung des positiven Rechts an.

Als Typus eines Prozesses, der nur dieses eine Prozeßsubjekt kannte, pflegt man den gemeinrechtlichen Inquisitionsprozeß anzuführen. In der Tat kannte dieser außer der Richterrolle nur eine

---

[1]) Dies dann, wenn das gegen die Entscheidung eingelegte Rechtsmittel solche Teilung vollzogen hat (unten § 68 V). Auch ist dem Rechtsmittel der Revision charakteristisch, daß bei ihm der „Tatfrage"-Bestandteil des Prozeßgegenstands der oberrichterlichen Nachprüfung nicht unterliegt (unten § 80 IV 2).

unentbehrliche Prozeßrolle: die des Inquisiten, und diese war im wesentlichen die eines reinen „Inquisitionsobjekts".[1])

Das heutige Recht prägt dagegen drei Prozeßrollen aus, für die ein Prozeßsubjekt da sein muß: neben der Rolle des Rechtsschutzgewährers die des Klägers — Actor — und die des durch die Klage in Anspruch Genommenen — Reus —; es treten somit auch „Parteien", eine aktive und eine passive, in die Reihe der Prozeßsubjekte ein. Zwischen ihnen und dem Gericht waltet das (dreiseitige) Prozeßverhältnis (oben § 24 S. 102). Wie der Zivilprozeß, so ist auch der moderne Strafprozeß ein „actus legitimus trium personarum: judicis, actoris et rei".

Dies gilt auch für das sog. objektive Verfahren (unten § 93). Ein als Beschuldigter in Anspruch Genommener fehlt hier freilich, nicht aber eine Passivpartei überhaupt: als Passivpartei werden diejenigen vom Kläger angegriffen, die an der einzuziehenden usw. Sache Rechte haben (vgl. § 431 II StPO.). Ob sie in dem Verfahren zu Worte kommen, ist eine Frage für sich; jedenfalls zielt das Verfahren gegen sie, und haben sie eine prozessualische Stellung als Prozeßsubjekte.

Innerhalb des Kreises der Nicht-Prozeßsubjekte scheiden sich solche, deren Prozeßrolle sie als Gehilfen in Verband mit einem der Prozeßsubjekte setzt, und die man Prozeß-(Subjekts-)Gehilfen nennen kann; und gewöhnliche Dritte, die, wie die Zeugen, nicht in dieser Weise nur einem der Prozeßsubjekte zugeordnet sind.[2])

Solche Personen, die überhaupt keine Prozeßrolle zu versehen haben, pflegt man wohl „ganz unbeteiligte Dritte" zu nennen.

II. Als Prozeßsubjekte kommen juristische und sog. physische Personen in Betracht.

Die ersteren werden in ihrer Eigenschaft als Prozeßsubjekte durch diejenigen Organe repräsentiert, die die Rechtsordnung dafür bestimmt hat.

„Vertreter" sind im Strafprozeßrecht wie sonst auch solche Personen, deren Handlungen für oder je nachdem gegen den Vertretenen wirken.[3])

[1]) Eine gewisse Übertreibung läuft freilich dabei unter: ganz ohne prozessualische Rechte war der Inquisit nicht, und insofern war er eben „Prozeßsubjekt", wenn auch nicht Partei, sondern untergeordnetes Prozeßsubjekt.

[2]) Daß die Zeugen je nach dem Inhalt ihrer Aussagen „Belastungs"- oder „Entlastungszeugen" sind, und daß sie möglicherweise tatsächlich durchaus parteiisch fühlen und denken, verschlägt dabei nichts, denn die Zeugenrolle, und darauf kommt es hier an, ist rechtlich so normiert, daß der Zeuge nicht spezifischer Gehilfe eines der Prozeßsubjekte ist.

[3]) Über die rechtliche Möglichkeit einer Vertretung im Strafprozeß s. unten § 43.

Repräsentanten und Vertreter sind aber nicht selber „Prozeßsubjekte". Ihre Prozeßrolle ist unselbständiger Natur.

Für das Gericht und die Staatsanwaltschaft als die Repräsentanten des Staats im Strafprozeß wird freilich öfter die „Prozeßsubjekts"-Rolle in Anspruch genommen: für das Gericht die des rechtsschutzgewährenden Prozeßsubjekts, für die Staatsanwaltschaft die Klägerrolle. Das Hauptargument ist dabei das, daß sonst der Staat zweimal in der Eigenschaft als Prozeßsubjekt erscheine. Dies ist aber ohne jeden Anstand, sobald man erfaßte, daß „Rechtssubjekt" (und so auch „Prozeßsubjekt") nur ein formaler juristischer Bedeutungsbegriff ist, und deshalb ein identisches Substrat in doppelter Beziehung als Rechtssubjekt gedacht werden kann.[1]) Da Gericht und Staatsanwaltschaft stets im Namen des Staats auftreten, hat auch ihre Erhebung zum Range von Prozeßsubjekten etwas Gezwungenes an sich. Doch läßt sich der sehr verbreitete Sprachgebrauch, der die prozessualischen Rechte und Pflichten (statt „dem Staate qua Rechtsschutzgewährungssubjekt") „dem Gericht" und (statt „dem Staate qua Kläger") „der Staatsanwaltschaft" zuweist, als bequem und anschaulich verwerten, solange man sich dabei dessen bewußt bleibt, daß er nur abkürzender Natur ist.

III. Die im vorstehenden (I und II) auseinandergelegten Prozeßrollen bedeuten begrifflich Verschiedenes. Diese begriffliche Scheidung bedingt aber nicht ohne weiteres zugleich eine Verschiedenheit der in den einzelnen Rollen auftretenden Personen. Die 3 Prozeßsubjektsrollen sind freilich nur durch drei verschiedene Subjekte wahrnehmbar[2]); und die Gehilfen- und Vertreterrolle setzt ein von dem betreffenden Prozeßsubjekt verschiedenes Subjekt voraus. Im übrigen bedarf die Frage der Vereinbarkeit oder Unvereinbarkeit verschiedener Rollen in einer Person (z. B. der Rolle als Verteidiger und Zeuge) überall spezieller Untersuchung.

---

[1]) Gareis, Allg. Staatsrecht, S. 129, stellt dabei den Staat „als Rechtsgemeinschaft" im Gegensatz zu dem Staate „als Machtgemeinwesen". Der Staat als Rechtsgemeinschaft erhebe den Strafanspruch gegen den Staat als Machtgemeinwesen; dieser antworte mit dem Verlangen, daß ihm die Voraussetzungen für die Entstehung des Anspruchs nachgewiesen würden. Gegen diese Auffassung spricht aber, daß der Staat in jeder der beiden Funktionen zugleich die Züge einer „Rechtsgemeinschaft" und eines „Machtwesens" an sich trägt. Richtig ist nur, daß die Rechtsschutzgewährungsmacht dem Staate als Kläger fehlt.

[2]) Mit der Maßgabe, daß der Staat zwar zwei Prozeßsubjektsrollen in sich vereinigt, aber seine Organe für die Klägerrolle nicht mit denen für die überparteiliche Rolle im selben Prozeß identisch sein können.

B. Das Prozeßgericht. § 30.

I. Durch das Gerichtsverfassungsrecht und die ihm nacharbeitende Justizverwaltung sind die Gerichte für die Strafrechtspflege derart bereitgestellt, daß die Prozesse beginnen können, und es ist auch — durch die Zuständigkeitsordnung — das einzelne Gericht festgelegt, das im Einzelfalle den Staat als rechtsschutzgewährendes Prozeßsubjekt zu repräsentieren hat, also mit organschaftlicher Legitimation zur Sache ausgerüstet ist. Der Einzelprozeß findet also jenes Prozeßsubjekt schon vor, und zwar je nach den Funktionen als „Untersuchungsrichter" oder „beschließendes" oder „erkennendes Gericht". Es ist deshalb grundsätzlich im Einzelprozeß lediglich mit zu prüfen (und gegebenenfalls vermittelst Entscheidung klarzustellen), ob den gerichtsverfassungsrechtlichen Vorschriften genügt ist.

Gleichwohl gibt es u. U. besondere in den Einzelprozeß hineinfallende Vorgänge oder Verfahren, die gewisse vom Gerichtsverfassungsrecht gelassene Lücken oder Unbestimmtheiten für die Zwecke dieses Einzelprozesses überwinden und so gewissermaßen das Prozeßgericht selbst erst fertigstellen.

Dahin gehört:

1. Die Beschlußfassung über die Schaffung eines örtlich zuständigen Gerichts für den einzelnen Fall nach StPO. §§ 9 II S. 2, 15, oben § 17 S. 74, 75.

2. Die Schlichtung eines positiven oder negativen Zuständigkeitsstreits (Kompetenzkonflikts), StPO. §§ 14, 19.

3. Der klägerische Antrag auf Zuziehung eines zweiten Amtsrichters im Schöffengericht nach GVG. § 29 II, oben § 14 S. 58.

4. Das Richterablehnungsverfahren, das sowohl in den Fällen, in denen ein Richter als „kraft Gesetzes ausgeschlossen", wie auch dann, wenn er „wegen Besorgnis der Befangenheit" abgelehnt wird, Platz greift, StPO. §§ 24—32, GVG. §§ 53, 84, JugGerGes. § 24 II S. 2.[1])

II. **Prozeßgericht**, also der Staat als rechtsschutzgewährendes Prozeßsubjekt, ist zunächst immer dasjenige Gericht, das der Kläger im konkreten Falle mit der Klage angerufen hat, also im Regelfalle das sog. „beschließende Gericht" (in den Ausnahmefällen, in denen die Klage beim erkennenden Gericht erhoben wird, dieses; in den Fällen,

---

[1]) Nach dem bis 1924 geltenden Recht war ein weiterer Fall der Fertigstellung des Gerichts im Prozeß hinsichtlich des damaligen Schwurgerichts gegeben: die Herstellung der „Geschworenenbank" war ein prozessualer Vorgang in der Hauptverhandlung.

in denen die Klage als klägerischer Antrag auf Voruntersuchung erhoben wird, der Untersuchungsrichter; wo sie durch Antrag auf Strafbefehl erhoben wird, der Amtsrichter). Sobald es aber seine Funktionen erledigt hat, folgt ihm (sofern sich nicht der Prozeß schon jetzt erledigt) in anderer Funktion ein anderes als nunmehriges Prozeßgericht nach (dem Untersuchungsrichter das beschließende Gericht, diesem das erkennende Gericht I. Instanz, diesem gegebenenfalls das Berufungsgericht usw.). Man kann von einer Art „Rechtsnachfolge" der Gerichte in die Rolle als Prozeßsubjekt sprechen.

III. Das jeweils befaßte Prozeßgericht ist als Prozeßsubjekt dieses Prozesses mit den ihm gesetzlich zukommenden Funktionen derart fest verknüpft, daß es sie nicht in die Hände eines anderen Gerichts legen kann, und sie ihm noch weniger aus den Händen genommen werden können. Sie sind „unübertragbar", „höchstpersönlich", d. h. kommen nur den Richterpersönlichkeiten zu, die jeweils das betreffende Prozeßgericht nach dem Gesetz repräsentieren.[1]) Eine Funktionenübertragung auf ein anderes Gericht, wäre es auch gleichfalls zuständig, würde bedeuten, daß der Beschuldigte „seinem gesetzlichen Richter entzogen" würde.[2])

Das befaßte zuständige Prozeßgericht kann daher weder den ganzen Prozeß an ein anderes Gericht abgeben[3]), noch kann es einzelne seiner Tätigkeiten anderen Stellen übertragen. Auch vorgeordnete Stellen (mit Einschluß der im Instanzenzuge vorgeordneten) können derartige Substitutionen nicht vornehmen.

Immerhin erleidet der Grundsatz der Unübertragbarkeit einige Durchbrechungen, vgl. besonders §§ 4, 15, 185 S. 1 u. 2, 186 III, 223, 225, 233, 354 II Halbs. 2, 354 III.

C. Die Parteien.

§ 31. I. Im allgemeinen.

Otker, JWBl. 8 101; Hein, Identität der Partei 1918; Hugo Meyer, Die Parteien im Strafprozeß 1889; ders., Krit. VJSchr. 3. Folge 5 113, W. Mittermaier, Parteistellung der Staatsanwaltschaft 1897; Ortloff, Staat und Gesellschaft in der Strafrechtspflege,

---

[1]) Daß die das Prozeßgericht repräsentierenden Richterpersönlichkeiten nach dem Gesetz wechseln können, steht auf einem anderen Blatte. Die Geschäfte z. B. der Voruntersuchung sind höchstpersönlich für „den (jeweiligen) Untersuchungsrichter des Landgerichts X" als Prozeßgericht, nicht aber notwendig für den Landgerichtsrat A, der zuerst dieser Untersuchungsrichter war.

[2]) Vgl. oben § 12 I 1.

[3]) Wie das unzuständige Gericht zu verfahren hat, ist eine andere Frage.

GS. 47 282; Süß, Stellung der Parteien im modernen Strafprozeß 1898; Friedmann, Grünhuts Z. 15 498; Fraeb, Beitrag zur Lehre v. d. Parteibegriff und der Parteivertretung im modernen Strafverfahren 1905, A. Friedländer, Anwaltszwang im deutschen Strafprozeß, GS. 40 401, Nagler, im Rechtsgang 1, Heft 1.

I. Die StPO. spricht von einer „Klage" und setzt damit einen „Kläger" voraus; sie spricht weiter von dem „Beschuldigten" (der von Erhebung der öffentlichen Klage ab auch und vorzugsweise „Angeschuldigter", und von Eröffnung des Hauptverfahrens ab auch und vorzugsweise „Angeklagter" heißt, StPO. § 157). Sie legt diesem und jenem prozessualische Rechte und Pflichten bei. Wen meint sie damit? Es ist der (Aktiv- und Passiv-) Parteibegriff, der der Festlegung bedarf.

Die ältere (auch heute noch öfter vertretene) Lehre bestimmte den Parteibegriff dahin: Parteien seien „die Subjekte der Res in judicium deducta", d. h. diejenigen, um deren Recht bzw. Pflicht in der Sache sich der Prozeß drehe, also die Prozeßgegenstandssubjekte, sog. „materieller Parteibegriff". Handle es sich in einem Zivilprozeß z. B. um einen Kaufsanspruch des A gegen den B, so seien eben A und B, „auf deren Rechnung" der Prozeß geführt wird, die Parteien dieses Prozesses; entsprechend sei in jedem Straßprozeß Kläger derjenige, dem der geltend gemachte Strafanspruch zustehe, Passivpartei derjenige, der als der Strafduldungspflichtige in Anspruch genommen werde.

Hiergegen wendet sich eine neuere Richtung in der Prozeßwissenschaft. Mit Recht. Denn freilich „gibt es" Materialparteien; und freilich ist auch im Prozeß von ihnen die Rede; nur verleihen diese materiellrechtlichen Beziehungen niemandem eine Prozeßrolle — und darum handelt es sich bei dem Begriff der Prozeßpartei. Die Beziehungen der Parteien zum Prozeßgegenstand kommen erst dann zur Erörterung, wenn es gilt, festzustellen, ob dem Kläger gegen den Staat in der Richtung gegen den Beschuldigten ein Strafklagerecht zusteht; aber bevor man dies untersuchen kann, muß man wissen, wen man denn als den Kläger, und wen als den Beschuldigten vor sich hat. Zeigt sich, daß der Kläger oder der Beschuldigte mit der den Prozeßgegenstand bildenden Angelegenheit nichts zu tun haben, so wird dem Kläger der Rechtsschutz verweigert, aber nicht weil er „nicht der Kläger sei", sondern gerade weil er der Kläger ist, und er nur entweder selber sich unberufen in solcher Eigenschaft eingemischt hat, oder er seinen Vorstoß gegen jemanden den die, Sache nichts angeht, gerichtet hat.

Der „Materialpartei-"Begriff berührt somit nicht den Prozeßparteibegriff, sondern vielmehr die Frage der Sachlegitimation der Parteien (unten II 1b, 2b). Verliert doch auch ein Gericht, das sich mit einer Sache, für die ihm die Zuständigkeit fehlt, befaßt hat, darum, daß es unzuständig ist, nicht den Charakter als Prozeßgericht.

Man gelangt so zu dem sog. „Formalparteibegriff": Parteien sind „is qui rem in judicium deducit" und „is contra quem res in judicium deducitur"; d. h. Kläger ist, wer im eigenen Namen (oder für wen ein vertretungsberechtigter Anderer) den Prozeß fordert. Passivpartei der, den jener in der Klage als denjenigen bezeichnet, dem der Prozeß gemacht werden soll. Sie sind es, die unter sich und mit dem Gericht im „Prozeßverhältnis" stehen.

II. Aber nicht jedem beliebigen Kläger in der Richtung gegen jeden beliebigen Beschuldigten hat das Gericht Rede und Antwort zu stehen, d. h. Rechtsschutz zu gewähren. Damit sich das Gericht auf Prüfung und Erledigung des ihm unterbreiteten Prozeßgegenstandes einzulassen habe, müssen die Parteien vielmehr a) „parteifähig" sein, d. h. von bestimmter Eigenart sein, bei deren Fehlen die Strafverfolgung unzulässig ist, ohne daß es darauf ankäme, um welchen konkreten Prozeßgegenstand es sich handelt; und sie müssen b) zu dem konkreten Prozeßgegenstand in solchen Beziehungen stehen, die ihnen die „Sachlegitimation" (legitimatio ad causam) verleihen, widrigenfalls sie trotz vorhandener Parteifähigkeit nicht der „richtige" Kläger bzw. Beschuldigte wären; der „unrichtige" kann niemandem, und der „richtige" Kläger kann einem „unrichtigen Beklagten" nicht den Prozeß von Rechts wegen aufnötigen.

1. Für die Klägerrolle ist nun

a) die Parteifähigkeit grundsätzlich nur dem Staate vorbehalten; Private sind heute aktiv parteiunfähig[1]) mit Ausnahme nur der Prozesse, in denen ein Privatklagedelikt den Prozeßgegenstand bildet (oben § 22 II 4, unten § 87).

b) Hinsichtlich der Aktivlegitimation zur Sache bildet der Materialparteibegriff den natürlichen Ausgangspunkt; denn für einen Anspruch Rechtsschutz zu begehren, wird normalerweise der-

---

[1]) Unbenommen bleibt ihnen nur, das staatliche Klageorgan, die Staatsanwaltschaft, anzurufen. Aber dieser Anruf (Anzeige, Denunziation, Antrag) entbehrt eben des „Klage"-Charakters, bis zu dem Grade, daß er sogar (abgesehen von den Antragsdelikten) überhaupt nicht die rechtliche Bedeutung einer für das Verfahren erforderlichen Tatsache hat.

jenige und nur derjenige berufen erscheinen (zwar nicht: dem der Anspruch wirklich zusteht — denn Bestehen oder Nichtbestehen des Anspruchs soll ja erst nach Bejahung der Sachlegitimation im Prozeß untersucht werden —, wohl aber) um dessen Anspruch es sich handelt. Soll jemand einen fremden Anspruch klageweise geltend machen dürfen, er also hinsichtlich jenes Anspruchs eine „Verfügerstellung" haben, so müssen dafür besondere Gründe vorliegen.

Gleichwohl ist nun die heutige Regelung im Strafprozeß die, daß die Materialparteieigenschaft und die Aktivlegitimation im weitesten Umfang auseinanderfallen, und die auf „Verfügerstellung" begründete Aktivlegitimation weitaus überwiegt; dies hängt teils mit den gerichtsverfassungsrechtlichen Einrichtungen, teils mit der Zulassung der Privatklage zusammen.

Aktive Materialpartei ist nämlich das Deutsche Reich, soweit über den Prozeßgegenstand nach Reichsstrafrecht entschieden werden soll; denn die im letzteren begründeten Strafansprüche sind eben solche des Reichs.

Nun ist aber das Reich nur mit einem Klagorgan ausgerüstet: der Reichsanwaltschaft. Diese aber kann sich klagend nur an das Reichsgericht wenden, und in dessen Zuständigkeit (erster Instanz) fällt die große Masse der Rechtssachen nicht hinein. Vielmehr liegt die Rechtsschutzgewährung auch für Reichsstrafsachen überwiegend in den Händen der einzelstaatlichen Gerichte, und diese empfangen die Prozeßgegenstände von den ihnen zugeordneten, gleichfalls einzelstaatlichen Staatsanwaltschaften. So führt die gerichtsbarkeitliche Verfassung im Reiche dazu, daß die Einzelstaaten für die dem Reiche zustehenden Strafansprüche jene „Verfügerstellung" haben, die ihnen die prozeßrechtliche Aktivlegitimation verleiht.

Weiter ist im Privatklageverfahren jemand, der nicht Materialpartei ist, zur Sache legitimiert. Denn die „Privatklagedelikte" sind nicht etwa „delicta privata", bei denen der Strafanspruch selbst dem Privaten zustände; auch bei ihnen handelt es sich vielmehr um „öffentliche Strafe", um einen staatlichen Strafanspruch; Materialpartei ist das Deutsche Reich. Wenn dennoch der Private mit einer Privatklage auftreten kann, so darf man ihn dabei auch nicht, wie dies mitunter geschieht, als bloßen „Vertreter" ansehen, als werde durch ihn der Staat (das Reich) Kläger. Diese Annahme verbietet sich dadurch, daß er den Rechtsschutz im eigenen Namen, nicht im Namen des Staats begehrt, und daß er in keiner Weise in den Organismus des Staats eingegliedert, vielmehr völlig unabhängig ist. Er ist vielmehr zu einer „Verfügerstellung" berufen und selber als Kläger aktiv legitimiert.

Des Genaueren bestimmt sich die privatklägerische Legitimation (im Gegensatz zur „Popularklage“) folgendermaßen: Legitimiert ist zunächst „der Verletzte“, d. h. der hypothetisch Verletzte = derjenige, der, vorausgesetzt, daß die Tat überhaupt begangen ist, der Verletzte ist[1]); legitimiert ist außerdem aber nach StPO. § 374 II auch (als Legitimierter zweiter Ordnung) jeder, dessen persönliche Beziehungen zu dem Verletzten derart sind, daß ihm, wenn es sich um Strafantragstellung handeln würde, neben dem Verletzten selbständige Legitimation zum Strafantrage zukäme (Ehemann der beleidigten Frau usw.).[2])

Demgemäß kommt eine mit der Materialparteieigenschaft zusammenfallende Sachlegitimation nur insofern in Betracht, als einmal das Reich seine eigenen Strafansprüche in erster Instanz vor dem Reichsgericht geltend macht, und sodann insofern Landesstrafansprüche in Frage stehen (zu deren Geltendmachung ist nur der Einzelstaat berufen, um dessen Strafrecht es sich handelt).[3])

Repräsentiert wird der Staat als Kläger durch die zuständige Staatsanwaltschaft bzw. (§ 424) Verwaltungsbehörde; nichtphysische Personen als Privatkläger werden durch ihre verfassungsmäßigen Organe repräsentiert, StPO. § 374 III.

2. Auf Passivseite sind

a) parteiunfähig alle Wesen, von denen, wie immer es sich mit der in der Klage bezeichneten konkreten Tat verhalte, nach ihren Wesenseigenschaften sicher ist, daß sie nach den Bestimmungen des materiellen Strafrechts nicht strafbar sein können. Solchen Wesen einen Strafprozeß aufzunötigen, also erst noch untersuchen zu wollen, wie der konkrete Vorgang war, der ihnen zur Last gelegt wird, hätte schlechterdings keinen Sinn. Dazu gerade ist ja der Begriff der Parteifähigkeit praktisch da, um überflüssige Untersuchungen in der Sache selbst von vornherein abzuschneiden.

In diesem Sinne ist nur der lebende, derzeit über 14 Jahre alte einzelne Mensch passiv parteifähig. Von juristischen Personen und loseren Menschenverbänden, wie von Toten steht in abstracto

---

[1]) Vgl. oben § 23 I 1. Stellt sich heraus, daß die Tat nur erdichtet war, so fällt nicht etwa die Sachlegitimation des hypothetisch Verletzten in sich zusammen, so daß das Verfahren formell einzustellen wäre, sondern es ist unter Bejahung der Sachlegitimation und damit des Strafklagerechts auf Freisprechung zu erkennen.

[2]) Oben § 23 I 1.

[3]) Daher z. B. keine bayrische Klage wegen preußischrechtlichen Forstdiebstahls.

ohne weiteres fest, daß sie nicht verurteilt werden können, der Strafprozeß also keinen Zweck hätte. Das gleiche gilt für solche, die noch jetzt nicht einmal 14 Jahre alt sind. So sehr auch das zur Zeit der Tat gegebene kindliche Alter nach § 2 JugGerGes. rein strafrechtliche Bedeutung hat, so richtig es also ist, daß in einem Prozeß gegen einen über 14 Jahre Alten Freisprechung erfolgen muß, wenn sich ergibt, daß er zur Zeit der Tat noch nicht vierzehnjährig war, so folgt doch zugleich aus der strafrechtlichen Regelung der Prozeßrechtssatz, daß schon die Aufwerfung der Frage nach der Strafbarkeit sinnlos ist, wenn der Betreffende noch jetzt nicht einmal 14jährig ist, d. h. also, daß keine Prozeßfähigkeit solcher Individuen vorhanden ist.[1])

Ausnahmsweise sind juristische Personen und Personenvereinigungen passiv parteifähig in Strafprozessen wegen Steuerzuwiderhandlung nach RAbgO. v. 13. XII. 19 § 357 (weil und insofern sie für solche Delikte eben auch strafbar sein können).

b) Die (außer der Parteifähigkeit erforderliche) Sachlegitimation fällt auf Passivseite vollständig mit der Eigenschaft als passive „Materialpartei" zusammen. Nur derjenige, um dessen Strafbarkeit es sich handelt, kann in die Rolle des Beschuldigten hineingezwungen werden, nur er ist der „richtige" Beschuldigte. Es hat niemand eine „Verfügerstellung", kraft deren er verpflichtet oder auch nur ermächtigt wäre, als Prozeßsubjekt wegen der Tat eines anderen Rede und Antwort zu stehen.

Selbstverständlich ist damit nicht gesagt, daß nur der wirkliche Täter, der wirklich Strafbare, passiv legitimiert sei. Auch der Unschuldige kann der „richtige Beschuldigte" sein. Materialparteien sind ja nicht der, für den, und der, gegen den der betreffende Anspruch besteht, sondern die Subjekte des seiner Natur nach hypothetischen[2]) Prozeßgegenstandes; somit auf Passivseite derjenige, um dessen Strafbarkeit es sich handelt. Es kommt also nur darauf an, wer derjenige ist, der laut Klageinhalt als der Täter der betreffenden strafbaren Handlung erscheint. Dieser ist der richtige Beschuldigte;

[1]) Der richtige Gedanke schwebt wohl dem RGer. in E. 57 206 vor, zu voller Klarheit gelangt das RGer. aber deshalb nicht, weil es die jungen Leute, die jetzt (im Prozeß) noch Kinder sind, mit den möglicherweise sogar schon Erwachsenen, bei denen es sich um eine im kindlichen Alter begangene Tat handelt, zusammenwirft. Daß im letzteren Falle die Strafverfolgung unzulässig sein solle, ist natürlich schon deshalb falsch, weil sich ja erst im Prozeß herausstellen soll, wann die Tat begangen ist. — Die Ausführungen von v. Kries, Lehrb., S. 221, leiden unter der Hineinziehung der Prozeßfähigkeitsfrage, die wiederum auf einem anderen Blatte steht (unten § 43).

[2]) Oben § 26.

ihm wird der Prozeß gemacht. Stellt sich im Prozeß heraus, daß nicht er, sondern ein Anderer, der Täter ist, so kann er natürlich nicht verurteilt werden; aber an seiner Sachlegitimation ändert dies nichts: es ist keineswegs eine formale Einstellung auszusprechen, sondern freizusprechen. Die bloße Einstellung des Verfahrens enthielte ja auch eine arge Ungerechtigkeit gegenüber dem Beschuldigten; hatte ihn der Kläger einer strafbaren Handlung bezichtigt, und hat sich die Grundlosigkeit der Klage ergeben, so schuldet ihm der Staat gewiß die unverklausulierte Erklärung, daß er unschuldig sei; und diese liegt nur in der Freisprechung.

Fälle, in denen dem Beschuldigten die Passivlegitimation fehlt, werden infolgedessen praktisch kaum vorkommen. Sie könnten nur so gelagert sein, daß der Kläger Prozeß und Verurteilung des A begehrt, obwohl er selber in der Klage von einer angeblich von B begangenen Tat als dem Prozeßgegenstande spricht (etwa weil B unbekannten Aufenthalts ist, und der Kläger irrig glaubt, daß auch A aus der Tat des B strafrechtlich mit haftbar sei), was allenfalls einem rechtsunkundigen Privatkläger unterlaufen könnte.

§ 32. II. Sonderlegitimationen; Streitgenossenschaft; Streitwidersacherschaft; Neuparteien nach Klageerhebung.

Sauer, Selbständ. Rechte Dritter im Strafverfahren, ZStW. 37 186; Alsberg, Der Mitangeklagte, DStrRZtg. 1 242.

Bei den grundlegenden Erörterungen zur Parteilehre (§ 31) war davon ausgegangen worden, daß eine „Strafsache" den Prozeßgegenstand bildet; es war ferner unterstellt worden, daß im Prozeß nur **ein** Kläger und **ein** Beschuldigter in Frage kommen; daß der Kläger **nur** Kläger und nicht zugleich auch Passivpartei sei; endlich, daß der Klagakt es sei, durch den sich die Parteirollen festlegten. Das so gewonnene Bild entspricht der gewöhnlichen Fallgestaltung, unterliegt aber doch gewissen Abwandelungen.

I. Daß an der Strafsache gewisse **nichtkriminelle Angelegenheiten** hängen, die mit jener zusammen am Prozeßgegenstand teilhaben (oben § 26), ist zwar im allgemeinen hinsichtlich der Bestimmung der Parteien, ihrer Parteifähigkeit und Sachlegitimation belanglos.

Indessen befinden sich unter jenen Anhängen solche, hinsichtlich deren entweder dem Strafkläger als solchem die aktive, oder dem kriminell Beschuldigten die passive Sachlegitimation abgeht.

1. Die **Buße** ist ein Geldbetrag, auf den in den im Gesetz aufgeführten Fällen der durch die Tat Verletzte Anspruch hat. Dieser

ist also die aktive „Materialpartei". Und da das Gesetz dem Staate begreiflicherweise nicht die Stellung eines „Verfügers" über den Bußanspruch beigelegt hat, so ergibt sich, daß in einem auf Staatsklage hin anhängigen Prozeß die Buße nicht in den Gesichtskreis des Gerichts fällt, weil der dafür sachlich aktiv Legitimierte nicht als Kläger beteiligt, und der als Kläger Beteiligte nicht sachlich legitimiert ist. Damit sich der Prozeßgegenstand auf die Buße ausdehnen könne, muß also ein besonderes Bußbegehren des sachlich Legitimierten (des Tatverletzten) erhoben sein; der „Straf-"klage muß sich die „Buß-"klage hinzugesellen. Hierfür sieht das Gesetz im Staatsklageprozeß den Anschluß des für die Buße Legitimierten als „Nebenkläger" vor (unten IV 4). Ist freilich der Prozeß Privatklageprozeß, und der Privatkläger selbst der Tatverletzte, so vereinigen sich in seiner Person die Legitimation zur Strafsache mit derjenigen zu der Bußangelegenheit; es genügt also, daß er dem Gericht die letztere mitunterbreitet.

2. Bei den Maßregeln der Einziehung und der Unbrauchbarmachung fehlt umgekehrt dem Beschuldigten die Passivlegitimation dann, wenn oder soweit die mit ihnen verbundene Entrechtung Andere treffen würde (vgl. z. B. StGB. § 295). Das Entsprechende gilt in Ansehung der „Haftung Dritter" für Geldstrafbeträge. Hat also der Kläger eine Strafsache anhängig gemacht, mit der solche gegen „Nichtbeschuldigte" gerichteten Maßregeln verbunden sind, so hat er diesen damit die Rolle einer (nicht kriminellen) Passivpartei, die Rolle von „Quasibeschuldigten", aufgenötigt, und sie haben im Prozeß die sachliche Legitimation dazu, ihre Rechtsstellung zu verfechten.

In den Fällen des „objektiven Verfahrens" (StPO. § 430, unten § 93) sind die Nicht„beschuldigten" sogar alleinige Passivpartei.

II. Es ist möglich, daß ein Klagakt von einer Klägermehrheit ausgeht oder gegen eine Mehrheit von Personen gerichtet ist, so daß ein zusammengesetztes Prozeßverhältnis gegeben ist (aktive bzw. passive Streitgenossenschaft). Der Fall solcher aktiven Streitgenossenschaft kann bei der Staatsklage freilich nicht vorkommen (es können nicht einmal mehrere Staatsanwaltschaften zusammen klagen, da jede nur dasjenige Gericht, dem sie zugeordnet ist, anrufen kann). Wohl aber können mehrere Verletzte in den Fällen des „Zusammenhangs" (StPO. § 3) ihre Privatklagen verbunden anbringen (erst recht da, wo dieselbe Tat sowohl den Einen wie den Anderen verletzte); ebenso können ein Verletzter und der ihm zugeordnete Privatklagelegitimierte zweiter Ordnung (z. B. beleidigte Ehefrau und Ehemann) zusammen klagen.

Auf Passivseite ergibt sich eine Streitgenossenschaft dadurch, daß der Staat oder der Privatkläger die Klage gegen mehrere Beschuldigte richtet, deren Taten im Zusammenhang stehen (StPO. § 3). Passive Streitgenossen sind aber auch der Beschuldigte und der von dem Verfahren gegen diesen mitbetroffene Quasibeschuldigte (s. oben I 2).

Auch aus getrennten Einzelklagen kann eine Streitgenossenschaft hervorwachsen. In den Fällen des Zusammenhangs der Prozeßgegenstände können nämlich Einzelprozesse durch Verbindung zu einem Prozeß ganz verschmolzen (StPO. §§ 4, 13) oder zum Zwecke gleichzeitiger Verhandlung zusammengelegt werden (StPO. § 237). Rührten die verschiedenen Einzelprozesse von Klagen verschiedener Kläger her, oder betrafen sie verschiedene Beschuldigte, so entsteht damit eine Streitgenossenschaft.

Die Fälle der Streitgenossenschaft sind voneinander insofern verschieden, als der Gegenstand, für den die Streitgenossen legitimiert sind, bald einmal voll identisch ist (so bei Verletztem und Privatklageberechtigtem zweiter Ordnung); bald einmal ganz auseinanderfällt (so das Verhältnis der in einer Klage Mitbeschuldigten; jeder hat nur hinsichtlich seiner eigenen Tat legitimierte Parteistellung; ferner das Verhältnis mehrerer Privatkläger, deren Klagbegehren verschiedene Taten desselben Beschuldigten betrifft; endlich das Verhältnis des Beschuldigten und des Quasibeschuldigten, bei dem zwar derselbe Prozeßgegenstand in Frage steht, dieser aber im Legitimationspunkte geteilt ist); bald einmal zwar identisch, aber doch nicht im ganzen Umfang identisch ist (so das Verhältnis mehrerer durch dieselbe Tat desselben Beschuldigten verletzten Privatkläger; hier ist jeder der letzteren nur hinsichtlich der Tat als einer ihn angehenden legitimiert).

Im Rahmen seiner Legitimation ist jeder Streitgenosse von den anderen ganz unabhängig. Jeder behält seine prozessuale Stellung, wie er sie hätte, wenn er allein wäre; er kann weder Rechte aus der Person und Stellung seines Streitgenossen herleiten[1]), noch wird er dadurch in seinen Rechten verkürzt.

Eine „notwendige Streitgenossenschaft" ist der StPO. nicht bekannt, namentlich nicht in dem Sinne, als verfalle irgendwann eine nur von Einem erhobene oder nur gegen Einen gerichtete Klage der Ablehnung (z. B. eine Klage, die nur gegen Einen von mehreren als Mittäter oder Teilnehmer in Betracht Kommenden gerichtet wird).

[1]) Z. B. nicht aus dem Recht des Anderen, in der Hauptverhandlung anwesend zu sein, **RG., GA. 69 440.**

III. Dem Beschuldigten im Privatklageverfahren eröffnet § 388 die Möglichkeit, gegen den Privatkläger eine Widerklage zu erheben, falls deren Prozeßgegenstand mit dem der Klage in Zusammenhang steht, und der Privatkläger dabei passiv legitimiert ist. Die Widerklage schafft sozusagen ein Gegenprozeßverhältnis. Das Verfahren umfaßt alsdann zwei Personen, in deren jeder die aktive und die passive Parteirolle (je nach den Prozeßgegenständen) vereinigt ist.

IV. Die Parteirollen werden grundsätzlich durch den Klageakt derart festgelegt, daß sie im ganzen Verlauf des Prozesses bestehen bleiben, und niemandem sonst eine Parteirolle zuwächst (es wäre denn eben wiederum durch einen Klageakt, wozu auch der Widerklageakt gehört). Es gibt jedoch prozessuale Ereignisse nach Klageerhebung, die das Parteienbild im Prozeß anders gestalten.

1. Im Privatklageprozeß kann jeder wegen derselben Tat zur Privatklage Legitimierte dem Verfahren beitreten, § 375. Der Beitretende wird dadurch selbst Privatkläger, so daß nunmehr aktive Streitgenossenschaft besteht.

2. Auch die Staatsanwaltschaft kann in ein Privatklageverfahren einrücken („Übernahme der Strafverfolgung", StPO. § 377 II). Damit tritt der Staat als Aktivpartei in den Prozeß ein; der Privatkläger tritt in die Stellung eines „Nebenklägers" (unten 4) zurück.

3. In die Parteirolle des verstorbenen Privatklägers können unter bestimmten Voraussetzungen dessen Angehörige eintreten, § 393 II. Ebenso können die Angehörigen eines rechtskräftig Verurteilten, der einen Wiederaufnahmeantrag gestellt hat und dann gestorben ist, in dessen Parteirolle einrücken, arg. § 361 II.

4. Dem Staate als dem Kläger kann ein sog. Nebenkläger zur Seite treten. Legitimiert zum „Anschluß als Nebenkläger" sind die in §§ 395, 403 Aufgeführten. (Der „depossedierte Privatkläger" rückt ohne Anschlußerklärung, ipso iure, in die Stellung als Nebenkläger ein, § 377 III). Der Nebenkläger hat „die Rechte des Privatklägers", § 397, also wie dieser eine aktive Parteirolle. Er ist also im Grunde genommen ein Streitgenosse des Staats. Und zwar ist er teils ein Mit-Strafkläger, soweit es sich nämlich für ihn um Verfolgung der Strafsache selber handelt (§§ 395, 377 III); teils ist er neben dem Staate als dem Strafkläger „Bußkläger" (§ 403). „Neben"-Kläger heißt er deshalb, weil die Strafsache auch bei seinem Fehlen zur Erledigung gebracht wird, und seine Mitwirkung nur das quomodo des Verfahrens und der Entscheidung zu beeinflussen geeignet ist oder nur den Nebenpunkt: die Buße angeht. Ihn deshalb

aber als bloßen „Parteigehilfen“ aufzufassen, geht deshalb nicht an, weil seine Stellung grundsätzlich wie die des Privatklägers ist, also einer Parteirolle entspricht (streitig).

5. Auf abnorme Weise kann ein dem Prozeß Fernstehender (oder jedenfalls bisher nicht als Partei an ihm Beteiligter) dadurch zur Partei werden, daß das Gericht fälschlich eine ihn, wie wenn er Partei wäre, berührende Entscheidung erläßt, z. B. in einem Privatklageprozeß A wider B ein Urteil erläßt, in dem B freigesprochen und C unter Kostenbelastung als der Privatkläger bezeichnet wird, oder ein Urteil, in dem D verurteilt wird. Es ist klar, daß die unzulässigerweise als Partei Behandelten (also in den vorigen Beispielsfällen C bzw. D) ein Rechtsmittel haben müssen, um aus dem Prozeß wieder herauszukommen und das unstatthafte Urteil zu Falle zu bringen. Spricht man ihnen aber diese Anfechtungsmöglichkeit zu, so bedeutet dies eben, daß man ihre — durch das Gericht ihnen aufgezwungene — Parteiqualität anerkennt. Ihre Sachlegitimation ist damit gegeben, daß das Urteil sie als Partei behandelt. Auf Parteifähigkeit kommt hier nichts an.[1] [2])

Die alte Partei wird natürlich durch derartige Vorkommnisse nicht aus ihrer Parteistellung verdrängt.

§ 33. III. Die prozessuale Stellung der Parteien im Verhältnis zum Gericht.

I. Die Abschaffung des Inquisitionsprozesses durch die moderne Gesetzgebung bedeutete, daß dem Gericht die Prozeßinitiative aus der Hand genommen, daß die erste Verfügung darüber, ob es zum gerichtlichen Verfahren kommen soll, auf den Strafklageberechtigten übertragen wurde. Aber sie bedeutete nicht bloß dieses, — als ob nach erhobener Klage der Kläger sogleich vom Schauplatz wieder abtrete, und der Beschuldigte statt in Parteirolle in der alten Rolle des „Inquisiten“ übrig bliebe; sie bedeutete vielmehr, daß die Klagaktsparteien auch weiterhin im Prozeß die Parteirolle bewahrten.

Damit erhebt sich aber sofort die Frage, welchen Anteil an der Prozeßherrschaft die Parteien im Verhältnis zum Gericht

[1]) In einem Falle, in dem A als Beleidigter gegen X Privatklage erhoben hatte, hatte das Amtsgericht fälschlich die „Genossenschaft N. N.“ im Urteil als Klägerin bezeichnet, weil A deren Vorstand war, und den Angeklagten mit der Begründung freigesprochen, daß „die Klägerin“ ein Wesen sei, das nicht beleidigt werden könne. Die Genossenschaft war damit zur Partei gestempelt worden und hatte damit ein Urteilsanfechtungsrecht.

[2]) Vgl. hierzu Hein, Identität der Partei 2 38ff.

haben sollen, inwieweit sie also über den Prozeßgegenstand; über das der Entscheidung zugrunde zu legende Material; über das Vorwärtsschreiten des Verfahrens maßgeblich zu bestimmen haben.

Es läßt sich ein Prozeß denken, in dem dem Gericht ausschließlich die Aufgabe zugewiesen ist, über Punkte, die zwischen den Parteien streitig sind, Entscheidungen von sich zu geben und gegebenenfalls auf übereinstimmenden Wunsch der Parteien einem ihm von diesen vorgeschriebenen Entscheidungsinhalt das solenne Richterwort hinzuzufügen.

Alsdann sind, was den Prozeßgegenstand anlangt, die Sachanträge der Parteien für das Gericht derart begrenzend, daß es dem Kläger nicht mehr zusprechen kann, als er im Sachantrag begehrt (also z. B. nicht auf höheres Strafmaß erkennen kann), und den Beschuldigten nicht weitergehend lossprechen kann, als er selber begehrt — Judex ne eat ultra petita partium. Entsprechend maßgeblich wirken dann der Verzicht des Klägers auf den Anspruch und das Anerkenntnis des letzteren durch die Passivpartei.[1])

Dazu tritt dann weiter, daß es Sache der Parteien ist, das Material beizuschaffen und dem Gericht vorzulegen, von dem sie wünschen, daß es den Entscheidungsinhalt beeinflusse, und das Gericht sich darauf beschränkt, die Vorführung dieses Materials durch die Parteien entgegenzunehmen.

Endlich haben in einem so gearteten Prozeß die Parteien auch den Prozeßbetrieb; das Gericht wartet immer auf einen Anstoß durch eine der Parteien und läßt ohne solchen das Verfahren ruhen.

Einen derartig gestalteten Prozeß nennt man den „reinen Parteiprozeß" oder (in Anwendung auf das Strafverfahren) den „reinen Anklageprozeß". In ihm sind die Rollen so verteilt gedacht, daß für das Gericht nichts sonst als nur Entscheidungstätigkeit, für den Kläger nichts als Strafverfolgungstätigkeit, für den Beschuldigten nichts als Abwehrtätigkeit in Frage kommt (daß also z. B. das Gericht nicht auch Strafverfolgungsakte, der Kläger nicht auch Schutzakte pro reo vornehmen kann). Die Abkehr vom Inquisitionsprozeß, in dem das Gericht als einziges Prozeßsubjekt die Prozeßherrschaft ungeteilt inne hatte, ist hier am schärfsten durchgeführt.

Ein Prozeß läßt sich aber auch so gestalten, daß den Parteien die Prozeßherrschaft versagt bleibt, daß sie kraft ihrer Parteirolle zwar Rechte zur Entfaltung ihrer Interessen haben und durch

[1]) So ist nach englischem Recht der Beschuldigte, der „auf Schuldig (guilty) plädiert", ohne weiteres zu verurteilen (sententia agnitoria).

ihre Anträge das quomodo des Prozeßgangs beeinflussen können, doch aber dem Gericht weder Grenzen oder Inhalt der Entscheidungen vorschreiben, noch das Entscheidungsmaterial bestimmen, noch den Prozeß stillstellen können. Einen derartigen Prozeß („halben Anklageprozeß" Gneist) stellt der unserer StPO. dar.

In der Tat wäre eine Regelung im Sinne des „reinen Parteiprozesses" mit seiner Parteiendisposition eine unangebrachte Zivilprozessualisierung des Strafprozesses. Im Zivilprozeß ist der Sieg des Klägers sein Sieg und niemandes sonst, der des Beklagten dessen Sieg; und die Niederlage des Einen oder des Anderen ist eben seine Niederlage. Andere geht das wenigstens in der Regel von Rechts wegen nichts an. Der Prozeßgegenstand selbst ist für sie Verfügungsobjekt, und so ist es ganz natürlich, daß sie auch über ihre Prozeßführung, die mittelbar eine Verfügung über den Prozeßgegenstand darstellt, verfügen können. Dagegen soll im Strafprozeß der Sieg des klagenden Staates oder Privaten zugleich ein Sieg der Gerechtigkeit im Sinne des objektiven Rechts sein, und ihm gebührt eine Niederlage, wenn und soweit kein Strafanspruch besteht. „Verfügungen" der Prozeßparteien über den Strafanspruch würden mit dessen Wesen als einer causa publica nicht im Einklang sein. Die Strafangelegenheit ist keine rein „geschäftliche" zwischen Privatpersonen. War es auch geboten, dem Richter die Verfolgerrolle abzunehmen und so den Staat als Aktivpartei zu konstituieren, so darf doch die erforderliche Objektivität des Gerichts nicht in das Erfordernis der Gleichgültigkeit gegenüber dem Ausgang des „Parteienkampfes" umgebogen werden. Auch das Gericht muß Wahrer des öffentlichen Interesses bleiben und darf darum der Prozeßherrschaft nicht beraubt werden.

Dabei kann auch die jeweilige Staatsform keine Rolle spielen. Es ist namentlich nicht so, daß die absolute Monarchie den Inquisitionsprozeß, die konstitutionelle Monarchie den halben Anklageprozeß und die Demokratie den reinen Anklageprozeß bedinge.[1]) Denn auch der demokratische Staat legt durch sein Strafrecht die Prozeßziele fest und würde durch Überlassung der Prozeßherrschaft an die Parteien die Erreichung dieser Ziele gefährden und teilweise vereiteln. Erst dann, wenn mit wunderlichem Rückschritt die Strafsachen wieder zu reinen Privatsachen gemacht würden (delicta privata, Privatstrafe), wäre der „reine Anklageprozeß" angemessen, der freilich dann mit dem Zivilprozeß identisch sein könnte.

[1]) Dies die Auffassung von J. Goldschmidt, Reform des Strafverfahrens, S. 4.

So haben die Parteien nach der StPO.

1. keine Verfügungsgewalt hinsichtlich des **Prozeßgegenstandes** (**Immutabilitätsprinzip**). Ein etwaiger klägerischer Verzicht auf den Strafanspruch, Anspruchsanerkennung durch den Beschuldigten, Verträge der Parteien über das jus puniendi — alles das wäre rechtlich belanglos. Die Sachanträge der Parteien ziehen dem Gericht keine Grenzen; sie können sogar ganz fehlen (nicht einmal der Klagakt braucht einen bestimmten Sachantrag zu enthalten).

Nur mit Bezug auf die privatrechtlichen Anhängsel der Strafsache gilt anderes. So z. B. hinsichtlich der Buße, vgl. §§ 403—405 StPO. Hinsichtlich des Strafanspruchs selber findet dagegen das Dispositionsprinzip nur insoweit ausnahmsweise Anwendung, als es sich um das sog. „Unterwerfungsverfahren" (oben § 1 S. 3 Anm. 1) handelt. Indirekt freilich gewinnen die Parteien eine Prozeßherrschaft über den Prozeßgegenstand (auch soweit es sich um die Strafsache selbst handelt) dann, wenn im Prozeß schon eine richterliche Sachentscheidung ergangen ist; dann hängt es von ihnen ab, ob und inwieweit sie die Entscheidung anfechten wollen, und wird das weitere Verfahren nur in den Grenzen ihres Anfechtungswillens fortgeführt (vgl. unten § 68). Auch das sog. Mahnverfahren (unten § 94) stellt eine Art vertraglicher Abmachung der Strafsache dar. (Über den Vergleich im Privatklageverfahren s. unten § 87 V 12.)

2. Keine Prozeßherrschaft haben die Parteien über das **Tatsachen- und Beweismaterial**; es gilt Instruktionsmaxime, unten § 58 I. Deshalb kann z. B. auch das volle Geständnis des Angeklagten als unglaubhaft verworfen, und trotz seiner auf Freisprechung erkannt werden.

3. Ebensowenig sind grundsätzlich die Parteien Herren des **Voranschreitens** oder Nichtvoranschreitens des Prozesses. Selbst die Zurücknahme der Klage durch den Kläger ist bei Staatsklage nur bis zur Eröffnung der gerichtlichen Untersuchung (§ 156) und bei Privatklage auch nicht endlos (§ 391) zulässig.

II. Obwohl von der Prozeßherrschaft zurückgedrängt, haben die Parteien doch noch reichlich Gelegenheit, ihre Belange zur Geltung zu bringen; es kommen ihnen zahlreiche prozessualische Rechte zu (Richterablehnung, Beweisantragstellung, Rechtsmitteleinlegung usw.). Auf der anderen Seite obliegen ihnen Pflichten, sei es dem Gericht gegenüber (z. B. Pflicht zum Erscheinen), sei es gegeneinander (vgl. z. B. StPO. § 246 II).

Den ganzen Prozeß durchwächst insbesondere das Recht der Parteien auf „rechtliches Gehör", insbesondere so, daß grundsätzlich immer „et altera" pars audiatur. Deshalb sind die Hauptverhandlung (und die in gewissem Sinne als ein Bestandteil von ihr vorverlegten „kommissarischen Verhandlungen", unten § 74 III) „parteiöffentlich", und in der Hauptverhandlung Spezialanhörungen vorgeschrieben, damit die Parteien in der Lage sind, ihre prozessualischen Rechte zu entfalten und unstatthaften Prozeßschritten entgegenzuwirken, §§ 226 ff. Aber auch sonst sorgt das Gesetz durch Einzelbestimmungen dafür, daß sich die Parteien äußern, Anregungen geben, Anträge stellen können, vgl. z. B. §§ 33, 132, 135, 136, 192 usw.

Parteiöffentlich ist grundsätzlich auch der Akteninhalt. Allerdings hat der Beschuldigte nicht die Befugnis, persönlich die Akten einzusehen (Gefahr, daß er Schriftstücke vernichten könne, die ihn belasten). Wohl aber steht dem Verteidiger in der in § 147 näher geregelten Weise das Akteneinsichtsrecht zu, und dem Verteidiger ist unbenommen, Abschriften zu nehmen und diese seinem Klienten zu übergeben.[1])

§ 34. IV. Die prozessuale Stellung der Parteien im Verhältnis zueinander.

I. Für alle Parteirechte und -pflichten gilt der „Grundsatz der Waffengleichheit". Non debet actori licere, quod reo non permittitur, und umgekehrt. Wo das Gesetz nicht deutlich erkennen läßt, daß ein bestimmtes Recht oder eine Pflicht nur einseitig gemeint sei, ist immer Gleichstellung beider Teile in Recht und Pflicht anzunehmen.

Freilich konnte im Staatsklageprozeß die Gleichstellung nicht voll durchgeführt werden, weil die Staatsanwaltschaft eine dem Gericht koordinierte Staatsbehörde, der Beschuldigte dagegen (jedenfalls in dieser Rolle) nur ein „Privater" ist, den Amtsbefugnissen der Staatsanwaltschaft also kein Gegenstück auf seiten des Beschuldigten entsprechen kann. Dieser muß dem Gerichtszwang unterliegen (z. B. Zwangsgestellung, Untersuchungshaft), jene kann Zwangszugriffen des Gerichts nicht unterworfen sein. Auch kann man dem Beschuldigten nicht so vertrauensvoll Rechte zugestehen, wie der Staatsanwaltschaft [z. B. Akteneinsicht, StPO. §§ 147[2]), 196].

---

[1]) Lobe u. Alsberg, JW. 55 2725, 2726.

[2]) Überhaupt kein Akteneinsichtsrecht des Beschuldigten selbst, nur dem Verteidiger steht Akteneinsicht zu, und auch diesem nur beschränkt, § 147.

Dazu kommen zahlreiche tatsächliche Umstände, die das Gesetz nicht aus der Welt schaffen kann, und die auch bei juristischer Gleichbemessung der Rechte und Pflichten die Wagschale zuungunsten des Beschuldigten sinken lassen. So ist von vornherein die Position des Klägers im Strafprozeß deshalb die bessere, weil es sich hier nicht, wie im Zivilprozeß, um einen von den Parteien umkämpften, positiven Wert handelt, der dem Einen oder dem Anderen zufallen soll, sondern nur in Frage steht, ob den Beschuldigten das Strafleiden treffen soll oder nicht, ihm also ein Vorwurf, ein Makel und reale Folgen drohen, von denen für den Kläger keine Rede ist. Psychologisch bedeutet dies zugleich, daß der Beschuldigte in Unruhe, Erregung, Aufregung versetzt wird und deshalb seine Sache vielleicht nicht so zu seinem Vorteil führt, wie er es von Rechts wegen dürfte.

Dem Staatsanwalt speziell ist der Beschuldigte noch insofern unterlegen, als jener persönlich uninteressiert und regelmäßig juristisch geschult ist[1]), ihm auch (vgl. § 161) Forschungsmöglichkeiten offen stehen, denen der Beschuldigte nur etwa die kostspielige und unsichere Benutzung von Privatdetekteien gegenüberstellen kann.

Wohl mag man andererseits einräumen müssen, daß der Beschuldigte ja genau weiß, was er getan hat, während der Kläger oft ganz im Dunkeln tappt. Allein gerade dem unschuldigen Beschuldigten nützt sein Bewußtsein, daß er unschuldig ist, oft wenig, um Licht in die Sache zu bringen.

Auch daß sich bei Privatklage der Kläger bisweilen recht unliebsamen — wahren oder unwahren — „Enthüllungen“ aussetzt, wird nicht allzu schwer ins Gewicht fallen.

Alles in Allem ist jedenfalls trotz des Prinzips der Waffengleichheit der Beschuldigte ungünstiger gestellt.

In diesem Lichte erscheinen nunmehr gewisse Einzelbestimmungen, durch die das Gesetz den Beschuldigten besser stellt, als seinen Gegner — sog. „favor defensionis“ —, als Korrekturen, die dazu beitragen, das Gesamtbild am letzten Ende im Sinne der Waffengleichheit zu gestalten. Hierher gehören namentlich § 258 II Halbs. 2 (Recht auf das letzte Wort); § 263 I (Erfordernis erhöhter Mehrheit für Schuldspruch und Strafbemessung); § 339 (Beschränkung der staatsanwaltschaftlichen Revision).

II. Den Gedanken des „Parteiprozesses“ hat die StPO. dahin zugespitzt, daß die Staatsanwaltschaft, obwohl staatliche Behörde, dies im Erkenntnisverfahren doch nicht gegenüber dem Beschuldigten

[1]) Nur bei den Amtsanwälten kann es sein, daß sie nicht juristisch vorgebildet sind.

ist, daß sie diesem vielmehr grundsätzlich nur als der „Prozeßgegner“ gegenübertritt, der keine den Beschuldigten unmittelbar treffenden Handlungsbefugnisse hat.[1])

So hat die Staatsanwaltschaft namentlich um Vornahme etwaiger erforderlich werdender physischer Zwangsmaßnahmen gegen den Beschuldigten oder seine Sachgüter den Richter anzugehen (Ausnahmen StPO. §§ 127 II, sowie — bei Gefahr im Verzug — 100, 105).

Aber auch den „Anklagezustand“, also eine rein rechtlich-gedankliche Beziehung läßt das Gesetz nicht unmittelbar aus der Anklagehandlung des Klägers entspringen. Die Anklage wird vielmehr (von Ausnahmefällen abgesehen) erst durch das beschließende Gericht auf ihre Verhandlungswürdigkeit hin geprüft[2]), und erst und nur wenn dies Gericht die Anklage sozusagen genehmigt („Eröffnung des Hauptverfahrens“), geht die Sache zum Terminsansatz an den Vorsitzenden des erkennenden Gerichts. Von hier aus fällt Licht auf die Terminologie des Gesetzes (§ 157 StPO.), wonach der, den die Staatsanwaltschaft angeklagt hat, um deswillen doch noch nicht „Angeklagter“ ist, dies vielmehr erst mit dem gerichtlichen Eröffnungsbeschluß wird (oben § 31 I).

Selbst der persönliche Verkehr des Staatsanwalts mit dem Angeklagten in der Hauptverhandlung soll nur durch Vermittelung des Vorsitzenden erfolgen: der Staatsanwalt darf an den Angeklagten nicht direkt Fragen stellen (StPO. § 238 I verglichen mit § 240 I).

§ 35. V. Die prozessuale Stellung der Staatsanwaltschaft.

Amschl, Beiträge zur Anwendung des (österr.) Strafverfahrens, ²1910, 1911; Glaser, Kl. Schriften 1 441, 523, 539; v. Groß, Das Prinzip der Strafverfolgung, in seiner Ztschr.: Die Strafrechtspflege in Deutschland 2 133, 385; Gneist, Vier Fragen 1874; Mannheim, JW. 53 1646.

I. Die Stellung der Staatsanwaltschaft wird zunächst durch das Schlagwort vom „staatsanwaltschaftlichen Klagemonopol“ gekennzeichnet. Es will besagen, daß die Staatsanwaltschaft grundsätzlich nicht umgangen werden kann, wo immer es zu gerichtlicher Untersuchung kommen soll; daß das Gericht Klagen von nirgends sonst her empfangen kann.

[1]) Erst im Vollstreckungsverfahren entfaltet sich die obrigkeitliche Stellung der Staatsanwaltschaft gegenüber dem Beschuldigten (nunmehrigem Verurteilten), § 451 ff.

[2]) Also anders als die Klage im heutigen Zivilprozeß, aber ähnlich wie im römischen Zivilprozeß (Möglichkeit einer denegatio actionis).

Das Monopol ist freilich kein vollständiges. Bei den sog. Gefällsdelikten sind auch die Finanzbehörden zur Repräsentation des Staates als Klägers ermächtigt, StPO. § 424; und bei den Privatklagedelikten, bei denen ja das Klagemonopol des Staates selber ausgeschaltet ist, konkurrieren Private mit der Staatsanwaltschaft. Darüber hinaus aber bleibt das Monopol in voller Geltung: weder der durch die Tat Verletzte oder sonst ein Privater, noch selbst eine Staatsbehörde, und wäre es das der Staatsanwaltschaft vorgeordnete Ministerium oder gar ein Gericht, setzen durch ihren Anruf das Gericht in den Stand, eine gerichtliche Untersuchung zu eröffnen und durchzuführen.

II. Die Staatsanwaltschaft ist berufen, das Staatsinteresse gemäß der geltenden Rechtsordnung zu wahren. Und da der Staat als die Materialpartei nicht bloß daran interessiert ist, daß der Schuldige gestraft wird und nicht geringer gestraft wird, als er von Rechts wegen soll, sondern auch daran, daß der Unschuldige nicht gestraft wird, und der Schuldige nicht wider das Recht zu schwer gestraft wird, so versteht sich, daß die Staatsanwaltschaft trotz ihrer „Partei"-Stellung nicht „parteiisch" gegen den Beschuldigten, vielmehr ganz objektiv eingestellt sein soll. Besondere Anwendungen dieses Gedankens treten hervor in StPO. §§ 160 II, 296 II. Wenn so der Staatsanwalt auch zu Schritten berufen ist, die dem Beschuldigten zugute kommen, so ist dabei der Gedanke ganz fernzuhalten, als falle er irgendwie aus der Aktivparteirolle heraus: wenn er die rechtlich gebotene Entlastung des Beschuldigten betont und betreibt, so tut er das im Interesse des Staats und betreibt nicht die Geschäfte des Beschuldigten. Deshalb kann ihn der Beschuldigte in solcher Tätigkeit auch nicht hemmen oder hindern.

Als eine dem Gericht koordinierte selbständige Behörde hat die Staatsanwaltschaft alle auftauchenden Fragen rechtlicher wie tatsächlicher Natur in eigener Verantwortlichkeit zu beantworten. Sie ist auch im Punkte der Gesetzesauslegung selbständig und ist nicht, wie öfter behauptet wird, gehalten, immer die härtere Auslegungsmöglichkeit zugrunde zu legen oder auch sich an die Rechtsauffassung des Reichsgerichts zu halten.

Der einzelne staatsanwaltschaftliche Beamte ist freilich an die Weisungen seiner Vorgesetzten gebunden, oben § 19 VI 2. Aber Weisungen, die contra jus sind, sind damit nicht mit gemeint. Selbst das Militärrecht legt nicht schlechthin allen rechtswidrigen Befehlen Verbindungskraft für den Untergebenen bei (MStGB. § 47), anerkanntermaßen ist aber das Erfordernis der Rücksichtnahme auf straffe Disziplin in zivilistischen Verhältnissen weitaus unvordringlicher als beim Militär. Vollends einer Justizbehörde würde es schlecht anstehen, wenn von ihr „Kadavergehorsam" verlangt würde.

III. Ihre Entschließung darüber, ob sie Klage erheben und weiterhin die Strafverfolgung betreiben soll, hat die Staatsanwaltschaft lediglich danach einzurichten, ob die erforderlichen tatsächlichen Unterlagen materiellrechtlicher und prozeßrechtlicher Natur gegeben sind; wenn ja, so ist sie zum Vorgehen beruflich verpflichtet, sog. Legalitätsprinzip, Grundsatz des Verfolgungszwangs, § 152 II.

Diese Regelung gründet in der Erwägung, daß das materielle Strafrecht die Grenzfälle zwischen Strafbarkeit und Straflosigkeit derart abgesteckt hat, daß da, wo danach Strafe verwirkt ist, höchstens ein gnadenweiser Verzicht auf den Strafanspruch stattfinden soll; daß die Staatsanwaltschaft, könnte sie im Einzelfalle die Strafverfolgung nach Ermessen auf sich beruhen lassen — „Opportunitätsprinzip" —, tatsächlich eine Art Begnadigungstätigkeit ausüben würde; und daß die damit unausweichlich verbundene Bevorzugung gewisser Einzelfälle vor anderen zu subjektiv-parteiischer (z. B. parteipolitischer) Handhabung des Ermessens oder zumindest zu Mißdeutungen führen kann. Die Legalitätsmaxime liegt auch ganz in der Richtlinie des „Offizialprinzips" (oben § 9 S. 32) mit seiner Devise „Ne delicta maneant impunita".

Gleichwohl kannte die StPO. schon in ihrer Fassung von 1877 einige Gruppen von Fällen, in denen der Staatsanwaltschaft freigegeben war, von Verfolgung Abstand zu nehmen. Erheblich weiter noch geht die Reform von 1924 in der Durchbrechung des Legalitätsprinzips (wobei der Satz „Minima non curat praetor" eine nicht unbedenkliche Rolle gespielt hat), und zwar so, daß es jetzt auch Fälle gibt, in denen der Staatsanwaltschaft trotz Gegebenseins aller Strafbarkeits- und Verfolgungsbedingungen sogar gesetzlich untersagt ist, Anklage zu erheben. Eine weitere Neuerung von 1924 ist die, daß in einem Teil der Fälle der Staatsanwalt der Zustimmung des Richters zum Fallenlassen der Angelegenheit bedarf, also eine Art Vertrag zwischen Klagbehörde und Gericht erforderlich ist.

Im einzelnen gilt heute folgendes:

1. Verboten ist das Einschreiten bei „Übertretungen", wenn die Schuld des Täters gering ist und die Folgen der Tat

unbedeutend sind[1]), außer wenn ein öffentliches Interesse an der Herbeiführung einer gerichtlichen Entscheidung besteht, § 153 I.

2. Zulässig ist Abstandnahme von der Verfolgung

a) mit Zustimmung des Amtsrichters bei „Vergehen" (mit Ausschluß militärischer Vergehen, § 436), wenn die Schuld des Täters gering und die Folgen der Tat unbedeutend sind, § 153 II.[2])

b) wenn die zu erwartende Strafe neben einer anderen Strafe, die über den Beschuldigten wegen einer anderen Tat entweder schon rechtskräftig verhängt ist oder voraussichtlich verhängt werden wird, nicht ins Gewicht fällt, § 154 I (z. B. Fälle, in denen die in Rede stehende Tat mit einem Morde — Todesstrafe! — in Realkonkurrenz steht).

c) In Jugendsachen kann die Staatsanwaltschaft mit Zustimmung des Jugendrichters von Erhebung der Klage absehen, wenn eine Erziehungsmaßregel angeordnet worden ist, und weitere Maßnahmen nicht erforderlich erscheinen, oder wenn anzunehmen ist, daß das Gericht nach § 9 IV JugGerGes. von Strafe absehen wird, JugGerGes. § 32 II.

d) Nach StGB. §§ 4, 37 „kann" bei Auslandsdelikten die Verfolgung je nach Ermessen der Klagbehörde stattfinden oder unterbleiben, wobei das Gesetz namentlich an die mögliche Schwierigkeit der Verfolgung (insbesondere Erforderlichwerden einer Auslieferung), an deren Kostspieligkeit, und daran gedacht hat, daß gegebenenfalls die Bestrafung des Täters im Einzelfalle ohne Schaden für die Autorität unserer Staatsgewalt unterbleiben kann.

e) Ein „objektives Verfahren" (StPO. § 430) zu betreiben, kann die Staatsanwaltschaft in den Fällen unterlassen, in denen die Einziehung nach dem Gesetz nur fakultativ, nicht zwingend vorgeschrieben ist (wie z. B. im StGB. § 40 im Gegensatz z. B. zu § 41 das.).[3])

---

[1]) Eine wenig glückliche Bestimmung! Bei Übertretungen sind die Schuld des Täters und die Folgen der Tat immer gering, sonst hätte der Gesetzgeber sie nicht zu Übertretungen gestempelt. Auch sonst manche Bedenken gegen diese Bestimmung.

[2]) Auch diese Bestimmung ist rechtspolitisch nicht unbedenklich.

[3]) In diesen Fällen kann andererseits, wenn der Staatsanwalt die Klage erhoben hat, auch das Gericht von der Einziehung Abstand nehmen. Die Meinung, daß nur das Gericht freie Hand habe, der Staatsanwalt dagegen dem Legalitätsprinzip unterstehe, hat das Argument gegen sich, daß die Einziehung usw. nur Verwaltungsmaßregeln sind, und der Richterspruch dabei nur als Schutz gegen Entrechtung gedacht ist, deshalb die Befassung des Gerichts behufs negativen Ausspruchs eine zwecklose Weiterung wäre.

f) Bei **Privatklagedelikten** kann die Staatsanwaltschaft die Klage unerhoben lassen, außer wenn das öffentliche Interesse ihr Einschreiten gebietet, § 376. Der bestimmende Gedanke ist dabei der, daß hier in der Regel die mit der Staatsklage konkurrierende Privatklage eingreifen und zur Ahndung der Tat führen werde, und daß, wenn sie unterbleibe, das Allgemeininteresse keinen Abbruch erleide.[1])

Auf eine Zustimmung des durch die Tat Verletzten zur Abstandnahme von der Strafverfolgung ist die Staatsanwaltschaft nicht angewiesen.[2]) Doch wird anzunehmen sein[3]), daß der Verfolgungszwang bestehen bleibt, wo ein Nebenkläger vorhanden ist, und dieser der Abstandnahme von der Verfolgung nicht zustimmt.

IV. Besondere Vorbeugungsmittel dagegen, daß die Staatsanwaltschaft einen zu großen Anklageeifer entfaltet, sieht das Gesetz nicht vor, weil das Gericht ja ohnehin der Staatsanwaltschaft im Nacken sitzt, und jede Anklage von selbst unter die Prozeßherrschaft und die Prüfung des Gerichts fällt. Zudem vermag die Erhebung

---

[1]) Dagegen fallen die **Antragsdelikte** (soweit sie nicht Privatklagedelikte sind, vgl. z. B. StGB. § 247) als solche nicht aus der allgemeinen Regelung heraus, d. h. um ihres Charakters als Antragsdelikte halber darf bei Vorliegen der zureichenden tatsächlichen Anhaltspunkte im Sinne des § 152 II StPO. die Verfolgung nicht „nach Ermessen" unterbleiben. Das Entsprechende gilt für die Gefällsdelikte; StPO. § 424 sieht in Ansehung ihrer nur vor, daß, wenn die Staatsanwaltschaft den an sie gerichteten Antrag der Verwaltungsbehörde ablehnt, letztere selbst Klage erheben kann, überläßt aber die Entschließung über den Antrag der Verwaltungsbehörde, nicht dem freien Ermessen der Staatsanwaltschaft (so auch die h. M.). Andererseits nehmen die Antragsdelikte und die Gefällsdelikte aber auch hinsichtlich der oben aufgeführten „Ausnahmen vom Verfolgungszwang" keine Sonderstellung ein. Soweit die Staatsanwaltschaft nach §§ 153 StPO. usw. gehalten oder ermächtigt ist, von der Verfolgung Abstand zu nehmen, ist sie dies auch trotz Vorliegens eines Strafantrags und trotz des Verfolgungsbegehrens der Verwaltungsbehörde. Vgl. dazu unten Anm. 2.

[2]) Ein Fehlgriff des Gesetzes, soweit es sich um § 153 StPO. handelt! Sind diese Durchbrechungen des Legalitätsprinzips schon an sich nicht unbedenklich, so ist es besonders anstößig, daß sogar der (das Gesetz ja vollständig auf seiner Seite habende!) Verletzte mit seinem Verfolgungsbegehren einfach an die Wand gedrückt werden kann, weil die Sache „zu geringfügig" sei. In den Fällen des § 153 II kann (und wird wohl) die Praxis den Fehler des Gesetzes dadurch korrigieren, daß sie der Strafverfolgung freien Lauf läßt, wo der Verletzte mit deren Unterbleiben nicht einverstanden ist. Anders in den Fällen des § 153 I, wo das Gesetz bei Obwalten eines nur privaten Interesses an der Herbeiführung einer gerichtlichen Entscheidung die Abstandnahme von der Verfolgung geradezu gebietet (und die Annahme, daß Täterschuld und Tatfolgen bei Obwalten solchen Interesses nicht „unbedeutend" seien, eine Annahme in fraudem legis wäre).

[3]) So auch **Kiesow** und **Kohlrausch**.

einer grundlosen Anklage gegebenenfalls zu einer Bloßstellung der Klagbehörde zu führen, und dieser Gedanke wird psychologisch hemmend wirken können. Schließlich ist eine wissentlich falsche Anklage unter Strafe gestellt, StGB. § 344.

Ein besonderes gesetzgeberisches Problem bildet dagegen die Frage, wie bei Fehlgriffen der Staatsanwaltschaft in der umgekehrten Richtung, also in den Fällen, in denen diese die Verfolgung unterläßt, während sie nach § 152 II vorzugehen verpflichtet wäre, verhütet werden könne, daß die Tat ungeahndet bleibe.

Die Strafbestimmung gegen den einen Beschuldigten begünstigenden Staatsanwalt (StGB. § 346) erschien nicht ausreichend, da sie die Fälle nicht deckt, in denen nur irrige Beurteilung der Lage zu der negativen Entschließung geführt hat. Auch darin liegt kein ausreichendes Abhilfsmittel, daß die an der Strafverfolgung Interessierten innerhalb der Staatsanwaltschaft und an die ihr vorgesetzte Justizverwaltungsstelle den Beschwerdeweg beschreiten können, da damit keine richterliche Entscheidung in der Sache, an der doch weite Kreise interessiert sein können, erzielt wird.

Um solche richterliche Entscheidung zu ermöglichen, geben auswärtige Rechte, z. B. das österreichische, dem Verletzten („Privatbeteiligten") die Privatklage ganz allgemein (bei allen Delikten) als „subsidiäre" (d. h. nicht sogleich von vornherein erhebbare, sondern erst durch ablehnenden Bescheid der Staatsanwaltschaft statthaft werdende) an die Hand, so daß also das Klagemonopol der Staatsanwaltschaft insoweit durchbrochen wird.

Gegen diese Regelung spricht, daß wohl gewisse Delikte so geartet sein mögen, daß der Einzelfall ein Einschreiten durch Staatsklage nicht erheischt, — Delikte, die dann eben zu „Privatklagedelikten" gestempelt werden, StPO. § 374 —, daß aber die skeptische Beurteilung eines Falles durch die öffentliche Klagbehörde kein Grund dafür sein kann, bei Delikten jeder Art den Privaten die Wahrung des öffentlichen Interesses an der Bestrafung zu überlassen oder zuzumuten. Bei dem System der subsidiären Privatklage besteht auch die Gefahr, daß die Verfolgungsenergie der Staatsanwaltschaft geschwächt wird und sie zu leicht versucht ist, die Betreibung der Sache den Privaten zu überlassen, mag auch der Gedanke daran, daß sie, wenn der Subsidiarankläger eine Verurteilung erziele, einigermaßen bloßgestellt sei, der Abschwächung ihres Verfolgungswillens entgegenwirken.

Deshalb hat das reichsdeutsche Recht das System der subsidiären Privatklage nicht aufgenommen.

Dagegen hat es bei den Gefällsdelikten eine subsidiäre Staatsklage durch die Finanzbehörden zugelassen, § 424 StPO.

Im übrigen ist das staatsanwaltschaftliche Klagemonopol ungekürzt beibehalten worden (abgesehen natürlich von den „Privatklagedelikten", bei denen ja die Privatklage sogleich von vornherein zulässig ist). Um aber gleichwohl in den Fällen, in denen die Staatsanwaltschaft zu Unrecht die Verfolgung hat auf sich beruhen lassen, eine richterliche Nachkontrolle zu ermöglichen — und doch dabei nicht auch das Klageformprinzip preiszugeben —, hat unser Recht in ganz eigenartiger Weise ein Verfahren geschaffen, in dem nicht sowohl die Strafsache selber, als vielmehr die Frage, ob die Staatsanwaltschaft ihrethalben klagepflichtig sei, den Gegenstand richterlicher Entscheidung bildet, ein Verfahren, in dem der Beschuldigte überhaupt keine Parteirolle hat, und der durch die Staatsanwaltschaft repräsentierte Staat gewissermaßen die Passivpartei ist, während der Verletzte als Aktivpartei erscheint, — das Klageerzwingungsverfahren, §§ 172 ff. Erachtet das in diesem Verfahren angerufene Gericht den Fall für so gelagert, daß Verfolgungszwang Platz greift, so ordnet es die Erhebung der öffentlichen Klage an; die Staatsanwaltschaft ist dann verpflichtet, die Strafsache durch Klage bei Gericht anhängig zu machen, § 175.[1])

§ 36. VI. Die prozessuale Stellung des Beschuldigten.

Wenn man für den gemeinrechtlichen Inquisitionsprozeß (wenn auch mit etwas zu scharfer Zuspitzung) gesagt hat, der Beschuldigte sei dort lediglich „Sache", „Inquisitionsobjekt" gewesen, so nimmt das moderne Recht demgegenüber den Standpunkt ein, daß das Obschweben eines Strafprozesses gegen jemanden und ein vielleicht noch so starker Tatverdacht gegen ihn kein Grund sind, ihn seiner Rechtssubjektivität zu berauben. Eben darum ist er, als „Partei", Prozeßsubjekt. Entgegen der Auffassung, daß das Individuum gegenüber dem Staate eine Null sei, kommt der individualistische Gedanke, daß das Individuum Eigenwert habe, zum Durchbruch, freilich selbstverständlich so, daß unter der Anerkennung der Eigensphäre des Individuums das Interesse der Gesamtheit an nachdrücklicher Strafjustiz nicht notleiden darf, vielmehr ein Ausgleich auf einer mittleren Linie gesucht werden muß.

Danach sind einesteils dem Beschuldigten subjektive öffentliche Prozeßrechte auch gegen den Staat verliehen, und anderen-

[1]) Näheres über das Klageerzwingungsverfahren unten § 98.

teils seine Prozeßpflichten nicht ungemessen, sondern auf das im Gesetz genau umschriebene Maß zurückgeführt, so daß er sich Prozeßbehelligungen ohne gesetzlichen titulus nicht gefallen zu lassen braucht. Machtmittel, die das Gesetz dem Staate nicht ausdrücklich gibt, dürfen gegen den Beschuldigten nicht angewendet werden.

Der Unterschied gegen früher zeigt sich namentlich darin, daß das Gesetz jede Aussagepflicht des Beschuldigten (insbesondere Geständnispflicht) und damit auch alle Arten Geständniszwang (nicht bloß die Folter) hat fallen lassen (vgl. dazu StGB. § 343).[1]) Aber auch davon abgesehen achtet das Gesetz die persönliche Freiheit und umschreibt deshalb genau die Voraussetzungen, unter denen Eingriffe in sie (Untersuchungshaft usw.) im Hinblick auf den Strafprozeßzweck unentbehrlich erschienen (unten § 102). Endlich stehen auch die unpersönlichen Rechtsgüter des Beschuldigten derart unter dem Schutze des Gesetzes, daß ihre Beeinträchtigung an bestimmt umrissene Voraussetzungen gebunden ist (unten §§ 103—106).

D. Die Prozeßgehilfen.

I. Im allgemeinen. § 37.

Mettgenberg, Verzeichnis der Auslieferungsvertr. 1926; Delius, Handb. des Rechtshilfeverfahrens i. Dtsch. Reiche³ 1906; ders., Auslieferungsrecht 1899; Granichstädten, Internation. Strafrechtsverkehr 1892; Frank, Art. „Auslieferung" i. WB. des St.- u. Verwalt.-R.; v. Martitz, Internat. Rechtshilfe in Strafsachen 1 (1888), 2 (1897); Rosenblatt, ZStW. 35 176; Grosch, Das deutsche Auslieferungsrecht und die Rechtshilfe in Strafsachen im Verhältn. z. Reichsausland 1902; Höfling, Die Polizeibehörden als Hilfsbeamte der Staatsanwaltschaft 1881; Wulffen, Staatsanwaltschaft und Kriminalpolizei in Deutschland 1908; St. Genzmer, Die Tätigkeit der Polizei in Strafsachen⁵ 1913; Gerland, Arch. f. öffentl. R. 5 1; Kallee, Der Übersetzer i. StrProz., Tübing. Diss. 1911; v. Kapff, Der Dolmetscher i. StrProz., Heidelb. Diss. 1911.

Neben den „Prozeßsubjekts"-Rollen prägt das Gesetz gewisse Sonderrollen aus, die eine Teilnahme am Prozeßverkehr in Zuordnung zu einem der Prozeßsubjekte bedeuten. Die Inhaber dieser Rollen kann man als „Prozeß- (Subjekts-) Gehilfen" bezeichnen.[2])

---

[1]) Vgl. unten § 62.

[2]) Beiseite bleiben hier solche „Hilfspersonen", die entweder überhaupt nicht in den Prozeßverkehr eintreten (sondern nur innerdienstlich bei einer der Justizbehörden tätig werden oder, z. B. als Berater, lediglich mit einer Partei außerprozessual in Verkehr treten), oder zwar am Prozeßverkehr teilnehmen, aber in einer Rolle, in der sie nicht bestimmt einem der Prozeßsubjekte zugeordnet sind (so die Zeugen, aber auch — trotz StPO. §§ 345 II,

Je nach Verschiedenheit der Fälle kann die Prozeßhilfe bald eine von dem Träger der Hauptrolle begehrte, bald eine ihm spontan geleistete sein; bald eine prozeßrechtlich notwendige, bald eine nur zulässige aber rechtlich entbehrliche; bald eine von dem Träger der Hauptrolle abhängige, bald eine ihm gegenüber selbständige sein.

I. Gehilfen des Prozeßgerichts sind

1. für Vornahme solcher einzelnen richterlichen Handlungen, die das Prozeßgericht einem fremden Gericht übertragen kann (vgl. z. B. StPO. § 223), die „Rechtshilfe- (Requisitions-) Gerichte", das sind (für den Bereich der ordentlichen Strafgerichtsbarkeit) innerhalb des Reichsgebiets die Amtsgerichte, vgl. GVG. §§ 156ff., im Ausland die deutschen Konsulate (soweit mit richterlichen Funktionen betraut) und nach Maßgabe des Völkerrechts, insbesondere der Auslieferungsverträge, die fremdstaatlichen Gerichte.

2. Als nichtrichterlichen Gehilfen des Prozeßgerichts erwähnt das Gesetz den Dolmetscher, GVG. § 185ff. Seine Funktion ist die, den Prozeßverkehr zwischen dem Gericht und anderen Personen zu ermöglichen, indem er die zum Prozeß abgegebenen (mündlichen oder schriftlichen) Erklärungen durch Übertragung in andere Sprache oder Sprachform der anderen Seite verständlich macht.

Auch über die Verdolmetschung hinaus kann sich das praktische Bedürfnis der Heranziehung von Richtergehilfen im Prozeßverkehr einstellen. Es ist z. B. möglich, daß der Richter bei der Vernehmung von Kindern, Jugendlichen, Geisteskranken eines psychologisch oder psychiatrisch geschulten Helfers bedarf, der ihn berät, wie er seine Fragen einzurichten habe, oder auf den zu Vernehmenden belehrend oder beruhigend einwirkt u. dgl.[1]) Obwohl das Gesetz von derartigen Hilfspersonen nirgends spricht, ist doch außer Zweifel, daß ihre Heranziehung zulässig ist. Hinsichtlich ihrer Rechtsstellung werden die Bestimmungen über den Dolmetscher analog anzuwenden sein.

Nicht zu den eigentlichen Richtergehilfen gehören die „Sachverständigen" im Sinne der §§ 72ff. StPO. Sie sind nicht speziell dem Prozeßgericht zugeordnet, stehen vielmehr wie die Zeugen im Dienste des Prozesses schlechthin; auch heben sie sich vom Dolmetscher und den sonstigen Richtergehilfen dadurch ab, daß sie nicht zwischen Prozeßerklärungen anderer vermitteln, sondern selber eine Prozeß-

---

366 II, 390 II — die „Urkundsbeamten der Geschäftsstelle" und die „Rechtsanwälte" als solche, weil dabei die Urkundsbeamten- und Rechtsanwaltsrolle keine spezifische einseitige Parteigehilfenrolle ist).

[1]) Vgl. z. B. Schimmack, JW. 1924, S. 1667.

erklärung (Gutachten) abgeben, also Beweis-Aussagepersonen (persönliche Beweismittel) sind.[1])

In einzelnen Beziehungen ist die Stellung der Sachverständigen allerdings im Sinne der Richtergehilfenschaft gestaltet (vgl. unten § 61 I).

II. Die **Parteigehilfenrollen** kennzeichnen sich dadurch, daß ihr Inhaber am Prozeßverkehr im **Sinne einer Parteirolle** (und zwar einseitig der Aktivparteirolle **oder** der Passivparteirolle) teilnimmt, ohne doch selber der Inhaber oder organschaftliche Repräsentant der Parteirolle zu sein.

„Vertreter" seiner Partei ist der Parteigehilfe als solcher nicht; seine Sonderrolle ist vielmehr an sich die, seiner Partei vorzuarbeiten oder sie bei ihrem Auftreten zu unterstützen. Doch kann sich unter Umständen die Gehilfenschaft zur Vertretung steigern (vgl. z. B. StPO. § 234).

1. Parteigehilfen auf **Aktivseite**, und zwar a) Gehilfen des durch den Staatsanwalt repräsentierten **Staats** als Inhabers der Klägerrolle sind einmal die **Beamten des Polizei- und Sicherheitsdienstes**, StPO. §§ 161, 163, 127 II usw., und unter diesen namentlich die spezifischen „**Hilfsbeamten der Staatsanwaltschaft**", das sind diejenigen, die eigens für repressivpolizeiliche Tätigkeit (**Kriminalpolizei**[2])) berufen und in ein Unterordnungsverhältnis (außer zu ihren polizeilichen Vorgesetzten auch) zur Staatsanwaltschaft gesetzt sind, GVG. § 152 I, und denen weitergehende prozessualische Befugnisse als der übrigen Polizei zukommen, vgl. StPO. §§ 98, 105[3]); ferner im sog. **Ermittelungsverfahren** (dem staatsanwaltschaftlichen Vorverfahren vor Klageerhebung) der **Amtsrichter** (als sog. „Ermittelungsrichter") StPO. §§ 162, 165.

---

[1]) Dagegen ist der bloße Umstand, daß der Dolmetscher als **Sprachkundiger** fungiert, kein genügendes Unterscheidungsmerkmal gegenüber dem Sachverständigen. Wessen Sprachkunde nicht dazu verwertet wird, um den Prozeßverkehr zu ermöglichen, sondern dazu, außerhalb des Prozeßverkehrs abgegebene Äußerungen zu verstehen, versieht die Prozeßrolle des „Sachverständigen". Wenn X wegen eines fremdsprachlichen Schimpfworts oder wegen Urkundenfälschung, begangen durch Anfertigung eines fremdsprachigen Schriftstücks, angeklagt ist, so ist der Sprachkundige, der das Schimpfwort bzw. die Urkunde ins Deutsche übersetzt, Sachverständiger im Sinne der §§ 72 ff. StPO. Man kann ihn passend „Beweisdolmetscher" nennen im Gegensatz zu dem „Verkehrsdolmetscher" der §§ 185 ff. GVG.

[2]) Die Sonderung der Kriminalpolizei — police judiciaire — von der police municipale oder administrative ist französischen Ursprungs.

[3]) Welche Polizeibeamte die Sonderstellung von Hilfsbeamten der Staatsanwaltschaft haben, richtet sich nach Landesrecht GVG. § 152 II; in **Militärstrafsachen** treten die militärischen Vorgesetzten hinzu, StPO. § 443.

b) Als Parteigehilfen auf seiten des Privatklägers kommen in Betracht

α) Der Terminsbeistand, StPO. § 378 I (Verkehrsgehilfe des Privatklägers bei mündlicher Verhandlung vor dem Richter; zugelassen nur Rechtsanwälte), sowie der Unterzeichnungsbeistand (nur ein Rechtsanwalt) nach § 390 II.

β) Die Staatsanwaltschaft, insofern sie (ohne Übernahme der Parteirolle nach § 377 II, oben § 32 IV 2) am Verfahren mitzuwirken, wenn auch nicht verpflichtet, so doch befugt ist (Erscheinen in der Hauptverhandlung, Stellung von Anträgen usw.), StPO. § 377 I.

2. Parteigehilfen auf Passivseite sind

a) die Verhandlungsbeistände (Verkehrsgehilfen) des § 149 StPO. (Ehemann, gesetzlicher Vertreter), die Unterzeichnungsbeistände (der Verteidiger oder ein Rechtsanwalt) nach StPO. §§ 345 II, 366 II, und die Jugendlichen-Beistände, die mit den Rechten eines Verteidigers ausgerüstet sind, JugGerGes. § 29 III; weiter der gesetzliche Vertreter, der Ehemann, die Angehörigen nach näherer Maßgabe der §§ 137 II, 280 S. 2, 282, 298, 286 I S. 2, 361 II, 365 StPO., § 30 JugGerGes.

b) Der Verteidiger, unten § 38.

§ 38. II. Der Verteidiger insbesondere.

Frydmann, Systemat. Handb. der Verteidigung im Strafverfahren 1878; Vargha, Die Verteidigung in Strafsachen 1879; v. Schwarze, Erörterungen 1881, S. 189 ff.; Voitus, Kontroversen 1 44; Köhler, Die Lehre von der Verteidigung, GS. 53 161 ff., 321 ff.; Pfenninger, Die grundsätzliche Stellung der Verteidigung im modernen Strafverfahren, in der Festschr. f. Zürcher 1920; v. Lilienthal, DJZ. 19 28 (Wahrheitspflicht des Verteidigers); Benedikt, Die Advokatur unserer Zeit⁴ 1912.

I. „Verteidigung" ist sachlich genommen („materielle Verteidigung") die Tätigkeit, die dem Schutze des Beschuldigten gegen Prozeßbehelligung und ungünstige Sachentscheidung dient. Ihre Ausübung steht dem Beschuldigten selbst frei; auch Gericht und Staatsanwaltschaft sind zu ihr mitberufen. Da aber der Beschuldigte oft nicht imstande ist, seine Verteidigung sachgemäß zu führen (Mangel an Geschicklichkeit, an innerer Ruhe usw.), und da für das Gericht und die Staatsanwaltschaft die Verteidigung jedenfalls keine Spezialaufgabe ist, so ergibt sich noch ein weitergehendes Schutzbedürfnis für den Beschuldigten. Das Gesetz trägt diesem dadurch Rechnung, daß es die Sonderrolle des „Verteidigers" (sog. formelle Verteidigung) ausprägt. Sie unterscheidet sich von der des einfachen „Beistands" dadurch, daß sie nicht bloß auf Hilfe in bestimmten Prozeßlagen, sondern auf umfassende Prozeßhilfe angelegt ist.

Solche Verteidigung ist heute bei jeder Prozeßart und in jedem Prozeßabschnitt zulässig, StPO. § 137, vgl. § 286. Sie ist in gewissen Fällen — StPO. § 140 I; § 140 II; § 140 III[1]) [2]); JugGerGes. § 29 I; das. § 29 II („Soll"-Vorschrift); StPO. § 81; JugGerGes. § 28 IV S. 2 — sogar „notwendig" in dem Sinne, daß der Fortgang des Verfahrens durch das Fehlen eines Verteidigers gehemmt wird.

II. Für die Verteidigerrolle **legitimiert** ist, wer vom Beschuldigten (vgl. daneben §§ 137 II, 286 I S. 2) aus dem Kreise der nach § 138 StPO. Wählbaren zum Verteidiger **gewählt** ist („Wahlverteidiger", vgl. dazu StPO. § 139), oder (als sog. „Amts-" oder „Offizialverteidiger") aus dem in § 144 StPO. aufgeführten Personenkreise richterlicherseits zum Verteidiger „**bestellt**" ist. Solche Bestellung erfolgt nur, wo ein Wahlverteidiger nicht vorhanden ist, und zwar ist sie alsdann in den Fällen der „notwendigen" Verteidigung geboten, im übrigen (StPO. § 141) Ermessenssache.

Gründe, aus denen der nach Vorstehendem Legitimierte von der Verteidigerrolle „kraft Gesetzes ausgeschlossen" wäre oder durch „Ablehnung" ihrer enthoben werden könnte, gibt es nicht.[3])

---

[1]) Nach § 140 III soll die Verteidigung unter den dort angegebenen Voraussetzungen auch in den vor dem **Amtsrichter** zu verhandelnden Sachen notwendig sein. Diese Anordnung ist jedoch durch **Vo.** vom 4. Januar 1924 §§ 27 II, 43 nicht gedeckt (auch nicht durch § 25 das., der nur das **Verfahren vor dem** Amtsrichter betrifft) und somit ungültig. So auch das KG., **GA. 69** 188; **Wex**, **JW. 54** 1473. A. M. OLG. Stettin, Pr.JMBl. 1925, S. 167, **GA. 69** 431. Vgl. oben § 3 I, 1 Anm. 4.

[2]) In den Fällen des § 140 III ist die Notwendigkeit der Verteidigung durch einen Antrag des Beschuldigten oder seines gesetzlichen Vertreters bedingt. Dieser Antrag ist an die Frist des § 140 IV S. 2 geknüpft. Spätere Anbringung des Antrags ist belanglos. Insbesondere kann der Angeklagte nicht erst in der Berufungsinstanz mit dem Antrage hervortreten. So OLG. Königsberg, **JW. 54** 1544; a. M. **Jonas**, das. und **JW. 54** 927; OLG. Breslau, Höchstr.RSpr. **2** 11, **GA. 70** 216. Dagegen wirkt der in der Frist des § 140 IV S. 2 gestellte Antrag für das ganze Verfahren, so daß auf ihn hin auch in der Berufungsinstanz ein Verteidiger zu bestellen ist, wenn z. B. der erstbestellte fortgefallen ist. **Löwenstein**, **JW. 55** 1248.

[3]) Das Gericht hat deshalb keine Handhabe, einen Wahlverteidiger deshalb auszuschalten, weil er den Angeklagten unzulässig begünstigt habe oder solcher Begünstigung verdächtig, oder solche von ihm zu erwarten sei. Vgl. **Alsberg**, **JW. 55** 2756; a. M. RGer., das., **Ebermayer**, **DJZ. 32** 134. Sogar ein Mitangeklagter kann Verteidiger sein (a. M. **Alsberg**, a. a. O.). Die Auffassung des Textes ergibt sich nicht nur aus dem Schweigen des Gesetzes,

III. Die rechtliche *Aufgabe* des Verteidigers ist zunächst dadurch gekennzeichnet, daß er Parteigehilfe des Beschuldigten, somit auf *Abwehrtätigkeit* beschränkt ist. Hervorkehrung von Gesichtspunkten contra reum, Herbeiführung von Prozeßbehelligungen und ungünstigen Entscheidungsinhalten usw. ist nicht seine Sache; er hat z. B. nicht den Freisprechungsantrag des Staatsanwalts in der Hauptverhandlung mit einem Verurteilungsantrage zu beantworten. Er ist eben nicht Wahrer des öffentlichen Interesses als solchen. Zu einer Tätigkeit, die im Sinne der Rechtsordnung eine Angriffstätigkeit darstellt, darf er sich selbst dann nicht verstehen, wenn der Beschuldigte sie wünscht.

Auf der anderen Seite ist der Verteidiger, so sehr er sich seinem Klienten menschlich verbunden fühlen soll, doch nicht sein Parteigehilfe in dem Sinne, daß er sich mit ihm und seinen selbstischen Interessen geradezu identifizieren dürfte. Er hat vielmehr ausschließlich *ungerechtfertigte* Prozeßbehelligungen und Sachentscheidungen von seinem Klienten fernzuhalten (darf also z. B. nicht die Freisprechung eines nach Maßgabe der Beweisaufnahme Schuldigen betreiben), und dies nur mit *rechtlich einwandfreien* Mitteln (z. B. nicht durch Verleitung von Zeugen zum Meineid). Ist er auch nicht der berufene Wahrer des öffentlichen Interesses, so ist er doch auch nicht dazu da, diesem entgegenzuwirken. Die Rechtsordnung würde ja sonst durch Zulassung der Verteidigung die gefährlichste Form der Verbrechensbegünstigung (vgl. StGB. § 257) legalisieren und selber zur Vereitelung des Strafprozeßzwecks beitragen.

So umschreibt sich das Feld der Verteidigertätigkeit dahin: er hat ungerechtfertigten Prozeßbehelligungen und ungerechtfertigten Sachentscheidungen, die im Sinne der Rechtsordnung dem Beschuldigten ungünstig sind, mit rechtlich einwandfreien Mitteln entgegenzuwirken.

Bei der Beurteilung, *was* „gerechtfertigt" sei und was nicht, hat sich der Verteidiger unter Ausschaltung seines privaten Wissens in die Seele der Richter so, wie die Prozeßlage vor ihnen ausgebreitet liegt, zu versetzen. Es ist deshalb kein Verstoß gegen den Verteidigerberuf, wenn der Verteidiger die Unzulänglichkeit der Beweisaufnahme für eine Verurteilung beleuchtet, und danach Freisprechung beantragt, obwohl er infolge vertraulichen Geständ-

---

sondern auch aus der inneren Erwägung, daß alle Schritte des Verteidigers unter der Prüfung des Gerichts stehen, *Beling*, **LZ. 21** 518. Vgl. aber unten S. 151, Anm. 1.

nisses des Klienten (vgl. StGB. § 300) persönlich weiß, daß er schuldig ist.

Soweit tatsächliche oder rechtliche Zweifel auftauchen, hat der Verteidiger auf diese Zweifel hinzuweisen.

Besondere Befugnisse gewährt das Gesetz dem Verteidiger in §§ 147, 148 (Akteneinsicht, Verkehr mit dem verhafteten Beschuldigten).[1])

IV. Innerhalb des Bereichs der Schutztätigkeit gem. III ist der Verteidiger grundsätzlich von den Wünschen, einer Spezialermächtigung, der Zustimmung oder dem Widerspruch seines Klienten sowohl hinsichtlich der Zulässigkeit wie hinsichtlich der Wirksamkeit seines Vorgehens unabhängig. Er hat z. B. dessen sachlich gebotene Freisprechung auch dann zu betreiben, wenn der Angeklagte selbst verurteilt sein möchte; seine Entlastungsbeweisanträge sind vom Gericht zu berücksichtigen, auch wenn der Angeklagte ihnen widerspricht usw.[2])

Nur insoweit werden prozessualische Erklärungen des Verteidigers durch ausdrückliche abweichende Willenserklärung des Beschuldigten entkräftet, als dieser damit Schutzmöglichkeiten preisgibt, hinsichtlich deren die Abwägung von Vorteil oder Nachteil als seine eigenste Angelegenheit erscheint; vgl. z. B. StPO. § 297 (ebenso würde im Falle des § 266 StPO. die „Zustimmung des Angeklagten" maßgebend sein, auch wenn der Verteidiger Widerspruch gegen die Mitverhandlung der anderen Tat erhöbe).

V. Eine Vertretung des Beschuldigten in der Prozeßführung (nach Art der Stellung des zivilprozessualischen „Prozeßbevollmächtigten") bedeutet die Verteidigung als Ganzes genommen nicht; insbesondere handelt es sich im mündlichen Prozeßverkehr grundsätzlich nur um ein Mitauftreten des Verteidigers neben dem Beschuldigten. Die eigene persönliche Tätigkeit des Beschuldigten in der Richtung der Abwehr ist dadurch, daß er einen Verteidiger hat, nicht beschränkt, nicht durch Zustimmung des Verteidigers bedingt, nicht durch Widerspruch des Verteidigers entkräftet.

Immerhin wirken die im Sinne der Abwehr vorgenommenen Handlungen des Verteidigers (insbesondere Entlastungsbeweisanträge an das Gericht u. dgl.) auch ohne daß sich der Beschuldigte selbst dazu äußert, so, wie wenn sie dieser selbst vorgenommen hätte. Das

[1]) Das Gesetz hat dabei ersichtlich an die Fälle nicht mitgedacht, in denen der Verteidiger diese Befugnisse zu Kollusionen mißbrauchen kann. Dem „Begünstiger" oder Teilnehmer des Angeklagten kommen, wenn er Verteidiger ist, diese Befugnisse nicht zu, Beling, **LZ. 21** 518.

[2]) Vgl. z. B. RGer., **JW. 54** 2782.

gleiche gilt sogar hinsichtlich der Schutztätigkeit des Verteidigers, der der Beschuldigte widerspricht, außer soweit (vgl. oben IV a. E.) die Preisgabe des Rechtsschutzes alleinige Sache des Beschuldigten ist. Dagegen wirken Willenserklärungen des Verteidigers, die eine Preisgabe von Verteidigungsmöglichkeiten darstellen, nur bei Einverständnis des Beschuldigten (das unter Umständen, vgl. § 302 II StPO., sogar ein ausdrücklich erklärtes sein muß).

Ganz mit seiner „Vertretung" kann der Beschuldigte den Verteidiger nur in bestimmten Ausnahmefällen betrauen (vgl. namentlich StPO. § 234). In diesen Fällen wird der Verteidiger nicht nur Erklärungsempfänger für die an den Beschuldigten zu richtenden gerichtlichen Erklärungen, sondern es wirkt auch die Nichtgeltendmachung von Verteidigungsrechten und der Verzicht auf solche von seiten des Verteidigers so, wie wenn der Beschuldigte selbst sich derart verhalten hätte (z. B. wird alsdann der in § 265 StPO. vorgeschriebene Hinweis rechtswirksam an den Verteidiger gerichtet; die in § 266 StPO. erwähnte Zustimmung des Angeklagten wird wirksam durch die des Verteidigers ersetzt usw.).[1])

4. Kapitel.

§ 39. Fortschreiten und Ende des Prozesses.

Gravenhorst, Der sog. Konflikt bei gerichtl. Verfolgung von Beamten 1908.

I. Aller Prozeß ist dazu da, sich durch seine Weiterentwickelung zu vernichten. Sein rechtlicher Wert liegt nicht in ihm selbst, sondern in dem Ergebnis, das er abgeschlossen bringt. Sein „Schweben" ist an sich ein Übelstand. Deshalb obliegt, ohne daß das Gesetz dies ausdrücklich ausgesprochen hätte, den am Prozeß beteiligten Beamten die Rechtspflicht, das Verfahren in steter Fortbewegung zu seinem Abschluß hin zu halten, jeder Handlung die als nach der Sach- und Rechtslage nächste gebotene Handlung pausenlos nachfolgen zu lassen. Auf die Privaten drückt die StPO. im Sinne der Gegenwirkung gegen Verschleppung besonders durch Setzung von

[1]) Geständniserklärungen des Verteidigers wirken dagegen, auch wenn letzterer mit „Vertretung" betraut ist, nur als eine vom Gericht auf ihre Richtigkeit hin nachprüfbare Mitteilung darüber, daß der Beschuldigte außergerichtlich die betreffende Tatsache eingeräumt habe. Dies hängt damit zusammen, daß das Geständnis im Strafprozeß kein „Dispositionsakt" ist, sondern eine der Richtigkeitsprüfung unterstellte reine Aussage, vgl. unten § 62 II 5.

Handlungsfristen, deren Nichteinhaltung Verlust von Rechtsvorteilen bedeutet. Auch den Beamten sind in bestimmten Beziehungen Fristen gesetzt. Darüber unten § 45 II 1.

Bei dem Gedanken der lückenlosen stetigen Inganghaltung des Prozesses rechnet das Gesetz freilich mit den „natürlichen" Pausen, die darin begründet sind, daß die Beteiligten der physischen oder geistigen Ruhe bedürfen, daß die Einzelakte Zeit zum Nachdenken und zu sonstiger Vorbereitung bedürfen, daß vielfältige anderweitige Geschäfte, besonders berufliche, dem betreffenden Einzelprozeß den Rang streitig machen usw.; auch damit, daß störende tatsächliche Ereignisse, wie Erkrankungen, Naturereignisse, unliebsam dazwischentreten können. Man kann sich deshalb der Formel bedienen, daß der Prozeß „ohne schuldhaftes Zögern" zu fördern sei.

Es gibt aber auch Rechtsbestimmungen, die aus besonderen Gründen Pausen in den Prozeßablauf einschieben.

Dahin gehört die gesetzliche Setzung von „Zwischenfristen", deren Ablauf erst abgewartet werden muß, bevor im Prozeß vorwärtsgegangen wird (unten § 45 II 1). Es gibt ferner verschiedene Bestimmungen, nach denen das Gericht gehalten oder ermächtigt ist, den Prozeßlauf stillzustellen, um gegebenenfalls später fortzufahren, vgl. z. B. StPO. § 262 II; RAbgO. § 433 I S. 2; RVerf. Art. 37 III; EGVG. § 11 II[1]); StPO. § 205.[2])

II. Der Prozeß **hört** von Rechts wegen **auf** (d. h. eine Fortführung ist damit rechtlich unstatthaft geworden)

1. **ohne Zutun des Gerichts**

a) durch **Tod des Beschuldigten**[3]); durch **Tod des Privatklägers**; sowie durch **Klagezurücknahme**, soweit sie nach dem Gesetz (StPO. §§ 156, 391) „zulässig" (d. h. wirksam) ist, — also in den Fällen, in denen ein tragfähiges Prozeßverhältnis nicht mehr vorhanden ist. Eine Wiederherstellung des Prozeßverhältnisses und damit eine Weiterführung des Prozesses ist nur im Falle des Todes des

---

[1]) Danach kann das Landesrecht bei Strafverfolgung gegen Beamte bestimmen, daß vorerst eine das Gericht bindende Vorentscheidung des obersten Verwaltungsgerichtshofs des betreffenden Landes, evtl. des Reichsgerichts, darüber zu erfolgen habe, ob sich der Beamte amtspflichtmäßig verhalten habe (sog. „Konflikts"-Fall). Soweit solche landesrechtlichen Bestimmungen eingreifen, ist mit dem Strafprozeß so lange innezuhalten, bis die Vorentscheidung erfolgt ist.

[2]) Über StPO. §§ 228, 229 (betreffend die Hauptverhandlung) s. unten § 75 VI.

[3]) Ausnahme hinsichtlich des Wiederaufnahmeverfahrens, StPO. §§ 361, 371.

Privatklägers und im Wiederaufnahmeverfahren bei Tod des Verurteilten, der Wiederaufnahmeantrag gestellt hat, und nur nach näherer Maßgabe der §§ 393 II, III, 361 II möglich (Einrücken der Angehörigen in die Parteirolle).

b) Unter Umständen[1]) durch Abolition (Niederschlagung des Verfahrens).

In diesen Fällen ist eine ausdrücklich das Verfahren einstellende Entscheidung des Gerichts nicht erforderlich[2]), aber — als deklaratorische — zulässig.

2. In allen übrigen Fällen waltet der rechtliche Prozeßzustand so lange ob, bis das Gericht eine (und zwar grundsätzlich eine formell rechtskräftige) prozeßerledigende Entscheidung[3]) erlassen hat. Dies gilt auch dann, wenn außerhalb der Fälle von 1. das Strafklagerecht erlischt, die Strafverfolgung unzulässig wird: hier ist zwar eine formale Einstellung des Verfahrens geboten, aber der Prozeß selbst erlischt eben erst mit dieser. Vollends beeinflußt der Eintritt eines Strafaufhebungsgrundes den Prozeßfortgang nicht: dieser ist vielmehr durch eine — natürlich freisprechende — Sachentscheidung abzuschließen.

Das durch formell rechtskräftige prozeßerledigende Entscheidung abgetane Verfahren ist nicht fortsetzbar, außer ausnahmsweise in der Gestalt der „Wiederaufnahme des Verfahrens", unten § 84.

5. Kapitel.

§ 40. Prozeßeinheit und Prozessemehrheit.

Hein, Identität der Partei 1 (1918), 2 (1925); Rissom, Werber, Genge, Hecker, Arch. f. Militärrecht 2 209; Beling, ebenda 286; Doerr, Bayr. Z. 7 393; Wurzer, GA. 65 268. Kohlrausch, Z. proz. Behandlung der Idealkonkurrenz, Greifsw. Diss. 1899; Planck, Mehrheit der Rechtsstreitigkeiten 1844; Glaser, Gegenseitige Beziehungen mehrerer Strafsachen, GS. 1885, S. 81; Alsberg, D. StrRZtg. 1 292; Schierlinger, Bayr. Z. f. RPfl. 14 337; Beling, ZStW. 38 816; Fortlage, DStrRZtg. 6 182. Vgl. auch das Schrifttum zu § 28.

Dem einheitlichen abstrakten Begriff „Strafprozeß" stehen als tatsächliche Lebenserscheinungen unzählige konkrete „Einzelprozesse" gegenüber, sie alle übereinkommend in ihrem juristischen „Prozeß"-

[1]) Genaueres darüber unten § 111.

[2]) Auch § 393 I (betreffend Tod des Privatklägers) besagt nicht, daß ein Einstellungsentscheid zu ergehen habe, sondern daß sich „die Einstellung", d. i. das Aufhören des Prozesses, als Folge ergebe.

[3]) Unten §§ 50 III, 55.

Charakter und insofern lauter bloße „Exemplare", und dennoch jeder im Sinne des „dies jetzt hier" eine „Individualität" darstellend, durch die jeder sich von den anderen scheidet.

Diese tatsächliche Individualität jedes Prozesses wird festgelegt durch den geschichtlichen Klageakt, z. B. durch die von der Staatsanwaltschaft am Landgericht I München am 26. September 1927 gegen X wegen der Tat Y erhobenen Klage; die von A am 12. Oktober 1927 beim Amtsgericht Rosenheim gegen B erhobene Beleidigungsprivatklage usw. Diesem Klageakt folgen dann die weiteren auf ihn gedanklich bezogenen Prozeßereignisse (der Eröffnungsbeschluß, die Terminsansetzung, die Hauptverhandlung und das Urteil erster Instanz, die Rechtsmitteleinlegung usw.). Zusammen mit den sich so an ihn anschließenden Prozeßfortsetzungsakten bildet der einzelne Klageakt „diesen" „einen" Prozeß. Jeder solche Einzelprozeß wird in der Praxis durch ein „Aktenzeichen" gekennzeichnet (z. B. „B 317/1928"); die ihn betreffenden Schriftstücke werden in einem Aktenstück gesammelt.

Aber von dieser rein tatsächlichen „Prozeßeinheit und Prozessemehrheit" ist die prozeßrechtlich vorgezeichnete Einheit oder Mehrheit der Prozesse zu unterscheiden. Es fragt sich: was soll sich von Rechts wegen als ein Prozeß, und was im Rahmen mehrerer Prozesse abspielen? Diese Frage taucht bei jedem Prozeßfortsetzungsakt auf. Es ist in jeden Prozeß alles hineinzuziehen, was eben in diesen Prozeß gehört, und es ist diesem Prozeß alles fernzuhalten, was in einen anderen gehört. Auch diese rechtliche Ordnung der Zählung der Prozesse, dieses „suum cuique tribuere", dient der Befriedigung der Lebensinteressen. Als rechtlich ungeordnete Masse würden die Prozesse einem elektrischen Läutewerk gleichen, in dem die Drähte hier abgerissen und dort ineinander verwirrt sind.

Die Grundsätze nun, die die StPO. teils ausdrücklich ausspricht, teils aus ihrem gesamten Zusammenhange erkennen läßt, sind folgende:

I. In jedem Prozeß muß das durch den Klagakt begründete Prozeßverhältnis festgehalten werden; nur zwischen den ursprünglichen Prozeßsubjekten und denen, die statt ihrer rechtlich in das Prozeßverhältnis einrücken oder neben ihnen in dieses eintreten[1]), ist der Prozeß fortzuspinnen.

Dies gilt

1. für das Prozeßgericht: an eine in München erhobene Klage kann nicht das Landgericht Augsburg einen Eröffnungsbeschluß,

[1]) Oben §§ 30, 31, 32.

und an diesen nicht das Schwurgericht Regensburg ein Urteil anknüpfen.

2. Auf Aktivparteiseite ist es nicht anders. Usurpatoren der Klägerrolle haben im Prozeß nichts zu suchen, wie sie auch umgekehrt von den anderen Prozeßsubjekten nicht als Kläger behandelt werden dürfen. Hatte der Ehemann X wegen Beleidigung seiner Ehefrau geklagt, so darf das Urteil nicht dahin ergehen, daß „auf die Privatklage der Frau X der Angeklagte freigesprochen, und jener die Kosten auferlegt" würden.

3. Ebenso auf Passivparteiseite. Es kann niemand an Stelle des Beschuldigten in den Prozeß einrücken.[1])

Es darf auch niemand außer dem Beschuldigten in diesem Prozeß verurteilt oder freigesprochen werden.[2])

II. In jedem Prozeß ist ferner von Anfang bis Ende derselbe Prozeßgegenstand festzuhalten. Der Klagegegenstand bildet zugleich den Untersuchungs- und den Entscheidungsgegenstand. Das Klageformprinzip („Wo kein Kläger, da kein Richter"), StPO. §§ 151, 155, 264, schließt nicht bloß aus, daß sich das Gericht mit einem überhaupt nicht unter Klage gestellten Prozeßgegenstand befaßt, sondern auch, daß es sich mit einem Prozeßgegenstande, der nicht von dieser Klage gedeckt wird, hier (in diesem Prozeß) befaßt.

Deshalb ist der Einzelprozeß nicht nur auf das Verfahren gegen denselben Beschuldigten (oben I 3), sondern auch auf das Verfahren wegen derselben Tat beschränkt. Im ganzen Prozeß ist ein identischer Prozeßgegenstand festzuhalten.

Ergeben sich während des Prozeßlaufs Verschiebungen tatsächlicher oder rechtlicher Art, so ist deshalb nicht bloß von Etappe zu Etappe zu prüfen, ob das neue Vorstellungsbild einen mit dem unmittelbar vorherigen identischen Prozeßgegenstand ausmacht, sondern zugleich auch, ob die jeweils letzte Verschiebung verglichen mit dem in der Klage gemeinten Prozeßgegenstand dessen Identität unberührt läßt. Lautete z. B. die Anklage darauf, daß X am 5. durch

---

[1]) Ergibt sich z. B. in der Hauptverhandlung, daß der Beschuldigte, X, der Tat fernsteht, diese vielmehr von Y begangen ist, so kann letzterer nicht statt des ersteren als nunmehr Beschuldigter in den laufenden Prozeß aufgenommen werden, auch nicht, wenn er selbst es wünscht. Der Prozeß ist gegen X ordnungsmäßig zu Ende zu führen (Freisprechung des X), gegen Y ist auf Klage gesondert vorzugehen.

[2]) Also z. B. nicht jemand, der nur als Zeuge geladen und erschienen war, ebensowenig Tatteilnehmer, die von dieser Klage nicht umfaßt waren.

Erlegung einer Wildente ein Jagdvergehen begangen habe; erging dann der Eröffnungsbeschluß dahin, daß X durch Erlegen zweier Wildenten (außer der am 5. geschossenen noch einer am 6. erlegten) ein fortgesetztes Jagddelikt begangen zu haben hinreichend verdächtig sei, und erweist sich schließlich in der Hauptverhandlung, daß der Schuß vom 5. dem Angeklagten nur irrigerweise zur Last gelegt worden ist, während der Schuß vom 6. eine zahme Ente getroffen hat, also Sachbeschädigung war, so würde zwar zwischen Anklage und Eröffnungsbeschluß Identität der Tat obwalten, ebenso zwischen Eröffnungsbeschluß und Hauptverhandlungsergebnis, nicht aber zwischen letzterem und dem Klagegegenstand; denn ein am 5. verübtes Jagdvergehen und eine am 6. begangene Sachbeschädigung sind nicht mehr eadem res. Das laufende Verfahren wäre durch Freisprechung zu Ende zu bringen; der Sachbeschädigungsfall wäre durch neue Klage anhängig zu machen.

III. Vorbehaltlich der alsbald zu erwähnenden Ausnahmen gehört in einen Prozeß immer nur ein Prozeßgegenstand, wie auch umgekehrt ein Prozeßgegenstand nur in einen Prozeß gehört. Ein Verfahrensgegenstand, ein Verfahren; Quot causae, tot processus.

Hieraus in Verbindung damit, daß innerhalb des Prozeßgegenstandes die Strafsache den Kern bildet, erklärt sich ein weitverbreiteter Sprachgebrauch, der geradezu die Strafsache mit dem ihr gewidmeten Verfahren identifiziert. So sagt z. B. StPO. § 442: „Militärstrafsachen sind Strafverfahren, die" usw.; und in der Praxis ist es gang und gäbe, das den Einzelprozeß individualisierende (dem „Aktenzeichen" entsprechende) „Rubrum" durch die Wendung: „In der Strafsache wider X wegen Brandstiftung" usw. wiederzugeben, — während doch der Prozeß eine Kette von Vorgängen und die Strafsache das dabei als Aufgabe vorschwebende Gedankenbild ist.

1. Jeder Prozeß ist nur einem Gegenstande zu widmen.

Ausnahmsweise kann ein Prozeß eine Mehrheit von Prozeßgegenständen in den Fällen des „Zusammenhangs" der Strafsachen haben (vgl. StPO. § 3: Realkonkurrenz — persönlicher oder subjektiver Zusammenhang —; Teilnahme in einem die Begünstigung und Hehlerei mit umfassenden Sinne — sachlicher oder objektiver Zusammenhang). In diesen Fällen gehören die mehreren Gegenstände dann in ein Verfahren, wenn entweder der ursprüngliche Klageakt sie umspannte, oder einer von ihnen durch „Inzidentklage" nach StPO. § 266 in den Prozeß eingeführt wird, oder ein Zusammenlegungsbeschluß ergeht, also 2 Prozesse in einen verschmolzen werden (vgl. StPO. § 4).[1])

Im Privatklageverfahren kann ein zweiter Prozeßgegenstand auch durch Erhebung einer Widerklage in das Verfahren hineingelangen (zulässig bei Wechselseitigkeit der Taten), StPO. § 388.

Hier bewegt sich dann das Verfahren in einheitlichem Rahmen, was namentlich zur Folge hat, daß ein Straffall, der für sich allein zur Zuständigkeit eines Gerichts niederer Ordnung gehört, kraft der Verbindung des Verfahrens teilhaftig wird, das dem Gericht höherer Ordnung vorgezeichnet ist, StPO. § 5.

Trotz der Einheit des Verfahrens behalten aber die mehreren Gegenstände selbst ihre Selbständigkeit[2]), so daß z. B. die Zulässigkeit der Strafverfolgung für jede Sache isoliert zu prüfen ist; das Zeugnisverweigerungsrecht und die Zulässigkeit der Vereidigung bei einem Zeugen hinsichtlich der einen Sache bejaht, hinsichtlich der anderen verneint werden kann; ein 2 Strafsachen umschließendes Urteil hinsichtlich der einen Strafsache mit Berufung, hinsichtlich der anderen mit Revision anfechtbar sein kann[3]), die prozessualischen Rechte der Parteien nach den mehreren Strafsachen gesondert gelten[4]) usw.

Deshalb ist es auch zulässig, die in einem Prozeß verbundenen Prozeßgegenstände durch Trennungsbeschluß wieder auseinanderzulegen, StPO. § 4.

Da es auf die vom Kläger beim Klageakt vorgenommene Zählung der von der Klage in Bezug genommenen Prozeßgegenstände nicht ankommt[5]), so ist das Gericht nicht gehindert, Realkonkurrenz

---

[1]) Vgl. dazu JugGerGes. § 26.

[2]) In diesen Fällen erweist sich die Unrichtigkeit des freilich auch hier üblichen Sprachgebrauchs, der das Verfahren und seinen Gegenstand identifiziert (oben S. 157). Lautete die Klage auf 1. einen von X begangenen Hausfriedensbruch; 2. einen von X begangenen reell konkurrierenden Widerstand gegen die Staatsgewalt; 3. Mittäterschaft des Y bei 1., — so sollte das Rubrum nicht lauten: „In ‚der‘ Strafsache wider X u. Gen.“, sondern: „Im Strafverfahren wider X u. Gen. (wegen dreier Strafsachen).“

[3]) Vgl. dazu StPO. §§ 312, 313, 334 und dazu Bayr. Oberst. LdesGer., **ZStW. 45** 397.

[4]) z. B. kann ein Mitangeklagter eine Urteilsanfechtung nicht darauf stützen, daß ein anderer Mitangeklagter in seinem Recht auf Anwesenheit in der Hauptverhandlung verkürzt worden sei, **E. 8** 155, **20** 124, **32** 122, RGer., **GA. 70** 107, oder darauf, daß ein Beweisantrag eines anderen Mitangeklagten abgelehnt worden sei, Beling, **ZStW. 38** 816, **JW. 55** 1221. Vgl. oben § 32 II Anm. 1.

[5]) Oben § 28 III a. E.

anzunehmen, wo die Klage ein fortgesetztes Delikt annahm, und umgekehrt. Im ersten Falle ist die Behandlung der Angelegenheit nicht anders, als wie wenn schon die Klage auf Realkonkurrenz gelautet hätte. Im zweiten Falle muß der Umstand, daß der Kläger eine Entscheidung über 2 Strafsachen herausgefordert hatte, während das Gericht nur eine annimmt, dazu führen, daß hinsichtlich der „zweiten" Strafsache eine ausdrückliche Sachentscheidung (auf Freisprechung) ergeht.

2. Grundsätzlich ist ausgeschlossen, daß einem Prozeßgegenstande mehrere Prozesse gewidmet werden, seien sie nebeneinander herlaufend, seien sie aufeinanderfolgend. Einem Zweitprozeß, der einen anhängigen Prozeß de eadem re vorfindet, steht „Rechtshängigkeit", einem Zweitprozeß, der auf einen abgetanen Prozeß de eadem re folgen soll, steht „Rechtskraft" entgegen. „Ne bis in idem" (ein Satz, der allerdings vorzugsweise nur zum Ausdruck der Rechtskraft gebraucht zu werden pflegt).[1]

Irgendein in den Prozeßgegenstand hineinfallendes Element aus dem Prozesse auszuscheiden, ist unstatthaft.[2] Insbesondere kennt das Strafprozeßrecht keine „Vorbehaltsurteile", durch die irgendein Stück des Prozeßgegenstands einem Nachverfahren oder einem neuen Prozeß vorbehalten würde.[3]

Ausnahmen ergeben sich nur insoweit, als in einem Prozeß für einen Teil des Prozeßgegenstandes Unzulässigkeit der Strafverfolgung obwaltet[4]; dieser Teil kann alsdann im ersten Prozeß nicht miterledigt werden und steht folgeweise einem zweiten Prozeß offen, vorausgesetzt, daß in diesem die Strafverfolgung zulässig ist. Stellt sich z. B. im Prozeß heraus, daß die Tat als Antragsdelikt strafbar sein könnte, es aber am Strafantrage fehlt, so hat sich das Gericht darauf zu beschränken, die Tat unter Offizialdeliktsgesichtspunkten zu würdigen, worauf dann später im Falle der Strafantragstellung ein neuer Prozeß de eadem re statthaft ist, der seinerseits auf den Charakter der Tat als Antragsdelikt beschränkt ist. Entsprechendes gilt für den Fall, daß in dem einen Prozeß Landes-

[1]) Das Nähere s. unten § 49, § 56.

[2]) Hatte z. B. der Kläger wegen einer von ihm als „Körperverletzung in Idealkonkurrenz mit Sachbeschädigung" bezeichneten Tat Klage erhoben, so darf sich das Gericht im Eröffnungsbeschluß und im Urteil nicht auf Erledigung der Körperverletzung beschränken und die Sachbeschädigung weglassen oder ad separatum verweisen.

[3]) Übereinstimmend das RGer.

[4]) Vgl. oben § 28 IV.

strafrecht nicht zur Anwendung kommen konnte, weil das Gericht einem anderen Lande zugehörte (z. B. preußisches Strafrecht — bayrisches Gericht).

IV. Jeder Prozeß muß seinen Gegenstand (bzw. jeden seiner mehreren Gegenstände) erschöpfen. In welchem Umfange immer der Kläger im Klageakt die Angelegenheit aufgerollt hat; ob er in tatsächlicher und rechtlicher Hinsicht dies oder jenes Bild von ihr — ein vollständiges oder ein unvollständiges — gezeichnet hat; ob er endlich die Rechtsfolgen alle namhaft gemacht hat oder nicht: immer handelt es sich im Prozeß nur darum, die Identität des Prozeßgegenstandes zu wahren[1]), und in diesem Rahmen ist die Angelegenheit ohne Übriglassen eines Restes zu erledigen.[2])

Auf einem anderen Blatte steht, daß die kraft Gesetzes der Prüfung entzogenen Elemente des Prozeßgegenstandes einem neuen Prozeß vorbehalten bleiben (oben III 2); hier ist es nicht das Gericht, sondern das Gesetz, das den Prozeßgegenstand spaltet.

Eine Sonderstellung nehmen diejenigen Prozesse ein, in denen nach StPO. § 430, StGB. § 37[3]) überhaupt nur ein Stück des Prozeßgegenstandes den Klagegegenstand bildete. Hier beschränkt sich das Verfahren eben auf dieses Stück.

V. In jedem Prozeß ist der Prozeßgegenstand unzerlegt zur Erledigung zu bringen.

Der einen Klage kann jede Art von Entscheidung, insbesondere das Urteil, immer nur in der Einzahl entsprechen, d. h. der Prozeßgegenstand kann nicht so zerspalten werden, daß mehrere Teilurteile erlassen werden, etwa zuerst ein Urteil, das die Tat als Körperverletzung würdigt, später ein Urteil, das dieselbe Tat auf ihren Charakter als Sachbeschädigung hin erledigt; oder zuerst ein Urteil über den ersten, später ein Urteil über den zweiten Akt eines fortgesetzten Delikts; oder zuerst Verhängung einer einjährigen Gefängnisstrafe, später Hinzufügung des Verlustes der bürgerlichen Ehrenrechte usw.[4])

Eine Zerspaltung des Prozeßgegenstandes kann jedoch im Laufe eines Prozesses dadurch eintreten, daß ein Urteil erster Instanz von

---

[1]) Oben II und § 28 III.

[2]) Also z. B. Mitberücksichtigung weiterer, dem Prozeßgegenstande im Sinne eines „fortgesetzten Delikts" zugehörender Einzelakte, Mitberücksichtigung ideell konkurrierender Gesichtspunkte; Eingehen auf Nebenstrafen und nichtkriminelle Nebenmaßregeln.

[3]) Unten §§ 92, 93.

[4]) Vgl. wegen der ratio der Unspaltbarkeit oben § 28 III.

den Anfechtungsberechtigten nur unter gegenständlicher Teilung angefochten wird. Alsdann gelangt in die höhere Instanz nur eben der von dem Willen des Anfechtenden umfaßte Teil der Angelegenheit, z. B. lediglich der Strafausspruch, nicht auch der Schuldspruch.[1]) Dies erklärt sich daraus, daß hier die Disposition der Parteien zur Geltung kommt, und es sich im Rechtsmittelverfahren nur um eine sich dieser Disposition anschmiegende Nachprüfung handelt.

Ganz ausgeschlossen ist dagegen die Auseinanderlegung des Prozeßgegenstandes so, daß der bisher einheitliche Prozeß je nach Teilen des Prozeßgegenstandes in eine Mehrheit von Prozessen übergeführt wird.

Umschloß freilich das Verfahren *mehrere* Prozeßgegenstände, so ist ebensowohl zulässig, daß im Fortgang des Verfahrens getrennte Entscheidungen (die eine über Strafsache Nr. 1, die andere über Strafsache Nr. 2) ergehen, wie auch, daß der ganze Prozeß in 2 Verfahren aufgelöst wird (oben III 1). Die Unspaltbarkeit haftet nur jedem Prozeßgegenstande in sich an.

Eine Sondervorschrift enthält § 388 II StPO. hinsichtlich des eine Privatklage und eine Widerklage in sich schließenden Verfahrens: es soll über Tat und Gegentat gleichzeitig erkannt werden. Indessen darf diese Bestimmung nicht starr verstanden werden. Es darf ebensowohl die Widerklage zum eigenen Verfahren abgetrennt werden, wie es auch zulässig ist, im Rahmen desselben Prozesses zuerst die eine, dann die andere Tat abzuurteilen. Es kann nicht angenommen werden, daß § 388 II dann, wenn die eine Tat spruchreif ist, auf Verschleppung ihrer Aburteilung wegen weiterer Klärungsbedürftigkeit der anderen Tat abziele; gemeint ist nur, daß eine Trennung möglichst vermieden werde.[2])

VI. *Verschiedene* Prozesse, vorausgesetzt, daß sie eben als *mehrere* zulässig sind, sind in Unabhängigkeit voneinander durchzuführen.

Dies gilt auch bei „Zusammenhang" der Prozeßgegenstände, sofern von der Möglichkeit der Verbindung zu einem Verfahren nicht Gebrauch gemacht worden ist. Deshalb ist z. B. in den Fällen der „Teilnahme", sofern Einzelprozesse gegen die mehreren beliebt worden sind, im Sinne der §§ 52 ff. StPO. (unten § 61) scharf zwischen „Mitschuldigen" und „Mitbeschuldigten" zu scheiden.

Das gleiche gilt auch im Verhältnis solcher mehrerer Prozesse zueinander, in die ein von Hause aus einheitliches Verfahren zerlegt

[1]) Vgl. unten § 68 V.

[2]) Vgl. Beling, JW. 54 1034 und unten § 87 VI.

worden ist (oben III 1), sowie im Verhältnis des Prozeßrests, der infolge beschränkter Urteilsanfechtung in der höheren Instanz schwebt, zu dem vorausgegangenen Verfahren bezüglich des unangefochten gebliebenen Teils des Prozeßgegenstandes (oben V).

Zulässig ist jedoch, daß die Hauptverhandlung für die mehreren Prozesse vergemeinschaftet wird, sofern ein Zusammenhang der Strafsachen (im weiten Sinne, nicht bloß im Sinne des § 3 StPO.) besteht, StPO. § 237.

Eine gewisse Vergemeinschaftung der Prozeßergebnisse wird durch die Vorschriften des StGB. §§ 74ff. über Bildung einer Gesamtstrafe bei einem Teil der Fälle von Realkonkurrenz erforderlich. In den einschlägigen Fällen dürfen nämlich die für jede der Einzeltaten verwirkten Einzelstrafen auch dann nicht nebeneinander bestehen bleiben, muß vielmehr deren Überführung in eine Gesamtstrafe erfolgen, wenn wegen der verschiedenen Taten verschiedene Prozesse geführt werden. Die Folge ist die, daß sich in dem Zweitprozeß der Prozeßgegenstand über die ihn darstellende Einzeltat hinaus im Falle der Verurteilung derart erweitert, daß der Festsetzung der Einzelstrafe noch die Bildung der Gesamtstrafe hinzuzufügen ist.[1]) Wäre dies nicht geschehen, so ist den beiden abgeschlossenen Einzelprozessen noch ein besonderes Beschlußverfahren über Bildung der Gesamtstrafe nachzuschicken, §§ 460, 462 III.

Eine bestimmte Reihenfolge verschiedener Prozesse ist in StGB. §§ 164 II, 191 vorgeschrieben.

Zweiter Abschnitt.

Das prozessuale Handeln.

1. Kapitel.

§ 41. Beschaffenheit und Arten der Prozeßhandlungen. Prozeßgestaltungsvoraussetzungen.

Beling, Grenzlinien zw. Recht und Unrecht bei Ausübung der Strafrechtspflege 1912; W. Rosenberg, ZStW. 36 522; Kern, Zur Lehre v. d. Prozeßhandlungen im Strafprozeß, in d. Festschr. f. Lenel 1923; Beling in der Festschr. f. Binding 2 1911.

Der Prozeß ist ein nach einem einheitlichen Zweck ausgerichtetes Ganzes. Seine Bestandteile sind menschliche Handlungen, die auf-

---

[1]) Über die Fassung des Urteils s. unten § 51 III 1.

einander und damit zugleich auf das Ganze bezogen sind. Sollen aber menschliche Handlungen einem Strafprozeß einrechenbar sein, so müssen sie gewissen, von der Rechtsordnung in großer Zahl und Mannigfaltigkeit vorgezeichneten Figuren entsprechen, die die „Prozeßhandlungen" im juristischen Sinne begrifflich umreißen: Klage, Strafantrag, Eröffnungsbeschluß, Ladung, Hauptverhandlung, Beweisantrag, Terminsansatz, Urteil, Augenscheinseinnahme, Zeugenvernehmung, Zeugeneid, Zustellung, Ausschließung und Wiederherstellung der Öffentlichkeit, Richterablehnung, Einlegung der Berufung, Strafbefehl, Haftbefehl, Festnahme, Sitzungsniederschrift usw.

I. Diese von der Rechtsordnung bereitgestellten Figuren sind untereinander sehr verschiedenen Charakters. Einen geordneten Überblick über sie gewinnt man, wenn man sie einmal nach der **Prozeßrolle**, in die sie hineingehören, sodann nach ihrem **sachlichen Gehalt**, endlich nach der **Zahl** der begrifflich dabei erforderlichen **Personen** gruppiert.[1])

1. Irgendeiner **Prozeßrolle** muß jede Prozeßhandlung entsprechen. Es ergeben sich danach typische **Richterhandlungen** (z. B. das Urteil); typische **Richtergehilfen**- (z. B. Dolmetscher-) Handlungen; **Klägerhandlungen**; **Klägergehilfenhandlungen**; **Passivparteihandlungen**; **Verteidigerhandlungen**; **Zeugenhandlungen** usw.; anderenteils Handlungen, die sich mit **einer oder einer anderen** Prozeßrolle verbinden können, wie z. B. die Zeugenvernehmung, vgl. StPO. §§ 238, 239.

2. Nach ihrem **sachlichen Gehalt** scheiden sich die Prozeßhandlungen zunächst in **Erklärungen** (Äußerungen) und **reine Tatakte** (wie z. B. das Öffnen der Saaltüren durch den diensttuenden Unterbeamten als Herstellung der Öffentlichkeit der Verhandlungen, die Ausführung einer Beschlagnahme).

Die — weitaus im Vordergrunde stehenden — Erklärungen wiederum sind entweder a) **Willenserklärungen** (z. B. Klage, Urteil, Beweisantrag, Rechtsmitteleinlegung usw.[2]); oder b) **Wissenserklärungen** (Berichte, Mitteilungen; z. B. die Zeugenaussage; die Protokollierung; die Beurkundung des Urteils); oder c) **Frageakte** (z. B. die Zeugenvernehmung). Alle Erklärungen drücken einen gedanklichen Inhalt aus und bedürfen der Erfassung dieses ihres Sinns durch Deutung (Auslegung).

---

[1]) Durch Kombination dieser drei sich kreuzenden Einteilungsgesichtspunkte gewinnt man dann die Unterarten der Prozeßhandlungen.

[2]) Darunter das strafprozessualische Rechtsgeschäft speziell, unten § 42.

3. Nach dem Kreise der an dem Akt mitbeteiligten Personen sind zu unterscheiden: a) die das eigentliche Gerippe des Prozesses darstellenden Prozeßverkehrshandlungen, bestehend in empfangsbedürftigen Erklärungen zwischen den Inhabern von Prozeßrollen; diese sind entweder einseitige (z. B. die Klage, die Rechtsmitteleinlegung) oder aber gegenseitige, bei denen ein Austausch von Erklärungen vor sich geht; b) die akzessorischen Handlungen, so die Erklärungen im inneren Dienst der Behörden (z. B. die Urteilsbeurkundung), die Tathandlungen.

II. Jede Prozeßhandlungsart hat ihre besonderen begrifflichen Merkmale, durch die sie sich von den anderen Handlungsarten abhebt. Von erheblicher prozeßrechtlicher Bedeutung sind aber außer den Begriffsmerkmalen auch die Umstände, unter denen die Handlung geschieht: das Gesetz erhebt gewisse Umstände derart zu Voraussetzungen der Handlung, daß deren Charakter zu ihnen im Abhängigkeitsverhältnis steht. Dabei waltet eine bunte Mannigfaltigkeit ob:

1. Die vom Gesetz als „Voraussetzungen" ausgeprägten Umstände sind teils selber Prozeßhandlungen[1]), teils sonstige Tatsachen (Vorkommnisse, Zustände, Beziehungen).[2])

Unter den Umständen der letzteren Art befinden sich nicht selten solche, die nicht in einer „einfachen" Tatsache bestehen, sondern in einem Tatsachenmaterial zusammen mit einer gewissen Würdigung oder Beurteilung. So setzt das Gesetz z. B. für den Erlaß eines Eröffnungsbeschlusses „hinreichenden Verdacht" der Tat, für Haftbefehlserlaß „dringenden Tatverdacht" und „Fluchtverdacht", für die Nichtvereidigung eines Zeugen nach § 57³ „Verdacht der Teilnahme an der den Prozeßgegenstand bildenden Tat", für Durchschlagen eines Richterablehnungsgesuchs „Besorgnis der Befangenheit" des Richters, für staatsanwaltschaftliche Anordnung einer Durchsuchung das Bestehen von „Gefahr im Verzuge" voraus. Möglich ist dabei zweierlei: entweder meint das Gesetz die psychologische Tatsache, daß der jeweils mit der Handlung Befaßte persönlich die betreffende Wertvorstellung hat (z. B. daß er die in Rede stehende Person für verdächtig hält); oder es meint die nach den Umständen objektiv gegebene Bedeutung des Tatsachenmaterials (also in den „Verdachts"-fällen den „objektiven" Verdacht). Im ersten Falle muß jeder nachfolgende Beurteiler, insbesondere das Revisionsgericht, die Prozeß-

[1]) So die Hauptverhandlung als Voraussetzung für das Urteil.

[2]) So das Lebensalter eines Zeugen als Voraussetzung für die Vereidigung.

handlung als ordnungsmäßig anerkennen, sofern jene psychologische Tatsache bei dem Handelnden vorgelegen hat, einerlei, wie er selber das Material wertet; im zweiten Falle muß der nachfolgende Beurteiler die Ordnungsmäßigkeit der Handlung dagegen verneinen, wenn er das subjektive Werturteil des Handelnden nicht teilt. Ob der Sinn einer Gesetzesstelle dieser oder jener ist, ist durch Einzelauslegung festzustellen.

2. Die Abhängigkeit, in der die Prozeßhandlung von ihren „Voraussetzungen" steht, ist verschiedenen Schlages. Bald einmal prägt das Gesetz einen Umstand als Voraussetzung dafür aus, daß das Handlungssubjekt befugt ist, die Handlung vorzunehmen[1]); bald dafür, daß eine Verpflichtung zur Vornahme der Handlung entsteht[2]), bald dafür, daß die Handlung gewisse Rechtsfolgen auslöst.[3]) Möglich ist auch, daß eine und dieselbe Voraussetzung zugleich Voraussetzung für Befugnis, Pflicht und Rechtsfolgen ist.

3. Auch insofern kann ein zur Voraussetzung erhobener Umstand mit der Handlung verschieden verknüpft sein, als bald einmal die Voraussetzung das „Ob" oder „ob nicht" der Befugnis, der Pflicht oder der Rechtsfolge angeht[4]), bald einmal nur das „So oder so" der Handlung betrifft.[5]) Die Voraussetzungen der letzteren Art kann man „Handlungsqualitätsvoraussetzungen" nennen (also je nachdem Urteilsqualitätsvoraussetzungen, Rechtsmittelqualitätsvoraussetzungen usw.).

4. Endlich lassen sich die Voraussetzungen sondern in solche, die speziell der Klage, speziell dem Urteil usw. anhaften: spezifische Klagevoraussetzungen, spezifische Urteilsvoraussetzungen[6]) usw.; und solche, die gleichermaßen mehreren Arten von Prozeßhandlungen anhaften: allgemeinere (Gruppen-) Voraussetzungen.[7])

---

[1]) Beispiel: Gefahr im Verzuge als Voraussetzung für eine Durchsuchungsanordnung des Staatsanwalts, § 105.

[2]) Beispiel: Ladung an einen Zeugen als Voraussetzung für seine Pflicht zu erscheinen.

[3]) Beispiel: Die Einhaltung der Berufungsfrist als Voraussetzung dafür, daß sich das Berufungsgericht auf die Berufung einläßt.

[4]) Beispiele in Anm. 1—3.

[5]) So kommt der „Hinweis auf die Veränderung des rechtlichen Gesichtspunkts" nach § 265 nur für eine diesen neuen Gesichtspunkt zugrunde legende Verurteilung als deren Voraussetzung in Betracht, nicht für das „Ob" des Urteilserlasses schlechthin.

[6]) Z. B. das Vorausgegangensein einer Hauptverhandlung.

[7]) So die Prozeßfähigkeit als Voraussetzung für alle im Prozeßverkehr erfolgenden Willenserklärungen (Klage, Teilnahme an einer Verhandlung, Rechtsmitteleinlegung usw.), unten § 43.

III. Ungeachtet dieser weitgehenden Verschiedenheit der Handlungsvoraussetzungen empfiehlt es sich, sie alle unter einer gemeinsamen Bezeichnung zusammenzufassen. Da sie alle die Einzelgestaltung des Prozesses beeinflussen, nennt man sie passend „**Prozeßgestaltungsvoraussetzungen**.[1])

Ihre Zusammenfassung und einheitliche Benennung ist namentlich deswegen von Wert, weil damit ihrer Verwechslung mit den „Prozeßvoraussetzungen" (im weiteren Sinne als den Bedingungen für die Zulässigkeit des Verfahrens, oben § 21ff.) vorgebeugt wird: von letzteren hängt nicht nur die Einzelgestaltung des Prozesses ab, sondern der Prozeß als Ganzes.

Das logische Verhältnis, in dem Prozeßvoraussetzungen und Prozeßgestaltungsvoraussetzungen zueinander stehen, ist verschieden, je nachdem es sich bei letzteren um die Voraussetzungen der Klage; der prozeßerledigenden Entscheidung; der zwischen Klage und Prozeßerledigung liegenden Entscheidungen handelt.

1. Die **Klage**voraussetzungen haben **zugleich** die Bedeutung von **Prozeß**voraussetzungen, da an der Ordnungsmäßigkeit der Klage zugleich auch die des Prozesses überhaupt hängt.[2])

2. Für **prozeßerledigende Entscheidungen** bedeuten

a) wenn sie Sachentscheidungen sind, die **Prozeßvoraussetzungen zugleich** eine Gestaltungsvoraussetzung. Denn dafür, daß eine solche Entscheidung ergeht, ist Voraussetzung, daß der Prozeß zulässig ist; in einem unzulässigen Prozeß ist nicht zur Sachentscheidung zu schreiten.

---

[1]) Nicht im Sinne von **Sauers** „Sachgestaltungsvoraussetzungen". **Sauer** denkt hierbei an solche Entscheidungsvoraussetzungen, die, wie der „hinreichende Verdacht der Tat" als Voraussetzung für den Eröffnungsbeschluß, darin bestehen, daß der Prozeßgegenstand in einem gewissen Lichte erscheint (vgl. oben II 1 Abs. 2). Aber man sollte es vermeiden, von „Sachgestaltung" zu sprechen; die „Sache", d. i. den Prozeßgegenstand, hat das Gericht zu beurteilen, aber nicht zu „gestalten"; was es zu gestalten hat, ist der Prozeß selbst. Im übrigen greifen die Prozeßgestaltungsvoraussetzungen im Sinne des Textes weit hinaus über jene „Sachgestaltungsvoraussetzungen".

[2]) Deshalb ist u. a. auch die Prozeßfähigkeit des Klägers beim Klageakt „Prozeßvoraussetzung". Unrichtig ist es aber, die „**Prozeßfähigkeit**" **schlechthin** unter die Prozeßvoraussetzungen einzureihen. Denn der Prozeßfähigkeit bedarf es auch für die hinter der Klage liegenden Willenserklärungen im Prozeßverkehr, und insofern ist sie zwar Gestaltungsvoraussetzung für die jeweils in Rede stehende Prozeßhandlung, bedingt aber keineswegs die Zulässigkeit des Prozesses selber, ihr Fehlen legt vielmehr höchstens der Fortführung des Prozesses in Ansehung **solcher** Prozeßtätigkeit Hemmnisse in den Weg, die vorgeschrieben sind und einen Prozeßfähigen als Teilnehmer am Prozeßverkehr voraussetzen.

b) Umgekehrt ist für **formale Einstellung** des Verfahrens gerade Voraussetzung, daß der Prozeß **unzulässig** ist. Ist er zulässig, so ist nicht einzustellen, sondern zur Sachentscheidung vorzuschreiten. Hier treten also die Gestaltungsvoraussetzungen und die Prozeßvoraussetzungen in Gegensatz zueinander.

3. Handelt es sich um die zwischen Klage und Prozeßabschluß liegenden Entscheidungen, so ist zunächst davon auszugehen, daß die Frage, **wie** der Prozeß vor seinem Schluß zu gestalten sei, nur in einem zulässigen Prozeß auftaucht, da in einem unzulässigen Verfahren formelle Einstellung geboten ist. Es bedeuten somit die Prozeßvoraussetzungen zugleich mittelbare Bedingungen für diese Zwischenschritte. Auch wenn z. B. die Gestaltungsvoraussetzungen für Abhaltung einer Hauptverhandlung, für Haftbefehlserlaß usw. als solche vorliegen, dürfen diese Schritte doch nicht getan werden, wenn es an einer Prozeßvoraussetzung fehlt (z. B. der Beschuldigte exterritorial ist, der Prozeß wegen anderweitiger Anhängigkeit der Sache unzulässig ist usw.).

Es gibt jedoch auch gewisse Prozeßlagen, die von dem zur Entscheidung berufenen Gericht derart isoliert ins Auge zu fassen sind, daß die Entscheidung nur danach zu treffen ist, ob deren Gestaltungsvoraussetzungen gegeben sind, und das befaßte Gericht das Vorliegen der Prozeßvoraussetzungen nicht zu prüfen hat. So hat z. B. das Gericht, das mit der Entscheidung über ein Rechtsmittel befaßt ist, bei Fehlen der Rechtsmittelgestaltungsvoraussetzungen lediglich das Rechtsmittel als unzulässig zu verwerfen, ohne danach zu fragen, ob der Prozeß selber zulässig ist; eine erbetene Wiedereinsetzung in den vorigen Stand ist ohne weiteres zu gewähren, wenn die Wiedereinsetzungsvoraussetzungen vorliegen; einer zulässigen und begründeten Beschwerde eines Zeugen gegen einen Ordnungsstrafbeschluß ist stattzugeben auch wenn dieser in einem unstatthaften Prozeß ergangen ist usw.

IV. Zur Kennzeichnung **verschiedenartiger rechtlicher Bedeutungen**, die den Prozeßhandlungen zukommen oder fehlen können, finden sich im Schrifttum und teilweise auch im Gesetz die Bezeichnungen: „Zulässigkeit", „Wirksamkeit", „Gültigkeit", „Begründetheit".[1]) Diese vierfache Charakterisierung der Prozeßhandlungen bedarf aber der Vereinfachung. Zunächst steht die „Begründet-

[1]) Vgl. **Sauer**, Grundlagen des ProzR. 437ff.; **Beling**, ZStW. 42 263. Der Sprachgebrauch ist nicht einhellig; im Text ist angestrebt, die Ausdrücke so festzulegen, daß Mißverständnisse tunlichst ausgeschlossen werden.

heit" auf einem besonderen Blatte, weil die Frage nach ihr nur bei einer bestimmten Gruppe von Prozeßhandlungen auftaucht (unten 2). Sodann ist der Begriff der „Gültigkeit" an sich zu unbestimmt; er besagt nur, daß die Handlung rechtlich irgend etwas „gilt", bedeutet also nur ein Synonymum für „rechtliche Bedeutsamkeit" schlechthin, aber nicht eine besondere Art rechtlicher Bedeutung. Grundlegend ist nur die Scheidung von „Zulässigkeit" und „Wirksamkeit".

1. Diese Scheidung ergibt sich daraus, daß sich das juristische Interesse an den Prozeßhandlungen nach zwei verschiedenen Richtungen hin bewegt. Man kann einmal danach fragen, ob die Handlung im Einklang oder im Widerstreit mit der Rechtsordnung steht; sodann aber auch danach, inwieweit die Handlung von der Rechtsordnung mit Rechtsfolgen ausgestattet ist.

Unter dem ersten Gesichtspunkt kann sich ergeben, daß die betreffende Handlung nach der Rechtsordnung nicht geschehen darf; dann ist sie rechtlich „unzulässig".[1])

Im anderen Falle, also wenn die Rechtsordnung nichts dagegen einzuwenden hat, daß sie geschieht, ist sie „zulässig". Innerhalb der Zulässigkeit sind drei Steigerungsgrade erkennbar. Zulässig ist schon eine solche Handlung, deren Vornahme oder Nichtvornahme der Rechtsordnung gleichgültig ist (die rechtlich indifferente Handlung); eine gesteigerte Zulässigkeit eignet denjenigen Handlungen, zu deren Vornahme dem Handelnden eine positive Befugnis verliehen ist, und erst recht denen, die die Erfüllung einer Rechtspflicht darstellen.

Bei der zweiten Frage richtet man dagegen von der als geschehen vorausgesetzten Handlung aus den Blick auf das Dahinterliegende und fragt, wie sich die Rechtsordnung zu diesem stellt, insbesondere, welche weiteren Prozeßhandlungen nunmehr, nachdem und weil jene Handlung geschehen ist, „zulässig", insbesondere geboten sind, eine Frage, die sowohl bei Unzulässigkeit wie bei Indifferenz, wie bei Erlaubtheit und bei Pflichtmäßigkeit jener ersten Handlung auftaucht. Hier setzt nun der Begriff der „Wirksamkeit" der Prozeßhandlungen ein. Soweit nämlich eine Prozeßhandlung mit dem Anspruch auftritt, fortan (als Klage, als Urteil, als Rechtsmittel usw.) beachtet zu werden und die Rechtsordnung ihr diese Beachtung nicht zugesteht, ist sie „unwirksam"; „wirksam" ist sie, soweit ihr Rechtswirkungen von der Rechtsordnung beigelegt werden.

---

[1]) Beispiel: Vereidigung eines noch nicht Sechzehnjährigen; Urteilserlaß ohne Hauptverhandlung.

Die Auseinanderhaltung der „Zulässigkeit" und der „Wirksamkeit" ist namentlich deshalb geboten, weil sich die Voraussetzungen, von denen jene, und die Voraussetzungen, von denen diese abhängt, nicht ohne weiteres decken (vgl. oben II 2). Die beiderseitigen Voraussetzungen können derart auseinanderfallen, daß eine Handlung, obwohl unzulässig, doch wirksam[1]), oder daß sie, obwohl zulässig, doch unwirksam ist.[2])

Näheres über den Bereich der Unwirksamkeit s. unten § 48.

Eine besondere Bedeutung hat der Ausdruck „Zulässigkeit" da, wo es sich um die rechtliche Beurteilung von Parteibegehren handelt; nachstehend 2.

2. Von „begründet" oder „unbegründet" kann man nur bei einem Ausschnitt aus den Prozeßhandlungen sprechen, nämlich nur bei Willenserklärungen, und auch bei diesen nur, soweit ihre prozeßrechtliche Bedeutung nicht schon mit der einfachen Erklärung „ich will" gegeben ist (wie z. B. bei der Zurücknahme eines Rechtsmittels), sondern ein logischer Syllogismus mit in Betracht kommt, der im Sinne eines „also, daher, somit" zu dem „ich will" hinführt, wie bei Urteilen, Rechtsmitteleinlegung.

„Begründet" ist eine derartige Willenserklärung dann, wenn sie von einem stichhaltigen Syllogismus getragen wird. Ist eine der Prämissen unrichtig, oder rechtfertigen sie die Willenserklärung nicht, so ist diese unbegründet.

Es handelt sich somit darum, ob die Erklärung ihrem Inhalte nach einwandfrei ist. Dasjenige, woran der Inhalt gemessen wird, ist einmal die Lebenswirklichkeit (danach ist die Willenserklärung „tatsächlich" begründet oder unbegründet, letzteres z. B. bei einem Urteil, das einer unwahren Zeugenaussage Glauben beigemessen hat); dann die Rechtsordnung (und zwar jenachdem das Prozeßrecht oder das materielle Recht; es handelt sich dann um die rechtliche Seite der Begründung; rechtlich unbegründet wäre z. B. ein verurteilendes Urteil, das den Rechtsbegriff der „Sache" in § 242 StGB. auf Geisteserzeugnisse erstreckt); endlich die Logik (hinsichtlich

[1]) Das gilt für alle Handlungen, bei denen eine „Soll"-Vorschrift verletzt worden ist, oben § 6 II, 2 d. Aber auch Verstöße gegen eine „Muß"-Vorschrift ziehen keineswegs ohne weiteres „Unwirksamkeit" der Handlung nach sich.

[2]) So ist z. B. eine Privatklage, die ein Privatklageberechtigter mündlich erhebt, unwirksam (vgl. § 381); ebenso wäre die von einem Zwölfjährigen dargebrachte Privatklage rechtlich unbeachtlich. „Unzulässig" könnte man aber solche Handlungen nicht nennen, da ihre Vornahme nicht verboten, sondern — wennschon nicht zum Inhalt einer „Befugnis" oder einer „Pflicht" erhoben, so doch — der Rechtsordnung gleichgültig ist.

des Zusammenstimmens der Prämissen mit der Willenserklärung selbst).

Das Unbegründetsein bedeutet bei gerichtlichen Entscheidungen zugleich deren Unzulässigkeit, denn unbegründete Entscheidungen lehnt die Rechtsordnung von sich ab (daß ihnen trotz ihrer Unzulässigkeit „Wirksamkeit" zukommen kann, steht auf einem anderen Blatte); bei Parteibegehren, die überhaupt in dem oben 1 entwickelten Sinne zulässig sind, wird durch ihr Unbegründetsein nicht ihre Zulässigkeit in Frage gestellt, sondern nur Unwirksamkeit herbeigeführt.

Bei Parteibegehren setzt aber noch ein besonderer Sprachgebrauch des Gesetzes ein, vgl. z. B. §§ 319, 322, 346, 349, 368. Das Gesetz läßt nämlich das Recht und die Pflicht des Gerichts, den Inhalt der Parteibegehren zu berücksichtigen, letztere also auf ihr „Begründetsein" zu prüfen, nicht schon damit entstehen, daß das Begehren im Sinne des gewöhnlichen Sprachgebrauchs (oben 1) „zulässig", also nicht verboten ist. Das Parteibegehren muß vielmehr gewissen Umständen, insbesondere in Ansehung von Frist und Form, genügen, wenn anders sein Inhalt in den Gesichtskreis des Gerichts treten soll. Beim Fehlen dieser Umstände hat die Partei, wennschon ihr Vorbringen dadurch nicht zu einem verbotenen wird, doch keinen Anspruch auf Inhaltsprüfung, ihr Begehren ist im Sinne des gewöhnlichen Sprachgebrauchs „unwirksam" und das Eingehen des Gerichts auf den Erklärungsinhalt ist „unzulässig". Das Gesetz überträgt nun die Unzulässigkeit der erstrebten gerichtlichen Tätigkeit (der Inhaltsprüfung) auf das Parteibegehren selbst und nennt dieses bei Fehlen seiner Wirksamkeitsvoraussetzungen „unzulässig".

2. Kapitel.

Das strafprozessualische Rechtsgeschäft.

§ 42.

A. Grundlegung.

Kormann, System der rechtsgeschäftlichen Staatsakte 1910; Ostern, Die Alternativität bei strafproz. Willenserklärungen 1902; Zeiler, Verurteilung auf Grund wahldeutiger Tatsachenfeststellung, **ZStW. 40** 168, **42** 665, **43** 596; Lücking, Alternative Anklage und Verurteilung, **GA. 71** 161; Bucher, Der Verzicht im Strafprozeß 1882. Vgl. auch Hellwig, Prozeßhandlung und Rechtsgeschäft 1910.

I. Im Prozeßverkehr (oben § 41 I 3) stehen im Vordergrunde die Willenserklärungen, und unter diesen wiederum diejenigen, deren Sinn der ist, es solle eine bestimmte, von der Rechtsordnung ihr (als dem Rechtsgrunde) zugedachte Prozeßgestaltung (als Rechtsfolge) eintreten. Dahin gehören z. B.: Klage, Beweisantrag, Urteil, Strafantrag, Richterablehnung, Rechtsmitteleinlegung usw. Die weitgehende Ähnlichkeit dieser Akte mit den bürgerlichrechtlichen Rechtsgeschäften rechtfertigt ihre Bezeichnung als „strafprozeßrechtliche Rechtsgeschäfte". Die Meinung ist dabei nicht die[1]), daß die Bestimmungen des BGB. über Rechtsgeschäfte ohne weiteres auch für sie gelten sollten. Wohl aber lassen sich die bürgerlichrechtliche Problemstellung und die Gründe der Problembeantwortung auch für das strafprozessuale Rechtsgeschäft fruchtbar machen.[2])

Unter den Begriff des strafprozeßrechtlichen Rechtsgeschäfts fallen sowohl staatliche Willenserklärungen[3]) wie solche von Privatpersonen. Je nach der Prozeßrolle, in der die Erklärungen abgegeben werden, scheiden sich gerichtliche Akte, Klägerakte usw.

II. 1. Die überwiegende Masse der Rechtsgeschäfte ist einseitiger Natur: die Erklärung geht nur von einer Seite aus, der andere ist nur Erklärungsempfänger. So die Klage, das Urteil, die Rechtsmitteleinlegung usw.

Bisweilen fordert das Gesetz für die Beachtlichkeit einer einseitigen Willenserklärung, daß ihr eine zweite gleichfalls einseitige, aber gleichinhaltliche und gleichläufige (an denselben Erklärungsempfänger gehende) Willenserklärung zur Seite tritt („Gesamtakt"). So muß ein Beweismittelverzicht nach StPO. § 245 I von beiden Parteien erklärt sein; die Rechtsmittelzurücknahme bedarf in den Fällen der §§ 302 I Satz 2, 303 der Zustimmung des Prozeßgegners; in den Fällen der §§ 172 II, 345 II, 366 II, 390 II bedarf es der „Mitunterzeichnung" durch einen dort näher bezeichneten Prozeßgehilfen.

2. Dagegen ist vertragliche (zweiseitig-rechtsgeschäftliche) Abmachung über Rechtsfolgen im Strafprozeß im allgemeinen

---

[1]) Wie Graf Dohna S. 72, Anm. * annimmt.

[2]) Bei der Lösung der Probleme bleibt immer zu beachten, daß die Lebensverhältnisse, um deren Gestaltung es sich handelt, andersartige sind. Auch ist, wenn man für das bürgerlichrechtliche Rechtsgeschäft für wesentlich hält, daß ein „Privater" „seine" Verhältnisse durch sie „nach freiem Belieben" bestimmt, das strafprozessuale Rechtsgeschäft wesentlich weiteren Umfangs, insofern auch Staatsakte, ferner solche Akte, durch die der Erklärende ohne Verfüger- oder Vertreterstellung in fremdes Geschick eingreift (wie der Strafantrag), und solche Akte, die (wie die richterliche Rechtsanwendung) gebunden sind, darunter fallen.

[3]) Gemeint sind hier die dem Prozeßverkehr (oben § 41 I 3) angehörenden. Die im inneren Dienst erfolgenden Willenserklärungen gleichfalls dem Rechtsgeschäftsbegriff zu unterstellen, ist kaum zweckmäßig.

ausgeschlossen, weil der Strafanspruch als causa publica einem Paktieren widerstrebt, und auch hinsichtlich der prozessualen Behandlung der Sache wegen ihrer mittelbaren Hinüberwirkung auf den Prozeßgegenstand der Parteiverfügung enge Grenzen gezogen sind.[1]) Insbesondere lassen sich auch Parteianträge zusammen mit den ihrem Inhalt entsprechenden Entscheidungen des Gerichts nicht unter die Vertragsschablone bringen. Gewiß kann man einen Parteiantrag mit einer „Vertragsofferte“ vergleichen (z. B. sich die Klage bildlich so vorstellen, als biete der Kläger dem Gericht den Prozeßgegenstand zur Übernahme an); aber selbst in den Fällen, in denen das Gericht die betreffende Entscheidung nur auf Antrag treffen kann (z. B. StPO. §§ 44, 233), ist es regelmäßig das Gericht, das die Rechtsfolge durch einseitigen Staatsakt bestimmt, ohne daß es sich um eine Willensvergemeinschaftung als das Maßgebliche handelte.

Immerhin läßt sich die das sog. Unterwerfungsverfahren[2]) kennzeichnende Abmachung zwischen Finanzbehörde und Beschuldigtem als öffentlichrechtlicher Vertrag bezeichnen (mit der doppelten Rechtsfolge der Verwirklichung des Strafleidens und des Ausschlusses eines eigentlichen Strafprozesses). Ebenso der nach § 380 StPO. vor der Sühnebehörde in Privatklagesachen geschlossene Vergleich. Vertragsartig sind auch die Einigung zwischen Gericht und Staatsanwaltschaft über das Unterbleiben der Strafverfolgung nach § 153 II, III, ferner Angebot und Annahme einer Sicherheitsleistung nach § 117 StPO., sowie die Gewährung sicheren Geleits nach § 295 StPO.

Darüber hinaus kann auch eine einseitige Erklärung den Charakter haben, daß der Erklärende ein späteres prozessualisches Verhalten dem Erklärungsempfänger z u s a g t. Solche Zusagen verpflichten den Erklärenden zu dem zugesagten Verhalten, soweit dieses nicht rechtlich unstatthaft ist; die Nichteinhaltung würde einen Prozeßverstoß darstellen. Dies ergibt sich daraus, daß nicht abzusehen ist, wieso der Prozeßverkehr nicht wie der bürgerlichrechtliche auf Treu und Glauben aufgebaut sein sollte.[3])

---

[1]) Oben § 33.

[2]) Oben § 1 I, 3 Anm. 1.

[3]) Die Verpflichtung trifft natürlich nicht lediglich den Erklärenden persönlich, sondern das Prozeßsubjekt, in dessen Namen die Erklärung erfolgt ist. Deshalb hat das erkennende Gericht zu den vor der Hauptverhandlung gestellten Beweisanträgen Stellung zu nehmen, wenn der Vorsitzende den Antragsteller dahin beschieden hatte, daß über die Anträge in der Hauptverhandlung werde befunden werden. So **RG., GA. 69** 373; RGer., **JW. 56** 3056.

III. Den Prozeßverkehrsgeschäften eignet ihre **Empfangsbedürftigkeit**. Solange die Erklärung nicht dem Empfänger zugekommen ist, ist sie noch nicht in mundo.[1]) Wem die Erklärung zugekommen sein muß, ist für die einzelnen Arten der Rechtsgeschäfte besonders bestimmt. So ist die Klage erst mit ihrem Eingang beim beschließenden Gericht (ausnahmsweise beim erkennenden Gericht, StPO. §§ 212, 266) erhoben; eine Rechtsmitteleinlegung muß beim judex a quo, ein Strafantrag bei einer der in § 158 II bezeichneten Stellen, eingelaufen sein.[2]) Dies ist besonders insofern von Bedeutung, als es sich um rechtlich befristete Erklärungen handelt.

Ob der Empfänger von der Erklärung und ihrem Inhalt Kenntnis genommen hat, ist belanglos.

Soweit es sich um **gerichtsempfangsbedürftige schriftliche** Erklärungen handelt, kommt es darauf an, daß ein zur Empfangnahme solcher Schriftstücke dienstlich berufener Beamter der Gerichtsanstalt das Schriftstück erhalten hat (nicht notwendig, daß letzteres im Gerichtsgebäude geschehen ist).[3]) Das bloße Eintreffen im Gerichtsgebäude genügt nicht. Sind freilich am oder im Gerichtsgebäude besondere Vorrichtungen behufs Ablage von Schriftstücken getroffen (Briefkästen u. dgl.), so benutzt der Einwerfende eine im voraus allgemein kundgetane Empfangsbereitschaft des Gerichts, der Einwurf bringt also den „Empfang" zuwege.[4])

Soweit die Erklärungen in den Rahmen einer **mündlichen Verhandlung** hineinfallen, kommen sie dadurch zustande, daß sie vor den jeweils Anwesenden ausgesprochen werden; der Erklärungsempfänger ist hier also nicht individuell bestimmt. Inwieweit nachher noch einem nicht anwesend Gewesenen besondere Mitteilung von der geschehenen Willenserklärung zu machen ist (vgl. StPO. § 35 II), ist eine besondere Frage.

---

[1]) Eine Erklärung (z. B. ein Rechtsmittelverzicht) kommt daher nicht zustande, wenn der Erklärende eine zweite Erklärung abgibt, daß die erste nicht gelten solle, und diese zweite Erklärung vor der ersten oder gleichzeitig mit ihr einläuft.

[2]) Auch Erklärungen, die eine Partei mit Bezug auf ein von ihr eingelegtes Rechtsmittel nur dem Prozeßgegner, nicht dem Gericht mitteilt, sind bedeutungslos. So z. B. die Erklärung, daß das Rechtsmittel nur geteilt gemeint sei; OLG. Breslau **GA. 69** 340.

[3]) Vgl. **E. 60** 329.

[4]) Die gegenteilige Auffassung des RGer. läuft ohne gesetzliche Stütze auf eine unbillige Schädigung der Beteiligten hinaus. Wird bei befristeten Willenserklärungen das Schriftstück erst nach Fristablauf dem Briefkasten entnommen, so bedarf es natürlich der Feststellung, daß es noch innerhalb der Frist eingeworfen worden ist.

IV. Zum Begriff des Rechtsgeschäfts gehört, daß die Erklärung **inhaltlich einen bestimmten Sinn hat**: es muß erkennbar sein, welche Rechtsgeschäftsart (ob Strafantrag, Klage, Urteil, Richterablehnung usw.) gemeint sei (wobei es aber nicht auf den Gebrauch der gesetzlichen termini technici ankommt); und weiter muß die Rechtsfolge, auf die hier die Erklärung angelegt ist, in praktisch brauchbarer Weise bestimmt genug umrissen sein. So darf bei einer Klage nicht im Dunkeln bleiben, gegen wen sie sich richten soll, welchen Prozeßgegenstand sie betreffen soll; bei Beweisanträgen nicht, was für Beweis und worüber er begehrt wird; bei Verurteilungen nicht, wozu überhaupt verurteilt sein oder wie hoch die Freiheits- oder Geldstrafe sein soll, usw.

Unter dem Gesichtspunkt des Bestimmtheitserfordernisses entscheidet sich auch, inwieweit Erklärungen, die ein „Oder" in sich schließen — „**alternative**, wahldeutige, zweisinnige" Erklärungen — in Betracht kommen können, mit Einschluß solcher Erklärungen, bei denen die mehreren Alternativen so geordnet sind, daß die eine als prinzipale, die andere als eventuelle genannt wird.

So ist eine Erklärung, die eine oder eine andere Rechtsgeschäftsart bedeuten will, nur dann brauchbar, wenn sich die prozeßrechtliche Möglichkeit eröffnet, über diese Unbestimmtheit hinwegzukommen. Legt z. B. der Angeklagte „Berufung oder Revision" oder „Berufung, eventuell Revision" ein, so ist gerichtsseitig zu prüfen, welches der beiden Rechtsmittel einschlägt, und daraufhin zu verfahren.[1])

Hinsichtlich des Inhalts einer Willenserklärung innerhalb der gleichen Rechtsgeschäftsart gilt Entsprechendes. Auf eine Klage „gegen X oder Y" hin könnte nichts veranlaßt werden, da das Verfahren nur einen oder beide betreffen kann; eine solche Alternativklage wäre unbrauchbar. Auch hinsichtlich desselben Beschuldigten können nicht zwei verschiedene Prozeßgegenstände (Taten) dem Gericht durch Alternativklage vorgelegt werden.[2]) Ebenso ein Urteil auf „Freisprechung oder Verurteilung" oder auf „Zuchthausstrafe oder Geldstrafe"; auch ein Urteil, das verschiedene tituli condemnationis als einen oder den anderen zutreffend nennt (z. B. „Körperverletzung oder Sachbeschädigung"), wäre nach heutigem Recht unangängig.[3])

Anders steht es mit solchen Alternativen, die nicht der Rechtsfolge selbst anhaften, sondern gleichwertige Erwägungsmomente

[1]) Vgl. unten § 79 I.
[2]) A. M. Lücking, **GA. 71 161**.
[3]) So auch das RGer.; a. M. Zeiler.

innerhalb der Begründung darstellen, die zu der identischen Rechtsfolge hinführt. So kann die der Kindestötung Angeklagte mit der Begründung verurteilt werden, daß sie „in oder gleich nach der Geburt" getötet habe (StGB. § 217); die Nichtvereidigung eines Zeugen beschlossen werden, weil er entweder verstandesunreif oder verstandesschwach im Sinne des § 57¹ StPO. sei, usw.

V. Wenn nach dem Gesetz der erklärte Wille einer Person imstande ist, eine Rechtsfolge hervorzurufen, so ist damit an sich zugleich gegeben, daß die in der Erklärung zum Ausdruck gebrachten **Bedingungen** mitbeachtlich sind, so daß dann die Erklärung nur condicione existente wirksam ist (z. B. bedingte Ladung einer Person, bedingter Beweisantrag, bedingte Rechtsmitteleinlegung).[1] „Bedingungsfeindlich" sind aber solche Rechtsgeschäfte, die ihrem praktischen Zwecke nach den Eintritt eines Schwebezustands nicht vertragen (wie die Klage, der Eröffnungsbeschluß, das Urteil usw.).

VI. Wo das Gesetz eine Willenserklärung mit rechtsfolgenormierender Kraft ausstattet, ist grundsätzlich der **Umfang der Rechtsfolge** nach dem erklärten Willen zu bemessen. So ist namentlich die Einlegung eines Rechtsmittels **teilbar** (wendet sich der Anfechtende z. B. nur gegen die Strafhöhe, so wird das Rechtsmittelgericht mit Nachprüfung des Schuldspruchs nicht befaßt).[2]

Die gegenständliche Teilbarkeit einer Willenserklärung findet jedoch ihre Schranke daran, daß die Zerlegung nicht sinnlos oder praktisch undurchführbar sein darf (z. B. keine Rechtsmittelteilung der Art, daß der Anfechtende den Strafausspruch gelten lassen will, aber seine Verurteilung als solche anficht). Ferner führt der Grundsatz der Unteilbarkeit des Prozeßgegenstandes (oben §§ 28, 40) zu einer Unteilbarkeit der Klage, des Eröffnungsbeschlusses, des Urteils usw. Vgl. ferner StGB. § 63. Die unstatthaft teilende Willenserklärung gilt je nachdem als Vollerklärung oder als nicht geschehen.

VII. Die **Widerruflichkeit** (Zurücknehmbarkeit) der Erklärung ist hinsichtlich der einzelnen Rechtsgeschäftsarten sehr verschieden geregelt. Hinsichtlich der **gerichtlichen Entscheidungen** vgl. unten § 54. Bei den **Parteiakten** wird, soweit nicht ausdrückliche Gesetzesbestimmungen bestehen, der allgemeine Leitgedanke der sein müssen, daß die Partei ihre Willenserklärungen insoweit fallen lassen kann, als sie damit lediglich einen einseitigen Rechtsvorteil für sich

[1]) Hinsichtlich der Rechtsmitteleinlegung a. M. das RGer.
[2]) Vgl. unten § 68.

aus der Hand gibt, sie aber im übrigen ihre Erklärung nicht anfechten kann[1]), insbesondere auch nicht wegen Irrtums im Beweggrunde.[2])

VIII. Soweit einem Prozeßsubjekt ein Anspruch auf fremdes prozessuales Verhalten zusteht, sei es unmittelbar ex lege, sei es aus eigenem oder fremdem rechtsgeschäftlichen Handeln, kann der Anspruchsberechtigte grundsätzlich wirksam auf den Anspruch verzichten (und eventuell darüber einen Vergleich schließen). Dabei ist jedoch vorausgesetzt, daß das prozessuale Verhalten, auf das verzichtet wird, im Sinne des Gesetzes lediglich den Interessen des Verzichtenden dienen sollte (deshalb kann z. B. der Angeklagte nicht darauf verzichten, daß das Gericht die diesem v. A. w. obliegenden Handlungen betätigt), daß die Verzichtserklärung der für ihren Empfang legitimierten Stelle gegenüber abgegeben wird[3]), und bei staatlichen Ansprüchen, daß das den Verzicht erklärende Staatsorgan im Namen des Staates zu verzichten ermächtigt ist.[4])

Beispiel: der Rechtsmittelverzicht, StPO. § 302.[5])

Der Verzicht ist unwiderruflich.

Keinen Verzicht auf den Anspruch auf fremdes prozessuales Handeln bedeutet das bloße Unterlassen eigenen, das fremde Handeln bedingenden Verhaltens. (Möglichkeit der Nachholung, soweit nicht Ausschlußfristen Platz greifen.)

§ 43. B. Prozeßverkehrsfähigkeit, Handlungslegitimation, Stellvertretung.

Hegler, Latente Geistesstörung bei Prozeßbeteiligten, Jurist.-psychiatr. Grenzfragen 4 1907; Barnau, Stellvertretung im Strafrecht und Strafprozeß 1890; Beling, ZStW. 40 780.

I. Durchgängige Vorbedingung dafür, daß eine Willenserklärung die ihr zugedachte Rechtsfolge auslösen könne, ist, daß der Erklärende für Willenserklärungen der betr. Art „handlungs-

---

1) Vgl. E. 57 83.

2) Vgl. RG., HR. 3 116.

3) Deshalb gibt es z. B. keinen Verzicht des Privatklageberechtigten auf das Klagerecht außer vor der Sühnebehörde (StPO. § 380) oder vor dem jeweils befaßten Gericht.

4) Deshalb ist das staatliche Strafklagerecht unverzichtbar; es ist niemandem, insbesondere nicht der Staatsanwaltschaft, eine derartige Ermächtigung erteilt. Vgl. dazu unten § 111.

5) Das Gesetz drückt sich dahin aus: es handle sich um Verzicht auf die Einlegung des Rechtsmittels. Indessen ist die Zusage, kein Rechtsmittel einlegen zu wollen, juristisch nicht das, worauf es ankommt. Von Belang ist nur, daß, wenn das Verzichtssubjekt nachher doch noch das Rechtsmittel einlegt, es nicht verlangen kann, daß dieser Erklärung Folge gegeben werde.

fähig" ist, d. h. seinen persönlichen Eigenschaften nach bestimmend in das Rechtsleben eingreifen kann. Entsprechend muß derjenige, an den sich die Willenserklärung richtet, rechtlich empfangsfähig (passiv handlungsfähig) sein. Dies gilt auch für das Strafprozeßrecht. Der Erklärende und derjenige, an den sich die Erklärung richtet, müssen aktiv bzw. passiv prozeßverkehrsfähig (in besonderer Anwendung auf die strafprozessualischen Rechtsgeschäfte „geschäftsfähig") sein, widrigenfalls die Erklärung nicht zugkräftig ist.

Die Prozeßverkehrsfähigkeit (als Fähigkeit zur Abgabe oder Empfangnahme von Willenserklärungen[1])) fehlt, einerlei, um welche Prozeßrolle es sich handelt, einerlei auch, ob der Betreffende für sich oder als Repräsentant oder als Vertreter auftritt, dem Geisteskranken.[2])

Die Prozeßverkehrsfähigkeit fehlt ferner, aber nur für die Rolle als Strafantragsteller, als Privat- oder Nebenkläger (sowie, wie analogisch zu erfolgern ist, als Beistand des Privat- oder Nebenklägers), dem noch nicht 18 Jahre Alten, StGB. § 65 II, StPO. § 374 III.

In der Rolle des Strafantragstellers ist außerdem der nach bürgerlichem Recht Geschäftsunfähige auch prozeßverkehrsunfähig, StGB. § 65 II.

Soweit sich die Parteiqualität auf die bürgerlich-rechtlichen Anhängsel des Prozeßgegenstandes bezieht (oben § 26 II, 2), bestimmt sich die Verkehrsfähigkeit nach Analogie der zivilprozessualischen Bestimmungen über Prozeßfähigkeit.

Abgesehen hiervon ist jedermann prozeßverkehrsfähig, auch wer nach BGB. §§ 104 ff. für den bürgerlichen Rechtsverkehr nicht oder nur beschränkt geschäftsfähig ist, namentlich ist auch kein bestimmtes Lebensalter für die Teilnahme am Prozeßverkehr festgesetzt. Speziell der Beschuldigte ist, so jung er auch sei, zur Abgabe und Empfangnahme von strafprozessualischen Willenserklärungen vollbefähigt; er bedarf für deren Wirksamkeit nicht einmal der Mitwirkung oder Zustimmung seines gesetzlichen Vertreters.[3])

[1]) Die Fähigkeit, als Aussageperson, insbesondere als Zeuge, am Prozeßverkehr teilzunehmen, steht auf einem anderen Blatte (Geisteskrankheit steht der Vernehmung als Zeuge nicht entgegen).

[2]) Jedoch werden die in der Rolle einer Aussageperson herangezogenen Geisteskranken (vgl. vor. Anm.) auch als fähig für die mit dieser Rolle verknüpften Willenserklärungen, z. B. Zeugnisweigerung, anzusehen sein.

[3]) Dies gilt insbesondere für den „Jugendlichen" (14—18jährigen). Aber auch sogar die Handlungen eines „Kindes" (bis zum 14. Lebensjahr) würden um des kindlichen Alters halber sachlich nicht zu beanstanden sein.

Die Prozeßverkehrsfähigkeit in besonderer Anwendung auf die Parteirolle pflegt man „Prozeßfähigkeit" zu nennen. Diese ist aber sorgfältig von der „Parteifähigkeit" zu scheiden. Die Parteifähigkeit markiert, auf was für Wesen die Parteirollen beziehbar sind; ihr Mangel bewirkt, daß der Prozeß als Ganzes unstatthaft ist. Nach der Prozeßfähigkeit bestimmt sich dagegen, ob der Handelnde in der Parteirolle auftreten kann; ihr Mangel bewirkt nur, daß diejenige Handlung im Prozeß, bei der er obwaltet, nicht zugkräftig ist. Der Unterschied zeigt sich darin, daß der Parteifähige prozeßunfähig sein kann[1]) und umgekehrt.[2])

Man darf deshalb die Prozeßfähigkeit nicht in die „Prozeßvoraussetzungen" einreihen. Sie ist eine Prozeßgestaltungsvoraussetzung. Nur insofern ist sie zugleich Prozeßvoraussetzung, als es sich um die Prozeßfähigkeit des Klägers beim Klageakt handelt.[3]) Bei allem hinter der Klage liegenden Handeln, und zwar bei jeder einzelnen Handlung ist sie aber ebenso wie beim Klageakt erforderlich, und zwar unabhängig davon, daß sie bei diesem vorhanden war. Ihr Gegebensein oder Nichtgegebensein ist danach zu bemessen, ob der Erklärende (bzw. Erklärungsempfänger) jeweils zur Zeit der betr. Handlung prozeßfähig war oder nicht.

Von der Prozeßverkehrsfähigkeit getrennt zu halten ist die „Verhandlungsfähigkeit" (unten § 44 III).

II. Der Prozeßverkehrsunfähige ist für seine Person aus dem Prozeßverkehr überhaupt ausgeschaltet. Aber auch der Prozeßverkehrsfähige hat nur in denjenigen Prozessen etwas zu suchen, für die ihn persönliche Beziehungen mit der wahrzunehmenden Prozeßrolle verbinden; diese sind es, die ihm die Handlungslegitimation für diesen Prozeß gewähren. Es ist also immer zu fragen: 1. Wer ist es, auf dessen Namen die betr. Prozeßrolle

---

Ein Strafprozeß gegen ein Kind ist zwar wegen mangelnder Parteifähigkeit unstatthaft, oben § 31 2a; wäre aber versehentlich doch ein Prozeß in Gang gesetzt, so würde das Kind wirksam handeln, z. B. gegen seine Verurteilung Berufung einlegen können.

[1]) Dem Geisteskranken fehlt die Parteifähigkeit nicht; die gegen ihn erhobene Klage zerschellt nicht an seiner Geisteskrankheit; nur kann er im Prozeß nicht wirksam als Handelnder oder Erklärungsempfänger auftreten.

[2]) Vgl. Anm. 3 S. 177, betr. das Kind im Prozeß.

[3]) Vgl. oben § 41 III. Die Prozeßfähigkeit der Passivpartei spielt, auch als Fähigkeit zur Erklärungsempfangnahme, beim Klageakte keine Rolle, da die Klage im Strafprozeß keine an die Passivpartei, sondern eine an das Gericht gerichtete Willenserklärung ist, und die Passivpartei erst nachher in den Prozeßverkehr eintritt.

gestellt ist? 2. In welchem Verhältnis steht der uns hinsichtlich seiner Legitimation interessierende X zu jenem?

Die Legitimationsfrage ist

1. ohne weiteres zu bejahen, wenn X selber der Inhaber der betr. Prozeßrolle ist, er also im eigenen Namen Erklärungen abgibt, oder solche an ihn selber gerichtet werden.

2. Liegt die betr. Prozeßrolle bei Wesen, die nicht Menschen sind (Staat als Gericht und als Kläger, juristische Person als Privatkläger), so sind deren berufene Organe (Repräsentanten) im Namen jener zum Handeln legitimiert.

3. Im übrigen kommt es da, wo X mit dem Inhaber der Prozeßrolle nicht identisch ist, darauf an, ob ihm rechtlich die Eigenschaft eines Vertreters des Inhabers der Prozeßrolle zukommt.

Diese Handlungslegitimation darf nicht mit der Sachlegitimation (oben § 31 I, II, 1b, 2b) verwechselt werden. Letztere bedeutet eine bestimmtartige Beziehung eines Wesens (das nicht ein Mensch zu sein braucht) zum Prozeßgegenstand; und nach ihr ergibt sich, welchen Wesen die Parteirolle zukommt; sie geht den Prozeß als Ganzes an. Demgegenüber bedeutet die Handlungslegitimation, soweit sie sich überhaupt auf die Parteihandlungen bezieht, eine Beziehung eines Menschen zu dem die Parteirolle Innehabenden, und nach ihr ergibt sich, ob die jeweils in Rede stehende einzelne Prozeßhandlung in diesen Prozeß von Rechts wegen hineingehört. Bei der Sachlegitimation ist die Frage die, wer die richtige Partei sei; bei der (Partei-) Handlungslegitimation die, wer der zur Teilnahme am Prozeßverkehr in der Rolle der Partei Berufene sei.

III. Im einzelnen bestimmen sich

1. was die Repräsentationsverhältnisse (II 2) anlangt, die Richterpersönlichkeiten, die im Namen des Prozeßgerichts als dessen Repräsentanten handlungslegitimiert sind, und die Zahl, in der sie legitimiert sind, nach den Vorschriften des Gerichtsverfassungsrechts.[1]) Entsprechendes gilt für die Persönlichkeiten, die im einzelnen Prozeß für die staatsanwaltschaftlichen Funktionen legitimiert sind.[2]) In der privat- (und neben-) klägerischen Rolle

[1]) Übertragung (Delegation) der richterlichen Legitimation auf andere ist für einzelne Prozeßtätigkeiten im Gesetz als statthaft vorgesehen (Übertragung an einen „ersuchten" oder „beauftragten" Richter, vgl. oben § 14 V, 3 darüber hinaus unstatthaft, vgl. RGer., **GA. 55** 230.

[2]) Legitimiert ist also diejenige staatsanwaltschaftliche Behörde, die dem betr. Prozeßgericht angegliedert ist. Kraft des Devolutions- und des Substitutionsrechts (oben § 19 VI, 1) kann aber diese Behörde auch durch einen staatsanwaltschaftlichen Beamten von außerhalb repräsentiert werden.

werden juristische Personen u. dgl. durch dieselben Menschen repräsentiert, die deren Geschäfte im bürgerlichen Rechtsverkehr wahrzunehmen haben, StPO. § 374 III.

2. Legitimation kraft Vertreterstellung (II 3) erkennt das Strafprozeßrecht nur in bestimmten Grenzen an. Für den Strafprozeßverkehr gibt es keinen allgemeinen Satz, wonach der Inhaber einer Prozeßrolle durch seinen gesetzlichen Vertreter vertreten wird, und er sich beliebig durch einen gewillkürten Vertreter vertreten lassen kann. Dies deshalb, weil die Angelegenheiten des Strafprozesses weitgehend höchstpersönlicher Natur sind.

Dies gilt vor allem für die Beschuldigtenrolle. Wie der Strafprozeß nur demjenigen gemacht werden darf, um dessen Tat es sich handelt (oben § 31 II, 2b), so kommt es auch in dem unter seiner Firma geführten Prozeß darauf an, daß er selber, und nicht ein Vertreter für ihn, den Prozeß führt. Der Strafprozeß strebt ja an, so tief in die Sache hineinzuleuchten, soweit dies menschenmöglich ist, und dazu braucht man in erster Linie den Verkehr mit dem sich persönlich verantwortenden Beschuldigten selbst in größtmöglicher Lebensnähe. In criminalibus non admittitur procurator. Daraus ergeben sich tiefgreifende Unterschiede gegenüber dem Zivilprozeß. Einmal, daß ein Prozeß gegen einen Geisteskranken, solange die Geisteskrankheit besteht, stillstehen muß, soweit es sich um die eigentlichen Kernstücke des Prozesses, bei denen der Beschuldigte prozeßverkehrsberechtigt ist, handelt, da der Geisteskranke als Prozeßunfähiger nicht persönlich auftreten kann, und seinem gesetzlichen Vertreter keine Vertretungsbefugnis für den Strafprozeß zusteht.

Sodann ist aber auch der gesetzliche Vertreter des strafprozeßfähigen Beschuldigten nicht derjenige, in dessen Hand die Prozeßführung liegt; dies ist vielmehr der Beschuldigte selbst.

Weiter kann der Beschuldigte auch grundsätzlich nicht einen „Prozeßbevollmächtigten" bestellen, der statt seiner den Prozeß führte; und vollends ist von einem „Anwaltszwang" in dem Sinne nicht die Rede, daß der Beschuldigte nicht „postulations"- oder „gerichts"-fähig wäre, sondern eines Anwalts bedürfte, der statt seiner die maßgeblichen Erklärungen abzugeben und zu empfangen hätte.

Ganz ausgeschlossen ist gleichwohl

a) eine Vertretung der Passivpartei nicht.

Einmal liegt in der Prozeßgehilfenrolle (oben §§ 37, 38), obwohl der Prozeßgehilfe eben in dieser Rolle, im eigenen Namen, auftritt, und sein Vorhandensein den Beschuldigten nicht von der

Prozeßführung verdrängt, doch zugleich die Legitimation zur Abgabe von Willenserklärungen zugunsten des Beschuldigten und mit Wirkung für diesen (vgl. bezüglich des Verteidigers oben § 38 IV, V).

Ferner kann der Beschuldigte für solche Verhandlungen, denen er fernbleibt, und deren Durchführung nach dem Gesetz auch ohne seine Anwesenheit erfolgen kann, einen Verhandlungsvertreter derart bevollmächtigen, daß dieser Willenserklärungen aller Art, soweit sie in die betr. Verhandlung hineinfallen, auch solche, durch die Rechte preisgegeben werden, im Namen des Beschuldigten abzugeben (und zu empfangen[1]) legitimiert ist. Vgl. StPO. §§ 234, 329, 350, 387, 411 II, 417 II[2]).

Endlich liegt in den Fällen, in denen ausnahmsweise eine Personenvereinigung passiv parteifähig ist (RAbgO. § 357, oben § 31 II, 2a), die Prozeßvertretung einer solchen Partei bei den Personen, die die Personenvereinigung im bürgerlichen Rechtsstreit zu vertreten berufen sind.[3])

b) Weitergehend kommt Vertretung auf Aktivparteiseite in Betracht.

Zunächst ergänzt hier der gesetzliche Vertreter die dem geisteskranken oder noch nicht 18 Jahre alten Privat- oder Nebenkläger fehlende Prozeßfähigkeit derart, daß er es ist, der für die Prozeßführung im Namen des Klägers, also schon zur Klageerhebung, dann weiterhin zum Verhandeln im Termin, zu Rechtsmitteleinlegung usw., legitimiert ist, StPO. § 414 III.

Sodann kann sich der prozeßfähige Privatkläger bzw., wenn der Privatkläger prozeßunfähig ist, in seinem Namen der gesetzliche Vertreter einen Rechtsanwalt zum Prozeßvertreter küren, der dann im Rahmen seiner Vertretungsvollmacht mit Wirkung für und gegen den Kläger handelt und Erklärungen zu empfangen legitimiert ist.[4])

---

[1]) Z. B. den „Hinweis" nach § 265 I; auch im Sinne des § 35 I gilt der vertretene Beschuldigte als „anwesend", die Entscheidung ist nicht nach § 35 II zuzustellen, sondern zu verkünden. Auf einem besonderen Blatte steht, daß die Berufungs- und die Revisionsfrist nach §§ 314 II, 341 II gegen den Angeklagten, der bei der Verkündung nicht zugegen war — wäre es selbst, daß er vertreten war —, erst mit der Zustellung des Urteils zu laufen beginnt.

[2]) Dazu oben § 38 V.

[3]) Vgl. dazu E. 60 76.

[4]) Deshalb steht z. B. die Urteilsverkündung im Beisein des Vertreters der Verkündung in Anwesenheit des Privatklägers gleich. Da das Gesetz für den Beginn der Rechtsmittelfrist hinsichtlich des Privatklägers nichts Besonderes normiert (anders als hinsichtlich des Angeklagten, oben Anm. 1), so setzt diese Frist alsbald mit der Verkündung des Urteils ein, OLG. Hamm, JW. 54 1035.

Für die Erklärungen der Prozeßgehilfen des Privat- oder Nebenklägers gilt Entsprechendes wie für diejenigen der Prozeßgehilfen des Beschuldigten.

c) Für beide Parteiseiten kommt die Bestellung eines Zustellungsempfangsbevollmächtigten in Betracht[1]), außer wo die Zustellung im Sinne des Gesetzes auf höchstpersönlichen Empfang angelegt ist.[2])

Für beide Parteiseiten ist weiter im Falle der Streitgenossenschaft anzunehmen, daß in einer die Mehreren umfassenden Verhandlung die mündlichen Erklärungen (z. B. Beweisanträge) von einem als Wortführer im Namen aller („wir") bei (mindestens stillschweigender) Zustimmung der anderen abgegeben werden können, so daß der Sache nach jener Eine als legitimierter Vertreter für die anderen mit handelt.[3]) Darüber hinaus wirken freilich die Erklärungen jedes Streitgenossen nur für und gegen ihn selbst.[4])

Entsprechendes gilt im Verhältnis einer Partei zur Gegenpartei; z. B. kann der Staatsanwalt oder Nebenkläger eine Erklärung in der Verhandlung mit Zustimmung des Angeklagten auch für diesen mit abgeben.[5])

Soweit schließlich die Prozeßhandlung nicht die Strafsache, sondern deren bürgerlichrechtliche Annexe betrifft (oben § 26 II, 2), greifen gesetzliche und gewillkürte Vertretung entsprechend, wie wenn es sich um einen Zivilprozeß handelte, ein (vgl. StPO. § 431 III).

Von der eigentlichen Stellvertretung getrennt zu halten ist die bloße Vertretung in der Erklärung, bei der der die Erklärung

---

[1]) RGer., R. 4 230, 10 487, E. 43 321, RGer., GA. 36 246, OLG. Dresden, Z. 46 Beil.-Heft S. 212.

[2]) Z. B. beim Angeklagten für Empfang der Zustellung eines in seiner Abwesenheit verkündeten Urteils, E. 19 390, 34 331, R. 10 484. Vgl. ferner StPO. § 400 hinsichtlich der Urteilszustellung an den Nebenkläger. — Anders hinsichtlich der Zustellung an den Privatkläger, StPO. § 378 S. 2.

[3]) Vgl. Beling, ZStW. 38 818 und JW. 55 1221, E. 58 141; Alsberg, DStrZg. 1 246; Ötker, JW. 55 2759.

[4]) Ganz singulär knüpft StPO. § 357 an die Revisionseinlegung, die einer von mehreren Mitverurteilten lediglich für sich im eigenen Namen abgegeben hat, auch Wirkung zugunsten der Streitgenossen an; das Gesetz ordnet hier die Streitgenossen einander gegenseitig gewissermaßen als gesetzliche Vertreter zu. Jenseits des Bereichs des § 357 bleibt es aber bei dem allgemeinen Satze, daß das Revisionsgericht nur demjenigen Streitgenossen helfen kann, der selber die Revision eingelegt und die betreffende Gesetzesverletzung gerügt hat; die bloße „Gemeinsamkeit" der Gesetzesverletzung genügt nicht (Ötker, JW. 55 2759 gegen RGer. das.).

[5]) Beling, JW. 55 1224.

Abgebende nur der Überbringer eines von dem anderen bestimmten Erklärungsinhalts ist. Gegen solche Vertretung ist vom Standpunkt des Gesetzes nichts einzuwenden, außer in den Prozeßlagen, in denen das Gesetz erkennbar Gewicht darauf legt, daß der Erklärungsempfänger den Sprechenden selbst wahrnimmt oder ein eigenhändiges Schriftstück des Erklärenden erhält.[1])

Soweit es sich um gewillkürte Stellvertretung (eigentliche oder Erklärungsvertretung) handelt, hängt die Legitimation des Vertreters von einer Vollmachtserteilung durch den zu Vertretenden ab, und zwar in manchen Fällen (so insbes. StPO. §§ 234, 378) einer schriftlichen Vollmacht. Der Nachweis des Vollmachtsverhältnisses braucht nicht unbedingt im Zeitpunkt der Abgabe der Erklärung vorzuliegen, kommt aber zu spät, wenn die Verhandlung, in der der Vertreter auftrat, ihr Ende erreicht hat, oder bei Erklärungen außerhalb einer Verhandlung, wenn der Prozeß ordnungsgemäß so weit fortgeschritten ist, daß ein Zurückkommen auf die Erklärung nicht mehr möglich ist (so bei Rechtsmitteleinlegung, wenn das Rechtsmittel rechtskräftig verworfen worden ist.[2])

IV. Erklärungen eines Nichtlegitimierten berühren den Inhaber der Prozeßrolle, den sie angehen, weder vorteilhaft, noch nachteilig; sie entbehren der rechtlichen Beachtlichkeit. Dies gilt auch für Erklärungen eines zur Zeit der Erklärung nicht mehr Legitimierten.[3])

Jedoch kann sich der Inhaber der Prozeßrolle das für ihn durch einen negotiorum gestor Geschehene insoweit nachträglich durch Genehmigung aneignen, als eine Stellvertretung statthaft gewesen wäre.[4])

---

[1]) Im einzelnen ist hier manches streitig. Vgl. z. B. **E. 9** 80, **17** 256, RGer., **GA. 53** 169, KGer., **GA. 59** 478. Als zulässig muß angesehen werden, daß Strafanträge, Rechtsmittelerklärungen, Anträge auf Klageerzwingungsverfahren durch einen beauftragten (nicht bloß bevollmächtigten) Erklärungsübermittler angebracht werden. Vgl. KGer., **GA. 71** 227.

[2]) Dagegen schließt der Ablauf der Rechtsmittelfrist als solcher die Nachbringung des Nachweises der Vollmacht nicht aus (streitig, vgl. Löwe-Rosenberg **11a** zu § 138, **E. 21** 125, **46** 372, **55** 213, RGer., **JW. 56** 2005, KGer., **JW. 54** 2378 u. **55** 1253, **GA. 59** 477, **HR. 3** 88).

[3]) Auch wenn der Wegfall der Ermächtigung nach außen nicht hervorgetreten ist. Anders OLG. Königsberg **HR. 3** 117, wonach der Grundgedanke der §§ 171, 172 BGB. auch für den Strafprozeß gelten soll.

[4]) So kann der Angeklagte die von einem unbevollmächtigten Dritten für ihn eingelegten Rechtsbehelfe genehmigen, vgl. Eckstein, **GS. 84** 388, auch **HR. 3** 188. Auch innerhalb der Behörden kommt negotiorum gestio mit nachträglicher Genehmigung in Betracht, vgl. **RMG. 14** 152, **E. 58** 101.

Der Zeitpunkt, bis zu dem die Genehmigung beachtlich ist, bestimmt sich in derselben Weise, wie der Zeitpunkt für den Nachweis einer zuvor geschehenen Bevollmächtigung (oben III a. E.).

3. Kapitel.

Form und äußere Umstände der Prozeßhandlungen.

§ 44. A. Form; Mündlichkeit und Schriftlichkeit. Gerichtssprache.

Beling, **ZStW. 40** 780.

Zusammengehalten mit dem Strafrecht ist alles Strafprozeßrecht nur „formelles" Recht, insofern es nicht die Strafbarkeit regelt, sondern nur das zu ihrer Klarstellung einzuschlagende Verfahren „formt". Aber bei den einzelnen Prozeßakten, namentlich denen des Prozeßverkehrs, kann jene prozeßrechtliche Formung sowohl deren sachlichem Gehalt wie auch der äußeren Seite des Akts, seiner ausdrucksmäßigen Einkleidung, gelten. Namentlich bei den Prozeßerklärungen scheiden sich deutlich ihr „Sinn" oder „Inhalt", der durch nachdenkendes Verstehen zu erschließen ist, und die „Ausdrucksbewegungen", die jenen kundgeben und Objekte der Wahrnehmung sind. Diese äußere Seite der Prozeßhandlungen meint man, wenn man von ihrer „Form" schlechthin spricht.

Auf die Einhaltung bestimmter, oft bis zu „Förmlichkeiten" gesteigerter Ausdrucksformen legten namentlich die ältesten Rechte Gewicht, teils, weil der Formzwang zu größerer Klärung und besserer Verständigung hinleiten kann, teils, weil ohne ihn die Ernstlichkeit und das Gewicht der Äußerung in Frage gestellt schien, teils, weil man bei Formlosigkeit Rechtsunsicherheit befürchtete. Auf der anderen Seite können Formvorschriften im Rechtsverkehr als lästige Fesseln empfunden werden und den Unkundigen mit Rechtsverlustigung bedrohen. Deshalb folgt das heutige Recht im allgemeinen dem Grundsatz der Formfreiheit. Namentlich sind die Erklärungen im Prozeßverkehr nicht mehr an den Gebrauch bestimmter Worte oder Formeln gebunden (vgl. z. B. StPO. § 300).

Immerhin hält auch das heutige Recht insoweit an Formen fest, als besondere Gründe für sie sprechen. In diesem Sinne gibt es nicht nur spezielle Formvorschriften für einzelne Arten von Prozeßhandlungen (z. B. Eidesförmelung, StPO. §§ 62, 63), sondern auch solche von allgemeinerer Bedeutung (nachstehend I, II).

I. Mündlichkeit und Schriftlichkeit.

Der vormalige gemeine Strafprozeß pflegt als ein „schriftlicher Prozeß" bezeichnet zu werden. Das will nicht besagen, daß ein mündlicher Prozeßverkehr überhaupt nicht stattgefunden hätte. Vielmehr hörte der Inquirent naturgemäß den Inquisiten und die Zeugen mündlich ab. Aber dieser mündliche Prozeßverkehr hatte doch nur vorbereitenden Charakter. Über das mündlich Verhandelte wurden Protokolle als urkundliche Berichte aufgenommen, und diese erst waren es, die zusammen mit etwaigen unmittelbaren schriftlichen Gesuchen, Mitteilungen usw. den gerichtlichen Entscheidungen zugrunde gelegt wurden: Quod non est in actis, non est in mundo. Die Entscheidung erging innerdienstlich auf Grund des gesammelten Aktenmaterials.

Dieses Verfahren hatte den Vorzug, daß das gesamte Erwägungsmaterial fest verkörpert war und ein ruhiges gründliches Überlegen gestattete; konnte man doch die Akten mehrmals studieren und in ihnen immer und immer wieder nachschlagen, bis man sich im Reinen war. Aber es hatte den Nachteil, daß das urteilende Gericht statt lebendige Menschen nur tote und starre Buchstaben vor sich sah, daß die Frische des Eindrucks verloren ging, und, wo das Aktenmaterial Irriges, Unklares, Unvollständiges bot, der Weg der leichten Verständigung und Klärung abgeschnitten war.

Immer vordringlicher erhob sich deshalb etwa vor einem Jahrhundert die Forderung eines „mündlichen Prozesses", in dem das entscheidende Gericht im mündlichen Verkehr mit den Inhabern der anderen Prozeßrollen die Entscheidungsgrundlagen gewinne.[1]) Freilich hat auch ein solches Verfahren seine Schattenseiten: es können sich unter Umständen Gefühls- und Stimmungseindrücke zur Geltung bringen, und es kann vielleicht auch dies und das aus der Verhandlung unter den Tisch fallen, weil es entweder alsbald unbeachtet blieb, oder das Gedächtnis es nicht treu aufbewahrte. Gleichwohl erscheinen diese Nachteile gegenüber denen des schriftlichen Verfahrens verhältnismäßig gering.

---

[1]) Man identifizierte dabei anfänglich den mündlichen Verkehr mit dem „unmittelbaren" Verkehr unter Anwesenden, den schriftlichen Verkehr mit dem durch das Schriftstück „vermittelten" Verkehr unter Abwesenden und gebrauchte deshalb die Ausdrücke „Mündlichkeitsprinzip" und „Unmittelbarkeitsprinzip" als Synonima. Indessen kann sich auch der mündliche Verkehr zu einem „mittelbaren" unter Abwesenden gestalten, so, daß der Erklärende seine Erklärung einer Mittelsperson gegenüber abgibt, die dann ihrerseits in mündlichen Verkehr mit dem eigentlichen Erklärungsempfänger tritt, wie auch umgekehrt Übergabe eines Schriftstücks unter Anwesenden denkbar ist. Man tut deshalb besser, die Ausdrücke „Unmittelbarkeit" und „Mittelbarkeit", soweit es sich um den Prozeßverkehr handelt, lediglich auf die Unstatthaftigkeit bzw. Statthaftigkeit einer Stellvertretung (oben § 43 III) zu beziehen. Etwas anderes ist die Unmittelbarkeit bzw. Mittelbarkeit beim Beweisverfahren (unten § 64 III).

So hat denn das heutige Recht dem erkennenden Gericht für alle Instanzen im ordentlichen Verfahren und für die meisten besonderen Prozeßarten[1]) mündlichen Prozeßverkehr mit den Inhabern aller anderen Prozeßrollen zur Pflicht gemacht, und zwar derart, daß eine „mündliche Hauptverhandlung" stattfindet, die der Rede und Gegenrede aller Beteiligten (der Prozeßsubjekte und Dritter) dient, eine unerläßliche Sachurteilsvoraussetzung darstellt, und deren Gesamtinhalt die Entscheidung zu tragen hat (StPO. §§ 226ff.).[2])

Hier kommt also ausschließlich das gesprochene Wort zur Geltung; schriftliche Prozeßerklärungen sind unbeachtlich.[3]) Insbesondere sind auch die in der Hauptverhandlung erfolgenden gerichtlichen Entscheidungen mit Einschluß des Urteilsakts mündliche Akte.

Auch außerhalb der Hauptverhandlung spielt sich der Prozeßverkehr weitgehend in Form von „mündlichen Verhandlungen" ab; insbesondere zwecks der Vernehmung von Auskunftspersonen für die Vorbereitung der Anklage im Ermittelungsverfahren und in der Voruntersuchung.

Ganz aus dem Prozeß verbannt ist damit aber die Schrift keineswegs.

a) Vielmehr ist für gewisse Prozeßverkehrsvorgänge außerhalb der Hauptverhandlung Schriftform geradezu vorgeschrieben, teils so, daß der Äußernde seine Erklärung schriftlich einzukleiden hat, teils so, daß zwar mündliche Äußerung stattfindet, diese aber erst zusammen mit ihrer Überführung in ein Protokoll Bedeutung erlangt. So für die Klage (mit Ausnahmen), den Strafantrag, die Rechtsmitteleinlegung usw. Es sind dies Äußerungen, die ohne schriftliche Verkörperung im Laufe des Prozesses und darüber hinaus immer und immer wieder umständliche und unsichere Feststellungen hinsichtlich ihres Geschehenseins und ihres Inhalts notwendig machen würden.

Derartige Prozeßschriftstücke müssen ihren Urheber derart als Urheber hervortreten lassen, daß verkehrsüblicherweise keine Zweifel

---

[1]) Ausgenommen ist das Mahnverfahren, das aber die Möglichkeit nachfolgenden ordentlichen Verfahrens eröffnet, unten § 94.

[2]) Anders das kanonische Recht, das auch noch nach dem Codex juris canonici den schriftlichen Strafprozeß beibehalten hat.

[3]) Dagegen steht der mündlichen Verlesung von Schriftstücken nichts im Wege, soweit diese nicht das eigene, in freier Rede zu gebende Vorbringen ersetzen sollen, sondern sonstige Äußerungen verkörpern (als Beweismittel dienende Urkunden, wissenschaftliche Abhandlungen, Gesetzesstellen usw.).

daran entstehen, ob das Schriftstück eine fertige echte Erklärung ist; eigenhändige Unterzeichnung mit voll ausgeschriebenem Namen ist nicht unbedingt erforderlich; ihre Ersetzbarkeit durch Firmaaufdruck, durch abgekürzten Namenszug, durch Faksimilestempel, durch Maschinenschrift usw. endigt aber da, wo sich der Eindruck möglicher Unfertigkeit oder Unechtheit einstellt.[1])

Wenn das Gesetz in einem Teil dieser Fälle die eigene schriftliche Erklärung des Erklärenden für sich allein nicht genügen läßt, sondern entweder ihre protokollarische Beurkundung oder die Mitunterzeichnung durch einen Prozeßgehilfen verlangt (vgl. StPO. §§ 172 II, 345 II, 366 II, 390 II), so sind diese Bestimmungen darauf angelegt, daß durch die erforderliche Mitwirkung der zugeordneten Person zahlreiche unnötige und unsachgemäße Erklärungen abgeschnitten werden. Hat aber der Zugeordnete das Protokoll aufgenommen bzw. das Schriftstück mitunterzeichnet, so ist dem Formerfordernis auch dann genügt, wenn dabei so verfahren worden ist, daß ein Originalschriftstück des Ersterklärenden verwendet worden ist.[2])

Darüber, ob bei amtlichen Schriftstücken ein Amtsstempel miterforderlich ist oder ob ein solcher (ohne Namensschrift des Beamten) genügt, entscheidet das Verwaltungsrecht.

(Getrennt zu halten von der hier in Rede stehenden schriftlichen Verkörperung der Prozeßerklärung ist die einem Prozeßvorgang

---

[1]) Hierüber eine kasuistische Rechtsprechung, vgl. z. B. **R. 3** 281, **10** 92, **E. 37** 82, 407, **60** 406, KGer., **GA. 69** 446, **70** 115, **JW. 55** 2229, OLG. Düsseldorf, **HR. 2** 32.

[2]) Das Reichsgericht verlangt **E. 18** 103 und in den dort angeführten Entscheidungen, ferner in **E. 19** 95, **JW.** 1907 S. 561, **GA. 54** 309, **69** 225 usw., daß sich das Schriftstück äußerlich als eigene Arbeit des Zugeordneten darstelle. Ebenso Zäschmar, **DJZ. 14** 703, OLG. Kiel, **Z. 46** Beilageheft 92, OLG. Dresden, das. 223, KGer., **GA. 70** 48, OLG. Rostock **GA. 70** 151 u. **HR. 2** 28. Diese rigorose Auffassung wird schon durch den Gesetzeswortlaut in keiner Weise gestützt; sie überschießt auch die ratio legis, insofern sie die Gefahr eröffnet, daß wohlbegründete Erklärungen an kleinlichen Formalitäten scheitern. Es hat auch keine Gefahr in sich, wenn man in den einschlägigen Fällen die Formrichtigkeit ruhig anerkennt; denn hat der Zugeordnete einen unsachgemäßen Schriftinhalt mit seiner Flagge gedeckt, so ist ja die Willenserklärung der Ablehnung als unbegründet verfallen. Schließlich ist nicht zu übersehen, daß die diffizile Formstrenge, wie sie das RGer. behauptet, auch den Zugeordneten mit schwerer Verantwortlichkeit belastet, und das Gesetz schwerlich darüber schweigen konnte, wenn es Derartiges wirklich wollte.

Gegen den Formalismus Weber, **Z. 46** Beilageheft 223; Mamroth, **JW. 54** 1016.

Richtig ist dagegen, daß ein Schriftstück, in dem der Zugeordnete lediglich berichtet, der Andere habe dies und das vorzubringen, nicht genügt, **E. 60** 53, vgl. unten S. 188 zu Anm. 2.

hinzutretende „Beurkundung" als selbständige Gattung der Prozeßhandlungen.[1])

Belanglos ist für die Einreichung bei Gericht, ob der Erklärende persönlich das Schriftstück bei der Einlaufstelle abgibt, oder ob er sich anderer Personen zur Übermittelung bedient, z. B. der Post. Deshalb kommt die Erklärung auch dann zustande, wenn sie irrtümlich bei einer falschen Stelle (z. B. bei der Staatsanwaltschaft statt beim Gericht) abgegeben war, diese sie aber an das Gericht weiterleitet, wobei es aber für die Wahrung einer Frist auf den Einlauf bei der richtigen Stelle ankommt.

Nicht genügend ist dagegen, daß die falsche Stelle lediglich der richtigen mitteilt, es sei bei ihr das Schriftstück eingelaufen; empfangsbedürftig ist nicht der bloße gedankliche Inhalt, sondern das Schriftstück körperlich.[2])

Beglaubigte Abschriften können die Stelle der Prozeßerklärung nicht vertreten[3]); sie bedeuten nur ein Zeugnis der beglaubigenden Stelle, daß ihnen eine Erklärung des und des Inhalts vorgelegen habe.[4])

b) Bei anderen Vorgängen des Prozeßverkehrs kann der mündliche oder der schriftliche Verständigungsweg gewählt werden (z. B. Ersuchen des Verteidigers um Verabfolgung der Akten, StPO. § 147 IV).

Zu a) und b). Von den Gesetzesbestimmungen, die eine Erklärung in Schriftform betreffen, spricht sich keine darüber aus, ob das in Frage kommende Schriftstück, körperlich-äußerlich genommen, den ganzen Erklärungsinhalt ungeteilt in sich fassen müsse, oder ob eine „Bezugnahme" auf andere Schriftstücke statthaft sei. Die Frage ist aber grundsätzlich in letzterem Sinne zu beantworten, da solche Bezugnahmen oft sehr zweckmäßig und im heutigen Verkehr etwas Gewöhnliches sind, und eine interessenverkürzende Formstrenge durch nichts als im Willen des Gesetzes liegend belegt wird[5]); ins-

---

[1]) Unten § 66.

[2]) Twele, Arch. f. MilitR. **5** 424; Beling, **Z. 37** 340.

[3]) **E. 48** 274.

[4]) Auch Behörden können ihre eigenen Prozeßerklärungen nicht derart abgeben, daß sie eine beglaubigte Abschrift ihrer lediglich innendienstlich niedergelegten Erklärung an die zum Empfang berufene Prozeßstelle gelangen lassen. A. M. Bayr. ObstLdesGer., **JW. 55** 1235 und **HR. 2** 202.

[5]) Diese Frage taucht in gleicher Weise hinsichtlich der „Beurkundungen", unten § 66, auf. Weitgehend zu streng die Rechtsauffassung des RGer., vgl. z. B. **E. 18** 95, **34** 137, **53** 258, **GA. 68** 364, **69** 406, **70** 106; vgl. auch OLG. Hamburg **GA. 71** 58. Richtig Schlotter, **DJZ. 11** 1195. Insbesondere ist

besondere gilt dies hinsichtlich solcher Teile des Erklärungsinhalts, die dem Schriftstück als **Beilage** angefügt sind. Es bedarf vielmehr hinsichtlich jeder Art von Prozeßerklärung besonderer Untersuchung darüber, ob etwa nach der besonderen ratio legis gewisse Arten von Bezugnahmen, namentlich Bezugnahmen auf Schriftstücke, die nicht selbst schon in den Prozeßakten enthalten sind, unstatthaft erscheinen.[1])

II. Alle Erklärungen im Prozeß, einerlei, ob mündlich oder schriftlich, haben in **deutscher Sprache** (einschließlich ihrer Mundarten) zu erfolgen. Sie ist die „**Gerichtssprache**", GVG. § 184. Erklärungen (z. B. Strafanträge, Rechtsmittelerklärungen) in einer fremden Sprache sind nicht zugkräftig.

Von einer „**Gerichtsschrift**" spricht das Gesetz nicht. Es kann jedoch nicht bezweifelt werden, daß der schriftliche Prozeßverkehr, soweit Schriftform obligatorisch ist, und die Beurkundungen mündlichen Prozeßverkehrs die **allgemeinverständliche** (sog. **Kurrent**-) Schrift erheischen, weil an ihrer Lesbarkeit ein unbestimmter Kreis von Personen interessiert ist, und deshalb der Gebrauch einer Sonderschrift (Stenographie usw.) berechtigte Interessen verletzen kann. Sonderschriften sind dagegen verwendbar, wo die Schrift nur fakultativ statt des gesprochenen Worts zugelassen ist, insbesondere im rein inneren Dienst.

III. Jede **mündliche Verhandlung** ist ein Vorgang, in dem sich die Erklärungen des Einen, das Hören und Verstehen jener durch den oder die Anderen, die Gegenerklärungen und deren Aufnahme durch den ersten und so fort zu einer inbegrifflichen Einheit verschmelzen sollen. Die Erreichung des Verständigungszwecks ist deshalb tatsächlich dadurch bedingt, daß die Anwesenden „**verhandlungsfähig**" sind, d. h. physisch und geistig fähig sind, zweckgemäße Erklärungen selbst abzugeben und die Erklärungen der anderen in sich aufzunehmen und zu verstehen. Diese Fähigkeit kann aus mancherlei Ursachen beeinträchtigt oder aufgehoben sein, so durch Schlaf, Krankheit, epileptische Krämpfe, Ermüdung, Nichtbeherrschung der deutschen Sprache, Stottern, Schwerhörigkeit, Ungewandtheit im mündlichen Ausdruck usw. Die rechtliche Bedeutung solcher Verhandlungs-

---

die Meinung des RGer. nicht haltbar, daß der Revisionswerber in den sog. Revisionsanträgen nicht auf das Sitzungsprotokoll Bezug nehmen dürfe.

[1]) Würde durch eine Bezugnahme der Sinn der Gesamterklärung unklar werden, so können sich dieserhalb abträgliche Rechtsfolgen ergeben (vgl. z. B. **E. 59** 427). Dies aber nicht in dem Sinne, daß „die Bezugnahme unstatthaft" wäre; der Fall liegt nicht anders, als wenn eine in einem Einheitsschriftstück abgegebene Erklärung unklar wäre.

unfähigkeit ist die, daß sie die Verhandlung insoweit unzulässig macht, als diese mit einer Beeinträchtigung der Rechte des Verhandlungsunfähigen verbunden wäre, oder diesem eine Verhandlungspflicht obliegt, die er bei Verhandlungsunfähigkeit nicht sachgemäß erfüllen kann.

In solchen Fällen läßt sich über das Hemmnis teilweise dadurch hinwegkommen, daß ein Verkehrsgehilfe zugezogen wird. Dies namentlich dann, wenn der Betreffende der deutschen Sprache nicht mächtig, oder wenn er taub oder stumm ist; hier ist ein Dolmetscher zuzuziehen (Näheres GVG. §§ 185—191). Bei Tauben und Stummen ist aber auch schriftliche Verständigung statthaft (vgl. § 259 II).

Im übrigen muß die Verhandlung unterbleiben[1]), und es muß, soweit sie gesetzlich vorgeschrieben ist, abgewartet werden, bis der die Verhandlungsunfähigkeit begründende Zustand vorüber ist.

Die Verhandlungsunfähigkeit hat eine gewisse Ähnlichkeit mit der Prozeßunfähigkeit. Sie ist aber in ihrer juristischen Funktion von dieser verschieden. Die Verhandlungsunfähigkeit bewirkt, daß der Betreffende tatsächlich nicht (oder nicht zulänglich) mitverhandelt, weil er es eben nicht kann; die Prozeßunfähigkeit entfaltet dagegen bei mündlichen Verhandlungen ihre Hauptbedeutung gerade dann, wenn der Betreffende verhandlungsfähig ist[2]) und tatsächlich mitverhandelt; das Mitverhandeln ist wegen der Prozeßunfähigkeit rechtlich unbeachtlich.

Deshalb kann die fehlende Prozeßfähigkeit niemals durch bestehende Verhandlungsfähigkeit ersetzt werden.[3]) Andererseits kommt es bei bestehender Prozeßfähigkeit stets nur darauf an, ob der physische oder geistige Zustand tatsächlich zu Rechtsverlustigung oder Ausfall der Pflichterfüllung führen würde. Der Begriff der Verhandlungsunfähigkeit ist ein relativer. Läßt sich trotz der Krankheit, der Ungewandtheit im Ausdruck usw. eine zweckgerechte Verständigung erzielen, so ist kein Verhandlungshindernis gegeben.

---

[1]) Eine gewisse Berühmtheit hat die Entscheidung des RGer., **E. 22** 107, vgl. auch RGer., **GA. 68** 360, erlangt, wonach ein Urteil auch dann rechtsbeständig ist, wenn einer der Richter bei der Verhandlung geschlafen hat. Diese Auffassung ist gewiß nicht haltbar. Vgl. Heilberg, **JW. 54** 1007 und jetzt **E. 60** 64, dazu RGer. **DJZ. 33** 522.

[2]) Das ist sehr wohl möglich; ein 17jähriger Privatkläger z. B. kann obwohl prozeßunfähig, doch völlig verhandlungsfähig sein; auch mit Geisteskranken kann ein Verhandeln möglich sein.

[3]) Eine Verhandlung mit einem Geisteskranken ist deshalb auch insoweit ausgeschlossen, als man sich mit ihm verständigen kann. Anders z. T. die Praxis.

Soweit es sich um Erklärungen außerhalb einer Verhandlung handelt, ist es Sache des Betreffenden selbst, über etwaige Hemmnisse, die seiner Erklärung bzw. dem Verstehen einer solchen entgegenstehen, hinwegzukommen, z. B., wenn er der deutschen Sprache nicht mächtig ist, das Rechtsmittel-, Privatklage- usw. Schriftstück durch einen Übersetzer herstellen zu lassen, sich von einem solchen die ihm zugestellten Prozeßschriftstücke verständlich machen zu lassen usw. Unter Umständen können derartige Hemmnisse, wenn sie die fristgerechte Abgabe einer Erklärung vereitelt haben, eine Wiedereinsetzung in den vorigen Stand (unten § 45 II 1) begründen.

B. Örtliche und zeitliche Beziehungen der Prozeßhandlungen. § 45.

v. Kujawa, Recht 10 1051; Beling ZStW. 38 489.

I. Der Ort, an dem die prozessualischen Handlungen stattzufinden haben, ist

1. für Amtshandlungen in der Weise festgelegt, daß sie normalerweise im Gerichtssprengel am Gerichtssitz und im Gerichtsgebäude stattfinden. Sie können aber nach Bedarf auch außerhalb des Gerichtsgebäudes und des Gerichtssitzes[1]), ferner bei Gefahr im Verzuge auch in einem anderen deutschen Gerichtsbezirk (GVG. § 166), und im Kriegsfalle sowie bei Einwilligung des fremden Staats auch im fremdstaatlichen Gebiet vorgenommen werden. Vollends hängt die deutsch-prozeßrechtliche Wirksamkeit der Amtshandlungen von dem Handlungsorte überhaupt nicht ab; auch die völkerrechtswidrig im fremden Staatsgebiet betätigte Handlung (vgl. oben § 4, 1, S. 15 f), sowie das nicht durch GVG. § 166 gedeckte Handeln in einem anderen deutschen Gerichtsbezirk (vgl. oben § 15 I) entfalten die gewöhnlichen prozeßrechtlichen Wirkungen.

2. Für Private ist

a) soweit es sich um mündliche Anteilnahme am Prozeßverkehr handelt, der Ort ihres Auftretens damit gegeben, daß die Verhandlung eben dort stattfindet;

b) soweit es sich um schriftliche Prozeßverkehrserklärungen handelt, ist der Ort, von wo sie das Schriftstück abgehen lassen, völlig belanglos.[2])

---

[1]) Beispiel: Vernehmung eines kranken Zeugen in seiner Wohnung; Einnahme eines Augenscheins am Tatort.

[2]) Wegen der Bedeutung des Ortes, wo das Schriftstück eingeht, vgl. oben § 42 III.

II. Zeitliche Ordnungsmomente sind die Fristen und die Termine.

1. Fristen[1]) sind Zeitmaße, die entweder behufs unverzögerlichen Fortganges des Verfahrens für die Vornahme von Prozeßhandlungen gesetzt sind: Handlungsfristen (z. B. StPO. §§ 311 II, 314, 341)[2]); oder umgekehrt behufs Gewinnung von Vorbereitungsmöglichkeiten ein Abwarten bis jenseits des Endpunkts der Fristen heischen: Sperr- oder Zwischenfristen (z. B. StPO. § 217, Ladungsfrist). Die Fristen ergeben sich teils unmittelbar kraft Gesetzes (wobei Verschiebung des Beginns, Kürzung oder Verlängerung der Frist ausgeschlossen sind): „gesetzliche Fristen" (z. B. StPO. §§ 311 II, 314, 341, 217); teils werden sie durch den Richter bestimmt: „richterliche Fristen" (z. B. StPO. § 201 I). Zeitberechnung nach StPO. §§ 42, 43.

Die einer Partei gesetzten Handlungsfristen sind in der Regel Ausschluß- („Präklusiv-") Fristen, d. h. die jenseits der Frist erfolgende Handlung genügt rechtlich nicht. Doch steht dem Präkludierten „Wiedereinsetzung in den vorigen Stand" (restitutio in integrum) offen, sofern er durch unabwendbaren Zufall (vis major) an der Fristeinhaltung verhindert worden war, StPO. § 44.[3]) Zur Erlangung der Wiedereinsetzung bedarf es eines Gesuchs, das binnen einer Woche nach Behebung des Hindernisses anzubringen ist, und in dem die Versäumungsgründe anzugeben und glaubhaft zu machen sind, StPO. § 45 I. Um die unverzügliche Fortführung des Verfahrens im Falle der Gewährung der Wiedereinsetzung zu ermöglichen, ist im Sinne der zivilprozessualischen Eventualmaxime vorgeschrieben, daß die versäumte Handlung mit dem Wiedereinsetzungsgesuch zugleich nachzuholen ist (falls sie nicht schon vorher geschehen ist,[4])

[1]) Überblick über die Fristen in der StPO.: Kern, MonSchr. f. KrimPsychol. 15 237.

[2]) Dabei liegt der Nachdruck stets auf dem Endpunkt der Frist. Der Anfangszeitpunkt ist dazu da, diesen Endpunkt zu errechnen. Ob der Anfangszeitpunkt auch die Bedeutung hat, vor ihm liegende Handlungen auszuschließen, ist hinsichtlich der einzelnen Gesetzesbestimmungen durch Auslegung zu ermitteln; soweit nicht Gegengründe ersichtlich, hat er diese Bedeutung nicht.

[3]) Spielte bei der Fristversäumung ein Verschulden eines Vertreters oder Gehilfen mit, so ist damit die Wiedereinsetzung nicht, wie die Praxis weitgehend annimmt, ohne weiteres ausgeschlossen. Auch das Verhalten des Vertreters bzw. Gehilfen kann für die Partei einen unabwendbaren Zufall darstellen.

[4]) Vgl. Ditzen, GA. 52 367; Gerland, GS. 79 259; Beling, ZStW. 38 489.

StPO. § 45 II, widrigenfalls das Gesuch der Ablehnung verfällt. Im Gegensatz zum Zivilprozeß ist Wiedereinsetzung in bezug auf alle Fristen statthaft (keine Heraushebung von „Notfristen“); so auch in bezug auf die Wiedereinsetzungsfrist selber (restitutio restitutionis quoque datur; umgekehrt — non datur — im Zivilprozeß).

2. Für Verhandlungen des Gerichts mit Parteien oder Dritten sind jeweils Termine (Tagfahrten) anzusetzen. Termin ist im Gegensatz zur Frist als einem rechnerisch bestimmten Zeitraum ein Zeitpunkt, von dem ab zu verhandeln ist (terminus a quo); doch heißt auch die ganze Zeitspanne bis Verhandlungsschluß „der Termin“ (alsdann bildet deren rechnerische Unbestimmtheit den Gegensatz zur Frist).

Im Termin zu erscheinen haben Parteien und Dritte, die formgerecht geladen sind; doch ist ein Verhandeln im Termin auch mit Personen statthaft, die freiwillig erschienen oder formlos „gestellt“ worden sind. Ladungsbehörde ist grundsätzlich auch für gerichtliche Termine die Staatsanwaltschaft, 214, 36 I, jedoch 36 II, 385 II. Zur Hauptverhandlung können auch der Angeklagte, der Privat- und der Nebenkläger Zeugen und Sachverständige laden, 220, 386 II, 397, dazu 38.

Die Rechtsfolgen eines Ausbleibens im Termin sind verschieden, je nachdem ob es sich um Träger dieser oder jener Prozeßrolle handelt, welche Funktion der Verhandlung für den Prozeßfortgang zukommt, und ob die Teilnahme an der Verhandlung eine Rechtswahrnehmung oder eine Pflichterfüllung bedeutet. Für die Parteien besteht hinsichtlich der Hauptverhandlung grundsätzlich rechtliche Notwendigkeit ihres Dabeiseins, so daß das Ausbleiben auch nur einer von ihnen die Abhaltung der Verhandlung vereitelt, und es zu einem neuen Termin (gegenüber dem Angeklagten unter Ausübung eines Erscheinungszwangs) kommen muß. Ausnahmen (Abhaltung der Hauptverhandlung ohne die Partei): hinsichtlich des Privatklägers, StPO. § 391 II, III, sowie in den Fällen der §§ 231 II, 232, 233, 277, 329, 350, 387, 411 II, 417 II StPO. auch bezüglich des Angeklagten. Wo ein solcher Ausnahmefall vorliegt, zieht das Ausbleiben im allgemeinen keine besonderen Rechtsnachteile für den Ausgebliebenen nach sich (nur Einbuße der persönlichen Entfaltung seiner Rechte); vgl. jedoch („Kontumazialfolgen“) StPO. §§ 329, 412, 391 II, III. Gegen ein in ihrer Abwesenheit gesprochenes Urteil hat die Partei, wenn ihr Ausbleiben durch vis major bedingt war, ein Recht auf **Wiedereinsetzung in den vorigen Stand** mit der Wirkung, daß das Urteil hinfällig wird und ein neuer Hauptverhandlungstermin stattzufinden hat, StPO. § 235 (Einschränkungen das. Abs. 2, § 412 II), § 391 IV.[1])

§ 46. **C. Öffentlichkeit und Heimlichkeit.**

Kleinfeller, Das Reichsgesetz betr. die unter Ausschluß der Öffentlichkeit stattfindenden Gerichtsverhandlungen erläutert 1888; Klemm, desgl. 1888; Kleinfeller, **GS. 39** 417; Fuld, **GA. 36** 335; Zenk, Die Öffentlichkeit im Militärstrafprozeß[2] 1896; Engeler, Die Öffentlichkeit im Reichsstrafprozeß 1912; Käckell, Der Schweigebefehl 1920.

I. Der gemeinrechtliche Strafprozeß war „heimlich", d. h.: jeder mündliche Prozeßverkehrsakt erfolgte „unter vier Augen"; so war namentlich bei der Vernehmung eines Zeugen schon die Anwesenheit des Beschuldigten und erst recht die dritter Personen ausgeschlossen; und weiter hatte niemand, nicht einmal der Inquisit, ein Recht auf Akteneinsicht.

Der erwachende Liberalismus rief demgegenüber mit Entschiedenheit nach Offenlegung der Prozeßvorgänge nicht bloß für die unmittelbar Beteiligten (Parteiöffentlichkeit, oben § 33 S. 136), sondern auch für das unbeteiligte Publikum, sog. Volksöffentlichkeit. Diese Forderung wurde aufgenommen von der Reichsverfassung von 1849; die Landesgesetzgebungen eigneten sich den Öffentlichkeitsgedanken an, die Reichsgesetzgebung folgte nach.[2])

Rechtspolitisch ist die Volksöffentlichkeit nach manchen Richtungen hin nicht ohne Bedenken. Sie kann von rechtsfeindlichen Elementen dazu benutzt werden, zu lernen, wie man dem materiellen Recht ein Schnippchen schlägt und die prozessualischen Rechte schikanös gebraucht; sie kann die an den Verhandlungen Beteiligten zu unsachlichem, auf den Eindruck beim Publikum berechnetem Verhalten führen; sie kann durch Erzeugung oder Unterhaltung erregter Massenstimmungen die Würde der Verhandlung gefährden; sie kann Beschuldigte und Zeugen im Punkte ihrer Ehre oder ihrer privaten Geheimsphäre empfindlich vor der Öffentlichkeit bloßstellen usw.

Diese Bedenken werden aber überwogen durch die Erwägung, daß eine heimliche Strafrechtspflege, und wäre sie tatsächlich noch so gewissenhaft und rechtstreu, den Schein gegen sich hat, als gehe es

---

[1]) Vgl. unten § 69 I.

[2]) Heimlich ist der kirchliche Strafprozeß, auch nach dem Codex juris canonici von 1917.

in ihr nicht mit rechten Dingen zu; tatsächlich kann sich ja auch unter dem Deckmantel der Heimlichkeit Rechtsbeugung leichter einstellen, als wo öffentliche Kontrolle waltet. Die Nötigung der Staatsorgane zum öffentlichen procedere ist deshalb dem Gesamtinteresse dienlich, indem sie die Atmosphäre von mehr oder weniger grundlosen Verdächtigungen reinigt. Die Justiz gewinnt an Güte, wenn sie sich dem Volke gegenüber in ihrer strengen Gesetzmäßigkeit auszuweisen hat. Auch kann der Einblick in die Rechtspflegeübung eine Art Bildungselement für das Volk sein.

II. Dem Öffentlichkeitsgrundsatz untersteht heute die Hauptverhandlung, GVG. § 169, außer in Jugendsachen, JugGerGes. § 23 I (außerdem ist öffentlich die Auslosung der Reihenfolge, in der Hauptschöffen und Hauptgeschworene an den einzelnen ordentlichen Sitzungen des Geschäftsjahrs teilzunehmen haben, GVG. §§ 45 II, 77 I, 84).[1]) Es ist insoweit cuivis ex populo[2]) (Einschränkungen: GVG. §§ 175 I, 177) nach Maßgabe des verfügbaren Raums und erforderlichenfalls nach Ausweis ihrer Person, immer aber so, daß jede Auswahl seitens der Behörden unterbleibt, gestattet, der Verhandlung beizuwohnen (publizistisches Recht der Einzelnen, prozessualische Pflicht des Gerichts, prozessualisches Recht der Parteien).

Das Gericht kann jedoch im einzelnen Falle wegen gewisser vom Gesetz als überwiegend anerkannten Gegeninteressen, nämlich wegen Gefährdung der öffentlichen Ordnung oder[3]) der Staatssicherheit oder der (geschlechtlichen) Sittlichkeit die Öffentlichkeit ausschließen, GVG. §§ 172, 174.

Zu Verhandlungen, für die die Öffentlichkeit ausgeschlossen ist, steht der Zutritt nur den die Dienstaufsicht führenden Beamten der Justizverwaltung offen, Zulassung anderer Personen steht im Ermessen des Gerichts, GVG. § 175 II, III. Weiter ist der Kreis der

---

[1]) Im übrigen ist die Zulassung Unbeteiligter justizverwaltungsmäßige Ermessenssache.

[2]) Das Gesetz denkt dabei zweifellos aber nur an das deutsche Staatsvolk. Für Ausländer gilt Anm. 1. Vgl. Beling, Arch. f. Militärrecht 7 310.

[3]) Das Gesetz sagt „insbesondere“, als müsse eine Gefährdung der Staatssicherheit stets mit einer Gefährdung der öffentlichen Ordnung (d. i. mit der Besorgnis tumultuarischer Szenen) einhergehen. Es kann aber sein, daß eine öffentliche Verhandlung z. B. über Staatsgeheimnisse die Staatssicherheit aufs äußerste gefährdet, und doch die Verhandlung bei musterhaft stillem Verhalten des Publikums ungestörten Verlauf nimmt. Die Ratio legis (Bedeutsamkeit der Staatssicherheit) führt zu der Auslegung, daß die Gefährdung der Staatssicherheit in jedem Falle den Ausschluß der Öffentlichkeit rechtfertigt.

zuzulassenden Personen bei den (nichtöffentlichen, s. oben) Verhandlungen in Jugendsachen (gesetzlicher Vertreter des Angeklagten, Verletzter, Jugendamt usw.), JugGerGes. § 23 II, III.

Einerlei aber, ob die Hauptverhandlung öffentlich oder nicht öffentlich vor sich geht, ist im Interesse möglichster Unbeeinflußtheit der Entscheidung[1]) die Beratung und Abstimmung des Gerichts jedenfalls heimlich im strengsten Sinne (gegenüber den Parteien, dem Publikum, den dienstaufsichtlichen Organen); einzig die bei dem Gericht zu ihrer Ausbildung beschäftigten Personen dürfen nach Ermessen des Vorsitzenden hierbei zugegen sein, GVG. 193.

Öffentlich hinwiederum hat die Urteilsverkündung zu erfolgen (und zwar auch wenn die Öffentlichkeit für die Verhandlung selber ausgeschlossen war) GVG. 169, 173 I. Ausschließbar ist die Öffentlichkeit für den Urteilsverkündungsakt nur in Ansehung der Verkündung der Urteilsgründe (nicht der Verkündung des Urteilstenors), und nur wegen Gefährdung der Staatssicherheit oder der Sittlichkeit; und es bedarf dazu eines besonderen Beschlusses, GVG. 173 II.

4. Kapitel.

§ 47. Die konkrete Willenserklärung.

Hein, Identität der Partei 1 1918, 2 1925; Beling, ZStW. 40 677. Zu vergleichen die Schriften über Auslegung der Gesetze und der bürgerlichen Rechtsgeschäfte. S. auch Kern, Äußerungsdelikte 1919.

I. Jede tatsächlich erfolgende prozessualische Willenserklärung muß mit einer individuell bestimmten Person in Verbindung gesetzt werden, als deren Willenserklärung sie gilt, so daß sich nunmehr die Frage nach deren rechtlicher Zulänglichkeit und ihren Rechtswirkungen beurteilen läßt. Es fragt sich stets: wessen Strafantrag, wessen Klage, wessen Berufungseinlegung usw. haben wir vor uns?

1. In dieser Hinsicht scheidet zunächst derjenige aus, der lediglich die Erklärung übermittelt, also das die Willenserklärung eines anderen enthaltende Schriftstück nur überbringt oder nur mündlich berichtet, daß der andere jene Erklärung ihm gegenüber geäußert habe.[2])

---

[1]) Die Öffentlichkeitskontrolle würde hier psychologisch zu stark drücken und die rechtstreue freie Aussprache und freie Stellungnahme beeinträchtigen können. Auch genügt, daß das Gericht hinterher über die Gründe seiner Entscheidung Rechenschaft abzulegen hat.

[2]) Ob damit die Erklärung jenes anderen als bei der empfangenden Stelle eingegangen gilt, hängt davon ab, inwieweit solche Übermittelung statt persönlicher Erklärung genügt. Vgl. oben § 44 S. 187 Anm. 2, S. 188 zu Anm. 2.

2. Es kommt vielmehr darauf an, wer derjenige ist, der tatsächlich die Willenserklärung abgibt, und dabei wieder, ob er sie als seine eigene, „im eigenen Namen" abgibt oder „im fremden Namen", d. i. für eine von ihm verschiedene Person, deren Repräsentant oder Vertreter er sei; und weiter, ob er sich dabei seines eigenen oder eines falschen Namens bedient.

Denkbar sind folgende Fälle (wobei im folgenden die Privatklage als — natürlich zu verallgemeinerndes — Beispiel einer Willenserklärung genommen wird und „A" den wahren Namen desjenigen, der tatsächlich die Erklärung abgibt, bedeutet):

a) A bringt unter seinem Namen und im eigenen Namen eine Privatklage an. Alsdann kommt lediglich eine Privatklage eben „des A" in Betracht. Fehlt diesem die Sachlegitimation, so ist somit die Strafverfolgung unzulässig.[1])

b) A tritt als „B" auf und erhebt unter diesem Namen „im eigenen Namen" Privatklage.

aa) Handelt es sich hier nur um eigenmächtige Umbenennung ohne Hinweis auf einen wirklichen B[2]), so liegt auch hier eine Privatklage „des A" vor, und er ist im Fortgang des Prozesses, sobald sich die Falschheit des Namens herausstellt, mit seinem richtigen Namen zu benennen.

bb) Anders, wenn A die Rolle eines wirklichen B spielt. Hier ist die Privatklage eine solche des B, wenn A ihn zu vertreten legitimiert war, oder wenn B die Handlung des A als eine negotiorum gestio genehmigt. Im anderen Falle hat B mit ihr nichts zu tun, und hinsichtlich des A wird gelten müssen, daß er die ungünstigen Folgen (z. B. die Zurückweisung der Privatklage) gegen sich gelten lassen muß, während es im übrigen von dem Gegner abhängt, ob er die Privatklage als eine solche des A gelten lassen will.

c) A tritt als A auf und erklärt, im Namen des B, als dessen Vertreter, zu handeln. Die Behandlung ist hier dieselbe wie zu b, bb.

d) A tritt als B auf und erklärt „im Namen des A", als dessen Vertreter zu handeln. Die Privatklage ist einfach eine solche des A.

---

[1]) Dies auch dann, wenn A als legitimierter Vertreter des sachlich Legitimierten die Klage in dessen Namen hätte erheben können. Anders **E. 61** 46, wonach eine solche Willenserklärung ohne weiteres auf den Namen des anderen umgestellt werden soll. Zu beachten ist nur, daß die Erklärung des Nichtlegitimierten dadurch zu einer solchen des Legitimierten werden kann, daß dieser sie nachträglich im Prozeßverkehr als die seinige genehmigt; vgl. oben § 43 IV.

[2]) Z. B. A lebt ohnehin unter dem angenommenen Namen „B".

e) A tritt als angeblicher B auf und erklärt, im Namen des C als dessen Vertreter zu handeln. Hier kommt B gar nicht als Privatklageerhebender in Betracht, und hinsichtlich des A und des C greifen dieselben Erwägungen ein wie im Falle b, bb hinsichtlich des A und des B.

II. Jede Willenserklärung kann Rechtswirkungen, wenn überhaupt, nur nach Maßgabe ihres **individuellen Sinnes** entfalten.

1. Die Willenserklärungen treten nun in der Regel (vgl. jedoch unten 2) als **sprachliche Texte** hervor, die als die Einkleidung von Gedankenäußerungen der „Deutung", „Auslegung", bedürfen. Es erhebt sich die Frage, ob „objektive", „subjektive" oder „gemischte" Deutung die richtige ist. Für die prozessualen Willenserklärungen wird folgendermaßen zu entscheiden sein[1]):

a) Einzusetzen ist bei dem Vorstellungskreise, den der Text bei Zugrundelegung der prozeßverkehrsüblichen Ausdrucksweise an die Hand gibt, der „objektive Sinn", wobei aber alle Umstände, unter denen die Erklärung geschah, mit Einschluß der persönlichen Umstände des Erklärenden (zunächst aber unter Ausschluß dessen, was er sich innerlich bei der Erklärung tatsächlich gedacht hat), mit zu berücksichtigen sind.

Durch die Umstände kann den bloßen Worten ein Sinn zuwachsen, den sie an sich nicht haben (subintelligenda, unausgesprochener, latenter Sinn, zwischen den Zeilen zu Lesendes), es kann eine diesem an sich anhaftende Zweideutigkeit durch jene beseitigt werden; es kann sogar gegebenenfalls sein, daß die Umstände einen gegenteiligen Sinn ergeben, als er den Worten an sich zukommt. So bedeutet z. B. ein Urteil, das den Angeklagten „von der Anklage der Unterschlagung" freispricht, daß er überhaupt freigesprochen sein solle (denn bei Zutreffen eines anderen Gesichtspunktes als des der Unterschlagung würde Verurteilung erfolgt sein); das wegen Mangels des Strafantrags „das Verfahren einstellende" Urteil bedeutet ein freisprechendes Urteil mit dem Vorbehalt eines weiteren die Tat als Antragsdelikt und nur als solches würdigenden Verfahrens (denn hätte das Gericht die Tat als Offizialdelikt befunden, so hätte insofern Verurteilung zu erfolgen gehabt[2]).

Auch sonst kommt es für die Erfassung des Willensgehalts einer Entscheidung mit auf die der Entscheidung beigegebene Begründung

[1]) Unabhängig von der allgemeinen rechtsmethodischen Frage, ob bei **Gesetzestexten** der „objektive" oder der „subjektive" Sinn maßgebend ist.

[2]) Beides von Bedeutung für die Frage der Rechtskraftwirkung des Urteils.

an; lautet z. B. ein Urteil auf Unbrauchbarmachung einer (mit ihrem Titel bezeichneten) Druckschrift, während die Urteilsgründe besagen, daß (gem. § 41 II StGB.) nur die im Besitze des Verfassers, Druckers usw. befindlichen Exemplare der Druckschrift getroffen sein sollen, so ist die Entscheidung in letzterem Sinne zu verstehen.

Ebenso können Revisionsrügen nach der ganzen Sachlage einen Sinn annehmen, der ihrem Wortlaut an sich abgeht[1]) usw.

Nur im Umkreise dieses objektiven Sinns kann die Erklärung wirken, was sich daraus ergibt, daß Dritten nicht zuzumuten ist, mit einem jenseits fallenden Sinn der Äußerung zu rechnen, wie auch umgekehrt dem Erklärenden nicht zuzumuten ist, die Folgen von etwas objektiv von ihm nicht Erklärten zu tragen.

b) Subjektive Willenseinstellungen, die der objektive Sinn **nicht deckt**, bleiben demgemäß unberücksichtigt. Hat z. B. bei einer zu Protokoll des Gerichtsschreibers erfolgten Rechtsmitteleinlegung der Gerichtsschreiber nur protokolliert, daß der Angeklagte das Urteil im Strafausspruch anfechte, während der Angeklagte ein voll umfassendes Rechtsmittel meinte, so läßt sich das Fehlen der Anfechtung des Schuldspruchs nicht durch Auslegung ergänzen. Dies gilt auch bei gerichtlichen Entscheidungen für Punkte, die notwendig im Tenor einer Entscheidung als mitentschieden zu bezeichnen gewesen wären, dort aber nicht erwähnt sind, mag auch das Gericht ihre Entscheidung im Auge gehabt haben und dies in den Gründen der Entscheidung kundgeben.[2])

c) Aber andererseits gehört die unbedingte Festhaltung eines Erklärenden an seinem gesprochenen oder geschriebenen Wort ohne Berücksichtigung dessen, was er gemeint hat, einer unentwickelten Rechtsstufe an. Auch liefert die objektive Deutung mitunter mehrere verschiedenwertige Möglichkeiten. Deshalb gilt eine Willenserklärung (im Umkreise des durch objektive Deutung gewonnenen Sinnes) **nur** dann und soweit, wenn und soweit der Erklärende auch seinerseits das objektiv Erklärte **meinte**.[3])

Die vis ac potestas einer Erklärung ergibt sich also erst aus einer Zusammennahme von objektivem und subjektivem Sinn.

---

[1]) Vgl. **Beling**, **JW. 53** 909.

[2]) Etwas anderes ist die Erläuterung des Urteilstenors durch Heranziehung der Gründe, oben im Text zu **a** Abs. 4.

[3]) Vgl. z. B. **E. 23** 273: ein Schriftstück, das sich äußerlich als Strafantrag darstellt, bedeutet doch keinen solchen, wenn der Wille des Erklärenden gar nicht auf Stellung eines Strafantrags gerichtet war.

Überall da, wo der subjektive Sinn zweifelhaft erscheint, hat deshalb das Prozeßsubjekt, das auf die Erklärung hin zu handeln hat, eine authentische Auslegung des Erklärenden einzuholen.[1])

2. Außer durch sprachlich-textliche Äußerung kann eine Willenserklärung auch durch „schlüssiges Verhalten" („konkludent") erfolgen, soweit nicht besondere Formerfordernisse (Schriftlichkeit usw.) entgegenstehen.[2]) Alsdann gilt entsprechend wie bei wörtlichen Erklärungen der objektive Sinn, den das betr. Verhalten unter den obwaltenden Umständen hat, zusammen mit der gleichlaufenden Willensrichtung des Betreffenden als der Sinn der Willenserklärung.[3])

3. Die vorstehenden Erörterungen sind für die Ermittlung des gesamten Erklärungsinhalts maßgebend. Nur einen besonderen Anwendungsfall bildet die Ermittlung der Person, an die die Erklärung gerichtet ist, und etwaiger in der Erklärung als Drittbezogene figurierende Personen. Personen, die — auch bei Hinzunahme der Umstände — nicht objektiv als gemeint erscheinen oder die der Erklärende nicht gemeint hat, geht die Willenserklärung nichts an. Ob die gemeinte Person dagegen äußerlich mit richtigem Namen benannt ist, ist im gleichen Sinne wie oben I belanglos.[4])

---

[1]) Hatte z. B. die Staatsanwaltschaft bei Stellung des Antrags auf Erlaß eines Strafbefehls (StPO. § 407) zugleich gemäß § 407 IV StPO. beantragt, der Amtsrichter solle, falls der Beschuldigte Einspruch gegen den Strafbefehl erhebe, ohne Schöffen entscheiden, und will der Amtsrichter den Strafbefehl nicht erlassen, sondern die Sache gemäß § 408 II StPO. zur Hauptverhandlung bringen, so hat er vorerst durch Befragung der Staatsanwaltschaft klarzustellen, ob diese die Schöffen nur für den Fall ausgeschaltet wissen wollte, daß der Strafbefehl erlassen und durch Einspruch angefochten werde, oder auch für den Fall des § 408 II. Ebenso Goldschmidt, JW. 54 2812; zu weit gehend OLG. Dresden das. (der nur den Einspruchsfall erwähnende staatsanwaltschaftliche Antrag sei ohne weiteres als im Sinne des § 407 IV unbeschränkt gemeint zu behandeln). Vgl. auch Bayr. ObstLdesGer., GA. 70 210.

[2]) Vgl. z. B. RGer., JW. 55 2760 und Ötker, das.; RGer., HR. 1 326; OLG. Marienwerder HR. 2 15. Über stillschweigenden Verzicht auf Beistand eines Verteidigers: Lütgebrune, JW. 55 2736.

[3]) Z. B. aus dem Verhalten des Angeklagten in der Hauptverhandlung ergibt sich ein Schluß darauf, daß ein Beweisantrag gestellt werde. Vgl. Beling, ZStW. 38 620, 819.

[4]) Hatte z. B. A, auf frischer Tat ertappt, sich den Namen B beigelegt, und klagt die Staatsanwaltschaft „den B" an, so ist der objektive Sinn der, der auf frischer Tat Ertappte solle angeklagt sein, und dem entspricht auch die subjektive Meinung. Stellt sich dann im weiteren Verlauf heraus, daß der angebliche B A heißt, so geht das Verfahren unter Namensberichtigung gegen ihn weiter. Dagegen würde das Gericht auf eine Anklage, in der A als Angeschuldigter genannt ist, während ersichtlich B gemeint war, weder gegen A noch gegen B beschließen können.

III. Erklärungsempfänger ist tatsächlich derjenige, dem die Erklärung zugeht. Die prozeßrechtlichen Wirkungen des Erklärungsempfangs treten bei ihm aber nur ein, wenn nach dem Sinn der Erklärung diese an ihn gerichtet war (oben II)[1]). War er dies, so ist aber die reine Namensbezeichnungsfrage wiederum (vgl. oben I und II) gleichgültig.

5. Kapitel.

Fehlerhaftes Prozeßverhalten. § 48.

W. Jellinek, Der fehlerhafte Staatsakt 1908; Max Friedländer, Die L. v. d. absoluten Nichtigkeit strafgerichtlicher Urteile, GS. 58 339; Mumm, GA. 47 360; Ötker, Konkursrechtliche Grundbegriffe 1 498; Krug, Zur Frage der absoluten Nichtigkeit strafgerichtlicher Entscheidungen, ZStW. 25 408; Löffler, Unheilbare Nichtigkeit im österr. Strafverfahren, in Grünhuts Z. 31; Kroschel, Nichtigkeit von Urteilen, GS. 69 137; Michel, Absolute Nichtigkeit von Zivil- und Strafurteilen 1906; Voß, Die Nichtigkeit von Strafurteilen, GA. 54 247; Kriegsmann, Die Nichtigkeit des Strafurteils, in der Festschr. f. Hänel 1907; v. Baligand, Absolute Nichtigkeit, GS. 72 171; Hegler, in den „Juristisch-psychiatrischen Grenzfragen" 4 Heft 7/8 (Latente Geistesstörungen bei Prozeßbeteiligten); Ötker, Abhilfe gegen nichtige Strafurteile, Bayr. Z. 18 101 und Deutsches Wochenblatt 9 87; Derselbe, Wirksamkeit der Entscheidungen usw. 1910; Derselbe, im Rechtsgang 1 Heft 1; Albert Hellwig, Justizirrtümer 1919; Adolf Merkl, Justizirrtum und Rechtswahrheit, ZStW. 45 452; E. v. Hippel, Untersuchungen zum Problem des fehlerhaften Staatsakts 1924; Beling ZStW. 40 770. Vgl. auch Wach, Urteilsnichtigkeit im Zivilprozeß, Rhein. Z. f. Zivil- und Prozeßrecht 3 373; Hein, Identität der Partei, 1 1918, 2 1925.

Steyer, Künstliche Unterbrechung der Verjährung in Strafsachen, Bl. f. Rechtsanwendung 71 175; Kreß, GS. 71 85.

I.[2]) Prozeßordnungswidrig, prozessual unzulässig, Prozeßverstoß im weiteren Sinne[3]) ist ein Verhalten, das die Prozeßordnung verbietet, für das also die betreffenden, die Zulässigkeit bedingenden Prozeßgestaltungsvoraussetzungen fehlen, z. B. der Erlaß eines Urteils ohne vorherige Hauptverhandlung oder der Erlaß

[1]) Wird also ein Urteil oder eine Ladung, die den A als Erklärungsempfänger benennt und meint, etwa durch Versehen der Post dem B zugestellt, so treten die Rechtswirkungen bezüglich des Urteils- bzw. Ladungsempfangs weder bei A, noch bei B ein. Das gleiche gilt, wenn A sich den Namen des B beigelegt hatte und unter dem Namen B angeklagt war, und die Anklage dem B zugestellt wird. Die Erklärung ist dem Gemeinten (A) zuzuführen; der tatsächliche Erklärungsempfänger (B) ist unbehelligt zu lassen.

[2]) Vgl. oben § 41 IV 1.

[3]) Im engeren Sinne denkt man bei „Prozeßverstoß" an prozeßordnungswidriges Verhalten des Gerichts.

eines Urteils, durch das der Angeklagte aus einem dem Eröffnungsbeschluß gegenüber neuen rechtlichen Gesichtspunkt verurteilt wird, ohne vorher gem. § 265 StPO. darauf hingewiesen zu sein.

Prozessual unwirksam ist ein Verhalten dann, wenn es, als Bedingung für ein nachfolgen sollendes Verhalten gedacht, dafür rechtlich nicht genügt, so daß das dennoch nachfolgende Verhalten prozeßordnungswidrig sein würde. Es bedeuten also die Zulässigkeitsvoraussetzungen für das spätere Verhalten zugleich Wirksamkeitsbedingungen für das frühere. Das Verbot des zweiten Verhaltens beraubt das frühere der rechtlichen Anwartschaft darauf, daß sich jenes an es anschließe (vgl. oben § 41 IV 1).

II. Prozessual unwirksames Verhalten ist in der Richtung, in der es unwirksam ist, im Fortgang des Prozesses nicht zu beachten, als nicht vorhanden anzusehen, auch wenn von irgendeiner Seite die Beachtung beansprucht wird[1]); es bedarf auch keiner zurückweisenden prozessualen Entscheidung.[2]) Es gilt „ipso jure" nichts. Vor allem darf die Strafvollstreckungsbehörde eine unwirksame Entscheidung nicht vollstrecken.

Für die Unwirksamkeit in diesem Sinne wird im Strafprozeß gewöhnlich der Ausdruck „absolute Nichtigkeit" gebraucht.[3]) Das Gesetz bietet keine ausdrückliche Regelung des Unwirksamkeitsproblems. Wissenschaftlich hat zuerst Binding darauf aufmerksam gemacht; seitdem ist ein großes Schrifttum darüber entstanden. Meist wird nur die Nichtigkeit staatlicher Akte behandelt, teilweise sogar nur die des Urteils. Von Hause aus bestand keine Neigung, die Nichtigkeit als eine dem geltenden Recht bekannte Figur anzuerkennen, besonders lehnte die Praxis es anfänglich ab, sie für richterliche Akte gelten zu lassen. Heute ist kaum noch Streit darüber, daß es auch im Sinne der StPO. Tätigkeiten gibt, die der Prozeßrechtswirkung entbehren; auch das Reichsgericht erkennt (**E. 40** 273) die Möglichkeit an, daß ein Urteil mit absoluter Nichtigkeit behaftet

[1]) Möglich ist natürlich, daß ein prozessuales Verhalten hinsichtlich der Prozeßfolgen, auf die es angelegt ist, unwirksam ist, aber irgendwelche sonstigen Rechtsfolgen hat, z. B. sitzungspolizeiliche, bürgerlichrechtliche, strafrechtliche.

[2]) Gegebenenfalls kann eine Belehrung des Handelnden über die Unwirksamkeit oder deren justizverwaltungsmäßige Feststellung geboten sein.

[3]) Mit „absolut" ist dabei nicht gemeint, daß das Verhalten gar keine Rechtswirkungen haben könne, sondern nur, daß das Verhalten in der Richtung, nach der hin ihm die Rechtswirkung versagt ist, schlechterdings nicht zu berücksichtigen ist.

ist.[1]) Streitig ist nur noch die Terminologie und die Ziehung der Grenzen der Unwirksamkeit.

Es könnte nun naheliegend scheinen, das von der Rechtsordnung als unstatthaft gekennzeichnete Verhalten zugleich als rechtlich untauglich anzusehen, die ihm von dem Handelnden trotz der Unzulässigkeit angesonnenen rechtlichen Folgen auszulösen. Es wäre dann mit der Prozeßordnungswidrigkeit eines Akts (oben I) dessen Unwirksamkeit verbunden. Daß dem nicht so ist, lehrt schon das Vorkommen der sog. „Soll"-Sätze.[2]) Wer sich von dem nach einem „Soll"-Satz Vorgeschriebenen entbindet, handelt gegen die Prozeßordnung; und gleichwohl ist in dem Verfahren über den Verstoß hinwegzugehen, der prozeßordnungswidrige Akt also wirksam.

Weiter: ein unzuständiges Gericht verstößt gegen die Rechtsordnung, wenn es Handlungen vornimmt, die jenseits seiner Zuständigkeit gelegen sind; dennoch bestimmt § 20 StPO., daß die Unzuständigkeit nicht zugleich Ungültigkeit (= Unwirksamkeit) bedeutet.

Rechtlich unzulässig ist ferner die wissentlich falsche Anschuldigung z. B. auch in Form eines Strafantrags oder einer Privatklage (sogar Strafbarkeit nach StGB. § 164). Gleichwohl sind auch derartige Strafanträge und Privatklagen prozessual wie andere auch zu behandeln; sie sind nicht einfach unerledigt zu lassen.

Ebensowenig können gerichtliche Entscheidungen, die nach der Rechtsordnung nicht hätten ergehen sollen, nicht schon um deswillen als unwirksam behauptet werden, weil sie unzulässig waren. Denn wäre jede Entscheidung ihrer Unzulässigkeit halber ohne weiteres unwirksam, so verlöre das im Gesetz vorgesehene Institut der „Anfechtung" gerichtlicher Entscheidungen jeden Sinn.

Es ist also (wie bei Rechtsgeschäften des bürgerlichen Rechts, vgl. BGB. § 134) mit dem Verbotensein eines Akts noch nicht bewiesen, daß er rechtsgeschäftlich unwirksam sei, nur daß freilich die Unzulässigkeit nicht ganz ohne Anteil an der Unwirksamkeit ist (unten 5, 6).

Die Lösung des Problems ergibt sich vielmehr daraus, daß die „Unwirksamkeit" eines Verhaltens gleichbedeutend ist mit der Unzulässigkeit eines ihm entsprechenden nachfolgenden Verhaltens (oben I.). Es ist deshalb von diesem nachfolgen sollenden Verhalten auszugehen und festzustellen, inwieweit die StPO. für seine Zu-

[1]) Über Unwirksamkeit von Eröffnungsbeschlüssen vgl. **E. 10 56, 31 104, 24 65**, OLG. Breslau, **HR. 2 14.**

[2]) Oben § 6 II, 2d.

lässigkeit außer dem als bedingend in Rede stehenden Verhalten noch weitere Voraussetzungen in dem Sinne erfordert, daß das prozessuale Vorgehen ohne diese unerlaubt sein würde. Danach ergeben sich folgende Feststellungen:

1. Wo das Gesetz an eine Willenserklärung Prozeßfolgen anknüpft, tut es das sicher in dem Sinne, daß nicht bloß der äußere Schein einer Willenserklärung genügen soll, sondern das Erklärte auch gewollt sein muß. Dem ungewollt Erklärten zuliebe Zeit und Kräfte zu verschwenden, Staatsgeschäfte vorzunehmen und Privaten Prozeßbehelligungen aufzunötigen oder umgekehrt ungewollte Erklärung prozeßabschneidend wirken zu lassen, liegt gewiß nicht im Sinne der StPO. Deshalb sind unwirksam Erklärungen, die überhaupt keine „Handlungen" (= gewillkürte Tätigkeiten[1]) sind, sondern z. B. im Schlafzustande erfolgen, desgleichen Erklärungen, die zwar gewillkürt, aber so erfolgen, daß dem Erklärungsinhalt kein entsprechender Willensinhalt entspricht. So erledigt sich z. B. ein Schriftstück, das textlich einen Strafantrag, eine Rechtsmittelzurücknahme usw. darstellt, von selbst, sobald sich herausstellt, daß es unecht ist oder daß der Betreffende das ihm vorgelegte Schriftstück in dem Glauben unterschrieben hat, er unterzeichne einen Mietvertrag, oder die Unterschrift von ihm unter unwiderstehlichem Zwang geleistet ist. Aber auch für Staatsakte kann nichts anderes gelten. Einem anscheinenden Haftbefehl ist keine Folge zu geben, wenn sich herausstellt, daß der Richter ihn in dem Irrtum, er laute auf Haftentlassung, unterzeichnet hat. Ebensowenig hätte dasjenige Gesprochene oder Geschriebene rechtliche Bedeutung, was ein Richter unter unwiderstehlichem Zwange (z. B. seitens feindlicher Machthaber) von sich gegeben hat.[2])

---

[1]) Vgl. Beling, Grundzüge des Strafrechts[8/9] § 14.

[2]) Das RGer. spricht E. 57 45 Rechtsmittelverzichtserklärungen auch dann volle Rechtswirksamkeit zu, wenn sie „mit dem inneren Willen des Erklärenden nicht übereinstimmen". Die Begründung geht einmal dahin, daß die „Anfechtung eigener Erklärungen wegen Irrtums" im Sinne des BGB. nicht in die Prozeßordnungen übertragbar sei; sodann dahin, daß die Sicherstellung eines geordneten Fortgangs des Verfahrens durch das öffentliche Interesse gefordert werde. Das erste ist richtig. Aber daraus folgt gerade umgekehrt die Nichterforderlichkeit einer Anfechtung für die Entkräftung der Erklärung, gerade weil im Strafprozeß das öffentliche Interesse Leitgesichtspunkt ist, und dieses sicher der formalistischen Festhaltung des Erklärenden an seinem bloßen Worte widerstrebt. Und sollte das RGer. wirklich z. B. einem Blinden, von dem eine ordnungsmäßige Rechtsmitteleinlegung vorliegt, um deswillen den Rechtsmittelweg verschließen wollen, weil er zuvor ein ihm vorgelegtes Schriftstück, das auf Rechtsmittelverzicht lautet, in der Meinung,

Nicht hierher gehören Erklärungen, die der Erklärende abgeben wollte, auch wenn dabei ein Irrtum im Beweggrunde unterlief[1]), oder er sich unter nur „nötigendem" Druck zu der Abgabe der Erklärung entschlossen hatte.

Ebensowenig entkräftet eine reservatio mentalis, der Gedanke, daß die gewollte Erklärung nur zum Schein, nicht ernstlich, abgegeben sein solle, die Erklärung.

2. Die prozessualen Wirkungen einer Handlung sind verschieden, je nachdem um welche Handlungsart es sich handelt. Urteilswirkungen knüpfen sich nur an Urteile, Klagewirkungen nur an Klagen, Rechtsmittelwirkungen nur an Rechtsmittel usw. Daraus ergibt sich, daß ein Verhalten, das **keine Klage** ist (actio non existens, Nichtklage), hinsichtlich der Klagefolgen unwirksam, ein Verhalten, das **kein Urteilsakt** ist (sententia non existens, Nichturteil), hinsichtlich der Urteilsfolgen unwirksam ist. In Ansehung jeder Art prozeßrechtlicher Wirkung entfällt also die Wirksamkeit, wenn das in Rede stehende Verhalten **nicht voll den begrifflichen Merkmalen** der mit der betr. Wirkung juristisch zusammengehörenden Prozeßhandlungsart, also je nachdem einer Klage, eines Urteils usw. entspricht.

In diesem Sinne fehlen z. B. die Urteilswirkungen den im übrigen urteilsmäßig gestalteten Aussprüchen von Privaten; von Gerichtspersonen, die nicht mit deutscher richterlicher Gewalt begabt sind; von Gerichtsstellen, die nicht in der gerichtsverfassungsmäßig erforderlichen Richterzahl Recht sprechen.

Da jede Prozeßhandlungsart auch einen bestimmten ihr charakteristischen Erklärungsinhalt erheischt, ergibt sich auch für dasjenige Verhalten Unwirksamkeit, das diesen Erklärungsinhalt nicht hat, mit Einschluß solcher Erklärungen, die zu undeutlich, zu unvollständig oder zu widerspruchsvoll sind, als daß der Charakter als Strafklage, als Urteil usw. erhellte. Es würde z. B. einem Schriftstück, das als „Privatklage" beim Strafgericht eingereicht wird, aber lediglich von

---

es enthalte die Einlegungserklärung, unterschrieben hatte? Oder wenn der Angeklagte auf die Frage des Vorsitzenden, ob er nicht die Berufung zurücknehmen wolle, mit „Ja" geantwortet hat, sich aber alsbald herausstellt, daß ihm bei seinem „Ja" die Frage vorgeschwebt hat, ob er die Berufung aufrechterhalten wolle, — sollte dann nach Meinung des RGer. wirklich die Fortführung der Berufungshauptverhandlung unzulässig sein? Vgl. auch **E. 23** 273 (oben § 47 II 1c Anm. 3).

[1]) Z. B. wird der Ausspruch eines Urteils, daß 4 Monate Untersuchungshaft anzurechnen seien, dadurch nicht entkräftet, daß der Verurteilte nur 2 Monate in Untersuchungshaft zugebracht hat, und das Gericht darüber im Irrtum war. A. M. RGer., **E. 59** 411, **JW. 56** 2051.

einer Mietsstreitigkeit des Klägers mit dem Beklagten spricht, keine privatklagemäßige Folge zu geben sein, einem Urteil, das die Strafe nicht nennt, zu der verurteilt sein soll, keine urteilsmäßige Folge usw.

Unwirksamkeit wegen Vorliegens einer „Nichtklage" usw. stellt sich auch dann ein, wenn der Erklärungsinhalt die konkret-individuellen Beziehungen und Umstände nicht so bestimmt, vollständig und widerspruchslos angibt, daß daraufhin verfahren werden könnte, z. B. wenn eine Klage „den X oder den Y" als denjenigen bezeichnet, der verklagt sein solle.

Ebensowenig könnte ein Urteil Wirksamkeit beanspruchen, das gleichzeitig etwas und sein Gegenteil anordnet, wäre es auch, daß die Urteiler den Widerspruch geleugnet oder verkannt haben. Dahin muß auch der Fall gerechnet werden, daß das Urteil den Angeklagten freispricht und in Verkennung der Identität einen Teil des Prozeßgegenstandes einem neuen Verfahren vorbehält. Eine Vollfreisprechung steht mit der Offenlassung der Verurteilung im Widerspruch. Das Urteil vernichtet also sich selbst.[1])

Auch Nichteinhaltung der gesetzlichen Form beraubt die Erklärung der Wirksamkeit, soweit diese Form für den betr. Akt begriffswesentlich ist. So würde gem. StPO. § 381 eine mündlich dem Richter vorgetragene „Privatklage" keine Privatklage bedeuten. Ferner ist auf Eingaben an das Gericht, die nicht in deutscher Sprache abgefaßt sind, sie seien Klagen oder Strafanträge oder Rechtsmittelerklärungen usw., nichts zu veranlassen, da die deutsche Sprache essentielle Form für alle Prozeßerklärungen ist.[2])

3. Alle Rechtssätze, die bestimmten Personenklassen die Prozeßverkehrsfähigkeit (ganz oder nach bestimmten Richtungen hin) absprechen, haben den Sinn, daß der Prozeß von der Rücksichtnahme auf das Handeln Prozeßverkehrsunfähiger entlastet sein soll, daß auf solches keine Rücksicht genommen werden soll. Es ist daher solches Handeln unwirksam, z. B. das Handeln Geisteskranker, die Privatklage eines Kindes.

---

[1]) Umgekehrt **E. 15** 133, wo das Freisprechungsurteil als wirksam, der beigefügte Vorbehalt als unwirksam behandelt wird. Diese Auffassung führt zu dem auffälligen Ergebnis, daß ein strafbares Verhalten der Bestrafung entgeht, obwohl kein Gericht es im Sinne einer Freisprechung erledigt hat, das Gericht im Erstprozeß vielmehr sogar ausdrücklich die Freisprechung von sich abgelehnt hat. Dafür fehlt jede ratio.

[2]) In der Rechtsprechung ist besonders häufig die Unwirksamkeit polizeilicher Strafverfügungen wegen Formmangels zur Sprache gekommen. Vgl. z. B. **RG., HR.** 2 215, 218.

4. Unwirksam ist ein Verhalten, bei dem dem Betreffenden die Legitimation für die betr. Prozeßrolle[1]) fehlt, es wäre z. B. auf einen Beweisantrag zugunsten des Angeklagten, den während der Hauptverhandlung ein Zuhörer aus dem Zuhörerraum in den Gerichtssaal hineinruft, nicht nach StPO. § 244 II, auf eine Berufungseinlegung, die ein Freund des Verurteilten vollmachtlos anbringt, nicht nach StPO. § 312ff. zu verfahren.

Nicht hierher zu rechnen ist jedoch das Fehlen der Legitimation eines Richters oder eines Gerichts zur Repräsentation des Staates im Sinne der Zuständigkeit und der Geschäftsverteilung. Hier greifen vielmehr die Erörterungen unter Ziffer 6 ein.

5. Die Parteien und Dritte haben Anspruch auf Berücksichtigung ihrer Erklärungen nur nach Maßgabe der hinsichtlich Zeit, Ort, Gelegenheit im einzelnen geltenden Bestimmungen; z. B. kann der Angeklagte nicht verlangen, daß Anträge, die er beim Untersuchungsrichter gestellt hatte, in der Hauptverhandlung berücksichtigt werden oder Erklärungen, die er erst nach Schluß der mündlichen Verhandlung abgibt, aufgegriffen werden. Insoweit besteht also Unwirksamkeit der Erklärungen, sie sind mit Stillschweigen zu übergehen.[2])

Dies gilt insbesondere für solches Verhalten, das geradezu gegen ein prozeßgesetzliches Verbot oder gegen ein gesetzmäßiges richterliches Verbot verstößt, z. B. für Erklärungen, die eine Partei nach Wortentziehung abgibt.

6. Die schwierigste Frage ist die, ob es über die unter oben 1—4 fallenden Gerichtsakte hinaus absolut nichtige (ipso jure unwirksame) Gerichtsakte gibt (sententia nulla im Gegensatz zur sententia non existens).

Gegen die Meinung, daß Gerichtsakte nichtig sein könnten, wird bisweilen geltend gemacht, daß die StPO. gegen gerichtliche Entscheidungen die Anfechtbarkeit mit Rechtsbehelfen vorsehe. Darin komme die Willensmeinung des Gesetzgebers zum Ausdruck, daß der Anfechtungsweg der einzige Weg sei, um den Rechtsbestand einer Entscheidung in Frage zu stellen. Bei solchen Entscheidungen, gegen die er eine Anfechtung eröffne, zeige er gerade dadurch, daß sie nicht von selbst nichtig seien; und bei solchen, denen gegenüber

---

[1]) Oben § 43 II.

[2]) Nicht hierher gehört die Nichteinhaltung einer Handlungsfrist. Die verspätete Handlung hat freilich nicht die Wirkung einer fristgerechten, aber es bedarf immerhin formaler Behandlung, gerichtlicher Feststellung und Entscheidung.

er die Anfechtung versage, erkenne er damit ihren Rechtsbestand an. Allein die Gewährung einer Anfechtung kann auch bei Entscheidungen, die auch ohne sie unwirksam sind, guten Sinn haben (nämlich: Eröffnung der Möglichkeit, die Nichtigkeit in aller Form klarzustellen.[1]) Und die Versagung der Anfechtung durch den Gesetzgeber läßt sich sehr wohl mit dem Gedanken vereinigen, daß solche unanfechtbare Entscheidungen, soweit sie von selbst an Nichtigkeit kranken, trotz ihrer „Unanfechtbarkeit" nichtig bleiben.[2])

Dagegen ist richtig, daß die Ignorierbarkeit eines Gerichtsakts im Interesse der staatlichen Ordnung etwas Bedenkliches an sich hat, weil damit einerseits die Staatsautorität gefährdet erscheint, andererseits das Vertrauen der Individuen auf staatliche Akte gemindert werden kann.[3]) Davon wird auch die StPO. ausgegangen sein. Man wird deshalb den Satz formulieren können, daß der Gesetzgeber normalerweise von ipso-jure-Nichtigkeit nichts wissen will. Aber dieser Satz darf nicht dahin überspannt werden, daß er schlechterdings keine Gegenerwägungen und insbesondere Gegeninteressen dagegen aufkommen lassen wolle.

Daß es mit der gänzlichen Leugnung des Vorkommens einer ipso-jure-Nichtigkeit bei Gerichtsakten nicht sein Bewenden haben kann, ergibt sich schon in dem Falle, daß sich zwei inhaltlich widerstreitende rechtskräftige Urteile aus verschiedenen Prozessen gegen denselben Angeklagten wegen derselben Tat gegenüberstehen; hier können beide nicht zugleich wirksam sein, und sobald man eines für wirksam erklärt, ist damit das andere als unwirksam abgetan. Aber auch dann z. B., wenn das Schwurgericht den Angeklagten verurteilt hat, dieser auf Revision verzichtet, dann aber doch unwirksamerweise Revision eingelegt hat, und das Reichsgericht unter Übersehen des Revisionsverzichts (durch den das Schwurgerichts-

---

[1]) Vgl. noch unten S. 212.

[2]) Nicht folgerichtig Graf Dohna 210. Nachdem er aus dem Rechtsmittelsystem der StPO. und dem Fehlen eines besonderen Behelfs zur Geltendmachung der Nichtigkeit gefolgert hat, daß der Gesetzgeber alle unanfechtbaren Entscheidungen zu vollwirksamen gestempelt habe, gibt er doch die Nichtigkeit solcher Entscheidungen zu, die einer rechtskräftigen Entscheidung de eadem re widersprechen. Aber auch diese Entscheidungen unterliegen doch dem Rechtsmittelsystem, und auch bei ihnen fehlt der besondere Rechtsbehelf zur Geltendmachung der Nichtigkeit. Damit bricht aber der angebliche Beweisgrund, der der Möglichkeit von Entscheidungsnichtigkeit entgegenstehen soll, in sich zusammen.

[3]) Vgl. M. Rümelin, Rechtssicherheit S. 19; E. v. Hippel, Untersuchungen zum Probl. des fehlerh. Staatsakts, S. 64, 114.

urteil rechtskräftig geworden war), auf die von Rechts wegen unwirksame Revision hin das (rechtskräftige!) Schwurgerichtsurteil aufhebt, wird man Bedenken tragen, dem Reichsgerichtsurteil Wirksamkeit zuzusprechen.

Diese Erwägungen werden dahin auszumünden haben, daß eine gerichtliche Entscheidung unwirksam ist, wenn sie mit einer vorergangenen vollwirksamen Entscheidung nicht vereinbar ist und keiner der Fälle vorliegt, in denen das Gesetz ein Gericht zur Beseitigung jener zuvorigen Entscheidung ermächtigt.

Darüber hinaus wird aber gerade aus dem Gedanken des Autoritäts- und Vertrauensschutzes, den gerichtliche Entscheidungen bedürfen, die Unwirksamkeit solcher Entscheidungen abzuleiten sein, die in dem Grade prozeßordnungswidrig sind, daß ihre Anerkennung als wirksam viel mehr Ärgernis erregen würde, als ihre Preisgabe.

Dahin gehören Urteile, die (etwa unter nötigendem Druck feindlicher Besatzungsmächte) ohne unterliegende Klage und Untersuchung gefällt werden, Urteile gegen nicht parteifähige Wesen, Urteile auf Strafarten, die das Gesetz nicht kennt, Entscheidungen in einem schon — z. B. durch Tod des Angeklagten oder des Privatklägers — ipso jure erloschenen Prozeß[1]), u. U. auch Urteile unzuständiger Stellen.

Zu 1—6.

a) Die besonders von Oetker vertretene „Vollmachtstheorie" faßt die Fälle der absoluten Nichtigkeit dahin zusammen, daß Nichtigkeit überall gegeben sei, wo dem Handelnden die Vollmacht gefehlt habe, während bloße Auftragsüberschreitung keine Nichtigkeit nach sich ziehe. Man kann diese Formulierung benutzen, um die gewonnenen Ergebnisse auszudrücken. Von den Begriffen „Vollmacht" und „Auftrag" auszugehen, um danach die Ergebnisse zu bestimmen, ist dagegen kaum erfolgversprechend, da ja gerade die Frage ist, wieweit im Sinne der Nichtigkeitslehre die Vollmacht reicht.

b) Gewöhnlich wird die „absolute Nichtigkeit" im Schrifttum zugleich als „unheilbar" bezeichnet. Dies geht jedoch zu weit, vgl. unten IV.

c) Möglich ist, daß die Unwirksamkeit nicht den ganzen Akt angeht. Dann gilt der Satz, daß utile per inutile non vitiatur.[2])

---

[1]) So auch RGer., GA. 71 43.

[2]) So enthält z. B. in dem oben II 2, S. 206 Anm. 1 erwähnten Falle der unzulässige Vorbehalt eines neuen Verfahrens einen Widerspruch nur gegen die vom Gericht erklärte Vollfreisprechung. Die Verneinung der Strafbarkeit

d) Möglich ist, daß ein Prozeßakt infolge **nachträglicher** Ereignisse ipso jure unwirksam **wird**. Dies trifft einmal dann zu, wenn die — ordnungsmäßige — Fortentwicklung des Prozesses zu einer Rechtslage führt, der nur dadurch Rechnung getragen werden kann, daß jener Prozeßakt als hinfällig geworden behandelt wird[1]); sodann in den Fällen, in denen ein Prozeßvorgang nachträglich derart unfeststellbar wird, daß auf ihm nicht gefußt werden **kann**, während doch das Gesetz die Fortführung des Verfahrens erheischt und dabei auf jenem Prozeßakt zu fußen vorschreibt.[2])

Das Verfahren wird durch das Hinfälligwerden des Prozeßakts in die Prozeßlage vor der betr. Prozeßhandlung zurückversetzt; es eröffnet sich von neuem Pflicht und Recht zu derartigem Handeln.[3])

jenseits des vorbehaltenen Stückes des Prozeßgegenstandes wird von dem Widerspruch nicht berührt, entbehrt also der Wirksamkeit nicht. — Eigentümlich liegt die Sache in den Fällen, in denen ein Gericht zu einer Gesamtstrafe verurteilt, aber versäumt, die Einzelstrafen anzugeben (vgl. den Fall in **GA. 70** 55). Hier birgt das als Ganzes wirksame Urteil Bestandteile in sich, die jeder für sich allein eine sententia non existens sein würden (oben II 2). Solange das Ganze bei Bestand bleibt, verschlägt das nichts. Wird aber das Urteil angefochten, und kommt es infolgedessen zum Wegfall des Schuldspruchs wegen einer der Taten, so tritt nunmehr die Nichtexistenz der Einzelverurteilungen hinsichtlich der anderen Taten hervor, d. h. das Rechtsmittelgericht hat nicht erst die Sache in die Vorinstanz „zurückzuverweisen", sondern sich auf die Aufhebung des Urteils zu beschränken, worauf die Vorinstanz ipso jure gehalten ist, das Hauptverfahren fortzusetzen.

[1]) Hat z. B. das beschließende Gericht das Hauptverfahren eröffnet und zugleich den Antrag des Angeschuldigten auf Anordnung einer Voruntersuchung abgelehnt, hat dann der Angeschuldigte gegen diese Ablehnung seines Antrags auf Voruntersuchung Beschwerde eingelegt (StPO. §§ 201 II S. 2, 183), und gibt das Beschwerdegericht der Beschwerde statt, so ist nunmehr eine Voruntersuchung geboten, um **dann** darüber zu entscheiden, ob das Hauptverfahren eröffnet werden soll. Das bedeutet aber, daß der zuvor erlassene Eröffnungsbeschluß hinfällig geworden ist, und zwar ipso jure (das Beschwerdegericht braucht ihn nicht „aufzuheben", ist auch zu solcher „Aufhebung" gar nicht ermächtigt). So auch die Praxis.

[2]) Ist z. B. eine untergerichtliche Urteilsurkunde oder eine Revisionsrechtfertigung (§ 344) einem Brande zum Opfer gefallen, und der Versuch, ihren Inhalt anderweit festzustellen, fehlgeschlagen (vgl. unten §§ 65, 66), so ist das Revisionsgericht außerstande, die ihm obliegende Aufgabe zu erfüllen. Wollte man nun die fortdauernde Wirksamkeit des Urteils bzw. der Revisionsrechtfertigung behaupten, so würde dies bedeuten, daß der Prozeß überhaupt nicht durch eine Entscheidung erledigt werden könnte, daß also der Prozeßgegenstand in alle Ewigkeit hinein rechtshängig bleiben müsse, und zugleich wegen dieser Rechtshängigkeit auch ein neues Verfahren zur Aburteilung der Tat ausgeschlossen sei. Dafür sind aber triftige Interessen nicht vorhanden. — Vgl. auch OLG. Dresden **GA. 69** 150.

[3]) War die Handlung eine befristete Parteihandlung, und ist die Frist jetzt verstrichen, so wird der Partei in Analogie des § 44 mit Wiedereinsetzung

e) Ein unwirksamer Prozeßakt ist für jedermann, insbesondere für alle Staatsstellen, rechtlich unbeachtlich; z. B. darf die Vollstreckungsbehörde ein nichtiges Urteil nicht vollstrecken.

Gegenüber Entscheidungen, die ihrer Art nach mit einem Rechtsbehelf anfechtbar sind, kann dieser Rechtsbehelf dazu benutzt werden, um die Unwirksamkeit geltend zu machen.[1]) Der rein konstruktive Einwand, daß bei unwirksamen Entscheidungen eben nichts da sei, was angefochten werden könne und erst zufolge der Anfechtung „aufgehoben" werden müßte, entkräftet sich durch die Erwägung, daß ein unverkennbares Bedürfnis besteht, die Rechtsbehelfe auch in den Dienst der Klarstellung der Unwirksamkeit zu stellen, und ihnen eine solche Funktion zwanglos neben ihrer eigentlichen Funktion (Abhilfe gegen nicht von selbst unwirksame Entscheidungen) beigelegt werden kann; übrigens erwähnt die StPO. selbst Fälle, in denen ein Rechtsbehelf nur zur Deklaration bestehender Unwirksamkeit da ist (vgl. z. B. § 338 Ziff. 1).

Soweit gegen eine unwirksame Entscheidung kein Rechtsbehelf offen steht, ist derjenige, der an der Klarstellung der Unwirksamkeit interessiert ist, darauf angewiesen, die höheren Justizverwaltungsstellen mit Verwaltungsbeschwerde anzurufen, wenn die unmittelbar befaßte Stelle über die Unwirksamkeit hinwegschreiten will.

III. Die nicht ipso jure unwirksame Prozeßhandlung löst die der betr. Prozeßhandlungsart charakteristischen Rechtswirkungen aus: die Klage die Klagewirkungen, das Urteil die Urteilswirkungen usw. Diese Wirksamkeit fällt jedoch dahin, wenn der Erklärende die Erklärung widerruft (zurücknimmt), vorausgesetzt, daß der Widerruf nach dem Gesetz wirksam ist (unwirksam z. B. der Widerruf der öffentlichen Klage nach Eröffnung der gerichtlichen Untersuchung, StPO. § 156; über Widerruf gerichtlicher Entscheidungen s. unten § 54).

Entsprechendes gilt für die „Berichtigung" der Erklärung (= teilweiser Widerruf).

IV. Prozeßverstöße sind in gewissem Umfang heilbar.

1. Es kann vorkommen, daß ein Gericht vor der von ihm zu treffenden Entscheidung dessen inne wird, daß im bisherigen Verfahren ein Verstoß begangen worden ist, der, ohne absolute Unwirksamkeit des Nachgefolgten nach sich zu ziehen, doch den Parteien eine Handhabe zur Anfechtung der Entscheidung bieten würde;

in den vorigen Stand zu helfen sein (so z. B., wenn die Revisionsrechtfertigungsschrift verbrannt ist).

[1]) So auch OLG. Darmstadt, HR. 2 302.

das Hauptverhandlungsgericht bemerkt z. B., daß der Eröffnungsbeschluß unter Verletzung des § 201 StPO. ergangen ist, oder daß ein eidesunfähiger Zeuge vereidigt worden ist. Es könnte scheinen, als habe sich das Gericht hier um den vorgefallenen Verstoß nicht zu kümmern und seine Entscheidung auf die Gefahr hin zu erlassen, daß sie künftig auf Grund der Parteianfechtung durch die höhere Instanz aufgehoben werde. Da jedoch zwecklose Weiterungen (vorerst Fortführung des Verfahrens, dann Anfechtung, Aufhebung usw.) sicher nicht im Sinne des Gesetzes liegen, so ist unbedenklich anzunehmen, daß das Gericht befugt ist, das Verfahren wieder „einzurenken", d. h. das Geschehene bis zu dem Prozeßverstoß nach rückwärts hin als unwirksam zu behandeln und ein neues Verfahren unter Vermeidung des Verstoßes in die Wege zu leiten; in dem ersten der obigen Beispielsfälle könnte also das Gericht die Sache an das beschließende Gericht behufs Zustellung der Anklageschrift und erneuter Beschlußfassung über die Eröffnung des Hauptverfahrens zurückleiten[1]); in dem zweiten Beispielsfalle könnte es den Prozeßverstoß dadurch unschädlich machen, daß es den Eid als nicht geschehen betrachtet und die Zeugenaussage als uneidliche würdigt.

2. Ein Verstoß gegen eine Prozeßvorschrift, die lediglich dem Interesse einer Partei dienen will, wird dadurch geheilt, daß die berechtigte Partei ausdrücklich[2]) und im Bewußtsein der Rügemöglichkeit auf Rüge verzichtet.

3. Heilung tritt auch dadurch ein, daß das Verfahren derart weiterschreitet, daß der begangene Fehler bedeutungslos geworden ist.[3])

4. In den Fällen der absoluten Nichtigkeit zu II 3 und 4 muß angenommen werden, daß die von Hause aus unwirksame Handlung durch die nachherige Genehmigung durch den geschäftsfähig Gewordenen bzw. durch den Legitimierten mit rückwirkender Kraft (ex tunc) wirksam wird, außer soweit Rechte Anderer beeinträchtigt würden. Würde z. B. ein Minderjähriger Privatklage erhoben haben, dann im Laufe des Verfahrens volljährig geworden sein und das zuvor Geschehene genehmigen, so würde der ursprüngliche Mangel geheilt sein. Vgl. ferner oben § 43 IV.

---

[1]) Insoweit greifen dann die Sätze über Unwiderruflichkeit von Gerichtsakten, unten § 54, nicht ein.

[2]) Ein „konkludenter" Verzicht kommt nur insoweit in Betracht, als in der gegebenen Sachlage eine ausdrückliche Rechtsverwahrung prozeßverkehrsüblicherweise geboten gewesen wäre, wenn die Partei nicht verzichten wollte.

[3]) So wird vorschriftswidrige Besetzung des Gerichts erster Instanz dadurch geheilt, daß das Berufungsgericht ein Urteil gefällt hat, E. 59 300.

5. Endlich kann in den Fällen der absoluten Nichtigkeit unter II 2, wenn der die Unwirksamkeit begründende Mangel in inhaltlicher Undeutlichkeit oder Unvollständigkeit der Erklärung bestand, dadurch Heilung eintreten, daß durch nachfolgende Erklärung das Undeutliche klargestellt, bzw. das Fehlende nachgebracht wird. Bestand z. B. der Mangel einer Anklageschrift darin, daß die Bezeichnung des Angeschuldigten versehentlich weggelassen war, so genügt es, daß diese Bezeichnung in einer Nachtragsschrift nachgeholt wird. Alsdann stellen aber die beiden Erklärungen erst zusammen den betr. Akt dar, die Heilung ist nur eine solche ex nunc. Vorausgesetzt ist, daß nicht Prozeßvorschriften entgegenstehen, die eine derartige Zerlegung der Erklärung ausschließen (z. B. beim Urteil).

Abgesehen von diesen Heilungsmöglichkeiten kommt nur volle Wiederholung des Akts in nunmehr wirksamer Weise in Frage.[1])

V. Bei ungeheilten Prozeßverstößen eröffnet sich den Parteien ein Weg zu ihrer Geltendmachung insoweit, als der Verstoß einer gerichtlichen Entscheidung anhaftet oder auf sie eingewirkt hat und gegen die betr. Entscheidung ein Anfechtungsrecht der Parteien bestehe. Der Verstoß wird dann gegebenenfalls durch Aufhebung der angefochtenen Entscheidung samt dem Verfahren bis zu dem Verstoß rückwärtshin von seiten des zur Überprüfung berufenen Gerichts aus der Welt geschafft.

VI. Ist ein Verhalten unterblieben, das zur Hervorrufung einer bestimmten Rechtsfolge erforderlich gewesen wäre oder das prozeßrechtlich vorgeschrieben war, so entsteht die Frage, ob der damit gegebene Wirkungsmangel bzw. Prozeßverstoß behebbar ist. In Betracht kommen: Nachholung der Handlung, gegebenenfalls Wiedereinsetzung in den vorigen Stand; ferner Heilung des Prozeßverstoßes durch Nicht-Rüge seitens des Gegners (oben IV 2).[2])

Ist es eine gerichtliche Entscheidung, die zu fällen gewesen wäre, aber nicht erfolgt ist, so ist die Rechtslage nach wie vor entscheidungsbedürftig. Ist bei einer Entscheidung über ein Stück, das ihr mit zu unterstellen gewesen wäre, nicht mitentschieden worden, so ist zu unterscheiden:

a) Ist das übergangene Stück selbständiger Entscheidung fähig, so hat solche nachzufolgen;

---

[1]) Vgl. z. B. RGer., **HR.** 3 11/12.

[2]) Nach **E.** 58 301 soll das Fehlen der Anklage, wenn nicht gerügt, unschädlich werden. Gegen dieses Urteil mit Recht Rasch, **GA.** 69 390. Die Anklage ist nicht lediglich für die Passivpartei da.

b) andernfalls kommt nur Anfechtung der Entscheidung hinsichtlich der Auslassung in Betracht.[1])

VII. Die „Schuld" (im Sinne des materiellen Strafrechts) bei Prozeßhandlungen ist im allgemeinen ohne prozessuale Bedeutung. Prozeßordnungsmäßigkeit und -widrigkeit, Wirksamkeit und Unwirksamkeit sind regelmäßig unabhängig vom Obwalten oder Fehlen einer Schuld des Handelnden. Insbesondere ist die Aufhebung eines untergerichtlichen Urteils wegen Prozeßverstoßes durch das Revisionsgericht auch dann geboten, wenn das Untergericht schuldlos gegen das Gesetz verstoßen hat, z. B. entgegen dem § 57[1] StPO. einen noch nicht 16 Jahre alten Zeugen vereidigt hat, den es für 16jährig gehalten hat, und dessen jüngeres Alter es nicht ahnen konnte.

Nur soweit es sich um Verhängung einer Ordnungsstrafe wegen prozeßordnungswidrigen Verhaltens handelt, ist Voraussetzung, daß das Verhalten des in solche Ordnungsstrafe zu Nehmenden nicht bloß objektiv ungehörig, sondern auch schuldhaft war, vgl. z. B. StPO. § 51 II.

Dagegen spielt das „Verschulden in eigener Sache", „Verschulden gegen sich selbst"[2]) bisweilen die Rolle, daß um seinethalben prozessuale Vorteile vom Gesetz versagt werden, vgl. z. B. StPO. § 359[5] a. E., Strafentschädigungsgesetz vom 20. Mai 1898 § 1 III, Haftentschädigungsgesetz vom 14. Juli 1904 § 2 I.

[1]) In den Fällen, in denen eine Mehrheit von Berufungen (z. B. eine solche des Staatsanwalts und eine solche des Angeklagten) gegen dasselbe Urteil eingelegt worden, in der Berufungshauptverhandlung aber eine von ihnen unerledigt geblieben ist, ist Fall a, nicht Fall b gegeben; es ist eine zweite Hauptverhandlung vor dem Berufungsgericht zur Erledigung der übergangenen Berufung abzuhalten; eine Revision gegen das die eine Berufung erledigende Urteil zu dem Zwecke, um eine Erledigung der weggelassenen Berufung herbeizuführen, kommt nicht in Frage. Unrichtig OLG. Hamm, HR. 2 307. Dagegen würde z. B. die Nichterstreckung der Aburteilung auf eine Nebenstrafe nur im Rechtsmittelwege korrigiert werden können (Fall b), vgl. oben §§ 28, 40.

[2]) Darüber, daß dieses von der Schuld als einem der strafbarkeitbegründenden Verbrechenselemente begrifflich verschieden ist, s. Beling, L. v. Verbrechen 78.

6. Kapitel.

Einzelne Arten von Prozeßhandlungen.

A. Die Klage. § 49.

Ötker, Strafprozeßbegründung und Strafklageerhebung bei Erlaß und bei Wegfall eines Eröffnungsbeschlusses 1900; Anonymus, GA. 10 238; L (Anonymus), v. Holtzendorffs Strafrechtszeitung 9 560; Karl Meyer, Einrede der Rechtshängigkeit im Strafprozeß, Bl. f. Rechtsanwendung 48 129; Lang, Die Rechtshängigkeit im Strafverfahren 1910; Ötker, Wirksamkeit der Entscheidungen .... und Rechtshängigkeit 1910; Ortloff, Die Gerichtshängigkeit der Strafverfolgung und ihre Rechtsfolgen, GS. 59 341, 401.

I. Klage ist das dem Gericht gegenüber erklärte Begehren, das Gericht möge die Erledigung eines bestimmten Strafprozeßgegenstands zu „selbständiger" Tätigkeit (vgl. diese Ausdrucksweise in StPO. § 155 II) in die Hand nehmen.

Keine Klage ist deshalb die staatsanwaltschaftliche Anrufung des Amtsrichters behufs Gewährung helfender richterlicher Einzeltätigkeit für das „vorbereitende Verfahren", d. i. für ein als Ganzes in staatsanwaltschaftlicher Hand behaltenes Verfahren (StPO. § 162).

Die Klage ist, wenn sie von der Staatsanwaltschaft oder (StPO. § 424) der Verwaltungsbehörde ausgeht, „öffentliche Klage" (oder „Staatsklage"), sonst (StPO. §§ 374ff.) „Privatklage".

Dem Gegenstande nach ist die Klage im Strafprozeß normalerweise „Strafklage", d. h. auf Behandlung einer eigentlichen „Strafsache"[1]) gerichtet. Gegenständlich besondere Klagarten sind die Klage auf Einziehung usw. im objektiven Verfahren (unten § 93) und die Bußklage (unten § 90).

Eine weitere Einteilung der Klagen ergibt sich daraus, daß die Klage bald einmal (und gewöhnlich) den Prozeß, in den sie sich einfügt, erst begründet, bald einmal — als „Widerklage" oder als „Inzident"- oder „Zusatzklage" — nur einem schon schwebenden Prozeß nur einen weiteren Prozeßgegenstand zuführt.

Soweit es sich um das ordentliche Verfahren handelt[2]), tritt die Klage in 2 Gestalten auf: als „An"klage oder als „Antrag (der Staatsanwaltschaft) auf Voruntersuchung", § 170 I.

1. „Anklage" ist das Verlangen, das Gericht möge den Prozeßgegenstand zur Erledigung durch ein Hauptverfahren (mit Hauptverhandlung und Urteil) übernehmen. Sie geht

---

[1]) Oben § 26 II, 1.

[2]) Über die Klage bei den besonderen Verfahrensarten s. unten §§ 85ff.

a) regelmäßig an das beschließende Gericht und enthält das Begehren, dieses möge den Prozeßgegenstand durch einen „Beschluß auf Eröffnung des Hauptverfahrens" („Eröffnungsbeschluß") dem erkennenden Gericht zuleiten, §§ 198, 199, 200.

b) Ausnahmsweise — in den Fällen des „summarischen Verfahrens", § 212, und der „Inzident"- („Zusatz"-) Anklage, § 266 — wendet sich die Anklage unmittelbar an das erkennende Gericht in dem Sinne, dieses möge sogleich ohne Eröffnungsbeschluß in die Hauptverhandlung eintreten.

2. Da aber nach Klageformprinzip (oben § 9 I, 2, § 22 II, 3) keine gerichtliche Untersuchung ohne Klage eingeleitet werden darf, und auch schon die dem Hauptverfahren vorgelagerte „Voruntersuchung" eine „gerichtliche Untersuchung" ist, erstreckt die StPO. den Begriff der Klage auch auf den staatsanwaltschaftlichen Antrag auf Voruntersuchung, d. i. den Antrag, daß zwar das Gericht (der Untersuchungsrichter) die Sache zu selbständiger Tätigkeit übernehmen solle (deshalb eben „Klage"-Charakter), daß aber doch nicht schon jetzt zum Hauptverfahren vorgeschritten werden, vielmehr vorerst eben nur „Voruntersuchung" stattfinden, und die Frage, ob in das Hauptverfahren einzutreten sein werde, zurückgestellt werden solle. Hatte sich der Staatsanwalt, statt sofort „Anklage" zu erheben, vorerst auf den Antrag auf Voruntersuchung beschränkt, und erläßt er dann (nach Voruntersuchung) den Antrag auf Eintritt in das Hauptverfahren, also die „Anklage", § 198, so stellt sich im Vergleich dieser Anklage mit der von vornherein erhobenen (oben 1) die Eigentümlichkeit ein, daß hier die „Erhebung der Anklage" und die „Erhebung der Klage" auseinanderfallen: letztere ist (mit der Wirkung der Rechtshängigkeit, unten III) schon mit dem Antrag auf Voruntersuchung erhoben, die Erhebung der Anklage bedeutet nur einen Antrag auf Fortsetzung des Prozesses.[1])

II. Jede Klage muß ihren individuellen Prozeßgegenstand (Tat und Täter, oben § 28) teils ausdrücklich angeben, vgl. z. B. StPO. § 200, teils wenigstens aus den Umständen erkennen lassen, vgl. StPO. §§ 414 II, 420 I.

Dagegen kommt eine „Substantiierung" der Klage, d. h. die Anführung des Tatsachenmaterials, das juristisch gewürdigt werden soll, im Strafprozeß nicht in Frage. Dies deshalb, weil hier keine Gebundenheit des Gerichts an das ihm von den Parteien unterbreitete Tatsachenmaterial obwaltet (oben § 28, unten § 58).

[1]) Näheres unten § 72.

Soweit das Gesetz die Mitteilung des sog. „Ermittlungsergebnisses" (vgl. StPO. § 200 II) oder die Vorlegung der Ermittlungsakten fordert oder stillschweigend voraussetzt, strebt es damit nur eine vorläufige Unterrichtung des Gerichts an, will aber damit nicht den „tatsächlichen Klagegrund" für den Prozeß festgelegt wissen. Deshalb hat auch eine etwaige „Unschlüssigkeit" des Klageinhalts (= die mitgeteilten Tatsachen ergeben keinen Schluß auf Strafbarkeit) nicht die Bedeutung, daß damit die Klage schon formell hinfällig würde. „Tatsachennachschiebung" während des Prozesses bleibt unbeschränkt, sofern nur derselbe Prozeßgegenstand festgehalten wird. Das bedeutet für die Passivpartei zunächst einen Nachteil im Vergleich zu einer Regelung, bei der das Klagefundament nicht geändert werden kann, erklärt sich aber aus den Erwägungen oben §§ 28, 40, und ist mit dem Vorteil verbunden, daß Nachschiebungen jenseits dieses Prozesses (in einem neuen Prozeß) abgeschnitten sind, vgl. unten § 56.

In rechtlicher Hinsicht muß die Klage die Angelegenheit, um die es sich handelt, so weit erkennbar machen, daß sie sich als ein auf den Strafprozeßrechtsweg gehörender Prozeßgegenstand darstellt (vgl. oben §§ 22, 26) und die gewählte Klagegestalt gerechtfertigt erscheint. Meist ist noch (vgl. z. B. § 200 StPO.) nähere Charakterisierung der strafrechtlichen Bedeutung der Tat vorgeschrieben. Aber damit ist nicht gemeint, daß die rechtliche Subsumtion, um die es sich im Prozeß handeln soll, festgelegt sei.

Im Zusammenhang hiermit steht, daß der Begriff des „Klageantrags" im Sinne des Zivilprozesses („Sachbitte", Formulierung der begehrten Sachentscheidung) im Strafprozeß entfällt. Wohl liegt in jeder Klage der Antrag auf bestimmte prozessualische Behandlung der Sache (auf Voruntersuchung, auf Erlaß eines Eröffnungsbeschlusses usw.); ein „Sachantrag" dagegen (z. B. Antrag, den Beschuldigten zu 5 Monaten Gefängnis zu verurteilen) kommt für den Klageakt noch nicht in Frage.

III. Die Wirkungen des Klageakts pflegt man zusammenfassend als „Rechtshängigkeit" (= Gerichtshängigkeit) des Prozeßgegenstands zu bezeichnen. Res in judicium deducta est, lis pendet. Sie bestehen in folgendem: 1. Das angerufene Gericht ist in der Lage, die Prozeßherrschaft in der Sache zu ergreifen, was ihm bisher nach dem Klageformprinzip verwehrt war, unten IV. 2. Die Tatsache, daß der Prozeß bei diesem Gericht in diesem Verfahren schwebt, steht jedem zweiten Verfahren in derselben Sache vor demselben oder einem anderen Gericht entgegen, unten V; 3. Die Klageerhebung begründet eine perpetuatio fori, unten VI.

Ein „Verbot der Klagänderung" (vgl. den Zivilprozeß) ist dagegen mit der Rechtshängigkeit nicht verbunden, da im Strafprozeß „Klagegrund" und „Klageantrag" als raumabsteckende Klageelemente entfallen, oben II.[1])

IV. Die Rechtshängigkeit im Sinne von III 1 ist insofern von verschiedener Tragweite, als sich das vom Gericht einzuschlagende Verfahren je nach der Klagegestalt (oben I) richtet. Bedeutsam ist besonders der Unterschied zwischen der Anklage (I 1) und dem Antrag auf Voruntersuchung (I 2). Die Anklage setzt das Gericht in den Stand, in das Hauptverfahren einzutreten oder auch vorerst nur eine Voruntersuchung anzuordnen; der Antrag auf Voruntersuchung ermöglicht dagegen nur die Eröffnung und Führung einer Voruntersuchung, erst ein nach deren Schlusse erfolgender staatsanwaltschaftlicher Zweitantrag (den die Staatsanwaltschaft freilich zu stellen verpflichtet ist und der positiv oder negativ sein kann, unten § 72) ermöglicht dem Gericht, an die Frage, ob in das Hauptverfahren einzutreten sei, heranzutreten.

Der Antrag auf Strafbefehlserlaß hat die Eigentümlichkeit, daß er zwar zunächst das Gericht nur mit der Frage der Sacherledigung ohne Hauptverfahren befaßt, doch aber kraft Gesetzes zugleich die Bedeutung einer Eventualanklage hat (unten § 94).

Unangesehen die Verschiedenheiten des modus procedendi bei den verschiedenen Klagarten ist die Bedeutung der Rechtshängigkeit insofern überall die gleiche, als das Gericht 1. nur den von der Klage in Bezug genommenen Prozeßgegenstand, 2. diesen aber in vollem Umfang in seine Herrschaft bekommt.

1. In dem an die einzelne Klage sich anschließenden Verfahren darf keine Tätigkeit, die sich auf einen anderen als den klagemäßigen Prozeßgegenstand bezöge, erfolgen, StPO. § 155 I. Insofern steckt die Klage den gegenständlichen Rahmen ab, in dem sich der Prozeß zu bewegen hat. Deshalb ist eine Erstreckung des Verfahrens auf Taten des Beschuldigten, die nicht mit unter Klage stehen, ebenso ausgeschlossen wie eine Erstreckung des Verfahrens auf andere Personen. Namentlich ist auch in den Fällen eines strafrechtlichen Teilnahmezusammenhangs dem Gericht verwehrt, Mittäter, Anstifter und Gehilfen des in der Klage Beschuldigten oder gar auf Grund

[1]) Öfter wird die Heranziehung eines neuen juristischen Gesichtspunkts (vgl. z. B. StPO. § 265) als „Klageänderung" bezeichnet. Der Ausdruck ist jedoch nicht treffend, da das Gericht es ist, das den neuen Gesichtspunkt einführt, und „die Klage" dadurch (oder auch dadurch, daß der Kläger sich jetzt auf ihn stützt) ganz unverändert bleibt.

einer Klage gegen Anstifter oder Gehilfen den Haupttäter als Passivpartei in das Verfahren mit hereinzuziehen. Ist freilich nur ein Anstifter oder Gehilfe unter Klage gestellt, so kann das Gericht nach StGB. §§ 48, 49 deren Strafbarkeit nur auf Grund der Feststellung, daß ein Anderer die dazugehörige strafbare „Haupttat" begangen habe, bejahen; aber bei diesen Erörterungen und Feststellungen erscheint dieser Andere weder nach der Seite der Parteirechte, noch nach der der Parteipflichten als Passivpartei, und jene Feststellung bildet deshalb nur ein Element im Syllogismus der Entscheidung über den Beschuldigten; der nicht mitbeschuldigte Haupttäter ist nicht „abzuurteilen".

Ausgeschlossen ist auch eine Vertauschung des klagemäßigen Prozeßgegenstands mit einem anderen, so, daß der erstere aus dem Prozeß ausschiede und fortan der andere den Prozeßgegenstand bildete. Würde sich z. B. im Prozeß gegen X herausstellen, daß X unschuldig in den Verdacht gekommen war, und vielmehr Y der Täter ist, so könnte der Prozeß nicht von X auf Y übergeleitet werden. Der anhängige Prozeß würde hier vielmehr mit Freisprechung des X abzuschließen sein, Y könnte nur durch eine neue, gegen ihn gerichtete Klage zur Passivpartei eines eigenen Prozesses werden.

Zulässig ist dagegen in gewissem Umfang die Hinzufügung eines weiteren Prozeßgegenstandes zu dem klagemäßigen durch Zusatz- oder Widerklage, vgl. StPO. §§ 266, 388.

2. Innerhalb des mit dem identischen Prozeßgegenstande gegebenen Rahmens ist der Prozeßgegenstand in tatsächlicher und rechtlicher Beziehung voll auszubreiten, StPO. § 155 II, vgl. oben II. Es wird nicht bloß das vom Kläger in der Klage gebotene Tatsachenmaterial, noch bloß die rechtliche Würdigung, wie sie die Klage vorschlägt, rechtshängig. Vgl. oben §§ 28, 40.

Nur ausnahmsweise kennt das Gesetz eine gegenständliche Beschränkung der Rechtshängigkeit derart, daß gewisse Elemente des Prozeßgegenstands außerhalb des Verfahrens liegen bleiben müssen, vgl. oben § 40 III, 2.

V. Die Rechtshängigkeit in einem Prozeß steht, solange sie besteht, einem zweiten denselben Prozeßgegenstand betreffenden Prozeß vor dem gleichen oder einem anderen Gericht entgegen. Eine zweite Klage de eadem re wäre als unwirksam abzulehnen[1]), da doppelte Prozeßführung zweckwidrig wäre und die Gefahr wider-

[1]) RGer. JW. 54 1010, Beling, das. Nicht weit genug gehend Bennecke-Beling, S. 481: die Ablehnung sei zulässig, aber nicht geboten.

streitender Entscheidungen eröffnet. Man könnte dieses Verbot eines gleichzeitigen Zweitprozesses mit dem lateinischen Satze „Ne bis in idem (scil. procedatur)" ausdrücken; freilich wird dieser Satz nach dem üblichen Sprachgebrauch in der Regel auf das Verbot eines nachfolgenden Zweitprozesses, also nicht auf eine Auswirkung der Rechtshängigkeit, sondern auf eine solche der Rechtskraft bezogen (unten § 56).

Das trotz Rechtshängigkeit mit der zweiten Klage befaßte Gericht hat deshalb nur zu prüfen, ob der Gegenstand der beiden Klagen identisch ist und ob der erste Klagakt nicht etwa ipso jure unwirksam ist (oben § 48). Nicht zu prüfen hat es insbesondere die Zuständigkeit des mit der ersten Klage befaßten Gerichts; es kann deshalb nicht zu einem „positiven Kompetenzkonflikt" kommen.

Würde freilich (insbesondere, weil die Doppelanhängigkeit nicht zur Sprache gekommen ist) doppelt in ein gerichtliches Verfahren eingetreten, so würde das auf die zweite Klage hin eingeleitete Verfahren nicht von selbst unwirksam sein. Vielmehr

1. behält das auf die zweite Klage hin eingeleitete Verfahren sogar die Oberhand dann, wenn hier die Eröffnung der gerichtlichen Untersuchung früher erfolgt ist als auf die zeitlich frühere erste Klage hin, arg. StPO. § 12. Bei Verschiedenheit der Gerichte erhält das Gericht, das in der Eröffnung vorangegangen ist, den Vorzug, StPO. § 12, fälschlich sog. „Gerichtsstand der Prävention". Es ist also das Gericht, bei dem zuerst Klage erhoben wurde, genötigt, sein Verfahren einzustellen (vgl. jedoch § 12 II). Vorausgesetzt ist dabei, daß das prävenierende Gericht zuständig ist.

In diesem Falle kann dann ein positiver Kompetenzkonflikt zwischen den Gerichten entstehen (wenn das zuerst befaßt gewesene Gericht dem ihm in der Eröffnung zuvorgekommenen die Zuständigkeit bestreitet). Alsdann greift StPO. § 14 ein.

2. In den nicht durch § 12 StPO. gedeckten Fällen ist das auf die zweite Klage hin eröffnete Verfahren durch Einstellung zu beenden.

3. Würden aber (wiederum namentlich deshalb möglich, weil die Sachlage nicht zur Sprache kommt) beide Prozesse fortgeführt, so käme es darauf an, in welchem von ihnen zuerst ein materiell rechtskräftiges Urteil ergeht. Dieses Urteil würde das andere Verfahren fortan unzulässig machen (unten § 56), selbst wenn der Prozeß, in dem es ergangen ist, nach 1 oder 2 hätte eingestellt werden sollen.[1])

---

[1]) Vgl. RGer., JW. 51 1010.

VI. Der Gerichtsstand, der zur Zeit der Klageerhebung begründet war, bleibt für den an diese Klage anschließenden Prozeß bestehen, auch wenn die gerichtsstandbegründende Tatsache weiterhin entfällt (insbesondere beim Wohnsitzgerichtsstand: wenn der Beschuldigte seinen Wohnsitz verändert), sog. perpetuatio fori. Ubi coeptum est semel judicium, ibi ac finem accipere debet. Das Gesetz spricht den Gedanken in § 8 I für das forum domicilii aus; er ist analog auf andere Gerichtsstände anzuwenden.[1])

VII. Zurücknahme der Klage hat das Erlöschen der Rechtshängigkeit zur Folge, wenn sie

1. bei Staatsklage erklärt wird, bevor auf die Klage hin die „gerichtliche Untersuchung" eröffnet ist, StPO. § 156. Nur bis zu diesem Zeitpunkt ist die Klagebehörde „dominus litis". Spätere Zurücknahmeerklärung wäre unwirksam, das Gericht hätte trotz ihrer den Prozeßgegenstand sachlich zu erledigen, also gegebenenfalls eine Verurteilung des Angeklagten auszusprechen.[2]) Die Ratio des § 156 ist die, daß der Beschuldigte an rechtskräftiger Erledigung des Prozesses, insbesondere an Verbriefung seiner Unschuld durch Gerichtsausspruch interessiert sein kann. Auch könnte dauernde Zurücknehmbarkeit der Klage dahin führen, daß die Klagebehörde mangelhaft vorbereitete Klagen probeweise erhebt.

Die in den zeitlichen Grenzen des § 156 erfolgte Zurückziehung der Staatsklage erledigt diesen Prozeß, steht aber neuer Klage nicht entgegen.

2. Die Privatklage ist bis zur Verkündung des Urteils erster Instanz und, soweit zulässige Berufung eingelegt ist, bis zur Verkündung des Urteils zweiter Instanz zurücknehmbar, StPO. § 391 I. Die bis zu diesem Zeitpunkt erfolgte Zurücknahmeerklärung bewirkt die Beendigung dieses Prozesses; das Gesetz legt ihr aber außerdem die Bedeutung eines wirksamen Verzichts auf das Privatklagerecht bei, so daß auf eine neu erhobene Privatklage desselben Klägers kein Strafverfahren zu gewähren wäre, StPO. § 392.

---

[1]) Deshalb fällt der Gerichtsstand der Ergreifung, obwohl subsidiärer Natur (oben § 17 I u. III), nicht dadurch zusammen, daß nachher einer der primären Gerichtsstände ermittelt wird, OLG. Rostock, HR. 2 6.

[2]) Eine Ausnahme gilt für die als Antrag auf Strafbefehl erhobene Klage, die nach erhobenem Einspruch bis zum Beginn der Hauptverhandlung zurücknehmbar ist, § 411 StPO.

B. Die richterlichen Entscheidungen.

§ 50. I. Begriff, Arten, Voraussetzungen, Form.

Schötensack, Zur Urteilssystematik, Rechtsgang 3 1.

I. Richterliche Entscheidung ist Erklärung richterlichen Willens, daß in einem bestimmten Einzelfalle eine bestimmte Rechtsfolge eintreten solle.[1])

Wie jede Willenserklärung, so stellt auch jede Richterentscheidung die Verbindung eines äußeren Vorgangs (der Erklärungsabgabe) mit einem dadurch zum Ausdruck gebrachten gedanklichen Inhalt dar. Vorgelagert sind der Entscheidung Vorgänge in der Seele des Richters und gewisse äußere Veranstaltungen (z. B. der Abstimmungsvorgang), durch die hindurch die Entscheidung zur Entstehung kommt. Getrennt zu halten von der Entscheidung selbst (als einem Prozeßvorgang) ist die Entscheidungsurkunde (als körperlicher Gegenstand). Dies zeigt sich am deutlichsten da, wo die Entscheidung in mündlicher Erklärung erfolgt. Aber auch wo sie durch schriftliche Erklärung erfolgt, ist immerhin ein wesentlicher Unterschied zwischen dem Akt der Errichtung der Urkunde und dieser selbst.

II. Für jede Art von Entscheidung zeichnet die Prozeßordnung bestimmte spezifische (Prozeßgestaltungs-) Voraussetzungen[2]) vor,

---

[1]) Anders Gf. Dohna 75, der zwischen „Entscheidungen" und „Anordnungen" scheiden und das Wesen der „Entscheidungen" darin finden will, daß sie nicht besagten, es „solle" etwas geschehen usw., sondern es „sei" etwas. Aber den lediglich kognitiv-theoretischen Ausspruch, daß etwas „sei", pflegt man gerade nicht als „Entscheidung", sondern als „Feststellung" zu bezeichnen. Dohna ist zu seiner Auffassung offenbar dadurch verleitet worden, daß die Entscheidungen in einer syllogistischen Feststellung (z. B. der Angeklagte sei nicht schuldig) wurzeln, s. unten § 52. Aber einmal bildet dieses kognitive Moment nur den Unterbau der Entscheidung selbst; und sodann gibt es Entscheidungsbestandteile, die der Richter in Ausübung einer Rechtsgestaltungsbefugnis frei bestimmt (z. B. Ausspruch des Verlusts der bürgerlichen Ehrenrechte, wo nach dem Gesetz nicht obligatorisch).

Auf der anderen Seite darf der volitive Charakter der Richterentscheidung nicht dazu verleiten, diese als „Rechtssetzung", „Rechtsschöpfung", „Lex specialis" zu bezeichnen. Der Richterspruch ist von Bedeutung für Rechtsverhältnisse, subjektive Rechte und Pflichten, dagegen kann er Rechtssätze (Rechtsnormen) nicht zuwege bringen. Legt der Richter seiner Entscheidung einen Satz, der kein Rechtssatz ist, als Rechtssatz zugrunde, so wächst dieser Satz dadurch nicht in das objektive Recht hinein. Auf einem anderen Blatte steht, daß durch das Faktum steter Wiederholung Gewohnheitsrecht (Usus fori) entstehen kann.

[2]) Vgl. oben § 41.

durch deren Gegebensein der Erlaß der Entscheidung rechtlich bedingt ist. So setzt z. B. der Erlaß eines Urteils regelmäßig[1]) eine vorausgegangene und ordnungsmäßig verlaufene Hauptverhandlung voraus.

Daneben gibt es Umstände, die zwar nicht den Entscheidungserlaß als solchen bedingen, wohl aber gegeben sein müssen, wenn anders die Entscheidung inhaltlich in einem bestimmten Sinne ausfallen soll (Entscheidungsqualitätsvoraussetzungen, oben § 41); so muß der in § 265 StPO. genannte Hinweis erfolgt sein, wenn anders das Urteil auf Verurteilung unter einem neuen rechtlichen Gesichtspunkt lauten soll; für Verurteilung oder Freisprechung unter dem Gesichtspunkt eines Antrags- oder Ermächtigungsdelikts muß ein rechtswirksamer Strafantrag, bzw. eine solche Ermächtigung vorliegen usw.

Zu den spezifischen Entscheidungsvoraussetzungen, von deren Gegebensein nur die Statthaftigkeit der einzelnen Entscheidungsart abhängt, treten noch die (allgemeinen und besonderen) Verfolgungsbedingungen[2]) hinzu: in einem unzulässigen Prozeß erübrigen sich alle ihn weiterfördernden und alle den Prozeßgegenstand erledigenden Entscheidungen. Nur diejenigen Entscheidungen sind durch die Zulässigkeit der Strafverfolgung nicht mitbedingt, die gerade deren Unzulässigkeit zum Ausdruck bringen, also die Fortführung des Prozesses ablehnen[3]); diese entnehmen ihre Berechtigung ja gerade dem Umstand, daß ein Prozeßhindernis obwaltet.

III. In ihrer prozessualischen Funktion scheiden sich die Entscheidungen in

1. solche, die den Sinn haben, daß kraft ihrer der Prozeß zu Ende sein solle (Einstellung des Verfahrens, Verurteilung, Freisprechung): die „prozeßerledigenden" Entscheidungen (Abkürzung für „auf Prozeßerledigung angelegte" Entscheidungen).[4])

2. Entscheidungen, die umgekehrt ihrem Sinnbestande nach einen Ausblick auf Fortgang des Prozesses eröffnen: „laufende" Entscheidungen, z. B. der Beschluß über Eröffnung des Hauptverfahrens, der Beschluß, einen Zeugen unvereidigt zu lassen, die Gewährung einer Wiedereinsetzung in den vorigen Stand, die Zurückverweisung der Angelegenheit aus der Rechtsmittelinstanz in die untere Instanz.

---

[1]) Ausnahme: § 371, unten § 84.

[2]) Oben §§ 21—23.

[3]) Vgl. dazu oben §§ 25, 41.

[4]) Möglich ist, daß eine „prozeßerledigende" Entscheidung die Rechtswirkung der Prozeßerledigung nicht nach sich zieht, weil sie durch ein Rechtsmittel angefochten und von der Rechtsmittelinstanz aufgehoben wird.

IV. Obwohl alle Entscheidungen darin übereinkommen, daß sie den Prozeß beeinflussen, scheiden sie sich doch in bedeutsamer Weise insofern, als die einen auch den Prozeßgegenstand mit würdigen, während die anderen lediglich das Verfahren betreffen. Die ersteren heißen „Sachentscheidungen" („meritorische Entscheidungen"[1]), die letzteren „Formalentscheidungen" („reine Prozeßentscheidungen"). Jene enthalten expressis verbis oder latent einen Ausspruch „zur Sache" (z. B. Verurteilung, Freisprechung, Erklärung des Beschuldigten für tatverdächtig); diese enthalten sich jedes solchen Ausspruchs und beschränken sich auf Regelung der Prozeßlage (z. B. Einstellung des Verfahrens wegen Unzuständigkeit des Gerichts, Verwerfung eines Richterablehnungsgesuchs, Gewährung einer Wiedereinsetzung in den vorigen Stand, Beschluß auf Vertagung der Hauptverhandlung).

Diese Einteilung kreuzt sich mit der zu III genannten. Es gibt prozeßerledigende Sachentscheidungen (so Verurteilung, Freisprechung); und prozeßerledigende Formalentscheidungen (z. B. Verfahrenseinstellung wegen Unzuständigkeit); laufende Sachentscheidungen (z. B. Beschluß auf Eröffnung des Hauptverfahrens) und laufende Formalentscheidungen (z. B. Wiedereinsetzung in den vorigen Stand).

Die Formalentscheidungen lassen sich weiterhin einteilen in solche, die einen Ausspruch a) über das Strafklagerecht; b) über das Prozeßverhältnis; c) über die Prozeßgestaltung enthalten.

Beispiele: zu a): Einstellung des Verfahrens wegen Gerichtsfreiheit des Beschuldigten; zu b): Einstellung des Verfahrens wegen Unzuständigkeit des Gerichts; zu c): Gewährung einer Wiedereinsetzung in den vorigen Stand, Beschluß auf Aussetzung der Hauptverhandlung.

V. Endlich legt das Gesetz die Entscheidungen in der Weise auseinander, daß gewisse Entscheidungen „Urteile" heißen, denen „Beschlüsse" und „Verfügungen" gegenüberstehen. Das charakteristische Merkmal der Urteile bildet die unter besonderer Normierung stehende Urteilsurkunde, die zu dem mündlichen Akt der Urteilsfällung hinzutreten muß.[2]) Demgegenüber genügt bei Beschlüssen und Verfügungen, wenn sie mündlich verkündet werden, eine bloße Protokollierung der Verkündung; und wenn sie schriftlich

[1]) Von dem gemeinrechtlichen Ausdruck „Merita causae" = Prozeßgegenstand.

[2]) In einem Falle (§ 371) besteht der Urteilsakt sogar in der Errichtung der Urteilsurkunde allein.

ergehen, ist doch die sie verkörpernde Urkunde von den an die Urteilsurkunde gestellten strengeren Formanforderungen befreit.

Verfügungen sind Entscheidungen, die ein einzelner Richter in Sonderfunktion (als Vorsitzender, als Untersuchungsrichter usw.) trifft. Im Gegensatz dazu haben Urteile und Beschlüsse „das Gericht" als Ganzes[1]) zum Urheber.

Die Beschlüsse stehen somit in der Mitte zwischen Urteilen und Verfügungen: mit ersteren teilen sie den Ursprung, mit letzteren die Form.

Mit dieser zunächst nur äußerlich-geschäftstechnischen Scheidung verknüpft das Gesetz Unterschiede einmal hinsichtlich der Prozeßlage, aus der die Entscheidungen herauswachsen: Urteilsvoraussetzung ist grundsätzlich (Ausnahme § 371) eine vorgängige Hauptverhandlung, während Beschlüsse und Verfügungen auch außerhalb einer Hauptverhandlung ergehen können; und sodann hinsichtlich der Anfechtbarkeit der Entscheidungen: während für die Anfechtung von Beschlüssen und Verfügungen die „Beschwerde" in Betracht kommt, sind für die Anfechtung von Urteilen die komplizierteren Rechtsmittel der „Berufung" und der „Revision" bestimmt.

Insgesamt tritt hiernach das Urteil mit größerer Wucht auf als die übrigen Entscheidungen; und hierin liegt zugleich der gesetzgeberische Grundgedanke, der für die Sonderung maßgebend war: die Urteilsform ist denjenigen Entscheidungen vorbehalten, die den vergleichsweise bedeutsamsten Inhalt haben. Welche Entscheidungsinhalte aber als die im Sinne des Gesetzes „bedeutsamsten" urteilsbedürftig sind, wird von der StPO. nicht ganz scharf umrissen.

1. Deutlich tritt die gesetzliche Linienführung nur hervor, soweit es sich um die im Hauptverfahren ergehenden prozeßerledigenden Sachentscheidungen einerseits, die außerhalb des Hauptverfahrens ergehenden Entscheidungen und die laufenden Entscheidungen andererseits handelt.

a) Die prozeßerledigenden Sachentscheidungen im Hauptverfahren bedürfen der Urteilsform, vgl. § 260 („Verurteilung, Freisprechung"). Daß sie an Bedeutung ersten Ranges sind, ist ja auch ohne weiteres klar.

b) Hinter sie stellt das Gesetz sowohl die außerhalb des Hauptverfahrens ergehenden Entscheidungen, wären sie auch prozeß-

[1]) Dies bedeutet aber nicht bloß das „Kollegial- (Rats-) Gericht"; auch der einzelne Richter entscheidet mit Urteilen und Beschlüssen dann, wenn es sich nicht um Sonderfunktionen handelt, sondern er „das Gericht" darstellt (so der Amtsrichter als „erkennendes Gericht" in der Hauptverhandlung).

gegenstandserledigende, wie auch die laufenden — diese auch im Hauptverfahren — an Bedeutung zurück. Für diese ist Beschluß- oder — soweit es sich um Sonderfunktionen eines einzelnen Richters handelt — Verfügungsform vorgesehen. Beispiele: §§ 204 (Nichteröffnungsbeschluß bei Fehlen hinreichenden Verdachts), 407 (Strafbefehl), 462 (gerichtliche Entscheidung im Strafvollstreckungsstadium), 27 (Entscheidung über Richterablehnung), 46 (Entscheidung über Wiedereinsetzung), 228 (Aussetzung der Hauptverhandlung) usw.

Ausnahmsweise unterwirft jedoch das Gesetz die Entscheidungen des Berufungs- und des Revisionsgerichts, die auf Aufhebung des Vorderurteils und Zurückverweisung der Sache an eine Unterinstanz lauten, der Urteilsform, §§ 328 II, III, 354 II, III; dies deshalb, weil sie, obwohl nur „laufende" Entscheidungen, insofern einschneidender sind, als sie ein untergerichtliches Urteil aufheben und es nicht zweckmäßig erschien, die mit der Aufhebung verbundene Zurückverweisung zum Gegenstand eines besonderen Beschlusses zu machen.

2. Streitig ist aber, inwieweit die dem Hauptverfahren angehörenden prozeßerledigenden Formalentscheidungen der Urteils- oder der Beschlußform bedürfen. Hinsichtlich ihrer bietet die StPO. unmittelbar-textlich nur eine Teilregelung: sie ordnet in §§ 260 II, 389, 418 für drei Arten solcher Entscheidungen Urteilsform an und schweigt sich über die übrigen Arten aus, so daß die Frage entsteht: Analogie oder argum. e contrario?

Entgegen der herrschenden Lehre, die für durchgängige Urteilsform eintritt[1]), muß behauptet werden, daß die Grundgedanken des Gesetzes grundsätzlich zur Beschlußform hinleiten, und die Anordnung der Urteilsform in den §§ 260 II, 389, 418 auf Sondergründen beruht, die keiner Verallgemeinerung fähig sind. Zunächst erweist sich § 260 II als ganz untauglich dafür, zum Fußpunkt einer Analogie genommen zu werden; denn daß für die hier erwähnten Fälle der Verfahrenseinstellung wegen Fehlens eines Strafantrags Urteilsform geboten ist, erklärt sich ohne weiteres daraus, daß diese Art „Formal"entscheidung eine verkappte Sachentscheidung (eine Freisprechung mit Vorbehalt, eine Verneinung der Strafbarkeit unter allen „Offizialdelikts"-Gesichtspunkten unter formaler Einstellung bloß unter dem Antragsdeliktsgesichtspunkt[2]) ist; von hier aus ergibt sich kein Analogieschluß auf reine Formalentscheidungen.[3]) Die

---

[1]) So RGer., Birkmeyer, Rosenfeld, Graf Dohna, Gerland.

[2]) Unten § 52.

[3]) Nur eine Analogie leuchtet ein: Die Einstellung des Verfahrens wegen Fehlens der „Ermächtigung" (oben § 23 II) hat in Urteilsform zu erfolgen.

§§ 389 und 418 sodann betreffen ganz besondere Prozeßlagen in den besonderen Prozeßarten, und wenn das Gesetz hier ausdrücklich die Urteilsform verlangt, so spricht gerade diese ausdrückliche Anordnung dafür, daß sich dies nicht schon aus einer allgemeinen Regel ergibt.[1])

Die richtige Lösung ergibt sich daraus, daß prozeßerledigende Formalentscheidungen im allgemeinen ihrem Wesen nach überhaupt nicht in das Hauptverfahren gehören: dieses ist auf Sachentscheidung angelegt, jene aber versperren den Weg zur Sachentscheidung und erfüllen deshalb ihren Beruf am besten, wenn sie das Hauptverfahren verhindern. Kommt es erst im Hauptverfahren zu solcher Formalerledigung, so bedeutet das, daß das Hauptverfahren zwecklos aufgewendet worden ist, regelmäßig sogar, daß es unzulässig war.[2]) Weshalb nun eine Entscheidung, die eigentlich schon vorher erwünscht gewesen wäre und die alsdann in Beschlußform zu treffen gewesen wäre, dadurch an Bedeutsamkeit gewönne, daß sie sich verspätet, weshalb also einem zwecklosen oder gar unzulässigen Hauptverfahren zuliebe Urteilsform geboten sein soll, ist nicht einzusehen.

In diesem Lichte treten die §§ 260 II, 389, 418 scharf als Sonderbestimmungen hervor. Jenseits ihrer muß die Beschlußform als die vom Gesetz gewollte angesehen werden. Dagegen läßt sich auch nicht anführen, daß im Zivilprozeß die formale Klageabweisung durch Urteil zu erfolgen hat; denn im Zivilprozeß bildet auch die Frage nach der Statthaftigkeit des Prozesses einen Gegenstand der „mündlichen Verhandlung" und des Parteienstreits, während die StPO. umgekehrt anstrebt, der Hauptverhandlung (die überdies nicht einmal mündliche Verhandlung der Parteien vor dem Gericht, sondern mündliche Verhandlung des Gerichts mit den Parteien ist) in den Fällen, in denen es nicht zur Sachentscheidung kommen kann, von vornherein den Weg zu verlegen.

II. Der Entscheidungstenor. § 51.

Beling, ZStW. 38 630.

Der sprachliche Satz, in dem sich der inhaltliche Sinngehalt der Entscheidung ausdrückt, heißt der Entscheidungstenor (Ent-

[1]) Bei § 418 wird zudem die Urteilsform von der Erwägung getragen, daß hier die Justiz über den Kreis der Prozeßsubjekte hinaus über die Polizei abspricht.

[2]) So ist z. B. gegen einen Exterritorialen der Prozeß und mit ihm das Hauptverfahren und die Abhaltung einer Hauptverhandlung unstatthaft.

15*

scheidungsformel, Entscheidungssatz). Im Grunde genommen ist er es allein, der die Entscheidung darstellt. Ein häufiger Sprachgebrauch rechnet aber auch die „Gründe" der Entscheidung[1]) in „die Entscheidung" mit hinein; alsdann ist der Tenor nur ein Teil des mit dem Namen der „Entscheidung" belegten Gesamtausspruchs, sein „entscheidender Teil".

Wie der Entscheidungstenor zu fassen ist, und welche Bestandteile er in sich aufzunehmen hat, ergibt sich

I. bei den laufenden Entscheidungen in der Regel ohne Schwierigkeit.

II. Auch die prozeßerledigenden Formalentscheidungen weisen eine sehr einfache Gestaltung des Tenorinhalts auf; sie haben im allgemeinen dahin zu lauten: „Das Verfahren wird eingestellt", und zwar gleichviel, ob die Entscheidung in dieser oder jener Instanz, ob in Urteils- oder Beschlußform ergeht (sprachliche Besonderheiten z. B. in § 204 I: „Beschluß auf Nichteröffnung des Hauptverfahrens", § 204 II: „Beschluß auf Außerverfolgungsetzung des Angeschuldigten", § 418 „Aufhebung der polizeilichen Strafverfügung"). Insbesondere ergibt sich die Formel „das Verfahren wird eingestellt" für die prozeßerledigenden Formalurteile (außer § 418) unmittelbar aus StPO. § 260 I S. 2 („nur") und § 389. Aber auch für diejenigen prozeßerledigenden Formalentscheidungen, über deren Tenor das Gesetz keine ausdrückliche Bestimmung gibt, ist auf „Einstellung des Verfahrens" zu tenorieren. Wenn die Praxis gemeint hat, hier den Tenor „Die Verfolgung wird für unzulässig erklärt" einführen zu sollen, so ist dabei übersehen, daß die Unzulässigkeit der Strafverfolgung nur der Grund ist, der zur „Einstellung" hinführt.[2])

III. Sachurteile (erster Instanz) haben

1. wenn sie strafbarkeitbejahenden Inhalts sind,

a) auf Verurteilung zu einer bestimmten Strafgröße (die sich gegebenenfalls aus einer Haupt- und einer Nebenstrafe zusammensetzt) zu lauten.

---

[1]) Vgl. § 52.

[2]) Diese Praxis hat ihren richtigen Ausgangspunkt in der Erkenntnis, daß § 260 II Einstellungsurteile nur für die Fälle vorschreibt, in denen der Strafantragsmangel der Sacherledigung entgegensteht. Statt nun daraus den Schluß zu ziehen, daß in den übrigen Fällen formaler Prozeßerledigung ein „Einstellungs"-Beschluß zu erlassen ist (oben § 50 V 2), meinte man, daraus die Erforderlichkeit von Urteilen, die nicht auf Einstellung lauten, herauslesen zu müssen.

Im Strafausspruch ist grundsätzlich diejenige Strafgröße zu nennen, die der Verurteilte als die im Strafzumessungswege für verwirkt befundene verbüßen soll. Soweit der Richter nach dem StGB. gehalten ist, die Strafzumessung vorerst auf eine „an sich verwirkte" Strafe zu richten und von dieser aus die Strafe zu bestimmen, die dem Angeklagten zugedacht ist[1]), gehört nur die letztere in den Strafausspruch (die „an sich verwirkte" ist nur in den Urteilsgründen auszuwerfen).[2])

Es gibt jedoch auch Fälle, in denen der Richter zwar gleichfalls durch die eine Strafgröße hindurch zu einer zweiten gelangt, in denen aber die zuerst zugemessene Strafgröße nicht bloß eine reine vorläufige Rechnungsgröße darstellt, sondern gerade sie das der Tat gebührende eigentliche Strafübel bedeutet, und dieses nur aus besonderen Gründen einem anderen Platz machen soll[3]): die Fälle a) der Anrechnung einer Untersuchungs- oder Schutzhaft oder einer ausländischen Strafe, StGB. § 60, Schutzhaftgesetz vom 4. Dez. 1916 § 12, RGes. vom 17. Aug. 1920 Art. II § 9 II S. 2, StGB. § 7; b) der Ersatz-Freiheitsstrafe neben einer verwirkten Geldstrafe für den Fall, daß diese uneinbringlich ist, StGB. §§ 29, 78 II; c) der Ersetzung einer verwirkten Freiheitsstrafe durch Geldstrafe nach StGB. § 27b. Hier überall ist die eigentlich verwirkte Strafe im Tenor aufzuführen, und es sind nur die in Frage kommenden zusätzlichen Festsetzungen hinzuzufügen. Es ist also z. B. zu tenorieren: (zu a) „Der Angeklagte wird zu 3 Monaten Gefängnis verurteilt; auf diese Strafe ist 1 Monat Untersuchungshaft anzurechnen"[4]); (zu b) „Der Angeklagte wird zu 500 M. Geldstrafe, für den Uneinbringlichkeitsfall zu 1 Tage Gefängnis für je 5 M. verurteilt"; (zu c) „Der Angeklagte wird zu 2 Monaten

---

[1]) StGB. §§ 208, 157, 44 IV S. 2, 49, 157 II, 158 (vgl. 14 II, 21).

[2]) Z. B. ist bei Versuch der schweren Privaturkundenfälschung (StGB. §§ 268[1], 43) die Strafzumessung zunächst innerhalb des sich aus § 268[1] mit §§ 44 I, IV S. 1 errechnenden Strafrahmens, also innerhalb Zuchthaus von 3 Monaten bis 4 Jahr 11 Monaten vorzunehmen. Gelangt der Richter hierbei zu der Auffassung, daß z. B. 8 Monate Zuchthaus angemessen seien, so hat er nach § 44 IV S. 2 (wegen § 14 II) statt dessen auf 1 Jahr Gefängnis zu erkennen. Lediglich diese letztere Strafe ist im Urteilstenor zu nennen; daß „an sich" 8 Monate Zuchthaus verwirkt waren, ist in den Gründen ersichtlich zu machen.

[3]) Vgl. Beling, Grundzüge des Strafrechts [8/9], § 81 IV.

[4]) Wo die erkannte Strafe von der angerechneten Untersuchungshaft voll aufgezehrt wird: „Der Angeklagte wird zu 3 Monaten Gefängnis verurteilt; die Strafe wird jedoch unter Anrechnung der Untersuchungshaft für verbüßt erklärt".

Gefängnis, an deren Stelle jedoch 300 M. Geldstrafe zu treten haben, verurteilt".[1])

Eine besondere Fassung erheischt der Strafausspruch da, wo er gemäß StGB. §§ 74, 79 auf eine Gesamtstrafe wegen Realkonkurrenz lautet. Hier sind bei gleichzeitiger Aburteilung sowohl die Einzelstrafen wie auch die Gesamtstrafe in den Tenor aufzunehmen (also z. B.: „Der Angeklagte wird ... zu einer Gefängnisstrafe von 1 Jahr und einer solchen von 6 Monaten und an Stelle dieser Einzelstrafen zu einer Gesamtstrafe von 1 Jahr 3 Monaten Gefängnis verurteilt").[2]) Ist eine der Taten schon abgeurteilt, und bezieht sich das zweite Urteil demgemäß an sich nur auf die andere Tat und die ihr gebührende Einzelstrafe, so ist dieses zweite Urteil gleichwohl (wegen § 79 StGB.) auf die Verhängung der Gesamtstrafe zu erstrecken; dies geschieht, wenn die in dem früheren Urteil verhängte Einzelstrafe die „Einsatzstrafe" bildet, so, daß jetzt die neue Einzelstrafe und die an ihre Stelle tretende „Zusatzstrafe" im Tenor genannt wird[3]); wenn dagegen die neue Strafe die Einsatzstrafe bildet, so, daß die alte Strafe als in der Gesamtstrafe aufgehend gekennzeichnet wird.[4])

Über die Förmelung des Strafausspruchs in den Fällen, in denen eine und dieselbe Tat hinsichtlich der bei ihr ideell konkurrierenden Gesichtspunkte ausnahmsweise unter mehrere Prozesse und Urteile aufgeteilt erscheint, s. unten § 56 IV 1.

---

[1]) Im Falle c (StGB. § 27b) besteht Streit. Das RGer. (im „Recht" 1923 S. 964) vertritt die Auffassung, daß im Tenor nur die Geldstrafe zu nennen sei. Dem kann deshalb nicht beigetreten werden, weil die Freiheitsstrafe in den Fällen des § 27b den Kern der Strafzumessungsoperation, das eigentliche Ergebnis, bildet und der Tenor dazu bestimmt ist, das der Tat charakteristische Gepräge erkennen zu lassen.

[2]) Die Gegenmeinung, wonach nur die Gesamtstrafe im Tenor zu nennen sei, muß dann in Verlegenheit geraten, wenn eine der Einzelstrafen und mit ihr die Gesamtstrafe in der höheren Instanz beseitigt werden; es fehlt dann eine tenormäßige Entscheidung hinsichtlich der bei Bestand gebliebenen Einzelstrafe, so daß wegen der für die Strafvollstreckung erforderlichen „Abschrift der Urteils**formel**" (§ 451 I) Schwierigkeiten entstehen.

[3]) Also z. B.: „Der Angeklagte wird ... zu 6 Monaten Gefängnis und an Stelle dieser Strafe zu 3 Monaten Gefängnis zusätzlich zu der durch Urteil des ... Gerichts in ... vom ... gegen ihn erkannten Gefängnisstrafe von 1 Jahre verurteilt."

[4]) Also z. B.: „Der Angeklagte wird zu 1 Jahr Zuchthaus, und an deren Stelle und unter Einrechnung der durch Urteil des ... Gerichts in ... vom ... gegen ihn erkannten Gefängnisstrafe von 1 Jahre zu einer Gesamtstrafe von 1 Jahr 4 Monaten Zuchthaus verurteilt."

Mit dem Strafausspruch sind gegebenenfalls Aussprüche über Vollzugsmodalitäten, wie Zahlungsfrist und Teilzahlung bei Geldstrafen (StGB. § 28)[1]) und Gewährung einer Probezeit (JugGerGes. § 10), sowie Aussprüche über nichtkriminelle Nebenfolgen (Einziehung, Buße, Erziehungsmaßregeln usw.) zu verbinden.

b) In den Urteilstenor gehört aber außerdem auch die Benennung des titulus condemnationis: der Schuldspruch; es muß also z. B. gesagt werden: „Der Angeklagte wird wegen Diebstahls zu ... verurteilt." An sich handelt es sich hier um Elemente des den Strafausspruch unterbauenden Urteilssyllogismus, und es könnte deshalb daran gedacht werden, daß derartige Angaben lediglich in den Urteilsgründen ihr Unterkommen zu finden hätten (wie im Zivilprozeß der Rechtsgrund einer Verurteilung — Kauf, Darlehn usw. — nur in den Urteilsgründen zur Erörterung kommt). Es ist jedoch allgemein anerkannt, daß der Schuldspruch nach der StPO. mehr als eine bloße Begründung für den Strafausspruch darstellt, daß er ein eigenes Entscheidungsthema ist und als solches im Urteilstenor mit zu beantworten ist. Die ratio ist die, daß sich die im Leben vorhandenen Interessen des Einzelnen und der Gesamtheit keineswegs nur um die Frage drehen, ob der Angeklagte so und so viel Mark zu zahlen, so und so viel Tage usw. abzusitzen habe, sondern wegen der dem Strafrecht eigenen persönlichen Note auch um die rechtliche Charakterisierung der Tat.

Im einzelnen ist anzuführen: die Verbrechensart (z. B. Diebstahl), eventuell Verbrechensunterart (z. B. Einbruchsdiebstahl), und zwar gegebenenfalls unter Beifügung der für vorliegend befundenen Erscheinungsform (Versuch, Anstiftung, Beihilfe). Wird die Tat mehreren rechtlichen Gesichtspunkten unterstellt (ungleichartige Idealkonkurrenz, eintätiger oder rechtlicher Zusammenfluß, StGB. § 73), so ist dies im Tenor kenntlich zu machen (z. B.: „Der Angeklagte wird wegen Körperverletzung in eintätigem Zusammenfluß mit Sachbeschädigung zu ... verurteilt"). Umfaßt der Prozeß mehrere Taten desselben oder verschiedener Angeklagten, so muß der Tenor erkennen lassen, wegen wie vieler und was für welcher Taten verurteilt wird (z. B.: „Der Angeklagte wird wegen zweier Diebstähle und eines Betruges zu ... verurteilt").

Sollte das Gericht hinsichtlich einer identischen Tat das Zutreffen eines rechtlichen Gesichtspunkts verneinen, der in der Hauptverhandlung zur Sprache gekommen war (insbesondere weil er im

---

[1]) Vgl. E. 60 16.

Eröffnungsbeschluß zugrunde gelegt worden war), doch aber zur Verurteilung unter einem anderen rechtlichen Gesichtspunkt gelangen, so ist es zweckmäßig, jene Verneinung mit zum Ausdruck zu bringen (z. B.: „Der Angeklagte wird wegen Unterschlagung — nicht Diebstahls — zu ... verurteilt").[1])

Nicht aber darf hier hinsichtlich des verneinten Gesichtspunkts auf „Freisprechung" tenoriert werden[2]), da „Freisprechung" Vollfreisprechung bedeutet[3]) und somit mit einer derselben Tat zugewandten Verurteilung in Widerspruch stehen würde.

2. Wird die Strafbarkeit verneint, so hat der Urteilssatz zu lauten: „Der Angeklagte wird freigesprochen." Darin drückt sich aus, daß das Gericht keinen titulus condemnationis hinsichtlich der Tat für gegeben erachtet (sonst würde eben nicht freizusprechen sein). Eine Beisetzung desjenigen rechtlichen Gesichtspunkts, den die Anklage oder der Eröffnungsbeschluß nannten — z. B.: „Der Angeklagte wird von der Anklage des Betruges freigesprochen" — wäre inkorrekt, da das Gericht ja die Tat allseitig zu prüfen hat, und gar nicht gemeint ist, daß nur von der Anklage des Betruges Freisprechung erfolgen solle.

Mit einer Freisprechung kann sich aber die Verhängung solcher nichtkriminellen Tatfolgen verbinden, die nach dem Gesetz nicht bloß in Anlehnung an einen Strafausspruch erfolgen können (z. B. von Erziehungsmaßregeln, JugGerGes. § 5 III).

Sonderfiguren sind a) die „Straffreierklärung" in den Fällen der §§ 199, 233 StGB. (volle „Kompensation" bei Retorsion von Beleidigungen und Körperverletzungen); b) das „Absehen von Strafe" nach JugGerGes. §§ 6, 9 IV. Hier wird zwar wie bei Freisprechung ausgesprochen, daß eine Strafe nicht eintreten solle, aber nicht wie bei Freisprechung in Konsequenz der Verneinung der Schuldfrage, sondern trotz bejahenden Schuldspruchs in Handhabung einer dem Richter vom Gesetz ausnahmsweise verliehenen Befugnis zur Aufhebung der Strafbarkeit. Der Urteilssatz ist daher z. B. so zu fassen: „Der Angeklagte wird der Beleidigung für schuldig, aber für straffrei erklärt"; „Der Angeklagte ist des Diebstahls schuldig, es wird aber von Strafe abgesehen".

---

[1]) Entsprechend, wenn das Gericht von zwei als ideellkonkurrierend zur Sprache gekommenen Gesichtspunkten den einen verneint; z. B. „Der Angeklagte wird wegen Körperverletzung — nicht zugleich auch wegen Sachbeschädigung — ... verurteilt".

[2]) So auch das RGer. Vgl. z. B. E. 57 303.

[3]) S. nachstehend 2.

Zu 1 und 2: Bilden mehrere Taten desselben oder verschiedener Angeklagten den Urteilsgegenstand, so ist natürlich möglich, daß der Urteilstenor zugleich auf Verurteilung (bezüglich der einen Tat) und Freisprechung (bezüglich der anderen Tat) lautet (was bezüglich einer identischen Tat ausgeschlossen wäre, oben 1 a. E.).

In Abweichung von III 1 und 2 hat der Tenor im objektiven Verfahren (unten § 93) lediglich dahin zu lauten, daß der in Rede stehende Sachgegenstand einzuziehen bzw. unbrauchbar zu machen sei, oder gegenteiligenfalls, daß der Einziehungs- (Unbrauchbarmachungs-) Antrag abgelehnt werde.

IV. Im Bisherigen ist hinsichtlich der prozeßerledigenden Entscheidungen davon ausgegangen, daß der Prozeßgegenstand ein unspaltbares Ganze bildet, wie es die Regel ist[1]), so daß das Gericht nur die Wahl hat, entweder sich der Sachentscheidung überhaupt zu enthalten (also eine reine Formalentscheidung zu treffen) oder aber den Prozeßgegenstand allumfassend (es sei positiv, es sei negativ) zu erledigen. Es fragt sich aber, wie der Tenor der Entscheidung in den Ausnahmsfällen zu fassen ist, in denen dem Gericht die volle Würdigung des Prozeßgegenstandes rechtlich verwehrt ist, in denen also zwar eine Sachentscheidung geboten ist, diese aber einen bestimmten Bezirk des Prozeßgegenstandes unberührt läßt.

1. Der Hauptfall ist hier der, daß die Tat als „Antragsdelikt" in Frage kommt, und der erforderliche Strafantrag nicht vorliegt. Da das Fehlen des letzteren das Gericht nicht von der Befugnis und der Pflicht entbindet, die Tat als Offizialdelikt zu würdigen, wohl aber insoweit, als die Tat als Antragsdelikt in Betracht kommt, ein rein formaler Prozeßabschluß geboten ist, so treten Sachentscheid und Formalentscheid in Konkurrenz. Findet das Gericht z. B., daß die den Prozeßgegenstand bildende Tat jedenfalls nicht als Offizialdelikt strafbar ist, so ist insoweit Freisprechung, findet es, daß die Tat unter einem Offizialdeliktsgesichtspunkt (z. B. dem der Tierquälerei) strafbar ist, so ist insoweit Verurteilung am Platze, — und doch würden jene Freisprechung und diese Verurteilung nicht hineinreichen in die juristische Würdigung der Tat als eines Antragsdelikts, da sich insoweit sowohl Verurteilung, wie Freisprechung verbieten, wenn kein Strafantrag da ist. Bei solcher Rechtslage würde die Willensmeinung des Gerichts ihren passendsten Ausdruck in einem Sachurteil mit Vorbehalt finden; es würde zu tenorieren sein:

[1]) Oben § 28 III.

Der Angeklagte wird freigesprochen oder Der Angeklagte wird wegen (z. B. Tierquälerei) verurteilt	vorbehaltlich der Frage, ob er wegen der Tat als Antragsdelikts strafbar ist.

Im Bereiche des Vorbehalts und nur innerhalb seiner hätte der Prozeß ein rein formales Ende gefunden. Solche Vorbehaltsurteile würden dem Satze nicht widerstreiten, daß das Gericht den Prozeßgegenstand nicht zerlegen darf (oben § 40 III, 2), denn dieser Satz verwehrt nur dem Gericht, einen ihm voll vorliegenden Prozeßgegenstand zu zerstücken, während hier das Gesetz selber den Vorbehalt bedingt. Jedoch gibt die StPO. über die sprachliche Fassung des Tenors in § 260 II insofern eine besondere Vorschrift, als die Strafbarkeit der Tat qua Offizialdelikts **verneint** wird: hier hat der Tenor nur auf die „**Einstellung des Verfahrens**" zu lauten, die dem Sinne nach vorliegende Freisprechung bezüglich der Tat als Offizialdelikts braucht nicht ausgesprochen zu werden.[1])

Keine besondere Bestimmung enthält die StPO. über das Zusammentreffen der Erforderlichkeit einer **Verurteilung** (bezogen auf den Offizialdeliktscharakter der Tat) mit einer Formalentscheidung (hinsichtlich der Tat als Antragsdelikts). Daß hier die Verurteilung nicht unterbleiben darf (daß also nicht einfach „Einstellung des Verfahrens" ausgesprochen werden darf), ist offensichtlich. Andererseits muß mindestens in „schlüssiger" Weise (mindestens in einer den Urteilstenor erläuternden Bemerkung in den Urteilsgründen) klargestellt werden, daß die Verurteilung nicht als restlose gemeint ist.[2])

2. In gleicher Weise ist zu tenorieren, wenn sich das Gericht wegen Fehlens der „**Ermächtigung**" (oben § 23 II) behindert sieht, die Tat in der Eigenschaft als Ermächtigungsdelikt abzuurteilen.

3. Ein weiterer Fall, in dem das Gericht einen Ausschnitt aus dem Prozeßgegenstande ungewürdigt lassen muß, ist insoweit gegeben, als die Tat am **Landesstrafrecht** eines **anderen** deutschen Einzelstaats, als desjenigen, dem das urteilende Gericht angehört, zu messen ist.[3]) Ist z. B. das letztere ein bayrisches Gericht, so kann dieses den Angeklagten unter dem Gesichtspunkt z. B. eines preußischrechtlichen Forstdiebstahls weder verurteilen noch freisprechen, es muß viel-

---

[1]) Nicht aber dürfte pure auf Freisprechung erkannt werden, da damit der Vorbehalt bezüglich der Antragsdeliktsnatur der Tat verlorengehen würde.

[2]) Sonst würde die gebotene Offenlassung der Prüfung der Tat als Antragsdelikts verloren gehen.

[3]) Vgl. oben § 40 III, 2 a. E..

mehr die Frage, ob die Tat insofern strafbar sei, offen lassen. Über die Fassung des Tenors in solchen Fällen trifft die StPO. keine Bestimmung. Da sich aber die Einengung des Urteilsgegenstandes hier (anders als beim Fehlen des Strafantrags) nicht aus der besonderen Lagerung des Einzelfalls, sondern generell aus der Staatszugehörigkeit des urteilenden Gerichts ergibt, also das Offenbleiben der Würdigung aus dem Strafrecht der anderen Einzelstaaten ipso jure selbstverständlich ist, so entfällt die Notwendigkeit eines besonderen Ausspruches im Sinne solcher partiellen Verfahrenseinstellung, d. h. der Urteilstenor braucht nur auf die sich im Sinne des Reichsrechts und des dem Gericht eigenen Landesrechts ergebende Verurteilung oder Freisprechung zu lauten.

V. Für die prozeßerledigenden Sachentscheidungen, soweit sie nicht in Urteilsform ergehen, ergeben sich u. U. gewisse Abweichungen (so ist bei Ablehnung der Eröffnung des Hauptverfahrens auch dann, wenn sich diese Ablehnung auf Verneinung des „hinreichenden Verdachts" der Tat gründet, also der Sache nach eine „Frei-Sprechung" bedeutet, in der in § 204 I, II angegebenen Weise, also nicht auf „Freisprechung" zu tenorieren).

VI. Bei zahlreichen Entscheidungen ist nach näherer Maßgabe der §§ 464ff. StPO. zugleich über die Prozeßkosten zu entscheiden; der Kostenausspruch ist alsdann mit in den Tenor aufzunehmen.

III. Der Entscheidungssyllogismus. § 52.

Ortloff, GA. 9 13; Wahli, Analyse der Urteilsfindung, in d. Festschrift für Wach 1913.

I. Bei allen richterlichen Entscheidungen ist die juristische Kernfrage die, ob ihr Inhalt so ist, wie er nach der Rechtsordnung sein soll. Diese Frage hat sich insbesondere der Richter, der im Begriff steht, die Entscheidung zu fällen, und der Richter, der zur Nachprüfung einer gefällten Entscheidung berufen ist, vorzulegen. Diese Prüfung, welcher Entscheidungsinhalt der kraft Rechtens richtige sei, führt über den bloßen Tenor der Entscheidung hinaus in den Bereich der „Entscheidungsgründe" (des cur im Gegensatz zum quid der Entscheidung).

Rechtlich „begründet" ist nun eine Entscheidung dann, wenn und soweit sich ihr Tenor nach der im Einzelfall gegebenen Sachlage in Verbindung mit einer einschlägigen Rechtsbestimmung rechtfertigt. Um zu wissen, ob eine Entscheidung begründet ist, muß man daher einen Gedankengang hinzudenken, in dem ein Rechtssatz als Obersatz (propositio major), das gegebene Tatsächliche als Untersatz (propositio minor) steht, und aus diesen beiden Prämissen im Wege der Subsumtion ein Schluß auf den Entscheidungsinhalt gezogen wird, so daß das Ganze einen „Syllogismus“ im Sinne der Logik mit dem Tenor als der „conclusio“ darstellt.[1])

Die Beurteilung jeder Entscheidung ruht also auf einer doppelten Basis, einer rechtlichen und einer tatsächlichen.

II. Hinsichtlich der Aufsuchung der in die Urteilsbasis einzustellenden Rechtssätze ergeben sich folgende Verschiedenheiten:

1. Bei den reinen Formalentscheidungen deckt sich der Syllogismus mit dem Gegebensein der Entscheidungsqualitätsvoraussetzungen (oben § 41); so ist ein Beschluß, durch den einer Richterablehnung stattgegeben wird, begründet, wenn der betr. Richter kraft Gesetzes ausgeschlossen ist, oder ihm gegenüber die Besorgnis der Befangenheit obwaltet (StPO. § 24); ein Wiedereinsetzungsbeschluß dann, wenn die Voraussetzungen des § 44 StPO. in concreto zutreffen; ein Einstellungsurteil aus § 260 II dann, wenn es am Strafantrage gebricht, usw.

2. Dagegen leitet sich bei den Sachentscheidungen das Begründetsein nicht aus prozessualischen Voraussetzungen irgendwelcher Art ab[2]); solche bedürfen zwar durchgangsmäßiger Feststellung, legen aber nur die Prozeßlage äußerlich fest, in der überhaupt zu der Sachentscheidung geschritten werden durfte.[3])

Sachentscheidungen sind vielmehr dann begründet, wenn — als „innere“ Entscheidungsbedingungen — diejenigen Umstände obwalten, die die Rechtsordnung hinsichtlich des Prozeßgegenstands als für den Entscheidungsinhalt erforderlich vorzeichnet, also der Syllogismus materiellstrafrechtlich (bei den nichtkriminellen Anhängseln des Prozeßgegenstands[4]) bürgerlichrechtlich usw.) in Ordnung ist.

---

[1]) Eine besondere Frage ist, inwieweit der Richter den Syllogismus, den er im Auge gehabt hat, nach außen kundgeben muß. Darüber unten § 53.

[2]) Auch nicht aus Entscheidungsqualitätsvoraussetzungen; so besagt der Umstand, daß der Angeklagte auf die Veränderung des rechtlichen Gesichtspunkts gemäß § 265 StGB. hingewiesen worden ist, gar nichts darüber, ob das ihn unter dem neuen Gesichtspunkt verurteilende Urteil inhaltlich richtig ist.

[3]) Z. B. liegt in der Feststellung, daß eine Hauptverhandlung stattgefunden hat, daß in ihr der Eröffnungsbeschluß verlesen worden ist, der Angeklagte das letzte Wort gehabt hat, keine Begründung dafür, daß Verurteilung oder Freisprechung zu Recht erfolgt ist.

[4]) Oben § 26 II, 2.

Der gesamte Syllogismus der Sachentscheidung gipfelt in der dieser unmittelbar zugrunde liegenden Schlußfeststellung (daß der Angeklagte nach § 242 StGB. strafbar sei usw.). Die Einzelfeststellungen, die zu dieser hinführen, bewegen sich alle im Gedankenkreise des Prozeßgegenstandes. Sie müssen diesen aber nicht immer unmittelbar angehen; bisweilen sind der den Prozeßgegenstand betreffenden Schlußfeststellung Feststellungen logisch vorgelagert, die eine andere (also nicht zur Entscheidung stehende) Lebensangelegenheit betreffen, sei es eine solche, die gleichfalls den Charakter einer „Strafsache" hat und nur nicht in diesem konkreten Prozeß zum Prozeßgegenstande geworden ist, sei es eine andersartige, z. B. eine Zivilprozeßsache. So bedarf es z. B. zur Verurteilung des Angeklagten als Anstifters oder Gehilfen wegen der „Akzessorität" der Teilnahme (StGB. §§ 48, 49) der Vorfeststellung, daß ein Anderer eine strafbare Haupttat begangen habe, zu der der Angeklagte Teilnahme geleistet habe; eine Verurteilung wegen Diebstahls setzt eine Feststellung darüber voraus, daß die Sache im Eigentum eines Anderen stand. Bei derartigen Durchgangsfeststellungen ist scharf zu erfassen, daß sie, auch wenn ein Gericht sie ausdrücklich trifft, nicht selber „Entscheidungen" darstellen. Gelangt z. B. das Gericht im Prozeß gegen A wegen Totschlagsbeihilfe zu der Feststellung, daß der nicht mitangeklagte X als der in Frage kommende Haupttäter keinen Totschlag begangen hat, so hat es nur den A, nicht auch den X „freizusprechen"; gelangt es zu der Feststellung, daß X Totschläger und A sein Gehilfe war, so hat es doch nur den A zu verurteilen. Entsprechend führt im Diebstahlsprozeß die Feststellung, daß die Sache dem Angeklagten, oder umgekehrt, daß sie einem Anderen gehörte, nur zu Freisprechung bzw. Diebstahls-Verurteilung, nicht auch zu einem tenormäßigen Ausspruch über den Eigentumsstreit. Folgt dann ein Totschlagsprozeß gegen X bzw. ein Eigentumsprozeß nach, so sind hier die Angelegenheiten, die den Gegenstand dieser Prozesse bilden, noch völlig unabgeurteilt.[1])

III. Im allgemeinen führt der syllogistische Unterbau der Entscheidung (also die Zusammennahme des betr. Rechtssatzes mit den einschlägigen Lebenstatsachen) derart zu dem Entscheidungsinhalt, daß dieser damit eindeutig bestimmt ist. Der Richter hat dann zwar willensmäßig zu entscheiden, daß die betr. Rechtsfolge eintreten solle,

---

[1]) Jene Feststellungen würden in dem nunmehrigen Prozeß nicht einmal derart bindend sein, daß das Gericht sie seiner Entscheidung als richtig zugrunde zu legen hätte, vgl. unten § 56 IV 1.

aber mit der Erkenntnis der Prämissen ist der Inhalt seiner Willenserklärung festgelegt.[1])

Dies sind die Fälle der reinen Rechtsanwendung und der reinen Rechtsbefolgung. Sobald die Prämissen gewonnen sind, ergibt sich hier die auszusprechende Rechtsfolge durch Subsumtionsschluß; der innere Gehalt der Entscheidung ist nur „deklaratorisch".

Es gibt jedoch auch Rechtssätze, die dem Richter freistellen, selber den Inhalt seiner Entscheidung so oder so zu bestimmen, also das betr. Rechtsverhältnis „konstitutiv" nach Ermessen zu regeln. Die Prämissen und der vollzogene Subsumtionsschluß führen alsdann nur zu einer Befugnis, einem subjektiven Recht des Richters mit mehreren möglichen Entscheidungsinhalten, von denen die Rechtsordnung selbst keinen festgelegt hat. Vgl. z. B. StPO. § 58 I. Hier ist die wertende Stellungnahme des Richters innerhalb der von dem Ermessen umschlossenen mehreren Möglichkeiten nicht durch logische Erkenntnis gebunden. Syllogistisch „begründet" ist die Entscheidung, einerlei, ob sie so oder so lautet, schon dann, wenn die Voraussetzungen dafür gegeben waren, daß der Richter den Fall nach seinem Ermessen regelte (Rechtsausübung, nicht reine Rechtsanwendung oder -befolgung). Nur fallen bei jedem Ermessens-Rechtssatz die allgemeinen Wertungsvorstellungen, in deren Umkreis im Sinne des Gesetzes das Ermessen freigegeben sein soll, derart ins Gewicht, daß eine jenseits ihrer liegende Motivierung die Ermessensentscheidung zu einer unbegründeten macht.[2])

IV. Wenn der Rechtsordnung nur diejenigen Entscheidungen entsprechen, die der tatsächlich gegebenen Lebenslage gerecht werden, so bleibt aber noch zu bedenken, daß der empirische Richter bei aller Sorgfalt, die er auf die Ermittlung des Sachverhalts verwendet hat, möglicherweise doch in einem Zweifel hängen bleibt, wie sich denn die Sache zugetragen habe. Es zeigt sich hier, daß der ideale Maßstab, den die Rechtsordnung für die objektive Richtigkeit des Entscheidungsinhalts gibt, der Ergänzung durch einen Rechtssatz bedarf, der dem Richter eine Weisung gibt, wie er zu entscheiden

---

[1]) Damit hängt der auch dem Gesetz nicht unbekannte Sprachgebrauch zusammen, der das prozessuale Urteilen als ein „Erkennen", das Urteil als ein „Erkenntnis" (neutrum) bezeichnet („Das Gericht erkennt dahin: der Angeklagte wird freigesprochen"). Das Erkenntnis ist die bloße Umsetzung einer Erkenntnis in einen Willensakt.

[2]) So würde z. B. eine Strafzumessung rechtlich unhaltbar sein, bei der der Richter um deswillen ein höheres Strafmaß angesetzt hat, weil der Angeklagte verdächtig ist, außer der abgeurteilten Straftat noch andere begangen zu haben.

habe, wo er eine rechtlich erhebliche Tatsache mit Sicherheit weder bejahen, noch verneinen kann, einen Rechtssatz, nach dem sich, einerlei, ob der Entscheidungsinhalt objektiv das Richtige trifft oder nicht, wenigstens die Rechtgemäßheit des richterlichen Verhaltens als solchen bestimmt.

Diese Frage erhebt sich vor allem[1]) mit Bezug auf dasjenige Tatsachenmaterial, das zum Syllogismus des Sachurteils gehört. Wie, wenn das Ergebnis der Beweisaufnahme den Angeklagten mehr oder minder stark belastet, ohne daß doch volle Überzeugung von der Strafbarkeit obwaltete? Ältere Rechte, so namentlich das gemeine Recht, stellten in solchen Fällen des „non liquet“ den Staatsgedanken — ne delicta maneant impunita — in den Vordergrund und verfielen bald einmal auf den Gedanken, dem Inquisiten durch Folterung ein Geständnis abzuzwingen und ihn dann daraufhin zu verurteilen; bald auf den Gedanken der „Verdachtsstrafe“ (poena extraordinaria, arbitraria), die hinter der bei Gewißheit von der Tat platzgreifenden poena ordinaria zurückblieb; bald ließen sie es bei einer „absolutio ab instantia“, einer „Evasiventscheidung“, bewenden, also formeller Verfahrenseinstellung unter Offenhaltung jederzeitiger Verfahrenserneuerung. Alle diese Regelungen haben der Rechtsauffassung von heute Platz gemacht, daß die Verurteilung jemandes auf die bloße Möglichkeit hin, daß er schuldig sei, unwürdig sei, und daß selbst eine Evasiventscheidung, weil sie das möglicherweise ja unschuldige Individuum weiterhin unter seelischem Druck hält, anstößig sei, daß somit in den Fällen des richterlichen Zweifels Freisprechung geboten sei: In dubio pro reo. Es steht somit der Nichtbeweis der Strafbarkeit dem Beweis der Nichtstrafbarkeit gleich. Für eine verurteilende Sachentscheidung ist nur Raum, wenn der Richter sämtliche materiellstrafrechtlich die Strafbarkeit bedingenden Tatsachen lückenlos und jede von ihnen voll als gegeben feststellt. Freilich darf die zur Verurteilung erforderliche „Gewißheit“ nicht im Sinne „absoluter“ Gewißheit verstanden werden, da kein Richter absolut dafür einstehen kann, daß er die objektive Sachlage richtig

[1]) Nicht ausschließlich. Doch lösen sich die Zweifel außerhalb des Bereichs der Sachurteilstatsachen meist ohne Schwierigkeit. Bleibt das Gericht z. B. im Unklaren, ob nun eigentlich der Angeklagte im Bezirk des Gerichts wohnt oder nicht, so kann es seine Zuständigkeit nicht bejahen, hat also das Verfahren einzustellen. Noch einfacher liegt die Sache da, wo das Gesetz den Entscheidungsinhalt nicht sowohl von einer objektiven Tatsache, als vielmehr von subjektivem Verdacht eben des betreffenden Richters abhängig macht (vgl. oben § 41 II, 1); hier bildet ja gerade das richterliche „Für-möglichhalten“, also die Zweifelslage, den Fußpunkt.

erkannt habe. Die Gewißheit bedeutet nur die nach dem Stande menschlichen Erfahrungswissens höchstmögliche Wahrscheinlichkeit. Insofern aber schließt jeder ernsthafte Zweifel die Verurteilung aus.

Ob es sich bei dem zweifelhaft gebliebenen Tatumstand um einen solchen handelt, dessen Vorhandensein in die Reihe der positiven „Bedingungen der Strafbarkeit" gestellt zu werden pflegt, oder einen solchen, dessen Vorhandensein einen „Strafausschließungsgrund" (im weitesten Sinne mit Einschluß der Unrechtsausschließungsgründe, wie Notwehr, der Schuldausschließungsgründe, wie Geisteskrankheit usw.) oder einen „Strafaufhebungsgrund" darstellt, macht für die Handhabung des „In dubio pro reo" keinen Unterschied. Den Angeklagten trifft keine materielle Beweislast (unten § 64 V); die „Ausschließungs"- und „Aufhebungsgründe" bedeuten keine „Einreden" im Sinne des zivilprozessualen Beweisrechts. Der Angeklagte ist deshalb genau so freizusprechen, wenn zweifelhaft blieb, ob er in Notwehr war, ob er zur Zeit der Tat geisteskrank war usw. (mag noch so sehr feststehen, daß er einen anderen Menschen getötet hat), wie wenn zweifelhaft blieb, ob er einen Anderen getötet hat, usw.

Nur insoweit kommt der Satz In dubio pro reo nicht zur Geltung, als es sich um dem Angeklagten ungünstige Tatsachen handelt, die das Gesetz durch eine Rechtsvermutung (Präsumtion)[1]) gedeckt hat. Hier hat das Gericht auch dann, wenn es die Richtigkeit der Tatsache bezweifelt, gleichwohl zu verurteilen und nur dann freizusprechen, wenn (bei den sog. „einfachen" praesumtiones juris) im konkreten Falle die Beweisaufnahme die Unrichtigkeit der gesetzlich präsumierten Tatsache ergeben hat.

§ 53. IV. Der Entscheidungshergang.

Zacke, Über Beschlußfassung in Versammlungen und Kollegien 1867; Heinemann, Die Abstimmung im Strafgerichte, **ZStW. 15** 1, 217; Binding, Die Beschlußfassung im Kollegialgericht, Abh. Bd. 2; Beling, Bindings Lehre von der Abstimmung im Strafgericht, **ZStW. 37** 365; Zeiler, Ein neuer Lösungsversuch zur Frage der Abstimmung im Ratsgericht, **ZStW. 41** 528; Beling, Zur Lehre von der ratsgerichtlichen Abstimmung, **ZStW. 42** 599; Haymann, Die Mehrheitsentscheidung (in d. Festg. für f. Stammler 1926); Lazarus, Die Schuld-, Strafausschließungs- und Strafaufhebungsgründe im Strafprozeß 1900.

I. Jede richterliche Entscheidung ist rechtsgeschäftliche Willenserklärung. Sie vollzieht sich daher dadurch, daß sich das Gericht des Entscheidungsinhalts entäußert, und zwar so, daß die Äußerung

[1]) Unten § 58 III 2.

stets den Entscheidungstenor, in den wichtigeren Fällen (nämlich bei Urteilen, StPO. § 268, und den in StPO. § 34 bezeichneten Entscheidungen) außerdem auch die Gründe der Entscheidung umfaßt. Die Äußerung hat teils mündlich, teils schriftlich zu geschehen.

1. Da, wo die Entscheidung aus einer mündlichen Verhandlung herauswächst, und entweder der Adressat anwesend ist, oder es sich um Erlaß eines Urteils handelt (hier auch, wenn der Angeklagte nicht anwesend ist), ist mündliche „Verkündung" vorgeschrieben, StPO. §§ 35 I, 268.

Die Verkündung hat bei Urteilen so zu erfolgen, daß mindestens der Tenor verlesen wird, während die Gründe auch in freier Rede verkündet werden können, StPO. § 268. Andere Entscheidungen können ganz in freier Rede verkündet werden.

An den Verkündungsakt schließt sich als jenseits der Entscheidung selbst liegender Akt die Beurkundung des Geschehenen im Verhandlungsprotokoll an. Bei Urteilen ist außerdem noch eine besondere Berichtsurkunde, die Urteilsurkunde, herzustellen, StPO. § 267.[1]) Eine Zustellung der Urteilsurkunde hat an den Angeklagten dann zu erfolgen, wenn er bei der Verkündung nicht zugegen war, StPO. § 235; im übrigen sind Urteile demjenigen zuzustellen, der ein Rechtsmittel dagegen eingelegt hat, StPO. §§ 316 II, 343 II.

2. Soweit nicht Verkündung zu erfolgen hat, (so namentlich auch in den Fällen, in denen ein Kollegialgericht die Entscheidung in nur „beratender Sitzung", d. h. ohne Verhandlung mit Außenstehenden, zu fällen hat, vgl. z. B. StPO. §§ 201, 202), erfolgt die Entscheidung durch Errichtung einer Konstitutivurkunde (die im Gegensatz zu der — bloß berichtenden — Urteilsurkunde selber die Entscheidung verkörpert) und deren Hinausgabe aus dem inneren Dienst in den Prozeßverkehr.

Sowohl der Verkündungsakt (im Falle 1), wie auch der Akt der Urkundenerrichtung (im Falle 2) haben aber die rechtliche Bedeutung einer „Entscheidung" nur insoweit, als sich das Verkündete bzw. Beurkundete mit dem Gewollten deckt. Im anderen Falle (also z. B. wenn der Gerichtswille auf Verurteilung zu 1 Jahr Gefängnis ging, der Vorsitzende aber versehentlich 1 Jahr Zuchthaus als Strafe verkündet, oder wenn bei einer gegen X und Y gerichteten Anklage die Eröffnung des Hauptverfahrens gegen X, gegen Y dagegen die Nichteröffnung gewollt war, und dann die schriftliche Beurkundung den X und den Y miteinander verwechselt) ist eine „sententia non

[1]) Unten § 66.

existens“ gegeben[1]): das Gewollte ist nicht zur Entscheidung geworden, und das Erklärte schwebt in der Luft. Es bedarf deshalb erneuter nunmehr richtiger Verkündung bzw. Beurkundung.[2])

II. Wo *ein* Richter allein es ist, der die Entscheidung zu fällen hat, geht dem Entscheidungsakt (I) lediglich der Denkprozeß dieses Richters unmittelbar voran. Anders im *Ratsgericht*: hier hat sich die Findung des Entscheidungsinhalts durch *Beratung* und *Abstimmung* als vorbereitende Akte zu vollziehen, GVG. §§ 192ff.

Hierbei dürfen nur die zu der Entscheidung berufenen Richter mitwirken, GVG. § 192 I. Geht die Entscheidung aus einer Verhandlung hervor, und waren zu dieser vorsorglich Ergänzungsrichter (GVG. § 192 II, III)[3]) zugezogen, so haben diese bei der Beratung und Abstimmung nur dann mitzuwirken, wenn hierbei die Richter, für die sie einzuspringen hatten, verhindert sind.

Bei der Beratung und Abstimmung dürfen die bei dem Gericht zu ihrer juristischen Ausbildung beschäftigten Personen zugegen sein; im übrigen gilt strengste „Heimlichkeit" (auch gegenüber den Dienstvorgesetzten), GVG. § 193.

Der Stimme enthalten darf sich ein Richter nicht; nicht einmal (GVG. § 195) in dem Falle, daß er bei einem zuvorigen Abstimmungsgang überstimmt worden ist. Stimmenthaltung würde ja bedeuten, daß sich der Richter seiner Richterpflicht und -Verantwortlichkeit entzieht und diese auf die anderen allein überwälzt, oder gar, daß, wenn alle so verfahren, keine Entscheidung zustande kommt. Vgl. dazu oben § 52 IV (In dubio pro reo).

Die Regelung der Reihenfolge der Stimmabgabe (GVG. § 197) ist von dem Gedanken getragen, daß ein etwaiger Berichterstatter als derjenige, der sich am intensivsten mit der Sache vertraut gemacht hat, zuerst abzustimmen hat, daß aber hinter ihm die Abstimmung „von unten nach oben gehen soll", d. h. so, daß ein Richter um so später an die Reihe kommt, je mehr er (als Berufsrichter gegenüber den Laienrichtern, als Älterer gegenüber den Jüngeren, als Vorsitzender gegenüber allen anderen) ein natürliches Übergewicht besitzt, das bei Vortrittnahme in der Abstimmung zu unselbständiger Anschlußnahme an ihn veranlassen könnte.

---

[1]) Vgl. oben 48 II, 2.

[2]) Diese Neuverkündung ist freilich bei Urteilen nur im Anschlusse an die Hauptverhandlung (in der in § 268 StPO. näher bestimmten Weise) möglich. Wird der Fehler erst später entdeckt, so bedarf es einer neuen Hauptverhandlung.

[3]) Vgl. oben § 14 V 4.

III. Mit dem Abstimmungsergebnis ist der Inhalt der vom Gericht zu fällenden Entscheidung festgelegt. Das Abstimmungsergebnis ist (bei Uneinigkeit der Abstimmenden) folgendermaßen zu errechnen:

1. Bei jeder (prozeßerledigenden) Entscheidung, die die Schuldfrage oder die Bemessung der Strafe betrifft, dringt die dem Angeklagten nachteilige Auffassung nur dann durch, wenn mindestens zwei Drittel der Richter in diesem Sinne stimmen, StPO. § 263.

Ursprünglich hatte das Gesetz die erhöhte (Zweidrittel-) Mehrheit nur für die dem Angeklagten nachteilige Beantwortung der Schuldfrage vorgesehen. In der Textierung vom 22. März 1924 ist die Strafbemessungsfrage hinzugefügt. Unter letzterer ist entsprechend der Verordnung vom 4. I. 24 § 20 die „Straffrage"[1]) in ihrer vollen Ausdehnung zu verstehen.[2])

2. Im übrigen gilt als Wille des Gerichts derjenige Entscheidungsinhalt, für den die einfache Mehrheit der Richter gestimmt hat, § 196 I GVG. Hierher gehören a) alle prozeßerledigenden Formalentscheidungen, b) alle laufenden Entscheidungen, c) alle Stücke der Sachentscheidung, die jenseits der Schuld- und der Straffrage liegen (z. B. Entscheidungen über Buße, Einziehung,

---

[1]) Vgl. oben § 27.

[2]) Auch für die Bejahung von Rückfall und die Verneinung von Verjährung ist $^2/_3$-Mehrheit erforderlich (a. M. Nagler, **GS. 90** 423). Dies ergibt sich schon daraus, daß die Vo. vom 4. Jan. 1924 das Erfordernis der $^2/_3$-Mehrheit direkt für Schuld- und „Straffrage" aufstellte, und diese Vo. den Vorrang vor der Textierung vom 22. März 1924 hat, vgl. oben § 3 I Anm. 4. Es ergibt sich ferner daraus, daß, wenn das Gesetz sogar dann, wenn es sich um die Wahl von 2 Mk. oder 1 Mk. Geldstrafe handelt, $^2/_3$-Mehrheit haben will, diese Mehrheit rationellerweise erst recht notwendig ist, wenn es sich um die Alternative „Strafe" oder (wegen Verjährung) „keine Strafe" handelt, oder um die Alternative Gefängnis oder (Rückfall) Zuchthaus. Es ergibt sich endlich daraus, daß § 263 III StPO., der die Rückfalls- und Verjährungsfrage künstlich aus der Schuldfrage herausnimmt, lediglich ein heute sinnloser Rest des alten Strafprozeßtextes von 1877 ist (§ 263 III löste nämlich den Rückfall und die Verjährung nur deshalb künstlich aus der Schuldfrage heraus, um sie im Punkte der erforderlichen Mehrheit auf den Rang der Straffrage, nicht unter diesen hinunterzudrücken, und um jene Fragen im damaligen Schwurgericht der Beantwortung durch die Geschworenenbank zu entziehen). Wer die Verjährung nicht für einen Strafaufhebungsgrund, sondern nur für eine negative Bedingung der Strafverfolgung hält, muß freilich zu ihrer Verneinung einfache Mehrheit genügen lassen (oben Text III Ziffer 2). Vgl. dagegen oben § 21 II, 3. Übrigens wäre dann die gesetzliche Bestimmung, daß die Verjährung nicht zur Schuldfrage gehöre, eine Plattheit.

Kosten[1]), d) alle Entscheidungen innerhalb der Straffrage, bei denen es sich nur um die Wahl zwischen 2 Strafgrößen handelt, die im Sinne des Gesetzes für den Angeklagten gleich nachteilig sind.[2])

Zu 1 und 2: An der Hand der §§ 263 StPO., 196 I GVG. ergibt sich der gebotene Entscheidungsinhalt ohne weiteres, wenn die Abstimmung für ihn die nach jenen Paragraphen erforderliche Mehrheit ergeben hat. Auch dann ist das Ergebnis glatt, wenn zwar für keine der bei der Abstimmung hervorgetretenen Meinungen die erforderliche Mehrheit erzielt worden ist, aber nur zwei Meinungen in Frage standen, und im Sinne des Gesetzes die Verwerfung der einen sofort die Annahme der anderen bedeutet. Dies ist der Fall

a) stets bei der Schuldfrage: Ablehnung ihrer Bejahung bedeutet ihre Verneinung, so daß z. B. Freisprechung geboten ist, wenn im Schwurgericht 5 Richter für Verurteilung, 4 für Freisprechung stimmen, oder im viergliedrigen Schöffengericht das Stimmenverhältnis 2 : 2 ist.

b) Bei der Straffrage dann, wenn sich die abstimmenden Richter lediglich in zwei Lager derart spalteten, daß sich für die dem Angeklagten ungünstigere Lesart die erforderliche $^2/_3$-Mehrheit nicht ergab; stimmten z. B. im Schwurgericht 5 Richter für 2 Jahre Zuchthaus, 4 Richter für 1 Jahr Zuchthaus, so ist auf letzteres Strafmaß zu erkennen; entsprechend ist im erweiterten Schöffengericht auf 6 Monate Gefängnis zu erkennen, wenn 2 Richter dafür, die anderen 2 dagegen für 9 Monate Gefängnis stimmten.

Dagegen ist bei Fehlen der erforderlichen Mehrheit für einen der möglichen Entscheidungsinhalte der gebotene Entscheidungsinhalt dann durch die §§ 263 StPO., 196 I GVG. nicht eindeutig bestimmt, wenn sich

a) im viergliedrigen Schöffengericht außerhalb der Frage nach der Wahl zwischen Schuldbejahung oder Schuldverneinung und außerhalb der Wahl zwischen verschieden schweren Strafgrößen Stimmengleichheit ergibt, wenn z. B. bei der Beschlußfassung darüber, ob die Hauptverhandlung ausgesetzt werden soll, 2 Richter dafür und 2 dagegen stimmen. Alsdann hat der Vorsitzende den Stichentscheid, GVG. § 196 III S. 3.[3])

---

[1]) Vgl. oben § 51 VI.

[2]) So, wenn nur zu entscheiden ist, ob die an sich verwirkte Freiheitsstrafe gem. § 27b StGB. in Geldstrafe übergeführt werden soll.

[3]) Diese Bestimmung lautet zwar textlich nur auf die jenseits der Schuld- und der Straffrage liegenden Punkte, wird aber analog auf die innerhalb der Straffrage liegende Wahl zwischen solchen Strafgrößen zu erstrecken sein, die im Sinne des Gesetzes gleich nachteilig für den Angeklagten sind, vgl. oben III, 2.

b) Wenn (außerhalb der Schuldfrage, wo ja nur „ja“ oder „nein“ möglich ist) eine Wahl zwischen mehr als zwei Möglichkeiten in Frage steht, tatsächlich auch bei der Abstimmung mehr als zwei Meinungen hervortreten, und diese verschiedenen Möglichkeiten im Verhältnis des mehr oder minder Nachteiligen für den Beschuldigten stehen. Alsdann wird nicht das arithmetische Mittel errechnet, sondern es werden die auf das schwerste Ergebnis lautenden Stimmen, die die erforderliche Mehrheit nicht erreicht haben, den zunächst minder schweren zugerechnet und so fort, bis sich für eine Meinung die erforderliche Mehrheit ergibt, GVG. § 196 III S. 1. Stimmen z. B. im Schöffengericht Richter A für 1 Jahr, B für 6 Monat, C für 3 Monat Gefängnis, so ist nicht auf $\frac{12+6+3}{3} = 7$ Monate Gefängnis, sondern auf 6 Monate Gefängnis zu erkennen.

IV. Die Bezeichnung der Abstimmungsthemata, die „Fragestellung“, liegt dem Vorsitzenden ob; bei Meinungsverschiedenheiten darüber entscheidet das Gericht, GVG. § 194. Das Gesetz meint aber damit nicht, daß der Vorsitzende bzw. das Gericht dabei nach freiem Ermessen verfahren könnten, sondern erheischt stillschweigend die Einhaltung derjenigen Abstimmungsmethode, die das im Sinne der Rechtsordnung richtige Resultat verbürgt, ohne freilich diese richtige Methode expressis verbis anzugeben. Dieses Schweigen des Gesetzes hat eine Streitfrage hervorgerufen: „Ergebnisabstimmung“ (deutlicher „Tenorabstimmung“, mißverständlich die viel gebrauchte Bezeichnung „Totalabstimmung“) oder „Abstimmung nach Gründen“? Bei der ersteren nennt der Abstimmungsleiter einen bestimmten Entscheidungsinhalt, wie er den Tenor der Entscheidung bilden soll, und läßt darüber abstimmen, ob so entschieden werden soll. Bei der letzteren löst der Abstimmungsleiter den für die Entscheidung in Betracht kommenden Syllogismus, den „Gründe“-Komplex, in seine einzelnen Elemente auf und läßt auf jedes dieser Elemente eine besondere Abstimmung richten, derart, daß dann aus dem Ausfall dieser Abstimmungsgänge lediglich die Konsequenz auf den Entscheidungstenor gezogen wird. Stünde z. B. eine Verurteilung wegen Betruges in Frage, so würde bei Ergebnisabstimmung lediglich gefragt werden: Soll der Angeklagte nach § 263 StGB. verurteilt werden? Bei Gründeabstimmung würde es dagegen z. B. heißen: 1. Was versteht das Gesetz unter Vorspiegelung falscher Tatsachen? 2. Hat der Angeklagte falsche Tatsachen vorgespiegelt? 3. Hat er dadurch einen Irrtum erregt und dadurch das Vermögen eines anderen beschädigt? 4. Hat er den Betrugsvorsatz gehabt?

5. Bestehen sonst Bedenken gegen seine Verurteilung? — und aus der Zusammenstellung der Antworten würde sich dann ergeben, ob eine Verurteilung zu erfolgen hat.

Daß die Abstimmung nach Gründen rechtlich unzulässig ist, ergibt sich daraus, daß durch sie der Zweck der Abstimmung (Ermittelung desjenigen Entscheidungsinhalts, hinter dem die gesetzlich erforderte Zahl von Richtern steht), vereitelt werden kann. Stellen sich z. B. die 3 Richter im Schöffengericht zu einem Körperverletzungsfalle so, daß keiner den Angeklagten für strafbar hält, jeder aber einen von den beiden anderen verworfenen Straflosigkeitsgrund annimmt (z. B. A: der Angeklagte sei bei dem Vorfall zwar anwesend gewesen, aber nur als Unbeteiligter der Täter der Körperverletzung sei ein anderer gewesen; B: der Angeklagte habe in Notwehr gehandelt; C: der Angeklagte habe sich in zurechnungsunfähigem Zustande befunden), so wird bei Abstimmung noch Gründen mit $^2/_3$-Mehrheit dahin entschieden: daß der Angeklagte der Täter sei; dann: daß er nicht in Notwehr gehandelt habe; endlich daß er zurechnungsfähig gewesen sei; und wenn die Richter darin einig sind, daß sonst kein strafbefreiender Umstand gegeben sei, so müßte Verurteilung des Angeklagten erfolgen, obwohl dafür nicht nur keine $^2/_3$-Mehrheit vorhanden ist, sondern sogar sämtliche Richter dieses Ergebnis von sich weisen.[1])

Da umgekehrt die Ergebnisabstimmung stets verbürgt, daß der Entscheidungsinhalt von der gesetzlichen Richterzahl vertreten wird, so kann kein Zweifel sein, daß sie die richtige Methode darstellt.[2]) Daß

[1]) Das im Text gegebene Beispiel liegt auf dem Gebiet der Schuldfrage; bei dieser tritt die Unrichtigkeit der Gründeabstimmung am greifbarsten hervor. Unrichtig ist die Gründeabstimmung aber durchweg. Die Ansicht (Löwe-Rosenberg), daß die Gründeabstimmung nur bei der Schuldfrage falsch, „im allgemeinen" aber die richtige Methode sei, ist prinziplos.

[2]) Nach Binding (Abhandlungen **2** 141ff., 37ff., 67ff.) soll eine dritte Methode die richtige sein, die „Abstimmung nach Teilen", nämlich nach 1. „Beweis- oder Schuldfrage"; 2. „Subsumtionsfrage"; 3. „Straffrage"; und zwar überall unter Austrennung der abstrakten Rechtsfragen (die letzteren sollen jede einzeln und sogar nur mit einfacher Mehrheit beantwortet werden). Dieses Schema ist innerlich unverständlich. Soweit es überhaupt ausführbar ist, läuft es auf eine, wenn auch beschränkte Abstimmung nach Gründen hinaus und eröffnet wie diese die Gefahr, daß ein Entscheidungsinhalt erzielt wird, der keine für ihn eintretende Richterzahl hinter sich hat. Vgl. gegen Binding: Beling, **ZStW. 37** 365. Was insbesondere die Aussplitterung der Rechtsfrage anlangt, so zeigt folgendes Beispiel, wohin Bindings Lehre führt: Würde im Schöffengericht Richter A meinen, daß der Angeklagte den X mit Wasser begossen habe, und daß das Begießen mit Wasser eine „Mißhandlung" im Sinne des § 223 StGB. sei, während Richter B in tatsächlicher Hinsicht mit A

die Richter über alle einzelnen Elemente des Entscheidungssyllogismus zu beraten haben, und jeder bei der Abstimmung über das Ergebnis den Syllogismus, den er Platz greifen lassen will, hervortreten zu lassen hat, steht auf einem anderen Blatte. Ganz unrichtig ist es, sich zugunsten der Gründeabstimmung auf die Logik zu berufen; die Logik verbietet jene sogar, weil die Gründeabstimmung einen Syllogismus liefert, für deren Prämissen die verantwortliche Richtermehrheit nicht notwendig einsteht.

Mit der Erhebung des Entscheidungsergebnisses zum einzigen Abstimmungsthema (im Gegensatz zu der Vielzahl der im Entscheidungssyllogismus enthaltenen Elemente) verbindet sich aber keineswegs die Notwendigkeit, immer die Beratung in einen einzigen Abstimmungsgang ausmünden zu lassen, als müsse die Abstimmung eine den ganzen Fragestoff auf einmal erledigende „Totalabstimmung" sein. Vielmehr verbietet die Methode der Ergebnisabstimmung nur den Abstieg in die einzelnen Elemente im „cur" der Entscheidung. Wo dagegen das „quid" der Entscheidung selber mehrfältig ist, da haben so viele Abstimmungsgänge zu erfolgen, wie sie notwendig sind, um den Fragestoff zu erschöpfen. Dies gilt

1. wenn hinsichtlich des Inhalts der zu fällenden Entscheidung im Schoße der Richter verschiedene Meinungen hervorgetreten sind, die auf verschiedenartige, miteinander nicht vereinbare Entscheidungsinhalte hinausgehen, wenn z. B. in Frage gekommen ist, ob vorerst, vor Erlaß der prozeßerledigenden Entscheidung, die Vereidigung eines bisher unvereidigten Zeugen angeordnet, oder ob schon jetzt zur Prozeßerledigung geschritten werden, und dabei wieder, ob das Verfahren wegen Unzulässigkeit der Strafverfolgung eingestellt werden, oder aber ein Sachurteil erlassen werden soll. Hier ist zuerst darüber abzustimmen, ob Einstellungsentscheidung ergehen soll; dann, wenn nicht bei dem ersten Gange die Einstellung des Verfahrens sich als Gerichtswille ergeben hat, darüber, ob der Zeuge vereidigt werden soll, und (wenn dies entweder beschlossen worden

---

übereinstimmt, aber juristisch im Begießen mit Wasser keine „Mißhandlung" nach § 223 erblickt, endlich Richter C in juristischer Hinsicht mit A übereinstimmt, aber den Beweis dafür, daß der Angeklagte den X mit Wasser begossen habe, nicht für erbracht ansieht, so würde bei der „Abstimmung nach Teilen" zuerst mit den Stimmen von A und C festgestellt werden, daß Begießen mit Wasser unter § 223 falle, worauf dann mit den Stimmen von A und B in Anwendung auf den konkreten Fall die Strafbarkeit des Angeklagten aus § 223 entschieden würde. Es würde also eine Verurteilung ausgesprochen, für die statt der erforderlichen $^2/_3$-Mehrheit nur 1 Richter von dreien einsteht.

und ausgeführt worden, oder wenn es abgelehnt worden ist) schließlich über den Inhalt der Sachentscheidung.[1])

2. Innerhalb der Abstimmung über den Prozeßgegenstand ist zunächst ein gesonderter Abstimmungsgang über die Beantwortung der Schuldfrage auszugliedern, da deren Bejahung die Vorbedingung für die Aufwerfung der Straffrage und der Anhangsfragen ist.

3. Die Schuldfrage wiederum bietet möglicherweise im konkreten Falle deshalb kein einheitlich geschlossenes Bild, weil in der Beratung auseinanderstrebende Meinungen über den titulus condemnationis oder darüber hervorgetreten sind, ob der prozeßgegenständliche Stoff eine Tatenmehrheit oder eine einzige Tat des Angeklagten darstellt. Alsdann sind die verschiedenen materiellstrafrechtlich in Betracht kommenden Schuldspruchmöglichkeiten gesondert zu erfassen und (sofern sie nicht gleichwertig sind, in welchem Falle die Anordnung beliebig ist) ihrem Schweregrade nach von oben nach unten anzuordnen; die Abstimmung hat sich dann zunächst auf die schwerste Charakterisierung zu richten und sich so weit fortzusetzen, bis eine $^2/_3$-Mehrheit für eine der Schuldspruchmöglichkeiten gewonnen ist.

Beispiel: Es handelt sich darum, ob der Angeklagte den X gemißhandelt und ihm den Rock zerrissen habe, und ob die Mißhandlung Siechtum des X zu Folge gehabt habe, und die Beratung hat erkennen lassen, daß keine Einigkeit darüber besteht, ob die Körperverletzung und die Sachbeschädigung in Realkonkurrenz (StGB. § 74) oder in Idealkonkurrenz (StGB. § 73) stehen, und ob nicht etwa das Siechtum des X unabhängig von der erlittenen Mißhandlung eingetreten ist; auch hat ein Richter darauf hingewiesen, daß sich der Angeklagte bei dem Vorfall wohl nur als Gehilfe betätigt habe. Hier kommen, von oben nach unten geordnet, folgende Schuldspruchmöglichkeiten in Betracht:

a) Verurteilung aus StGB. §§ 224, 303, 74 (schwere Körperverletzung und Sachbeschädigung in Realkonkurrenz);

b) Verurteilung aus StGB. §§ 224 mit 49, 303 mit 49 (Beihilfe zu schwerer Körperverletzung und zu Sachbeschädigung in Realkonkurrenz);

c) Verurteilung aus StGB. §§ 224, 303, 73 (schwere Körperverletzung und Sachbeschädigung in Idealkonkurrenz);

d) Verurteilung aus StGB. §§ 224 mit 49, 303 mit 49, 73 (Beihilfe zu schwerer Körperverletzung und zu Sachbeschädigung in Idealkonkurrenz);

---

[1]) Über die Reihenfolge der Abstimmungsgänge im Verhältnis eines Sachurteils und eines Einstellungsurteils aus § 260 II StPO. vgl. unten IV 3 a. E. S. 250.

e) Verurteilung aus StGB. §§ 223, 303, 74 (einfache Körperverletzung und Sachbeschädigung in Realkonkurrenz);

f) Verurteilung aus StGB. §§ 223 mit 49, 303 mit 49, 74 (Beihilfe zu einfacher Körperverletzung und zu Sachbeschädigung in Realkonkurrenz);

g) Verurteilung aus StGB. §§ 223, 303, 73 (einfache Körperverletzung und Sachbeschädigung in Idealkonkurrenz);

h) Verurteilung aus StGB. §§ 223 mit 49, 303 mit 49, 73 (Beihilfe zu einfacher Körperverletzung und zu Sachbeschädigung in Idealkonkurrenz).

Hier ist zuerst darüber abzustimmen, ob im Sinne von a) verurteilt werden soll; im Falle der Verneinung folgt Abstimmung ad b) usw.

Würde bei der Beratung ein Richter die Meinung verlautbart haben, daß weder eine Verurteilung wegen Realkonkurrenz noch eine solche wegen Idealkonkurrenz in Betracht komme, sondern nur Verurteilung wegen Körperverletzung (oder umgekehrt nur wegen Sachbeschädigung), so müßten sich entsprechende weitere Abstimmungsfragen anschließen, sofern nicht spätestens bei h) eine $^2/_3$-Mehrheit für Verurteilung erzielt wäre.

Die Mühe, die die Auseinanderlegung und die richtige Anordnung der verschiedenen Ergebnismöglichkeiten für die Fragestellung verursacht, belohnt sich dadurch, daß jeder Richter bei jedem Abstimmungsgange genau weiß, wie er zu stimmen hat, während er bei einer Ineinanderschlingung oder falscher Reihenfolge dazu oft nicht imstande ist, und unklare Abstimmungsergebnisse die Folge sind.

In den Fällen, in denen als tituli condemnationis ein Gattungsdelikt und ein „qualifiziertes" (oder „privilegiertes") Delikt in Frage kommen, liegt die Versuchung nahe, die Abstimmung so einzurichten, daß zuerst gefragt wird, ob das Gattungsdelikt gegeben sei, und nach Bejahung eine Abstimmung darauf zu richten, ob der qualifizierende Umstand gegeben sei. Dieses Verfahren wäre aber sinnwidrig, weil dadurch das zweifellos gebotene Ergebnis gefährdet werden kann.[1]) Würde z. B. Richter A den schweren Diebstahl (StGB. § 243) des Angeklagten für erwiesen ansehen, während B den qualifizierenden Umstand verneint und nur einfachen Diebstahl (StGB. § 242) für gegeben hält, und endlich C den Angeklagten überhaupt nicht für den Täter hält, aber zugibt, daß der Täter jeden-

[1]) Für das Schwurgericht im früheren Sinn war diese Gestaltung der Fragestellung durch die alte StPO. verkehrter Weise zugelassen.

falls des schweren Diebstahls schuldig sei, so würde bei der Trennung der Abstimmung nach den Gesichtspunkten „Gattungsdelikt" und „erschwerender Umstand" das Ergebnis folgendes sein: zuerst würde mit den Stimmen von A und B entschieden, daß der Angeklagte des Diebstahls schuldig zu sprechen sei; sodann würde bei der nunmehr folgenden Abstimmung darüber, ob der Diebstahl mittels Einbruchs usw. begangen sei, eine Bejahung mit den Stimmen von A und C erzielt, der Angeklagte wäre also nach § 243 zu verurteilen, obwohl diese Auffassung nur von A allein vertreten war.

Das richtige Verfahren ist vielmehr auch hier das, daß zuerst das qualifizierte Delikt als Ganzes, und, wenn sich dabei die erforderliche Mehrheit für den Schuldspruch nicht ergibt, das Gattungsdelikt zur Abstimmung gestellt wird. Alsdann würde in dem vorigen Beispielsfalle die erste Abstimmung darauf zu richten sein, ob der Angeklagte wegen schweren Diebstahls zu verurteilen sei; Ergebnis: Verneinung, da B und C dagegen stimmen; sodann Abstimmung, ob aus § 242 zu verurteilen sei; Ergebnis: Ja mit den Stimmen von A und B; in der Tat übernehmen ja beide auch die Verantwortung für dieses Ergebnis (wenngleich A so, daß er für seinen Teil noch weitergehen würde). Entsprechend im Verhältnis des Gattungsdelikts zum „privilegierten" Delikt: Zuerst Abstimmung darüber, ob wegen des Gattungsdelikts (also unter Versagung der Privilegierung) verurteilt werden soll; wenn hierfür keine $^2/_3$-Mehrheit: Abstimmung darüber, ob wegen des privilegierten Delikts zu verurteilen sei.

In den Fällen, in denen fraglich geworden ist, ob ein Strafantrag vorliegt, ist die Abstimmung zunächst darauf zu richten, ob wegen Offizialdelikts zu verurteilen sei. Bei Bejahung erledigt sich alles weitere. Bei Verneinung hat dann die Frage nachzufolgen, ob Einstellungsurteil aus § 260 II StPO. zu erlassen sei[1]); wird diese Frage verneint, so ist darüber abzustimmen, ob unter dem Gesichtspunkt eines Antragsdelikts zu verurteilen sei (die Verneinung ergäbe dann Freisprechung).[2])

---

[1]) Diese Frage an die Spitze zu stellen, geht deshalb nicht an, weil die aus Strafantragsmangel hervorgehende Unzulässigkeit der Strafverfolgung den Prozeßgegenstand nicht allseitig ergreift, und das Einstellungsurteil aus § 260 II ein Freisprechungsurteil mit partiellem Vorbehalt darstellt (oben § 51 IV, 1.

[2]) Beispiel: Im Schöffengericht verneint Richter A das Vorliegen eines Strafantrags, will aber aus § 223a StGB. (Offizialdelikt) verurteilen; B stimmt ihm in ersterer Hinsicht zu, würde aber die Strafbarkeit nur aus § 223 StGB. bejahen; C nimmt an, daß ordnungsmäßiger Strafantrag vorliege, will aber freisprechen. Abstimmung: 1. Soll aus § 223a StGB. ver-

4. Aus der Schuldfrage herauszulösen und nach deren Bejahung gesondert zu stellen ist die Frage, ob der Angeklagte, obwohl er nach dem Gesetz strafbar sei, auf Grund einer solchen gesetzlichen Bestimmung, die dem Richter gestattet, ihn durch richterlichen Willensakt straflos zu stellen, mit Strafe verschont werden solle (vgl. StGB. §§ 199, 233, JugGerGes. § 9 IV)[1]); denn die richterliche Straflosstellung bedeutet ein zweites zusätzliches „Ergebnis", das auch im Tenor besonderen Ausdruck zu finden hat (oben § 51, S. 232).

5. Auch bei der Straffrage sind mehrere Abstimmungsgänge erforderlich, wenn eine Hauptstrafe und eine Nebenstrafe (oder sogar deren mehrere) in Frage kommen, oder verschiedene Strafgrößen zur Wahl stehen. Es wäre also z. B. (nachdem Schuldspruch aus § 243² StGB. ergangen ist) abzustimmen: Zunächst zur Hauptstrafe: a) Soll auf 4 Jahre Zuchthaus erkannt werden? b) (wenn a verneint): auf 2 Jahre Zuchthaus? c) wenn (auch b verneint): unter Annahme mildernder Umstände auf 3 Jahre Gefängnis? d) (bei Verneinung von c): auf 9 Monate Gefängnis? Sodann nach Findung der Hauptstrafe: a) Soll auf Verlust der Ehrenrechte auf 2 Jahre? b) (bei Verneinung): auf 1 Jahr erkannt werden?

Weitere eigene Abstimmungsgänge werden erforderlich, wo in Frage kommt, ob von der Richterbefugnis, die nach dem Gesetz („an sich") verwirkte Strafe in eine andere (vgl. StGB. § 27b) oder eine leichtere (vgl. StGB. § 233) überzuführen, Gebrauch gemacht werden soll; ferner in den Fällen des § 74 StGB., wo nach ab-

---

urteilt werden? Antwort: nein (B und C gegen A). 2. Ist Einstellungsurteil zu erlassen? Antwort: ja (A und B gegen C, denn A, bei Frage 1 überstimmt, muß konsequent jetzt mit B gehen). Würde fälschlich (s. S. 250 Anm. 1) die Einstellungsfrage vorangestellt, so würde sich ergeben: 1. Ablehnung der Einstellung, denn A will aus § 223a verurteilen, C erachtet den Strafantrag für gegeben und will freisprechen. 2. Damit wäre Erlaß eines Sachurteils unabwendlich geworden; dabei würde zunächst A hinsichtlich des § 223a überstimmt werden, worauf mit seiner und des B Stimme Verurteilung aus § 223 beschlossen würde. Es käme ein Spruch heraus, den alle 3 Richter für falsch halten: B, weil einzustellen gewesen wäre, C, weil freizusprechen gewesen wäre, A, weil zwar Verurteilung aus § 223a am Platze gewesen wäre, einer Verurteilung aus § 223 aber Strafantragsmangel entgegenstehe.

[1]) Diese durch den Richter konstituierte Straflosigkeit ist scharf zu trennen von der sich unmittelbar aus dem Gesetz ergebenden Straflosigkeit; daß über die unmittelbar gesetzlichen „Strafausschließungsgründe" aller Art (Unrechts-, Schuld-, reine Strafausschließungsgründe) und „Strafaufhebungsgründe" keine gesonderte Abstimmung erfolgen darf, ein Richter, der einen derartigen Umstand annimmt, vielmehr lediglich bei der Abstimmung über die Schuldfrage mit „Nichtschuldig" zu stimmen hat, ergibt sich aus dem Wesen der Ergebnisabstimmung.

stimmungsmäßiger Ermittelung der Einzelstrafen über die aus ihnen zu bildende Gesamtstrafe abzustimmen ist.

6. Daran reiht sich schließlich die Abstimmung über etwaige, nichtkriminelle, zum Prozeßgegenstand gehörige Maßregeln, sowie über die Kostenfrage.

Über die Abstimmung im Revisionsgericht vgl. unten § 83 VII.

V. Da der bei einem Abstimmungsgange überstimmte Richter auch weiterhin stimmpflichtig bleibt (oben II), so erhebt sich die Frage, inwieweit mit dem Ergebnis des vorigen Abstimmungsganges der Inhalt seiner weiteren Abstimmung festgelegt ist, und inwieweit er freie Hand behält.

1. Sicher ist, daß sich kein Richter mit jenem Ergebnis in Widerspruch setzen darf, daß alle Richter vielmehr die vom Gesetz daran geknüpften Konsequenzen ziehen müssen. Deshalb muß nach Bejahung der Schuldfrage die dem titulus condemnationis entsprechende gesetzliche Strafdrohung zugrunde gelegt werden: kein Richter darf in Festhaltung seiner Verneinung der Schuldfrage für Straflosigkeit stimmen, und wenn sich an die bejahte Verbrechensart eine absolut bestimmte Strafe anknüpft, so haben alle für diese Strafe zu stimmen (so bei Mord nach StGB. § 211 für Todesstrafe); ferner muß der Richter, der mit seiner Meinung, die Strafverfolgung sei (z. B. wegen Verspätetsein des Strafantrags) unzulässig, nicht durchgedrungen ist, nunmehr zur Sache abstimmen.

2. Dagegen sind alle Entscheidungsinhalte hinsichtlich des nachfolgenden Abstimmungsgangs, die, weder mit dem Ergebnis des vorigen Ganges unvereinbar, noch mit ihm notwendig verbunden sind, der Stellungnahme der Abstimmenden freigegeben; die Vorüberstimmten brauchen sich dabei nicht[1]) den gesamten Inhalt der Auffassung des siegreich gebliebenen Teils des Richterkollegiums zu eigen zu machen. Das ergibt sich daraus, daß die Verantwortlichkeit jedes Richters für den neu zu gewinnenden Entscheidungsinhalt dadurch unberührt bleibt, daß er der Verantwortlichkeit für das vorige Abstimmungsergebnis enthoben ist. Insbesondere kann der überstimmte Richter die Gründe (den Syllogismus) seiner zuvorigen Abstimmung festhalten und von ihnen aus zu dem neuen Abstimmungsthema Stellung nehmen (in Übereinstimmung damit, daß die Gründe überhaupt kein Abstimmungsgegenstand waren). So kann z. B. der Richter, der den Angeklagten eines Meineids für

[1]) Wie ich in Bennecke-Beling, S. 391 ohne Scheidung der Fälle 1 und 2 angenommen habe.

schuldig erachtet, diese Auffassung auch dann bei der Abstimmung zur Straffrage zugrunde legen, wenn hinsichtlich der Schuldfrage nur eine $^2/_3$-Mehrheit für fahrlässigen Falscheid zustande gekommen ist (nur muß er sich innerhalb der Strafdrohung des § 163 StGB. halten); ebenso kann umgekehrt der Richter, der den Angeklagten für nichtschuldig erachtet und deshalb bei der Schuldfrage mit „Nein" gestimmt hat, bei dieser Auffassung verharren (nur ist ihm die Möglichkeit, für Straflosigkeit zu stimmen, durch die Bejahung der Schuldfrage verlegt, er muß also bei der Abstimmung zur Straffrage für die geringst zulässige Strafgröße stimmen).[1])

Handelt es sich bei den mehreren Abstimmungsgängen um solche, die alle auf dem Gebiete der Schuldfrage liegen, so ist dem bei einem vorigen Abstimmungsgange Überstimmten die Abstimmung bei dem folgenden in den Fällen klar vorgezeichnet, in denen das Thema des ersten Abstimmungsganges schon das des zweiten mit in sich schließt und nur noch ein zusätzliches Moment enthält. (Ist der Richter z. B. mit seiner Auffassung, daß Einbruchsdiebstahl vorliege, nicht durchgedrungen, so wird er bei der nachfolgenden Frage nach einfachem Diebstahl bejahend stimmen.)

VI. Hinsichtlich des Beratungs- und Abstimmungshergangs gilt Schweigegebot (für die Schöffen und die Geschworenen in § 198 GVG. noch besonders hervorgehoben). Daß dieser Satz nicht ausnahmslos und starr zu verstehen ist, ergibt sich schon daraus, daß die erzielte Entscheidung selbst und ihre Gründe verlautbart werden müssen. Worum es sich bei dem Schweigegebot handelt, das ist: es wird ein berechtigtes Interesse Außenstehender daran, zu erfahren, welche Richterpersönlichkeiten so, und welche so gestimmt haben, im allgemeinen nicht anerkannt. Es kann nun aber sein, daß Rechte der Richter selbst oder Außenstehender in ihrer Entfaltung durch die Geheimhaltung verkümmert werden würden. In diesen Fällen entfällt die Geheimhaltungspflicht.[2]) Deshalb ist es stets zulässig,

---

[1]) Nach der Gegenauffassung müßte der Richter A, der den Angeklagten für fälschlich angeschuldigt hielt, der aber die — seiner Meinung nach von einem anderen begangene — Tat selbst für so schwer hält, daß z. B. 5 Jahre Zuchthaus angemessen sind, bei der Straffrage (nachdem die Schuldfrage gegen seine Stimme bejaht worden ist) für 5 Jahre Zuchthaus stimmen, weil er auf seine frühere Auffassung, der Angeklagte sei nicht der Täter, nicht zurückgreifen dürfte. Gesetzt nun, Richter B und C, die ihn bei der Schuldfrage überstimmt haben, stimmten bei der Straffrage B für 5 Jahre, C für 1 Jahr Zuchthaus, so würde mit $^2/_3$-Mehrheit auf 5 Jahre Zuchthaus erkannt werden, also auf ein Ergebnis, dessen Richtigkeit nur Richter B vertritt.

[2]) Vgl. RGer., JW. 55 2579 und Beling, das., S. 60 295.

daß das Vorhandengewesensein der gesetzlich erforderlichen Mehrheit bekannt gegeben wird (ohne genaue ziffernmäßige Festlegung, also ohne Angabe darüber, ob z. B. im Schwurgericht die Verurteilung mit 6 : 3 oder mit 7 : 2 oder mit 8 : 1 oder einstimmig erfolgt ist, und erst recht ohne Kennzeichnung der einzelnen Richterpersönlichkeiten in ihrer Haltung).

Deshalb bietet aber auch die Frage keine Schwierigkeit, wie zu verfahren sei, wenn die Richter hinsichtlich der Gründe des durch die Abstimmung gewonnenen Ergebnisses uneins waren. Alsdann ist weder eine der Ergebnisabstimmung nachfolgende Abstimmung darüber vorzunehmen, was nach außen hin als Syllogismus anzugeben sei[1]), noch ist über die Gründe zu schweigen, es besteht vielmehr die Verpflichtung, wahrheitsgemäß den Entstehungshergang (ohne Nennung der einzelnen Richterpersönlichkeiten) kundzugeben, also z. B. zu sagen, es sei Freisprechung erfolgt, weil „einer der Richter den Tatbeweis nicht für geführt angesehen, der zweite Notwehr angenommen, der dritte die Tat als verjährt angesehen habe". Ohne solche wahrheitsgemäße Angabe könnten namentlich die Parteien in ihren Anfechtungsrechten verkürzt werden.

V. Die prozessuale Bedeutung der Entscheidungen.

§ 54.

1. Im allgemeinen.

I. Die prozessualen Bedeutungen, die die Entscheidungen haben können, lassen sich folgendermaßen gruppieren:

1. Zunächst ist zu denken an solche Maßgeblichkeit, die die Entscheidungen selber ihrem unmittelbaren Sinne nach (nach Maßgabe ihres ausdrücklichen oder latenten Inhalts) für sich in Anspruch nehmen.

---

[1]) Dieser Meinung Binding. Dieses Verfahren versagt aber entweder (so, wenn das Schöffengericht freispricht, weil einer der Richter die Täterschaft des Angeklagten nicht für erwiesen hält, der zweite Notwehr annimmt, der dritte die Tat für verjährt erachtet, und jeder den Freisprechungsgrund der anderen als unrichtig bekämpft; bei einer Abstimmung über den als Freisprechungsgrund anzugebenden Punkt würde es bei dem Stimmenverhältnis 1 : 1 : 1 bleiben) oder er führt zu einer Geschichtsfälschung (so, wenn sich im vorigen Beispielsfalle einer der Richter auf die Seite eines der anderen schlagen würde, ohne dessen Meinung für richtig zu halten; so ferner, wenn 1 Richter wegen Fehlens des Tatbeweises, die beiden anderen wegen Notwehr freisprechen wollen, und nun mit 2 : 1 beschlossen wird, bloß die Notwehr als Freisprechungsgrund anzugeben).

a) Jede Entscheidung strebt an, den Schlußpunkt hinsichtlich ihres Entscheidungsthemas zu bilden; sie widerstrebt jeder nochmaligen, einerlei ob inhaltskongruenten oder abweichenden Entscheidung über dasselbe Thema. Man kann hier von „Sperrwirkung" oder „Abschlußwirkung" sprechen. Sie äußert sich bei den prozeßerledigenden Entscheidungen in der Abriegelung jedes Verfahrens, das (hinsichtlich des identischen Entscheidungsthemas) nochmalige Prozeßerledigung anstrebt; bei den laufenden Entscheidungen beschränkt sie sich auf Ausschließung erneuter (inhaltsgleicher oder abweichender) Prozeßgestaltung hinsichtlich des Entscheidungsthemas (also z. B. hinsichtlich der Frage, ob die erbetene Wiedereinsetzung in den vorigen Stand gewährt werden soll).

b) Über diese negative Wirkung hinaus zielt ein Teil der Entscheidungen auch darauf ab, gewisse, in deren Sinne eingeschlossene Prozeßtätigkeiten hervorzurufen, so, daß gewisse Organe zu deren Vornahme befugt oder verpflichtet sind: Vollzugswirkung oder Ausführungswirkung (Beispiele: das verurteilende Urteil erheischt den Strafvollzug; der Beschluß auf Eröffnung des Hauptverfahrens erheischt die Vorbereitung und die Abhaltung der Hauptverhandlung).

2. Denkbar ist aber weiter, daß die Rechtsordnung einer Entscheidung Maßgeblichkeit ihres Inhalts für den Inhalt künftiger Entscheidungen zuspricht, Bindungswirkung oder Feststellungswirkung. Soweit es sich bei der neuen Entscheidung um das gleiche Entscheidungsthema handelt, kann dies freilich nur da der Fall sein, wo die frühere nicht schon Sperrwirkung (oben 1a) entfaltet. Handelt es sich aber um ein neues Entscheidungsthema, und erheischt die Stellungnahme zu diesem eine Durchgangsfeststellung hinsichtlich des früheren Themas (Beispiel aus dem Zivilprozeß: einer Entscheidung über eine Kapitalforderung folgt eine Entscheidung über den Zinsenpunkt nach; letztere muß notwendig auf einer Feststellung, ob die Kapitalforderung besteht oder nicht, fußen), so entsteht die Frage, ob der Inhalt der früheren Entscheidung übernommen werden muß (Bindungswirkung), oder ob das Gericht bei der späteren Entscheidung Freiheit der Feststellung hat.

(Außer diesen auf prozeßrechtlichem Felde liegenden Wirkungen 1a, b, 2 sind auch Wirkungen denkbar, die das materielle Recht an die Tatsache des Vorliegens einer Entscheidung bestimmten Inhalts knüpft. Vgl. z. B. StGB. § 244.)

II. Die Frage ist nun die, ob den einzelnen Arten von Entscheidungen diese oder jene Wirkung von Rechts wegen verliehen ist, und von wann ab und bis wann sie sie entfalten.

1. Jedenfalls heften sich Entscheidungswirkungen überhaupt **nicht** an solche Entscheidungen, die ipso jure unwirksam sind (oben § 48).

2. Sie kommen ferner nicht in Frage, so lange die Entscheidung nicht schon „**fertig**", „**perfekt**", „in mundo" ist.

Fertig ist die Entscheidung aber erst, wenn sie als solche geäußert worden ist[1]); und zwar entscheidet a) bei verkündeten Entscheidungen der Abschluß des Verkündigungsakts[2]); b) schriftlich ergehende Entscheidungen sind fertig, sobald die Urkunde amtlich hergestellt und in die dienstlich verwalteten Urkunden justizverwaltungsmäßig eingereiht ist.[3])

Die „Perfektion" in diesem Sinne bedeutet nur, daß **vor** ihr die charakteristischen Entscheidungswirkungen **keinesfalls** eintreten, und **nach** ihr erst die **Frage** auftaucht, wie, von wann ab und auf wie lange die Entscheidung wirkt.[4])

3. Auch die fertige Entscheidung entfaltet die ihr gesetzlich zugesprochenen Wirkungen **nicht ohne weiteres sofort**; es kann sein, daß erst noch weitere Tatsachen hinzutreten müssen (z. B. Zeitablauf). Umgekehrt kann es auch sein, daß die schon eingetretene Wirkung durch spätere Ereignisse von selbst (ohne „Aufhebung") **außer Kraft tritt**.

4. In Betracht kommt weiter die **Aufhebbarkeit** von Entscheidungen: die aufgehobene Entscheidung wirkt nicht weiter (denkbar sogar, daß ihre bisherigen Wirkungen durch die Aufhebung rückwirkend entfallen). Die Aufhebungsmöglichkeit erscheint in zwei Gestalten:

---

[1]) Deshalb entfaltet die Abstimmung im Ratsgericht noch keine der hier in Rede stehenden Wirkungen. Sie kann, bevor ihr Ergebnis nach außen hervorgetreten ist, ohne weiteres durch neue Abstimmung umgeworfen werden.

[2]) Nicht schon dessen Beginn; auch nicht schon schlechthin der Schluß der Verkündung des Entscheidungstenors, sondern erst der Schluß des Verkündungsakts als Ganzen (bestr.).

[3]) Bestritten. Im Sinne des Textes nicht genügend Einlauf in der Gerichtsschreiberei (Empfangstheorie), nicht erforderlich Kenntnisnahme des Gerichtsschreibers von dem Inhalt (Vernehmungstheorie). Nicht von Belang die Zustellung der Entscheidung.

[4]) Vielfach wird „Perfektion" im Sinne von Unwiderruflichkeit verstanden (auch in **Bennecke-Beling** 420, vgl. auch **Beling**, **ZStW.** 38 613). Aber bei den Entscheidungsarten, denen überhaupt Unwiderruflichkeit zukommt, ist es keineswegs eine logische Notwendigkeit, daß letztere sofort mit dem fertig Vorhandensein der Entscheidung einsetze (vgl. unten 4b). Und bei den Entscheidungsarten, die widerruflich sind, bedeutet der Widerruf gerade die Annullierung einer schon fertigen Entscheidung (vgl. den Widerruf des **vollendeten** fahrlässigen Falscheids, § 163 StGB.). Wieder eine andere Frage ist, ob eine Anfechtungserklärung erst nach „Perfektion" der Entscheidung abgegeben werden kann. Vgl. **Beling** **ZStW.** 38 615.

a) Es kann sein, daß dem Gericht, das die Entscheidung erlassen hat (und gegebenenfalls demjenigen, das von diesem die Prozeßfortführung übernommen hat), die Zurücknahme der Entscheidung von Amts wegen frei steht. Gegensatz: Entscheidungen, die unwiderruflich sind (unter „Dessaisierungsprinzip" stehen).[1])

Unwiderruflich sind gerade die wichtigsten Entscheidungen (Näheres unten aa, bb). Der Grund dieser Regelung ist in erster Linie ein psychologischer: unter dem Druck der Unwiderruflichkeit wird die entscheidende Stelle in dem Bewußtsein, etwaige Irrtümer später nicht mehr verbessern zu können, zu größerer Gründlichkeit veranlaßt. Es spricht weiter der Gedanke mit, daß diese Entscheidungen Rechte begründen, deren Wiederentziehung durch einfachen Widerruf im Hinblick auf das Sicherheitsbedürfnis mißlich erscheint. Auch drängen die Staatsbelange dahin, daß nicht der Anschein des leichten Hin- und Herfahrens erweckt werde.

Wo umgekehrt der Widerruf zugelassen ist, erschien die Rücksicht auf die Elastizität des Verfahrens als der durchschlagende Gesichtspunkt.

b) Möglich ist aber auch, daß das Gesetz die nachherige Beseitigung der Entscheidung nur für den Fall gestattet, daß eine Partei (oder ein sonst Betroffener) die Entscheidung anficht, und es sie nur demjenigen Gericht gestattet, dem die Nachprüfungsaufgabe übertragen ist. Danach scheiden sich anfechtbare und unanfechtbare Entscheidungen. Die Anfechtbarkeit kann befristet oder zeitlich unbegrenzt sein.

Die einzelnen Arten von Entscheidungen sondern sich so, daß die einen weder widerruflich noch anfechtbar sind; andere zwar unwiderruflich, aber anfechtbar sind (gerade bei Unwiderruflichkeit ist die Anfechtbarkeit von besonderem Wert); andere widerruflich und anfechtbar sind (die Anfechtbarkeit neben der Widerruflichkeit hat dann die Bedeutung, daß der von der Entscheidung Betroffene die Nachprüfung zu verlangen berechtigt ist).

Im einzelnen gilt folgendes:

aa) Alle prozeßerledigenden Entscheidungen, einerlei, ob Sach- oder Formalentscheidungen, einerlei, ob in Urteils- oder Beschluß- oder Verfügungsform auftretend, sind unwiderruflich.[2])

---

[1]) Diese Bindung des entscheidenden Gerichts im Sinne von Unwiderruflichkeit ist nicht mit der Bindungswirkung im Sinne von oben I 2 zu verwechseln.

[2]) Dies gilt auch für den Beschluß, durch den ein Rechtsmittel als unzulässig verworfen wird, und zwar einerlei, ob vom Judex a quo oder vom

(Formell kann allerdings eine Entscheidung unter Umständen „aufgehoben" werden, um bei Festhaltung ihres eigentlichen sachlichen Gehalts einer gesetzlich gebotenen Umgestaltung unterzogen zu werden.[1])

Damit ist zugleich gesagt, daß das Gericht seine Entscheidung auch nicht „berichtigen" kann, d. h. nicht an Stelle der getroffenen Entscheidung eine solche anderen Inhalts setzen kann.[2])

Die Unwiderruflichkeit setzt im allgemeinen ein mit der „Perfektion" der Entscheidung (oben II, 2); bei den schriftlich (unverkündet) ergehenden Entscheidungen aber erst mit der amtlichen Bekanntgabe (nicht notwendig förmlicher „Zustellung"), durch die die Entscheidung aus dem inneren Dienst an einen Außenstehenden hinaustritt.[3])

Gerade aber, weil prozeßerledigende Entscheidungen unwiderruflich sind, sind sie in der Regel anfechtbar. Ausgenommen (also unanfechtbar) sind alle Entscheidungen des Reichsgerichts; sowie die Entscheidungen in der Revisions- und der letztanrufbaren Beschwerdeinstanz.

bb) Laufende Entscheidungen sind im allgemeinen widerruflich (so der Terminsansatz; der Vertagungsbeschluß; der Beschluß auf Ablehnung eines Beweisantrags).

Ausgenommen, also unwiderruflich[4]) sind aber die in Urteilsform auftretenden (vgl. oben § 50 V 1b); ferner die den Prozeß in einen neuen Abschnitt versetzenden (so der Eröffnungsbeschluß); die mit sofortiger Beschwerde anfechtbaren (vgl. StPO. § 311 III); endlich diejenigen, deren Unaufhebbarkeit das Gesetz speziell be-

---

Judex ad quem: Vgl. E. 38 157, RGer., HR. 3 32. In E. 59 420 will das RGer. freilich dem Judex ad quem gestatten, einen solchen Beschluß zurückzunehmen, wenn er auf einer unzutreffenden Grundlage beruht habe (also wegen Irrtums im Motiv), was nicht als richtig anerkannt werden kann. Zutreffend RGer., JW. 56 2073.

[1]) So kann in den Fällen, in denen in einem ersten Prozeß auf Gefängnis erkannt ist, und in einem zweiten Prozeß gegen denselben Angeklagten wegen einer reell konkurrierenden Tat auf Zuchthaus erkannt wird, dem § 79 (mit § 74) StGB. nur so genügt werden, daß eine in Zuchthaus bestehende Gesamtstrafe unter „Aufhebung" des früheren Urteils verhängt wird; dabei ist aber die auf Gefängnis lautende Einzelstrafe als Rechnungsposten beizubehalten.

[2]) Eine andere Frage ist die, inwieweit die Urteilsurkunde berichtigt werden kann; darüber unten § 66.

[3]) Vgl. Beling, Z. 38 613.

[4]) Und zwar von dem entsprechenden Zeitpunkt ab, wie bei den prozeßerledigenden Entscheidungen.

stimmt.[1]) In diesen Fällen ist die Unwiderruflichkeit ganz streng zu verstehen.[2])

Anfechtbar sind alle laufenden Entscheidungen, außer denen, die vom Reichsgericht erlassen werden oder durch die der für den entschiedenen Punkt zu Gebote stehende Instanzenzug erschöpft ist, oder deren Unanfechtbarkeit das Gesetz (vgl. z. B. §§ 28 I, 46 II StPO.) ausdrücklich normiert.

III. Eine Entscheidung, die ebensosehr **unwiderruflich** wie **unanfechtbar** ist (sei es, daß sie dies sofort von vornherein war, sei es, daß sie es, z. B. durch Nichtgebrauch des Anfechtungsrechts durch die Anfechtungsberechtigten, geworden ist), nennt man „**rechtskräftig**", genauer „**formell** rechtskräftig". Ihre Wirkungen s. unten § 55. Mit der formellen verbindet sich unter Umständen die „**materielle** Rechtskraft" mit noch weiterreichenden Wirkungen, unten § 56.

IV. Aber auch Entscheidungen, die **noch nicht** unanfechtbar geworden sind, oder gegen die sogar **fristlos** Anfechtung zulässig ist (so daß sie niemals unanfechtbar werden können), entbehren der prozessualen Bedeutung nicht.

1. Sind sie nur anfechtbar, aber **nicht widerruflich** (oben II, 4b), so bedeutet dies immerhin eine **Sperrwirkung** in dem Sinne, daß das Gericht, das sie erlassen hat, sich mit dem Entscheidungsthema nicht nochmals befassen kann (sie haben „instanzerledigende" Kraft).[3])

2. Ungeachtet der noch offenstehenden Anfechtbarkeit kommt den Entscheidungen (und zwar selbst dann, wenn sich zu der Anfechtbarkeit auch noch Widerruflichkeit hinzugesellt), doch schon **Vollzugswirkung** zu, vgl. StPO. § 307 I und II[4]); diese entfällt erst, wenn die Entscheidung widerrufen oder im Anfechtungswege aufgehoben und damit ihrer Maßgeblichkeit entkleidet wird.

Eine sehr bedeutsame Ausnahme bilden jedoch gerade die Sachentscheidungen: diese werden erst mit Rechtskraft vollziehbar, vgl. § 449.

[1]) Wo das Gesetz, wie z. B. in §§ 28 I, 46 II, den Ausschluß der **Anfechtbarkeit** normiert, ist über diesen Wortlaut hinaus auch **Unwiderruflichkeit** gemeint.

[2]) Nach **E. 37** 112 soll das Gericht Beschlüsse, die es unzuständigerweise erlassen hat, wieder aufheben können. Die Begründung: derartige Beschlüsse entbehrten von vornherein der rechtlichen Gültigkeit, ist aber sichtlich unschlüssig, da damit ipso-jure-Nichtigkeit behauptet wird, bei der eine Wiederaufhebung gar nicht in Frage kommt. Daß übrigens jeder von einem unzuständigen Gericht erlassene Beschluß nichtig wäre, läßt sich nicht behaupten, vgl. oben § 48.

[3]) Über noch weitergehende, wenngleich nur vorläufige Sperrwirkung vgl. unten § 55 III.

[4]) Z. B. ist ein Haftbefehl (der mit fristloser Beschwerde anfechtbar und widerruflich ist), gleichwohl sofort zu vollziehen.

§ 55. 2. Die formelle Rechtskraft.

I. Eine Entscheidung ist formell rechtskräftig, wenn sie im Rahmen desjenigen Verfahrens, in dem sie ergangen ist, hinsichtlich des Entscheidungsthemas das letzte Wort darstellt, im Rahmen dieses Prozesses als unumstoßbar maßgeblich ist.

Ihrer unfähig sind somit einmal Entscheidungen, die ipso jure unwirksam (oben § 48), also überhaupt nicht maßgeblich sind; sodann Entscheidungen, die ohne zeitliches Ende einem Widerruf oder der Anfechtung mit einem ordentlichen Rechtsbehelf[1]) ausgesetzt sind.[2]) Umgekehrt sind diejenigen Entscheidungen, die sofort mit ihrem Erlaß unwiderruflich und (mit einem ordentlichen Rechtsbehelf) nicht anfechtbar sind, sofort rechtskräftig. Dagegen ist bei Entscheidungen, die mit einem befristeten ordentlichen Rechtsbehelf anfechtbar sind, die Rechtskraft vorerst noch nicht vorhanden: sie erlangen überhaupt keine Rechtskraft, wenn sie auf Anfechtung hin aufgehoben werden; sie werden dagegen rechtskräftig, sobald die Anfechtungsfrist verstrichen ist, ohne daß der Rechtsbehelf ordnungsgemäß angebracht war[3]), oder auf den Rechtsbehelf verzichtet wird, oder er zurückgenommen oder vom Gericht durch eine ihrerseits rechtskräftige Entscheidung als unbegründet verworfen wird.[4])

Kraft ihrer formellen Rechtskraft weist die Entscheidung demjenigen Verfahren, in dem sie ergangen ist, endgültig die Richtung nach Maßgabe ihres Entscheidungsgehalts.

1. Der Entscheidung kommt Vollzugswirkung zu (das auf Strafe lautende Urteil ist nunmehr zu vollstrecken usw.).

2. Sie entfaltet für diesen Prozeß Sperrwirkung:

a) Ist sie prozeßerledigenden Charakters, so riegelt sie jede Fortführung dieses Prozesses (im Sinne von Erkenntnisverfahren, oben § 20) ab.[5]) Die Prozeßerledigung, die sie ihrem Inhalt nach anstrebte, ist nunmehr wirklich von Rechts wegen eingetreten. Der Prozeß ist nicht mehr rechtshängig.

---

[1]) Im Gegensatz zu der „Wiederaufnahme des Verfahrens", unten § 84; die Möglichkeit solcher Wiederaufnahme hindert nicht nur nicht den Eintritt der Rechtskraft, sondern die Rechtskraft der Entscheidung ist sogar Voraussetzung dafür, daß Wiederaufnahme möglich wird.

[2]) Vgl. jedoch unten III.

[3]) Bei Revision mit Ablauf entweder der Einlegungsfrist (§ 341), oder, wenn diese gewahrt war, mit Ablauf der Frist für die Revisionsrechtfertigung (§ 345) ohne deren ordnungsmäßige Anbringung.

[4]) Über die Bedeutung der Entscheidungen, die den Rechtsbehelf als „unzulässig" verwerfen, s. unten IV.

[5]) Möglich nur Wiederaufnahme des Verfahrens, unten § 84.

b) Ist sie eine laufende Entscheidung, so hindert sie für den betreffenden Prozeß jede nochmalige Entscheidung über das nämliche Thema (z. B. ein Zurückkommen auf die Frage, ober der Richter N. N. in dem betreffenden Prozeß mitzuwirken hat, nach einem Beschluß, durch den das gegen ihn gerichtete Ablehnungsgesuch für begründet erklärt war, StPO. § 28 I).

Kraft der Sperrwirkung hat es bei der rechtskräftigen Entscheidung auch dann sein Bewenden, wenn sich nachher herausstellt, daß die Entscheidung auf Irrtum beruhte. Jede Berichtigung des Entscheidungsgehalts ist ausgeschlossen. Gerade in dieser Rücksichtslosigkeit liegt das Hauptcharakteristikum der Rechtskraft. Die Härte, die darin liegt, erklärt sich damit, daß ohne solche Setzung eines Schlußpunktes das Verfahren nie zur Ruhe kommen und damit der Prozeßzweck vereitelt werden würde.

3. Wo die Prozeßordnung 2 Entscheidungen in demselben Prozeß bezüglich desselben Prozeßgegenstandes derart hintereinander staffelt, daß das Entscheidungsthema der ersten Entscheidung einen Durchgangspunkt für die Beantwortung des Themas der zweiten Entscheidung bildet, kommt der formell rechtskräftigen ersten Entscheidung Bindungskraft für die zweite zu.[1])

II. Die Vollzugs- und die Sperrwirkung treten jedenfalls dann ein, wenn die Entscheidung ihrem ganzen Inhalte nach einem Angriffe von keiner Seite her ausgesetzt ist, sog. „absolute Rechtskraft".

Gegebenenfalls können sich aber Prozeßlagen einstellen, in denen zwar die absolute Rechtskraft noch nicht erreicht ist (und nicht einmal feststeht, ob es zu solcher überhaupt kommen, und nicht vielmehr eine Aufhebung der Entscheidung erfolgen wird), doch aber schon eine beschränkte (relative) Rechtskraft da ist. Dies einmal dann, wenn

---

[1]) Ein Beispiel war nach der Rechtslage vor 1924 (unter der Herrschaft der alten Schwurgerichtsverfassung) die Verbindlichkeit des Geschworenenspruchs (Verdikts) für das ihm folgende Urteil. Im heutigen Recht kommt die Bindungskraft von Entscheidungen nur bei gegenständlich beschränkter Rechtskraft zur Geltung, s. unten II.

Keine Bindungskraft haben Entscheidungen bezüglich eines Prozeßgegenstandes für Entscheidungen bezüglich eines anderen Prozeßgegenstandes. Richtete sich ein Prozeß z. B. gegen X als Haupttäter und Y als seinen Gehilfen, und kommt es in der Hauptverhandlung zur Verurteilung des X und zur Aussetzung der Verhandlung gegen Y, so ist das Gericht bei der demnächstigen Aburteilung des Y an den Inhalt des gegen X ergangenen Urteils nicht gebunden, es kann z. B. den Y mit der Begründung freisprechen, daß X die angebliche Haupttat nicht begangen habe (und somit seine Verurteilung irrig gewesen sei).

einer Person das Anfechtungsrecht überhaupt versagt ist (vgl. z. B. StPO. § 210) oder sie es (z. B. durch Verzicht) verloren hat, während doch noch dahinsteht, ob nicht auf Anfechtung einer anderen Person hin die Entscheidung aufzuheben sein wird. Hier ist vorerst persönlich beschränkte („subjektiv relative") Rechtskraft gegeben.

Sodann kann es vorkommen, daß sich die (persönlich allseitige) Rechtskraft doch nur hinsichtlich eines Stückes des Entscheidungsinhalts einstellt, während im übrigen das Geschick der Entscheidung (Anfechtung und Aufhebung) noch in der Schwebe bleibt: gegenständlich beschränkte („objektiv relative") Rechtskraft.[1])

Der persönlich beschränkten Rechtskraft entspricht eine beschränkte Sperrwirkung, insofern die Entscheidung zwar immer noch von einer Aufhebung bedroht ist, doch aber dem von der Anfechtung Ausgeschlossenen der Weg zur Herbeiführung der Aufhebung verlegt ist. Eine Vollzugswirkung knüpft sich an die persönlich beschränkte Rechtskraft nicht an[2]); die in dieser Weise nur beschränkt rechtskräftige Entscheidung ist nur in den Fällen vollziehbar, in denen sie schon vor Rechtskraft Vollzugswirkung hatte (oben § 54 IV 2).

Bei gegenständlich beschränkter Rechtskraft (Beispiel: ein Urteil ist nur hinsichtlich des in ihm enthaltenen Kostenausspruchs angefochten worden, dagegen hinsichtlich des Schuldspruchs und des Strafausspruchs allseitig rechtskräftig geworden) entfaltet die Entscheidung hinsichtlich des Teils, für den sie (in persönlicher Hinsicht allseitig) rechtskräftig ist, volle Sperr- und Vollzugswirkung.[3]) Der nicht rechtskräftige Teil der Entscheidung ermangelt der Sperr- und der Vollzugswirkung; auf ihn übt aber der rechtskräftige, soweit beide Teile innerhalb desselben Prozeßgegenstands liegen[4]), und der noch ausstehende Entscheidungsinhaltsteil von dem rechtskräftig erledigten logisch abhängt, Bindungskraft aus. Ist z. B. das vom Schöffengericht erlassene verurteilende Urteil hinsichtlich des in ihm ent-

---

[1]) Darüber Näheres unten § 68.

[2]) Die Strafvollstreckung gegen den verurteilten Angeklagten kann deshalb nicht schon daraufhin einsetzen, daß er auf sein Rechtsmittel verzichtet hat usw., da damit allein die Entscheidung noch nicht gegen Aufhebung sichergestellt ist (wegen der Anfechtungsrechte des etwaigen gesetzlichen Vertreters, der Staatsanwaltschaft usw.).

Auf einem anderen Blatte steht, daß nach § 450 StPO., bei der nach der absoluten Rechtskraft einsetzenden Strafvollstreckung, die während des Stadiums der persönlich beschränkten Rechtskraft vollzogene Untersuchungshaft anzurechnen ist.

[3]) Über die Besonderheiten des § 357 StPO. vgl. unten § 83.

[4]) Vgl. oben I 3.

haltenen Schuldspruchs unangefochten geblieben und somit insoweit rechtskräftig geworden, aber Berufung hinsichtlich des Strafausspruchs eingelegt worden, so muß die Entscheidung über den Strafausspruch auf dem Schuldspruch aufgebaut werden, es kann also nicht Freisprechung erfolgen.

Bindend ist aber nur der rechtskräftige Teil der Entscheidung selber; nicht das Gedankengebäude, das im Sinne der „Begründung" diesen Teil trägt (also im vorigen Beispielsfall nur der Schuldspruch selber, nicht die vom Gericht zu seiner Begründung getroffenen Feststellungen.[1])

III. Eine eigentümliche Rechtslage ergibt sich für einen Teil der prozeßerledigenden Formalentscheidungen. Soweit diese in Urteilsform ergehen, sind sie freilich unwiderruflich und nur mit einem befristeten Rechtsmittel anfechtbar, so daß sie mit unbenutztem Verstreichen der Anfechtungsfrist oder mit Erledigung des Rechtsmittels in formelle Rechtskraft erwachsen. Das gleiche gilt für sie, wenn sie zwar in Beschlußform ergehen, das Gesetz aber gegen sie ausdrücklich nur die sog. „sofortige" Beschwerde (unten § 69 III) eröffnet (vgl. z. B. § 210 II). Es gibt aber auch prozeßerledigende Formalentscheidungen, die in Beschlußform ergehen[2]), und gegen die das Gesetz die Beschwerde vorsieht, ohne diese ausdrücklich im Sinne der „sofortigen" Beschwerde an eine Frist zu binden (sog. einfache Beschwerde). Nun kann es aber nicht im Sinne des Gesetzes liegen, einer prozeßerledigenden Entscheidung die Wirkung, die sie anstrebt, nämlich den Prozeß abzuschließen, dauernd zu versagen. Scheut man deshalb die Auslegung, daß diese Beschlüsse im Wege der Analogie denen hinzuzurechnen seien, die das Gesetz ausdrücklich der sofortigen Beschwerde unterstellt (vgl. unten § 69 III), so kann rationellerweise nur angenommen werden, daß sie wenigstens sofortige Sperrwirkung unter einer auflösenden Bedingung haben, nämlich so lange, bis sie im Beschwerdewege aufgehoben werden, daß sie also bis dahin die Rechtshängigkeit beseitigen und der Prozeß-

[1]) Dem nur mit dem Strafausspruch befaßten Berufungsgericht würde also unverwehrt sein, die Feststellungen, mit denen das Schöffengericht die Schuldigsprechung gerechtfertigt hat, für irrig zu erklären. Von seinem Standpunkt (daß der Schuldspruch unhaltbar und Freisprechung geboten war), kann es nun freilich nicht derart praktisch Gebrauch machen, daß es den Schuldspruch aufhebt und durch Freisprechung ersetzt (s. o.); wohl aber wird es die mindestmögliche Strafe verhängen und diesen Strafausspruch damit motivieren, daß der Schuldspruch fälschlich bejaht worden sei.

[2]) Vgl. dazu oben § 50 V, 2.

fortführung entgegenstehen.[1]) Man könnte diese Wirkung eine „einstweilige" Rechtskraftwirkung nennen, wenn nicht herkömmlich der Ausdruck „Rechtskraft" lediglich auf die endgültige Sperrwirkung bezogen würde.

IV. Eines besonderen Gerichtsausspruchs darüber, daß eine Entscheidung rechtskräftig geworden sei, bedarf es nicht.[2]) Hat aber eine Partei ein Begehren auf Prozeßfortführung angebracht, das an der eingetretenen Rechtskraft scheitert (z. B. Berufung nach Ablauf der Berufungsfrist eingelegt), so ist dieses Begehren wegen der Rechtskraft als unzulässig zu verwerfen, vgl. §§ 319 I, 322 I, 346 I, 349 I. Diese Verwerfungsbeschlüsse sind aber nicht so zu verstehen, als trete die Rechtskraft erst mit ihnen und kraft ihrer ein.[3])

V. Die einmal eingetretene Rechtskraft ist grundsätzlich bleibend. In außergewöhnlicher Weise sinkt sie jedoch dann ex tunc in sich zusammen, wenn gegen den Ablauf derjenigen Anfechtungsfrist, deren Nichteinhaltung die Rechtskraft bewirkt hatte, Wiedereinsetzung in den vorigen Stand gewährt wird.[4]) Damit treten zugleich auch etwaige Beschlüsse, durch die ein Anfechtungsbegehren wegen Rechtskraft verworfen worden ist, von selber außer Kraft[5]), da diese Beschlüsse nicht selbst die Rechtskraft schufen, und ihnen durch die Wiedereinsetzung und die damit verbundene Änderung der Sachlage die Grundlage entzogen ist.

§ 56. 3. Die materielle Rechtskraft.

Küßner, **GA. 3** 198; A. Berner, das. 472; Derselbe, **GS.** 1866 31; Ortloff, **GA. 26** 186; Heffter, Non bis in idem 1873; Glaser, Verbrauch der Strafklage, Grünhuts Z. **12** 303; Lammasch, **GS.** 1889 1; Max Berner, Der Grundsatz des Ne bis in idem im Strafprozeß

---

[1]) So auch **E. 41** 283.

[2]) Soweit Strafvollstreckung in Frage kommt, liegt die Prüfung und Bescheinigung der Rechtskraft dem Urkundsbeamten der Geschäftsstelle ob, § 451 I verbunden mit § 449.

[3]) Insbesondere gilt dies auch für den Beschluß, durch den eine zwar rechtzeitig eingelegte, aber nicht ordnungsgemäß gerechtfertigte (§ 345) Revision als unzulässig verworfen wird. Die Rechtskraft ist hier schon mit Ablauf der Revisionsrechtfertigungsfrist eingetreten. KGer. und Beling, **JW. 56** 3060; a. M. KGer., **GA. 71** 43, **E. 53** 236.

[4]) Beispiel: Ein Schöffengerichtsurteil ist am 1. Februar verkündet, und, da bis Ablauf des 8. Februar (vgl. § 314 I) keine Berufung dagegen eingelegt war, rechtskräftig geworden; am 15. Februar wird dem Angeklagten Wiedereinsetzung gegen den Ablauf der Berufungsfrist gewährt (§§ 44ff.); damit hat das Schöffengerichtsurteil rückwirkend seine Rechtskraft verloren.

[5]) **E. 53** 287.

1891; Zitzlaff und Reiffel, GA. 52 208, 89; Farnbacher, GS. 54 386; Heinsheimer, ZStW. 20 564; Barbarino, Rechtskraft des Strafurteils 1902; Binding, Der originäre Strafanspruch im Verhältnis zum urteilsmäßigen (Abhandlungen 2 265); Binding, Das rechtskräftige Strafurteil in seinen strafprozessualen, strafrechtlichen und staatsrechtlichen Wirkungen (Abhandlungen 2 301); Kleinfeller, Der Gegenstand der Rechtskraft, in der Festschrift für Wach 2 1913; Schlosky, GA. 71 283, 327; Sauer, Grundl. des Prozeßrechts 1919; J. Goldschmidt, Proz. als Rechtslage 1925; Rocco, Concetto, specie e valore della sentenza penale definitiva, Rivista penale Vol. 61, fasc. 1 u. 2; Derselbe, Trattato della cosa giudicata come causa di estinzione dell'azione penale, Vol. I, II 1, 1904; Rocco in der Rivista penale, Vol. 53, fasc. 2 p. 136 (Rechtskraft ausländ. Strafurteile); Adolf Merkl, Die Lehre von der Rechtskraft, entwickelt aus dem Rechtsbegriff 1923.

I. Während die Bedeutung der laufenden Entscheidungen in keinem Punkte über den Prozeß, in dem sie ergehen, hinausragt, sodaß bei ihnen die formelle Rechtskraft die stärkstmögliche Wirkung ist, erhebt sich für die prozeßerledigenden Entscheidungen[1]) jenseits ihrer formellen Rechtskraft[2]) noch ein neues Problem: ob sie nämlich auch über denjenigen Prozeß hinaus, dessen Schlußpunkt sie bezeichnen, maßgeblich bleiben. Das ist das Problem der sog. „materiellen Rechtskraft", der res judicata.

Ein solches Hinauswirken der prozeßerledigenden Entscheidungen ist nach verschiedenen Richtungen hin denkbar.[3])

1. Es ist denkbar, daß die Rechtsordnung den prozeßerledigenden Ausspruch für den Prozeßgegenstand selber, also für die materiellrechtlichen Rechtsverhältnisse, bedeutsam sein läßt. Eine solche Rechtskraftbedeutung nahm die gemeinrechtliche Zivilprozeßtheorie und nimmt ein Teil der Zivilprozeßtheoretiker auch für den heutigen Zivilprozeß für alle Sachurteile des Zivilprozesses (auch diejenigen, die nicht, wie z. B. das Ehescheidungsurteil, „Konstitutivurteile" sind) an. Danach ist der rechtskräftig verurteilte Beklagte kraft der Verurteilung „Schuldner" im Sinne des bürgerlichen Rechts, auch wenn

---

[1]) Natürlich nur für diejenigen, die nicht ipso jure unwirksam und somit nicht einmal der formellen Rechtskraft teilhaftig sind (oben § 55 I).

[2]) Und zwar der „absoluten". Die „relative" Rechtskraft (oben § 55 II) ragt in ihrer Bedeutung nicht über den Einzelprozeß hinaus.

[3]) Die nachstehend aufgeführten Wirkungen sind scharf gesondert ins Auge zu fassen. Man kann nicht (wie Sauer will), die Rechtskraft als „Rechtsgestaltungskraft" (wobei es sich um „Gestaltung" „des prozessualen Gegenstands" handle) erfassen. Goldschmidt erklärt die Rechtskraft als „Gerichtskraft". Gemeint ist damit die rechtliche Bedeutung des Richterspruchs; aber in der Erkenntnis kommt man durch das neue Wort nicht weiter. Aber auch Goldschmidts Inhaltsbestimmung der Rechtskraft als der „Geltung des prozessualen Anspruchs" führt nicht zur Klarheit.

er es vorher nicht war; der mit dem Anspruch rechtskräftig abgewiesene Kläger hat den Anspruch nicht, auch wenn er ihn bisher hatte. Die „res judicata“ ordnet sich den anspruchsbegründenden und -vernichtenden Tatsachen des materiellen Rechts ein. Von der Auffassung aus, daß es sich um materiellrechtliche Wirkungen handle, hat das Institut der „materiellen“ Rechtskraft diesen seinen Namen erhalten.

2. Auf prozeßrechtlichem Felde ist ein Hinauswirken über den erledigten Prozeß in zweifacher Weise denkbar:

a) im Sinne einer Verstärkung der schon mit der formellen Rechtskraft verbundenen Sperrwirkung: Unzulässigkeit (nicht nur der Fortführung des erledigten Einzelprozesses, sondern) jeder späteren Entscheidung über den Prozeßgegenstand und somit jedes diesen betreffenden neuen Verfahrens (prozeßrechtliche „negative Funktion der materiellen Rechtskraft).[1])

b) Soweit solche Sperrwirkung nicht besteht, ein neues Verfahren also zulässig bleibt, ist denkbar, daß der rechtskräftigen Entscheidung Bindungswirkung für den Inhalt der in dem neuen Verfahren zu fällenden beigelegt wird (prozeßrechtliche „positive Funktion“ der materiellen Rechtskraft).

II. Für den Strafprozeß steht unbestrittenermaßen die negative Funktion der materiellen Rechtskraft (I 2a) im Vordergrunde. Die formell rechtskräftige Prozeßerledigung vernichtet (in den sogleich darzulegenden Grenzen) zugleich die Zulässigkeit der Strafverfolgung überhaupt und damit das Strafklagerecht (oben § 24); „Ne bis in idem“, „Verbrauch“, „Erlöschen“, „Konsumtion des Strafklagerechts“.[2])

Nur bedarf dieses Unzulässigwerden der Strafverfolgung näherer Begrenzung.

1. Unberührt bleibt die Strafverfolgung bezüglich eines Prozeßgegenstandes, der mit dem des rechtskräftig erledigten Prozesses nicht identisch ist (ne bis „in idem“). Drehte sich z. B. der Erstprozeß nur um einen von A im Mai begangenen Hausfriedensbruch,

---

[1]) Man kann hier im Anschluß an Binding von einer Anwendung des „Grundsatzes der Einmaligkeit“ sprechen. Sauer will diesen Grundsatz der Einmaligkeit aus der Rechtskraftlehre völlig hinausweisen, weil er für jede Prozeßhandlung gelte. Aber diejenige „Einmaligkeit“, die in der Sperrwirkung so, wie oben gefaßt, zutage tritt, ist offenbar eine der prozeßerledigenden Entscheidungen in scharfer Umreißung charakteristische.

[2]) Unscharf die Wendung „Konsumtion der Strafklage“, die ja ein historisches Ereignis darstellt.

so versperrt die rechtskräftige Erledigung dieses Prozesses der Klage gegen B als Mittäter, Anstifter oder Gehilfen dabei ebensowenig den Weg, wie der Klage gegen A wegen einer im April verübten Körperverletzung.

2. Aber auch wenn der neue Prozeß wieder denselben Prozeßgegenstand betrifft wie der alte, tritt mit dessen rechtskräftiger Erledigung nicht schlechthin Unzulässigkeit der Strafverfolgung ein. Es kommt vielmehr darauf an, welcher Art die Prozeßerledigung war.

a) Die Hauptanwendung findet das Ne bis in idem auf Sachurteile. Durch sie ist grundsätzlich der abgeurteilte Prozeßgegenstand ganz und für immer abgetan, einerlei, ob Verurteilung oder Freisprechung erfolgt ist. Abgetan ist der ganze Fall, d. h. der Prozeßgegenstand nicht bloß in der Beleuchtung, in der ihn das Urteil sah, sondern so umfassend, wie ihn — immer unter Festhaltung der Identität — das Gericht im Erstprozeß abzutun rechtlich in der Lage war (vgl. oben § 28 IV, § 40 II ff.), und ohne Rücksicht darauf, ob dem Gericht die tatsächliche Lage des Falles zutreffend und vollständig bekannt war. Aufrollung eines neuen Prozesses nach rechtskräftigem Sachurteil ist deshalb auch dann unzulässig,

wenn sich der Sachverhalt in neuem Lichte zeigt[1]);

wenn der Sachverhalt (sei es so, wie ihn schon das Gericht im Erstprozeß kannte, sei es so, wie er sich nachher herausgestellt hat) zu juristischen Würdigungen hinleitet, die das Urteil beiseite gelassen hat[2]);

---

[1]) Z. B. wenn sich gegen den Freigesprochenen belastendes Schuldbeweismaterial herausstellt; wenn der Angeklagte wegen Diebstahls an einem 100-Mk.-Schein verurteilt war, und sich herausstellt, daß es ein 1000-Mk.-Schein oder ein 10-Mk.-Schein war, den er weggenommen hat; wenn sich zeigt, daß ein fortgesetztes Delikt vorliegt, und diesem weitere Einzelhandlungen außer denjenigen zugehören, die das Gericht im Erstprozeß gekannt hat (im letzteren Falle kann um der unberücksichtigt gebliebenen Tatpartikeln halber ein neuer Prozeß weder dann einsetzen, wenn das Gericht wegen der von ihm ins Auge gefaßten Einzelhandlung verurteilt, noch wenn es hinsichtlich ihrer freigesprochen hat; unfolgerichtig das RGer., z. B. E. 24 420, JW. 54 1010, wenn es die Unzulässigkeit des neuen Verfahrens nur für den Verurteilungsfall, nicht auch für den Freisprechungsfall bejaht; vgl. dagegen Bennecke-Beling 414 A. 38, Beling JW. 54 1010.

Unberührt bleibt die Zulässigkeit der Verfolgung natürlich für solche neuen Sachverhalte, die eine andere Tat (wäre es auch desselben Täters, — Realkonkurrenz im Gegensatz zur Tateinheit) ausmachen.

[2]) Beispiel: A war wegen eines von ihm abgefeuerten Revolverschusses angeklagt worden; als in Betracht kommender rechtlicher Gesichtspunkt ist nur der des § 368^7 StGB. ins Auge gefaßt worden, und es ist auf Frei-

wenn sich zeigt, daß (sei es schon auf Grund der Sachlage und der juristischen Würdigung, wie sie im Erstprozeß zur Sprache gekommen waren, sei es auf Grund der nachträglichen Veränderung des tatsächlichen und rechtlichen Bildes) eine Rechtsfolge verwirkt war, die in dem Urteil nicht verhängt ist[1]);

wenn sich zeigt, daß das Urteil wegen Fehlens einer Prozeßvoraussetzung, einer Strafklagerechtsvoraussetzung, einer Urteils- oder Urteilsqualitätsvoraussetzung nicht oder nicht so, wie es ergangen ist, hätte ergehen sollen.[2])

und zwar ohne Rücksicht darauf, ob sich der Erstprozeß als Staatsklageverfahren oder als Privatklageverfahren abgespielt hat.

Waren hinsichtlich des Prozeßgegenstandes mehrere Subjekte strafklageberechtigt, so büßen grundsätzlich sie alle durch die Rechtskraft ihre Strafklagerechte ein: mit dem auf Staatsklage hin ergangenen Urteil erlischt auch das Privatklagerecht, mit dem auf Privatklage hin ergangenen auch das Staatsklagerecht, mit dem auf Privatklage eines Privatklägers hin ergangenen Urteil erlöschen auch die Privatklagerechte Anderer[3]) (immer vorausgesetzt, daß es sich um denselben Prozeßgegenstand handelt).

Einen Paragraphen, in dem der Grundsatz „Ne bis in idem" ausdrücklich festgelegt wäre, enthält die StPO. nicht. Er ist gleichwohl (vorbehaltlich etlicher Streitfragen über seinen Umfang, vgl. z. B. oben S. 267 Anm. 1) ein allgemein anerkannter Rechtssatz unseres geltenden Strafprozeßrechts, weil verschiedene Bestimmungen der StPO., so besonders diejenigen über Wiederaufnahme des Verfahrens, §§ 359 ff. StPO., ihn logisch voraussetzen.

Die tiefgreifenden Wirkungen der Rechtskraft erscheinen an sich unzweifelhaft anstößig[4]): durch sie werden Entscheidungsinhalte zu

sprechung oder aber auf Verurteilung zu Übertretungsstrafe erkannt worden. Nachher zeigt sich, daß der Schuß, was vorher nicht bekannt war, einen Menschen getötet hat, und die Tat somit fahrlässige (oder auch vorsätzliche) Tötung bedeutete. Trotz dieser sehr erheblichen Wendung der Angelegenheit hat es bei dem rechtskräftigen Urteil sein Bewenden.

[1]) Z. B. wenn bei einer Verurteilung wegen Meineids der § 161 StGB. übersehen worden, und nur auf eine Zuchthausstrafe ohne Nebenfolgen erkannt worden ist.

[2]) Dies natürlich nur, wenn der Prozeßverstoß nicht ipso-jure-Unwirksamkeit des Urteils nach sich zieht.

[3]) Über eine zu § 375 III einsetzende Streitfrage s. unten § 87.

[4]) Nach Sauer soll die Rechtskraft das „Prozeßziel" sein. Damit wird sie unzulässig idealisiert. Ziel des Prozesses ist nicht die Rechtskraft schlechthin, sondern nur die richtige und um ihrer Richtigkeit willen rechtskräftige Entscheidung. Die Rechtskraft der unrichtigen Entscheidung und damit das Rechtskraftinstitut schlechthin, ist notbehelfsmäßige Preisgabe des Prozeßziels.

endgültigen, auch wenn sich die Entscheidung nachher als in tatsächlicher oder rechtlicher Hinsicht fehlgehend oder den Prozeßgegenstand nicht erschöpfend erweist. Aber eine ständige Prozeßerneuerung ohne Ende, wie sie ohne die materielle Rechtskraft zulässig wäre, verträgt das Rechtsleben nicht. Die irdische Rechtsordnung nimmt die endgültige Sperrwirkung der res judicata als das kleinere Übel in den Kauf, soweit, was ja Voraussetzung ist, das Gericht im Erstprozeß die Aufgabe einer umfassenden Klärung des Falles in tatsächlicher und rechtlicher Hinsicht hatte.[1])

Psychologisch hat auch das Institut der Rechtskraft wenigstens das Gute, daß die Prozeßsubjekte ihrer Aufgabe mit geschärfter Aufmerksamkeit obliegen werden. Das gibt, wenngleich auch so das menschliche Können hinter dem Erstrebten möglicherweise zurückbleibt, doch immerhin die Gewähr, daß die Zahl der durch die Rechtskraft gedeckten Fehlsprüche eine gewisse Herabminderung erfährt.

Auffallen kann auch, daß durch die Rechtskraft nicht bloß derjenige Strafkläger, auf dessen Auftreten hin der Erstprozeß vor sich gegangen ist, sondern auch die nicht mitbeteiligt gewesenen Strafklageberechtigten das Klagerecht verlieren. Aber diesem nachherigen Verlust des Klagerechts wird dadurch seine Schärfe genommen, daß der nachher Ausgeschlossene während des Erstprozesses die rechtliche Möglichkeit des Eintritts in diesen hatte, vgl. StPO. §§ 377 II, 375 II, 395.

Die Tragweite des Satzes Ne bis in idem ist überdies nicht unbegrenzt.

α) Da die Sperrwirkung mit dem Gedanken Hand in Hand geht, daß der abgeschlossene Prozeß für erschöpfende Erledigung des Falles von Rechts wegen aufnahmefähig war, so kann sie insoweit, als dies nicht der Fall war[2]), eben nicht Platz greifen.

So konsumiert ein Urteil, das eine Verurteilung wegen Offizialdelikts ausspricht, dabei aber die Frage, ob die Tat nicht auch unter dem Gesichtspunkt eines Antragsdelikts strafbar sei, wegen Fehlens des Strafantrags offen läßt, das Strafklagerecht nur in Begrenzung auf die Würdigung der Tat unter dem Gesichtspunkte irgendwelcher Offizialdelikte.[3])

Da ferner den Gerichten eines Einzelstaats verwehrt ist, fremdes Landesrecht anzuwenden (oben § 40 III, 2), so steht die Rechtskraft ihrer

---

[1]) Vgl. dazu oben § 40 II ff. und unten α.

[2]) Vgl. oben §§ 28 IV, 40 II ff.

[3]) Inwieweit Neuverfolgung unter dem Gesichtspunkt eines Antragsdelikts statthaft ist darüber unten c.

Urteilssprüche der Strafverfolgung vor den Gerichten eines anderen Einzelstaats insoweit nicht entgegen, als es sich um die Würdigung der Tat unter dem Gesichtspunkt der Strafbarkeit nach dessen Landesrecht handelt.[1])

Im objektiven Verfahren bildet nur die Einziehung (Unbrauchbarmachung) der betreffenden Sache den Urteilsgegenstand; die in ihm ergehenden Urteile stehen deshalb neuen objektiven Verfahren wegen anderer Sachgegenstände nicht entgegen; ebensowenig einem regulären Strafprozeß, nur daß in diesem die Einziehungs- (Unbrauchbarmachungs-) Frage hinsichtlich des betreffenden Gegenstandes ausgeschaltet bleibt.

Würden sich schließlich nach der letzten Tatsachenverhandlung des Erstprozesses Tatsachen ereignen[2]), die die Strafbarkeit der — den identischen Prozeßgegenstand bildenden — Tat erst begründen oder qualifizieren, so wird anzunehmen sein, daß bei so veränderter Sachlage ein neues Verfahren zulässig ist.[3]) Denn das Gericht durfte ja sein Urteil nur auf die Vergangenheits- und Gegenwartssachlage gründen, und es würde an jeder ratio dafür fehlen, weshalb die Vorzeitigkeit der Urteilsfällung den Täter der verdienten Strafe entrinnen lassen sollte.[4])

β) Unter bestimmten Ausnahmevoraussetzungen läßt das Gesetz eine „Wiederaufnahme des Verfahrens“ mit dem Ziel der Aufhebung des rechtskräftigen Urteils zu, StPO. §§ 359ff., unten § 84.

γ) Geht die Urteilsurkunde verloren, und wird dadurch der Entscheidungsinhalt praktisch unvollziehbar (vgl. StPO. § 451), so entfällt, falls Herstellung einer Zweitschrift nicht möglich ist (z. B. wegen Todes der Richter), die Sperrwirkung; es ist neues Verfahren zulässig, da der Zufall keinen Rechtsgrund für Vereitelung des Richterspruchs darstellt.

b) Konsumierende Wirkung kommt — mit gewissen Modifikationen — auch anderen Sachentscheidungen (die nicht Sach-

---

[1]) Hat z. B. ein preußisches Gericht auf Freisprechung erkannt, so ist ein bayrisches Neuverfahren behufs Prüfung der Tat nach bayrischem Landesstrafrecht zulässig.

[2]) Nicht genügend, daß sie schon vorlagen und erst nachher bekannt werden.

[3]) Beispiel: X ist wegen Körperverletzung, begangen an Y, nach § 223a StGB. rechtskräftig verurteilt worden; hinterdrein stirbt Y an den Folgen der Verletzung, so daß die Tat nunmehr nach § 226 StGB. strafbar ist. Vgl. dazu jedoch unten IV 1.

[4]) Die Vorschriften über Wiederaufnahme des Verfahrens (StPO. § 362) könnten hier keine Abhilfe bringen.

urteile sind), zu, s. unten § 73 I 3b, § 94 I 5a. Vgl. auch unten § 88 VI 2.

c) Prozeßerledigende Formalentscheidungen können eine endgültig sacherledigende Bedeutung deshalb nicht haben, den Klageberechtigten nicht schlechthin seines Strafklagerechts berauben, weil sie dem klägerischen Begehren einer Prüfung des Prozeßgegenstandes nicht genügen. Es ist deshalb üblich geworden, ihnen die materielle Rechtskraft im Sinne des Ne bis in idem überhaupt abzusprechen.[1]) Aber wenn es im Sinne des Gesetzes läge, daß neue Verfahren ohne alle Rücksicht auf zuvorige formale Prozeßerledigung zulässig sein sollten, so wäre nicht erfindlich, weshalb diesen Gerichtsaussprüchen auch nur formelle Rechtskraft beigelegt wäre (oben § 55 III); denn es wäre dann der einfachere Weg der Fortführung des Erstprozesses (Widerruflichkeit, Anfechtbarkeit) zugunsten des prozeßökonomisch umständlicheren: des Verfahrensneubeginns, vertauscht. Deshalb muß auch den prozeßerledigenden Formalentscheidungen eine gewisse Sperrwirkung nach Maßgabe ihres Inhalts zugesprochen werden. Jede solche Entscheidung gründet nämlich in der Feststellung des Mangels einer bestimmten Prozeßvoraussetzung oder Strafklagerechtsvoraussetzung (oben § 24 III); und in diesem Sinne bleibt die Entscheidung endgültig bei Bestand; ein neues Verfahren ist insoweit unzulässig, als jene Feststellung als unrichtig beiseite geschoben werden müßte, um die Zulässigkeit bejahen zu können.[2]) Im übrigen freilich kann von einem Ne bis in idem keine Rede sein.[3])

Hinsichtlich der Einstellungsurteile des § 260 II StPO. (oben § 51 IV 1) ist zu beachten, daß sie hinsichtlich des Offizialdeliktscharakters

---

[1]) So auch Bennecke-Beling, S. 411, 422.

[2]) Hat z. B. ein Gericht das Verfahren eingestellt, weil ein Strafantrag nicht gestellt worden sei, so bleibt ein Neuverfahren unstatthaft auch wenn sich herausstellt, daß der Strafantrag in Wahrheit gestellt war.

[3]) So ist z. B. dadurch, daß sich das Schöffengericht X für örtlich unzuständig erklärt hat, weder die Strafverfolgung vor anderen Gerichten abgeschnitten, noch ist das erneut angerufene Schöffengericht X behindert, an Hand der gegenwärtigen Tatsachenlage (z. B. derzeitiger Wohnsitz des Angeklagten im Bezirke) seine Zuständigkeit zu bejahen und den Prozeß durchzuführen. Ist die Privatklage des X abgelehnt worden, so steht dies der Staatsklage oder der Privatklage des Y nicht entgegen. Ist wegen Strafantragsmangels eingestellt worden, so ist das neue Verfahren gleichwohl zulässig, wenn der Strafantrag nachher noch (in der Frist des § 61 StGB. usw.) gestellt wird. Ist die Zulässigkeit des ordentlichen Strafrechtsweges verneint worden, weil die Sache vor ein Sonderstrafgericht gehöre, so ist die Strafverfolgung wieder zulässig, wenn nachher die betr. Sondergerichte aufgehoben werden.

der Tat latent eine Freisprechung enthalten, und insoweit volle Sperrwirkung im Sinne von oben IIa eintritt. Entsprechendes gilt für Verurteilungen, bei denen die Verfolgbarkeit unter dem Gesichtspunkt eines Antragsdelikts offengehalten wird (oben § 51 IV 1).

III. Materiellrechtliche Wirkungen (oben I 1) entfaltet eine rechtskräftige Sachentscheidung insoweit, als sie auf nichtkriminelle Nebenfolgen lautet, die nach materiellem Recht vor dem Richterspruch noch nicht vorhanden waren. So geht mit dem auf Einziehung einer Sache lautenden Ausspruch das Eigentum auf den Fiskus über; die Aberkennung der bürgerlichen Ehrenrechte verändert die Rechtsstellung in der von §§ 33, 34 StGB. vorgezeichneten Weise.[1])

Dagegen bleibt der Prozeßgegenstand hinsichtlich der strafrechtlichen Rechtsverhältnisse durch die Entscheidung völlig unberührt. Der Abgeurteilte bleibt genau so strafbar oder nicht strafbar, wie er es zuvor war; bestand ein Strafanspruch, so besteht er auch über die Freisprechung hinaus weiter; bestand keiner, so wird er durch Verurteilung nicht begründet. „Konsumiert" wird nicht „der Strafanspruch" (der möglicherweise gar nicht bestand, und der, wenn er bestand, weder durch Freisprechung beseitigt, noch durch Verurteilung in einen neuen Strafanspruch übergeführt wird), sondern (oben II) das Strafklagerecht (weil diesem, d. i. dem Anspruch auf Gewährung der Rechtsschutztätigkeit, Genüge geschehen ist). Und „konstituiert" wird durch Verurteilung nicht die Strafbarkeit, sondern die prozeßrechtliche Befugnis der Strafvollstreckungsorgane zu ihrer Tätigkeit (kraft der in der formellen Rechtskraft enthaltenen Vollzugswirkung). Dieser Tätigkeit steht die Billigung der Rechtsordnung zur Seite; das durch sie über den Verurteilten kommende Leiden bedeutet aber trotz der rechtskräftigen Verurteilung einen rechtswidrigen Zustand, wenn es nach materiellem Strafrecht nicht verwirkt war; denn dieses normiert erschöpfend, inwieweit jemand von Rechts wegen Strafe zu leiden hat; die subjektive — und möglicherweise irrige — Auffassung und Erklärung des Richters, daß jemand Strafe verdiene oder nicht verdiene, ist sichtlich etwas anderes, als das objektive Verdientsein oder Nichtverdientsein der Strafe nach der Rechtsordnung selbst. Das Strafprozeßrecht steht in dienender Funktion neben dem Strafrecht. Wollte man den Richterspruch für Strafbarkeit oder Nichtstrafbarkeit bestimmend sein lassen, so würde das Strafrecht bestimmungswidrig entweder überhaupt entwurzelt oder zum Range einer

[1]) Außerdem bewirkt die Tatsache, daß eine rechtskräftige Verurteilung zu Zuchthaus vorliegt, die in § 31 StGB. verordnete Einbuße an der öffentlichrechtlichen Rechtsstellung des Verurteilten.

nur bis zum Richterspruch andauernden vorläufigen Regelung hinabgedrückt. Das Richterwort würde die Rechtsordnung beiseite drängen.

Man hat gemeint, eine Denkschwierigkeit darin finden zu sollen, daß das Prozeßrecht kraft des Rechtskraftinstituts zu Ergebnissen hinführt, die möglicherweise mit dem Strafrecht nicht in Einklang stehen. Eben deshalb schien es notwendig, den Richterspruch als das eigentlich Bestimmende aufzufassen und das Strafrecht durch ihn korrigieren zu lassen.

In der Tat kann eine Lebensregelung hinsichtlich eines identischen Regelungsgegenstandes nicht je nach Rechtsteilen (Strafrecht — Strafprozeßrecht) entgegengesetzt sein; es kann innerhalb derselben Rechtsordnung niemand „in der Sphäre des Strafrechts" strafbar, in der des Strafprozeßrechts straflos sein oder umgekehrt.[1])

Aber es handelt sich im Verhältnis der Rechtskraft zur Strafbarkeit gar nicht um denselben Regelungsgegenstand: dort behördliche Tätigkeit, hier das Strafleiden. Wo die rechtskräftige Entscheidung bei Strafbarkeit auf Freisprechung, bei Nichtstrafbarkeit auf Verurteilung lautet, führt sie zwar tatsächlich im ersten Falle zu Straflosigkeit, im zweiten zum Strafleiden; aber diese Ergebnisse sind dann ebenso rechtswidrig, wie das der rechtskräftigen Entscheidung entsprechende behördliche Verhalten rechtmäßig ist: es handelt sich um die juristische Figur rechtmäßigen Handelns mit rechtswidrigem Ergebnis.[2])

Danach leuchtet auch die Funktion ein, die die ausnahmsweise zugelassene Wiederaufnahme des Verfahrens (oben **II** 2a β, unten § 84) hat: sie dient der Korrektur eines falschen Ausspruchs über die Strafbarkeit. Hätte das rechtskräftige Urteil strafbarkeitbegründende oder strafbarkeitaufhebende Wirkung, so müßten die die Wiederaufnahme begründenden Tatsachen (StPO. §§ 359, 362) als Strafwiederaufhebungsgründe bzw. als strafbarkeitneubegründende Umstände konstruiert werden, was um so seltsamer wäre, als sie zum Teil schon vor dem Richterspruch liegen.

Auch die gesetzlich vorgesehenen Entschädigungsansprüche wegen ungerechtfertigter Verurteilung (unten § 108) erklären sich nunmehr zwanglos: es handelt sich um Entschädigung für ein Leiden, das

[1]) Nach Goldschmidt soll in der Rechtskraft eine „doppelte Rechtsordnung" zum Vorschein kommen: „Gesetzesrecht" — „Richterrecht". Damit stände man vor einem Rätsel. Unbefriedigend auch Merkl, Lehre v. d. Rechtskraft (1922) und ZStW. 45 452: „ratihabierende Kraft des Fehlerkalküls". Merkl bietet keine Lösung, sondern nur eine Wiederholung des Problems. Vgl. Beling, Krit. VJSchr. 57 104.

[2]) Vgl. Beling, L. v. Verbrechen S. 170ff.

einen rechtswidrigen Zustand darstellte, aber nicht um Schadensersatzansprüche aus „unerlaubter Handlung", da die strafvollstreckende Tätigkeit rechtmäßig war.

Danach ist auch die (z. B. vom RGer. vertretene) Auffassung unbegründet, daß die materielle Rechtskraft ein Institut sowohl des Strafprozeßrechts, wie auch das Strafrechts sei.[1]) Die Rechtskraft ragt in das Strafrecht gar nicht hinein.

IV. Mit Bindungswirkung für spätere Prozesse (oben I 2b) sind strafprozeßrechtliche Entscheidungen im allgemeinen nicht ausgestattet. Gilt der neue Prozeß demselben Prozeßgegenstande wie der alte, so taucht die Bindungsfrage (Festhaltung des Inhalts der rechtskräftigen Entscheidung) überhaupt nicht auf, da es wegen Unzulässigkeit des Prozesses nicht zu neuer Sachentscheidung kommt. Gilt er aber einem anderen Prozeßgegenstande, so hat das Gericht diese neue Aufgabe auch neu und selbständig zu lösen, auch wenn materiellrechtlich zwischen den Prozeßgegenständen ein logisches Bedingungsverhältnis obwaltet. Ergibt sich also in dem neuen Prozeß die Irrigkeit der rechtskräftigen Entscheidung des Vorprozesses, so kann das Gericht diese zwar nicht umstoßen, es ist aber auch nicht gehalten, sie oder die in ihrem Syllogismus enthaltenen Einzelfeststellungen der Erledigung der neuen Angelegenheit zugrunde zu legen.[2])

Nur da tritt Bindungswirkung ein, wo

1. ausnahmsweise (oben II 2a α) die Sperrwirkung den Prozeßgegenstand nicht voll umfaßt. Hier ist der Inhalt der ersten Entscheidung derart bindend, daß der Inhalt der Entscheidung über den verbliebenen Rest mit jener vereinbar sein muß, sich nicht als eine Bestreitung ihrer Richtigkeit darstellen darf.[3])

---

[1]) Vgl. dazu oben § 2 II.

[2]) Ist z. B. im Vorprozeß A als Totschläger verurteilt worden, so kann der im Zweitprozeß wegen Anstiftung des A zum Totschlage angeklagte B mit der Begründung freigesprochen werden, daß A keinen Totschlag verübt habe. Und umgekehrt kann B im Zweitprozeß wegen Anstiftung des A zum Totschlage verurteilt werden, auch wenn A selber im Vorprozeß freigesprochen worden ist. **E. 4** 369, **58** 290, **RMG. 12** 109, **15** 86. Es ergeben sich dann freilich 2 miteinander nicht vereinbare Entscheidungen, aber dieses Ergebnis ist immer noch erträglicher, als wenn das Gesetz irrige Erledigung alter Angelegenheiten in die Erledigung neuer hinüberwirken lassen wollte. Vgl. Beling, **ZStW. 36** 654.

[3]) Deshalb könnte im Nachtragsprozeß wegen nachher erfolgten Todes nach § 226 StGB. eine strafbarkeitbejahende Entscheidung nicht ergehen, wenn eine das Grunddelikt (§ 223 StGB.) verneinende Freisprechung erfolgt ist.

Ob Unvereinbarkeit gegeben ist, ist aber nicht schlechthin nach dem Tenor, sondern nach dem Sinne der ersten Entscheidung zu bestimmen.[1])

Keine Bindungskraft entfalten die Entscheidungsgründe aus dem Erstprozeß.[2])

Wo im Nachtragsprozeß zu einer rechtskräftigen Verurteilung eine weitere Verurteilung im Sinne der Idealkonkurrenz hinzugefügt wird, ist dabei dem § 73 StGB. Rechnung zu tragen.[3])

Auch die materiellrechtliche Regelung der Gesetzeskonkurrenz ist gegebenenfalls zu beachten.[4])

---

[1]) Mit einer von einem Gericht des Einzelstaats A ausgesprochenen „Freisprechung" ist die Verurteilung durch ein Gericht des Einzelstaats B wegen landesrechtlichen Delikts vereinbar, da jene Freisprechung ihrem Sinne nach die neue Würdigung nicht mit umfaßt.

Ferner kann trotz Freisprechung Verurteilung wegen post facta erfolgen, wenn jene Freisprechung das Vorliegen eines Versuchs bejahte und nur wegen Fehlens einer gesetzlichen Strafdrohung für solchen Versuch erging, während sich jetzt die Tat kraft des nachträglichen Erfolgseintritts als vollendete darstellt. (Anders dagegen, wenn die Freisprechung in dem Sinne erfolgt war, daß Versuch nicht einmal vorliege; alsdann enthielte die Verurteilung einen Widerspruch.)

[2]) Ist im Einziehungsprozeß auf Einziehung der Sache x erkannt worden, weil sie durch die und die strafbare Handlung des X hervorgebracht worden sei, so ist diese motivierende Feststellung in einem die Sache y betreffenden zweiten Einziehungsprozeß oder einem regulären Strafprozeß gegen X nicht bindend. Ist X wegen Körperverletzung verurteilt worden, und hat diese nachträglich den Tod des Y verursacht, so ist in dem nach § 226 StGB. eingeleiteten Nachtragsprozeß die Frage erneut prüfbar, ob überhaupt § 223 StGB. gegen X eingreife. (Verneinendenfalls alsdann Freisprechung im Sinne der Nichtverurteilung aus § 226; das aus § 223 StGB. verurteilende rechtskräftige Erkenntnis bleibt natürlich unberührt.)

[3]) Der Tenor hat im Schuldspruch etwa zu lauten: „Der Angeklagte wird in Ergänzung des Urteils ... auch wegen ... verurteilt." In Ansehung des Strafausspruchs ist die Strafe auf Grund des nunmehrigen Gesamtbildes erneut zuzumessen, die schon verhängte Strafe aber sachlich jedenfalls beizubehalten und nur gegebenenfalls hinaufzusetzen. Formell kann sich die Notwendigkeit ergeben, den alten Strafausspruch aufzuheben und ihn durch einen neuen zu ersetzen; dies dann, wenn bei der jetzigen Sachlage die Strafart, auf die erkannt ist, nicht mehr festgehalten wird. (Beispiel: X ist wegen Tierquälerei zu 2 Wochen Haft verurteilt worden mit dem Vorbehalt eines Nachverfahrens wegen Antragsdelikts, vgl. oben § 51 IV 1; es ist dann Strafantrag wegen Sachbeschädigung gestellt worden, so daß nunmehr auch Verurteilung aus § 303 StGB. erfolgt und nach § 73 StGB. lediglich die Strafdrohung des § 303 für die Strafzumessung maßgebend ist.) Vgl. oben § 54 II 4 aa S. 258 Anm. 1.

[4]) Ist X aus einem Strafgesetz verurteilt worden, das jetzt wegen Gesetzeskonkurrenz in Wegfall kommt, und in dem neuanzuwendenden Strafgesetz aufgeht, so ist die frühere Verurteilung formell aufzuheben (z. B. wenn gegen X aus § 223a auf 1 Jahr Gefängnis erkannt war, und jetzt wegen nachträglichen Todes des Verletzten § 226 Anwendung findet).

Eine schon vollzogene Strafe aus dem früheren Urteil ist stets anzurechnen.[1])

Bei den prozeßerledigenden Formalentscheidungen läßt sich die ihnen innewohnende beschränkte Sperrwirkung (oben II 2c) auch als Bindungswirkung bezeichnen: ein ihnen folgendes Neuverfahren ist nicht schlechthin unzulässig, wohl aber ist in ihm stets der Inhalt der alten Entscheidung bindend.

2. In den Fällen, in denen die Neuverfolgbarkeit sich auf den Verlust der Urteilsurkunde gründet (oben II 2a γ), bleibt der Inhalt der alten Entscheidung für die neue Entscheidung bindend, da das Verfahren nur der Neugewinnung der formalen Grundlage für ihren Vollzug dient („Judikatsklage"). Das neue Verfahren dreht sich also nur um die Feststellung, worauf seinerzeit erkannt worden ist.

V. Die Rechtskraftwirkungen eignen allen in der deutschen ordentlichen Strafgerichtsbarkeit erflossenen formell rechtskräftigen Sachurteilen.[2])

VI. Die Frage, ob schon eine rechtskräftige Entscheidung ergangen ist, ist

1. in jedem Strafprozeß von Amts wegen zu prüfen. Einer Vorschützung der Rechtskraft durch den Beschuldigten (exceptio rei judicatae) bedarf es nicht.

2. Die Rechtskraftfrage ist in jedem Abschnitt des Strafprozesses zu prüfen.[3])

3. Die Rechtskraft schlägt auch dann durch, wenn das Verfahren, in dem die Entscheidung ergangen ist, deshalb hätte unterbleiben sollen, weil die Sache in einem anderen Verfahren rechtshängig war (vgl. oben § 49 V 3).[4])

---

[1]) Vgl. E. 52 183.

[2]) Darüber hinaus auch den formell rechtskräftigen Sachurteilen eines deutschen Sonderstrafgerichts. Daher hat es auch nach Aufhebung des Staatsgerichtshofs zum Schutze der Republik bei den von diesem Gerichtshof gefällten rechtskräftigen Sachurteilen sein Bewenden; die betr. Angelegenheiten können in der ordentlichen Strafgerichtsbarkeit nicht erneut aufgegriffen werden. Ausländischen Urteilen geht dagegen für die deutsche Gerichtsbarkeit die Rechtskraftwirkung grundsätzlich ab. Eine Ausnahmebestimmung bildet namentlich StGB. § 5[1] (jedoch im Falle des § 5[1] Zulässigkeit eines deutschen Nachverfahrens zur Verhängung von Ehrenfolgen, StGB. § 37, unten § 92), ferner das Rheinlandabkommen, vgl. zu letzterem E. 59 10, 399).

[3]) Auch in der Revisionsinstanz. Vgl. unten § 83.

[4]) E. 30 340, 49 170, RGer. JW. 54 1010.

4. Ob Identität des Prozeßgegenstandes vorliegt, hat der Richter im Neuverfahren selbständig zu prüfen; die Auffassung, die das rechtskräftige Urteil hinsichtlich der Identitätsfrage zugrunde gelegt hat, bindet ihn nicht.[1])

5. Soweit res judicata mit Sperrwirkung vorliegt, ist jedes trotzdem anhängig werdende oder gewordene Verfahren de eadem re ohne Sachentscheid formal einzustellen. Es ist nicht etwa auf Freisprechung zu erkennen; diese fiele ja, wenn die rechtskräftige Entscheidung selbst schon auf Freisprechung lautete, ins Leere; und wenn jene auf Verurteilung lautete, würde sie zu einem unlöslichen Widerspruch führen.

Würde dem zuwider in dem zweiten Prozeß ein neues Sachurteil erlassen, so wäre dieses überdies ipso jure unwirksam (oben § 48 II 6).

VII. Inwieweit strafgerichtliche Entscheidungen im Zivilprozeß, in einem Verwaltungs- oder Verwaltungsstreitverfahren usw. von Bedeutung sind, ist eine jenseits des Strafprozeßrechts liegende Frage. Darüber, inwieweit umgekehrt zivilgerichtliche usw. Entscheidungen im Strafprozeß von Belang sind, s. unten § 58 II 2.

C. Die prozessuale Forschungstätigkeit.

I. Im allgemeinen. § 57.

Stenglein, GS. 43 284 (Feststellung der Rechtssätze).

I. Überall sieht sich der Richter Ausschnitten aus dem Menschenleben gegenüber; und überall ist es seine Aufgabe, diesen Lebensgegebenheiten an Hand der Rechtsordnung gerecht zu werden. Er hat sich deshalb Klarheit zu verschaffen einmal über die Rechtssätze[2]) (das jus in abstracto), und sodann über das Lebenstatsachenmaterial, um dann beides in Beziehung zueinander zu setzen.

Kein selbständiges Forschungsthema sind Rechtsverhältnisse. Ihre Feststellung (z. B. die Feststellung der „Fremdheit" der Sache im Diebstahlsprozeß) ergibt sich eben durch die Verbindung des Ergebnisses der Rechtssatzerforschung und der Tatsachenerforschung.

Über Erfahrungssätze als Erforschungsgegenstand s. unten III 3.

---

[1]) E. 21 78 (die RGerRechtsprechung ist jedoch nicht einheitlich, vgl. z. B. auch E. 15 28, 26 162, JW. 56 3055); Beling, JW. 54 1010.

[2]) Sowohl diejenigen, die die Voraussetzungen seines eigenen Verhaltens bestimmen, wie diejenigen, die er, sie anwendend, in den Syllogismus einer Entscheidung einstellen soll (vgl. oben § 2 III).

II. Die Erforschung der Rechtssätze (ihres Inhalts und ihrer positivrechtlichen Geltung) geschieht nicht durch ein „Beweisverfahren", sondern durch solche Feststellungen und solches Nachdenken, wie sie der rechtswissenschaftlichen Methodenlehre entsprechen. „Facta" (unten III) probantur, „jura" novit curia. Die Benutzung juristischer Darlegungen in Wissenschaft, Rechtsprechung, Rechtsgutachten ist nach ihrem Maß und nach ihrer Art und Weise (insbesondere, ob Benutzung von Schrift, Druck, mündlicher Mitteilung) rechtlich nicht festgelegt; zulässig ist auch die Heranziehung eines Rechtsgutachters in den Formen und nach Analogie des Sachverständigenbeweises (unten § 61).

III. Dagegen unterliegt die Klarstellung von Tatsachen, facta, Lebenskonkreta[1]) — seien sie Ereignisse oder Zustände, seien sie äußere (physische, facta externa) oder innere (seelische, facta interna)[2]) —, dem Beweisrecht (das Wort „Beweis" hier zunächst im weiteren Sinne verstanden).

1. Das den Richter interessierende Tatsachenmaterial gruppiert sich in rechtlich bedeutsamer Weise zunächst so, daß sich a) die prozeßgegenständlich („materiell") und b) die verfahrens- (prozeß-) erheblichen Tatsachen voneinander abheben. Die ersteren sind die, durch die der Inhalt einer Sachentscheidung bedingt ist (als Untergruppe die, die für den Syllogismus des Sachurteils eine Rolle spielen); die letzteren die, die das Strafklagerecht, das Prozeßverhältnis, die Prozeßgestaltung bedingen[3]), also z. B. die Tatsachen, von denen die Zuständigkeit des Gerichts, die Erforderlichkeit der Vereidigung eines Zeugen usw. abhängt.

Dort sind es Strafrechtsfälle (Verbrechensfälle), hier Prozeßrechtsfälle, denen der Richter gegenübersteht. Die Scheidung ist

---

[1]) Gemeint sind hier diejenigen Bestandteile des sozialen Daseins, die als vom Recht geregelte in Betracht kommen. Diejenigen Tatsachen, in denen die Entstehung und das Vergehen der Rechtssätze selber (ihre juristische Geltung, ihre „Positivität") liegt, die „Rechtsquellen"-Tatsachen (Gesetzgebungsvorgänge, gewohnheitsrechtliche Übungsakte, Volksanschauung, soweit sie rechtsbildenden Charakter hat), fallen nicht in das Beweisrecht hinein; für sie gilt oben II.

[2]) Handelt es sich um eine Äußerung jemandes, so gehört auch die Ermittelung ihres Sinnes hierher. Vgl. Kern, Äußerungsdelikte (1919).

[3]) Der Unterschied ist ein funktioneller, kein absoluter. Je nach dem Sinnzusammenhang kann eine Tatsache das eine Mal „materiell-", das andere Mal „prozeß"-erheblich sein; z. B.: ein Beinbruch des A ist prozeßerheblich, wenn A in einem gegen ihn anhängigen Strafprozeß darauf ein Wiedereinsetzungsgesuch stützt; materiellerheblich in einem Prozeß gegen B wegen Körperverletzung des A durch Herbeiführung des Beinbruchs.

deshalb von Bedeutung, weil das sachliche Endergebnis des Prozesses durchschnittlich und vergleichsweise schwerer wiegt, als der Prozeß selber, und deshalb das Gesetz hinsichtlich der Gewinnung der tatsächlichen Unterlagen für jenes den Richter strenger bindet (unten 4 und §§ 64, 65).

2. Mit dieser Einteilung kreuzt sich eine andere.

a) Der Richter richtet seinen Blick zunächst auf diejenigen Tatsachen, die für den in Rede stehenden Rechtssatz **unmittelbar** (unbedingt) erheblich sind, d. h. konkrete Tatsachen von der Art, wie der Rechtssatz sie in abstrakt-genereller Formel nennt, also Tatsachen, die zu dem Rechtssatz im Subsumtionsverhältnis stehen, z. B. die Tatsache, daß A den B am 26. Oktober 1926 in München erwürgt hat, als Konkretisierung des Begriffs „Tötung eines Menschen" in § 211 StGB.

b) Aber im Dienste der Feststellung dieser unmittelbar erheblichen Tatsachen werden unter Umständen auch an sich unerhebliche Tatsachen von Belang, dann nämlich, wenn sich von ihnen aus ein Schluß auf die unmittelbar erheblichen ziehen läßt, sie also **mittelbar** (bedingt) erheblich, „**Indizien**" sind; z. B. die Tatsache, daß A am 11. Februar abends Blutflecken aus seinen Kleidern entfernt hat, bedeutet nicht die „Tötung eines Menschen", kann aber gegebenenfalls als Unterlage für die Annahme dienen, daß A den B am 11. Februar nachmittags umgebracht hat.

Danach gibt es Beweiserhebungen zweierlei Art: den **unmittelbaren (direkten**, „natürlichen") und den **mittelbaren (Indizien-**, „künstlichen") Beweis. Feststellungsziel ist bei beiden eine unmittelbar relevante Tatsache; aber diese Feststellung erfolgt bei dem mittelbaren Beweis auf einem Umwege; hinter der beweisverfahrensmäßigen Feststellung der mittelbar erheblichen Tatsache liegt noch eine gedankliche Operation, die zu der unmittelbar erheblichen hinführt. Von einem Indizienbeweis 2. Grades kann man sprechen, wenn eine Tatsache a zunächst nur als Indiz für eine Tatsache b dient, die erst ihrerseits als Indiz für das eigentliche Beweisthema in Frage kommt (z. B. es wird festgestellt, daß jemand am 3. Januar 10 Uhr von dem Sprechzimmer des Arztes X aus ein Ferngespräch mit Y geführt hat, und daß der Inhalt des Gesprächs Dinge berührte, die nur A wissen konnte: Indiz dafür, daß A damals in jenem Zimmer gewesen ist; diese Anwesenheit des A kommt nun, wenn der Arzt bald nachher erschlagen in seinem Zimmer gefunden worden ist, ihrerseits als Indiz dafür in Betracht, daß A den Arzt getötet hat). Entsprechend Indizienbeweis 3. Ordnung usw.

Über die Tragfähigkeit der Indizien vgl. unten § 58 VI, § 64 II.

3. Der Schluß von einer Tatsache a auf eine andere b (vorstehend 2b) kann nur auf Grund der Erfahrung vollzogen werden, wonach Tatsachen vom Schlage a mit Tatsachen vom Schlage b verkettet zu sein pflegen. Man braucht Erfahrungsregeln, ausgedrückt in „Erfahrungssätzen". Sie heben sich von den Sätzen, die auf eine „Tatsache" lauten, dadurch ab, daß sie nicht eine geschichtliche Einzelheit aussagen, sondern ein allgemeines Erfahrungsurteil (z. B. der Satz: „Der Schnellzug, der am 1. Januar d. J. früh in München abgegangen ist, hat die — ungefähr 60 km lange — Strecke bis Augsburg in etwa 1 Stunde durchlaufen" sagt eine Tatsache aus; der Satz „Schnellzüge durchlaufen eine Strecke von ungefähr 60 km in ungefähr 1 Stunde" ist Erfahrungssatz).

Die Klarstellung von Erfahrungssätzen unterliegt zunächst keiner rechtlichen Regelung; es ist dem Richter überlassen, sie (privatim) so oder so zu gewinnen, und sie alsdann zu verwerten. Nur hinsichtlich der Erfahrungssätze, die die Erfahrungen des Richters übersteigen, kommt Beweisrecht in Frage (Verwendung von Sachverständigen, unten § 61).

4. Die Rechtssätze, die die Tatsachenfeststellung regeln, stellen das „Beweisrecht" im weiteren Sinne dar. Innerhalb des Beweisrechts scheiden sich aber a) die Rechtssätze, die die Gewinnung der tatsächlichen Unterlagen für den Inhalt des Sachurteils normieren; hier walten besonders strenge Anforderungen: Beweisrecht im engeren Sinne, unten § 64; b) die Rechtssätze, die der Klärung des sonstigen Tatsachenstoffs gelten und jener Strenge entbehren: erleichterte Tatsachenfeststellung, unten § 65. Im folgenden (§§ 58—63) wird zunächst das beiden Gruppen Gemeinsame dargestellt.

II. Das allgemeine Beweisrecht.

§ 58. 1. Grundlegendes.

Mittermaier, Lehre vom Beweise 1834; Rupp, Beweis im Strafverfahren 1884; Heusler, Archiv f. zivilist. Praxis, 62 217; Glaser, Beitr. z. L. v. Beweis i. Strafproz. 1883; Frhr. v. Overbeck, Beweisrecht und materielles Strafrecht, Schweiz. Z. f. StrR. 33 234; Alsberg, Gerichtskundigkeit, JW. 47 792; R. Schmidt, Außergerichtliche Wahrnehmungen des Prozeßrichters, Sächs. Arch. f. bürgerl. R. 2 265; Stein, Privates Wissen des Richters 1893; F. Schmid, Präsumtionen im deutschen Reichsstrafrecht 1884; Bauer, Theorie des Anzeigebeweises (Abhandlungen Bd. 3, 1843); Mittermaier, Der sog. künstliche Beweis, GA. 6 45; Porsch, Die Bedeutung des Beweises durch Indizien in dem kirchlichen Gerichtsverfahren 1876; Beling, Die Beweisverbote als

Grenzen der Wahrheitserforschung im Strafprozeß 1903; Hötzel, Die Präjudizialität von richterlichen Zivilprozeßakten und Akten der freiwilligen Gerichtsbarkeit für einen nachfolgenden Strafprozeß, Tübinger Diss. 1907; Kuttner, Urteilswirkungen außerhalb des Zivilprozesses 1914; Pagenstecher, Rhein. Z. f. Zivil- und Prozeßrecht 6 489; Wurzer, GS. 89 106; Spohr, Das Beweisinteresse in Strafsachen, Gießener Diss. 1894; Benedikt, Die selbständigen Erhebungen des Verteidigers und die Strafprozeßreform 1901; H. Groß, Handbuch f. Untersuchungsrichter[7] 1922; Derselbe, Erforschung des Sachverhalts strafbarer Handlungen[6] 1921; v. Savigny, Die Prinzipienfrage im Hinblick auf eine neue StPO. 1846, auch GA. 6 481; v. Schwarze, GA. 6 721; Schaper, GA. 14 180, 245; v. Bar, Recht und Beweis im Geschworenengericht 1865; Meißner, Zum Prinzip der freien Beweiswürdigung, in der Festschr. f. v. Liszt 1911; Lohsing, Das Geständnis in Strafsachen, jurist.-psychiatr. Grenzfragen, Bd. 3 Heft 1/3 1905; Hellwig, Wahrheit und Wahrscheinlichkeit im Strafprozeß, GS. 88 417; Bendix, Die freie Beweiswürdigung des Strafrichters, GA. 63 31; Derselbe, Die tatsächl. Feststellung im Urteil — eine Fiktion, Recht und Wirtschaft 7 184; dagegen Feisenberger, ebenda 8 39; Stern, Zur Psychologie der Aussage, ZStW. 22 315; Derselbe, Beiträge zur Psychologie der Aussage; Derselbe, In der Österr. allg. Gerichtszeitung, 55 447; Löffler, Monatsschr. f. Kriminalpsychologie und Strafrechtsreform 3 449 (psychologische Tatbestandsdiagnostik); Stöhr, Psychologie der Aussage 1911; Boden, Psychologie der Aussage, Monatsschr. f. Krim.Psych. 9 675; Sello, Die Irrtümer der Strafjustiz und ihre Ursachen 1911; Mezger, Die Beschuldigtenvernehmung auf psychologischer Grundlage, ZStW. 40 152; Liepmann, Die Psychologie der Vernehmung des Angeklagten im Deutschen Strafprozeß, ZStW. 44 647; Beling, Weltgeschichtsforschung im Gerichtssaal, DStrZ. 5 199; Hellwig, Psychologie und Vernehmungstechnik bei Tatbestandsermittelungen 1927; Bohne, ZStW. 47 439; W. Stern, Jugendliche Zeugen in Sittlichkeitsprozessen 1926.

I. Das gesamte Beweisrecht steht im Strafprozeß unter dem Gedanken der „materiellen Wahrheitserforschung": alle Tatsachenfeststellung soll mit historischer Treue erfolgen; jeder Lebensfall soll so, wie er wirklich lag, der rechtlichen Beurteilung unterstellt werden. Das gebietet das öffentliche Interesse (und zum Teil parallel gehend auch das Interesse des Beschuldigten). Entscheidungen, in denen die Lebenswirklichkeit nicht vollständig oder anders, als sie ist, erfaßt ist, sollen in den Grenzen des Menschenmöglichen vermieden werden. Im Gesetz kommt dieser Grundgedanke z. B. in §§ 155 II Halbs. 1, 221, 244 III, 246 StPO. zum Ausdruck.

1. Deshalb ist die gesamte Beweistätigkeit Richteramtspflicht derart, daß dabei der bestimmende Einfluß der Parteien ausgeschaltet ist: es gilt „Instruktionsmaxime" im Gegensatz zur zivilprozessualen „Verhandlungsmaxime". Vgl. StPO. § 155 II Halbs. 1: „selbständige Tätigkeit".

Es besteht keine Tatsachenanführungslast der Parteien; der Richter hat auch solche Themata aufzugreifen, bezüglich deren beide Parteien geschwiegen haben. Der zivilprozessualische Satz „Da mihi factum, dabo tibi jus" paßt für den Strafprozeß nicht. Demgemäß spielt auch der materiellstrafrechtliche Unterschied zwischen belastenden und entlastenden Tatsachen beweisrechtlich keine Rolle; die überhaupt erheblichen Tatsachen zerlegen sich nicht in solche, die nur bei klägerischer, und solche, die nur bei Anführung von seiten des Beschuldigten aufzugreifen wären; namentlich hat der zivilprozessuale Begriff der „Einredetatsachen" im Strafprozeß kein Gegenstück; z. B. hat der Richter im Körperverletzungsprozeß sein Augenmerk auf die Frage, ob sich der Angeklagte in Notwehr befunden hat, auch dann zu richten, wenn der Angeklagte nichts Derartiges behauptet hat.[1])

Deshalb bedeutet die Gegenüberstellung von „Belastungs"- (Anschuldigungs-, Anklage-, Haupt-) Beweis und „Entlastungs"- (Entschuldigungs-, Verteidigungs-, Gegen-) Beweis zwar eine Kennzeichnung der Beweisthemata, aber die beweisrechtliche Stellung des Richters ist überall dieselbe. Rein tatsächlich wird sich der Kläger gewöhnlich um den Belastungsbeweis, der Beschuldigte um den Entlastungsbeweis bemühen. Wenn aber das Zivilprozeßrecht im Sinne einer Parteienlast für gewisse Themata den Kläger, für andere den Beklagten als „Beweisführer" abstempelt, dem dann jeweils die andere Partei als „Beweisgegner" gegenübersteht, so geht das Strafprozeßrecht hierin nicht parallel. Hier ist sozusagen der Richter rechtlich der alleinige „Beweisführer".

Diese Unabhängigkeit des Richters von den Parteianführungen gilt selbst da, wo das Gesetz durch eine „Präsumtion" (unten III 2)

---

[1]) Der Richter vereinigte also hinsichtlich der Tatsachenerforschung der Sache nach in sich ebensowohl die Funktionen, die an sich dem Kläger zufallen, wie diejenigen, die an sich solche des Beschuldigten sind (in letzterer Hinsicht spricht man von „materieller Verteidigung" im Unterschiede von der „formellen" Verteidigung als der von dem Verteidiger als einem besonderen Prozeßgehilfen des Beschuldigten geübten Tätigkeit). Er gleicht insofern dem Richter im Inquisitionsprozeß; die Instruktionsmaxime wird deshalb öfter auch als (materielle) „Inquisitionsmaxime" bezeichnet. De lege ferenda wird mitunter ein Mangel des heutigen Rechts darin gefunden, daß der Prozeß, obwohl dem Anklageformprinzip unterstellt, doch noch kein „reiner Parteiprozeß" sei; der Richter solle um der „Reinerhaltung des Richteramts" halber darauf beschränkt bleiben, über das ihm von den Parteien vorzulegende Material zu entscheiden. Aber die Instruktionsmaxime wirkt der Gefahr von Fehlsprüchen, für die der Richter keine Verantwortung trüge, entgegen; sie bedroht auch die richterliche Unparteilichkeit des erkennenden Gerichts nicht, weil dessen Objektivität im Anklageprozeß der Parteienkontrolle unterliegt.

den Richter anweist, einen Zweifel, der ihm nach der Beweisaufnahme geblieben ist, zuungunsten des Angeklagten zu lösen. Obwohl diese Präsumtionen im Gesetz zum Teil so gefaßt sind, als handle es sich hier um „Einreden" im zivilprozessualen Sinne (z. B. StGB. § 361⁸: wenn „er", der Angeklagte, „nicht nachweisen" könne), ist der Sinn doch lediglich der, über den Ausfall der Beweisaufnahme Bestimmung zu treffen. Deshalb hat der Richter z. B. in den Fällen des § 361⁸ der Frage, ob sich der Angeklagte um ein Unterkommen bemüht hat, auch dann nachzugehen, wenn dieser selbst eine solche Behauptung nicht aufstellt (es besteht ja die Möglichkeit, daß sich der Angeklagte tatsächlich nach Kräften bemüht hat, sich aber aus Ungewandtheit oder Niedergedrücktheit seiner Vorteile nicht bedient).

Im Gegensatz zur Verhandlungsmaxime des Zivilprozesses steht ferner, daß im Strafprozeß Tatsachen nicht schon deshalb als feststehend zu behandeln sind, weil sie von den Parteien übereinstimmend angeführt sind, weil also ein „Geständnis" gegeben ist. Der an ihrer Richtigkeit zweifelnde Richter hat ihre Feststellung von sich aus zu betreiben.

Aber nicht bloß hinsichtlich der Frage, welche Tatsachen dem Beweisverfahren zu unterstellen sind, sondern auch hinsichtlich der Frage, mit welchen Beweismitteln dies geschehen soll, gilt Instruktionsmaxime; es besteht keine Beweisantrittslast (keine „formelle Beweislast"). Der Richter hat alle in seinen Gesichtskreis tretenden Zeugen usw. heranzuziehen, einerlei, ob eine der Parteien und welche von ihnen sie benennt, einerlei auch, ob etwa die Parteien (soweit diesen nicht ein Ablehnungsrecht zusteht, vgl. unten § 61 IV 2) die Heranziehung verbieten möchten. Dies gilt auch hinsichtlich der Widerlegung von Präsumtionen.[1]

Schließlich ist auch der Beweiserhebungsakt nicht so geregelt, daß es den Parteien überlassen bliebe, die Beweismittel vorzuführen und aus ihnen das Wissenswerte herauszulocken, also insbesondere die Zeugen zu vernehmen; vielmehr besorgt der Richter die Beweiserhebung selbst.[2]

Selbstverständlich schließt aber das Walten der Instruktionsmaxime nicht aus, daß jede der Parteien rechtliches Gehör hat und

[1]) Der Richter hat also z. B. in einem Prozeß wegen Obdachlosigkeit (StGB. § 361⁸) sein Augenmerk v. A. w. darauf zu richten, ob Beweismittel dafür vorhanden sind, daß sich der Angeklagte gehörig um Unterkommen bemüht hat, und den in Frage kommenden Beweismöglichkeiten auch dann nachzugehen, wenn der Angeklagte passiv bleibt oder der Beweiserhebung widerspricht.

[2]) Ausnahme auf Parteienverlangen: StPO. § 239 (römisch-englisches „Kreuzverhör"). Die Praxis pflegt von § 239 keinen Gebrauch zu machen.

deshalb dem Richter bei der Tatsachenfeststellung an die Hand gehen, ihm Hinweise geben, Anträge stellen kann usw.

2. Der Gedanke der materiellen Wahrheitserforschung trägt noch weiter: Der Richter unterliegt hinsichtlich der Tatsachenfeststellung nicht nur nicht dem bestimmenden Einfluß der Parteien, sondern es stehen ihm auch sonst im Vordringen zur Wahrheit grundsätzlich alle Türen von Rechts wegen offen. Es bestehen freilich auch „Beweisverbote“ (unten IV, V), beruhend auf der Höhereinschätzung gewisser außerstrafprozessualer Belange gegenüber den auf restlose Aufdeckung der Wahrheit hindrängenden strafprozessualen. Aber diese Beweisverbote sind Ausnahmen. Soweit sie nicht eingreifen, darf und muß der Richter den Dingen auf den Grund gehen.

3. Endlich setzt das heutige Recht keine künstlichen Schlußpunkte für die Tatsachenermittelung und keine „Beweisfristen“, vgl. StPO. § 246.[1]) Für den Richter erlischt die rechtliche Möglichkeit und Notwendigkeit, nova zu berücksichtigen, erst mit einer für ihn unwiderruflichen Entscheidung (vgl. oben § 54 II 4b aa). In der Berufungsinstanz sind dann aber wieder nova zulässig. Sogar nach rechtskräftigem Urteil ist das Zurückkommen auf die Tatsachenfrage nicht völlig abgeschnitten, vgl. unten § 84.

II. Beweisbedürftig sind alle „relevanten“ (materiell- und prozeßerheblichen) Tatsachen, d. h. sie müssen, um als festgestellt behandelt werden zu können, durch das Beweisverfahren (Benutzung von Beweismitteln) ans Licht gekommen sein. Von der Notwendigkeit eines Beweisverfahrens ist der Richter nicht dadurch entbunden

1. daß die Tatsache unter den Parteien unstreitig ist, vgl. oben I 1. Das Geständnis ist nicht wie im Zivilprozeß ein Dispositionsakt, der die zugestandene Tatsache festlegte. Das heutige Strafprozeßrecht behandelt die confessio auch nicht mehr als die „regina probationum“, weil die Erfahrung lehrt, daß nicht immer die Geständnisse aus Liebe zur Wahrheit abgelegt werden, ihr Inhalt vielmehr aus den verschiedensten Motiven bewußt falsch sein kann, während doch das Strafprozeßrecht der Verurteilung eines Unschuldigen widerstrebt.

Das Geständnis ist vielmehr eine Aussage des Beschuldigten, die das Gericht — da der Beschuldigte selber „Beweismittel“ ist — frei auf ihren Wert hin prüft.

---

[1]) Über Abstandnahme von Beweiserhebungen mit der Motivierung, daß der sie Wünschende nur „Prozeßverschleppung“ beabsichtige, s. unten § 75 VIII 1, 2.

2. Die Tatsachenfeststellungen, die in einem Vorprozeß (Zivil- oder Strafprozeß) getroffen worden sind, binden den Richter im jetzigen Prozeß nicht; es kann ein neues Beweisverfahren stattfinden, und der Richter kann je nach dessem Ausfall gegebenenfalls eine gegenteilige Feststellung treffen. Dies auch dann, wenn jene tatsächliche Feststellung einem rechtskräftigen Urteil des Vorprozesses zugrunde gelegt worden ist. Doch deuten die §§ 262, 359⁴ StPO. darauf hin, daß sich der Richter immerhin die Ergebnisse des Beweisverfahrens aus dem Vorprozeß ohne neues Beweisverfahren aneignen kann[1]), wobei nur Voraussetzung sein wird, daß eine Wiederholung des Beweisverfahrens von keiner Seite verlangt worden ist.

Ausnahmsweise nötigt § 190 StGB. den Richter, in Beleidigungsprozessen[2]) gewisse Tatsachenfeststellungen ohne weiteres einem in einem Vor-Strafprozeß ergangenen rechtskräftigen Urteil zu entnehmen. Es handelt sich um den Fall, daß die jetzt als „beleidigend" in Frage kommende (den Gegenstand des jetzigen Prozesses bildende) Äußerung dahin ging, der andere — der präsumtiv „Beleidigte" — habe eine strafbare Handlung (z. B. einen Diebstahl) begangen. Ist nun diese letztere der Gegenstand eines (gegen den Anderen gerichteten) Vorprozesses und eines darin ergangenen Sachurteils gewesen, so hat der Richter im Beleidigungsprozeß a) das Begangensein der strafbaren Handlung des Anderen (also z. B. des Diebstahls) ohne weiteres als feststehend zu behandeln, wann der Vorprozeß in diesem Sinne mit einer Verurteilung geendet hat, und zwar einerlei, ob die jetzt als „beleidigend" in Frage kommende Äußerung vor oder nach jener Verurteilung erfolgt ist, StGB. § 190 Satz 1[3]); b) hatte der Vorprozeß mit Freisprechung geendet, so ist im nunmehrigen Beleidigungsprozeß ohne weiteres als feststehend hinzunehmen, daß der Andere die strafbare Handlung nicht begangen hat, dies jedoch nur, wenn die als beleidigend in Frage kommende Handlung nach der Freisprechung geschehen ist, StGB. § 190 Satz 2.[4])

Nicht zu verwechseln mit den Tatsachen, die ein Vorprozeßgericht als festgestellt bezeichnet hat, ist die Tatsache, daß das Vorprozeßgericht ein Urteil dieses oder jenes Inhalts erlassen hat.

---

[1]) Die Frage ist streitig. Die Rechtsprechung des RGer. ist nicht einheitlich, aber überwiegend im Sinne des Textes, vgl. E. 60 297.

[2]) „Beleidigung" im Sinne des 14. Abschnitts des StGB. (§§ 185, 186, 187, 189).

[3]) Es kommt somit nur noch Verurteilung nach §§ 185, 192 (nicht nach §§ 186, 187) in Frage.

[4]) Im einzelnen ist manches streitig, vgl. Frank II zu § 190.

Diese Tatsache ist, wenn sie relevant ist[1]), beweisbedürftig wie jede andere Tatsache und natürlich, falls sie bewiesen wird, als wahr festzustellen.

Und wiederum eine ganz andere Frage ist, ob der Richter an den *gedanklichen Inhalt* der in einem früheren Verfahren irgendwelcher Art ergangenen Entscheidungen selbst gebunden ist, d. h. ob das *Rechtsverhältnis*, über das sich jene Entscheidung ausspricht, so hingenommen werden muß, wie es durch die Entscheidung festgelegt ist. Diese Frage ist im allgemeinen zu verneinen. Der Strafrichter, der den Inhalt der Vorentscheidung für irrig hält, hat sie beiseite zu schieben, sei es, daß er ihre tatsächliche Basis für irrig oder unvollständig hält, sei es, daß er im Rechtspunkt nicht zustimmt. Sonst würde er zu Entscheidungen gedrängt, die er nicht verantworten kann und mag.

Bildet z. B. ein Diebstahl, den A am 4. Januar an einer Sache des B begangen haben soll, den Prozeßgegenstand, und ist nach dem 4. Januar vor Fällung des Strafurteils ein zivilprozessuales, wennschon rechtskräftiges, Urteil ergangen, das das Eigentum des B (oder umgekehrt das des A) bejaht, so hat der Strafrichter immer noch selbständig die Eigentumsfrage zu prüfen.

Aber selbst dann gilt nichts anderes, wenn das rechtskräftige Zivilurteil schon *vor* dem Zeitpunkt der angeblichen Diebstahlstat vorlag. Hätte A zuerst einen Eigentumsprozeß gegen B verloren und dann dem B die diesem rechtskräftig zu eigen zugesprochene Sache weggenommen, so müßte der Strafrichter ihn gleichwohl freisprechen, wenn er den Eigentumsprozeß als falsch entschieden ansieht.[2])

Eine Bindung des Richters an die in einem anderen Verfahren ergangenen Rechtsaussprüche besteht jedoch insofern, als diese Rechtsaussprüche „rechtsgestaltende" Kraft („Konstitutivwirkung") haben, sie also selber Rechtsverhältnisse schaffen oder beseitigen.[3])

[1]) Z. B. für einen Ehebruchsprozeß die Tatsache, daß ein Ehescheidungsurteil erlassen ist, vgl. StGB. § 172.

[2]) Die Frage ist bestritten. Die Auffassung des Textes steht auf dem Boden derjenigen zivilprozessualen Rechtskrafttheorie, wonach Zivilurteile im allgemeinen nur (zivilprozessuale) „Feststellungswirkung" haben. Anders wäre vom Standpunkt derjenigen Theorie aus zu entscheiden, die dem rechtskräftigen Zivilurteil „materiellrechtliche" (also im obigen Beispielsfall eigentumbegründende) Bedeutung zuschreibt. Vgl. nachstehend im Text.

[3]) Wäre z. B. die Ehe des A mit der B im Jahre 1926 rechtskräftig geschieden worden, und träte später in einem Strafprozeß die Frage hervor, ob A mit der B im Jahre 1927 verheiratet gewesen sei, so müßte der Strafrichter diese Frage kraft des Scheidungsurteils verneinen. Vgl. weiter z. B. ZwVersteigGes. v. 24. März 1897 § 90.

Daneben gibt es noch Sonderbestimmungen, die den Strafrichter an Vorentscheidungen binden, vgl. namentlich RAbgO. § 433.

III. Die Erforderlichkeit eines Beweisverfahrens (II) erleidet Durchbrechungen.

1. Notoria non egent probatione. Damit ist zwar nicht gemeint, daß der Richter sein „privates Wissen" von einer relevanten Tatsache, d. h. eine Kenntnis, die nicht aus der im Prozeß vorgenommenen Beweisaufnahme stammt, schlechthin verwerten dürfte.[1]) Hätte er z. B. die jetzt abzuurteilende Tat selber als Augenzeuge mit angesehen, so dürfte er sich für das Urteil nicht auf seine Wahrnehmungen stützen.[2]) Dies deshalb, weil sonst die erforderliche Kontrolle der Richtigkeit seines Wahrnehmungs- und Erinnerungsbildes fehlen würde.

Wohl aber besagt der an die Spitze gesetzte Satz, daß der Richter ohne Beweisverfahren als feststehend behandeln kann

a) „allgemeinkundige Tatsachen", d. h. solche, die in der Öffentlichkeit derart bekannt sind, daß ihre Bestreitung nur auf Schikane oder Naivität oder abnorme Vergeßlichkeit u. dgl. zurückgehen könnte, z. B. weltgeschichtliche Ereignisse der Gegenwart. Hier noch im Gerichtssaal Beweis zu erheben, wäre Zeit- und Kräfteverschwendung; und Bedenken, daß der Richter in der Behauptung von Allgemeinkundigkeit fehlgreifen könnte, fallen zu Boden, weil die öffentliche Kontrolle über ihm waltet. Deshalb besteht trotz des Schweigens der StPO. kein Zweifel daran, daß auch das heutige Recht für solche Tatsachen keine Beweisaufnahme erfordert.[3])

b) Das gleiche muß gelten für die richteramtskundigen (gerichtskundigen) Tatsachen, d. h. solche, die der Richter nicht etwa bloß gelegentlich seiner Tätigkeit in einzelnen Prozessen erfahren hat[4]), sondern die er schon deshalb „offiziell" kennt, weil er eben das Richteramt bekleidet, z. B. die Tatsache, daß Herr Soundso der Präsident des betreffenden Gerichts ist, daß das Dorf N. N. zum Gerichtssprengel gehört.[5])

---

[1]) Nur Privatkenntnis von Erfahrungssätzen darf der Richter verwerten, oben § 57 III, 3.

[2]) Er wird dann sogar häufig statt als Richter als Zeuge zu fungieren haben.

[3]) In E. 58 308 hat das RGer. für die Baltikumsvorgänge von 1919 das Geschichtswerk von v. d. Goltz, Meine Erlebnisse in Finnland und im Baltikum, herangezogen.

[4]) Das wären „Privatkenntnis"-Tatsachen, s. o.

[5]) Ob zu b eine Beweisaufnahme entfallen kann, ist bestritten. Aus der Erwähnung der Gerichtskundigkeit in der ZPO. läßt sich für den Straf-

2. Der Notwendigkeit eines Beweisverfahrens ist der Richter ferner enthoben für solche Tatsachen, die durch eine „Rechtsvermutung“ (praesumtio juris) gedeckt sind. Rechtsvermutungen sind Prozeßrechtssätze, die den Richter anweisen, gewisse Tatsachen sogleich als feststehend anzunehmen, sobald gewisse andersartige Tatsachen bewiesen worden sind. Es bedarf dann eines Beweisverfahrens zwar für die letzteren, nicht aber für die ersteren. Es handelt sich hier überall um gesetzliche Auswertung der Erfahrung, daß mit Tatsachen vom Schlage b mehr oder weniger regelmäßig auch solche vom Schlage a verbunden zu sein pflegen, also um Fälle, in denen die Frage auftaucht, ob ein Indizienbeweis einschlägt. Während aber in der Regel der Richter in jedem Einzelfalle zu prüfen hat, ob er den Indizienbeweis für stark genug hält, ist in den Fällen, in denen eine Rechtsvermutung Platz greift, das Indiz zum gesetzlichen Zwangsindiz erhoben.

Die Präsumtionen stammen aus der älteren Zeit, in der der Gesetzgeber befürchtete, der Richter werde in Nutzbarmachung des Indizienbeweises zu zaghaft sein, und es deshalb in den Kauf nahm, wenn unter schematischer Regelung einzelne Fälle Not litten. Sie haben sich aber im Laufe der Rechtsgeschichte mehr und mehr verloren. Sie sind auch anstößig, da kraft ihrer ungerechte, d. h. nicht in den Tatsachen begründete Verurteilungen erfolgen können, und dies sogar in Fällen, in denen der Richter ohne sie zur Freisprechung gelangt wäre. Ganz abgeschafft sind sie aber auch heute nicht. Beispiele: StGB. § 186 (im Prozeß wegen übler Nachrede hat der Richter, sobald festgestellt ist, daß der Angeklagte etwas behauptet hat, was einen Anderen verächtlich zu machen usw. geeignet ist, anzunehmen, daß die behauptete Tatsache nicht wahr ist und der Angeklagte nicht gutgläubig war)[1]; StGB. § 361^{8} (sobald feststeht,

---

prozeß ebensogut ein Umkehrschluß, wie ein Analogieschluß ableiten. Das Entscheidende ist die Zwecklosigkeit eines Beweisverfahrens. Nur muß als im Sinne der StPO. liegend behauptet werden, daß es vor Benutzung der Tatsache als „gerichtskundig“ einer Verhandlung über die Gerichtskundigkeit bedarf, da sonst Fehlgriffe und Überrumpelungen möglich wären. So auch RGer., **JW. 54** 797, OLG. Rostock, **HR. 1** 24.

[1]) Der materiellstrafrechtliche Gehalt des § 186 StGB. ist der, daß nur demjenigen die Strafe wegen übler Nachrede zugedacht ist, der eine unwahre ehrenrührige Tatsache behauptet hat und dabei zwar nicht die Unwahrheit bestimmt gekannt hat (in diesem Falle greift § 187 StGB. ein), aber seiner Sache nicht sicher war (dolus eventualis). Die Bedeutung der gesetzlichen Wendung: „wenn nicht diese Tatsache erweislich wahr ist“ liegt lediglich auf prozessualem Gebiet. Vgl. Beling, Wesen, Strafbarkeit und Beweis der üblen Nachrede (1909). Anders die h. M., wonach die Führung

daß sich der Angeklagte binnen der ihm gesetzten Frist kein Unterkommen verschafft hat, ist ohne weiteres auch anzunehmen, daß er sich schuldhaft nicht gehörig um ein Unterkommen bemüht hat); PreßGes. § 20 II (Präsumtion zu Lasten des verantwortlichen Redakteurs einer periodischen Druckschrift).[1])

Gemildert wird die Strenge der Präsumtionen dadurch, daß sie meistens nur „einfache“ sind, d. h. nur für den Fall gelten wollen, daß nicht in concreto das Gegenteil der durch sie gedeckten Tatsache klar bewiesen wird.[2]) (Gegensatz: die „praesumtiones juris et de jure“, „unwiderlegliche Rechtsvermutungen“.) Auch so gefährden sie aber die Lage des Angeklagten, weil eine strikte Gegenbeweisführung nicht allzu häufig möglich ist, und der Richter genötigt ist, überall zu verurteilen, wo ihm die tatsächliche Lage des Falles zweifelhaft geblieben ist.

IV. Die grundsätzliche Forschungsfreiheit des Richters (oben I) erleidet Einschränkungen durch gewisse gesetzliche **Beweisverbote**. In ihnen kommt der Gedanke zum Ausdruck, daß das strafprozessualische Klärungsinteresse, so wichtig es ist, doch u. U. durch Gegeninteressen überwogen wird. Sie zerfallen in **absolute** (Beweisthemaverbote) und **relative** (Beweismittelverbote). Die ersteren benennen ein bestimmtes Thema und untersagen dem Richter jede Beweiserhebung darüber; die letzteren schließen nur bestimmte Beweismittel aus, so daß der Richter nicht gehindert ist, die betreffende Tatsache durch andere Beweismittel ans Licht zu bringen.

Ein absolutes Beweisverbot enthält § 252 StPO.: wenn ein zeugnisweigerungsberechtigter Zeuge in der Hauptverhandlung sein Zeugnis verweigert, so müssen alle seine in dem Prozeß früher gemachten Aussagen in Dunkel gehüllt bleiben.[3])

Über relative Beweisverbote vgl. unten V.

---

oder Nichtführung des Wahrheitsbeweises, also ein der Tat nachfolgender und z. B. der Tat nicht berechenbarer Prozeßvorgang, für die **Strafbarkeit** entscheidend sein soll.

[1]) Der Codex jur. canon. kennt noch eine allgemeine Dolus-Präsumtion bei allen Delikten (nicht so das deutsche Recht).

[2]) Eine Gegenbeweisantrittslast für den Angeklagten besteht dabei nicht, oben § I, 1.

[3]) So die durchaus herrschende Auffassung. Fast ganz allein steht das RGer. mit seiner Annahme, daß § 252 nur die **Verlesung** der früheren Aussage verbiete, es also namentlich zulässig sei, die Urkundspersonen, die die frühere Aussage gehört und das Protokoll darüber errichtet haben, als Zeugen über die Aussage zu vernehmen. Damit wird die Ratio legis (der Zeuge soll nicht büßen müssen, daß er früher übereilt sich seines Weigerungsrechts entschlagen hat) verkannt und § 252 zur Sinnlosigkeit verdammt.

In anderer Richtung kann man die Beweisverbote in unbedingte und bedingte einteilen.[1])

V. Alle prozessuale Tatsachenfeststellung muß mit einer sinnlichen Wahrnehmung des Richters anheben; es muß irgend etwas der Körperwelt Angehöriges — Menschen oder Sachen — da sein, das ihm als Erkenntnisquelle für Tatsachen dienen soll. Diese Objekte der richterlichen Sinneswahrnehmung heißen die „Beweismittel"; ihre Nutzbarmachung zu Beweiszwecken heißt die „Beweisaufnahme".

Die herkömmliche Einteilung der Beweismittel ist die in 1. persönliche" Beweismittel, das sind lebende Menschen, die (in der Rolle von a) Zeugen, b) Sachverständigen, c) Parteien) als Aussagepersonen in Betracht kommen, und 2. „sächliche" Beweismittel, das sind einmal reine Sachgegenstände, sodann aber auch Menschen, soweit lediglich ihr Leib (z. B. als Träger einer Wunde) in Betracht kommt; bei den sächlichen Beweismitteln wird dann eine Untereinteilung in a) „Augenscheins"-Objekte und b) „Urkunden" vorgenommen.

Tiefergehend ist aber eine andere Einteilung. Die sinnliche Wahrnehmung ist nämlich 1. entweder Selbstzweck, so daß das Ergebnis der Beweisaufnahme eben in dem Wahrgenommenen besteht; oder 2. das Wahrgenommene ist nur die äußere Erscheinung einer menschlichen Äußerung, deren — durch die „Sinne" nicht mehr wahrnehmbarer — gedanklicher Inhalt interessiert, so daß die Wahrnehmung nur als Mittel zur Erschließung des Äußerungsgehalts dient. Danach gruppieren sich die Beweismittel so, daß auf die eine Seite die einfachen Wahrnehmungsobjekte (= Augenscheinsobjekte) zu liegen kommen, auf die andere aber die Wahrnehmungsobjekte mit Äußerungsgehalt, also die persönlichen Beweismittel (vox viva) zusammen mit den Urkunden (vox mortua).

Rechtlich statthaft ist grundsätzlich die Heranziehung aller Beweismittel zum Beweis; nur ist die Art und Weise ihrer Heranziehung weitgehend rechtlich gebunden derart, daß im allgemeinen die Verwertung einer Tatsache ausgeschlossen ist, wenn das Beweisverfahren nicht ordnungsgemäß war.[2])

Ausnahmsweise gibt es aber auch Beweismittel, die unter „Beweisverbot" stehen; der Richter hat hier von dem Versuche,

---

[1]) Ein Zeugenbeweisverbot enthält z. B. § 52, sofern der Zeuge die Aussage verweigert (bedingtes Beweisverbot); ein anderes der § 54 ohne Rücksicht darauf, ob der Beamte aussagebereit ist (unbedingtes Beweisverbot).

[2]) Vgl. RGer., E. 20 91; Beling, ZStW. 24 265, JW. 1924 1721.

von ihnen her Aufschluß zu erlangen, von vornherein abzustehen, und er darf auch einen etwa verbotswidrig erlangten Aufschluß nicht verwerten. So ist verboten: Zeugenbeweis in StPO. § 54; Sachverständigenbeweis in §§ 72, 76 II; Urkundenbeweis in § 96 sowie (mit Bezug auf nichtrichterliche Protokolle) in §§ 251, 254. Bedingt (nämlich im Falle der Weigerung des betreffenden Zeugen) verboten ist der Zeugenbeweis in §§ 52, 53, 55.[1])

VI. Die Tatsachenfeststellung, auf die die Beweisaufnahme hinaus will, fällt dem Richter nicht kraft der letzteren ohne weiteres in den Schoß. Unmittelbare Gewißheit erlangt der Richter durch die Beweisaufnahme nur von dem, was er dabei sinnlich wahrgenommen hat: daß ein vorgelegter Menschenschädel eine Bruchstelle aufweist; daß ein Zeuge usw. die und die Worte geäußert hat, ein Stück Papier mit dem und dem Text beschrieben ist usw. (wobei noch Voraussetzung ist, daß der Richter sicher ist, keiner Wahrnehmungstäuschung unterlegen zu sein). Bei Aussagepersonen und -sachen mag der Richter außerdem auch dessen sicher sein, daß er den Sinn der Äußerung richtig verstanden hat. Aber jenseits dieses Wahrgenommen- und Verstandenhabens erhebt sich erst die Frage nach der Tauglichkeit dieses Materials für das eigentliche Beweisthema; so sehr z. B. feststeht, daß der Zeuge X erklärt hat, A habe vor 6 Monaten den B umgebracht, so ist damit noch nicht ohne weiteres gesagt, daß A den B tatsächlich umgebracht hat. Die Beantwortung jener Frage, welche Ergebnisse die Beweisaufnahme für das Beweisthema abwirft, nennt man „Beweiswürdigung".

Im Vordergrunde steht dabei die Beweismittelwürdigung, also die Beantwortung der Frage, ob man sich auf den Zeugen X verlassen kann, ob die Urkunde y echt und inhaltsrichtig ist, die Photographie z zuverlässig ist usw. Hinter ihr wird aber unter Umständen noch eine Indizienwürdigung notwendig, dann nämlich, wenn das — als zuverlässig befundene — Beweismittel nicht die Feststellung des eigentlichen Beweisthemas, sondern nur eine Tatsache abwirft, von der aus die Möglichkeit eines Schlusses auf das Beweisthema auftaucht (also z. B., wenn der Zeuge X im Mordprozeß nur bekundet hat, daß A den B mit Erschießen bedroht hat).

Ihrem logischen Bestande nach läuft aber auch die Beweismittelwürdigung auf Indizienwürdigung hinaus. Die Frage ist bei ihr

[1]) Dagegen ist in den Fällen der Zeugnisverweigerung dem Richter nicht verwehrt, die Tatsache, daß der Zeuge die Aussage verweigert hat, zu berücksichtigen, um daraus Schlüsse zu ziehen, so die h. M., z. B. RGer., E. 55 20; a. M. Goldschmidt, DJZ. 30 329.

eben die, ob aus der Tatsache, daß der Zeuge dies und das gesagt hat, ein Schluß auf die Richtigkeit des Ausgesagten gezogen werden kann. Der Unterschied vom Indizienbeweis im gewöhnlichen Sinne des Wortes ist nur der, daß ein Beweisverfahrensvorgang selbst es ist, an den als Indiz angeknüpft wird.

Im ganzen Bereiche der Beweiswürdigung handelt es sich somit um die Frage, ob gewisse feststehende Tatsachen tragkräftig genug sind, um als Beweisgrund für andere, das eigentliche Wissensziel bildende Tatsachen zu dienen. Derartige Schlußfolgerungen sind nun immer nur auf dem Grunde allgemeiner Erfahrungsregeln möglich. Ob z. B. dieser Zeuge die Wahrheit gesagt hat, läßt sich nur beurteilen, wenn man Kriterien dafür hat, inwieweit überhaupt menschlichen Aussagen zu trauen ist.

Jene Allgemeinerfahrungen griff nun das gemeine Strafprozeßrecht in der Weise auf, daß es aus ihnen sog. („positive" und „negative") „gesetzliche Beweisregeln" formte, d. h. bindende Rechtssätze, an Hand deren der Richter unter Ausschaltung seiner eigenen Auffassung das Ergebnis der Beweisaufnahme feststellen mußte. Es wurden namentlich die Zeugen (je nach ihrem Alter, nach dem Umstande, ob sie geschworen hatten oder nicht usw.) in testes classici, testes minus habiles, testes inhabiles zerlegt; eine probatio plena sollte nur durch duo testes classici erbracht sein; dem frei abgelegten Geständnis des Beschuldigten sollte absolute Beweiskraft zukommen usw.

Indem jene „gesetzliche Beweistheorie" bestimmte Erfahrungsregeln zu Rechtssätzen erstarren ließ, brachte sie aber das Mißliche mit sich, daß die Fülle der Erfahrungen doch ungenutzt blieb, und das einzelne Beweismittel im Einzelfall bald einmal zu hoch, bald einmal zu niedrig bewertet erscheinen konnte. Deshalb hat sich der reformierte Strafprozeß und mit ihm unser heutiges Recht[1]) von dem Zwange der gesetzlichen Beweisregeln befreit und den Grundsatz der „freien Beweiswürdigung" angenommen (StPO. § 261), d. h. der Richter hat in jedem Falle individuell als Ergebnis der Beweisaufnahme dasjenige zu nehmen, was er, auf der Erfahrung fußend, für dargetan erachtet. Gelangt er z. B. zu der Überzeugung, daß ein als Zeuge eidlich vernommener Erwachsener gelogen hat, und vielmehr ein als Gegenzeuge vernommenes Kind uneidlich die Wahrheit gesagt hat, so hat er eben die Aussage des Kindes seiner Entscheidung zugrunde zu legen. Er kann auch dem Geständnis des

---

[1]) Nicht so das kanonische Prozeßrecht, das auch heute noch Beweisregeln kennt.

Beschuldigten den Glauben versagen (etwa weil der Beschuldigte es wahrheitswidrig abgelegt habe, um die Strafe gegen Bezahlung an Stelle des wahren Täters auf sich zu nehmen) usw.

Diese Freiheit des Richters erstreckt sich auch auf die eigentliche „Indizienwürdigung". Handelt es sich z. B. um die Frage, ob der Angeklagte dadurch der Tötung des X überführt erscheint, daß er festgestelltermaßen vor dem kritischen Zeitpunkt den X mit Tötung bedroht und nachher Blutflecke auf seinem Anzug gehabt hat, ob also im Sinne des „apagogischen" Beweises alle übrigen an sich denkbaren Möglichkeiten als unannehmbar ausscheiden, so ist der Richter für die Beantwortung auf sich selbst angewiesen. Nur greifen hier als Ausnahme die Fälle der Rechtsvermutungen ein, oben III 2.

Durch die Einführung der freien Beweiswürdigung ist die Verantwortlichkeit des Richters gegen früher wesentlich gesteigert. Um seiner Aufgabe gerecht zu werden, bedarf der Richter einer ausgebreiteten Lebenskunde, besonders auf psychologischem Gebiet. Deshalb bildet die „Kriminalpsychologie" (= Psychologie in ihrer Anwendung für den Strafprozeß) und innerhalb ihrer besonders die „Psychologie der Aussage" eine wichtige Hilfswissenschaft des Strafprozeßrechts.[1])

2. Die Beweismittel.

a) Einfache Wahrnehmungsobjekte. § 59.

v. Weveld, Z. L. v. gerichtl. Augenschein 1877; Friedrichs, Z. f. Ziv.-Proz. **19** 360; Art. Mayer, Augenscheinseinnahme und Durchsuchung 1911; Beling, Die Vornahme von Untersuchungen am lebenden menschlichen Körper als Prozeßmaßregel, **ZStW. 15** 471; Rosenmeyer, Der menschliche Körper als Beweisobjekt, **GS. 63** 41; Kreß, Bayr. Z. **2** 169, 201, 219, 238; Voß, **GS. 79** 432.

I. Wenn es festzustellen gilt, ob ein Gegenstand der Erscheinungswelt, sei es ein Sachgegenstand (mit Einschluß menschlicher Leichen, sowie mit Einschluß von Schriftstücken, soweit es nicht auf ihren gedanklichen Inhalt ankommt) oder der Körper eines lebenden Menschen, diese oder jene sinnlich wahrnehmbare Beschaffenheit habe (z. B. Beschaffenheit eines zum Schlagen benutzten Stockes, Leibeswunden), so ist der einfachste Feststellungsweg der der richterlichen Wahrnehmung. Die für diesen Zweck veranstaltete Vorführung

---

[1]) Vgl. z. B. Hans Groß, Kriminalpsychologie 1898; Lipmann, Grundriß der Psychologie für Juristen ³ 1925; Marbe, Grundzüge der forens. Psychologie 1913; Marbe, Der Psycholog als Gerichtsgutachter (1926).

des Gegenstandes mitsamt etwaigen Hilfsveranstaltungen[1]) heißt „**Augenscheinseinnahme**" (denominatio a potiori, mit einschließend die Erzielung von Wahrnehmungen durch den Gehörs-, den Geruchssinn usw.). Sie ist (soweit der Gegenstandsinhaber zur Duldung der Augenscheinseinnahme verpflichtet ist, unten II, oder sie sich, ohne verpflichtet zu sein, gefallen läßt) unbeschränkt zulässig.

Dem Richter steht auch frei, irgendwelche Hilfspersonen heranzuziehen, die durch mitwirkende Tätigkeit seine Wahrnehmungen ermöglichen oder fördern; sind diese Richtergehilfen Personen von besonderer Sachkunde, so pflegt man von „zusammengesetztem oder gemischtem Augenschein" zu sprechen, weil diese Personen möglicherweise nachher auch noch in der Rolle von sachverständigen Zeugen oder von Gutachtern aufzutreten haben. Fälle dieser Art: StPO. § 93 (Schriftvergleichung); §§ 87—90 („Obduktion", und zwar Leichenschau oder Leichenöffnung, letztere auch als Legalsektion bebezeichnet).

II. **Zur Duldung verpflichtet** ist, soweit es sich um Sachgegenstände handelt, jedermann (der Inhaber und jeder sonst an der Sache Interessierte), arg. StPO. §§ 94, 95. Es ist aber anzunehmen, daß das Gesetz dabei, wenigstens gegenüber „Dritten", nur an eine solche Behandlung der Sache denkt, bei der die an deren unversehrter Erhaltung bestehenden berechtigten Interessen nicht beeinträchtigt werden.[2]) Auch ergeben sich eine Reihe von Einschränkungen aus einem Rückschluß aus den der Beschlagnahme, dem Editionszwang und der Durchsuchung gesetzten Schranken (unten §§ 104, 105, 106).

Wie weit die Verpflichtung, eine Augenscheinseinnahme am eigenen **Leibe** zu dulden, geht, läßt sich nur aus den Gesetzesbestimmungen über die **Durchsuchung** (StPO. §§ 102, 103) erschließen, vgl. unten § 106.

Eine prozeßrechtliche Verpflichtung, Wahrnehmungsobjekte **herzustellen**, liegt niemandem ob (z. B. Anfertigung eines Schriftstücks als „Schriftprobe" behufs Vergleichung der Handschrift mit derjenigen eines anonymen beleidigenden Briefes).

---

[1]) Z. B. Aufschließen eines Schrankes, Spielen eines Klaviers usw.

[2]) Z. B. keine Verpflichtung, entschädigungslos das Zertreten eines Kornfelds zu dulden.

b) Aussagepersonen.

aa) Im allgemeinen. § 60.

Aussagepersonen als Beweismittel (persönliche Beweismittel) sind Menschen, mit denen der jeweils fungierende Richter zu Beweiszwecken in Frage- und Antwortverkehr tritt.

I. 1. Ein solcher Verkehr besteht zunächst ohne weiteres zwischen dem Richter und den Parteien. Zwar dient deren Auftreten vor dem Richter in erster Linie der Entfaltung ihrer Parteirechte. Soweit sie dabei aber tatsächliche Anführungen machen, machen sie sich im Strafprozeß damit zugleich zu Beweismitteln (die der Richter natürlich der allgemeinen Regel gemäß frei zu würdigen hat). Die Parteienrolle schließt also zugleich die Rolle als persönliches Beweismittel ein. Vorausgesetzt sind dabei Parteien, die Menschen sind. Der Staat als Strafkläger ist nicht Beweismittel; ebensowenig der für ihn amtierende Staatsanwalt im Bereiche seiner amtlichen Funktionen.

2. Soweit der Verkehr nicht ein solcher des Richters zur Partei ist, erscheint die Aussageperson in der Zeugen- oder der Sachverständigenrolle, als „Dritter".

II. Die Auseinanderhaltung aller dieser Rollen ist deshalb bedeutsam, weil hinsichtlich der Fähigkeit, in der Beweismittelrolle verwendet zu werden, der Verpflichtung, sich verwenden zu lassen, und der Art und Weise der Beweisaufnahme (insbesondere hinsichtlich des Eides) für die verschiedenen Rollen Verschiedenes gilt.

1. Gegenüber der Richterrolle kennzeichnen sie sich alle durch ihre Unvereinbarkeit mit dieser. Kommt der Richter als Aussageperson in Betracht, so ist er von seinem Vertreter als Zeuge bzw. Sachverständiger zu vernehmen und fortan von der Ausübung des Richteramts in diesem Prozeß ausgeschlossen, vgl. § 22^5 StPO. Entsprechendes gilt gegenüber der Gerichtsschreiberrolle, vgl. StPO. § 31 I.

2. Für die Zeugen- und die Sachverständigenrolle kommt nur ein „Dritter" = Nicht-Prozeßsubjekt in Betracht. Diese Rollen sind daher nicht nur mit der Richter- und der Gerichtsschreiberrolle (oben 1), sondern auch mit der Parteirolle unvereinbar. Deshalb können der Beschuldigte und der Privatkläger nicht als Zeugen oder Sachverständige vernommen werden.

Das gleiche muß für die eigentlichen „Prozeßvertreter" (vgl. z. B. StPO. § 234) der Parteien gelten. Auch die Rolle als Nebenkläger verbietet dessen Vernehmung als Zeuge oder Sachverständiger.[1])

---

[1]) A. M. das RGer. Aber der Nebenkläger hat ein so ausgeprägtes Parteiinteresse und so völlige Parteistellung, daß die ratio, weshalb Parteien

In den Fällen der Streitgenossenschaft (oben § 32 II) ist jeder Streitgenosse nur insoweit zur Zeugen- und Sachverständigenrolle unfähig, als er in eigener Sache aussagt, wohl aber kann er in der den anderen Genossen angehenden Sache als Zeuge oder Sachverständiger vernommen werden.[1]) Das ergibt sich schon daraus, daß die Streitgenossenschaft keine notwendige ist, und auch nach einer sie begründenden Klage eine Auseinanderlegung in verschiedene Prozesse erfolgen kann, womit anerkanntermaßen freie Bahn für die Zeugen- und Sachverständigenrolle geschaffen ist; die reine Zufälligkeit, daß die mehreren Sachen in einem Prozeß vereinigt sind, kann nicht von Bedeutung sein.[2])

Die Rolle als amtierender Staatsanwalt ist mit der Zeugen- und Sachverständigenrolle in dem Sinne unvereinbar, daß die Funktionen auseinanderfallen, und deshalb eine Vernehmung dessen, der bisher die staatsanwaltschaftliche Funktion versehen hat, als Zeugen usw. nur in Anwesenheit eines anderen Repräsentanten der Staatsanwaltschaft erfolgen kann (soweit nach dem Gesetz Anwesenheit dieser Behörde erforderlich ist). Einer nachherigen Wiederaufnahme der staatsanwaltschaftlichen Funktion durch den als Zeugen vernommenen Staatsanwalt steht dagegen nichts im Wege (bestr.).

Ganz das gleiche muß auch hinsichtlich des Verteidigers (und sonstiger Prozeßgehilfen der Parteien) gelten (ebenfalls streitig).[3])

§ 61. bb) Zeugen und Sachverständige.

Dochow, Der Zeugniszwang 1877; Rubo, Über den Zeugniszwang 1878; Lemke, Der Zeugniszwang 1908; Schwalb, Beicht-

nicht Zeugen sein können (Vorsicht bei ihrer Verwertung als Beweismittel), offenbar auch auf ihn generell zutrifft. Vgl. unten § 89. Freilich kommt bei der hier zugrunde gelegten Auffassung der Nebenkläger nicht zum Schwur. Aber eben dies liegt in der Richtlinie seiner ganzen Stellung. Auch kann der Nebenkläger im Rahmen seines Parteivortrags ausgiebig Tatsachen bekunden, und das Gericht kann diese kraft der freien Beweiswürdigung auch ohne seinen Eid als wahr erachten.

[1]) Aus seiner Stellung als Streitgenosse ergeben sich auch keine besonderen Aussageweigerungsrechte und Eidesverbote. Insoweit solche für jemanden an sich bestehen (unten § 61), bestehen sie natürlich für ihn auch, wenn er Streitgenosse ist.

[2]) Andere Meinungen, teils: jeder Mitbeschuldigte sei völlig von der Zeugen- usw. Rolle ausgeschlossen; teils: er sei insoweit (aber auch nur insoweit) von ihr ausgeschlossen, als zwischen der ihm und der dem anderen Genossen zur Last gelegten Tat ein Teilnahmezusammenhang besteht.

[3]) In den Fällen der notwendigen Verteidigung kann die Vernehmung des Verteidigers als Zeugen usw. nur in Gegenwart eines anderen Verteidigers vor sich gehen, soweit es sich um eine Verhandlung handelt, bei der Anwesenheit eines Verteidigers vorgeschrieben ist.

geheimnis und Zeugnispflicht 1895; Hubrich, Konfessioneller Eid oder religionslose Beteuerung? 1900; Osterrieth, Der Nebenkläger als Zeuge 1897; Stein, Privates Wissen des Richters 1893; Mode, Beichtsiegel und Zeugnispflicht, Arch. f. kathol. Kirchenrecht, 72 476; Giesen, Der Zeugniszwang gegen die Presse 1906; Hegler, Die Unterscheidung des Sachverständigen vom Zeugen, Arch. f. ziv. Praxis **104** 151; Beling, ZStW. **42** 755; Mezger, Arch. f. ziv. Praxis **117** (1918), Beilageheft; Derselbe, der psychiatrische Sachverständige 1919. — Vgl. Obermeyer, Die Lehre von den Sachverständigen im Zivilprozesse 1880.

I. Die Aussageleistungen Dritter, deren sich das Gericht bedient, können sein

1. einfacher Natur: Mitteilung einer wahrgenommenen Tatsache; — oder

2. höherer Art: Aussage über eine Tatsache nicht auf Grund von Wahrnehmung, sondern auf Grund einer Schlußfolgerung aus Erfahrungsregeln:

Eine Leistung der ersten Art heißt ein „Zeugnis“, eine solche der zweiten Art ein „Gutachten“; die entsprechenden Prozeßrollen sind die des „Zeugen“ und die des „Sachverständigen“.[1])

Zeuge und Sachverständiger kommen also darin überein, daß sie sich über Tatsachen (Lebenskonkreta) aussprechen, sei es über äußere oder innere (= Seelenlebens-) Tatsachen; sie fallen aber darin auseinander, daß der Zeuge aus seiner Wahrnehmung zu schöpfen hat, der Sachverständige dagegen die fragliche Tatsache aus erfahrungsgemäß gegebenen Regelzusammenhängen erfolgert. Der charakteristische Unterschied ist also der, daß die geistigen Leistungen qualitativ verschieden sind, und die des Sachverständigen eine solche höherer Art ist.

So die in Schrifttum und Rechtsprechung herrschende Auffassung.[2])

---

[1]) „Sachverständiger“ deshalb, weil der Gutachter aus einem Komplex von besonderen Erfahrungssätzen (im Gegensatz zu solchen, die Allgemeingut sind) schöpft, innerhalb deren er „sachkundig“, „Kenner“ ist (z. B. als Arzt, als Chemiker). Es ist jedoch zu beachten, daß nicht jeder in diesem Sinne Sachverständige im Prozeß die Stellung eines „Sachverständigen im beweisrechtlichen Sinne“ hat. Eine dem Zeugen koordinierte beweisrechtliche Aussageperson (persönliches Beweismittel) und somit der Regelung in §§ 72ff. StPO. unterstellt ist vielmehr nur derjenige, dessen Erfahrungsschatz als die Basis für die Erschließung von beweisbedürftigen Tatsachen dient. Andersartig ist z. B. die Funktion des Verkehrsdolmetschers, obwohl auch er „Sachverständiger“ für Sprachregeln ist; er ist reiner Richtergehilfe, vgl. oben § 37 I, 2.

[2]) Diese habe auch ich stets vertreten. Nach Löwe-Rosenberg 1 zu Abschn. 7 soll ich in v. Holtzend. Enzykl. Bd. 5[7] 176 eine abweichende Auffassung ausgesprochen haben; diese Annahme beruht aber auf einem Lesefehler.

Andere Auffassungen:

1. Zeuge: wer über vergangene Tatsachen berichte (testis de praeterito); Sachverständiger: wer Gegenwartstatsachen bekunde (testis de praesenti). Unrichtig (nicht einzusehen, weshalb die Aussage, man verspüre zurzeit Schmerzen im Arme, keine Zeugenaussage sein soll, und umgekehrt, weshalb die aus ärztlicher Sachkunde abgeleitete Feststellung, X sei an einer Stichwunde gestorben, kein Sachverständigengutachten sein soll) und heute aufgegeben.

2. Aufgabe des Sachverständigen: nur Mitteilung der Erfahrungssätze selber (Stein). Aber die Erfahrungssätze sind zum Teil zu schwierig und zu weitläufig, als daß sie das Gericht aufnehmen und handhaben könnte; anderenteils gibt es Sachkenner, die auf Grund guter praktischer Erfahrung zuverlässige Ergebnisse liefern können, doch aber zu einer theoretischen Darlegung der Erfahrungssätze nicht imstande sind. Richtig nur, daß sich der Richter mit der bloßen Mitteilung der Erfahrungssätze durch den Sachverständigen begnügen kann (verkürztes Gutachten), wenn er nämlich glaubt, von da aus die Schlußfolgerung auf die festzustellende Tatsache allein (ohne Anleitung durch den Sachverständigen) vornehmen zu können.

3. Der charakteristische Unterschied zwischen Zeugen und Sachverständigen bestehe darin, daß die letzteren in den Prozeß nur eine generelle Eignung für ihre Prozeßrolle, diese Eignung aber im Umfang ihrer Sachkunde für alle Prozesse mitbrächten, sie also erst durch die Zuziehung im Einzelprozeß in Beziehung zu dem betreffenden bestimmten Beweisthema gesetzt würden, während die Zeugen ihre Beziehung zu dem individuellen Beweisthema schon in den Prozeß mitbrächten (Hegler). Das Erstere (bezüglich der Sachverständigen) ist zutreffend. Aber auch in die Zeugenrolle kann jemand erst durch richterlichen Auftrag im Prozeß hineingestellt werden (z. B. das Gericht veranlaßt den X, nachzusehen, ob ein bestimmtes Fenster eines Nachbarhauses zerschlagen ist; der alsdann erstattete Bericht des X hierüber ist kein „Gutachten").

4. Der Begriff des Sachverständigen wird bisweilen (Hegler) in dem Sinne erweitert, daß die Quelle des Gutachtens nicht bloß das Erfahrungswissen sei, sondern auch Sachverständige aus der Geschichtswissenschaft und den apriorischen Wissenschaften in Frage kämen. Indessen sind die Tatsachenfeststellungen des Historikers am letzten Ende auch Folgerungen aus Erfahrungssätzen, bedürfen also keiner Sondererwähnung; und der mit apriorischen Sätzen Vertraute (etwa der Mathematiker, der eine Berechnung vordemonstriert)

kommt nicht sowohl als Beweismittel, denn vielmehr als reiner Richtergehilfe in Frage (oben S. 297 Anm. 1).

Bei Zugrundlegung der herrschenden Lehre ergibt sich noch folgendes:

Da der Sachverständige zunächst nur mit Erfahrungsregeln ausgerüstet ist, er aber doch eine konkrete Tatsache bekunden soll, und dafür der Erfahrungssatz nicht hinreicht (z. B. genügt der Erfahrungssatz, daß bestimmte Symptome auf beigebrachtes Gift hinweisen, nicht, um zu erhärten, daß X Gift verabreicht erhalten hat), so muß der Sachverständige, um schlußfolgern zu können, eine Anknüpfungs- (Indiz-) Tatsache einschieben (so im obigen Beispiel die Tatsache, daß sich am Leibe des X die und die Symptome gefunden haben). Alsdann stellt sich sein Gutachten als Syllogismus im Sinne der Logik dar (Obersatz: Die und die Symptome erweisen erfahrungsgemäß Giftaufnahme; Untersatz: X trug diese Symptome an sich; Schluß: also hat X Gift bekommen). Die Anknüpfungstatsache entnimmt der Sachverständige bald einmal einer Mitteilung des Richters, bald schöpft er sie aus der Beweisaufnahme, bald erforscht er sie selbständig[1]), vgl. §§ 80, 81, 87—93. Für die Untersuchung von Personen und Sachen (zwecks Gewinnung des Untersatzes) wohnt den Sachverständigen keine eigene Prozeßbefugnis inne. Wohl aber hat der Richter die Befugnis, die betreffenden Personen und Sachen seiner Untersuchung zu unterwerfen, soweit eine Augenscheinsduldungspflicht (oben § 59 II) besteht. Eine Sonderbestimmung trifft § 81 hinsichtlich der Einschaffung des Angeschuldigten in eine Irrenanstalt behufs Vorbereitung eines Gutachtens über seinen Geisteszustand.

Dieser Einblick in die Gutachterarbeit zeigt zugleich, daß der Sachverständige im beweisrechtlichen Sinne eine Doppelstellung hat: er hat etwas von einem Richtergehilfen an sich, insofern er der Indizienbeweisführung vorarbeitet; andererseits ist er aber auch Beweismittel[2]), da er Aussagen über beweisbedürftige Tatsachen abgibt und hierin dem Zeugen gleicht. Aus dieser Richtergehilfenstellung in Verbindung mit der innerlichen Verschiedenheit von Gutachten und Zeugnis erklärt sich, daß das Gesetz in zahlreichen Punkten Bestimmungen über den Sachverständigenbeweis enthält,

---

[1]) In jedem Falle obliegt dem Gericht natürlich die Prüfung ihrer Richtigkeit. Stimmt sie nicht, so fällt das Gutachten in sich zusammen; in diesem Sinne ist jedes Gutachten hypothetisch.

[2]) Vgl. §§ 219, 245: „Zeugen, Sachverständige und andere Beweismittel."

die von denen über den Zeugenbeweis abweichen; aus der Eigenschaft des Sachverständigen als Beweismittel ergibt sich umgekehrt die vom Gesetz in anderen Punkten vorgesehene gleichheitliche Regelung für Zeugen und Sachverständige.

In jeder Hinsicht „Zeuge" und nicht Sachverständiger ist der sog. sachverständige Zeuge (StPO. § 85), d. h. wer Tatsachen als wahrgenommen berichten soll, die er durch besondere Sachkunde wahrzunehmen befähigt war (z. B. der Jagdverständige, der beauskunftet, daß er gesehen habe, wie X eine Schnepfe schoß, während ein anderer Zuschauer nur bezeugen könnte, daß X „einen Vogel" geschossen habe). Die von einer solchen Aussageperson verlangte geistige Leistung ist lediglich Wiedergabe von Wahrgenommenem und steht nicht auf der Höhe eines Gutachtens.

II. Die Vernehmung beider Arten von Aussagepersonen gliedert sich in die „zur Person" (StPO. §§ 68, 72, dazu RVerf. Art. 136 III) und die „zur Sache". In letzterer Hinsicht ist sie so einzurichten, daß der zu Vernehmende zu eigener zusammenhängender Darstellung veranlaßt wird (nicht „artikulierte", d. h. in Einzelfragen zerlegte Abfragung, weil damit Gefahr der Suggestion verbunden); nur nötigenfalls zusätzlich Einzelfragen, StPO. §§ 69, 72.

Alle Aussagepersonen sind jede einzeln zu vernehmen §§ 59, 72. Der Grund ist der, daß die Bekundungen sonst nicht so scharf individuell heraustreten, wie es erwünscht ist. Bei Zeugen noch ein weiterer Grund: Befürchtung gegenseitiger Beeinflussung zum Schaden des wahren Wissensstandes. Letzterer Umstand hat zu der weiteren Bestimmung geführt, daß die Vernehmung eines Zeugen in Abwesenheit der später abzuhörenden Zeugen zu erfolgen hat, § 59. Dagegen können Sachverständige, auch wenn sie später gehört werden sollen, den Vernehmungen von anderen Sachverständigen sowie von Zeugen beiwohnen, § 80.

III. Allgemeine Voraussetzung für die Zulässigkeit der Vernehmung einer Person als Zeugen oder Sachverständiger ist, daß sie im Rechtssinne „zeugnisfähig" bzw. „begutachtungsfähig" ist.

Die Zeugnisfähigkeit kommt nach heutigem Recht freilich uneingeschränkt jedem Menschen zu. (Ältere Rechte schieden gewisse Personenklassen, z. B. Kinder, Geisteskranke, wegen vermutlicher Unzuverlässigkeit ihrer Aussagen aus; heute auch insoweit freie Beweiswürdigung von Fall zu Fall).

Dagegen ist die Sachverständigenrolle dadurch bedingt, daß der zu Vernehmende mit der in Frage kommenden Sachkunde ausgerüstet ist. Das Vorhandensein dieser Sachkunde ist daher stets (als prozeßerhebliche Tatsache, oben § 57 III 1) feststellungsbedürftig. Zur Wahrnehmung der Sachverständigenrolle ist ferner nur der Eidesfähige fähig.[1])

Im Einzelprozeß sind Zeugnis- und Begutachtungsfähigkeit noch dadurch bedingt, daß der zu Vernehmende in diesem Prozeß die Stellung eines „Dritten" hat, oben § 60 II 2.

IV. Verboten ist, auch bei Personen, die nicht im Sinne von III aussageunfähig sind, die Vernehmung

1. von Zeugen, wenn sie einem unbedingten Zeugenbeweisverbot (StPO. § 54), einem bedingten Zeugenbeweisverbot (Fälle der §§ 52, 53, 54, sofern der Zeuge von seinem Weigerungsrecht Gebrauch macht) oder einem absoluten Beweisverbot (§ 252, vgl. oben § 58 IV) zuwiderlaufen würde.

2. Vernehmung jemandes als Sachverständigen ist entsprechend wie zu 1 verboten, §§ 72, 76 I; außerdem aber auch im Falle des § 76 II.

Darüber hinausgehend kommt hier aber noch die Richtergehilfeneigenschaft des Sachverständigen zur Geltung. Dieser unterliegt nämlich wie der Richter der „Ausschließung kraft Gesetzes" und der „Ablehnung" (vgl. oben § 13 II 1). Kraft Gesetzes ausgeschlossen ist ein Sachverständiger allerdings nur in dem besonderen Falle des § 87 I S. 2. Ablehnbar von seiten der Parteien[2]) ist aber jeder Sachverständige, wenn bei ihm Umstände vorliegen, die bei dem Richter Ausschließung kraft Gesetzes oder Ablehnbarkeit begründen würden, § 74.[3]) Ist nun § 87 I S. 2 gegeben, oder ist eine gegen den Sachverständigen angebrachte Ablehnung siegreich gewesen, so ist die Vernehmung ausgeschlossen. Befristet ist die Ablehnung nicht. Sie ist auch noch nach Erstattung des Gutachtens zulässig; wird sie in diesem Falle für begründet befunden, so wird das Gutachten ex tunc unverwertbar, vgl. § 83 II.

V. Welche bestimmten Personen im Einzelprozeß als Aussagepersonen heranzuziehen sind, bestimmt sich zunächst nach dem Grundsatz der materiellen Wahrheitserforschung. Während nun aber die Persönlichkeit der Zeugen in der Regel durch ihre Beziehungen zu dem Aussagethema von selbst gegeben ist, kommen für sachverständige Begutachtung jedesmal so viele Persönlichkeiten in Betracht, als Vertreter der betreffenden Sachkunde vorhanden sind; Sach-

---

[1]) So wenigstens die h. M. (gestützt darauf, daß § 79 für uneidliche Gutachten keinen Raum gibt).

[2]) Keine „Selbstablehnung" des Sachverständigen.

[3]) Vgl. dazu Beling, ZStW. 42 755.

verständige sind insofern „vertretbar“, „fungibel“; die Auswahl (auch die Bestimmung der Zahl) der zu hörenden Sachverständigen liegt beim Richter, §§ 73, 83, 76 I S. 2 (Besonderheiten in §§ 87, 91); doch hat er nach Maßgabe der §§ 195, 220, 245 auch parteiseitig gewünschte Sachverständige zuzuziehen.

VI. Als psychisches Druckmittel zur Erzielung gewissenhafter Bekundungen kennt das Gesetz für Zeugen und Sachverständige den Eid.

1. Er besteht aus der Eidesformel (den Schwurworten) und der Eidesnorm.

In Ansehung der Eidesformel war der Eid im früheren Recht konfessionell; dann (so nach der StPO. in ihrer ursprünglichen Gestalt) zwar nicht konfessionell, doch aber religiös (Anrufung Gottes); heute ist er „bürgerlicher Eid“ (Formel: „Ich schwöre“ ohne Zusatz), so jedoch, daß der Schwörende freiwillig hinzusetzen kann „bei Gott dem Allmächtigen und Allwissenden“ und „So wahr mir Gott helfe“, StPO. §§ 63, 72, RVerf. Art. 136 IV, 177, und daß Mitgliedern gewisser Religionsgesellschaften (Mennoniten, Philipponen usw.) statt „Ich schwöre“ andere Beteuerungsformeln gestattet sind, StPO. § 65.

Die (an die Schwurworte anschließende) Eidesnorm schreibt das Gesetz bei Zeugen im Falle des Voreids dahin vor: „daß ich die reine Wahrheit sagen, nichts verschweigen und nichts hinzusetzen werde“; im Falle des Nacheids dahin: „daß ich die reine Wahrheit gesagt, nichts verschwiegen und nichts hinzugesetzt habe“; bei Sachverständigen dahin: „daß ich das von mir erforderte Gutachten unparteiisch und nach bestem Wissen und Gewissen erstatten werde“, StPO. §§ 62, 79.

Vor der Vereidigung Hinweis auf die Bedeutung des Eides erforderlich, §§ 60, 72.

Jeder Zeuge und Sachverständige ist einzeln zu vereidigen, §§ 61, 72.

Den Hergang der Eidesleistung regelt § 64.

2. Unstatthaft ist (für Zeugen und — § 72 — Sachverständige) die Vereidigung

a) der Eidesunreifen, d. i. der noch nicht Sechzehnjährigen, sowie derjenigen, die wegen mangelnder Verstandesreife oder wegen Verstandesschwäche von der Bedeutung des Eides keine genügende Vorstellung haben, § 57¹;

b) derjenigen, denen die Eidesfähigkeit aberkannt ist, § 57², vgl. StGB. § 161.;

c) derjenigen, die der Teilnahme, der Begünstigung oder Hehlerei an der den Prozeßgegenstand bildenden Tat verdächtig oder dieserhalb schon verurteilt sind, § 57^3.[1])

Die Eidesunfähigkeit hindert bei Zeugen nicht, daß sie vernommen werden und ihnen geglaubt wird (freie Beweiswürdigung); dagegen entfällt bei Sachverständigen mit der Eidesfähigkeit auch die Fähigkeit, zum Gutachten überhaupt herangezogen zu werden (oben III).

Unstatthaft ist ferner die Vereidigung solcher, die auf Grund gesetzlichen Eidesweigerungsrechts den Eid verweigert haben.

3. Der Eid ist grundsätzlich erst und nur in der **Hauptverhandlung** oder bei „kommissarischer Vernehmung" (unten § 74 III 2) abzunehmen, § 66 I, vgl. unten § 64 IV 2. Außerhalb dieser Prozeß-

---

[1]) Die Auslegung ist in vielen Beziehungen streitig. 1. Jedenfalls bedeutet „verdächtig" die Wahrscheinlichkeit des Bestehens eines Strafanspruchs gegen den Zeugen. 2. Erforderlich ist nur, daß das **befaßte Gericht** den Verdacht hegt (nicht erforderlich „objektiver" Verdacht); auch wenn seine Verdachtsannahme irrig ist, ist die Nichtvereidigung prozeßordnungsgemäß (kein Prozeßverstoß). 3. „Teilnahme" an der den Prozeßgegenstand bildenden „Tat" bedeutet nicht jedes beliebige strafbare Verhalten des Zeugen, das mit dem betr. Vorgange zusammenhängt (z. B. ist § 57^3 bei wechselseitigen Körperverletzungen zwischen dem Angeklagten und dem Zeugen nicht gegeben). Andererseits ist es — gegen **Bennecke-Beling** 356 — zu eng, die „Teilnahme" im Sinne des § 57^3 auf die Teilnahme im strafrechtlich-technischen Sinne (Mittäterschaft, Anstiftung, Beihilfe) zu beschränken. Es genügt vielmehr auch jeder andere strafrechtliche Verantwortlichkeitszusammenhang (deshalb besteht „Teilnahme" z. B. auch zwischen dem bestochenen Beamten (§ 332 StGB.) und dem Bestechenden (§ 333 StGB.), obwohl hier strafrechtlich 2 delicta sui generis gegeben sind; ferner ist im Prozeß gegen den Anstifter oder Gehilfen der Haupttäter „Teilnehmer", obwohl strafrechtlich die Teilnahme gerade umgekehrt auf seiten des Anderen liegt; auch Anstifter und Gehilfe sind im Verhältnis zueinander „Teilnehmer", obwohl strafrechtlich keiner Teilnehmer des Anderen ist, jeder von ihnen vielmehr nur Teilnehmer an der Tat des Haupttäters ist. 4. Erst recht ist unvereidigt zu lassen, wer sogar der Alleintäterschaft hinsichtlich der den Prozeßgegenstand bildenden Tat verdächtig ist. 5. Ein „Verdacht der Begünstigung" kann an sich in jeder Art von begünstigendem Verhalten, also auch in einer begünstigenden Aussage, gefunden werden. Nur darf er nicht darauf gestützt werden, daß diejenige Aussage, um deren Beeidigung es sich handelt, oder eine frühere gleichinhaltliche Aussage des Zeugen eine Begünstigung sei. Denn darin läge eine unzulässige Vorverlegung der Beweiswürdigung; das Gericht würde in jedem Prozeß den ganzen Entlastungsbeweis mattsetzen können, indem es jeden Zeugen, der zugunsten des Beschuldigten aussagt, unvereidigt läßt und so bei ihm ein Moment ausschaltet, das für die Beurteilung der Glaubwürdigkeit der Zeugen in ihrer Gesamtheit wesentlich ist (nämlich eben den Eid). — Vgl. zu § 57 noch **Beling**, **JW. 54** 998.

lagen erfolgende Vernehmungen haben grundsätzlich uneidlich zu geschehen; Ausnahmen für Voruntersuchung und Ermittelungsverfahren bei Vorliegen besonderer Gründe nach näherer Bestimmung von §§ 66 II und III.

Ist aber der Zeitpunkt für die Vereidigung gekommen, so ist diese, soweit sie nicht unzulässig ist (oben 2), grundsätzlich ohne Ansehen der Person des Zeugen oder Sachverständigen und der Umstände des Einzelfalls geboten, vgl. § 61: „jeder Zeuge", dazu § 72. Dies führt zwar zu einer starken Häufung der Eide; da aber der Eid für die Würdigung der Glaubwürdigkeit der Aussage sehr wesentlich mit ins Gewicht fällt, würde eine Ermächtigung für den Richter, von Fall zu Fall zu bestimmen, ob der Eid zu leisten sei, eine unsachgemäße Vorverlegung der Beweiswürdigung in einen Zeitpunkt bedeuten, in dem die dafür wesentlichen Umstände noch nicht vollständig vorliegen; es würden vorläufige Eindrücke und damit Vorurteile entscheidend werden. Insbesondere ist dem Richter nicht gestattet, deshalb von der Vereidigung Abstand zu nehmen, weil die Aussageperson unglaubwürdig sei (anders, sehr verfehlt, MStGO. § 299 IV).

Nur hinsichtlich derjenigen Angehörigen des Beschuldigten, die den Eid verweigern dürften (§§ 58 II, 52), dies aber nicht tun, hat der Richter freie Hand, ob er sie vereidigen will oder nicht, § 58 I.

4. Der Eid ist dem Zeugen im Strafprozeß (anders im Zivilprozeß und nach der MStGO.) grundsätzlich **vor** der Vernehmung abzunehmen — „**Voreid**" — (aus dem praktisch fragwürdigen Grunde, daß dadurch der Aussagende besser von Unwahrhaftigkeit abgehalten werde), § 61 Satz 1. Die Vereidigung kann jedoch auch aus besonderen Gründen des Einzelfalles bis nach der Vernehmung ausgesetzt werden; alsdann „Nacheid", § 61 Satz 2.[1])

Beim Sachverständigen erwähnt die StPO. lediglich den Voreid.[2])

5. **Statt** den Eid **selbst** (den „körperlichen Eid") zu fordern, kann sich der Richter begnügen

a) bei Zeugen und Sachverständigen mit einer von ihnen abzugebenden „Versicherung unter Berufung auf einen von ihnen

---

[1]) Zuweilen wird der Voreid als „promissorischer", der Nacheid als „assertorischer Eid" bezeichnet. Ein besonderes „Versprechen" wird dem Zeugen aber beim Voreid nicht abverlangt. Beide Eide sind der Sache nach reine Beteuerungen, also „assertorisch".

[2]) Gleichwohl nimmt das RGer. an, daß auch hier der Nacheid nicht rechtlich unzulässig sei.

früher geleisteten Eid", falls der frühere Eid und derjenige, der jetzt zu leisten wäre, demselben Hauptverfahren oder demselben Vorverfahren angehören, §§ 67, 72;

b) bei Sachverständigen, die im Wege der Justizverwaltung als Dauersachverständige generell vereidigt worden sind, mit einer Berufung auf diesen generellen Eid, § 79 II.

VII. Die Verpflichtung, dem Gericht als Aussageperson zu dienen, ist hinsichtlich der Zeugen und der Sachverständigen verschieden umschrieben; auch hier sind dabei die in der Zeugnis- und der Sachverständigenpflicht enthaltenen 3 Unterpflichten: die Pflicht zum Erscheinen — die Pflicht zur Aussage — die Pflicht zum Eid, zu unterscheiden.

1. Zu erscheinen verpflichtet ist jedermann, der für Vernehmung als Zeuge oder Sachverständiger vor den Richter „geladen" wird.

Zur „Ladung" legitimiert sind der Richter und (für die Hauptverhandlung, § 214) die Staatsanwaltschaft; ferner (sog. „unmittelbare Ladung" zur Hauptverhandlung) der Angeklagte, der Privatkläger, der Nebenkläger, §§ 220, 386 II, 397 (vgl. außerdem § 195).

Damit eine die Erscheinungspflicht auslösende „Ladung" vorliege, muß die Formvorschrift des § 48 eingehalten sein; für unmittelbare Ladungen gelten außerdem die §§ 38 (förmliche Zustellung), 220 II (Sicherstellung des Geladenen hinsichtlich seiner Entschädigung für Reisekosten und Versäumnis).

Örtlich eingeschränkt ist (im Interesse des politischen Lebens) die Erscheinungspflicht des Reichspräsidenten und der Staatspräsidenten, § 49; sowie der Mitglieder der Regierungen, des Reichsrats und der Staatsräte, des Reichstags, des Reichswirtschaftsrats und der Landtage, § 50.

Ausbleiben trotz ordnungsmäßiger Ladung zieht für den Zeugen Kostentragung, Ordnungsstrafe (in Geld und hilfsweise in Haft), sowie (fakultativ) Zwangsvorführung nach sich, § 51; für den zur Erstattung des Gutachtens verpflichteten Sachverständigen nur Kostentragung und Ordnungsstrafe, § 77.

Der nicht von legitimierter Stelle aus oder nicht formrichtig Geladene, z. B. der vom Angeklagten einfach zum Mitkommen Aufgeforderte, braucht nicht zu erscheinen. (Dagegen ist der Formalakt der Ladung für die Zulässigkeit der Vernehmung nicht bedingend.[1])

[1]) Wohl aber begründet der Umstand, daß „Ladung" erfolgt und die Aussageperson daraufhin erschienen ist, für das Gericht eine Pflicht zur Vernehmung nach Maßgabe des § 245, unten § 75 VIII 1.

2. Aussagepflichtig ist, und zwar

a) zeugnispflichtig grundsätzlich jedermann und ohne Rücksicht auf das Beweisthema. Dieser Satz ist jedoch zugunsten gewisser Belange, die dem Gesetzgeber vordringlicher erschienen als das Bedürfnis nach der strafprozessualischen Wahrheitserforschung, durch Ausnahmen durchbrochen. Im Umfang dieser Ausnahmen besteht dann ein „Zeugnisweigerungsrecht". Die Zeugnisweigerungsrechte sind teils eigentliche, d. h. es hängt von dem Zeugen ab, ob er aussagen will (hier einschlägig §§ 52, 53, 55, RVerf. Art. 38 I), teils uneigentliche, d. h. die Vernehmung wäre auch ohne die Weigerung verboten, s. oben § 58 IV a. E. (StPO. § 54). Unter einem anderen Gesichtspunkt gruppieren sie sich so, daß entweder das Beweisthema keine Rolle spielt: volle Zeugnisweigerungsrechte (§ 52); oder die Weigerung nur im Hinblick auf bestimmte Aussagethemata statthaft ist: „Auskunftsweigerungsrechte" (§§ 53, 54, 55, RVerf. Art. 38 I).

Die eigentlichen Zeugnisweigerungsrechte stehen zu, und zwar

α) volles Zeugnisweigerungsrecht:

den nahen Angehörigen des Beschuldigten nach näherer Maßgabe des § 52[1]);

β) Auskunftsweigerungsrechte:

Personen in gewissen Vertrauensstellungen — Geistlichen, Verteidigern, Rechtsanwälten, Ärzten, Redakteuren usw. — hinsichtlich der einschlägigen Privatgeheimnisse, § 53; Verteidigern, Rechtsanwälten und Ärzten aber nur, wenn sie von dem Geheimnisherrn nicht von der Schweigepflicht entbunden sind, § 53 II[2]); Reichstags- und Landtagsabgeordneten im Umkreise des an diese ihre Eigenschaft geknüpften Vertrauensverhältnisses, RVerf. Art. 38 I; endlich jedermann hinsichtlich solcher Fragen, deren Beantwortung ihm oder einem Angehörigen im Sinne des § 52 die Gefahr strafgerichtlicher Verfolgung zuziehen würde, § 55.[3])

---

[1]) Bei einer Mehrheit von Beschuldigten ist der Zeuge in Ansehung derjenigen Beschuldigten zeugnisweigerungsberechtigt, zu denen er im Angehörigkeitsverhältnis steht, im übrigen nicht (auch nicht bei einem Teilnahmezusammenhang zwischen den Taten der Beschuldigten). Er hat also grundsätzlich auszusagen, nur bewirkt seine Zeugnisweigerung, daß seine Aussage in Ansehung der Tat des Angehörigen nicht verwertet werden darf. Vgl. Beling, JW. 54 1001. Die Frage ist aber streitig.

[2]) Das Verhältnis des § 53 zu StGB. § 300 ist bestritten, vgl. die Übersicht über den Streitstand bei Rosenberg im Leipziger Kommentar zum StGB. 7 zu § 300, dazu Rosenberg DJZ. 30 1178.

[3]) Dagegen genügt es (im Gegensatz zum Zivilprozeß) nicht, daß die Beantwortung der Frage dem Zeugen zur „Unehre" gereichen würde. Auch

In keinem Falle darf der um das Beweisthema wissende Zeuge, statt das Zeugnis zu verweigern, erklären, daß er nichts wisse. Andererseits genügt die einfache Zeugnisweigerung, ohne daß der Zeuge gehalten wäre, zu erkennen zu geben, ob er überhaupt etwas zur Sache weiß.

Die das Weigerungsrecht begründende Tatsache ist in den Fällen der §§ 52, 53, 55 auf Verlangen glaubhaft zu machen, § 56.[1])

Der Inhalt der Aussagepflicht ist, wie die Eidesnorm erkennen läßt, der: der Zeuge hat die reine Wahrheit zu sagen, nichts zu verschweigen und nichts hinzuzusetzen. Dabei fragt sich, ob von dem Zeugen verlangt werden kann, daß er über die „objektive" Wahrheit Auskunft gebe (z. B., daß der Angeklagte den X geschlagen habe) oder nur, daß er seine augenblickliche Vorstellung von dem betr. Ereignis kundgebe (z. B., er habe jetzt die Vorstellung, daß der Angeklagte den X geschlagen habe). Ist das letztere der Fall, so ist die dementsprechende Aussage immer richtig, wenn sie sich mit der Vorstellung deckte, auch wenn die Vorstellung selbst falsch war.[2]) Die Praxis nimmt aber keinen Anstand, die Zeugen nach den äußeren Tatsachen unmittelbar zu fragen. Dagegen wird — aus philosophischen Erwägungen heraus — eingewendet, daß kein Mensch über sein Bewußtsein hinaus, also „objektiv", etwas aussagen könne. Der Einwand verfängt aber nicht. Denn das individuell-subjektive Bewußtsein weist über sich hinaus auf „objektive", wennschon nicht „absolut" irrtumsfreie Sachbestände, mit denen im praktischen Leben zu operieren eine Notwendigkeit ist. Deshalb ist auch dem Zeugen zuzumuten, über die äußere Tatsache selbst auszusagen.[3])

---

darf der Zeuge die Auskunft darüber, wie er bei einer politischen Wahl gewählt habe, nicht verweigern. So unter der Herrschaft der alten RVerf. Art. 20 RGer., **R. 6** 517; Reichel, **DJZ. 15** 985; a. M. Frohnhausen, **DJZ. 9** 116. Die neue RVerf. Art. 125 erklärt das Wahlgeheimnis für „gewährleistet", denkt dabei aber offenbar nur an Sicherstellung des Wahlakts gegen Einblick anderer, wie sich schon aus dem angefügten Satz „Das Nähere bestimmen die Wahlgesetze" ergibt.

[1]) Das ist, da der Zeuge im Dunkeln lassen kann, ob und was er weiß, in den Fällen des § 53 so zu verstehen: es ist das persönliche Verhältnis (Geistlicher — Gemeindeglied usw.) und das Hineinfallen des Beweisthemas als solchen in dieses persönliche Verhältnis glaubhaft zu machen.

[2]) Daraus ergibt sich, daß dann der Eid kein „falscher" war, folglich von einem „fahrlässigen Falscheid" auch dann nicht die Rede sein kann, wenn der Zeuge bei Bildung seiner Vorstellung unsorgfältig verfahren war.

[3]) Er ist deshalb auch verpflichtet, die Richtigkeit seiner augenblicklichen Vorstellung nachzuprüfen. Hat er in Übereinstimmung mit seiner Vorstellung eine objektiv unrichtige Tatsache beschworen, so liegt also — im Gegensatz zu der in Anm. 1 erwähnten Auffassung — ein falscher Eid vor, und er ist,

b) Der Kreis der Begutachtungspflichtigen beschränkt sich auf solche, die die für das betr. Gutachten erforderliche Sachkunde haben, und auch diese sind nur unter den in § 75 aufgeführten besonderen Voraussetzungen pflichtig. Dem hiernach Pflichtigen stehen dann noch Weigerungsrechte nach Analogie der Zeugnisweigerungsrechte zu, § 76.

Bei unstatthafter Weigerung treffen den Zeugen Kostentragung, Ordnungsstrafe (in Geld und hilfsweise Haft), sowie zur Erzwingung der Aussage Beugehaft, § 70; den Sachverständigen nur Kosten und Ordnungsstrafe (auf Erzwingung des Gutachtens verzichtet das Gesetz deshalb, weil es sich nicht, wie beim Zeugen, um einfache Offenbarung von Gewußtem handelt, sondern um eine höhere geistige Leistung, bei der Widerwilligkeit Lässigkeit und Minderwertigkeit zur Folge zu haben pflegt, überdies auch andere Sachverständige verfügbar sind).

3. Eidespflichtig ist jeder Zeuge und Sachverständige, dessen Vereidigung nicht verboten ist (oben IV). Ausnahme: eidesweigerungsberechtigt sind die Angehörigen des Beschuldigten im Sinne des § 52, auch wenn sie das Zeugnis bzw. Gutachten selbst nicht verweigern, §§ 58 II, 72.

Unstatthafte Eidesweigerung zieht die gleichen Folgen nach sich, wie unstatthafte Aussageweigerung, §§ 70 (Zeugen), 77 (Sachverständige).

VIII. Zeugen und Sachverständige haben Anspruch auf Schadloshaltung für Zeitverlust und Auslagen, Sachverständige außerdem auf Vergütung der Gutachterarbeit, §§ 71, 84. Das Nähere bestimmen die Gebührenordnungen für Zeugen und Sachverständige.

§ 62. cc) Die Parteien als Beweismittel.

Tittmann, Über Geständnis und Widerruf in Strafsachen 1810; Schauberg, Vergleichung des Geständnisses im Kriminal- und Zivilprozeß 1869; Heinze, GA. 24 287; Derselbe, Strafproz. Erörterungen 1875, S. 23; Henschel, Die Vernehmung des Beschuldigten, Beilageheft zu GS. 74. — Vgl. Rathenau, ZStW. 22 514.

I. Die Rechtsstellung der Parteien als Beweismittel — soweit sie überhaupt als solche in Betracht kommen: Beschuldigter, Privat-

---

wenn er bei der gebotenen und ihm möglichen Sorgfalt die Unrichtigkeit hätte erkennen können, wegen fahrlässigen Falscheids strafbar. — Ist der Zeuge seiner Sache nicht sicher, und bezeugt er, statt diese seine seelische Verfassung mitzuteilen, die unrichtige äußere Tatsache ohne Vorbehalt, so kommt je nachdem Dolus eventualis oder bewußte Fahrlässigkeit in Frage.

und Nebenkläger — empfängt dadurch eine besondere Eigenart, daß sie eben Parteien sind, ihre Beweismittelrolle deshalb nur eine sekundäre sein kann: ihre Rechte und Pflichten, sowie die Art des Verkehrs des Richters mit ihnen sind überwiegend im Hinblick auf ihre Stellung als Parteien normiert. Ganz anders der gemeinrechtliche Inquisitionsprozeß, in dem es keine Parteien gab: der Beschuldigte — der „Inquisit" — war vollpflichtiges Beweismittel, wurde zu Beweiszwecken „verhört", gegebenenfalls zur Erzielung eines Geständnisses gefoltert, es gab gegen ihn „Lügenstrafen", sein Geständnis galt als Beweis ersten Ranges (Confessio est regina probationum, Confessus pro convicto habetur), während seinen ihm günstigen Behauptungen jeder Beweiswert fehlte.

Auf der anderen Seite sind heute im Strafprozeß, wo die Verhandlungs- und die Dispositionsmaxime ausgeschaltet sind (oben § 33 I), die Parteien nicht so sehr Parteien, daß nicht neben dieser ihrer Eigenschaft die Beweismitteleigenschaft Raum fände.

II. Im einzelnen gilt folgendes:

1. Ein Verkehr des Richters mit den Parteien, bei dem diese lediglich als Beweismittel benutzt würden, ihre Parteirolle also nicht mit zur Geltung käme, ist dem Gesetz unbekannt. Deshalb ist namentlich die Vernehmung des Beschuldigten (sog. „verantwortliche" Vernehmung) nicht sowohl ein „Verhör", als vielmehr eine Verstattung zum Gehör, vgl. StPO. § 136 II. Werden bei der Anhörung der Parteien von diesen Anführungen gemacht, die eine Verwertung im Sinne des Beweises zulassen, so erscheint dies mehr als ein gelegentliches Nebenergebnis, nicht als der bestimmende Zweck der Vernehmung.

2. Deshalb obliegt den Parteien auch die Pflicht, auf Ladung zu erscheinen, nur soweit eine solche Pflicht ihnen eben in ihrer Parteieigenschaft vom Gesetz auferlegt ist. Allerdings sind diese gesetzlichen Bestimmungen zum Teil von dem Gedanken mitgeleitet, daß von den Parteien sachliche Aufklärungen zu erwarten seien. Über Ladung (gegebenenfalls Vorführung) des Beschuldigten vgl. StPO. §§ 133 bis 135, 216.

3. Keine Partei ist aussagepflichtig. Charakteristisch hinsichtlich des Beschuldigten § 136 I S. 2 StPO.: Der Beschuldigte ist zu befragen, „ob" er etwas auf die Beschuldigung erwidern wolle. Infolgedessen gestattet das heutige Recht dem Richter auch nicht, den Parteien eine Aussage abzunötigen.[1])

[1]) Vgl. dazu Liepmann, **ZStW. 44** 647. Der Beschuldigte ist auch nicht gehalten, Schriftproben herzustellen, die zur Schriftvergleichung dienen

Darüber, ob die Parteien, **wenn** sie Mitteilungen machen, rechtlich verpflichtet sind, die **Wahrheit** zu sagen („Ehrlichkeitspflicht"), enthält die StPO. keine ausdrücklichen Bestimmungen. Es ist jedoch

a) hinsichtlich des Beschuldigten anerkannt, daß ihm eine derartige Rechtspflicht nicht obliegt (Nemo tenetur se accusare), ohne daß ihm damit aber ein „Recht, zu lügen" zugestanden wäre.

b) Hinsichtlich des Privat- und des Nebenklägers ergibt sich eine Rechtspflicht, den Beschuldigten nicht wahrheitswidrig zu belasten, aus (und im Umfang des) § 164 StGB.

4. Ganz ausgeschlossen ist im heutigen deutschen Strafprozeßrecht der **Parteieid**.[1]) Die Versuchung zum falschen Schwur ist für die Parteien im Strafprozeß zu groß.

5. Für die **richterliche Würdigung** nimmt das **Geständnis** gegenüber den dem Aussagenden günstigen Anführungen keine Sonderstellung ein. Es bindet (anders als im Zivilprozeß) weder den Aussagenden, noch den Richter. Wird es widerrufen, so obliegt dem Richter die Würdigung beider Erklärungen, so daß er je nach dem Einzelfall dem Geständnis oder dem Widerruf Glauben schenken kann.

III. Soweit eine Parteivertretung statthaft ist (oben § 43 **III** 2), begreift diese doch nur die Verfügung über die Parteirechte namens des Vertretenen, nicht **aber** eine Vertretung der Partei in ihrer Rolle als beweisrechtliche Aussageperson (z. B. ist ein Geständnis des Vertreters nicht als solches der Partei anzusehen). Andererseits aber verbietet das Gesetz nicht, die Vertreter selbst als beweisrechtliche Aussagepersonen zu benutzen; es kommt also darauf an, inwieweit ihnen im Wege freier Beweiswürdigung Glauben geschenkt wird.

---

sollen. Er braucht sich auch nicht zur Mitwirkung an einem sog. „tatbestandsdiagnostischen (recte „sachverhaltsdiagnostischen") Verfahren" herzugeben. Dieses Verfahren besteht darin, daß ihm eine Reihe von „Reizworten" zugerufen werden, auf die er dann sogleich mit „Reaktionsworten" antworten soll; das Ziel ist, daß er dabei ungewollt seinen von ihm verheimlichten Wissensstand offenbaren, sich selbst verraten soll; Benutzung der „Assoziationsmethode". Vgl. dazu **Beling**, **ZStW. 27** 798; **Liepmann**, D. StrRZtg. **1** 168; **Rosenfeld** 159 Anm. 4; **Mezger**, **ZStW. 40** 154, **G. 40** 49. Über Zulässigkeit einer Hypnotisierung: **Scholtz**, D.StrRZtg. **5** 287; **Hellwig**, **GA. 67** 433; **Hentig**, **DJZ. 17** 630; **Mezger**, **ZStW. 40** 161.

[1]) Das germanische und das ältere kanonische Recht (vor dem Codex juris canonici) kannten den Unschulds- oder Reinigungseid des Beschuldigten, Purgatio canonica („Tortura spiritualis"). Er ist auch dem heutigen englischen Recht bekannt.

c) Urkunden.

I. Urkunde im beweisrechtlichen Sinne ist jedes Schriftstück, d. i. jeder Gegenstand, in den ein Mensch durch Schriftzüge (handschriftlich, maschinenschriftlich, durch Druck usw.) einen Gedankeninhalt hineingelegt hat.[1])

Urkunden sind also an sich zunächst körperliche Gegenstände, die dem „Augenscheinbeweis" (oben § 59) unterstellt werden können (z. B. Besichtigung eines Briefes darauf hin, ob er Fettflecke an sich trägt). Der Urkundenbeweis besteht aber in der Erfassung eines gedanklichen Inhalts; es bedarf seiner also nicht, wenn in dem betreffenden Prozeß auf diesen nichts ankommt.

II. Die Urkunden lassen sich nach verschiedenen Gesichtspunkten einteilen.

1. In ihrer beweismäßigen Funktion kommt den Urkunden entweder der Charakter einer einfachen Berichtsurkunde (schlichten Beweisurkunde) oder derjenige einer Konstitutivurkunde zu. Ersteres dann, wenn die Urkunde eine Tatsachenbehauptung (oder Aufstellung eines Erfahrungssatzes) enthält und eben lediglich dieses Behauptete das feststellungsbedürftige Thema ist.[2]) Letzteres dann, wenn das Beweisthema gerade das ist, ob der Betreffende eine Erklärung dieses Inhalts abgegeben hat; in diesem Sinne sind konstitutiv einmal Urkunden, die überhaupt keine Tatsachen- (oder Erfahrungssatz-) Behauptung enthalten: Konstitutivurkunden im engeren Sinne[3]); sodann aber Urkunden mit „berichtendem" Text, wenn sie nicht als Beweismittel für die Richtigkeit des Ausgesagten in Betracht kommen.[4])

2. Die Urkunde kann entweder eine Prozeßverkehrserklärung für den betr. Prozeß sein (z. B. die Anklageschrift); oder sie ist eine „außerprozessuale" (z. B. ein beleidigender Brief des A an den B).

---

[1]) Begriff der Urkunde im weiteren Sinne. § 249 StPO. spricht allerdings von „Urkunden und anderen Schriftstücken". Da das Gesetz aber beweisrechtlich an diese Unterscheidung keine praktischen Unterschiede knüpft, hat sich wissenschaftlich der Sprachgebrauch eingebürgert, alle Schriftstücke „Urkunden" zu nennen. Aus demselben Grunde kann auch auf sich beruhen bleiben, in welcher Weise sich die Urkunden im engeren Sinne von den „anderen" Schriftstücken abheben.

[2]) Z. B. im Sachbeschädigungsprozeß ein Brief des X., in dem dieser die Tat schildert.

[3]) Z. B. Kaufverträge, Anfragen, Briefe mit Schimpfworten.

[4]) So ist im Prozeß wegen einer brieflich begangenen üblen Nachrede dieser Brief für den Beweis konstitutiv.

3. Eine Urkunde kann entweder jemanden als denjenigen benennen, von dem die Äußerung als die seinige stamme (insbesondere durch Namensunterzeichnung), Ausstellerurkunden oder Namensurkunden; oder sie tritt anonym auf (z. B. ein Briefumschlag, der nichts als die Anschrift enthält), anonyme Urkunden. Im ersteren Falle ist die Urkunde „echt", wenn sie von dem in ihr als Aussteller Genannten wirklich herrührt, andernfalls „unecht". Im zweiten Falle kann man nach „Echtheit" oder „Unechtheit" überhaupt nicht fragen, sondern nur nach demjenigen forschen, von dem sie herrührt.

4. Je nach der Beziehung, die der Schöpfer der Urkunde zu dem betr. Prozeß hat, zerlegen sich die Urkunden in solche des Gerichts; solche der Parteien (z. B. ein Brief des Angeklagten an seinen Freund X, in dem er seine Tat schildert —, außergerichtliches Geständnis), ihrer Vertreter usw.; und solche „Dritter".

5. Daneben lassen sich noch „öffentliche" und „Privaturkunden" scheiden, sowie

6. „Zweckurkunden" und „Zufallsurkunden", je nachdem, ob ihr Urheber sie zu Beweiszwecken errichtet hat oder nicht.

III. Zulässig ist im allgemeinen[1]) die Benutzung aller Urkunden, mit Ausnahme der unbedingt verbotenen (vgl. § 251 hinsichtlich nichtrichterlicher Protokolle) und derer, die der Inhaber befugtermaßen (unten IV) dem Strafprozeß vorenthält.

Das Beweisverfahren ist im allgemeinen nicht näher geregelt, jede Art der Kenntnisnahme von dem Inhalt der Urkunde ist statthaft.[2]) Eine ergänzende Beweisaufnahme ist für die Feststellung darüber erforderlich, von wem die Urkunde herrührt, bei Ausstellerurkunden also, ob sie echt oder unecht sind.

Was die Beweiswürdigung anlangt, so ist sie im Strafprozeß ebenso frei wie für andere Beweismittel; gesetzliche Beweisregeln, wie sie für den Zivilprozeß vorgesehen sind, kennt die StPO. nicht. Hinsichtlich des Beweiswerts ist zu unterscheiden:

1. Jede Urkunde beweist ihre Existenz.

2. Ist derjenige ermittelt, der sie geschaffen hat, so bedeutet dies den Beweis des Errichtungsvorgangs. Eben dieser, die Tatsache also, daß X eine (schriftliche) Erklärung des betr. Inhalts abgegeben hat, kann im Prozeß das festzustellende Beweisthema bilden (z. B. hinsichtlich eines beleidigenden Briefs oder einer Urkunde, um deren Falschanfertigung im Sinne des § 267 StGB. es sich handelt).

---

[1]) Im Bereiche des „Strengbeweises" gilt jedoch eine wichtige Einschränkung, unten § 64 III.

[2]) Eine Sonderbestimmung gilt für den Strengbeweis, unten § 64 IV 1.

3. Hat die Urkunde Berichtsinhalt (oben II 1), so steht nach 2 jedenfalls fest, daß ihr Schöpfer derartige Behauptungen aufgestellt hat. Damit ist aber nicht gesagt, daß das als Tatsache oder Erfahrungssatz Hingestellte auch zutrifft. Ob der Urkunde insofern Glauben zu schenken ist, ist vielmehr eine Frage, die darauf hinausläuft, ob die Persönlichkeit ihres Schöpfers Glauben verdient; der Urkundenbeweis mündet insofern in den Beweis durch „persönliche Beweismittel" (Aussagepersonen) ein. Dabei macht sich für die Beweiswürdigung der Unterschied der vom Gericht, der von einer Partei, einem Parteivertreter usw. herrührenden und der von „Dritten" herrührenden; auch der öffentlichen und der Privaturkunden, ferner der im Prozeßverkehr hergestellten und der außerprozessualen, geltend. Die von „Dritten" herrührenden Berichtsurkunden sind der Sache nach schriftliche Zeugnisse oder Gutachten, und zwar unbeschworene.

IV. Verpflichtet, die Benutzung der Urkunde zu Beweiszwecken zu dulden, ist grundsätzlich jeder Inhaber, arg. §§ 94, 95 StPO.

Nicht verpflichtet sind jedoch 1. Behörden und öffentliche Beamte in Ansehung von Akten und anderen in amtlicher Verwahrung befindlichen Schriften, sofern die oberste Dienstbehörde erklärt, daß das Bekanntwerden des Inhalts dem Wohle des Reichs oder eines deutschen Landes Nachteil bereiten würde, § 96; 2. die Zeugnisweigerungsberechtigten Angehörigen und Vertrauenspersonen des Beschuldigten, §§ 52, 53, sofern sie nicht selbst einer Teilnahme, Begünstigung oder Hehlerei verdächtig sind, in Ansehung der in ihren Händen befindlichen schriftlichen Mitteilungen zwischen ihnen und dem Beschuldigten, § 97.[1])

III. Das Beweisrecht im engeren Sinne (Strengbeweis). § 64.

Ditzen, Dreierlei Beweis im Strafverfahren 1926; Beling, Krit. VJSchr. **58** (N. F. **22**) 118; v. Kries, Das Prinzip der Unmittelbarkeit, ZStW. **6** 88; Maaß, Der Grundsatz der Unmittelbarkeit in der Reichsstrafprozeßordnung 1907; Hegler, Mündlichkeit und Unmittelbarkeit im Prozeß, im „Rechtsgang" **1** 192, **2** 267; Kulischer, Das Zeugnis vom Hörensagen, Grünhuts Ztschr. **34**, 1906.

I. Die Tatsachen, die in einem Prozeß erheblich werden, sind von verschiedener Lebenswichtigkeit. Zunächst treten die, die nur

---

[1]) Erst recht in Ansehung privater Aufzeichnungen, die sie für sich gemacht haben, und die sich auf den Beschuldigten bzw. (im Falle des § 53) auf das betr. Vertrauensverhältnis zu ihm beziehen, z. B. Krankenjournale eines Arztes; dies entspricht auch dem Grundgedanken des Zeugnisweigerungsrechts (bestr.).

für den Prozeß selbst (für Strafklagerecht, Prozeßverhältnis, Prozeßgestaltung) erheblich sind, an Bedeutsamkeit zurück hinter diejenigen, von denen der Inhalt der im Prozeß zu fällenden Sachentscheidung abhängt (die prozeßgegenständlich oder „materiell" erheblichen), vgl. oben § 57 III 1. Weiter aber macht es für die materiell erheblichen Tatsachen einen Unterschied, ob sie zur Grundlage des Sachurteils dienen sollen oder ob sie nur zur Begründung einer sonstigen Sachentscheidung (z. B. eines Eröffnungsbeschlusses, eines Strafbefehls) verwendet werden. Das Lebenswichtigste ist die Richtigkeit der Sachurteile.

Das Gesetz hat deshalb die Feststellung und Verwertung sachurteilserheblicher Tatsachen, also solcher, die im Syllogismus des Sachurteils auftreten (oben § 52 II 2), an strengere Vorschriften gebunden. Äußerlich ist dies dadurch zum Ausdruck gebracht, daß diese beweisrechtlichen Sonderbestimmungen für die Beweisaufnahme in der Hauptverhandlung vorgezeichnet werden, weil nämlich letztere dazu da ist, das Sachurteil zu unterbauen. Gemeint ist damit aber nicht das äußere Hineinfallen der Tatsachenfeststellung in diesen Prozeßabschnitt, sondern eben die Sachurteilserheblichkeit der festzustellenden Tatsachen selber. Deshalb gelten jene Sonderbestimmungen einesteils nicht mit für Feststellung von nur „prozeßerheblichen" Tatsachen, die in der Hauptverhandlung zur Sprache kommen (z. B. für die Frage, ob ein Strafantrag gestellt ist); andererseits gelten sie auch für die Feststellung sachurteilserheblicher Tatsachen, die durch sog. „kommissarische Beweiserhebung" (vor der Hauptverhandlung, unten § 74 III) festgestellt werden.

Es hebt sich also aus dem allgemeinen Beweisrecht ein Beweisrecht im engeren Sinne heraus, gekennzeichnet dadurch, daß dabei der Richter weniger freigestellt ist als sonst: „Strengbeweis" (nachstehend II—IV) im Gegensatz zum „Freibeweis" (nachstehend § 65).[1])

II. Die Carolina und das an sie anschließende gemeine Strafprozeßrecht bis gegen Ende des 18. Jahrhunderts ließen eine kriminelle Verurteilung grundsätzlich nur zu, wenn „direkter" und „voller" Beweis der Tat (confessio oder duo testes classici) vorlagen. Es durfte also namentlich auf Grund bloßen „Indizienbeweises" (oben § 57 III 2b) nicht verurteilt werden. Bei „halbem" direktem Beweis und bei hinlänglichem Indizienbeweis erging vielmehr eine Sententia interlocutoria (Zwischenurteil), lautend auf Folter (tortura, peinliche Frage); erst auf Grund des dadurch erzielten und dann frei

[1]) Diese Bezeichnungen nach dem Vorschlage von Ditzen.

wiederholten Geständnisses erfolgte Verurteilung. Bei Abschaffung der Folter ging man dazu über, in den Fällen, in denen voller direkter Beweis nicht erbracht war, entweder dem Inquisiten einen Reinigungseid aufzuerlegen oder ihn statt zu der normalen Strafe zu einer milderen „Poena extraordinaria" zu verurteilen oder endlich durch Absolutio ab instantia das Verfahren mit dem Vorbehalt jederzeitiger Erneuerung einzustellen.

Mit der Freistellung des Richters im Punkte der Beweiswürdigung (oben § 58 VI) sind alle diese Einschränkungen hinweggefallen. Heute ist eine Verurteilung auch auf Grund bloßen Indizienbeweises zulässig.[1])

III. Dagegen ist der Beweis der sachurteilserheblichen Tatsachen heute weitgehend von dem Gedanken beherrscht, daß sich der zur Urteilsfällung berufene Richter zu den den Strafrechtsfall bildenden Tatsachen in die größtmögliche Lebensnähe zu setzen hat —, Grundsatz der „Unmittelbarkeit" der Beweiserhebung.

Dieser Grundsatz erheischt — vorbehaltlich noch der Frage, inwieweit er sich in der StPO. zu positiven Rechtssätzen verdichtet hat — dreierlei: 1. Der Beweis ist auf das „eigentliche" Beweisthema zu richten; 2. unter mehreren ihrer Art nach verschiedenen Beweismitteln, die für dasselbe Beweisthema in Frage kommen, ist dasjenige zu benutzen, dessen Benutzung an die Klarstellung des Beweisthemas am nächsten heranführt; 3. das erkennende Gericht hat selber die Beweisaufnahme zu betätigen.

Zu 1. Stehen zwei Beweisthemata derart in Beziehung zueinander, daß das zweite nur eine Indiztatsache für das erste betrifft, und stehen Beweismittel für das erste zu Gebote, so darf der Beweis nicht unter Umgehung dieser Beweismittel nur auf die Indiztatsache gerichtet werden. Der Indizienbeweis ist, weil vergleichsweise weniger zuverlässig, dem direkten Beweise gegenüber subsidiär.[2])

Stehen dem Richter z. B. unmittelbare Augenzeugen der Tat zur Verfügung, so darf er sich weder mit solchen Zeugen begnügen, die nur das Verhalten des Angeklagten vor oder nach der Tat zu beauskunften wissen, noch mit „Zeugen vom Hörensagen" (testes de auditu), die nur zu berichten wissen, was ihnen die Augenzeugen erzählt haben.

---

[1]) Jedoch Subsidiarität des Indizienbeweises, nachstehend III.

[2]) Entsprechend ist der Indizienbeweis zweiter Ordnung demjenigen erster Ordnung gegenüber subsidiär, vgl. oben § 57 III 2b.

Zu 2. Die verschiedenen Klassen von Beweismitteln sind von unterschiedlichem Erkenntniswert. Stehen also für die Feststellung einer und derselben Tatsache mehrere Beweismittel verschiedener Gattung zur Verfügung, so hat der Richter derjenigen Beweismittelart den Vorzug zu geben, die vergleichsweise die zuverlässigere ist, er darf sie nicht durch die minder zuverlässige ersetzen. In diesem Sinne ist

a) der als der unmittelbarste vorgezeichnete Beweis der durch eigene Wahrnehmung der Tatsache. Diese ist dann möglich, wenn festgestellt werden soll, wie ein Sachgegenstand körperlich beschaffen ist oder welchen Inhalt eine Urkunde hat, und diese Gegenstände dem Richter zu Gebote stehen. Es dürfen deshalb der „Augenscheinbeweis" und der „Konstitutivurkundenbeweis" nicht durch Berichte von Aussagepersonen darüber, wie die Sache beschaffen sei bzw. was in der Urkunde geschrieben stehe, ersetzt werden.

b) Ist der Richter auf Fremdberichte angewiesen, so übertrifft hierbei wieder diejenige Bekundung, die die Gewährsperson persönlich bei einer richterlichen Vernehmung in der Zeugenrolle abgibt, deren bloß papierne Aussage an Wert, d. h. also: auf bloße „Berichtsurkunden" darf nur zurückgegriffen werden, wenn der Zeuge nicht persönlich zu Gebote steht. Das Entsprechende gilt im Verhältnis von Urkunden begutachtenden Inhalts zur persönlichen Vernehmung in der Sachverständigenrolle, sowie im Verhältnis schriftlicher Parteiaussagen zur persönlichen Vernehmung in der Parteirolle. Der Beweis durch Berichtsurkunden aller Art ist also nur „subsidiär zulässig".[1])

---

[1]) Weil hier die mündliche Verständigung als die „unmittelbare" Erforschungsmethode erscheint, hat man lange Zeit hindurch das „Mündlichkeitsprinzip" (oben § 44) und das beweisrechtliche Unmittelbarkeitsprinzip für dasselbe gehalten. Daß dies unrichtig ist, ergibt sich klar daraus, daß die mündliche Verständigung mit Aussagepersonen über den Inhalt von Konstitutivurkunden gerade nur „mittelbarer" Beweis wären, oben 1a. Sobald man erfaßt, daß Mündlichkeit und Schriftlichkeit die Form betreffen, in denen sich der Prozeßverkehr abspielt, Unmittelbarkeit und Mittelbarkeit dagegen die Tatsachenfeststellung, ist eine reinliche Scheidung der beiden Gegensatzpaare voneinander gewonnen. So erklärt sich auch, daß es Beweiserhebungsakte gibt, bei denen von Mündlichkeit oder Schriftlichkeit überhaupt keine Rede sein kann, weil sie nicht Prozeßverkehrsakte zwischen Personen sind (Augenscheinseinnahme), und umgekehrt Prozeßverkehrsakte, bei denen von Unmittelbarkeit oder Mittelbarkeit keine Rede sein kann, weil sie keine Beweiserhebungsakte sind (z. B. die Bekanntgabe der Entscheidung durch das Gericht); endlich auch, daß da, wo der Unmittelbarkeitsgrundsatz die Heranziehung von Urkunden, also Nicht-Mündlichem, verlangt oder gestattet, die selbständige Frage übrigbleibt, ob dabei noch ein besonderer mündlicher Prozeßverkehrsakt erforderlich ist (vgl. unten IV 1).

Zu 3. Alle nach 1. und 2. in Frage kommenden Beweismittel hat der zur Urteilsfällung berufene Richter persönlich zu benutzen; er darf sich nicht damit begnügen, die Wahrnehmung (Augenscheinseinnahme, Zeugenvernehmung usw.) durch einen „Zwischenrichter" (Bezeichnung von Hegler) vornehmen und sich von diesem mündlich oder schriftlich berichten zu lassen.

In diesem weiten Umfang (1.—3.) ist nun aber der Grundsatz der Unmittelbarkeit von der StPO. nicht aufgenommen worden. Der Grund ist der, daß es Gruppen von Fällen gibt, in denen einesteils der im Sinne der Unmittelbarkeit „beste" Beweis nur umständlich oder schwierig zu haben ist und in denen anderenteils der abgeleitete Beweis erfahrungsgemäß durchschnittlich die gleichen Dienste tut.

Sicher ist freilich, daß die StPO. dem Richter nicht verwehrt, sich streng an die Unmittelbarkeit im Sinne des vorstehenden Programms zu halten. Die Frage ist nur die, inwieweit er gehalten ist, dies zu tun.

1. Allgemein anerkannt ist, daß der Satz zu 2a nicht geltenden Rechtens ist. Soll also z. B. in einem Sachbeschädigungsprozeß festgestellt werden, welche Schäden an einem Denkmal wahrnehmbar sind, oder in einem Beleidigungsprozeß, welchen Inhalt der Brief hat, dessen Absendung den Prozeßgegenstand bildet, so kann sich der Richter mit der bloßen Bekundung von Zeugen über die Beschaffenheit des Denkmals bzw. über den Text des Briefes begnügen, statt sich selber das Denkmal anzusehen oder in den Brief Einsicht zu nehmen.

2. Umgekehrt gehört der Satz zu 2b auch dem geltenden Rechte an: § 250 verbietet grundsätzlich die Ersetzung einer Zeugenvernehmung durch bloße Benutzung irgendwelcher schriftlicher Erklärungen des Zeugen; daß grundsätzlich auch die persönliche Vernehmung von Sachverständigen nicht durch Benutzung von bloßen Gutachtensurkunden ersetzt werden darf, ergibt sich durch einen Rückschluß aus anderen Paragraphen, insbesondere §§ 256, 82; endlich ergibt sich aus dem Wesen der Hauptverhandlung (vgl. insbes. § 243 III) auch hinsichtlich der Parteien, daß persönliche Erklärung vor schriftlichen Mitteilungen den Vorrang hat.

Ausnahmsweise darf sich der Richter aber trotz bestehender Möglichkeit persönlicher Vernehmung mit Berichtsurkunden begnügen

a) für behördliche Zeugnisse und Gutachten, mit Ausschluß jedoch von Leumundszeugnissen, § 256 I; vgl. auch § 249 Satz 2.

b) für ärztliche Bekundungen über Körperverletzungen, sofern es sich nicht um „schwere" Körperverletzungen im technischen Sinne des materiellen Strafrechts handelt, § 256 I;

c) für die in §§ 251 I, II, 254 I, II bezeichneten richterlichen und die in § 253 I, II bezeichneten richterlichen oder anderweitigen amtlichen Vernehmungsprotokolle. Soweit es sich hier um die Heranziehung der niedergeschriebenen Aussage der vernommenen Person handelt, bringen diese Gesetzesbestimmungen freilich in den meisten Fällen keine Abweichung vom Unmittelbarkeitsgrundsatz, da es sich überwiegend um Fälle handelt, in denen entweder die persönliche Vernehmung nicht ausführbar ist (so z. B., weil die Aussageperson jetzt tot ist, § 251 I), oder der Urkundenbeweis nur zu der persönlichen Vernehmung hinzutritt (so z. B. in § 253).[1] Dagegen enthalten alle diese Bestimmungen insofern eine Durchbrechung des Unmittelbarkeitsgrundsatzes, als alle diese Protokolle ja zugleich auch schriftliche Erklärungen der Urkundsbeamten über die Bekundung der von ihnen Vernommenen sind und diese Beamten nach der Regel des § 250 persönlich zu vernehmen sein würden.

Soweit nach dem Vorstehenden eine Urkunde für den Beweis nicht verwertet werden darf (z. B. ein polizeiliches Geständnisprotokoll), findet sich in der Praxis häufig die Gepflogenheit, sie gleichwohl dem Angeklagten usw. „vorzuhalten", d. h. ihm gegenüber ihr Vorhandensein und ihren Inhalt zur Sprache zu bringen. Dieses Verfahren ist nicht zu beanstanden, sofern es nur dazu dient, Erklärungen der Aussageperson hervorzurufen, und dann auf diesen Erklärungen gefußt wird. Gesetzwidrig wäre es dagegen, wenn das Gericht seine Kenntnis von derartigen Urkunden für die Tatsachenfeststellung verwerten wollte.

3. Das Gebot eigener Beweiserhebung durch das erkennende Gericht (statt Empfangnahme der Ergebnisse der Beweisakte aus der Hand eines „Zwischenrichters"), oben 3, hat sich die StPO. mit der Maßgabe zu eigen gemacht, daß eine Übertragung des Beweisakts an einen ersuchten oder beauftragten Richter (kom-

---

[1]) Nur in 2 Fällen ist die protokollierte Aussage derart zugelassen, daß das Unmittelbarkeitsprinzip damit durchbrochen ist: einmal, wenn die Vernehmung eines Zeugen usw. nur „wegen weiter Entfernung besonders erschwert" ist, also doch immerhin möglich wäre, § 251 II in Verbindung mit § 193; sodann insofern auf einem protokollierten Geständnis nach § 254 I auch dann gefußt werden kann, wenn bei Nichtanwesenheit des Angeklagten immerhin die Möglichkeit bestehen würde, ihn persönlich zur Hauptverhandlung heranzuziehen.

missarische Beweiserhebung) nur unter besonderen Voraussetzungen zugelassen ist, vgl. §§ 223, 225, 233 II, 49, 50. In diesen Fällen braucht alsdann der Zwischenrichter nicht als Zeuge vernommen zu werden, vielmehr dient seine Berichtsurkunde (das Protokoll) als Beweismittel, vgl. §§ 251 II, 233 III Satz 2, § 49 Satz 3.

4. Darüber, ob sich das Gericht der Heranziehung der zu Gebote stehenden Beweismittel für ein Beweisthema derart entschlagen darf, daß es statt dessen nur den Beweis auf Indiztatsachen richtet (oben S. 315 III zu 1), enthält die StPO. keine ausdrückliche Bestimmung. Daraus aber, daß die StPO. von dem Grundsatz der materiellen Wahrheitserforschung beherrscht ist (oben § 58 I) und nicht einzusehen ist, weshalb das Gesetz erlauben sollte, die Feststellungen auf die minder zuverlässige Basis eines bloßen Umwegbeweises zu gründen, wo direkter Beweis zur Verfügung steht, ist zu folgern, daß die StPO. auch in dieser Hinsicht an dem Unmittelbarkeitsgedanken festhält.

In diesem Sinne ist namentlich unstatthaft, daß der Richter statt eines Originalzeugen einen Zeugen darüber vernimmt, was ihm der Originalzeuge über seine Wahrnehmungen mitgeteilt habe (einen testis de auditu, Zeugen vom Hörensagen). Dafür spricht übrigens auch § 250 Satz 1: „Beruht der Beweis einer Tatsache auf der Wahrnehmung einer Person, so ist *diese* in der Hauptverhandlung zu vernehmen" — also nicht an ihrer Stelle ein Anderer, der seine Kenntnis lediglich von ihr bezogen hat.[1]) Sehr bedeutsam ist ferner, daß das Gesetz dem erkennenden Gericht — wie feststeht — nicht gestattet, die Vernehmung der Originalzeugen durch eine Vernehmung der Beamten des Vorverfahrens (insbesondere des Untersuchungsrichters) über deren Bekundungen zu ersetzen. Diese Beamten würden eben testes de auditu sein; und wenn das Gesetz ihre Bekundung nicht an Stelle der Vernehmung der Originalzeugen genügen läßt, so gewiß nicht deshalb, weil *diese* Art von testes de auditu minder zuverlässig wäre —, das Gegenteil ist der Fall —,

[1]) So die h. M. A. M. das RGer., das das Zeugnis vom Hörensagen genügen lassen will. Das RGer. legt den § 250 dahin aus, daß dessen Satz 1 seine genauere Bestimmung lediglich durch Satz 2 erhalte, wonach der Rückgriff auf *Berichtsurkunden* an Stelle der persönlichen Aussage verboten ist (oben 2). Wäre dies der Sinn des § 250, so wäre aber Satz 1 überflüssig. Ferner hat die protokollierte oder sonst schriftliche Eigenerklärung eines Zeugen immer noch mehr Wert, als der bloße Bericht eines Dritten darüber, was ihm jener mitgeteilt habe; gesetzt also selbst, der Gesetzestext beschränkte sich auf Satz 2, so würde sich immer noch per arg. a. fortiori auch der Ausschluß der Zeugen vom Hörensagen ergeben.

sondern weil der allgemeine Gedanke der Unmittelbarkeit folgerichtig dahin führt, auch und sogar die Ergebnisse des Vorverfahrens nicht an die Stelle eigener Forschung der Urteilsrichter treten zu lassen.

Die Vernehmung von testes de auditu (mit Einschluß der Beamten des Vorverfahrens[1]) ist deshalb nur so weit statthaft, als der Originalzeuge dem Urteilsrichter nicht zu Gebote steht, oder neben dem Originalzeugen.

IV. Im Bereiche des Strengbeweises ist weiter auch die Art und Weise der Benutzung der Beweismittel erschwert.

1. Urkunden müssen „verlesen", also mündlich textgemäß verlautbart werden, § 249 I. Die bisweilen behauptete Zulässigkeit anderer Arten der Heranziehung der Urkunde (z. B. Mitteilung des Vorsitzenden über den Inhalt) muß nach Wortlaut und ratio des § 249 I bestritten werden (Fehlen der Gewähr dafür, daß alle Prozeßbeteiligten den Text übereinstimmend und richtig erfassen).

2. Zeugen und Sachverständige müssen vereidigt werden, außer wo das Gesetz die Nichtvereidigung vorschreibt oder gestattet. Vgl. oben § 61 VI 2, 3.

V. Kraft des Satzes „In dubio pro reo" (oben § 52 IV) trägt im Strafprozeß der Kläger die ganze „materielle Beweislast" hinsichtlich der für den Sachurteilssyllogismus erheblichen Beweisthemata, d. h.: wenn in einem strafrechtlich erheblichen Punkte die Beweisaufnahme keine volle Klärung erbracht hat, so ist der Inhalt des Sachurteils so zu gestalten, als sei dieser Punkt voll zugunsten des Angeklagten aufgeklärt (der Angeklagte ist also, wenn jener Punkt das „Ob" der Strafbarkeit betrifft, freizusprechen, wenn er das „Wie hoch" der Strafbarkeit betrifft, nur im Sinne der milderen Lesart zu verurteilen). Innerhalb des strafrechtlich erheblichen Tatsachenmaterials werden nicht, wie im Zivilprozeß, „Einredetatsachen" ausgesondert, deren Nichtaufhellung ihre Nichtberücksichtigung für den Urteilsinhalt zur Folge hätte. Vielmehr gilt die klägerische materielle Beweislast auch im Bereiche der strafrechtlichen (Unrechts-, Schuld-, Straf-) „Ausschließungs"- und „Strafaufhebungs"-Gründe (z. B. darf, wenn Notwehr oder Zurechnungsunfähigkeit in Frage kommen, das Gericht nur dann verurteilen, wenn sich ergeben hat, daß jene Ausschließungsgründe nicht vorliegen, nicht schon dann, wenn nur „nicht bewiesen ist, daß" sie vorliegen). Fehlt es in

[1]) Oder, soweit dies nach dem oben 2 Gesagten zulässig wäre, die Benutzung von Berichtsurkunden statt der persönlichen Aussage.

diesem Sinne an der bestimmten Klärung, so muß das In dubio pro reo auch dann zur Geltung kommen, wenn die Beweisaufnahme einen noch so schweren „Verdacht" gegen den Angeklagten hat bestehen lassen.

Ausnahmsweise trägt der Angeklagte die materielle Beweislast hinsichtlich solcher Tatsachen, die durch gesetzliche Präsumtion gedeckt sind, oben § 58 III 2. Sie sind dem Urteil als feststehend zugrunde zu legen auch dann, wenn die Beweisaufnahme Zweifel hinsichtlich ihres Gegebenseins im konkreten Falle übriggelassen hat, und scheiden nur dann aus, wenn sich ihr Nichtzutreffen herausgestellt hat.

IV. Die erleichterte Tatsachenfeststellung (Freibeweis). § 65.

Schrifttum zu § 64. Ferner: Kautter, Feststellung prozessual erheblicher Tatsachen im Strafprozeß 1913; Alsberg, Beweis der außerhalb der Schuld- und Strafzumessungsfragen liegenden Momente, **GA. 62** 1; Beling, Revision wegen Verletzung einer Rechtsnorm über das Verfahren, in der Festschrift für Binding, 2 146.

I. Verglichen mit der Feststellung der den Inhalt des Sachurteils bedingenden Tatsachen ist die Feststellung

1. der nur prozeßerheblichen Tatsachen (auch wenn ihre Feststellung in der Hauptverhandlung erforderlich wird);

2. der materiell erheblichen Tatsachen, soweit sie nicht oder noch nicht in der Funktion von Stützpunkten für den Inhalt des Sachurteils auftreten, also im Vorverfahren, im Zwischenverfahren, in der Strafvollstreckung, sowie für die Begründung eines Strafbefehls,

eine „erleichterte", d. h. im allgemeinen von den für den Strengbeweis geltenden Vorschriften befreit („Freibeweis" Ditzen).[1])

Der Richter kann sich also hier z. B. unbeeidigter Zeugnisse bedienen, Berichtsurkunden (insbesondere schriftliche dienstliche Äußerungen) benutzen, statt deren Urheber persönlich zu vernehmen, die Feststellung des Inhalts von Urkunden (z. B. eines Strafantrags) braucht nicht durch Verlesung zu erfolgen[2]), der Indizienbeweis genügt auch, wo Beweismittel für direkten Beweis zur Verfügung stehen usw.

Der Richter kann sich freilich auch des Strengbeweisverfahrens

---

[1]) Die StPO. sagt das zwar nicht ausdrücklich, ist aber so auszulegen (vgl. oben § 64 I). Grundsätzlich übereinstimmend das RGer., vgl. z. B. **E. 38** 323, **39** 212, **42** 54, **59** 36, 313. — Gleichgestellt sind Freibeweis und Strengbeweis im Punkte der Beweiswürdigung, da diese ja schon beim Strengbeweis „frei" ist, oben § 58 VI.

[2]) Ausnahme z. B. § 243 II hinsichtlich des Eröffnungsbeschlusses.

bedienen, um ganz sicher zu gehen, außer wo durch Sonderbestimmungen[1]) das Gegenteil angeordnet ist.

Zu beachten ist aber, daß sich der Freibeweis vom Strengbeweis nur hinsichtlich der Art und Weise, wie eine Tatsache festgestellt wird, unterscheidet. Daher gelten Beweisverbote auch im Bereich des Freibeweises.

Diese Grundsätze über den Freibeweis gelten namentlich auch für die Feststellung derjenigen prozeßerheblichen Tatsachen, die in einem früheren Vorgang des betr. Prozesses selber bestehen.[2]) Insbesondere bedeuten die gesetzlichen Vorschriften, wonach eine Willenserklärung in schriftliche Form gekleidet sein muß (oben § 44), oder ein Prozeßvorgang zu beurkunden ist (unten § 66), grundsätzlich nicht, daß die so entstandenen Originalurkunden weiterhin im Prozeß die alleinigen Beweismittel für das Erklärte bzw. Beurkundete wären.[3])

Besonderes gilt hinsichtlich des Sitzungsprotokolls[4]) und hinsichtlich der Bedeutung der Urteilsurkunde für die Revisionsinstanz.[5])

Über die Folgen der Nichtfeststellbarkeit des für die weitere Prozeßgestaltung erheblichen Inhalts eines Prozeßvorgangs s. oben § 48 II 6d.

II. Eine **Sonderstellung** unter den prozeßerheblichen Tatsachen nehmen diejenigen ein, die als Gründe für **Ablehnbarkeit eines Richters oder Sachverständigen**; als Gründe für **Wiedereinsetzung in den vorigen Stand**; als Gründe für **Verweigerung des Zeugnisses oder Gutachtens** in Betracht kommen: für sie ist „**Glaubhaftmachung**" erforderlich und genügend, §§ 26,

---

[1]) Vgl. § 66: Unzulässigkeit der Vereidigung außerhalb der Hauptverhandlung, ausgenommen bei Vorliegen der in § 66 II, III bezeichneten besonderen Umstände.

[2]) Beispiel: Die geschichtlichen Tatsachen, daß und was für eine Anklage erhoben, daß und was für ein Eröffnungsbeschluß erlassen ist, sind bedingend für Zulässigkeit und Richtung der Hauptverhandlung und des Urteils; die Tatsachen, daß ein Urteil erlassen, und ein Rechtsmittel dagegen eingelegt worden ist, sind bedingend dafür, daß das Rechtsmittelgericht der Sache nähertritt.

[3]) Würden z. B. die Anklageschrift, oder ein Schriftstück, das einen Strafantrag, eine Rechtsmitteleinlegung, eine Revisionsrechtfertigung enthält, abhanden gekommen sein, so würde weiterhin die Feststellung, daß sie eingelaufen waren, und welchen Inhalt sie hatten, auch durch Zweitschriften, Abschriften, mündliche Zeugnisse und Berichtsurkunden getroffen werden können. Vgl. RGer., **HR. 2** 109. Auch das Gesetz von Verlesung einer Prozeßurkunde spricht (vgl. z. B. §§ 243 II, 250 usw., 324 I Satz 2), wird in Ermangelung der Originalurkunde jedes Schriftstück verlesen werden können, das sich als Zweitschrift, Abschrift oder Berichtsurkunde darstellt; nur kann hier die Verlesung nicht durch mündliche Zeugenbekundung ersetzt werden.

[4]) Unten § 66 II, § 82 II 1.

[5]) Unten § 82 II 2.

74 III; 45; 56, 72 (mit 76), d. h. 1. der Richter braucht ihnen nicht von Amts wegen nachzugehen, es besteht Beweisantrittslast des Ablehnenden bzw. Wiedereinsetzung Begehrenden bzw. Aussageverweigernden; 2. die Tatsache braucht nicht im gewöhnlichen Sinne „bewiesen" zu werden, es genügt, daß der Richter ihr Gegebensein für „glaubhaft", d. i. wahrscheinlich hält.

D. Beurkundungen, insbesondere Urteilsurkunde und Sitzungsprotokoll. § 66.

Herm. Meyer, Protokoll und Urteil im Zivil- und Strafprozeß [3] 1909; Ortloff, GA. 44 98; Haentschke, Die Protokollführung über die Hauptverhandlung in Strafsachen 1890; Stenglein, GS. 45 81; Kroschel-Woltering, Die Abfassung der Urteile in Strafsachen [9] 1925; Kroschel, Ergänzung und Berichtigung der Urteilsformel, GS. 52 386; Kern, Die Urteilsformel im Sitzungsprotokoll, GS. 91 125.

I. Beurkundung als Prozeßhandlung ist die Herstellung einer amtlichen Berichtsurkunde über einen Prozeßvorgang. Es handelt sich dabei also nicht um die Fälle, in denen eine prozeßrechtsgeschäftliche Erklärung, um wirksam zu sein, selber in Schriftform gekleidet sein muß, das Schriftstück also den Charakter einer prozessualischen Konstitutivurkunde hat (wie z. B. der Eröffnungsbeschluß, der Strafbefehl, der Haftbefehl[1]), sondern um reine Wissenserklärungen. Die prozessualische Bedeutung solcher Beurkundungen ist verschieden: zum Teil bedingt ihr Hinzutritt die Wirksamkeit der in ihr bezeugten rechtsgeschäftlichen Erklärung[2]); im übrigen dient die Beurkundung nur zum Nachweise des Geschehenen für spätere Gelegenheiten oder zur schriftlichen Mitteilung des Geschehenen an bestimmte Personen, ohne hinsichtlich der Wirksamkeit des beurkundeten Vorgangs ins Gewicht zu fallen.[3])

Die zur Beurkundung berufenen Personen sind verschieden. Bei der Urteilsurkunde sind es die an der Urteilsfällung beteiligten Richter; beim Sitzungsprotokoll der Vorsitzende zusammen mit dem Protokollführer; in anderen Fällen der Urkundsbeamte der Geschäftsstelle allein.

Alle Beurkundungen müssen wahrheitsgemäß sein (vgl. StGB. § 348). Deshalb sind, wenn die Urkunde in ihrer ursprünglichen Gestalt inhaltlich Unrichtiges enthält, die Urkundspersonen befugt und verpflichtet, sie durch Hinzufügung einer Berichtigung richtigzustellen.

[1]) Vgl. oben § 63 II 1.

[2]) So erlangt die dem Urkundsbeamten der Geschäftsstelle gegenüber abgegebene Erklärung des Angeklagten, daß er Berufung oder Revision einlege, die rechtliche Bedeutung einer Berufungs- bzw. Revisionseinlegung erst durch die anschließende Protokollaufnahme, §§ 314, 341.

[3]) So Sitzungsprotokoll und Urteilsurkunde.

Ebenso ist, wenn der Sachverhalt von Hause aus nicht vollständig wiedergegeben war, die Hinzufügung einer Ergänzung gestattet und geboten.

Die Auslegung der Beurkundungen richtet sich nach gleichen Gesichtspunkten wie die Auslegung von Willenserklärungen (oben § 47 II.[1]) Soweit fraglich ist, was die Urkundspersonen mit den gewählten Worten sagen wollten, können sie zu schriftlicher oder mündlicher dienstlicher Äußerung herangezogen werden.

Wegen der Bezugnahme des urkundlichen Textes auf andere Urkunden gibt das Gesetz in § 267 IV a. E. eine Einzelregelung.[2])

II. Über die **Hauptverhandlung** ist ein **Sitzungsprotokoll** aufzunehmen, § 271, dazu JugGerGes. § 24 II S. 3; es hat die in §§ 272, 273 aufgeführten Punkte zu enthalten, selbstverständlich genau der geschichtlichen Wahrheit entsprechend.[3])

Soweit in späterem Verlaufe des Prozesses festzustellen ist, ob in der Hauptverhandlung die für diese vorgeschriebenen **Förmlichkeiten**[4]) gewahrt worden sind, durchbricht § 274 die sonst für Tatsachenfeststellungen geltenden Regeln in mehrfacher Beziehung. Einmal ist hier das (echte) Sitzungsprotokoll zum alleinigen Beweismittel erhoben.[5]) Sodann ist eine Rechtsvermutung dafür aufgestellt, daß das Protokoll echt ist, also tatsächlich in Text und Unterschrift von den Urkundspersonen, deren Namen darunterstehen, herrührt; stellt sich freilich im Wege des Gegenbeweises klar heraus, daß das Protokoll von dritter Seite fälschlich angefertigt ist, so fällt es dahin[6]); stellt sich heraus, daß ein Dritter das an sich echte Protokoll verfälscht, also unechte Textteile hineingetragen oder echte getilgt hat, so sind damit die unechten Einfügungen und Streichungen entkräftet. Endlich ist dem Gericht bei einem echten Sitzungsprotokoll die Freiheit der Beweiswürdigung genommen: der darin enthaltene

---

[1]) Widersprechen einzelne Teile des urkundlichen Textes einander (z. B. in der Urteilsurkunde Tenor und Gründe, vgl. OLG. Breslau **HR. 1** 87/88), und ergibt die Auslegung keinen einheitlichen Sinn, so ist das Ergebnis dasselbe, wie wenn die Urkunde über den widerspruchsvoll bezeugten Punkt gar nichts sagte.

[2]) Im übrigen vgl. oben § 44 I a. E., ferner z. B. **E. 4** 367, 383, **30** 144, **R. 1** 496, 826, **5** 451, RGer. **GA. 51** 394, **69** 92, **JW. 53** 1769, **54** 1005; Kern, **GS. 91** 125.

[3]) Insbesondere ist die Urteilsformel genau so, wie sie verlesen worden ist (§ 268 I), wiederzugeben.

[4]) Gegensatz namentlich: Inhalt von protokollierten Aussagen.

[5]) Wodurch aber nicht ausgeschlossen ist, daß das Gericht Erhebungen über die gebotene Auslegung des Textes anstellt, s. oben I a. E.

[6]) So daß die (die „Förmlichkeiten" betreffenden) Vorgänge der Hauptverhandlung überhaupt unfeststellbar werden, da eben dafür das Sitzungsprotokoll alleiniges Beweismittel ist.

Bericht, betreffend die Einhaltung der Förmlichkeiten in der Hauptverhandlung, ist ohne weiteres als richtig und erschöpfend anzusehen.[1])

Unberührt läßt § 274 aber die Zulässigkeit und Gebotenheit einer Berichtigung des ursprünglichen Sitzungsprotokolltextes durch die Urkundspersonen. Die Bestimmungen des § 274 beziehen sich eben auf das Protokoll in seiner jeweils vorliegenden Gestalt.[2])

III. Urteilsurkunde (§ 275, JugGerGes. § 47) ist die richterliche Berichtsurkunde, durch die unter Vorausschickung eines „Kopfs"[3]) das Urteil nach seinem Tenor und — nach näherer Maßgabe des § 267 — seinem Syllogismus[4]) (Tatsachenfeststellung + Rechtsausführung) bezeugt wird.[5])

---

[1]) Sogar unter Ausschluß jedes Gegenbeweises (im Gegensatz zu MStGO. § 335, wo der Gegenbeweis der Unrichtigkeit zugelassen ist). Das bedeutet freilich einen gesetzgeberischen Mißgriff. Wenn aber häufig gelehrt wird, § 274 S. 2 gestatte nicht bloß (was richtig ist) den Gegenbeweis der Urkundenfälschung (StGB. § 267), also der Unechtheit, sondern auch den der bewußten Falschbeurkundung (StGB. § 348), also der bewußten Errichtung einer echten Urkunde mit falschem Inhalt, so wird verkannt, daß es für die prozessuale Interessenlage einzig auf die objektive Richtigkeit des Beurkundeten, und bei Unrichtigkeit nicht darauf ankommt, ob vorsätzliche oder fahrlässige oder schuldlose Falschbeurkundung vorliegt. Erkennt man, wie allgemein geschieht, an, daß die StPO. (bedenklicherweise) den Gegenbeweis der Unrichtigkeit nicht duldet, so fehlt es im Sinne der StPO. an einer ratio für eine Sonderbehandlung von bewußter Falschbeurkundung.

[2]) Insbesondere darf auch das Revisionsgericht die ihm vorliegenden Berichtigungen nicht unbeachtet lassen. Das RGer. erklärt letztere für unbeachtlich, wenn sie erst nach Eingang einer auf das Sitzungsprotokoll gestützten Revisionsrüge vorgenommen sind, vgl. z. B. **E. 43** 1 (Verein. StrSenate). Dagegen **RMG. 9** 35, **15** 282; Beling, **ZStW. 38** 632, **41** 124 und **JW. 54** 2790; Mannheim, **JW. 54** 2818; 2. Strafsenat des RGer. in **E. 43** 1.

[3]) der das „Rubrum" (d. i. die Benennung des konkreten Prozeßgegenstands, z. B.: „In der Strafsache gegen den Kaufmann N. N. wegen Betrugs") und die in § 275 III aufgeführten Punkte umfaßt.

[4]) Vgl. dazu oben § 52. Bei den Formalurteilen des § 260 II verfährt die Praxis meist so, daß in den Entscheidungsgründen der Urteilsurkunde gesagt wird: es sei festgestellt, daß sich der Angeklagte aus dem und dem Antragsdeliktsparagraphen strafbar gemacht habe, aber wegen Fehlens des Strafantrages habe das Verfahren eingestellt sein müssen. Hat das Gericht jene Tatfeststellung wirklich getroffen, so ist zwar die Urteilsurkunde richtig, aber die Feststellung selber kam dem Gericht gar nicht zu, da der Prozeßgegenstand bei Fehlen des Strafantrags überhaupt nicht unter dem Antragsdeliktsgesichtspunkt zu prüfen ist. Sie ist überdies rechtlich wertlos. Richtigerweise hat das Gericht nur festzustellen und in den Urteilsgründen auszusprechen, daß die Tat nicht als Offizialdelikt befunden worden ist, und im Hinblick auf ein möglicherweise vorliegendes Antragsdelikt nach § 260 II Einstellung geboten war.

[5]) Vgl. die Urteilsmuster in R. Schmidt-v. Weber, Aktenstücke zum Strafprozeß.

Sie ist von dem Urteil selbst, dem durch Verkündung (§ 268) vor sich gehenden Urteilsakt (dem Urteilsspruch) scharf getrennt zu halten; dieser ist Willenserklärung, die Urteilsurkunde Wissenserklärung. Sie ist deshalb so abzufassen, daß sowohl der Inhalt der verkündeten Entscheidung selbst, wie auch der Syllogismus, der das Gericht tatsächlich bei der Entscheidung geleitet hat[1]) (bei Ratsgerichten nach Maßgabe der Beratung und Abstimmung) wahrheitsgemäß wiedergegeben wird. Damit löst sich die umstrittene Frage[2]), ob und wie lange Berichtigungen und Ergänzungen nachgebracht werden können, dahin, daß solche Verbesserungen ohne zeitliche Grenze zulässig und geboten sind. Selbstverständlich darf dabei an dem willensmäßigen Gehalt des Urteils selbst, so, wie es tatsächlich gesprochen worden ist, nichts geändert werden[3]) und es darf auch der ursprüngliche Text der Entscheidungsgründe, insbesondere der Tatsachenfeststellungen, nicht so umgemodelt werden, daß nunmehr das Urteil anders motiviert erscheint, als es psychologisch-tatsächlich bei der Urteilsfällung der Fall war. Dies gilt insbesondere dann, wenn die Richter inne werden, daß ihnen Fehler untergelaufen sind. Deren Verschleierung, insbesondere um der Aufhebung des Urteils vorzubeugen, es „revisionssicher" zu machen, wäre Falschbeurkundung (vgl. StGB. § 348).

Ist die Urteilsurkunde schon aus dem inneren Dienst herausgetreten, so ist die Berichtigung oder Ergänzung in Form einer Zusatzurkunde (nicht durch bloße Einschaltungen oder Streichungen) vorzunehmen, und diese ist hinsichtlich ihrer Bekanntgabe ebenso zu behandeln wie die Haupturkunde.

---

[1]) Insbesondere ohne Rücksicht auf dasjenige, was der Vorsitzende bei der Verkündung (§ 268) etwa unrichtig als Entscheidungsgründe bezeichnet hat. Post cogitata (nachträglich einfallende Gründe) dürfen nicht verwertet werden (a. M. Binding).

[2]) Vgl. z. B. OLG. Stuttgart, Stotz, Mannheim, **JW. 54** 2817.

[3]) Oben § 54 II 4 b aa. Das RGer., das die gleichfalls betont, fügt hinzu: zulässig sei gegenüber der verlesenen Urteilsformel ein Berichtigungsbeschluß, durch den „offensichtliche Schreib- und Fassungsfehler, offenbare Mängel des Ausdrucks für das erkennbar Gewollte" beseitigt würden, **E. 56** 233 und dort angeführte frühere Entscheidungen. Kraft solchen Berichtigungsbeschlusses würde also sowohl eine Berichtigung der ursprünglich der verlesenen Formel angepaßten Urteilsurkunde, wie auch von vornherein eine von der verlesenen Formel abweichende Beurkundung in der Urteilsurkunde erfolgen können. Richtig verstanden werden solche „Berichtigungen" aber als authentische Auslegung des Gerichts über den Sinn, den es mit den Worten verbunden wissen wollte, aufzufassen sein. Vgl. oben § 65 I Abs. 2 betr. schriftliche dienstliche Äußerungen.

Meinungsverschiedenheiten der Richter hinsichtlich des zu beurkundenden Textes sind, soweit sie nur die Ausdrucksform betreffen, durch Abstimmung mit einfacher Mehrheit zu erledigen. Dagegen ist die Meinung[1]), daß auch der sachliche Inhalt der Urteilsurkunde durch Abstimmung festzulegen sei, abzulehnen; kein Richter kann gezwungen werden, etwas entgegen der geschichtlichen Wirklichkeit, wie er sie in Erinnerung hat, mitzubeurkunden; bei solcher Meinungsverschiedenheit ist die Urkunde einfach so einzurichten, daß die verschiedenen Erinnerungsbilder, die die Richter hatten, hervortreten.[2])

Eine eigenartige Beweiskraft legt das Gesetz der Urteilsurkunde (im Gegensatz zum Sitzungsprotokoll nach § 274) nicht bei.[3]) Ob ein Urteil verkündet worden ist, ist überhaupt nicht ihr, sondern nach § 274 dem Sitzungsprotokoll zu entnehmen. Die Urteilsurkunde[4]) selbst aber unterliegt im weiteren Verfahren dem Freibeweis und freier Beweiswürdigung.[5])

E. Ladungen und Zustellungen. § 67.

I. **Ladung** ist rechtsförmliche[6]) Aufforderung an Parteien, Prozeßgehilfen und Dritte zum Erscheinen in einer Verhandlung.

Das Gesetz kennt a) richterliche und staatsanwaltschaftliche Ladung, vgl. dazu §§ 36, 214, 385 II, 425 II; b) sog. „unmittelbare" Ladung seitens des Angeklagten, des Privat- oder Nebenklägers, vgl. §§ 220, 386 II, 397. Der Geladene (nicht auch der formlos Aufgeforderte) ist zum Erscheinen verpflichtet, bei unmittelbarer Ladung aber nur,

---

[1]) Vertreten von RGer. **E. 13** 66, **23** 261, **24** 118, **28** 54, **44** 120 und sonst; Sachs, D. RichterZtg. 1925 154; Sachse, **GA. 70** 161.

[2]) So Knodt, D. RichterZtg. 1925 333. Daß eine solche Urkunde an Brauchbarkeit verliert, muß in den Kauf genommen werden. — Das im Text Gesagte bezieht sich natürlich nicht mit auf den Fall, daß ein Richter überstimmt worden ist; dieser hat wahrheitsgetreu die von ihm nicht geteilte Auffassung als diejenige mitzubeurkunden, die maßgebend geworden ist. Vgl. Alsberg, **JW. 55** 2164.

[3]) S. jedoch über die Bindung der Revisionsinstanz an die Urteilsurkunde der Vorinstanz unten § 82.

[4]) Und entsprechend eine etwa hinzugefügte Berichtigung.

[5]) Dies gilt namentlich auch für den in der Urteilsurkunde bezeugten Tenor, besonders wenn im Sitzungsprotokoll ein andersinhaltlicher Tenor bezeugt ist. Das RGer. (**R. 1** 496, **3** 378, **5** 453, **E. 13** 267) will bei solchem Widerspruch wegen § 274 das Sitzungsprotokoll ausschlaggebend sein lassen. Aber der Inhalt des verkündeten Urteils gehört nicht zu den „vorgeschriebenen Förmlichkeiten" im Sinne des § 274. Kern, **GS. 91** 132.

[6]) Das ist je nach Verschiedenheit der Fälle mit bestimmter Verwarnung verbundene (so § 48), durch Zustellung vollzogene (so § 38) usw.

falls er dabei für die ihm zukommende Entschädigung gemäß § 220 II sichergestellt wird.

Die Ladung löst aber auch grundsätzlich für das Gericht die Pflicht zur Vernehmung des Geladenen aus, sofern es sich um die in der Hauptverhandlung erschienenen Zeugen und Sachverständigen handelt, vgl. des Näheren § 245 (unten § 75 VIII 1). Für nur mitgebrachte („gestellte") Zeugen und Sachverständige gilt dies nicht.

II. Zustellung ist rechtsförmliche Übergabe eines Schriftstücks, insonderheit eines solchen, dessen Text eine schriftlich ergangene behördliche Entscheidung irgendwelcher Art (z. B. einen Eröffnungsbeschluß, eine Ladung) oder eine gerichtliche Berichtsurkunde (z. B. Urteilsurkunde) wiedergibt. Je nach Verschiedenheit der Fälle handelt es sich um Übergabe der Urschrift (so § 41) oder einer Ausfertigung oder beglaubigten Abschrift (so gewöhnlich). Die Rechtsförmlichkeit besteht darin, daß die Übergabe durch ein behördliches Hilfsorgan (Gerichtsvollzieher, Post, Urkundsbeamten der Geschäftsstelle) ausgeführt wird, und — gemäß § 37 — im allgemeinen (vgl. jedoch §§ 39, 41) darin, daß eine Zustellungsurkunde aufgenommen wird.

An die Zustellung knüpfen sich besondere Rechtsfolgen, die die formlose Übergabe nicht hat (vgl. z. B. §§ 345 I hinsichtlich des Fristlaufs, 220 II usw.).

Die Herbeiführung einer Zustellung ist in gewissen Fällen behördlicher Pflichtakt (vgl. insbesondere § 35 II). Dem Angeklagten, dem Privat- und dem Nebenkläger kommt für die von ihnen ausgehenden unmittelbaren Ladungen (oben I) die Befugnis zu, die Ausführungsorgane mit Zustellung zu beauftragen (§ 38).

Im staatsanwaltschaftlichen und (nach Muster des französischen Rechts) auch im gerichtlichen Geschäftsbereich obliegt grundsätzlich der Staatsanwaltschaft die Herbeiführung von Zustellungen, § 36 I S. 1 (Ausnahmen — richterliche Veranlassung der Zustellung —: §§ 36 I S. 2, 36 II, 385 II).

An die Stelle eigentlicher Zustellung tritt unter den in § 40 (dazu Vo. vom 1. Januar 1924 § 22) angegebenen Voraussetzungen und in der dort näher geregelten Weise die sog. „öffentliche Zustellung", d. i. zweiwöchige Ermöglichung der Kenntnisnahme des Schriftstücksinhalts durch die Allgemeinheit.

F. Rechtsbehelfe gegen richterliche Entscheidungen, insbesondere die Rechtsmittel.

I. Vergleichende Übersicht. Allgemeines. § 68.

Walther, Die Rechtsmittel im Strafverfahren 1853, 1855; v. Kries, Die Rechtsmittel des Zivilprozesses und des Strafprozesses nach den Bestimmungen der deutschen Reichsgesetze 1880; Buhmann, Die Einlegung von Rechtsmitteln seitens der Staatsanwaltschaft zugunsten des Beschuldigten 1890; Groß, Darstellung des Rechtsmittelsystems des deutschen Strafprozesses 1887; Eckstein, **GS. 84** 345 (Antizipierte und bedingte Rechtsmitteleinlegung); Beling, Der nicht mitangefochtene und der teilweise angefochtene Schuldspruch, **GA. 63** 163; ders., **ZStW. 38** 637, 797, 801; Schneidler, Württembergische Z. f. Rechtspflege und Verwaltung 2 81 (Beschränkung der Rmittel im Strafproz. auf best. Beschwerdepunkte); H. Seuffert, Die Reformatio in pejus 1861; Brachvogel, Zulässigkeit der Reformatio in pejus, **ZStW. 13** 206; Thode, Das Verbot der Reformatio in pejus, Gött. Diss. 1896; Kleinfeller, **GS. 38** 608; Schultzenstein, Reformatio in pejus, Z. f. Zivilprozeß 21 1; Lohsing, Das Verbot der Reformatio in pejus im Strafverfahren 1907; Norden, Zum Verbot der Reformatio in pejus, **ZStW. 29** 781; Laudner, Zur Geschichte und Dogmatik der Reformatio in pejus 1913; Gerber, Das Verbot der Reformatio in pejus 1913; A. Friedländer, Der Rechtsmittelverzicht, **GS. 58** 401.

I. Die von einer richterlichen Entscheidung Betroffenen werden mit dieser häufig unzufrieden sein. In der Tat kann es angesichts der Möglichkeit menschlichen Irrtums und womöglich bösen Willens sein, daß die Entscheidung nicht oder nicht so, wie geschehen, hätte ergehen sollen. Das Gesetz eröffnet deshalb vielfältig (wenn auch nicht gegen alle Entscheidungen) die Möglichkeit einer Anfechtung, indem es dafür bestimmte Typen von Prozeßhandlungen prägt, die man in Ermangelung eines gesetzlichen Ausdrucks zusammenfassend „Rechtsbehelfe"[1]) nennen kann, und die auf nochmalige Prüfung der entschiedenen Angelegenheit abzielen.[2])

---

[1]) Scil. „Rechtsbehelfe gegen richterliche Entscheidungen". Im umfassenden Sinne kann man alle für die Entfaltung von Parteiinteressen (und Interessen Dritter) vorgesehenen Prozeßhandlungen Rechtsbehelfe nennen (Beweisanträge, Wiedereinsetzung gegen Fristablauf, Anfechtung staatsanwaltschaftlicher und polizeilicher Akte usw.).

[2]) Keine Rechtsbehelfe im obigen Sinne gibt es dagegen, daß eine Entscheidung nicht ergangen ist. Wer daran interessiert ist, daß die Entscheidung erfolgt, kann entweder die vorgesetzten Justizverwaltungsstellen im Wege der Dienstaufsichtsbeschwerde anrufen oder bei dem Gericht, dessen Entscheidung er wünscht, den Erlaß der letzteren beantragen, und gegen daraufhin erfolgte ablehnende Entscheidung im Rechtsbehelfswege vorgehen. Vgl. Beling, **ZStW. 41** 125, 129.

Alle Rechtsbehelfe unterstehen der Verfügungsgewalt der Parteien (oder von Dritten); in Ansehung ihrer gilt der Satz „Judex ne procedat ex officio“.[1]) Dies ist als ratio legis bei der Auslegung stets im Auge zu behalten.[2])

II. Je nach der Art der Entscheidung, um deren Anfechtung es sich handelt, nach der Art, wie der Anfechtende seine rechtsgeschäftliche Erklärung einzurichten hat, und dem dadurch ausgelösten Verfahren scheidet die StPO. folgende **Haupttypen** von Rechtsbehelfen:

die „Beschwerde“
die „Berufung“
die „Revision“
} zusammen den Oberbegriff „**Rechtsmittel**“ darstellend;

die „Wiederaufnahme des Verfahrens“ (bisweilen noch nach einem älteren, aber von der StPO. nicht festgehaltenen Sprachgebrauch als „außerordentliches Rechtsmittel“ bezeichnet);

die „Wiedereinsetzung in den vorigen Stand“[3]);

den „Einspruch“;

Daneben noch

den „Einwand“ (§ 181)

und den „Antrag auf Entscheidung des Berufungs- bzw. Revisionsgerichts“ (§§ 319 II, 346 II).[4])

Die Unterschiede zwischen den verschiedenen Arten von Rechtsbehelfen gehen sehr ins einzelne. Den „**Rechtsmitteln**“ eignet

---

[1]) Vgl. oben § 33.

[2]) Nicht aber das Interesse an Rechtsprechungseinheit, das mitunter als ratio des Rechtsmittels der Revision angeführt wird; dieses Interesse ist nur ratio dafür, daß die Revision (übrigens nur teilweise) in die Hand des Reichsgerichts gelegt ist. Auch das Interesse an Hebung des Vertrauens des Publikums in die Güte der Justiz (**Mannheim**, Beitr. z. L. v. d. Revision 21, 31) muß hier ausscheiden, da dieser Gesichtspunkt vielmehr zur Möglichkeit einer Aufhebung der Entscheidungen von Amts wegen führen müßte. Das öffentliche Interesse spielt überhaupt nur insoweit herein, als der Staat in der Partei- (oder Dritten-) Rolle durch die einzelne Entscheidung betroffen wird.

[3]) Getrennt zu halten von dem gleichbenannten Behelf gegen Fristversäumung, oben § 45 II 1.

[4]) Es ist jedoch streitig, ob nicht dieser Antrag nur eine unnötigerweise besonders benannte „Beschwerde“ (und weiter, ob eine einfache oder eine „sofortige“ Beschwerde) bedeutet. Vgl. z. B. **JW. 54** 2378, **55** 1247, **GA. 64** 188, **LZ.** 1917 1151, **HR. 2** 25, 26; ferner **Spindler**, **ZStW. 27** 454; **Gädeke**, **JW. 54** 2808; **Rasch**, **LZ.** 1914 1745.

die Rechtsfolge, daß durch sie, und nur[1]) durch sie, ein „neuer Rechtszug" an ein höheres Gericht, eine „höhere Instanz" eröffnet wird, sog. „Devolutiveffekt".

Der häufig als zweites Charakteristikum der Rechtsmittel angeführte „Suspensiveffekt" = die Rechtsfolge, daß durch ihre Anbringung die Rechtskraft der angefochtenen Entscheidung gehemmt wird, trifft nur annähernd zu[2]) und ist im Grunde nur zur Abhebung gegen die Wiederaufnahme des Verfahrens (die die Rechtskraft der angefochtenen Entscheidung nicht nur nicht hemmt, sondern als schon eingetreten voraussetzt) von Belang.

In großen Zügen ergibt sich folgende Gruppierung:

A. Ordentliche Rechtsbehelfe = zur Anfechtung von nicht rechtskraftfähigen oder noch nicht rechtskräftigen Entscheidungen dienende:

1. die Rechtsmittel, §§ 296 ff. = die allgemein in Frage kommenden ordentlichen Rechtsbehelfe, geschieden in
   a) Beschwerde: gegen Beschlüsse und Verfügungen;
   b) Berufung }: gegen Urteile.[3])
   c) Revision }

2. Sonderbehelfe:
   a) Wiedereinsetzung in den vorigen Stand, §§ 235 (aber § 412 II), 329 II, 391 IV: gegen Entscheidungen, die in Abwesenheit des Rechtsbehelfswerbers verkündet worden sind;
   b) Einspruch, §§ 409 ff.: gegen Strafbefehle;
   c) Einwand, § 181: gegen Eröffnung der Voruntersuchung;
   d) Antrag auf Entscheidung des Berufungs- und Revisionsgerichts, §§ 319 II, 346 II: gegen den Beschluß der Vorinstanz auf Verwerfung der Berufung oder Revision als unzulässig.

---

[1]) Das „nur" ist freilich unrichtig, wenn man die Anträge aus §§ 319 II, 346 II nicht als „Beschwerde" auffaßt (vgl. S. 330 Anm. 4), da auch diese Anträge die Angelegenheit an das höhere Gericht devolvieren.

[2]) Er trifft nicht umfassend zu auf das Rechtsmittel der Beschwerde (diese geht auch gegen Entscheidungen, die überhaupt nicht rechtskraftfähig sind); und er trifft zu auf die Nicht-Rechtsmittel der Wiedereinsetzung und des Einspruchs.

[3]) Über den Unterschied zwischen b und c s. unten §§ 78 ff.

B. Außerordentlicher Rechtsbehelf: Wiederaufnahme des Verfahrens, §§ 359 ff.: gegen rechtskräftige Entscheidungen (ausnahmsweise Durchbrechung der Rechtskraft).

Einen Terminus technicus für denjenigen, der einen Rechtsbehelf verficht, bietet die StPO. nicht. Bei der Beschwerde ist die Bezeichnung „Beschwerdeführer" von selbst gegeben. Die StPO. verwendet diesen Ausdruck unpassenderweise aber auch für den, der Berufung oder Revision betreibt (§§ 316, 319, 326, 343, 344, 346, 347, 351); besondere Bezeichnungen für den, der Wiederaufnahme usw. begehrt, fehlen. Im Anschluß an einen österreichischen Sprachgebrauch, der vom „Rechtsmittelwerber" spricht, empfiehlt es sich, sich der Allgemeinbezeichnung „Rechtsbehelfswerber" zu bedienen mit den Unterbezeichnungen „Rechtsmittelwerber" (hier wiederum: Beschwerdewerber oder -führer, Berufungswerber, Revisionswerber), Wiederaufnahmewerber, Einspruchswerber usw.[1])

III. Alle Rechtsbehelfe streben eine nochmalige Prüfung und Entscheidung der Angelegenheit an, auf die sich die angefochtene Entscheidung erstreckt, also je nach Verschiedenheit der Fälle eine Neuprüfung des Prozeßgegenstandes selbst (bei Sachentscheidungen) oder aber eines prozessualen Punkts.

Befugnis und Pflicht des Gerichts zu solcher Neuprüfung und -entscheidung sind aber durch eigene Prozeßgestaltungsvoraussetzungen bedingt, ohne die das begehrte Rechtsbehelfsverfahren unzulässig ist. Es muß

1. der Begehrende überhaupt das Anfechtungsrecht haben = den Anspruch auf abermalige Prüfung an sich, und er muß

2. das Begehren in der vom Gesetz vorgezeichneten Art und Weise geltend machen.[2])

Zu 1: Das Anfechtungsrecht hängt zunächst davon ab, ob die in Rede stehende Entscheidung überhaupt im Gesetz als anfechtbar gekennzeichnet ist.[3]) Es setzt ferner eine besondere Legitimation des Anfechtenden voraus. Diese ist gegeben

---

[1]) Der zivilprozessualische Ausdruck „Rechtsmittel- (Berufungs- usw.) Kläger" würde nicht passen.

[2]) Parallele der Rechtsbehelfe zur Strafklage: zu 1: Parallele zum Strafklagerecht an sich; zu 2: Parallele zu den Prozeßvoraussetzungen; wie diese das „Prozeßverhältnis" herstellen, so entsteht durch die gehörige Geltendmachung des Rechtsbehelfs das besondere „Rechtsbehelfsverhältnis".

[3]) Z. B. hat niemand ein Anfechtungsrecht gegenüber Reichsgerichtsurteilen, gegenüber einem Beschluß, der eine Wiedereinsetzung in den vorigen Stand gewährt (§ 46 I), usw.

a) für denjenigen, dem gegenüber der Tenor der Entscheidung eine „Beschwer" (ein „gravamen") in sich schließt, d. h. einen ihm im Sinne der Rechtsordnung ungünstigen Sinn hat.[1])

Deshalb sind zunächst diejenigen nicht anfechtungsberechtigt, auf die sich die Entscheidung überhaupt nicht bezieht[2]) (außer soweit sich ihre Legitimation aus unter b ergibt).

Ferner fehlt dem Freigesprochenen ein Anfechtungsrecht gegenüber seiner Freisprechung[3]); auch kann niemand dagegen ankämpfen, daß ein Verfahren gegen ihn eingestellt worden ist.[4])

Wohl aber ist derjenige anfechtungsberechtigt, demgegenüber die Entscheidung einen (bejahenden) Schuldspruch enthält (daher

---

[1]) 1. Ungünstig „im Sinne der Rechtsordnung": nicht nach dem subjektiven Werturteil des Anfechtenden (so ist eine Freisprechung niemals „ungünstig", auch nicht, wenn der Freigesprochene lieber verurteilt sein möchte). 2. Es kommt hier nur auf den ungünstigen „Sinn" der Entscheidung an, nicht darauf, ob sich der Anfechtende mit Fug über die Entscheidung beklagt. Zur Anfechtung legitimiert und soweit anfechtungsberechtigt ist auch der durchaus zu Recht Verurteilte; er hat zwar nicht das Recht, zu verlangen, daß auf seine Anfechtung hin das Urteil umgestoßen werde, wohl aber den Anspruch auf Prüfung seines Anfechtungsbegehrens. Mit „Beschwer" im Sinne des Textes ist also nur die „hypothetische" Beschwer gemeint; die Frage, ob der Rechtsbehelfswerber durch die Entscheidung „wirklich" beschwert ist, taucht erst nach Bejahung seiner Legitimation auf. 3. Ob der Sinn der Entscheidung ungünstig ist, ist abstrakt zu bestimmen; das Anfechtungsrecht kann nicht deshalb versagt werden, weil im konkreten Falle wenig oder keine Aussicht auf ein Durchdringen der Anfechtung bestehe (a. M. OLG. Düsseldorf, **GA. 70** 250). 4. Hat die angefochtene Entscheidung keinen dem Anfechtenden ungünstigen Sinn, so fehlt es am Anfechtungsrecht auch dann, wenn der Anfechtende ein gravamen behauptet. Inwieweit umgekehrt zu dem bestehenden ungünstigen Sinn der Entscheidung noch die ausdrückliche Behauptung eines gravamen durch den Anfechtenden hinzutreten muß, darüber unten S. 335.

[2]) Hat z. B. das Gericht statt des Angeklagten X fälschlich den Y abgeurteilt, so kann X das Urteil nicht anfechten; die Angelegenheit gegen ihn ist vielmehr noch unerledigt anhängig und erst noch entscheidungsbedürftig. Vgl. oben S. 329 Anm. 2. Entsprechend scheiden „Dritte" aus dem Kreise der Anfechtungsberechtigten aus, soweit sich der Tenor der Entscheidung nicht gegen sie richtet (Beispiel: In einem nur gegen Y geführten Prozeß ist dieser wegen einer dem X geleisteten Beihilfe verurteilt worden; X ist in den Urteilsgründen als Haupttäter bezeichnet; X hat kein Anfechtungsrecht).

[3]) Auch dann, wenn der Freisprechungsgrund ihm ungünstig ist, er z. B. als Täter einer rechtswidrigen Handlung hingestellt und nur wegen Volltrunkenheit, Geisteskrankheit, Verjährung usw. freigesprochen ist. Vgl. **R. 8** 72.

[4]) Denn die Fortdauer der Prozeßbehelligung mit der Möglichkeit der Verurteilung wäre für ihn ungünstiger. Ob sich im konkreten Falle bei Fortführung des Prozesses die Aussicht auf Freisprechung (die günstiger als bloße Einstellung ist) eröffnen würde, ist belanglos, vgl. oben Anm. 1 Ziff. 3.

nicht bloß der Verurteilte, sondern auch der für „straffrei" Erklärte usw.[1]), wäre es auch, daß er nicht die Passivpartei war, sondern erst durch die Entscheidung fälschlich als solche behandelt wurde.[2]) Auch eine nur „vorläufige" Einstellung enthält für den Beschuldigten eine Beschwer, weil er sich bei ihr schlechter steht, als bei endgültiger Einstellung.

Auf klägerischer Seite eröffnet sich ein Anfechtungsrecht gegen alle Freisprechungen, alle vorläufigen und endgültigen Einstellungen, aber auch bei Verurteilungen gegen deren Unzulänglichkeit, und zwar für denjenigen, den die Entscheidung als den Kläger bezeichnet oder behandelt, auch wenn er dies gar nicht war.[3])

Eigenartig ist die Stellung des Staates als Strafklägers im Punkte des Anfechtungsrechts. Für ihn ist eine (hypothetische, oben S. 333, Anm. 1) Beschwer in jeder wie immer gearteten Entscheidung gelegen. Im Vordergrunde stehen zwar auch hier solche Entscheidungen, die dem Staate in seiner reinen Angreiferrolle nicht genug tun.[4]) Da aber der Staat die Interessen des Beschuldigten mit zu den seinigen gemacht hat[5]), so stellen dessen gravamina zugleich auch solche des Staats dar. Daraus erklärt sich, daß die Staatsanwaltschaft auch zur sog. Anfechtung „zugunsten des Beschuldigten" legitimiert ist (für Rechtsmittel: § 296 II; für Wiederaufnahme des Verfahrens: § 365).[6])

Bei laufenden Entscheidungen ist die „gravamen"-Frage entsprechend wie bei prozeßerledigenden zu beurteilen. Soweit sie gegen Dritte gehen, sind auch diese anfechtungsberechtigt.[7])

b) Zu den nach a Legitimierten treten als unabhängig von diesen im eigenen Namen anfechtungsberechtigt hinzu: der gesetzliche Vertreter des Beschuldigten, der Ehemann der Beschuldigten, im

---

[1]) Vgl. oben § 51 III 2.

[2]) Oben § 32 IV 5.

[3]) Vgl. oben § 32 IV 5. In einem praktisch vorgekommenen Falle hatte A, der Vorstand eines Vereins war, gegen B Beleidigungsprivatklage erhoben; der Amtsrichter erließ „in der Privatklagesache des Vereins X gegen B" freisprechendes Urteil mit der Begründung, daß Vereine nicht passiv beleidigungsfähig seien. Der Verein hatte ein Anfechtungsrecht, da er eben als nicht siegreicher Kläger behandelt war.

[4]) Gerade der Gedanke, daß mit der Staatsanwaltschaft ein (dem Inquisitionsprozeß fehlendes) Staatsorgan zur Anfechtung ungerechtfertigter Freisprechungen und zu milder Bestrafungen gewonnen werde, hat geschichtlich mit dazu beigetragen, daß die Staatsanwaltschaft geschaffen wurde.

[5]) Oben § 35 II.

[6]) Analogie für andere Rechtsbehelfe? (Streitfrage.)

[7]) z. B. der Zeuge gegenüber einem Beschluß gemäß § 70.

Verfahren gegen Abwesende auch andere „Angehörige"; diese alle insoweit, als für den Beschuldigten selbst ein gravamen vorliegt. Das Gesetz bestimmt dies allerdings ausdrücklich nur für Rechtsmittel und Wiederaufnahme des Verfahrens, §§ 298, 365, 282.[1])

Zu 2. Die Anfechtungserklärung (das Anfechtungs-Rechtsgeschäft) muß

a) einen bestimmten Inhalt haben: Sie muß (mindestens durch Auslegung) erkennen lassen, welche konkrete Entscheidung angefochten sein soll, und, falls diese nach dem Gesetz mehreren Rechtsbehelfen zugänglich ist[2]), in welchem Sinne die Wahl zwischen diesen vollzogen wird, ohne daß aber eine Bezeichnung des Rechtsbehelfs mit seinem technischen Namen („Berufung" usw.) erforderlich wäre, und ohne daß Falschbenennung etwas schadete, §§ 300, 365.[3])

Daß und was für eine Beschwer der angefochtenen Entscheidung anhafte, braucht im allgemeinen nicht ausdrücklich gesagt zu werden. Nur darf der in der Erklärung hervortretende Wille nicht auf eine Entscheidung abzielen, die im Rechtssinne das Gegenteil einer Abhilfe gegen „Beschwer" wäre.[4])

Bei staatsanwaltschaftlichen Rechtsbehelfen muß erkennbar sein, ob sie „zuungunsten" oder „zugunsten" des Beschuldigten gemeint sind.[5])

Bei einem Teil der Rechtsbehelfe muß der Erklärungsgehalt noch mehr umfassen: einen bestimmten Antrag (so § 344, Revisionsantrag) oder eine Kennzeichnung des gravamen, das der Entscheidung anhaften soll (vgl. § 344 II), oder eine Bezugnahme auf gewisse Vorbedingungen, die das Gesetz für Wiederaufgreifung der Angelegenheit erfordert (so bei Wiederaufnahme Anführung eines „Wiederaufnahmegrundes", § 366, bei Wiedereinsetzung Anführung eines „Wiedereinsetzungsgrundes", § 45; in beiden Fällen weiter erforderlich Benennung von Beweismitteln).

[1]) Analogie für die übrigen Rechtsbehelfe? (Streitfrage, vgl. z. B. **GA. 71** 109, **HR. 3** 331.)

[2]) Zusammentreffen von Wiedereinsetzung einerseits, Berufung oder Revision andererseits, vgl. §§ 315, 342; Zusammentreffen von Berufung und Revision, § 335.

[3]) §§ 300, 365 sprechen zwar nur von Rechtsmitteln und Wiederaufnahme; es ist aber unzweifelhaft, daß der Grundgedanke — **falsa denominatio non nocet** — für sämtliche Rechtsbehelfe gilt.

[4]) Würde der Beschuldigte z. B. seine Verurteilung in dem Sinne anfechten, daß er härter bestraft werden solle, oder eine vorläufige Einstellung in dem Sinne, daß das Verfahren fortgesetzt werden solle, so wäre er damit nicht zu hören. Vgl. ObstLdesGer. München, **DJZ. 31** 904, **HR. 2** 297, **JW. 55** 2205 (a. M. OLG. Düsseldorf, **GA. 71** 249).

[5]) Tritt nicht hervor, daß der Rechtsbehelf „zugunsten" des Beschuldigten gemeint ist, so ist er als „zuungunsten" eingelegt zu behandeln.

b) Soweit der Erklärende nicht der Rechtsbehelfswerber selber ist, muß er als dessen Organ oder Vertreter **legitimiert** sein, in seinem Namen aufzutreten (vgl. oben § 43 III 2). Zur Rechtsmitteleinlegung und zum Wiederaufnahmeantrag[1]) im Namen des Beschuldigten[2]) ist der Verteidiger ohne weiteres, nur nicht gegen ausdrücklichen Willen des Beschuldigten legitimiert.

c) Die Anfechtungserklärung ist **gerichtsempfangsbedürftiges** Rechtsgeschäft; in der Regel ist sie beim „judex a quo" (nicht beim „judex ad quem") einzulegen, vgl. z. B. §§ 314, 341.

d) Es ist die für die einzelnen Rechtsbehelfsarten vorgeschriebene **Form** einzuhalten (z. B. „zu Protokoll des Urkundsbeamten der Geschäftsstelle oder schriftlich", §§ 314, 341).

e) Die Rechtsmittel (mit Ausnahme der einfachen Beschwerde), ferner den Einspruch und die Anträge auf Überprüfung des Berufungs- und des Revisionsverwerfungsbeschlusses sind an eine **Frist** (1 Woche) geknüpft, §§ 311 II, 314, 341, 409, 319 II, 346 II). Bei Revision eine zweite Frist für die „Revisionsrechtfertigung", § 345.

IV. Einen Rechtsbehelf, bei dem im Sinne von III „die Formalien in Ordnung sind", nennt das Gesetz „**zulässig**". Ist ein konkreter Rechtsbehelf in einem dieser Punkte **nicht** in Ordnung, so ist er „**als unzulässig zu verwerfen**", vgl. z. B. § 319.[3])

Im anderen Falle ist dagegen im allgemeinen das auf Neuprüfung der Angelegenheit selbst gerichtete Verfahren einzuschlagen[4]) (z. B. bei Berufung die Hauptverhandlung vor dem Berufungsgericht vorzubereiten und durchzuführen). Nur bei Wiederaufnahme und Wiedereinsetzung hat vorerst noch eine Prüfung der besonderen Wiederaufnahme- und Wiedereinsetzungs-„Gründe" stattzufinden; fällt diese Prüfung verneinend aus, so ist der Rechtsbehelf „als unbegründet zu verwerfen", ohne daß die angefochtene Entscheidung selbst nachgeprüft wird[5]); fällt sie bejahend aus, so ist ein Zwischen-

[1]) §§ 297, 365. Analogie für die übrigen Rechtsbehelfe? (Streitfrage.)

[2]) Ein eigenes Anfechtungsrecht hat der Verteidiger (im Gegensatz zu dem gesetzlichen Vertreter und dem Ehemann) nicht.

[3]) Dagegen läßt unser Recht bei zulässigem Rechtsmittel dem Richter nicht freie Hand, ob er im konkreten Falle den Fortgang des Verfahrens „erlauben" wolle (anders in England hinsichtlich der Berufung).

[4]) Ohne ausdrücklichen „Zulassungsbeschluß".

[5]) z. B. der Beschuldigte hatte als Wiedereinsetzungsgrund einen Beinbruch geltend gemacht, der ihn verhindert habe, in der Verhandlung am 3. April zu erscheinen, und sich dafür auf den Arzt X bezogen, X hat aber bekundet, daß der Beinbruch erst am 4. April geschehen sei. (Hätte der Beschuldigte dagegen solche Umstände überhaupt nicht **angeführt** oder keine Glaubhaftmachung **angeboten**, so wäre das Gesuch schon „als unzulässig" zu verwerfen.)

beschluß (auf „Wiederaufnahme des Verfahrens" bzw. auf „Gewährung der Wiedereinsetzung") zu erlassen, womit dann der Punkt im Verfahren erreicht ist, der sich bei den übrigen Rechtsbehelfen schon bei ihrer rein formellen „Zulässigkeit" ergibt.

V. Das Verfahren, das einzuschlagen ist, nachdem der Rechtsbehelf die Probe seiner „Zulässigkeit" (und bei Wiederaufnahme und Wiedereinsetzung seiner spezifischen „Begründetheit") bestanden hat, ist nach Verschiedenheit der Rechtsbehelfe verschieden geregelt. Immer aber ist jetzt die Aufgabe die, über die Angelegenheit, die den Gegenstand der angefochtenen Entscheidung bildete, erneut zu entscheiden. Dabei wird aber bedeutsam, daß die Rechtsbehelfe dazu da sind, dem Rechtsbehelfswerber Hilfe gegen eine ihn beschwerende Entscheidung zu bringen.

1. Aus dieser ratio ergeben sich allgemein[1]) folgende Sätze:

a) Das Gericht hat nur im Rahmen des Erbetenen zu prüfen, ob es dem Rechtsbehelfswerber Hilfe zu bringen hat. Denn wenn es in der Hand des letzteren liegt, ob er überhaupt Neuprüfung herbeiführen will, so ist es auch seine Sache, den Umfang zu bestimmen, in dem er Hilfe haben will.[2])

b) Das Gericht hat in diesem Rahmen auch nur zu prüfen, ob es dem Rechtsbehelfswerber Hilfe zu bringen hat, und nicht, ob es ihn schlechter stellen soll. Denn Schlechterstellung kann nicht einmal der Rechtsbehelfswerber selber begehren (oben S. 333).

Zu a). Erstreckte sich die Entscheidung auf mehrere, im selben Verfahren verbundene Prozeßgegenstände (oben § 40 III 1), so gelangt in das Rechtsbehelfsverfahren nur derjenige Prozeßgegenstand, auf den sich der Rechtsbehelf bezog. Ist X z. B. wegen zweier reell konkurrierender Diebstähle abgeurteilt worden, und wird das Urteil nur hinsichtlich des einen Diebstahls angefochten, so geht die andere Diebstahlstat das Gericht im weiteren Verfahren nichts mehr an[3]); sind X und Y als Haupttäter und Anstifter abgeurteilt worden, und liegt eine Anfechtungserklärung nur seitens des X (oder seitens

[1]) Vorbehaltlich der Frage nach einer Sonderstellung des Einspruchs und der Wiedereinsetzung, nachstehend 2 und 3 S. 342 f.

[2]) Vgl. oben § 42 VI.

[3]) Wohl aber ist im weiteren Verfahren die Rechtskraft des Urteils über die Tat 2 zu beachten. Stellt sich im Rechtsbehelfsverfahren heraus, daß das als „Tat 1" noch anhängige Verhalten keine selbständige Tat, sondern ein Stück der Tat 1 war, so ist das Verfahren einzustellen (Ne bis in idem, vgl. oben § 56 II). Anders E. 58 21, 59 318.

des Staatsanwalts mit Bezug auf ihn) vor, so hat sich das weitere Verfahren mit Y nicht mehr zu befassen.[1])

Aber auch hinsichtlich eines Prozeßgegenstandes bewegt sich die Neuprüfung nur innerhalb der Grenzen, in denen der Rechtsbehelfswerber Hilfe begehrt hat. Es kommt also darauf an, ob er die Entscheidung unbeschränkt angegriffen hat, oder ob er die Anfechtung „geteilt" hat.[2]) Eine Teilung ist in doppelter Hinsicht denkbar:

1. Fragt man: was der Rechtsbehelfswerber an dem Tenor der Entscheidung auszusetzen habe, so kann sich schon hier ergeben, daß er Bestandteile davon bestehen lassen will und nur die übrigen (oder das Fehlen von solchen) bemängelt — Teilung im „quid", d. i. mit Bezug auf den Anfechtungsgegenstand.

2. Fragt man dann weiter: worin er den Fehler erblicke, durch den das Gericht zu dem bemängelten Tenor (oder Tenorteil) gelangt sei, so kann es wiederum sein, daß er von dem Gesamtunterbau manches unbestritten lassen will und nur bestimmte Einzelfehler rügt — Teilung im „cur", d. i. mit Bezug auf den Anfechtungsgrund.

Rechtlich beachtlich ist freilich eine Teilung im quid nur, soweit die Teile bei der Abstimmung gesonderte Stücke darstellen, und nur so weit, als der angefochtene Teil nicht die notwendige Unterlage für den nichtangefochtenen darstellt.[3]) Auch kann der Staatsanwalt nicht derart teilen, daß die Entscheidung nur „zuungunsten" des Beschuldigten angefochten sein solle, arg. § 301 (wohl aber umgekehrt: nur „zugunsten").

Die Frage der Teilung im „cur" ist im Gesetz für die Revision deutlich geregelt.[4]) Hinsichtlich der Berufung stellt § 318 die „Be-

[1]) Ausnahmsweise hat das Revisionsgericht im Falle des § 357 auf eine ihm nicht durch Rechtsbehelf unterbreitete Strafsache überzugreifen.

[2]) Die Möglichkeit einer Teilung ist vom RGer. in ständiger Rechtsprechung anerkannt, vgl. z. B. **E. 58** 238.

[3]) Vgl. oben § 53 IV. Daher möglich Anfechtung des Strafausspruchs ohne Anfechtung des Schuldspruchs; der Verhängung einer Nebenstrafe ohne Anfechtung der Hauptstrafe usw., nicht aber umgekehrt. So insbesondere das RGer., z. B. **E. 58** 238, und das RMilGer., Entsch. desselben **8** 115, 270, **11** 65. (Dagegen z. B. Gerland, **GS. 84** 339, Schlayer, **ZStW. 23** 714, Wurzer, **JW. 54** 1008; **KGer. HR. 3** 115. Ausführliche Schrifttumszusammenstellung bei Hegler, **JW. 52** 426.) Möglich ferner Teilung je nach verschiedenen rechtlichen Bedeutungen der Tat (z. B. gegenüber einer Verurteilung, die auf Körperverletzung und Sachbeschädigung in idealer Konkurrenz lautet, Anfechtung nur hinsichtlich eines dieser Gesichtspunkte; gegenüber einer Verurteilung wegen Einbruchsdiebstahls Anfechtung nur hinsichtlich des „Einbruchs"); hierin a. M.: RGer., z. B. **HR. 2** 109, **JW. 55** 1223, **E. 59** 318; **KGer. GA. 70** 107. Andere Anwendungsfälle: Teilungen innerhalb des Strafausspruchs, vgl. z. B. **E. 58** 239, **60** 168, RGer. **JW. 55** 2578.

[4]) Vgl. unten § 81.

schränkung auf bestimmte Beschwerdepunkte" frei[1]); das Gleiche wird für die Beschwerde zu gelten haben.

Nicht ausschalten kann aber der Rechtsbehelfswerber die Prüfung der Zulässigkeit der Verfolgung, die von Amts wegen zu erfolgen hat.[2])

Würde der Rechtsbehelfswerber in anderer als der rechtlich möglichen Weise teilen, so würde bei derartiger Teilung im quid[3]) der Rechtsbehelf nicht in gehöriger Weise geltend gemacht, also als unzulässig zu verwerfen sein, es müßte denn aus der Erklärung das Eventualbegehren ungeteilter Nachprüfung herauszulesen sein. Bei rechtlich unmöglicher Teilung im cur gilt die Beschränkung pro non scripta.

Soweit die Teilung rechtlich möglich ist, scheiden dagegen die von der Anfechtung ausgeschlossenen Tenorbestandteile und Begründungspunkte aus der Neuprüfung im Rechtsbehelfsverfahren aus; war die angefochtene Entscheidung rechtskraftfähig, so erwachsen Tenorbestandteile, die die Anfechtung nicht ergreift, sogar in — jedenfalls formelle, möglicherweise auch materielle[4]) — Rechtskraft.

Die Feststellungen, die das Gericht zur Begründung des rechtskräftigen Tenorbestandteils getroffen hatte, nehmen aber, wie immer (oben § 55 II a. E.), an der Rechtskraft nicht teil[5]); noch weniger sind

[1]) Meist wird die Teilbarkeit im cur verneint, und § 318 auf die Teilung im quid bezogen. Aber die Teilung im quid ist in § 327 geregelt, und § 318 steht im engsten Zusammenhang mit der Begründung der Berufung, § 317.

[2]) Vgl. oben § 25 III.

[3]) z. B. Anfechtung nur des Schuldspruchs unter Nichtanfechtung des Strafausspruchs.

[4]) Der von der Anfechtung ausgeschlossene Teil ist also im Fortgang des betreffenden Prozesses nicht umstoßbar. Vgl. dazu OLGer. Breslau, HR. 1 90, Haas, GS. 35 137. Einem neuen Prozesse steht er allerdings im Sinne des Ne bis in idem (oben § 56 II) nur dann entgegen, wenn er die für den „Verbrauch des Strafklagerechts" erforderliche Vollständigkeit besitzt. Das ist z. B. der Fall, wenn er den Schuldspruch und in Ansehung der Hauptstrafe auch den Strafausspruch enthält, und sich das Rechtsbehelfsverfahren nur um Beifügung einer Nebenstrafe dreht. Dagegen ist der unangefochtene und daher formell rechtskräftige Schuldspruch allein keiner materiellen Rechtskraft fähig; erst wenn der anhängige Prozeß zu rechtskräftigem Strafausspruch gedeiht, vereinigen sich beide Bestandteile zu einheitlichem, materiell rechtskräftigem Urteil; einem neuen Prozeß stände vorher nicht Rechtskraft, wohl aber Rechtshängigkeit entgegen.

[5]) Haben die festgestellten Umstände Bedeutung zugleich für den unangefochtenen und den angefochtenen Tenorteil, und kommt das neuprüfende Gericht zu gegenteiliger Feststellung (also zur Unhaltbarkeit schon des unangefochtenen Teils), so hat es alle Konsequenzen zu ziehen, die mit der Nichtantastung des unangefochtenen Teils (zu der es ja trotz Erkenntnis der Unhaltbarkeit gezwungen ist) vereinbar sind. (Beispiel: Nur der Strafausspruch

Feststellungen, die für den gerade angefochtenen Tenorteil getroffen worden waren, der Nachprüfung entzogen.[1])

(Auf einem besonderen Blatte steht die Bindung der Revisionsinstanz an die tatsächlichen Feststellungen der Vorinstanz, unten § 82.)

Zu b: Innerhalb der Grenzen, die sich aus dem zu a Ausgeführten ergeben, ist das Gericht nur mit der Frage befaßt, ob die Entscheidung den Rechtsmittelwerber beschwert, nicht, ob sie für ihn sogar noch zu günstig sei: „Verbot der reformatio in pejus". Das Gesetz spricht dieses Verbot allerdings nur für das Berufungsverfahren (§ 331), für das Revisionsverfahren, soweit in ihm die Sache an ein unteres Gericht zurückverwiesen ist (§ 358 II), und für das Wiederaufnahmeverfahren (§ 373 II) aus. Aus dem allgemeinen Grundgedanken der Rechtsbehelfe folgt aber auch seine Geltung für das Revisionsgericht selbst und für das Beschwerdeverfahren (streitig).

Aus diesem allgemeinen Grundgedanken ergibt sich zugleich auch die Tragweite des Verbots der reformatio in pejus: die Entscheidung darf nicht „zum Nachteil des Beschuldigten abgeändert" werden, entsprechend dem Text des § 331.[2]) Das Schlimmste, was dem Rechtsbehelfswerber zuteil werden kann, ist, daß die angefochtene

---

ist angefochten; es ergibt sich, daß der Täter gar nicht strafbar ist; Freisprechung nicht statthaft, es ist aber auf die mindestmögliche Strafe zu erkennen.) Entsprechendes gilt für „übergreifende Prozeßverstöße". Vgl. Beling, **GA. 63** 184ff.; RGer. **HR. 1** 327, **JW. 54** 2786; OLGer. Königsberg **HR. 2** 27.

[1]) Fehlgehend **E. 61** 210; OLGer. Düsseldorf **HR. 2** 121.

[2]) § 331 steht allerdings nur im Abschnitt über die Berufung; und die §§ 358 II (Revision) und 373 II (Wiederaufnahme) formulieren das Verbot dahin: es dürfe keine härtere Strafe verhängt werden, wonach also jede sonstige Schlechterstellung erlaubt wäre (z. B. Hinaufsetzung der nichtkriminellen Nebenmaßregeln, Vertauschung des titulus condemnationis mit einem schwereren). Aber mit Recht nimmt die h. M. an, daß das „pejus" bei allen Fällen des Verbots den gleichen Inhalt haben muß. Wenn nun aber die h. M. (so insbesondere das RGer., z. B. **E. 56** 119, **59** 292, **GA. 50** 113) den Wortlaut der §§ 358 II und 373 II maßgebend sein und ihn auch in den § 331 hineintragen will, so übersieht sie, daß § 331 den Grundgedanken des Verbots der r. i. p. richtig widerspiegelt, während §§ 358 II, 373 II bloß einen Hauptanwendungsfall nennen. Die h. M. scheitert auch daran, daß der Rechtsbehelfswerber seinen Rechtsbehelf nicht auf Schlechterstellung irgendwelcher Art (nicht bloß: härtere Strafe) anlegen kann, oben **III 2a**; ist ihm nicht einmal auf sein Verlangen solche zu gewähren, so kann noch weniger ein auf Besserstellung angelegter Rechtsbehelf den gegenteiligen Erfolg haben. Endlich führt die h. M. unter Umständen zu einer Verletzung des materiellen Strafrechts (z. B.: zuerst Verurteilung wegen unbefugten Schießens zu 3 Mark Geldstrafe; dann kraft des Rechtsbehelfs Vertauschung des titulus condemnationis mit Mord; da härtere Strafe ausgeschlossen: Verurteilung „wegen Mordes zu 3 Mark Geldstrafe" im Widerspruch mit StGB. § 211). Vgl. Beling, **JW. 54** 2785.

Entscheidung bestehen bleibt.[1]) Gerade diese Sicherstellung verhilft den Rechtsbehelfen zu voller Entfaltung ihrer ratio: liefe der Anfechtende Gefahr, das Gegenteil der erhofften Hilfe davonzutragen, so würde seine Entschließung Hemmungen unterworfen sein, und er öfter bedauerlicherweise ungerechte Entscheidungen unangefochten in Kauf nehmen.

Ein „Pejus" ist somit immer gegeben, wenn der neue Tenor verglichen mit dem alten materiellrechtlich[2]) oder prozeßrechtlich[3]) belastender ist.[4])

Nicht mit verboten sind Änderungen, die sich lediglich in der Begründung der Entscheidung vollziehen.[5])

In seiner prozessualischen Funktion bedeutet das Verbot der reformatio in pejus die Aufstellung einer negativen Urteils- (oder sonstigen Entscheidungs-) Qualitätsvoraussetzung (oben § 41): es werden dadurch bestimmte Inhalte festgelegt, die die neue Entscheidung nicht haben darf.

Anwendung findet das Verbot der reformatio in pejus auf die Rechtsbehelfe des Beschuldigten und der Personen, die in gleicher

---

[1]) Gelangt das Gericht zu dem Ergebnis, daß die Entscheidung nicht aufrechtzuerhalten ist, so kann also nur eine gleich oder weniger ungünstige Neuentscheidung erfolgen, und dies nur, soweit dafür eben die erforderlichen Feststellungen vorliegen. Ergibt sich die Hinfälligkeit des vorigen titulus condemnationis ohne Gegebensein eines gleichwertigen oder geringeren, so ist freizusprechen, wäre es auch, daß das Gericht einen schlimmeren titulus cond. für zutreffend erachtete (z. B.: I. Instanz Verurteilung wegen Unterschlagung; Berufungsinstanz: nicht Unterschlagung, wohl aber Diebstahl; — Freisprechung). Die Befremdlichkeit dieser — bestrittenen — Auffassung schwindet, wenn bedacht wird, daß es Sache des Klägers war, dem Rechtsbehelfsgericht durch Einlegung des Rechtsbehelfs contra reum die Schlechterstellung zu ermöglichen.

[2]) So: schwererer titulus condemnationis; Erstreckung der Verurteilung auf einen ideell konkurrierenden Gesichtspunkt; härtere Strafe (wegen der Bedeutung der Einzelstrafen und der Gesamtstrafe bei Realkonkurrenz vgl. z. B. **R.** 2 239, **E.** **25** 309, RGer. **GA.** **69** 403, **70** 139, **JW.** **54** 2786, **56** 2050, **HR.** **8** 78); Hinzufügung von kriminellen oder nichtkriminellen Nebenmaßregeln usw.

[3]) z. B.: Ersetzung einer vorläufigen Einstellung (die der Beschuldigte zur Erzielung endgültiger Einstellung angefochten hatte) durch Anordnung des Fortgangs des Verfahrens.

[4]) Objektiv-abstrakt verstanden, vgl. oben S. 333 Anm. 1.

[5]) z. B. Aufrechterhaltung des Urteilsinhalts mit der Begründung, daß der Diebstahl sogar 10 und nicht bloß 5 Mark betroffen habe. — Dagegen nicht statthaft Vertauschung der Annahme von Tateinheit mit der Annahme von Realkonkurrenz, da die Festlegung der Zahl der Prozeßgegenstände Tenorbestandteil ist.

Richtung mit ihm anfechtungsberechtigt sind (oben III 1b), sowie Dritter.

Bei Rechtsbehelfen des **Staates** als Klägers macht sich dagegen der Gedanke geltend, daß er nicht nur einseitig an Schlechterstellung des Beschuldigten interessiert ist. Deshalb setzt jeder vom Staatsanwalt zuungunsten des Beschuldigten eingelegte Rechtsbehelf das Gericht nicht bloß in den Stand, der Angriffsrichtung entsprechend den Beschuldigten ungünstiger zu stellen, sondern eröffnet ihm auch die Möglichkeit, zu Gunsten des Beschuldigten zu reformieren, § 301.

Die an sich gebotene Folgerung, daß der vom Staatsanwalt „zugunsten" des Beschuldigten eingelegte Rechtsbehelf (der in Wahrheit ein solcher zugunsten des Staates ist) die gleiche doppelseitige Wirkung haben müsse, also auch zu einer Schlechterstellung des Beschuldigten müsse führen können, schließt das Gesetz aber aus, §§ 331 usw.

Auf Rechtsbehelfe des Privatklägers sollte das Verbot der reformatio in pejus in der Weise Anwendung finden, daß sie äußerstenfalls zu einem Nichterfolg des klägerischen Vorstoßes contra reum führen könnten; denn der Privatkläger ist nicht Sachwalter für Staatsbelange. Das Gesetz läßt aber eine reformatio zu, die für den Privatkläger eine solche „in pejus" ist, § 390 I S. 3.

Bei rechtskraftfähigen Entscheidungen hat das Verbot der reformatio in pejus die Bedeutung, daß der Prozeßgegenstand hinsichtlich aller „pejus"-Gesichtspunkte[1]) rechtskräftig erledigt ist (zunächst „formell" rechtskräftig für den schwebenden Prozeß[2]), sodann, soweit neue Prozesse in Frage kommen, auch „materiell" rechtskräftig, vgl. oben S. 339).

2. Hinsichtlich des **Einspruchs** hat das Gesetz den Rechtsbehelfscharakter, soweit es sich um die Folgerungen unter 1 handelt, preisgegeben. Der Strafbefehl — gegen den er sich richtet — ist nur ein

---

[1]) Hinsichtlich deren ja latente Freisprechung vorliegt, oben S. 341 Anm. 1.

[2]) Deshalb bedeutet eine vom Rechtsbehelfsgericht auf den Rechtsbehelf hin ausgesprochene „Aufhebung" der angefochtenen Entscheidung nicht, daß diese **jede** Bedeutung verlöre. Diese Entscheidung bleibt vielmehr trotz ihrer „Aufhebung" insofern für den weiteren Prozeßverlauf bei Bestand, als sie stillschweigend besagt, der Beschuldigte sei nicht schlechter zu stellen, als aus ihrem Tenor ersichtlich. In diesen Rahmen sind alle Neuentscheidungen gebannt, die der Prozeß an Stelle der aufgehobenen mit sich bringt. Dies gilt auch, wenn der Prozeß aus den Geleisen des Rechtsbehelfsverfahrens in andere Geleise übergeführt wird, wie z. B. im Falle des § 328 III. Auch wird die einmal ausgeschlossene Schlechterstellung des Beschuldigten nicht dadurch wiederermöglicht, daß über dem ersten Rechtszug ein darüber ge-

vorläufiger Versuch, ohne „ordentliches" Verfahren auszukommen. Deshalb soll der Beschuldigte zwar Entschließungsfreiheit haben, ob er ordentliches Verfahren begehren wolle; tut er dies aber, so soll damit der Strafbefehl in sich zusammenfallen. Er hat also nicht die Möglichkeit der „Teilung" seines Rechtsbehelfs[1]), und anderenteils riskiert er eine reformatio in pejus, die hier nicht verboten ist, § 411 III.

3. Bei der Wiedereinsetzung in den vorigen Stand gilt insofern Ähnliches, als die ihr zugänglichen Entscheidungen, das sind solche, die in Abwesenheit der Partei ergangen sind, gleichfalls etwas von einem vorläufigen „Versuch" (nämlich ohne die Partei auszukommen) an sich tragen. Gibt das Gesetz der Partei die Wiedereinsetzung, weil die Abwesenheit auf unabwendbarem Zufall beruht habe, so bedeutet der Gewährungsbeschluß von selbst die Außerkraftsetzung der ersten Entscheidung[2]) und die Partei kann dabei nicht „teilen". Da anderenteils die Hauptverhandlung auch bei Abwesenheit der Partei immerhin ein ordentliches Verfahren ist, so wird das Verbot einer reformatio, die gegenüber der Abwesenheitsentscheidung ein „pejus" brächte, hier nicht zu leugnen sein.

VI. Das zur Neuprüfung berufene Gericht hat

1. in der Regel,

a) wenn sich das Ergebnis der Neuprüfung mit dem Tenor der angefochtenen Entscheidung deckt, auszusprechen, daß „der Rechtsbehelf als unbegründet zu verwerfen" sei[3]);

b) wenn die angefochtene Entscheidung als nicht haltbar befunden wird, zunächst deren „Aufhebung" auszusprechen.[4])

---

staffelter einsetzt. War z. B. der Angeklagte vom Schöffengericht zu 1 Jahr Gefängnis verurteilt worden, und hatte nur er Berufung eingelegt mit dem Erfolge, daß die Strafkammer nur auf 6 Wochen erkannt hatte, so kann eine nunmehr vom Staatsanwalt zu seinen Ungunsten eingelegte Revision zwar zur Wiederherstellung des Schöffengerichtsurteils, nicht aber zu höherer als 1jähriger Gefängnisstrafe führen. (Auf eine vom Angeklagten eingelegte Revision hin würde nicht einmal eine Rückkehr zu dem Inhalt des Schöffengerichtsurteils möglich sein; das „pessimum" würde hier sein, daß es bei den von der Strafkammer erkannten 6 Wochen sein Bewenden hat.)

[1]) Wohl aber kann er, wenn der Strafbefehl mehrere Prozeßgegenstände umfaßt, nur hinsichtlich des einen oder anderen Einspruch einlegen.

[2]) E. 61 180.

[3]) Bei Wiederaufnahme: daß „das frühere Urteil aufrechtzuerhalten" sei, § 373 I; dies deshalb, weil „Verwerfung des Wiederaufnahmeantrags als unbegründet" etwas anderes, nämlich Ablehnung der Neuprüfung wegen Fehlens der vorab geprüften „Wiederaufnahmegründe" bedeutet, oben IV.

[4]) Teilweise Aufhebung (verbunden mit teilweiser Verwerfung des Rechtsbehelfs), soweit der Tenor im Sinne der oben V 1 zu a gezeichneten

Der Aufhebung ist nichts hinzuzufügen, wenn der gesollte Rechtszustand damit ohne weiteres hergestellt ist (z. B. Aufhebung eines Haftbefehls auf Beschwerde hin; damit ist die Untersuchungshaft rechtlich hinfällig geworden, der Beschuldigte also zu entlassen).

Sonst[1]) ist ein Ausspruch hinzuzufügen, der je nachdem entweder die an Stelle der aufgehobenen gebotene Entscheidung unmittelbar gibt (so z. B. nach §§ 328 I, 354 I) oder einen Zwischenentscheid enthält, der die Angelegenheit einem anderen Gericht zur Weiterbehandlung zuleitet (so §§ 328 II, III, 354 II, III).

2. Anders bei Einspruch und Wiedereinsetzung. Hier ist durch den (zulässigen) Einspruch bzw. die Gewährung der Wiedereinsetzung die angefochtene Entscheidung beseitigt, oben V 3. Die Neuentscheidung hat deshalb ohne Bezugnahme auf den Strafbefehl bzw. auf die Abwesenheitsentscheidung und ohne „Aufhebung" so zu lauten, wie wenn jene vorigen Entscheidungen nicht ergangen wären (also einfach: „Der Angeklagte wird wegen . . . zu . . . verurteilt" oder „. . . freigesprochen").

VII. Die Rechtsbehelfserklärung erlischt, und zwar unwiderruflich, durch Zurücknahmeerklärung, vorausgesetzt, daß letztere durch denjenigen, auf dessen Namen der Rechtsbehelf läuft, oder durch einen für ihn zur Zurücknahmeerklärung legitimierten Stellvertreter erfolgt[2]), und daß sie an das jeweils befaßte Gericht gerichtet und diesem zugekommen ist.[3])

Teilungslinien teilbar ist (z. B. „Die Berufung wird, soweit sie sich gegen den Schuldspruch richtet, als unbegründet verworfen; der Strafausspruch wird aufgehoben").

[1]) Dies z. B. auch in dem Falle, daß ein eine Verurteilung enthaltendes Urteil restlos in dem Sinne aufgehoben wird, daß der Angeklagte nicht strafbar sei. Der Wegfall der Verurteilung bedeutet nur Nichtmehrvorhandensein eines Urteils, aber kein freisprechendes Urteil. Dieses bedarf erst eines Ausspruchs, ohne den der Prozeß noch anhängig bliebe.

[2]) Es wäre also z. B. die Erklärung des gesetzlichen Vertreters oder Ehemannes, daß er den vom Beschuldigten, desgleichen die Erklärung des Beschuldigten, daß er den vom gesetzlichen Vertreter oder Ehemann im eigenen Namen oder den vom Staatsanwalt „zugunsten" des Beschuldigten eingelegten Rechtsbehelf zurücknehme, wirkungslos. Dagegen ist die Erklärung des Beschuldigten, daß er den vom Verteidiger eingelegten Rechtsbehelf zurücknehme, wirksam, da sein eigener Rechtsbehelf (nicht der des Verteidigers, der nur Vertreter ist) in Frage steht. Eine Zurücknahmeerklärung des Verteidigers kann immer nur in Stellvertretung für den Beschuldigten erfolgen, und zu solcher ist der Verteidiger nur kraft ausdrücklicher Ermächtigung legitimiert, § 302 II.

[3]) Besondere Form ist nicht vorgeschrieben. Zeitlich kann die Zurücknahme immer erfolgen, solange nicht die Rechtsbehelfsangelegenheit erledigt ist (andererseits auch schon vor Ablauf der etwaigen Rechtsbehelfsfrist, § 302 I).

Eine „geteilte" Zurücknahme wirkt geteilt, soweit die Teilung des Rechtsbehelfs schon bei Einlegung rechtlich möglich gewesen wäre (oben V 1 zu a).

Die Zurücknahme wirkt in der Regel schon als einseitige Erklärung. Ausnahmsweise bedarf es der Zustimmung des Beschuldigten für staatsanwaltschaftliche Zurücknahme des von der Staatsanwaltschaft „zugunsten des Beschuldigten" eingelegten Rechtsbehelfs[1]), § 302 I S. 2; sodann bedarf es dann, wenn die Zurücknahmeerklärung, einerlei von welcher Partei, im Zuge einer der Rechtsbehelfserledigung dienenden Hauptverhandlung erfolgt, der Zustimmung des Prozeßgegners, § 303.[2])

Das Anfechtungsrecht selbst wird durch die bloße Zurücknahme nicht berührt; der zurückgenommene Rechtsbehelf kann daher erneuert werden[3]) (soweit der Rechtsbehelf an eine Frist gebunden ist, natürlich nur noch innerhalb der Frist).

Dagegen erlischt das Anfechtungsrecht durch Verzicht.[4]) Das vorstehend über Zurücknahme Gesagte gilt für diesen entsprechend, nur ist der Verzicht niemals an gegnerische Zustimmung gebunden.

VIII. Steht bei einer und derselben Entscheidung mehreren Personen die Anfechtung offen, so unterliegt der Rechtsbehelf eines jeden gesonderter Betrachtung und Behandlung.

Es ist deshalb die etwaige Rechtsbehelfsfrist für jeden getrennt[5]) zu berechnen (z. B. Lauf der Berufungsfrist gegenüber einem am 6. November in Abwesenheit des Angeklagten gefällten, dem letzteren am 14. November zugestellten Urteil: für den Staatsanwalt bis 13. November, für den Angeklagten: bis 21. November, vgl. § 314).

---

[1]) Obwohl der Rechtsbehelf gar nicht für „den Beschuldigten", sondern im Staatsinteresse eingelegt war; es schlägt hier der Gedanke durch, daß der Beschuldigte möglicherweise im Vertrauen darauf, daß ihm der staatsanwaltschaftliche Rechtsbehelf Hilfe bringen werde, es unterlassen hat, selber die Entscheidung anzufechten.

[2]) § 303 gilt nicht auch für Zurücknahmeerklärungen, die in der hauptverhandlungslosen Zeit zwischen Vertagung einer und Beginn der nächsten Hauptverhandlung liegen (bestritten, vgl. z. B. **JW. 54** 1049, 2748, DStrRZtg. 3 185).

[3]) Streitig. Richtig OLGer. Königsberg **GA. 71** 269, **HR. 3** 119.

[4]) Ein etwaiger Zweifel darüber, ob eine nach Einlegung des Rechtsbehelfs abgegebene Erklärung einen Verzicht oder eine bloße Zurücknahme bedeutet, ist durch Auslegung zu beheben.

[5]) Ausnahme für die Rechtsbehelfe des gesetzlichen Vertreters und des Ehemanns, § 298 I.

Nichteinlegung, Rechtsbehelfsverwerfung, Zurücknahme, Verzicht berühren nur den Anfechtungsberechtigten, dessen Rechtsbehelf sie betreffen.

Der Eintritt der Unanfechtbarkeit gegenüber Einem bei rechtskraftfähigen Entscheidungen bedeutet diesem und nur ihm gegenüber Rechtskraft (relative Rechtskraft): trotz ihrer kann die Entscheidung noch mit Rücksicht auf die Rechtsbehelfe der Übrigen umgestoßen werden.[1]) Deshalb schützt auch das Verbot der reformatio in pejus den Beschuldigten nur relativ: sein Rechtsbehelf (oder der von anderer Seite zu seinen Gunsten eingelegte) kann freilich nicht mit einer ihn schlechter stellenden Entscheidung beantwortet werden; wohl aber eröffnet sich diese Möglichkeit, wenn zugleich die Staatsanwaltschaft zu seinen Ungunsten die Entscheidung angefochten hat, als Antwort auf diesen staatsanwaltschaftlichen Rechtsbehelf.

Jeder Rechtsbehelf erheischt seine eigene Entscheidung (die Entscheidungen können aber verbunden werden).[2])

Einen „Anschluß" (Adhaesio) des Einen an den Rechtsbehelf des Anderen in dem Sinne, daß derjenige, der sein selbständiges Anfechtungsrecht verloren hat (z. B. durch Fristablauf), doch noch den Rechtsbehelf mit beschränkter Wirkung anbringen könnte, nämlich in Abhängigkeit von Vorhandensein und Zulässigkeit des Rechtsbehelfs des Anderen (vgl. ZPO. §§ 521 ff., 556), kennt die StPO. nicht.[3])

§ 69. II. Wiedereinsetzung gegen Abwesenheitsentscheidungen; Beschwerde[4]).

Lamm, Rechtsmittel der Beschwerde 1883; Ferdinand, Das Rechtsmittel der Beschwerde im . . . Strafprozeß . . . 1908.

I. Der Wiedereinsetzung in den vorigen Stand ist charakteristisch, daß durch sie der Partei gegen Terminsversäumung, genauer

---

[1]) Vgl. oben § 55 II.

[2]) Beispiel: „Die Berufung des Angeklagten wird als unbegründet verworfen; auf die Berufung der Staatsanwaltschaft wird das Urteil des Schöffengerichts aufgehoben, und der Angeklagte wegen . . . zu . . . verurteilt"; oder: „Auf die Berufungen des Angeklagten und der Staatsanwaltschaft wird das Urteil des Schöffengerichts aufgehoben und der Angeklagte freigesprochen."

[3]) Dagegen kann ein Rechtsbehelfswerber selber seinen Rechtsbehelf von dem eines Anderen in Abhängigkeit setzen, indem er ihn nur bedingt (für den Fall, daß der andere den Rechtsbehelf einlege) anbringt. Vgl. Beling, Die vorsorgliche Berufung der Staatsanwaltschaft, **DJZ. 6** 302 und oben § 42 V.

[4]) Die übrigen Rechtsbehelfe haben alle ihren festen Platz in der Staffelung des Verfahrens, ihre Darstellung fällt deshalb der Lehre vom Prozeßgang zu. Vgl. unten §§ 72 III, 78—83, 84, 94 I 5.

Versäumung des Hauptverhandlungstermins, und damit gegen die in ihrer Abwesenheit ergangene Entscheidung geholfen werden soll[1]), und zwar ist der Rechtsbehelf gegeben: dem Angeklagten gegen derartige Urteile I. Instanz, § 235, vgl. aber § 412 II; sowie der Berufungsinstanz, § 329 II; ferner dem Privatkläger gegen Abwesenheitsentscheidungen, durch die seine Privatklage für zurückgenommen erklärt oder seine Berufung verworfen wird, § 391 IV; überall aber wie bei Wiedereinsetzung gegen Fristversäumung (oben § 45 II 1) nur, wenn vis major (§ 44) die Versäumung herbeigeführt hatte.

Das Gesuch ist an die Frist von 1 Woche (für den Angeklagten zu berechnen von Urteilszustellung ab, für den Privatkläger von der Versäumung ab) gebunden.

Wird die Wiedereinsetzung gewährt, so ist nochmaliger Termin zur Hauptverhandlung in der gleichen Instanz anzuberaumen.

Durch die Zulässigkeit der Wiedereinsetzung wird der Rechtsmittelweg nicht ausgeschlossen.[2]) Da aber die Wiedereinsetzung zu derselben Instanz zurückleitet, die Rechtsmittel dagegen in die höhere Instanz führen, so muß sich der Rechtsbehelfswerber für eines von beiden entscheiden[3]) oder (vgl. § 315 II S. 1) in seiner Erklärung beide Rechtsbehelfe derart verbinden, daß er zunächst Wiedereinsetzung begehrt und für den Fall der Nichtgewährung das Rechtsmittel einlegt.[4])

II. Die Beschwerde — Unterart der „Rechtsmittel" im technischen Sinne — ist gegeben gegen richterliche Beschlüsse und Verfügungen[5]) jeder Art und ohne Rücksicht auf die Funktion, in der die entscheidende Stelle sie erlassen hat (erkennendes Gericht, beschließendes Gericht, Vorsitzender, Untersuchungsrichter usw.), mit Ausschluß nur derjenigen Beschlüsse und Verfügungen, für die das Gesetz das Gegenteil bestimmt.

Die durch die StPO. verstreuten beschwerdeausschließenden Bestimmungen[6]) beruhen bald einmal auf dem Gedanken des Fehlens

---

[1]) Wesentlich verschieden von der Regelung im Zivilprozeß.

[2]) Insbesondere hat der zivilprozessualische Satz „Contumax non appellat" im Strafprozeß kein Seitenstück.

[3]) Wählt er Wiedereinsetzung, so läuft er Gefahr, daß Prozeßerledigung eintritt, nämlich, wenn das Gesuch verworfen wird. Wählt er das Rechtsmittel, so schickt er sich damit in Instanzverlust, vgl. § 315 III.

[4]) Hierdurch vermeidet der Rechtsbehelfswerber die in Anm. 3 bezeichneten Nachteile.

[5]) Auch gegen solche, deren Inhalt ein Urteil verlangt hätte. Nicht aber gegen Urteile mit einem Inhalt, der durch Beschluß oder Verfügung auszudrücken gewesen wäre; hier vielmehr Berufung bzw. Revision. E. 28 147.

[6]) Vgl. z. B. §§ 28, 46 II, 182 II, 201 a. E., 304 III (dazu jedoch GVG. § 159), 305.

einer übergeordneten richterlichen Stelle (deshalb keine Beschwerde gegen Entscheidungen des Reichsgerichts), bald auf dem Gedanken notgedrungener Entlastung der höheren Stellen, bald der Nichtanerkennung eines Interesses an mehr als einmaliger Prüfung des betr. Punktes, bald dem Gedanken, daß dem Nachprüfungsbedürfnis auf andere Weise besser Rechnung getragen werden kann.

Besonders bemerkenswert ist, daß nach § 305 Entscheidungen der erkennenden Gerichte, die „der Urteilsfällung vorausgehen" —, mit Ausnahme von Entscheidungen über Verhaftungen, Beschlagnahmen oder Straffestsetzungen, sowie solcher Entscheidungen, durch die Dritte betroffen werden —, der Beschwerde nicht unterliegen.[1])

Soweit nicht bestimmte, unter III zu behandelnde Arten von Beschlüssen und Verfügungen den Anfechtungsgegenstand bilden, bei denen statt der „einfachen" nur die „sofortige Beschwerde" gegeben ist und für einzelne Punkte Abweichendes gilt, ist die gesetzliche Regelung folgende:

1. Der Beschwerdezug führt vom Amtsgericht zum Landgericht (Strafkammer), GVG. § 73, vom Landgericht zum Oberlandesgericht (Strafsenat), GVG. § 121².[2])

2. Die Beschwerde ist beim judex a quo einzulegen (in dringenden Fällen auch Einlegung beim judex ad quem gestattet), § 306 I, und zwar in der in dieser Gesetzesstelle angegebenen Form. An eine Frist ist sie nicht gebunden.

3. Der Vollzug der angefochtenen Entscheidung wird durch die Beschwerde nicht gehemmt, § 307 I, vgl. jedoch § 307 II.

---

[1]) Gemeint sind Entscheidungen, die mit dem Urteil in innerem Zusammenhang stehen. Hier fehlt ein Bedürfnis nach sofortiger Sonderanfechtung; denn entweder fällt das Urteil so aus, daß die Beschwerde gegenstandslos wird (z. B. ist die Ablehnung eines Beweisantrags für den Angeklagten gleichgültig, wenn er schließlich freigesprochen wird), oder die betreffende Entscheidung wirkt auf das Urteil hinüber, und dann übernimmt das gegen das Urteil zulässige Rechtsmittel die Funktion der Beschwerde gegen sie mit. Dazu kommt, daß ein Beschwerdeverfahren prozeßverzögerlich wirken (insbesondere gegebenenfalls die Hauptverhandlung zerreißen) würde. Nach dieser ratio sind die Streitfragen darüber, welche Entscheidungen unter § 305 fallen, zu lösen.

[2]) Spezialbestimmung: GVG. § 159 I S. 3 (Reichsgericht). — Soweit das Oberlandesgericht als Beschwerdegericht in Betracht kommt, gilt für das Landesrecht die in § 9 EGVG. vorgesehene Ermächtigung; davon hat Bayern Gebrauch gemacht (Beschwerdegericht ist das Oberste Landesgericht an Stelle der Oberlandesgerichte), AGVG. Art. 42 III (Preußen seit der Novelle vom 5. November 1925 zu § 50 AGVG. nicht mehr).

4. Die beschwerdefähigen Entscheidungen bleiben, soweit sie von vornherein widerruflich waren (vgl. oben § 54 II 4 b), so auch nach Einlegung der Beschwerde für den judex a quo abänderbar, vgl. § 306 II, III. Entspricht dessen Neuentscheidung dem Inhalt der Beschwerde, so ist letztere damit gegenstandslos geworden und erledigt.[1])

5. Das Verfahren vor dem Beschwerdegericht ist ein Verfahren ohne mündliche Verhandlung, § 309 I (jedoch § 122 II); im übrigen unterliegt seine Gestaltung dem Ermessen des Beschwerdegerichts, vgl. §§ 308, 309 I Halbsatz 2.

Der Inhalt der Entscheidung (Verwerfung der Beschwerde als unzulässig; — als unbegründet; — Aufhebung der angefochtenen Entscheidung usw.) bestimmt sich nach den allgemeinen Regeln (oben § 68 IV, VI); dazu § 309 II.

6. Eine „weitere Beschwerde" („Oberbeschwerde") ist nicht zugelassen, § 310 II[2]), außer in betreff von Verhaftungen, § 310 I, und Rechtshilfeangelegenheiten, GVG. § 159.

III. Aus dem Umkreise der beschwerdefähigen Beschlüsse und Verfügungen sondert das Gesetz aufzählungsweise[3]) eine Reihe solcher aus, die eine zeitlich unbegrenzte Ungewißheit darüber, ob es bei ihnen verbleibt, wie sie in den Fällen der einfachen Beschwerde besteht, nicht vertragen, und die deshalb im Punkte der Anfechtbarkeit den Urteilen dadurch angenähert werden, daß statt der unbefristeteten einfachen Beschwerde die an die Frist von 1 Woche geknüpfte „sofortige Beschwerde", § 311, gegeben ist, womit sich zugleich wie bei Urteilen Unwiderruflichkeit für das Untergericht, § 311 III, und Rechtskraftfähigkeit verbindet. Zur Wahrung der Frist genügt Einlegung beim judex a quo oder beim judex ad quem, § 311 II S. 2.

---

[1]) Gleichwohl bleibt der Satz bestehen, daß die Beschwerde (wie alle Rechtsmittel) „Devolutiveffekt" hat, oben § 68 II; denn der Unterrichter entscheidet nicht „über die Beschwerde" (dies kann nur das Beschwerdegericht), sondern nimmt nur anläßlich ihrer erneut Stellung.

[2]) Auch nicht, wenn die erste und die Beschwerdegerichtsentscheidung auseinandergingen („duae sententiae difformes").

[3]) z. B.: Verwerfung eines Richterablehnungsgesuchs, § 28; Verwerfung eines Wiedereinsetzungsgesuchs, § 46 III; die Entscheidung, durch die eine zur Abwendung der Untersuchungshaft gestellte Sicherheit für verfallen erklärt wird, § 122 II S. 2; der „Nichteröffnungsbeschluß", § 210 II; gerichtliche Entscheidungen im Stadium der Strafvollstreckung, § 462 IV. — Darüber, ob die Beschwerde gegen prozeßerledigende Beschlüsse auch in den Fällen, in denen das Gesetz sie nicht ausdrücklich als „sofortige" kennzeichnet, hierher zu rechnen ist, s. oben § 55 III.

Dritter Abschnitt.

Der Prozeßgang.

1. Kapitel.

Das Erkenntnisverfahren.

A. Das ordentliche Verfahren.

§ 70. I. Überblick.

v. Kries, Vorverfahren und Hauptverfahren, ZStW. 9 1; Kronecker, ebenda 10 487; Hegler, Zur Stellung der Gerichte im Strafverfahren, in der Festschr. f. Binding 2 199 (1911).

I. Der Prozeß bewegt sich in bestimmten, in ihrer zeitlichen Reihenfolge festliegenden Abschnitten vorwärts. Wennschon nämlich das normale Endziel des Erkenntnisverfahrens die Fällung des Sachurteils ist und damit das Verfahren in der „Hauptverhandlung" (die das Gesetz für diese Urteilsfällung erfordert) mit ihrem Schlußstück: dem Urteil, gipfelt, so besteht das Verfahren doch nicht in ihr allein; es gibt „Verfahren" auch vor ihr und hinter ihr: Verfahrensabschnitte mit je ihrem eigenen Zweck, bald einmal dem Zweck, Klarheit und Entscheidung darüber zu erbringen, ob überhaupt im konkreten Falle der Apparat der Hauptverhandlung in Bewegung gesetzt (und nicht vielmehr der Prozeß ohne ihn erledigt werden) soll; bald einmal dem Zweck, für die Hauptverhandlung das Nötige vorzubereiten; bald einmal dem Zweck, das erstgesprochene Urteil einer Überprüfung entgegenzuführen.

Diese Verfahrensabschnitte sind nicht dahin zu verstehen, als müsse jeder konkrete Prozeß durch sie vom ersten bis zum letzten hindurchgehen (vgl. unten IV). Wohl aber bedeuten sie eine Festlegung der Reihenfolge derart, daß in keinem Prozesse eine Umkehrung dieser Reihenfolge möglich ist.

Ferner ist zu betonen, daß die Begriffe „Verfahren" und „Verhandlung" scharf getrennt zu halten sind.[1]) Wohl bildet die „Hauptverhandlung" einen „Abschnitt des Verfahrens"; aber die übrigen Verfahrensabschnitte sind teils so geartet, daß in sie überhaupt keine „Verhandlungen" hineingehören[2]), teils so, daß in ihnen zwar ein-

[1]) Insbesondere dürfen „Hauptverhandlung" und „Hauptverfahren" nicht identifiziert werden; ebensowenig die „Eröffnung" der ersteren mit der Eröffnung des letzteren.

[2]) Der Prozeßabschnitt „Vorbereitung der Hauptverhandlung" besteht vielmehr in Terminsansatz, Ladungen u. dgl.

zelne auseinanderliegende „Verhandlungen“ stattfinden können, sich der Abschnitt aber nicht in diesen erschöpft.[1]) Auch bestehen die Vorgänge, durch die der einzelne Prozeßabschnitt beginnt, regelmäßig nicht in „Verhandlungen“ (sondern in einer einseitigen, meist schriftlich ergehenden Willenserklärung: in der Klage, einem Gerichtsbeschluß usw.).

II. 1. Einen bedeutsamen Einschnitt im Prozeßverlauf bedeutet zunächst die staatsanwaltschaftliche Klage. Während nämlich im Zivilprozeß dem Kläger kein besonderes „Verfahren“ an die Hand gegeben ist, um sich über den Tatsachenstoff und die Beweismittel behufs Schlüssigmachung darüber, ob er die Klage erheben will, zu unterrichten (er vielmehr dabei auf die ihm ohnehin zu Gebote stehenden Möglichkeiten und Rechte angewiesen ist), und die rechtliche Regelung überhaupt erst mit der Klage einsetzt, liegt im Strafprozeß schon vor der Klage ein Verfahrensabschnitt, der rechtlicher Regelung unterstellt ist, da die Staatsanwaltschaft einesteils nicht jede in ihren Gesichtskreis tretende Strafsache dem Gericht zu überantworten hat und sie in aller Regel eine Entschließung darüber, ob sie dies tun soll, ohne eigene nachforschende Tätigkeit nicht treffen kann, und da andernteils ihr gesamtes Auftreten hierbei sowohl dem Staate wie den Privaten gegenüber eine Regelung sowohl nach der Seite der Rechte wie nach derjenigen der Pflichten hin erheischt.

So bildet den ersten Prozeßabschnitt das bis zur Klage reichende staatsanwaltschaftliche Vorverfahren, vom Gesetz als „vorbereitendes Verfahren“ bezeichnet, auch „Ermittelungsverfahren“ genannt.

Hinter ihm liegt das gerichtliche Verfahren (dessen Zulässigkeit nach dem Klageformprinzip durch den Klageakt bedingt ist).

2. Aber auch das gerichtliche Verfahren zerfällt in Abschnitte.

a) Innerhalb seiner liegt als einschneidender Prozeßvorgang der gerichtliche „Eröffnungsbeschluß“; vor diesem liegt (von der Klage her) das „Zwischenverfahren“; hinter ihm das „Hauptverfahren“. Diese Regelung hat darin ihren Grund, daß die Hauptverhandlung besonders umständlich ist und für den Beschuldigten besonders erhebliche Prozeßbehelligung mit sich bringt, und deshalb angestrebt wird, sie auf die Fälle zu beschränken, in denen die Klage nicht schon ohne sie ablehnungswert ist. Danach ist die Klage (abweichend vom Zivilprozeß) nicht mit der Wirkung ausgestattet worden,

---

[1]) So ist der Prozeßabschnitt „Voruntersuchung“ nicht bloß die Summe der Termine, in denen Aussagepersonen vernommen werden.

daß sie die Abhaltung der Hauptverhandlung notwendig macht, sondern an sie heftet sich vorerst das „Zwischenverfahren“ an, das, in den Händen des „beschließenden“ (noch nicht des „erkennenden“) Gerichts liegend, der Prüfung der Klage daraufhin, ob die Sache zur Hauptverhandlung kommen soll, gilt. Entscheidet sich das Gericht in bejahendem Sinne, so erläßt es den „Beschluß auf Eröffnung des Hauptverfahrens“ („Eröffnungsbeschluß“). Nur durch ihn und erst mit ihm gelangt die Sache in den nächsten Prozeßabschnitt: das Hauptverfahren.

b) Andererseits beginnt das Hauptverfahren auch schon und sofort mit dem Eröffnungsbeschluß. Hier aber stellt sich eine neue Abschnittsgliederung ein. So sehr nämlich auch der Eröffnungsbeschluß auf die Hauptverhandlung hinaus will, so befindet sich die Sache doch mit ihm noch nicht in der Hauptverhandlung. Zwischen den Eröffnungsbeschluß und die Hauptverhandlung schiebt sich vielmehr ein Prozeßabschnitt ein, der, seiner Zweckbestimmung gemäß, die Bezeichnung „Vorbereitung der Hauptverhandlung“ führt. Er ist das erste Stück des Hauptverfahrens, die Hauptverhandlung erst das zweite.

So ergibt sich gemäß Ziff. 1 und 2 zunächst folgendes Verfahrensbild:

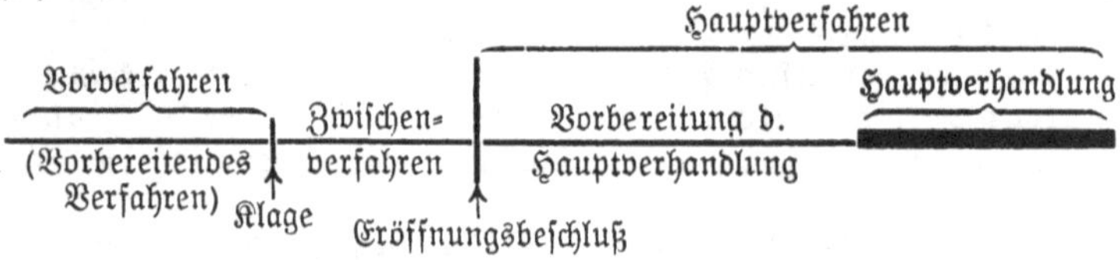

3. Bei einem Teil der Prozesse kommt indessen noch ein weiterer Prozeßabschnitt, nämlich die „Voruntersuchung“, hinzu. Diese liegt einesteils innerhalb des gerichtlichen Verfahrens und somit hinter der Klage; anderenteils aber teilt sie mit dem „vorbereitenden Verfahren“ den Charakter eines bloßen Vorverfahrens, so daß ihr das Zwischenverfahren und das Hauptverfahren erst nachfolgen. Der Prozeßverlauf ist alsdann folgender:

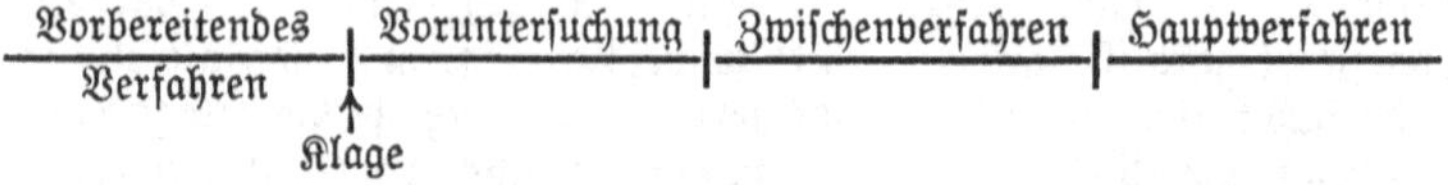

Verbindet man die Einteilungen: staatsanwaltschaftliches—gerichtliches Verfahren einerseits, Vorverfahren—Hauptverfahren andererseits miteinander, so ergibt sich folgendes Schema:

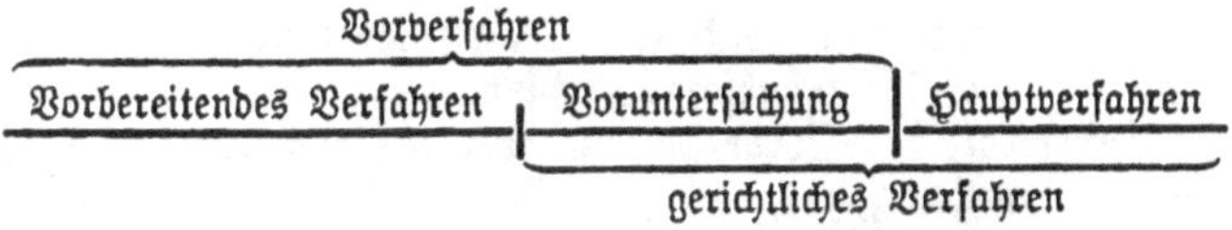

4. Aber auch das **Hauptverfahren** unterfällt noch weiterer Zerlegung, insofern es sich möglicherweise jenseits des Urteils der I. Instanz in ein Hauptverfahren II. und ein solches III. Instanz fortsetzt. Zur Veranschaulichung dient folgende Zeichnung:

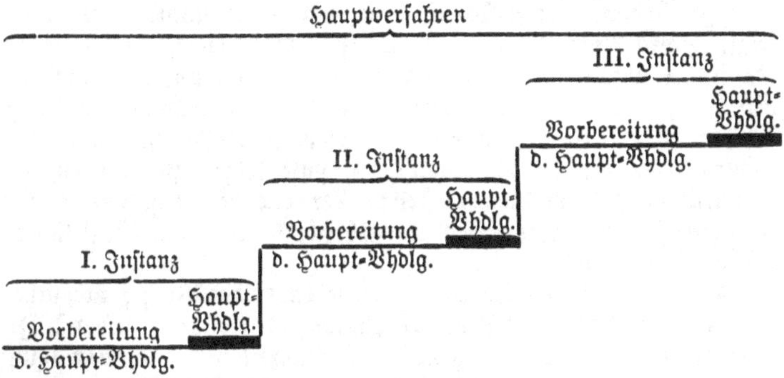

III. Die **Eröffnung des gerichtlichen Verfahrens** (d. i. schon die Eröffnung der Voruntersuchung; in den Prozessen ohne Voruntersuchung die Eröffnung des Hauptverfahrens) bedeutet einen Wendepunkt in der **Prozeßherrschaft**. Bis zu jener ist nämlich der Staatsanwalt „Dominus litis", d. h. er ist die für Ob und Wie des Verfahrensfortgangs maßgebende Stelle. Sobald aber das gerichtliche Verfahren eröffnet ist, kann er weder (durch Klagezurücknahme) den Prozeß zur Erledigung bringen, vgl. § 156, noch ist er es, der zu bestimmen hat, wie er fortgehen soll; von jetzt ab liegt die Verfügung über den Prozeßfortgang in richterlicher Hand. Doch ist es der Staatsanwaltschaft nicht verwehrt, auch weiterhin im Sinne der Unterstützung — nicht: der Durchkreuzung — der richterlichen Tätigkeit Ermittlungen vorzunehmen.[1])

[1]) **E. 60** 263. Entsprechend darf die Polizei keine die staatsanwaltschaftliche oder gar die richterliche Prozeßherrschaft durchkreuzenden Schritte tun, sondern nur im Einvernehmen mit der Staatsanwaltschaft bzw. dem Gericht oder in dringenden Fällen, in denen zuvorige Verständigung nicht möglich ist, im Sinne einer negotiorum gestio (also keinesfalls hinter dem Rücken oder gegen den Willen der Staatsanwaltschaft bzw. des Gerichts) vorgehen.

IV. Im einzelnen konkreten Prozeß kann möglicherweise der eine oder andere Prozeßabschnitt fehlen.

1. Innerhalb des Vorverfahrens fällt in einem Teil der Prozesse die Voruntersuchung aus.

2. Ohne ein vorbereitendes Verfahren kann der Staatsanwalt sogleich zur Klage schreiten, wenn die Angelegenheit sofort klagereif in seinen Gesichtskreis tritt, vgl. besonders die in den §§ 212, 266 vorausgesetzten Situationen.[1])

3. Ein sehr erheblicher Teil der Strafsachen bleibt im Vor- oder Zwischenverfahren stecken, ohne daß ein Hauptverfahren nachfolgt. Zweck jener Prozeßabschnitte ist gerade, die große Masse der der Justiz anfallenden Strafsachen zu „sieben", um den umständlichen Apparat des Hauptverfahrens für verhandlungsunwürdige Sachen zu ersparen. So erreichen viele Prozesse ihr Ende schon dadurch, daß die Staatsanwaltschaft, statt Klage zu erheben, das (Ermittlungs-) Verfahren einstellt, oder dadurch, daß das Gericht die Klage statt mit einem Eröffnungsbeschluß mit einem Einstellungsbeschluß beantwortet.

4. Innerhalb des Hauptverfahrens endet der Prozeß möglicherweise schon mit dem Urteil der II. Instanz oder schon dem der I. Instanz, sei es, weil das Gesetz höhere Instanzen nicht zur Verfügung stellt (vgl. z. B. GVG. § 134), sei es, weil die Parteien das Urteil unangefochten hinnehmen.

V. Wenn im selben Prozeß auf das Vorverfahren ein Hauptverfahren folgt, so haben damit die im Vorverfahren angestellten Erhebungen ihren Zweck erfüllt: sie dienten nur der Klarlegung, ob das Hauptverfahren zu eröffnen sei. Nicht aber sind sie berufen, Unterlagen für das **Urteil** zu bilden; zur Gewinnung dieser Unterlagen ist vielmehr erst die in der Hauptverhandlung vorzunehmende Beweisaufnahme da. Gerade damit hat das heutige Recht die Abkehr vom gemeinen Strafprozeß vollzogen, in dem das vom Inquirenten in der Art der heutigen Voruntersuchung gesammelte und aktenmäßig gemachte Beweismaterial ohne Hauptverhandlung die Urteilsunterlage bildete. Die Akten des Vorverfahrens mit den in ihnen enthaltenen Aussageprotokollen usw. dienen zwar dem Leiter der Hauptverhandlung zur Unterrichtung darüber, wie er

---

[1]) Eine starke Verkürzung wird das Ermittlungsverfahren dann erleiden, wenn der Staatsanwalt den Fall dem Gericht vorerst nur behufs Führung einer Voruntersuchung vorzulegen gedenkt; eine zweimalige umfassende Stoffsammlung (zuerst durch den Staatsanwalt, dann durch den Untersuchungsrichter) wäre zwecklos.

die Beweisaufnahme zweckgerecht zu gestalten hat, aber diese Beweisaufnahme ist ganz neu aufzurollen (so sind besonders die schon im Vorverfahren vernommenen Zeugen erneut zu vernehmen). Nur aushilfsweise läßt das Gesetz zu, daß auf Erhebungsakte des Vorverfahrens zurückgegriffen wird, vgl. z. B. § 251.

VI. Ist ein Prozeß bis zum rechtskräftigen Urteil durchgeführt, so ist das Erkenntnisverfahren an sich zu Ende. Ausnahmsweise kann in Gestalt der „Wiederaufnahme des Verfahrens" eine Weiterführung erfolgen. Dieses Wiederaufnahmeverfahren gliedert sich wiederum in ein Vorverfahren und ein durch Wiedereröffnungsbeschluß eingeleitetes Hauptverfahren, letzteres wiederum bestehend in der Vorbereitung der Hauptverhandlung und dieser selbst.

II. Vorverfahren.

1. Das Ermittlungs- (vorbereitende) Verfahren. § 71.

Ortloff, Das Vorverfahren im deutschen Strafprozeß 1893; v. Kries, **ZStW. 9** 1; Kronecker, **ZStW.** 7 395, **10** 487; Zucker, Über einige Reformen des Vorverfahrens im modernen Strafprozeß 1902; Friedrichs, **GA. 54** 394 (Polizeiliche Vernehmungen im Ermittlungsverf.); Voß, **GS. 71** 284; Glaser, Grünhuts Z. 7 739.

I. Das Ermittlungsverfahren ist dazu berufen, klarzustellen, ob die öffentliche Klage durch die Staatsanwaltschaft erhoben werden soll. Es dient daher der Erforschung des Prozeßgegenstandes, soweit es notwendig ist, um jene Frage beantworten zu können (und zwar auch nach der Entlastungsseite hin, § 160 II), und der Klarstellung, ob die Strafverfolgung zulässig ist.

Die Einleitung eines Ermittlungsverfahrens zu verfügen ist die (zuständige) Staatsanwaltschaft befugt und verpflichtet, wenn sie auf irgendeinem Wege amtliche Kenntnis von dem Verdacht einer strafbaren Handlung erhält, § 160 I. Hauptfälle: (Straf-) Anzeige („Denunziation" — im juristischen Sinne ohne üblen Beigeschmack) oder Antrag auf Strafverfolgung (mit Einschluß der Strafanträge im technischen Sinne), § 158[1]); sowie amtliche Mitteilung seitens der — mit „Recht und Pflicht des ersten Angriffs" („Initiative") ausgerüsteten — Polizei, § 163.

---

[1]) Einerlei von wem ausgehend; Parteifähigkeit, Sachlegitimation usw. kommen nicht in Frage. Der Weg zum Staatsanwalt steht jedermann in eigener und fremder Sache offen (anders als der Weg zum Gericht, oben § 35 I). Eine Anzeigepflicht Privater besteht aber nicht (nicht hierher gehörig § 139 StGB., der die Anzeige bevorstehender Straftaten betrifft).

Hinsichtlich der Gestaltung des Verfahrens ist der Staatsanwalt im Rahmen seiner gesetzlichen Befugnisse (zu denen z. B. Vereidigungen, Haftbefehlserlaß nicht gehören) freigestellt. Er ist insbesondere für die Tatsachenfeststellung dem Unmittelbarkeitsprinzip (oben § 64 III) nicht unterworfen, kann also namentlich die Vernehmung von Aussagepersonen und anderen Beweisakte statt persönlicher Vornahme durch andere behördliche Stellen ausführen lassen. Zu diesem Behufe sind ihm mit Unterstützungspflicht vornehmlich zugeordnet: die Polizei (sowohl die „Hilfsbeamten der Staatsanwaltschaft", oben § 37 II 1, wie auch die übrige Polizei) und der Amtsrichter, die nach näherer Maßgabe der §§ 161—166 seinem Auftrage bzw. Ersuchen[1]) zu genügen haben, u. U. auch ungerufen Unterstützungshandlungen vornehmen können, die aber in jedem Falle ihre Ergebnisse dem Staatsanwalt zur Verfügung zu stellen haben, vgl. §§ 163 II, 167.

II. Das Verfahren mündet aus entweder in eine Einstellungsverfügung der Staatsanwaltschaft oder in staatsanwaltschaftliche Anklageerhebung.[2])

Einstellung ist geboten a) wenn sich die Strafverfolgung als unzulässig erweist; b) bei geringfügigen Übertretungen im Sinne des § 153 I; c) bei Privatklagedelikten, wenn ein öffentliches Interesse an Staatsklage nicht besteht, § 376; d) wenn es an (für Anklage) „zureichenden tatsächlichen Anhaltspunkten" gebricht[3]), arg. § 152 II.

Liegen dagegen die Behinderungen zu a—c nicht vor, und sind prozeßgegenständlich „zureichende tatsächliche Anhaltspunkte" gegeben[4]), so ist (entsprechend der Legalitätsmaxime [oben § 35 III]) grundsätzlich Anklage zu erheben.[5]) Dies erleidet nur für die Fälle eine Durchbrechung, in denen der Verfolgungszwang gelockert ist (oben

---

[1]) „Aufträge" erteilt der Staatsanwalt den „Hilfsbeamten der Staatsanwaltschaft"; andere Stellen (die übrige Polizei, sowie den Amtsrichter) hat er zu „ersuchen".

[2]) Eine dritte Möglichkeit: der Antrag auf Voruntersuchung, bleibt hier noch außer Betracht. Vgl. unten § 72 III.

[3]) d. h. wenn das beigeschaffte prozeßgegenständliche Tatsachen- und Beweismaterial für aussichtsreiche Anklage (vgl. nachstehend) nicht ausreicht, z. B. Unverläßlichkeit der Belastungszeugen.

[4]) Was „zureichend" in § 153 II bedeutet, ergibt sich daraus, daß die Anklage darauf angelegt ist, einen gerichtlichen Eröffnungsbeschluß hervorzurufen, und dieser „hinreichenden Verdacht der Strafbarkeit" voraussetzt, § 203. Wie „hinreichend" in § 203, so bedeutet „zureichend" in § 153 II: dafür genügend, daß eine Verurteilung wahrscheinlicher ist, als eine Freisprechung.

[5]) Ganz versagt ist der Staatsanwaltschaft die Befugnis, selber nach Art eines Strafurteils eine Strafe festzusetzen.

§ 35 III); in diesen Fällen kann trotz der „zureichenden tatsächlichen Anhaltspunkte" Einstellung des Verfahrens erfolgen (im Falle des § 153 II nur mit Zustimmung des Amtsrichters).

III. Die Einstellung ist demjenigen, der mit einem Antrag auf Strafverfolgung[1]) an die Staatsanwaltschaft herangetreten war, mit Gründeangabe mitzuteilen, § 171; ferner unter den Voraussetzungen des § 170 II dem Beschuldigten.

Gegen die Einstellung steht jedermann die (justizverwaltungsmäßige, nicht unter §§ 304 ff. fallende) Beschwerde innerhalb des staatsanwaltschaftlichen Körpers und bis zu den übergeordneten Ministerien zu. Unter bestimmten Voraussetzungen ist Anrufung des Gerichts statthaft, §§ 172—177 (Klageerzwingungsverfahren.[2])).

Die Einstellung bedeutet keinen Verzicht auf das Strafklagerecht. Sie ist jederzeit[3]) frei widerruflich[4]) und nicht rechtskraftfähig.

IV. Die Anklage bedeutet das Begehren, es möge das Hauptverfahren eröffnet werden; sie bedarf der Schriftform: Anklageschrift; letztere ist mit den Ermittlungsakten dem beschließenden Gericht einzureichen, § 198 II.[5])

Den Inhalt der Anklageschrift zeichnet § 200 vor (u. a. ist Beigabe eines „Ermittlungsergebnisses", d. i. einer Geschichtserzählung des unter Anklage gestellten Vorfalls, in den in § 200 II S. 1 und 2 angegebenen schwereren Fällen erforderlich, im übrigen statthaft, § 200 II S. 3).[6])

2. Die Voruntersuchung. § 72.

Schrifttum zu § 71. Ortloff, **ZStW.** 2 497; Zucker, **GS. 47** 436; Delaquis, Die Voruntersuchung im deutschen Strafverfahren, in der Festschr. f. Zürcher, 1920; Groß, Arch. f. Kriminalanthropologie u. Kriminalistik, Jahrg. 1903 (Rechtspolitisches zugunsten der Unterſ.); Voß, **GA. 62** 88, **63** 81 (Der Untersuchungsrichter als Beschwerdeobjekt); Ludwig, Schweizer. Z. f. StrR. 1924, S. 107. Vgl. auch die

---

[1]) Ohne Unterschied, ob es sich um ein „Antragsdelikt" oder ein Offizialdelikt handelt. Der „Antrag" im Sinne des § 171 umfaßt auch, aber nicht bloß die „Strafanträge" im technischen Sinne, oben § 23 I.

[2]) Unten § 98.

[3]) Außer in den Fällen des § 154 I, in denen die Verfahrenserneuerung nur unter den Bedingungen von § 154 III, IV statthaft ist.

[4]) Auch in den Fällen, in denen der Amtsrichter ihr nach § 153 II zugestimmt hatte. Nagler, **GS. 90** 425.

[5]) Über mündliche Anklage, die das Begehren sofortigen Eintritts in die Hauptverhandlung bedeutet — §§ 212, 266 —, s. unten § 73 III.

[6]) Muster von Anklageschriften in den „Aktenstücken zum Strafprozeß" von R. Schmidt-v. Weber und v. Hippel.

Verhandlungen der Intern. Krimin. Vereinigung in ihren Mitteilungen **10** 533—626, **11** 659ff. sowie W. Mittermaier, Zucker, Gautier, das. **11** 277, 312, 415.

I. Die Befürchtung, daß eine durch den Staatsanwalt erfolgende Materialsammlung trotz § 160 II parteiisch contra reum ausfallen könne, hat den Gesetzgeber dazu bestimmt, für schwerer liegende Fälle als zweite Erscheinungsform des Vorverfahrens ein richterliches Vorverfahren, die „Voruntersuchung", vorzusehen[1]), und zwar a) als „notwendig" für die Strafsachen, die zur erstinstanzlichen Zuständigkeit des Reichsgerichts, der Oberlandesgerichte und der Schwurgerichte gehören, § 178 I; b) als „zulässig" für Amtsgerichtssachen mit Ausschluß der Übertretungssachen, § 178 II.[2])

II. Voruntersuchungführender ist der landgerichtliche (GVG. § 61) bzw. reichs- oder oberlandesgerichtliche (StPO. § 186) Untersuchungsrichter oder statt des landgerichtlichen Untersuchungsrichters ein durch Strafkammerbeschluß mit der Untersuchungsführung gemäß § 185 betrauter Amtsrichter.

III. Damit eine Strafsache zur Voruntersuchung gelangt, ist, da diese eine „gerichtliche Untersuchung" ist, somit nicht ex officio judicis eröffnet werden kann (Klageformprinzip), eine staatsanwaltschaftliche Klage erforderlich, § 151. Es ergeben sich folgende Möglichkeiten:

a) Die Staatsanwaltschaft erhebt die Klage in Gestalt des Antrags auf Voruntersuchung, vgl. §§ 170 I, 179.

b) Die Staatsanwaltschaft hatte schon Anklage erhoben (also es schon auf das Hauptverfahren abgesehen), aber der Angeschul-

[1]) De l. ferenda neuerdings vielseitig mit Recht angefochten. Vgl. Beling, Arch. f. RPhilos. **13** 263 und die Begründung zu dem „Gesetz über den Rechtsgang in Strafsachen" von 1920. (Dieser Entwurf ließ die Voruntersuchung fallen.)

[2]) „Notwendig" bedeutet nicht, daß der Staatsanwalt verpflichtet wäre, jeden derartigen Fall zur Voruntersuchung zu bringen, sondern nur: daß die Eröffnung des Hauptverfahrens nur nach vorausgegangener Voruntersuchung erfolgen darf (die Voruntersuchung also Prozeßgestaltungsvoraussetzung für den Eröffnungsbeschluß ist). Unverwehrt bleibt dem Staatsanwalt, auch in diesen Fällen das Ermittlungsverfahren ohne Voruntersuchung einzustellen (gemäß oben § 72 II). — „Zulässig" bedeutet: die betreffenden Strafsachen können an sich ohne Voruntersuchung in das Hauptverfahren gelangen; immerhin ist, wenn im konkreten Falle ein Antrag auf Voruntersuchung (gemäß § 178 II¹ und ²) gestellt wird, diesem Antrage zu entsprechen, während in den Fällen, in denen die Voruntersuchung weder „notwendig" noch „zulässig" ist (also in Übertretungssachen), derartige Anträge abzulehnen wären.

digte beantragt mit triftigen Gründen eine Voruntersuchung, § 178², oder das mit der Anklage befaßte beschließende Gericht erachtet eine Voruntersuchung für zulässig und zweckmäßig oder sogar für notwendig, § 202.

In allen Fällen erfolgt die Eröffnung der Voruntersuchung durch Verfügung des Untersuchungsrichters, § 184.

In den Fällen zu a) geht der staatsanwaltschaftliche Antrag unmittelbar an den Untersuchungsrichter. Dieser hat dem Antrag zu entsprechen, außer wenn die Strafverfolgung oder die Voruntersuchung unzulässig ist, § 180.[1])

Gegen die Eröffnungsverfügung steht dem Angeschuldigten der „Einwand" zu, §§ 181, 182. Erachtet der Untersuchungsrichter einen Ablehnungsfall (§ 180) für gegeben, so hat er die Akten seinem Gericht (dem „beschließenden") vorzulegen, § 180 I S. 2. Dieses verwirft dann entweder den Antrag im Sinne des § 180 (dazu dann § 183), oder es ordnet an, daß der Untersuchungsrichter die Voruntersuchung zu eröffnen habe, vgl. § 182 II.

In den Fällen zu b) ist es das beschließende Gericht, das die Anordnung trifft, daß der Untersuchungsrichter die Voruntersuchung zu eröffnen habe[2]), §§ 201, 202 (vgl. aber § 202 II), worauf dann der Untersuchungsrichter die Eröffnung zu verfügen hat.

IV. Die Voruntersuchung dient in Begrenzung auf den durch die Klage individualisierten Prozeßgegenstand[3]) der Aufhellung des Sachverhalts soweit wie erforderlich, um die Entscheidung über Eröffnung oder Nichteröffnung des Hauptverfahrens zu ermöglichen, § 190 I. Die Beweiserhebungen sind nicht dazu da, die künftige Urteilsgrundlage zu bilden (Ausnahme § 190 II).

Das Verfahren (im einzelnen geregelt in §§ 187 ff.) gleicht deshalb in den Hauptwesenszügen dem Ermittlungsverfahren. Es ist

---

[1]) Dies ist der Sinn des kasuistisch gefaßten § 180. Die hier besonders genannte Unzuständigkeit des Gerichts ist ein Fall der Unzulässigkeit der Strafverfolgung (nämlich in der angebrachten Art); wenn weiter der Fall besonders erwähnt ist, daß „die Tat unter kein Strafgesetz fällt", so ist darunter zu verstehen, daß es sich nach Maßgabe des eigenen klägerischen Vorbringens um keinen auf den Strafrechtsweg gehörenden Prozeßgegenstand handelt, also wiederum ein Fall der Unzulässigkeit der Strafverfolgung. Ungeprüft hat dagegen zu bleiben, ob irgendwelcher Verdacht für Strafbarkeit besteht; das soll ja erst durch die Voruntersuchung ans Licht gebracht werden.

[2]) Nicht spricht es selbst die Eröffnung der Voruntersuchung aus.

[3]) Darüber hinaus (also in Beziehung auf andere Prozeßgegenstände) sind nur einzelne Untersuchungshandlungen, und diese nur in dringlichen Fällen und nur als Beiträge für die staatsanwaltschaftliche Entschließung über Klageerhebung statthaft, § 191.

eine Schritt für Schritt (in einzelnen Vernehmungsterminen usw.) erfolgende Stoffsammlung ohne eine zur Zusammenfassung bestimmte mündliche Verhandlung mit den Parteien. Es gilt „Freibeweisrecht" (oben § 65); insbesondere ist Unmittelbarkeit der Beweiserhebung nicht vorgeschrieben, so daß namentlich der Untersuchungsrichter den Amtsrichter (§ 185 Satz 2 und 3) und die Polizei (§ 189) um Vornahme der einzelnen Erhebungen angehen kann; allerdings liegt es im Sinn des Gesetzes, daß der Untersuchungsrichter tunlichst die Beweisakte persönlich vollziehen soll. Das Verfahren ist nicht parteiöffentlich: die Vernehmung des Angeschuldigten erfolgt in Abwesenheit des Staatsanwalts (und sogar des Verteidigers), § 192 II; bei anderen Terminen sind beide Parteien ausgeschlossen (Ausnahmen §§ 193—195). Doch stehen der Staatsanwaltschaft die Akten zur Einsicht offen, § 196. Über jede Untersuchungshandlung ist ein Protokoll aufzunehmen, § 188.

V. Nach Durchführung der Erhebungen hat der Untersuchungsrichter nicht, wie man erwarten sollte, irgendeine Entscheidung darüber zu treffen, ob und wie weiter vorgegangen werden solle, oder auch nur seine Auffassung über die Lage des Falles amtlich zu äußern, sondern lediglich die Voruntersuchung für „geschlossen" zu erklären, dem Angeschuldigten hiervon Mitteilung zu machen und die Akten der Staatsanwaltschaft zu übersenden, § 197 I, III. Auf Antrag der letzteren gegebenenfalls Ergänzung der Voruntersuchung mit abermaliger Schließung, § 197, II, III.

VI. Die Staatsanwaltschaft hat nunmehr an Hand der Akten Stellung dazu zu nehmen, ob die Voraussetzungen für eine Anklage gegeben sind oder nicht.

1. Bejahendenfalls legt sie dem beschließenden Gericht eine Anklageschrift mit den Akten vor (wie oben § 71 IV).[1])

2. Im anderen Falle (also wenn der Staatsanwalt nach bloßem Ermittlungsverfahren einstellen würde, oben § 71 II) ist die Rechtslage insofern eigenartig, als dem Verfahren eine „Klage" zugrunde liegt und diese, da auf sie hin eine „gerichtliche Untersuchung" eröffnet worden ist, nicht mehr zurückgenommen werden kann, § 156, d. h. die Rechtshängigkeit fortbesteht. Die Staatsanwaltschaft kann deshalb das Verfahren nicht einstellen, sie ist vielmehr ge-

[1]) Statt „Ermittlungsergebnis" hier: „Ergebnis der Voruntersuchung". — Hatte die Staatsanwaltschaft von Hause aus schon Anklage erhoben, und ist die Voruntersuchung erst durch Gerichtsanordnung eingeschoben worden, so bedeutet die zweite Anklageschrift eine Aufrechterhaltung der ersten Anklage; sie macht die Sache nicht erst rechtshängig.

nötigt, das beschließende Gericht wegen Entscheidung über den Fortgang anzugehen (vgl. § 197: „zur Stellung ihrer Anträge", ferner § 198). An Stelle ihrer Einstellungsverfügung tritt ihr Antrag, „den Angeschuldigten außer Verfolgung zu setzen", vgl. § 208. Die Stellung eines solchen Antrags ist auch dann möglich, wenn das Verfahren eine staatsanwaltschaftliche Anklage zur Grundlage hatte (oben III b); indem der Staatsanwalt seinen früheren Antrag auf Hauptverfahren mit einem Antrag umgekehrten Inhalts vertauscht, nimmt er zwar die „An"klage als solche, nicht aber die „Klage" überhaupt (als das Begehren, das Gericht solle entscheiden) zurück, § 156 bedeutet also kein Hindernis.

III. Zwischenverfahren. § 73.

Otker, Strafprozeßbegründung und Strafklageerhebung bei Wegfall eines Eröffnungsbeschlusses, in d. Würzb. Festschr. f. Dernburg 1900; Ertel, **GS. 84** 317 (Einstellung nach Eröffnungsbeschl. ohne Hauptverhandlung); Glaser, Grünhuts Z. 7 793.

Zwischenverfahren (oder Eröffnungsverfahren) ist derjenige Prozeßabschnitt, der sich an die Anklage (die von vornherein oder nach Voruntersuchung erhobene) oder an den nach Voruntersuchung gestellten staatsanwaltschaftlichen Antrag auf Außerverfolgungsetzung anschließt und in dem es sich darum handelt, ob das beschließende Gericht das Hauptverfahren eröffnen, also das erkennende Gericht mit der Sache befassen soll. Es dient dem prozeßökonomischen Gedanken, verhandlungsunwürdige Sachen ohne Hauptverhandlung in negativem Sinne kurz abzutun, und dem damit verbundenen Gedanken, dem Angeschuldigten unnötige weitere Prozeßbehelligung zu ersparen. In einem Teil der Fälle wird dem Angeschuldigten besondere Gelegenheit gegeben, seine Interessen zu entfalten.

I. Das Verfahren gestaltet sich in den Fällen, in denen dem Gericht eine Anklageschrift vorliegt, folgendermaßen:

1. Der Vorsitzende des beschließenden Gerichts hat[1]) a) in nicht amtsgerichtlichen Sachen; b) in amtsgerichtlichen dann, wenn entweder ein Verbrechen den Gegenstand der Anklage bildet, oder letztere zwar nur ein Vergehen zum Gegenstand hat, aber der Anklageschrift nach § 200 II S. 3 ein Ermittlungsergebnis beigegeben ist, die Anklageschrift dem Angeschuldigten mit der Aufforderung mitzuteilen, sich binnen einer zu bestimmenden Frist zu erklären, „ob er die Vor-

[1]) Vorausgesetzt, daß die Strafverfolgung zulässig ist. Sonst ist das Verfahren sogleich einzustellen, unten 2a.

nahme einzelner Beweiserhebungen vor der Hauptverhandlung beantragen[1]) oder Einwendungen gegen die Eröffnung des Hauptverfahrens vorbringen wolle"; in den Fällen zu b) weiter, „ob er eine Voruntersuchung beantragen wolle" (falls eine solche nicht stattgefunden hat), § 201. (In den Fällen der „notwendigen Verteidigung", § 140 I, II ist jetzt der Zeitpunkt für die Bestellung des Verteidigers gekommen, § 140 IV).

2. Das Gericht hat in den Fällen, in denen die Anklageschrift dem Angeschuldigten zugestellt worden ist, nach Eingang von dessen Erklärung oder Ablauf der dafür gesetzten Frist, in den übrigen Fällen alsbald zu prüfen, ob die Strafverfolgung zulässig ist, und, wenn ja, ob „hinreichender Verdacht" hinsichtlich des klagemäßigen Prozeßgegenstandes besteht, d. h. die Verurteilung mehr zu erwarten ist als die Freisprechung, § 203. Je nachdem mündet das Zwischenverfahren aus in einen Einstellungsbeschluß (Nichteröffnungsbeschluß, nach geführter Voruntersuchung in die Wendung eingekleidet, „der Angeschuldigte wurde außer Verfolgung gesetzt") oder aber einen Eröffnungsbeschluß.

Die Beschlußfassung geschieht „in beratender Sitzung" ohne mündliche Verhandlung, also nicht im Prozeßverkehr mit den Parteien, Zeugen usw., ist aber in einer Konstitutivurkunde zu verkörpern, die dann (§ 35 II) den Parteien zuzustellen ist.

Die Prüfung und Entscheidung gilt gemäß dem Klageformprinzip lediglich dem in der Klage bezeichneten Prozeßgegenstande und darf auf andere Prozeßgegenstände, stünden sie auch im engsten Zusammenhange, nicht übergreifen, § 155 I.

Dagegen ist — in diesem Rahmen — das Gericht in der Tatsachenfeststellung und der rechtlichen Würdigung frei, insbesondere insofern auch von der Anklageschrift unabhängig, § 155 II, 206. Der Prozeßgegenstand ist allseitig zu prüfen, soweit nicht Schranken bestehen (oben § 28 IV).

Je nach dem Ausfall der Prüfung des Prozesses und des Prozeßgegenstandes ergeben sich folgende Möglichkeiten:

a) Fehlt es an einer Strafklagerechtsvoraussetzung oder an einer Prozeßvoraussetzung, ist also die Strafverfolgung unzulässig

---

[1]) Diese Aufforderung ist eigentlich fehl am Ort. Beweiserhebungen „vor der Hauptverhandlung", also hinter dem Eröffnungsbeschluß liegende, unten § 74 III, gehen das Gericht jetzt noch gar nichts an. Die Aufforderung müßte dahin gehen: ob einzelne Beweiserhebungen vor Fassung des Eröffnungsbeschlusses (§ 202 III) gewünscht würden. Auch derartige Anträge kann der Angeschuldigte aber — unaufgefordert — stellen.

(mindestens in dieser konkreten Gestalt, z. B. wegen Fehlens der Zuständigkeit[1]), so ist ein Einstellungsbeschluß **geboten** („**formelle**" **Einstellung**).[2])

b) Ist die Strafverfolgung zulässig, so ist gleichwohl eine **formelle Einstellung** dann **möglich**, wenn es sich um eine solche Übertretung handelt, bei der der Staatsanwalt nach § 153 I von Klageerhebung hätte absehen sollen, oder ein solches Vergehen, bei dem er nach § 153 II von Klageerhebung hätte absehen können; doch ist solche Einstellung an die Zustimmung des Staatsanwalts geknüpft, § 153 III.

Des weiteren ist „**vorläufige**" Einstellung zugelassen, wenn dem Verfahren Abwesenheit oder derzeitige[3]) Geisteskrankheit des Angeschuldigten entgegensteht, § 205; ferner, aber nur auf Antrag des Staatsanwalts, dann, wenn die zu erwartende Strafe im Sinne des § 154 I geringfügig ist, so daß schon von Klageerhebung hätte abgesehen werden können, § 154 II.

c) Sind zwar derartige Einstellungen (a und b) nicht am Platze, ist aber kein „hinreichender Verdacht" für die Strafbarkeit des Täters gegeben, so ist ein **prozeßgegenständlicher** (**materieller**, freisprechungsartiger) **Einstellungsbeschluß** zu erlassen.

d) Ist endlich (Regelfall) ein Formalbeschluß nicht veranlaßt und der „hinreichende Tatverdacht" gegeben[4]), so hat **Eröffnungs**-

---

[1]) Das angerufene beschließende Gericht ist zuständig, sofern die Gerichtsanstalt, der es angehört, entweder dieselbe ist, wie die, zu der das für die Aburteilung der Sache örtlich und sachlich zuständige erkennende Gericht gehört (z. B. Strafkammer München — Schwurgericht München) oder dieser übergeordnet ist (so Zuständigkeit der Strafkammer München für Eröffnung vor dem Schöffengericht München, vgl. § 209 I S. 1; Analogie für das Reichsgericht). Unzuständig dagegen z. B. Strafkammer München für Schwurgericht Augsburg.

[2]) Ausnahme: Gründet die Unzuständigkeit nur darin, daß die Sache die sachliche Zuständigkeit des mit dem angerufenen Gericht verbundenen erkennenden Gerichts **überschreitet**, und gehört das örtlich und sachlich zuständige Gericht der dem beschließenden Gericht **übergeordneten** Gerichtsanstalt an, so ist die Sache an das höhere beschließende Gericht abzugeben, das damit an Stelle des erstangerufenen in das Verfahren eintritt, § 209 I S. 2, II. (Beispiel: Amtsrichter München erachtet Schwurgericht München für zuständig: Abgabe an Strafkammer München, die dann ihrerseits die Zwischenverfahrensentscheidung zu **treffen** hat. Dagegen Einstellungsbeschluß, wenn Amtsrichter München z. B. Schwurgericht Augsburg für zuständig hält.)

[3]) War der Angeschuldigte zur Zeit der Tat geisteskrank, so ist materielle definitive Einstellung (unten c) geboten.

[4]) Es sind alle für das „Ob" der Strafbarkeit erheblichen Gesichtspunkte (gesetzlicher Tatbestand, Rechtswidrigkeit, Schuld usw. bis hinab zu den Straf-

beschluß zu ergehen[1]), § 203, mit dem in § 207 vorgezeichneten Inhalt.[2])

Der Eröffnungsbeschluß gibt der bisher in ihren Wirkungen ungewissen Anklage den Weg frei. Daraus erklärt sich, daß das Gesetz die technische Bezeichnung „Angeklägter" erst jetzt dem unter Anklage Gestellten zukommen läßt, § 157.

3. Die eigentlichen Einstellungsbeschlüsse[3]) und die Eröffnungsbeschlüsse sind unwiderruflich.

Ein Anfechtungsrecht ihnen gegenüber steht dem Angeschuldigten gar nicht zu; dem Staatsanwalt steht sofortige Beschwerde, aber nur gegen Nichteröffnungsbeschlüsse, sowie dagegen zu, daß das Hauptverfahren vor einem Gericht niederer Ordnung, als wie er beantragt hatte, eröffnet worden ist, §§ 210, 153 III, Halbsatz 2.

4. Ein, sei es von vornherein unanfechtbarer, sei es (z. B. wegen unbenutzten Ablaufs der Beschwerdefrist) unanfechtbar gewordener Eröffnungs- oder Nichteröffnungsbeschluß entfaltet formelle Rechtskraft, d. h.

a) mit dem Nichteröffnungsbeschluß ist dieser Prozeß beendet;

b) dem Eröffnungsbeschluß ist nunmehr durch Abwicklung des Hauptverfahrens zu genügen[4]), soweit nicht wegen Unzulässigkeit der Strafverfolgung Einstellung des Verfahrens geboten ist.[5])

---

aufhebungsgründen) zu würdigen. Ist auch nur um eines dieser Momente halber die Verurteilung minder wahrscheinlich, als die Freisprechung, so ist Einstellung nach c geboten. Ist aber hinreichender Verdacht gegeben, so verschlägt es nichts, daß das Gericht diesen aus einem anderen rechtlichen Gesichtspunkte, als wie ihn die Klage annahm, herleitet (betrachtet z. B. das Gericht die in der Klage als Unterschlagung aufgefaßte Tat als einen Betrug, so ist unter letzterem Gesichtspunkt zu eröffnen), vgl. § 206.

[1]) Das sehr wesentlich auf den Schutz des Angeschuldigten berechnete Zwischenverfahren erweist sich hier als zweischneidig für ihn: er tritt in die künftige Hauptverhandlung schon als ein mit „hinreichendem Verdacht" Belasteter ein. Deshalb de lege ferenda neuerdings Erwägungen über Beseitigung des Eröffnungsbeschlusses. Vgl. Beling, Arch. f. RPhilos. **13** 260.

[2]) Eröffnungsbeschlußmuster in den Aktenstücken zum Strafprozeß von Schmidt-v. Weber und v. Hippel.

[3]) Die Beschlüsse auf vorläufige Einstellung nach §§ 205, 154 II sind widerruflich, diejenigen nach § 154 II jedoch nur bedingt (§ 154 III, IV). Solange sie bestehen, ist das Verfahren einerseits zwar stillgestellt, andererseits aber noch rechtshängig, so daß ein Zweitprozeß unstatthaft ist.

[4]) Der Beschluß kann auch dann nicht aufgehoben werden, wenn sich die Unschuld des Angeklagten herausstellt. Hier hat es zu einer Freisprechung zu kommen.

[5]) Dem Eröffnungsbeschluß ist auch dann zu genügen, wenn wegen Antragsdelikts eröffnet ist, und sich Mangel des Strafantrags herausstellt oder

Insbesondere ist auch nicht mehr möglich, die Sache in das Vorverfahren zurückzuleiten.[1])

Doch bleibt es den jeweils befaßten Gerichten mit Ausschluß der Revisionsinstanz auch weiterhin unbenommen, von den Einstellungsmöglichkeiten nach §§ 153 III, 154 II Gebrauch zu machen.[2])

Die Veranlassung zu solchen Einstellungen (jeder Art) wird sich in der Regel in der Hauptverhandlung ergeben; die Einstellung ist dann dort zu beschließen. Außerhalb der Hauptverhandlung hat das erkennende Gericht (in der für beratende Sitzungen vorgeschriebenen Besetzung) die Einstellung dann auszusprechen, wenn der Einstellungsgrund so weit reicht, daß die Abhaltung der Hauptverhandlung unzulässig wäre.[3])

Treten tatsächliche Hemmungen der Abhaltung der Hauptverhandlung entgegen, so hat das Verfahren im Lauf zu bleiben, bis die Hemmungen weggefallen sind.[4])

Der Eröffnungsbeschluß tritt jedoch von selbst außer Kraft, wenn er von einem Beschluß begleitet war, durch den der Antrag des Angeschuldigten auf Einschiebung einer Voruntersuchung abgelehnt wurde (vgl. unten 5), und auf dessen sofortige Beschwerde hin (§§ 201 II S. 2, 183) die Eröffnung einer Voruntersuchung rechtskräftig angeordnet wird.

Wird das Verfahren von selbst hinfällig (oben § 25), so ist damit natürlich auch der Eröffnungsbeschluß abgetan.

---

der Antrag zurückgenommen wird; denn wegen der Unteilbarkeit des Prozeßgegenstandes (oben § 28 III) bleibt die Aufgabe des erkennenden Gerichts, den Fall unter Offizialdeliktsgesichtspunkten zu würdigen, bestehen.

[1]) Wäre eine Voruntersuchung geboten gewesen, und hat eine solche nicht stattgefunden, so ist der hierin liegende Prozeßverstoß überholt und damit geheilt.

[2]) (Streitig) Vgl. z. B. Nagler, **GS. 90** 426; **E. 59** 54; ObstLdesGer. **24** 9; Fortlage, **DJZ. 30** 1033; KG. **JW. 53** 1627; Peters, **JW. 54** 927; OLG. Kiel **HR. 1** 174.

[3]) Die Frage ist sehr bestritten. Es findet sich auch die Meinung, daß außerhalb der Hauptverhandlung erfolgende Einstellungen schlechthin zulässig oder (so Feisenberger, **GA. 57** 175) schlechthin unzulässig seien. Beispiele im Sinne des Textes: Ohne Hauptverhandlung ist einzustellen, wenn der Angeklagte exterritorial ist, oder wenn der Eröffnungsbeschluß auf ein Delikt lautet, das die sachliche Zuständigkeit des erkennenden Gerichts überschreitet. Dagegen ist die Zuständigkeitsfrage im übrigen erst in der Hauptverhandlung zu prüfen; auch die Beschlüsse aus §§ 153 III, 154 II gehören erst in die Hauptverhandlung.

[4]) Vorläufige Einstellung im Sinne des § 205 (Abwesenheit, Geisteskrankheit des Angeklagten) ist zulässig.

5. Mit der formellen Rechtskraft verbindet sich (zwar nicht beim Eröffnungsbeschluß, wohl aber) beim Nichteröffnungsbeschluß, auch materielle Rechtskraft, wenngleich in unterschiedlicher Weise:

a) Die rein formelle Einstellung (oben 2 a) steht einem neuen Prozeß de eadem re nur in dem Sinne entgegen, wie überhaupt Formalentscheidungen Sperrwirkung gegen neue Prozesse zukommt (oben § 56 II 2c).

b) Die materielle Einstellung (2 c) wird durch § 211 mit der gleichen materiellen Rechtskraft wie ein freisprechendes Urteil ausgestattet, nur daß diese Rechtskraft mit dem Hervortreten von neuen Tatsachen oder Beweismitteln hinfällig wird (auflösend bedingte materielle Rechtskraft).[1])

c) Die an sich „formelle" Einstellung nach § 153 III (oben II b) enthält die Feststellung, daß „die Schuld des Täters gering und die Folgen der Tat unbedeutend" seien. Es wird deshalb § 211 auf sie mit der Maßgabe anzuwenden sein, daß das Ne bis in idem so lange gilt, bis hinsichtlich der Schuld oder der Tatfolgen Nova hervortreten.[2])

6. Vermißt das angerufene Gericht in den Akten die sicheren Unterlagen für einen der Beschlüsse zu 2., sind aber weitere Aufklärungsmöglichkeiten gegeben, so hat es vorerst durch Zwischenbeschluß weitere Erhebungen anzuordnen, und zwar: wenn Voruntersuchung stattgefunden hat, Ergänzung der Voruntersuchung[3]); wenn nicht, entweder wahlweise „einzelne (bestimmte) Beweiserhebungen" (die vor dem beschließenden Gericht selber stattfinden können oder einem beauftragten oder ersuchten Richter übertragen werden können) oder die Eröffnung einer Voruntersuchung (wenn „notwendig" oder „zulässig") anzuordnen, § 202.[4]) Es gilt „Freibeweisrecht" (oben § 65).

---

[1]) Die formelle Rechtskraft wird durch das Hervortreten von Nova nicht berührt. Es ist nur ein neuer Prozeß zulässig, so daß es einer neuen Klage bedarf und deshalb z. B. bei inzwischen eingetretenen Zuständigkeitsverschiebungen der Prozeß an ein ganz anderes Gericht gelangt. Vgl. ObstLdesGer. **JW. 55** 2451, **HR. 3** 27.

Vom Gegebensein von Nova hängt das (bis dahin durch Rechtskraft erloschene) Strafklagerecht ab; daher ist ihr Gegebensein bei jeder Entscheidung im Laufe des neuen Prozesses zu prüfen, **E. 46** 71, **56** 91, **57** 158; und es genügt, wenn solche erst im Laufe des Verfahrens hervortreten, **E. 60** 100.

[2]) Vgl. Nagler, **GS. 90** 426.

[3]) Vgl. dazu Beling, **JW. 55** 2757.

[4]) Der Amtsrichter hat, wenn ihm Voruntersuchung erwünscht erscheint, wegen darauf gerichteter Anordnung das Landgericht anzugehen, § 202 II.

Auf Grund des neu gewonnenen Materials mit dem alten zusammen ist dann gemäß 2 zu beschließen, nach bloßen „einzelnen Beweiserhebungen" jedoch nur, wenn der Staatsanwalt die Klage nicht zurücknimmt.[1])

7. Soweit das Gericht auf Anträge, die der Angeschuldigte gemäß § 201 gestellt hat (oben I 1)[2]), nicht eingeht, hat es einen ausdrücklichen ablehnenden Nebenbeschluß zu fassen, § 201 II.

Bei Fassung eines Eröffnungsbeschlusses ist auch darüber mit zu beschließen, ob Untersuchungshaft, bzw. wenn sie besteht, deren Fortdauer angeordnet werden soll, § 207 II.

II. Das gleiche Verfahren wie gegenüber einer Anklageschrift greift (mit Ausnahme von oben I 1) auch Platz gegenüber einem vom Staatsanwalt nach Voruntersuchung gestellten Außerverfolgungssetzungsantrag (oben § 72 VI 2). Das Gesetz wertet diesen Antrag nur als einen für das Gericht unverbindlichen Vorschlag. Auch hier hat also das Gericht unter den Voraussetzungen oben I 2d einen Eröffnungsbeschluß zu erlassen, §§ 198, 203.[3])

In diesem Falle hat die Staatsanwaltschaft eine im Sinne des Eröffnungsbeschlusses gehaltene Anklageschrift nachzubringen, und diese ist dem Angeklagten zur Erklärung darüber, ob er einzelne Beweiserhebungen vor der Hauptverhandlung beantragen wolle, zuzustellen, § 208.[4])

III. Von dem Regelsatze, daß das erkennende Gericht erst auf dem Umwege über das beschließende Gericht befaßt wird, läßt das Gesetz zwei Ausnahmen zu, so daß hier das Zwischenverfahren und der Eröffnungsbeschluß entfallen, und das erkennende Gericht auf eine bei ihm unmittelbar erhobene Anklage alsbald (also auch unter Wegfall der „Vorbereitung der Hauptverhandlung") in die Hauptverhandlung eintritt.

---

[1]) Die Anordnung „einzelner" Erhebungen ist keine „Eröffnung einer gerichtlichen Untersuchung" im Sinne des § 156, die Klage ist also noch zurücknehmbar.

[2]) Genauer: auf Anträge, mittels deren einzelne Beweiserhebungen vor Entscheidung über die Eröffnung des Hauptverfahrens oder eine Voruntersuchung begehrt werden. Anträge auf solche einzelnen Beweiserhebungen, die erst hinter dem Eröffnungsbeschluß „vor der Hauptverhandlung" vorgenommen werden sollen, hat das beschließende Gericht unerledigt zu lassen, vgl. unten § 74 II S. 370 Anm. 2.

[3]) Das ist formell keine Preisgabe des Klageformprinzips, da immerhin eine Klage obschwebt; der Sache nach aber ein Eintreten des Gerichts in die Verfolgerrolle.

[4]) Eine Vorschrift, die die eigentümliche Rechtslage, vgl. Anm. 3, in seltsamer Weise verdeckt (als ob die Staatsanwaltschaft eben doch hinter der Anklage stünde), und die wenig Wert hat.

Dieses verkürzte Verfahren ist zugelassen

1. als sog. „summarisches Verfahren" vor dem Amtsrichter und dem Schöffengericht, wenn entweder der Beschuldigte sich freiwillig stellt, oder er infolge einer vorläufigen Festnahme vorgeführt wird, oder eine Übertretung den Prozeßgegenstand bildet, § 212;

2. als Klageerweiterungsverfahren vor jedem Gericht (1. Instanz), das schon kraft eines Eröffnungsbeschlusses mit einem Hauptverfahren befaßt ist. Wenn nämlich im Zuge der Hauptverhandlung eine vom Eröffnungsbeschluß nicht mitumfaßte (reell konkurrierende) Tat desselben Angeklagten zur Sprache kommt, die Vergehens- oder Übertretungscharakter hat, und für die nicht die Zuständigkeit eines Gerichts höherer Ordnung begründet ist, so ist dieser zweite Prozeßgegenstand ohne Zwischenverfahren und Eröffnungsbeschluß in den Prozeß einbeziehbar, sofern der Angeklagte seine Zustimmung dazu gibt, § 266.

Auch für das verkürzte Verfahren (nach 1 und 2) bleibt das Erhobensein einer Klage Voraussetzung (Klageformprinzip); nur genügt hier mündliche Klageerhebung. In den Fällen des § 266 spricht man von „Zusatz"- oder „Inzidentanklage".

Obligatorisch ist die Einschlagung dieses Weges weder für den Staatsanwalt, noch für das Gericht. Der Staatsanwalt kann, auch wenn die Voraussetzungen der §§ 212, 266 vorliegen, den Regelweg mit Anklageschrift, Zwischenverfahren und Eröffnungsbeschluß wählen.[1]) Auch das Gericht ist nicht gehalten, dem Begehren auf Eintritt in die Hauptverhandlung (bzw. in den Fällen des § 266 auf Erstreckung der Hauptverhandlung auf den neuen Prozeßgegenstand) zu genügen.[2])

---

[1]) In den Fällen der Realkonkurrenz sind dann 2 Prozesse in Lauf gesetzt (aber Möglichkeit der Verbindung nach §§ 4, 237).

[2]) Will es das nicht tun, oder fehlt es an den Voraussetzungen des verkürzten Verfahrens oder der Strafverfolgung überhaupt, so hat es einen klageablehnenden Beschluß zu erlassen. Im anderen Falle bedarf es keines förmlichen Beschlusses; mit dem Eintritt in die Hauptverhandlung (bzw. deren Erstreckung auf den neuen Prozeßgegenstand) befindet sich die Sache im Hauptverfahren. Über die Frage, ob der Angeschuldigte eine Voruntersuchung beantragen kann, sowie wegen Handhabung des § 140 IV s. Ötker, **GS. 90** 351; über die Frage, ob für § 212 die Tatsache der vorläufigen Festnahme genügt oder insofern Zulässigkeitsprüfung erforderlich ist, Schimmack, **JW. 53** 1662 (a. M. OLG. Frankfurt **JW. 53** 1788).

IV. Hauptverfahren.

1. Erste Instanz.

a) Vorbereitung der Hauptverhandlung. § 74.

I. Eine Strafsache, die durch die Scylla der staatsanwaltschaftlichen und die Charybdis der gerichtlichen Einstellung hindurch zum Eröffnungsbeschluß gediehen ist, befindet sich kraft dieses Beschlusses im „Hauptverfahren", damit aber noch nicht in der Hauptverhandlung. Deren „Eröffnung" (durch den Vorsitzenden des erkennenden Gerichts) ist erst Sache der Zukunft. Denn ein unmittelbarer Anschluß der Hauptverhandlung an den Eröffnungsbeschluß ist deshalb unmöglich, weil das beschließende Gericht, und zwar einsam, diesen Beschluß faßt, für die Hauptverhandlung aber das erkennende Gericht, und mit ihm der Kläger, regelmäßig auch der Angeklagte, sowie persönliche und sächliche Beweismittel usw. zur Stelle sein müssen.

Auf den Eröffnungsbeschluß folgt deshalb zunächst das Prozeßstadium der „Vorbereitung der Hauptverhandlung".[1])

(Ohne Vorbereitung geht die Hauptverhandlung dann vor sich, wenn die Sache ohne Eröffnungsbeschluß an das — schon zur Hauptverhandlung anwesende — erkennende Gericht gelangt, d. i. in den Fällen des summarischen Verfahrens und der Zusatzanklage, oben § 73 III).

II. Funktionell zuständig ist für diesen Prozeßabschnitt der Vorsitzende des erkennenden Gerichts und, soweit Gerichtsbeschlüsse in Frage kommen[2]), das erkennende Gericht in der für beschließende Sitzungen vorgeschriebenen Besetzung, §§ 213, 220, 221 usw., §§ 30 II, 82 II usw.

Die Staatsanwaltschaft hat die erforderlichen[3]) Ladungen und die Herbeischaffung der erforderlichen[3]) sächlichen Beweismittel § 214 (vgl. jedoch § 36) und die Zustellungen (insbesondere des Eröffnungsbeschlusses an den Angeklagten, § 215) zu bewirken, § 36 I (vgl. jedoch § 36 II).

Tätigkeit des Vorsitzenden insbesondere: Bestimmung des Hauptverhandlungstermins, § 213; Anordnungen in betreff der

---

[1]) Als erster Teil des Hauptverfahrens, daher scharf zu scheiden vom „vorbereitenden Verfahren" (oben § 71), das als Vorverfahren vor dem Eröffnungsbeschluß liegt.

[2]) Vgl. z. B. oben § 73 I 4b, ferner nachstehend III.

[3]) d. h. die ihr erforderlich erscheinenden und diejenigen, hinsichtlich deren der Vorsitzende die Ladung bzw. Herbeischaffung anordnet.

Ladung von Personen und der Herbeischaffung sächlicher Beweismittel (soweit die Staatsanwaltschaft sie nicht ohnehin geladen bzw. herbeigeschafft hat), sei es von sich aus (§ 221), sei es auf sachdienliches[1]) Verlangen des Angeklagten (§ 219).[2])

Inhalt und Form der Ladung des Angeklagten: §§ 216, 232 II; dabei einwöchige (von der Zustellung der Ladung an laufende) Ladungsfrist, § 217.[3])

Ladung des Verteidigers: § 218.

Unmittelbare Ladungen durch den Angeklagten: § 220, dazu § 38.

Gegenseitige Benachrichtigungspflicht der Parteien hinsichtlich neuer Beweismittel: § 222.

III. Der Prozeßverkehr beschränkt sich in diesem Prozeßabschnitt auf die Frage, ob, wann usw. die Hauptverhandlung stattfinden soll (z. B. Gesuche des Angeklagten um Terminsverlegung). Im gleichen Sinne sind Beweiserhebungen nur über die (prozeßerheblichen) Tatsachen am Platze, von denen Zulässigkeit oder Durchführbarkeit der Hauptverhandlung abhängen[4]); für sie gilt „Freibeweisrecht" (oben § 65).

Ausnahmsweise kann — durch Gerichtsbeschluß — unter besonderen Voraussetzungen ein Teil des an sich in die Hauptverhandlung gehörenden Prozeßverkehrs und an sich dorthin gehörender Beweisaufnahmen in das Stadium der Vorbereitung der Hauptverhandlung vorverlegt werden, nämlich 1. die Vernehmung des Angeklagten, 2. die Vernehmung von Zeugen und Sachverständigen, 3. die Einnahme eines Augenscheins.

Zu 1. Das Gericht kann im Verfahren vor dem Amtsrichter und dem Schöffengericht den Angeklagten auf seinen Antrag vom Erscheinen in der Hauptverhandlung entbinden außer bei „Ver-

---

[1]) Anderenfalls Ablehnung des Verlangens.

[2]) Hatte der Angeklagte vor dem Eröffnungsbeschluß gemäß § 201 einen Antrag auf „Vornahme einzelner Beweiserhebungen vor der Hauptverhandlung" gestellt, so hat der Vorsitzende diesen Antrag (der noch nicht erledigt ist, oben § 73 I 7 Anm. 2) dem Gerichte zur Beschlußfassung gemäß unten III vorzulegen.

[3]) Abhaltung einer innerhalb dieser Frist liegenden Hauptverhandlung ist unzulässig, wenn (aber auch nur wenn) der Angeklagte vor Beginn der Verlesung des Eröffnungsbeschlusses widerspricht. Jenseit der Woche seit Zustellung der Ladung zur ersten Hauptverhandlung ist aber jede Hauptverhandlung im selben Hauptverfahren (auch bei Terminsverlegung und Vertagung) statthaft (bestritten). **R. 3 113, 9 177; E. 15 113.**

[4]) z. B. ob der Angeklagte exterritorial, ob er verhandlungsfähig ist.

brechen", sofern diese nicht nur wegen Rückfalls „Verbrechen" sind, § 233 I.

Zu 2. Das Gericht kann eine jetzt vorzunehmende Vernehmung solcher **Zeugen und Sachverständigen** anordnen, deren Erscheinen in der Hauptverhandlung wegen großer Entfernung besonders erschwert sein wird, § 223 II, oder die geradezu (z. B. durch Krankheit) in nicht zu beseitigender Weise zu erscheinen verhindert sein werden, § 223 I.

Zu 3. Das Gericht kann Einnahme eines **Augenscheins** beschließen.

In diesen Fällen (zu 1 aber nur, wenn der Angeklagte nicht schon im Vorverfahren richterlich vernommen ist, § 233 II) hat ein beauftragter oder ersuchter Richter (judex commissarius, weshalb sich für diese Vorgänge die technische Bezeichnung „**kommissarische**" **Vernehmung** bzw. **Augenscheinseinnahme** eingebürgert hat) den Beschluß vor der Hauptverhandlung auszuführen. Für diese Termine besteht Partei- (und Parteigehilfen-) Öffentlichkeit wie in der Hauptverhandlung, §§ 233 III, 224 I, 225 (Ausnahme §§ 224 II, 225). Der Anwesenheit der Parteien bedarf es nicht (doch ist das Ausbleiben des Angeklagten im Falle des § 233 entsprechend zu behandeln wie sein Ausbleiben in der Hauptverhandlung, vgl. §§ 231, 232). Sind sie anwesend, so haben sie entsprechende prozessualische Befugnisse wie in der Hauptverhandlung, z. B. Fragerecht; im Falle des § 233 wirken Prozeßverkehrserklärungen des Angeklagten (z. B. Beweisanträge) so, wie wenn sie in der Hauptverhandlung abgegeben wären.

Soweit es sich um Beweisaufnahme handelt, gilt **Strengbeweis**[1]) (oben § 64), daher z. B. § 223 I S. 2.

Über den Prozeßvorgang ist ein Protokoll aufzunehmen, §§ 233 a. E., 224 I a. E., 225.

b) Die Hauptverhandlung.

aa) Bis zur Schlußentscheidung. § 75.

Kleinfeller, **GS. 45** 356, **46** 338; Beling, Recht und Pflicht der Prozeßparteien zur Anwesenheit in der Verhandlung bei Beweiserhebung über ihren Geisteszustand, **ZStW. 30** 39; Voß, Bl. f. Rechtsanwendung **76** 199 (Verhandlungsfähigkeit des Angeklagten — Beweisaufnahme); Alsberg, **GA. 63** 99 (Vernehmungs- und Fragerecht der Parteien); Meves, **GA. 40** 291, 416; Stenglein, **ZStW. 10** 475;

---

[1]) Mit Ausnahme natürlich des Verbots, den Beweisakt durch einen „Zwischenrichter" ausführen zu lassen.

Ditzen, **ZStW. 10** 111, **11** 461; Miltner, Die Beweisanträge des Angeklagten in der Hauptverhandlung, im „Recht" **6** 568; Alsberg, Der Beweisantrag im Strafprozeß, in der Festschr. f. Heinitz 1926; ders., **GA. 57** 273, **67** 261; Bendix, **GS. 85** 77 (Ablehnung von Beweisanträgen des Angeklagten wegen Nichternstlichkeit); Ötker, Verfahren vor den Schwur- u. Schöffengerichten, S. 684ff.; Beling, **ZStW. 38** 620—625.

I. Hauptverhandlung ist die auf Erlaß des Sachurteils abzielende mündliche[1]) Verhandlung vor dem erkennenden Gericht. Es ist in sie daher nur einzutreten, wenn sie rechtlich zulässig[2]) und ihre Durchführung bis zum Sachurteil zu erwarten ist.

II. Die gesetzliche Regelung ist seit 1924[3]) für die erstinstanzliche Hauptverhandlung vor den Gerichten jeder Ordnung (vom Amtsrichter bis zum Reichsgericht) die gleiche (vereinzelte Abweichungen: §§ 233, 245 II, 270 IV, 273 II, GVG. § 136).

III. Für die ganze Dauer der Hauptverhandlung müssen zugegen sein: das vollbesetzte erkennende Gericht (dieselben Richter von Anfang bis Ende[4]), § 226; ein oder (zugleich oder nacheinander) mehrere Vertreter der Staatsanwaltschaft, sowie ein (immer nur ein, aber nicht notwendig von Anfang bis Schluß derselbe) „Urkundsbeamte der Geschäftsstelle" als Protokollführer, § 226, 227; ferner der Verteidiger in den Fällen der „notwendigen" Verteidigung und dann, wenn er (ohne „Notwendigkeit") nach § 141 „bestellt" worden ist, vgl. § 145.[5])

Erforderlich ist endlich grundsätzlich die Anwesenheit des Angeklagten, §§ 230 I, 231 S. 1. Dieser ist zur Anwesenheit ebensosehr berechtigt wie verpflichtet, und das Gericht darf ohne ihn nicht

[1]) Über ihre Öffentlichkeit vgl. oben § 46.

[2]) Das ist sie z. B. nicht, wenn der Angeklagte oder der dem Gericht durch Anzeige bekannt gewordene Wahlverteidiger nicht geladen ist (vgl. § 218), es wäre denn, daß der Nichtgeladene erschienen ist und keinen Widerspruch gegen die Hauptverhandlung erhebt. Eine vor Ablauf der Ladungsfrist anstehende Hauptverhandlung wird unzulässig, wenn rechtzeitig Widerspruch erhoben wird, §§ 217 II, 218 Halbs. 2.

[3]) Bis dahin gab es mit Rücksicht darauf, daß das „alte" Schwurgericht eine Funktionenteilung zwischen Berufsrichterbank und Geschworenenbank aufwies, eine Sonderregelung für die schwurgerichtliche Hauptverhandlung; vgl. unten § 77.

[4]) Wegen der Zuziehung von Ergänzungsrichtern (GVG. §§ 192 II, III) s. oben §§ 14 V 4, 53 II.

[5]) Nichtanwesenheit des Wahlverteidigers bei nicht notwendiger Verteidigung steht der Hauptverhandlung nur entgegen, wenn er zu laden gewesen wäre (§ 218) und nicht geladen worden ist, und sich der Angeklagte nicht mit Verhandlung ohne ihn einverstanden erklärt.

verhandeln, hat vielmehr auch dann, wenn er von seinem Recht zur Anwesenheit keinen Gebrauch macht oder machen will, sein Dabeisein zu erzwingen, §§ 230 II, 231 S. 2. Ist der Angeklagte durch Krankheit u. dgl. an der Teilnahme an der Hauptverhandlung verhindert, so ist bis zum Wegfall des Hindernisses mit der Abhaltung bzw. Fortsetzung der Hauptverhandlung zu warten.

In Ausnahmefällen ist es aber statthaft, die Hauptverhandlung ganz oder in Teilen ihres Verlaufs ohne den Angeklagten durchzuführen, nämlich:

1. Wenn der Angeklagte sein Recht zur Anwesenheit nicht ausübt, so ist (zwar dem Gericht immer unbenommen, ihn an seiner Pflicht zum Erscheinen und Bleiben festzuhalten, §§ 236, 231 S. 2, aber auch) zulässig, daß verhandelt wird, wenn

a) die den Prozeßgegenstand bildende Tat nur mit Geldstrafe, Haft oder Einziehung (je allein oder in Verbindung miteinander) bedroht ist und der Angeklagte in der Ladung auf die Zulässigkeit einer Abwesenheitsverhandlung hingewiesen worden ist, § 232 I, II.

b) wenn der Angeklagte vom Erscheinen entbunden worden ist und seine richterliche Vernehmung ordnungsgemäß kommissarisch oder im Vorverfahren erfolgt ist, § 233, vgl. oben § 74 III.

c) wenn der zuerst erschienene Angeklagte sich nach seiner Vernehmung aus der Hauptverhandlung entfernt und das Gericht seine fernere Anwesenheit nicht für erforderlich erachtet, § 231 II.

Für die Gestaltung der Verhandlung in diesen Fällen hat die Abwesenheit des Angeklagten nur die Bedeutung, daß seine Befugnis, am Prozeßverkehr teilzunehmen (Fragen an Zeugen, Stellung von Beweisanträgen, Schlußvortrag, Widerspruchserhebung [z. B. nach § 217 II] usw.) ausfällt oder, falls an seiner Stelle ein mit schriftlicher Vertretungsvollmacht versehener Verteidiger anwesend ist, auf diesen Vertreter übergeht, § 234. Die Abwesenheit bedeutet also keine „Versäumnis" („Kontumaz") im zivilprozessualischen Sinne; das Verfahren ist, abgesehen von der Mitbeteiligung des Angeklagten, wie sonst durchzuführen, das Urteil („Abwesenheits"-, nicht „Versäumnis"-Urteil) auf das Ergebnis der Beweisaufnahme zu gründen.[1]

2. Der erschienene Angeklagte kann durch Gerichtsbeschluß von der Teilnahme an der Verhandlung durch Entfernung aus dem Sitzungszimmer ausgeschlossen werden

a) kraft Sitzungspolizei (unten § 100) wegen Ungehorsams gegen

---

[1]) Gegen das Urteil Wiedereinsetzung in den vorigen Stand nach Maßgabe des § 235, vgl. oben § 69 I.

einen zur Aufrechterhaltung der Ordnung erlassenen Befehl, GVG. § 177.

b) auf die Zeit der Vernehmung eines Mitangeklagten, eines Zeugen oder Sachverständigen, wenn zu befürchten ist, daß die Aussageperson sonst mit der Wahrheit hinter dem Berge halten würde, StPO. § 247.

In beiden Fällen ist der Angeklagte aber nach Wegfall des Ausschließungsgrundes wieder zuzulassen und von dem inzwischen Verhandelten zu unterrichten, § 247 I S. 2, II.

Über die Fälle a und b hinaus kann eine zeitweise Fernhaltung des Angeklagten auch aus im Gesetz nicht umschriebenen Gründen stattfinden, soweit die allgemeinen Regeln für Findung ungeschriebenen Rechts dahin führen.[1])

IV. Die Prozeßverkehrsakte und Beweisaufnahmen sind zu beschränken auf solche, die für den bei dem erkennenden Gericht anhängigen[2]) Prozeßgegenstand[3]) erheblich sind.[4])

Bei Mehrheit der Prozesse erheischt jeder von diesen seine besondere Hauptverhandlung; jedoch bei irgendwelchem Zusammenhang der Prozeßgegenstände Zulässigkeit einer einheitlichen Hauptverhandlung kraft Verbindungsbeschlusses, § 237.

In diesem Rahmen (nicht darüber hinaus) haben die Parteien Redefreiheit für alles in (auch formell) gehöriger Weise (vgl. §§ 176 ff. GVG.) geschehende Vorbringen.

Andererseits „verschweigen sich" die Parteien, wenn sie ihre Parteirechte nicht in der Hauptverhandlung mittels Beteiligung am

---

[1]) z. B. bei Vernehmung eines Sachverständigen über den Geisteszustand des Angeklagten, wenn bei dessen Anwesenheit nachteilige Wirkungen für seinen Gesundheitszustand zu befürchten sind; und zwar nicht bloß bei Zustimmung des Angeklagten (**E. 60** 313, RGer. **JW. 55** 2194; hier würde schon § 231 II ausreichen), sondern auch gegen seinen Willen (Beling, **JW. 55** 2194). — Vgl. übrigens JugGerGes. § 33 II.

[2]) d. i. durch Klage und Eröffnungsbeschluß gedeckten oder gemäß § 212, 266 angefallenen.

[3]) Bei Klagenverbindung und Prozeßzusammenlegung (oben § 40) die mehreren Prozeßgegenstände.

[4]) In den Ausnahmefällen, in denen die Strafverfolgung nicht für den Prozeßgegenstand in seinem vollen Umfang zulässig ist — oben § 28 IV, 40 III 2 —, darf sich die Hauptverhandlung auf das ausgenommene Segment des Prozeßgegenstandes nicht mit erstrecken. So ist, wenn die Tat als Antragsdelikt in Frage kommt und es am Strafantrag fehlt, der Frage nicht nachzugehen, ob sich der Angeklagte im Sinne eines Antragsdelikts strafbar gemacht habe. Vgl. oben § 51 IV 1.

Prozeßverkehr entfalten[1]); früher abgegebene Prozeßerklärungen (z. B. Beweisanträge, Sachverständigenablehnung) haben keine Bedeutung mehr[2]); Überreichung einer schriftlichen Prozeßerklärung ersetzt die fehlende mündliche nicht.

Das Gericht darf (abgesehen von den für „kommissarische" Erledigung vorgesehenen Fällen, oben § 74 III) Vorgänge, die in die Hauptverhandlung gehören, nicht in gesonderte, den Vorschriften über die Hauptverhandlung (Recht des Angeklagten zur Anwesenheit usw.) nicht genügende Verhandlungen hinausverlegen.[3])

V. Die Leitung der Hauptverhandlung (also die Bestimmung darüber, wer jeweils sprechen oder nicht sprechen soll oder was sonst geschehen oder nicht geschehen soll) steht dem Vorsitzenden zu, § 238 I, und zwar ausschließlich ihm, wenn es sich um „formelle" Leitung oder reine Zweckmäßigkeit der „Sach"-Leitung handelt, während über rechtliche Zulässigkeit seiner Sachleitung im Beanstandungsfall das Gericht entscheidet, § 238 II.[4])

Dem Vorsitzenden liegt ferner ob, persönlich den Angeklagten zu vernehmen und den Beweis aufzunehmen[5]), § 238 I.

Der Verkehr mit dem Angeklagten steht dem Vorsitzenden allein zu (mit Ausnahme der Befragung des Angeklagten durch Sachverständige, § 80 II); andere Verhandlungsbeteiligte haben ihre Fragen, die sie an den Angeklagten gerichtet sehen möchten, dem Vorsitzenden zur Weitergabe an den Angeklagten mitzuteilen.[6])

---

[1]) Soweit dem Gericht eine Prüfung von Amts wegen obliegt, bleibt dessen Verpflichtung hierzu natürlich bestehen.

[2]) So im allgemeinen das RGer.; hinsichtlich der Sachverständigenablehnung sind die Entscheidungen in **E. 58** 301 und in **JW. 51** 1034 gegensätzlich.

[3]) Vgl. dazu **E. 60** 179; Beling, **JW. 55** 2195.

[4]) Die Grenzziehung zwischen „formeller" und „Sach"-Leitung ist unsicher. Dem Gesetz schwebt wohl der Gedanke vor, daß die Leitung insofern „formell" ist, als bei ihr nur der Zweckmäßigkeitsgesichtspunkt in Frage kommt, und daß jeder rechtliche Fehlgriff des Vorsitzenden durch das Gericht soll unschädlich gemacht werden können. Danach würden die leitenden Verfügungen nicht selbst in die Gruppen „formelle" und „sachliche" zu zerlegen sein, sondern es würde nur darauf ankommen, ob eine Verfügung nach ihrer „formellen" (= Zweckmäßigkeits-) oder ihrer „sachlichen" (= Zulässigkeits-) Seite hin beanstandet wird. Vgl. auch §§ 241, 242.

[5]) d. h. die Aussagepersonen zu vernehmen. Urkunden braucht der Vorsitzende nicht selbst zu verlesen. Beim Augenschein kommt eine Beweisaufnahme „durch" den Vorsitzenden überhaupt nicht in Frage, da nicht er allein die Wahrnehmung zu machen hat, vielmehr nur der Leitungsakt, durch den er bestimmt, daß der Gegenstand besichtigt usw. werden solle.

[6]) Grund der gesetzlichen Regelung: Schutz des Angeklagten gegen ein „Kesseltreiben" (Gneist).

Bei Zeugen und Sachverständigen haben im Anschluß an deren Vernehmung durch den Vorsitzenden die (berufsrichterlichen und Laien-) Beisitzer sowie die Parteien und Parteigehilfen ein Fragerecht, § 240, vgl. 241, 242.

Über das zulässige, aber praktisch kaum gebräuchliche und psychologisch bedenkliche „Kreuzverhör" (aus dem römischen und dem englischen Recht) s. § 239.

Alle nicht dem Vorsitzenden vorbehaltenen Richterfunktionen[1]) übt das Gericht aus.

VI. Die Hauptverhandlung ist — als eine — bis zur Schlußentscheidung in einem Zuge durchzuführen, widrigenfalls auf sie hin kein Urteil ergehen darf, sog. Konzentrationsprinzip.[2]) Dies deshalb, weil die Urteiler auf den Inhalt als Verhandelten, wie sie ihn erlebt haben, angewiesen sind, und die Zerreißung der Hauptverhandlung durch Pausen (insbesondere die Zerreißung der Beweisaufnahme) die gedächtnismäßige Festhaltung des Verhandlungsinhalts gefährden kann.

Das Gesetz duldet jedoch bis zur Urteilsfindung Pausen, deren Anfang und Ende innerhalb von 4 Tagen liegen, § 229, und zwischen Urteilsfindung und Urteilsverkündung eine Pause von 1 Woche, § 268. Derartige „Unterbrechungen" stehen also der Fortsetzung der Hauptverhandlung nicht entgegen.

Stellen sich dagegen längere Pausen ein, oder beschließt das Gericht solche („Aussetzung" der Hauptverhandlung, „Vertagung", vgl. § 228), so bedarf es (statt bloßer Anknüpfung) einer selbständigen neuen Hauptverhandlung, vgl. § 229 a. E.

Als Durchbrechung des Konzentrationsprinzips werden öfter die Fälle der „kommissarischen" Vernehmungen und Augenscheinseinnahmen, oben § 74 III, aufgefaßt („Antizipation von Teilen der Hauptverhandlung"). Die Eigentümlichkeit dieser Fälle ist aber nur die, daß die Urteilsrichter mittelbar auf einem Vorgang außerhalb

---

[1]) Soweit sie Hauptverfahrensfunktionen sind, mit Einschluß aber derjenigen, die das erkennende Gericht auch außerhalb der Hauptverhandlung ausüben kann (z. B. können Beschlüsse nach §§ 233, 223, 225, oben § 74 III, auch in der Hauptverhandlung gefaßt werden).

[2]) Es kann das Urteil also nicht, wie im Zivilprozeß, auf dem Inhalt mehrerer auseinanderliegender mündlichen Verhandlungen, die zusammengerechnet werden („Einheit der mündlichen Verhandlung"), aufgebaut werden. Die Abweichung der beiden Prozeßgattungen ist vornehmlich darin begründet, daß die Beweisaufnahme Bestandteil der Hauptverhandlung im Strafprozeß, nicht aber der mündlichen Verhandlung im Zivilprozeß ist, und daß in letzterem die Verhandlungsmaxime gilt.

der Hauptverhandlung fußen; die Hauptverhandlung selbst ist dagegen nicht zerrissen, da die Richter die kommissarischen Protokolle unmittelbar zugrunde legen, und deren Verlesung ein regulärer Vorgang in der Hauptverhandlung ist.

VII. Die Reihenfolge der Prozeßhandlungen legt das Gesetz dahin fest, daß nacheinander 1. als „Beginn" der Hauptverhandlung der Aufruf der Zeugen und Sachverständigen[1]); dann 2. die Vernehmung des Angeklagten „zur Person"[2]); 3. die Verlesung des Eröffnungsbeschlusses; 4. die Vernehmung des Angeklagten „zur Sache" (im Falle des § 233 an ihrer Stelle die Verlesung der früheren richterlich beurkundeten Aussage, § 233 III S. 2)[3]); 5. die Beweisaufnahme; 6. die Schlußvorträge der Parteien; 7. die Schlußentscheidung zu erfolgen haben, §§ 243, 244 I, 258 I, 260.[4])

VIII. Im einzelnen gilt (zu VII 5) für die Beweisaufnahme, abgesehen von dem allgemeinen Beweisrecht (oben §§ 58ff.), und von der Geltung von „Freibeweisrecht" für nur prozeßerhebliche Tatsachen[5]) (oben § 65), dagegen des „Strengbeweisrechts" (oben § 64) für prozeßgegenstandserhebliche Tatsachen, folgendes:

1. Das Gericht ist gehalten, die Beweisaufnahme auf sämtliche zur Stelle befindlichen persönlichen und sächlichen Beweismittel[6]) in den Grenzen des tatsächlich Möglichen und des rechtlich nicht Unzulässigen[7]) zu erstrecken, soweit sie (Zeugen und Sachverständige)

---

[1]) Falls solche geladen sind.

[2]) Sofern er zur Stelle ist.

[3]) 3 und 4 in Abwesenheit der Zeugen.

[4]) Diese Reihenfolge ist bindend vorgeschrieben; Abweichungen des Vorsitzenden können die Parteien beanstanden, § 238 II; Nichtwiderspruch der Parteien gegenüber der Abweichung macht diese nicht, wie **E. 24** 60, **53** 175 annehmen, zulässig. Wenn die Abweichung das Urteil beeinflussen würde, würde mit Erfolg Revision auf sie gestützt werden können; derartige Abweichungen werden freilich (zumal bei Nichtwiderspruch der Parteien) in der Praxis kaum vorkommen.

[5]) So daß z. B. der Strafantrag, ebenso (bei Ausbleiben des Angeklagten) die an ihn abgelassene Ladung, nicht verlesen zu werden braucht, der Wohnsitz des Angeklagten als zuständigkeitsbegründende Tatsache auf Grund uneidlicher Aussage des Justizwachtmeisters über eine durch Fernsprecher erhaltene Auskunft der Polizei festgestellt werden kann, usw.

[6]) Mit Einschluß der (in § 245 auch ausdrücklich aufgeführten) Sachverständigen; § 73 ist hier nicht anwendbar, Rosenberg, **DJZ. 31** 1701.

[7]) Deshalb z. B. Ausschaltung von Urkunden, deren Benutzung nach dem Unmittelbarkeitsprinzip verboten ist; ferner (oben IV) solcher Beweismittel, die nur für ein verhandlungsfremdes Beweisthema (oben IV) in Betracht kommen würden, vgl. **E. 1** 242, **R. 9** 322.

„geladen"[1]) bzw. (sächliche Beweismittel) ordnungsmäßig herbeigeschafft[2]) sind, und zwar (seit Novelle vom 27. Dez. 1926) auch wenn die Ladung bzw. sonstige Herbeischaffung erst während der Hauptverhandlung erfolgt ist, § 245 I S. 1 und 2.

Da aber Beweisaufnahmen ins Blaue hinein dem Gericht nicht zuzumuten sind, dieses auch von dem Beweisthema eine Vorstellung haben muß, um danach die rechtliche Zulässigkeit des Beweisakts zu beurteilen (insbesondere, um Beweisakte über jenseits der Aufgaben der Hauptverhandlung liegende Tatsachen zu vermeiden, oben S. 377 Anm. 7), muß behauptet werden, daß sich § 245 nur auf solche Beweismittel bezieht, für die das Beweisthema, sofern es sich nicht aus den Umständen ergibt, von einer der Parteien bezeichnet wird.

Die Verpflichtung des Gerichts entfällt

a) (seit Novelle vom 27. Dez. 1926) wenn „die Beweiserhebung zum Zwecke der Prozeßverschleppung beantragt ist", § 245 I S. 1.[3])

b) bei Verzicht beider Parteien, § 245 I S. 3.

c) in der amtsrichterlichen und der schöffengerichtlichen Hauptverhandlung bei Übertretungssachen, § 245 II.

2. Gemäß dem Grundsatz der materiellen Wahrheitserforschung hat das Gericht (gerade in der Hauptverhandlung ganz besonders) die Pflicht, alle in seinen Gesichtskreis tretenden Aufklärungsmöglich-

---

[1]) Einerlei, ob amtlich oder „unmittelbar"; vgl. oben § 74 II.

[2]) d. h. wenn entweder der Vorsitzende oder das Gericht die Herbeischaffung angeordnet hatte, oder wenn das Beweismittel sogar eigens für die Zwecke der Hauptverhandlung gerichtsamtlich in gesetzmäßiger Weise im Prozeß hergestellt ist (dies gilt für alle „kommissarischen" Protokolle gemäß §§ 223—225, außer wenn der betreffende Zeuge, Sachverständige oder Augenscheinsgegenstand in der Hauptverhandlung selbst zur Stelle ist; unbegründet die Einschränkung, die das RGer. in **HR. 3** 9 machen will); endlich wenn sich eine Partei rechtzeitig dem Gegner gegenüber auf das Beweismittel bezogen hat (Analogie des § 222).

[3]) Diese Bestimmung ist teils überflüssig, teils bedenklich. Ist das Beweisthema nicht erkennbar oder außer Zusammenhang mit dem Verhandlungsgegenstand, so scheidet das Beweismittel schon deshalb aus, oben **IV**; ist es aber erheblich und gegen das bisherige Beweismaterial gegenläufig, so ist die Beweiserhebung im Interesse der materiellen Wahrheitserforschung objektiv nützlich und deshalb nicht zu umgehen, auch wenn eine Partei subjektiv auf Prozeßverschleif abzielt. Am Platze ist die Beiseitelassung des Beweismittels wegen „Verschleppung" nur dann, wenn das Gericht das Beweisthema, für das es dienen soll, schon ohnehin für erwiesen ansieht; dann aber würde es richtiger gewesen sein, wenn das Gesetz eben diese objektive Überflüssigkeit (statt „Verschleppungszwecks") als Bedingung der Abstandnahme genannt hätte. Gar nicht in Betracht kommt der Gesichtspunkt der Verschleppung dann, wenn das Beweisthema unerheblich ist; auf Unerhebliches darf das Gericht gar nicht eingehen, oben S. 377 Anm. 7.

keiten v. A. w. aufzugreifen, daher innerhalb dieser Möglichkeit die Beweisaufnahme auch auf noch nicht zur Stelle befindliche, sowie auf zur Stelle befindliche, aber nicht „geladene" bzw. nicht „ordnungsmäßig herbeigeschaffte" Beweismittel zu erstrecken.

Diese Erweiterung der Beweisaufnahme steht zunächst beim Vorsitzenden, außer wenn sie eine „Aussetzung" der Hauptverhandlung (oben VI) nach sich zöge (alsdann Gerichtsbeschluß), § 244 II. Ordnet er sie an, so ist die Anordnung maßgebend, außer wenn sie auf Beanstandung hin vom Gericht als unzulässig außer Kraft gesetzt wird, § 238 II. Soweit er eine solche Anordnung nicht trifft, kann die Beweiserweiterung durch das Gericht beschlossen werden, § 244 III.

Hätte der Vorsitzende bei der Vorbereitung der Hauptverhandlung oder hätte das Gericht selbst einer Partei zugesagt, daß eine Beweiserhebung veranstaltet werden werde, so ist diese Zusage zu halten.[1])

3. Beweisanträge der Parteien, das sind Erklärungen, die, nach den obwaltenden Umständen ausgelegt[2]), den Sinn eines an das Gericht gerichteten Begehrens haben, dahingehend, das Gericht möge dies oder jenes konkret-individuelle Beweismittel zum Beweise für diese oder jene konkret-individuelle Tatsache heranziehen[3]), sind derart zu behandeln, daß, soweit ihnen nicht gemäß oben Ziff. 2 der Vorsitzende oder das Gericht stattgeben, ihre Ablehnung ausdrücklich durch einen vom Vorsitzenden mit Gründen zu verkündenden Gerichtsbeschluß ausgesprochen wird[4]), § 244 II, und

---

[1]) Vgl. oben § 42 II 2 a. E.

[2]) Vgl. oben § 47 II.

[3]) Wäre es auch so, daß das bezeichnete Beweismittel erst Aufschluß über weitere Beweismittel erbringen soll, die dann erst für das benannte Beweisthema selber in Betracht kommen (z. B. der Angeklagte möchte sich auf X als Entlastungszeugen berufen, kennt aber dessen Aufenthalt nicht und beantragt Einholung einer Auskunft der Polizei über den Aufenthalt des X). Das RGer. will derartige „Beweisermittelungsanträge" nicht als Beweisanträge gelten lassen. Aber richtig gesehen sind Beweisermittelungsanträge nur eine Unterart der Beweisanträge. (Gegen das RGer. Alsberg, Bennecke-Beling, Rosenfeld, Gerland.) Würde ein Beweisermittelungsantrag freilich nur dahin gehen, „irgendwelche" Ermittelungen nach dem Beweismittel anzustellen, so wäre er deshalb kein „Beweisantrag", weil er eben auf kein Beweismittel hinweist, was für jeden Beweisantrag erforderlich ist. Vgl. Beling, **JW. 54** 2783.

Bei Benennung einer Mehrheit von Beweismitteln tut es dem Wesen des Beweisantrags keinen Abbruch, wenn die Meinung die ist, daß nur eines, aber unbestimmt welches, Aufschluß gewähren werde.

[4]) Parteierklärungen, die keinen „Beweisantrag" darstellen, bedürfen dieser förmlichen Behandlung nicht (z. B. reine Anheimstellungen; unbestimmt gehaltene Hinweise auf die Möglichkeit eines Indizienbeweises). Die Pflicht,

zwar zeitlich so, daß die Urteilsfindung durch das Gericht erst erfolgen darf, nachdem der Ablehnungsbeschluß verkündet ist, und die Parteien das Wort darüber erhalten haben.[1])

Ob ein Beweisantrag abzulehnen ist, steht nur in amts- und schöffengerichtlichen Hauptverhandlungen in Übertretungssachen im Ermessen des Gerichts[2]), § 245 II. Im übrigen richtet sich die Zulässigkeit einer Ablehnung nach den allgemeinen beweisrechtlichen Grundgedanken. Danach ist[3]) eine Ablehnung keinesfalls um deswillen zulässig, weil

a) der Antrag verspätet sei, § 246;

b) die bisherige Beweisaufnahme schon das Gegenteil ergeben habe, die Sache in diesem Sinne „schon genügend aufgeklärt" sei oder weil (im Grunde auf dasselbe hinauslaufend) dem Beweismittel, auch wenn sich nach ihm das Beweisthema bestätige, nicht geglaubt werden werde; denn das wäre unzulässige Vorwegnahme der Beweiswürdigung hinsichtlich eines dem Gericht noch unbekannten Beweismittels und zugleich voreiliger Abschluß der Beweiswürdigung hinsichtlich der bisherigen Beweismittel, die möglicherweise bei Benutzung neuer Beweismittel ganz anders ausfallen würde.[4])

---

ihren Inhalt von Amts wegen aufzugreifen, bleibt aber für das Gericht gerade so bestehen, wie dieses z. B. auch die Mitteilung eines Zeugen, sein Freund X werde mehr als er zur Sache aussagen können, aufgreifen (also den X vernehmen) muß.

[1]) So die ständige Rechtsprechung des RGer. Hatte allerdings die Partei bei den Schlußvorträgen schon eine Urteilsfällung bestimmten Inhalts beantragt und nur für den Fall, daß das Gericht nicht ohnehin zu solchem Urteil komme, einen Beweisantrag hinzugefügt („Eventualbeweisantrag"), so kann der den letzteren ablehnende Gerichtsbeschluß mit dem Urteil (oder unmittelbar vor der Urteilsverkündung oder an diese anschließend) verkündet werden. So auch das RGer. — Vgl. Beling, **JW. 55** 1222; Mannheim, das. **56** 3063.

[2]) d. h. das Gericht ist bei Ablehnung der Notwendigkeit der Begründung enthoben. Unberührt bleibt die Amtspflicht des Gerichts, seinen Inhalt bei Sachdienlichkeit aufzugreifen.

[3]) Im einzelnen ist manches streitig.

[4]) So auch im Grundsatz das RGer., z. B. aus neuerer Zeit in **GA. 70** 333. In nicht überzeugender Weise will aber das RGer. Ausnahmen zulassen, z. B. für den Zeugenbeweis, wenn „dessen Wert mit Rücksicht auf bestimmte Umstände, insbesondere auf die Länge der inzwischen verflossenen Zeit, schon vorher abschließend beurteilt werden und sein gänzlicher Unwert sicher festgestellt werden kann", **E. 47** 100, 105; **54** 181. Hier zeigt gerade das gewählte Beispiel („Länge der verflossenen Zeit") die innere Unhaltbarkeit dieser Ansicht, denn „abschließend" läßt sich der „gänzliche Unwert" selbst einer Greisenaussage über Vorgänge aus frühester Jugend eben nicht beurteilen. Ebenso unhaltbar die häufig ausgesprochene reichsgerichtliche Billigung der Ab-

Die Ablehnung eines Beweisantrags ist vielmehr nur zulässig und geboten

a) wenn die Beweiserhebung gegen ein Beweisverbot verstoßen würde;

b) wenn das Gericht das Beweisthema schon ohnehin für dargetan hält oder als richtig „unterstellt", also das angebotene Beweismittel dafür überflüssig ist;

c) wenn das Beweisthema verhandlungsfremd („unerheblich") ist (vgl. oben IV);

d) wenn der Beweisantrag schon seinem eigenen Sinne nach ergibt, daß das Beweismittel unmöglich etwas für das Beweisthema abwerfen kann oder diese Unmöglichkeit in der Hauptverhandlung festgestellt wird[1]) —, „ungeeignetes Beweismittel"[2]);

e) wenn der Beweisantrag im Zusammenhalt mit dem gesamten Verhalten der Partei unverständlich, insbesondere widerspruchsvoll ist[3]);

f) wenn die beantragte Beweisaufnahme unausführbar ist (z. B. der Aufenthalt des zu vernehmenden Zeugen unbekannt und unermittelbar ist).

Zulässig, ohne geboten zu sein, ist die Ablehnung dann, wenn die Beweiserhebung zum Zwecke der Prozeßverschleppung beantragt ist.[4])

---

lehnung von Zeugen wegen ihrer Verwandtschaft oder sonstigen Interessengemeinschaft mit dem Angeklagten; dazu, die Glaubwürdigkeit beurteilen zu können, ist ja gerade die Vernehmung des Zeugen da. Auch wo es in der Macht des Gerichtes steht, den Zeugen unvereidigt zu lassen (vgl. § 58), oder der Eid verboten ist (§ 57), kann nichts anderes gelten.

[1]) z. B. wenn es sich um einen Zeugen handelt, der etwas „gesehen" haben soll, und dieser Zeuge nach dem eigenen Parteivorbringen damals blind war, oder seine Blindheit festgestellt wird; oder um einen Zeugen, der Vorgänge in der Seele eines Anderen bekunden soll (anders aber, wenn er eigene Wahrnehmungen usw. bekunden soll, die einen Rückschluß auf jene facta interna des Anderen eröffnen).

[2]) Vgl. **Beling**, **JW. 54** 2782; RGer. **GA. 69** 402.

[3]) Unverständlich ist z. B. auch ein Beweisantrag, wenn die Partei die „beantragte" Beweiserhebung gar nicht ausgeführt wissen will, oder sie weiß, daß die Beweiserhebung fehlschlagen oder ein wahrheitswidriges Ergebnis liefern wird. Eröffnet also das Verhalten der Partei in der Hauptverhandlung, oder eröffnen frühere, in der Hauptverhandlung festgestellte Äußerungen vor ihr einen derartigen Einblick in das Innere des Antragstellers, so ist Ablehnung statthaft. In diesem Sinne ist eine Ablehnung wegen „Nichternstlichkeit" statthaft. Vgl. oben §§ 42 **IV**, 48 **II** 2.

[4]) Es war zwar unrichtig, wenn die Praxis von jeher eine solche Zulässigkeit behauptete; **Ötker**, **JW. 55** 2760. Seit aber die Nov. vom 27. Dezember 1926 die Prozeßverschleppung in § 245 berücksichtigt hat, muß ein

Zulässig ist endlich, daß das Gericht im Umkreise derjenigen Beweismittel, die nicht individuell festgelegt sind, statt des angebotenen Beweismittels ein anderes heranzieht.[1])

IX. Über die Schlußvorträge (Plädoyers) der Parteien (oben VII 6) vgl. §§ 258, 259. Zulässig sind Erörterungen über den Tatsachenstoff sowie Rechtsausführungen und Anträge, alles dies in dem oben IV gekennzeichneten Rahmen. Eine Verpflichtung zum Schlußvortrag besteht nicht, auch nicht zur Stellung eines bestimmten Antrags[2]); wohl aber hat der Vorsitzende die Pflicht, die Parteien zum Wort zu verstatten.

Kraft seiner Leitungsgewalt steht es dem Vorsitzenden zu, das Gesamtthema der Schlußvorträge in Abschnitte zu gliedern (z. B. 1. prozessuale Seite; 2. Schuldfrage; 3. Straffrage usw.), so zwar, daß für jeden Abschnitt nach §§ 258, 259 zu verfahren ist.[3])

Mit Erledigung der Schlußvorträge ist der „Verhandlungsschluß" (im engeren Sinne: die Hauptverhandlung selbst dauert bis zur Verkündung der Entscheidung einschließlich fort) eingetreten. Er steht aber einem Wiedereintritt in die Verhandlungen (mit Einschluß der Beweisaufnahmen) nicht entgegen, bedeutet keine „Präklusion"; die Parteien können ihre Parteirechte immer noch ent-

---

Argum. a fortiori Platz greifen: wenn der Verschleppungszweck sogar einen titulus dafür abgibt, greifbar zur Stelle befindliche Beweismittel auszuschalten, dann erst recht dafür, den mit einer Beweiserweiterung verbundenen Zeitverlust zu vermeiden. Da aber in diesen Fällen die Versuchung, Verschleppungsabsichten zu wittern, besonders groß sein wird, ist die Bedenklichkeit dieser Regelung (oben S. 378 Anm. 3) besonders zu betonen.

[1]) z. B. statt des im Beweisantrage genannten Sachverständigen X den Sachverständigen Y, vgl. § 73. Ferner kann das Gericht, statt einem Augenscheinbeweisantrag zu folgen, einen Zeugen über die Beschaffenheit der Sache vernehmen, vgl. oben § 64 III (erst recht natürlich umgekehrt).

Unrichtig aber die Meinung, das Gericht brauche Sachverständigen- und Augenscheinbeweisanträgen überhaupt nicht zu folgen. Vgl. Beling, **ZStW. 38** 623, **JW. 54** 796; Gerland, **GS. 69** 289.

[2]) Die Anträge sind Urteils- (oder Beschluß-) Vorschläge, über die das Gericht hinausgehen kann, vgl. oben § 33 I. Ein „Fallenlassen der Anklage" kommt für den Staatsanwalt gemäß § 156 nicht mehr in Frage. Würde sich der Staatsanwalt dieser Redewendung bedienen, so wäre sie im untechnischen Sinne = Antrag auf Freisprechung zu verstehen, den das Gericht auch mit Verurteilung beantworten kann. Nicht empfehlenswert ist es, den auf Verurteilung zu Strafe gehenden Antrag des Staatsanwalts „Strafantrag" zu nennen, da dieser Ausdruck für den grundverschiedenen Antrag des Verletzten usw. nach § 61 StGB. eingebürgert ist.

[3]) Diese in der Praxis noch nicht übliche, aber oft sehr zweckmäßige Gliederung ist nicht bloß (Brandt, **JW. 54** 2721) de lege ferenda erwünscht, sondern auch schon de lege lata zulässig.

halten, das Gericht ist v. A. w. verpflichtet, die Verhandlung bei Hervortreten von Sachdienlichem zu erneuern.[1]) Insbesondere ist, wenn sich in der Beratung, in die das Gericht zum Zwecke der Schlußentscheidung eingetreten war, ergibt, daß die Sache noch nicht zur Schlußentscheidung reif ist[2]) und der Mangel durch Fortsetzung (wäre es auch mit „Unterbrechung", oben VI) der Hauptverhandlung behebbar ist, von Schlußentscheidung abzusehen und — ohne Formalakt — die Verhandlung wieder aufzunehmen. In jedem Falle bedarf es alsdann der Neuverstattung der Parteien zu Schlußvorträgen nach Maßgabe der §§ 258, 259.

bb) Die Schlußentscheidung. § 76.

Traut, Der Verweisungsbeschluß des § 270 StPO. auf den verschiedenen Prozeßwegen, **GS. 57** 309; derselbe, **GS. 59** 193; Ötker, **GA. 47** 321; Gneist, Vier Fragen zur deutschen Strafprozeßordnung 1874, S. 99ff.; Meves, **GA. 38** 94, 253 (Was will der § 264 StPO.?).

I. Eine Schlußentscheidung (oben § 75 VII 7) fällt u. U. hinweg (so, wenn äußere Ereignisse die Fortführung der Hauptverhandlung unmöglich machen — z. B. in Kriegszeiten eine einschlagende feindliche Fliegerbombe — oder den Prozeß von selbst beendigen — z. B. Tod des Angeklagten). Im übrigen ergeben sich für die Schlußentscheidung[3]) folgende Möglichkeiten:

1. Formalentscheidungen:

a) prozeßerledigend: Einstellung des Verfahrens.

b) laufend: aa) Einstellung nur des Hauptverfahrens als solchen; bb) Verweisung der Sache an ein anderes Gericht; cc) vorläufige Einstellung; dd) Aussetzung der Hauptverhandlung (Vertagung).

2. Sachurteil [a) vollerledigendes; b) mit Vorbehalt = beschränkte Einstellung des Verfahrens (vgl. oben § 50 V 2)].

II. 1. Ein Sachurteil hat nur zu ergehen, wenn

a) alle Sachurteilsvoraussetzungen vorliegen, d. h.

das Verfahren selbst zulässig ist,

---

[1]) Vgl. RGer. und Ötker, **JW. 55** 1215; Beling, Bayr. Ztschr. f. RPfl. **12** 21.

[2]) z. B. es bedarf noch der Beweiserweiterung, oder es ist ein Prozeßverstoß begangen, der erst noch der Heilung (oben § 48 IV) durch Genehmigung, Verzicht auf Rügerecht usw. bedarf oder die Wiederholung eines Prozeßvorgangs erforderlich macht.

[3]) Über deren Findung durch Beratung und Abstimmung vgl. oben § 53. Über die Frage: Urteil oder Beschluß? oben §§ 50 V, 51 IV 1.

die Sache in das Hauptverfahren eingetreten ist[1]) und noch in diesem schwebt,

und die Hauptverhandlung ordnungsgemäß und erschöpfend durchgeführt ist;

und b) in den Sonderfällen, in denen das Gericht zur Abstandnahme von einem Sachurteil im konkreten Falle ermächtigt ist, kein Grund für solche Abstandnahme gegeben ist.

2. Soweit es hiernach nicht zu einem Sachurteil kommt, ist zu unterscheiden:

a) Einstellung des Verfahrens ist auszusprechen, wenn letzteres unzulässig, oder wenn es zwar zulässig ist, das Gericht aber von seiner Ermächtigung, aus besonderen Gründen einzustellen (vgl. § 153, dazu oben § 73 I 4) Gebrauch macht.

b) Einstellung nur des Hauptverfahrens als solchen ist auszusprechen, wenn das Verfahren zwar zulässig begonnen hat (also insbesondere eine Klage erhoben ist), der Prozeß aber nicht in das Hauptverfahren gelangt ist. Hier bleibt das Verfahren anhängig, der Prozeß kehrt in die Lage nach Klageerhebung zurück.[2])

c) Vorläufige Einstellung des Verfahrens (also Stillstellung der Fortführung ohne Beendigung der Rechtshängigkeit) ist auszusprechen, wenn das Verfahren zulässig ist, aber Stillstellungsgründe im Sinne der §§ 154, 205 bestehen, vgl. oben § 73 I 2b.

d) Aussetzung der Hauptverhandlung hat zu erfolgen, wenn das Verfahren zulässig und im Stadium des Hauptverfahrens befindlich ist, aber die Hauptverhandlung nicht ordnungsmäßig oder nicht erschöpfend durchgeführt ist und der Mangel nicht durch Verlängerung der im Zuge befindlichen Hauptverhandlung behoben werden kann (vgl. oben § 75 IX a. E.).

e) Verweisung an ein anderes Gericht (also Umschiebung des Prozesses und des Hauptverfahrens unter Fortbestand der Rechtshängigkeit) hat zu erfolgen, wenn das Sachurteilshindernis nur darin besteht, daß die Sache die sachliche Zuständigkeit des Gerichts überschreitet, § 270 [z. B. wenn in der Hauptverhandlung vor dem

---

[1]) Also in der Regel (Ausnahme §§ 212, 266) ein Eröffnungsbeschluß erlassen ist.

[2]) Beispiel: Der Staatsanwalt hatte gegen A und B Anklage erhoben, das beschließende Gericht hat aber nur gegen A Eröffnungsbeschluß erlassen und in Ansehung des B versehentlich gar nichts beschlossen; wenn dann, wiederum versehentlich, die Hauptverhandlung gegen beide Angeschuldigten abgehalten worden ist, so ist, soweit es sich um die Strafsache gegen B handelt, Einstellung des Hauptverfahrens geboten, doch aber eben nur des Hauptverfahrens, nicht des Prozesses überhaupt.

Schöffengericht die bisher als Totschlag auf Provokation (StGB. § 213) aufgefaßte Tat als Mord (Schwurgerichtssache) erscheint]. Dieser sog. Unzuständigkeitsbeschluß bedeutet einen Eröffnungsbeschluß für das neu zu befassende erkennende Gericht, § 270 II.[1]) Er ist auch sonst wie ein Eröffnungsbeschluß zu behandeln, § 270 II—IV, soweit nicht sein Hervorwachsen aus einer Hauptverhandlung Abweichendes bedingt.[2])

III. Für das Sachurteil ist insbesondere folgendes zu beachten:

1. Das Gericht darf lediglich denjenigen Prozeßgegenstand aburteilen, der durch Klage und (regelmäßig — abgesehen von §§ 212, 266) Eröffnungsbeschluß an es gelangt ist, § 264 I.[3])

Handelt es sich also um mehrere Taten desselben Angeklagten (Realkonkurrenzfall), so stehen nur diejenigen von ihnen zur Ent-

---

[1]) Deshalb ist er nicht zu erlassen, wenn die Hauptverhandlung keinen hinreichenden Verdacht dafür ergeben hat, daß die Tat unter den zuständigkeitüberschreitenden Gesichtspunkt falle. Umgekehrt sind die Beweiserhebungen auch nur so weit auszudehnen, bis sich solcher hinreichende Verdacht ergibt. Ferner kann der Verweisungsbeschluß nur auf Verweisung an ein in gerader Linie vorgeordnetes höheres Gericht lauten; es kann also z. B. der Amtsrichter in München an das dortige Schöffengericht, an das dortige Schwurgericht und an das Reichsgericht verweisen, nicht aber z. B. an das Schwurgericht Berlin. Fände der Amtsrichter München die Zuständigkeit des Schwurgerichts Berlin begründet, so hätte er das Verfahren einzustellen. Dies ergibt sich daraus, daß sogar ein oberes Gericht das Hauptverfahren nur vor den ihm untergeordneten Gerichten eröffnen kann, vgl. oben § 73 I 2 a Anm. 1.

[2]) Vgl. z. B. § 35 gegen § 215 (Bekanntmachung durch Verkündung statt durch Zustellung).

[3]) § 264 I spricht nur von der „Anklage". Mitgemeint ist aber auch die als „Antrag auf Voruntersuchung" erhobene Klage in den Fällen, in denen der Staatsanwalt nachher keine Anklage erhoben, sondern Außerverfolgungsetzung des Angeschuldigten beantragt, das Gericht aber das Hauptverfahren eröffnet hat (die nachträgliche Anklageschrift nach § 208 I ist in diesen Fällen nicht maßgebend; würde sie über den Prozeßgegenstand der Klage und des Eröffnungsbeschlusses hinausgreifen, so hätte sich die Aburteilung auf den hinzugefügten Prozeßgegenstand nicht zu erstrecken). Ferner ist der bloße Klagegegenstand nur in den Fällen § 212, 266 auch ohne weiteres Aburteilungsgegenstand (auch hier nur, wenn nicht Ablehnung der Klage erfolgt ist); im übrigen muß der Klagegegenstand, um Aburteilungsgegenstand zu werden, erst durch Eröffnungsbeschluß aufgenommen sein. Würde sich die Klage auf 2 Taten bezogen haben, aber nur wegen einer von diesen das Hauptverfahren eröffnet worden sein (sei es infolge eines Übersehens, sei es so, daß in bezug auf die andere Tat sogar ein Nichteröffnungsbeschluß ergangen ist), so würde sich die Aburteilungsaufgabe des Gerichts lediglich auf die erstere Tat erstrecken. Der Text des § 264 I ist somit mehrfach ungenau.

Unmittelbar aus § 264 I ergibt sich, daß ein Prozeßgegestand, den der Eröffnungsbeschluß über den Klagegegenstand hinausgreifend hinzugefügt hat, von der Aburteilung ausgeschlossen bleiben muß.

scheidung, die von vornherein durch Klagenverbindung oder nachträglich durch gerichtlichen Verbindungsbeschluß zusammengefaßt worden oder wenigstens durch (nicht abgelehnte) Zusatzklage nach § 266 hinzugefügt worden sind.

Außerhalb der Aburteilung bleiben ferner Taten anderer Personen als derjenigen, gegen die Klage und Eröffnungsbeschluß (in den Fällen des § 212 Klage und Nichtablehnung) vorliegen.[1])

2. Das Gericht hat diesen Prozeßgegenstand umfassend zu erledigen, wobei es sowohl dem Tatsachenmaterial wie auch der rechtlichen Würdigung, von denen Klage und Eröffnungsbeschluß ausgegangen waren, völlig frei gegenübersteht, vgl. § 264 I („wie sie sich nach dem Ergebnisse der Verhandlung darstellt"), § 264 II. Es findet jede Verschiebung Eingang, die die Identität des Prozeßgegenstandes unberührt läßt, vgl. oben § 28 II, III. Der Angeklagte ist also z. B., wenn sich Diebstahl an einem Hundertmarkschein ergeben hat, auch dann in diesem Sinne zu verurteilen, wenn zuvor die Tat als Diebstahl an einem Zwanzigmarkschein aufgefaßt worden war, oder wenn sie als Unterschlagung aufgefaßt worden war.[2]) Er ist ferner, wenn sich ein aus 10 Einzelakten bestehendes fortgesetztes Delikt ergeben hat, auch dann in diesem Sinne zu verurteilen, wenn die Klage und der Eröffnungsbeschluß nur einen dieser unselbständigen Einzelakte erwähnt hatten. Es hat weiter Verurteilung wegen Idealkonkurrenz zu ergehen, wenn diese vorliegt, auch wenn einer der ideell-konkurrierenden Gesichtspunkte erst neu hervorgetreten ist[3]) usw.

Diese Befugnis (und gegebenenfalls Verpflichtung) des Gerichts zur Abweichung von der Richtung, die die Klage genommen hatte,

---

[1]) Auch dann darf in einem Verfahren, das z. B. gegen X allein schwebt, keine Aburteilung des Y ergehen, wenn eine Tat des Y mit festgestellt werden muß, um die Tat des Y würdigen zu können. So muß im Prozeß gegen X als Anstifter festgestellt werden, ob Y, den er zu seiner Tat angestiftet haben soll, die strafbare Haupttat begangen hat; gleichwohl hat das Gericht diese Feststellung lediglich im Syllogismus des Urteils gegen X (ohne Rechtskraftfähigkeit) zu verwerten, und darf den Y weder verurteilen noch freisprechen. Eine Straffreierklärung beider Teile nach §§ 199, 233 StGB. darf nur dann erfolgen, wenn das Verfahren gegen beide geht; im anderen Falle darf das Gericht zwar von „Kompensation" Gebrauch machen, aber nur so, daß es den Einen (den Angeklagten) für straffrei erklärt, und die von dem anderen begangene Gegentat nur als Entscheidungsgrund dabei verwertet. Vgl. oben §§ 26 I 2, 56 II 1.

[2]) Über § 265 vgl. unten 4a.

[3]) Über den auch hier einschlägigen § 265 s. unten 4a.

wird häufig — wenig empfehlenswert[1]) — als Befugnis (bzw. Verpflichtung) zur „Klageänderung" bezeichnet.

Jenseits der Aburteilung sind nur solche Ausschnitte des Prozeßgegenstands zu lassen, hinsichtlich deren eine Ausnahme von dem Grundsatz der Unspaltbarkeit des Prozeßgegenstands Platz greift (vgl. oben § 28 IV). Insbesondere ist, soweit die Tat als Antragsdelikt in Frage kommt und es an einem Strafantrag fehlt, der Prozeßgegenstand nur qua Offizialdelikt sachlich abzuurteilen, im übrigen „Einstellung des Verfahrens" geboten, § 260 II, oben § 51 IV 1.

3. Soweit ein Prozeßgegenstand gemäß Ziff. 2 Sachurteilsgegenstand ist, hat ihn das Sachurteil immer ganz und auf einmal zu erfassen; Teilurteile (die ihn stückweise hintereinander erledigen würden) sind ausgeschlossen, vgl. oben § 40 II 2. Wäre also ein Teil des Aburteilungsgegenstandes an sich sachurteilsreif, so ist gleichwohl kein Sachurteil zu erlassen, sondern für den ganzen Aburteilungsgegenstand diejenige Entscheidung zu treffen, die an sich nur für den anderen Teil geboten ist.[2]) Ein fälschlicherweise erlassenes Teilurteil würde mit seiner Rechtskraft die Vollerledigung des Falles abschneiden (oben § 56 II 2 a).

Waren mehrere Prozeßgegenstände (hinsichtlich desselben oder hinsichtlich verschiedener Angeklagten) Gegenstand der Hauptverhandlung, so ist deren Auseinanderlegung zum Zwecke getrennter Aburteilungen dagegen statthaft.

---

[1]) Denn durch das Urteil ändert sich an der Klage gar nichts. Denkt man — in zivilprozessualischer Weise — bei „Klageänderung" an ein änderndes Verhalten des Klägers selbst, so kann man zwar für den Strafprozeß sagen, daß eine unbeschränkte Klageänderungsfreiheit besteht; da aber der Strafklage von vornherein nur die Funktion zukommt, den konkreten Prozeßgegenstand zu individualisieren, nicht aber ihn nach Maßgabe von „Klagegrund" und „Klageantrag" zu begrenzen, so ist ein klägerischer Standpunktswechsel in Ansehung von „Grund" oder „Antrag" weder für das Gericht erforderlich, um von § 264 Gebrauch machen zu können, noch nötigt er das Gericht dazu, ihm zu folgen.

[2]) Beispiele: Der des fortgesetzten Diebstahls Angeklagte erscheint schon eines der Diebsgriffe überführt, während die Fortsetzungshandlungen weitere Beweiserhebungen erforderlich machen; oder es hat sich zwar schon ergeben, daß die Tat des Angeklagten keine strafbare Erpressung darstellt, aber es bleibt noch Beweismöglichkeit, daß sie als Betrug strafbar ist; hier lediglich Aussetzungsbeschluß. Oder: Das mit einer Landesverratsanklage befaßte Schwurgericht findet, daß hinreichender Verdacht des Hochverrats gegen das Reich (Reichsgerichtszuständigkeit) gegeben ist; hier lediglich Verweisung der ganzen Angelegenheit an das Reichsgericht (nicht auch ein freisprechendes oder verurteilendes Urteil hinsichtlich der Tat in ihrer Eigenschaft als Landesverrat).

4. Für den Inhalt des Sachurteils sind an sich nur der Ausfall der Beweisaufnahme und das anzuwendende materielle Recht maßgebend. Es gibt jedoch Urteilsinhalte, für die dem Gericht der Weg versperrt ist, wenn und solange die Hauptverhandlung nicht in besonderer Weise gestaltet ist, die also an besondere „Urteilsqualitätsvoraussetzungen" geknüpft sind (vgl. oben § 50 II). So ist

a) eine Verurteilung auf Grund eines anderen als des im Eröffnungsbeschluß angeführten Strafgesetzes oder unter Anwendung von Straferhöhungsgründen, die erst in der Verhandlung hervorgetreten sind, nur statthaft, wenn der Angeklagte zuvor auf die Veränderung des rechtlichen Gesichtspunkts besonders hingewiesen und ihm Gelegenheit zur Verteidigung gegeben worden ist, § 265 I, II, und auch den Vorschriften in § 265 III, IV genügt worden ist (§ 265: der „Nichtüberrumpelungsparagraph").

b) Für die Feststellung einer Tatsache im Urteilssyllogismus und somit für die daraus abgeleiteten Urteilsinhalte ist Voraussetzung, daß das betr. Beweisthema Gegenstand der „Verhandlung" gewesen ist; denn der Urteilsinhalt ist aus dem „Inbegriff der Verhandlung" (§ 261), dem „Ergebnis der Verhandlung" (§ 264 I) zu schöpfen. Dem Verhandlungserfordernis ist genügt, wenn die Parteien nach dem gesamten Gange der Verhandlung damit rechnen mußten, daß die betr. Tatsache vom Gericht als festgestellt behandelt werden könne, nicht aber, wenn ein Hinweis auf sie so wenig vorlag, daß sich die spätere Feststellung als Überrumpelung darstellen würde (z. B. bei bloßen fernliegenden Folgerungen aus den Bekundungen der Aussagepersonen).[1]

c) Hat sich das Gericht in der Hauptverhandlung beschlußmäßig auf einen bestimmten Standpunkt festgelegt (in tatsächlicher oder rechtlicher Hinsicht), so ist jeder Urteilsinhalt ausgeschlossen, für den vom gegenteiligen Standpunkt ausgegangen wird. Hatte z. B. der Angeklagte einen Beweisantrag darauf gerichtet, daß er eine Erbschaft gemacht habe, und hat das Gericht diesen Antrag abgelehnt, weil diese Tatsache unerheblich sei oder weil sie als richtig unterstellt werde, so ist jedes Urteil unstatthaft, dem die Feststellung zugrunde liegt, daß der Angeklagte die Erbschaft nicht gemacht habe.[2]

Wenn es an einer Urteilsqualitätsvoraussetzung fehlt, so steht zwar dem Erlaß eines Urteils mit einem von dieser Voraussetzung

---

[1] Darauf läuft auch RGer. **JW. 55** 1216 (mit Anmerkungen von Mannheim und Mamroth) hinaus; nur führt das RGer. den Satz auf den hier nicht recht passenden § 265 IV zurück.

[2] Vgl. z. B. RGer. **JW. 55** 1247.

nicht berührten Inhalt nichts entgegen (z. B. im Falle a: Freisprechung). Kommt aber der zunächst noch verbotene Inhalt in Frage, so hat das Gericht zu a und b v. A. w. den noch fehlenden Prozeßvorgang nachzuholen[1]), zu c entweder den früheren Beschluß umzustoßen oder ihm den Urteilsinhalt anzupassen.

IV. Mit dem Abschluß der Verkündung der Entscheidung ist der Schluß der Hauptverhandlung gegeben; eine Rückgängigmachung und ein Wiedereintritt in die Verhandlung ist nur möglich, wenn die verkündete Entscheidung widerruflich ist (z. B. Vertagungsbeschluß), also namentlich nicht bei Urteilen.[2])

Anhang:

Die schwurgerichtliche Hauptverhandlung des früheren Rechts.[3]) § 77.

Die Prinzipien des braunschweigischen Strafprozesses, drei gutachtliche Berichte des Herzogl. Obergerichts Wolffenbüttel. Heinze, **GA. 13** 616, **14** 1; Die Rechtsfindung im Geschworenengericht, Anl. 5 zu den Motiven des Entwurfs einer deutschen StPO.;

---

[1]) Je nachdem unter Wiedereintritt in die Verhandlung oder unter Aussetzung der Hauptverhandlung. Wenn der Angeklagte nicht anwesend ist, und deshalb dem § 265 (Hinweisung auf die Veränderung des rechtlichen Gesichtspunkts) nicht sofort genügt werden kann, so muß, wenn unter dem neuen Gesichtspunkt eine Abwesenheitsverhandlung ausgeschlossen ist, die Fortsetzung der Hauptverhandlung oder die neue Hauptverhandlung in Gegenwart des Angeklagten stattfinden. Ändert sich unter dem neuen Gesichtspunkt die bisher bestehende Zulässigkeit einer Abwesenheitsverhandlung nicht, so kann sich das Gericht in den Fällen des § 232 mit einer auf den neuen Gesichtspunkt umgestellten neuen Ladung, in den Fällen des § 233 mit kommissarischer Vernehmung des Angeklagten in bezug auf den neuen Gesichtspunkt begnügen.

[2]) Dagegen kann die Abschlußwirkung nicht schon dem Beginn der Urteilsverkündung beigelegt werden; Beling, Bayr. Ztschr. f. RPfl. **12** 21; **E. 57** 142, **59** 421. Nach Ötker, Gött. Gelehrte Anz. 1898, S. 621, tritt der Abschluß mit Verkündung der Urteilsformel ein.

[3]) Die vormalige schwurgerichtliche Hauptverhandlung hat die Allgemeinerkenntnis des Strafprozeßrechts wesentlich befruchtet. Zahlreiche Probleme erfuhren in der Sonderanwendung auf sie eine besonders scharfe Beleuchtung. Das Schrifttum und die Rechtsprechung über sie bieten auch nach ihrem Wegfall ein unmittelbar verwertbares Gedankenmaterial. Besonders lehrreich war die schwurgerichtliche „Fragestellung" (unten II, vgl. Bennecke-Beling, Lehrbuch, §§ 124, 125). Der Vorsitzende wird auch heute noch, obwohl er einen förmlichen „Fragebogen" nicht auszuarbeiten braucht, den Fragebogen des alten Schwurgerichts (unter Vermeidung gewisser gesetzlicher Mißgriffe im Punkte der sog. „Nebenfragen") mit Vorteil vor Augen haben.

H. Meyer, Tat- und Rechtsfrage im Geschworenengericht 1860; Glaser, Schwurgerichtliche Erörterungen² 1875; v. Bar, Recht und Beweis im Geschworenengericht 1865; Binding, Die drei Grundfragen zur Organisation des Strafgerichts 1876; Dalcke, Fragestellung und Verdikt im schwurgerichtlichen Verfahren² 1898; Bischoff, **GA. 42** 349, **46** 1; Freudenstein, **GA. 33** 369; Ötker, **GA. 48** 321; Kalau v. Hofe, Der Vorsitz im Schwurgericht² 1912; Ötker, Das Verfahren vor den Schwur- und Schöffengerichten 1907; Lazarus, Die sog. Schuldausschließungsgründe usw., erörtert an dem Verfahren vor dem Schwurgericht 1911; Ötker, Die Formulierung der Schwurgerichtsfragen, **GS. 64** 55; Görres, Der Wahrspruch der Geschworenen und seine psychologischen Grundlagen, in den Jurist.-psychiatr. Grenzfragen **1** (1903); Feddersen, Das Schwurgericht 1907; Mittermaier-Liepmann, Schwurgerichte und Schöffengerichte 1908—1910.

Bis zu der Reform von 1924 kannte die StPO. (§§ 276—317 alter Zählung) für die schwurgerichtliche Hauptverhandlung eine besondere Gestaltung. Diese war dadurch bedingt, daß das alte Schwurgericht aus 2 Körpern — dem „Gerichtshof" (= der Berufsrichterbank) und der „Geschworenenbank" — bestand, deren jeder seinen eigenen Aufgabenkreis hatte: die Geschworenenbank die Beantwortung der Schuldfrage und der Frage nach „mildernden Umständen"; der Gerichtshof die Beantwortung aller Prozeßfragen und aus dem Umkreise der Prozeßgegenstandsfrage die Beantwortung der Straffrage mit Ausnahme der mildernden Umstände, sowie die der Anhangsfragen (nichtkriminelle Maßregeln usw.).[1])

I. Der Augenblick, in dem mit der eigentlichen Verhandlung zu beginnen gewesen wäre, fand das erkennende Gericht noch nicht fertig gebildet vor, insofern, als bis dahin die 12 Geschworenen, die — als „Geschworenenbank" — zu richterlicher Tätigkeit berufen sein sollten, noch nicht individuell bestimmt waren. Es lag nur eine — für die betreffende Schwurgerichtsperiode insgesamt bestimmte — auf 30 Namen lautende „Spruchliste" der Geschworenen vor. Deshalb begann die Hauptverhandlung mit der „*Bildung der Geschworenenbank*". Der Vorsitzende loste Namen für Namen aus der Spruchliste aus; die Parteien konnten zusammen so viel Geschworene, wie über 12 anwesend waren, und zwar jede von ihnen

---

[1]) Das Schwurgericht war aus dem französischen Recht („Assises, Jury") in das deutsche übernommen worden. Dort war ursprünglich die Funktionenteilung die gewesen, daß (hinsichtlich der Schuldfrage) die Geschworenen nur den „Tatfrage"-Bestandteil (als „juges du fait"), die Berufsrichter (als „juges du droit") den „Rechtsfrage"-Bestandteil zu beantworten hatten. Diese Auseinanderlegung hatte praktische Schwierigkeiten im Gefolge; man entschloß sich daher, den Geschworenen ungeachtet ihrer Rechtsfremdheit auch die juristische Beurteilung des Falles anzuvertrauen.

die Hälfte der auf sie zusammen entfallenden Zahl, ablehnen (ohne Angabe von Gründen und ohne Prüfung, ob solche gegeben); bei jedem aufgerufenen Namen hatten sie sich mit „Angenommen" oder „Abgelehnt" zu äußern; das Auslosungsverfahren wurde so lange fortgesetzt, bis 12 Geschworene beiderseitig angenommen oder nicht mehr ablehnbar waren.

II. An die Beweisaufnahme hatte sich die Fragestellung an die Geschworenen anzuschließen, verkörpert in einem vom Vorsitzenden entworfenen und den Geschworenen einzuhändigenden Fragebogen.

Für jeden Prozeßgegenstand war mindestens eine Frage zu formulieren, nämlich die „Hauptfrage", d. i. die Schuldfrage mit der juristischen Würdigung wie sie der Eröffnungsbeschluß bot. Trat die Möglichkeit auf, daß statt dieses rechtlichen Gesichtspunktes ein anderer Platz zu greifen habe, so traten zu der Hauptfrage eine oder mehrere „Hilfsfragen" hinzu. Die Reihenfolge dieser Fragen ging je nach der Schwere von oben nach unten; untereinander waren sie verbunden durch die Übergangsworte: „für den Fall der Verneinung der vorigen Frage".[1]) „Für den Fall der Bejahung" einer Haupt- oder Hilfsfrage war gegebenenfalls eine „Nebenfrage" wegen mildernder Umstände hinzuzufügen.

Es lautete z. B. in einer Sache, in der wegen Totschlags eröffnet worden war, der Fragebogen folgendermaßen[2]):

1. (Hilfsfrage): Ist der Angeklagte schuldig, am 4. Dezember 1927 in Berlin einen Menschen, nämlich den N. N., vorsätzlich getötet und die Tötung mit Überlegung ausgeführt zu haben?

2. (Hauptfrage): Für den Fall der Verneinung der Frage 1: Ist der Angeklagte schuldig, am 4. Dezember 1927 in Berlin einen Menschen, nämlich den N. N., vorsätzlich getötet und die Tötung nicht mit Überlegung ausgeführt zu haben?

3. (Nebenfrage): Für den Fall der Bejahung der Frage 2: Sind mildernde Umstände vorhanden?

4. (Hilfsfrage): Für den Fall der Verneinung der Fragen 1 und 2: Ist der Angeklagte schuldig, am 4. Dezember 1927 in Berlin vorsätzlich einen Anderen, nämlich den N. N., körperlich gemißhandelt zu haben mit der Folge, daß durch die Körperverletzung der Tod des Verletzten verursacht worden ist?

---

[1]) d. h. die Geschworenen hatten sie im Falle der Bejahung der vorhergehenden Frage unbeantwortet zu lassen.

[2]) Vgl. §§ 211, 212, 213, 226 (mit 223), 228 StGB.

5. (Nebenfrage): Für den Fall der Bejahung der Frage 4: Sind mildernde Umstände vorhanden?

In teilweise unlogischer und abwegige Ergebnisse ermöglichender Weise erlaubte (zum Teil sogar: gebot) das Gesetz aber auch die Heraussplitterung gewisser Haupt- oder Hilfsfrage-Elemente und deren Abfragung durch eine nachfolgende Nebenfrage (nämlich: die Strafmündigkeit bei Jugendlichen und Taubstummen; Straferhöhungs- und Strafminderungsgründe; Strafaufhebungsgründe).[1])

III. Es folgten — in Begrenzung auf die in dem Fragebogen enthaltenen Fragen — die Schlußvorträge der Parteien, sodann eine Rechtsbelehrung des Vorsitzenden an die Geschworenen (ohne Stellungnahme zu dem Ausfall der Beweisaufnahme), die von keiner Seite einer Erörterung unterzogen werden durfte und für die Geschworenen nicht bindend war.

IV. Demnächst Beratung und Abstimmung der Geschworenen ganz unter sich („Konklave"); Eintragung der in der Abstimmung erzielten Antworten zu den einzelnen Fragen in den Fragebogen durch den Geschworenen-Obmann, und zwar so, daß bei den dem Angeklagten nachteiligen Antworten das Stimmenverhältnis (aber nicht mit absoluten Zahlen, z. B. 9:3, sondern nur so anzugeben war, daß ersichtlich wurde, ob die gesetzlich erforderliche Stimmenmehrheit gewahrt war) mit anzugeben war, im übrigen aber schlichtes „Ja" oder „Nein" vorgeschrieben war[2]); weiter „Kundgebung" des gesamten „Spruchs" („Verdikts") durch den Ob-

[1]) Die Geschworenen wurden z. B. hinsichtlich der Tat eines Jugendlichen zuerst gefragt, ob der Angeklagte schuldig sei, und für den Fall der Bejahung, ob er auch strafmündig gewesen sei. Das konnte dahin führen, daß der Angeklagte verurteilt werden mußte, obwohl z. B. nur 4 (gegen 8) Geschworene ihn verurteilt wissen wollten. Beispiel: Die Geschworenen waren dreifach geteilter Auffassung; die ersten 4 hielten ihn für überführt und strafreif; die zweiten 4 für überführt, aber nicht für strafreif; die letzten 4 für strafreif, aber nicht für überführt. Da die Auseinanderlegung der Fragen natürlich bedeutete, daß die erste Frage („Ist der Angeklagte schuldig, . . .") nur unter Ausscheidung der (ja erst in die Nebenfrage verwiesenen) Frage nach der Strafreife beantwortet werden sollte, so wurde zunächst mit den Stimmen der ersten und der zweiten Gruppe (8:4) die Schuldfrage bejaht, dann ebenso mit den Stimmen der ersten und der dritten Gruppe die Strafmündigkeit; es kam also statt zu der gebotenen Freisprechung zur Verurteilung!

[2]) Also z. B., wenn der Fragebogen so lautete, wie S. 391:
Zu Frage 1: „Nein."
Zu Frage 2: „Ja mit mehr als 7 Stimmen."
Zu Frage 3: „Ja."

mann in der Hauptverhandlung, aber in Abwesenheit des Angeklagten.

V. Den kundgegebenen Spruch prüfte der Gerichtshof daraufhin, ob er „in der Form vorschriftsmäßig", „vollständig", „deutlich" und „widerspruchslos" war. Fehlte es hieran, so wurde ein „Berichtigungsverfahren" angeordnet; die Geschworenen hatten alsdann (wiederum im Konklave) die reinen Formmängel einfach abzustellen, bei Unvollständigkeit, Undeutlichkeit, Widerspruch aber in voller Unabhängigkeit von dem alten Spruch zu dem ganzen Fragenkomplex erneut Stellung zu nehmen. Der nunmehrige Spruch wurde wie der erste vom Obmann kundgegeben.

Der sei es von vornherein korrekte, sei es im Wege des Berichtigungsverfahrens korrigierte Spruch wurde sodann dem — jetzt zur Verhandlung wieder zuzuziehenden — Angeklagten durch den Vorsitzenden verkündet.

VI. Eine Nachprüfung der Richtigkeit des Spruchs stand dem Gerichtshof nicht zu; dieser hatte, auch wenn er ihn für einen Fehlspruch hielt, ihm zu folgen, d. h. bei „Nichtschuldig" sofort das freisprechende Urteil zu erlassen, bei „Schuldig" zunächst die Parteien mit ihren auf die noch ausstehenden Fragen bezüglichen Schlußvorträgen zu hören und sodann das Urteil zu fällen.

Ausnahmsweise hatte der Gerichtshof, wenn er einstimmig der Auffassung war, daß sich die Geschworenen in der Hauptsache zum Nachteil des Angeklagten geirrt hätten, den Spruch zu „kassieren". Alsdann hatte in der nächsten Schwurgerichtsperiode eine neue Hauptverhandlung stattzufinden, für die die früheren Geschworenen ausgeschlossen waren. Der neue Spruch unterlag dann zwar wieder der Prüfung auf seine „Korrektheit", oben V, aber keiner Richtigkeitsprüfung mehr; das Urteil war auf ihn auch dann zu gründen, wenn er noch härter für den Angeklagten ausfiel als der kassierte Spruch.

2. Berufung und Revision.

a) Wesensunterschiede; Zulässigkeit; Instanzenzug. § 78.

v. Schwarze, Die zweite Instanz im mündl. Strafverfahren 1862; ders., **GS. 35** 385, **37** 1; Voitus, Kontroversen **2** 395; Kronecker, **GA. 38** 119; J. Goldschmidt, **ZStW. 43** 1; Beling, Die Wiedereinführung der Berufung in Strafsachen 1894; Dörr, (Sprungrevision) Bayr. Ztschr. f. RPfl. 1925, S. 160; Beling in d. Festschr. f. Binding **2** 87, 1911.

I. Die gegen Urteile möglichen Rechtsmittel: Berufung (appellatio, franz. appellation, appel) und Revision (franz. demande en cassation[1]), partikularrechtl.-österr. Nichtigkeitsbeschwerde) unterscheiden sich voneinander, insofern die **Berufung** ein „**unbeschränktes**"[2]), die **Revision** dagegen ein schon **gesetzlich beschränktes** Rechtsmittel ist: jene dreht sich um die Frage, ob das angefochtene Urteil aus irgendeinem Grunde aufzuheben ist, diese nur um die Frage, ob das Urteil „auf einer Verletzung des Gesetzes beruht", § 337 I, d. h. darauf, daß „eine Rechtsnorm nicht oder nicht richtig angewendet worden ist", § 337 II.

Für das richtige Verständnis ist dabei vorab zu betonen, daß es sich bei keinem der beiden Rechtsmittel um (erstrebte und eventuell erzielte) Beseitigung des **Prozeßvorgangs** der Urteilsfällung handelt; denn dieser als geschichtliches Ereignis entzieht sich der Umstoßung; — ebensowenig um Beseitigung der **Urteilsurkunde**, die vielmehr stets so bleibt wie sie war; auch nicht um Beseitigung irgendwelcher dem Urteil **vorausgegangener** Beschlüsse und Verfügungen, denn diese sind entweder unanfechtbar oder mit Beschwerde anfechtbar[3]); — daß vielmehr ausschließlich der Urteilserlaß mit seinem geistigen Gehalt in dem Sinne angegriffen wird, daß er nicht zu rechtlicher Bedeutung gelangen soll.

Ein Urteil anfechten bedeutet nun: behaupten, daß es **mangelhaft** sei. Fragt man dann, **inwiefern** ein Urteil denkbarerweise mangelhaft sein könne, so wird zuvörderst von Bedeutung, daß das Ob und Wie des Urteils teils (und überwiegend) dem Richter fest vorgezeichnet sind, teils aber ihm überlassen ist, zwischen verschiedenen Möglichkeiten zu wählen („Kann"-Sätze, vgl. z. B. § 153 III). Hiernach ergibt sich eine Einteilung der Urteilsmängel in 1. echte **Fehler: Verstöße**"; 2. bloße **Ermessensfehler**.

Die Verstöße wiederum gruppieren sich folgendermaßen:

a) **Äußere Urteilsverstöße**: Das Urteil ist ergangen, obwohl es wegen Fehlens einer **Urteilsvoraussetzung überhaupt nicht** hätte ergehen sollen; oder wenigstens obwohl es wegen Fehlens einer Urteils**qualitäts**voraussetzung nicht so, **wie** es lautete, hätte ergehen sollen.

b) **Innere Urteilsverstöße**: Der Urteils**syllogismus** rechtfertigt den Urteilstenor nicht, weil eine der Prämissen falsch ist oder die Prämissen nicht zusammenstimmen, also entweder α) die Tat-

[1]) „Révision" franz. = Wiederaufnahme des Verfahrens.
[2]) Nur durch den Rechtsmittelwerber selbst beschränkbares, oben § 68 V I zu a.
[3]) Über § 336 und die Wendung, daß eine vorausgegangene Entscheidung „mit dem Urteil zugleich anfechtbar" sei, s. unten § 80 I.

sachenfeststellung, auf der als dem Untersatz gefußt wurde, nicht zutrifft; oder β) der als rechtlicher Obersatz zugrunde gelegte Satz dem anzuwendenden Recht fremd ist oder er mit den zugrunde gelegten Tatsachen zusammengehalten den Tenor nicht zu tragen vermag; — zu α): Fehler der tatsächlichen Urteilsbasis; zu β): juristische Fehler.

Die inneren Urteilsverstöße haften dem Urteilsinhalt unmittelbar an, berühren also den Prozeßgegenstand selbst; die äußeren bestehen darin, daß die Prozeßlage den Urteilserlaß nicht rechtfertigte. Man nennt deshalb die ersteren auch „materielle" (= prozeßgegenständliche) Verstöße, die letzteren „Prozeßverstöße (im engeren Sinne)".[1])

Diese Einteilung der Verstöße ist indessen noch nicht abschließend. Es bedarf vielmehr noch der Einführung eines neuen Gesichtspunkts, unter dem diejenigen inneren Urteilsverstöße, die in Unrichtigkeit der tatsächlichen Urteilsbasis bestehen (oben b), eine Gruppe für sich bilden, während sich die anderen inneren Verstöße (oben b β) mit den äußeren zu der Gegengruppe zusammenfügen. Bei der ersten Gruppe liegt der Verstoß nämlich darin, daß der Inhalt der Feststellung mit der Lebenswirklichkeit nicht übereinstimmt.[2]) Bei der Gegengruppe dagegen besteht er darin, daß das richterliche Verhalten mit einer Rechtsvorschrift nicht im Einklang ist. Denn hier hat der Richter entweder einen der Prozeßrechtssätze nicht befolgt, die sein eigenes Verhalten direkt normieren, also auf sein eigenes Verhalten das Prozeßrecht nicht zutreffend angewendet (äußerer Urteilsverstoß); oder er hat der Rechtsvorschrift nicht entsprochen, wonach er das geltende materielle Recht als Obersatz im Syllogismus auf den abzuurteilenden Fall anwenden soll (juristische innere Urteilsverstöße).[3]) Es handelt sich also hier (im Gegensatz zu der ersten Gruppe) um Rechtsanwendungsfehler.[4])

---

[1]) Jene werden auch als Fehler „in judicando", diese als Fehler „in procedendo" bezeichnet. Dagegen ist namentlich einzuwenden, daß das „judicare" (der Urteilserlaß) keinen Gegensatz gegen das „procedere" bildet, sondern selber ein Prozeßvorgang ist, und eben gerade er es ist, gegen den sich der Vorstoß richtet. Eher könnte man die materiellen Verstöße als solche in judicato (= innerhalb des Urteilsinhalts) bezeichnen.

[2]) Getrennt zu halten von der Unrichtigkeit der Tatsachenfeststellung ist die Fehlerhaftigkeit des Beweisverfahrens für deren Gewinnung; diese bildet einen äußeren Urteilsverstoß.

[3]) Vgl. dazu oben § 2 III.

[4]) Deren Auseinanderlegung in „prozeßrechtliche" (äußere) und „materiellrechtliche" (innere) ergibt sich genau nach Maßgabe der systematischen Aus-

Damit ist geklärt, was § 337 meint, wenn er die Revision auf die Fälle der „Gesetzesverletzung" beschränkt: die Revision ist lediglich zur Nachprüfung von Rechtsanwendungsfehlern (beiderlei Art) bereitgestellt; ausgeschlossen von der Nachprüfung sind bei ihr einmal die tatsächliche Urteilsbasis und sodann dasjenige, was innerhalb des „Ermessens" des Unterrichters lag.[1]) Die Berufung ermöglicht dagegen auch diese Nachprüfungen (und gerade hierin liegt ihre Hauptbedeutung für das praktische Rechtsleben.[2])

II. Die Zulässigkeit dieser beiden Rechtsmittel ist[3]) derart geregelt, daß 1. keins von beiden gegeben ist gegen Urteile des Reichsgerichts und der Oberlandesgerichte (sowie des Obersten Landesgerichts[4]); 2. die Berufung zulässig ist gegen Urteile des Amtsrichters und des Schöffengerichts, §§ 312, 335; 3. die Revision zulässig ist gegen Urteile der Strafkammern und der Schwurgerichte, § 333.

Dieses Bild verschiebt sich jedoch insofern, als a) gewisse amtsrichterliche und schöffengerichtliche Urteile statt mit Berufung nur mit Revision anfechtbar sind, und b) die berufungsfähigen Urteile

---

einanderlegung von Strafprozeßrecht und Strafrecht, oben § 2 (nur daß sich das „Materiellrechtliche" auf Bürgerliches und Verwaltungsrecht erweitert, soweit „nichtkriminelle" Teile des Prozeßgegenstands in Frage stehen). Fehlgehend die bisweilen auftretende — sehr äußerliche — Auffassung, als komme es darauf an, ob der Rechtssatz, gegen den verstoßen ist, im StGB. oder in der StPO. stehe. Verstöße gegen die im StGB. enthaltenen prozeßrechtlichen Vorschriften (z. B. gegen §§ 61, 198) sind reine Prozeßverstöße. Umgekehrt hört ein strafrechtlicher Verstoß z. B. im Verfahren wegen Justizbeamtendelikts (StGB. §§ 343—346) darum nicht auf, in vollem Umfange ein „materiellrechtlicher" zu sein, weil dabei die Vorfrage auftaucht, ob der Angeklagte den Prozeßrechtsvorschriften zuwider gehandelt habe.

[1]) Näheres darüber unten § 80.

[2]) Daß bei der Revision der abzuurteilende Strafrechtsfall nicht in seiner Lebenswirklichkeit zur Geltung kommt, wurzelt in der gesetzgeberischen Erwägung, daß einesteils die den Strafrechtsfall bildenden Tatsachen durch Strengbeweis festzustellen waren, anderenteils Fehler, die auf diesem Gebiete begangen werden, nur dem konkret-individuellen Einzelfall anhaften, während Fehler in der juristischen Beurteilung über den Einzelfall hinausgreifen, und ihrer Wiederkehr durch die Möglichkeit der Revision (Rechtsprechungseinheit) ein Riegel vorgeschoben werden soll. Das Rechtsleben findet sich aber mit dieser Ausschaltung der tatsächlichen Urteilsbasis nur schwer ab. Daraus erklären sich die Bemühungen in Praxis und Theorie (vgl. besonders Mannheim, Beitr. z. L. v. d. Revision), die Härten des Gesetzes abzumildern.

[3]) Abgesehen von der die Zulässigkeit mitbedingenden (oben § 68 III zu 2) gehörigen Geltendmachung, dazu unten §§ 79 I, 81.

[4]) Also — anders als im Zivilprozeß — kein Rechtszug vom Oberlandesgericht an das Reichsgericht.

nach Wahl des Rechtsmittelwerbers statt mit Berufung mit Revision angefochten werden können.

Zu a). Bei Übertretungen[1]) unterliegt ein amtsrichterliches oder schöffengerichtliches[2]) Urteil nicht der Berufung, wohl aber der Revision, wenn der Angeklagte entweder freigesprochen oder ausschließlich zu Geldstrafe verurteilt worden ist, §§ 313, 334. Die ratio legis geht offenbar dahin, für besonders geringfügige gravamina die Berufung abzuschneiden. Daraus ergibt sich der Sinn der Wendung „bei Übertretungen": dem Angeklagten ist die Berufung versagt, wenn der titulus condemnationis auf Übertretung und die condemnatio auf Geldstrafe lautet; dem Staatsanwalt ist die Berufung zuungunsten des Angeklagten dann versagt, wenn es sich nur darum handeln würde, die Freisprechung mit einer Verurteilung wegen Übertretung, oder die Verurteilung zu Geldstrafe durch eine unter dem Übertretungsgesichtspunkt stehende Verurteilung zu einer dem Betrage oder der Art nach höheren Strafe zu vertauschen; dagegen ist dem Staatsanwalt das besonders schwere gravamen: es liege gar nicht bloß eine Übertretung vor, nicht abgeschnitten.[3])

---

[1]) So der maßgebende (vgl. oben § 3 I Anm. 4) Text der V°. vom 4. Januar 1924, § 33; daß die StPO. § 313 statt dessen die Wendung „wenn das Urteil Übertretungen zum Gegenstande hat", gebraucht, ist belanglos.

[2]) Der Text des § 313 StPO. spricht nur von amtsrichterlichen Urteilen. Nach der V°. vom 4. Januar 1924, § 33, die diese Einschränkung nicht kennt, gilt aber der Berufungsausschluß auch für schöffengerichtliche Urteile. Überdies ist im Sinne des Gesetzes das Urteil des Schöffengerichts als Ratsgerichts dem Einzelrichterurteil an Wert überlegen, es muß also ihm gegenüber der Ausschluß der Berufung erst recht Platz greifen. Vgl. Nagler, **GS. 90** 432, Anm. 3; Dörr, **ZStW. 45** 400. A. M. ObstLdesGer. **ZStW. 45** 399.

[3]) Allerdings kann sich der Staatsanwalt sicher die Berufung nicht durch bloße Behauptung eines solchen gravamen eröffnen, da sich sonst der § 313 ihm gegenüber verflüchtigen würde. Wohl aber wird ihm behufs Erzielung einer Verurteilung sub titulo Vergehens oder Verbrechens die Berufung dann zu gewähren sein, wenn entweder das Urteil den Vergehens- oder Verbrechenscharakter der Tat ausdrücklich verneint, oder es sich darüber ausschweigt, obwohl entweder die Klage oder der Eröffnungsbeschluß oder ein in der Hauptverhandlung gestellter Antrag des Staatsanwalts auf Vergehen oder Verbrechen gelautet hatte.

Andere Auffassungen, als die im Text dargelegte: Die Berufung sei (für den Angeklagten und den Staatsanwalt) ausgeschlossen, wenn 1. die Klage; oder 2. der Eröffnungsbeschluß; oder 3. das angefochtene Urteil; oder 4. das Berufungsgericht die Tat als Übertretung würdige. (Vgl. z. B. die Rechtsprechung in **DJZ. 29** 918, **31** 1789; **JW. 54** 1015, **56** 2077; **GA. 69** 430, **70** 117, 144; **ZStW. 45** 523, 529; **HR. 1** 26, **2** 24; ferner Block, **JW. 54** 927; Merkel, das. 1015; Stern, das. **56** 2077.) Von diesen Meinungen ist die 4. deshalb abzulehnen, weil nach ihr ein Element der prozeßgegenständlichen

„Zu Geldstrafe verurteilt" im Sinne des § 313 ist der Angeklagte auch dann, wenn die Geldstrafe nur auf Grund des § 27b StGB. verhängt ist[1]) oder mit dem Geldstrafausspruch ein Ausspruch auf Ersatzfreiheitsstrafe verbunden ist. Die Auslegung des Wortes „ausschließlich" (zu Geldstrafe verurteilt) erschließt sich aus der ratio: Zurückstellung der rein vermögensrechtlichen Belange. Schätzt nun der Gesetzgeber nicht einmal die Geldstrafe so hoch ein, daß ihretwegen Berufung gegeben sein müßte, so können in seinem Sinne andere vermögensrechtliche Einbußen die Berufung noch viel weniger stützen. Die Berufung ist somit auch ausgeschlossen, wenn neben der Geldstrafe auf Buße, Einziehung, Werterſatz u. dgl. erkannt ist; sie ist dagegen gegeben, wenn dem Geldstrafausspruch die Verhängung eines nicht auf dem Vermögensgebiet liegenden Übels (einerlei, ob als Strafe oder als nichtkriminelle Maßregel, z. B. Publikationsbefugnis) verbunden ist.[2])

„Freisprechung" im Sinne des § 313 bedeutet jedes Urteil, das auf Nichtverhängung von Strafe lautet.[3])

Prüfung zur Vorbeantwortung der „Zulässigkeits"-Frage gemacht wäre, während § 313 offenbar die Berufung ohne Nachprüfung des Prozeßgegenstandes abgeschnitten wissen will. Bei Zugrundelegung der 3. Meinung würde sich ein eigentümliches Ergebnis einstellen: der Staatsanwalt, der wegen Verbrechens oder Vergehens angeklagt hatte, und der das Urteil eben deshalb, weil es bloß eine Übertretung annimmt und womöglich sogar freispricht, für irrig hält, würde dieses besonders schwere gravamen nicht verfolgen können. Nach der 1. und der 2. Meinung endlich würde — nicht minder seltsam — ein Urteil, das auf Geldstrafe wegen Übertretung lautet, für beide Teile dadurch ohne weiteres berufungsfähig werden, daß zuvor an Vergehens- oder Verbrechenscharakter gedacht worden war, und umgekehrt ein wegen Vergehens zu Geldstrafe verurteilendes Urteil für den Staatsanwalt um deswillen berufungsunfähig sein, weil die Klage bzw. der Eröffnungsbeschluß auf Übertretung gelautet hatten.

[1]) So die überwiegende Meinung.

[2]) Beling, **JW. 53** 1782. Die Meinungen sind sehr geteilt. Vgl. z. B. die Rechtsprechung in **JW. 53** 1782, **54** 1039; **ZStW. 45** 210, 235, 367, 401, 476, 510, 512, 536; **HR. 1** 27, 138, 139, 218; **GA. 69** 205, 346, 428, 429, 474; ferner Böhm, **JW. 54** 1472; Kern, **JW. 55** 2231.

[3]) Daher einschließlich der „Straffreierklärung" (vgl. die Rechtsprechung in **HR. 1** 17, 89, **2** 22; **JW. 54** 1033, 1543; **GA. 69** 227, 247; „Recht" 1924, Nr. 1609, ferner Böhm, **JW. 54** 1472) sowie der Einstellung nach § 260 II; der Staatsanwalt kann ein solches Urteil daher nicht mit Berufung anfechten, um Verurteilung wegen Übertretung zu erzielen, wohl aber nach Maßgabe des oben S. 397 dargelegten, um Vergehens- oder Verbrechensverurteilung zu erzielen; eine Anfechtung des Einstellungsurteils seitens des Angeklagten kommt überhaupt nicht in Betracht, oben § 68 **III** zu **1**a. (Die Behandlung des Einstellungsurteils ist streitig, vgl. z. B. **JW. 54** 1033, 1041, 1093, 1540, 2810;

Erstreckte sich das Urteil auf mehrere Prozeßgegenstände (also auf mehrere Taten desselben Angeklagten oder auf verschiedene Angeklagte), so bleibt das Urteil hinsichtlich jedes Prozeßgegenstandes so berufungsunfähig oder berufungsfähig, wie es für sich allein sein würde.[1])

Zu b). Der Berufungsberechtigte kann die Sache unter Überspringung der Berufungsinstanz und somit unter Verzicht auf eine Nachprüfung der tasächlichen Urteilsbasis sogleich in die (in diesen Fällen sonst erst als dritte Instanz zum Zuge kommende) Revisionsinstanz bringen, sog. revisio per saltum, Sprungrevision, § 335 I.

Ein Überblick über das bisher unter II Gesagte ergibt somit, daß einmal in den schwersten Sachen (den schwurgerichtlichen und den erstinstanzlich-reichsgerichtlichen) und sodann bei den geringfügigsten Sachen (Übertretungen im Falle des § 313) nur eine „Tatsacheninstanz" gegeben ist; wenn derartige Urteile von unrichtigen Tatsachenfeststellungen getragen sind (z. B. wenn der Angeklagte die Tat nicht begangen hat, ihn das Gericht aber irrtümlich für überführt angesehen und verurteilt hat), so können sie gleichwohl nicht deshalb erschüttert werden.[2]) Nur für die causae mediae besteht die Möglichkeit zweimaliger Prüfung der tatsächlichen Urteilsbasis.[3])

ZStW. 45 506; **HR. 1** 88, 271, **2** 24; **GA. 69** 205, 339; **LZ.** 1924, S. 833; ferner Böhm, **JW. 54** 1472; Mannheim, das. 2810; Dörr, **GA. 69** 219; R. Müller, Jur. Rundschau **1** 178.)

[1]) Streitig; vgl. z. B. die Rechtsprechung in **JW. 54** 1519, 1527, 1553, 2809, **55** 1236; **ZStW. 45** 397, 514; **HR. 1** 136, 216, 219, 270, **2** 208, 209, 303; ferner Block, **JW. 54** 1471; Böhm, das. 1472; Goldschmidt, das. 1519; Jonas, das. 1553.

[2]) Außer insoweit ausnahmsweise die Voraussetzungen einer „Wiederaufnahme" (unten § 84) vorliegen.

[3]) Diese unharmonische Regelung erklärt sich geschichtlich. Beim Auftreten des „reformierten Strafprozesses" mit seinen Grundsätzen der Mündlichkeit, der Unmittelbarkeit und der freien Beweiswürdigung meinte man prozeßtheoretisch, daß mit diesen Grundsätzen eine Berufung überhaupt nicht vereinbar sei, vielmehr für alle Strafsachen nur eine Tatsacheninstanz am Platze sei, weil der zweite „Tatsachen"-Richter „kein besserer Richter" sei, und es vielmehr darauf ankomme, durch möglichst gute Ausgestaltung der ersten Instanz die Tatsachenfeststellung gegen Irrtümer sicherzustellen. Dieser Gedanke stieß aber auf Widerspruch. In der Tat ist die Berufung mit den Grundgedanken des modernen Prozesses sehr wohl vereinbar, und der Gedanke, statt zweier Tatsacheninstanzen eine „möglichst gute" einzige zu gewähren, schon deshalb verfehlt, weil bei noch so guter Einrichtung der ersten Instanz unvermeidliche Mißverständnisse eine erhebliche Rolle spielen, überdies der Blick eines Nachprüfenden kritisch besonders geschärft ist. Der geschichtliche Hergang war dann der, daß schon die StPO. von 1879 die Berufung gegen

III. Der Instanzenzug ist folgender:

1. Über dem Amtsrichter und dem Schöffengericht steht als zweite (und zwar Berufungs-) Instanz die Strafkammer, GVG. § 74, und zwar die kleine Strafkammer gegenüber Urteilen des Amtsrichters, die große Strafkammer gegenüber solchen des Schöffengerichts, GVG. § 76; über der kleinen Strafkammer, und wenn in erster Instanz das dreigliedrige Schöffengericht entschieden hatte, auch der großen Strafkammer als dritte (und zwar Revisions-) Instanz das Oberlandesgericht, GVG. § 121$^{1\,b\,c}$, im übrigen (also wenn zuerst das erweiterte Schöffengericht, dann die große Strafkammer geurteilt hat) das Reichsgericht, GVG. § 135 (Ausnahme — Oberlandesgericht—: § 121$^{1\,d}$ GVG.).[1])

Jedoch scheidet die Strafkammer im Instanzenzuge dann aus, wenn die Berufung nach § 313 unzulässig ist oder der Rechtsmittelwerber statt ihrer nach § 335 die Revision wählt; hier ist das betreffende Revisionsgericht sofort zweite Instanz, vgl. GVG. § 121^{1}, StPO. § 335 II, wobei jedoch in den Fällen, in denen die Berufung unzulässig ist, der Revisionszug auch dann an das Oberlandesgericht geht, wenn die gewöhnliche Revision zum Reichsgericht führen würde (also wenn in I. Instanz das erweiterte Schöffengericht entschieden hat), Vo. v. 4. Jan. 1924 § 33 II S. 3 (im Text der StPO. v. 22. März 1924 weggelassen).

2. Über den Schwurgerichten steht als zweite (und zwar Revisions-) Instanz das Reichsgericht, GVG. § 135, vgl. jedoch § 121$^{1\,d}$.

---

amtsrichterliche und schöffengerichtliche Urteile brachte. Versagt blieb sie einmal gegen Schwurgerichts- und erstinstanzliche Reichsgerichtsurteile (hier schlug der Gedanke der „möglichst guten" Gestaltung der ersten Instanz durch, gegenüber den Schwurgerichtsurteilen auch der Gedanke, den großen und umständlichen Apparat der damaligen Schwurgerichte nicht noch einmal für ein Oberschwurgericht aufwenden zu können); sodann gegen die damaligen erstinstanzlichen Strafkammerurteile. Die Neuordnung von 1924 brachte in „Strafkammersachen" die Berufung dadurch, daß sie diese Sachen zu Amtsgerichtssachen machte (und die Strafkammer nur als Berufungsinstanz bestehen ließ), während sie für Schwurgerichtssachen (trotzdem sie die Schwurgerichte der Sache nach in große Schöffengerichte umwandelte) den Ausschluß der Berufung beibehielt.

[1]) Sind bei der großen Strafkammer 2 Prozesse zusammengekommen, der eine vom dreigliedrigen, der andere vom viergliedrigen Schöffengericht herauf, und hat die Strafkammer „Verbindung" beschlossen, so geht die Revision für beide Sachen an das Reichsgericht, wenn die Prozesse selbst gemäß § 4 verbunden worden sind, vgl. § 5 per anal.; war die Verbindung dagegen nur eine solche im Sinne des § 237 (bloße gemeinsame Hauptverhandlung), so geht die Revision für die erste Sache an das Oberlandesgericht, für die zweite an das Reichsgericht. Zu allgemein gehalten **E. 59 364.**

Schlayer, Die Beschwerdepunkte bei der Berufung, ZStW. 23 702; J. Schneider, Das Versäumnisurteil im Strafprozeß, Münch. Diss. 1928; Alsberg, JW. 55 1105.

I. Zur gehörigen Geltendmachung der Berufung gehört (außer Form und Frist, § 314, sowie Legitimation oben § 68 III zu 1) im allgemeinen nichts weiter, als daß der Erklärende seinen Anfechtungswillen mit Bezug auf das betr. Urteil erkennen läßt; es bedarf insbesondere nicht der Bezeichnung des „cur" der Anfechtung.[1])

Bringt er eine Einschränkung der Anfechtung im quid oder im cur zum Ausdruck, so wirkt die Erklärung in diesen Grenzen; anderenfalls wirkt sie unbeschränkt[2]), vgl. §§ 327, 318.

Ausnahmsweise muß der Staatsanwalt „bei Übertretungen" im Sinne des § 313 das oben S. 397 gekennzeichnete gravamen betonen; ohne diese Hervorhebung wäre in diesen Fällen seine Berufung unzulässig.

Im Hinblick darauf, daß für alle amtsrichterlichen und schöffengerichtlichen Urteile auch Revision in Frage kommt, bedarf es, wenn solche Urteile den Anfechtungsgegenstand bilden, für alle Berufungseinlegungen noch eines negativen Erfordernisses: Die Erklärung darf nicht so gehalten sein, daß sie nach Maßgabe der Auslegung den Sinn ergibt, der Rechtsmittelwerber wolle nicht Berufung, sondern Revision einlegen.[3])

Jedoch gilt nach § 335 III S. 1 eine Revisionseinlegung dann als Berufungseinlegung, wenn gegen das Urteil von seiten eines anderen Beteiligten Berufung eingelegt ist, auf so lange, als letztere nicht zurückgenommen oder als unzulässig verworfen wird[4]), und

[1]) Eine Berufungsrechtfertigung ist aber zulässig, § 317.

[2]) Das letztere auch, wenn der Berufungswerber in der Berufungsrechtfertigung (Anm. 1) bestimmte gravamina benannt hat, sofern er nicht zum Ausdruck gebracht hat, daß er eine darüber hinausgehende Nachprüfung ausgeschlossen wissen wolle.

[3]) Vgl. ObstLdesGer. ZStW. 45 174. Bei der Auslegung ist darauf zurückzugehen, ob der Erklärende wirklich nur die (ihm weniger vorteilhafte) Revision wollte, oben § 47 II 1 c. Erhellt aber, daß dies der Fall war, so hat es dabei sein Bewenden, auch wenn er nur infolge Irrtums (z. B. Annahme, daß Berufung unzulässig sei) dazu gelangt war. (Streitig; vgl. die Rechtsprechung in JW. 54 1032, 1545; HR. 2 310; GA. 69 229; ferner Löwenstein, JW. 54 1015; Goldschmidt, das. 1032; Beling, das. 1518; Mannheim, das. 55 1250.)

[4]) Ratio: es soll nicht derselbe Prozeßgegenstand zerrissen werden (Unspaltbarkeit). Deshalb gilt § 335 III S. 1 nicht, wenn das Urteil verschiedene Prozeßgegenstände betraf, und sich die Berufung auf den einen, die Revision

zwar auch dann, wenn sie den besonderen Vorschriften für Revision nicht genügen würde.[1])

Eine Erklärung, die dahin geht, es solle „Berufung, eventuell Revision“ oder auch dahin, es solle „Berufung und Revision“ eingelegt sein, wird immer so zu deuten sein, daß der Erklärende die Erklärung in erster Linie als Berufung, für den Fall, daß diese unzulässig sei, aber als Revision genommen wissen wolle, und ist entsprechend wirksam.[2])

Dagegen kann eine Revisionseinlegung nicht durch nachherige Erklärung des Rechtsmittelwerbers in Berufung zurückverwandelt werden.[3])

Eine nach Maßgabe des Vorstehenden als Berufung wirksame Erklärung verliert ihre Wirkung durch Zurücknahme nach den allgemeinen Regeln (oben § 68 VII).

Unter den Gesichtspunkt der Zurücknahme ist aber auch die Erklärung des Berufungswerbers zu stellen, er wolle sein Rechtsmittel fortan als Revision angesehen wissen; hierin liegt eine beschränkte Zurücknahme; es gelten dafür die §§ 302 I S. 2, II, 303.[4])

II. Ist die Berufungseinlegung verspätet eingelangt, so hat sie der judex a quo (immer der Amtsrichter, vgl. GVG. § 30 II) ohne Hauptverhandlung durch Beschluß als unzulässig zu ver-

---

auf den anderen bezieht (so, wenn von mehreren Mitangeklagten der eine Berufung, der andere Revision anbringt, **RG. HR. 2** 208; Hartung, Jur. Rdschau **1** 47; a. M. Conrad, **DJZ. 30** 1180; ferner wenn bei Realkonkurrenz der Angeklagte wegen Tat 1 Berufung, der Staatsanwalt wegen Tat 2 Revision einlegt).

[1]) § 335 III S. 2 schreibt zwar deren Wahrung vor; von Bedeutung wird dies aber erst, wenn nachmals das Rechtsmittel den Berufungscharakter verliert, **E. 59** 64.

[2]) Vgl. **JW. 53** 1790, **ZStW. 45** 515, **HR. 1** 28, **2** 22. Die Erklärung, es werde „Berufung und Revision mit dem Vorbehalt künftiger Wahl“ eingelegt, kann nicht wohl anders gedeutet werden, als im Sinne des Vorbehalts, sich künftig von der Berufung auf die Revision zurückzuziehen (was zulässig ist, s. nachstehend); sie wirkt also vorerst als Berufung. Anders **E. 60** 356, RGer. **JW. 55** 2198, wonach derartige Erklärungen ganz unwirksam sein sollen.

[3]) So wohl die Rechtsprechung überwiegend, vgl. z. B. **HR. 1** 143, 272, **JW. 54** 1545, **GA. 69** 468, **70** 25, doch auch **HR. 3** 115.

[4]) Die Wirksamkeit einer Vertauschung der Berufung mit Revision wird in der Rechtsprechung wohl überwiegend anerkannt; darüber, bis wie lange sie geschehen könne, besteht Meinungsverschiedenheit. Vgl. z. B. **GA. 70** 248, **HR. 3** 115, 122. Nach **E. 70** 354, RGer. **DJZ. 32** 87, ObstLdesGer. **DJZ. 33** 103 soll eine solche Umwandlungserklärung unbeachtlich sein, die Berufung also als Berufung bestehen bleiben.

werfen, § 319 I. Der Berufungswerber kann diesem Beschlusse durch „Antrag auf Entscheidung des Berufungsgerichts" widersprechen, § 319 II.[1])

Bleibt der Beschluß des Amtsrichters bei Bestand, so ist ein Fortgang des Berufungsverfahrens abgeschnitten.

III. Ergeht kein amtsrichterlicher Verwerfungsbeschluß oder wird dieser in Verfolg des Verfahrens aus § 319 II aufgehoben, so ist das Urteil dem Berufungswerber zuzustellen, sofern dies nicht schon geschehen ist, § 316 II, und es sind weiterhin nach Ablauf der Rechtfertigungsfrist (§ 317) die Akten der Staatsanwaltschaft vorzulegen, § 320 S. 1. Diese stellt, wenn sie der Berufungswerber ist, dem Angeklagten ihre Berufungseinlegung (und gegebenenfalls -rechtfertigung) zu, § 320 S. 2, und läßt die Akten durch die landgerichtliche Staatsanwaltschaft dem Vorsitzenden der Strafkammer zugehen, § 321.

IV. Die Strafkammer hat die Berufung ohne Hauptverhandlung durch Beschluß als unzulässig zu verwerfen, wenn es in irgendeinem Punkte[2]) an der Zulässigkeit fehlt, § 322 I.[3]) Wird der Beschluß rechtskräftig (vgl. § 322 II), so ist das Berufungsverfahren erledigt.

Wird ein solcher Beschluß nicht erlassen oder vom Beschwerdegericht aufgehoben, so ist in die Vorbereitung der Hauptverhandlung und dann in diese selbst einzutreten, dem Berufungsgericht bleibt aber unbenommen, noch in der Hauptverhandlung die Zulässigkeit der Berufung zu prüfen und bei Unzulässigkeit die Berufung zu verwerfen.[4])

V. Die Vorbereitung der Hauptverhandlung und diese selbst unterstehen im allgemeinen der gleichen Regelung wie in der ersten Instanz, § 323 I S. 1, 332.

Der beherrschende Gedanke ist dabei der, daß (innerhalb der vom Rechtsmittelwerber gezogenen Grenzen) eine in tatsächlicher wie rechtlicher, prozessualer und prozeßgegenständlicher Hinsicht neue

[1]) Ob dann gegen die Entscheidung des Berufungsgerichts Beschwerde an das Oberlandesgericht gegeben ist, hängt davon ab, ob der „Antrag" aus § 319 II einen Rechtsbehelf sui generis darstellt (dann ist Beschwerde statthaft), oder ob er schon selber eine Beschwerde ist (dann greift § 310 II Platz). Vgl. über die Streitfrage oben § 68 II Anm. 4.

[2]) Vgl. E. 40 133, RG. GA. 69 187.

[3]) Das Gesetz sagt ungenau „kann . . . verwerfen". Die Verwerfung ist aber geboten, da auf unzulässige Berufung hin keine Hauptverhandlung stattzufinden hat.

[4]) E. 59 241.

Prüfung und Entscheidung stattfindet („zweite Erstinstanz" Binding; „Novum judicium"), und das Berufungsgericht vor allem auf Grund seiner eigenen Beweisaufnahme, die sich auch auf Nova (neue Tatsachen und Beweismittel, vgl. § 323 III) erstrecken kann, zu entscheiden hat.

Berufungsinstanzliche Besonderheiten sind jedoch:

1. Die Abwesenheit des Angeklagten hat zum Teil andere Bedeutung als in erster Instanz.

a) Unverkürzt bleibt zwar auch in der Berufungsinstanz der Gedanke, daß der Angeklagte anwesenheitsberechtigt ist[1]); ist er also, obwohl erscheinenswillig, „entschuldigt"[2]) ausgeblieben, so hat die Hauptverhandlung gemäß § 231 zu unterbleiben.

b) Anders die Fälle, in denen der Angeklagte willentlich von seinem Anwesenheitsrecht keinen Gebrauch macht. Während nämlich in der ersten Instanz auch dann die Hauptverhandlung grundsätzlich ausgeschlossen ist (das gesetzliche Anwesenheitserfordernis auch die Pflicht des Gerichts bedeutet, nicht ohne den Angeklagten zu verhandeln) und dieser Grundsatz nur durch die Ausnahmen in §§ 231 II, 232, 233 durchbrochen wird, ist in der Berufungsinstanz eine Hauptverhandlung ohne den Angeklagten stets zulässig.

Sie ist hier zum Teil sogar zu einer gebotenen (nicht bloß „zulässigen") Kontumazial- (nicht bloß einfachen „Abwesenheits"-) Verhandlung gesteigert.

Handelt es sich nämlich um die Berufung des Angeklagten selbst, so ist, wenn er bei Beginn der Hauptverhandlung[3]) nicht zur Stelle ist, diese seine Berufung „sofort zu verwerfen", § 329 I, d. h. es hat ein „Versäumnisurteil" dieses Inhalts zu ergehen[4]); die Hauptverhandlung beschränkt sich (namentlich unter Wegfall der Beweisaufnahme) auf die Feststellung des Vorliegens der Prozeßgestaltungsvoraussetzungen für das Versäumnisurteil und dessen Fällung. Dies grundsätzlich auch dann, wenn für den Angeklagten ein Vertreter erschienen ist.

---

[1]) Außer soweit § 247 StPO. usw. Platz greifen, oben § 75 III 2b.

[2]) Vgl. dazu **E. 61** 177.

[3]) = der jeweiligen Hauptverhandlung, einerlei, ob sie die erste des betreffenden Hauptverfahrens oder (nach Aussetzung einer früheren oder nach Zurückverweisung aus der Revisionsinstanz) eine spätere ist. A. M. RGer. **JW. 56** 2042.

[4]) Grundgedanke des § 329 I: Hält es der Angeklagte nicht für der Mühe wert, seine Berufung zu verfechten, so ist anzunehmen, daß er sie als aussichtslos preisgibt.

Diese scharfe Wirkung hat das Ausbleiben des Angeklagten nur dann nicht, wenn entweder der Prozeßgegenstand (scil. so, wie er an die Berufungsinstanz devolviert ist) nur eine „Bagatelltat" im Sinne des § 232 darstellt, und für den Angeklagten ein Vertreter gemäß § 234 erschienen ist, oder der Angeklagte nach Maßgabe des § 233 vom Erscheinen in der Hauptverhandlung entbunden ist (auch wenn er keinen Vertreter entsandt hat).[1]) In diesen Fällen ist die Hauptverhandlung als einfache Abwesenheitsverhandlung durchzuführen (der Urteilsinhalt also vom Ergebnis der Beweisaufnahme abhängig).

Das letztere gilt auch, soweit es sich um eine Berufung des Staatsanwalts oder des gesetzlichen Vertreters oder Ehemanns handelt, §§ 329 I, 330.[2]) Der Angeklagte kann gemäß § 234 seine Rechte durch einen Vertreter wahrnehmen lassen. Die Hauptverhandlung ohne den Angeklagten ist aber nur „zulässig". Das Gericht kann statt dessen auch die Hauptverhandlung aussetzen und das Erscheinen des Angeklagten in dem neuen Termin nötigenfalls durch Vorführung (bei staatsanwaltschaftlicher Berufung auch durch Verhaftung) sicherstellen, §§ 329 I, 330.

2. Zu den Personen, deren Anwesenheit in der Hauptverhandlung erforderlich ist, treten der gesetzliche Vertreter und der Ehemann hinzu, soweit es sich um eine von ihnen eingelegte Berufung handelt. Ein derartiger Berufungswerber ist in Ansehung der Notwendigkeit seines Dabeiseins im allgemeinen dem Angeklagten analog zu behandeln (streitig), d. h. also: im Falle seines Ausbleibens ist (und zwar ohne Rücksicht darauf, ob der Angeklagte selbst zur Stelle ist oder nicht),

a) wenn er erscheinenswillig, aber „entschuldigt" ausgeblieben ist, die Hauptverhandlung über seine Berufung auszusetzen;

---

[1]) Daß solche Entbindung auch in der Berufungsinstanz zulässig ist, ist jetzt h. M. [„Amtsrichter und Schöffengericht" in § 233 bezeichnen nur den Gegensatz gegen die übrigen Erstinstanzgerichte; Anwendbarkeit des § 233 auf die (berufungsinstanzliche) Strafkammer ergibt sich aus § 322.] Beling, **JW. 53** 1790. Die V°. vom 4. Januar 1924, auf die sich Kohlrausch für die gegenteilige Meinung beruft, rechtfertigt letztere nicht. Vgl. im übrigen über die Streitfrage: **JW. 53** 1798, **54** 1039, 1040, **55** 1236; **HR. 1** 27, 83, 85, 133, 214, 264, **2** 17; **GA. 69** 248, **70** 12, 92; Jur. Rdschau 1925, S. 309; ferner Schimmack, Hellwig, Stern, **JW. 53** 1700, 1702, **55** 1236; Freymuth, Eisner, Mamroth, **DJZ. 29** 730, 818, 893; Mezger, **ZStW. 47** 175 (mit Schrifttumszusammenstellung).

[2]) Sofern nicht die Berufung des gesetzlichen Vertreters oder Ehemanns einem Kontumazialurteil verfällt, nachstehend 2.

b) wenn es sich um einen Fall des § 232 handelt und er einen Vertreter entsandt hat, oder wenn er vom Erscheinen entbunden worden ist, ohne ihn, aber im Sinne einfacher Abwesenheitsverhandlung, zu verhandeln;

c) im übrigen seine Berufung durch Versäumnisurteil zu verwerfen.[1])

Zu 1 und 2: Ist dasselbe Urteil zugleich vom Angeklagten, vom Staatsanwalt, vom gesetzlichen Vertreter (Ehemann) angefochten worden, so ist für jedes dieser Rechtsmittel die Frage, wie es nach § 329 zu behandeln ist, getrennt zu beantworten (z. B. Verwerfung der Berufung des Angeklagten und auf die Berufung des Staatsanwalts hin Eintritt in die Verhandlung).[2])

3. Statt der Verlesung des Eröffnungsbeschlusses: Vortrag eines Berichterstatters (Richters), mit Verlesung der Urteilsurkunde der 1. Instanz, § 324.

4. Für die Beweisaufnahme gilt

a) einmal die Besonderheit, daß die nochmalige Vernehmung der schon in der Hauptverhandlung I. Instanz vernommenen Zeugen und Sachverständigen durch Verlesung der erstinstanzlichen Aussageprotokolle ersetzt werden kann (Durchbrechung des Unmittelbarkeitsprinzips), wenn entweder die Parteien dem zustimmen, oder soweit der betr. Zeuge bzw. Sachverständige nicht neu geladen ist und der Angeklagte solche Neuladung auch nicht rechtzeitig vor der Hauptverhandlung beantragt hat, § 325, vgl. § 323 II.

b) Gegenüber Beweisanträgen gilt in Übertretungssachen Ermessensfreiheit des Gerichts, § 245 II.[3])

5. Einer Hinweisung des Angeklagten auf die Veränderung des rechtlichen Gesichtspunkts (§ 265) bedarf es nicht, wenn dieser Hinweis schon in der I. Instanz erfolgt ist.[4])

6. Bei den Schlußvorträgen hat der Berufungswerber das erste Wort, § 326.

VI. Für die Schlußentscheidung ist

1. die Prüfung an erster Stelle immer noch (trotzdem schon zweimal Gelegenheit zur Prüfung dieses Punktes gegeben war, oben II, IV) darauf zu richten, ob die Berufung zulässig ist.

---

[1]) Dagegen geht die Verhandlung ihren normalen Gang weiter, wenn er sich erst während der Verhandlung nach Vernehmung des Angeklagten entfernt. §§ 231 I, 236 passen für ihn als Nichtangeklagten nicht.

[2]) Vgl. oben § 68 VIII.

[3]) Vgl. dazu oben § 75 VIII 3.

[4]) **E. 59** 423.

Wenn nein (wenn also entweder es am Berufungsrecht schon an sich fehlt, oder es nicht ordnungsmäßig geltend gemacht worden ist), so ist die Berufung durch Beschluß[1]) als unzulässig zu verwerfen.[2])

2. Bei Zulässigkeit der Berufung hat die Entscheidung inhaltlich[3]) so auszufallen, wie sie auszufallen hätte, wenn das Gericht I. Instanz wäre, und zwar nach Maßgabe der gegenwärtigen tatsächlichen und rechtlichen Lage.[4]) Es ergeben sich sonach die oben § 76 dargelegten Möglichkeiten: Einstellung des Verfahrens (endgültige oder vorläufige[5]); Verweisung an ein dem Untergericht vorgeordnetes Erstinstanzgericht nach § 270; Sachurteil.

Ausgeschaltet bleiben dabei nur alle Prüfungen und Entscheidungsinhalte, die dem Verbot der reformatio in pejus[6]) zuwiderlaufen würden.

Stimmt nun der sich hiernach ergebende Entscheidungsinhalt mit dem Tenor des untergerichtlichen Urteils überein, so ist dieses Ergebnis dahin auszudrücken, daß „die Berufung als unbegründet verworfen" werde (dies auch, wenn die Gründe des Berufungsgerichts andere sind als die des Untergerichts).

Im anderen Falle hat das Berufungsgericht das untergerichtliche Urteil durch Urteil aufzuheben und die gebotene Entscheidung — je nachdem durch Beschluß oder durch Urteil[7]) — zu erlassen.[8])

---

[1]) Streitig. Die Gegenmeinung (Urteil) liest aus § 322 heraus, daß das Berufungsgericht die Beschlußform nur dann zu wählen habe, wenn es vor der Hauptverhandlung die Berufung verwerfe. Die Stellung des § 322 und der Wortlaut („Anderenfalls . . . Urteil") scheinen dafür zu sprechen. Aber die Verwerfungserklärung ist, ob vor oder in der Hauptverhandlung ausgesprochen, vom gleichen Schlage; und daß für sie im letzteren Falle Urteilsform erforderlich sein solle, wäre um so unerklärlicher, als ja die Hauptverhandlung eigentlich gar nicht hätte erfolgen sollen. Hinter dem Wortlaut des § 322 I steckt offenbar der Sinn, daß die Verwerfung als unzulässig immer durch Beschluß erfolgen soll; „anderenfalls" in § 322 II bedeutet dann: „wenn die Berufung nicht unzulässig ist".

[2]) Gründet sich die Verwerfung nur darauf, daß das befaßte Gericht für die betreffende Berufungsangelegenheit nicht zuständig war, während die Berufung sonst in Ordnung war, so ist die Angelegenheit nunmehr dem zuständigen Berufungsgerichte zuzuleiten.

[3]) Über die Frage, in welcher Weise dieser Inhalt auszudrücken ist, s. nachstehend.

[4]) z. B. ist ein nach dem Urteil erster Instanz gestellter Strafantrag, eine nach jenem eingetretene Rechtsänderung zu berücksichtigen.

[5]) Auch nach §§ 153, 154, vgl. oben § 73 I.

[6]) Oben § 68 V 1 zu b.

[7]) Oben § 50 V.

[8]) Hatte z. B. in erster Instanz der Amtsrichter geurteilt, und ist die Sache an die zuständige kleine Strafkammer gelangt, nimmt aber diese an,

Sonderfälle:

a) Zeigt sich, daß das Untergericht das Sachurteil erlassen hat, obwohl es es wegen Fehlens einer (die Zulässigkeit des **Verfahrens selber** oder des **Hauptverfahrens** nicht berührenden) Urteils- oder Urteilsqualitätsvoraussetzung nicht oder nicht so hätte erlassen sollen (äußerer Urteilsverstoß[1]), so kann das Berufungsgericht unter Aufhebung des Vorderurteils die Sache zur neuen Hauptverhandlung und Urteilsfällung **in die erste Instanz zurückverweisen**, § 328 II.[2])

b) War das Untergericht derart örtlich unzuständig, daß es zur Einstellung des Verfahrens hätte gelangen sollen (vgl. oben § 76 II 2e Anm. 1), gehört aber das zuständige Erstinstanzgericht dem Sprengel der berufungsinstanzlichen Gerichtsanstalt an, so hat das Berufungsgericht unter Aufhebung des Vorderurteils die Sache durch Urteil **an das zuständige Erstinstanzgericht zu verweisen**, § 328 III.[3])

c) Das Revisionsverfahren.

§ 80. aa) Grundlegendes.

Lamm, D. Rechtsmittel der Revision 1881; Rosenblatt, Das Rechtsmittel der Revision im StrProz. 1906; Löwenstein, Die Revision in Strafsachen² 1920; Beling, Revision wegen Verletzung einer Rechtsnorm über das Verfahren, in d. Festschrift f. Binding 2 (1911); ders., **ZStW. 38** 816—826, **41** 147; Mannheim, Beitr. z. L. v. d. Revision wegen materiellrechtlicher Verstöße im Strafverfahren 1925; Lobe, Arch. f. RPhilos. **20** 205; Klee, **GA. 70** 158; Kern, Äußerungsdelikte 1919.

Das revisionsmäßige Anfechtungsrecht bedeutet nur einen Anspruch auf **beschränkte** Neuprüfung und Entscheidung.[4]) Es gewährt keinen Anspruch auf nochmalige Ausübung einer Wahl zwischen

---

daß es sich um eine schöffengerichtliche Sache handelt, so hat die kleine Strafkammer das Urteil des Amtsrichters aufzuheben und durch Unzuständigkeitsbeschluß im Sinne des § 270 die Sache an das Schöffengericht als Erstinstanz zu verweisen (nicht an die große Strafkammer als Berufungsgericht). Vgl. OLG. Breslau, **HR. 2** 20.

[1]) z. B. dem Angeklagten war das „letzte Wort" (§ 258 II) versagt worden, oder § 265 war nicht beachtet worden.

[2]) Ratio: Wenn in concreto der Prozeßverstoß den Wert der Hauptverhandlung für den Berufungswerber wesentlich hinabdrückte, würde die eigene Sacherledigung durch das Berufungsgericht für den Berufungswerber auf Verlust einer Instanz hinauslaufen.

[3]) Beispiel: Amtsgericht A hat geurteilt, Amtsgericht B war zuständig; das beiden übergeordnete Landgericht C verweist die Sache an B.

[4]) Vgl. dazu oben § 78 I.

mehreren gesetzlich offen gelassenen Möglichkeiten[1]); es gewährt nur einen Anspruch auf Nachprüfung begangener „Verstöße"; und auch in diesem Umkreis unter Ausschluß einer Nachprüfung der „tatsächlichen Urteilsbasis" (der Lebenstatsachen, die im Urteilssyllogismus den Untersatz bilden).

Es können also (Zulässigkeit der Revision vorausgesetzt) in abstracto[2]) nur folgende Fragen das Revisionsgericht beschäftigen: einmal die nach äußeren Urteilsverstößen „Prozeßverstößen" (d. h. nach der Zulässigkeit des Verfahrens, sodann nach der Ordnungsmäßigkeit des Verfahrens, soweit sie die Zulässigkeit des Urteils und eines inhaltlich „so" beschaffenen Urteils berührt — Urteils- und Urteilsqualitätsvoraussetzungen); sodann die nach juristischen inneren Urteilsverstößen, „materiellrechtlichen Verstößen" (d. h. ob sich von der als richtig vorauszusetzenden tatsächlichen Urteilsbasis aus juristisch zutreffend der Urteilstenor ergibt).

I. Anfechtungs- und Prüfungsgegenstand ist lediglich das Urteil selbst; nicht die dem Urteil vorausgegangenen Entscheidungen als solche[3]), erst recht nicht das hinter dem Urteilserlaß Geschehene, z. B. die Herstellung der Urteilsurkunde.[4])

II. Die Nachprüfung geht dahin, ob das Urteil gegen die Rechtsordnung verstößt, also „rechtswidrig" ist, oder nicht. Keine Rolle spielt dabei die Frage, ob die Richter bei seinem Erlaß oder einem diesen Erlaß bedingenden vorherigen Verhalten „schuldhaft" gehandelt haben, vgl. oben § 48 VII.[5]) Denn die Revision dient nur der Abstellung objektiven Unrechts.

III. Die Rechtsordnung, an der das Revisionsgericht das Urteil zu messen hat, ist gegeben in dem Gesamtbestande an Rechtssätzen (einerlei, ob geschriebenen oder ungeschriebenen), deutschen oder aus-

---

[1]) z. B. kann in einem Falle des § 153 II die Revision gegen ein verurteilendes Urteil nicht darauf angelegt werden, daß das Revisionsgericht von der Einstellungsbefugnis nach § 153 III Gebrauch machen solle.

[2]) Worauf das Revisionsgericht im konkreten Einzelfall seine Prüfung zu erstrecken hat, darüber unten § 83.

[3]) Sie treten nur mittelbar in den Gesichtskreis des Revisionsgerichts, insofern nämlich von ihrer Beurteilung die Prüfung des Urteils selbst abhängt, vgl. unten IV. Das ist es, was § 336 meint.

[4]) Die Urteilsurkunde ist für das Revisionsgericht nur ein Dokument zur Feststellung des Urteilssyllogismus, von dem das Untergericht ausgegangen ist, unten § 82 II 2.

[5]) In diesem Sinne nicht zutreffend (mit Bezug auf Verletzung des Grundsatzes der Öffentlichkeit) **E. 2** 302, **43** 188, **R. 4** 268, RGer. **GA. 40** 50, **70** 271, **JW. 55** 2762. Richtig (in derselben Hinsicht) **E. 23** 218.

ländischrechtlichen, reichs- oder landesrechtlichen, soweit sie nach Maßgabe des deutschen positiven Rechts vom deutschen Richter zu befolgen und anzuwenden sind, vgl. oben §§ 2ff. Der Revisionsrichter nimmt hierin keine Sonderstellung ein.

Auch in „intertemporaler" Hinsicht (altes und neues Recht) gilt für den Revisionsrichter nichts Besonderes (streitig)[1], außer soweit ausdrückliche Sonderbestimmungen nachweislich sind. Auch für das Revisionsgericht werden deshalb folgende allgemeinen Leitlinien maßgebend sein: a) Ein nach heutigem Recht unzulässiges Verfahren ist einzustellen, ein danach zulässiges ist fortzuführen; b) ein nach altem Recht ordnungsmäßiges Verfahren bedeutet auch unter dem neuen Recht keinen Verstoß[2]; ein nach altem Recht nicht ordnungsmäßiges Verfahren ist, wenn es dem neuen Recht genügt, als ordnungsmäßig zu behandeln, soweit sonst nur eine zwecklose Verfahrensverdoppelung eintreten würde[3]; c) in Ansehung des anzuwendenden materiellen Strafrechts gilt § 2 StGB.[4])

IV. Die Prüfung, ob ein Urteilsverstoß vorliegt, ist wesentlich verschieden, je nachdem, ob es sich um einen äußeren oder einen inneren Verstoß handelt.

1. An einem äußeren Verstoß leidet ein Urteil stets, wenn die Lebenslage nicht vorlag, die nach den einschlägigen Prozeßvorschriften gegeben sein mußte, damit das Urteil überhaupt oder so, wie es ergangen ist, ergehen durfte.

Diese durch die Prozeßordnung als Urteilsvoraussetzungen ausgeprägten Lebenslagen sind nun verschiedenen Charakters. Bald einmal ist es eine vorausgegangene Entscheidung, von deren Voraus-

---

[1]) Die Gegenmeinung ist durch die unrichtige Vorstellung mit beeinflußt, als habe der Revisionsrichter nur die Aufgabe, zu prüfen, ob sich der Unterrichter etwas habe zuschulden kommen lassen.

[2]) z. B. würde ein im Verfahren nach § 212 ergangenes Urteil nicht deshalb zu beanstanden sein, weil zur Zeit der revisionsgerichtlichen Entscheidung ein neues Prozeßrecht gälte, das das „summarische Verfahren" nicht mehr zuläßt.

[3]) Würde z. B. das summarische Verfahren in einem Falle angewendet worden sein, für den es § 212 nicht zuläßt, bis zur Entscheidung des Revisionsgerichts aber neues Recht in Kraft getreten sein, nach dem auch Fälle dieser Art dem § 212 unterstellt wären, so wäre der Verstoß als geheilt anzusehen.

[4]) v. Bar, Ges. u. Schuld **1** 92; v. Lilienthal, **JW. 17** 933; Beling, **ZStW. 39** 176; v. Liszt-Schmidt, Lehrb. d. Strafr. § 19 Anm. 3 u. a. Die Gegenmeinung (**E. 5** 47, **22** 347, **41** 177, **46** 337, **51** 47 — letztere Entscheidung schon eine „Ausnahme" von der angeblichen Unanwendbarkeit des § 2 zulassend —; **RMG. 17** 85; **KG. HR. 3** 13; Gerland, Strafrecht 64 u. a.) stützt sich im wesentlichen nur auf den Buchstaben des § 2.

gegangensein es abhängt, ob das Urteil erlassen werden durfte[1]); bald einmal ein sonstiges Prozeßvorkommnis[2]), bald einmal eine sonstige Tatsache.[3]) Häufig ist weiter eine gesetzliche Regelung derart, daß die vom Urteil aus rückwärts gesehen nächste Voraussetzung ihrerseits wieder Voraussetzungen hat, von denen mittelbar die Urteilszulässigkeit abhängt, usf., so daß sich ein kettenmäßiger Zusammenhang ergibt; insbesondere ist eine solche Kette da gegeben, wo die Zulässigkeit des Urteils durch eine vorausgegangene Entscheidung bedingt ist, insofern diese letztere selbst wieder von Prozeßgestaltungsvoraussetzungen abhängt. In diesem Falle ist besonders zu beachten, daß diese Gestaltungsvoraussetzungen teils in objektiven Gegebenheiten bestehen[4]), teils aber in bloßen subjektiven Annahmen des betreffenden Gerichts.[5])

Alle diese in bestimmtem Sinne (nämlich für den Urteilserlaß) „prozeßerheblichen" Tatsachen liegen nun mit im Gesichtskreise der Revision: der Revisionsrichter muß wissen, wie es mit ihnen bestellt ist, um beurteilen zu können, ob dem Prozeßrecht genügt worden ist, oder ein äußerer Urteilsverstoß vorliegt, der das Urteil hinfällig macht. Auch wo der Unterrichter diese Tatsachen „für festgestellt erklärt" hat (z. B. in der Urteilsurkunde), hat der Revisionsrichter erst zu prüfen, ob diese Feststellung zutraf; hätte z. B. das Untergericht einen 20jährigen Zeugen nicht vereidigt mit der Begründung, daß er noch nicht 16 Jahre alt sei (§ 57[1]), so wäre ein daraufhin ergangenes Urteil hinfällig, weil eben die nach Prozeßrecht für die Nichtvereidigung wesentliche Tatsache nicht vorlag.[6]) Hat das Untergericht ein ihm

---

[1]) Beispiel: der Eröffnungsbeschluß als Urteilsvoraussetzung; das Urteil erster Instanz als Voraussetzung dafür, daß ein berufungsinstanzliches Urteil ergehen durfte.

[2]) So die nicht in Entscheidungen bestehenden, aber doch die Zulässigkeit des Urteils bedingenden Vorgänge der Hauptverhandlung, z. B. ordnungsmäßige Beweisaufnahme, Gewährung des „letzten Wortes" für den Angeklagten.

[3]) z. B. Parteifähigkeit des Angeklagten.

[4]) z. B. ist der Beschluß, einen Zeugen nach § 58 nicht zu vereidigen, nur dann rechtsbeständig, wenn der betreffende Zeuge wirklich Verlobter, Ehegatte usw. des Angeklagten war.

[5]) z. B. ist der Beschluß, einen Zeugen wegen Teilnahmeverdachts nicht zu vereidigen, schon dann in Ordnung, wenn das Gericht solchen Verdacht für gegeben hält.

[6]) Keine Ausnahme stellen die Fälle dar, in denen das Gesetz nur auf subjektive Annahme des Unterrichters abstellt (oben Anm. 5). Hat das Gericht z. B. einen Zeugen wegen „Teilnahmeverdachts" nicht vereidigt (§ 57[3]), so bleibt freilich für die Revision die Frage außer Betracht, ob der

gesetzlich freigegebenes „Ermessen" ausgeübt, so ist zwar jede im Rahmen dieses Ermessens getroffene Entscheidung ordnungsmäßig, aber der Prüfung des Revisionsgerichts bleibt unterstellt, ob überhaupt die für Ausübung des Ermessens gesetzlich aufgestellten Voraussetzungen vorlagen.[1])

Bei solcher Nachprüfung, ob den Prozeßvorschriften derart genügt ist, daß das Urteil erlassen werden durfte, spielen aber die „Soll"-Vorschriften (oben § 6 II 2 d) eine besondere Rolle. Da ihr Sinn nämlich der ist, daß, obschon sie Beachtung heischen, ihre Nichtbeachtung unschädlich sein soll, so kann ein Verstoß gegen sie niemals einen Urteilsverstoß darstellen; das Urteil verliert durch Verstoß gegen sie seinen Rechtsbestand nicht.

2. Ganz anders die revisionsmäßige Nachprüfung des Urteils auf „innere" Verstöße hin. Hier ist das Lebensmaterial, auf dem das Untergericht gefußt hat, von der Nachprüfung darauf hin, ob die untergerichtlichen Feststellungen richtig sind, ausgeschlossen. Die Aufgabe des Revisionsrichters ist vielmehr folgende:

Vorerst, als Vorfrage, die Frage: ob und inwieweit diese Tatsachenfeststellung prozeßordnungsgemäß gewonnen ist. Ist sie das nicht[2]), so liegt eben schon ein äußerer Verstoß nach oben 1 vor (das Gericht darf eben nur ordnungsgemäß gewonnene Feststellungen in den Urteilssyllogismus einstellen); die davon berührten Tatsachenfeststellungen sind aus dem vom Untergericht dargebotenen Syllogismus wegzustreichen.

Das so gewonnene Tatsachenbild ist nun dem Urteilstenor gegenüberzustellen, und es ist zu prüfen, ob es diesen juristisch rechtfertigt. Das ist dann nicht der Fall,

a) wenn es unvollständig ist, d. h. wenn darin wesentliche Tatsachen fehlen[3]); oder umgekehrt das ausgebreitete Tatsachen-

---

Zeuge wirklich teilnahmeverdächtig gewesen sei; aber dies entspricht ganz der Regel des Textes, weil eben allein die subjektive Annahme des Unterrichters die prozeßerhebliche Tatsache darstellt.

[1]) Beispiel: bei § 58: ob der Zeuge zu den Angehörigen im Sinne des § 52 gehörte. Vgl. **E. 1** 107, **28** 125, **57** 148, **R. 2** 21.

[2]) z. B. Zeugen, die hätten vereidigt werden müssen, sind nicht vereidigt worden, oder umgekehrt; oder es ist ein Beweisantrag unzulässig abgelehnt worden.

[3]) z. B. wenn bei einer Verurteilung wegen vorsätzlicher Körperverletzung zwar im Urteilssyllogismus hervortritt, daß der Angeklagte den X auf den Fuß getreten hat, aber hinsichtlich der inneren Tatseite jede Angabe fehlt, aus der zu schließen wäre, daß gerade Vorsatz (und nicht vielmehr Fahrlässigkeit oder Schuldlosigkeit) vorliegt. — Vgl. ferner den Fall **JW. 56** 3057.

material derart ist, daß der Urteilstenor ihm gegenüber unvollständig ist[1]);

b) wenn das Tatsachenbild schon als solches unverständlich (undeutlich, sich widersprechend) ist[2]);

c) wenn für das Revisionsgericht Notorietät besteht, daß die für festgestellt erachteten Tatsachen nicht stimmen[3]);

d) wenn etwas für festgestellt erklärt ist, was generell genommen überhaupt nicht „Tatsache" sein kann[4]);

Soweit aber die tatsächliche Urteilsbasis von derartigen Mängeln frei ist, ist sie für das Revisionsgericht bindend (insbesondere fällt jede Nachprüfung der Beweiswürdigung des Unterrichters hinweg[5]), und es bleibt

e) als ein revisionsmäßiger Verstoß nur der übrig, daß sich von jener Tatsachenbasis aus bei richtiger Erfassung des Inhalts der Sätze des anzuwendenden materiellen Rechts der Tenor des untergerichtlichen Urteils nicht rechtfertigt, sei es, daß die in Betracht kommenden Rechtssätze als solche vom Untergericht unrichtig verstanden sind[6]), sei es, daß sie an sich richtig gedeutet sind, aber die

---

[1]) z. B. die Feststellungen ergeben, daß eine „Unbrauchbarmachung" nach § 41 StGB. zu verhängen gewesen wäre, der Urteilstenor enthält aber einen solchen Ausspruch nicht.

[2]) z. B. der Schuldspruch des Urteils ist auf die Feststellung gegründet, daß der Angeklagte eine 100-Marknote unterschlagen habe, während die Höhe der Strafe u. a. damit begründet wird, daß es sich um eine 1000-Marknote handle.

[3]) Vgl. **E. 58** 308, wo das Reichsgericht als Revisionsinstanz für weltgeschichtliche Tatsachen auf dem kriegsgeschichtlichen Schrifttum fußt. Daß das Untergericht die Tatsache als allgemeinkundig angenommen hat, steht der Nachprüfung durch das Revisionsgericht nicht entgegen (bestritten; zutreffend Alsberg, **JW. 47** 795). Auch auf Gerichtskundigkeit (oben § 58 III 1 b) kann das Revisionsgericht fußen. Ist aber die Tatsache bei letzterem selber nicht gerichtskundig, so hat es bei der aus Gerichtskundigkeit geschöpften Feststellung des Untergerichts sein Bewenden.

[4]) Etwa eine Feststellung, daß der Angeklagte den X totgebetet habe.

[5]) Damit ist auch jedes Zurückgehen auf Erfahrungsregeln, die der Unterrichter als Element der Beweiswürdigung gehandhabt hat, abgeschnitten. Würde der Unterrichter z. B. für festgestellt erklärt haben, daß X am 10. April vormittags 10 Uhr in Augsburg war, so würde diese Feststellung für den Revisionsrichter auch dann unantastbar sein, wenn der Unterrichter dabei darauf gefußt hätte, daß man mit dem Schnellzuge von München nach Augsburg in einer halben Stunde gelange (was nicht stimmt). Anders Klee, **GA. 70** 158.

[6]) z. B. § 267 StGB. ist fälschlich dahin verstanden worden, als umfasse er auch die Herstellung einer echten Urkunde falschen Inhalts.

Zusammennahme von Untersatz (Tatsachen) und Obersatz (Rechtssatz), also die Subsumtion, nicht zu dem Tenor hinführt.[1])

Zweifelhaft geworden sind die Fälle, in denen das geschichtliche Rohmaterial, um unter den Rechtssatz subsumiert werden zu können, einer Sinnausdeutung oder Bewertung bedarf. Die richtige Lösung ergibt sich hier dahin, daß auch hier zwischen dem Tatsächlichen und dem rechtlich Abstrakten zu scheiden ist, und für jenes die Nachprüfung ausfällt.[2])

Auch Verstöße gegen apriorische Denknormen (Logik, Mathematik usw.) nehmen als solche keine Sonderstellung ein.[3])

Weil die Verstöße zu e) bei der Revision sehr stark im Vordergrunde stehen, ist vorgeschlagen worden, die Revision mit „Rechtsrüge" zu verdeutschen.[4])

V. Die Scheidelinie zwischen äußeren und inneren Urteilsverstößen scheint bei den Formalurteilen (so dem Urteil aus § 260 II, dem Versäumnisurteil aus § 329, oben §§ 50 V 2, 71 V 1 b) zu verschwimmen[5]); denn einesteils tritt die prozeßerhebliche Tatsache (das Gestelltsein oder Nichtgestelltsein des Strafantrags, das unentschuldigt Ausgebliebensein des Angeklagten) als Voraussetzung dafür auf, daß so oder so zu verfahren war; anderenteils liegt dem Revisionsgericht ein Urteil vor, in dessen Syllogismus hinsichtlich dieser Tatsache eine

---

[1]) z. B. das Untergericht hat juristisch richtig betont, daß zur Unterschlagung ein äußerer Zueignungsakt gehört, die Verurteilung des Angeklagten aber darauf gegründet, daß er „beschlossen habe", die von ihm verwahrte fremde Sache zu behalten.

[2]) Handelt es sich z. B. im Beleidigungsprozeß darum, daß X dem Y gegenüber eine bestimmte Geste gemacht hat (geschichtliches Rohmaterial), so fallen auseinander die Fragen: 1. Welchen objektiven Sinn hatte diese Geste? 2. Welchen Sinn verband X mit ihr? 3. Welchen Sinn hat man mit dem Begriff „Beleidigung" zu verbinden? Innerhalb des der Revision entzogenen Bereichs der Tatsachenfeststellung liegt nun nicht bloß 2, sondern auch 1, denn der objektive Sinn der konkreten Äußerung ist eine an der Hand des Erfahrungssatzes festzustellende Tatsache, daß man im Leben derartige Gesten unter derartigen Umständen so oder so deutet. Anders Mannheim, a. a. O. 75.

[3]) Es kommt also darauf an, ob sie das Abstraktrechtliche oder die Subsumtion im unterrichterlichen Syllogismus beeinflussen —, dann sind sie bedeutsam — oder nur die tatsächliche Urteilsbasis —, dann sind sie unbeachtlich. (Beispiel für letzteres: das Untergericht hat eine fortgesetzte Amtsunterschlagung in Höhe von 67384 Mark festgestellt, wobei ein Rechenfehler untergelaufen ist). Unterschiedslos erklärt Klee, a. a. O., apriorische Denkgesetze für revisibel.

[4]) Diese Bezeichnung deckt aber schon innerhalb der inneren Urteilsverstöße diejenigen zu a—d nicht, die nicht sowohl das Recht in abstracto, als vielmehr die juristische Subsumtion betreffen. Vollends irreführend wäre sie für die Revision als Behelf zur Abstellung äußerer Urteilsverstöße, da hier das Revisionsgericht auch dem rein Tatsächlichen nachzugehen hat (oben 1).

[5]) Hieraus sind in Theorie und Praxis manche Unklarheiten entstanden.

Feststellung getroffen ist. Die Lösung liegt hier darin, daß die Frage der inneren Schlüssigkeit des Urteils überhaupt nicht auftaucht, wenn dieses in einem nicht ordnungsmäßigen Verfahren gewonnen ist, und die Ordnungsmäßigkeit nicht dadurch hergestellt wird, daß der Urteilssyllogismus das Vorliegen der bedingenden Tatsachen behauptet. Deshalb fällt die Ermittelung dieser Tatsachen in den Bereich der revisionsmäßigen Prüfung.[1])

Mit einem inneren Urteilsverstoß können Formalurteile nicht behaftet sein, da sie den Prozeßgegenstand ungeprüft lassen.[2])

VI. Noch mehr als es die Revision allgemein ist, ist eingeengt

1. die vom Staatsanwalt zuungunsten des Angeklagten eingelegte Revision: hier fallen aus dem Kreise der äußeren Urteilsverstöße diejenigen als nicht beachtlich hinweg, die in der Nichtbefolgung einer eigens einseitig zugunsten des Angeklagten gegebenen Prozeßvorschrift (favor defensionis, oben § 34 I) bestehen, § 339.[3])

2. Die Sprungrevision (§ 335)[4]) beschränkt sich im allgemeinen auf innere Urteilsverstöße; äußere Urteilsverstöße fallen in ihren Gesichtskreis nur, soweit es sich um Verletzung des § 358 I oder II handelt[5]), § 340.[6])

---

[1]) z. B. für § 329: ob der Angeklagte tatsächlich unentschuldigt ausgeblieben war; a. M. **E. 61** 175, vgl. auch **JW. 55** 2233, **56** 2049, 2050, **GA. 71** 166. .

[2]) Insbesondere ist das berufungsinstanzliche Versäumnisurteil nach § 329 nicht so zu denken, als habe sich das Berufungsgericht damit das Urteil der ersten Instanz zu eigen gemacht, so daß dessen juristische Mängel die Revision gegen das berufungsgerichtliche Urteil ermöglichen würden. OLG. Naumburg, **HR. 2** 309. — Bei dem Einstellungsurteil des § 260 II ist aber zu beachten, daß es ein latentes Sachurteil in sich schließt (Verneinung des Charakters der Tat als Nicht-Antragsdelikt), oben § 51 IV 1; insoweit unterliegt also das Urteil auch der Anfechtung wegen inneren Verstoßes (Prüfung der tatsächlichen Urteilsbasis dahin, ob nicht nach ihr Bejahung des Charakters der Tat als Nicht-Antragsdelikts geboten gewesen wäre).

[3]) Ist z. B. dem Angeklagten nicht das letzte Wort zuteil geworden, so könnte zwar er selber das Urteil deswegen zu Falle bringen, nicht aber der Staatsanwalt zu seinen Ungunsten.

[4]) Dagegen seit RGes. vom 27. Dezember 1926 nicht mehr die an Stelle unzulässiger Berufung gegebene Revision (§ 334).

[5]) § 358 enthält Vorschriften, die das Untergericht dann zu beachten hat, wenn die Sache vorher schon einmal in der Revisionsinstanz war und von dort kraft Zurückverweisung zurückgekommen ist, unten § 83 IX. Demnach gibt es eine Sprungrevision wegen solcher äußeren Urteilsverstöße überhaupt nur gegen ein zweites (drittes usw.) Urteil, das einem ersten (usw.) mittlerweile aufgehobenen nachfolgt.

[6]) Diese Verkümmerung der Revision ist deshalb unbedenklich, weil dem Rechtsmittelwerber wahlweise die Berufung zur Verfügung steht.

§ 81. bb) Geltendmachung der Revision.

Beling, ZStW. 36 287.

I. Damit die Revision „zulässig" ist, bedarf es zunächst ihrer Einlegung in der in § 341 bestimmten Frist und Form.[1])

II. Es bedarf aber weiter einer „Revisionsrechtfertigung"[2]), bestehend aus dem „Revisionsantrag" und der „Revisionsbegründung", § 344 I. Spätester Zeitpunkt für ihre Anbringung: § 345 I; Form: § 345 II.

Die Begründung muß erkennen lassen, daß der Revisionswerber überhaupt eine dem Charakter der Revision entsprechende Nachprüfung anstrebt. Würde er lediglich vorbringen, daß die tatsächliche Urteilsbasis des Untergerichts unrichtig sei, oder würde er nur ein revisionsrichterliches „Ermessen" anrufen, so würde eine zulässige Revision nicht gegeben sein.

Die Revisionsbegründung muß aber weiter erkennen lassen, ob ein äußerer Urteilsverstoß gerügt werden soll („Prozeßrüge") oder ein innerer („materiellrechtliche Rüge"), § 344 II S. 1. Eine allgemeine Redewendung, daß das Urteil eine Gesetzesverletzung aufweise, würde nicht genügen.

1. Bei Prozeßrügen verlangt das Gesetz außerdem noch die Angabe der „den Mangel enthaltenden Tatsachen", § 344 II S. 2, d. h. es muß dasjenige konkrete prozeßgeschichtliche Vorkommnis usw. angegeben werden, das den Verstoß begründen soll, es genügt also nicht die allgemeine Behauptung, daß der Prozeß nicht ordnungsmäßig verlaufen sei.[3]) Ist aber diese Stelle im Prozeßverlauf bezeichnet, an der die Nachprüfung einsetzen soll, so ist damit dem § 344 II

[1]) Das Wort „Revision" braucht dabei nicht gebraucht zu werden. Das oben § 79 I Gesagte gilt entsprechend. Wo Berufung und Revision wahlweise zu Gebote stehen, muß hervortreten, daß Revision gemeint ist, oben § 79 I.

[2]) Dies gilt auch für solche Rechtsmittel, die vorerst als Berufung zu behandeln sind, sei es, daß der Rechtsmittelwerber selbst das Rechtsmittel als „Berufung, eventuell Revision" angebracht hat (oben § 79 I), sei es, daß das Gesetz (§ 335 III S. 1) eine Revision zur Berufung stempelt, vgl. § 335 III S. 2. Es ist also auch hier die gewöhnliche Frist für die Revisionsrechtfertigung einzuhalten. Das Fehlen ordnungsmäßiger Rechtfertigung beeinflußt das Rechtsmittel freilich solange nicht, als es als Berufung in Frage kommt, macht es aber unzulässig, so bald sein Charakter als Revision in Betracht kommt (z. B. sobald im Falle des § 335 III S. 1 die Berufung des Gegners zurückgenommen wird).

[3]) Der Revisionswerber muß also z. B. anführen: er habe nicht das letzte Wort gehabt; oder: der Zeuge X sei vereidigt worden usw.

S. 2 Genüge getan, ohne daß es notwendig wäre, die Gesetzesparagraphen mit anzuführen, gegen die verstoßen sein soll, oder Rechtsausführungen zu bieten; auch genügt es, wenn das gemeinte Vorkommnis individuell hervortritt, eine „substanziierende“ Anführung aller Einzelheiten ist nicht nötig.[1])

Hinzuzufügen ist im Sinne der StPO. nur noch folgendes: Einmal muß die Prozeßrüge mindestens unausgesprochen die Behauptung in sich schließen, daß das Urteil auf dem gerügten Mangel beruhe (vgl. § 337 I); sodann muß der behauptete Mangel generell derartig sein, daß auf ihm das Urteil überhaupt beruhen kann.[2])

Wird vom Revisionswerber ein in diesem Sinne geeigneter Prozeßverstoß gerügt, so ist die Revision auch dann „zulässig“, wenn es mit Bezug auf den gerügten Punkt einer Rüge nicht bedurfte (unten § 83 I).

2. Wird eine materiellrechtliche Rüge erhoben, so läßt es das Gesetz an der allgemeinen Behauptung des Revisionswerbers genügen, die den Sinn hat, er rüge irgendeinen juristischen Verstoß im Urteilssyllogismus, § 352 II.[3])

---

[1]) Vgl. Beling, **JW. 53** 909, 1791.

[2]) Deshalb wäre z. B. eine Revision unzulässig, die sich lediglich auf Mängel des Sitzungsprotokolls oder der Urteilsurkunde (Verstöße gegen die Vorschriften darüber, was diese Urkunden enthalten sollen) stützt. Nur wird bei derartigen (in der Praxis immer noch vorkommenden) Revisionsbegründungen im Wege der Auslegung festzustellen sein, ob nicht nur ein Vergreifen im Ausdruck vorliegt, und vielmehr ein vor dem Urteilsakt liegender Prozeßverstoß oder ein innerer Verstoß gemeint ist. Das Reichsgericht ist noch nicht zu voller Klarheit durchgedrungen; in **JW. 54** 1006 hebt es ein Urteil „wegen Verstoßes gegen § 267“ (also gegen die Anforderungen, die das Gesetz an die Urteilsurkunde stellt) auf, obwohl es diesen Verstoß als „Verfahrensverstoß“ bezeichnet, und im konkreten Falle gar keine darauf gerichtete Prozeßrüge erhoben war; in **GA. 69** 442 sieht es die gleiche Rüge als statthaft an, nur dürfe das Revisionsgericht sie nur aufgreifen, wenn „daneben auch“ eine materiellrechtliche Rüge erhoben sei. In Wahrheit kommt die Urteilsurkunde nur als Beweismittel dafür in Betracht, wie der Urteilssyllogismus beschaffen war, unten § 82 II 2. Nicht ihre Fehlerhaftigkeit (Verstoß gegen § 267), sondern der Umstand, daß ausweislich ihrer das Urteil in juristisch fehlerhaftem Gedankengange entstanden ist, kann einen Aufhebungsgrund bilden. Es kommt also einzig darauf an, ob der Revisionswerber (mit oder ohne Nennung des § 267 als angeblich „verletzt“) eine materiellrechtliche Rüge erhoben hat.

[3]) Es bedarf z. B. bei Anfechtung einer Verurteilung wegen Raubes keines Eingehens darauf, ob das Untergericht den Begriff der „Sache“ oder den der „Gewalt“ oder den des „Vorsatzes“ usw. verkannt habe.

Zu 1 und 2: Eine Sprungrevision ist gemäß § 340 nur dann zulässig, wenn sie auf einen inneren Urteilsverstoß (oder wo sie sich gegen ein „zweites" Urteil richtet, auf einen Verstoß gegen § 358) gestützt wird.[1])

§ 82. cc) Das weitere Verfahren bis zur Schlußentscheidung.

Schön und Feisenberger, **ZStW. 41** 450, 452; Stuhlmann, DStrRZtg. 1919, S. 229.

I. Wie bei allen Rechtsbehelfen, so steht auch bei der Revision die Prüfung ihrer Zulässigkeit im Vordergrunde.

Diese Prüfung ist in den in § 346 I bezeichneten Grenzen zunächst dem judex a quo übertragen.

Verwirft dieser die Revision als unzulässig, so kann der Revisionswerber dagegen das Revisionsgericht anrufen, § 346 II.

Hat der judex a quo die Revision nicht verworfen, oder ist sein Verwerfungsbeschluß im Wege des § 346 II vom Revisionsgericht aufgehoben worden, so ist dem Gegner des Revisionswerbers in der in § 347 genauer bestimmten Weise Gelegenheit zu geben, eine Gegenerklärung einzureichen. Alsdann gehen die Akten an das Revisionsgericht, § 347 II.

Die Prüfung der Zulässigkeit der Revision dauert aber, wie bei der Berufung, auch weiterhin an. Eine unzulässig befundene Revision hat das Revisionsgericht[2]) vor der Hauptverhandlung (§ 349 I)[3]) oder auch in dieser durch Beschluß zu verwerfen.[4])

Die tatsächlichen Unterlagen dafür, ob die Revision zulässig ist (z. B. an welchen Tagen die Revisionsschriftstücke bei Gericht eingegangen sind), hat das Revisionsgericht von sich aus im Wege des „Freibeweises" festzustellen.

---

[1]) Würden also bei Sprungrevision nur Prozeßrügen (außerhalb des Falles § 358) erhoben, so würde sie von vornherein aussichtslos sein. Nicht ausgeschlossen ist aber die Stützung auf einen vom Revisionsgericht von Amts wegen zu prüfenden (also überhaupt nicht rügebedürftigen) Verstoß, vgl. vorstehend II 1 a. E. Im Ergebnis ebenso Goldschmidt, Mater. Justizrecht 65, Prozeß als Rechtslage 401, **JW. 54** 858.

[2]) Falls es zuständig ist. Ist ein anderes Revisionsgericht zuständig, so hat es sich darauf zu beschränken, seine Unzuständigkeit auszusprechen, § 348.

[3]) Wie bei Berufung, so auch hier Streitfrage, ob nicht bei Verwerfung in der Hauptverhandlung Urteil geboten sei (wegen § 349 II). Es greifen aber auch hier die Erwägungen oben § 79 VI 1 ein.

[4]) Die Unzulässigkeitsfrage ist hier voll (nicht bloß in den dem judex a quo in § 346 I gezogenen Grenzen) aufzurollen, **E. 40** 133, KGer. **GA. 69** 187.

II. Das weitere — auf inhaltliche Prüfung einer zulässigen Revision berechnete — Verfahren empfängt seine charakteristische Gestaltung aus der Gebundenheit des Revisionsgerichts an die tatsächliche Urteilsbasis, die das Untergericht zugrunde gelegt hat. Deshalb fallen alle Beweisaufnahmen über prozeßgegenstandserhebliche Tatsachen aus.

Dagegen hat das Revisionsgericht alle prozeßerheblichen Tatsachen (soweit sie für die erhobenen Prozeßrügen von Belang sind oder es sich um prozeßrechtliche Punkte handelt, die das Revisionsgericht von Amts wegen zu prüfen hat, unten § 83 I) von sich aus festzustellen, und zwar im Wege der erleichterten Tatsachenfeststellung (oben § 65). Denn ohne ein Eingehen auf die tatsächliche Lagerung des Falles kann das Revisionsgericht überhaupt nicht feststellen, ob ein äußerer Urteilsverstoß vorliegt, vgl. oben § 80 VI 1.[1])

Daß das Revisionsgericht dabei vor Beweisverboten haltmachen muß, ergibt sich aus den allgemeinen Grundsätzen.[2])

Danach vereinfacht sich die Hauptverhandlung gegenüber der erst- (und berufungs-) instanzlichen wesentlich. Einzelheiten in §§ 350, 351.[3])

Besonders bedeutsam sind für das Revisionsgericht das Sitzungsprotokoll und die Urteilsurkunde der Vorinstanz.

---

[1]) Überdies heischt § 352 I deutlich, daß das Revisionsgericht die Prozeßrügen auf ihre tatsächlichen Unterlagen hin prüft. Für Tatsachen, die einen sogar von Amts wegen zu prüfenden Punkt betreffen, muß dies erst recht gelten.

[2]) Kein Beweisverbot besteht aber hinsichtlich der Aufdeckung der Ordnungsmäßigkeit oder Ordnungswidrigkeit des untergerichtlichen Beratungs- und Abstimmungshergangs, wenn eine Prozeßrüge auf dabei untergelaufene Fehler gestützt wird. Denn wie **E. 60** 295 zutreffend ausführt, gilt die Geheimhaltungspflicht der Richter für solche Fälle nicht, in denen „besondere Umstände" für die Offenlegung sprechen, und das ist gerade dann besonders der Fall, wenn wohlbegründete Anfechtungsrechte eines Revisionswerbers durch die Verschleierung zu Falle gebracht werden würden. Deshalb ist es unzutreffend (und unbillig), wenn **E. 26** 202, **36** 373, **61** 218, RGer. **GA. 64** 553 Revisionen, die auf solche Verstöße gestützt sind, als unzulässig abschneidet. Vgl. Beling, **JW. 55** 2580. Die Befürchtung, daß durch Zulassung der Beratungs- und Abstimmungsrüge unbegründete Revisionen gezüchtet würden, erledigt sich dadurch, daß das Revisionsgericht die nackte Behauptung des Revisionswerbers, das Untergericht sei im Beratungszimmer nicht gesetzmäßig verfahren, kraft der Freiheit der Beweiswürdigung als unbehelflich behandeln kann. Übrigens gestaltet sich in den seltenen Fällen, in denen das Revisionsgericht nicht klar sieht, das Feststellungsverfahren regelmäßig sehr einfach (Einholung einer dienstlichen Äußerung).

[3]) Insbesondere: Recht des Angeklagten, anwesend zu sein (Ausnahme § 350 II); aber Stattfinden der Hauptverhandlung auch bei seinem Nichterscheinen; kein Versäumnisurteil.

1. Für die Feststellung, ob das Untergericht die *wesentlichen Förmlichkeiten der Hauptverhandlung* eingehalten hat, hat das Revisionsgericht nach § 274 *ausschließlich* auf dem *Sitzungsprotokoll* zu fußen, oben § 66 II.[1])

Wären diejenigen Teile des Sitzungsprotokolls verlorengegangen, auf die es ankommt, so würde das Revisionsgericht außerstande sein, zu beurteilen, ob der betreffende Urteilsverstoß begangen ist, und deshalb nach § 354 II das Urteil aufzuheben und die Sache zur neuen Verhandlung zurückzuverweisen haben.[2])

2. Das Revisionsgericht soll die tatsächliche Urteilsbasis, von der das Untergericht bei der Urteilsfällung ausgegangen ist, festhalten und den Syllogismus auf seine Haltbarkeit nachprüfen. Darüber nun, was das Untergericht an Tatsachenmaterial zugrunde gelegt hat, liegt eine amtliche Berichtsurkunde in Gestalt der *Urteilsurkunde* vor. Es ist deshalb für das Revisionsgericht das Nächstliegende, sich an diesen Bericht zu halten. Irreführend wäre aber die Annahme, daß diese Urkunde für das Revisionsgericht das einzige und ein mit voller Beweiskraft ausgestattetes Beweismittel darstelle; das Gesetz kennt für die Urteilsurkunde keine dem § 274 parallele Bestimmung. Nur insofern hat die Urteilsurkunde streng formale Bedeutung, als bei völligem Fehlen von „Entscheidungsgründen" in ihr dem Revisionsgericht verwehrt ist, andere Erkenntnisquellen dafür aufzusuchen, aus welchem Syllogismus das Untergericht seine Entscheidung gewonnen hat, arg. § 338[7]; in solchem Falle muß jede auf einen inneren Urteilsverstoß gestützte Revision durchschlagen, weil das Lebensmaterial, auf dem das Untergericht gefußt hat, nicht erhellt, und somit sofort die Möglichkeit innerer Urteilsverstöße im Sinne von oben § 80 IV 2 gegeben ist. Würde aber die Urteilsurkunde Entscheidungsgründe bieten, und sich nur ein Zweifel darüber erheben[3]), ob die Urteilsurkunde die vom Untergericht wirklich zur

---

[1]) Welchen Sinn der Text des Sitzungsprotokolls hat, ist aber durch Auslegung und eventuell durch Freibeweiserhebung klarzustellen, vgl. *Beling*, **JW. 57** 126.

[2]) **E. 40** 184, RGer. **GA. 69** 115. Voraussetzung ist dabei, daß das Sitzungsprotokoll wenigstens noch die Verkündung des Urteils ergibt. Wenn nicht, so ist der Urteilsakt hinfällig geworden (oben § 48 II zu 1—6d), es genügt also ein deklaratorischer Beschluß des Revisionsgerichts, daß ein untergerichtliches Urteil nicht vorhanden sei, worauf sich ohne weiteres die rechtliche Notwendigkeit der neuen untergerichtlichen Hauptverhandlung ergibt.

[3]) Das war der Fall in dem in **HR. 3** 183 abgedruckten Falle. Es lag eine (offenbar schwurgerichtliche) Urteilsurkunde vor, die von dem Urteilsverfasser und dem ältesten Beisitzer, von letzterem zugleich für den erkrankten

Urteilsunterlage genommenen Tatsachenfeststellungen richtig und vollständig schildert, so würde das Revisionsgericht dem Zweifel (im Wege des Freibeweises) nachzugehen, z. B. dienstliche Äußerung der Richter einzufordern haben.

Der etwaige Verlust der Urteilsurkunde wirkt deshalb anders als der des Sitzungsprotokolls. Ergibt letzteres, daß das Urteil verkündet worden ist, so kommt es nur darauf an, ob das Revisionsgericht freibeweislich einen Ersatz für die Urteilsurkunde beschaffen kann.

dd) Die Schlußentscheidung; das weitere Verfahren bei nicht prozeßerledigender Entscheidung. § 83.

v. Damm, ZStW. 36 332; Lobe, Arch. f. RPhilos. 20 205; Beling, GA. 63 163, 67 141; Ders., ZStW. 41 150.

I. Für seine Entscheidung (bei einer zulässig befundenen Revision) hat das Revisionsgericht

1. an erster Stelle zu prüfen, ob überhaupt das Verfahren zulässig ist, und wenn nicht, das Verfahren unter Aufhebung des untergerichtlichen Urteils einzustellen.[1]) Diese Prüfung obliegt ihm von Amts wegen, es braucht insoweit eine Prozeßrüge nicht vorzuliegen.[2])

Der Umfang dieser Amtsprüfung ergibt sich aus den grundlegenden Gesichtspunkten, oben §§ 21 ff.[3])

Vorsitzenden, unterschrieben war, so jedoch, daß der älteste Beisitzer hinter seine Unterschrift die Erklärung gesetzt hatte, das Gericht sei in einzelnen Punkten zu einem dem Angeklagten günstigeren Ergebnis, als wie im Text der Urteilsurkunde gesagt sei, gekommen. Es lag also ein in sich zwiespältiger Bericht vor. Die Auffassung des Reichsgerichts, daß die zusätzliche Erklärung „für das Revisionsgericht nicht vorhanden", vielmehr der über den Unterschriften stehende Text einfach hinzunehmen sei, ist nicht haltbar.

[1]) Auch bei Sprungrevision, KGer. Johows Jahrb. 53 327, vgl. auch oben § 81 II zu 1 u. 2 Anm. 1.

[2]) Ebenso im wesentlichen übereinstimmend, wenn auch z. T. mit unsicherer Grenzziehung, die Praxis. Der Satz ergibt sich daraus, daß das Revisionsgericht selbst einen Prozeßverstoß begehen würde, wenn es in einem unstatthaften Verfahren voranschritte, vgl. oben § 25 III. Unrichtig aber die öfter vertretene Auffassung (z. B. HR. 2 349, GA. 71 44, DJZ. 30 746), die Unzulässigkeit des Verfahrens bedeute überhaupt keinen (oder „keinen reinen") „Prozeßverstoß"; sie bedeutet sogar den schwersten aller Prozeßverstöße, da dabei das Verfahren als Ganzes rechtswidrig ist (nur kein rügebedürftiger Prozeßverstoß); und wer einen „materiellrechtlichen" Verstoß behauptet, vermischt Strafrecht und Strafprozeßrecht in unklarer Weise, vgl. oben § 2 II.

[3]) Einzelheiten: 1. Die Verjährung gehört nicht hierher, da sie einen reinen Strafaufhebungsgrund darstellt, also in den Bereich der „materiell-

Zu solcher Amtsprüfung gelangt das Revisionsgericht aber nur, wenn die Revision zulässig ist.[1]) Es muß also entweder ein innerer oder ein rügebedürftiger äußerer Urteilsverstoß oder mindestens ein in die Amtsprüfung einschlagender Urteilsverstoß[2]) in formell zugänglicher Weise gerügt sein. Anderenfalls hat es sein Bewenden bei der Verwerfung der Revision als unzulässig.

2. Liegen solche Verstöße, die das Verfahren selbst unzulässig machen würden, nicht vor, so ist das Urteil daraufhin zu prüfen, ob ihm sonstige äußere („Prozeß"-) Verstöße[3]) anhaften, aber nur, sofern der Rechtsmittelwerber die Revision auf solche gestützt hat[4]), und nur so, daß an die von ihm zur Stützung der Prozeßrüge ins Feld geführte Tatsachenbehauptung angeknüpft wird. Es ist also erstlich festzustellen, ob diese Behauptung zutrifft; sodann, wenn ja, ob damit ein[5]) Prozeßverstoß gegeben ist; und wenn auch dies der Fall ist, ob das Urteil auf dem Verstoß beruht (sog. „Kausalzusammenhang zwischen Verstoß und Urteil"), § 337 I.

In letzterer Hinsicht kennt das Gesetz aber eine Ausnahme: bei gewissen, besonders schweren Verstößen ist der „Kausalzusammenhang" nicht in concreto besonders zu prüfen, sondern es ist ohne weiteres anzunehmen, daß das Urteil auf ihm beruht, sog. absolute oder zwingende oder unbedingte Revisionsgründe, § 338.[6])

---

rechtlichen" Rüge fällt. Anders meist die Praxis (z. B. **HR. 2** 212), ausgehend von der Annahme, daß die Strafverfolgung durch Verjährung unzulässig werde. 2. Ob in den Fällen, in denen ein berufungsgerichtliches Urteil mit Revision angefochten ist, die Berufung zulässig war, ist nicht von Amts wegen zu prüfen. So OLG. Königsberg **HR. 2** 308 gegen OLG. Hamburg **GA. 69** 336. 3. Dagegen ist z. B. von Amts wegen zu prüfen, ob nicht dem Verfahren Rechtskraft entgegensteht, RGer. **JW. 54** 1010, **HR. 3** 77; ferner die Ordnungsmäßigkeit der Klage, Drucker, **JW. 54** 1033 (gegen RGer. daselbst).

[1]) **E. 53** 235, RGer. **GA. 69** 286, **RMG. 20** 208.

[2]) Vgl. dazu oben § 81 II 1 a. E.

[3]) Und zwar solche, die nicht „geheilt" sind, oben § 48 IV.

[4]) Fehlgehend OLG. Karlsruhe **JW. 54** 1036 und **GA. 69** 346 (Aufgreifen nicht gerügter Prozeßverstöße bei einer auf inneren Urteilsverstoß gestützten Revision). Hiergegen zutreffend Kern, **JW. 54** 1036.

[5]) Irgendein Prozeßverstoß; die juristische Würdigung beschränkt sich nicht auf die etwaigen Rechtsausführungen des Rechtsmittelwerbers.

[6]) Zu § 338 Ziff. 8 liegt ein Versehen des Gesetzgebers vor: die „Beschränkung der Verteidigung" schlägt nach seinem Text nur dann durch, wenn sie „einen für die Entscheidung wesentlichen Punkt" betraf, d. h. also gerade wenn „Kausalzusammenhang" zwischen Verstoß und Urteil besteht. Ziff. 8 gehört also gar nicht in die Liste der absoluten Revisionsgründe. Sein Inhalt ergibt sich schon aus § 337 I.

Auch Ziff. 7 ist versehentlich in die Liste der absoluten Revisionsgründe geraten. Daß die Urteilsurkunde (das ist hier mit dem „Urteil" gemeint)

Ergibt sich dann, daß entweder kein Prozeßverstoß vorliegt, oder (außerhalb der Fälle des § 338) daß ein solcher zwar vorliegt, das Urteil aber nicht auf ihm beruht[1]), so ist die Revision als unbegründet zu verwerfen.

Ergibt sich dagegen das Vorliegen eines absoluten Revisionsgrundes nach § 338, oder ergibt sich — außerhalb dieser Fälle — das Vorliegen eines Verstoßes zusamt dem „Beruhen" des Urteils auf ihm, so ist das untergerichtliche Urteil aufzuheben, § 353 I.

Die Aufhebung des Urteils ist aber nicht bloß dann geboten, wenn es völlig sicher ist, daß der Verstoß geschehen ist und das Urteil auf ihm beruht, sondern schon, wenn die Möglichkeit des Verstoßes und seines Zusammenhangs mit dem Urteil besteht.[2])

3. Haftet dem Urteil kein derartiger, seine Aufhebung bedingender äußerer Verstoß an, so ist, aber nur, sofern der Revisionswerber eine materiellrechtliche Rüge erhoben hat, die vom Urteilsgericht dargebotene tatsächliche Urteilsbasis in der oben § 80 IV 2 dargelegten Weise auf einen inneren Urteilsverstoß, also daraufhin zu prüfen, ob sie brauchbar, insbesondere deutlich und vollständig genug ist, um den Urteilstenor zu rechtfertigen, und zwar nicht bloß

---

keine Entscheidungsgründe enthält, ist überhaupt kein Revisionsgrund (da die Urteilsurkunde erst der Urteilsfindung nachfolgt und das Urteil deshalb auf ihr schlechterdings nicht „beruhen" kann, oben §§ 78 I, 80 I), geschweige denn ein absoluter. Der wahre Sinn der Ziff. 7 ist vielmehr der, daß bei völligem Fehlen von Entscheidungsgründen in der Urteilsurkunde eine anderweitige Feststellung darüber dem Revisionsgericht verwehrt sein soll (oben § 82 II 2), mit der Folge, daß ein vom Revisionswerber gerügter innerer Urteilsverstoß ohne weiteres als möglicherweise gegeben erscheint.

Dagegen muß im Sinne des GVG. und der StPO. die Anwesenheit eines Justizaufsichtsbeamten bei der Beratung (Verstoß gegen § 193 GVG.) als in § 338 weggelassener absoluter Revisionsgrund angesehen werden, Beling, **JW. 55** 1228.

[1]) z. B. der Angeklagte ist entgegen dem § 243 II erst nach Verlesung des Eröffnungsbeschlusses über seine persönlichen Verhältnisse vernommen worden, und es ist nicht ersichtlich, daß das Urteil bei Einhaltung der richtigen Reihenfolge anders ausgefallen wäre. Oder es ist zwar gegen § 251 III S. 1 verstoßen worden, aber die Protokollverlesung selbst war nach § 251 I zulässig, vgl. Beling, **JW. 54** 2612.

[2]) Bestritten. Wie im Text die Praxis des RGer.; dagegen Binding. Für letztere Auffassung könnte sprechen, daß es sich um einen Angriff gegen das Urteil handelt, und dieser Angriff in den Fällen des Zweifels nicht geglückt erscheint. Ausschlaggebend muß demgegenüber aber sein, daß sich die Interessen der Parteien (das des Rechtsmittelwerbers an Erschütterung, das seines Gegners an Aufrechterhaltung des nicht standfesten Urteils) gegenseitig neutralisieren, und das Staatsinteresse die Reinhaltung der Justiz von möglicherweise fehlerhaften Urteilen verlangt.

nach den Richtungen hin, die der Revisionswerber etwa in der Revisionsbegründung zur Sprache gebracht hat, § 352 II.[1])

Auch hier ist — bei Feststellung eines Fehlgangs im Urteilssyllogismus — weiter zu prüfen, ob das Urteil auf dem Verstoß beruht.[2])

Fehlt es an einem inneren Urteilsverstoß oder ist ein solcher zwar vorhanden, beruht das Urteil aber auf ihm nicht, so ist die Revision als unbegründet zu verwerfen. Im anderen Falle[3]) ist das untergerichtliche Urteil aufzuheben, § 353 I.

Zu anderen Prüfungen als den hier dargelegten ist das Revisionsgericht nicht befugt, insonderheit steht ihm nicht zu, ein nicht mit einem Urteilsverstoß behaftetes Urteil aufzuheben und es durch eine Ermessensentscheidung, wie sie dem Untergericht zugestanden hätte, zu ersetzen.[4])

Zu 1—3: Hatte der Revisionswerber laut Revisionsantrag das Urteil nur geteilt angegriffen (z. B. nur im Hinblick auf eine Nebenstrafe), so beschränkt sich allgemeiner Regel gemäß die Prüfung des Revisionsgerichts auf den angegriffenen Teil des Urteilstenors, oben § 68 V 1 zu a, vgl. § 352 I.

II. Die Verwerfung einer Revision als unbegründet, sowie die Aufhebung des Vorderurteils erfolgen grundsätzlich auf Grund der Hauptverhandlung durch Urteil, § 349 II.

---

[1]) Hätte der Revisionswerber z. B. gegenüber einem aus § 242 StGB. verurteilenden Urteil nur bemängelt, daß das Untergericht den Begriff der „Sache" verkannt habe, so hätte das Revisionsgericht gleichwohl seine Prüfung darauf zu erstrecken, ob dem Urteil nicht ein Fehler hinsichtlich des Begriffs der „Fremdheit" der Sache, des Begriffs des „Wegnehmens", des Vorsatzes usw. anhafte.

[2]) Das letztere würde z. B. dann nicht der Fall sein, wenn von mehreren Freisprechungsgründen der eine rechtsirrig ist (z. B. das Gericht hat bei § 184 StGB. rechtsirrig angenommen, daß die betreffende Schrift keine „unzüchtige" gewesen sei), aber das Urteil gleichwohl von einem anderen Freisprechungsgrunde, bezüglich dessen kein juristischer Irrtum obwaltet, getragen wird (z. B. Fehlen des Vorsatzes bei § 184 StGB.). Oder wenn im Betrugsprozeß die tatsächliche Urteilsbasis bei einem verurteilenden Erkenntnis zwar erkennen läßt, daß das Untergericht juristisch falsch eine „Erregung" eines Irrtums angenommen hat, aber zugleich ergibt, daß „Unterhaltung" eines Irrtums vorgelegen hat.

[3]) Wie bei Prozeßverstößen (oben 2 a. E.) kommt es auch hier nur auf „Möglichkeit" an.

[4]) Deshalb keine Anwendbarkeit des § 153 III in der Revisionsinstanz. So **E. 59** 55, weitere Rechtsprechung in **JW. 54** 1000, **GA. 70** 348, **71** 111, 260, 267, und überwiegend das Schrifttum. A. M. KGer. **JW. 53** 1626, Mannheim, **JW. 54** 1000.

Ausnahmsweise ist dem Reichsgericht — nicht auch den anderen Revisionsgerichten — die Möglichkeit eröffnet, eine Revision ohne Hauptverhandlung durch Beschluß als unbegründet zu verwerfen, wenn sie „offensichtlich" unbegründet ist; der Beschluß bedingt aber Einstimmigkeit, § 349 I S. 2.

III. Möglich ist, daß der Urteilsverstoß nur einen Teil des Urteilstenors berührt. Alsdann hat das Revisionsgericht nach Maßgabe der Teilungslinien, nach denen schon der Rechtsmittelwerber das Rechtsmittel hätte teilen können (oben § 68 V 1 zu a), auszusprechen, daß das Urteil in Ansehung des von dem Verstoß betroffenen Teils aufgehoben, im übrigen aber die Revision als unbegründet verworfen werde.[1])

IV. Die Aufhebung („Vernichtung", „Kassation") des Vorderurteils bedeutet (in den sich aus III ergebenden Grenzen)

1. in allen Fällen, in denen die Aufhebung wegen Prozeßverstoßes erfolgt, das Hinfälligwerden des Verfahrens nach rückwärts hin bis zu dem Punkte einschließlich, an dem der Fehler begangen worden ist.[2])

2. Erfolgt die Aufhebung wegen inneren Urteilsverstoßes, so bleibt die tatsächliche Urteilsbasis des Vorderurteils in Kraft (vorausgesetzt, daß sie in einwandfreiem Verfahren gewonnen ist, also nicht Fall 1 vorliegt), sofern sie gemäß oben § 80 IV 2 eine für die juristische Beurteilung brauchbare Basis bietet. Wird sie dagegen durch den Verstoß betroffen, so ist sie mit dem Urteil zugleich aufzuheben, § 353 II.

V. 1. Betraf das Urteil mehrere Prozeßgegenstände, die eingelegte Revision aber nur einen von diesen, so darf allgemeiner Regel gemäß (oben § 68 V 1 zu a) die Revisionsentscheidung nicht auf die von der Revision nicht ergriffenen Strafsachen übergreifen.

Diesen Satz durchbricht das Gesetz aber durch eine Ausnahme: umfaßte das Urteil mehrere Angeklagte, und wird es wegen inneren Urteilsverstoßes auf die Revision eines von ihnen hin zu dessen Gunsten aufgehoben, so ist die Aufhebung auch auf die Verurteilung

---

[1]) So z. B., wenn das Urteil nur darin fehlerhaft ist, daß es eine im konkreten Falle gesetzlich unzulässige Nebenstrafe mitverhängt hat.

[2]) Ist der Fehler in der Hauptverhandlung begangen, so fällt die ganze Hauptverhandlung in sich zusammen (Konzentrationsprinzip, oben § 75 VI). Bestand aber der Fehler nur darin, daß das Urteil nicht zu der nach ordnungsmäßiger Hauptverhandlung ordnungsmäßig vorgenommenen Abstimmung stimmt, so erstreckt sich die Aufhebung nur auf den Urteilsakt, vgl. Beling, **JW. 55** 2580.

der nicht als Revisionswerber aufgetretenen Angeklagten zu erstrecken, wenn der Verstoß sie mit berührt, § 357.[1])

2. In den Fällen, in denen das Revisionsgericht dritte Instanz ist, steht es dem Prozeßgegenstand nur in dem Umfang gegenüber, in dem nicht schon das Urteil erster Instanz in geteilte Rechtskraft erwachsen war. War z. B. dieses nur hinsichtlich des Strafausspruchs mit Berufung angefochten worden, so hat auch die Revisionsinstanz es nicht mehr mit dem Schuldspruch zu tun; war die Berufung lediglich zugunsten des Angeklagten eingelegt worden, so scheidet (auch bei einer zuungunsten des Angeklagten eingelegten Revision) für das Revisionsgericht die Frage, ob das erstinstanzliche Urteil in pejus zu reformieren sei, aus.[2])

Hatte der Angeklagte auf seine Berufung hin einen Teilerfolg erzielt (z. B. die Strafe erster Instanz hatte auf 3 Monate Gefängnis gelautet, die Strafkammer hat sie auf 100 Mark Geldstrafe herabgesetzt), und ist lediglich Revision zu seinen Gunsten in Frage, so liegt im Blickkreise des Revisionsgerichts nur noch die Frage, ob — äußerstenfalls — das berufungsgerichtliche Urteil bestehen bleiben soll.

In diesem Sinne — also ohne Beeinträchtigung der schon eingetretenen Teilrechtskraft — sind alle Aufhebungen des untergerichtlichen Urteils durch das Revisionsgericht zu verstehen, auch wenn sie nicht ausdrücklich einen derartigen Vorbehalt machen.[3])

VI. Wird das Vorderurteil aufgehoben, so bedarf es eines weiteren Ausspruchs, der das weitere Geschick des Prozesses betrifft.

1. Erfolgt die Aufhebung wegen Unzulässigkeit des Verfahrens, so hat das Revisionsgericht die — prozeßerledigende — Entscheidung zu treffen, daß das Verfahren eingestellt werde.[4])

---

[1]) Beispiel: A und B sind als Betrugsmittäter verurteilt worden; nur A hat Revision eingelegt; das Revisionsgericht findet, daß das Untergericht den Begriff der „Tatsache" im Sinne des § 263 StGB. verkannt hat. Das Urteil ist auch hinsichtlich des B aufzuheben. Vorausgesetzt ist dabei, daß das Urteil auch gegen B ein Sachurteil war; war es ihm gegenüber lediglich ein Versäumnisurteil aus § 329, so findet § 357 keine Anwendung, OLG. Königsberg **HR. 2** 29, RGer. **JW. 55** 1220; a. M. Stern, **JW. 55** 1220.

[2]) War z. B. der Angeklagte vom Amtsrichter zu 3 Monaten Gefängnis verurteilt worden, hatte dann er allein Berufung eingelegt, und war er von der Strafkammer freigesprochen worden, so ist auf die Revision des Staatsanwalts hin nur darüber zu befinden, ob — äußerstenfalls — das erstinstanzliche Urteil bestehen zu bleiben hat.

[3]) Vgl. oben § 47 II.

[4]) Außer in den Fällen, in denen nur die Unzuständigkeit des Untergerichts den Einstellungsgrund bilden würde, und sich dem Revisionsgericht die rechtliche Möglichkeit eröffnet, das Verfahren durch Verweisung an das zuständige Gericht im Laufe zu erhalten (§ 355, unten 2a).

2. Im übrigen hat das Revisionsgericht

a) grundsätzlich mit der Aufhebung die Zurückverweisung der Sache in die Unterinstanz zu verbinden, sich also auf eine laufende Entscheidung zu beschränken und sich nicht selbst der Prozeßerledigung zu unterziehen.

Zurückzuverweisen ist in den Regelfällen an das Gericht, dessen Urteil aufgehoben wird[1]) (oder nach Ermessen des Revisionsgerichts an ein demselben deutschen Lande angehöriges benachbartes Gericht gleicher Ordnung), § 354 II.

Besondere Fälle: Fall der Unzuständigkeit des befaßt gewesenen Untergerichts; hier Verweisung der Sache an das zuständige Gericht (soweit es zum Sprengel des Revisionsgerichts gehört), § 355;[2]) — Fall, daß durch den Verstoß das Hauptverfahren vor dem Untergericht überhaupt zu Falle gebracht wird; hier Verweisung der Sache in die Prozeßlage vor dem Verstoß[3]); — Fall, daß die Tat so, wie sie jetzt noch zur Aburteilung steht, vor ein Gericht niederer Ordnung gehört (hier: Zulässigkeit der Zurückverweisung an dieses[4]), § 354 III.

b) Ausnahmsweise hat das Revisionsgericht selber zu prozeßerledigender Entscheidung zu schreiten, wenn die Aufhebung des Urteils nur wegen inneren Urteilsverstoßes und unter Aufrechterhaltung der tatsächlichen Urteilsbasis erfolgt ist, und entweder letztere die Freisprechung oder Einstellung oder eine absolut bestimmte Strafe notwendig macht, oder zwar eine Strafzumessung erforderlich ist, das Revisionsgericht aber in Übereinstimmung mit der Staats-

---

[1]) Also bei Sprungrevision an das Gericht erster Instanz. Dagegen könnte zu sprechen scheinen, daß der Revisionswerber auf diese Weise gegenüber dem neuen Urteil zwei Unterinstanzen (und obendrein nochmals die Revisionsinstanz) wiedererlangt, während er sich mittels der Sprungrevision freiwillig einer Unterinstanz begeben hatte. Aber die von ihm ausgeübte Wahl bezog sich doch nur auf die erstmalige Prozeßlage, so daß die Wiedereröffnung des vollen Instanzenzuges gegenüber der neuen Lage nicht unsachgemäß ist.

[2]) Gleichzustellen ist der Fall, daß zwar das Untergericht selbst zuständig war, es aber Berufungsgericht war, und dem Erstinstanzgericht die Zuständigkeit fehlte, das Berufungsgericht also nach § 328 III hätte verfahren sollen; hier ist die Sache an das zuständige Erstinstanzgericht zurückzuverweisen, Mannheim, **JW. 54** 2812, OLG. Hamburg **GA. 71** 114 und **HR. 3** 32.

[3]) z. B. es fehlte der Eröffnungsbeschluß (hier Verweisung in das Stadium des Zwischenverfahrens); oder das Berufungsgericht hat geurteilt, ohne daß ein Erstinstanzurteil vorausgegangen war (hier Verweisung in die erste Instanz zurück).

[4]) Beispiel: Das Schwurgericht hat auf Mordanklage hin nur wegen Körperverletzung verurteilt; Revision ist nur vom Angeklagten eingelegt; bei Aufhebung des Urteils möglich Zurückverweisung an das Amtsgericht.

anwaltschaft die gesetzlich niedrigste Strafe für angemessen erachtet, § 354 I.

VII. 1. Für die Methode der Abstimmung ist auch beim Revisionsgericht an dem Grundsatz der Ergebnisabstimmung (oben § 53 IV) festzuhalten[1]); dabei ist aber zu beachten, daß sich das, was „Ergebnis" ist, im Revisionsgericht zum Teil anders darstellt, weil dieses vor eine Reihe von Einzelfragen mit besonderer Folge gestellt ist. Hiernach gestaltet sich die Abstimmungsmethode in den Hauptlinien wie folgt:

a) Im ersten Abstimmungsgang ist klarzustellen, ob die Revision nicht schon als unzulässig zu verwerfen ist.

b) Ist dies nicht der Fall, so ist darüber abzustimmen, ob unter Aufhebung des Vorderurteils das Verfahren wegen Unzulässigkeit einzustellen sei.

c) Wenn nein, so folgen so viele Abstimmungsgänge, wie Prozeßrügen erhoben sind, jedesmal mit dem Abstimmungsthema, ob um dieses Verstoßes halber das Urteil aufzuheben sei.

Im Bejahungsfalle ist noch darüber abzustimmen, wohin die Sache zurückzuverweisen sei.

d) Ist die Abstimmung zu c dahin ausgefallen, daß keine der Prozeßrügen durchschlägt, so ist, vorausgesetzt, daß eine „materiellrechtliche" Rüge erhoben ist, die Abstimmung darauf zu richten, ob eine eigene prozeßerledigende Entscheidung im Sinne des § 354 I zu erlassen sei, diese Abstimmung ganz wie in der ersten Instanz zwar einesteils gestuft nach den Teilen des Prozeßgegenstandes, anderenteils aber ohne Zerlegung der Schuldfrage je nach einzelnen sich innerhalb ihrer erhebenden Rechtsfragen.[2])

e) Ergibt sich nicht schon nach d die Schlußentscheidung, so ist über die Frage der Aufhebung des Urteils wegen inneren Urteilsverstoßes derart abzustimmen, daß für jeden einzelnen in Frage kommende Urteilsverstoß die Aufhebungsfrage gesondert gestellt wird.[3])

---

[1]) Die Meinungen hierüber sind geteilt. Vgl. Beling, **GA. 67** 159 (die dortigen Ausführungen z. T. von mir nicht mehr festgehalten); Haymann, Die Mehrheitsentscheidung, in der Festgabe für Stammler, S. 428 (dort weitere Zitate).

[2]) Es würde also gemäß § 354 I auf Freisprechung zu erkennen sein, wenn die Freisprechungsgründe der Revisionsrichter auseinandergehen. So zutreffend Haymann, a. a. O., gegen meine Ausführungen in **GA. 67**.

[3]) Dies kann Härten im Gefolge führen, ist aber wegen § 358 I (unten IX) unausweichlich.

Fällt die Abstimmung nicht im Sinne der Aufhebung aus, so ist als Ergebnis auszusprechen, daß die Revision als unbegründet verworfen werde. Ist dagegen Aufhebung beschlossen, so folgt die Abstimmung über die Frage, wohin zurückzuverweisen sei.

2. Überall, wo der Prozeßgegenstand das Entscheidungsthema bildet (oben 1 d, e), ist für jede dem Angeklagten nachteilige Beantwortung der Schuldfrage oder der Straffrage gemäß § 263 $^2/_3$-Mehrheit erforderlich.[1])

VIII. Für die vom Reichsgericht zu erledigende Revision gilt, wenn der zur Entscheidung berufene Senat von der bisherigen Rechtsauffassung des Reichsgerichts (mit Ausnahme seiner eigenen) abgehen will, das Erfordernis der Einholung einer Plenarentscheidung nach §§ 136, 138 GVG., vgl. unten § 99.

IX. Das Untergericht, an das die Sache im Falle der Aufhebung und Zurückverweisung gelangt, hat das Verfahren von dem Punkte ab, bis zu dem rückwärts hin es von der Aufhebung mitbetroffen ist, neu durchzuführen.[2])

Bei der Neuaburteilung der Sache hat sich das Untergericht an die Rechtsauffassung des Revisionsgerichts, aus der heraus dieses das frühere Urteil aufgehoben hatte, zu halten, § 358 I (Ausnahme von § 1 GVG.).

Außerdem ist, wenn und insoweit die Aufhebung unter Aufrechterhaltung der tatsächlichen Urteilsbasis des Vorderurteils erfolgt war, diese in der neuen Hauptverhandlung ohne Beweisaufnahme als feststehend zu behandeln.

Endlich gilt, soweit die Aufhebung des früheren Urteils auf Revision des Angeklagten oder solche des Staatsanwalts zu seinen Gunsten oder des gesetzlichen Vertreters oder Ehemanns erfolgt war, für das Untergericht das Verbot der reformatio in pejus in dem Sinne, daß das neue Urteil im Vergleich zu dem früheren (mittlerweile aufgehobenen) kein „pejus" für den Angeklagten enthalten darf, § 358 II.[3])

Gegen das neue Urteil des Untergerichts eröffnet sich wieder der gewöhnliche Instanzenzug; nur scheidet auch jetzt die tatsächliche Urteilsbasis des früheren Urteils, soweit sie vom Revisionsgericht aufrechterhalten war, aus der Nachprüfung aus. Für die Sprung-

---

[1]) Dagegen die herrschende Lehre und Praxis. Vgl. gegen sie Beling, GA. 67 165.

[2]) scil. in dem prozeßgegenständlichen Rahmen, in dem die Sache überhaupt noch anhängig ist. Vgl. dazu oben V.

[3]) Vgl. dazu oben § 68 V 1 zu b.

revision gilt jetzt eine Besonderheit: sie kann außer auf inneren Urteilsverstoß jetzt auch darauf gestützt werden, daß das Gericht entgegen dem § 358 I und II von der Rechtsauffassung des Revisionsgerichts abgewichen sei oder in pejus reformiert habe (oben § 80 VI 2).

Gelangt die Sache nochmals an das Revisionsgericht, so ist dieses an die Rechtsauffassung, aus der heraus es erstmals das (erste) untergerichtliche Urteil aufgehoben hatte, gebunden.[1])

§ 84. V. Wiederaufnahmeverfahren.

Goltdammer in seinem Archiv **6** 515; Remeis, Die Wiederaufnahme im Strafverfahren 1864; v. Kries, **GA. 26** 169ff.; Dalcke, **GA. 34** 81; Ditzen, **GS. 47** 126, **ZStW. 18** 53; Rosenblatt, **GS. 53** 450, **ZStW. 23** 580; derselbe, Die Wiederaufnahme des Strafverfahrens in den europäischen Gesetzen der Gegenwart, **ZStW. 26** 101; Alsberg, Justizirrtum und Wiederaufnahme 1913; West, **ZStW. 16** 247, **GS. 56** 180, **61** 147; Woermann, Das Wiederaufnahmeverfahren und die Entschädigung unschuldig Verurteilter, Komm. 1899; Eckstein, **GS. 85** 107 (Wiederaufnahme des Verfahrens behufs Anwendung eines milderen Strafgesetzes); Th. Knapp, Die Beseitigung einer ungerechtfertigten Verurteilung nach dem Tode des Verurteilten, Tübing. Diss., 1911; Beling, **ZStW. 38** 826, **41** 152.

I. Das formell rechtskräftige (und nicht ipso jure unwirksame) Sachurteil entfaltet „Sperrwirkung" in dem Sinne, daß eine Weiterführung des Prozesses über denselben Prozeßgegenstand ausgeschlossen ist, auch wenn sich nachher zeigt, daß die tatsächliche Urteilsbasis falsch war oder eine Gesetzesverletzung untergelaufen ist, oben § 55 I. Und da sich bei Sachurteilen mit der formellen die materielle Rechtskraft verbindet, so können rechtskräftige Sachurteile auch nicht durch einen neuen Prozeß (der eben in toto unzulässig ist) erschüttert werden, oben § 56. Der zu Unrecht Verurteilte bleibt verurteilt, der zu Unrecht Freigesprochene bleibt freigesprochen.

Aber dieser Ausschluß nochmaliger Prüfung der rechtskräftig erledigten Angelegenheit wirkt unter besonderen Voraussetzungen derart verletzend, daß die StPO. hier den Grundsatz der Rechtskraft ausnahmsweise opfert, indem sie bestimmte eng begrenzte Gründe für eine „Wiederaufnahme des Verfahrens"[2]) anerkennt, bei deren Vorliegen die mit der formellen Rechtskraft verbundene Sperrwirkung entfällt, also der erledigte Prozeß „wiederaufgenommen", d. h. in besonders gestalteter Weise fortgeführt werden kann, mit

---

[1]) **R. 4** 300, 506, **E. 6** 357, RGer. **GA. 69** 223.
[2]) Franz. „revision".

der Folgewirkung, daß das rechtskräftige Urteil und mit ihm auch seine materielle Rechtskraft in Frage gestellt sind.[1])

II. Aus dem Gedanken heraus, daß die Wiederaufnahme nur ein außerordentlicher Rechtsbehelf sein soll, hat das Gesetz

1. ihr nur Sachurteile zugänglich gemacht,

2. auch Sachurteile insofern gegen Wiederaufnahme sichergestellt, als mit ihr nicht bloße veränderte Strafzumessung bei Gleichbleiben des titulus condemnationis angestrebt werden kann, § 363, somit nur entweder die Beseitigung einer Verurteilung überhaupt oder die Änderung des titulus condemnationis[2]) oder die Vertauschung einer Freisprechung mit Verurteilung in Frage kommen;

3. die Wiederaufnahmevoraussetzungen in eng umgrenzter Weise genau festgelegt (unten III);

4. dem Wiederaufnahme-Hauptverfahren ein Vorverfahren vorgebaut mit dem Zwecke, den Zutritt zu ersterem zu erschweren und gegebenenfalls zu verhindern, unten V, VI.

III. Das Gesetz kennt sowohl eine Wiederaufnahme zugunsten des Angeklagten, § 359 (abgekürzt „günstige Wiederaufnahme"), wie auch eine solche zu seinen Ungunsten, § 362 („ungünstige Wiederaufnahme"). Die Wiederaufnahmegründe sind nicht durchweg dieselben.

1. Im Vordergrunde steht die „restitutio ex capite novorum" oder „propter nova", d. h. wegen neuer Tatsachen oder Beweismittel, die die tatsächliche Urteilsbasis des rechtskräftigen Urteils ins Wanken bringen. In diesem Sinne fallen

a) bei der günstigen Wiederaufnahme alle Tatsachen und Beweismittel[3]) ins Gewicht, die allein oder in Verbindung mit

---

[1]) Unmittelbar durchbricht die Wiederaufnahme des Verfahrens aber die materielle Rechtskraft nicht. Die Wiederaufnahmegründe erlauben nicht einfach einen neuen Prozeß, sondern nur die Fortsetzung des alten.

[2]) Und zwar mit gleichzeitiger Änderung der Strafgröße; bloße Änderung des Verurteilungstitels bei gleichbleibender Strafe bildet kein gesetzlich anerkanntes Wiederaufnahmeziel, vgl. § 359[5] S. 1 (der insofern durchweg analog anzuwenden ist).

[3]) Einschließlich Sachverständiger, Bergmann, **GA. 69** 468; Kretschmann im „Recht" 1917, S. 501; vgl. auch **E. 57** 158. A. M. oberlandesgerichtliche Entscheidungen in **GA. 69** 476, **HR. 2** 312. — Hinsichtlich der Feststellung des Geisteszustandes des Beschuldigten mittels Unterbringung in einer Irrenanstalt (Frage der Anwendbarkeit des § 81 im Wiederaufnahmeverfahren) vgl. Beling, **ZStW. 38** 826; **HR. 2** 200.

den früher erhobenen Beweisen die Freisprechung[1]) des Angeklagten oder in Anwendung eines milderen Strafgesetzes eine geringere Bestrafung zu begründen geeignet sind, § 359^{5} S. 1, mit der Einschränkung, daß in den vor dem Amtsrichter oder dem Schöffengericht verhandelten Sachen solche Tatsachen und Beweismittel ausgeschlossen sind, die, wennschon nova für das Gericht, doch dem Angeklagten in dem früheren Verfahren einschließlich der Berufungsinstanz bekannt waren oder von ihm hätten geltend gemacht werden können und sollen, § 354^{5} S. 2.

Einen besonderen Fall fügt § 359^{4} hinzu, den nämlich, daß das rechtskräftige Urteil auf den Feststellungen eines zivilgerichtlichen Urteils gefußt hatte, und das letztere nachher durch ein rechtskräftig gewordenes anderes Zivilurteil aufgehoben ist.[2])

b) Für die ungünstige Wiederaufnahme läßt § 362^{4}[3]) nur ein einziges novum genügen, nämlich das Geständnis des Angeklagten, und auch dieses nur, wenn er (voll) „freigesprochen" war (also nicht, wenn er z. B. wegen fahrlässiger Tötung verurteilt war und jetzt zugesteht, daß die Tat ein Mord war).[4])

2. Daneben steht die Wiederaufnahme „ex capite falsi" oder „propter falsa", d. h. wegen gewissen menschlichen Verhaltens, das das rechtskräftige Urteil „fälschend" beeinflußt hat, nämlich wenn (bei günstiger wie bei ungünstiger Wiederaufnahme)

a) eine in der Hauptverhandlung vorgebrachte Urkunde unecht (sei es von Hause aus unecht, oder „verfälscht", d. h. aus einer echten zu einer ganz oder teilweise unechten gemacht worden) war, §§ 359^{1}, 362^{1};

---

[1]) Bloße Straffreisprechung (unter Beibehaltung des Schuldspruchs) ist nicht gleichzustellen. — Die bestrittene Frage, ob auch (formale) Einstellung des Verfahrens das Wiederaufnahmeziel nach § 359^{5} sein könne, ist im allgemeinen verneinend zu beantworten, da § 359^{5} nicht die prozessuale Unzulässigkeit, sondern die Unrichtigkeit der im Sachurteilssyllogismus zugrunde gelegten Tatsachen betrifft. Ist z. B. der Angeklagte wegen Hausfriedensbruch verurteilt worden, und zeigt sich, daß es am Strafantrag gefehlt hat, so steht § 359^{5} dem Angeklagten nicht zur Seite (vgl. jedoch unten S. 433 Anm. 1). Anders liegen aber die Fälle, in denen der Angeklagte wegen Offizialdelikts verurteilt ist, und mit der Wiederaufnahme Beseitigung dieser Verurteilung derart angestrebt wird, daß im Hinblick auf das Antragsdelikt, das möglicherweise in der Tat steckt, wegen Fehlens des Strafantrags Einstellung das Ergebnis sein würde.

[2]) Die Heraushebung dieses Falles dürfte praktisch bedeutungslos sein, da auch hier die Voraussetzungen von § 359^{5} S. 1 vorliegen müssen, und § 359^{5} S. 2 überhaupt nicht in Frage kommt.

[3]) Ausfluß des „favor defensionis", oben § 34 I.

[4]) So die h. M.

b) ein Meineid oder ein fahrlässiger Falscheid eines Zeugen oder Sachverständigen untergelaufen ist, §§ 359^2, 362^2;

c) sich ein (Berufs- oder Laien-) Richter, der bei dem Urteil mitgewirkt hat, in Beziehung auf die Sache einer kriminell strafbaren Amtspflichtverletzung schuldig gemacht hat, §§ 359^3, 362^3.

Verglichen mit der restitutio propter nova ist diejenige propter falsa insofern erschwert, als ihr überall da, wo das „fälschende" Verhalten (z. B. die Falschaussage des Zeugen) eine strafbare Handlung darstellt, eine rechtskräftige Verurteilung des betr. Täters vorausgegangen sein muß oder, wenn dies nicht geschehen ist, die Verurteilung nicht bloß wegen Mangels an Beweis ausgeblieben sein darf, § 364.

Andererseits braucht in diesen Fällen (2a—c) im Unterschied von 1 der betreffende Umstand (die Unechtheit der Urkunde usw.) kein „Novum" zu sein, d. h. die Wiederaufnahme ist auch begründet, wenn das erkennende Gericht ihn gekannt hat.

Ferner schlagen diese Umstände auch dann durch, wenn bei günstiger Wiederaufnahme der Angeklagte sie gekannt hatte oder hätte geltend machen können (anders als nach § 359^5), und bei ungünstiger auch dann, wenn (anders als nach § 362^4) es sich bloß um Vertauschung einer Verurteilung mit Verurteilung zu schwererer Strafe unter einem anderen titulus condemnationis handelt.

Endlich aber hat die restitutio propter falsa nach § 359^{1-3}, 362^{1-3} eine über die rest. propter nova hinausragende Bedeutung insofern, als die in Rede stehenden Umstände eine Wiederaufnahme nicht bloß dann tragen, wenn sich die tatsächliche Urteilsbasis des rechtskräftigen Urteils kraft ihrer als unrichtig erweist, sondern auch, wenn sie einen äußeren Urteilsverstoß begründen, der das Urteil hinfällig macht.[1])

Äußere Urteilsverstöße, die nicht unter §§ 356^{1-3}, 362^{1-3} fallen, vermögen eine Wiederaufnahme nicht zu tragen.[2])

Innere Urteilsverstöße im Sinne der Revision, also juristische Fehler im Urteilssyllogismus, vermögen die Wiederaufnahme überhaupt nicht zu tragen.

---

[1]) Deshalb ist Wiederaufnahme nach § 359^1 auch dann begründet, wenn die unechte Urkunde ein in der Hauptverhandlung vorgebrachtes Prozeßschriftstück (z. B. ein Strafantrag, ein Eröffnungsbeschluß) ist, und die Echtheit dieses Schriftstückes Voraussetzung für die Verurteilung war.

[2]) So z. B. nicht Verletzung des Grundsatzes Ne bis in idem, RGer. **DJZ. 11** 657, **JW. 56** 2073. Es ist aber zu beachten, daß das gegen die materielle Rechtskraft verstoßende Urteil von selbst unwirksam ist, oben § 48.

IV. Die Wiederaufnahme ist kein „Rechtsmittel" im technischen Sinne: sie hat keinen Devolutiveffekt = das Verfahren spielt sich nicht in eine höhere Instanz hinüber. Vielmehr ist zuständig (§ 367)

a) im allgemeinen dasselbe Gericht, dessen Urteil angefochten ist;

b) wenn das angefochtene Urteil ein revisionsinstanzliches war, grundsätzlich das Gericht, gegen dessen Urteil die Revision eingelegt war; nur bei Wiederaufnahme wegen Richteramtsverletzung seitens der Revisionsrichter (§§ 356^3, 362^3) das Revisionsgericht selbst.

V. Es bedarf eines Wiederaufnahmeantrags an das Gericht. Zu diesem sind dieselben Personen legitimiert, die legitimiert wären, wenn es sich um ein Rechtsmittel handeln würde (der Staatsanwalt speziell wie bei Rechtsmitteln auch für Vorgehen zugunsten des Beschuldigten), § 365.

Der Antrag ist nicht befristet, wird auch nicht dadurch ausgeschlossen, daß das angefochtene Urteil schon vollstreckt oder der Verurteilte gestorben ist.[1])

Hinsichtlich der Art und Weise der Geltendmachung, der Zurücknahme, des Verzichts gelten im allgemeinen die Rechtsmittelvorschriften analog, § 365; wegen der Form siehe noch § 366 II.

Inhaltlich bedarf der Antrag einer Angabe des „gesetzlichen Grundes der Wiederaufnahme", also der Bezugnahme auf einen der in §§ 356^{1-5}, 362^{1-4} aufgeführten Umstände sowie der Beweismittel dafür[2]), § 366 I.

Der Antrag muß ferner eine solche Zielrichtung erkennen lassen, die der gesetzlichen Funktion der Wiederaufnahme (oben II 2) entspricht.[3])

VI. Das Wiederaufnahmegericht hat

1. zunächst über die „Zulässigkeit" des Rechtsbehelfs zu befinden, § 367, also insbesondere die Legitimationsfrage und die Frage, ob der Antrag formell und inhaltlich gehörig geltend gemacht ist, zu prüfen. In den Fällen, in denen der Antrag auf die Behauptung einer strafbaren Handlung gegründet ist, ist ferner zu prüfen, ob eine rechtskräftige Verurteilung wegen dieser Handlung vorliegt

---

[1]) Über letzteren Fall unten VII.

[2]) Es besteht also eine Substanziierungs- und eine Beweisantrittslast.

[3]) Deshalb untauglich ein Antrag, der nur auf veränderte Strafzumessung unter Festhaltung des titulus condemnationis oder nur auf Änderung dieses titulus unter Festhaltung der Strafe hinaus will.

und, wenn nicht, ob nicht das Ausbleiben des betr. Prozesses oder der Verurteilung nur auf Mangel an Beweis beruht, § 364.[1])

Fehlt es an einer der Zulassungsvoraussetzungen, so ist der Antrag ohne mündliche Verhandlung durch Beschluß als unzulässig zu verwerfen, §§ 368 I, 367 II.

2. Andernfalls ist der Antrag dem Prozeßgegner unter Fristsetzung zur Erklärung zuzustellen, § 368 II.

Sofern das Gericht nicht, was auch jetzt noch möglich ist, den Beschluß auf Verwerfung des Antrags als unzulässig nachholt, ist in das „judicium rescindens“ einzutreten, d. h. gewissermaßen eine Voruntersuchung behufs demnächstiger Entscheidung darüber, ob das Hauptverfahren zu erneuern sei; es handelt sich also um die Klarstellung, ob die vom Antragsteller ins Feld geführten Wiederaufnahmegründe als solche stichhaltig sind.

a) Die erforderlichen Beweiserhebungen nimmt das Gericht entweder selbst vor oder es betraut, wenn es Ratsgericht ist, damit ein Mitglied als beauftragten Richter, § 369 I.

Wegen der Vereidigung der Zeugen und Sachverständigen vgl. § 369 II, wegen der Parteiöffentlichkeit § 369 III.

b) Nach Schluß der Beweisaufnahme Verstattung der Parteien zu (schriftlichen) Erklärungen mit Fristsetzung, § 369 IV.

c) Beschlußfassung des Gerichts (ohne mündliche Verhandlung) darüber, ob der Antrag als unbegründet zu verwerfen oder das Wiederaufnahmehauptverfahren zu eröffnen sei (Wiedereröffnungsbeschluß). Das erstere hat dann zu geschehen, wenn die in dem Antrage aufgestellten Behauptungen keine genügende Bestätigung gefunden haben, in den Fällen der §§ 359[1, 2], 362[1, 2] auch dann, wenn nach Lage der Sache die Annahme ausgeschlossen ist, daß das „falsum“ auf das Urteil Einfluß gehabt hätte, § 370 I.[2]) Im anderen Falle ist Wiedereröffnungsbeschluß geboten, § 370 II.

Ausnahmsweise kann das beschließende Gericht, statt einen Wiedereröffnungsbeschluß zu erlassen, sofort ohne Hauptverhandlung

---

[1]) § 364 setzt (schon seinem Wortlaut nach) voraus, daß der Antragsteller selbst eine strafbare Handlung behauptet hat. War der Antrag z. B. nur auf objektive Unrichtigkeit einer beeideten Zeugenaussage gestützt, so entfällt § 364. So zutreffend Ditzen, **ZStW.** 18 70; Mezger, **JW. 56** 2073 und ein Teil der Rechtsprechung. A. M. West, **ZStW. 16** 247, **GS. 56** 180, **61** 147, **DJZ.** 7 197, KGer. **GA. 71** 259, **JW. 56** 2073 u. a.

[2]) Anfechtbar mit sofortiger Beschwerde, § 372. Mit Eintritt der formellen Rechtskraft Sperrwirkung gegen neue Anträge, die nur Wiederholung des verworfenen sein würden, nicht auch gegen neue Wiederaufnahmeanträge neuen Inhalts.

ein freisprechendes Urteil (unter Aufhebung des angefochtenen rechtskräftigen Urteils) fällen, wenn schon das judicium rescindens dafür die genügende Unterlage beschafft hat, bei öffentlichen Klagen jedoch nur, falls die Staatsanwaltschaft zustimmt, §§ 371 II, III, vgl. IV.

3. Mit dem Wiedereröffnungsbeschluß ist das Verfahren in das „judicium rescissorium", das neue Hauptverfahren, eingetreten. Das Hauptverfahren ist nach den gewöhnlichen Regeln, wie sie für das betr. Gericht gelten, durchzuführen.

In der Hauptverhandlung und für die Schlußentscheidung ist nicht nur der von dem Antragsteller als Wiederaufnahmegrund ins Feld geführte Punkt nachzuprüfen. Die Prüfung und Entscheidung ist vielmehr auf das Vorliegen sämtlicher Urteilsvoraussetzungen und auf den ganzen tatsächlichen und juristischen Gehalt des Prozeßgegenstandes zu erstrecken (Novum judicium), mit Einschluß von Nova, die erst jetzt hervortreten (und von dem Antragsteller nicht in Bezug genommen waren), ferner mit Einschluß bloßer neuer Beweiswürdigung hinsichtlich der alten Beweismittel, endlich auch der eigenen juristischen Stellungnahme hinsichtlich der Rechtsfragen usw.

Ermessensentscheidungen zu treffen, steht dem Gericht ebenso frei wie sonst auch.[1])

Eine Schranke ist jedoch insofern gezogen, als das Verbot der reformatio in pejus in entsprechender Weise gilt, wie wenn es sich um ein Rechtsmittel gegen das alte Urteil handeln würde, § 373 II.

Gelangt das Gericht zu einer Entscheidung, die sich mit dem Tenor des angefochtenen Urteils deckt, so ist durch Urteil auszusprechen, daß „das frühere Urteil aufrechterhalten werde", § 373 I.

Weicht die neue Entscheidung dagegen ab, so ist durch das Urteil das frühere Urteil aufzuheben und die gebotene Entscheidung (je nachdem Freisprechung, Verurteilung, Einstellung usw.) zu treffen.

Mit der Aufhebung ist das rechtskräftige Urteil und damit seine Rechtskraft hinfällig geworden, und zwar mit rückwirkender Kraft.[2])

VII. In abnormer, sich nicht innerhalb der Zwecke des Strafprozesses bewegender Weise wird das Wiederaufnahmeverfahren

---

[1]) Daher kann das Wiederaufnahmegericht auch von § 153 III Gebrauch machen, Fortlage, DJZ. 30 1033.

[2]) Ist auf Aufhebung und Freisprechung erkannt, so sind damit auch verwaltungsrechtliche Nebenfolgen, die das frühere Urteil verhängt hatte (Amtsverlust usw.), rückwirkend erledigt. So Schneider, DJZ. 32 740 gegen E. 22 40, 42 281.

vom Gesetz zugleich in den Dienst der restitutio memoriae eines Verstorbenen gestellt, § 361 I.[1])

1. Nach dem Tode eines rechtskräftig Verurteilten sind an dessen Stelle die in § 361 II bezeichneten Angehörigen zur Stellung eines Wiederaufnahmeantrags zu seinen Gunsten legitimiert, so zwar, daß damit nur die volle Freisprechung (nicht auch die bloße Änderung des Verurteilungstitels und der Strafe) angestrebt werden kann, arg. § 371 I, somit auch schon der Inhalt des Antrags dieser Zielrichtung entsprechen muß.

Das Zulassungsverfahren und das judicium rescindens sind wie oben VI 1, 2 durchzuführen, nur läuft das jud. rescindens nicht in einen Wiedereröffnungsbeschluß aus, und es ist die Beweisaufnahme so umfassend und so vertieft zu gestalten, daß schon jetzt die Stellungnahme dazu möglich wird, ob der Schuldspruch ungerechtfertigt war.

Erweist sich die volle Unhaltbarkeit des Schuldspruchs, so hat statt Wiedereröffnungsbeschlusses und somit ohne Hauptverhandlung ein freisprechendes Urteil zu ergehen; im anderen Falle[2]) ist der Antrag als unbegründet zu verwerfen, § 371 I, vgl. § 371 III, IV.

2. Hatte der rechtskräftig Verurteilte selbst schon einen Wiederaufnahmeantrag gestellt, so endet zwar das Verfahren zunächst durch seinen Tod. Die in § 361 II bezeichneten Angehörigen können aber durch eine an das Gericht gerichtete Erklärung in die Rolle des Antragstellers einrücken, inhalts deren sie die Freisprechung des Verurteilten anstreben. Das Verfahren spielt sich von jetzt ab in derselben Weise ab, wie wenn die Angehörigen von Anfang an die Antragsteller gewesen wären (vorstehend Ziff. 1).

B. Besondere Prozeßarten.

I. Das Jugendstrafverfahren.[3]) § 85.

Doerr, Das Jugendgerichtsgesetz vom 16. Februar 1923, **ZStW. 44** 213; Allfeld, Das Verfahren gegen Jugendliche in rechtsvergleichender Darstellung, **GS. 89** 27; Ders., **GS. 92** 166; Clostermann, **JW. 54** 1459. — Ausgaben des JugGerGes. s. oben S. 10 Anm. 3.

I. Für Prozesse, deren Gegenstand eine von dem Beschuldigten in jugendlichem Alter (vom 14. bis 18. Lebensjahr) begangene

[1]) Vgl. Beling, Informativprozesse, in der Festschrift für die juristische Fakultät Gießen 1907.

[2]) Also auch dann, wenn sich ergeben hat, daß an sich ein leichterer titulus condemnationis oder eine geringere Strafe als in dem früheren Urteil Platz zu greifen hätten.

[3]) Paragraphenziffern ohne Zusatz bedeuten hier §§ des Jugendgerichtsgesetzes.

Tat bildet, schreibt das Jugendgerichtsgesetz vom 16. Februar 1923[1]) unter gewissen Voraussetzungen (darüber unten II) eine besondere Art des Verfahrens, das **Jugendstrafverfahren**, vor.[2])

Den Prozeßgegenstand bilden jene Taten der Jugendlichen im Hinblick sowohl auf die Strafe wie auch auf die im materiellrechtlichen Teil des JugGerGes. vorgesehenen nichtkriminellen Maßregeln.

Das Verfahren ist ein „besonderes" in dem Sinne, daß es zwar nach zahlreichen Richtungen hin Eigenart aufweist, doch aber subsidiär die Vorschriften der StPO. über das ordentliche Verfahren Platz greifen, § 18 I JugGerGes.[3]) Die Besonderheiten erstrecken sich sowohl auf das Hauptverfahren wie auf das Vorverfahren.

1. Im Prozeßgang weicht das Verfahren in folgenden Einzelheiten vom ordentlichen Verfahren ab:

a) Im Vorverfahren[4]) möglichst früh und möglichst eingehend Ermittlung der körperlichen und geistigen Individualität des Beschuldigten und seiner Lebensverhältnisse, § 31 I S. 1, S. 2.

Ermittlungsrichter (= der im Ermittlungsverfahren den Staatsanwalt als dessen Gehilfe unterstützende Amtsrichter, §§ 162, 165 StPO., oben § 71 I): der Jugendrichter, § 19 I.

b) Die Befugnis des Staatsanwalts, das Ermittlungsverfahren einzustellen, ist einesteils eingeschränkt, insofern eine Einstellung wegen Fehlens der Strafreife (§ 3 JugGerGes.) nur mit Zustimmung des Jugendrichters statthaft ist, § 32 I; anderenteils ausgedehnt, insofern der Staatsanwalt mit Zustimmung des Jugendrichters auch dann von Klageerhebung absehen kann, wenn neben

---

[1]) Über dessen gerichtsverfassungsrechtliche Bestimmungen s. oben §§ 13 ff.

[2]) Dabei ist nur an diejenigen Jugendlichen gedacht, deren Taten materiellrechtlich nach §§ 1 ff. des JugGerGes. zu beurteilen sind; für jugendliche Soldaten (vgl. § 50 MStGB.) gilt das Jugendstrafverfahren daher nicht. So Fuhse, Komment. zu MStGB. § 50; Stöber, **DJZ. 30** 1502, LG. Guben **DJZ. 30** 1596; a. M. Hellwig, Anm. 14 zu § 3 JugGerGes., sowie die in **DJZ. 30** 1272, **HR. 3** 45 abgedruckten Gerichtsentscheidungen.

[3]) Daneben greift das Gesetz auch in die übrigen besonderen Prozeßarten (Privatklageverfahren, Mahnverfahren) sowie in die Regelung der Untersuchungshaft über, vgl. unten §§ 87 II, VI, 94 I 2, II 3, III 3, 102 I, III 7b, 110 I.

[4]) Ermittelungsverfahren oder Voruntersuchung; auch letztere ist jedenfalls nach § 178 II StPO. zulässig, ObstLdesGer. **ZStW. 45** 528, **JW. 54** 1014 (bestr.), vgl. auch § 27 JugGerGes. Die ratio legis führt aber sogar zu dem Schlusse, daß in den vor das große Jugendgericht gehörenden Sachen (§ 27 S. 2 JugGerGes.) die Voruntersuchung nach § 178 I StPO. notwendig ist; denn der Grund, weshalb in den in § 178 I bezeichneten Sachen die Voruntersuchung erforderlich sein soll, ist nicht der, daß sie vor das Reichsgericht usw. kommen sollen, sondern ihre Schwere.

einer schon angeordneten Erziehungsmaßregel weiteres nicht erforderlich erscheint, oder wenn ein „Absehen von Strafe" nach § 9 IV zu erwarten steht, § 32 II S. 1.

c) Das summarische Verfahren nach § 212 StPO. (oben § 73 III) ist ausgeschlossen, § 38 II.

d) Auf die staatsanwaltschaftliche Klage hin kann das Gericht mit Zustimmung der Staatsanwaltschaft Einstellung über § 153 III StPO. hinaus auch dann beschließen, wenn eine Erziehungsmaßregel angeordnet ist und weiteres nicht erforderlich erscheint oder wenn „Absehen von Strafe" zu erwarten ist, § 32 II S. 2. Der Beschluß ist für den Staatsanwalt unanfechtbar, für den Beschuldigten und den Tatverletzten, wenn er der Urheber des Verfahrens („Antragsteller") war, mit sofortiger Beschwerde anfechtbar, § 32 III S. 2.[1]) Bei formeller Rechtskraft des Beschlusses zugleich materielle Rechtskraft in den Grenzen des § 211 StPO.

e) Die Hauptverhandlung gebietet der § 33 I durch Soll-Vorschrift von anderen Hauptverhandlungen derart zu sondern, daß eine Berührung mit anderen Angeklagten vermieden wird.

Die Entfernung des Angeklagten aus dem Sitzungssaal ist für die Dauer einzelner Erörterungen zulässig, wenn von diesen ein nachteiliger Einfluß auf den Angeklagten zu befürchten ist; der Angeklagte ist dann nach Wiedervorlassung über den wesentlichen Inhalt des Verhandelten zu unterrichten, § 33 II.

f) Über die Anfechtbarkeit der Entscheidungen gibt § 35 einige Sonderbestimmungen.[2])

2. Weiter ist dem Jugendstrafverfahren charakteristisch

a) Fühlungnahme des Gerichts mit den Organen der Jugendgerichtshilfe, Fürsorgeerziehungsbehörden, Jugendamt, Vormundschaftsgericht, Eltern so, daß diese die Rolle von Prozeßgehilfen, und zwar teils Richtergehilfen, teils Parteigehilfen, erhalten, vgl. §§ 22, 27, 31 II S. 1, S. 2, III S. 1, S. 2, 3, IV, 32 III, S. 1.

b) „Jugendsachen" „sollen" mit „Strafsachen gegen Erwachsene" nicht verbunden werden, § 26 I; nach Erhebung der Anklage „können" sie bis zum Erlaß des Urteils I. Instanz von Strafsachen gegen Erwachsene durch Gerichtsbeschluß getrennt und an das Jugendgericht verwiesen werden, § 26 II.

---

[1]) Welchen Sinn die Beschwerde des Beschuldigten haben soll, ist dunkel. Vgl. oben § 68 III zu 1 a.

[2]) Im übrigen bleibt es bei den allgemeinen Regeln. Daher gilt § 313 StPO. (Berufungsausschluß) auch hier; a. M. ObstLdesGer. DJZ. 29 835.

c) Der gesetzliche Vertreter des Beschuldigten hat die Rolle eines gesetzlichen Prozeßgehilfen des letzteren nach näherer Maßgabe des § 30.

d) Die Verteidigung ist für das Hauptverfahren vor dem großen Jugendgericht notwendig, § 29 I (dazu StPO. § 140 III). Im übrigen „soll" dem Beschuldigten in Ermangelung eines Wahlverteidigers ein Verteidiger bestellt werden, wenn dafür „besondere Gründe" vorliegen, § 29 II, das Gericht „kann" statt dessen aber auch einen ‚Beistand' bestellen, der aber doch ‚die Rechte des Verteidigers' hat, § 29 III.

e) Die Hauptverhandlung einschließlich der Verkündung der Entscheidungen ist nichtöffentlich, § 23 I (Zulassung bestimmter einzelner Personen: § 23 II, III).

f) Über die Reihenfolge der Abstimmung, die Urteilsbegründung, die Protokollunterschriften s. §§ 24 II, 47.

II. Auf die Grundfrage, in welchen Prozessen die Sondergestaltung nach I Platz greife, gibt das (auch sonst weitgehend mangelhafte) JugGerGes. keine klare Antwort.

1. Das Gesetz kennt a) „Sachen, die zur Zuständigkeit der Jugendgerichte gehören", und nennt diese in § 18 I „Jugendsachen"; in § 17 I heißt es, daß dies „Straftaten von Personen, die zur Zeit der Erhebung der Anklage jugendlich sind", seien; b) ferner in § 18 II Sachen gegen „Personen, die zur Zeit der Tat jugendlich waren, zur Zeit der Erhebung der Anklage aber nicht mehr jugendlich, jedoch noch jünger als 21 Jahre sind"; für diese könne die Staatsanwaltschaft die Zuständigkeit des Jugendgerichts dadurch begründen, daß sie bei ihm Anklage erhebe.[1])

Daß das Gesetz trotz § 18 I auch die Sachen zu b als „Jugendsachen" auffaßt, ist sicher. Sie mögen deshalb als „Halb-Jugendsachen" im Gegensatz zu den „Voll-Jugendsachen" zu a bezeichnet werden.

Als dritte Gruppe c) interessieren noch die Sachen gegen Personen, die zur Zeit der Anklage schon volljährig sind, bei denen es sich aber um im jugendlichen Alter begangene Taten handelt.

Sicher ist nun nur, daß 1. Voll-Jugendsachen, wenn sie vor dem Jugendgericht schweben, von diesem im Jugendstrafverfahren ab-

[1]) Über die Schiefheit dieser Ausdrucksweise s. oben § 16 II 2 Anm. 1. Gemeint ist, daß kraft Gesetzes auch für diese Sachen das Jugendgericht zuständig ist (nur im Unterschiede von a wahlweise mit dem Nichtjugendgericht), so daß der Staatsanwalt das Jugendgericht mit der Sache rechtswirksam befassen kann.

zuwandeln sind[1]); und daß auch Halb-Jugendsachen diesem Verfahren unterworfen sind, wenn sie an das Jugendgericht gebracht werden[2]); 2. die Strafsachen zu c nichts mit dem Jugendstrafverfahren zu tun haben.

Da aber Voll-Jugendsachen wegen Zusammenhangs mit anderen Sachen auch rechtswirksam vor das Nicht-Jugendgericht gebracht werden können (wennschon dies nach § 26 nicht geschehen „soll"), und da für Halb-Jugendsachen ohne weiteres das hier gleichfalls zuständige Nicht-Jugendgericht vom Staatsanwalt gewählt werden kann, so fragt es sich, ob in solchen Fällen das Nicht-Jugendgericht gleichfalls das Jugendstrafverfahren zu handhaben hat.

Für die Fälle der Art 1b (Halb-Jugendsachen) ist anzunehmen, daß hier das Jugendstrafverfahren ausscheidet.[3])

Dagegen ist bei Voll-Jugendsachen, die an das Nicht-Jugendgericht kommen[4]), nicht wahrscheinlich, daß das Gesetz hier das Jugendstrafverfahren preisgeben wolle, da es nach § 26 der Verbindung schon an sich widerstrebt. Grundsätzlich wird sich das Gericht also hinsichtlich des jugendlichen Angeklagten an das Jugendverfahren halten müssen und dürfen (z. B. mit Bezug auf § 33 II JugGerGes.). Handelt es sich freilich um einen hinsichtlich der mehreren Angeklagten unspaltbaren Vorgang, und läßt sich dabei nicht den Anforderungen des ordentlichen und des Sonderverfahrens zugleich genügen (Beispiel: Öffentlichkeit oder Nichtöffentlichkeit der Hauptverhandlung und der Urteilsverkündung), so wird den Vorschriften des ordentlichen Verfahrens der Vorzug zu geben sein, da die Jugendsache in ihm ein Fremdkörper ist.

2. Unklar läßt das Gesetz auch die Tragweite der von ihm für das Vorverfahren und die dieses abschließende Entscheidung gegebenen Sondervorschriften. Sicher ist zwar, daß in Voll-Jugendsachen der mit dem Jugendgericht verbundene Jugendstaatsanwalt

---

[1]) Das ergibt sich aus § 18 I. Dieser ist freilich seltsam gefaßt; er läßt die eigentliche Anordnung, daß hier das Jugendverfahren gelte, nur aus dem Nebensatz „soweit nicht dieses Gesetz Abweichendes bestimmt" erraten.

[2]) § 18 I, dessen Wortlaut diese Fälle nicht deckt, ist offenbar nur ungeschickt gefaßt.

[3]) Denn die dem Staatsanwalt gelassene Wahl zwischen Jugendgericht und Nicht-Jugendgericht würde wenig Sinn haben, wenn die Verfahrensart dabei unberührt bliebe; weshalb sollte er, wenn nun einmal das Jugendverfahren einzuhalten wäre, das dafür in besonderer Weise berufene Jugendgericht ausschalten?

[4]) Vgl. über die Frage Clostermann, **JW. 54** 1459, sowie Rechtsprechung in **HR. 1** 38, **JW. 55** 2228.

zuständig ist und die Sondervorschriften zu beachten hat. Unausgesprochen ist aber geblieben, ob auch die Halb-Jugendsachen in den Händen des Jugendstaatsanwalts liegen oder in denen der gewöhnlichen Staatsanwaltschaft; im letzteren Falle würde die weitere Frage entstehen, ob auch dann die Sondervorschriften des JugGerGes. gelten. Hinzu kommt die Frage, ob die gewöhnliche Staatsanwaltschaft oder der Jugendstaatsanwalt die Wahl zwischen ordentlichem Gericht oder Jugendgericht zu vollziehen hat. Die Meinung ist wohl die, daß Halb-Jugendsachen im Vollverfahren vorerst wie Voll-Jugendsachen zu behandeln sind, und erst die Entscheidung des Jugendstaatsanwalts, daß die Sachen an das Nichtjugendgericht gehen sollen, die gewöhnliche Staatsanwaltschaft befaßt werden läßt (die dann ihrerseits im ordentlichen Vorverfahren weiterzugehen und gegebenenfalls die Anklage bei dem gewöhnlichen Gericht zu erheben hat).

Würde der Beschuldigte freilich vor Anklageerhebung volljährig werden, so würde die Sache an die gewöhnliche Staatsanwaltschaft abzugeben sein, da das Jugendgericht nicht mehr zuständig ist.

3. Für den Fall, daß der Angeschuldigte während schwebenden Jugendstrafverfahrens volljährig wird, verordnet § 18 II JugGerGes.: „. . . (so) kann das Gericht die Sache zum ordentlichen Verfahren verweisen. Ist das Gericht im ordentlichen Verfahren nicht zuständig, so ist die Sache nach § 209 II StPO. dem Landgericht zur Entscheidung vorzulegen oder nach den §§ 270, 328 III StPO. an das zuständige Gericht zu verweisen." Damit ist zunächst zum Ausdruck gebracht, daß grundsätzlich das Jugendgericht auch weiterhin befaßt bleibt, und das Jugendverfahren andauert. Auch das tritt hervor, daß das Gericht statt dessen dem Verfahren eine andere Wendung geben kann, und daß, wenn es das tut, der Inhalt seines Beschlusses verschieden auszufallen hat, je nachdem, ob es „im ordentlichen Verfahren zuständig" ist oder nicht. Es bleibt aber nicht nur unausgesprochen, wohin im ersteren Falle zum ordentlichen Verfahren zu verweisen ist, sondern es ist auch unverständlich, was die „Zuständigkeit des Jugendgerichts im ordentlichen Verfahren" bedeuten soll, da sich die Zuständigkeit des Jugendgerichts an sich gemäß § 27 nach dem Anklagezeitpunkt bestimmt, sie also noch jetzt besteht, diese Zuständigkeit aber nach § 17 überhaupt nur eine solche für das Jugendstrafverfahren ist. Es scheint folgendes gemeint zu sein:

a) In allen Fällen soll das Gericht befugt sein, die Sache ins ordentliche Verfahren überzuführen.

b) Ist nun die Sache Amtsgerichtssache, so soll das Jugendgericht sie, statt sie dem gewöhnlichen Schöffengericht oder Amtsrichter zuzuleiten, behalten und nur den Verfahrensmodus ändern; es wird also dem Jugendgericht Zuständigkeit für das ordentliche Verfahren beigelegt.

c) Ist die Sache aber Schwurgerichts- oder Reichsgerichtssache, so soll Überleitung an das Nicht-Jugendgericht erfolgen, und zwar so, wie wenn das Jugendgericht nicht mehr zuständig wäre, daher soll nach § 209 II verfahren werden, wenn die Sache sich noch im Zwischenverfahren befindet; nach § 270, wenn der Beschluß in die Hauptverhandlung erster Instanz; nach § 328 III, wenn er in die berufungsinstanzliche Hauptverhandlung fällt.

II. Militärstrafverfahren. § 86.

Rittau, JW. 53 1689.

I. Bis zum Ges. betr. Aufhebung der Militärgerichtsbarkeit vom 17. August 1926 gehörten „Militärstrafsachen" vor Sondergerichte (die Militärgerichte) und waren hier in einem besonderen Verfahren zu erledigen, MStGO. vom 1. Dezember 1898. Diese Regelung ist jetzt noch aufrechterhalten für Kriegszeiten und gegen die an Bord diensteingestellter Kriegsschiffe eingeschifften Angehörigen der Reichsmarine, vgl. § 434 I.[1]) Im übrigen greift jetzt auch für Militärstrafsachen die ordentliche Gerichtsbarkeit Platz, so jedoch, daß das ordentliche Verfahren in einigen Punkten modifiziert ist und so den Charakter des besonderen Militärstrafverfahrens annimmt, StPO. §§ 434 II, 442—448 (auf der Grundlage des Mil.-Ger.-AufhebGes. vom 17. August 1926 ruhend).

Der Charakter des Verfahrens als Militärstrafverfahren ist dadurch bedingt, daß den Prozeßgegenstand eine (hypothetische) Tat jemandes bildet, die er in der Zeit seiner Zugehörigkeit zur Reichswehr oder zum ehemaligen aktiven Reichsheer oder der ehemaligen aktiven Reichsmarine begangen hat, „Militärstrafsache", § 442.[2]) Ob die Tat ein nach dem MStGB. oder ein nach bürgerlichem Strafrecht zu ahndendes Delikt darstellt, ist belanglos.

---

[1]) Unten § 109 II 1.

[2]) Der Wortlaut des § 442 ist insofern schief, als er Militärstrafsachen als „Strafverfahren, die . . ." usw. definiert, wodurch der Gegenstand des Verfahrens mit diesem selbst durcheinandergeworfen wird (§ 6 II MilGerAufhGes. sagte richtig: „Unter Militärstrafsachen sind Strafsachen zu verstehen, die . . ." usw.). Im übrigen ist unklar, 1. ob jemand, der seine Tat während seiner Zugehörigkeit zum alten Heere oder zur alten Marine begangen hat, nur dann dem Militärstrafverfahren unterfällt, wenn er nachmals Reichswehrangehöriger geworden ist (das wäre nach dem Buchstaben des § 442 — „von

1. Für alle Militärstrafsachen wird

a) durch § 446 der Kreis der Personen, die zu Verteidigern gewählt und bestellt werden können, erweitert.

b) § 448 will das Gebiet der Revision dahin erweitern, daß diese auch auf die Rüge der Verletzung einer „allgemeinen militärischen Dienstvorschrift" gestützt werden kann.[1])

2. Solange derjenige, der in einer Militärstrafsache als Täter in Betracht kommt, Angehöriger der Reichswehr ist, gelten folgende weiteren Sonderbestimmungen[2]):

a) Zu den Stellen, an die eine Strafanzeige gerichtet werden kann, gehört auch der Disziplinarvorgesetzte, vgl. das Genauere in § 444.

b) Die militärischen Vorgesetzten sind den Hilfsbeamten der Staatsanwaltschaft (Kriminalpolizei) gleichgestellt, § 443.

c) Rechtsbehelfserklärungen können nach näherer Maßgabe des § 447 auch bei militärischen Stellen angebracht werden.

Angehörigen der Reichswehr während ihrer Zugehörigkeit zum bisherigen aktiven Heer" usw. — zu bejahen); 2. ob derjenige, dessen Tat in seine Soldatenzeit fiel, dem Militärstrafverfahren auch dann unterfällt, wenn er aus dem militärischen Verhältnis ausgeschieden ist; dafür würde § 448 sprechen, auch §§ 338—441, wo die gegenwärtige Zugehörigkeit zur Reichswehr als etwas Besonderes außerhalb des Abschnitts über Verfahren in Militärstrafsachen behandelt wird; dagegen aber §§ 443—445, 447, die auf jemanden, der heute Zivilist ist, nicht passen. Man wird sich dahin zu entscheiden haben, daß zwei Gruppen von Bestimmungen zu sondern sind: I. §§ 446, 448, geltend schlechthin dann, wenn die Tat in der Soldatenzeit begangen ist (also, wenn in der Zeit der Zugehörigkeit zum alten Heere usw., auch ohne Rücksicht darauf, ob der Beschuldigte noch der Reichswehr angehört hat); II. §§ 443, 444, 447, geltend nur, wenn die Tat in soldatischer Eigenschaft begangen ist und der Beschuldigte zur Zeit des Verfahrens Reichswehrangehöriger ist. Diese Auffassung ist im Text zugrunde gelegt.

[1]) Der Sinn dieser aus § 399 MStGO. entnommenen Vorschrift ist dunkel. Sie soll militärischen Interessen dienen, ist aber juristischerseits bei Schaffung der MStGO. nicht sorgfältig daraufhin geprüft worden, ob angesichts der allgemeinen Revisionsbestimmungen überhaupt noch eine Spezialregelung erforderlich sei. Soweit nämlich solche „allgemeinen militärischen Dienstvorschriften" in Frage stehen, die den Charakter von Rechtsverordnungen haben, sind sie schon nach allgemeiner Regel (§ 337 Gesetz = jede Rechtsnorm) revisibel. Soweit sie diesen Charakter aber nicht haben, kann in ihrer Verletzung ein Urteilsverstoß nur dann gründen, wenn durch sie die Tragweite einer Rechtsnorm (z. B. über die Pflicht der militärischen Unterordnung) näher bestimmt wird; dann aber ist ihre Verletzung mittelbar Verletzung jener Rechtsnorm, also auch insoweit schon ohnehin Revision gegeben. Die Deutung, § 448 wolle jedes Urteil, das einen Verstoß gegen eine allgemeine militärische Dienstvorschrift aufweist, schlechthin der Aufhebung verfallen lassen, ist ausgeschlossen, da solche Verstöße sonst zu „absoluten Revisionsgründen" (§ 338) hätten erhoben werden müssen.

[2]) Über § 445 vgl. unten § 102 II 2b.

II. Das Gesetz kennt außerdem Sondervorschriften „für militärische Straftaten“, § 436[1]), und solche „für Strafsachen gegen Angehörige der Reichswehr“, §§ 438—441.

1. Für „militärische Vergehen“ beseitigt § 436 das in § 153 II vorgesehene Opportunitätsprinzip und folgeweise auch die Möglichkeit gerichtlicher Opportunitätseinstellung nach § 153 III.[2])

2. Ist der Beschuldigte jetzt Angehöriger der Reichswehr, so ist, einerlei, ob es sich um eine Militärstrafsache oder eine von ihm vor Diensteintritt begangene Tat handelt, — abgesehen von einem besonderen Gerichtsstand (§ 439) — Fühlungnahme mit den militärischen Stellen geboten, §§ 440, 441.[3])

III. Privatklageverfahren. § 87.

Gneist, Vier Fragen zur deutschen StPO. 1874, S. 16ff.; **Binding**, Die drei Grundfragen der Organisation des Strafgerichts 1876; **Menzel**, Privatklage 1880; **Kronecker**, **GA. 33** 1; v. **Schwarze**, Erörterungen aus dem deutschen Strafprozeßrecht 1880, S. 20ff.; v. **Liszt**, **GS.** 1878, S. 187; **R. Schmidt**, Staatsanwalt und Privatkläger 1891; **Simonson**, **GA. 38** 145; **Frese**, **ZStW. 5** 683; **12** 824; **Freudenstein**, System der Ehrenkränkungen 1880; **Kade**, Die Privatklage in den Strafprozeßordnungen der Jetztzeit, insbesondere in der deutschen RStPO. 1900; **Thiersch**, Anwendungsgebiet und rationelle Gestaltung der Privatklage 1901; **Beling**, **LZ.** 1914, S. 724, 810; **Gerland**, Systemat. Stellung des Privatklageverfahrens, **GS. 60** 157; **Öttingen**, Anklagetätigkeit des Privaten im Strafprozeß 1914; v. **Kujawa**, **GA. 52** 57 (Sühneversuch in Privatklagesachen); **Riß**, Bayr. **Z. 2** 375; **Debler**, Wesen und Wirkungen der Sühneversuchsvorschrift im Privatklageverfahren, Tübing. Diss. 1907. Über die Übernahme der Verfolgung durch die Staatsanwaltschaft im Privatklageverfahren: v. **Kujawa**, **GA. 49** 10; **Dittmann**, **GA. 52** 298; **Kahl** und **Hamm**, **DJZ. 12** 1224, 1230; **Schwab**, Bayr. **Z. 3** 452; **Ötker**, **GS. 71** 299; **Binding**, **GS. 72** 1 und Abhandlungen **2** IV. — **Beling**, Staatsklagedelikte im Privatklageverfahren, in den Blättern f. Rechtsanwendung **74** 647, 679; **Ötker**, Konkurrenz von Privatklagerechten, in der Festschr. f. Burckhard 1910; v. **Birkmeyer**, Zur Auslegung des § 432 der StPO., **GS. 79** 97; **Jonas**, Widerklage 1893; **Breith**, Die Widerklage nach § 428 StPO. 1908; **J. Schmid**, Über Vergleich . . . in Privatklagesachen, Bl. f. RPfl. in Thüringen, N. F. **19** 289; **Möllendorf**, Die Zulässigkeit und Wirksamkeit

---

[1]) Über § 437 s. unten § 91 III.

[2]) Diese Bestimmung fügt sich in Ansehung ihrer Hauptanwendungsfälle dem Militärstrafverfahren nach oben I 2 ein. Sie gilt aber auch für militärische Vergehen, die nicht von Reichswehrangehörigen begangen sind, also keine „Militärstrafsachen“ nach §§ 442ff. darstellen, vgl. MStGB. §§ 155—161 (in Verbindung mit der Möglichkeit, daß das Verfahren gegen diese Personen erst nach dem Kriege, also vor den ordentlichen Gerichten stattfindet).

[3]) Über § 441 III s. unten § 98 VII.

des Vergleichs über Beleidigungen und Körperverletzungen im Strafverfahren auf erhobene Privatklage 1893; Frese, ZStW. 12 824; Fritze, GA. 51 292; Knipschar, GA. 63 300; Feigenwinter, Schweiz. Z. f. StrR. 20 323; Popert, GA. 72 164.

I. Das Privat(straf)klageverfahren[1]) ist ein Sonderverfahren, dessen Eigenart darin begründet ist, daß nicht der Staat (durch die Staatsanwaltschaft), sondern ein Privater in der Klägerrolle auftritt.

Ein solches Verfahren ist nicht für alle auf den Strafrechtsweg gehörenden Prozeßgegenstände zugelassen, vielmehr gegenständlich beschränkt, nämlich nur für die in § 374[1–8] aufgezählten Deliktsarten, „Privatklagedelikte" (z. B. Beleidigung, Körperverletzung, Hausfriedensbruch, Bedrohung). Der Charakter dieser Delikte bleibt dabei unverändert: es handelt sich auch im Privatklageverfahren um Verhängung öffentlicher Strafe (die Privatklagedelikte sind nicht „delicta privata").

Für derartige Prozeßgegenstände sind also auch Private aktiv parteifähig. Dabei steht aber das Strafklagerecht nicht cuivis ex populo zu (dem deutschen Recht ist Popularklage unbekannt), es ist vielmehr besondere Sachlegitimation erforderlich, und zwar sind legitimiert

a) der durch die Tat tatbestandlich hypothetisch Verletzte[2]), § 374 I;

b) jeder, der mit diesem Verletzten in einem solchen persönlichen Verhältnis steht, kraft dessen er Strafantragslegitimierter zweiter

---

[1]) Von dem Privatklageverfahren in seiner Funktion als Bußklageverfahren wird hier zunächst abgesehen. Darüber unten § 90.

[2]) d. h. 1. der hypothetisch Verletzte = derjenige, der unter der Voraussetzung, daß sich der Klageinhalt bewahrheitet, der Verletzte ist; stellt sich im Verfahren heraus, daß der Privatkläger in Wirklichkeit durch die unter Klage gestellte Tat nicht betroffen worden ist, so fällt damit die Sachlegitimation nicht zusammen, es ist vielmehr (freisprechendes) Sachurteil geboten; — 2. der tatbestandlich Verletzte = derjenige (hypothetisch) Betroffene, der nach dem gesetzlichen Tatbestande der betreffenden Deliktsart der Verletzte ist (der Beleidigte, der Bedrohte usw.), im Gegensatz zu solchen Personen, die nur mittelbar in Mitleidenschaft gezogen waren (daher ist z. B. wegen eines Hausfriedensbruchs der Überwohner des Raumes, gegen dessen Inhaber der Hausfriedensbruch begangen ist, nicht um deswillen klageberechtigt, weil er in seiner Nachtruhe gestört worden ist).

Inwieweit Vereine u. dgl. aktiv parteifähig sind, bestimmt sich danach, ob solche im Sinne des gesetzlichen Tatbestands der betreffenden Deliktsart „verletzt" sein können. Das ist z. B. der Fall bei unlauterem Wettbewerb, dagegen nicht (so auch das RGer.) bei Beleidigung.

Ordnung (oben § 23 I 1) ist, § 374 II (z. B. der Ehemann einer beleidigten Frau, StGB. § 195).[1])

Sind hinsichtlich desselben Prozeßgegenstandes mehrere Verletzte vorhanden, oder steht neben dem Verletzten ein Legitimierter zweiter Ordnung, so ist jeder dieser Mehreren selbständig klageberechtigt, § 375 I. Sie können im Einverständnis miteinander klagen, es ist aber auch auf isolierte Klage eines von ihnen hin vorzugehen. Ist aber einmal eine Privatklage erhoben, so sind diejenigen, die an dieser nicht als Kläger beteiligt sind, solange der Prozeß schwebt, darauf angewiesen, in das schwebende Verfahren als Mitkläger einzutreten („Beitritt"), einer selbständigen Klage würde Rechtshängigkeit entgegenstehen, § 375 II.

Das staatliche Klagerecht wird dadurch, daß Privatklagerechte hinsichtlich der Tat bestehen, in seinem Bestehen nicht berührt: die Privatklage ist in unserem Recht als „konkurrierende", nicht als „exklusive" ausgebildet.

. Es stehen sich somit „Privatklagedelikte" und „Staatsklagedelikte" nicht völlig gegensätzlich gegenüber, vielmehr sind alle Privatklagedelikte auch Staatsklagedelikte; ihren Gegensatz bilden die reinen Staatsklagedelikte.

Im einzelnen Falle kann freilich nur entweder ein Staatsklageverfahren oder ein Privatklageverfahren stattfinden; ist Staatsklage erhoben, so würde eine Privatklage auf Rechtshängigkeit stoßen, sowie umgekehrt bei Rechtshängigkeit einer Privatklage die Staatsklage ausscheiden würde. Ob es nun im einzelnen Falle zu einem Privatklageverfahren oder einem ordentlichen Verfahren kommt, bestimmt sich folgendermaßen:

a) Gelangt ein Privatklagedelikt zur Kenntnis der Staatsanwaltschaft (sei es, weil der Privatklageberechtigte, was ihm freisteht, sie anruft, oder auf anderem Wege), so hat die Staatsanwaltschaft die öffentliche Klage zu erheben, wenn das öffentliche Interesse

---

[1]) Der Wortlaut des § 374 II paßt nur auf Antragsdelikte. Danach hätte z. B. der gesetzliche Vertreter eines Bedrohten (StGB. § 241) oder eines durch gefährliche Körperverletzung Verletzten (StGB. § 223a) kein Privatklagerecht. Hieran hält sich auch die Praxis, vgl. z. B. **JW. 53** 355, **54** 1041, **GA. 69** 477, **HR. 2** 21, 313. Aber die StPO. kannte von Hause aus nur solche Privatklagedelikte, die zugleich auch Antragsdelikte waren; und als später Nichtantragsdelikte in die Liste der Privatklagedelikte aufgenommen wurden, ist übersehen worden, daß § 374 II wörtlich genommen jetzt nicht mehr alle Privatklagedelikte umfaßte. Die ratio spricht zweifellos für Analogie in dem Sinne, daß der gesetzliche Vertreter des minderjährigen Verletzten auch bei Nichtantragsdelikten privatklageberechtigt ist.

die Wahrnehmung der Klägerrolle durch den Staat erheischt, § 376 (Durchbrechung der Legalitätsmaxime durch Opportunitätserwägungen, oben § 35 III), oder der Beschuldigte ein Jugendlicher ist, JugGerGes. § 38 I (dazu unten II). Wird Staatsklage erhoben, so kann sich der Privatklageberechtigte ihr als Nebenkläger anschließen, unten § 89.

b) Der Privatklageberechtigte braucht aber die Staatsanwaltschaft nicht vorerst anzurufen (die Privatklage ist in unserem Recht „prinzipal", nicht bloß „subsidiär"). Erhebt er sogleich (oder nachdem ihn die Staatsanwaltschaft wegen Verneinung des „öffentlichen Interesses" nach § 376 auf den Privatklageweg verwiesen hat) die Privatklage, so hat das Verfahren als Privatklageverfahren vor sich zu gehen; die Staatsanwaltschaft hat jedoch ein Beteiligungs- und Übernahmerecht, unten V 6.

Hiernach ist auch der gesetzgeberische Grundgedanke für die Zulassung des Privatklageverfahrens erkennbar. Es wird bei den Privatklagedelikten einesteils damit gerechnet, daß sich bei ihnen, soweit sie im Einzelfalle einigermaßen von Belang sind, ein Privater finden wird, der die Mühen und Unannehmlichkeiten der Klägerrolle übernimmt, und die Entlastung der Staatsanwaltschaft als Gewinn betrachtet; zugleich wird davon ausgegangen, daß, wenn sich einmal kein Privatkläger einstellt, das Unterbleiben der Strafverfolgung keine Einbuße an Staatsautorität bedeutet. Anderenteils wird aber doch die Staatsanwaltschaft für solche Einzelfälle auf den Plan gerufen, in denen das völlige Unterbleiben der Strafverfolgung im Interesse der Staatsautorität bedauerlich, oder die Überbürdung der Klägerrolle auf den Privaten eine unbillige Zumutung sein würde.

II. Die rechtlichen Voraussetzungen des Privatklagerechts sind die gleichen wie die des Staatsklagerechts (vgl. oben §§ 21 ff.) mit der Maßgabe, daß aktive Parteifähigkeit und Sachlegitimation nach oben I anders beschaffen sind, und nach JugGerGes. § 38 I kein Privatklagerecht gegen Jugendliche[1]) besteht.

Soweit das betreffende Privatklagedelikt zugleich Antragsdelikt ist[2]), gilt das Antragserfordernis für Privatklagen genau wie

---

[1]) Das Gesetz hat dabei wohl solche im Auge, die zur Zeit des Verfahrens noch nicht 18 Jahre alt sind, so daß Privatklage gegen Ältere auch wegen der von ihnen als Jugendlichen begangenen Taten zulässig ist.

[2]) Das war nach der ursprünglichen Fassung der StPO. durchweg der Fall. Die spätere Gesetzgebung hat aber auch etliche Offizialdelikte (so StGB. §§ 223a, 241) zu Privatklagedelikten gemacht. Gegenwärtig gibt es also

für Staatsklage. Zwar enthält eine Privatklage inhaltlich auch einen Strafantrag in sich; aber da letzterer an eine Frist gebunden ist, so ist ein Prozeß unstatthaft, wenn der Kläger den Strafantrag erst mittels der Privatklage nach Ablauf der Antragsfrist stellt; andererseits ist, da die Privatklage selbst nicht befristet ist, eine noch so späte Privatklageerhebung dann wirksam, wenn der Strafantrag zuvor rechtzeitig gestellt ist.[1]) Auch deckt sich die Fähigkeit, Strafantrag zu stellen, nicht mit der Fähigkeit, Privatklage zu erheben (unten IV).

III. Der Prozeßgegenstand des einzelnen konkreten Privatklageprozesses wird

1. einesteils ganz wie im ordentlichen Verfahren durch die Klage derart festgelegt, daß nur die in dieser bezeichnete Tat des in ihr bezeichneten Beschuldigten zur Prüfung und Entscheidung steht (Klageformprinzip, oben § 49 II)[2]);

2. anderenteils erleidet aber der Satz des ordentlichen Verfahrens, daß der durch die Klage festgelegte Prozeßgegenstand in vollem Umfang zur Aburteilung steht (Unteilbarkeit des Prozeßgegenstands, oben §28 III, IV), im Privatklageverfahren eine Durchbrechung. Die Tat des Beschuldigten tritt nämlich in den Gesichtskreis des Gerichts nur insoweit, als sie eine Verletzung des betreffenden Privatklägers (bzw. derjenigen Person, deren gesetzlicher Vertreter usw. der als Privatklageberechtigter zweiter Ordnung aufgetretene Privatkläger ist) bedeutet.[3]) Denn obschon jeder von mehreren durch dieselbe Tat Verletzten für sich allein unabhängig von den anderen klagend auftreten kann (oben I), so wohnt jedem doch Sachlegitimation nur in eigener Sache inne.

Auch ist das Privatklagegericht behindert, über die Tat in der Eigenschaft eines reinen Staatsklagedelikts eine Sachentscheidung zu fällen (Prüfungsgegenstand ist die Tat aber auch nach diesen Richtungen hin, unten 7).

Delikte, die Antrags- und Privatklagedelikte sind; — Antragsdelikte, die keine Privatklagedelikte sind; — Privatklagedelikte, die keine Antragsdelikte sind.

[1]) Dadurch, daß die Staatsanwaltschaft, durch Strafantrag angerufen, den Antragsteller auf den Privatklageweg verweist, erlischt der Strafantrag nicht.

[2]) Deshalb kann das Gericht auf eine von A gegen X erhobene Klage auch dann nicht gegen Y und Z vorgehen, wenn ein Antragsdelikt in Frage steht, und der in der Privatklage enthaltene Strafantrag als solcher wegen § 63 StGB. auch gegen Y und Z wirksam ist. Umgekehrt darf auch jene Klage A wider X nicht deshalb abgelehnt werden, weil der Strafantrag unteilbar sei; die Privatklage ist eben nicht ebenfalls unteilbar.

[3]) Hätte z. B. A wegen Beleidigung gegen X Klage erhoben, so hätte sich das Gericht darum nicht zu kümmern, ob die Tat zugleich auch eine Beleidigung gegen den (nicht als Kläger am Verfahren beteiligten) B enthielt.

IV. Der Privatkläger ist selber „Kläger", also Aktivpartei.[1]) Amtliche Pflichten hinsichtlich des Gebrauchs des Strafklagerechts, wie sie der Staatsanwaltschaft auferlegt sind (Legalitätsmaxime), treffen ihn nicht.

Prozeßfähig für die Privatklägerrolle ist er, wenn er für Angelegenheiten des bürgerlichen Rechtsverkehrs voll geschäftsfähig ist.[2])

Im Namen des prozeßunfähigen Privatklageberechtigten ist der gesetzliche Vertreter zu handeln legitimiert, § 374 III.[3])

Ist eine juristische Person u. dgl. als Verletzte privatklageberechtigt, so wird sie in der Klägerrolle durch die Organe repräsentiert, die zu ihrer Repräsentation im Zivilprozeß berufen sind, § 374 III.

Eine gewillkürte Stellvertretung ist in dem Sinne zulässig, daß der Vertreter ein mit schriftlicher Vollmacht versehener Rechtsanwalt sein muß, § 378 S. 1 (mit Substitutionsvollmacht, §§ 387 II, 139); doch kann das Gericht das persönliche Erscheinen des Klägers in der Hauptverhandlung anordnen, § 387 III. Ist ein Rechtsanwalt mit der Prozeßvertretung betraut, so sind Zustellungen an diesen für den Privatkläger gleich wirksam, wie an den letzteren selbst, § 378 S. 2.

Für die Prozeßfähigkeit und die Vertretung des Angeklagten gelten im allgemeinen die gleichen Sätze wie im Staatsklageverfahren, doch ist in der Hauptverhandlung Vertretung durch einen mit schriftlicher Vollmacht versehenen Rechtsanwalt zugelassen, § 387 I, soweit nicht das Gericht das persönliche Erscheinen des Angeklagten anordnet, § 387 III.

V. Für das Verfahren selbst gilt folgendes:

1. Der Privatkläger ist einerseits für die Prozeßkosten sicherheitspflichtig, andererseits des Armenrechts teilhaftig, § 379.

2. Ein Vorverfahren im Sinne des ordentlichen Verfahrens (vorbereitendes Verfahren, Voruntersuchung) entfällt; weder der

---

[1]) Nach anderer Auffassung soll auch im Privatklageverfahren der Staat der Kläger sein, der Privatkläger sei nur Staatsvertreter. Diese Konstruktion hängt mit der Identifizierung der „Partei" mit der „Materialpartei" (oben § 31 II 1 b) zusammen. Bei Zugrundelegung des prozeßrechtlichen „Formalpartei"-Begriffs verschwindet die Schwierigkeit. Der Privatkläger befindet sich nicht in „Vertreter"-Stellung, sondern hat gesetzliche „Verfüger"-Stellung.

[2]) Der Minderjährige kann daher, obwohl er, wenn über 18 Jahre alt, strafantragsfähig ist, keine Privatklage erheben.

[3]) In der Person des gesetzlichen Vertreters vereinigen sich somit nach seiner Wahl die Prozeßvertretungsmacht und sein eigenes Privatklagerecht, oben I.

Staatsanwalt, noch der Untersuchungsrichter werden im Dienste einer nachmals zu erhebenden Privatklage tätig. Bedarf der Privatkläger, um sich über die Erhebung der Klage schlüssig zu werden, irgendwelcher Ermittelungen, so ist er dabei auf diejenigen Schritte angewiesen, die er in seiner Stellung als Privater ohnehin tun kann.

3. Bei einem Teil der Privatklagedelikte ist nach näherer Maßgabe des § 380 ein Sühneversuch als Prozeßvoraussetzung derart erforderlich, daß eine ohne solchen angestrengte Klage zurückzuweisen ist.

Die Sühnebehörden sind durch die Landesjustizverwaltungen zu bestimmen (Bürgermeister, Schiedsmänner usw.).

Diese Sühnebehörde hat derjenige, der die Privatklage erheben will, um Vermittelung anzugehen. Schlägt der Sühneversuch fehl, so ist damit der Weg zur Klage eröffnet. Kommt ein Vergleich derart zustande, daß derjenige, der die Privatklage erheben wollte, seine Abstandnahme davon erklärt, so ist damit das Privatklagerecht erloschen.

4. Die Klage (die, anders als die öffentliche Klage nach § 170, nur „Anklage", nicht auch Antrag auf Voruntersuchung sein kann) ist an die im § 381 bezeichnete Form gebunden.

Das an sie anschließende Zwischenverfahren besteht in ihrer Mitteilung an den Beschuldigten und an die Staatsanwaltschaft, § 382, und schließt (nach Eingang etwaiger Erklärungen) mit einem Beschluß der Art, wie gegenüber der Staatsklage; also insbesondere einem Beschluß auf Eröffnung des Hauptverfahrens, sofern dafür alle Voraussetzungen, insbesondere „hinreichender Verdacht" im Sinne des § 203, gegeben sind; der Nichteröffnungsbeschluß ist in die Wendung zu kleiden, daß „die Klage zurückgewiesen werde", § 383.[1])

5. Das weitere Verfahren spielt sich im allgemeinen ebenso ab, wie bei öffentlicher Klage, § 384 I, so zwar, daß es der Privatkläger statt der Staatsanwaltschaft ist, der, jedoch ohne die aus der amtlichen Stellung der letzteren fließenden Befugnisse, am Prozeßverkehr teilnimmt, § 385. Einzelheiten vgl. in §§ 385 II, III, IV, 386, 245 II, 387.

6. Die Staatsanwaltschaft ist über das Wesentliche auf dem Laufenden zu erhalten, vgl. §§ 382, 377 I Halbs. 2 (um prüfen zu können, ob nicht ein „öffentliches Interesse" an ihrem Vorgehen besteht, oder gar die Tat ein reines Staatsklagedelikt ist). Sie ist befugt

---

[1]) Unzulässig ist ein Beschluß auf Anordnung einer Voruntersuchung.

a) ohne Übernahme der Klägerrolle doch am Verfahren mitzuwirken, § 377 I; es kann z. B. ein Beamter der Staatsanwaltschaft der Hauptverhandlung beiwohnen, Beweisanträge stellen usw.

b) die „Übernahme der Verfolgung" zu erklären, d. h. an Stelle des Privatklägers in die Klägerrolle einzutreten (und damit den Privatkläger zum Nebenkläger zu machen), § 377 II, III. Diese Erklärung bewirkt nicht das Zusammensinken des Verfahrens (als ob nun erst auf staatsanwaltschaftliche Klage hin erneut vorgegangen werden könnte[1]), sondern das Verfahren bleibt anhängig und ist nur von jetzt ab in den Formen des ordentlichen Verfahrens fortzuführen.[2])

Den Prozeßgegenstand berührt die Übernahme insofern, als nunmehr die Tat auch insoweit aburteilbar wird, als sie eine Verletzung anderer Personen, als des Privatklägers (bzw. desjenigen Verletzten, dem der Privatkläger als Klageberechtigter zweiter Ordnung verbunden ist) darstellt, oder ihre Eigenschaft als reines Staatsklagedelikt in Betracht kommt.

7. Der Schlußentscheidung im Privatklageverfahren (vorausgesetzt, daß das Verfahren im maßgebenden Zeitpunkt noch Privatklageverfahren ist und nicht durch staatsanwaltschaftliche Übernahme zum ordentlichen Verfahren geworden ist) ist charakteristisch, daß sie nur dann Sachurteil sein darf, wenn der Prozeßgegenstand ausschließlich den Charakter eines Privatklagedelikts hat, da reine Staatsklagedelikte nicht im Privatklageverfahren verfolgbar sind.

Deshalb muß das Verfahren mit einem auf Einstellung lautenden Formalurteil enden, wenn sich zeigt, daß der Tat Staatsklagedeliktscharakter anhaftet (sei es so, daß überhaupt kein Privatklagedelikt vorliegt, sei es so, daß Idealkonkurrenz eines solchen mit einem reinen Staatsklagedelikt gegeben ist), § 389 I.[3]) Die Verhandlungen sind

---

[1]) Dies war die frühere, jetzt mit Recht aufgegebene Auffassung des RGer.

[2]) Dies auch dann, wenn die Staatsanwaltschaft die Verfolgung schon vor Eröffnung des Hauptverfahrens erklärt (bestritten).

[3]) Um zu solcher Entscheidung zu gelangen, hat der Privatklagerichter nicht (worauf der Wortlaut des § 389 I hinweisen könnte) festzustellen, daß der Angeklagte wirklich eines Staatsklagedelikts schuldig ist; denn zu solchem Schuldspruch ist der Privatklagerichter überhaupt nicht befugt; und diese Feststellung wäre auch zwecklos, da sie ohne jede rechtliche Bedeutung wäre, insbesondere weder der Staatsanwalt, noch das nachmals im ordentlichen Verfahren befaßte Gericht durch sie gebunden wäre. Andererseits kann die Meinung des Gesetzes nicht diese in, daß das Privatklageverfahren immer eingestellt werden müsse, wenn irgendeine Möglichkeit auftaucht, daß ein Staatsklagedelikt gegeben sein könne; denn das würde in einer sehr großen Zahl von Fällen auf zwecklose Weiterung und Kraftverschwendung hinauslaufen. Deshalb kann § 389 I nur den Sinn haben, daß der Privatklagerichter zu prüfen hat, ob für Vorliegen

alsdann der Staatsanwaltschaft zur Schlüssigmachung über die Erhebung der Staatsklage mitzuteilen, § 389 II.[1])

Bewegt sich der Prozeßgegenstand dagegen innerhalb der dem Privatklageverfahren gezogenen Grenzen, so hat die Schlußentscheidung in der gewöhnlichen Weise (wie bei Staatsklage) auszufallen.

8. Rechtsmittel stehen zu a) dem Beschuldigten in der gleichen Weise wie im ordentlichen Verfahren; b) dem Privatkläger in der Weise, wie im ordentlichen Verfahren dem Staatsanwalt, § 390 I S. 1, aber nur in der Richtung gegen den Beschuldigten, nicht auch (bestr.) zu seinen Gunsten; c) der Staatsanwaltschaft; legt letztere ein Rechtsmittel gegen ein Urteil ein, so bedeutet dies eine „Übernahme der Verfolgung", oben 6b, § 377 II S. 2.

Für die Anbringung der Revisionsanträge bedarf der Privatkläger der Mitunterzeichnung durch einen Rechtsanwalt, § 390 II.

Die privatklägerischen Rechtsmittel sind vom Gesetz wie die vom Staatsanwalt zuungunsten des Beschuldigten eingelegten Rechtsmittel mit der Wirkung ausgestattet, daß die angefochtene Entscheidung auch zugunsten des Beschuldigten abgeändert werden kann, § 390 I S. 3.

9. Erwächst ein im Privatklageverfahren erlassenes Sachurteil in Rechtskraft, so erlischt damit nicht nur das Klagerecht des betr. Privatklägers, sondern auch a) aller übrigen, die mit Bezug auf den Prozeßgegenstand privatklageberechtigt waren (da sie nach § 375 II in der Lage gewesen wären, dem Verfahren beizutreten), § 375 III[2]); b) das staatliche Klagerecht (da die Staatsanwaltschaft

---

eines Staatsklagedelikts **hinreichender Verdacht** vorliegt, und bejahendenfalls den § 389 I anzuwenden, verneinendenfalls dagegen gewöhnliches Sachurteil zu erlassen hat.

[1]) Eine Verpflichtung der Staatsanwaltschaft zur Erhebung der Klage wird durch das Einstellungsurteil nicht begründet. Über den Fall, daß die Staatsanwaltschaft die Klageerhebung ablehnt, s. unten § 98 VI 3 Anm.

[2]) Dies gilt nicht bloß im Verhältnis eines als Privatkläger aufgetretenen „Verletzten" zu dem ihm zugehörigen Privatklageberechtigten zweiter Ordnung und umgekehrt, sondern auch im Verhältnis von Mitverletzten zueinander (es ist also z. B. durch ein auf Privatklage des A ergangenes Sachurteil auch der mitbeleidigte B mit seiner Klage ausgeschlossen). In letzterer Hinsicht a. M. **Binding** und **Ötker** gegen die h. M. Aber § 375 III denkt offenbar an das Vorhandensein von Mitverletzten gerade in erster Linie, wobei es das Interesse des Angeklagten daran, sich nicht zwei- oder mehrmaliger Strafverfolgung unterziehen zu müssen, höher einschätzt als dasjenige der Mitverletzten, ungeachtet des Umstandes, daß auf diese Weise die Tat in ihrer Richtung gegen sie ungewürdigt bleibt, und sie vielleicht tatsächlich von dem Prozeß nichts erfahren werden und deshalb ihr Beitrittsrecht nicht auszuüben in der Lage waren („favor defensionis").

Mitwirkungs- und Übernahmerecht hatte), und zwar das letztere auch mit Bezug auf den Charakter der Tat als reinen Staatsklagedelikts.

10. Über Wiederaufnahme des Verfahrens auf Antrag des Privatklägers siehe §§ 390 I S. 2, II.

Daß auch solche Klageberechtigte, die nicht als Kläger am Verfahren beteiligt waren (die Privatklageberechtigten und der Staat), zur Stellung eines Wiederaufnahmeantrags zugelassen wären, erwähnt das Gesetz nicht. Da es aber lediglich die Rechtskraft des Urteils ist, die sie ihres Klagerechts beraubt, die Wiederaufnahme aber gerade zur Erschütterung der Rechtskraft bestimmt ist, wird anzunehmen sein, daß auch diese Personen zur Stellung eines Wiederaufnahmeantrags legitimiert sind.[1])

11. Die Privatklage ist bis zur Verkündung des Urteils erster oder, wenn zulässige Berufung eingelegt wird, zweiter Instanz zurücknehmbar, § 391 I.

Mit der Zurücknahme erlischt die Rechtshängigkeit; einer gerichtlichen Entscheidung bedarf es nicht. Durch sie geht der Privatkläger seines Privatklagerechts verlustig, § 392.[2])

Die übrigen Klageberechtigten (Privatklageberechtigte, Staat) werden aber dadurch in ihrem Klagerecht nicht berührt.[3])

Als Zurücknahme gilt es im Verfahren erster Instanz, wenn der Privatkläger in der Hauptverhandlung weder selbst erscheint, noch durch einen Rechtsanwalt vertreten wird, oder er im Hauptverhandlungs- oder einem andern Termin, zu dem sein persönliches Erscheinen angeordnet war, nicht erscheint, oder er eine Frist nicht einhält, die ihm unter Androhung der Einstellung des Verfahrens gesetzt war, § 391 II.[4])

---

[1]) Der staatsanwaltschaftliche Wiederaufnahmeantrag scheitert auch nicht daran, daß in § 377 II gesagt ist, die Staatsanwaltschaft könne „in jeder Lage der Sache bis zum Eintritt der Rechtskraft" die Verfolgung übernehmen. Es heißt nicht: „in jeder Lage der Sache, aber nur bis zum Eintritt der Rechtskraft". § 377 II will nur den Zweifel abschneiden, ob nicht die Übernahmemöglichkeit schon früher endige. Die Wiederaufnahme des Verfahrens liegt überhaupt nicht im Gesichtskreise dieser Gesetzesstelle.

[2]) Umgekehrt liegt im Sinne des § 392 auch, daß eine Erklärung des Privatklägers, er verzichte auf das Privatklagerecht, zugleich eine Zurücknahme der Klage bedeutet.

[3]) Handelt es sich um ein Antragsdelikt, so würde der Staatsklage freilich die erfolgte Zurücknahme der Privatklage dann entgegenstehen, wenn diese Zurücknahme zugleich eine statthafte und rechtzeitige (StGB. § 64) Zurücknahme des Strafantrags in sich schließt.

[4]) Diese Bestimmung gilt auch, wenn sich der Privatkläger aus der Hauptverhandlung entfernt. Doch ist sein Fernbleiben bei denjenigen Teilen der

Das Gleiche gilt in der Berufungsinstanz, wenn es sich um eine vom Angeklagten eingelegte Berufung handelt, § 391 II.[1])

In diesen Fällen der „fingierten" Zurücknahme hat das Gericht das Verfahren durch Beschluß einzustellen. Dem Privatkläger eröffnet sich gegen diesen Beschluß die Wiedereinsetzung in den vorigen Stand unter den Voraussetzungen der §§ 44, 45; § 391 IV.

Anders, wenn der Privatkläger selbst die Berufung eingelegt hatte und er in der Berufungsinstanz in der vorbezeichneten Art säumig ist; hier hat das Gericht nur zu prüfen, ob nicht das erstinstanzliche Urteil zugunsten des Angeklagten abzuändern sei und gegebenenfalls in diesem Sinne zu entscheiden, sonst aber die Berufung sofort zu verwerfen, so daß das Urteil I. Instanz bestehen bleibt, § 391 III.[2]) Gegen dieses Versäumnisurteil Wiedereinsetzung in den vorigen Stand, § 391 IV.

12. Unerwähnt läßt das Gesetz die im Leben nicht selten vorkommenden Vergleiche der Parteien über den Streitfall. Daß aber solche gütliche Erledigung der Sache und ein Hinwirken des Gerichts darauf dem Geiste der StPO. entspricht, zeigt die Vorschrift über den der Klageerhebung vorgebauten Sühneversuch, § 380.

Immerhin sind Vergleiche zunächst nur Willenserklärungen der Parteien untereinander. Eine Prozeßbeendigung tritt durch sie nicht unmittelbar ein (auch nicht, wenn sie vor dem Prozeßgericht geschlossen werden). Maßgebend ist nur, ob der Kläger in Ausführung des Vergleichs dem Gericht gegenüber die Zurücknahme der Klage

---

Hauptverhandlung, für die sein Dabeisein eine reine Formalität wäre, unschädlich, insoweit greift § 391 II nicht ein; dies gilt besonders für die Urteilsverkündung, zumal wenn sie in einem besonderen Verkündungstermin erfolgt. (Streitig; vgl. Beling, **LZ. 8** 724, ObstLdesGer. und Stern in **JW. 55** 2206; **HR. 2** 127, 315; **GA. 59** 368, **69** 346; **JW. 54** 1035, **56** 3061; **DJZ. 31** 243.)

[1]) Dies auch dann, wenn auch der Angeklagte ausgeblieben ist; für ein Versäumnisurteil gegen ihn nach § 329 ist kein Raum mehr, da infolge der Säumnis des Privatklägers der Prozeß in sich zusammenfällt, sich also das erstinstanzliche Urteil von selbst erledigt, und damit die Berufung des Angeklagten gegenstandslos geworden ist (so die h. M.).

[2]) Der Grundgedanke, weshalb das Gesetz das Ausbleiben des Privatklägers in der Berufungsinstanz mit verschiedenen Wirkungen ausstattet, je nachdem, ob es sich um seine eigene (§ 391 III) Berufung oder um die des Angeklagten (§ 391 II) handelt, ist der: in letzterem Falle wäre es Sache des Privatklägers, das erstinstanzliche Urteil gegen den Angriff des Angeklagten zu schützen; bleibt er aus, so läßt er dieses Urteil im Stich; im ersteren Falle hätte er dagegen nur seinen gegen das Urteil erhobenen Angriff weiterzuverfolgen, es ist nicht anzunehmen, daß er das von ihm schon Erstrittene preisgeben will.

oder den Verzicht auf das Klagerecht erklärt[1]), und zwar vor Verkündung des Urteils der Berufungsinstanz, § 391 I.[2])

13. Der Tod des Privatklägers beendet das Verfahren, § 393 I (ipso jure, ohne Einstellungsbeschluß).

In seine Parteirolle können jedoch seine Eltern, seine Kinder und sein Ehegatte binnen 2 Monaten durch eine an das Gericht gerichtete Erklärung einrücken, wenn die Privatklage nach StGB. § 187 auf Verleumdung (unter Ausschluß jedoch der sog. Kreditgefährdung) gestützt war, § 393 II, III. Der Eintritt erfolgt rebus sic stantibus.[3]) Fällt der Tod des Privatklägers in den Lauf einer Frist hinein, so hört diese zu laufen auf; sie läuft weiter, sobald die Eintrittserklärung erfolgt.

VI. Steht der unter Privatklage gestellten Tat des Beschuldigten eine **Gegentat des Privatklägers** gegen jenen gegenüber, so erstreckt sich das Verfahren auf diese Gegentat — die ja eine eigene Strafsache bildet — nicht mit; das Gericht kann den Privatkläger dieserhalb weder verurteilen, noch freisprechen, noch überhaupt aburteilen; die Gegentat liegt jenseits des Prozeßgegenstandes.[4]) (Klageformprinzip, vgl. §§ 151, 155).

---

[1]) Eine solche Erklärung an das Gericht kann aber unter Umständen schon darin liegen, daß die Absprache der Parteien in **Gegenwart** des Gerichts erfolgt.

[2]) Vgl. **GA. 69** 477 (OLG. Celle).

[3]) z. B. können die Einrückenden ein noch offenes Rechtsmittel einlegen, eine von dem jetzt Toten eingelegte Revision rechtfertigen usw.

[4]) Wohl aber kann das Gericht bei Aburteilung des **Angeklagten** auf die ihm widerfahrene Gegentat Rücksicht nehmen, **ihn** z. B. nach StGB. §§ 199, 233 ganz oder teilweise für straffrei erklären, und zwar einerlei, ob sich der Angeklagte auf die Gegentat und die „Aufrechnung" beruft oder nicht. Die Feststellung der Gegentat bildet dann — als „Durchgangsfeststellung" — ein Element im Syllogismus des den Angeklagten aburteilenden Urteils. Damit ist der **Privatkläger** in keiner Weise abgeurteilt. Dem Strafverfahren gegen ihn ist nicht vorgegriffen; wird gegen ihn wegen seiner Tat Klage erhoben, so steht das Gericht der Frage, ob der jetzige Angeklagte (frühere Privatkläger) zu verurteilen, freizusprechen, für straffrei zu erklären ist, ganz in der gewöhnlichen Weise gegenüber; es ist durch die frühere Durchgangsfeststellung (der jetzige Angeklagte habe sich der Gegentat schuldig gemacht) und die daraus gezogene Konsequenz (Straffreierklärung des früheren Angeklagten) nicht eingeengt.

Hat der erste Prozeß umgekehrt mit Verurteilung oder Freisprechung geendigt, und kommt in dem Prozeß gegen den Gegner dessen Straffreierklärung in Frage, so hat jetzt das Gericht selbstständig festzustellen, ob auf seiten des Erstabgeurteilten eine „aufrechenbare" strafbare Handlung vorlag; es kann dies trotz seiner Freisprechung bejahen und den jetzt Angeklagten straffrei erklären, wie auch umgekehrt trotz seiner Verurteilung verneinen und

Um die Gegentat einer gerichtlichen Entscheidung entgegenzuführen, bedarf es also einer eigenen (Staats- oder Privat-) Klage. Eine solche kann nun außerhalb des anhängigen Privatklageverfahrens nach den gewöhnlichen Regeln erhoben werden; sie begründet alsdann einen selbständigen Prozeß.

Jedoch gibt das Gesetz dem Beschuldigten im Privatklageverfahren die Möglichkeit, die Gegentat durch **Widerklage** (reconventio) zum zweiten Prozeßgegenstande des anhängigen Verfahrens zu machen, wenn die Gegentat ein Privatklagedelikt ist, der Privatkläger ein Privatklageberechtigter erster Ordnung („Verletzter") ist und Tat und Gegentat miteinander in Zusammenhang stehen, § 388 I.

Der Sinn der Widerklage ist der, daß kraft ihrer jede der Parteien nunmehr doppelte Parteistellung (zugleich Kläger und Angeklagter) erhält. Mit der Verteidigung des Erstangeklagten wegen der *ihm* zur Last gelegten Tat hat sie dagegen nichts zu tun.[1])

Die Zulässigkeit des Verfahrens auf Widerklage hin ist im allgemeinen durch die gewöhnlichen Prozeßvoraussetzungen und Strafklagerechtsvoraussetzungen bedingt.[2]) Jedoch tritt als weitere Voraussetzung die hinzu, daß z. Z. der Erhebung der Widerklage ein Privatklageverfahren gegen den Widerkläger schwebt, und zwar in erster Instanz[3]); ferner muß die unter Widerklage gestellte Tat ein Privatklagedelikt sein, und zwar ein mit der Klagetat in Zusammenhang[4]) stehendes; endlich hängt der Bestand der Widerklage auch davon ab, daß bei der (ersten) Privatklage selbst die Verfolgungsbedingungen

---

deshalb dem jetzt Angeklagten die Straffreierklärung versagen. Die gegenteilige Entscheidung in **HR.** 8 195 übersieht, daß die Rechtskraft nicht über die Strafsache hinauswirkt, in der das Urteil ergangen ist. Vgl. oben § 56 IV.

[1]) Insbesondere kann das Gericht zu seinen Gunsten von einer Straffreierklärung nach StGB. §§ 199, 233 auch dann Gebrauch machen, wenn er wegen der Gegentat keine Widerklage erhoben hat.

[2]) Insbesondere bedarf es, wenn die Gegentat ein Antragsdelikt ist, eines Strafantrags. Allerdings schließt die Widerklage einen Strafantrag in sich; aber da letzterer an die Dreimonatsfrist des § 61 StGB. gebunden ist, so würde die Widerklage scheitern, wenn sie erst nach Ablauf dieser Frist erhoben würde, der in ihr liegende Strafantrag also verspätet wäre (denn § 388 ändert an der Strafantragsfrist gar nichts. So richtig gegen abweichende Meinungen **HR.** 1 149). Eine Ausnahme besteht in letzterer Beziehung für wechselseitige Beleidigungen und Körperverletzungen, StGB. §§ 198, 232 III.

[3]) Genauer: „bis zur Beendigung der Schlußvorträge in erster Instanz", § 388.

[4]) Im weitesten Sinne (wie in § 237). Vgl. Fritzsche, **JW.** 53 1682.

gegeben sind.[1]) Umgekehrt ist die Widerklage im Punkte der Verfahrensvoraussetzungen in einigen Beziehungen erleichtert: sie kann außer in der Form des § 381 auch mündlich in der Hauptverhandlung vor dem Prozeßgericht erhoben werden; sie kann ferner bei dem Privatklagegericht auch dann erhoben werden, wenn dieses für die Gegentat an sich nicht zuständig wäre („forum reconventionis"); endlich gilt die Bestimmung, daß Privatklagen gegen Jugendliche ausgeschlossen sind, für sie nicht mit, JugGerGes. § 38 S. 2.

Über die Eröffnung des Hauptverfahrens über den unter Widerklage gestellten Prozeßgegenstand ist nach den für Privatklagen allgemein geltenden Regeln (§§ 382, 383) zu entscheiden; jedoch entfällt (dies jedoch bestritten) das Erfordernis eines Eröffnungsbeschlusses dann, wenn die Widerklage mündlich in der Hauptverhandlung erhoben ist.[2])

Ist die Widerklage nicht der Zurückweisung verfallen, so ist nunmehr das Verfahren auf Tat und Gegentat gemeinsam zu erstrecken. Grundsätzlich ist auch über beide in *einem* Urteil zu entscheiden, § 388 II.[3]) Immer ist aber zu beachten, daß es sich um *zwei* verschiedene Prozeßgegenstände handelt.[4])

Dem auf die Widerklage ergehenden Sachurteil kommt die gleiche Rechtskraftwirkung zu, wie jedem Privatklage-Sachurteil, § 375 III, oben V 9. Deshalb sind solche Personen, die außer dem Angeklagten wegen der Tat des Privatklägers privatklageberechtigt sind, während Schwebens des Widerklageverfahrens nach § 375 II

---

[1]) z. B. ist auf Widerklage hin nicht vorzugehen, wenn die Privatklage vor ein unzuständiges Gericht gebracht ist. Selbstverständlich bedeuten die Umstände, die einer Widerklage entgegenstehen, nicht, daß der Kläger nicht eine selbständige Klage erheben könnte.

[2]) Statt dessen stillschweigender Eintritt in die Hauptverhandlung über die Gegentat. Entbehrt freilich die Widerklage einer Verfahrensvoraussetzung, oder ist der Privatkläger der ihm durch die Widerklage zur Last gelegten Tat nicht hinreichend verdächtig, so ist auch bei mündlicher Anbringung ein Beschluß auf „Zurückweisung der Widerklage" geboten.

[3]) Diese Bestimmung ist aber nicht starr zu verstehen, vgl. *Beling*, **JW. 54** 1034 und oben § 40 V a. E.

[4]) Deshalb ist keineswegs aus § 388 II zu entnehmen, daß die Beschlußfassung über die Zulassung der Widerklage bis zum Urteil über die Privatklage aufzuschieben sei; der die Widerklage zurückweisende Beschluß ist nach § 210 anfechtbar (nicht ist das auf die Privatklage ergehende Urteil nach § 305 wegen Zurückweisung der Widerklage anfechtbar); ein gegen das Urteil in der Privatklagesache ergehendes Rechtsmittel ermöglicht keine Nachprüfung des die Widerklage zurückweisenden Beschlusses. In allen diesen Beziehungen ganz irrig **HR. 2** 49.

einesteils in der Lage, der Widerklage beitreten zu können, anderenteils darauf angewiesen, dies zu tun, wenn sie nicht durch die Urteilsrechtskraft ihr Klagerecht verlieren wollen (bestritten).

Tritt ein prozeßerledigendes Ereignis derart ein, daß der Prozeß hinsichtlich der Widerklage (und nur hinsichtlich ihrer) davon betroffen wird, so scheidet die Gegentat (und nur sie) als Prozeßgegenstand aus.[1]) Ebenso scheidet umgekehrt die Tat, die den Gegenstand der (ersten) Privatklage bildete, aus dem Verfahren aus, wenn insofern (und nur insofern) Prozeßerledigung eintritt; der Prozeß bricht damit nicht auch in seiner Funktion als Widerklageverfahren zusammen.[2])

IV. Verwaltungsklageverfahren. § 88.

Schrifttum s. zu unten § 110.

Für die Abrügung von „Gefällsdelikten" (Zuwiderhandlungen gegen die Vorschriften über die Erhebung öffentlicher Abgaben und Gefälle) sehen die RAbgO. und die StPO. außer dem Strafbescheidsverfahren (unten § 110 II), dem Verfahren nach Erlaß eines Strafbescheids (unten § 94 III) und dem Nebenklageverfahren (unten § 89) ein gerichtliches Sonderverfahren derart vor, daß dabei der Staat als Strafkläger statt durch die Staatsanwaltschaft durch die Verwaltungsbehörde repräsentiert wird. Dabei sind die Vorschriften der StPO. durch RAbgO. § 449 insoweit außer Kraft gesetzt, als es sich um die von der RAbgO. ergriffenen Steuerzuwiderhandlungen (vgl. RAbgO. § 1) handelt; sie gelten heute in der Hauptsache nur noch für Abrügung landesrechtlicher Gefällsdelikte.

I. Bei Steuerzuwiderhandlungen, die in den Bereich der RAbgO. fallen[3]), liegt schon das Ermittelungsverfahren grundsätzlich statt bei der Staatsanwaltschaft bei den Finanzbehörden, RAbgO. §§ 386 ff., 405 ff. Gelangt das Finanzamt weder zum Erlaß eines Strafbescheids

---

[1]) So bei Zurücknahme der Widerklage. Ebenso, wenn der Widerbeklagte (= Privatkläger) stirbt; hier nur Möglichkeit der Fortführung des Verfahrens hinsichtlich der von der (ersten) Privatklage ergriffenen Tat nach § 393.

[2]) Im Gesetz besonders hervorgehoben für den Fall der Zurücknahme der Privatklage, § 388 III. Erledigt sich freilich der Prozeß auf die Privatklage hin in dem Sinne, daß für das Verfahren die Verfolgungsvoraussetzungen zur Zeit der Widerklage fehlten, so wird, soweit diese Voraussetzungen zugleich für die Hineinlegung einer Widerklage in den Prozeß bedingend waren, der Prozeß auch im Hinblick auf die Widerklage unstatthaft.

[3]) Unter Erstreckung auf ideell-konkurrierende Gesichtspunkte, sofern die Strafdrohung des Steuergesetzes die nach RAgbO. § 383, StGB. § 73 anzuwendende ist, RAbgO. § 387.

(unten § 110 II), noch zur Einstellung des Verfahrens, so hat es die Verhandlungen an die Staatsanwaltschaft abzugeben und kann dabei beantragen, daß die Staatsanwaltschaft die öffentliche Klage erhebe, RAbgO. § 411. Erhebt dann die Staatsanwaltschaft die öffentliche Klage (wozu sie im Umfange des Legalitätsprinzips verpflichtet ist), so spielt sich der weitere Verlauf in den Formen des ordentlichen Verfahrens ab. Lehnt sie dagegen die Klageerhebung ab, so kann das Finanzamt die öffentliche Klage — als „Verwaltungsstrafklage" — selbst erheben, RAbgO. § 437 II S. 1. Sein Vertreter hat dann die mit der staatlichen Klägerrolle verbundenen Funktionen statt der Staatsanwaltschaft, § 437 II S. 2. Diese kann aber am Verfahren mitwirken, auch wie gegenüber einer Privatklage die Verfolgung übernehmen, § 437 III.

Vgl. weiter §§ 437 II S. 3 (mit 432 II), 437 IV, 385.

II. Für andere Gefällsdelikte ist gleichfalls subsidiäre Verwaltungsstrafklage zugelassen, StPO. § 424. Das Ermittelungsverfahren ist hier aber nicht aus den Händen der Staatsanwaltschaft genommen. Das Verfahren soll sich nach StPO. § 426 nach den Vorschriften über das Privatklageverfahren richten.[1])

§ 89. V. Verfahren mit Nebenklage.

Stenglein, GS. 35 271; Zimmermann, GS. 34 497; Oppenheim, Nebenklage 1889; Wolffing, Rechtliche Stellung des Nebenklägers 1900; Rosenfeld, Nebenklage 1900; Ötker, Die Nebenklage, im Rechtsgang 3 241. S. auch Glaser, Der Adhäsionsprozeß, Kl. Schr. 1 555; Ortloff, Der Adhäsionsprozeß 1864.

I. In einem auf öffentliche Klage hin anhängigen Verfahren können

1. sich „als Nebenkläger anschließen":

a) wer hinsichtlich des Prozeßgegenstands zur Privatklage legitimiert ist[2]), § 395 I;

b) wer derjenige ist, gegen dessen Leben, Gesundheit, Freiheit, Personenstand oder Vermögen sich die Tat richtete, sofern er die Erhebung der staatsanwaltschaftlichen Klage erst auf dem Wege des Klageerzwingungsverfahrens (§ 172, unten § 98) herbeigeführt hat, § 395 II;

---

[1]) § 426 ist aber so auszulegen, daß gleichwohl die amtliche Stellung der Verwaltungsbehörde gewahrt bleibt. Über die Stellung der Staatsanwaltschaft s. § 425.

[2]) Der Erhebung der Privatklage selber stünde Rechtshängigkeit des Staatsklageverfahrens entgegen.

c) wer im Verfahren mit einem Bußantrag (unten § 90) auftreten könnte, § 403 I;

d) die Verwaltungsbehörde bei Gefällsdelikten, hinsichtlich deren nicht die RAbgO. einschlägt[1]), in den Fällen, in denen sie nicht selber die Verwaltungsstrafklage erhoben hat, sondern das gerichtliche Verfahren aus staatsanwaltschaftlicher Klage oder daraus erwachsen ist, daß der Beschuldigte gegen einen Strafbescheid auf gerichtliche Entscheidung angetragen hat, § 427.

2. Ohne Anschlußerklärung fällt die Rolle des Nebenklägers zu

a) dem in einem bisherigen Privatklageverfahren durch Einrücken der Staatsanwaltschaft in die Klägerrolle verdrängten Privatkläger, § 377 II, III;

b) hinsichtlich der der RAbgO. unterfallenden Steuerzuwiderhandlungen dem Finanzamt, wenn dieses nicht selber die Klage erhoben hat, ein gerichtliches Verfahren aber auf staatsanwaltschaftliche Klage hin oder durch Antrag des Beschuldigten auf gerichtliche Entscheidung gegen einen Strafbescheid anhängig wird, RAbgO. §§ 437 I, 432 I.

(Zu 1 und 2): Der Sinn dieser Bestimmungen ist der: es soll den genannten Persönlichkeiten ermöglicht werden, ihr Interesse an der Strafverfolgung gegen den Beschuldigten durch Mitwirkung nach Art der Klägerrolle zu betätigen. Dabei verleiht ihnen das Gesetz (§ 397) die Rechte des Privatklägers. Sie sind daher nicht bloße Prozeßgehilfen des ersten Klägers, sondern aktive Streitgenossen.[2])

Immerhin sind sie nur „Neben"-Kläger, weil diese ihre Rolle das Vorhandensein eines von einem Hauptkläger anhängig gemachten Verfahrens voraussetzt[3]), ihre Rolle nur akzessorisch denkbar ist. Eben deshalb entspricht ihrer Rolle auch keine Neben-„Klage" (obwohl sich das Gesetz dieser Bezeichnung bedient). Die Anschlußerklärung bedeutet nicht, wie die Klage, das Begehren eines gerichtlichen Verfahrens (das ja schon da ist); vollends wird in den Fällen, in denen es der Anschlußerklärung nicht bedarf, die Klägerrolle des Betreffenden ohne jedes Zutun von seiner Seite begründet.

Deshalb darf auch der übliche Ausdruck „Nebenklageverfahren"

---

[1]) Wegen der der RAbgO. unterfallenden s. nachstehend 2b.

[2]) Es können nebeneinanderstehen: Staat und Privater; Einzelstaat (Staatsanwaltschaft) und Reich (Finanzamt usw.).

[3]) Unbeschadet des Umstandes, daß die meisten Nebenklageberechtigten bei Nichtvorhandensein eines solchen Verfahrens selber zur Privat- bzw. Verwaltungsstrafklage legitimiert sind.

nicht mißverstanden werden. Es handelt sich nicht um einen eigenen Prozeß, der von der Nebenklage allein ausginge; auch nicht um eine Prozeßeinlage, die ihren besonderen Gegenstand hätte. Es ist vielmehr der durch staatsanwaltschaftliche Klage begründete Prozeß, an dem der Nebenkläger nur mitwirken kann. „Nebenklageverfahren" bedeutet also nur das Prozeßgebilde, das sich — als „besondere Prozeßart" — aus der Aufnahme des Nebenklägers in den Prozeß ergibt.

II. Der Eintritt in die nebenklägerische Stellung erfolgt (abgesehen von den Fällen oben I 2) durch schriftliche Anschlußerklärung, § 396 I, die in jedem Zeitpunkt des rechtshängigen Verfahrens und insbesondere auch erst in Verbindung mit einer Rechtsmitteleinlegung erfolgen kann, § 395 I. Das Gericht hat daraufhin bei Vorliegen der gesetzlichen Voraussetzungen die Zulassung, andernfalls die Zurückweisung des Begehrens zu beschließen, § 396 II. Der Zulassungsbeschluß ist aber nur deklaratorisch, nicht erst er begründet die nebenklägerischen Befugnisse, diese heften sich vielmehr nach § 397 schon an die Anschlußerklärung selbst.[1]) Deshalb kann auch der Zulassungsbeschluß jederzeit zurückgenommen werden, wenn sich das Fehlen der gesetzlichen Voraussetzungen für nebenklägerische Teilnahme am Prozeßverkehr herausstellt (bestritten[2]).

Der Eintritt des Nebenklägers wirkt nur ex nunc, die schon bestehende Prozeßrechtslage wird dadurch nicht berührt, §§ 398, 399.

III. Der Grundgedanke, aus dem heraus das Gesetz eine solche Verdoppelung der Klägerrolle zuläßt, ist der: die Energie der Strafverfolgung zu stärken. Deshalb sind Hauptkläger und Nebenkläger derart voneinander unabhängig, daß der Angriffsakt (Beweisantrag, Rechtsmittel usw.[3]) eines jeden von ihnen wirksam ist, auch wenn der Andere den entsprechenden Angriffsakt unterläßt, ihn zurücknimmt, auf sein Angriffsrecht verzichtet, und sogar, wenn er dem Angriff widerspricht. Von der Kehrseite betrachtet: die Preisgabe eines Klägerrechts durch den Einen wird dadurch unschädlich gemacht, daß sich der Andere seiner bedient. Daraus ergibt sich insbesondere, daß ein staatsanwaltschaftliches Verhalten, das zur Prozeßbeendigung führen würde, diese Wirkung nicht hat, wenn der

---

[1]) Vgl. Beling, **ZStW. 36** 295 gegen die abweichende Auffassung des RGer.

[2]) Vgl. **JW. 54** 2814; **E. 35** 26.

[3]) Wegen der Frist für Rechtsmittel des Nebenklägers gegen Entscheidungen, die vor seinem Anschluß ergangen sind, s. § 399.

Nebenkläger gegenteilig vorgeht (z. B., wenn er allein ein Rechtsmittel einlegt), und in weiterer Folge, daß dann die Staatsanwaltschaft nicht aus dem Prozeß ausscheidet, sondern ihre Parteistellung behält und den entsprechenden Amtspflichten (Erscheinen in der Hauptverhandlung usw.) zu genügen hat.[1])

Laufen Angriffsakte der Streitgenossen einander parallel, so hat das Gericht jeden gesondert zu behandeln (z. B. hat, wenn sowohl die Staatsanwaltschaft, wie der Nebenkläger Revision eingelegt haben, das Revisionsgericht jede Revision gesondert zu prüfen).

Hat nur einer der Streitgenossen einen Angriffsakt vorgenommen, so ist dieser an sich nur als sein Angriffsakt zu behandeln. Aus dem oben III am Anfang gekennzeichneten Grundgedanken heraus wird jedoch zu folgern sein, daß jeder die von dem Anderen herbeigeführte Prozeßlage im Sinne der Klägerrolle ausnutzen kann, daß namentlich jeder, auch wenn sein eigenes ursprüngliches Rechtsmittel schon verloren ist, in das Rechtsmittel des Anderen rechtsfolgemäßig einrücken kann, wenn dieser es nicht weiter betreibt.[2])

IV. Angesichts dieser durchaus parteimäßigen Stellung des Nebenklägers muß seine Vernehmung als Zeuge oder Sachverständiger für ausgeschlossen erachtet werden.[3])

V. Der Nebenkläger scheidet aus seiner Stellung aus durch Widerruf der Anschlußerklärung[4]) und durch Tod[5]), § 402.

---

[1]) Vgl. § 401 II, dessen Text eine Spezialbestimmung bringt, aber der Verallgemeinerung bedarf.

[2]) Danach lösen sich verschiedene Streitfragen: 1. Der Nebenkläger kann der staatsanwaltschaftlichen Rechtsmittelzurücknahme widersprechen in dem Sinne, daß er das Rechtsmittel als das seinige aufrechterhält (ist die staatsanwaltschaftliche Zurücknahme schon geschehen, so ist freilich der Prozeß erledigt, und der Nebenkläger kann nicht hinterher wirksam die Aufrechterhaltung des Rechtsmittels erklären). 2. Bleibt der Nebenkläger bei einer nur von ihm eingelegten Berufung in der Hauptverhandlung aus, so kann sich der Staatsanwalt die Berufung zu eigen machen; anderenfalls trifft den Nebenkläger die Versäumnisfolge des § 391 III. 3. Jeder Streitgenosse kann sich die von dem Anderen eingelegte Revision dadurch zu eigen machen, daß er die Revisionsrechtfertigung zu ihr beibringt.

[3]) A. M. das RGer. — Zulässig ist, den Nebenkläger uneidlich als Aussageperson zu hören, vgl. oben § 62 I, II 1.

[4]) In den Fällen, in denen er ipso jure Nebenkläger geworden war, durch Erklärung seines Ausscheidens.

[5]) Doch können nach Analogie des § 393 seine Angehörigen in seine Stellung einrücken (bestritten).

§ 90. VI. Das Bußklageverfahren.

Schrifttum zu § 89. Ferner: Otker, GS. 66 321; Kleinfeller, GS. 87 1; Schnek, Der Adhäsionsprozeß im Österr. Recht 1928.

I. Schadensersatzansprüche aus dem bürgerlichen Recht gehören (wie andere bürgerlichrechtliche Ansprüche) grundsätzlich auch dann nicht auf den Strafrechtsweg, wenn sie in einer strafbaren Handlung wurzeln; sie sind im Zivilprozeßwege zu verfolgen. Den sog. Adhäsionsprozeß (Beteiligung des Geschädigten am Strafprozeß behufs Zusprechung des Schadensersatzes) nach dem Vorbild des gemeinen Rechts und ausländischer Rechte hat die StPO. nicht aufgenommen. Ein Teil dieser Ansprüche tritt jedoch in der Gesetzgebung unter dem zweiten Namen eines Anspruchs auf „Buße" auf (vgl. z. B. StGB. §§ 188, 231), so zwar, daß diese Ansprüche in dieser ihrer Eigenschaft zwar die Strafbarkeit des Schädigers zur Voraussetzung haben und nur dem Geschädigten selbst, nicht seinen Erben zustehen (§ 404 IV), aber strafrechtswegfähig sind, ohne daß damit jedoch dem Geschädigten die Möglichkeit genommen würde, sie (unter Beiseitelassung ihres Charakters als „Buß"-Ansprüche) in der gewöhnlichen Weise durch Klage im Zivilprozeß zu verfolgen.

Zum Gegenstande eines Strafprozesses wird ein Bußanspruch nicht schon durch die Erhebung der Strafklage. Damit sich der Strafprozeß auf die Frage der Zu- oder Aberkennung der Buße richten könne, bedarf es vielmehr des Bußbegehrens des dafür Legitimierten = einer „Bußklage", die diesen Prozeßgegenstand rechtshängig macht; legitimiert ist derjenige, um dessen Bußanspruch es sich handelt, vgl. § 403.

Andererseits läßt das Gesetz eine isolierte Bußklage derart, daß der Prozeß sich lediglich um die Bußangelegenheit drehen würde, nicht zu; die Bußklage kann nur in ein „eigentliches" Strafverfahren eingefügt werden. Dafür eröffnen sich zwei Möglichkeiten: a) Tritt der zur Bußklage Legitimierte als Privat(straf)kläger auf, so kann er seine Klage sogleich außer auf die Strafsache auch auf den Bußanspruch mit richten oder auch die Bußklage später als Zusatzklage zu der Strafklage erheben, § 406. b) Ist öffentliche Strafklage erhoben, so kann der zur Bußklage Legitimierte diese mittels „Nebenklage" erheben (ohne die Notwendigkeit, sich zugleich als Nebenstrafkläger anzuschließen), § 403 II.

II. Die Bußklage kann wie jede Klage nur so lange erhoben werden, als das Strafverfahren in der ersten Instanz schwebt, § 404 I. Sie kann durch einfachen Antrag auf Erstreckung des Verfahrens auf die Bußangelegenheit erhoben werden (schriftlich; in der Hauptverhandlung auch mündlich). Eines Eröffnungsbeschlusses auf sie hin bedarf es nicht.

III. Das anschließende Verfahren bildet keine Prozeßeinlage, als wäre es in abgesonderter Weise für sich durchzuführen, sondern verschmilzt mit dem Strafverfahren so, daß nur jeweils (bei der Beweisaufnahme, dem Urteil usw.) auf die Bußangelegenheit mit Rücksicht zu nehmen ist.

Der **modus procedendi** bleibt daher von der StPO. beherrscht. Es ist nicht nach der ZPO. zu verfahren (daher keine Eideszuschiebung, überhaupt kein Parteieid; Geständnisse nicht bindend usw.); nur bedarf es der Benennung eines bestimmt bezifferten, vom Gericht nicht überschreitbaren Betrages seitens des Bußklägers als Sachurteilsvoraussetzung, § 405 (zivilprozessualischer Satz „Judex ne eat ultra petita partium").

Soweit es sich aber um den Prozeßgegenstand selber handelt, macht sich dessen — ungeachtet seines besonderen Namens („Buße") — bürgerlichrechtlicher Charakter geltend. Ob der Bußanspruch besteht und wie hoch er ist, ist also unter Würdigung aller dafür bürgerlichrechtlich rechtserheblichen Tatsachen (Zahlung usw.) zu entscheiden.

Auch bleiben die Prozeßgegenstandsbestandteile (der Strafanspruch und der angehängte Bußanspruch) derart gesondert, daß für alle Prozeßhandlungen, die der Geltendmachung des Strafanspruchs dienen, nur der Strafkläger, für alle, die der Geltendmachung des Bußanspruchs dienen, nur der Bußkläger sachlich legitimiert ist.[1])

IV. Die Bußklage ist, wenn sie prozessual unzulässig ist, durch Beschluß zurückzuweisen (Formalentscheidung).

Ist sie zulässig, so erledigt sie sich gleichwohl dann von selbst (ohne Entscheidung), wenn sich das Verfahren in seiner Funktion als eigentlicher Strafprozeß ohne Sachentscheidung erledigt (sei es durch Einstellungsentscheidung, sei es ipso jure), sowie wenn der Angeklagte freigesprochen wird, § 404 III.[2])

Ein Sachurteil über den Bußanspruch (Zusprechung oder Aberkennung der Buße) hat daher nur zu ergehen, wenn die Bußklage

---

[1]) Kein Rechtsmittel des Staatsanwalts gegen Aberkennung des Bußanspruchs; kein Rechtsmittel des Bußklägers gegen Freisprechung des Angeklagten (außer wenn er zugleich Strafkläger ist, und dann in dieser Eigenschaft).

[2]) Sie lebt aber von selbst wieder auf, wenn die prozeßerledigende Entscheidung (Einstellung oder Freisprechung) mit Bezug auf die Strafsache angefochten wird.

prozessual zulässig ist und in Ansehung der Strafsache Verurteilung zu Strafe erfolgt, arg. StGB. §§ 188 usw.: „neben der Strafe".[1])

§ 91. VII. Abwesenheitsverfahren.

Hugo Meyer, Strafverfahren geg. Abwesende 1869; Ortloff, **GA. 19** 492, 590.

Im ordentlichen Verfahren muß der Beschuldigte derart in den Prozeßverkehr hereingezogen werden, daß sich ihm die Möglichkeit eröffnet, seine Parteirechte geltend zu machen. Gewisse einzelne Prozeßvorgänge können zwar, und andere müssen sogar ohne ihn stattfinden[2]); aber an bestimmten Punkten des Verfahrens ist dessen Fortschreiten dadurch bedingt, daß das Gericht mit ihm in Verkehr tritt. So muß der Angeschuldigte in der Voruntersuchung vernommen werden, § 192; es ist ihm nach Maßgabe des § 201 vor Erlaß des Eröffnungsbeschlusses die Anklageschrift zuzustellen; der Angeklagte muß zur Hauptverhandlung geladen werden, § 216, usw. Ist der Beschuldigte also in einem solchen Zeitpunkte abwesend, d. h. unbekannten Aufenthalts, oder derart im Auslande aufhältlich, daß eine Zustellung an ihn nicht erfolgen kann[3]) oder nicht angemessen erscheint (vgl. § 276), so muß der Prozeß im ordentlichen Verfahren notgedrungen stillstehen.[4])

Das Gesetz gestattet jedoch im Abwesenheitsfalle 1. ein „Beweissicherungsverfahren", §§ 285 ff.; 2. unter bestimmten Voraussetzungen auch die Durchführung eines Hauptverfahrens, §§ 277 ff.; 3. ein Verfahren, in dem ein Abwesender für fahnenflüchtig erklärt wird, § 437.

---

[1]) „Neben der Strafe" bedeutet aber nicht notwendig „gleichzeitig mit einem Strafausspruch". Das Gericht ist nicht gehindert, bei einer Strafverurteilung die Bußangelegenheit zu späterer Entscheidung im selben Verfahren zurückzustellen. Es kann ferner, wenn in erster Instanz ein auf Strafe lautendes Urteil nebst einem bejahenden oder verneinenden Bußausspruch ergangen ist, die Bußangelegenheit allein für sich durch Rechtsmittel des Angeklagten oder des Bußklägers in die höhere Instanz gebracht werden, und diese hat dann den Bußausspruch an den Strafausspruch der Vorinstanz anzuschließen.

[2]) So kann die Hauptverhandlung unter bestimmten Voraussetzungen gegen den ordnungsmäßig geladenen, aber nicht anwesenden Beschuldigten stattfinden, oben § 75 **III**; bei Beweiserhebungen in der Voruntersuchung darf der Beschuldigte, außer in den besonderen Fällen des § 193, nicht anwesend sein.

[3]) Gewisse Zustellungen können nach § 40 auch „öffentlich" geschehen. Für die Ladung zur Hauptverhandlung erster Instanz gilt § 40 jedoch nicht.

[4]) Mit Ausschluß der Revisionsinstanz; diese kann, wenn die Abwesenheit erst jetzt eintritt, auch gegen den Abwesenden weiter abgewickelt werden, vgl. **E. 61** 90.

I. Das **Beweissicherungsverfahren** unterscheidet sich von dem sonstigen vor der Hauptverhandlung liegenden Verfahren insbesondere dadurch, daß Zeugen und Sachverständige, soweit in einer Hauptverhandlung ihre Vereidigung erfolgen würde, eidlich zu vernehmen sind, § 286[1]); daß im Stadium der Vorbereitung der Hauptverhandlungen kommissarische Beweisaufnahme erfolgt, § 289; und daß außer den vom Beschuldigten selbst gewählten Verteidigern auch solche Verteidiger zuzulassen sind, die von seinen Angehörigen gewählt sind, § 286 I. Vgl. ferner §§ 287, 288.[2])

II. Das **Abwesenheits-Hauptverfahren** (mit Hauptverhandlung und Urteil) ist dadurch bedingt, daß den Prozeßgegenstand lediglich eine solche Tat, die nur mit Geldstrafe und (oder: oder) Einziehung bedroht ist, § 277, oder eine in den Geltungsbereich der RAbgO. fallende Steuerzuwiderhandlung[3]) bildet, RAbgO. § 438. In den letzteren Fällen ist die Möglichkeit subsidiärer Verwaltungsstrafklage gegen den Abwesenden gemäß RAbgO. § 437 II S. 1 gegeben.

In diesen Fällen ist eine öffentliche Ladung des Angeklagten zur Hauptverhandlung statthaft, §§ 278, 279; die Hauptverhandlung kann ohne den Angeklagten durchgeführt werden, doch nicht im Sinne einer „Kontumazialverhandlung" (oben § 75 III 1 c); in ihr kann ein Verteidiger sowie (ohne Nachweis einer Vollmacht) jeder Angehörige des Angeklagten als dessen Vertreter auftreten, § 280; die Zustellung des Urteils erfolgt öffentlich gemäß § 40 II, § 281; Anfechtungsrechte stehen dem Verteidiger und den Angehörigen zu, § 282.[4])

III. Von Erhebung der öffentlichen Klage ab ist gegen einen Abwesenden ein Gerichtsbeschluß zulässig, durch den er für fahnenflüchtig erklärt wird, § 437.[5])

VIII. Nachverfahren nach einer Auslandsverurteilung. § 92.

Köhler, **GA. 64** 193; Neumeyer, **ZStW. 27** 29.

Der Umstand, daß ein ausländisches Gericht eine Tat abgeurteilt hat, steht im allgemeinen einer deutschen Strafverfolgung nicht entgegen. Ungeachtet solcher vorausgegangenen (verurteilenden oder

[1]) Sodaß in einem später möglich gewordenen ordentlichen Verfahren gegebenenfalls gemäß § 251 auf dieser eidlichen Aussage gefußt werden kann.

[2]) Über die Vermögensbeschlagnahme nach §§ 290 ff. s. unten § 103 II 1.

[3]) Vgl. dazu oben § 88 I Anm. 3.

[4]) Über Beschlagnahmen gemäß §§ 283 ff. s. unten § 103 II 3.

[5]) Dieser Gerichtsausspruch dient nur staats- und verwaltungsrechtlichen Zwecken, vgl. StaatsangehörigkGes. § 26 II, Wehrges. § 21 f. Strafprozeßrechtliche Bedeutung hat er nicht; insbesondere entfaltet er für einen etwaigen späteren Strafprozeß keine Rechtskraft.

freisprechenden) Aburteilung ist der Fall nach den gewöhnlichen strafprozeßrechtlichen Bestimmungen zu erledigen, nur ist, wenn eine deutsche Verurteilung erfolgt, die im Ausland vollzogene Strafe anzurechnen, § 7 StGB. Ausnahmsweise wird durch ein rechtskräftiges Auslandsurteil, das auf Freisprechung lautete, oder dessen Strafausspruch vollzogen worden ist oder sich durch ausländischrechtliche Verjährung oder ausländischen Straferlaß erledigt hat, die deutsche Strafverfolgung unzulässig, wenn es sich um eine nach StGB. § 4[3] strafbare Auslandstat[1]) handelt, StGB. § 5 (mit EStPO. § 5).

Hier aber bringt § 37 StGB. einen Vorbehalt: trotz der ausländischrechtlichen, die deutsche Strafverfolgung unzulässig machenden Verurteilung soll doch ein deutscher Strafprozeß behufs Verhängung des Verlusts der bürgerlichen Ehrenrechte (überhaupt oder einzelner Ehrenrechte[2])) zulässig bleiben. Das bedeutet also, daß zwar nach § 5 ein Vollstrafprozeß nicht zulässig ist, wohl aber ein Prozeß mit eingeschränktem Prozeßgegenstande (Ehrenrechtsverlust) statthaft bleibt.[3])

In einem derartigen Prozeß ist dann die Tat in ihrer tatsächlichen Lage und in ihrer rechtlichen Bedeutung wie sonst auch aufzurollen, in den Urteilstenor gehören aber nur der Schuldspruch[4]) und vom Strafausspruch dasjenige Stück, das den Ehrenrechtsverlust betrifft.[5])

Voraussetzungen für die Zulässigkeit eines solchen Verfahrens sind 1. das Vorliegen eines rechtskräftigen Auslandsurteils, das auf Strafe lautet und das gemäß § 5 StGB. einen Vollstrafprozeß deshalb ausschließt, weil die Strafe vollzogen oder verjährt oder

---

[1]) Gegensatz: Inlandstaten, sowie die dem § 4[1] und [2] StGB. unterfallenden Auslandstaten.

[2]) Mit Einschluß derjenigen Ehrenminderungen, die, weil nach materiellem Recht bei Zuchthaus ipso jure eintretend, keiner Sondererwähnung im Tenor bedürfen.

[3]) Dagegen ist § 37 nicht außerdem noch auf die Fälle zu beziehen, in denen der Vollstrafprozeß überhaupt nicht gehindert ist, als dürfe in diesen Fällen von einem Vollstrafprozeß zugunsten bloßer Erwirkung von Ehrenrechtsverlust Abstand genommen werden (a. M. Köhler).

[4]) Und zwar mit einem titulus condemnationis, der auf ein „Verbrechen oder Vergehen" nach deutschem Recht lautet.

[5]) Die Hauptstrafe ist nicht auszusprechen; wohl aber gehört in den Syllogismus des Urteils die Feststellung, daß in einem Vollstrafprozeß eine derartige Hauptstrafe zu verhängen wäre, an die sich der Ehrenrechtsverlust anschließen kann.

erlassen ist[1]); 2. im übrigen das Vorliegen der gewöhnlichen Bedingungen für die Zulässigkeit der Strafverfolgung.

Nicht erforderlich ist irgendein Verlangen des Auslands.[2])

Für das Verfahren gilt im einzelnen:

1. Für die Staatsanwaltschaft gilt Opportunitätsmaxime.

2. Die Klage ist vom Gericht in der gewöhnlichen Weise zu behandeln. Insbesondere ist das Gericht dadurch, daß die Staatsanwaltschaft die Klage als bloße Nachtragsklage aus § 37 StGB. erhoben hat, nicht gehindert, den Prozeßgegenstand im ordentlichen Verfahren voll aufzurollen, hierzu vielmehr verpflichtet, wenn sich ergibt, daß die Voraussetzungen des § 5 nicht gegeben sind.[3]) (Entsprechend würde umgekehrt auf staatsanwaltschaftliche Vollklage hin ein bloßer Nachtragsprozeß aus § 37 StGB. durchzuführen sein, wenn dem Vollstrafprozeß § 5 entgegensteht.)

3. Von dem Tenor und dem Syllogismus des ausländischen Urteils ist das Gericht in jeder Hinsicht unabhängig.

Das Sachurteil hat auf Freisprechung zu lauten, wenn entweder die Schuldfrage verneint wird oder die Ehrenfolge materiellrechtlich unzulässig ist oder (wo das Gesetz sie zuläßt, ohne sie obligatorisch zu machen) nicht für angezeigt erachtet wird; im übrigen hat es auf den Schuldspruch und die Ehrenfolge zu lauten.

4. Das formell rechtskräftige Sachurteil erwächst mit seinem Tenor in materielle Rechtskraft. Diese bedeutet in den Fällen, in denen das Urteil die Schuldfrage verneinte, auch den Ausschluß eines späteren Vollstrafprozesses. In den übrigen Fällen würde ein neuer, auf einen Strafausspruch bezüglich der Hauptstrafe abzielender Strafprozeß dann zulässig werden, wenn das einem Vollstrafprozeß aus § 5 entgegenstehende Hindernis wegfiele; da dies aber hier nur so denkbar wäre, daß das ausländische Urteil im ausländischen Wiederaufnahmeverfahren beseitigt würde, eine in solchem Wiederaufnahmeverfahren an die Stelle der zuvorigen Verurteilung

---

[1]) § 37 bezeichnet die Voraussetzung das eine Mal als „Bestraftwordensein", das andere Mal als „für schuldig erklärt sein". Das erste ist zu eng, das zweite zu weit. Denn die ratio ist die: dem deutschen Bedürfnis nach Verhängung des Ehrenrechtsverlusts da zu genügen, wo (gemäß § 5) ihm nicht im Anschluß an einen auf die Hauptstrafe lautenden Strafausspruch genügt werden kann.

[2]) Insbesondere ist der in § 4³ II für den Fall, daß der Beschuldigte zur Zeit der Tat noch nicht Deutscher war, erwähnte „Antrag der auswärtigen Behörde" nur für einen Vollstrafprozeß, nicht aber für den Nachtragsprozeß wegen Ehrenrechtsverlusts bedingend.

[3]) Vgl. oben § 28 III.

gesetzte Freisprechung nach § 5[1] aber auch dem deutschen Vollstrafprozeß entgegenstehen würde, so ist das praktische Ergebnis das, daß jedes im Verfahren aus § 37 ergangene Sachurteil ein volles Ne bis in idem nach sich zieht.

§ 93. IX. Objektives Verfahren.

Köbner, Die Maßregel der Einziehung 1892; Friedländer, Das objektive Verfahren 1895; Glücksmann, Die Rechtskraft der strafprozessualen Entscheidung über Einziehung und Unbrauchbarmachung 1898; Herschel, desgl. 1899; Schötensack, Der Konfiskationsprozeß 1905; Hugo Mayer, Das objektive Verfahren auf Privatklage, Tübing. Diss. 1910.

Die Maßregeln der „Einziehung" (StGB. § 40 usw.) und der „Unbrauchbarmachung" (StGB. § 41) bilden grundsätzlich als Anhängsel der Strafsache einen Teil des Prozeßgegenstands in dem gegen einen Beschuldigten gerichteten Strafverfahren (oben § 26 II 2a), so daß sich das Urteil auf sie mit erstreckt. Das Gesetz läßt jedoch unter Umständen einen Prozeß zu, für den eine dieser Maßregeln den alleinigen Prozeßgegenstand bildet. Da diesen Maßregeln richtiger Ansicht nach der Strafcharakter fehlt, so handelt es sich der Sache nach um ein Enteignungs- oder sonstiges Entrechtungsverfahren, das sich aber nach dem Gesetz in den Formen eines wenn auch besonders gestalteten Strafprozesses abzuspielen hat. Es wird herkömmlich als „objektives Verfahren" (oder auch mit einer freilich die Unbrauchbarmachung nicht mit deckender Benennung als „Konfiskationsprozeß") bezeichnet.

Das Klagerecht für das objektive Verfahren steht wie bei der Strafklage dem Staate und, soweit die die Einziehung oder Unbrauchbarmachung auslösende Tat ein Privatklagedelikt ist, auch dem Privatklageberechtigten zu. Unter welchen Voraussetzungen es besteht, richtet sich nach den gesetzlichen Spezialbestimmungen, nach denen auf eine der in Rede stehenden Maßregeln „selbständig erkannt werden kann", § 430. Nach dem vornehmlich in Betracht kommenden § 42 StGB. ist die Voraussetzung die, daß „die Verfolgung oder die Verurteilung einer bestimmten Person nicht ausführbar ist."[1])

---

[1]) Das bedeutet, daß auf der rein prozeßrechtlichen Seite tatsächliche Umstände vorliegen, derenthalber die Strafsache selbst nicht zum Prozeßgegenstand oder zum Gegenstand einer Sachentscheidung gemacht werden kann (z. B. Abwesenheit, Tod des Beschuldigten). Diese Voraussetzung ist scharf zu trennen von den Voraussetzungen, von denen die Einziehung usw. selbst materiellrechtlich abhängt (§§ 40, 41 StGB. usw.). Schlägt § 42 nicht

Die Klage — im Gesetz als (Einziehungs-) „Antrag" bezeichnet, § 430 — ist analog der Strafklage zu erheben, so zwar, daß in ihr die körperliche Sache zu bezeichnen ist, auf deren Einziehung usw. sie abzielt. Über die Zuständigkeit vgl. § 430.

Die Klage geht (ohne „Zwischenverfahren") an den Vorsitzenden des erkennenden Gerichts. Dieser hat Termin zur Hauptverhandlung anzuberaumen, außer wenn das Verfahren unzulässig ist; im letzteren Falle hat er den Terminsansatz abzulehnen; diese Verfügung steht (in Beschränkung auf die Einziehungsangelegenheit) einem Nichteröffnungsbeschluß gleich.

Einen Beschuldigten gibt es in diesem Verfahren nicht. Wohl aber berührt letzteres alle Personen, „die einen rechtlichen Anspruch auf den Gegenstand der Einziehung usw. haben, § 431 II[1]), die sog. „Nichteinziehungs-Interessenten" oder „Einziehungsbeteiligten". Diesen Personen kommt deshalb — als Quasibeschuldigten — die Rolle einer Passivpartei zu, vgl. §§ 431 II, III. Sie sind insbesondere zur Hauptverhandlung zu laden.[2])

Auf Grund der Hauptverhandlung ist (sofern nicht wegen prozessualer Unzulässigkeit Einstellung des Verfahrens zu erfolgen hat) durch Sachurteil auf Einziehung usw. oder deren Ablehnung zu erkennen.

Über Anfechtungsrechte vgl. 432.

Das formell rechtskräftige Urteil entfaltet materielle Rechtskraft in Beschränkung auf den Prozeßgegenstand, also auf die betr. Einziehungs- usw. Angelegenheit. Es wirkt aber nicht gegen solche an der betr. Sache Berechtigten, die nicht zum Verfahren zugezogen waren.[3])

---

ein, so wäre ein gleichwohl begehrtes objektives Verfahren durch Formalentscheidung als unzulässig abzulehnen. Trifft § 42 zu, so ist im objektiven Verfahren zu prüfen, ob die materiellrechtlichen Voraussetzungen der Einziehung usw. gegeben sind, und verneinendenfalls durch Sachentscheidung die Einziehung abzulehnen (Seitenstück zur kriminellen Freisprechung).

[1]) Diese gesetzliche Wendung ist schief; gemeint sind nicht obligatorisch, sondern an der Sache dinglich Berechtigte.

[2]) Dabei ist öffentliche Ladung nach Analogie der §§ 278, 279 nur dann statthaft, wenn es sich um Einziehung handelt, und Abwesenheit im Sinne des § 277 vorliegt.

[3]) Streitig. § 431 II verfügt ihre Ladung nur, „soweit dies ausführbar erscheint". Daß aber ein über den Kopf der Beteiligten hinweg geführter Prozeß wirksam sein solle, ist deshalb nicht anzunehmen, weil moderne Rechtsanschauungen Rechtsverlustigungen ohne Gehör nicht kennen (mindestens Aufgebotsverfahren). § 431 II ist deshalb nur dahin zu deuten, daß der Prozeß, die Aburteilung und der Vollzug durch die Unausführbarkeit einer Ladung

X. Das Strafbefehlsverfahren und das Verfahren nach
§ 94. Strafbefehl, Strafverfügung und Strafbescheid.

Schrifttum zu II und III s. zu unten § 110.

v. Schwarze, Erörterungen I, 1880, S. 1; Tischer, Der Strafbefehl 1884; Schultzenstein, **GA. 29** 444; Huther, **GA. 37** 137, **40** 112; Gerland, **ZStW. 13** 224; Zimmerle, **GS. 50** 44; Friedländer, **ZStW. 18** 495, 667; Katzenstein, Mitteil. d. Intern. Krim. Verein. **10** 159; W. Mittermaier, das. 508; Levis, **ZStW. 19** 319; Raithel, Bayr. Z. **14** 310; Beling, Privat- und Nebenkläger im Strafbefehlsverfahren, Bayr. Z. **14** 369; Wunder, Strafbefehl und Nebenklage, **LZ. 14** 550; May, **GA. 55** 65 (Berechtigung Dritter zum selbständigen Gebrauch der Rechtsbehelfe des Mandatsverfahrens); Reiffel, **GA. 44** 129 (Rechtskraft des Strafbefehls); Paul Merkel, Die Rechtskraft des Strafbefehls, **ZStW. 35** 553; Neumann, **GA. 72** 180.

Dem ordentlichen Verfahren und ebenso den im Vorstehenden (§§ 85—93) behandelten besonderen Prozeßarten eignet der Gedanke, daß es für Sachentscheidungen, insbesondere die auf Strafe lautenden, einer Hauptverhandlung und eines auf ihr beruhenden Urteils bedarf. Das Gesetz kennt aber eine Gruppe von besonderen Prozeßarten, bei denen dieser Gedanke in dem Sinne verlassen wird, daß wenigstens vorerst eine Strafverhängung ohne Hauptverhandlung und Urteil erfolgt, und es zum ordentlichen Verfahren nur kommt, wenn sich der Beschuldigte dabei nicht beruhigt.

Die ratio ist dabei die: es soll bei leichteren Fällen (nur solche kommen in Frage) der umständlichere Prozeßapparat gespart werden, wenn auf kürzerem (und wohlfeilerem) Wege zum Ziele zu gelangen ist (Prozeßökonomie). Den berechtigten Interessen des Beschuldigten geschieht damit kein Eintrag, weil es in seiner Hand liegt, eine hauptverhandlungsmäßige Erledigung der Sache herbeizuführen. Von dem Unterwerfungsverfahren (oben § 1 I 3 Anm. 1) scheidet sich das Verfahren dadurch, daß die Strafverhängung durch urteilsähnlichen einseitigen Staatsakt erfolgt; der Sache nach kommt es aber wie das Unterwerfungsverfahren auf vertragsähnliche (zweiseitig-rechtsgeschäftliche) Abmachung der Angelegenheit hinaus.

Diese Gruppe von Sonderverfahren — die man als „Mahn"- oder „Mandatsverfahren" zusammenzufassen pflegt — umfaßt das Strafbefehlsverfahren, das Strafverfügungsverfahren und das Strafbescheidsverfahren. Die beiden letzteren fallen aus dem Rahmen des echten Strafprozeßrechts überhaupt heraus, weil

---

(insbesondere bei Unbekanntsein der Interessenten) nicht aufgehalten werden sollen, in der (erfahrungsgemäß häufig zutreffenden) Erwartung, daß sich die Interessenten auch weiterhin nicht mehr um die Sache kümmern werden.

bei ihnen weder Richter noch Staatsanwaltschaft beteiligt sind (Strafverfügung: polizeilich; Strafbescheid: finanzamtlich oder postamtlich oder seemannsamtlich). Alle drei Verfahrensarten bringen aber weiter mit sich, daß auch das ihnen auf Begehren des Beschuldigten nachfolgende gerichtliche Verfahren Änderungen gegenüber dem ordentlichen Verfahren erleidet.

An dieser Stelle sind darzustellen: Das Strafbefehlsverfahren mit dem ihm nachfolgenden Verfahren, sowie das gerichtliche Verfahren nach Strafverfügung und Strafbescheid.[1])

I. 1. Für Erlaß eines Strafbefehls ist funktionell zuständig der Amtsrichter.

2. Taugliche Prozeßgegenstände für das Strafbefehlsverfahren sind nur solche Taten, die lediglich Übertretungs- oder Vergehenscharakter haben, § 407 I, und auch diese nur, soweit es sich lediglich um Geldstrafe und (oder: oder) um Freiheitsstrafe von höchstens 3 Monaten (daneben Einziehung und Bekanntmachung der Entscheidung) handelt, § 407 II[2]); eine weitere Einschränkung gilt für Strafbefehle gegen Jugendliche, JugGerGes. § 39.

3. Der Strafbefehlserlaß setzt die Erhebung einer Klage voraus (Klageformprinzip), und zwar einer in Gestalt eines „Antrags auf Strafbefehlserlaß" erhobenen staatsanwaltschaftlichen Klage, § 407 I, die den allgemeinen Klageerfordernissen entsprechen, außerdem aber (§ 408 I S. 1) auf eine bestimmte Strafgröße gerichtet sein muß. Auf diese Klage hin ist das Gericht gehalten, zunächst zu prüfen, ob der beantragte Strafbefehl zu erlassen sei. Das Gesetz legt ihr aber über diesen ihren unmittelbaren Sinn hinaus noch die Bedeutung einer Eventual-Anklage bei, d. h. des Begehrens auf Eintritt in ein Hauptverfahren (mit Hauptverhandlung und Urteil) für den Fall, daß die bloß strafbefehlsmäßige Erledigung der Sache entweder schon bei dem Gericht auf Widerstand stoße, oder

---

[1]) Über das Strafverfügungs- und das Strafbescheidsverfahren selber s. unten § 110.

[2]) Streitig ist, ob auch ein Strafbefehl, der mehrere reell konkurrierende Taten umfaßt, hinsichtlich der Gesamtstrafe an die Höchstgrenze von drei Monaten gebunden ist. Die Frage ist zu verneinen (nur die Einzelstrafen dürfen nicht höher sein). Denn da die Verfahrensverbindung nicht notwendig ist, kann jedenfalls so verfahren werden, daß für jede der Taten ein besonderer Strafbefehl erlassen wird, und die Gesamtstrafe nachträglich nach § 460 gebildet wird. Es leuchtet nicht ein, weshalb nicht statt dieses umständlichen Weges der Weg der Verhängung der Gesamtstrafe durch einen Strafbefehl soll gewählt werden dürfen.

durch Einspruch des Beschuldigten gegen den Strafbefehl vereitelt werde, unten 4b und 5b, vgl. dazu § 407 IV.

4. Der Amtsrichter hat dann unmittelbar entweder den Strafbefehl zu erlassen oder das Hauptverfahren herbeizuführen oder die Klage abzulehnen.¹)

a) Den Strafbefehl hat er (schriftlich und ohne Verhandlung) zu erlassen, wenn das Verfahren überhaupt zulässig ist (oben §§ 21 bis 23), auch die Sondervoraussetzungen für einen Strafbefehl (oben 2., 3.) vorliegen, und er keine Bedenken trägt, den konkreten Fall ganz im Sinne des Strafbefehlsantrags durch bloßen Strafbefehl zu erledigen²), §§ 408 I S. 2, § 409 I.³)

b) Liegen die spezifischen Strafbefehlsvoraussetzungen nicht vor oder trägt der Amtsrichter Bedenken gegen Strafbefehlserlaß, so hat dieser (der in dem Strafbefehlsantrag enthaltenen Eventualanklage folgend) „die Sache zur Hauptverhandlung zu bringen", § 408 II, d. h. entweder einen förmlichen Eröffnungsbeschluß zu erlassen oder die Eröffnung des Hauptverfahrens dadurch konkludent zum Ausdruck zu bringen, daß er sogleich Termin zur Hauptverhandlung ansetzt. Vorausgesetzt ist dabei, daß das Verfahren überhaupt zulässig ist und „hinreichender Verdacht der Tat" im Sinne des § 203 besteht.

Das Verfahren spielt sich von nun ab in den Formen des ordentlichen Hauptverfahrens ab.

c) Ist das Verfahren überhaupt nicht zulässig oder ist die Sache nicht nur nicht zum Strafbefehl, sondern (wegen Fehlens von „hinreichendem Verdacht") nicht einmal zum Hauptverfahren angetan, so hat der Amtsrichter die Klage schlechthin (sowohl in ihrer Eigenschaft als Strafbefehlsantrag wie auch in derjenigen als Eventual-

---

¹) Er ist aber befugt, vorerst einzelne Beweiserhebungen gemäß § 202 III anzuordnen (streitig).

²) Das Gesetz sagt nicht, wieweit der Amtsrichter den Fall für aufgeklärt halten muß, um zum Strafbefehlserlaß schreiten zu können. Aus dem Zwecke des Strafbefehlsverfahrens als eines Versuchsverfahrens ergibt sich aber einerseits, daß derjenige Grad von Gewißheit, der für eine urteilsmäßige Verurteilung erforderlich wäre, nicht erreicht zu sein braucht; andererseits, daß die Wahrscheinlichkeit bestehen muß, ein etwaiger Einspruch des Beschuldigten werde erfolglos bleiben. Der erforderliche Grad des Verdachts läßt sich mit dem für Erlaß eines Haftbefehls erforderlichen „dringenden" Verdacht (unten § 102 II 1b) vergleichen.

³) Beziehen sich die Bedenken des Amtsrichters nicht auf den Schuldspruch, wohl aber auf den Strafausspruch, so hat er vorerst eine Erklärung der Staatsanwaltschaft über etwaige Änderung des Antrags einzuholen, § 408 II S. 2.

anklage) abzulehnen. Diese Entscheidung trägt den Charakter eines „Nichteröffnungsbeschlusses" (oben § 73 I 2); auf sie finden die §§ 210, 211 Anwendung.

5. Der Strafbefehl ist für den Beschuldigten anfechtbar mittels „Einspruchs", § 409.

a) Wird kein (zulässiger) Einspruch erhoben, so wird der Strafbefehl formell rechtskräftig und somit vollstreckbar, § 409.

Mit der formellen Rechtskraft verbindet sich aber auch die materielle, d. h. das Strafklagerecht wegen des Prozeßgegenstandes ist wie bei rechtskräftigen Urteilen verbraucht, § 410.[1])

Wiederaufnahme des Verfahrens gegenüber dem Strafbefehl ist ausgeschlossen.[2])

b) Wird in zulässiger Weise Einspruch eingelegt, so tritt damit der Eventual-Anklagecharakter des Strafbefehlsantrags in Wirkung, und der Strafbefehl nimmt damit die Funktion eines Eröffnungsbeschlusses an, so daß die Sache vor dem erkennenden Gericht anhängig wird, und Termin zur Hauptverhandlung anzusetzen ist, § 411 I.

Doch kann die Staatsanwaltschaft bis zum Beginn der Hauptverhandlung mit prozeßerledigender Wirkung die Klage fallen lassen, § 411 I. Nimmt umgekehrt der Beschuldigte den Einspruch zurück, § 411 I, so wird der Strafbefehl rechtskräftig.

---

[1]) Nach RGer. soll aber ein neues Verfahren wegen derselben Tat insoweit zulässig bleiben, als diese unter einem neuen, und zwar schwereren rechtlichen Gesichtspunkt gewürdigt werden soll. Auf das Gesetz kann sich das RGer. dabei keinesfalls berufen; denn man kann den § 410 nur entweder dahin verstehen, daß er lediglich die formelle Rechtskraft festlege; und dann traut man nicht nur dem Gesetz eine Plattheit zu (da die Verfahrenserledigung und die Vollstreckbarkeit bei Nichteinspruch weder zweifelhaft noch streitig sind oder waren), sondern es fehlt dann jede Bestimmung über materielle Rechtskraft. Oder man gibt zu, daß § 410 die materielle Rechtskraft meint, und dann müßten deren Beschränkungen, wie sie das RGer. behauptet, in die Wendung „erlangt die Wirkung eines rechtskräftigen Urteils" erst künstlich hineininterpretiert werden. Aber auch die gesetzliche ratio steht dem RGer. nicht zur Seite, denn wie bei allen anderen Verfahrensarten besteht auch im Strafbefehlsverfahren für alle drei Prozeßsubjekte die rechtliche Möglichkeit zur Vollausbreitung des Prozeßgegenstandes. Rein tatsächlich mag eine Hauptverhandlung durchschnittlich mehr Gewähr für erschöpfende Behandlung der Sache geben, als das Strafbefehlsverfahren; aber im Einzelfalle kann es auch je nach den Umständen anders sein. Das RGer. trägt ein gesetzgebungspolitisches Postulat, das man recht wohl erheben kann, in die lex lata hinein.

[2]) So die h. M., die sich vor allem durch die Erwägung rechtfertigt, daß die strafbefehlsmäßige Erledigung einer Angelegenheit der Sache nach eine vorbehaltlose rechtsgeschäftliche Übereinkunft aller drei Prozeßsubjekte darstellt.

In der Hauptverhandlung kann sich der Angeklagte durch einen mit schriftlicher Vertretungsvollmacht versehenen Verteidiger vertreten lassen, § 411 II. Hat er aber einen solchen Vertreter nicht entsandt, und bleibt er auch selbst, ohne nach § 233 vom Erscheinen entbunden zu sein und unentschuldigt aus, so ist sein Einspruch durch Versäumnisurteil ohne Beweisaufnahme[1]) als unzulässig zu verwerfen, § 412 I.

Ist der Versäumnisfall nach § 412 I nicht gegeben, so ist die Hauptverhandlung wie im ordentlichen Verfahren abzuwickeln. Der Strafbefehl spielt die Rolle des Eröffnungsbeschlusses. Das Gericht ist daher bei der Aburteilung zwar auf die den Gegenstand des Strafbefehls bildende Tat beschränkt, kann aber in tatsächlicher und rechtlicher Hinsicht nach allen Richtungen hin von ihm abweichen. Insbesondere gilt das Verbot der reformatio in pejus nicht, § 411 III; auch ist der Urteilstenor nicht dahin zu fassen, daß „der Strafbefehl aufgehoben", „der Einspruch für begründet erklärt" oder „der Einspruch als unbegründet verworfen" werde, sondern — ohne Erwähnung von Strafbefehl und Einspruch — wie sonst auch direkt auf die Verurteilung oder Freisprechung zu richten.

6. Die Anfechtbarkeit des Urteils,

a) soweit es nicht ein Versäumnisurteil nach § 412 I war, ist die gleiche wie auch sonst bei erstinstanzlichen Urteilen (Berufung und Sprungrevision, in den Fällen des § 313 nur Revision, § 334). Auch das Rechtsmittelverfahren selbst weist keine Besonderheiten auf.[2])

b) Gegenüber dem Versäumnisurteil aus § 412 I eröffnet sich dem Angeklagten die Wiedereinsetzung in den vorigen Stand, falls er durch unabwendbaren Zufall an der Einhaltung des Termins verhindert war und nicht schon gegen Ablauf der Einspruchsfrist

---

[1]) Aber nur „ohne Beweisaufnahme", nicht wie im Falle des § 329 „sofort"; d. h. das Gericht hat zwar die Tatsachenbasis, auf der der Strafbefehlsausspruch beruht, unverändert zu übernehmen, doch aber zu prüfen, ob der Schuldspruch des Strafbefehls juristisch damit gerechtfertigt ist, und wenn dies nicht der Fall ist, von der Einspruchsverwerfung im Sinne des § 412 I Abstand zu nehmen (so Voitus, Kontroversen 1 386, Mannheim, JW. 55 1250 gegen die h. M.). Ist der Strafbefehl solchergestalt juristisch nicht in Ordnung, so ist in eine gewöhnliche Hauptverhandlung (mit Beweisaufnahme) einzutreten, also entweder nach § 232 zu verfahren, soweit die Voraussetzungen dieses Paragraphen vorliegen, oder, soweit dies nicht der Fall ist, eine neue Hauptverhandlung mit Anwesenheit oder Erscheinensdispens (§ 233) oder Vertretensein des Angeklagten herbeizuführen.

[2]) Insbesondere gilt die in § 411 II normierte unumschränkte Vertretungsmöglichkeit für den Angeklagten für die berufungsinstanzliche Hauptverhandlung nicht mit (streitig).

Wiedereinsetzung erlangt hatte, § 412 II und im übrigen Analogie des § 329 II. Es steht ihm aber auch die Berufung offen[1]), und zwar schlechthin (auch wenn der Angeklagte in der erstinstanzlichen Hauptverhandlung wirklich unentschuldigt ausgeblieben war, das einspruchverwerfende Versäumnisurteil also zu Recht ergangen ist[2]), und dies auch dann, wenn der Angeklagte einen Wiedereinsetzungsgrund dagegen gehabt hätte).[3])

II. Gemäß § 6³ EStPO., § 413 StPO. kann das Landesrecht die Polizeibehörde ermächtigen, in gewissen Grenzen durch „Strafverfügung" Strafen festzusetzen.[4]) Ist nun eine polizeiliche Strafverfügung erlassen, so kann der Beschuldigte diese mittels „Antrags auf gerichtliche Entscheidung" anfechten[5]) (Frist: 1 Woche, § 413 III[6]); Form: § 414).

1. Tut er dies nicht, so wird die Strafverfügung vollstreckbar. Materielle Rechtskraft im Sinne der Ausschließung eines gerichtlichen Verfahrens wegen der Tat kommt ihr aber nicht zu[7]) (bestritten).

2. Wenn der Beschuldigte gerichtliche Entscheidung beantragt, so hat die Polizei, falls sie nicht die Strafverfügung zurücknimmt, die Akten an die Staatsanwaltschaft zu übersenden, und diese ist

---

[1]) Mit Ausnahme der Fälle, in denen der Strafbefehl, gegen den der jetzt durch Versäumnisurteil verworfene Einspruch gerichtet war, nur auf Geldstrafe wegen Übertretung lautete; hier gemäß §§ 313, 334 nur Revision. So Mannheim, **JW. 55** 1250, Dörr, **JW. 55** 1989. A. M.: **HR. 2** 32, 305.

[2]) Dies bestreitet die h. M. Gegen sie Beneke-Beling, Lehrb. 662 Anm. 36, Mannheim, **JW. 55** 1250; Gerland 464. § 412 I beruht zwar auf der Fiktion, der Angeklagte wolle seinen Einspruch nicht weiter verfolgen; aber dieser Fiktion ist in demselben Augenblick der Boden entzogen, in dem der Angeklagte nachmals durch Berufungseinlegung den gegenteiligen Willen kundgibt.

[3]) Denn dem Angeklagten steht frei, statt mittels Wiedereinsetzungsgesuchs Wiederholung der erstinstanzlichen Erledigung zu begehren, sogleich die Berufungsinstanz anzurufen. Verkannt vom KGer. **GA. 70** 47, 118.

[4]) Dazu unten § 110 I.

[5]) Sofern das Landesrecht eine Beschwerde an die höhere Polizeibehörde zuläßt, kann er zwischen dieser Beschwerde und dem Antrag auf gerichtliche Entscheidung wählen.

[6]) Gegen Fristversäumung Wiedereinsetzung in den vorigen Stand, § 415.

[7]) Das ergibt sich daraus, daß die Angelegenheit noch nicht einmal rechtshängig geworden und noch nicht richterlich geprüft ist, und daß überdies eine dem § 410 analoge Bestimmung in der StPO. fehlt. Nur insofern wird das Strafklagerecht und mit ihm das gerichtliche Verfahren als abgetan anzusehen sein, als dieses auf bloße Wiederholung des in der Strafverfügung enthaltenen Ausspruchs hinauskommen würde.

schlechthin gehalten, die Angelegenheit dem Richter zu unterbreiten, sie also durch Klage rechtshängig zu machen, § 414 II.[1])

Sie kann dies in vereinfachter Weise (nachstehend a) tun; alsdann schließt sich das im Gesetz geregelte Sonderverfahren an; es muß aber behauptet werden, obwohl das Gesetz dies nicht erwähnt, daß sie die Klage auch in der gewöhnlichen Weise erheben kann (unten b).

a) Der Klageakt, so wie das Gesetz ihn ausdrücklich vorsieht, besteht in der einfachen „Vorlegung der Akten", § 414 II, ohne Anklageschrift, § 416. In dieser Vorlegung liegt eine stillschweigende Bezugnahme auf den durch die Strafverfügung individualisierten Prozeßgegenstand und deren Inhalt.[2])

Die Zulässigkeit des anschließenden Sonderverfahrens ist dadurch bedingt, daß tatsächlich eine Strafverfügung erlassen, und gegen sie ein zulässiger Antrag auf gerichtliche Entscheidung angebracht worden ist, nicht aber dadurch, daß die Strafverfügung nach Voraussetzungen und Beschaffenheit den gesetzlichen Vorschriften entsprach.[3])

Der Prozeßgegenstand unterliegt wie sonst auch umfassender gerichtlicher Prüfung in tatsächlicher und rechtlicher Beziehung; nur hat sich das Gericht, wenn sich die Tat als eine solche darstellt, bei der die Polizeibehörde zum Erlaß einer Strafverfügung nicht befugt war[4]), im Sonderverfahren des Sachurteils zu enthalten und sich auf Aufhebung der Strafverfügung zu beschränken, § 418.[5])

Im einzelnen ist das Sonderverfahren folgendermaßen beschaffen:

Der Amtsrichter (in Jugendsachen der Jugendrichter) verwirft durch Beschluß den Antrag auf gerichtliche Entscheidung, wenn dieser nicht rechtzeitig oder (was im Gesetz nicht erwähnt, aber zu ergänzen ist) in sonstiger Beziehung nicht zulässig ist, arg. § 416.

Im anderen Falle hat der Richter, ohne expressis verbis einen Eröffnungsbeschluß zu erlassen, Termin zur Hauptverhandlung an-

---

[1]) Sie kann die Strafverfügung nicht aufheben, das Verfahren nicht einstellen (nicht einmal nach § 153 I).

[2]) Der Staatsanwaltschaft muß es aber unbenommen sein, dabei einen Antrag auf Erlaß eines Richtereröffnungsbeschlusses (unten S. 479 Anm. 1) zu stellen.

[3]) Gegen ungesetzliche Strafverfügungen kann der Beschuldigte erst recht den Richter anrufen.

[4]) Also z. B. als ein Vergehen, wäre es auch in Idealkonkurrenz mit einer polizeilich abrügbaren Übertretung.

[5]) Die gesetzliche Wendung „stellt sich . . . dar" ist dahin zu deuten: wenn hinreichender Verdacht gegeben ist.

zuberaumen, § 416 I. Dieser Terminsansatz vertritt die Stelle des Eröffnungsbeschlusses und enthält eine stillschweigende Bezugnahme auf den Inhalt der Strafverfügung, so daß diese in der künftigen Hauptverhandlung die Rolle des Eröffnungsbeschlusses spielt.[1])

Die Hauptverhandlung, zu der es aber nur kommt, wenn der Angeklagte nicht bis zu ihrem Beginn den Antrag auf gerichtliche Entscheidung zurücknimmt, § 416 II, untersteht den gewöhnlichen Regeln, § 417 I, nur kann sich der Angeklagte durch einen mit schriftlicher Vertretungsvollmacht versehenen Verteidiger vertreten lassen, § 417 II.[2])

Das Urteil hat auf bloße Aufhebung der Strafverfügung ohne Sachentscheidung zu lauten, wenn sich hinreichender Verdacht für einen der Abrügung durch die Polizei entzogenen Charakter der Tat ergibt, § 418, vgl. oben S. 478 Anm. 5. Anderenfalls hat die Schlußentscheidung in der gewöhnlichen Weise zu erfolgen, insbesondere ist reformatio in pejus im Verhältnis zu der Strafverfügung nicht verboten, § 417 III.[3]) Die Sachentscheidung enthält, ohne daß dies besonders ausgesprochen werden müßte, eine Außerkraftsetzung der Strafverfügung.

Die Entscheidungen sind in der gewöhnlichen Weise anfechtbar.[4]) Das formell rechtskräftige Sachurteil schafft materielle Rechtskraft (auch hinsichtlich solcher Gesichtspunkte, derenthalber nach § 418 ein Sachurteil nicht hätte erlassen werden sollen).

b) Unbenommen muß es der Staatsanwaltschaft sein — statt durch einfache Aktenvorlegung nach § 414 das Sonderverfahren zu a

---

[1]) Der Terminsansatz hat ohne Prüfung des „hinreichenden Verdachts" im Sinne des § 203 zu erfolgen. Dagegen muß, obwohl das Gesetz dies nicht erwähnt, ein Nichteröffnungsbeschluß dann ergehen, wenn entweder gar keine Strafverfügung ergangen, das gerichtliche Verfahren also unzulässig ist, oder die Strafverfügung nach Voraussetzungen oder Inhalt unzulässig ist (z. B. auf ein Vergehen oder eine 2 Wochen übersteigende Haftstrafe lautet), oder hinreichender Verdacht dafür besteht, daß die Tat im Sinne des § 418 schwerer ist, als daß sie durch die Polizei abgegolten werden könnte (bestritten; daß § 418 auf das „Ergebnis der Hauptverhandlung" abstellt, kann nicht ins Gewicht fallen, da dem Gesetz ein Zweck, die Sache zu verschleppen, nicht zu unterstellen ist, vielmehr nur an den Fall gedacht ist, daß sich der schwerere Charakter der Tat nicht schon alsbald herausgestellt hat). Der Nichteröffnungsbeschluß bedeutet ipso jure eine Außerkraftsetzung der Strafverfügung. Auf ihn ist § 210 anwendbar (nicht auch § 211, da bloße Formalentscheidung).

[2]) Bleibt er unvertreten aus, so greift Abwesenheitsverhandlung nach § 232 (nicht Versäumnisurteil wie in § 412 I) Platz.

[3]) Auch § 153 I, III ist anwendbar.

[4]) Kein Anfechtungsrecht der — ja nicht in Prozeßsubjektsrolle beteiligten — Polizei.

in Gang zu bringen —, die Klage in der normalen Weise zu erheben, so, daß dann das gewöhnliche Verfahren (mit unbeschränktem Prozeß- und Aburteilungsgegenstand) eintritt.[1]) Die alsdann ergehenden gerichtlichen Nichteröffnungsbeschlüsse und Sachurteile setzen die Strafverfügung ebenso ipso jure außer Kraft, wie im Sonderverfahren.

3. Das dargestellte Verfahren gilt auch bei Strafverfügungen gegen Jugendliche (nur: jugendgerichtliche Zuständigkeit). Bei solchen bedarf es aber ferner in dem Falle, daß gerichtliche Entscheidung gegen sie nicht beantragt wird, eines gerichtlichen Ergänzungsverfahrens wegen Umwandlung der in der Strafverfügung festgesetzten Geldstrafe in Haft (die die Polizei nicht festsetzen kann, JugGerGes. § 40 I). Darüber JugGerGes. § 40 II, III.[2])

III. Wie gegen polizeiliche Strafverfügungen, so steht dem Beschuldigten auch gegen verwaltungsbehördliche Strafbescheide[3]) der Antrag auf gerichtliche Entscheidung zu.[4])

1. Unterbleibt die Anfechtung, so wird der Strafbescheid formell rechtskräftig und vollstreckbar. Daß er materielle Rechtskraft erlange, ist bei solchen Strafbescheiden, für die die §§ 419ff. StPO. maßgebend sind, ebenso zu verneinen wie bei Strafverfügungen (oben II 1). Dagegen verordnet die RAbgO. § 423 für die ihr unterfallenden vollstreckbaren Strafbescheide, daß sie „wie ein rechtskräftiges Urteil wirken."

2. Beantragt der Beschuldigte gerichtliche Entscheidung, so übersendet die Verwaltungsbehörde, falls sie nicht den Strafbescheid zurücknimmt, die Akten an die Staatsanwaltschaft; diese ist wie bei polizeilichen Strafverfügungen (oben II 2) verpflichtet, die Sache durch Klage rechtshängig zu machen, RAbgO. § 427 I, StPO. § 420. Auch hier ist aber anzunehmen, daß die Staatsanwaltschaft zwischen der gewöhnlichen Klage (vgl. oben II 2b) und der vereinfachten

---

[1]) Dies besonders, wenn die Staatsanwaltschaft auf Grund der Polizeiakten oder eigener hinzugefügter Ermittelungen voraussieht, daß das Sonderverfahren mit einem Formalurteil aus § 418 enden werde. Es wäre zwecklos, vorerst ein solches ergebnisloses Sonderverfahren durchzuführen.

[2]) Hier Zuständigkeit des Jugendrichters, nicht des Amtsrichters schlechthin, auch nicht des Jugendgerichts, HR. 2 320.

[3]) Unten § 110 II.

[4]) Hauptgesetz jetzt die RAbgO.; für deren Geltungsbereich sind die §§ 419ff. StPO. außer Kraft gesetzt (RAbgO. § 449), so daß diese nur noch hinsichtlich der von der RAbgO. nicht erfaßten Delikte gelten, vgl. unten § 110 II.

Klage, bestehend in einfacher Aktenvorlage ohne Anklageschrift (RAbgO. § 427 I, StPO. §§ 420, 422 I) wählen kann.

Im Falle der vereinfachten Klage schließt sich das Sonderverfahren an, dessen Hauptzüge folgende sind:

a) Das Gericht hat den Antrag auf gerichtliche Entscheidung durch Beschluß als unzulässig zu verwerfen, wenn dessen Formalien nicht in Ordnung sind, RAbgO. § 428 I, StPO. § 422 I.

b) Bei Zulässigkeit des Antrags hat ohne Eröffnungsbeschluß Terminsansatz für die Hauptverhandlung zu erfolgen, RAbgO. § 428 II, StPO. § 422 I.[1])

c) Für die Hauptverhandlung gelten keine Besonderheiten (außer RAbgO. § 431). Sie entfällt, wenn der Strafbescheid oder der Antrag auf gerichtliche Entscheidung nach näherer Maßgabe der §§ 429, 430 RAbgO., § 422 III StPO. zurückgenommen wird.

d) Die Schlußentscheidung hat entsprechend wie gegenüber einer polizeilichen Strafverfügung (§ 418) auf bloße Aufhebung des Strafbescheids zu lauten, wenn sich hinreichender Verdacht dafür ergibt, daß die Tat einen aus der strafbescheidsmäßigen Abrügbarkeit herausfallenden Charakter hat.[2])

Im übrigen hat das Gericht den Prozeßgegenstand in der gewöhnlichen Weise abzuurteilen, insbesondere hindert der Inhalt des Strafbescheids eine reformatio in pejus nicht, RAbgO. § 434 I.

e) Die Entscheidungen sind in der gewöhnlichen Weise anfechtbar, mit der Maßgabe, daß auch die Verwaltungsbehörde — in nebenklägerischer Eigenschaft (oben § 89) — anfechtungsberechtigt ist.

Das formell rechtskräftige Sachurteil ist umfassender materieller Rechtskraft teilhaftig.

3. Strafbescheide, gegen die gerichtliche Entscheidung nicht nachgesucht worden ist, bedürfen insofern gleichwohl gerichtlicher Ergänzung, als es sich um Umwandlung der festgesetzten Geldstrafe in Haft (die in einem Strafbescheid nicht erfolgen kann) handelt. Über dieses Ergänzungsverfahren siehe RAbgO. § 435, StPO. § 423, vgl. JugGerGes. § 40 IV.

---

[1]) Auch hier muß aber das oben II 2a S. 479 Anm. 1 (Nichteröffnungsbeschluß) Gesagte entsprechend gelten.

[2]) Hinsichtlich des Verfahrens nach finanzamtlichem Strafbescheid ausdrücklich in RAbgO. § 434 II bestimmt (jedoch: Beschluß, nicht Urteil). Für die außerhalb des Bereichs der RAbgO. liegenden Strafbescheide muß aber das gleiche gelten; so schon Havenstein, JWBl. 11 216; Löbe, II 2 zu § 165 VerZollGes.

§ 95. XI. Forst- und Feldrügeverfahren.

Vaillant, Das Forstrügeverfahren 1908; Hümmer, Forstrügeverfahren im rechtsrhein. Bayern 1908.

Für Forst- und Feldrügesachen hat die Reichsgesetzgebung den Landesgesetzgebungen freie Hand gelassen, ein besonderes Forst- und Feldrügeverfahren zu normieren, § 3 EStPO., so daß diese Strafsachen nur dann und nur insoweit im ordentlichen Verfahren oder den vom Reichsrecht selbst normierten besonderen Verfahrensarten abzuwandeln sind, wenn und soweit nicht das Landesrecht abweichende Bestimmungen enthält.

Die tatsächlich bestehenden Landesrechte haben (untereinander in verschiedener Weise) namentlich vorgesehen, daß die Erledigung der Forst- und Feldrügesachen grundsätzlich im Strafbefehlsverfahren erfolgt, daß der Einspruch gegen den Strafbefehl mündlich in einem Termin anzubringen ist, daß in einer Hauptverhandlung auch unzusammenhängende Sachen verbunden verhandelt werden können, daß die Forst- und Feldschutzbeamten als Aussagepersonen ihre Aussage unter Bezugnahme auf einen ein für allemal geleisteteten Eid ablegen können, daß gewisse Tatsachen durch eine Präsumtion gedeckt sind, gewisse Beweismittel gesetzliche Beweiskraft haben, und sich die strafrichterliche Entscheidung auf Schadensersatzleistung mit zu erstrecken hat, u. a.

2. Kapitel.

§ 96. Strafvollstreckungsverfahren.

Weichert, Grundzüge der Strafvollstreckung 1902; Dalcke und Genzmer, Handbuch der Strafvollstreckung und Gefängnisverwaltung² 1889; Dalcke, Gefängnisordnung f. die Justizverwaltung in Preußen 1899; Klein, Vorschriften über Verwaltung und Strafvollzug in den preußischen Justizgefängnissen² 1910; Jastrow, **GA. 33** 29; Immler, das. 162; Kern, D. StrRZ. **3** 452 (Die formellen Grundlagen der Strafvollstreckung); Pfenninger, Schweiz. Z. f. StrR. **31** 361 (Vollzug der Todesstrafe bei den versch. Kulturvölkern); Ortloff, **GS. 63** 1, 81 (Beschränkg. d. Vollstr.); Gottlieb, Die notwendige Anrechnung der Untersuchungshaft, **ZStW. 31** 83; Beling, **ZStW. 41** 132; J. Weber, Die Vollstreckung von Vermögensstrafen in den Nachlaß 1900; Kollenscher, **GA. 47** 270; Bärwald, In welchem Umfange sind zivilprozessuale Vorschriften bei der Vollstreckung der Geldstrafen anzuwenden? 1902.

I. Strafvollstreckung ist im eigentlichen Sinne die einem Erkenntnisverfahren nachfolgende Tätigkeit, durch die jemand einem Übel als einer von ihm verwirkten Strafe unterworfen wird. In einem erweiterten Sinne ist „Strafvollstreckung" eine Abkürzung für

„strafprozeßrechtliche Vollstreckung"; sie umfaßt dann außer der echten Strafvollstreckung auch die Ausführung von nichtkriminellen Maßregeln, soweit solche zu den Gegenständen des strafprozeßrechtlichen Erkenntnisverfahrens gehören.

Die Zulässigkeit der Strafvollstreckung ist bedingt

a) durch das Vorliegen einer — nicht absolut unwirksamen (oben § 48 II) — strafprozessualen Entscheidung, die die zu vollstreckende Strafe oder sonstige Maßregel verhängt;

b) diese Entscheidung muß rechtskräftig sein, § 449, vgl. StGB. § 30, und zwar absolut rechtskräftig (oben § 55 II); es gibt im Strafprozeß keine „vorläufige Vollstreckbarkeit". Andererseits sind die Möglichkeit und das Obschweben einer Wiederaufnahme des Verfahrens belanglos, § 360 I.

c) In den Fällen, in denen gegen die Entscheidung ein Rechtsmittel verspätet eingelegt oder sonst in „unzulässiger" Weise angebracht worden ist, in denen also dem Erfordernis zu b genügt wäre (da nur ein voll „zulässiges" Rechtsmittel die Rechtskraft hemmt), wird die Strafvollstreckung erst zulässig, wenn das unzulässige Rechtsmittel rechtskräftig verworfen oder zurückgenommen worden ist.[1])

d) Es muß als „vollstreckbarer Titel" eine von dem Urkundsbeamten der Geschäftsstelle erteilte, mit der Bescheinigung der Vollstreckbarkeit versehene beglaubigte Abschrift des Entscheidungstenors vorliegen, § 451 I.

e) Bei Todesstrafe muß eine auf Nichtbegnadigung lautende Entschließung der Gnadenstelle ergangen sein, § 453 I.

f) Zur Vollstreckung einer Freiheitsstrafe gegen einen Abgeordneten bedarf es der Genehmigung des Reichstags bzw. des Landtags, RVerf. Art. 37 I.[2])

g) Es dürfen keine vollstreckungausschließenden Umstände vorliegen; zu diesen gehört außer den in §§ 453 II, 455 I, II angegebenen auch der Umstand, daß das Gericht probeweise Aussetzung der Voll-

[1]) Ausnahme: Sobald der judex a quo gemäß §§ 319 I, 346 I das Rechtsmittel als unzulässig verworfen hat, ist die Entscheidung schon vollstreckbar, obwohl gegen den Beschluß des judex a quo noch die Anrufung des judex ad quem möglich ist, §§ 319 II letzter Halbsatz, 346 II letzter Halbsatz. (Ein Verlassen des Grundsatzes zu b liegt hierin aber nicht, weil bei Unzulässigkeit des Rechtsmittels die Rechtskraft schon mit Fristablauf und nicht erst kraft des Verwerfungsbeschlusses eintritt.) Vgl. Beling, JW. 56 3060.

[2]) Außer wenn sich der Abgeordnete schon in Untersuchungshaft befindet (hier greift nur Art. 37 III RVerf., vgl. nachstehend, Platz). So Perels, JW. 54 2813; Grisebach, GA. 70 187.

streckung unter Setzung einer Bewährungsfrist angeordnet und die Anordnung nicht widerrufen hat (vgl. hinsichtlich Jugendlicher JugGerGes. §§ 11, 34).[1])

Aufgehoben wird eine bis dahin bestehende Zulässigkeit der Strafvollstreckung dadurch, daß die zu vollstreckende Entscheidung im Wiederaufnahmeverfahren rechtskräftig aufgehoben wird; weiter durch Vollstreckungsverjährung (StGB. §§ 70—72); durch Begnadigung[2]); endlich bei Abgeordneten hinsichtlich der Freiheitsstrafe (zeitweilig für die Dauer der Sitzungsperiode) dadurch, daß der Reichstag bzw. Landtag die Aufhebung verlangt, RVerf. Art. 37 III.

Mit der Zulässigkeit der Strafvollstreckung ist die staatliche Strafvollstreckungsbefugnis gegeben.[3])

Die dazu berufenen staatlichen Organe sind zugleich verpflichtet, diese staatliche Befugnis auszuüben, soweit nicht das Gesetz Strafaufschub oder Abstandnahme usw. vorsieht, vgl. §§ 455 II, 456, 360 II, StGB. §§ 28 II, 28a II, 28b, 29 VI.

Inhaltlich bestimmt sich die zu vollstreckende Maßregel grundsätzlich durch den Entscheidungstenor, wie er in dem vollstreckbaren Titel (oben d) enthalten ist. Eine Ausnahme gilt bei Freiheitsstrafe dann, wenn sich der Verurteilte z. Z. des Entscheidungserlasses in Untersuchungshaft befand und er kein Rechtsmittel eingelegt oder darauf verzichtet oder es zurückgenommen hat; hier kommt ihm die damit ihm gegenüber eingetretene relative Rechtskraft (oben § 55 II) in der Weise zugute, daß ihm die von da ab weiter in Untersuchungshaft zugebrachte Zeit auf die Strafzeit anzurechnen ist, § 450.[4])

---

[1]) Über die bedingte Aussetzung der Strafvollstreckung (bedingte Begnadigung) vgl. das Schrifttum bei v. Liszt-Schmidt, Lehrb. d. StrR.[25] § 75a. Über die Bayr. Vorschriften hierüber vom 31. Dezember 1927: Dürr, DJZ. 33 285.

[2]) Vgl. unten § 111 II 2.

[3]) Diese ist wesensverschieden von dem durch das materielle Strafrecht gegebenen Strafanspruch, inhalts dessen lediglich das Strafleiden selbst rechtlich „gesollt" ist, nicht die es verursachende Tätigkeit (oben § 2 I, III); ebenso von dem Strafklagerecht, das nur auf Prüfung und Entscheidung der Angelegenheit geht.

[4]) Beispiel: Der zu 1 Jahr Gefängnis verurteilte Angeklagte hat am 5. Januar auf Berufung verzichtet; der Staatsanwalt hat Berufung eingelegt, seine Berufung wird verworfen, das Verwerfungsurteil wird am 28. März rechtskräftig, womit die für die Invollzugsetzung des Urteils erforderliche absolute Rechtskraft eingetreten ist; am 2. April wird der Verurteilte in die Strafanstalt eingeliefert; seine Strafzeit läuft dann am 5. Januar des folgenden Jahres ab.

II. Die Strafvollstreckung ist ihrem Wesen nach nicht richterliche, sondern Justizverwaltungstätigkeit.

An ihr beteiligt sind

1. die eigentlichen Strafvollstreckungsbehörden, die für die Herbeiführung der Strafvollstreckung Sorge zu tragen haben, das sind grundsätzlich die landgerichtlichen Staatsanwaltschaften[1]), § 451 I vgl. mit II, für erstinstanzliche Reichsgerichtsentscheidungen die Reichsanwaltschaft.

An die Stelle der landgerichtlichen Staatsanwaltschaften treten jedoch, soweit die Landesjustizverwaltung derartiges bestimmt, Amtsanwälte oder Beamte der Geschäftsstelle usw. oder — für Amtsgerichtsentscheidungen — die Amtsrichter, Gerichtsentlastungsges. v. 11. März 1921, StPO. §§ 451 II, III.

Sonderregelung für Strafvollstreckung gegen Jugendliche (im allgemeinen: Jugendrichter; für Fürsorgeerziehung und Schutzaufsicht die Jugendwohlfahrtsbehörde), JugGerGes. § 36 I, vgl. § 37.

2. Die zur Ausführung der Maßregeln berufenen „Strafvollzugsorgane" (Scharfrichter, Strafanstalten, für Vollstreckungen in das Vermögen Gerichtsvollzieher usw.).

Dazu gegebenenfalls

3. die von der in concreto befaßten Strafvollstreckungsbehörde anzugehenden Vollstreckungsrechtshilfestellen, vgl. GVG. § 163 (dazu §§ 160—162, 164), RGes. vom 9. Juni 1895 über den Beistand bei Einziehung von Abgaben und Vollstreckung von Vermögensstrafen, MilGerAufhebGes. vom 17. August 1920 § 13 Satz 2, Strafvollstr.-Vorschriften für das Reichsheer vom 18. Mai 1926, Marinestrafvollstreckungsordnung vom 28. Dez. 1926.

Den Gerichten kommt in richterlicher Eigenschaft im Strafvollstreckungsstadium grundsätzlich keine Funktion mehr zu. Soweit sie überhaupt beteiligt sind (Amtsrichter, § 451 III), sind sie es als Justizverwaltungsstellen. Beschwerden gehen an die ihnen justizverwaltungsmäßig vorgeordneten Stellen und unterliegen nicht[2]) den §§ 304 ff. StPO.

Richterlich zu entscheiden ist jedoch — und zwar durch Beschluß des Gerichts erster Instanz unter Gewährung rechtlichen Gehörs, § 462 I, II —

---

[1]) Und zwar im konkreten Falle die Staatsanwaltschaft desjenigen Landgerichts, dessen Schwurgericht als erste Instanz entschieden hat, oder — für Amtsgerichtsentscheidungen —: desjenigen Landgerichts, das dem betreffenden Amtsgericht übergeordnet ist.

[2]) Ausnahme: JugGerGes. § 36 II.

a) über Zweifel, die die Auslegung der zu vollstreckenden Entscheidung oder die Berechnung der erkannten Strafe angehen, über Einwendungen gegen die Zulässigkeit der Strafvollstreckung sowie über Einwendungen, die nach § 455 gegen die Ablehnung eines Strafaufschubsgesuchs erhoben werden, § 458;

b) darüber, ob einem Freiheitssträfling die Einrechnung des Aufenthalts in einer von der Strafanstalt getrennten Krankenanstalt in die Strafzeit versagt werden soll (Versagung nur zulässig, wenn der Sträfling behufs Unterbrechung der Strafvollstreckung die Krankheit herbeigeführt hat), § 461;

ferner zur Ergänzung des Entscheidungstenors

c) über die Hilfsfreiheitsstrafe, die an Stelle der an erster Stelle erkannten Geldstrafe im Uneinbringlichkeitsfalle treten soll, § 459;

d) über die Bildung einer Gesamtstrafe bei Realkonkurrenz, wenn die Entscheidungen, die zu vollstrecken wären, diese Gesamtstrafbildung nicht schon vollzogen haben, § 460 mit StGB. §§ 79, 74.[1])

Die gerichtlichen Beschlüsse zu a—d unterliegen der Beschwerde (und zwar Gesamtstrafbeschlüsse der sofortigen Beschwerde, § 462 IV) nach Maßgabe der §§ 304 ff.

III. Mit der Strafvollstreckungstätigkeit verbinden sich zusätzlich noch weitere Strafjustizverwaltungstätigkeiten, besonders die Führung der Strafregister (dazu RGes. v. 9. April 1920 über beschränkte Auskunft aus dem Strafregister und die Tilgung von Strafvermerken), sowie als Ausschnitt aus der Justizstatistik die Herstellung und Ablieferung der Zählkarten über Verurteilungen.

IV. Über die Art und Weise der Vollstreckung der verschiedenen Arten von Strafen und sonstigen Maßregeln vgl. hinsichtlich der Todesstrafe § 454, hinsichtlich der Freiheitsstrafe § 457, hinsichtlich der Vermögensstrafen und Bußen § 463.[2])

---

[1]) Dabei sind die rechtskräftig erkannten Strafgrößen als Rechnungsposten festzuhalten. Über die Zuständigkeit für den Gesamtstrafbeschluß bei Verschiedenheit der Gerichte, von denen die Einzelentscheidungen herrühren, s. § 462 III.

[2]) Über vollstreckungssichernde Beschlagnahmen vgl. unten §§ 103 II 3, 104 I.

Vierter Abschnitt.

Prozeßeinlagen.

Allgemeines. § 97.

Die Lebensangelegenheiten, deren Erledigung der Strafprozeß dient, werden gekennzeichnet durch den Begriff des Prozeßgegenstandes (oben §§ 26—28). Mit ihnen verbinden sich aber zahlreiche Angelegenheiten von relativer Selbständigkeit, für die das Gesetz Verfahren vorsieht, die zwar in den Prozeßverlauf ein- oder an ihn angegliedert sind, die aber einen begrifflich deutlich unterscheidbaren, mit dem Prozeßgegenstand nicht identischen eigenen Gegenstand haben und so als „Prozeßeinlagen" erscheinen (oben § 20 IV).

Diese Einlageverfahren unterliegen gesetzlicher Sonderregelung. Da sie aber immerhin ein Zubehör des Strafprozesses darstellen, so gelten für sie die geschriebenen und ungeschriebenen allgemeinen rechtlichen Regelungen für die Prozeßhandlungen (oben §§ 41 ff.) mit, soweit sie auf sie passen, so z. B. betreffend Handlungslegitimation, Anfechtbarkeit und Wirksamkeit der Entscheidungen usw.

1. Kapitel.

Das Klageerzwingungsverfahren.[1]) § 98.

Schwarze, **GS. 31** 284; Mannheim, **JW. 53** 1649; Dalcke, **GA. 40** 256, **41** 93; Delius, **GA. 43** 177; Beling, **ZStW. 38** 617, **40** 787. 789.

I. Kraft des Klageformprinzips in Verbindung mit dem staatsanwaltschaftlichen Klagemonopol entziehen sich grundsätzlich alle Taten der gerichtlichen Aburteilung, die die Staatsanwaltschaft nicht durch Klage rechtshängig macht. Da das Gesetz die Popularklage

[1]) Für das hier darzustellende Verfahren bietet das Gesetz keine technische Bezeichnung. Herkömmlich ist die inhaltsleere und nach Aktenstaub riechende Bezeichnung „Verfahren nach §§ 172 ff. StPO." Der früher von mir vorgeschlagene Name „Klageprüfungsverfahren" erweckt die Mißdeutung, als handle es sich um die gerichtliche Prüfung einer erhobenen Klage (was auf den Eröffnungs- oder Nichteröffnungsbeschluß hindeuten würde). Die von Rosenfeld und jetzt hier gebrauchte Bezeichnung läßt das Wesen des Verfahrens deutlicher erkennen.

nicht zuläßt (auch nicht als „subsidiäre“), haben die an der Strafverfolgung im Einzelfall interessierten Personen, soweit es sich nicht um bloße Privatklagedelikte handelt und sie dabei sachlich legitimiert sind, grundsätzlich nur den Beschwerdeweg an die der betr. Staatsanwaltschaft vorgesetzten Stellen.

In Durchbrechung dieser Regel und doch unter Aufrechterhaltung des staatsanwaltschaftlichen Klagemonopols eröffnet das Gesetz jedoch demjenigen, der die Staatsanwaltschaft um ihr Einschreiten angegangen hatte („Antragsteller“[1]) und der zugleich der (hypothetisch) durch die Tat Verletzte[2]) ist, den Weg zum Gericht in dem Sinne, daß das Gericht (nicht über den Prozeßgegenstand, wohl aber) darüber zu entscheiden hat, ob die Staatsanwaltschaft gehalten sei, die Strafklage zu erheben — das Klageerzwingungsverfahren, §§ 172ff.[3])

In diesem Verfahren hat der durch die Staatsanwaltschaft repräsentierte Staat die Stellung der Passivpartei; er wird von dem Verletzten, der die Staatsanwaltschaft vergeblich angerufen hatte, gewissermaßen daraufhin verklagt, daß gegen ihn gerichtlich festgestellt werde, daß die Staatsanwaltschaft zur Erhebung der Strafklage verpflichtet sei. Keine Parteistellung hat dagegen derjenige, um dessen Tat es sich handelt.

II. Funktionell zuständig ist das Oberlandesgericht[4]) (außer wenn es sich um eine beim Reichsgericht zu erhebende Klage handelt; hier das Reichsgericht), § 172 III.

III. Die Zulässigkeit des Verfahrens ist an folgende Voraussetzungen gebunden:

---

[1]) „Antrag“ hier jedes Begehren, daß Strafverfolgung stattfinden solle, nicht bloß = „Strafantrag“ im technischen Sinne (oben § 23 I).

[2]) Der tatbestandlich „Verletzte“, wie hinsichtlich der Antragsdelikte beim Strafantrag, oben § 23 I 1 Anm. 4 (bestritten).

[3]) Eine gesetzgeberische Schöpfung der StPO. von 1877 ohne Anlehnung an geschichtliche oder fremde Vorbilder.

[4]) Nicht das für die Strafsache selbst zuständige Gericht. Dieses würde, wenn es im Klageerzwingungsverfahren den Fall für klagebedürftig erachtet hätte, nach der Klageerhebung zuungunsten des Beschuldigten voreingenommen sein oder erscheinen. Bei dem Oberlandesgericht fällt dieses Bedenken weg, weil es in Amtsgerichtssachen nur als Revisionsgericht befaßt werden kann und somit über die tatsächliche Lage des Falles keine eigenen Feststellungen mehr zu treffen hat, und in Schwurgerichtssachen mit Aburteilung des Prozeßgegenstands überhaupt nicht befaßt werden kann.

1. Der das Gericht Anrufende muß vorerst die Staatsanwaltschaft angegangen haben, bei dieser aber auf Klageablehnung[1]) gestoßen sein, § 172 I.[2])

2. Er muß sodann spätestens binnen 2 Wochen nach Empfang des klageablehnenden Bescheids die Beschwerde an den vorgesetzten Beamten der Staatsanwaltschaft erhoben haben und bei diesem wiederum auf Ablehnung gestoßen sein, § 172 I.

3. Der Antrag auf gerichtliche Entscheidung muß von ihm[3]) binnen 1 Monat nach der Bekanntmachung der auf die Beschwerde zu 2 hin ergangenen staatsanwaltschaftlichen Entscheidung angebracht werden, § 172 I.

4. Der Antrag muß inhaltlich die Strafsache, für die die Erhebung der öffentlichen Klage begehrt wird, individualisieren und zugleich durch Angabe der den Fall bildenden Tatsachen substanziiert sein[4]), mit Angabe der Beweismittel dafür, § 172 II.[5])

5. Der Antrag muß von einem Rechtsanwalt unterzeichnet sein, § 172 II.

6. Die Strafsache, für die die Klageerhebung begehrt wird, darf weder auf öffentliche Klage hin rechtshängig, noch derart rechts-

---

[1]) Im Wege des Analogieschlusses müssen der Klageablehnung gleichgestellt werden 1. die Zurücknahme der Klage nach §§ 156, 411 (a. M. HR. 2 13); 2. das reine Unterlassen der Klageerhebung (ohne ablehnenden Bescheid), soweit sich aus den obwaltenden Umständen „konkludent" ergibt, daß sich die Staatsanwaltschaft schlüssig geworden war, die Klage nicht zu erheben, sie also verpflichtet gewesen wäre, den Antragsteller klageablehnend zu bescheiden. Denn sonst könnten die gesetzlichen Bestimmungen stets dadurch umgangen werden, daß die Bescheiderteilung unterlassen wird, oder daß die Klage **pro forma** erhoben und gleich danach zurückgenommen wird.

[2]) Das Klageerzwingungsverfahren wird dadurch nicht ausgeschlossen, daß der Amtsrichter der negativen Entschließung der Staatsanwaltschaft zugestimmt hat (Fall des § 153 II); denn diese Zustimmung deckt den Staatsanwalt nur in der Beurteilung der Angelegenheit, als „geringfügig", vgl. unten V, darüber hinaus kann sie ihn nicht vom Verfolgungszwang befreien. (Bestritten; wie hier Nagler, **GS. 90** 425; Schimmelburg, **GS. 95** 298.)

[3]) Das Gesetz faßt nur den Fall ins Auge, daß derjenige, der an die untere Staatsanwaltschaft herangetreten war, mit dem, der die obere Staatsanwaltschaft mit Beschwerde angerufen hatte, und dem, der den Antrag auf gerichtliche Entscheidung stellt, identisch ist. Vgl. aber über Rechtsnachfolge in die Rolle des Legitimierten Beling, **ZStW. 40** 788.

[4]) Vgl. dazu Beling, **ZStW. 38** 618.

[5]) Bezugnahmen auf den Inhalt der staatsanwaltschaftlichen Akten sind dabei zulässig, vgl. oben § 44 I zu a u. b, übrigens auch StPO. § 173 I und III. A. M. RGer., **HR. 2** 203.

kräftig erledigt sein, daß einer neuen Klage das Ne bis in idem entgegenstehen würde.[1])

IV. Das Gericht hat den Antrag durch Beschluß als unzulässig zu verwerfen, wenn es an einer der formalen Voraussetzungen (III) fehlt.

Im anderen Falle hat es die Strafsache, für die die Klageerhebung begehrt wird, zwar in tatsächlicher und rechtlicher Hinsicht umfassend aufzurollen, die Prüfung doch aber nur so weit in die Tiefe zu erstrecken, um feststellen zu können, ob genügende Unterlagen für die Erhebung einer Anklage vorliegen (entsprechend wie im Vorverfahren, oben § 71 II).

Die Stoffsammlung unterliegt dem Instruktionsprinzip. Bei der Erforschung des Falles fußt das Gericht auf den staatsanwaltschaftlichen Ermittelungsakten (§ 173 I) und den weiter gebotenen (insbesondere, aber nicht bloß den vom Antragsteller angeregten) Erhebungen (§§ 173 II, III) nach der Belastungs- wie nach der Entlastungsseite hin. Es gilt „Freibeweis" (oben § 65).

Eine Hauptverhandlung findet nicht statt.

V. Der Inhalt der Sachentscheidung richtet sich darauf, ob die Staatsanwaltschaft im konkreten Falle verpflichtet ist, die Klage zu erheben. Das Klageerzwingungsverfahren bewegt sich nur im Rahmen des „Verfolgungszwangs" (Legalitätsprinzips, oben § 35 III). Soweit die Staatsanwaltschaft gesetzlich ermächtigt ist, von Klageerhebung abzusehen (Opportunitätsprinzip), kann sie auch im Klageerzwingungsverfahren nicht zur Klageerhebung genötigt werden.

Deshalb kann das Gericht dem Begehren des Antragstellers namentlich dann nicht Folge geben, 1. wenn sich die Tat lediglich[2]) als Privatklagedelikt darstellt, und die Staatsanwaltschaft das „öffentliche Interesse" im Sinne des § 376 verneint hat; 2. wenn sich die Tat nur als Übertretung darstellt, und der Staatsanwalt deshalb das Einschreiten abgelehnt hat, weil der Fall geringfügig sei und kein öffentliches Interesse an der Herbeiführung einer gerichtlichen Entscheidung bestehe, § 153 I; 3. wenn sich die Tat nur als Vergehen darstellt und der Staatsanwalt wegen Geringfügigkeit des Falles

---

[1]) Keine Anrufung des Gerichts zur Erzwingung eines staatsanwaltschaftlichen Wiederaufnahmeantrags. Einem Nichteröffnungsbeschluß (§ 210) gegenüber ist das Klageerzwingungsverfahren in den durch § 211 gekennzeichneten Grenzen (oben § 73 I 5 b) zulässig.

[2]) Vgl. dazu HR. 2 13.

mit Zustimmung des Amtsrichters von der Klageerhebung abgesehen hat, § 153 II.

Hiernach ergeben sich für die Stellungnahme des Gerichts 3 Möglichkeiten:

1. Der Fall ist als klagebedürftig und als unter Verfolgungszwang stehend geklärt.[1]) Hier ergeht der Beschluß dahin, daß die öffentliche Klage zu erheben sei, § 175.

2. Es liegen keine genügenden Unterlagen für Klageerhebung vor.[2]) Hier ist der Antrag als schlechthin unbegründet zu verwerfen, § 174.

3. Es hat sich ergeben, daß an sich genügende Unterlagen für Klageerhebung vorliegen, der Fall aber ein Opportunitätsfall ist. Alsdann ist der Antrag in dem Sinne als unbegründet zu verwerfen, daß der Staatsanwaltschaft die Entschließung über die Klageerhebung anheimgegeben bleibe.[3])

Die Beschlüsse sind unanfechtbar, vgl. § 304 III.

VI. 1. Der Beschluß, der die Klageerhebung als geboten feststellt, verpflichtet die Staatsanwaltschaft dazu, die Klage[4]) zu erheben und nicht wieder fallen zu lassen, § 175 Satz 2.

---

[1]) Dies auch bei den an sich dem Opportunitätsprinzip unterstehenden Fällen dann, wenn das Gericht den Fall so ansieht, daß die Voraussetzungen für das staatsanwaltschaftliche Ermessen nicht vorlagen, z. B. wenn der Staatsanwalt den Antragsteller auf den Privatklageweg verwiesen hatte (§ 376), das Gericht aber ein reines Staatsklagedelikt mit Verfolgungszwang für gegeben erachtet; ferner, wenn nach § 153 II verfahren worden war, das Gericht aber Verbrechenscharakter der Tat annimmt (vgl. dazu oben III 1 Anm. 2).

[2]) Das Vorliegen solcher genügender Unterlagen kann das Gericht auch dann verneinen, wenn die Strafsache zuvor im Privatklageverfahren anhängig gewesen ist, und dieses mit einem Einstellungsurteil gemäß § 389 geendet hat. Denn das rechtskräftige Einstellungsurteil aus § 389 verschließt zwar den Privatklageweg, die — lediglich zu seiner Begründung dienende — Feststellung, daß hinreichender Verdacht eines Staatsklagedelikts gegeben sei, ist aber nicht bindend (vgl. oben § 55 II a. E.), das Gericht kann also den Charakter der Tat als Staatsklagedelikts verneinen. Vgl. dazu unten VI 3 Anm. 2.

[3]) Dies auch dann, wenn die Staatsanwaltschaft schon zu der Frage der Klageerhebung verneinend Stellung genommen, z. B. den Antragsteller gemäß § 376 wegen Fehlens des öffentlichen Interesses auf den Weg der Privatklage verwiesen hat. Denn der Staatsanwaltschaft bleibt unbenommen, ihren Ermessungsstandpunkt zu ändern, und diese Freiheit kann ihr das Gericht nicht verschränken.

[4]) Aber nicht notwendig Anklage (vielmehr genügt gegebenenfalls Antrag auf Voruntersuchung mit nachfolgendem, wäre es auch auf Außerverfolgungsetzung des Angeschuldigten gerichteten, Antrag an das Eröffnungsgericht; auch Antrag auf Strafbefehlserlaß).

Dagegen behält das Prozeßgericht, das dann durch die Klage mit der Strafsache befaßt wird, freie Hand; es kann die Klage mit einem Nichteröffnungsbeschluß beantworten.

2. Den Beschluß, durch den der Antrag als schlechthin unbegründet verworfen wird, stattet § 174 II hinsichtlich der Strafsache, für die die Klageerhebung begehrt war, mit ebensolcher materiellen Rechtskraft aus, wie es dies hinsichtlich des Nichteröffnungsbeschlusses in § 211 tut, d. h. die Strafverfolgung wird auf so lange unzulässig, als nicht Nova hervortreten.[1])

3. Der Beschluß zu V 3 läßt der Staatsanwaltschaft hinsichtlich der Klageerhebung oder -nichterhebung freie Hand.[2])

VII. Spezialbestimmungen vgl. noch in § 176 (Abhängigmachung des Vorgehens von einer Sicherheitsleistung des Antragstellers[3])) und in § 441 III (Legitimation der Befehlshaber zur Herbeiführung des Klageerzwingungsverfahrens, wenn es sich um einen Reichswehrangehörigen als Täter handelt).

2. Kapitel.

§ 99. Das reichsgerichtliche Plenarverfahren.

Lobe, Arch. f. RPhilos. 20 205; Beling, GA. 67 169.

Wenn ein Strafsenat des Reichsgerichts mit der von ihm vertretenen Rechtsauffassung, auf die eine Entscheidung zu gründen wäre, mit einer vom Reichsgericht (außer von dem betr. Senat selbst) früher vertretenen Rechtsauffassung[4]) in Widerspruch treten würde, so ist er vorerst an der Fällung der Entscheidung gehindert; er hat

---

[1]) Daraus ergibt sich zugleich, daß auch ein neues Klageerzwingungsverfahren ohne Nova unzulässig ist, vgl. oben III 6. Auf Nova kann ein neuer Antrag dagegen gestützt werden (a. M. KGer., HR. 2 204; GA. 62 188).

[2]) Hatte schon ein Privatklageverfahren geschwebt, und war in dieser ein Einstellungsurteil aus § 389 ergangen, hat aber das Gericht im Klageerzwingungsverfahren das Gegebensein eines Staatsklagedelikts verneint (vgl. oben V 2 Anm. 2) und, weil Privatklagedelikt vorliege, einen Beschluß im Sinne von 3. erlassen, so muß angenommen werden, daß nunmehr auch die Privatklage von neuem erhoben werden kann, und in dem neuen Privatklageverfahren nicht wiederum ein Einstellungsurteil aus § 389 ergehen darf. Denn sonst läge eine unverständliche Entrechtung des Privatklägers vor.

[3]) Zum Schutz gegen Mißbrauch des Klageerzwingungsverfahrens (dem gleichen Gedanken dient § 172 II S. 1).

[4]) Falls diese in der früheren Entscheidung im Syllogismus grundlegend war (Gegensatz: beiläufige Äußerung), so z. B. E. 60 286.

zunächst die betr. Rechtsfrage an das Strafsenate-Plenum bzw. an das Plenissimum zu bringen, GVG. § 136, vgl. oben § 12 I 2c.[1])

Das anschließende Verfahren hat seine Eigenart darin, daß der konkrete Prozeß, aus dem es herausgewachsen ist, in ihm keine Rolle mehr spielt, der Prozeßgegenstand nicht sein Gegenstand ist. Die Stellungnahme des Plenums bzw. des Plenissimum ist lediglich Beantwortung der Rechtsfrage in abstracto, also keine eigentliche „Entscheidung" (vgl. oben § 50 IV). Sie erfolgt zwar nach Anhörung des Oberreichsanwalts mit seinen schriftlichen Anträgen, § 136 IV, aber ohne mündliche Verhandlung mit den Parteien, § 136 III S. 2. Der Beschluß ergeht mit einfacher Mehrheit der Abstimmenden.[2])

Ist der Beschluß gefaßt, so ist die Sache an den mit ihr befaßten Senat zurückzuleiten und dieser hat nunmehr die den konkreten Prozeß angehende Entscheidung unter Zugrundelegung der Rechtsauffassung des Plenums (Plenissimums) zu erlassen[3]), vgl. § 136 V.

3. Kapitel.
Prozeßsicherungstätigkeit.

A. Prozeßpolizei. § 100.

Delius, Sitzungspolizeiliche Befugnisse der Behörden 1893; Levin, Richterl. Prozeßleitung und Sitzungspolizei 1913; Ötker, Bayr. Z f. RPfl. 17 Nr. 21; Friedländer, GS. 44 417; v. Staff, DStrRZ. 1 33, 201; Kern, Drucker, Bendix, Graf Pestalozza, JW. 54 900ff.

Indem die Rechtsordnung die Rechtspflege als ein Rechtsgut wertet, erklärt sie mittelbar Angriffe gegen die Rechtspflege für rechtswidrig. Unter diesen Angriffen bilden eine besondere Gruppe

[1]) Beim Reichsgericht hat sich jedoch die Praxis herausgebildet, von dieser Vorschrift Umgang zu nehmen, wenn der Senat, dessen Rechtsauffassung preisgegeben werden soll, dienstlich erklärt, daß er an dieser nicht mehr festhalte. Dieses Verfahren wird öfter als gesetzwidrig beanstandet, vgl. z. B. Jourdan, JW. 54 929. Indessen ist das, worauf es dem Gesetzgeber ankam, offenbar nur die reichsgerichtliche Rechtsprechungseinheit gewesen, und deshalb läßt sich im Sinne des Gesetzgebers dem Text des § 136 zwanglos das Subintelligendum „wenn sich nicht einfachere Mittel bieten, um zur Rechtsprechungseinheit zu gelangen", einfügen. Übrigens hat auch § 136 de lege ferenda das Bedenkliche an sich, daß er den Fortschritt der Rechtserkenntnis zu lähmen geeignet ist.

[2]) Beling, GA. 67 179.

[3]) Da auch weiterhin die Plenarentscheidungen nur wiederum durch eine solche umgeworfen werden können, kommt ihnen tatsächlich große praktische Bedeutung zu. Andererseits darf nicht verkannt werden, daß das innere Gewicht dieser Entscheidungen dadurch beeinträchtigt wird, daß sie eine Meinungsverschiedenheit unter den Mitgliedern des Reichsgerichts offenbaren.

diejenigen, die sich als Störung des geordneten Prozeßverkehrs darstellen, sei es in seiner unmittelbar durch das Gesetz vorgezeichneten Gestalt, sei es nach Maßgabe der ihm von den Amtspersonen im Rahmen eines ihnen zustehenden Ermessens vorgeschriebenen Ordnung. Solchen Störungen darf wie anderen rechtswidrigen Angriffen mit Notwehr entgegengetreten werden, soweit deren gesetzliche Voraussetzungen zutreffen. Darüber hinaus gewährt aber das Gesetz den Amtspersonen gewisse prozeßpolizeiliche Befugnisse (die von dem Notwehrrecht namentlich insofern verschieden sind, als sie nicht nur bei einem „gegenwärtigen" Angriff einsetzen).

I. Sitzungspolizei.

Den Gang der Hauptverhandlung bestimmt, soweit nicht das Gesetz selbst ihn festlegt, der Vorsitzende kraft seiner Leitungsgewalt, oben § 75 V. Ihm steht deshalb auch die Aufrechterhaltung der Ordnung zu, GVG. § 176, d. h.

1. er ist befugt, mit verbindlicher Kraft die Anwesenden zu bestimmtem einzelnen Verhalten so anzuweisen, wie es für die glatte Durchführung der Verhandlung im Sinne des Gesetzes und seines eigenen ergänzenden Verhandlungsplans erforderlich ist (z. B. Weisung, einen bestimmten Platz einzunehmen, nicht zu schreien usw.);

2. die Einhaltung dieser äußeren Ordnung nötigenfalls zu erzwingen (z. B. dem Angeklagten Lärmwerkzeuge abnehmen zu lassen). Das ergibt sich einesteils daraus, daß ihm § 176 die „Aufrechterhaltung" der Ordnung zur Pflicht macht, während bloße Weisungen oft nur vergeblicher Versuch solcher Aufrechterhaltung sein würden; anderenteils daraus, daß ihm § 177 eine (besonders einschneidende) Zwangsmaßnahme zugunsten des Gerichts entzieht, woraus folgt, daß die übrigen seine Sache sind.

Jenseits allen Zwangs stehen nur die justizamtlich Beteiligten (Richter, Staatsanwalt, Schriftführer), dagegen unterliegen ihm Verteidiger, als Zeugen beteiligte Beamte usw. (vorbehaltlich des § 177).

Besonders geregelt ist die zwangsweise Entfernung eines Anwesenden aus dem Sitzungssaal. Diese Maßregel (ohne oder mit gleichzeitiger Verhängung von Zwangshaft) kann nur das Gericht verhängen, und zwar nur über „Parteien, Beschuldigte, Zeugen, Sachverständige oder bei der Verhandlung nicht beteiligte Personen", § 177 GVG.[1])

---

[1]) Daher zwar auch über Beamte, die als Zeugen usw. anwesend sind, nicht aber über den Verteidiger, nicht einmal, wenn er nicht Rechtsanwalt oder Rechtslehrer ist. Die Frage der Anwendbarkeit des § 177 auf Verteidiger,

Zur Verstärkung der sitzungspolizeilichen Gewalt sieht das Gesetz Ordnungsstrafen wegen Ungebühr, d. h. wegen schuldhaft ordnungswidrigen Benehmens (insbesondere, aber nicht bloß schuldhaften Ungehorsams gegen Weisungen des Vorsitzenden) vor, verhängbar durch das Gericht, GVG. § 178, vgl. §§ 179, 181, 182.

II. Die prozeßpolizeilichen Befugnisse, die der Vorsitzende und das Gericht in den Sitzungen haben, verleiht § 180 GVG. bei Vornahme von Amtshandlungen außerhalb einer Sitzung auch dem einzelnen Richter, der die Amtshandlung vornimmt.

III. Im vorbereitenden Verfahren ist jeder Beamte, der Amtshandlungen an Ort und Stelle leitet, mit prozeßpolizeilicher Gewalt nach Maßgabe des § 164 StPO. ausgerüstet.

B. Besondere Prozeßsicherungsmaßnahmen.

I. Übersicht und Einteilungsgesichtspunkte. § 101.

Hegler, Zur Stellung der Gerichte im Strafverfahren, in d. Festschr. f. Binding 1911 1 204.

Außer unter der Störung des Prozeßverkehrs (oben § 100) kann der Prozeß auch darunter leiden, daß 1. der Beschuldigte nicht zur Stelle ist; 2. der Beweis vereitelt oder verwirrt wird; 3. der Vollstreckung der Entscheidungen entgegengearbeitet wird. Neben die zur Sicherung des Prozeßverkehrs bestimmte Prozeßpolizei (oben § 100) stellt das Gesetz deshalb noch eine Anzahl von ähnlichen prozeßsichernden Maßnahmen, die jenen drei Gefahren vorbeugen wollen. Sie bestehen ihrer äußeren Erscheinung nach 1. teils in körperlicher Einwirkung auf den Beschuldigten; 2. teils in körperlicher Einwirkung auf Sachen; 3. teils in psychischer Einwirkung auf Personen.

---

einschließlich der als solche beteiligten Rechtsanwälte, ist allerdings streitig. Vgl. Baumbach, **DJZ. 30** 466; Hachenburg, das. 563; Kern, Drucker, Bendix, Graf Pestalozza, **JW. 54** 900ff.; Klee, **GA. 69** 269; Mahn, Rosenberg, D. Richterztg. **17** 424, 427; Altschul, Jur. Rdschau **1** Nr. 11; Mezger, **ZStW. 47** 169. De lege lata ausschlaggebend muß sein, daß § 177 absichtlich so gefaßt worden ist, wie er lautet, um seine Unanwendbarkeit auf Verteidiger klarzustellen. Allerdings gab das Gesetz ursprünglich die Möglichkeit einer Ordnungsstrafe gegen Ungebühr des Verteidigers als eine Art von Gegengewicht in § 180 alter Zählung. Aber durch die 1921 erfolgte Streichung dieses Paragraphen ist § 177 unberührt geblieben. Zu beachten ist nur, daß § 177 nur der sitzungspolizeimäßigen, nicht aber der notwehrmäßigen Entfernung des Verteidigers aus dem Sitzungssaal entgegensteht.

In der gesetzlichen Regelung kreuzen sich nun die beiden genannten Einteilungsgesichtspunkte (der nach dem Zweck und der nach der Art der Betätigung) derart, daß sich folgende Typen von besonderen Prozeßsicherungsmitteln ergeben:

1. Untersuchungshaft (und vorläufige Festnahme): Freiheitsentziehung gegenüber dem Beschuldigten, teils zur Sicherung seines Zurstelleseins, teils zur Sicherung des Beweises.

2. Vermögensbeschlagnahme: Zugriff auf Sachen, teils zur Herbeiführung der Gestellung des Beschuldigten, teils zur Sicherung der Vollstreckung.

3. Individualbeschlagnahme: Zugriff auf Sachen, teils zur Sicherung des Beweises, teils zur Sicherung der Vollstreckung einer Einziehung.

4. Editionszwang: psychischer Druck, teils zur Sicherung des Beweises, teils zur Sicherung der Vollstreckung einer Einziehung.

5. Durchsuchung: suchende Tätigkeit an Sachen (mit Einschluß von „Räumen") und Personen, teils behufs Sicherung des Zurstelleseins des Beschuldigten, teils des Beweises, teils der Vollstreckung einer Einziehung.

§ 102. II. Untersuchungshaft und vorläufige Festnahme.

Heinze, Das Recht der Untersuchungshaft 1865; Zucker, Die Untersuchungshaft 1873; Derselbe, Die Reformbedürftigkeit der Untersuchungshaft 1879; Oppenheim, Z. L. v. d. Untersuchungshaft 1889; Bozi, Reform der Untersuchungshaft 1897; Hetzel, Die Untersuchungshaft nach deutschem, österreichischem, französischem und englischem Recht 1899; Brückmann, **GS. 60** 26; Jaffa, **ZStW. 25** 426; Sontag, Die Entlassung gegen Kaution 1865; Melliger, Die Entlassung aus der Untersuchungshaft gegen Kaution, Schweiz. Z. f. StrR. **9** 175; Heintzeler, Die Rechtsnatur der Sicherheitsleistung zwecks Abwendung der Untersuchungshaft, Tübing. Diss. 1906; Olbricht, **GA. 48** 393 (Das Verhältnis mehrerer gleichzeitiger Haftbefehle zueinander und zur Strafvollstreckung); Feilitzsch, **GA. 44** 305 (Einige Fragen der Untersuchungshaft); Klee, **GA. 55** 257 (Vollzug der Untersuchungshaft); Alsberg u. a., **JW. 54** 1433ff., **55** 1113; Hartung, Das Recht d. Untersuchungshaft 1927; Hegler, **GS. 94** 229; Lobe-Alsberg, Die Untersuchungshaft 1927; Brandt, Die Strafprozeßnovelle vom 27. Dez. 1926, 1927; Lang, **DJZ. 32** 779; Feisenberger, D. Richterztg. 1927 4; Schultz, ebenda 94.

I. Die Untersuchungshaft (§§ 112ff. in der Fassung der Novelle vom 27. Dez. 1926) ähnelt rein äußerlich der Freiheitsstrafe, insofern sie wie diese in Einsperrung in einem geschlossenen Raum besteht. Sie wird aber schon im Prozeß verhängt, um der Vereitelung seiner Durchführung vorzubeugen und soll nicht wie die Strafe für den

Betroffenen ein Übel sein, das er für seine Tat verdient (im Prozeß steht ja noch nicht einmal fest, ob er sich strafbar gemacht hat). Deshalb ist sie im Gegensatz zur Freiheitsstrafe so zu vollziehen, daß sie für den Verhafteten nur so viel an Übelsgehalt entfaltet, als es der Vorbeugungszweck notwendig mit sich bringt, vgl. § 116, JugGerGes. § 28.

Da sie freilich immerhin eine staatlich verfügte Freiheitsentziehung darstellt, so kann sie bei Fällung eines auf Strafe lautenden Urteils ganz oder zum Teil angerechnet werden, StGB. § 60[1]), und es muß diejenige Untersuchungshaft, die hinter der für den Angeklagten eingetretenen relativen Rechtskraft liegt, auf eine zu vollstreckende Freiheitsstrafe angerechnet werden, § 450, oben § 96 I a. E.

II. Untersuchungshaft ist verhängbar ausschließlich durch den Richter[2]) vermittelst eines schriftlichen Haftbefehls, § 114 I.

Ein Haftbefehl darf — bei Vorliegen der nachstehend aufgeführten Voraussetzungen — grundsätzlich in Strafprozessen aller Art (nach h. M. jedoch nicht im Privatklageverfahren, vgl. § 387 III), und zwar auch schon vor Erhebung der öffentlichen Klage[3]) erlassen werden.

Es müssen aber folgende Voraussetzungen gegeben sein:

1. In Ansehung des Prozeßgegenstandes ist erforderlich

a) daß es sich nicht bloß um eine nur mit Haft oder Geldstrafe bedrohte Tat handelt. Doch ist auch bei solchem geringfügigen Prozeßgegenstande Fluchthaft (nicht auch Kollusionshaft) — vgl. unten 2a, b — dann zulässig, wenn es sich um eine solche Übertretung handelt, wegen deren auf Überweisung an die Landespolizeibehörde erkannt werden kann, oder der Beschuldigte einer der im Gesetz genau aufgeführten Kategorien von unsicheren Persönlichkeiten (Landstreichern, unter Polizeiaufsicht Stehenden usw.) angehört, § 113;

b) daß der Beschuldigte der den Prozeßgegenstand bildenden Tat „dringend verdächtig" ist[4]), § 112 I.

---

[1]) Vgl. dazu § 445 II Halbs. 2.

[2]) Andere Personen sind nur zu „vorläufiger Festnahme" befugt, unten IV.

[3]) §§ 112ff. fassen zwar nur einen „Angeschuldigten" — vgl. § 157 — ins Auge; aber nach § 125 ist Untersuchungshaft auch gegen den noch nicht „Angeschuldigten" statthaft.

[4]) „Dringend" verdächtig bedeutet nicht, wie Graf Dohna, sowie ObstLdesGer. 7 344 annehmen, dasselbe wie „hinreichend" verdächtig in § 203. Schon sprachlich liegt der Gradunterschied auf der Hand. Dazu kommt, daß die Untersuchungshaft einen schwereren Eingriff in die Rechtssphäre des Beschuldigten bedeutet, als die bloße Eröffnung des Hauptverfahrens. Es genügt

2. Außerdem muß der zu Verhaftende nach § 112 I entweder

a) fluchtverdächtig sein — „Fluchthaft" —; oder

b) es müssen „Tatsachen vorliegen, aus denen zu schließen ist, daß er Spuren der Tat vernichten oder Zeugen oder Mitschuldige zu einer falschen Aussage oder Zeugen dazu verleiten werde, sich der Zeugnispflicht zu entziehen", „Verdunkelungs- (Kollusions-) Verdacht" — „Verdunkelungs- (Kollusions-) Haft".

Über die Tatsachen, die den Flucht- oder Verdunkelungsverdacht begründen, muß sich der Richter — im Freibeweis — vergewissert haben. Jedoch ist der Fluchtverdacht in den in § 112 II$^{1-3}$ aufgeführten Fällen durch eine — widerlegliche — Präsumtion gedeckt.

Auch wenn an sich Flucht- oder Verdunkelungsverdacht gegeben ist, ist im Sinne des Gesetzes Untersuchungshaft dann als unzulässig anzusehen, wenn der Prozeßgefahr durch gelindere, ihrer Art nach nicht unzulässige Mittel entgegengewirkt werden kann, z. B. durch polizeiliche Überwachung.[1]) Überhaupt ist ihre Verhängung niemals schematisch-obligatorisch, sondern durch ihr Veranlaßtsein in concreto bedingt.

Ist der Beschuldigte abwesend, so kann der Haftbefehl unter Erteilung sicheren Geleits, d. h. in dem Sinne bedingt erfolgen, daß der Beschuldigte vorerst hinsichtlich der den Prozeßgegenstand bildenden Tat von Untersuchungshaft befreit sein, und der Haftbefehl erst dann in Kraft treten solle, wenn ein auf Freiheitsstrafe lautendes Urteil ergehe, oder der Beschuldigte Anstalten zur Flucht treffe, oder er besondere Bedingungen, von denen das sichere Geleit abhängig gemacht worden ist, nicht erfülle; auch kann der Geleitsbrief ohne Haftbefehlserlaß erteilt und die Entschließung über letzteren verschoben werden, § 295.

In Militärstrafsachen ist Untersuchungshaft außer wegen Flucht- oder Verdunkelungsverdacht auch dann zulässig, wenn (dringenden Tatverdacht vorausgesetzt) die Aufrechterhaltung der militärischen Disziplin die Haft erfordert, § 445 I.

Eines klägerischen Antrags auf Erlaß eines Haftbefehls bedarf es nicht. Der Prozeß braucht auch noch nicht einmal anhängig (nicht einmal bei der Staatsanwaltschaft anhängig) zu sein[2]); im übrigen müssen aber die Voraussetzungen für rechtliche Zulässigkeit des Pro-

---

deshalb für den Haftbefehl nicht, daß die Verurteilung wahrscheinlicher ist, als die Freisprechung, der Verdachtsgrad muß vielmehr nahe an Gewißheit heranreichen.

[1]) Vgl. Goldschmidt, JW. 55 1113; KGer., JW. 55 1247.

[2]) Vgl. §§ 165, 125.

zesses gegeben sein (mit der Ausnahme, daß bei Antragsdelikten der Strafantrag noch nicht gestellt zu sein braucht, vgl. § 130).

III. 1. In dem Haftbefehl ist der Beschuldigte zu bezeichnen, der Prozeßgegenstand zu individualisieren und der Haftgrund anzugeben, § 114 II. Vgl. noch § 112 I S. 2.

2. Er ist mit (einfacher) Beschwerde anfechtbar, vgl. dazu § 307. Bis zur Eröffnung des Hauptverfahrens kann der Beschuldigte in Verbrechens- und Vergehenssachen, statt Beschwerde einzulegen, mündliche Verhandlung über die Haftangelegenheit verlangen, §§ 114d, 115b, 115c II.

3. Auf Grund des Haftbefehls ist der Beschuldigte festzunehmen und in den Haftraum einzuliefern. Ist er flüchtig oder hält er sich verborgen, so kann auf Grund des richterlichen Haftbefehls vom Richter oder Staatsanwalt ein Steckbrief („offener Haftbefehl") erlassen, d. h. die Öffentlichkeit, insbesondere die gesamte Polizei, zur Ergreifung und Einlieferung aufgerufen werden, § 131 I, III.

Dem Beschuldigten ist der Haftbefehl und sein Beschwerderecht bekanntzumachen, §§ 114 III, 115; über Benachrichtigungen an Angehörige usw. siehe § 114a.

Der auf Grund Haftbefehls Ergriffene ist unverzüglich, spätestens am Tage nach der Ergreifung, dem für die Haftangelegenheit zuständigen Richter (s. unten 8), oder wenn dies nicht ausführbar, auf sein Verlangen dem nächsten Amtsrichter vorzuführen, §§ 114b I, 114c I. Der Richter hat ihn wiederum unverzüglich, spätestens am nächsten Tage, zu vernehmen, §§ 114b II, III, 114c II. Ergibt sich, daß der Haftbefehl aufgehoben ist, oder der Ergriffene nicht der laut Haftbefehl zu Verhaftende ist, so ist er freizulassen, § 114c. Der für die Haftangelegenheit zuständige Richter (nicht auch der „nächste Amtsrichter") hat auch zu prüfen, ob der Haftbefehl aufrechtzuerhalten ist.

4. Solange sich der Beschuldigte in Haft befindet, hat das Gericht (abgesehen davon, daß es bei Erlaß eines Eröffnungsbeschlusses über die Haftfrage zu beschließen hat, § 207 II) erstmals nach Verfluß von 2 Monaten[1]), dann weiterhin fortlaufend nach einem Zeitraum von je höchstens 3 Monaten v. A. w. zu prüfen, ob die Haft aufrechtzuerhalten ist, „Haftprüfungsverfahren", § 115a.

5. Bis zur Eröffnung des Hauptverfahrens (§ 115b) hat eine parteiöffentliche mündliche Verhandlung über die Haftangelegenheit (Genaueres in § 115d) dann stattzufinden, wenn

---

[1]) Vgl. jedoch § 445 II Halbs. 1.

a) der Beschuldigte für die jeweils fällige Entscheidung des Gerichts im Haftprüfungsverfahren einen dahingehenden Antrag stellt, § 115a IV;

b) außerhalb des Hauptverfahrens, wenn der Haftbefehl auf Verbrechen oder Vergehen lautet und der Beschuldigte mündliche Verhandlung beantragt, sofern nicht schon eine solche nach a oder b stattgefunden hat[1]), § 114d.

Der Antrag auf mündliche Verhandlung untersteht den Vorschriften über Rechtsmittel im Sinne der §§ 297—300, 302 II, 447 I; § 115c.

6. Der Haftbefehl ist aufzuheben („Enthaftung"), wenn er sich als nicht oder als jetzt nicht mehr rechtlich zulässig (oben II 1, 2) erweist, z. B. kein Fluchtverdacht mehr besteht oder der Tatverdacht nicht mehr „dringend" ist; ferner auch schon dann, wenn der Beschuldigte freigesprochen, oder ein Nichteröffnungsbeschluß erlassen wird, § 123; in der Zeit vor Erhebung der öffentlichen Klage auch dann, wenn die Staatsanwaltschaft die Aufhebung beantragt, § 126.

Dagegen engt das heutige Recht (seit 1927) die Haftdauer nicht durch Setzung von Fristen ein.[2])

7. Ohne Aufhebung des Haftbefehls kann dessen Vollzug ausgesetzt, der Beschuldigte also auf freiem Fuße belassen oder auf freien Fuß gesetzt werden, wenn Umstände vorliegen, die für die Gegenwart den Flucht- und Verdunkelungsverdacht zu zerstreuen geeignet sind, ungeachtet deren aber die Bereithaltung des Haftbefehls zum eventuellen späteren Vollzuge für den Fall der Veränderung der Umstände geboten bleibt.

Als derartige vollzughemmende Umstände erwähnt das Gesetz

a) die Stellung einer Sicherheit in Vermögenswerten seitens des Beschuldigten oder seitens Dritter für ihn, sofern es sich lediglich um Fluchtverdacht handelt (cautio judicio sisti), §§ 117, 118. Vgl. 119.

Erachtet der Richter die angebotene Sicherheitsleistung für genügend, um den Fluchtverdacht zu beseitigen, so beschließt er, den Beschuldigten mit dem Haftvollzug zu verschonen. Dessenungeachtet ist der Beschuldigte zur Haft zu bringen, wenn er Anstalten zur

---

[1]) Gewährung weiterer mündlicher Verhandlung steht im Ermessen des Gerichts, § 114d III.

[2]) Früher war, solange die öffentliche Klage nicht erhoben war, der Haft eine Längstdauer von 4 Wochen (in Übertretungssachen 2 Wochen) gesetzt.

Flucht trifft oder auf Ladung unentschuldigt ausbleibt, oder seine Inhaftnahme wegen neuer Umstände erforderlich erscheint, § 120. Wird er so zur Haft gebracht, so wird die Sicherheit frei; das gleiche gilt, wenn der Haftbefehl aufgehoben wird oder der Antritt der erkannten Freiheitsstrafe erfolgt, § 121. Dagegen verfällt eine nicht schon freigewordene Sicherheit der Staatskasse, wenn sich der Beschuldigte der Untersuchung oder dem Strafantritt entzieht, § 122.

b) Nach JugGerGes. § 28 I ist gegen Jugendliche Untersuchungshaft nur dann zu vollziehen, wenn ihr Zweck nicht durch andere Maßnahmen, namentlich vorläufige Anordnungen über Erziehung und Unterbringung, erreichbar ist.

Es steht aber nichts entgegen, auch über diese Fälle (a, b) hinaus die Haft so lange unvollzogen zu lassen, als der Vollzug nicht nötig ist, um der Flucht und der Verdunkelung vorzubeugen, z. B. wegen Krankheit des Beschuldigten.[1])

Nach allgemeinen Rechtsgedanken (Notrecht, Güterabwägung[2])) muß der Haftvollzug ferner unterbleiben, wenn er mit einer Rechtsgüterschädigung verbunden wäre, die schwerer wiegt als das durch den Vollzug gewahrte Strafprozeßinteresse (z. B. mit einer Lebensgefahr für den Beschuldigten).[3])

8. Zuständig für den Erlaß eines Haftbefehls ist a) solange die öffentliche Klage nicht erhoben ist, jeder Amtsrichter, in dessen Bezirk ein Gerichtsstand für den Strafprozeß selbst begründet ist, oder der zu Verhaftende betroffen wird, § 125 II; b) von Klageerhebung ab das jeweils mit dem Prozeß befaßte Prozeßgericht selbst, § 124 I, vgl. II und III.

Diejenige Stelle, die den Haftbefehl erlassen hat, bleibt auch zunächst für die weitere Behandlung der Haftangelegenheit zuständig, jedoch rückt jede Stelle, an die nachfolgend der Prozeß selbst gelangt, damit auch in die Zuständigkeit für die Haftangelegenheit ein, § 124 I.[4])

---

[1]) Insbesondere, wenn dieser in einer Krankenanstalt untergebracht ist, und die Justizbehörde jederzeit über seinen Verbleib auf dem Laufenden gehalten wird. Vgl. dazu noch Anm. 3.

[2]) Vgl. Beling, Grundzüge des Strafr., § 22.

[3]) Die Streitfrage über die rechtliche Bedeutung der „Haftunfähigkeit" — vgl. darüber **JW. 54** 929, 1433—1459, 2716, **ZStW. 47** 171 — ist nicht einheitlich zu beantworten. Zunächst ist davon auszugehen, daß Krankheit die Haft nicht ausschließt, sondern nur ärztliche Pflege in ihr erforderlich macht. Soll ihrethalben die Haft unvollzogen bleiben, so müssen dafür die im Text dargelegten besonderen Umstände vorliegen.

[4]) Deshalb kann z. B. der vom Amtsrichter im Ermittelungsverfahren erlassene Haftbefehl nicht mehr von jenem, wohl aber vom Schöffengericht

IV. Neben der Untersuchungshaft — für die ein richterlicher Haftbefehl als Unterlage erforderlich ist — kennt das Gesetz noch eine dem gleichen prozessualischen Zwecke dienende vorübergehende Freiheitsentziehung, die durch „vorläufige Festnahme" ohne richterlichen Befehl eingeleitet wird. Zu solcher ist jedermann einer solchen Person gegenüber befugt, die auf frischer Tat betroffen oder verfolgt wird, und die entweder fluchtverdächtig ist, oder deren Persönlichkeit nicht sofort festgestellt werden kann, § 127 I; darüber hinaus sind die Staatsanwaltschaft und die Polizei- und Sicherheitsbeamten zu vorläufiger Festnahme auch dann befugt, wenn die Voraussetzungen eines Haftbefehls vorliegen und Gefahr im Verzuge obwaltet, § 127 II, vgl. dazu § 443.

Der Festnehmende ist aber verpflichtet, falls er den Festgenommenen nicht wieder frei läßt, ihn unverzüglich[1]) dem Richter (vor Klageerhebung dem Amtsrichter des Festnahmebezirks, nach Klageerhebung entweder diesem, und auf seine Verfügung dem mit dem Prozeß befaßten Gericht, oder letzterem sofort) vorzuführen, §§ 128, 129.

Der Richter hat den Vorgeführten spätestens am nächsten Tage zu vernehmen und ihn bei Fehlen der Voraussetzungen für einen Haftbefehl freizulassen, anderenfalls, sofern er gemäß oben III 8 dafür zuständig ist, den Haftbefehl zu erlassen oder, wenn er es nicht ist (wenn also schon öffentliche Klage erhoben ist, er aber nur der Amtsrichter des Festnahmebezirks und nicht zugleich selber mit dem Prozeß befaßt ist), die Vorführung vor das Prozeßgericht zu veranlassen, das dann seinerseits über Freilassung oder Haftbefehlserlaß zu befinden hat, §§ 128, 129.

Entweicht der Festgenommene oder entzieht er sich der Bewachung, bevor er auf freien Fuß gesetzt oder ein Haftbefehl gegen ihn erlassen ist, so kann (durch den Richter, die Staatsanwaltschaft oder die Polizei) mittels Steckbriefs nach ihm gefahndet werden. Im übrigen ist steckbriefliche Verfolgung ohne unterliegenden Haftbefehl unstatthaft, § 131 II.

---

aufgehoben werden, wenn sich der Prozeß dort in der Hauptverhandlung befindet; entsprechend ein vom Schöffengericht erlassener Haftbefehl in der Berufungsinstanz von der Strafkammer usw.

[1]) Gleichwohl besteht eine polizeiliche Praxis derart, daß der Festgenommene vorerst in Polizeigewahrsam gehalten wird, und vor der Vorführung vor den Richter Ermittelungen angestellt werden. Diese Praxis ist gegen das Gesetz (bestritten). Vgl. Schrifttum und Rechtsprechung in **JW. 53** 1656, **54** 1541; **JStW. 47** 174; **HR. 1** 22; **DJZ. 20** 345; **Jur. Rdschau 1** 269.

Delius, Die Beschlagnahme des Vermögens, GA. 37 117; Mothes, Die Beschlagnahme nach Wesen, Arten und Wirkungen 1903; Graner, Die Vermögensbeschlagnahme nach § 325 StPO., Jahrb. der württemb. Rechtspflege 9 104.

I. Beschlagnahme als strafprozeßsichernde Maßnahme ist ein Staatsakt, durch den die Eigentümerstellung jemandes (oder die Stellung als Forderungsberechtigter) in einer je nach den verschiedenen Beschlagnahmearten verschiedenen Weise, immer aber unter Wahrung des Eigentumsrechts selber[1]) (bzw. der Gläubigereigenschaft hinsichtlich einer Forderung), geschmälert wird. Sie tritt auf

a) als „Vermögensbeschlagnahme", wenn sie sich gegen die Objekte, die sie trifft, lediglich in ihrer Eigenschaft als Wertträger ohne Rücksicht auf ihre Individualität richtet, sei es gegen ein Vermögen als Ganzes (Vermögensbeschlagnahme im engeren Sinne, Voll-Vermögensbeschlagnahme), sei es gegen Vermögensstücke bis zur Höhe eines bestimmten Vermögenswerts (Spezial-Vermögensbeschlagnahme);

b) als „Individualbeschlagnahme", wenn durch sie bestimmte (durch andere nicht vertretbare) Sachen erfaßt werden.

II. Die Vermögensbeschlagnahme[2]) ist zugelassen

1. als Druckmittel auf den als Beschuldigten in einen Prozeß verfangenen Vermögensinhaber, um seine Gestellung zum Prozeß herbeizuführen. Sie ist in dieser Funktion Voll-Vermögensbeschlagnahme (soweit sich das Vermögen im Deutschen Reiche befindet) und bedeutet, daß der Vermögensinhaber das Recht, über das Vermögen unter Lebenden zu verfügen, verliert, und für ihn eine Abwesenheitspflegschaft (BGB. § 1911) eingeleitet wird, § 292. Es wird erwartet, daß der so von seinem Vermögen Abgeschnürte es vorziehen werde, sich dem Prozeß zu stellen, um seine vermögensrechtliche Bewegungsfreiheit wiederzuerlangen.[3])

Die Zulässigkeit dieser Maßregel ist an die Voraussetzung geknüpft, daß schon die öffentliche Klage erhoben ist, weiter, daß der Angeschuldigte abwesend ist und endlich, daß die Voraussetzungen

---

[1]) Gegensatz zur „Einziehung" = Enteignung unter Überführung des Eigentumsrechts auf den Fiskus.

[2]) Über die Individualbeschlagnahme s. unten § 104.

[3]) Die Maßregel ist also gewissermaßen eine staatlich-einseitig auferlegte cautio judicio sisti und in ihrer Eigenschaft als Druckmittel der zweiseitig-rechtsgeschäftlichen Sicherheitsleistung zur Abwendung der Untersuchungshaft (oben § 102 III 7a) vergleichbar.

für Haftbefehlserlaß gegeben sind (nicht notwendig aber, daß ein Haftbefehl erlassen ist), § 290.

Die Anordnung steht dem jeweils mit dem Prozeß befaßten Gericht zu, § 290.

2. Eine Vermögensbeschlagnahme, die gleichfalls dem Betroffenen das Recht der Verfügung inter vivos nimmt und zu einer Abwesenheitspflegschaft führt, sieht § 433 mit StGB. § 93 (vgl. EStPO. § 5) gegen Personen vor, gegen die ein Prozeß wegen Hoch- oder Landesverratsdelikten (mit Ausschluß von StGB. §§ 85, 86) schwebt; sie ist zulässig erst von der Eröffnung der (gerichtlichen) Untersuchung an, setzt aber weder Abwesenheit des Angeschuldigten, noch das Vorliegen der Voraussetzungen für einen Haftbefehl voraus.

Ihre Funktion, in der sie dem Strafprozeß dienen soll, ist im Gesetz nicht angegeben. Sie kann daher sowohl dazu verwendet werden, um den abwesenden Angeschuldigten zur Gestellung zu veranlassen, wie auch dazu, um ihn zu verhindern, seine Geldmittel zur Bestechung von Zeugen und zu sonstigen Kollusionen zu benutzen; auch die vollstreckungsichernde Funktion (nachstehend 3) kann in Frage kommen.[1])

3. Zur Sicherung einer künftigen Geldstraf- und Kostenvollstreckung ist bei Abwesenheit des Angeschuldigten eine Spezial-Vermögensbeschlagnahme über so viele Vermögensstücke verhängbar, wie zur Deckung des voraussichtlichen Höchstbetrages erforderlich ist; sie wird als dinglicher Arrest nach Maßgabe der ZPO. ausgeführt, § 283. Wo ein derartiges Vorgehen nicht ausführbar ist, ist Voll-Vermögensbeschlagnahme statthaft, die aber (im Gegensatz zu der Vermögensbeschlagnahme zu 1 und 2) nur bedeutet, daß Vermögensverfügungen des Angeschuldigten der Staatskasse gegenüber nichtig sind, § 284.

§ 104. IV. Individualbeschlagnahme.

v. Schwarze, Erörterungen **2** 100; Mothes (s. Schrifttum zu § 103); v. Hippel, Über Grenzen der Beschlagnahme, **ZStW. 47** 523; Pfleiderer, Die strafbehördliche Rückgabe von Sachen an den Verletzten nach § 111 StPO., Tübing. Diss. 1911; Fraeb, Auslegung und Anwendung des § 111 StPO. und die Reform, **ZStW. 31** 899; Hellmuth, Bayr. Z. **12** 101 (Postgeheimnis); Zitzlaff, **AG. 54** 42; Mannheim, Preßrecht 1927; die Kommentare zum Preßgesetz.

---

[1]) Darüber hinaus kann nach der Entstehungsgeschichte die Beschlagnahme auch dafür benutzt werden, um geldliche Unterstützung weiterer hoch- oder landesverräterischer Unternehmen durch den Vermögensinhaber zu verhindern. Insoweit hat sie aber nichts mit dem Strafprozeß zu schaffen.

I. Bei der **Individualbeschlagnahme** handelt es sich um Beschlagnahme von individuell bestimmten Gegenständen, und zwar 1. von solchen, die in dem betr. Prozeß als **sächliche Beweismittel** (Wahrnehmungsobjekte oder Urkunden) von Belang sind; 2. von solchen, hinsichtlich deren in dem betr. Prozeß eine auf **Einziehung**[1]) lautende Sachentscheidung zu erwarten ist, § 94.

Sie bewirkt, ohne das Eigentumsverhältnis zu berühren oder das Verfügungsrecht zu nehmen, daß der Staat die tatsächliche Herrschaft über die Sache erlangt und ein Zurückbehaltungsrecht hinsichtlich ihrer hat.

Sie hat, soweit es sich um Beweisstücke handelt, beweissichernde, soweit um Einziehungsstücke, vollstreckungssichernde Funktion.

II. Sie ist in Prozessen aller Art zulässig.[2])

Ihr unterworfen ist **jedermann** ohne Rücksicht auf seine Beziehungen zum Prozeß (als Beschuldigter, Dritter usw.) und in Ansehung aller (als Beweis- oder Einziehungsstücke in Betracht kommenden) Sachen, die er in Gewahrsam hat.

Von der Beschlagnahmeduldungspflicht freigestellt sind jedoch

1. Behörden und öffentliche Beamte in Ansehung von Akten und anderen amtlich verwahrten Schriftstücken, wenn die oberste Dienstbehörde erklärt, daß das Bekanntwerden des Inhalts dem Wohle des Reichs oder eines seiner Länder Nachteil bereiten würde, § 96.

2. Angehörige des Beschuldigten im Sinne des § 52 sowie seine Vertrauenspersonen im Sinne des § 53 in Ansehung des von ihnen mit dem Beschuldigten gepflogenen und in ihren Händen befindlichen Briefwechsels („schriftlicher Mitteilungen"), soweit sie nicht einer Teilnahme, Begünstigung oder Hehlerei verdächtig sind, § 97.[3]) Das Entsprechende gilt für Reichstags- und Landtags-

[1]) Für Gegenstände, die der Unbrauchbarmachung (StGB. § 41) unterliegen, muß Analogie Platz greifen.

[2]) Auch im Privatklageverfahren. A. M. v. **Hippel**, **ZStW.** 47 532. Aber Beweisverkürzung und Vereitelung einer Einziehung tragen gleichen prozeßschädigenden Charakter, einerlei bei welcher Prozeßart. Wenn die h. M. die **Untersuchungshaft** im Privatklageverfahren ausschließt, so kann dies nur damit gerechtfertigt werden, daß der Gedanke der Gleichheit der Parteien in ihrer persönlichen Rechtsstellung im Prozeß unter Privaten verletzt würde, wenn dem Beschuldigten einseitig Untersuchungshaft auferlegt würde. Bei der Frage nach der Beschlagnahme scheiden derartige Erwägungen aus.

[3]) Noch weitergehend bestimmt § 148, daß der Schriftwechsel zwischen dem verhafteten Beschuldigten und seinem Verteidiger vom Eröffnungsbeschluß ab nicht einmal angehalten oder in ihn Einsicht genommen werden darf und daß auch vor dem Eröffnungsbeschluß, falls nicht Einsichtnahme gestattet wird, nur Zurückweisung der Schriftstücke statthaft ist.

abgeordnete in Ansehung ihres Schriftwechsels mit dem Beschuldigten, RVerf. Art. 38 I.

3. Aus dem Grundgedanken des Berufsgeheimnisschutzes nach § 53, RVerf. Art. 38 muß gefolgert werden, daß die Vertrauenspersonen auch in Ansehung der in das Berufsgeheimnis einschlägigen Aufzeichnungen, die sie für sich selbst gemacht haben, nicht beschlagnahmeduldungspflichtig sind (Beispiel: Ärzte in Ansehung ihrer Krankenjournale).[1])

4. Nicht beschlagnahmeduldungspflichtig sind Exterritoriale in Ansehung aller in ihrem Gewahrsam befindlichen Sachen.

III. Die Beschlagnahme wird ausgeführt durch (nötigenfalls zwangsweise) Wegnahme (oder sonstige Festlegung) der Sache durch Strafjustiz- oder Polizeiorgane (Schutzleute usw.); vgl. auch § 98 IV, sowie RVerf. Art. 38 II.

Soll solche Ausführung rechtlich statthaft sein, so muß ihr aber

1. grundsätzlich eine richterliche Anordnung zugrunde liegen (zuständig vor Erhebung der Klage der Amtsrichter, weiterhin das jeweils mit dem Prozeß befaßte Gericht), § 98 I.

2. Ausgenommen sind nur die Fälle, in denen „Gefahr im Verzuge" obwaltet, d. h. nach Lage der Umstände der mit der Anrufung des Richters verbundene Zeitverlust zur Folge haben würde, daß die Sache für den Prozeß nicht mehr erreichbar ist; hier genügt eine von der Staatsanwaltschaft oder einem ihr als „Hilfsbeamten" zugeordneten Polizei- oder Sicherheitsbeamten (nicht von einer sonstigen Polizeistelle, vgl. oben § 37 II 1) ausgehende Anordnung, § 98 I.

Derartige nichtrichterliche Anordnungen sind nach genauerer Maßgabe des § 98 II richterlicher Nachprüfung unterstellt. Vgl. auch § 98 III.

Ganz ohne vorgängige Anordnung kann nur eine „einstweilige Beschlagnahme", d. h. ein tatsächliches Mitnehmen (oder sonstiges Festlegen) der Sache und nur bei Gelegenheit einer gesetzmäßig angeordneten Durchsuchung (unten § 106) nach näherer Maßgabe des § 108 stattfinden. Die Entscheidung über den Fortbestand der Verfangenschaft der Sache steht dann gemäß § 98 II beim Richter.

IV. Die Beschlagnahme erlischt durch richterlichen Freigabebeschluß oder spätestens mit rechtskräftiger Prozeßerledigung. Die

---

[1]) Bestritten. Wie im Text Beling, Beweisverbote 22; ZStW. 31 743; v. Hippel, ZStW. 47 527. Letzterer will a. a. O. 532 — gegen Beling, Beweisverbote a. a. O. — das Beschlagnahmeverbot auf die Aufzeichnungen der nach §§ 52, 55 Aussageverweigerungsberechtigten ausdehnen.

beschlagnahmten Sachen sind alsdann, soweit nicht rechtskräftig auf Einziehung erkannt ist, wieder hinauszugeben[1]), und zwar solche Gegenstände, die durch die den Prozeßgegenstand bildende Tat jemandem entzogen worden waren, an diesen Verletzten, § 111, andere Sachen an denjenigen, bei dem sie beschlagnahmt wurden (außer in den Fällen, in denen ein anderer dem Staate gegenüber einen bestimmten Rechtstitel auf Herausgabe hat). Vgl. dazu BGB. § 983.

V. Sonderbestimmungen gelten

1. wegen der grundsätzlichen Beförderungspflicht der Post, des von dieser zu wahrenden Postgeheimnisses und des Briefgeheimnisses und der empfindlichen Verkehrsstörung, die die Beschlagnahme hier haben kann, für die Beschlagnahme von Postsendungen und Telegrammen, die sich bei der Post- bzw. Telegraphenanstalt befinden. Der Kreis der beschlagnahmbaren Sendungen usw. ist in § 99 genau umschrieben; zur Anordnung der Beschlagnahme ist außer dem Richter nur (und zwar nur bei Gefahr im Verzuge und soweit es sich um eine Verbrechens- oder Vergehenssache handelt) die Staatsanwaltschaft befugt, § 100 I S. 1. Vgl. weiter StPO. §§ 100 I S. 2, II, III, 101.

2. Mit Rücksicht auf die möglichste Wahrung der Preßfreiheit untersteht die Beschlagnahme einer Druckschrift[2]) einem Sonderrecht, Preßges. v. 7. Mai 1874, §§ 23—27, dazu EStPO. § 5.

Solche Beschlagnahme trifft nur die zum Zwecke der Verbreitung bereitliegenden Exemplare der Druckschrift, PrGes. § 27. Nichtrichterliche Beschlagnahme ist nur bei Prozeßgegenständen von bestimmtem juristischen Charakter zulässig, das. § 23, bedarf für ihren Fortbestand schnell nachfolgender richterlicher Bestätigung, § 24, und ist trotz solcher aufzuheben, wenn nicht binnen 2 Wochen, von der Bestätigung ab gerechnet, die Strafverfolgung eingeleitet wird, § 26.

V. Herausgabezwang. § 105.

Der Herausgabe- (Editions-)Zwang, StPO. § 95, richtet sich wie die Individualbeschlagnahme auf die Erlangung von Beweis- und Einziehungsstücken im Dienste der Beweissicherung bzw. der Vollstreckungssicherung.[3]) Er besteht aber nicht in einer Wegnahme

[1]) In den Fällen, in denen rechtskräftig auf Unbrauchbarmachung erkannt ist, nach erfolgter Unbrauchbarmachung.

[2]) D. h. der gesamten Auflage, nicht von bestimmten Einzelexemplaren.

[3]) Er ist auch im Privatklageverfahren zulässig, vgl. oben § 104 II; a. M. v. Hippel, ZStW. 47 532.

der Sache, sondern in Ausübung psychischen Drucks zur Erzielung ihrer Herausgabe (Abnötigung), und zwar durch diejenigen Druckmittel, die § 70 gegen aussageweigernde Zeugen zur Erzielung der Aussage zuläßt. Da hier somit dem Betroffenen nicht bloß ein pati, sondern ein facere, eine tätige Förderung der Strafrechtspflege zugemutet wird, ist

1. die Anwendbarkeit dieses Zwangs enger begrenzt als die der Beschlagnahme. Er entfällt nicht nur da, wo eine Beschlagnahmeduldungspflicht nicht besteht, sondern auch bei Bestehen einer solchen insoweit, als der Betroffene nicht aussagepflichtig ist (also kein Herausgabezwang gegen den Beschuldigten und zeugnisweigerungsberechtigte Dritte).

2. Die Anordnung des Herausgabezwangs steht ausschließlich dem Richter zu.

Voraussetzung dafür ist, daß sich der Betroffene weigert, die Sache herauszugeben, § 95 II. Auch wenn dies der Fall ist, bleibt aber auch eine Beschlagnahme der Sache, eventuell nach vorausgegangener Durchsuchung, zulässig. Praktische Bedeutung kommt deshalb dem Herausgabezwang nur in den Fällen zu, in denen die Behörde von sich aus selbst mittels Durchsuchung die Sache nicht auffinden kann.

§ 106. VI. Durchsuchung.

Brauer, N. Archiv. d. KrimR. 1846 S. 583; Waser, **GS. 1** 61; Beling, **ZStW. 15** 471; Art. Mayer, Augenscheinseinnahme und Durchsuchung 1911; Stenglein, **GS. 57** 1; Friedrichs, Ztschr. f. ZivProz. **19** 390.

I. Durchsuchung ist die Unterwerfung eines Sachgegenstandes oder eines lebenden menschlichen Körpers unter eine suchende Tätigkeit, sei es zur Feststellung ihrer Beschaffenheit, sei es zur Auffindung darin befindlicher Sachgegenstände, bei Durchsuchung von Sachgegenständen auch zur Auffindung darin befindlicher Personen. Gilt die Durchsuchung einem Sachgegenstand, der in sich einen „Raum" hat (z. B. einem Hause, einem Garten, einem Eisenbahnwagen) und erfolgt sie durch Eintreten in diesen, so ist der Spezialfall der „Raumdurchsuchung" gegeben; zum Unterschiede von ihr heißt die sonstige an oder in Sachgegenständen vollzogene Durchsuchung „Sachdurchsuchung" schlechthin.

In den Dienst der Strafrechtspflege tritt die Durchsuchung insofern, als sie einmal dazu dienen kann, den zu ergreifenden Beschuldigten aufzufinden, und sodann dazu, sächliche Beweismittel und Einziehungsstücke aufzufinden und nötigenfalls zu beschlagnahmen.[1])

II. Eine Pflicht zur Duldung einer Durchsuchung entsteht nur durch richterliche Anordnung, ausgenommen die Fälle der Gefahr im Verzuge, in denen die Anordnung der Staatsanwaltschaft oder eines ihr zugeordneten „Hilfsbeamten" genügt, StPO. § 105 I (vgl. oben § 104 III).

Freigestellt von ihr sind schlechthin die Exterritorialen; im übrigen ist hinsichtlich des Umfangs der Duldungspflicht zu unterscheiden:

1. Der Beschuldigte ist duldungspflichtig sowohl in Ansehung seiner Räume wie seiner Sachen und seines Leibes, und zwar sowohl zum Zwecke seiner Ergreifung wie auch dann, wenn „zu vermuten ist", daß die Durchsuchung zur Auffindung „von" Beweismitteln[2]) (irgendwelcher, nicht notwendig solcher, die individuell bestimmt ins Auge gefaßt werden) führen werde, StPO. § 102.

Die Durchsuchung des Leibes kann auch in einer körperlichen Untersuchung auf die Leibesbeschaffenheit hin (Narben usw.) bestehen. Störungen des Wohlbefindens durch die Durchsuchung sind in der Duldungspflicht inbegriffen, nicht aber Gesundheitsschädigungen.[3])

2. Bei dritten Personen spricht das Gesetz — § 103 — nur von „den zu durchsuchenden Räumen". Per arg. a fortiori ergibt sich aber für solche Personen auch eine Duldungspflicht in Ansehung ihrer sonstigen Sachen. Dagegen brauchen sie eine Durchsuchung ihrer Person nicht zu dulden (arg. e contrario, da solche Durchsuchung eine Beeinträchtigung der persönlichen Freiheit ist, die mit bloßen Sachdurchsuchungen nicht wesensgleich ist).[4])

Auch der Pflicht zur Duldung einer Raum- und Sachdurchsuchung sind Dritte aber nur behufs der Ergreifung des Beschuldigten oder behufs der Verfolgung von Spuren, die die strafbare Handlung an der Sache hinterlassen hat, oder behufs der

---

[1]) Mit Einschluß des Falles, daß das durchsuchte Objekt selbst kraft seiner durch die Durchsuchung aufgedeckten Beschaffenheit Beweismitteleigenschaft hat (z. B. ein Garten wegen der im Erdboden abgedrückten Fußspuren).

[2]) Analogie für Einziehungsstücke.

[3]) Dies muß aus allgemeinen Rechtsgedanken gefolgert werden.

[4]) Streitig. Gegen die Auffassung des Textes das RGer., aber mit legislativpolitischen, de lege lata nicht stichhaltigen Gründen.

Beschlagnahme individuell bestimmter Gegenstände, und nur dann unterworfen, wenn schon Tatsachen vorliegen, aus denen zu schließen ist, daß sich die gesuchte Person, Spur oder Sache dort befinde, StPO. § 103 I, vgl. jedoch die Ausnahme in § 103 II.

Soweit die Durchsuchung auf Beschlagnahme einer Sache abzielt, muß ferner gefolgert werden, daß die Freistellung von der Beschlagnahmeduldungspflicht zugleich auch eine Freistellung von Durchsuchungsduldungspflicht bedeutet.

III. Die Ausführung der Durchsuchung hat zur Wahrung der Belange des von ihr Betroffenen

1. so zu erfolgen, daß dieser (oder für ihn jemand Anderes zur Wahrung seiner Belange) dabei sein darf, ihm Mitteilungen über Zweck und Ergebnis der Durchsuchung zu machen sind, seine bei ihm gefundenen Papiere undurchgesehen dem Richter zur Durchsicht auszufolgen sind u. dgl., vgl. das Genauere in §§ 106, 107, 109, 110.

2. Raumdurchsuchungen sind, wenn sie in militärischen Dienstgebäuden erfolgen sollen, von der hierum zu ersuchenden Militärbehörde auszuführen, § 105 IV S. 1 (Ausnahme S. 2); wenn in Reichstags- oder Landtagsräumen, nur mit Zustimmung des Präsidenten zulässig, RVerf. Art. 38 II.[1])

3. Eine „Haussuchung", d. i. Durchsuchung der Wohnung, der Geschäftsräume oder des befriedeten Besitztums — vgl. StGB. § 123 — (Unterart der Raumdurchsuchung) darf

a) grundsätzlich nicht zur Nachtzeit ausgeführt werden. Ausgenommen sind bestimmtartige Räume (z. B. Verbrecherkneipen) schlechthin, § 104 II; andere Räume bei Gefahr im Verzug, bei Verfolgung auf frischer Tat und zur Wiederergreifung eines entwichenen Gefangenen, § 104 I.

b) Bei Haussuchungen, die nicht im Beisein des Richters oder des Staatsanwalts erfolgen, sind, wenn möglich, ein Gemeindebeamter oder zwei Gemeindemitglieder zuzuziehen, soweit es sich nicht um die auch zur Nachtzeit haussuchungsoffenen Räume (§ 104 II) handelt, § 105 II, III.

---

[1]) Dagegen sind Abgeordnete persönlich nicht besonders gestellt, Käckell, JStW. 41 712 (abgesehen davon, daß sie Durchsuchungen zur Auffindung solcher Sachen, in Ansehung deren sie nicht beschlagnahmeduldungspflichtig sind, nicht zu dulden brauchen, oben II a. E., § 104 II 2, 3.

4. Kapitel.

Kostenverfahren. § 107.

Friedenreich, Die Lehre von den Kosten im Strafprozeß 1901; Ad. Friedländer, Das Kostenfestsetzungsverfahren in Strafsachen, ZStW. 20 175; Zeiler, Blätter f. RAnwendung 73 217, 273 (Kostenbeitreibung bei der Privatklage und der Nebenklage); Knör, Bayr. Z. 19 82, 113 (Kosten im Privatklageverf.).

I. Prozeßkosten sind (im Gegensatz zu den Kosten, die die Strafrechtspflege überhaupt mit sich bringt, z. B. für Bau von Gerichtsgebäuden, Richtergehälter) die Kosten des konkreten einzelnen Prozesses, bestehend in 1. Gerichtskosten, = einmal den Auslagen des Staats in Gestalt der Zahlung von Zeugengebühren usw., sodann den Staatsgebühren, die für den einzelnen Prozeß oder bestimmte einzelne behördliche Tätigkeit zu Lasten des Beschuldigten oder des Privatklägers usw. in Ansatz kommen, beides (Auslagen und Gebühren) nach näherer Regelung durch das Gerichtskostengesetz (GKG.) vom 21. Dez. 1922 (mit späteren Novellen)[1]); 2. Auslagen, die der Privatkläger und der Beschuldigte für den Prozeß aufgewendet haben.

Die hier obwaltenden Rechtsverhältnisse (Ansprüche auf Erstattung der Auslagen, Ansprüche des Staats auf Zahlung der Gebühren) sind systematisch verwaltungsrechtlicher (und zwar justizverwaltungsrechtlicher) Natur. Jedoch ist die Normierung dieses „materiellen Kostenrechts" in die StPO. mit aufgenommen, mit Rücksicht darauf, daß das Kostenverfahren als Prozeßeinlage in den Strafprozeß eingefügt ist. Danach ist

1. an bestimmte einzelne Prozeßvorgänge oder Prozeßeinlagen eine Sonderkostenpflicht angeknüpft, vgl. §§ 51, 70, 77 (Zeugen und Sachverständige in Ansehung der durch ihr Nichterscheinen usw. entstandenen Kosten), 145 (Verteidiger in Ansehung der durch sein Ausbleiben usw. entstandenen Kosten), 177 (Antragsteller im Klageerzwingungsverfahren bei Erfolglosigkeit des Antrags hinsichtlich der Kosten dieses Verfahrens), 467 (der Angeschuldigte in Ansehung solcher Kosten, die er durch schuldbare Versäumnis verursacht hat), 473 I, II (Rechtsmittel- und Wiederaufnahmewerber bei Erfolglosigkeit des Rechtsbehelfs in Ansehung der Kosten des Rechtsbehelfsverfahrens), 473 III (Wiedereinsetzungswerber in Ansehung der Kosten des Wiedereinsetzungsverfahrens).

---

[1]) Ausgabe dieses Gesetzes von Sydow-Busch-Krieg [11] 1928.

2. **Im übrigen** bilden für jede Art von Prozeßkosten (Staatsauslagen — Staatsgebühren — Auslagen des Privatklägers — Auslagen des Beschuldigten) die Prozeßkosten eine **einheitliche** Masse in dem Sinne, daß die Kosten des ganzen Prozeßverlaufs (mit Einschluß der Prozeßeinlagen) zusammengenommen werden. **Kostenschuldner** zu 2 ist

a) im Falle der Verurteilung (soweit sie bei Lebzeiten des Verurteilten rechtskräftig wird) der Angeklagte, § 465, vgl. § 466, und zwar dem Staate gegenüber in Ansehung der Staatsauslagen und der Staatsgebühren, im Privatklageverfahren auch dem Privatkläger gegenüber für die diesem entstandenen notwendigen Auslagen, § 471 I, II, V. Vgl. dazu RAbgO. § 441.

b) Bei Freisprechung oder Verfahrenseinstellung im Staatsklageverfahren fallen die Kosten grundsätzlich der Staatskasse zur Last, d. h. der Staat hat weder einen Auslagenerstattungs-, noch einen Gebührenanspruch, und er kann umgekehrt zur Erstattung der dem Angeschuldigten erwachsenen notwendigen Auslagen durch Gerichtsausspruch erstattungspflichtig gemacht werden, § 467; im Privatklageverfahren fallen sie dem Privatkläger zur Last, d. h. dieser ist dem Staate gegenüber auslagenerstattungs- und gebührenpflichtig und dem Beschuldigten gegenüber zur Erstattung der diesem erwachsenen notwendigen Auslagen verpflichtet, § 471 III, vgl. IV, V.

Jedoch fallen im Falle eines solchen negativen Ausganges des Prozesses die Prozeßkosten zur Last 1. demjenigen, der durch Antrag im Klageerzwingungsverfahren die Erhebung der öffentlichen Klage erwirkt hatte, § 472 (mit näherer Regelung); 2. demjenigen, der den Zusammenfall des Prozesses durch Zurücknahme eines von ihm gestellten Strafantrags herbeigeführt hat, § 470; 3. fakultativ demjenigen, der durch eine wider besseres Wissen oder in grober Fahrlässigkeit[1]) erstattete Falschanzeige den Prozeß hervorgerufen hatte, § 469.

c) Bei Straffreierklärung steht es im Ermessen des Gerichts, den für straffrei erklärten Angeklagten mit den Kosten ganz oder teilweise zu belasten oder nicht zu belasten, § 468.

d) Lautet die Entscheidung gegen einen Jugendlichen auf „Absehen von Strafe", so entfällt zwar (wie bei Freisprechung) ein staatlicher Gebührenanspruch, die Auslagenerstattungspflicht ist aber dieselbe wie bei Verurteilung, JugGerGes. § 41.

II. **Die verfahrensmäßige Behandlung** der Prozeßkosten ist derart — als Prozeßeinlage — in das Strafverfahren selbst ein-

---

[1]) Per arg. a fortiori auch eine mit dolus eventualis gemachte.

gebettet, daß jeweils das befaßte Gericht bei Erlaß prozeßerledigender Entscheidungen und solcher laufender Entscheidungen, bei denen eine Sonderkostenlast (oben I 1) in Frage kommt, über die Kostentragung mit zu entscheiden hat, § 464 I (und ergänzende Bestimmungen). Die Kostenangelegenheit bildet so einen Anhang des Prozeßgegenstands. Deshalb erstrecken sich die Rechtsbehelfe gegen eine Entscheidung auch auf den dieser angehängten Kostenausspruch mit; letzterer kann auch für sich allein mit dem betr. Rechtsbehelf angegriffen werden.

Der Inhalt des Kostenausspruchs hat sich nach dem materiellen Kostenrecht (oben I) zu richten, so zwar, daß der Kostenausspruch die Kostenpflicht nur grundsätzlich (ohne Bezifferung) festlegt. Die betragsmäßige Kostenfestsetzung erfolgt dann durch den Urkundsbeamten der Geschäftsstelle; für dieses Kostenfestsetzungsverfahren gelten entsprechend die Vorschriften der ZPO., § 464 II. Die Kostenvollstreckung untersteht dem zivilprozessualen Kostenvollstreckungsrecht, § 464 II. Über vollstreckungssichernde Vermögensbeschlagnahme im Verfahren gegen Abwesende s. §§ 283, 284, dazu oben § 103 II 3; über die Heranziehung des Privatklägers sowie des Antragstellers im Klageerzwingungsverfahren zur Leistung einer Sicherheit für die Kosten §§ 379, 176.

5. Kapitel.

Straf- und Haftentschädigungsverfahren. § 108.

Woermann, Das Wiederaufnahmeverfahren und die Entschädigung unschuldig Verurteilter 1899; Lessing, Entschädigung der im Wiederaufnahmeverfahren freigesprochenen Personen 1898; Schultetus, **ZStW. 23** 687; Kähler, Entschädigung für Strafe und Untersuchungshaft 1904; Köhler, **GS. 44** 337; Lessing, RGes. betr. die Entschädigung für unschuldig erlittene Untersuchungshaft 1905; Romen, Die Reichsgesetze betr. die Entschädigung usw. 1905; Burlage, Die Entschädigung der unschuldig Verhafteten und der unschuldig Bestraften 1905; Brandis, Entschädigung für unschuldig erlittene Untersuchungshaft 1905; Tobler, Die Entschädigungspflicht des Staates gegenüber schuldlos Verfolgten, Angeklagten und Verurteilten 1905; Krause, Haftentschädigung 1906; Rocco, La riparazione alle vittime degli errori giudiziari 1906; Goldschmidt, Rechtsgrund und Rechtsnatur der staatlichen Entschädigungspflicht gegenüber unschuldig Verhafteten und Bestraften, in der Festgabe für Gierke 1910; Rieder, Die Entschädigung unschuldig Verhafteter und Bestrafter 1911; Engell, Die Entschädigungs- und Wiedergutmachungspflicht des Staates gegenüber unschuldig Bestraften und Verhafteten 1927. — Vgl. Högel, Das (österr.) Ges. betr. die Entschädigung f. ungerechtfertigt erfolgte Verurteilung 1901.

I. Das rechtswirksame rechtskräftige Strafurteil schafft für den Staat die Vollstreckungsbefugnis; der Verurteilte darf sich der Vollstreckungstätigkeit auch dann nicht widersetzen, wenn er hätte freigesprochen oder nur zu geringerer Strafe verurteilt werden sollen. Da aber andererseits die Strafbarkeit selbst (der Strafanspruch) sich ausschließlich nach dem materiellen Strafrecht richtet, der Richter durch seinen Urteilsspruch solche nicht schaffen kann (vgl. oben §§ 2 III, 96 I), so stellt das Leiden, das infolge der Vollstreckung über jemanden kommt, der es nach Strafrecht nicht verwirkt hatte, einen der Rechtsordnung (trotz der Rechtmäßigkeit des Prozesses und der Strafvollstreckungstätigkeit) widerstreitenden Zustand dar; es ist der Fall rechtmäßigen Handelns mit rechtswidrigem Ergebnis gegeben.[1]) Das moderne Recht gibt deshalb dem unschuldig Bestraften in gewissen Grenzen einen Entschädigungsanspruch gegen den Staat, RGes. v. 20. Mai 1898.

Nach diesem Gesetz hat

1. derjenige, gegen den eine Strafe vollstreckt worden ist, der aber dann im Wiederaufnahmeverfahren freigesprochen oder in Anwendung eines milderen Strafgesetzes zu geringerer als der vollstreckten Strafe verurteilt worden ist und der seine frühere Verurteilung nicht selbst mindestens grobfahrlässig verschuldet hatte, dann Anspruch auf Entschädigung für den ihm aus der Strafvollstreckung (soweit sie nach Maßgabe des Wiederaufnahmeurteils unbegründet war) entstandenen Vermögensschaden gegen den Staat[2]), wenn das Wiederaufnahmeverfahren die Unschuld des Verurteilten (bei Freisprechung die Unschuld in ganzer Breite, bei Verurteilung aus milderem Strafgesetz die Unschuld hinsichtlich der schwereren Tatqualität) positiv ergeben oder wenigstens keinen begründeten Verdacht zurückgelassen hat.

2. Das Verfahren wegen der Entschädigung ist als Prozeßeinlage in der Weise mit dem Wiederaufnahmeverfahren verbunden, daß das Wiederaufnahmegericht gleichzeitig mit dem Urteil durch einen (nicht mit zu verkündenden, sondern zuzustellenden) unanfechtbaren Beschluß die Entschädigung dem Grunde, nicht auch dem Betrage nach zu- oder abzusprechen hat.

Dagegen fällt das Verfahren zur Festlegung des Betrages (bei grundsätzlicher Zuerkennung des Entschädigungsanspruchs) aus dem

---

[1]) Vgl. Beling, Lehre vom Verbrechen, S. 177.

[2]) Und zwar denjenigen, dem das Gericht angehörte, das in erster Instanz erkannt hat.

Strafprozeß heraus; die Angelegenheit wird zunächst (auf einen von dem Berechtigten bei der Staatsanwaltschaft anzubringenden Antrag hin) justizverwaltungsmäßig behandelt; gegen die Stellungnahme der Justizverwaltung eröffnet sich für den Berechtigten der ordentliche Rechtsweg im Zivilprozeß.

II. Auf dem gleichen Grundgedanken beruht das RGes. vom 14. Juli 1904 betr. Entschädigung für unschuldig erlittene Untersuchungshaft.

1. Danach hat derjenige, der eine Untersuchungshaft erlitten hat, Anspruch auf Ersatz des ihm dadurch entstandenen Vermögensschadens, wenn er im Verfahren freigesprochen oder durch Gerichtsbeschluß außer Verfolgung gesetzt worden ist, das Verfahren positiv seine Unschuld ergeben oder keinen begründeten Verdacht mehr zurückgelassen hat und er seine Untersuchungshaft nicht mindestens grob fahrlässig verschuldet hat.

Bei Vorliegen dieser Voraussetzungen wird aber noch bedeutsam, ob die Tat immerhin eine grobe Unredlichkeit oder Unsittlichkeit oder in Volltrunkenheit begangen war; ob der Beschuldigte die Verübung eines Verbrechens oder Vergehens vorbereitet hatte; ob er unter Ehrenrechtsverlust oder unter Polizeiaufsicht stand u. dgl. Wenn ja, so „kann" nach der Ausdrucksweise des Gesetzes „der Anspruch ausgeschlossen werden".[1])

2. Hinsichtlich des Verfahrens gilt im wesentlichen dasselbe wie bei Strafentschädigung, oben I 2.

Anhang.

Sonderstrafgerichtsbarkeit. § 109.

Kern, Ausnahmegerichte 1924; Ders., Der gesetzliche Richter 1926; H. Seuffert, Elbzollgerichte, Rheinschiffahrtsgerichte, in Stengels Wörterb. d. Staats- u. VerwaltR.², Ergänz.-Bd. 2 54, 194.
Militärgerichtsbarkeit: oben S. 10 Anm. 2.

1. Alle Strafsachen gehören grundsätzlich vor die ordentlichen Strafgerichte und sind hier im ordentlichen Strafverfahren oder gegebenenfalls in einer der besonderen Prozeßarten (oben §§ 85—95) abzuwandeln, GVG. § 13, EStPO. § 3. Indessen gibt es doch kraft des ausdrücklichen Vorbehalts in § 13 GVG. auch gewisse Gat-

[1]) Richtig gesehen besteht in diesen Fällen kein Entschädigungsanspruch, sondern nur eine Befugnis des Gerichts, den verhaftet Gewesenen durch Konstitutivakt einen solchen trotz jener Umstände zu verleihen.

tungen von Strafsachen, die aus der ordentlichen Gerichtsbarkeit derart herausgelöst sind, daß sie besonderen Gerichtstypen, den „besonderen Strafgerichten", zufallen, und damit zugleich die rechtliche Möglichkeit eines Verfahrens eröffnet wird, das sowohl von dem ordentlichen Verfahren, wie auch von den besonderen Prozeßarten, wie sie vor den ordentlichen Gerichten gelten, abweicht. Diese Erscheinung geht vornehmlich auf den Gedanken zurück, daß gewisse Gattungen von Strafsachen in Lebensverhältnisse hineinfallen, die eine Beurteilung durch „Spezialisten" verlangen; zum Teil spielen auch Beziehungen zum Ausland hinein.[1])

II. Die „reichsrechtlich bestellten", d. i. auf unmittelbare reichsrechtliche Normierung zurückgehenden Sonderstrafgerichte sind:

1. Die Militärgerichte, RMStGO. vom 1. Dezember 1898 mit Verordnung des Rats der Volksbeauftragten vom 5. Dezember 1918 und RGes. vom 22. Februar 1926. Seit MilGerAufhGes. vom 17. August 1920 nur noch für Kriegszeiten und gegen die an Bord diensteingestellter Kriegsschiffe eingeschifften Angehörigen der Kriegsmarine: Kriegsgerichte, besetzt mit einem Kriegsgerichtsrat und 2 soldatischen Beisitzern; Oberkriegsgerichte, besetzt mit 2 Oberkriegsgerichtsräten und 3 soldatischen Beisitzern. Keine Staatsanwaltschaft; deren Funktionen liegen bei den „Gerichtsherren" (Inhabern militärischer Kommandostellen) mit den ihnen zugeordneten Kriegs- (Oberkriegs-)Gerichtsräten.[2])

Das Verfahren ist entweder das „ordentliche" (scil. militärgerichtlich-ordentliche), oder das „Feld- und Bordgerichtsverfahren" (letzteres für die mobilen Verbände in Kriegszeiten, für die Besatzung eines vom Feinde bedrohten festen Platzes, die dienstlich in außerheimischen Gewässern befindlichen Schiffe und alle Schiffe im Kriegszustande); das ordentliche Verfahren weitgehend übereinstimmend mit dem Verfahren nach der StPO.; das Feld- und Bordverfahren ist durch Ausschluß der Rechtsmittel gekennzeichnet; statt dessen ein Nachprüfungsverfahren behufs Bestätigung oder Aufhebung; Eintritt von Rechtskraft und Vollstreckbarkeit mit Erteilung der Bestätigung.

2. Feldgerichte gegen Kriegsgefangene und Ausländer in Kriegszeiten und bei kriegerischen Unternehmungen, fakultativ vorgesehen in § 3 EMStGO. (dazu Kais. Verordnung vom 28. Dezember 1899).

---

[1]) Früher auch der Privileg-Gedanke. Vgl. jetzt RVerf. Art. 109 III.
[2]) Das vormalige Reichsmilitärgericht in Berlin ist aufgehoben. Seine Funktionen sind auf das Reichsgericht übergegangen.

3. Reichs-Ausnahmezustandsgerichte (früher außerordentliche Kriegsgerichte genannt, vgl. GVG. § 16 S. 3), einsetzbar durch den Reichspräsidenten gemäß RVerf. Art. 48 II, dazu Verordnung des RPräsidenten vom 29. März 1921/14. Mai 1921 über die Bildung außerordentlicher Gerichte nach Art. 48 der RVerf. (beschleunigtes Verfahren; keine Voruntersuchung; keine Rechtsmittel).

4. Deutsche Konsulargerichte in Abessinien, Persien und Ägypten, KonsulargerichtsbarkGes. vom 7. April 1900, Verordnung über die KonsGerichtsb. in Ägypten vom 31. Juli 1925.[1])

III. Reichsrechtlich „zugelassene" Sonderstrafgerichte (d. h. solche, zu deren Schaffung das Reichsrecht die Länder ermächtigt) sind 1. die Rhein- und Elbschiffahrtsgerichte für Stromstrafsachen, GVG. § 14[1], dazu EStPO. § 3 II, vgl. hinsichtlich der ersteren Rheinschiffahrtsakte vom 17. Oktober 1868 mit Zusatzartikeln vom 18. September 1895; hinsichtlich der letzteren RGes. vom 22. März 1923/14. Dezember 1923.

2. Die Landes-Ausnahmezustandsgerichte gemäß RVerf. Art. 48 IV.

Nichtrichterliche Verfahren zur Verhängung krimineller Strafe. § 110.

Zu I: Friedel, Die polizeil. Strafverfügung 1905; Friedrichs, **GA. 71** 201.

Zu II (zugleich zu oben § 88, § 94 III): Becker, Komm. z. RAbgO.[4] 1925; Mrozek-Arlt-Böthke-Pünder, desgl.[3] 1924; Cattien, Reichssteuerstrafrecht u. Reichssteuerstrafverfahren 1925; Voitus, **GA. 29** 93; Arndt, **ZStW. 5** 277; Löbe, Zollstrafrecht[4] 1912; Bonnenberg, Strafverf. in Zoll- und Steuersachen[3] 1899; Havenstein, Zollgesetzgebung des Reichs[3] 1906; Katzenstein, Das preuß. Ges., betr. das Verwaltungsstrafverfahren vom 26. Juli 1897, 1907; Merkel, Das Verf. bei Zuwiderhandlungen gegen die Vorschriften über die Erhebung öffentlicher Abgaben usw. im Königr. Sachsen 1891; Heinrich, Handbuch des Steuerstrafrechts (Steuerstrafrecht und -verfahren) 1923; Jadesohn, D. StrRZ. **9** 316 (Überblick über die Entwicklung des Zoll- und Steuerstrafverfahrens); Ginsberg, Zurücknahme des Einspruchs und des Antrags auf gerichtliche Entscheidung, im „Recht" **6** 519.

Abgehend von dem Grundsatz, daß die Erledigung von Strafsachen Richtersache ist, legt das Gesetz in gewissem Umfang den Polizei- und anderen Verwaltungsbehörden die Befugnis bei, in urteilsähnlicher Weise Strafen zu verhängen, so zwar, daß es dem Beschuldigten die Möglichkeit offen hält, hiergegen den Richter und damit den Strafrechtsweg anzurufen. Das Verfahren vor der

[1]) Vgl. Fuchs, **DJZ. 30** 560; Löning, **DJZ. 30** 1495.

Polizei — gipfelnd in einer „Strafverfügung" — und der sonstigen Verwaltungsbehörden — gipfelnd in einem „Strafbescheid" — ist wie das amtsrichterliche Strafbefehlsverfahren gedacht als ein Versuch, die Sache ohne die Umständlichkeiten eines Hauptverfahrens zu erledigen. Dazu gesellt sich hier der Gedanke, daß ein nichtrichterliches Verfahren noch einfacher und wohlfeiler sei, als das Strafbefehlsverfahren, und das Publikum es in glattliegenden Fällen gar nicht einmal ungern empfinden werde, wenn der Richterausspruch vermieden werde. Endlich spricht zum Teil auch der Erwägungsgrund mit, daß die betreffenden Verwaltungsstellen kraft ihrer Vertrautheit mit ihren reinen Verwaltungsaufgaben auch den mit diesen zusammenhängenden Strafangelegenheiten nicht fremd gegenüberstehen.

Diese Möglichkeit eines verwaltungseigenen Strafverfahrens sieht der § 13 GVG. dadurch vor, daß er „Strafsachen, für welche ... die Zuständigkeit von Verwaltungsbehörden ... begründet ist", aus der ordentlichen Gerichtsbarkeit herausfallen läßt.[1])

I. Das **polizeiliche Strafverfügungsverfahren** unterfällt auf Grund reichsrechtlicher Ermächtigung (§ 6^3 EStPO.) der Landesgesetzgebung, ist aber reichsrechtlich auf die Abrügung von Übertretungsfällen und hinsichtlich der zu verhängenden Strafe so beschränkt, daß die Straffestsetzung nur auf Haft bis zu 14 Tagen oder Geldstrafe und subsidiäre Haft, sowie Einziehung (§ 413), bei Jugendlichen nur auf Geldstrafe und Einziehung (JugGerGes. § 40 I) lauten kann. Die Landesgesetze beschränken es vielfach noch mehr.[2]) Selbstverständlich ist die Polizei bei dem Erlaß von Strafverfügungen genau so wie der Richter an das geltende materielle Strafrecht[3]) gebunden. Das von ihr einzuschlagende Verfahren untersteht da-

---

[1]) „für welche begründet ist" = für die eine unmittelbare reichsrechtliche Normierung dieser Art oder eine reichsrechtliche Ermächtigung für das Landesrecht getroffen ist. Die bisweilen auftretende Behauptung, daß das Landesrecht sämtliche Strafsachen auf den Verwaltungsweg verweisen könne, fällt schon angesichts des § 6 EStPO. in sich zusammen.

[2]) Überhaupt keine polizeilichen Strafverfügungen kennen Bayern und Hessen.

[3]) Sowohl auf Gesetz (Reichs- oder Landesgesetz), wie auf Polizeiverordnung beruhendes. Die Polizeiverordnung, die generell eine Strafe androht, ist von der Strafverfügung (Festsetzung einer verwirkten Strafe für den Einzelfall) streng zu scheiden. Letztere ist von Reichs wegen nicht auf Herleitung der Strafe aus einer Polizeiverordnung beschränkt. Es kann sogar ein Staat, nach dessen Verfassungsrecht die Polizei überhaupt keine Strafverordnungen erlassen kann, die Polizei gleichwohl mit der Befugnis ausrüsten, Strafverfügungen (nämlich auf Grund der Strafgesetze) zu erlassen.

gegen nicht reichsstrafprozeßrechtlichen Bestimmungen, sondern dem Landesverwaltungsrecht.[1]) Nur schreibt § 413 III bindend den schematischen Inhalt vor, den eine Strafverfügung haben muß. Auch kann das Landesrecht die Befugnis des Beschuldigten, auf gerichtliche Entscheidung anzutragen, nicht ausschließen.[2]) Als ungültig müssen auch landesrechtliche Bestimmungen angesehen werden, die der unangefochten gebliebenen oder durch Verwerfung der Verwaltungsbeschwerde unanfechtbar gewordenen Strafverfügung materielle Rechtskraft in dem Sinne beilegen, daß ein gerichtliches Verfahren de eadem re unzulässig sein solle[3]) (bestritten).

II. Das Verwaltungsstrafbescheidsverfahren ist unmittelbar reichsrechtlich normiert für Abrügung der der RAbgO. unterfallenden Finanzdelikte, RAbgO. § 412, ferner (vgl. EStPO. § 5) von Post- und Portodefraudationen (RPostGes. § 35) und von seemännischen Verfehlungen (Seem.-O. vom 2. Juni 1902, § 123); ein solches ist reichsrechtlich weiter zugunsten landesrechtlicher Normierung zugelassen für Abrügung landesrechtlicher Abgabendelikte (EStPO. § 6^{3}).

Dieses verwaltungseigene Verfahren[4]) ist geregelt a) für den Bereich der RAbgO. in dieser selbst, §§ 386—425; b) für Post- und seemännische Delikte im PostGes. vom 28. Oktober 1871 und in der Seem.-O. vom 2. Juni 1902 mit ergänzenden Verordnungen; c) für landesrechtliche Delikte ist das einschlägige Landesrecht maßgebend.[5]) Für b und c (nicht auch für a, vgl. RAbgO. § 449) fügt jedoch StPO. § 419 eine Regelungsgrundlage hinzu.

Aus dem Inhalt der gesetzlichen Bestimmungen ist hervorzuheben:

1. Finanzamtliche Strafbescheide nach RAbgO. können nur lauten auf Steuerzuwiderhandlung und solche ideell konkurrierende

---

[1]) Insbesondere bindet § 152 II (Legalitätsprinzip) die Polizei nicht.

[2]) Es kann nur die Befugnis hinzufügen, im Verwaltungsbeschwerdewege die höhere Polizeistelle anzurufen derart, daß dann der Beschuldigte nach seiner Wahl an die höhere Polizeistelle oder an das Gericht gehen kann.

[3]) Diese Frage ist aus dem Reichsrecht zu beantworten, vgl. oben § 94 II 1. Dagegen kann das Landesrecht bestimmen, daß ein zweites Strafverfügungsverfahren ausgeschlossen sein solle.

[4]) Das ebensosehr von dem darauffolgenden gerichtlichen Verfahren, oben § 94 III, wie von dem auf Verwaltungsstrafklage hin eintretenden gerichtlichen Verfahren, oben § 88, zu scheiden ist.

[5]) Vgl. Preuß. Ges., betreffend das VerwStrVerf. vom 26. Juli 1897 (Textausgabe mit Erläuterungen von Katzenstein, 1907); Bayr. AG. zur StPO. Art. 85ff. (in Bleyer, Bayr. Justiz- und Verwaltungsgesetze^{2} 1926, S. 204).

Gesichtspunkte, deren Hinzutritt die Schöpfung der Strafe aus dem Steuergesetz nach § 73 StGB. unberührt läßt, RAbgO. § 387.

Hinsichtlich der Strafe sind sie begrenzt auf Festsetzung von Geldstrafe und (oder: oder) Einziehung sowie Bekanntmachung der Verurteilung, § 386 II RAbgO.[1])

Der Strafbescheid hat die strafbare Handlung, das Strafgesetz, die Strafe und die Beweismittel anzugeben, und soll Entscheidungsgründe und die Belehrung über die Anfechtbarkeit enthalten, RAbgO. § 412 II. Letztere ist im Sinne einer Wahl des Beschuldigten zwischen Beschwerde an das Landesfinanzamt oder Antrag auf gerichtliche Entscheidung gegeben, RAbgO. § 415.

2. Die übrigen Strafbescheide dürfen nur je nachdem auf Post- oder Portohinterziehung, seemännische Verfehlung usw. lauten. Bei Abgaben- und Gefällsdelikten darf nur Geldstrafe und (oder: oder) Einziehung festgesetzt werden, StPO. § 419 I; der Strafbescheid muß die strafbare Handlung, das Strafgesetz, die Strafe und die Beweismittel bezeichnen und die Belehrung über die Anfechtbarkeit enthalten, § 419 II, d. h. darüber, daß Antrag auf gerichtliche Entscheidung[2]) und, soweit die einschlägigen verwaltungsrechtlichen Spezialbestimmungen auch eine Beschwerde an die höhere Verwaltungsbehörde zulassen, wahlweise mit jenem Antrage diese Beschwerde zulässig ist.

§ 111. **Abolition und Begnadigung.**

Heimberger, Das landesherrliche Abolitionsrecht 1901; Loeb, Das Begnadigungsrecht 1881; Elsas, Über das Begnadigungsrecht 1888; Davidsohn, Das Begnadigungsrecht 1903; Fritzschen, Das landesherrliche Abolitionsrecht 1906; Mendelssohn-Bartholdy, **GS. 71** 358; Hafter, Amnestie, in der Festschr. f. Zürcher 1920; Kern, Die Verdrängung des Rechts durch die Gnade, **ZStW. 43** 588; v. Liszt, Vergl. Darstellung, Allg. Teil **3** 1; Klee, Die bedingte Begnadigung in den deutschen Bundesstaaten unter rechtsvergleichender Berücksichtigung der bedingten Verurteilung des Auslandes, **ZStW. 24** 69; derselbe, Die bedingte Begnadigung innerhalb der letzten sechs Jahre, **ZStW. 26** 458; Weidlich, Urteilsaufschub und Abolition im Strafverf. gegen Jugendliche, **ZStW. 41** 437.

Weitere Schrifttumsangaben bei v. Liszt-Schmidt, Lehrb. d. Strafr.[25] zu § 75.

---

[1]) Hinsichtlich der Rechtsfolgen gegen „Nebenbeteiligte" s. RAbgO. §§ 386 III, 413.

[2]) Frist 1 Woche, nach Postges. § 35 und SeemO. § 124 jedoch 10 Tage.

I. „Abolition", Niederschlagung eines (anhängigen oder noch nicht begonnenen) Strafverfahrens (zugehörig der „Begnadigung im weiteren Sinne") ist die Willenserklärung einer außerhalb des Strafverfahrens stehenden staatlichen Stelle, daß das Strafverfahren (weiterhin bzw. von vornherein) unzulässig sein solle. Ein solcher Ausspruch kann entweder einem bestimmt individualisierten Einzelprozeß oder einer Mehrheit solcher gelten, oder aber — als „Amnestie" — generell auf Gruppen von Prozessen lauten (z. B. „alle Prozesse gegen Kriegsteilnehmer" oder „Prozesse wegen Hochverrats" usw.).

Die Reichsgesetzgebung weist nun keine Allgemeinbestimmung des Inhalts auf, daß solche Verfahrensniederschlagung zulässig sein, und welche Verwaltungsstelle mit solcher Gewalt ausgerüstet sein solle.[1]) Da zudem solche von außen kommenden Eingriffe in die Rechtspflege dem Geiste des modernen Rechts, insbesondere der StPO., zuwiderlaufen[2]), so muß behauptet werden, daß die Abolition grundsätzlich dem Reichsrecht fremd ist, und es auch dem Landesrecht nur zusteht, für solche Verfahren, deren Regelung ihm überlassen ist (so für das Polizeistrafverfügungsverfahren) Bestimmungen über Niederschlagung zu treffen; demzuwider vorkommende Niederschlagungen hätte der Richter gemäß § 1 GVG. unbeachtet zu lassen.[3])

Andererseits kann die Reichsgesetzgebung selbst (im Hinblick auf RVerf. Art. 105 aber nur durch verfassungsänderndes Reichsgesetz) Abolitionen normieren[4]), und zwar sowohl Amnestien, wie auch (Verwaltungsakt in Gesetzesform) eine Abolition für einen bestimmten Einzelfall.

Derartige Reichsgesetze sind als Amnestiegesetze in den letzten Jahren wiederholt erlassen worden.

---

[1]) Insbesondere sind RVerf. Art. 49 und StPO. § 452 nur auf das Begnadigungsrecht im engeren Sinne zu beziehen.

[2]) Nicht einmal die Justizverwaltung darf den Gang der Rechtspflege hemmen; die Abolition würde darauf hinauslaufen, daß der Beschuldigte dem Richter (und nicht einmal bloß dem „gesetzlichen", sondern jedem Richter) entzogen, würde usw.

[3]) Bestritten. Es wird häufig nicht scharf genug zwischen der Abolition (Strafverfolgungserlaß) und der Begnadigung im engeren Sinne (Straferlaß) unterschieden und namentlich verkannt, daß dieser Unterschied auch bei den während schwebenden Verfahrens erfolgenden Gnadenakten bestehen bleibt, vgl. unten II, III.

[4]) Insbesondere so, daß dadurch eine bestimmte Staatsstelle (z. B. der Reichspräsident) zu dem Abolitionsausspruch ermächtigt wird. Vgl. dazu RAbgO. § 443 I.

Auf den Prozeß wirken solche gesetzlich begründeten Abolitionen in verschiedener Weise hinüber:

1. Lautet das Gesetz unmittelbar, oder lautet der Ausspruch der durch das Gesetz ermächtigten Staatsstelle auf einen bestimmten individuellen Prozeß, und zwar ohne Hinzufügung von prüfungsbedürftigen Bedingungen, so wirkt die Abolition bei einem anhängigen Verfahren ipso jure prozeßerledigend, so daß die befaßte Justizstelle ohne (konstitutive) Entscheidung ihre Tätigkeit abzubrechen hat; bei noch nicht anhängigem Verfahren ipso jure als Umstand, der die Strafverfolgung von vornherein unzulässig macht.

2. In den übrigen Fällen hat die jeweils befaßte Justizstelle zu prüfen, ob der Prozeß unter die Abolition fällt, und verneinendenfalls den Prozeß in der gewöhnlichen Weise je nachdem einzuleiten oder fortzuführen; bejahendenfalls dagegen das Verfahren als unzulässig durch Formalentscheidung einzustellen.[1])

Würde freilich der betreffende Abolitionsakt nur eine prozeßgegenständlich beschränkte Niederschlagung des Verfahrens aussprechen[2]), so würde das Verfahren nicht einzustellen, sondern in Beschränkung auf den unberührt gebliebenen Rest des Prozeßgegenstands fortzuführen sein, soweit dies prozeßrechtlich möglich ist.[3])

II. Im Gegensatz zur Abolition ist die **Begnadigung im engeren Sinne**, der gnadenweise **Straferlaß** (voller oder teilweiser) ein Verzicht auf den staatlichen **Strafanspruch selbst**, daher, soweit wirksam, ein (voller oder teilweiser) **Strafaufhebungsgrund**; kraft seiner erlischt die Strafbarkeit.

---

[1]) Das hat auch das **Revisionsgericht** (bei zulässiger Revision) zu tun (bestritten), weil es die Zulässigkeit des Verfahrens von Amts wegen zu prüfen hat. Übereinstimmend **E.** 33 204. Ist die Revision unzulässig, so muß sich freilich das Revisionsgericht auf deren Verwerfung beschränken, oben § 83 I 1. Dagegen hat hier das **Untergericht** auf Grund der Abolition das Verfahren einzustellen. Ergeht diese Entscheidung, bevor das Revisionsgericht in Tätigkeit getreten ist, so wird damit die Revision von selbst gegenstandslos. Ist dies nicht geschehen, so hat das Untergericht auch nach Verwerfung der Revision das Verfahren einzustellen; denn da die **Strafverfolgung** schon mit der Abolition **unzulässig** geworden war (und nur der prozeßerledigende **Ausspruch** ausstand), so konnte die die Revision als unzulässig verwerfende Entscheidung keine Rechtskraft für das angefochtene Urteil schaffen.

[2]) Was durch Auslegung zu ermitteln ist, unten **III**, vgl. dazu **Gädeke**, **DJZ. 30** 1704.

[3]) So, wenn die Abolition der Tat nur unter einem bestimmten juristischen Gesichtspunkt galt, **E. 52** 271. Galt sie nur der eigentlichen **Strafverfolgung**, so ist gegebenenfalls der Prozeß wegen der Einziehungsfrage als „objektives Verfahren" fortzuführen.

Wie bei der Abolition ist denkbar, daß sich der Ausspruch auf einen bestimmten individuellen Fall oder eine Mehrheit solcher bezieht (Einzelbegnadigung), oder daß er generell Gruppen von Personen bezeichnet, die der Gnade teilhaftig sein sollen (Massenbegnadigung, Amnestie im materiellstrafrechtlichen Sinne).

Im Vordergrund stehen bei der Begnadigung die Fälle, in denen schon eine rechtskräftige, auf Strafe lautende Entscheidung vorliegt. Aber die Erklärung, daß jemandem Straffreiheit gewährt werde, ändert dadurch ihr Wesen nicht, daß sie während schwebenden Prozesses oder vor Einleitung eines solchen erfolgt; sie unterfällt auch dann den Bestimmungen über die Begnadigung im engeren Sinne, nicht denen über Abolition.[1])

Dem Straferlaß steht die Gesetzgebung von vornherein anders gegenüber, als der Abolition: die Gewährung von Straffreiheit ist ein allgemeines Rechtsinstitut für Strafansprüche jederlei Art, wie sich schon aus RVerf. Art. 49, StPO. § 452 ergibt.[2])

Dabei ist der Straferlaß z. T. sogar in den Strafprozeß derart eingebaut, daß der Richter ihn auszusprechen befugt ist (die „Straffreierklärung" in StGB. §§ 199, 233, das „Absehen von Strafe" in JugGerGes. § 6 sind der Sache nach nichts anderes, als richterliche Begnadigung; vgl. auch den bedingten Straferlaß in § 10 JugGerGes.). Soweit es sich nicht um diese Sonderfälle handelt, gilt folgendes:

Der Verzicht auf einen Strafanspruch stünde an sich demjenigen Staate zu, um dessen Strafanspruch es sich handelt, also für die aus Reichsstrafrecht fließenden dem Reiche, für die aus preußischem Landesstrafrecht fließenden dem preußischen Staate usw. Jedoch hat (im Zusammenhang damit, daß die Gerichtsbarkeit in der Hauptsache Landesgerichtsbarkeit geblieben ist, oben § 11 I)

1. das Reich die Gnadengewalt für sich selbst nur insoweit in Anspruch genommen, als ein reichseigenes Gericht in erster Instanz erkannt hat oder (wenn der Straferlaß vor rechtskräftiger Erledigung der Sache erfolgt) lediglich ein reichseigenes Gericht zu entscheiden zuständig wäre.[3])

---

[1]) Häufig verkannt, als ob vor rechtskräftiger Verurteilung nur Niederschlagung des Verfahrens denkbar sei.

[2]) Hier sind nur Zuständigkeitsbestimmungen gegeben, also stillschweigend vorausgesetzt, daß der Staat auf Strafansprüche wirksam verzichten kann.

[3]) In diesem Sinne ist § 452 StPO. über seinen Wortlaut hinaus auszulegen.

In diesem Rahmen ist der **Reichspräsident**[1]) das zuständige Gnadenorgan, jedoch nur für Einzelbegnadigung; amnestiemäßiger Straferlaß bedarf eines Reichsgesetzes. Art. 49 I, II RVerf.

2. Jenseit dieser Fälle steht der Verzicht auf Strafansprüche den **Einzelstaaten** zu, und zwar a) jedem Einzelstaat hinsichtlich der aus seinem Landesstrafrecht fließenden Strafansprüche; b) für Reichsstrafansprüche (soweit nicht der Fall 1 gegeben ist) demjenigen Einzelstaate, dem das erstinstanzlich erkennende Gericht zugehört; im Falle b hat also der betreffende Einzelstaat eine „Verfüger"-Stellung über ein dem Reiche zustehendes Recht.

In diesem Bereich (zu 2) ist dafür, ob es für den Straferlaß des Gesetzgebungsweges bedarf, oder, soweit nicht, welches Staatsorgan die Gnade im Namen des Staates auszuüben hat, das Landesrecht maßgebend.

Ein nach Maßgabe des Vorstehenden wirksamer Straferlaß wirkt nun

1. wenn er vor Prozeßerledigung geschieht, zwar auf den Fortgang des Verfahrens als solchen in keiner Weise ein, fordert aber, da die Strafbarkeit erloschen ist, eine prozeßerledigende, und zwar negative Sachentscheidung heraus (also je nach der Prozeßlage staatsanwaltschaftliche Einstellung, einen Nichteröffnungsbeschluß, ein freisprechendes Urteil usw.);

2. wenn er hinter eine rechtskräftige Verurteilung fällt, so macht er zugleich diese Entscheidung rückwirkend unwirksam, entzieht also der staatlichen Vollstreckungsbefugnis die Basis; die Vollstreckung ist von ihm ab unzulässig.

III. Jedes Abolitions- und Straferlaßgesetz und jeder sonstige Abolitions- und Straferlaßakt bedarf seiner besonderen Auslegung hinsichtlich der Tragweite, die sie sich beimessen. Dabei ist besonders zu beachten, daß es häufig an der juristisch notwendigen klaren Scheidung zwischen Hemmung des Strafverfahrens und Gewährung von Straffreiheit fehlt; es ist alsdann auf die Tendenz zurückzugehen, die vorgeschwebt hat.[2])

---

[1]) Oder diejenige Stelle, der er die Gnadeausübung delegiert.

[2]) Deshalb ist auch möglich, daß ein Gesetz oder sonstiger Akt, die sich der Wendung „Niederschlagung des Strafverfahrens" bedienen und insofern nach Maßgabe von oben I unzulässig und unwirksam sind, gleichwohl in dem Sinne zur Geltung kommen, daß sie eine Straffreierklärung bedeuten und nach oben II zu behandeln sind.

Die geschichtliche Herausbildung des heutigen deutschen Rechts. § 112.

Die Darstellungen der Rechtsgeschichte; v. Hippel, Deutsches Strafrecht 1 (1925). Ferner: Rogge, Über Gerichtswesen der Germanen 1820; Dahn, Die Könige der Germanen 1861—1900; Beyerle, Das Entwicklungsproblem im germanischen Rechtsgang, 1. Sühne, Rache und Preisgabe in ihrer Beziehung zum Strafprozeß der Volksrechte 1915; Heck, Altfriesische Gerichtsverfassung 1894; Brunner, Die Entstehung der Schwurgerichte 1872; derselbe, Zeugen- und Inquisitionsbeweis der karolingischen Zeit 1866; Planck, Das deutsche Gerichtsverfahren im Mittelalter, 2 Bde., 1879; His, Das Strafrecht des deutschen Mittelalters, 1. Teil, 1920; v. Kries, Der Beweis im Strafprozeß des Mittelalters 1878; Mayer-Homberg, Beweis und Wahrscheinlichkeit nach älterem deutschen Recht 1921; R. Löning, Der Reinigungseid bei Ungerichtsklagen im deutschen Mittelalter 1880; His, Strafrecht der Friesen im Mittelalter 1901; Knapp, Das alte Nürnberger Kriminalverfahren bis zur Einführung der Carolina, ZStW. 12 200, 473; Knapp, Zenten des Hochstifts Würzburg 1907; Bennecke, Zur Geschichte des deutschen Strafprozesses: Das Strafverfahren nach den holländischen und flandrischen Rechten des 12. und 13. Jahrhunderts 1886; Scheel, Das alte Bamb. Strafrecht 1903; Ruoff, Die Radolfzeller Halsgerichtsordnung von 1506, 1912; Geib, Geschichte des römischen Strafprozesses bis zum Tode Justinians 1842; Zumpt, Der Kriminalprozeß der römischen Republik 1871; Mommsen, Das römische Strafrecht 1899; Wlassak, Anklage und Streitbefestigung im Kriminalrecht der Römer (Sitzungsberichte der Wiener Akad. d. Wiss., Bd. 184, 1918, Bd. 194, 1920); Kohler und degli Azzi, Das Florentiner Strafrecht des XIV. Jahrh. mit einem Anhang über den Strafprozeß der italienischen Statuten 1909; Kantorowicz, Studien zum altitalienischen Strafprozeß, ZStW. 44 97; Biener, Beiträge zur Geschichte des Inquisitionsprozesses 1827; Brunnenmeister, Die Quellen der Bambergensis 1878; Schötensack, Strafprozeß der Carolina 1904; R. Schmidt, Von der Herkunft des Inquisitionsprozesses 1902; Schmidt, Königsrecht, Kirchenrecht und Stadtrecht beim Aufbau des Inquisitionsprozesses 1915; Ernst Mayer, Geschworenengericht und Inquisitionsprozeß 1916; Fr. G. Meister, Ausführliche Abhandlung des peinlichen Prozesses in Deutschland 1 1766—1775, 1795; v. Quistorp, Grundsätze des deutschen peinlichen Rechts, Bd. 3, 6. Ausg. v. Roß, 1821; Henke, Handbuch des Kriminalrechts, Bd. 4, 1838; Bauer, Lehrbuch des Strafprozesses 1835, 2. Ausg. v. Morstadt 1848; C. J. A. Mittermaier, Das deutsche Strafverfahren[4] 1845, 1846; Martin, Lehrbuch des Kriminalprozesses, 5. Ausg. von Temme 1857; Abegg, Lehrbuch des gemeinen Kriminalprozesses 1833; Planck, Systematische Darstellung des deutschen Strafverfahrens auf Grundlage der neueren Strafprozeßordnungen 1857; Zachariä, Handbuch des deutschen Strafprozesses, 2 Bde., 1861, 1868.

Das rechtsgeschichtliche Bild des deutschen Strafgerichtsverfassungs- und Strafverfahrensrechts zeigt einen tiefgehenden Wandel sowohl in Ansehung der Regelungsverbände (bald Rechtszersplitterung, bald Rechtseinheit), wie auch der Rechtsquellen (von Hause aus „ungeschriebenes Recht", später Vordringen der Gesetzgebung) und des Regelungsinhalts. Die geschichtliche Linie führt vom Stammesgewohnheitsrecht zum Reichsgesetzesrecht; inhaltlich von rein germanischrechtlichen Ausgangspunkten über die Aufnahme des römischen (aber nicht mehr rein römischen, sondern kanonisch-italienischen) Rechts und spätere Aufnahme französischer (zum Teil aus England stammender) Rechtsgedanken zum „reformierten" Strafprozeß, der zuerst in den Einzelstaaten, dann durch die Gesetzgebung des neuen deutschen Reichs gesetzlich normiert wurde.

I. Hauptzüge des germanischen Rechts:

1. „Erkennendes Gericht" im heutigen Sinne war die Volksversammlung (das „Ding"). Der Vorsitzende („Richter" im Gegensatz zu den „Urteilern") war auf die formelle Leitung und den Urteilsvorschlag beschränkt. Im Frankenreiche ging letzterer auf 7 Rachimburgen, später auf 7 auf Lebenszeit ernannte Schöffen (scabini), der Vorsitz auf den vom König ernannten Grafen über.

2. Der Prozeß war reiner Privatklageprozeß; zur Anklage legitimiert waren der Verletzte und seine Sippe. Später, aber nur als Ausnahme, auch Rügegerichtsbarkeit (Anhängigmachung der Sache durch königliche Beamte, missi).

3. Das Verfahren war mündlich und öffentlich.

4. Der Prozeßverkehr bewegte sich in Formalakten, vorgezeichneten Wortformeln und symbolischen Begleitakten.

5. Das förmliche Schuldbekenntnis des Beklagten führte zur Verurteilung. Leugnete der Beklagte seine Schuld, so entschieden die Urteiler darüber, wer von den Parteien „näher zum Beweise" sei, und sprachen (vor Beweisaufnahme) das Urteil „zweizüngig", d. h. als durch den Ausfall der vorzunehmenden Beweisaufnahme bedingtes Urteil, in dem für den einen Fall Verurteilung, für den anderen Freisprechung festgesetzt war.

6. Die (gemäß 5 dem Urteil nachfolgende) „Beweisaufnahme" bestand nicht in Aufhellung der erheblichen Tatsachen durch die Urteiler, sondern in der Veranstaltung bestimmter Tätigkeiten der Parteien, deren Vornahme oder Ausfall ohne weiteres als Beweis dafür galt, daß die Partei im Rechte war: Eid (regelmäßig mit Eideshelfern, die zu beschwören hatten, daß der Eid des Hauptschwörers „rein und nicht mein" sei); Gottesurteile (Ordalien); insbesondere Zweikampf. Grundsätzlich Recht des Beklagten zum Reinigungseid; bei Ergreifung des Beklagten auf handhafter Tat Recht des Klägers, zum Eide zugelassen zu werden.

7. Das Urteil war unanfechtbar. Zugelassen war „Urteilsschelte" im Sinne der Beanstandung des Urteilsvorschlags vor ge-

sprochenem Urteil, mit der Folge, daß in einem Zwischenverfahren der Scheltende die Richtigkeit seines Vorwurfs der Ungerechtigkeit des Urteilsvorschlags durch Zweikampf oder sonstiges Gottesurteil zu erhärten hatte.

8. Nach dem Urteil Urteilserfüllungsgelöbnis, fides facta; andernfalls Ächtung.

II. In Rom lag

1. die richterliche Gewalt ursprünglich ungeteilt beim König oder bei seinen Beamten, dann bei den Konsuln. Weiterhin wurden die comitia (insbesondere die Zenturiatkomitien) erkennende Gerichte; an die Stelle jener traten dann besondere Bürgerausschüsse, quaestiones (Schwurgerichte), die, anfänglich von Fall zu Fall eingesetzt, später als quaestiones perpetuae mit bestimmten Zuständigkeiten ständig eingerichtet waren. In der Kaiserzeit zog der Kaiser die Rechtsprechung (in Person oder durch seine Beamten) nach und nach an sich (Extraordinarprozeß).

2. Der Prozeß war, soweit es sich um delicta privata handelte, reiner Zivilprozeß; soweit ein crimen publicum seinen Gegenstand bildete, Popularklageprozeß.

3. Das Verfahren war mündlich und von Hause aus öffentlich (seit der Kaiserzeit ohne festes Prinzip bald öffentlich, bald nichtöffentlich).

4. Der Quästionenprozeß (oben 1) gliederte sich in das Verfahren in jure (vor dem Magistrat) und dasjenige in judicio (vor dem erkennenden Gericht, der quaestio). Die Anklage ging an den Magistrat, der sie entweder zurückwies oder vermittelst der „nominis receptio", vergleichbar dem Eröffnungsbeschluß, in das judicium überleitete. Im Extraordinarprozeß verlor sich diese Prozeßgliederung.

5. Der Prozeß trug Parteiprozeßcharakter mit Verhandlungs- und Dispositionsmaxime.

6. Das Beweisverfahren bestand darin, daß jede Partei ihre Beweismittel vorführte; Kreuzverhör. Auf dem Ausfall der Beweisaufnahme fußte das Gericht ohne hinsichtlich dessen, was als wahr anzunehmen sei, durch Rechtsvorschriften eingeengt zu sein.

Als Mittel zur Erzielung wahrheitsgemäßer Aussage war Folterung zugelassen, sowohl gegen Angeklagte, wie gegen Zeugen (jedoch zuerst nur gegen Sklaven, später auch gegen nicht privilegierte Freie).

7. Die judices stimmten mit „A" (absolvo), „C" (condemno) oder „N. L." (non liquet). Ergab sich ein non liquet, so blieb der Prozeß anhängig, und es folgte eine neue Beweisaufnahme (ampliatio).

8. Als Rechtsmittel entwickelte die Kaiserzeit die appellatio an den Kaiser oder ein höheres Gericht.

III. Nach der Völkerwanderung bildete sich das römische Recht, zum Teil unter Aufnahme germanischer Rechtsgedanken, zum kanonisch-italienischen um.

Es entwickelte sich neben dem Akkusationsprozeß der Inquisitionsprozeß (Vorgehen von Richteramts wegen, ohne Anklage) mit Instruktionsmaxime (Tatsachenforschung von Amts wegen). Das Verfahren spielte sich so ab, daß zunächst der Inquirent nach und nach seine Erhebungen anstellte und ihr Ergebnis (Zeugenaussagen usw.) aktenmäßig niederlegte, und dann das erkennende Gericht auf Grund des Akteninhalts (Schriftlichkeitsgrundsatz, keine mündliche Verhandlung) das Urteil sprach. Die Öffentlichkeit des Verfahrens verschwand.

Das römische Beweisrecht wurde insofern umgestaltet, als neben der Wahrheitsermittelung durch Zeugen auch der germanische Reinigungseid des Beschuldigten (purgatio canonica) Aufnahme fand, und das Gericht hinsichtlich der Feststellung des Ergebnisses der Beweisaufnahme an Rechtsvorschriften gebunden wurde, die den Wert oder Unwert bestimmter Arten von Zeugen usw. ohne Rücksicht auf den konkreten Fall festlegten.

IV. Das römisch-kanonisch-italienische Recht wurde in Deutschland rezipiert, ohne aber das einheimische Recht sofort und ganz verdrängen zu können. Die Verworrenheit des Rechtszustandes zeitigte zunächst territoriale Halsgerichtsordnungen, darunter besonders die Bambergensis 1507, verfaßt von Johann Freiherrn zu Schwartzenberg und Hohenlandsberg, sodann als Reichsgesetz die auf der Bambergensis beruhende Carolina, Peinliche Gerichtsordnung Karls V., 1532.

Diese ordnete die Strafgerichtsverfassung, das Strafverfahren und das materielle Strafrecht teils im Anschluß an fremde, teils unter Beibehaltung germanischer Rechtsgedanken, und zwar so, daß sie sich nur subsidiäre Geltung hinter dem Landesrecht (Clausula salvatoria) beilegte und ihrerseits das rezipierte fremde Recht als subsidiär hinter ihr geltend bestehen ließ.

Für die weitere Rechtsentwicklung übernahm der Gerichtsgebrauch, usus fori, zuerst noch eng angelehnt an die Schriften der Italiener, die Führung, wobei er sich auf die Länge der Zeit vielfach von den gesetzlichen Vorschriften der Carolina unabhängig machte.

V. Das teils der Carolina, teils dem usus fori entstammende „gemeine Strafprozeßrecht“ wies folgende Hauptzüge auf:

1. Die Carolina hatte aus dem germanischen Recht die Trennung der Funktionen des „Richters“ von der Funktion der „Urteiler“ (ungelehrter Schöffen) beibehalten, aber die letzteren angewiesen, in zweifelhaften Fällen bei Oberhöfen, Juristenfakultäten usw. „Rats zu pflegen“. Die „Aktenversendung“ entwickelte sich dahin, daß die angegangene Stelle das Urteil abfaßte, und das Gericht dieses nur publizierte. Im weiteren Verlauf Übergang der Urteilergewalt auf den Richter; die Schöffen wurden ausgeschaltet oder zu Solennitätszeugen.

2. Der Akkusationsprozeß verlor sich zugunsten des Inquisitionsprozesses, die Verhandlungsmaxime zugunsten der Erforschung von Richteramts wegen.

3. Urteilsfällung nicht auf Grund einer Hauptverhandlung, sondern auf Grund der Akten, die die Protokolle des Inquirenten über die von ihm nach und nach veranstalteten Beweiserhebungen enthielten. Der „endliche Rechtstag“ der Carolina war zwar mündlich und öffentlich, diente aber nur der förmlichen Bekanntgabe des Endurteils.

4. Der Beweis war nicht wie im germanischen Recht auf Formalakte, sondern auf Tatsachenerforschung abgestellt. Der Wert der Beweismittel war aber schematisch vorgezeichnet, System des formalen Beweisrechts (vollbeweisend war z. B. das frei abgelegte Geständnis, ferner die übereinstimmende Aussage von duo testes classici; daneben „halber“ Beweis usw.). Verurteilung durfte nach der Carolina nur erfolgen auf Grund vollen direkten Beweises; bei halbem direkten, sowie bei zulänglichem Indizienbeweis („genugsame Anzeygung“) Zwischenurteil (sententia interlocutoria), lautend auf Folter; auf Grund des dadurch erzielten Geständnisses, sofern es nachher außerhalb der Folter „verifiziert“ wurde, Verurteilung. Die Praxis fügte in den Fällen der Zweifelhaftigkeit der Beweislage noch Entscheidungen hinzu, die auf Reinigungseid oder auf eine „poena extraordinaria“ oder auf „absolutio ab instantia“ (formale Prozeßerledigung unter Offenhaltung neuen Prozesses) lauteten.

5. Als Rechtsmittel bildeten sich (der Carolina noch unbekannt) das remedium ulterioris defensionis, die appellatio und die querela nullitatis heraus.

VI. Tiefgreifende Umgestaltungen der Gerichtsverfassung und des Verfahrens vollzogen sich auf deutschem Boden etwa seit der Mitte des 19. Jahrhunderts, zuerst durch die L a n d e s g e s e t zgebungen.[1]) Den ersten Anstoß zur Reform hatten im 18. Jahrhundert die „Aufklärung" und die Naturrechtsdoktrin gegeben, und es waren schon damals manche gemeinrechtliche Einrichtungen, wie die Aktenverhandlung und die Folter, teilweise beseitigt worden. Die grundsätzliche Reform wurde aber dadurch vermittelt, daß der französische Prozeß, wie er sich nach der französischen Revolution gestaltet hatte, in den Rheinlanden zur Zeit der französischen Herrschaft Eingang fand.

1. Zurückdrängung der Rechtsprechung durch beamtete Richter zugunsten der Laienrechtsprechung, und zwar zunächst durch Einführung des französischen Schwurgerichts. Das Schwurgericht hatte sich aus fränkisch-normännischen Einrichtungen in England entwickelt, und zwar dahin, daß zunächst 23 Geschworene als „große Jury, Anklagejury" die Anklage zu prüfen hatten und, wenn sie sie nicht a limine zurückwiesen, die Sache dann zur Fällung des Verdikts zur Schuldfrage an die „kleine Jury, Urteilsjury" (12 Geschworene) gelangte.

Die Urteilsjury wurde in das französische und von da aus in das deutsche Recht übernommen („Assisen"). Ihre Aufgabe war ursprünglich so gedacht, daß sie nur die Tatfrage beantworten sollten, den Berufsrichtern aber die Anwendung des Strafgesetzes auf die von den Geschworenen für erwiesen erachteten Tatsachen zufiel. Die praktischen Schwierigkeiten dieser Trennung führten aber dazu, daß später der Schuldspruch in vollem Umfang in die Hände der Geschworenen gelegt wurde.

Nicht alle Strafsachen waren aber Schwurgerichtssachen; neben der schwurgerichtlichen blieb auch die berufsrichterliche Rechtsprechung bestehen. Weiterhin wurde als neuer Gerichtstypus das moderne Schöffengericht hinzugefügt, in dem Berufs- und Laienrichter zu einem einheitlichen Kollegium vereinigt sind.

2. An die Stelle des Inquisitionsprozesses trat der Anklageprozeß, so jedoch, daß die Klägerfunktion grundsätzlich dem Staate selber zugeteilt, und für diesen Zweck die Staatsanwaltschaft als staatliches Klageorgan geschaffen wurde.

3. Das erkennende Gericht hatte nicht mehr auf Grund der Akten zu entscheiden, sondern auf Grund einer partei- und volksöffentlichen mündlichen Hauptverhandlung mit unmittelbarer Beweisaufnahme.

---

[1]) Übersicht über diese bei Binding, Grundriß des StrProzR. [5] 19ff.; abgedruckt sind die einschlägigen Gesetze in den beiden Sammlungen von Häberlin und Sundelin, aber nur nach dem Stande von 1853 bzw. 1861.

4. Die Bindung des Richters an Beweisregeln wurde abgeschafft und durch den Grundsatz der freien Beweiswürdigung ersetzt. Verurteilung war nunmehr auch auf Grund Indizienbeweises, sowie auf Grund eines im Sinne des gemeinen Rechts formell nur „halben" direkten Beweises zulässig, es blieb dem Richter überlassen, ob er aus der Beweisaufnahme die nötige Gewißheit schöpfte.

Bei ungewissem Beweisergebnis war nicht mehr durch Folter, Reinigungseid, poena extraordinaria oder absolutio ab instantia Abhilfe zu suchen, sondern auf Freisprechung zu erkennen.

5. Die Rechtsstellung der Parteien wurde unter den Gedanken der Waffengleichheit gestellt.

6. Das Rechtsmittelsystem wurde fest geordnet und ebenfalls im Sinne der Gleichberechtigung der Parteien ausgebildet.

VII. Schon früh erwachte der Wunsch nach deutscher Rechtseinheit. Die Reichsverfassung vom 28. März 1849 schrieb in § 64 den Erlaß von Reichsgesetzbüchern über das gerichtliche Verfahren vor. Das Ziel wurde erreicht durch die auf Art. 4[13] der Bismarckschen Reichsverfassung vom 16. April 1871 beruhende StPO. vom 27. Januar 1877 nebst GVG. vom 1. Februar 1877.

Außerdeutsches Strafprozeßrecht (Rechtsquellen und Hauptschriftwerke).[1] § 113.

I. Danzig und Österreich.

1. Danzig. Verordnung vom 18. Januar 1927 zur Überleitung des Zivil- und Strafprozesses in die Justizreform. Textausgabe von Rumpf 1927.

2. Österreich. StPO. vom 23. Mai 1873 in der Fassung vom 5. Dezember 1918. Lehrbücher von Lohsing[2] 1924; Gleispach[2] 1924; Gampp[4] 1923. Handausgabe von Lißbauer[3] 1926; die sog. Manzsche von Löffler und Herrnritt[13] 1914 wegen der Entscheidungen des Obersten Gerichtshofs noch immer wichtig. Vgl. Löffler, Die Strafprozeßnovelle von 1918, 1919 (auch in Österr. Ztschr. f. Strafr. 8 163). Ältere Werke: Rulf[2] 1874;

---

[1]) Vgl. die Bemerkungen im Vorwort. — Erklärung der im nachfolgenden gebrauchten Abkürzungen:
K. = Kommentare.
S. = Systematische Darstellungen.
Sammlung = Sammlung außerdeutscher Strafgesetzbücher, herausgegeben von der Redaktion der ZStW. und der Mitteilungen der Internat. Krimin. Vereinigung (Berlin, Guttentag).

S. Mayer 1878—1884; Mitterbacher 1882; Ullmann[2] 1882; Vargha[2] 1907; Warhanek[2] 1913).

II. Andere Staaten in alphabetischer Reihenfolge.

1. Ägypten. Code d'instruct. crim. vom 13. November 1883.

2. Argentinien. a) Bundes-StPO. vom 2. Oktober 1888. K.: Malagarriga y Sasso 1910. S.: Jofré, Proced. crim. 1909; ders., Manual 1914; Frias 1925; Rivarola, La justicia en lo criminal 1899. — MilStPO. vom 8. November 1898. — b) StPO. für die Provinz Buenos Aires von 15. Januar 1915. K.: Jofré 1915; Palomeque 1916.

3. Baltische Staaten (Estland, Lettland, Littauen). In Geltung die russische StPO. von 1864/1914 (1923 in lettischer Sprache herausgegeben). Schrifttum (in russ. Sprache): K.: Sramčenko-Sirkov[3] 1923; Gernet-Siev 1914; Ščeglovitov 1914. S.: Foinitzki-Zublenski 1912—1915; Rosin[3] 1916; Slučewski[4] 1913; Pustoroslew[2] 1914; Posnyšev 1913; Viktorski[2] 1912; Duchovskoj[5] 1910. — Vgl. Jakobi, Projekt des lettländischen Strafgesetzbuchs. Riga 1928.

4. Belgien. Das belgische Recht gründet im französ. Code d'instruct. crim. von 1808; Abänderungsgesetze vom 17. April 1878, 18. Juni 1894 (dazu Mitt. der Int. Krim. Verein. 6 202) usw. — De Hondt, Code d'instruct. crim. avec traduct. flamande 1874; Picard, Code de la procédure pén. 1911. K.: Beltjens, Encyclopédie du droit crim., 2. partie 1903. S.: Faustin-Hélie 1863; Braas 1925. — De Groote, Code de procéd. militaire 1889; Goldseels, Manuel de procédure pén. milit. 1916.

5. Bolivien. StPO. vom 6. August 1898.

6. Brasilien. a) Bundes-StPO. vom 31. Dezember 1924. K.: Mendes de Almeida 1927. (Ältere Werke: K.: von Pimento Bueno[4] 1910; S.: von Pujol 1908, Siqueira 1910.) b) StPO. für den Staat Rio de Janeiro (in Consolidação des leis do proceso criminal do estado do Rio de Janeiro 1895).

7. Bulgarien. StPO. vom 3. April 1897 (deutsch in der Sammlung).

8. Canada. Daly, Canadian Criminal Procedure[2] 1915.

9. Chile. StPO. vom 12. Juni 1906. K.: Vera 1906; Ibañez 1907.

10. China. GVG. vom 7. Februar 1910 (dazu Betz, Bl. f. vergl. RWiss. 6 193). StPO. vom 24. November 1921 (französ. und

englisch veröffentlicht durch die Exterritorialitätskommission, Peking 1923). — Vgl. Liu, ZStW. **46** 249.

11. Columbien. GVG. vom 1. Dezember 1888.

12. Costa Rica. StPO. vom 3. August 1898.

13. Dänemark. (Zivil- und Straf-) Prozeßordnung vom 11. April 1916. Ausgabe von Munch-Petersen 1916 mit Anhang 1922. S.: Munch-Petersen, Den danske Retspleje [2] 1923—1926, Bd. 5: Strafprozeß. (Älteres Schrifttum dort Bd. 1, S. 40.)

14. Ecuador. StPO. vom 9. November 1890/24. Oktober 1905.

15. England (mit Schottland). Crimin. proced. Act 1865; desgl. für Schottland 1887. Crim. evidence Act 1898. Probation of offenders Act 1907. Crimin. Appeals Act 1907. Indictments Act 1915. Crimin. Justice Act 1925 (Ausg. v. Lieck & Morrison 1926; Otter & McClure 1926). — Gattie, Crimes and crim. procedure 1925; J. F. Stephen und H. Stephen, A digest of crim. proced. 1883; Rowlands, Crim. proceedings [2] 1910; Jenks, The book of english law 1928; C. G. Douglas, Summary jurisdict. proced. being the summary jurisdict. acts 1848—1899, [9] 1907; Renton, Procedure and appeal in summ. crim. cases in Scotland 1890. — Zahlreiche Werke über Beweisrecht (Starkie, A pract. treatise on the law of evidence [2] 1833; Stephen, A digest of the law of evidence [4] 1893; Jelf, The principles of the law of evidence [2] 1899; Taylor, A treatise on the law of evidence [6] 1885; Roscoe, Digest of the law of evid. [11] 1890; Powell, Principles of the law of evid. [7] 1898; Best, The principles of the law of evid. [8] 1893 usw.) — Biener, D. engl. Geschworenengericht 1852—1855; Heinze, Parallelen zwischen der engl. Jury u. dem franz.-dtsch. Geschworenengericht 1864; Glaser, Anklage, Wahrspruch usw. in engl. Schwurgerichtsverfahren 1866; C. J. A. Mittermaier, D. engl., schott. u. nordamerikan. Strafverfahren 1851; Gerland, Englische Gerichtsverfassung 1910; ders., GS. **72** 377, **74** 429, 453, **89** 397, sowie Krit. VJSchr. 3. Folge **13** 529; Mendelssohn-Bartholdy, Das Imperium des Richters 1908; ders., Das engl. Richtertum im Court of crim. appeal 1909; ders. ZStW. **40** 410; Liepmann und Mannhardt in Aschrotts Beiträgen z. Reform des Strafproz., Bd. 2, 1908; Weidlich, Engl. Strafprozeßpraxis u. deutsche Strafprozeßreform 1906; ders., ZStW. **28** 520, **30** 654; Eise, ZStW. **29** 237; Seelmann, Die Londoner Polizeigerichte, Mitt. d. Int. Krim. Verein. **19** 228; Heymann im Wörterbuch d. Rechtswissensch. S. 269, 1927; Wegner, ZStW. **44** 370; Guérin,

Étude sur la procéd. crimin. en Angleterre et en Écosse, Bullet. de législat. comparée 1890, S. 75.

Malta. StPO. von 1901.

Ceylon. StPO. vom 11. November 1898.

Straits Settlements. StPO. vom 1. April 1908.

Indien. StPO. vom 22. März 1898. — Sabonadière, The trial of crim. cases in India1926; Woodroffe, Crimin. proced. in Brit. India 1926.

16. Estland s. Baltische Staaten.

17. Finland. Granfelt, Lärobok i. straffprocessrätt 1925.

18. Frankreich. Code d'instruct. criminelle vom 17./27. November 1808 mit zahlreichen Novellen. K.: Le Poittevin 1926; Sirey und Malepeyre[4] 1903; Rivière 1913; Griotet-Bergé-Bourdeaux[25] 1927. S.: Garraud, Précis[13] 1921; ders., Traité 1926; Faustin Hélie, Traité 1866; Villey, Précis[6] 1906; Vidal-Magnol, Cours[5] 1916; Roux, Cours[2] 1927; Höchster, Lehrb. des franz. Strafproz. 1850. — Wilhelm, Die französ. Gerichtsorganisation, Beil.-Heft zu GS. 78 1911. — Vgl. Mitt. d. Int. Krim. Verein. **6** 38, 41; Mendelssohn-Bartholdy, Vergl. Darst. des dtsch. u. ausländ. Strafr., Allg. T. **6** 93.

Tunis. Code tunisien de procéd. pénale, Alger 1924.

19. Griechenland. StPO. und GVG. vom 22. März 1834 (deutsch im Anhang des Regierungsblattes von 1834 und in: Maurer, D. griechische Volk, Bd. 3) mit zahlreichen Novellen, besonders Schwurgerichtsgesetz von 1892. — K.: Konstantopoulos[3] 1926. S.: Kostis[3] 1897; Kypriades 1897; Karatsanis 1925.

20. Haiti. StPO. vom 26. November 1895. — Chamette, Code d'instr. crim. 1901.

21. Italien. StPO. vom 27. Februar 1913 (deutsch in der Sammlung), dazu Ausführungsbestimmungen vom 5. Oktober 1913, Kgl. V°. vom 20. März 1924 und Ges. vom 25. November 1926. GVG. vom 30. Dezember 1923. — K.: Mortara, Stoppato, de Notaristefani, Longhi, Aloisi, Mangini 1913—1926; Mortara-Aloisi, Spiegazione pratica 1920; Tuozzi 1914; Pessina, Enciclopedia (Procedura, bearb. von Civoli, de Rubeis, d'Antonio, Vico, Noseda, Masucci) 1913—1921; Garofalo, Berenini, Zerboglio, Florian 1913—1916. S.: Manzini, Trattato 1925; Lanza, Sistema 1922; Alimena, Principii 1914; Civoli, Manuale 1921; Pessina-Bozzari, Manuale 1916. —

Manzini, Istituzioni [2] 1923; Lucchini, Elementi [5] 1921; Massari, Lineamenti 1927; Florian, Principii 1927; Romano di Falco, Istituzioni 1914; Finzi, Avviamento allo studio della proc. pen. 1927; de Mauro, Istituzioni 1915. — Finzi, Prontuario del cod. di proc. pen. ital. in ordine alfabetico 1920. — Älteres Schrifttum: Kommentare zur StPO. vom 26. November 1865 von Saluto 1877—1879 und Borsari-Casorati-Majno 1873—1887. — Vgl. Hüssy, Das italien. GVG. von 1923, GS. **90** 460.

22. Japan. GVG. und StPO. vom Juli 1880/6. Oktober 1890 (deutsch in der Sammlung). Schwurgerichtsverordnung vom 18. April 1923 (deutsch in ders. Sammlung). — Bartelt, **ZStW. 48** 246.

23. Jugoslavien. Serbische StPO. vom 28. April 1864 (mit mehreren Novellen). MilStPO. vom 15. Februar 1901. Kroat-slavon. StPO. vom 17. Mai 1875. Bosnisch-herzegow. StPO. vom 30. Januar 1891. — Leitmaier, Der serbische Strafprozeß 1884; Georgewitsch, Darstellung der Justizorganisation Serbiens 1897. — Vgl. Dolenc, **ZStW. 44** 207.

24. Lettland s. Baltische Staaten.

25. Liechtenstein. StPO. von 1912. — Vgl. Lindt, **GA. 65** 307.

26. Litauen s. Baltische Staaten.

27. Luxemburg. Der französ. Code d'instruct. crim. von 1808 mit Änderungen. Rupert, Code d'instr. crim. 1900; Étienne Schmit, Code pénal, Code d'instr. crim. 1927.

28. San Marino. StPO. von 1878. — Cavalieri in Böhms Ztschr. f. intern. R. **14** 381; ders. in Riv. pen. positiva 1904.

29. Mexiko. Código federal de procidimientos penales vom 16. Dezember 1908. — Vgl. **ZStW. 30** 74.

30. Monaco. Code de procéd. pén. 1904. — Vgl. **ZStW. 30** 71.

31. Niederlande. StPO. vom 29. Juni 1925. **K.:** Noyon 1926. **S.:** Blok-Besier 1925; Donner-van Dyck 1925; Simons, Beknopte handleiding [7] 1925; Suermondt, Schets 1926.

32. Norwegen. StPO. vom 1. Juli 1887 (deutsch in der Sammlung, italien. von Brusa 1900) mit Novelle vom 22. Mai 1902 (deutsch in der Sammlung). MilStPO. vom 22. Mai 1902 (deutsch in der Sammlung). — **K.:** Getz-Hagerup 1889; Salomonsen [2] 1925. **S.:** Hagerup, Den norske straffproces fremstillet [2] 1904; ders., Forelaesninger 1892. — Hagerup, **ZStW. 9** 106.

33. Panama. StPO. von 1905.

34. Paraguay. StPO. vom 15. November 1890, GVG. vom 26. August 1898.

35. Peru. StPO. vom 2. Januar 1920.

35a. Portugal. StPO. enthalten in der „Novisima reforma judicial" vom 21. Mai 1841, Art. 854—1272, mit Novellen vom 15. April 1886 und vom 14. August 1916. MilStPO. vom 10. März 1911. — S.: Delgado de Carvalho, Manual.

36. Rumänien. StPO. vom 2. Dezember 1864 mit Novellen. GVG. vom 9. Juli 1865.

37. (Sowjet-) Rußland. StPO. vom 25. Mai 1922. — Freund, StGB., GVG. und StPO. Sowjet-Rußlands 1925; Timaschew, D. Strafprozeß Sowjet-Rußlands 1925. — Galin, Gerichtswesen u. Strafensystem im revolution. Rußland 1920; v. Beh, Straf- u. Zivilprozeß d. russ. Räteregierung, **JW. 49** Nr. 9; Zaitzeff, **ZStW. 44** 328.

38. Schweden. Uppström, Öfversigt af Strafprocessrätten 1884.

39. Schweiz. Bundesgesetz vom 22. März 1893 über die Organisation der Bundesrechtspflege (vgl. **ZStW. 9** 232; **R.** von Reichel). Bundesgesetz vom 27. August 1851 über die Bundesstrafrechtspflege. Kocher, Die Strafgerichtsorganisation u. Strafprozeßgesetzgebung der Schweiz 1894; W. Krebs, Bundesprozeßrecht 1917. — MilStGO. vom 28. Juni 1889; Ausg. von Kocher 1894. C. Meyer, Kritik und vergleichende Darstellung der Strafverfolgung und Voruntersuchung nach den kantonalen Gerichtsorganisationen und Strafprozeßordnungen 1897.

Aargau. StPO. vom 3. März 1858 mit Novellen vom 29. Mai 1863, 7. Juli 1886, 25. November 1903. Juchler, D. Strafverf. i. Kanton Aargau 1905.

Appenzell A.-Rh. StPO. vom 26. April 1914. Thormann, **ZStW. 39** 743.

Appenzell J.-Rh. Gewohnheitsrecht, einzelne Verordnungen.

Basel-Land. Ges. vom 3. Mai 1852 über die Organisation der Strafrechtspflege.

Basel-Stadt. StPO. vom 5. Mai 1862. GerichtsorganisGes. vom 27. Juni 1895. — Neuer Entwurf 1926, vgl. **DJZ. 31** 1330, **GS. 94** 257.

Bern. StPO. vom 29. Juni 1859/2. Mai 1880. GerichtsorganisGes. vom 3. November 1907. — Ausgaben von Kocher 1894, Wirth 1904, Otto Müller 1907, W. Krebs 1916.

Freiburg. StPO. vom 11. Mai 1927.

St. Gallen. StPO. vom 27. Februar 1912. Vgl. Thormann, **ZStW. 39** 741.

Genf. StPO. vom 25. Oktober 1884 mit Novellen. GVG. vom 15. Juni 1891.

Glarus. StPO. vom 7. Mai 1899.

Graubünden. StPO. vom 1. Juni 1891.

Luzern. StPO. vom 7. Juni 1865 (Ausg. von Pfyffer 1866). OrganisGes. vom 8. März 1899/7. März 1901.

Neuenburg. StPO. vom 25. September 1893. OrganisGes. vom 22. März 1910.

Obwalden. StPO. vom 11. März 1869.

Schaffhausen. StPO. vom 27. Juni 1909.

Schwyz. StPO. vom 18. Februar 1908. GerichtsorganisGes. vom 23. Oktober 1898/11. März 1900.

Solothurn. StPO. vom 1. Juli 1886/23. Dezember 1917.

Tessin. StPO. vom 3. Mai 1895; GVG. vom 4. Mai 1895. Ausg. von Cattaneo 1895.

Thurgau. Gesetze vom 24. März 1852 und vom 26. November 1867; Kompetenzgesetz f. d. Strafprozeß vom 10. November 1872.

Unterwalden nid d. Wald. StPO. vom 29. April 1885. GVG. vom 20. März 1901.

Uri. Anhang zum Justizreglement vom 12. März 1886, I: Besondere Grundsätze über die Regelung des Strafverfahrens. Vgl. Neuheim, Ztschr. f. schweizer. Strafr. **3** 362; Mittermaier, das. **16** 116.

Waadt. StPO. vom 1. Februar 1850 mit Abänderungsdekret vom 16./24. Dezember 1852. GVG. vom 15. Mai 1911. Ausg. von Bonnard 1924.

Wallis. StPO. vom 24. November 1848. GVG. vom 30. Mai 1896.

Zürich. StPO. vom 4. Mai 1919. Ausg. von Sträuli 1924. Vgl. Pfenninger, Schweiz. Ztschr. f. Strafr. **32** 340.

40. Spanien. StPO. vom 14. September 1882 (französ. mit Anm. von Verdier u. Depeiges 1898). MilStPO. vom 29. September 1886. — **K.**: Aguilera de Paz² 1923. **S.**: Fábregas, Tratado.

41. Tschechoslowakei. Lederer, Die strafgesetzlichen und strafprozessualen Bestimmungen der tschechoslowakischen Republik 1922.

42. Türkei. StPO. vom 25. Juni 1879 (deutsch in der Sammlung).

43. Ukraine. StPO. vom 15. Juli 1925.

44. Ungarn. StPO. vom 4. Dezember 1896 (deutsch in der Sammlung, italien. von Heil 1899) mit Gesetz XXIX von 1921. Verordnung vom 1. Oktober 1909, betr. d. polizeil. Strafverfahren (deutsch in der Sammlung). — Lehrbücher (in ungar. Sprache) von Finkey, Vámbéry, Angyal. Vgl. Fayer, **ZStW. 19** 704; v. Doleschall, **GS. 60** 350; v. Balogh, **ZStW. 30** 597.

45. Uruguay. StPO. vom 31. Dezember 1878. **K.**: de Aréchaga[5] 1926.

46. Venezuela. StPO. vom 27. Juni 1911.

47. Vereinigte Staaten von Nordamerika. Bundes-StPO., 69. Kongreß 1925/26. United States Code annot. 1927. — Darstellungen von Callender 1927; Williams[2] 1927; Rose[3] 1926; Bishop[2] 1913; Clark 1895; Wharton[10] 1918; Hughes[2] 1913; Abbot[3] 1925; Washburn 1900; Zoline 1921; Byrne 1916; Parmelee 1908. — Vgl. Tittmann, Gerichtsverfassung, Strafrecht u. Strafprozeß in d. Verein. St. v. Nordamerika 1848; Hartmann, Die StrRPflege in Amerika 1906; Garner, Mitt. der Int. Krim. Verein. **21** 503.

Californien. Fricke, Outlines 1926; Fairall 1902.

Kentucky. StPO. vom 1. Januar 1877 (Carrol, Textausg.[7] 1927).

New-Jersey. Newman[2] 1926.

New-York. StPO. von 1881 (Benders Edition[19] 1927). — Gilbert[10] 1927; Parker 1909.

Pennsylvanien. Sadler 1903.

Texas. StPO., 39. Legislat. 1925. Vernons, Annot. Code 1926.

III. Den katholisch-kirchlichen Prozeß regelt der Codex juris canonici von 1917 (Publikationsbulle Providentissima mater ecclesia vom 27. Mai 1917) in Buch IV, c. 1552—2194. **S.**: Eichmann, Das Prozeßrecht des Codex juris canonici 1921 (dort § 3 weiteres Schrifttum). — Vgl. Frank, **GA. 65** 401.

Quellenverzeichnis.

Die Zahlen links verweisen auf die Paragraphen oder Artikel der Gesetze, die rechts auf die Seiten des Lehrbuchs, die hochgestellten auf dessen Anmerkungen.

StPO.

EStPO.

Bayr. AStPO.

GBG.

EGBG.

Bayr. AGBG.

Preuß. AGBG.

StGB.

EGStGB.

Sachregister.

Die Zahlen verweisen auf die Seiten des Lehrbuchs, die hochgestellten Zahlen auf dessen Anmerkungen.

A

B

F

G

K

L

M

Q

R

T

U

V

W

Z

Nachweis wichtiger Gesetzesausgaben

mit und ohne Erläuterungen, größerer und kleinerer Kommentare, Lehrbücher, Sammelwerke, Entscheidungssammlungen, Zeitschriften

Verlag Walter de Gruyter & Co., Berlin W 10 und Leipzig

Januar 1933

Inhaltsverzeichnis

I. Allgemeines, Sammelwerke.

Handwörterbuch der Rechtswissenschaft (HdR). Unter Mitberatung von Reichsgerichtspräsident Dr. Dr. E. Bumke, Reichsgerichtsrat Dr. L. Busch, Oberreichsanwalt Prof. Dr. Dr. L. Ebermayer, Geh.-Rat Professor Dr. Dr. Fr. Endemann, Geh. Justizrat Professor Dr. Dr. E. Heymann, Senatspräsident am Reichsgericht Dr. O. Strecker, Präsident des Bayerischen Obersten Landesgerichts Staatsrat Dr. K. v. Unzner †, herausgegeben von Dr. jur. **Fritz Stier-Somlo**, o. Professor an der Universität Köln, und Dr. jur. **Alexander Elster**, Berlin. 6 Bände. 1926/29. 1 Ergänzungsband 1931. Lexikon-Oktav. . . . . In Halbleder geb. RM. 312.—

„Es zeigt sich doch jetzt immer mehr, daß Ihr Handwörterbuch ein ganz großer Wurf war. Wie ich höre, wird es auch in der Praxis in steigendem Maße benutzt."
Professor Dr. Nipperdey, Köln.

Die Reichsgerichtspraxis im deutschen Rechtsleben. Festgabe der juristischen Fakultäten zum 50jährigen Bestehen des Reichsgerichts (1. Oktober 1929), unter Mitwirkung der Professoren Gerhard Anschütz, Heidelberg, Ernst Heymann, Berlin, Theodor Kipp, Berlin, Wilhelm Kisch, München, Alfred Schultze, Leipzig, Heinrich Siber, Leipzig, herausgegeben von Otto Schreiber, weiland Professor in Königsberg i. Pr. Groß-Oktav. 1929.
RM. 110.—, in Halbfranz geb. RM. 134.—

I. Band: Öffentliches Recht. II. Band: Zivil- und Handelsrecht. III. Band: Zivil- und Handelsrecht (Fortsetzung). IV. Band: Handels- und Wirtschaftsrecht. V. Band: Strafrecht und Strafprozeß. VI. Band: Zivilprozeßrecht.
Die Bände werden einzeln abgegeben.

Mit dieser umfangreichen Festgabe wird eine große, systematisch geordnete Reihe hervorragender Monographien veröffentlicht, die durchweg besonders wichtige und schwierige Fragen aus allen Teilen des Rechts behandeln.

Fünfzig Jahre Reichsgericht am 1. Oktober 1929. Von Dr. **Adolf Lobe**, Senatspräsident am Reichsgericht i. R., M. d. R. unter Mitarbeit von Mitgliedern und Beamten des Reichsgerichts, der Reichsanwaltschaft und der Rechtsanwaltschaft am Reichsgericht. Mit 14 Porträts und 15 Abbildungen. Lexikon-Oktav. VI, 436 Seiten. 1929.
RM. 20.—, in Halbfranz RM. 24.—

Von den beiden Festschriften „Lobe, Fünfzig Jahre Reichsgericht" und der Festgabe der juristischen Fakultäten gibt die vorliegende ein Bild der organisatorischen Gestaltung des Reichsgerichts und seiner Einrichtungen, in deren Schutz sich seine Aufgaben und seine Arbeit gestalten. Ausführlicher Prospekt mit Inhaltsverzeichnis kostenlos.

Festschrift Herrn Rechtsanwalt und Notar Justizrat Dr. jur. h. c. **Albert Pinner** zu seinem 75. Geburtstag gewidmet von dem Deutschen Anwaltverein, dem Berliner Anwaltverein und dem Verlag Walter de Gruyter & Co.; herausgegeben von Felix Bondi, Rudolf Dix, Richard Graßhoff, Paul Marcuse, Ernst Wolff. Groß-Oktav. 680 Seiten. 1932.
RM. 15.—, geb. RM. 17.—

Die von den Exponenten der großen Anwaltsorganisationen herausgegebene Festschrift zerfällt in drei Teile, die sich den Interessengebieten Pinners anschließen. Der erste Teil enthält Beiträge zum anwaltlichen Standesrecht sowie Allgemeines, der zweite Teil behandelt Handels- und Wirtschaftsrecht, der dritte Teil das

Aktienrecht. Die Beiträge stehen durchweg auf derjenigen wissenschaftlichen Höhe, die schon durch den Namen der Verfasser gewährleistet ist.

Neben dieser Gesamtausgabe sind die drei Teile auch einzeln erschienen. Preis je Teil RM. 6.—.

Bürgerliches Rechtslexikon. (Nach dem Bürgerlichen Gesetzbuch, dem Handelsgesetzbuch und sonstigen Reichs- und Landesgesetzen.) Von **E. Christiani**, weil. Amtsgerichtsrat. Vierte, durchgearbeitete und verbesserte Auflage von Dr. **Alexander Elster**, Rechtsanwalt Dr. **Hugo Hoormann**, Amtsgerichtsrat **Georg Krause**, Lexikon-Oktav. IV, 474 Seiten. 1930 . . Geb. RM. 15.—

„Das ist ein Werk, nebenbei bemerkt in schlichter, vornehmer Aufmachung, wie ihm heute wohl kaum ein zweites in seiner gediegenen Fülle zur Seite steht."
Der Rechtsanwalts- und Notariatsbeamte v. 1. IV. 1930.

Crisolli, Karl-August, Verordnung des Reichspräsidenten über Maßnahmen auf dem Gebiete der Rechtspflege und Verwaltung vom 14. Juni 1932. Textausgabe mit Einleitung, Vorbemerkungen und Sachregister. Taschenformat. 84 Seiten. 1932. (Guttentagsche Sammlung Deutscher Reichsgesetze Bd. 181.) RM. 2.15

Die Ausgabe enthält einen zuverlässigen Textabdruck, ferner eine Einleitung und eingehende Vorbemerkungen zu den einzelnen Abschnitten der neuen Verordnung. In Anbetracht der einschneidenden Bedeutung besonders der Bestimmungen über die Rechtspflege und bei der Verschiedenartigkeit der durch die neuen Vorschriften geregelten Gebiete wird die schnelle Ausgabe des neuen Guttentagbandes der Rechts- und Verwaltungspraxis willkommen sein.

Die Vierte Notverordnung. (Vierte Notverordnung des Reichspräsidenten zur Sicherung von Wirtschaft und Finanzen und zum Schutze des inneren Friedens. Vom 8. XII. 1931.) Erläuterte Textausgabe mit Durchführungsverordnungen, bearbeitet von Rechtsanwalt Dr. A. Bloch, Gerichtsassessor Dr. K.-A. Crisolli, Gerichtsassessor Dr. W. Gallas, Rechtsanwalt Th. Heilborn, Rechtsanwalt Dr. A. Hollaender, Direktor im Reichsversicherungsamt Dr. K. Lippmann, Rechtsanwalt Dr. R. Pulvermacher, Amtsgerichtsrat Dr. Th. Rohlfing, herausgegeben von Dr. A. Elster. Taschenformat. XVI, 364 Seiten. 1932. Mit Nachträgen enthaltend die Änderungen bis April 1932. (Guttentagsche Sammlung Deutscher Reichsgesetze, Bd. 180.) . . . . Geb. RM. 5.40

„Das Buch kann berufen sein, zu dem Kommentar der NotVO. zu werden, wenn Verfasser und Herausgeber baldmöglichst die neuesten gesetzlichen Bestimmungen einarbeiten und zu den täglich neu auftauchenden Streitfragen, die gerade in den juristischen Zeitschriften bereits eingehend erörtert werden, noch mehr als bisher Stellung nehmen." *Juristische Wochenschrift Nr. 5, 1932.*

Die erwähnten Ergänzungen sind in den Nachträgen enthalten.

Hedemann, J. W., Einführung in die Rechtswissenschaft. Zweite, erweiterte und umgestaltete Auflage. Oktav XXII, 566 Seiten. 1927. (Lehrbücher und Grundrisse der Rechtswissenschaft Bd. IX.)
RM. 12.60, geb. RM. 14.40

„. . . Die glänzende Darstellungsweise macht das Studium des Werkes zu einem Vergnügen. Beneidenswert der Student, der an der Hand dieses erlesenen Führers in das weite Gebiet unserer Wissenschaft eingeführt wird. Aber auch der Praktiker wird dieses Buch, das ihm einen Ausblick von hoher Warte bietet, nicht ohne Nutzen lesen." *Juristische Blätter Nr. 13, v. 2. VII. 1927.*

Wegner, Arthur, Einführung in die Rechtswissenschaft.

I. Band: Aufbau des Rechtes, geschichtlich und systematisch. Rechtswissenschaftliche Arbeitsweise. Bürgerliches Recht. Handelsrecht. Arbeitsrecht. 144 Seiten. 1931. (Sammlung Göschen Bd. 1047.) . . Geb. RM. 1.62

II. Band: Drei Bücher Öffentliches Recht: Staat, Völkergemeinschaft, Kirche. 140 Seiten. 1931. (Sammlung Göschen Bd. 1048.) Geb. RM. 1.62

Schröder, Richard, und **Künßberg**, F., **Lehrbuch der deutschen Rechtsgeschichte.** Siebente Auflage. Groß-Oktav. Um einen Literatur-Nachtrag vermehrter Abdruck der 6. Aufl. Mit einer Abbildung im Text und einem Bildnis. IV, 1083 Seiten. 1932 . . . . Geb. RM. 33.30

Dieses bekannte Lehrbuch hat sich seit langen Jahren bestens bewährt.

Fehr, Hans, **Deutsche Rechtsgeschichte.** Zweite, verbesserte und ergänzte Auflage. Oktav. 416 Seiten. 1925. (Lehrbücher und Grundrisse der Rechtswissenschaft Bd. X.) . . . . RM. 11.70, geb. RM. 13.—

Das Buch gibt eine plastische Darstellung der deutschen Rechtsgeschichte, die eine Anhäufung von Stoff ausdrücklich vermeidet, vielmehr das Schwergewicht auf eine mehr ideengeschichtliche Behandlung des Gegenstandes legt.

Schröder, Richard, und **Glitsch**, Heinrich, **Deutsche Rechtsgeschichte.** Zweite Auflage. Neudruck.

I. Bis zum Ende des Mittelalters. 160 Seiten. 1929. (Sammlung Göschen Bd. 621.) . . . . Geb. RM 1.62

II. Die Neuzeit. 90 Seiten. 1929. (Sammlung Göschen Bd. 664.) Geb. RM. 1.62

Eine gemeinverständliche kurze Darstellung der deutschen Rechtsgeschichte.

Giese, Friedrich, **Preußische Rechtsgeschichte.** Übersicht über die Rechtsentwicklung der preußischen Monarchie und ihrer Landesteile. Ein Lehrbuch für Studierende. Groß-Oktav. 256 Seiten. 1920. RM. 5.—, geb. RM. 6.50

von **Mayr**, Robert, **Römische Rechtsgeschichte.** I. Buch. Die Zeit des Volksrechtes. 1. Hälfte: Das öffentliche Recht. 150 Seiten. 1912. (Sammlung Göschen Bd. 577.) . . . . Geb. RM. 1.62

2. Hälfte: Das Privatrecht. 117 Seiten. 1912. (Sammlung Göschen Bd. 578.) . . . . Geb. RM. 1.62

II. Buch: Die Zeit des Amts- und Verkehrsrechtes. 1. Hälfte: Das öffentliche Recht. 158 Seiten. 1912. (Sammlung Göschen Bd. 645.) Geb. RM. 1.62

2. Hälfte: Das Privatrecht I. 122 Seiten. 1913. (Sammlung Göschen Bd. 646.) . . . . Geb. RM. 1.62

Das Privatrecht II. 150 Seiten. 1913. (Sammlung Göschen Bd. 647.) Geb. RM. 1.62

III. Buch. Die Zeit des Reichs- und Volksrechtes. 111 Seiten. 1913. (Sammlung Göschen Bd. 648.) . . . . Geb. RM. 1.62

IV. Buch. Die Zeit der Orientalisierung des römischen Rechtes. 155 Seiten 1913. (Sammlung Göschen Bd. 697.) . . . . Geb. RM. 1.62

Schott, Richard, **Hilfsbüchlein für die Vorlesungen über Institutionen, Geschichte und Zivilprozeß des römischen Rechts.** Oktav. 42 Seiten. 1931. RM. 1.60

„Ein Büchlein, das sehr brauchbares Material bietet. Kein Lehrbuch, kein Grundriß, sondern eine gut aufgebaute und juristisch klar durchgearbeitete Sammlung von Belegstellen und Quellen zur Erleichterung des Studiums des römischen Rechts. . .“

Der Referendar Nr. 8, v. 15. IX. 1931.

Endemann, Friedrich, **Grundriß des römischen Privatrechts.** Oktav. X, 256 und 30 Seiten. 1925. (Lehrbücher und Grundrisse der Rechtswissenschaft Bd. XII.) . . . . RM. 8.10, geb. RM. 9.50

„. . . Die Sprache ist einfach, klar, leicht und verständlich. Anmerkungen, die so oft in anderen Werken stören, sind ganz vermieden. . . So hat Endemann ein nach jeder Richtung hochstehendes Werk geschaffen.“

Der junge Rechtsgelehrte Nr. 16, v. 1. VIII. 1925.

Stammler, Rudolf, Aufgaben aus dem römischen Recht. Der „Institutionenübungen für Anfänger" vierte Auflage. Oktav. IV, 92 Seiten. Mit Figuren im Text. 1919 . . . . Geb. RM. 5.—
Zum selbständigen Einarbeiten in das System des römischen Privatrechts.

Stammler, Rudolf, Lehrbuch der Rechtsphilosophie. Dritte, vermehrte Auflage. Groß-Oktav. XVI, 396 Seiten. 1928. RM. 13.—, geb. RM. 15.—
„... kann das Buch wegen der Meisterschaft der Darstellung, wegen der Klarheit und Genauigkeit seiner Formulierungen und wegen des außerordentlich reichen literarischen Apparates auf das Wärmste empfohlen werden. Ein ausführliches Register erleichtert den Gebrauch."
Leipziger Ztsch. f. deutsches Recht Nr. 22, v. 15. XI. 1929.

Stammler, Rudolf, Rechts- und Staatstheorien der Neuzeit. Leitsätze zu Vorlesungen. Zweite, vermehrte und verbesserte Auflage. Oktav. IV, 116 Seiten. 1925 . . . . RM. 3.50, geb. RM. 4.50
Ein unentbehrlicher Führer durch die Rechts- und Staatstheorien der Neuzeit.

Stammler, Rudolf, Wirtschaft und Recht nach der materialistischen Geschichtsauffassung. Eine sozialphilosophische Untersuchung. Fünfte, durch einen Nachtrag ergänzte Auflage. Oktav. VIII, 704 Seiten. 1924.
RM. 14.—, geb. RM. 16.—

Friedrichs, Karl, Der Allgemeine Teil des Rechts. Eine Darstellung der gemeinsamen Lehren des öffentlichen und des privaten Rechts. Groß-Oktav. X, 306 Seiten. 1927 . . . . RM. 12.—, geb. RM. 13.50
„Eine solche Arbeit fehlte bisher in der juristischen Literatur. Friedrichs ist wie kein anderer berufen, eine grundlegende Arbeit über dieses Gebiet zu schreiben." *Mitteilungen des Preuß. Richtervereins Nr. 4, v. 15. IV. 1927.*

Maas, Georg, und Magnus, Julius, Abkürzungsverzeichnis der Rechtssprache. Abkürzungen der Bezeichnungen von Rechtsquellen, Behörden, Entscheidungen usw. des deutschen und österreichischen Rechts. Oktav. IV, 140 Seiten. 1929 . . . . RM. 4.—, geb. RM. 5.—
„Bis jetzt fehlte eine Zusammenstellung, die in zuverlässiger Weise die gebräuchlichsten Abkürzungen wiedergab. Diese Lücke füllt das neue Buch in glücklicher Weise aus." *Der junge Rechtsgelehrte Nr. 5, v. 1. III. 1929.*

II. Bürgerliches Recht

1. Bürgerliches Gesetzbuch

Lehmann, Heinrich, Allgemeiner Teil des Bürgerlichen Gesetzbuches. Dritte, vermehrte und verbesserte Auflage (9. bis 12. Tausend). Oktav. XIV, 439 Seiten. 1928. (Lehrbücher und Grundrisse der Rechtswissenschaft Bd. I.)
RM. 10.80, geb. RM. 12.10
„... Das Studium dieses gediegenen Buches kann dem vorgeschrittenen Anfänger, namentlich dem Referendar, nicht warm genug empfohlen werden. Aber auch dem Praktiker bietet es reichen Nutzen."
Leipziger Ztsch. f. deutsches Recht Nr. 1, v. 1. I. 1929.

Leonhard, R., Der Allgemeine Teil des Bürgerlichen Gesetzbuches in seinem Einflusse auf die Fortentwicklung der Rechtswissenschaft. Groß-Oktav. XVI, 537 Seiten. 1900. (Recht des Bürgerlichen Gesetzbuches in Einzeldarstellungen Nr. X.) . . . . RM. 10.—
Die Sammlung „Recht des Bürgerlichen Gesetzbuches" umfaßt systematische Darstellungen des BGB. aus der Feder erster Juristen der Wissenschaft und Praxis.

Oertmann, Paul, Allgemeiner Teil des Bürgerlichen Gesetzbuches.
I. Einleitung. Lehre von den Personen und von den Sachen. Dritte, verbesserte Auflage. 136 Seiten. 1926. (Sammlung Göschen Bd. 477.)
Geb. RM. 1.62

II. Erwerb und Verlust, Geltenmachung und Schutz der Rechte. Dritte, verbesserte Auflage. 147 Seiten. 1928. (Sammlung Göschen Bd. 448.) Geb. RM. 1.62

Nach der die Vorgeschichte des BGB. und einzelne für seine Bedeutung und Anwendung wichtige Hauptfragen behandelnden Einleitung bespricht der Verfasser die Lehre von den Personen und von den Sachen. Er verarbeitet den Inhalt der einzelnen Gesetzesparagraphen wissenschaftlich und erörtert dabei auch mehrfach Fragen, die im BGB. selbst nicht geregelt, höchstens gestreift werden.

Plancks Kommentar zum Bürgerlichen Gesetzbuch nebst Einführungsgesetz. Bisher herausgegeben von E. Strohal. Bearbeitet von E. Brodmann, L. Busch, J. Ebbecke, F. Flad, M. Greiff, K. Gunkel, P. Knoke, M. Landois, A. Lobe, Fr. Oegg, H. Siber, O. Strecker, K. von Unzner. Vierte, völlig neubearbeitete Auflage. Lexikon-Oktav. Bisher sind erschienen:

I. Band: Allgemeiner Teil. 606 Seiten. 1913. RM. 15.—, geb. RM. 17.—

II. Band, 1. Hälfte: Recht der Schuldverhältnisse. (Allgemeiner Teil.) 640 Seiten. 1914 . . . . RM. 15.—, geb. RM. 17.—

II. Band, 2. Hälfte: Recht der Schuldverhältnisse. (Besonderer Teil.) 1926 Seiten. 1928 . . . . RM. 49.—, geb. RM. 52.—

III. Band: Sachenrecht. 5. Auflage. 1. Lieferung: Einleitung und §§ 854 bis 902. 321 Seiten. 1931 . . . . RM. 14.—

IV. Band: Familienrecht. 1. Hälfte §§ 1297—1588. 701 Seiten. 1928. RM. 26.—, geb. RM. 28.—

V. Band: Erbrecht. Vierte, völlig neubearbeitete Auflage. Groß-Oktav. XII, 1136 Seiten. 1930 . . . . RM. 51.—, geb. RM. 54.—

Sonderprospekt kostenlos.

Das Bürgerliche Gesetzbuch mit besonderer Berücksichtigung der Rechtsprechung des Reichsgerichts. Erläutert von Dr. Busch, Erler, Dr. Lobe, Michaelis, Oegg, Sayn, Schliewen und Seyffarth, Reichsgerichtsräten und Senatspräsidenten am Reichsgericht. Siebente, unveränderte Auflage. 5 Bände §§ 1—2385. Lexikon-Oktav. 3182 Seiten. 1928.

In Halbleder geb. RM. 135.—

I. Band: Allgemeiner Teil. Recht der Schuldverhältnisse I. (Allgemeiner Teil.) — II. Band: Recht der Schuldverhältnisse II. (Einzelne Schuldverhältnisse.) — III. Band: Sachenrecht. — IV. Band: Familienrecht. — V. Band: Erbrecht. Alphabetisches Sachverzeichnis.

(Das Werk wird nur komplett abgegeben.)

„Die neue Auflage, die eine ganz wesentliche Erweiterung und Vertiefung des RGR.-Kommentars darstellt, ist damit abgeschlossen, und die Praxis um eines der wertvollsten juristischen Werke bereichert.“

Blätter f. Rechtspflege im Bezirk des Kammergerichts Nr. 6, 1928.

Achilles-Greiff, Bürgerliches Gesetzbuch nebst Einführungsgesetz. Mit Einleitung, Anmerkungen und Sachregister. Nach dem Tode des ersten Herausgebers Dr. A. Achilles in Verbindung mit J. Altstötter, Oberamtsrichter in Sonthofen, O. Meyer, Oberlandsgerichtspräsident in Celle, Dr. J. Kieckebusch, Land- und Amtsgerichtsrat in Kassel, Dr. O. Strecker, Senatspräsident am Reichsgericht i. R. in Leipzig, herausgegeben von Dr. M. Greiff, Wirkl. Geh. Oberjustizrat, Oberlandesgerichtspräsident i. R. in Berlin. Dreizehnte, vermehrte und verbesserte Auflage. Mit Erläuterungen der Verordnung über das Erbbaurecht, des Gesetzes über die religiöse Kindererziehung und des Gesetzes für Jugendwohlfahrt.

Groß-Oktav. XXIII, 1304 Seiten. 1930. (Guttentagsche Sammlung Deutscher Reichsgesetze Bd. 38/39.) . . . . Geb. RM. 21.60

„Das angesehene Werk bedarf keines Wortes der Empfehlung. Es gehört zu denjenigen Handkommentaren, die sich in der juristischen Praxis unangefochtenes Bürgrecht erworben haben ..." Berliner Tageblatt v. 22. VII. 1930.

Bürgerliches Gesetzbuch nebst Einführungsgesetz. Vom 18. August 1896 mit Berücksichtigung der bis zum 1. Januar 1928 ergangenen Abänderungen. Textausgabe mit ausführlichem Sachregister. Sechzehnte Auflage (61. bis 66. Tausend). Taschenformat. 758 Seiten. 1928. (Guttentagsche Sammlung von Textausgaben ohne Anmerkungen mit Sachregister.) Geb. RM. 2.50

Die vorliegende Ausgabe zeichnet sich durch Vollständigkeit und besondere Ausführlichkeit des Sachregisters aus.

Schulz, F. H., Bürgerliches Gesetzbuch und Einführungsgesetz. Taschenformat. Zweite, unveränderte Auflage. XI, 664 Seiten. 1931. Geb. RM. 5.— (Lehrausgaben Deutscher Gesetze Bd. I.)

Dieser Band bringt auch die Bezeichnung der entsprechenden römisch-rechtlichen bzw. gemeinrechtlichen Institute and verwirklicht damit einen Gedanken, der eigentlich wohl schon vor dreißig Jahren hätte ausgeführt werden sollen.

Lindemann, Otto, Ausführungsgesetz zum Bürgerlichen Gesetzbuche vom 20. September 1899 nebst einem Anhang: Verordnung zur Ausführung des Bürgerlichen Gesetzbuchs vom 16. November 1899. Nach dem Tode des früheren Herausgebers Kammergerichtsrat Dr. P. Siméon, erläutert von Geh. Oberjustizrat Otto Lindemann, Ministerialdirektor im Pr. Justizministerium. Vierte Auflage. Taschenformat. 208 Seiten 1930. (Guttentagsche Sammlung Preußischer Gesetze Bd. 23.) . . . . . Geb. RM. 4.50

„... Der Praxis ist aber mit einer solchen Ausgabe besonders gedient ... die sich Aufklärung über die Tragweite und die Bedeutung einer Vorschrift des Preuß. AGBGB. verschaffen wollen, finden in Lindemanns Ausführungen einen nie versagenden Führer." Der junge Rechtsgelehrte Nr. 10, v. 15. V. 1930.

Juristischer Anschauungsstoff. Herausgegeben von Helmut Rühl, o. Prof. d. Rechte a. d. Universität Göttingen.
Heft 1:

Rühl, H., Bürgerliches Recht und Arbeitsrecht. Groß-Oktav. VIII, 148 Seiten. 1931. . . . . RM. 4.—

*„... Die Sammlung bildet eine wertvolle und unerläßliche Ergänzung zum materiellen Rechtswissen und seiner Verwendung, indem sie das formale Werk- und Rüstzeug dazu bereitstellt."
Breslauer Hochschul-Rundschau Nr. 7, Okt./Nov. 1931.*

Schück, Richard, Zivilrechtspraktikum. Zum Selbststudium und zum Lehrgebrauch. Vierte, vermehrte Auflage. Herausgegeben von Gustav Schreiber. Groß-Oktav. 160 Seiten. 1930 . . . . . Geb. RM. 6.—

*„Das Werk ist eine Übungsschule des juristischen Denkens, gleich wertvoll dem Studenten wie dem Referendar. Nützlich besonders auch in der Hand des Repetitors, kann es dessen Lehre doch in vielem ersetzen. Seit drei Jahrzehnten ist das Zivilrechtspraktikum von Schück in großen Auflagen im Gebrauch und seine Wertschätzung ist mit jeder neuen Auflage gewachsen."
Breslauer Hochschul-Rundschau Nr. 8, November 1930.*

von der Mosel, Heinrich, Lösungen zu dem von Kammergerichtsrat Dr. Richard Schück herausgegebenen **Zivilrechtspraktikum.** Nach dem Bürgerlichen Gesetzbuch bearbeitet für Studierende und Referendare. Fünfte Auflage. Groß-Oktav. 227 Seiten. 1931 . . RM. 6.—, kart. RM. 6.50

Die Lösungen behandeln fast alle in dem Praktikum enthaltenen Fälle.

v. Schwerin, Cl., Frhr., Grundzüge des deutschen Privatrechts. Zweite Auflage. Oktav. XII, 342 Seiten. 1928. (Lehrbücher und Grundrisse der Rechtswissenschaft Bd. XIII.) . . . RM. 8.50, geb. RM. 9.90

„. . . bei seiner gedrängten, aber klaren Darstellung bringt das Buch trotz meisterhafter Beschränkung auf das Wesentliche eine erstaunliche Fülle des Inhaltes. Es kann jedem Rechtsbeflissenen, der es mit seiner wissenschaftlichen Ausbildung ernst meint, bestens empfohlen werden."
Deutsche Richterzeitung v. 15. VI. 1928.

Melchior, Georg, Die Grundlagen des deutschen internationalen Privatrechts. Oktav. XXXII, 558 Seiten. 1932 . . . . RM. 24.—

Die bisher eingehendste Darstellung des allgemeinen Teils des deutschen internationalen Privatrechts auf positivrechtlicher Grundlage.

Wegner, Arthur, Jugendrecht. Ein Lehrbuch zur Einführung. Oktav. IV, 219 Seiten. 1929 . . . . RM. 5.40, geb. RM. 6.75

„. . . Es will nur eine „Einführung" sein, bietet aber trotz der oft verhältnismäßig kurz behandelten Einzelgebiete, eine reiche Fülle des Stoffes, die durch eine umfangreiche Literatur ergänzt wird, bei der namentlich die Entwicklung des englischen Jugendrechts weitgehendste Berücksichtigung findet. Auch die Rechtsprechung der höchsten Gerichte ist häufig herangezogen. . ."
Juristische Wochenschrift v. 29. VI. 1929.

Schuldverhältnisse insbesondere

Hedemann, Justus Wilh., Schuldrecht des Bürgerlichen Gesetzbuches. Zweite, vermehrte u. verbesserte Auflage. Oktav. XXIV, 503 Seiten. 1931. (Lehrbücher und Grundrisse der Rechtswissenschaft Bd. II.) RM. 13.—, geb. RM. 14.40

„Es ist sehr zu begrüßen, daß das ausgezeichnete und inhaltsreiche Werk des hervorragenden Rechtslehrers in der zweiten Auflage eine Umarbeitung erfahren hat. Alles in allem gesehen, ein außerordentlich wertvolles Werk, auf das insbesondere die Studierenden nicht genug hingewiesen werden können."
Der Referendar Nr. 4, v. 15. IV. 1932.

Oertmann, Paul, Schuldrecht. (BGB. II.)
I. Allgemeine Lehren. Dritte, verbesserte Auflage. 142 Seiten. 1927. (Sammlung Göschen Bd. 323.) . . . . Geb. RM. 1.62
II. Die einzelnen Schuldverhältnisse. Dritte, verbesserte Auflage. 159 Seiten. 1929. (Sammlung Göschen Bd. 324.) . . . . . Geb. RM. 1.62

„Aus vielbewährter Feder eine sehr knappe, aber lebhaft und anschaulich geschriebene, gut lesbare Darstellung der einzelnen Schuldverhältnisse. Der bekannten Sammlung Göschen zugehörig." *Juristische Rundschau Nr. 1, 1930.*

Meyer, Georg, Das Recht der Beschlagnahme von Lohn, Gehalt und Diensteinkommen. Auf Grund des Reichsgesetzes vom 21. Juni 1869, der Verordnung über Lohnpfändung vom 25. Juni 1919 nebst Abänderungen und der Zivilprozeßordnung dargestellt. Siebente, vermehrte Auflage. Taschenformat. 174 Seiten. 1930. (Guttentagsche Sammlung Deutscher Reichsgesetze Bd. 55.) . . . . Geb. RM. 4.—

„Überall steht das Buch, das als einziges über die Lohnbeschlagnahme immer wieder neue Auflagen erlebt, auf der Höhe wissenschaftlicher Durchdringung des behandelten Stoffes, und wir stehen nicht an, es geradezu als das führende Werk zu bezeichnen. *Ztsch. d. Bundes Dtsch. Justizamtmänner Nr. 1, v. 15. I. 1931.*

Seligsohn, Franz, Kommentar zum Haftpflichtgesetz. Zweite Auflage. Groß-Oktav. 360 Seiten. 1930 . . . . RM. 12.—, geb. RM. 13.50

„Ein Kommentar von erfreulicher Gründlichkeit und Gediegenheit, wertvoll durch klare rechtliche Durchdringung des Stoffes wie durch Sorgsamkeit in der Sammlung, namentlich auch der auf diesem Gebiet besonders ergiebigen und wichtigen Rechtsprechung. Den Erläuterungen der einzelnen Vorschriften sind vortreffliche Übersichten vorangestellt, die den Inhalt der gesetzlichen Regelung scharf und eindringlich disponieren. Das Werk ist für die praktische Rechtsanwendung bestens zu empfehlen." *Juristische Rundschau Nr. 22, v. 15. XI. 1931.*

Krieg, O., Mietrecht und Wohnungsmangelgesetzgebung im Reiche, in Preußen und in Berlin, einschließlich Hauszinssteuer, Kostenwesen und Rechtsentscheidungen des Kammergerichts und des Obersten Landesgerichts. Zusammengestellt und mit ausführlichem Schlagwortregister versehen. Vierte Auflage. Taschenformat. XII, 594 Seiten. 1928. (Guttentagsche Sammlung Deutscher Reichsgesetze Bd. 156.) . . . . Geb. RM. 9.—

„Das Werk ist ein zuverlässiger Führer nicht nur durch das zur Zeit geltende Mietnotrecht, sondern auch durch die häufig noch in Rechtsstreitigkeiten zur Anwendung kommenden älteren Bestimmungen. Es ist jedem Mietrechtler völlig unentbehrlich." *Juristische Rundschau v. 1. IV. 1930.*

Bloch, Arthur, **Pulvermacher**, Ralph, **Wohnungswirtschaft**. (Siehe „Die vierte Notverordnung" Seite 13.)

Stölzle, Hans, **Viehkauf** nach Bürgerlichem Gesetzbuch und ausländischem Recht. Verordnung, betreffend die Hauptmängel und Gewährfristen beim Viehhandel. Von Eugen Fröhner. Sechste, vermehrte und wesentlich verbesserte Auflage. Taschenformat. 699 Seiten. 1926. (Guttentagsche Sammlung Deutscher Reichsgesetze Bd. 50.) . . . . Geb. RM. 13.50

Crisolli, Karl-August, Das Reichsgesetz, betreffend die **Abzahlungsgeschäfte** vom 16. Mai 1894. Mit Einleitung, Anmerkungen und Sachregister, unter Mitwirkung von Julius Crisolli. Vierte, völlig umgearbeitete Auflage des Werkes von Hoffmann-Wilke. Taschenformat. 413 Seiten. 1931. (Guttentagsche Sammlung Deutscher Reichsgesetze Bd. 34.) . Geb. RM. 7.20

„... Man kann wohl sagen, daß alle Streit- und Zweifelsfragen erschöpfend erörtert sind, so daß jeder, der sich mit diesem zu ungeahnter Bedeutung gekommenen Gesetz zu befassen hat, einen kaum versagenden Führer in diesem ausgezeichneten Kommentar finden wird." *Badische Rechtspraxis Nr. 12, v. 15. XII. 1931.*

Göppert, H., Gesetz, betreffend die gemeinsamen Rechte der Besitzer von Schuldverschreibungen. Zweite Auflage, bearbeitet von E. Trendelenburg. Taschenformat. 156 Seiten. 1915. (Guttentagsche Sammlung Deutscher Reichsgesetze Bd. 52.) . . . . Geb. RM. 1.35

Kruse, Fr. Vinding, **Das Eigentumsrecht**. Aus dem Dänischen übersetzt von Knud Larsen. Groß-Oktav. XXIII, 881 Seiten. 1931 . Geb. RM. 25.—

„Das gewaltige Werk will eine allgemeine Rechtslehre und überhaupt Gesellschaftslehre unter Ausnützung des geltenden Rechts und der Rechtsgeschichte geben... Die glückliche Verbindung juristischer und ökonomischer Betrachtung, die Fülle des Tatsachenmaterials und Rechtsstoffes lassen das Buch als wertvolle Bereicherung der Literatur gelten..." *Prager juristische Zeitschrift Nr. 2, Jan. 1932.*

Beiträge zum ausländischen und internationalen Privatrecht, herausgegeben vom Institut für ausländisches und internationales Privatrecht.

Heft 1:
Nußbaum, Arthur, **Vertraglicher Schutz gegen Schwankungen des Geldwertes.** Goldklauseln und andere Abreden zur Minderung des Valutarisikos. Groß-Oktav. 95 Seiten. 1928 . . . . RM. 5.—

Heft 2:
Wolff, John, **Die Haftung des Verkäufers einer fremden beweglichen Sache** in den Vereinigten Staaten von Amerika in Vergleichung mit dem deutschen bürgerlichen Recht. Groß-Oktav. 84 Seiten. 1930. . . . . RM. 4.—

Heft 3:
Friedmann, Wolfgang, **Die Bereicherungshaftung** im anglo-amerikanischen Rechtskreis in Vergleichung mit dem deutschen bürgerlichen Recht. Groß-Oktav. 148 Seiten. 1930 . . . . RM. 7.—

Heft 4:
Raiser, Ludwig, Die Wirkungen der Wechselerklärungen im internationalen Privatrecht. Groß-Oktav. 124 Seiten. 1931 . . . . RM. 9.—

Heft 5:
Rheinstein, Max, Die Struktur des vertraglichen Schuldverhältnisses im anglo-amerikanischen Recht. Groß-Oktav. 256 Seiten. 1932 . RM. 15.30

Heft 6:
Keßler, Friedrich, Die Fahrlässigkeit im nordamerikanischen Deliktsrecht unter vergleichender Berücksichtigung des englischen und des deutschen Rechts. Groß-Oktav. 187 Seiten. 1932 . . . . RM. 9.—

Heft 7:
Arndt, Karl, Zessionsrecht. I. Teil: Rechtsvergleichung. Groß-Oktav. 175 Seiten. 1932 . . . . RM. 6.—

Sachenrecht insbesondere

Hedemann, Justus Wilh., Sachenrecht des Bürgerlichen Gesetzbuches. Oktav. XXXII, 507 Seiten. 1924. (Lehrbücher und Grundrisse der Rechtswissenschaft Bd. III.) . . . . RM. 10.80, geb. RM. 12.10

„Ein trotz seiner Kürze ausgezeichnetes und inhaltreiches Lehrbuch, nicht nur für den Studierenden, sondern auch für ältere Juristen. Die Arbeit ist wissenschaftlich tiefgründig und doch gemeinverständlich geschrieben."
Zeitschrift des Deutschen Notarvereins Nr. 6, 1924.

Kretzschmar, F., Sachenrecht.
I. Allgemeine Lehren. Besitz und Eigentum. Zweite, verbesserte Auflage. 142 Seiten. 1922. (Sammlung Göschen Bd. 480.) Geb. RM. 1.62
II. Begrenzte Rechte. 144 Seiten. 1923. (Sammlung Göschen Bd. 481.) Geb. RM. 1.62

Diese Bändchen bieten die Grundzüge des Sachenrechts in gedrängter und klarer Form.

Lenzen, Georg, Das Deutsche Pfandleihrecht. Kommentar zum preußischen Pfandleihgesetz unter Berücksichtigung der außerpreußischen Gesetze. Oktav. XXVI, 266 Seiten. 1929 . . . . Geb. RM. 20.—

„Diese zusammenfassende Darstellung ist die erste ihrer Art und sehr verdienstlich. Das Buch regt zu allerhand Fragen an."
Juristische Wochenschrift Nr. 11, 1929.

Günther, Hermann, Erbbaurecht. Taschenformat. 167 Seiten. 1919. (Guttentagsche Sammlung Deutscher Reichsgesetze Bd. 135.) . . Geb. RM. 1.80

„Günther ist ausführlich, ohne weitschweifig zu sein; ausgezeichnete Vorbemerkungen geben eine vorzügliche Übersicht und wahren den Zusammenhang. Überall ist der bisherige Rechtszustand, der ja für absehbare Zeit seine Bedeutung behält, mit in das Bereich der Betrachtungen gezogen. Der Praxis wird das Werk von hervorragendem Nutzen sein."
Beiträge zur Erläuterung des deutschen Rechts.

Arnheim, Hugo, Grundbuchordnung. Kommentar zur Grundbuchordnung für das Deutsche Reich nebst für Preußen erlassenen Ausführungsbestimmungen. Zweite, völlig neubearbeitete Auflage. Lexikon-Oktav. 959 Seiten. 1913 . . . . RM. 15.—

„Der Band weist außerordentliche Gründlichkeit, Klarheit und Übersichtlichkeit auf. Man kann wohl sagen, daß kaum eine Frage auftauchen wird, die nicht wenigstens berührt wäre; die bisher zutage getretenen Fragen aber sind sämtlich in der eingehendsten Weise erörtert."
Zentralblatt für freiwillige Gerichtsbarkeit.

Fischer, Otto, und **Fischer**, Norbert, **Grundbuchordnung für das Deutsche Reich** nebst den preußischen Ausführungsbestimmungen. Neunte, durchgearbeitete und ergänzte Auflage. Taschenformat. 322 Seiten. 1927. (Guttentagsche Sammlung Deutscher Reichsgesetze Bd. 42.) . . . . . Geb. RM. 4.50

„Eine der vortrefflichen alteingeführten Handausgaben der Guttentagschen Sammlung, bei der schon die Auflagenziffer für die Brauchbarkeit in der Praxis spricht. Nach wie vor ist das Buch ein vortrefflicher Wegweiser und Berater.“
Juristische Wochenschrift Nr. 44, v. 29. XI. 1927.

Ricks, Gerhard, **Die Grundbuchpraxis.** Ein Handbuch für den täglichen Gebrauch in Grundbuchsachen. Achte Auflage. Groß-Oktav. XII, 412 Seiten. 1929 . . . . RM. 12.—, geb. RM. 14.—

„Das Buch hat einen Anspruch darauf, in der Praxis geradezu verschlungen zu werden. Es ist aus der täglichen Praxis heraus für die Praxis lebensfrisch und unterhaltend geschrieben.“
Mitteilg. a. d. Württemb. Notariats-Praxis Nr. 2, 1929.

Friedlaender, Martin, **Hypothekenbeschaffung für Wohn- und Geschäftshäuser.** Handbuch für die Praxis der Grundstückswirtschaft. Groß-Oktav. VIII, 151 Seiten. 1929 . . . . RM. 6.—, geb. RM. 7.50

„Das Buch gibt einen außerordentlich praktischen Überblick über alle Fragen der Hypothekenbeschaffung. Die anschauliche Art der Zergliederung und die gründliche Darlegung des Statuts sichern dem Buch eine weite Verbreitung.“
Deutsche Sparkassen-Zeitung v. 5. I. 1929.

Familienrecht, Erbrecht

Lehmann, Heinrich, **Familienrecht** des Bürgerlichen Gesetzbuches einschließlich Jugendfürsorgerecht. Oktav. XII, 352 Seiten. 1926. (Lehrbücher und Grundrisse der Rechtswissenschaft Bd. IV.) . . RM. 9.90, geb. RM. 11.25

„Die Schilderung Lehmanns ist überall anregend und fesselnd. Das Werk kann allen Rechtsstudenten und Referendaren zur Anschaffung dringend empfohlen werden.“ *Der junge Rechtsgelehrte v. 1. X. 1927.*

Titze, Heinrich, **Familienrecht.** (BGB. IV.) 169 Seiten. Neudruck. 1924. (Sammlung Göschen Bd. 305.) . . . . Geb. RM. 1.62

Tunica, Gustav, **Goldschmidt**, Ernst, **Ehescheidungsrecht.** Die Ehescheidungsgründe des Bürgerlichen Gesetzbuches durch die Rechtsprechung erläutert. Eine Sammlung grundlegender Entscheidungen des Reichsgerichts, der Oberlandesgerichte usw. 2., umgearbeitete und ergänzte Auflage. Oktav. XXIII, 217 Seiten. 1926 . . . . RM. 7.50, geb. RM. 9.—

Endemann, Fr., **Erbrecht.** Oktav. XII, 166 Seiten. 1923. (Lehrbücher und Grundrisse der Rechtswissenschaft Bd. V.) . . RM. 2.70, geb. RM. 4.—

„Dieser Leitfaden behandelt den spröden Stoff des schwierigen Erbrechts in meisterhafter, fesselnder Darstellung.“
Zeitschrift des Bundes Deutscher Justizamtmänner v. 15. III. 1924.

v. Blume, Wilh., Erbrecht. (BGB. V.)

I. Einleitung. Die Grundlagen des Erbrechts. 75 Seiten. 1913. (Sammlung Göschen Bd. 659.) . . . . Geb. RM. 1.62

II. Die Nachlaßbeteiligten. Mit 23 Figuren. 131 Seiten. 1913. (Sammlung Göschen Bd. 660.) . . . . Geb. RM. 1.62

Plancks Kommentar zum Bürgerlichen Gesetzbuch nebst Einführungsgesetz. V. Band: Erbrecht. Vierte, völlig neubearbeitete Auflage. Groß-Oktav. XII, 1136 Seiten. 1930 . . . . RM. 51.—, geb. RM. 54.— (Siehe auch Seite 5.)

„. . . . Das Erbrecht war wohl stets der Teil des Planckschen Kommentars, in dem er, jedenfalls in der wissenschaftlichen Grundlegung der vertretenen Ansichten und in der systematischen Durchführung, wohl von keiner anderen Bearbeitung erreicht wurde; dieses gilt auch von der neuen Auflage."
Ztsch. f. Rechtspflege in Bayern Nr. 4, v. 15. II. 1930.

Riesenfeld, S., Die Erbenhaftung nach dem Bürgerlichen Gesetzbuch. Groß-Oktav. 2 Bände. 1916 . . . . RM. 15.—, geb. RM. 18.—
I. Band: Die Grundsätze der Haftung. XII, 461 Seiten.
II. Band: Das Inventar und die Mittel der Haftungsbeschränkung. VIII, 455 Seiten.

„Ein hervorragendes Werk, das in allen Teilen die vollständige Beherrschung des schwierigen Stoffes erkennen läßt und sich dabei durch klare und gemeinverständliche Darstellung auszeichnet." Sächsisches Archiv für Rechtspflege.

Aufwertung

Michaelis, Richard, Das Aufwertungsrecht nach den Aufwertungsgesetzen und nach allgemeinem bürgerlichen Rechte. Kommentar zu den Gesetzen vom 16. Juli 1925 über die Aufwertung von Hypotheken und anderen Ansprüchen und über die Ablösung öffentlicher Anleihen sowie systematische Darstellung des Aufwertungsrechts außerhalb dieser Gesetze. Zweite, gänzlich umgearbeitete Auflage des Kommentars zur Dritten Steuernotverordnung vom 14. Februar 1924 (Aufwertung). Mit einer Fristentabelle von H. Hoormann. Groß-Oktav. X, 516 Seiten. 1926. Mit Nachtrag 1927. (de Gruytersche Sammlung Deutscher Gesetze. Handkommentare.) Geb. RM. 14.40

„Michaelis gibt im Anschluß an seinen ausgezeichneten Kommentar zum Aufwertungsgesetz eine „übersichtlich und verständlich erläuterte", auch billige Handausgabe im Rahmen und Stil der bekannten verbreiteten und mit Recht so beliebten Guttentagschen Sammlung, die allen Anforderungen des täglichen Rechtslebens Genüge tut. Eine zusammengedrängte, klare und anschauliche Einleitung unterrichtet in vorzüglicher Weise über die Entwicklung der Aufwertungsgesetzgebung seit dem Aufwertungsgesetz." Juristische Wochenschrift Nr. 9 v. 28. II. 1931.

Michaelis, Richard, Die beiden Aufwertungsnovellen vom 18. Juli 1930. (Hypotheken-Fälligkeits- und Verzinsungsgesetz; Grundbuchbereinigungsgesetz.) Taschenformat. VI, 202 Seiten. 1930. (Guttentagsche Sammlung Deutscher Reichsgesetze Bd. 178.) . . . . Geb. RM. 3.60

„. . . . Ein Buch, welches das vorgesetzte Programm in restloser Vollendung erfüllt. Es ist unendlich viel, was damit versprochen wird; das Buch hat aber dieses Versprechen redlich eingelöst. Die beiden Aufwertungsgesetze werden eingehend und erschöpfend erläutert, auch das Schrifttum und die Rechtsprechung, soweit sie beim Abschluß der Bearbeitung (Ende November 1925) bereits verfügbar waren, verständig gewürdigt. Die Anhänge bieten eine besonders reichhaltige Zusammenstellung von Verordnungen und Urteilen."
Juristische Wochenschrift v. 1. IV. 1926.

Berliner, Ludwig, und Pfaffenberger, Ernst, Aufwertung von Versicherungsansprüchen mit Durchführungsbestimmungen.
I. Teil. Oktav. 235 Seiten. 1925. (Guttentagsche Sammlung Deutscher Reichsgesetze Bd. 164.) . . . . Geb. RM. 5.85
II. Teil: Sach- und Transportversicherung; Unfall- und Haftpflichtversicherung. Oktav. 112 Seiten. 1926. Mit Nachtrag. (Guttentagsche Sammlung Deutscher Reichsgesetze Bd. 164a.) . . . . Geb. RM. 3.15

Eine ganz ausgezeichnete, wohldurchdachte Darstellung und Erläuterung des gesamten Versicherungswesens, eine unentbehrliche Ergänzung zu jedem Gesamtkommentar über das Aufwertungsgesetz.

2. Handelsrecht

v. Gierke, Jul., Handelsrecht und Schiffahrtsrecht. Vierte Auflage. Erscheint im Februar 1933.

Lehmann, K., und Hoeniger, H., Lehrbuch des Handelsrechts. Dritte Auflage. Erster Halbband, enthaltend die Lehre vom Handelsstand und von den Handelsgesellschaften. Groß-Oktav. 432 Seiten. 1921. . . . RM. 10.—

Ein großangelegtes Lehrbuch des Handels- und Schiffahrtsrechts.

Lehmann, K., und Hoeniger, H., Deutsches Handelsrecht.
I. Einleitung. Der Kaufmann und seine Hilfspersonen. Offene Handelsgesellschaft, Kommandit- und stille Gesellschaft. 117 Seiten. 1921. (Sammlung Göschen Bd. 457.) . . . . Geb. RM. 1.62
II. Aktiengesellschaften, Gesellschaften mit beschränkter Haftung, eingetragene Genossenschaften. Handelsgeschäft, 126 Seiten. 1924. (Sammlung Göschen Bd. 458.) . . . . Geb. RM. 1.62

Eine gemeinverständliche Darstellung in gedrängter Form.

Die Vierte Notverordnung. (Vierte Notverordnung des Reichspräsidenten zur Sicherung von Wirtschaft und Finanzen und zum Schutze des inneren Friedens. Vom 8. XII. 1931.) Erläuterte Textausgabe mit Durchführungsverordnungen, bearbeitet von Rechtsanwalt Dr. A. Bloch, Gerichtsassessor Dr. K.-A. Crisolli, Gerichtsassessor Dr. W. Gallas, Rechtsanwalt Th. Heilborn, Rechtsanwalt Dr. A. Hollaender, Direktor im Reichsversicherungsamt Dr. K. Lippmann, Rechtsanwalt Dr. R. Pulvermacher, Amtsgerichtsrat Dr. Th. Rohlfing, herausgegeben von Dr. A. Elster. Taschenformat. XVI, 364 Seiten. 1932. **Mit Nachträgen enthaltend die Änderungen bis April 1932.** (Guttentagsche Sammlung Deutscher Reichsgesetze Nr. 180.) Geb. RM. 5.40

„Das Buch kann berufen sein, zu dem Kommentar der NotVO. zu werden, wenn Verfasser und Herausgeber baldmöglichst die neuesten gesetzlichen Bestimmungen einarbeiten und zu den täglich neu auftauchenden Streitfragen, die gerade in den juristischen Zeitschriften bereits eingehend erörtert werden, noch mehr als bisher Stellung nehmen." Juristische Wochenschrift Nr. 5, 1932.

Die erwähnten Ergänzungen sind in den Nachträgen enthalten.

Hein, Joh., Die Zusammenhänge zwischen Steuerrecht und Handelsrecht und ihre Entwicklung, untersucht an dem Gewinn und an der Bewertung. Eine bilanzrechtliche und bilanzkritische Darstellung mit praktischen Beispielen. Groß-Oktav. X, 280 Seiten. 1928 . . . . RM. 10.—, geb. RM. 12.—

„Das Buch führt in klarer Gestaltung in die Probleme des Bilanzrechts ein. Eine übersichtliche Gliederung ermöglicht eine schnelle und doch gründliche Einführung. Darüber hinaus stellt das Buch eine wesentliche Förderung für die dringend notwendige wissenschaftliche Behandlung des Steuerbilanzrechts und seiner Zusammenhänge mit den verwandten Rechtsmaterien dar." Zeitschrift für Handelsrecht 1928 Bd. 93 Nr. 1/2.

Staubs Kommentar zum Handelsgesetzbuch. Vierzehnte Auflage. Bearbeitet von Albert Pinner, Felix Bondi, Wilhelm Gadow, Eduard Heinichen. Vier Bände. Erster Band. §§ 1—177, bearbeitet von Felix Bondi und Albert Pinner. Lexikon-Oktav. XX, 972 Seiten. 1932 . . . . RM. 30.—, in Halbleder geb. RM. 34.—
Dritter Band. §§ 343—375, bearbeitet von Wilhelm Gadow und Eduard Heinichen. Lexikon-Oktav. XVI, 963 Seiten. 1933. RM. 30.—, in Halbleder geb. RM. 34.—
Band II u. IV erscheinen in Kürze. Der Bezug des ersten Bandes verpflichtet zur Abnahme des Gesamtwerkes.

Die vollständig neubearbeitete 14. Auflage berücksichtigt alle eingetretenen Änderungen und Ergänzungen bis in die letzte Zeit. Die Umarbeitung erfolgte unter Berücksichtigung der durch die wirtschaftliche Neuordnung geänderten Lage. Um das Auffinden jeder Einzelfrage wesentlich zu erleichtern, wurden jetzt den Einzelbänden ausführliche Sachregister beigegeben.

v. **Gierke**, Jul., **Handelsgesetzbuch** nebst Wechselordnung und Scheckgesetz. Mit systematischen Paragraphenüberschriften und ausführlichem Sachregister. Oktav. VIII, 295 Seiten. 1931. (Lehrausgaben Deutscher Gesetze Bd. IV.) Geb. RM. 5.—

„Nicht nur dem Lernenden, auch dem Kaufmann, der ohne ermüdende Durcharbeitung des ganzen Gesetzwerkes seine wesentlichen Bestimmungen schnell und sicher kennenlernen und von Fall zu Fall nachlesen will, wird die Lehrausgabe willkommen sein.“ Mecklbg. Ztsch. f. Rechtspflege Nr. 12, September 1931.

Mosse, Albert, und **Heymann**, Ernst, **Handelsgesetzbuch** (ohne Seerecht). Mit den ergänzenden Vorschriften des Bürgerlichen Gesetzbuchs und einem Anhang, enthaltend das Einführungsgesetz, das Depotgesetz, die Bestimmungen über Börsentermin- und Differenzgeschäfte u. a. Nebst Erläuterungen. Im Anschluß an die Textausgabe von F. Litthauer. Siebzehnte Auflage. Unter Mitwirkung von Karl-August Crisolli. Oktav. VIII, 693 Seiten. 1926. (Guttentagsche Sammlung Deutscher Reichsgesetze Bd. 4.) Geb. RM. 12.60

Diese Ausgabe wurde durch Nachträge ergänzt.

„Der suchende Geschäftsmann und Jurist findet hier alles, was er in Handelsrechtsachen braucht. Diese Kommentierung ist in Wirklichkeit eine Fundgrube — das Gebotene ist vollkommen und vermöge der Autorität der Bearbeitung ganz zuverlässig.“ Ztsch. f. Aktiengesellschaften Nr. 3—4, 1927.

Handelsgesetzbuch nebst Einführungsgesetz vom 10. Mai 1897, unter Berücksichtigung der bis 15. Juni 1930 ergangenen Novellen. Textausgabe mit Sachregister. Zwölfte Auflage. 370 Seiten. 1930. (Guttentagsche Sammlung von Textausgaben ohne Anmerkungen mit Sachregister.) Geb. RM. 3.15

Diese Ausgabe wurde durch einen Nachtrag ergänzt.

Baum, G., **Das vertragliche Wettbewerbsverbot** (Konkurrenzklausel). Nebst Kommentar zum Gesetze vom 10. Juni 1914. Taschenformat. XII, 231 Seiten. 1914. (Guttentagsche Sammlung Deutscher Reichsgesetze Bd. 115.) Geb. RM. 2.70

Gesellschaften

Brodmann, Erich, **Aktienrecht.** Kommentar. Groß-Oktav. XII, 580 Seiten. 1928. (Gewerbe- und Industrie-Kommentar Bd. IV.) RM. 28.—, geb. RM. 30.—

„Mit unvergleichlichem Geschick hat der Verfasser Großartiges geleistet — Brodmann ist Trumpf!“ Zeitschrift für Aktiengesellschaften Nr. 9/10, 1928.

Brodmann, Erich, **Die Sanierung unseres Aktienwesens.** Groß-Oktav. 46 Seiten. 1931 . . . . RM. 3.—

Entwurf eines Gesetzes über Aktiengesellschaften und Kommanditgesellschaften auf Aktien sowie Entwurf eines Einführungsgesetzes nebst erläuternden Bemerkungen. Veröffentlicht durch das **Reichsjustizministerium.** Lexikon-Oktav. 132 Seiten. 1930 . . . . RM. 3.—

Pinner, Albert, **Aktiennovelle und Bankenaufsicht.** Verordnung vom 19. 9. 1931. Textausgabe mit Einführung in die Aktiennovelle. Taschenformat. 101 Seiten. 1931. (Guttentagsche Sammlung Deutscher Reichsgesetze Bd. 179.) . . . . Geb. RM. 1.60

Das eindringliche und zuverlässige Orientierungsbuch über die Neuregelung des Aktienwesens führt schnell in die wichtigen Hauptfragen ein. Der Herausgeber ist als hervorragender Kenner des Aktienrechts und Mitarbeiter an Staubs berühmtem HGB.-Kommentar der Fachwelt bekannt.

Hachenburg, Max, **Kommentar zum Gesetz, betr. die Gesellschaften mit beschränkter Haftung.** (Früher **Staub-Hachenburg.**) Fünfte Auflage unter Mitarbeit von Fritz Bing und Walter Schmidt. 2 Bände. RM. 43.—, geb. RM. 47.—

I. Band: §§ 1—34. Groß-Oktav. VI, 527 Seiten. 1926.

II. Band: §§ 35—84. Groß-Oktav. II, 452 Seiten. 1927.

„Das Buch ist als Nachschlagewerk unübertrefflich. Es wird wenig Fälle geben, in denen es den Lesern nicht die gewünschte Belehrung geben wird; es wird aber auch die Grundlage bieten zur rechtlichen Beurteilung neuer Gestaltungen des stets sich ändernden Wirtschaftslebens." *Deutsche Richterzeitung v. 15. II. 1927.*

Brodmann, Erich, **Gesetz, betr. die Gesellschaften mit beschränkter Haftung.** Kommentar. 2. Auflage. Groß-Oktav. VIII, 304 Seiten. 1930. (Gewerbe- und Industrie-Kommentar Bd. I.) . . . . . RM. 16.—, geb. RM. 18.—

„Die Ausführungen sind, wie man es bei diesem Autor gewohnt ist, tief durchdacht und lassen bei Bekämpfung gegenteiliger Ansichten erkennen, daß das Für und Wider an der Hand voll ausgeschöpfter Rechtsprechung und Literatur überall zu seinem Recht kommt." *Leipziger Ztsch. f. dtsch. Recht v. 1. VI. 1931.*

Parisius, Ludolf, und **Crüger,** Hans, **Das Reichsgesetz, betr. die Gesellschaften mit beschränkter Haftung.** Textausgabe mit Anmerkungen und Sachregister. Achtzehnte Auflage, bearbeitet von Adolf Crecelius und Fritz Citron. Taschenformat. 244 Seiten. 1929. (Guttentagsche Sammlung Deutscher Reichsgesetze Bd. 32.) . . . . Geb. RM. 3.15

„Wer kennt nicht die altbewährte Ausgabe des GmbH.-Gesetzes von Parisius-Crüger, die in immer verbesserter und erweiterter Auflage der Juristen- und Geschäftswelt nützt? Nicht wenige ziehen diese Ausgabe einer größeren Kommentierung dieses Gesetzes vor, wenn der tägliche Gebrauch in Frage steht. Und das mit Recht." *Ztsch. f. Aktiengesellschaft Nr. 3, März 1929.*

Starke, Arthur, **Offene Handelsgesellschaften, Kommanditgesellschaften und stille Gesellschaften** von der Errichtung bis zur Auflösung. Nebst Vertrags- und Anmeldeformularen und mit Berücksichtigung des Steuerrechts. Oktav. XIV, 167 Seiten. 1928 . . . . RM. 5.—

Eine systematische Darstellung für Studium und Praxis.

Wechselordnung und Scheckrecht

Staubs Kommentar zur Wechselordnung. Fortgesetzt von J. Stranz und M. Stranz. Zwölfte Auflage, bearbeitet von M. Stranz und Martin Stranz. Groß-Oktav. 432 Seiten. 1929. RM. 16.—, geb. RM. 18.—

„. . . Ein Urteil über die Güte des Werkes erübrigt sich, denn der Staubsche Kommentar ist und bleibt der Wechselkommentar." *Bankwissenschaft v. 5. VII. 1929.*

Stranz, J., und **Stranz,** M., **Wechselordnung** in der Fassung der Bekanntmachung vom 3. Juni 1908. Kommentar. Dreizehnte, der Neubearbeitung sechste Auflage. Taschenformat. 419 Seiten. 1930. (Guttentagsche Sammlung Deutscher Reichsgesetze Bd. 5.) . . . Geb. RM. 6.30

Diese Ausgabe enthält nicht etwa nur Hinweise und kurze Erläuterungen, sondern ist ihrer ganzen Anlage nach ein verkürzter Kommentar; außer der Wechselordnung bringt sie auch die bekannten Nebengesetze: sie umfaßt also das gesamte Wechselrecht.

Wechselordnung in der Fassung der Bekanntmachung vom 3. Juni 1908 (RGBl. S. 326 ff.). Mit einem Anhang, enthaltend den Wechselprozeß und Nebengesetze. Textausgabe mit Einleitung und Sachregister. Taschenformat. 102 Seiten. 1928. (Guttentagsche Sammlung von Textausgaben ohne Anmerkungen.) . . . . Geb. RM. 1.35

Michaelis, Wechselrecht. Kommentar auf der Grundlage der Deutschen Wechselordnung unter vergleichsweiser Heranziehung der hauptsächlichsten ausländischen Wechselgesetze und des künftigen einheitlichen Wechselrechts. Groß-Oktav. VIII, 553 und 29* Seiten. 1932. (Gewerbe- und Industrie-Kommentar Bd. VI.) . . . . RM. 36.—, geb. RM. 37.80

„. . . Die Herausgabe dieses Kommentars entspricht einem praktischen Bedürfnis. . . Es dürfte nicht zuviel gesagt sein, wenn man den Michaelisschen Kommentar als den Kommentar für die gesamte Materie des Wechselrechts bezeichnet.“
Mitteilungen d. Industrie- und Handelskammer, Berlin. Nr. 14, v. 25. VII. 1932.

Michaelis, Richard, **Scheckgesetz** mit allen einschlägigen Nebengesetzen, den ausländischen Gesetzen und dem Deutschen Postscheckgesetz mit Postscheckordnung. Kommentar. Groß-Oktav. VII, 339 Seiten. 1927. (Gewerbe- und Industrie-Kommentar Bd. II.) . . . . . RM. 16.—, geb. RM. 18.—

„Wenn irgendein Buch, so entspricht dieses einem Bedürfnis.“
Berliner Tageblatt v. 21. III. 1927.

Der Eigentumsvorbehalt in Wirtschaft und Recht. Herausgegeben von der Industrie- und Handelskammer zu Berlin. Oktav. 280 Seiten. 1931. RM. 4.—, geb. RM. 5.—

„. . . Kurzum in jeder Beziehung eine umfassende Darstellung, das Handbuch des Eigentumsvorbehalts, gleich wertvoll für Wirtschaft, Rechtsprechung und Rechtslehre.“ *Juristische Rundschau Nr. 21, v. 1. XI. 1931.*

Schiffahrtsrecht

Schaps, Georg, **Das deutsche Seerecht.** Kommentar zum vierten Buche des Handelsgesetzbuches (als Ergänzung zu Staub's Kommentar) nebst Erläuterungen zu den seerechtlichen Nebengesetzen. Zweite, vollständig umgearbeitete Auflage herausgegeben von Max Mittelstein † und Julius Sebba.

I. Band. (Handelsgesetzbuch: Viertes Buch.) Groß-Oktav. VIII, 1041 Seiten. 1921 . . . . RM. 25.—, geb. RM. 28.—

II. Band. (Seerechtliche Nebengesetze mit Nachtrag zur Ergänzung des I. Bandes nach dem Stand von 1929.) Bearbeitet von J. Sebba. XVI, 1108 Seiten. 1929 . . . . RM. 52.—, geb. RM. 55.—

„Mit dem vorliegenden Band ist somit „Schaps' Seerecht“ auf den neuesten Stand der Gesetzgebung und Rechtsprechung gebracht. Sebba hat es meisterhaft verstanden, den umfangreichen Stoff übersichtlich zu formen und ihn in allen seinen Einzelheiten zu zergliedern. Jeder Interessent, der nach den einschlägigen Gesetzen, Verordnungen, Bekanntmachungen usw. Umschau halten muß, wird seine Freude darüber haben, einen solchen Schatz seerechtlichen Wissens zu besitzen.“
Verkehrsrechtliche Rundschau Nr. 11, 1929.

Brandis, Otto, **Das deutsche Seerecht** (mit Ausschluß des Seeversicherungsrechts.) I. Allgem. Lehren: Personen und Sachen des Seerechts. 130 Seiten. 1908. II. Die einzelnen seerechtlichen Schuldverhältnisse: Verträge des Seerechts und außervertragliche Haftung. 156 Seiten. 1908. (Sammlung Göschen Bd. 386/87.) . . . . Geb. je RM. 1.62

Sebba, J., **Das öffentliche Seerecht.** Taschenformat. XVII, 597 Seiten. 1932. (Guttentagsche Sammlung Deutscher Reichsgesetze Bd. 19.) Geb. RM. 11.70

„Für die seerechtliche Praxis ist in dieser Neuerscheinung allen Interessenten des Rechts, der Verwaltung und der Wirtschaft auf diesem Gebiete ein zuverlässiger Führer in guter, handlicher Ausstattung geboten, der eine sehr schätzenswerte Bereicherung des seerechtlichen Schrifttums bildet.“
Hanseatische Rechts- und Gerichts-Zeitschrift Nr. 8/9, 1932.

Sieveling, Gustav, **Das deutsche Seeversicherungsrecht.** Kommentar zum zehnten Abschnitt des vierten Buches des Handelsgesetzbuches. Lexikon-Oktav. 218 Seiten. 1912 . . . . RM. 5.—, geb. RM. 6.80

Allgemeine Deutsche Seeversicherungs-Bedingungen. Im Jahre 1919 herausgegeben von den deutschen Seeversicherern nach Beratung mit deutschen Handelskammern und Fachverbänden unter Vorsitz der Handelskammer Hamburg. 21.—23. Tausend. 56 Seiten. 1931 . . . . . RM. 2.—

General Rules of Marine. Insurance 1919 adopted by the German Underwriters. Authorised Translation by Dr. Alfred Sieveking, larger in Hamburg. 64 Seiten. 1920 . . . . RM. 3.—

Materialien zu den Allgemeinen Deutschen Seeversicherungs-Bedingungen. Im Auftrag der vereinigten Handelskammern herausgegeben von Prof. Dr. E. Bruck. Groß-Oktav. 2 Bände. 678 Seiten. 1920 . . RM. 10.—

v. Liebig, Eugen, Die Transportversicherung. Teil I: Die Seeversicherung. Systematische Darstellung des Seeversicherungswesens. Groß-Oktav. VIII, 226 Seiten. 1914 . . . . RM. 5.—

Bene, F., Der Begriff des Versicherungsfalles in der Seeversicherung. (Hamburger Rechtsstudien, herausgegeben von Mitgliedern der Rechts- und Staatswissenschaftlichen Fakultät der Hamburgischen Universität, Heft 1.) Groß-Oktav. 75 Seiten. 1928 . . . . RM. 4.50

Ellen, H. H., Die Bedeutung des Interesses für die Veräußerung der versicherten Sache. (Hamburger Rechtsstudien, herausgegeben von Mitgliedern der Rechts- und Staatswissenschaftlichen Fakultät der Hamburgischen Universität, Heft 2.) Oktav. 58 Seiten. 1928 . . . . RM. 4.—

Makower, H., Gesetze, betreffend die privatrechtlichen Verhältnisse der Binnenschiffahrt und der Flößerei. Nach den Materialien erläutert. Sechste, vermehrte Auflage, bearbeitet von E. Loewe. Taschenformat. 458 Seiten. 1923. (Guttentagsche Sammlung Deutscher Reichsgesetze Bd. 36.)
Geb. RM. 3.60

Sebba, Jul., Seewasserstraßenordnung. (Polizeiverordnung zur Regelung des Verkehrs auf den deutschen Seewasserstraßen vom 31. März 1927.) Mit Nachtrag, enthaltend die Änderungen vom 31. März 1928 und vom 20. März 1930. Taschenformat. 493 Seiten. 1928. (Guttentagsche Sammlung Deutscher Reichsgesetze Bd. 171.) . . . . . . Geb. RM. 7.65

Die vorliegende Ausgabe ist für die an dem Gesetz interessierten beiden Fachgruppen, die der Nautiker und der Juristen, von gleich großer Bedeutung. Diese Verbindung zweier Kenntnisgebiete gibt dem vorliegenden Kommentar seine besondere Note und seinen großen Wert.

Genossenschaften

Parisius, Ludolf, **Crüger,** Hans, **Crecelius,** Adolf, und **Citron,** Fritz, **Reichsgesetz, betreffend die Erwerbs- und Wirtschaftsgenossenschaften.** Kommentar zum praktischen Gebrauch für Juristen und Genossenschaften und ihre Mitglieder. Zwölfte, neubearbeitete Auflage. 1932. Groß-Oktav.
RM. 25.20, geb. RM. 27.—

Der große Parisius-Crüger ist nach wie vor das unentbehrliche Nachschlagewerk für jeden auf dem Gebiete des Genossenschaftsrechtes tätigen Juristen und praktischen Genossenschaftsleiters.

Parisius, Ludolf, und **Crüger,** Hans, **Das Reichsgesetz, betreffend die Erwerbs- und Wirtschaftsgenossenschaften.** Textausgabe mit Anmerkungen und Sachregister. Zwanzigste, neubearbeitete und erweiterte Auflage von Hans Crüger, Adolf Crecelius und Fritz Citron. Taschenformat. 297 Seiten 1930. (Guttentagsche Sammlung Deutscher Reichsgesetze Bd. 29.) . . . . Geb. RM. 3.60

Die Handausgabe für den täglichen Gebrauch. Auch für die kleinste Genossenschaft unentbehrlich.

Verschiedenes

Schreiber, Otto, Handelsrechtliche Nebengesetze. Taschenformat. VIII, 1002 Seiten. 1926. (Guttentagsche Sammlung Deutscher Reichsgesetze Bd. 162.) Geb. RM. 12.60

„Die Sammlung ist ein unentbehrliches Hilfsmittel für den Praktiker. Die Zusammenstellung ist sehr zuverlässig; auch das Sachregister von Kleffel verdient volle Anerkennung." Zentralblatt für Handelsrecht Nr. 5, Mai 1926.

Staffel, W., Verordnung gegen Mißbrauch wirtschaftlicher Machtstellungen vom 2. November 1923. Kommentar. Oktav. 108 Seiten. 1927. (Guttentagsche Sammlung Deutscher Reichsgesetze Bd. 167.) . . . Geb. RM. 3.15

„Die für das Wirtschaftsrecht so wichtige Kartellverordnung findet hier eine eingehende Kommentierung. Die Erläuterungen werden daher um so unentbehrlicher für die wirtschaftliche Praxis auf diesem Gebiete sein." Industrie- und Handelszeitung Nr. 5, v. 8. I. 1927.

Lusensky, F., Gesetz über die Handelskammern. Taschenformat. (Guttentagsche Sammlung Preußischer Gesetze Bd. 21.) Neue Auflage in Vorbereitung.

„Das Buch ist ein vortrefflicher Berater aller derer, die in der Handelskammerorganisation sind, oder zu ihr in Beziehung stehen. Es kann warm empfohlen werden." Zeitschrift für Polizei- und Verwaltungsbeamte.

Göppert-Seydel, Hypothekenbankgesetz vom 13. Juli 1899 (mit den Änderungen durch die Gesetze vom 14. Juli 1923, vom 26. Januar 1926 und 21. Dezember 1927). Textausgabe mit Einleitung, Anmerkungen und Sachregister. Dritte Auflage, bearbeitet von Dr. **Martin Friedlaender.** Taschenformat. VIII, 202 Seiten. 1929. (Guttentagsche Sammlung Deutscher Reichsgesetze Bd. 51.) . . . . Geb. RM. 4.50

„. . . In seiner neuen Gestalt ist der Kommentar eine vollständige, bis ins einzelne gehende, auf den neuesten Stand geführte Bearbeitung und Erläuterung des Gesetzes, die über alle einschlägigen Fragen erschöpfende Auskunft gibt." Berliner Tageblatt v. 8. XII. 1929.

Behlert, Heinz, Der Konnossement-Teilschein. Groß-Oktav. 79 Seiten. 1930. (Hamburger Rechtsstudien Heft 5.) . . . . RM. 5.—

Die Schrift löst die Frage, ob ein Konnossement-Teilschein dem Konnossement gleichzusetzen ist, unter Zugrundelegung der Hamburger Verhältnisse und unter Berücksichtigung der Rechtsprechung, der Lehre und des ausländischen Rechtes.

Lion, Robert, Reine Konnossemente gegen Revers. Groß-Oktav. 78 Seiten. 1930. (Hamburger Rechtsstudien Heft 7.) . . . . RM. 5.—

Die Abhandlung beginnt mit einer ausführlichen Darstellung der Entwicklung, Anwendung und Funktion des Konnossementsreverses. Es folgt eine Untersuchung der rechtlichen Probleme, die sich bemüht, die wirtschaftlichen Interessen aller Beteiligten gegeneinander abzuwägen; eine eingehende Übersicht über die Rechtsprechung ist mit ihr verbunden. Den Abschluß bildet eine Darstellung und Würdigung der zahlreichen Reformvorschläge. Wirtschaft und Recht des Auslandes sind in weitestgehendem Umfange berücksichtigt.

Bank und Börse

Koch, R., und Schacht, Hjalmar, Die Reichsgesetzgebung über das Münz- und Notenbankwesen. Textausgabe mit Anmerkungen und Sachregister. Siebente, völlig neubearbeitete Auflage. Taschenformat. XVIII, 617 Seiten. 1925. (Guttentagsche Sammlung Deutscher Reichsgesetze Bd. 26.) Geb. RM. 12.60

Hierzu erschien im August 1932 ein Ergänzungsband. Umfang 144 Seiten. RM. 3.—. (Guttentagsche Sammlung Deutscher Reichsgesetze Bd. 26a.)

Aus dem Inhalt: I. Die Gesetze zur Änderung des Bankgesetzes. Erläutert von Reichsbankdirektor Dr. Deumer, Vortragender Direktor beim Reichsbankdirektorium. II. Änderungen zu dem Gesetz über die Liquidierung des Umlaufs an Rentenbankscheinen. Erläutert von Fritz Dreyse, Vizepräsident des Reichsbankdirektoriums. III. Übersicht über die Münzgesetzgebung seit dem 1. Januar 1926. IV. Sachregister.

Nußbaum, Arthur, Bank- und Börsenrecht. Eine Sammlung von Gesetzen und Geschäftsbedingungen. Taschenformat. XII, 622 Seiten. 1927. (Guttentagsche Sammlung Deutscher Reichsgesetze Bd. 169.) . . Geb. RM. 9.90

Die vorliegende Sammlung der verstreuten bank- und börsenrechtlichen Vorschriften fehlte bisher in der kaufmännischen und juristischen Bankpraxis ebenso wie im handelsrechtlichen und betriebswirtschaftlichen Unterricht. Ihr Erscheinen wurde daher vielseitig begrüßt. Die Sammlung berücksichtigt auch die dem freien Verkehr entstammenden Rechtsbildungen.

Kommentar zum Börsengesetz. Im Auftrage des Centralverbandes des Deutschen Bank- und Bankiergewerbes (E. V.) bearbeitet von H. Rehm, H. Trumpler, Heinrich Dove, Ernst Neukamp, R. Schmidt-Ernsthausen, James Breit. Mit einem Vorwort von J. Rießer. Lexikon-Oktav. VIII, 464 Seiten. 1909. . . . . . . RM. 12,—, geb. RM. 13.50

Hemptenmacher, Th., Börsengesetz. Dritte Auflage von O. Meyer. Taschenformat. XXIII, 373 Seiten. 1915. (Guttentagsche Sammlung Deutscher Reichsgesetze Bd. 41.) . . . . Geb. RM. 3.15

Das Bändchen bringt neben einem kurzen Überblick und einem vorteilhaft erweiterten Anhang das Börsengesetz nebst Ausführungsbestimmungen.

Lusensky, F., Gesetz, betreffend die Pflichten der Kaufleute bei Aufbewahrung fremder Wertpapiere (Depotgesetz). (Guttentagsche Sammlung Deutscher Reichsgesetze Bd. 40.) . . . . Neue Auflage in Bearbeitung.

Frohner, G. Aktiensonderdepot und Legitimationsübertragung. (Hamburger Rechtsstudien, herausgegeben von Mitgliedern der Rechts- und Staatswissenschaftlichen Fakultät der Hamburgischen Universität, Heft 3.) Groß-Oktav. VII 114 Seiten. 1929 . . . . RM. 7.—

Schwerin, Frh. Cl. von, Recht der Wertpapiere (einschließlich Wechsel- und Scheckverkehr). Oktav. X, 234 Seiten. 1924. (Lehrbücher und Grundrisse der Rechtswissenschaft Bd. 7.) . . . . RM. 6.30, geb. RM. 7.65

„Das Buch löst seine Aufgabe, den Studierenden eine Einführung in die Materie des Wertpapierrechts zu geben, ausgezeichnet, vor allem deshalb, weil es eine gute theoretische Fundierung mit einer dem Lehrzweck entsprechenden Darstellung des praktischen Rechts und der Rechtstatsachen verbindet.“

Deutsche Juristenzeitung Nr. 4, 1925.

Hollaender, Adolf, Preis- und Zinssenkung. (Siehe „Die vierte Notverordnung“ Seite 13.)

Zeitgemäße Bankrechtsfragen, Festgabe der Rechtsabteilung der Disconto-Gesellschaft zum 70. Geburtstage des Herrn Dr. jur. Arthur Salomonsohn. Quart. 126 Seiten. 1929 . . . . . RM. 8.—, geb. RM. 10.—

„Der Band enthält 8 vorzügliche Aufsätze. Die Verfasser befassen sich mit Problemen, die in der Rechtsabteilung einer Großbank oft zur Debatte stehen und deren endgültige Klärung ein praktisches Bedürfnis ist.“

Wirtschaftl. Nachrichten v. 16. V. 1929.

Verhandlungen des VII. allgemeinen deutschen Bankiertages. Köln, 9.—11. September 1928, auf Grund stenographischer Berichte. Groß-Oktav. 436 Seiten. 1928 . . . . RM. 10.—

Schultze, Fritz, Devisennotrecht. Textausgabe mit Einleitung, Verweisungen und Sachregister sowie Literaturverzeichnis und systematischer Übersicht über die einschlägige Rechtsprechung. Taschenformat. XXX, 181 Seiten. 1932 (Guttentagsche Sammlung Deutscher Reichsgesetze Bd. 182.) Geb. RM. 5.40

Der Band gibt durch Zusammenfassung des gesamten Devisenrechts in der seit 23. Juni 1932 geltenden Fassung und durch Abdruck auch der alten Devisenbewirtschaftungsverordnung nebst Abänderungsverordnungen und den dazu erlassenen zwölf Durchführungsverordnungen eine erschöpfende Übersicht über die heutige Rechtslage. Durch Verweisung auf die bisherigen Fassungen wird der Zusammenhang zwischen altem und neuem Recht gezeigt und die Anwendung der Neufassung erleichtert.

Bank-Archiv. Zeitschrift für Bank- und Börsenwesen. Begründet von Riesser. Unter Mitwirkung von hervorragenden Fachmännern herausgegeben von Dr. Georg Solmssen. Schriftleitung: Rechtsanwalt Otto Bernstein, geschäftsführendes Vorstandsmitglied des Zentralverbandes des Deutschen Bank- und Bankiergewerbes. Quart. Jährlich 24 Nummern. XXXII. Jahrgang. 1932/33 . . . . Pro Halbjahr RM. 12.—

III. Grenzgebiete des Bürgerlichen Rechts

1. Privat- und Sozialversicherung

Koenige, Heinrich, und Petersen, A., Gesetz über die privaten Versicherungsunternehmungen vom 12. Mai 1901. Textausgabe mit Anmerkungen und Sachregister. Dritte, umgearbeitete Auflage. Taschenformat. 856 Seiten. 1927. (Guttentagsche Sammlung Deutscher Reichsgesetze Bd. 62.) Geb. RM. 18.—

Ein für Theorie und Praxis der Privatversicherung unentbehrliches Hilfsmittel.

Ergänzt durch:

Koenige, Heinrich, Petersen, A. und Wirth, K., Gesetz über die Beaufsichtigung der privaten Versicherungsunternehmungen und Bausparkassen vom 6. Juni 1931. Textausgabe, enthaltend den vollständigen, geltenden Gesetzestext sowie Erläuterungen zu den neuen, auf dem Gesetz vom 30. März 1931 beruhenden Vorschriften. Nachtrag zu Koenige-Petersen, Private Versicherungsunternehmungen, dritte Auflage (Bd. 62 der Sammlung). Taschenformat. 238 Seiten. 1931. (Guttentagsche Sammlung Deutscher Reichsgesetze Bd. 62a.) . . . . Geb. RM. 5.40

„. . . Die kommentierte Textausgabe erfüllt die wichtige Aufgabe, über die sehr komplizierten Bestimmungen des Versicherungs-Aufsichtsgesetzes Klarheit zu verschaffen. Namentlich sind die Erläuterungen zu den Gesetzes-Bestimmungen, die Bausparkassen betreffend, die dem Versicherungs-Aufsichtsgesetz nach dessen Abänderung angegliedert worden sind, für alle Bausparkassen und alle die, die sich mit den juristischen Fragen des Bausparwesens befassen, ein unentbehrliches Hilfsmittel . . .“ Deutsche Bausparkassen-Zeitung v. 20. Nov. 1931.

Das Recht des Bausparvertrags. Von Rechtsanwalt Dr. Rudolf Magnus. Groß-Oktav. 96 Seiten. 1932. . . . . RM. 4.—

Bruck, E., Reichsgesetz über den Versicherungsvertrag nebst dem zugehörigen Einführungsgesetz vom 30. Mai 1908. Siebente, neubearbeitete Auflage. Taschenformat VIII, 563 Seiten. 1932. (Guttentagsche Sammlung Deutlung Deutscher Reichsgesetze Bd. 83.) . . . . Geb. RM. 12.60

„Der vormals Hager-Brucksche Kommentar ist seit langem der führende Kommentar und wird sich in der Neufassung weiter steigender Beliebtheit erfreuen.“ Deutsche Richterzeitung Nr. 11, v. 15. XI. 1930.

Moldenhauer, Paul, Das Versicherungswesen.

I. Allgemeine Versicherungslehre. Vierte Auflage. 152 Seiten. 1925. (Sammlung Göschen Bd. 262.) . . . . Geb. RM. 1.62

II. Die einzelnen Versicherungszweige. Zweite Auflage. 130 Seiten. 1923. (Sammlung Göschen Bd. 636.) . . . . Geb. RM. 1.62

Die Entwicklung des privaten Versicherungswesens in dem Jahrfünft 1902 bis 1906. Groß-Oktav. 53 Seiten. Mit 3 Tafeln. 1909 . . RM. 2.—
— in dem Jahrfünft 1907—1911. Groß-Oktav. 61 Seiten. 1912. RM. 2.50

Veröffentlichungen des Reichs-Aufsichtsamts für Privatversicherung. Groß-Oktav. 30. Jahrgang. 1931. 1932 . . . . RM. 21.—
31. Jahrgang. 1932. Nr. 1 bis 3, 1932 . . . . RM. 20.75

Gesamtregister zu den Veröffentlichungen des Reichs-Aufsichtsamts für Privatversicherung. 1912—1926. 184 Seiten. 1928 . . . . RM. 14.—

Versicherungsstatistik für 1902 über die unter Reichsaufsicht stehenden Unternehmungen. Herausgegeben vom Reichsaufsichtsamt für Privatversicherung. Lexikon-Oktav. LXXVII, 384 Seiten. 1905 . . . . RM. 10.—
— für 1902 bis 1917 . . . . Je Jahrgang RM. 10.—
— für 1928 bis 1929. 1930 . . . . RM. 24.—
— für 1930. 1931 . . . . RM. 13.—

v. Liebig, Eugen, **Das deutsche Feuerversicherungswesen.** Groß-Oktav. 211 Seiten. 1911 . . . . RM. 5.—

Weygand, J., **Die Grundzüge der Kundenversicherung.** (Generalversicherung der Speditions- und Lagergüter.) Mit einer Einleitung über das Interesse als Element der Sachversicherung. Groß-Oktav 162 Seiten. 1914. RM. 4.—

Das interessante Werk bietet namentlich für Juristen wertvolle Hinweise zur Rechtsbehandlung der Kundenversicherungsfrage.

Berliner, Ludwig, und **Pfaffenberger,** Ernst, **Aufwertung von Versicherungsansprüchen** mit Durchführungsbestimmungen.

I. Teil. Oktav. 235 Seiten. 1926. Mit Nachtrag. (Guttentagsche Sammlung Deutscher Reichsgesetze Bd. 164.) . . . . Geb. RM. 5.85

II. Teil: Sach- und Transportversicherung; Unfall- und Haftpflichtversicherung. Oktav. 112 Seiten. 1926. (Guttentagsche Sammlung Deutscher Reichsgesetze Bd. 164a.) . . . . Geb. RM. 3.15

Ein bedeutsamer Kommentar, durch den die gesetzlichen Bestimmungen von der juristischen und versicherungstechnischen Seite aus eingehend erläutert werden. In seinem straffen, systematischen Aufbau, der Geschlossenheit der Darstellung ist das Buch ein unentbehrlicher Ratgeber für alle interessierten Kreise.

Haymann, Franz, **Leistung und Gegenleistung im Versicherungsvertrag.** Eine Grundfrage des Privatversicherungsrechts. Oktav. 104 Seiten. 1932. RM. 6.—

Aus dem Inhalt: Leistung und Gegenleistung. Die Leistung des Versicherers. Die Anwendung der Regeln über den gegenseitigen Vertrag auf das Versicherungsgeschäft. Der Einfluß des Rücktritts und der Anfechtung auf die Prämienleistung. Leistung und Gegenleistung der Parteien im Konkurs- und Vergleichsverfahren zur Abwendung des Konkurses.

Tsirintanis, Alexander, **Die Order-Police.** Groß-Oktav. 95 Seiten. 1930 (Hamburger Rechtsstudien Heft 6.) . . . . RM. 6.—

Der Verfasser behandelt die Frage, inwieweit das Versicherungsrecht, um den heutigen Verkehrsbedürfnissen zu entsprechen, die Orderklausel und das Indossament verwerten kann. Nach einer Darstellung und kritischen Würdigung der Ergebnisse aus der Anorderstellung des Versicherungsscheins in anderen Ländern, insbesondere in Frankreich, versucht der Verfasser die rechtlichen und wirtschaftlichen Folgen aus der Ausstellung von Order-Polizen darzulegen. In einem besonderen Teil wird die Order-Polize mit anderen, auf denselben wirtschaftlichen Erfolg gerichteten Rechtsinstituten, namentlich der Versicherung für Rechnung wen es angeht, verglichen und die vorhandenen Unterschiede gestreift.

Embden, Helmuth, **Versicherung für Rechnung wen es angeht.** Groß-Oktav. VIII, 39 Seiten. 1930. (Hamburger Rechtsstudien Heft 8.) RM. 3.—

Im ersten Teil wird der versicherungsrechtliche Interessenbegriff im streng individualistischen Sinne präzisiert. Im Hauptteil versucht dann der Verfasser, die universelle Vertragsform der Versicherung für Rechnung wen es angeht in Einklang mit einer so engen Auffassung des Interessenbegriffs zu bringen.

Lippmann, Karl, **Die Reichsversicherungsordnung** nebst dem Einführungsgesetze, den wichtigsten Ausführungsvorschriften, den ergänzenden Gesetzen und Verordnungen sowie den Verordnungen über das Verfahren. **Nach dem Stande vom 8. Dezember 1931.** Textausgabe mit Anmerkungen, Einleitung (Übersicht über den Inhalt der Reichsversicherungsordnung) und Sachregister. Taschenformat. XVI, 767 Seiten. 1932. (Guttentagsche Sammlung Deutscher Reichsgesetze Bd. 161.) . . . . Geb. RM. 16.20

Die Ausgabe wird durch Nachträge auf dem laufenden gehalten.

Lippmann, Karl, **Sozialversicherung und Fürsorge.** (Siehe „Die vierte Notverordnung" Seite 13.)

Reuß, Max, und **Hense,** Fritz. **Das Reichsknappschaftsgesetz** vom 1. Juli 1926 nebst Einführungsgesetz. 2. Aufl. Taschenformat. XVI. 640 Seiten. 1926. (Guttentagsche Sammlung Deutscher Reichsgesetze Bd. 155.) Mit Nachtrag 1931. Geb. RM. 10.80

Angestelltenversicherungsgesetz vom 28. Mai 1924. Zweite Auflage. Taschenformat. 143 Seiten. 1927. Mit Nachtrag. (Guttentagsche Sammlung Deutscher Reichsgesetze. Textausgaben ohne Anmerkungen.) . . Geb. RM. 2.25

Manes, Alfred, **Sozialversicherung.** 7., ergänzte Aufl. Kl.-Oktav. 139 Seiten. 1928. (Sammlung Göschen Bd. 267.) . . . . Geb. RM. 1.62

Schmeißer, Herbert, **Das Gesetz über Arbeitsvermittlung und Arbeitslosenversicherung** in der Fassung der Notverordnung vom 1. Dezember 1930. 2 Bände. Taschenformat.
Band I. XVI, 639 Seiten. 1931 . . . . Geb. RM. 13.50
Band II. 792 Seiten. 1932 . . . . Geb. RM. 20.—
(Guttentagsche Sammlung Deutscher Reichsgesetze Bd. 165/165a.)

Der Kommentar enthält das gesamte einschlägige Gesetzes- und Rechtsmaterial bis in die neueste Zeit. Er wird für die Rechtsanwendung auf diesem Gebiete unentbehrlich sein und ist durch die neue Einführung der Lose-Blatt-Form vor dem Veralten geschützt, da die künftigen Änderungen in Blättern nachgeliefert werden und leicht in das Exemplar einzufügen sind.

2. Arbeitsrecht

Devène, Hans, **Rohlfing,** Theodor und **Heinitz,** Ernst, **Arbeitsgerichtsgesetz.** Kommentar. 2., völlig neubearbeitete Auflage. 884 Seiten. 1932. (Guttentagsche Sammlung Deutscher Reichsgesetze Bd. 168.) . . Geb. RM. 15.—

„. . . Doch nicht nur ein praktisches Buch. Unter reichster Benutzung der Rspr. und des Schrifttums wird ein Überblick über den gegenwärtigen Stand der Wissenschaft gegeben. Mit erfreulicher Eindringlichkeit gehen die Verfasser den Problemen nach; in strenger, wissenschaftlicher Sachlichkeit setzen sie sich mit ihnen auseinander; anregend und belehrend. Das Buch verdient die Aufmerksamkeit aller am Arbeitsrecht Beteiligten." *Juristische Wochenschrift Nr. 47, 1932.*

Arbeitsrechtliche Spruchsammlung. Beiträge zum Deutschen Handwerksblatt. **Pro Quartal RM. 0.90**

Die Sammlung berichtet fortlaufend über die obergerichtliche Rechtsprechung auf dem Gebiete des Arbeitsrechts. Sie bildet eine wertvolle Ergänzung der amtlichen Sammlung.

Entscheidungen des Reichsarbeitsgerichts. Herausgegeben von den Mitgliedern des Reichsarbeitsgerichts. Oktav.
Band I—X . . . . Je RM. 6.50, geb. RM. 8.—

Günther, Adolf, und Schneider, Richard, Arbeiterschutz und Arbeitsrecht. Zweite Auflage. Taschenformat.
I. Teil: **Arbeitszeitschutz.** Das Arbeitszeitnotgesetz und die übrige arbeitszeitrechtliche Gesetzgebung des Reichs seit dem 9. November 1918. 386 Seiten. 1927 . . . . Geb. RM. 6.75

„... Das Buch ist ein zuverlässiger Führer durch das weite und unübersichtliche Gebiet der arbeitszeitrechtlichen Gesetzgebung."
Württemberg. Ztschr. f. Rechtspflege, April 1928.

II. Teil: **Gesetz über die Beschäftigung Schwerbeschädigter** nebst den einschlägigen gesetzlichen Bestimmungen. 404 Seiten. 1928. (Guttentagsche Sammlung Deutscher Reichsgesetze Bd. 138a/138c.) . . Geb. RM. 7.20

„Das Buch stellt nicht nur beim Studium des Gesetzes ein wertvolles Hilfsmittel dar, sondern ist auch für den Handgebrauch des Arbeitsrechtspraktikers unentbehrlich." *Berliner Wohlfahrtsblatt v. 9. XII. 1928.*

IV. Teil: **Betriebsstillegungsverordnung.** 240 Seiten. 1929. (Guttentagsche Sammlung Deutscher Reichsgesetze Bd. 138d.) . . . . Geb. RM. 5.85

„Die Guttentagsche Sammlung ist durch das Buch um ein neues zuverlässiges Hilfsmittel für die Gesetzanwendung bereichert." *Reichsarbeitsblatt Nr. 30, 1929.*

Rohlfing, Theodor, Arbeitsrechtliche Vorschriften. (Siehe „Die vierte Notverordnung" Seite 13.)

Warneyer, Otto, Betriebsrätegesetz vom 4. Februar 1920 nebst der Wahlordnung zum Betriebsrätegesetz, dem Aufsichtsratsgesetz samt Wahlordnung und den Ausführungsverordnungen des Reichs und der Länder. Auf der Grundlage der Güntherschen Textausgabe mit Anmerkungen erläutert unter besonderer Berücksichtigung der Rechtsprechung des Reichsgerichts und des Reichsarbeitsgerichts. Zweite Auflage. Taschenformat. 235 Seiten. 1931. (Guttentagsche Sammlung Deutscher Reichsgesetze Bd. 138b.) . . . . Geb. RM. 4.50

„... Als Ganzes ist diese Handausgabe allen den vielen Kreisen willkommen, die aus praktischen Gründen nach einer kurzen, trotzdem aber erschöpfenden, zuverlässigen und jede Zweifelsfrage erfassenden Kommentierung suchen."
Der Fachjurist Nr. 5, 1931.

v. Ungern-Sternberg, Die Auflösung und Fusion von Berufsvereinen und ihre arbeitsrechtliche Bedeutung. Oktav. IV, 52 Seiten. 1931. RM. 3.50

Für laufende Tarifverträge ebenso wie für Schlichtungsverfahren haben Auflösung und Fusion von Gewerkschaften bzw. Arbeitgeberverbänden erhebliche Bedeutung. Deshalb lohnt eine zusammenfassende Durchforschung und Darstellung der Materie wohl. An Hand von Literatur und Rechtsprechung werden alle Zweifelsfragen hier geklärt. Die Schrift bringt den Beteiligten wertvolle Unterlagen für die Praxis.

Tilly, Dr. Helmuth Tczerclas von, **Internationales Arbeitsrecht.** Unter besonderer Berücksichtigung der Internationalen Arbeitsorganisation. 120 Seiten. 1924. (Sammlung Göschen Bd. 882.) . . . . Geb. RM. 1.62

Es ist das erste Werk, das in klarer, kurzer und allen leicht verständlicher Weise das gesamte grundlegende Tatsachenmaterial — und zwar nur dieses — auf dem umfassenden Gebiete des internationalen Arbeiterschutzes von dessen ersten Anfängen bis in die neueste Zeit bietet.

3. Gewerberecht

Hiller, Fr., und Luppe, H., Gewerbeordnung für das Deutsche Reich nebst Kinderschutzgesetz und Hausarbeitsgesetz sowie den für das Reich und Preußen erlassenen Ausführungsbestimmungen. Einundzwanzigste, veränderte Auflage. (143. bis 148. Tausend.) Taschenformat. 931 Seiten. 1928. Mit Nachtrag vom 11. 2. 1929. (Guttentagsche Sammlung Deutscher Reichsgesetze Bd. 6.) . . . . Geb. RM. 9.90

„Man kann von dem Werke nur sagen, daß es in mustergültiger Weise wie bisher seinen Zweck erfüllt, ein kurzes knappes Buch „für die Praxis von unschätzbarem Werte zu sein...“ Juristische Rundschau Nr. 20, v. 5. X. 1928.

Gewerbeordnung für das Deutsche Reich nebst Gaststättengesetz, Kinderschutzgesetz und Hausarbeitsgesetz. Textausgabe mit Einleitung und Sachregister. Taschenformat. IV, 200 Seiten. 1932. (Guttentagsche Sammlung von Textausgaben ohne Anmerkungen mit Sachregister.) . . . . Geb. RM. 3.—

Wie alle in der Guttentagschen Sammlung von Textausgaben erschienenen Texte, ist auch die Gewerbeordnung nebst Gaststättengesetz, Kinderschutzgesetz und Hausarbeitsgesetz absolut zuverlässig und nach neuestem Stande wiedergegeben. Ein ausführliches Sachregister erschließt den Zugang zu den einzelnen Bestimmungen. Die Ausgabe soll der Praxis dienen, vor allem aber auch dem Studierenden ein Begleiter für die einschlägigen Vorlesungen sein und die Einarbeitung in das wichtige Gesetz erleichtern.

Brassert, H., Allgemeines Berggesetz für die preußischen Staaten mit Kommentar. Zweite Auflage, bearbeitet von Hans Gottschalk. Groß-Oktav. XXIX, 1291 Seiten. 1914. . . . . RM. 27.—, geb. RM. 30.—

Sonnenfeld, Hugo, Die reichsrechtlichen Bestimmungen, betreffend den Handel mit Drogen und Giften. Dritte, veränderte Auflage. Taschenformat. 435 Seiten. 1926. (Guttentagsche Sammlung Deutscher Reichsgesetze Bd. 64.) . . . . Geb. RM. 10.80

Friedrichs, Karl, Gaststättengesetz vom 28. April 1930 mit den Durchführungs- und Ausführungsverordnungen des Reichs und Preußens. Taschenformat. VIII, 144 Seiten. 1930. (Guttentagsche Sammlung Deutscher Reichsgesetze Bd. 176.) . . . . Geb. RM. 3.15

Das Gaststättengesetz in seiner neuen Fassung mit ausführlichen Erläuterungen. Der Verfasser hat zur vollständigen und zuverlässigen Erläuterung alles herangezogen, was aus der bisherigen Rechtsprechung und den einschlägigen Reichstagsdrucksachen verwertbar ist; die Durch- und Ausführungsverordnungen für das Reich und Preußen sind wörtlich abgedruckt und, soweit notwendig, erläutert.

Lebbin, Georg, Nahrungsmittelgesetze mit Erläuterungen. Zweite, stark vermehrte Auflage in zwei Bänden.

I. Band: Das Lebensmittelgesetz vom 5. Juli 1927 mit Nebengesetzen (Margarine, Fleisch, Milch, Süßstoff, Essigsäure usw.). Erläutert von G. Lebbin und R. Gießner. Taschenformat. XVI, 419 Seiten. 1928. Geb. RM. 7.65

II. Band: Getränkegesetze und Getränkesteuergesetze (Wein, Bier, Branntwein, Mineralwasser). Unter Mitarbeit von Rechtsanwalt Dr. Kniebe. Taschenformat. XII, 400 Seiten. 1926. (Guttentagsche Sammlung Deutscher Reichsgesetze Bd. 54a u. b.) . . . . Geb. RM. 9.—

Das Werk ist für die ganze Fachwelt der Getränkeindustrie unentbehrlich, muß doch jedermann mit den einschlägigen Gesetzesbestimmungen sich soweit wie irgend möglich vertraut machen, wenn er nicht in Nachteile geraten will.

Boß, Werner, Die reichs- und landesrechtlichen Bestimmungen auf dem Gebiete des Gesundheitswesens. Taschenformat 608 Seiten. 1929. (Guttentagsche Sammlung Deutscher Reichsgesetze Bd. 172.) . . . Geb. RM. 9.90

„Das Buch wird seiner Aufgabe, fast den gesamten Gesetzesstoff in einem einzigen kleinen Bande in die Hand zu geben, gewiß gerecht und wird sich schnell als unentbehrliches Hilfsmittel für jeden erweisen, der öfter mit dem Gesundheitswesen zu tun hat.“ Reichsverwaltungsblatt Nr. 23, v. 8. VI. 1929.

4. Geistig-gewerblicher Rechtsschutz

Elster, Alexander, Urheber- und Erfinder-, Warenzeichen- und Wettbewerbsrecht. (Gewerblicher Rechtsschutz.) Zweite, stark erweiterte und völlig umgearbeitete Auflage. Mit Abdruck der Gesetzestexte. Oktav. XII, 611 Seiten 1928. Mit Nachtrag 1931. (Lehrbücher und Grundrisse der Rechtswissenschaft Bd. VIII.) . . . . RM. 16.20 geb. RM. 17.50

„Seit Kohler und Osterrieth endlich wieder das langentbehrte Lehrbuch. Hier unternimmt ein wahrhaft selbständiger und ideenreicher Kopf den Versuch, eine wirkliche Synthese zu schaffen.“ Juristische Rundschau Nr. 1, v. 1. I. 1929.

Neuberg, J., Der internationale gewerbliche Rechtsschutz. 2. Auflage. 128 Seiten. 1923. (Sammlung Göschen Bd. 271.) . . . . . Geb. RM. 1.62

Daude, Paul, Die Reichsgesetze über das Urheberrecht an Werken der Literatur und der Tonkunst und das Verlagsrecht vom 19. Juni 1901 in der Fassung des Gesetzes vom 22. Mai 1910 zur Ausführung der revidierten Berner Übereinkunft. Oktav. VIII, 293 Seiten. 1910. . . . RM. 6.—

Lindemann, O., Gesetz, betr. das Urheberrecht an Werken der Literatur und der Tonkunst. Vierte Auflage. Taschenformat. 171 Seiten. 1921. (Guttentagsche Sammlung Deutscher Reichsgesetze Bd. 60.) . Geb. RM. 1.60

Fuld, Ludwig, Gesetz, betr. das Urheberrecht an Werken der bildenden Künste und der Photographie. Zweite Auflage. Taschenformat. 192 Seiten. 1925. (Guttentagsche Sammlung Deutscher Reichsgesetze Bd. 81.) Geb. RM. 5.40

Neininger, G., Der Schutz des Urheberrechts im deutschen Rundfunk. Oktav. 88 Seiten. 1929 . . . . RM. 4.—

„Eine interessante, zeitgemäße, namentlich auch für geistige Neuschöpfer wichtige Studie.“ Badische Rechtspraxis Nr. 3, 1929.

Andritzky, Christoph, Die Rechtsstellung des Drehbuchautors. Oktav. XI, 80 Seiten. 1931 . . . . RM. 3.50

Andritzky äußert sich zu den Streitfragen um die Urheberschaft am Film. Er trennt scharf zwischen künstlerischer Leistung und künstlerisch-urheberischer Schöpfung und kommt zu der These: Der Filmurheber ist der Urheber des kurbelfertigen Drehbuches. — Die Verhältnisse beim Tonfilm sind, soweit dies möglich erschien, berücksichtigt.

Giesecke, Hans, Die juristischen Probleme des Bildfunks. Oktav. 90 Seiten. 1932 . . . . RM. 3.60

Die interessanten urheberrechtlichen Fragen, die mit der neuen technischen Errungenschaft eines „Bildfunks“ zusammenhängen und teilweise schon jetzt, insbesondere aber für die Zukunft sehr aktuell sind, werden in dieser Arbeit nach allen Seiten hin sorgfältig untersucht. Geschichte und Technik des Bildfunks sind einleitend berücksichtigt. Die urheberrechtlichen Darlegungen beruhen auf Kenntnis der Tatsachen und des Schrifttums.

Heinitz, Ernst, und Marwitz, Bruno, Das Reichsgesetz über das Verlagsrecht. Textausgabe mit Einleitung, Anmerkungen und Sachregister. Dritte Auflage. Taschenformat. 136 Seiten. 1922. (Guttentagsche Sammlung Deutscher Reichsgesetze Bd. 61.) . . . . Geb. RM. 1.45

Elster, A., Das deutsche Urheber- und Verlagsrecht. 128 Seiten. 1923. (Sammlung Göschen Bd. 863.) . . . . Geb. RM. 1.62

„Erstaunlich ist, wie Elster diese beiden so viel umstrittenen Gesetze auf so engem Raum in vortrefflicher Weise zur Darstellung gebracht hat.“ Deutscher Journalistenspiegel Nr. 17, v. 5. VI. 1927.

Heymann, E., Die zeitliche Begrenzung des Urheberrechts. Oktav. 74 Seiten. 1927. (Sitzungsberichte der Preußischen Akademie der Wissenschaften zu Berlin.) . . . . RM. 5.—

Pietzcker, Eduard, Patentgesetz und Gebrauchsmusterschutzgesetz. Kommentar unter Berücksichtigung der vorgeschlagenen und weiter beantragten Abänderungen des Patentgesetzes. Erster Halbband: §§ 1—12 PatG. Groß-Oktav. 427 Seiten. 1929. (Gewerbe- und Industrie-Kommentar Bd. V, 1.) RM. 26.—, geb. RM. 28.—

Der zweite, das Werk abschließende Band, wird 1933 erscheinen.

„Die überall zutage tretende geistige Leistung macht Pietzckers Kommentar für jeden, der sich mit diesem Rechtsgebiet zu beschäftigen hat, zum unentbehrlichen Rüstzeug." Markenschutz und Wettbewerb Nr. 4, April 1929.

Seligsohn, Arnold, Patentgesetz und Gesetz, betr. den Schutz von Gebrauchsmustern. Siebente Auflage. Groß-Oktav. VIII, 622 Seiten. 1932. RM. 22.50, geb. RM. 24.30

„Ein fachwissenschaftliches Werk, welches sieben Auflagen erreicht, bedarf in der Regel keiner besonderen Empfehlung. Dies gilt in erhöhtem Maße von dem berühmten Erläuterungswerk zum Patent- und Gebrauchsmustergesetz, welches der Nestor des Patentrechts in neuem Gewande der Öffentlichkeit übergibt ... Die Seligsohnsche Schrift hat sich von jeher durch strenge Sachlichkeit und vornehme Zurückhaltung ausgezeichnet; sie hat nicht nur das übrige Schrifttum, sondern auch in hervorragendem Maße die Rechtsprechung beeinflußt ... Lange haben die vielen Verehrer des Seligsohnschen Kommentars auf diese Auflage sehnsüchtig gewartet ..." Markenschutz u. Wettbewerb Nr. 9, Sept. 1932.

Lutter, R., Patentgesetz. Nebst Ausführungsbestimmungen, völkerrechtlichen Verträgen und Patentanwaltsgesetz, unter eingehender Berücksichtigung der Rechtsprechung des Reichsgerichts und der Praxis des Reichspatentamts. Neunte Auflage. Taschenformat. XV, 467 Seiten. 1928. (Guttentagsche Sammlung Deutscher Reichsgesetze Bd. 22.) . . . . Geb. RM. 9.—

„Jedem, der eines kurzgefaßten zuverlässigen Kommentars für den Augenblicksgebrauche bedarf, sei diese vorzügliche Taschenausgabe des Patentgesetzes von Lutter dringend empfohlen. Jede neue Ausgabe verbessert das Buch. Es ist nicht leicht, kurz zu kommentieren. Möge dieses Buch, das bei aller Knappheit stets in Fühlung mit der Entwicklung des Rechtsgebiets bleibt, sich seine Kürze erhalten." Markenschutz und Wettbewerb Nr. 14, November 1928.

Elster, A., Das deutsche Erfinderrecht. (Patent- und Musterschutzrecht.) 118 Seiten. 1924. (Sammlung Göschen Bd. 891.) . . . . . . Geb. RM. 1.62

Seligsohn, Jul., Geheimnis und Erfindungsbesitz. Groß-Oktav. 147 Seiten. 1921 . . . . RM. 3.—

Elster, Alexander, Gesetz gegen den unlauteren Wettbewerb vom 7. Juni 1909. In der Fassung vom 9. März 1932. Kurzer Kommentar für Praxis und Studium. Neunte, durchgearbeitete und wesentlich ergänzte Auflage der erläuterten Textausgabe von Justizrat Dr. Albert Pinner und Dr. Alexander Elster. Taschenformat. 392 Seiten. 1932. (Guttentagsche Sammlung Deutscher Reichsgesetze Bd. 37.) . . . . . Geb. RM. 6.75

„Der Umfang der erläuterten Textausgabe ist wieder sehr gestiegen, so daß sie nun mit Recht die Bezeichnung kurzer Kommentar führt. Obwohl für die Praxis bestimmt und im wesentlichen auf den Ergebnissen der Rechtsprechung fußend, zeigt das Werk — besonders in der Einleitung, aber auch in den einzelnen Ausführungen — die grundsätzliche Einstellung des Verfassers zu der Rechtsnatur des Wettbewerbsrechts. Für das Studium sowie als erstes Nachschlagewerk für die Praxis ist das Werk hervorragend geeignet." Juristische Wochenschrift Nr. 18, v. 26. VI. 1932.

Elster, Alexander, Zugaben-Verordnung. (Erster Teil der Verordnung des Reichspräsidenten zum Schutze der Wirtschaft vom 9. März 1932.) Taschenformat. 80 Seiten. 1932. (Guttentagsche Sammlung Deutscher Reichsgesetze Nr. 37a.) . . . . RM. 1.80

„In verblüffend kurzer Zeit nach Erlaß der VO. vom 9. März 1932 ist dieser ausführliche, auf engem Raum zusammengefaßte Kommentar erschienen. Nur ein Schriftsteller, der in Theorie und Praxis die einschlägigen Probleme erkannt hat, vermochte ein so vortreffliches Werk zu verfassen. Daß seine Anschaffung nachdrücklichst zu empfehlen ist, bedarf kaum der Betonung."
Zentralblatt für Handelsrecht Nr. 4, 1932.

Wassermann, Martin, **Der unlautere Wettbewerb nach deutschem Recht.** I. Generalklausel, Reklameauswüchse, Ausverkaufswesen, Angestelltenbestechung. 160 Seiten. 1911. II. Kreditschädigung, Firmen- und Namenmißbrauch, Verrat von Geheimnissen, Ausländerschutz. 151 Seiten. 1911. (Sammlung Göschen Bd. 339 u. 535.) . . . . Geb. je RM. 1.62

Wolff, F., und Crisolli, K.-A., Das Recht der Reklame. Lexikon-Oktav. 424 Seiten. 1929 . . . . RM. 9.—, geb. RM. 10.—

„. . . Mit großer Umsicht ist ein umfänglicher Stoff gesammelt und in gründlicher Arbeit juristisch durchdrungen und dargestellt. Das Buch ist wohl in erster Reihe für Juristen bestimmt, aber auch für wirtschaftliche Kreise und Reklamefachleute wertvoll und jedenfalls für die Beschäftigung mit diesem Sondergebiet ein zuverlässiges Hilfsmittel."
Flad i. d. „Juristischen Rundschau" Nr. 7, v. 1. IV. 1930.

Hagens, Alfred, Warenzeichenrecht. Kommentar. Groß-Oktav. VIII, 408 Seiten. 1927. (Gewerbe- und Industrie-Kommentar Bd. III.)
RM. 22.—, geb. RM. 24.—

„. . . Eine ausführliche Darstellung, die zeigt, daß der Verfasser das gesamte Fachschrifttum und die reichhaltige Rechtsprechung restlos beherrscht. Ich habe gefunden, daß nicht ein einziger Fall von Bedeutung fehlt."
Markenschutz und Wettbewerb Nr. 12, 1927.

Seligsohn, Arnold, **Gesetz zum Schutz der Warenbezeichnungen.** Dritte Auflage, bearbeitet in Gemeinschaft mit Martin Seligsohn in Berlin. Groß-Oktav. IV, 416 Seiten. 1925. . . . . . RM. 15.—, geb. RM. 16.50

Freund, G. S., **Magnus**, Julius, und **Jüngel**, Friedrich, **Das deutsche Warenzeichenrecht.** Sechste, neubearbeitete Auflage. Teil I: Die internationalen Verträge. VI, 247 Seiten. Mit 4 Tafeln. 1924. (Guttentagsche Sammlung Deutscher Reichsgesetze Bd. 87a.) . . . . Geb. RM. 8.10
Teil II. Deutsches Recht. . . . . Im Druck

Born, A., Reichspreßgesetz vom 7. Mai 1874 in der jetzt geltenden Fassung nebst den einschlägigen Bestimmungen der Reichsverfassung, des Reichsstrafgesetzbuchs, der Gewerbeordnung usw. Mit Kommentar und Sachregister. Vierte, veränderte Auflage. Taschenformat. 234 Seiten. 1931. (Guttentagsche Sammlung Deutscher Reichsgesetze Bd. 53.) . . Geb. RM. 5.40

Dieser Band bringt eine sehr reichhaltige Kommentierung des Stoffes, die um so wertvoller ist, als den Entscheidungen der Wortlaut der Urteilsbegründungen beigefügt ist. Die einschlägigen Bestimmungen sind aufgeführt, eingehend besprochen und in Beziehung zueinander gebracht worden. Als Nachschlagewerk in Zweifelsfällen wird die nach dem neuesten Stande (Notverordnungen!) bearbeitete 4. Auflage von großem Nutzen sein.

IV. Zivilprozeß

Fischer, Otto, Lehrbuch des deutschen Zivilprozeß- und Konkursrechts. Groß-Oktav. XII, 488 Seiten. 1918 . . . . . . RM. 8.—, geb. RM. 10.—

Kisch, Wilh., Deutsches Zivilprozeßrecht.
I. Band. Vierte, verbesserte Auflage. 115 Seiten. 1929. (Sammlung Göschen Bd. 428.) . . . . Geb. RM. 1.62

II. Band. Vierte, verbesserte Auflage. 168 Seiten. 1929. (Sammlung Göschen Bd. 429.) . . . . Geb. RM. 1.62

III. Band. Vierte, verbesserte Auflage. 148 Seiten. 1929 (Sammlung Göschen Bd. 430.) . . . . Geb. RM. 1.62

Diese Auflage wird jedem, der sich auf gemeinverständliche Weise über unser geltendes Zivilgerichtswesen unterrichten will, gute Dienste leisten, und kann namentlich den Studierenden des Rechts als Einführung bestens empfohlen werden.

Sydow, R., Busch, L., und Krantz, W., Zivilprozeßordnung und Gerichtsverfassungsgesetz nebst Anhang, enthaltend Entlastungsgesetze und die Notverordnung vom 1. Dezember 1930. Handkommentar unter besonderer Berücksichtigung der Entscheidungen oberster Gerichte. Begonnen von Dr. R. Sydow. Fortgeführt von Dr. L. Busch, Reichsgerichtsrat i. R., demnächst mit Dr. W. Krantz, Landgerichtsdirektor. Neubearbeitete, zwanzigste Auflage. Zwei Bände. Groß-Oktav. VIII, VIII und 1540 Seiten. 1930. Mit Nachtrag 1932. (de Gruyterſche Sammlung Deutscher Gesetze, Handkommentare.) . . . . Geb. RM. 32.—

Einzeln, Nachtrag, enthaltend die durch den VI. Abschnitt der Dritten Verordnung des Reichspräsidenten vom 6. Oktober 1931 eingetretenen Änderungen und die Fortsetzung der Erläuterungen der ZPO. und des GVG. Groß-Oktav. 94 Seiten. 1932 . . . . RM. 2.25

„Auch innerlich ist der ausgezeichnete Handkommentar von Sydow-Busch-Krantz verändert. Es sind viele veraltete Entscheidungen ausgemerzt und dafür die Erläuterungen durch eingehendere Darlegungen zweckmäßig erweitert worden. An der Grundlage des Buches wurde nichts geändert, die Druckanordnung ist noch übersichtlicher als bisher. So wird das Buch seine alten Freunde behalten und ohne Zweifel viele neue hinzuerwerben.“

Leipziger Zeitschrift für deutsches Recht Nr. 20, v. 15. X. 1930.

Rosenberg, L., Zivilprozeßgesetzgebung. Taschenformat. 580 Seiten. 1930. (Lehrausgaben Deutscher Gesetze Bd. II.) Geb. RM. 8.—

„Diese neuartige Ausgabe der ZPO. der ‚Lehrausgaben Deutscher Gesetze‘ ist ein Beispiel für die besondere Nützlichkeit einer solchen Ausgabe. Die Besonderheiten dieser handlichen und erschöpfenden Ausgabe der Zivilprozeßgesetzgebung bestehen in der sachlichen Ordnung des umfassenden Stoffes, in der Hervorhebung von besonders Wesentlichem durch Sperrdruck und vor allem aber darin, daß den einzelnen Paragraphen in systematischer Weise Überschriften vorausgeschickt sind, die die hier besonders wichtige Aufgabe erfüllen, den Aufbau des Gesetzes und den Zusammenhang der einzelnen Vorschriften klar erkennen zu lassen.“ *Juristische Wochenschrift Nr. 47, v. 22. XI. 1930.*

Zivilprozeßordnung mit Gerichtsverfassungsgesetz und Einführungsgesetzen in der Fassung der Bekanntmachung vom 13. Mai 1924 mit den bis 1. April 1929 ergangenen Abänderungen. Textausgabe mit Sachregister. Taschenformat. 440 Seiten. 1929. (Guttentagſche Sammlung von Textausgaben ohne Anmerkungen.) . . . . Geb. RM. 3.15

Die handliche Ausgabe enthält den genannten Gesetzestext mit einem das Zurechtfinden sehr erleichternden Sachregister.

Der neue Entwurf einer Zivilprozeßordnung. Veröffentlicht durch das Reichsjustizministerium. Lexikon-Oktav. 561 Seiten mit 2 Paragraphen-Verzeichnissen. 1931 . . . . RM. 10.—, geb. RM. 12.—

Sydow, R., Busch, L., und Krantz, W., Gerichtsverfassungsgesetz mit Einführungsgesetz. Unter besonderer Berücksichtigung der Entscheidungen des Reichsgerichts. Zehnte Auflage. Taschenformat. 347 Seiten. 1925. (Guttentagſche Sammlung Deutscher Reichsgesetze Bd. 14.) Geb. RM. 5.40

„*Das Buch bedarf keiner Empfehlung, es empfiehlt sich selbst durch die Fülle dessen, was es bietet. Gesetzgebung und Rechtsprechung sind bis in die neueste Zeit berücksichtigt.*" *Leipziger Zeitschrift für Deutsches Recht Nr. 14, v. 15. VII. 1926.*

Rausnitz, Julius, **Gebührenordnung für Notare** vom 28. Oktober 1922 (GS. 404) nebst den einschlägigen Vorschriften des Preußischen Gerichtskostengesetzes vom 28. Oktober 1922 (GS. 363), beide in der Fassung der Gesetze vom 12. April 1923 (GS. 107), 18. Dezember 1923 (GS. 556) und der Verordnung vom 28. Juni 1924 (GS. 573). Sechste, umgearbeitete Auflage. Oktav. 158 Seiten. 1925. (Guttentagsche Sammlung Preußischer Gesetze Bd. 4.) . . . . Geb. RM. 6.30

Sydow, R., **Busch**, L., und **Krieg**, O., **Die Deutsche Gebührenordnung für Rechtsanwälte**, das Gesetz, betreffend die Erstattung von Rechtsanwaltsgebühren in Armensachen, und die Preußische Landesgebührenordnung mit Erläuterungen. Auf der Grundlage der Sydow-Busch'schen Textausgabe mit Anmerkungen in dreizehnter Auflage unter Mitaufnahme des Gesetzes über die Erstattung in Armensachen neubearbeitet. Taschenformat 496 Seiten. 1929. (Guttentagsche Sammlung Deutscher Reichsgesetze Bd. 17.) Geb. RM. 8.10

„*. . . Die Guttentagschen Handkommentare haben sich auf allen Gebieten einen so guten Namen erworben, daß eine Empfehlung nicht notwendig ist . . .*" *Juristische Wochenschrift Nr. 45/46, 1929.*

Isaac, Martin, **Leitfaden für Handelsrichter.** Oktav. 132 Seiten. 1932. RM. 3.60

Der Handelsrichter hat Rechte und Pflichten eines gelehrten Richters, ohne, wie es das Gesetz vorschreibt, geringste juristische Ausbildung. Die sich bei der Tätigkeit ergebenden Schwierigkeiten soll dieses Bändchen klären. Alles, was aus dem Prozeßrecht, vornehmlich aber der Prozeßtechnik von Interesse ist, wird in klarer Briefform dargestellt.

Sydow, R., **Busch**, L., und **Krieg**, O., **Deutsches Gerichtskostengesetz nebst Gebührenordnung** für Gerichtsvollzieher und für Zeugen und Sachverständige in den neuesten Fassungen. Auf der Grundlage der Sydow-Busch'schen Textausgabe mit Anmerkungen neubearbeitet in elfter Auflage. Taschenformat. XI, 433 Seiten. 1928. (Guttentagsche Sammlung Deutscher Reichsgesetze Bd. 15.) . . . . Geb. RM. 6.75

„*Die neue Auflage bietet unter gründlicher Berücksichtigung der gesamten einschlägigen Rechtsprechung eine zeitgemäße, übersichtliche und erschöpfende Erläuterung des Gesetzes. Für den täglichen Gebrauch in der Praxis erscheint diese Textausgabe mit Anmerkungen als unentbehrlich.*" *Dr. Natter in der „Württembergischen Zeitschrift für Rechtspflege" Nr. 10, Oktober 1928.*

Lindemann, Otto, **Preußisches Gerichtskostengesetz** (neueste Fassung). Nach dem Tode des früheren Herausgebers P. Simeon erläutert. Achte, völlig umgearbeitete Auflage. Taschenformat. 439 Seiten. 1928. (Guttentagsche Sammlung Preußischer Gesetze Bd. 17.) . . . . Geb. RM. 7.20

„*Die achte Auflage dieser bekannten Ausgabe des Preußischen Gerichtskostengesetzes ist entsprechend den bedeutsamen Änderungen der letzten Jahre völlig umgearbeitet. Die gesamte Rechtsprechung wurde eingehend berücksichtigt, so daß hier eine Erläuterung vorliegt, die Zuverlässigkeit und Vollständigkeit in sich verbindet.*" *Mitteilungen des Preußischen Richtervereins v. 15. VI. 1928.*

Freiwillige Gerichtsbarkeit

Jastrow, Hermann, und **Günther**, Hermann, **Die Gesetze des Reiches und Preußens über die freiwillige Gerichtsbarkeit.** Textausgabe mit Einleitung, Anmerkungen und Sachregister. Siebente, vermehrte Auflage. Taschenformat. 548 Seiten. 1928. (Guttentagsche Sammlung Deutscher Reichsgesetze Bd. 46.) . . . . Geb. RM. 8.10

„Die Anmerkungen sind übersichtlich und bringen in treffender Kürze alles für die Praxis Wesentliche. Der Preis ist für das Gebotene mäßig."

Ztschr. f. freiwillige Gerichtsbarkeit Nr. 2, 1929.

Die Gesetze des Reiches und Preußens über die freiwillige Gerichtsbarkeit. Textausgabe mit Sachregister. Taschenformat. 168 Seiten. 1930. (Guttentagsche Sammlung von Textausgaben ohne Anmerkungen mit Sachregister.) RM. 2.70

Das Buch enthält in der bekannten Art der Guttentagschen Gesetzesausgaben außer dem „Gesetz über die Angelegenheiten der freiwilligen Gerichtsbarkeit" alle in dieses Gebiet fallenden sonstigen Gesetze, Ausführungsbestimmungen, Abkommen, Verordnungen usw. in absolut zuverlässigem Abdruck and ein das Zurechtfinden sehr erleichterndes Sachregister.

Szkolny, Felix, und Kober, Leopold, Das Notariatrecht, unter besonderer Berücksichtigung des materiellen Rechts und des Steuer- und Stempelrechts erläutert. Oktav. 236 Seiten. 1926. (Guttentagsche Sammlung Deutscher Reichsgesetze Bd. 163.) . . . . Geb. RM. 7.65

„Die Darlegung des materiellen Rechts, soweit es in der täglichen Anwendung den Notar hauptsächlich beschäftigt. Es wird die Beurkundung einzelner Rechtsgeschäfte und anderer Rechtsvorgänge behandelt. Die Ausführungen verwerten die neueste Lehre and Rechtsprechung eingehend, die Darstellung ist leicht faßlich und klar, einzelne Muster vervollkommnen das anschauliche Bild."

Zeitschrift des Deutschen Notarvereins Nr. 2, 1926.

Szkolny, Felix, Die Belehrungspflicht des Notars. Oktav. 52 Seiten. 1927. RM. 2.—

„Ein trotz seines geringen Umfanges sehr nützliches Buch, für das wir dem Verfasser Dank wissen müssen." Zeitschrift des Deutschen Notarvereins, 1927.

Konkursordnung und Zwangsvollstreckung

Jaeger, Ernst, Kommentar zur Konkursordnung und den Einführungsgesetzen. Mit einem Anhang, enthaltend das Anfechtungsgesetz, die Vergleichsordnung, Auszüge aus den Kostengesetzen, Ausführungsgesetze und Geschäftsordnungen. Sechste und siebente, neubearbeitete Auflage. Groß-Oktav. Der Umfang des Gesamtwerkes umfaßt etwa 100 Bogen. Die Ausgabe erfolgt in Lieferungen.

Erster Band: §§ 1—46. XXVIII, 828 Seiten. 1928—1931. RM. 49.—, geb. RM. 54.—

Zweiter Band: Wird Ende 1933 abgeschlossen vorliegen. (Der Kauf des ersten Bandes verpflichtet zum Bezug des zweiten Bandes.)

„. . . . Kurz gesagt: das Buch ist das unübertreffliche Standardwerk, der Kommentar zur Konkursordnung." Deutsche Richterzeitung Nr. 1, v. 15. 1. 1929.

Jaeger, Ernst, Lehrbuch des Konkursrechts. Achte, erweiterte Auflage des Grundrisses zur Vorlesung über Konkursrecht. Groß-Oktav. 253 Seiten. 1932. Geb. RM. 13.50

„Das Buch ist eine wahre Bereicherung der Konkursliteratur; eine willkommene Abschlagszahlung auf die noch ausstehenden Teile des großen Kommentars des Verfassers.

In meisterhafter, systematischer Gliederung und in wahrhaft prägnanter Kürze wird das gesamte Konkursrecht und Konkursverfahren dargestellt; überall unter Berücksichtigung der neuesten Rechtsentwicklung des In- und Auslandes . . ."

Juristische Rundschau Nr. 23 v. 1. XII. 32.

Sydow, R., Busch, L., und Krieg, O., Konkursordnung, Vergleichsordnung und Anfechtungsgesetz mit Erläuterungen. Auf der Grundlage der Sydow-Busch'schen Textausgabe mit Anmerkungen in sechzehnter Auflage. Taschenformat. V, 870 Seiten. 1932. (Guttentagsche Sammlung Deutscher Reichsgesetze Bd. 13.) . . . . Geb. RM. 10.80

„Die neue Auflage, die eine Berücksichtigung der Rspr. und des Schrifttums bis in die neueste Zeit enthält, erfüllt alle Erwartungen, die an ein Werk der beliebten und verbreiteten Sammlung man zu stellen gewöhnt ist."
Juristische Wochenschrift Nr. 45/46, 1929.

Fischer, K., und Schäfer, L., Die Gesetzgebung, betr. die Zwangsvollstreckung in das unbewegliche Vermögen im Reiche und in Preußen. Bearbeitet von J. Krech und O. Fischer. Zweite Auflage. Lexikon-Oktav. XVI, 728 Seiten. 1910 . . . . RM. 15.—, geb. RM. 18.—

Krech, J., und Fischer, O., Die Gesetzgebung, betr. die Zwangsvollstreckung in das unbewegliche Vermögen im Reiche und in Preußen. Textausgabe mit Einleitung, Anmerkungen und Sachregister. Zehnte Auflage, bearbeitet von O. Fischer. Taschenformat. 266 Seiten. 1929. (Guttentagsche Sammlung Deutscher Reichsgesetze Bd. 43.) . . . . Geb. RM. 4.50

„Die Ausgabe ist zu schneller Unterrichtung, vor allem zum Gebrauch im Termin ein vortreffliches Hilfsmittel. Ihre Anschaffung kann auch außerhalb Preußens nur empfohlen werden." Archiv für Rechtspflege in Sachsen Nr. 4, 1929.

Blomeyer, Karl, Zwangsvollstreckung. Oktav. XII, 187 Seiten. 1932. (Lehrbücher u. Grundrisse der Rechtswissenschaft Bd. XIV.) . . Geb. RM. 4.50

Der Band behandelt das Zwangsvollstreckungsrecht gesondert und enthält die letzten einschneidenden Neuerungen des Zwangsvollstreckungsnotrechts, die noch in keiner systematischen Darstellung berücksichtigt sind. Mit der Herausgabe wird einem in Dozentenkreisen oft geäußerten dringenden Bedürfnis entsprochen. Die Bearbeitung ist so angelegt, daß sie nicht nur dem Studierenden das einschlägige Recht aufschließt, sondern auch dem Referendar ein brauchbares Mittel zur Unterrichtung in die Hand gibt.

Kretzschmar, F., Die Zwangsversteigerung und die Zwangsverwaltung. 110 Seiten. 1911. (Sammlung Göschen Bd. 523.) . . . . . Geb. RM. 1.62

Crisolli, Karl-August, Maßnahmen auf dem Gebiete der Zwangsvollstreckung. (Siehe „Die vierte Notverordnung" Seite 13.)

Huyle, W., Offenbarungseid und Haft im Zivilprozeß. Taschenformat. 1930. (Guttentagsche Sammlung Deutscher Reichsgesetze Bd. 177.) . . RM. 3.60

Dieser Band bietet eine ganz auf die Praxis zugeschnittene Erläuterung der das Offenbarungseidsverfahren betreffenden Paragraphen der ZPO. und gibt in einem allgemeinen Teil zuverlässig Auskunft über die sich auf diesem Gebiete ergebenden Streit- und Zweifelsfragen. Die Rechtsprechung der höheren Gerichte und die Literatur ist berücksichtigt worden.

V. Strafrecht und Strafprozeß

Strafgesetzbuch

Ebermayer, Ludwig, **Lobe**, Adolf und **Rosenberg**, Werner, **Das Reichsstrafgesetzbuch**, Leipziger Kommentar mit besonderer Berücksichtigung der Rechtsprechung des Reichsgerichts. Vierte, vermehrte und verbesserte Auflage. Lexikon-Oktav. X, 1282 Seiten. 1929.
RM. 56.—, in Halbleder geb. RM. 63.—

„. . . Auch die Strafgesetzentwürfe sind sorgfältig herangezogen. Das aus der Feder hervorragender Praktiker stammende bedeutende Werk wird in der neuen Auflage seine führende Stellung in der Praxis behaupten. . ."
Württemberg. Ztsch. f. Rechtspflege Nr. 8, 1929.

Kohlrausch, Eduard, Strafgesetzbuch für das Deutsche Reich mit Nebengesetzen, Anmerkungen und Sachregister. Früher von Dr. Fr. v. Liszt † u. Dr. E. Delaquis. Dreißigste Auflage. Taschenformat. XII, 520, 48 Seiten. 1932. (Guttentagsche Sammlung Deutscher Reichsgesetze Bd. 2.) Geb. RM. 7.20

„. . . Diese mannigfaltigen Vorteile werden den „Kohlrausch" immer unentbehrlicher und beliebter machen, obwohl er für den Studierenden heute schon der Kommentar ist, der, was wissenschaftliche Gründlichkeit, Handlichkeit und Preiswürdigkeit anlangt, unerreicht dasteht." Der Referendar Nr. 5, v. 15. V. 32.

Entwurf eines Allgemeinen Deutschen Strafgesetzbuchs nach den Beschlüssen des Deutschen Reichstagsausschusses und den Deutschen und Österreichischen Strafrechtskonferenzen. Ergänzung zu Kohlrausch, Strafgesetzbuch. 29. Auflage. Zweite Ausgabe. Taschenformat. 162 Seiten. 1930. RM. 1.60

Liszt, Fr. v., Lehrbuch des Deutschen Strafrechts. Sechsundzwanzigste, vollkommen neubearbeitete Auflage (49.—51. Tausend) von Dr. E. Schmidt, Professor der Rechte in Hamburg. Erster Band: Einleitung und Allgemeiner Teil. Oktav. 496 Seiten. 1932 . RM. 11.70, geb. RM. 13.50 Zweiter Band. In Bearbeitung.

„. . . Ein Lehr- und Lernbuch, wie es sich der wissenschaftlich Interessierte nicht besser wünschen kann. Die Gestaltungskraft Schmidts nötige zur Bewunderung vor allem auch dadurch, daß es ihm gelang, die wissenschaftliche Diskussion der Probleme bis in die letzte Zeit vollständig zu verarbeiten, ohne die klare Übersicht über die gewonnenen und als feststehend anzusehenden Ergebnisse zu gefährden . . ." Kriminalistische Monatshefte Nr. 8, August 1932.

Gerland, H. B., Deutsches Reichsstrafrecht. Ein Lehrbuch. Zweite, völlig umgearbeitete Auflage. Oktav. XX, 732 Seiten. 1932. (Lehrbücher und Grundrisse der Rechtswissenschaft Bd. XVI.) RM. 15.—, geb. RM. 16.50

„Durch knappe, geradezu klassische Kürze zeigende Darstellung gelang es Gerland, auf engem Raume eine ungeheure Fülle des Stoffes zu bieten und auf jede Frage Antwort zu geben." Juristische Wochenschrift v. 11. X. 1925.

Gerland, H. B., Der Entwurf 1925. Allgemeiner Teil. Kritische Bemerkungen. Oktav. 96 Seiten. 1925 . . . . RM. 5.—

„Eine außerordentlich interessante Abhandlung. Die Schrift stellt ein fast unentbehrliches Hilfsmittel für jeden dar, der sich mit den einschlägigen Fragen zu beschäftigen hat." Mitteilungen des Preußischen Richtervereins v. 11. X. 1925.

Aschrott, P. F., u. Kohlrausch, Ed., Reform des Strafrechts. Kritische Besprechung des Amtlichen Entwurfs eines Allgemeinen Deutschen Strafgesetzbuchs. Auf Veranlassung der Deutschen Landesgruppe der Internationalen Kriminalistischen Vereinigung unter Mitwirkung erster Fachgenossen herausgegeben. Gr.-Oktav. V, 415 S. 1926. . . . . RM. 18.—

„Die gestellte Aufgabe ist glänzend gelöst. Kaum ein Punkt ist übersehen worden, der die Kritik herausfordert. — Niemand, der an der endgültigen Gestaltung unseres Strafrechts Anteil nimmt, darf an dieser Sammelkritik achtlos vorübergehen." Geh. Hofrat Prof. Dr. v. Lilienthal in der „Deutschen Juristen-Zeitung" Nr. 1, 1927.

Sammlung außerdeutscher Strafgesetzbücher in deutscher Übersetzung. Herausgegeben von den Schriftleitungen der Zeitschrift für die ges. Strafrechtswissenschaft u. d. Mitteilungen der Internationalen Kriminalistischen Vereinigung. Nr. 1—43. 1881—1914 . . . . Preise auf Anfrage.
Nr. 44:
Japanische Strafgesetze. I. Schwurgerichtsordnung vom 18. April 1923 und strafrechtliche Nebengesetze. Übersetzt von Hyoichiro Kusano, Reichsgerichtsrat in Tokio, Tadao Sugiura, Oberlandesgerichtsrat in Sapporo, und Dr. jur. Fritz Bartelt in Berlin.

II. Strafvollzugsgesetz vom 28. März 1908 nebst Ausführungsverordnung vom 16. Juni 1908. Übersetzt von Dr. jur. Toshita Tokiwa, Gerichtsassessor in Tokio, und Dr. jur. Werner Gentz, Justizrat beim Strafvollzugsamt in Kiel. Groß-Oktav. 55 Seiten. 1927 . . . . . RM. 3.—

Nr. 45:

Die Auslieferungsgesetze Norwegens, Schwedens und Finnlands. Mit einer systematischen Darstellung der Grundzüge des nordischen Auslieferungsrechts im Hinblick auf den Erlaß eines deutschen Auslieferungsgesetzes. Von Dr. jur. Ernst Wolgast, Privatdozent in Königsberg i. Pr. Groß-Oktav. VIII, 487 Seiten. 1928 . . . . RM. 20.—

Nr. 46:

Das Türkische Strafgesetzbuch vom 1. März 1926. Gesetz Nr. 765. (Türkisches Gesetzblatt Nr. 320 vom 13. März 1926.) Das Ausführungsgesetz zum Türkischen Strafgesetzbuch vom 26. April 1926. Deutsche Übersetzung von Dr. K. Ziemke. Groß-Oktav. 138 S. 1927 . . . . . . RM. 5.—

Nr. 47:

Entwurf eines griechischen Strafgesetzbuches. Übersetzt und eingeleitet von Demetrius G. Venturas, Rechtsanwalt in Korfu, Griechenland. Groß-Oktav. 123 Seiten. 1928 . . . . RM. 7.—

Nr. 48:

Italienischer Vorentwurf zu einem neuen Strafgesetzbuch. (Progetto di un nuove codice penale.) In deutscher Übersetzung von Dr. K. Bunge, Landgerichtsrat in Berlin. Groß-Oktav. XXXII, 244 Seiten. 1928. RM. 10.—

Nr. 49:

Strafgesetzbuch (Ugolownyj Kodex) **der Russischen Sozialistischen Föderativen Sowjet-Republik** (R.S.F.S.R.) vom 22. November 1926, übersetzt von Dr. Wilhelm Gallas, Gerichtsassessor in Berlin. Groß-Oktav. 68 Seiten. 1930 . . . . RM. 4.—

Nebengesetze:

Lindemann, Otto, **Sammlung der wichtigsten preußischen Strafgesetze.** Zweite Auflage. Taschenformat. 372 Seiten. 1912. (Guttentagsche Sammlung Preußischer Gesetze Bd. 34.) . . . . Geb. RM. 3.15

Franstädter, Werner, **Deutsches Auslieferungsgesetz** vom 23. Dezember 1929 und andere neuere Vorschriften der Rechtshilfe in Strafsachen einschließlich der Auslieferung. Textausgabe mit Einleitung, Erläuterungen und Sachregister. Taschenformat. 143 Seiten. 1930. (Guttentagsche Sammlung Deutscher Reichsgesetze Bd. 86.) . . . . Geb. RM. 3.60

Das Auslieferungsgesetz hat durch die Neufassung vom 23. 12. 1929 eine starke Umgestaltung erfahren, die zur Herausgabe der vorliegenden Neubearbeitung geführt hat. Diese enthält eine ausführliche Erläuterung der neuen Bestimmungen sowie einen Abdruck der wichtigsten Verträge und Vorschriften und ermöglicht einen vollständigen Überblick über den gegenwärtigen Stand des deutschen Auslieferungsrechtes.

Lindemann, Otto, **Polizeiverordnungen in Preußen.** Zweite Auflage. Taschenformat. 189 Seiten. 1912. (Guttentagsche Sammlung Preußischer Gesetze Bd. 36.) . . . . Geb. RM. 2.25

Handwörterbuch der Kriminologie und der anderen strafrechtlichen Hilfswissenschaften. Unter Mitberatung von Justizrat Dr. Drucker, Leipzig, Professor Dr. Graf Gleispach, Wien, Generalstaatsanwalt Dr. Hafner, Karlsruhe, Oberverwaltungsgerichtsrat Dr. Hagemann, Berlin, Reichsgerichtsrat Dr. Hartung, Leipzig, Professor Dr. Kohlrausch, Berlin, Professor Dr. Müller-Heß, Berlin, herausgegeben von Dr. jur. Alexander **Elster** in Berlin und Oberstaatsanwalt Heinrich **Lingemann** in Essen. Lexikon-Oktav. Das „Handwörterbuch der Kriminologie" wird zwei Bände umfassen und erscheint in etwa 12—15 Lieferungen von je 7 Druckbogen zum Preise von je RM. 6.—. Es soll Ende 1933 abgeschlossen vorliegen. Bisher sind fünf Lieferungen erschienen. Der Bezug der ersten Lieferung verpflichtet zur Abnahme des ganzen Werkes.

„Zu diesem Handwörterbuch der Kriminologie muß ich nach eingehender Durchsicht bekennen, daß mit der vorliegenden 1. Lieferung zweifellos der Anfang zu einem wohl beispiellosen Handbuch geschaffen ist. Durch die Einzelartikel namhafter Gelehrter, praktischer Kriminalisten and Juristen usw., wird dieses Buch dem Leser die einzelnen Probleme der Kriminalpraxis in ihrem ganzen Umfange vor Augen führen. In klarer Form unter reichster Literaturangabe verspricht die erste Lieferung ein vortreffliches Nachschlagewerk zu werden. Die Beschaffung dieses Buches kann wärmstens empfohlen werden."

Deutsches Polizei-Archiv Nr. 12, v. 25. VI. 1932.

Abhandlungen des Kriminalistischen Instituts an der Universität Berlin. Herausgegeben von Dr. **Franz von Liszt**, o. Professor der Rechte. Sonderverzeichnis kostenlos. Vierte Folge, I. Band.

Heft 1:

Dannenberg, Herbert, **Liberalismus und Strafrecht im 19. Jahrhundert** unter Zugrundelegung der Lehren Karl Georg von Waechters. Oktav. IV, 66 Seiten. 1925 . . . . RM. 3.—

Heft 2:

Tarnowski, Hans, **Die systematische Bedeutung der adäquaten Kausalitätstheorie für den Aufbau des Verbrechensbegriffs.** Oktav. X, 340 Seiten. 1927 . . . . RM. 18.—

Heft 3:

Ehrlich, Lore, **Der Verrat von Betriebsgeheimnissen nach englischem und nordamerikanischem Recht.** Oktav. VIII, 75 Seiten. 1930 . . RM. 4.—

Heft 4:

Kuttner, Stephan, **Die juristische Natur der falschen Beweisaussage.** Ein Beitrag zur Geschichte und Systematik der Eidesdelikte, zugleich zur Frage einer Beschränkung der Strafbarkeit auf erhebliche falsche Aussagen. Oktav. VI, 76 Seiten. 1931 . . . . RM. 6.—

Vierte Folge, II. Band.

Heft 1:

Gallas, Wilhelm, **Kriminalpolitik und Strafrechtssystematik** unter besonderer Berücksichtigung des sowjetrussischen Rechts. Oktav. VIII, 88 Seiten. 1931 . . . . RM. 5.—

Heft 2:

Goldschmidt, Werner, **Das Bewußtsein der Rechtswidrigkeit** entwickelt an der Lehre vom Hausfriedensbruch. Oktav XI, 51 Seiten. 1931.
RM. 4.—

Heft 3:
Hoefer, Friedrich, Bewährungsfrist vor dem Urteil. Oktav. 90 Seiten. 1931. RM. 4.—

Heindl, Robert, System und Praxis der Daktyloskopie und der sonstigen technischen Methoden der Kriminalpolizei. Dritte, neubearbeitete und vermehrte Auflage. 900 Abbildungen im Text und 21 Bildertafeln. 780 Seiten. Groß-Oktav. 1927 . . . . RM. 36.—, geb. RM. 40.—

„. . . behandelt das ganze Gebiet in erschöpfender Ausführlichkeit, ist glänzend ausgestattet und mit einer überwältigenden Fülle von Abbildungsmaterial versehen. Heindls Darstellung der Daktyloskopie hat sich schon früher den Ruf des klassischen Lehrbuchs des Faches erworben und bedarf einer Empfehlung wohl nicht mehr. . ." Juristische Wochenschrift Nr. 36, 1928.

Kleine kriminalistische Bücherei.

Band 1:
Schneickert, Hans, Die strafrechtlichen Aufgaben der Polizei. Für den Polizeiunterricht und Polizeipraxis. Taschenformat. 182 Seiten. 1921. RM. 2.—

Band 2:
Philipp, Lothar, Beobachtungs- und Ermittlungspraxis im Polizei- und Detektivdienst. Taschenformat. 180 Seiten. 1923 . . . . . RM. 2.—

Band 3:
Manteuffel, H. v., Falschspieler, Formen und Technik des Spielbetruges, nebst einem Anhange: Der Spielprofessor und sein angeblich sicheres System beim Spiele gegen eine öffentliche Roulettebank. Taschenformat. 90 Seiten. 1923 . . . . RM. 2.—

Band 4:
Schneickert, Hans, Kriminalistische Spurensicherung. Sammlung dienstlicher Anweisungen und sachverständiger Ratschläge für den Dienstgebrauch und für Polizeischulen. Zweite, vermehrte und verbesserte Auflage. Taschenformat. 96 Seiten. Mit 2 Abbildungen. 1925 . . . . Geb. RM. 3.—

„Alle Einzelheiten werden hervorgehoben und als möglicherweise wichtige Beweismomente in einem vielarmigen System zusammengefaßt. In der Durchführung seiner Aufgabe hat der Verfasser tatsächlich alles berücksichtigt, was für das Beweisverfahren von Bedeutung ist und sein könnte." Archiv für Kriminologie Nr. 4, 1926.

Band 5:
Rehfeld, P., Gerichtsärztliche Tatbestandsfeststellungen im Dienste der Polizei. Ein Leitfaden für Polizei- und Kriminalbeamte. Taschenformat. 133 Seiten. 1927 . . . . **Geb. RM. 3.50**

„Die Bearbeitung gibt eine geschlossene, einheitliche Behandlung des Stoffgebietes durch einen Arzt, wie sie anderweitig in der kriminalistischen Literatur nicht vorhanden ist." Deutsches Polizeiarchiv Nr. 8, 1927.

Sallas, Wilhelm, Schutz des inneren Friedens. (Siehe „Die vierte Notverordnung" Seite 13.)

Strafprozeßordnung

Kohlrausch, Eduard, Strafprozeßordnung und Gerichtsverfassungsgesetz. Textausgabe mit Einleitung, Anmerkungen und Nebengesetzen. In Verbindung mit Dr. Hermann Mannheim, Landgerichtsrat und Professor in Berlin. Zweiundzwanzigste Auflage (101. bis 104. Tausend). Taschenformat. XI, 510 Seiten. 1930. (Guttentagsche Sammlung Deutscher Reichsgesetze Bd. 12.) . . . . **RM. 6.75**

„Diese allgemein bekannte und verbreitete Textausgabe mit Anmerkungen hat nunmehr eine Auflageziffer von 100000 Exemplaren überschritten, sicherlich doch wohl der beste Beweis für die Beliebtheit, Wertschätzung und Anerkennung, deren sie sich in weitesten Kreisen erfreut. Die schon oft anerkannten Vorzüge dieser Erläuterungsausgabe lassen sie für jeden Juristen, mag er in der Praxis stehen oder sich erst noch im Studium oder in der Ausbildung befinden, von gleich großem Wert erscheinen." Mitteilungen d. Preuß. Richtervereins Nr. 6, v. 20. VI. 1930.

Feisenberger, Albert, Strafprozeßordnung und Gerichtsverfassungsgesetz. Handkommentar. Groß-Oktav. IX, 517 Seiten. 1926. Mit Nachtrag. 1927. (de Gruyter'sche Sammlung Deutscher Gesetze. Handkommentare.) Geb. RM. 15.30

„Eine glänzende Arbeit, die bald in der Hand jedes Strafrichters und Rechtsanwalts sein wird. Geradezu vorbildlich ist der Handkommentar für den Umfang der Heranziehung der Rechtsprechung. Alles Wesentliche ist berücksichtigt." Danziger Juristische Monatsschrift Nr. 6, v. 25. VI. 1926.

Beling, E., Deutsches Reichsstrafprozeßrecht mit Einschluß des Strafgerichtsverfassungsrechts. Oktav. XIV, 568 Seiten. 1928. (Lehrbücher und Grundrisse der Rechtswissenschaft Bd. XVII.) . RM. 13.50, geb. RM. 14.80

„. . . Der Doppelzweck, den B. verfolgte, ist in hervorragender Weise erfüllt. Es liegt vor uns ein nicht nur für den jungen Juristen wertvolles Lernbuch, sondern auch für den Praktiker ein gehaltvolles Lehrbuch, das mit seinen scharfsinnigen Erörterungen das Verständnis des Prozeßrechts vertieft und neue Anregungen in Fülle gibt." Leipziger Zeitschrift für deutsches Recht Nr. 24, v. 15. XII. 1928.

Rosenfeld, E. H., Deutsches Strafprozeßrecht. 2 Bände. 128 und 148 Seiten. 1926. (Sammlung Göschen Bd. 938/939.) . . . . . Geb. je RM. 1.62

„Eine wissenschaftlich hochstehende, auf einem knappen Raum zusammengedrängte, klar und originell geschriebene Einführung in den deutschen Strafprozeß." Schweizer. Zeitschrift für Strafrecht Nr. 3/4, 1926.

Löwe, F., und Rosenberg, Werner, Die Strafprozeßordnung für das Deutsche Reich vom 22. März 1924 nebst dem Gerichtsverfassungsgesetz. Kommentar. Neunzehnte, neubearbeitete Auflage. Lexikon-Oktav. Erscheint im Februar 1933.

„Der Löwe-Rosenberg ist der einzige große Kommentar zur StrPO. und die letzte Zuflucht des Strafjuristen, wenn andere Hilfsmittel ihn im Stich lassen." Deutsche Juristen-Zeitung Nr. 21, 1929.

Feisenberger, Albert, Strafprozeßordnung und Gerichtsverfassungsgesetz, in alter und neuer Fassung synoptisch gegenübergestellt. Mit ausführlichem Sachregister. Taschenformat. 265 Seiten. 1924. Mit Nachtrag. 1927. (Guttentag'sche Sammlung Deutscher Reichsgesetze Bd. 158.) Geb. RM. 4.05

Aschrott, P. F., Die Reform des Strafprozesses. Kritische Besprechungen der von der Kommission für die Reform des Strafprozesses gemachten Vorschläge. Auf Veranlassung der Internationalen Kriminalistischen Vereinigung, Gruppe Deutsches Reich. Groß-Oktav. XII, 120 und 784 Seiten. 1906 . . . . RM. 12.—

Beiträge zur Reform des Strafprozesses. Herausgegeben von Dr. Franz **Alides**, Dr. P. F. **Aschrott**, Dr. K. **von Lilienthal**, Dr. Fr. **von Liszt**. 2 Bände. Groß-Oktav.

I. Band, Heft 1—6. 1908 . . . . RM. 9.70

II. Band, Heft 1—5. 1909 . . . . RM. 15.10

Boehringer, Margrit, Die Eidesreform im Strafprozeß und Strafrecht. Oktav. 203 Seiten. 1931 . . . . RM. 10.—

In der vorliegenden Arbeit wird versucht, einen möglichst vollständigen Überblick über die Grundfragen und die komplizierten Einzelfragen der Reform des Strafprozesses im Beeidigungsverfahren und dem damit unmittelbar zusammenhängenden Teil der Eidesreform im Strafrecht zu geben.

Hierbei wurde ein wesentlicher Bestandteil der Aufgabe in der Systematisierung dieser meist so unübersichtlich und durcheinanderlaufend behandelten Probleme gesehen und weiter versucht, durch möglichst vollständige Literaturangabe und Behandlung ein sachliches Urteil zu ermöglichen.

Frede, L., u. Grünhut, M., Reform des Strafvollzuges. Kritische Beiträge zu dem Amtlichen Entwurf eines Strafvollzugsgesetzes. Oktav. VII, 264 Seiten. 1927 . . . . RM. 10.—

Die in dem vorliegenden Buch zusammengefaßten Beiträge üben nicht nur eine Einzelkritik an den Bestimmungen des Entwurfs, sondern dienen zugleich unter dem Gesichtspunkt der gegenwärtigen gesetzgeberischen Aufgabe der wissenschaftlichen Grundlegung des ganzen Strafvollzugsproblems.

VI. Öffentliches Recht

1. Staats- und Völkerrecht

Fischbach, O. G., Allgemeine Staatslehre. Zweite Auflage. 136 Seiten. 1928. (Sammlung Göschen Bd. 358.) . . . . Geb. RM. 1.62

„Das Buch darf einer breiten Öffentlichkeit als ausgezeichnete Einführung, den Fachgenossen aber, jung und alt, als Musterbeispiel wissenschaftlichen Bemühens um die denkbar beste Leistung anempfohlen werden, wie man ihm heute nicht allzuhäufig mehr begegnet.“ Reichsverwaltungsblatt v. 9. II. 1929.

Fischbach, O. G., Allgemeines Staatsrecht.

I. Teil. 139 Seiten. 1923. (Sammlung Göschen Bd. 415.) Geb. RM. 1.62

II. Teil. 151 Seiten. 1923. (Sammlung Göschen Bd. 416.) Geb. RM. 1.62

Diese Bearbeitung bringt nicht bloß einen leicht faßlichen gemeinverständlichen Überblick über alle Zweige des Staatsrechtes, sondern auch in den einzelnen Partien viele gründliche wissenschaftliche Erörterungen der einschlagenden Probleme und kritischen Beleuchtung der verschiedenen Rechtsansichten.

Stier-Somlo, Fritz, Deutsches Reichs- und Landesstaatsrecht I. Oktav. XVI, 726 Seiten. 1924. (Lehrbücher und Grundrisse der Rechtswissenschaft Bd. XVIII.) . . . . RM. 14.80, geb. RM. 16.20

„. . . Von den zurzeit vorhandenen größeren Lehrbüchern des Reichsstaatsrechts das geeignetste.“ Juristische Wochenschrift Nr. 19, v. 2. X. 1926.

Stier-Somlo, Fritz, Reichsstaatsrecht. I. Grundbegriffe des Staatsrechts. Verfassungsgeschichte vom Ende des 18. Jahrhunderts bis zur Reichsverfassung vom 11. August 1919. 108 Seiten. 1927. (Sammlung Göschen Bd. 967.) Geb. RM. 1.62

II. Das geltende Reichsstaatsrecht. 114 Seiten. 1927. (Sammlung Göschen Bd. 968.) . . . . Geb. RM. 1.62

Stier-Somlo, Fritz, Preußisches Staatsrecht. Zweite Auflage. 136 Seiten. 1927. (Sammlung Göschen Bd. 298.) . . . . Geb. RM. 1.62

Die Verfassung des Deutschen Reichs vom 11. August 1919 **mit den wichtigsten Nebengesetzen.** Textausgabe mit Einleitung und Sachregister. Dritte Auflage. Taschenformat. 104 Seiten. 1931. (Guttentagsche Sammlung von Textausgaben ohne Anmerkungen mit Sachregister.) . . RM. 0.90

Die handliche Ausgabe enthält den genauen Gesetzestext mit einem das Zurechtfinden sehr erleichternden Sachregister. Soweit der Text nach der Veröffentlichung vom 14. August 1919 Änderungen oder Ergänzungen erfahren hat, ist dies berücksichtigt worden. Die Ausgabe entspricht dem letzten Stand. Anschließend an den Text der Reichsverfassung sind einige besonders wichtige Nebengesetze abgedruckt.

Bühler, Ottmar, **Staatsrechtliche Gesetze** des Reiches und Preußens nebst **Gewerbeordnung und Gaststättengesetz.** Textausgabe mit einführenden Bemerkungen, Paragraphenüberschriften und Sachregister. Taschenformat. XI, 748 Seiten. 1931. (Lehrausgaben Deutscher Gesetze, Bd. 3a.)

Geb. RM. 7.—

„. . . Die sehr reichhaltige Sammlung wird beim akademischen Unterricht ausgezeichnete Dienste leisten."

Leipziger Ztsch. f. Deutsches Recht Nr. 11, v. 1. VI. 1932.

Bühler, Ottmar, **Staatsrechtliche Gesetze** des Reiches und Preußens nebst **Gewerbeordnung und Gaststättengesetz.** Textausgabe mit einführenden Bemerkungen, Paragraphenüberschriften und Sachregister. Taschenformat. XII, 1430 Seiten. 1931. (Lehrausgaben Deutscher Gesetze. Bd. III u. IIIa.)

Geb. RM. 14.—

„. . . Die sehr reichhaltige Sammlung wird beim akademischen Unterricht ausgezeichnete Dienste leisten." Leipziger Ztsch. f. Deutsches Recht Nr. 11, v. 1. VI. 1932.

Arndt, Adolf, **Die Verfassung des Deutschen Reiches.** Dritte Auflage. Taschenformat. 1927. (Guttentagsche Sammlung Deutscher Reichsgesetze Bd. 137.) . . . . RM. 7.20

Für alle, die sich auf dem schwierigen Gebiet der Reichsverfassung orientieren wollen, liegt hier ein vorzügliches Nachschlagewerk von gediegener Wissenschaftlichkeit vor.

Stier-Somlo, Fritz, **Kommentar zur Verfassung des Freistaates Preußen.** Groß-Oktav. 319 Seiten. 1921 . . . . Geb. RM. 3.—

Arndt, Adolf, **Die Verfassung des Freistaats Preußen** vom 30. November 1920. Mit Einleitung, vollständigem Kommentar, Landeswahlgesetz und Sachregister. Taschenformat. 158 Seiten. 1921. (Guttentagsche Sammlung Preußischer Gesetze Bd. 1.) . . . . Geb. RM. 1.80

Die Einleitung ist eine vortreffliche staatsrechtliche Abhandlung, die unter Berücksichtigung und Verwertung der einschlägigen Literatur in die Entstehungsgeschichte und in die Bedeutung der Verfassungsurkunde einführt. Der Kommentar wird denjenigen, die sich mit den einzelnen Bestimmungen der Verfassung vertraut machen wollen, ein willkommener Ratgeber sein.

Veröffentlichungen der Vereinigung deutscher Staatsrechtslehrer.

Heft 1: Der deutsche Föderalismus. Oktav. 1924 . . . . . RM. 5.—

Heft 2: Der Schutz des öffentlichen Rechts. Oktav. 1925 . . RM. 12.—

Heft 3: Die Gleichheit vor dem Gesetz. Der Einfluß des Steuerrechts auf die Begriffsbildung des öffentlichen Rechts. Oktav. 1927 . . RM. 7.—

Heft 4: Das Recht der freien Meinungsäußerung. — Der Begriff des Gesetzes in der Reichsverfassung. Oktav. 1928 . . . . . RM. 10.—

Heft 5: Wesen und Entwicklung der Staatsgerichtsbarkeit. — Überprüfung von Verwaltungsakten durch die ordentlichen Gerichte. Oktav. 1929.

RM. 12.—

Heft 6: Bundesstaatliche und gliedstaatliche Rechtsordnung. Verwaltungsrecht der öffentlichen Anstalt. Berichte von Fritz Fleiner, Josef Lukas, Lutz Richter und Arnold Köttgen. Verhandlungen der Tagung der deutschen Staatsrechtslehrer zu Frankfurt a. M. am 25. und 26. April 1929. Mit einem Auszug aus der Aussprache. Oktav. IV, 166 Seiten. 1929.

RM. 9.—

Heft 7: Entwicklung und Reform des Beamtenrechts. — Die Reform des Wahlrechts. Berichte von Hans Gerber, Adolf Merkl, Heinrich Pohl und Gerhard Leibholz. Verhandlungen der Tagung der Deutschen Staatsrechtslehrer zu Halle am 28. und 29. Oktober 1931. Mit einem Auszug aus der Aussprache. Oktav. IV, 212 Seiten. 1932 . . . . RM. 10.80

Sehling, Emil, Kirchenrecht. Zweite Auflage.

I. Teil. Einleitung. Quellen, Verfassung und Verwaltung der katholischen Kirche. Anhang: Die griechisch-orthodoxe Kirche. 119 Seiten. 1922. (Sammlung Göschen Bd. 377.) . . . . Geb. RM. 1.62

II. Teil: Das evangelische Kirchenrecht. Die Stellung des Staates zur Kirche und das Verhältnis der Religionsgesellschaften zueinander. 87 Seiten. 1927. (Sammlung Göschen Bd. 954.) . . . . Geb. RM. 1.62

Edler v. Hoffmann, H., Deutsches Kolonialrecht. 150 Seiten. 1907. (Sammlung Göschen Bd. 318.) . . . . Geb. RM. 1.62

Wörterbuch des Völkerrechts und der Diplomatie. Begonnen von Professor Dr. Julius **Hatschek** †. Fortgesetzt und herausgegeben von Dr. Karl **Strupp**, Professor an der Universität Frankfurt a. M., Associé de l'institut de droit international, membre de l'Académie Diplomatique Internationale. Lexikon-Oktav.

Band I: Aachen—Lynchfall. VI, 860 Seiten. 1924.
RM. 35.—, in Halbleder geb. RM. 40.—

Band II: Maas—Utschiali. 779 Seiten. 1925.
RM. 35.—, in Halbleder geb. RM. 40.—

Band III (Schluß): Vasallenstaaten—Zwangsverschickung. Ferner Anhang: Abessinien—Weltgerichtshof; Sachverzeichnis und Mitarbeiterregister. II, 1316 Seiten. 1929 . . . RM. 62.—, in Halbleder geb. RM. 67.—

„Mit Stolz kann die deutsche Völkerrechtswissenschaft auf dieses Nachschlagewerk schauen. Die neuesten Probleme des Völkerrechts — und deren sind nicht wenige — die bedeutsamsten Rechtsvorgänge und Präjudizien, die Herausbildung ganz neuer Rechtsinstitute und die völkerrechtliche wie diplomatisch-politische Geschichte haben mit bis in die jüngste Zeit reichenden ausführlichen Literaturangaben im Struppschen Wörterbuch ihren Niederschlag gefunden."
Niemeyers Ztsch. f. internat. Recht Band 33, Heft 5—6, 1925.

Anzilotti, D., Lehrbuch des Völkerrechts. Übersetzt und herausgegeben vom Institut für ausländisches öffentliches Recht und Völkerrecht, Berlin. I. Band. Groß-Oktav. 444 Seiten. 1929 . . RM. 17.—, geb. RM. 18.—

Mit der Herausgabe der Übersetzung dieses Lehrbuches des berühmten Völkerrechtlers ist das Institut für ausländisches öffentliches Recht und Völkerrecht einem in Deutschland außerordentlich fühlbaren Bedürfnis entgegengekommen. Das Buch ist nicht schlechthin eine Übersetzung der italienischen Originalausausgabe, sondern berücksichtigt auch die gesamte Rechtsprechung und Literatur der letzten Zeit und stellt somit das zurzeit modernste Lehrbuch des Völkerrechts überhaupt dar.

Niemeyer, Theodor, **Völkerrecht.** 168 Seiten. 1925. (Sammlung Göschen Bd. 865.) . . . . Geb. RM. 1.62

Dieses Bändchen gibt in gedrängter Form eine vollständige Übersicht über das Völkerrecht.

Edmunds, Sterling, E., **Das Völkerrecht — ein Pseudorecht.** Autorisierte Übersetzung des amerikanischen Werkes The Lawless Law of Nations (1925) von Cornelia Bruns. Oktav. VI, 465 Seiten. 1932 . . Geb. RM. 6.—

Beiträge zum ausländischen öffentlichen Recht und Völkerrecht. Herausgegeben im Auftrage des Instituts für ausländisches öffentliches Recht und Völkerrecht in Berlin in Gemeinschaft mit Friedrich Glum, Ludwig Kaas, Rudolf Smend, Heinrich Triepel von Viktor **Bruns.** Groß-Oktav.

Außer den preußischen Verwaltungsgesetzen bringt der vorliegende Band als erster auch die immer wichtiger werdenden Verwaltungsgesetze des Reichs. Durch Weglassung aller für den Unterricht überflüssigen Gesetze, Weglassung auch unwichtigerer Bestimmungen in den oft sehr weitschweifigen Verwaltungsgesetzen (wobei aber der Inhalt weggelassener Bestimmungen jeweils kurz angedeutet ist) ist es ermöglicht worden, auch hier einen Band erstehen zu lassen, der nicht schon durch seinen Umfang abschreckt.

Bühler, Ottmar, **Staatsrechtliche Gesetze** des Reiches und Preußens nebst **Gewerbeordnung und Gaststättengesetz.** Textausgabe mit einführenden Bemerkungen, Paragraphenüberschriften und Sachregister. Taschenformat. XII, 1430 Seiten. 1931. (Lehrausgaben Deutscher Gesetze. Bd. III u. IIIa.) Geb. RM. 14.—

„... Die sehr reichhaltige Sammlung wird beim akademischen Unterricht ausgezeichnete Dienste leisten.“ Leipziger Ztsch. f. Deutsches Recht Nr. 11, v. 1. VI. 1932.

Fischbach, O. G., Das Reichsbeamtengesetz vom 31. März 1873 in der Fassung der Bekanntmachung vom 18. Mai 1907 mit allen Abänderungen und Ergänzungen. Taschenformat. 311 Seiten. 1930. (Guttentagsche Sammlung Deutscher Reichsgesetze Bd. 82.) . . . . Geb. RM. 5.40

Die vorliegende Erläuterung des Beamtengesetzes durch den bekannten Staatsrechtlehrer kommt einem besonderen Bedürfnis der Praxis entgegen, die z. Zt. eine den neuesten Fortschritten der Wissenschaft und Rechtsprechung entsprechende Handausgabe sehr entbehrt. Bemerkenswert ist, daß auch verwandte Gesetze und Verordnungen der einheitlichen Erläuterung unterzogen wurden, so daß dieses Buch für die Praxis ein der Sache wie der Erläuterungsart wichtiges Hilfsmittel darstellt.

Delius, H., Die Beamtenhaftpflichtgesetze des **Reiches** und der Länder. Vierte, vermehrte und vollkommen neubearbeitete Auflage. Taschenformat. 384 Seiten. 1929. (Guttentagsche Sammlung Deutscher Reichsgesetze Bd. 94.) Geb. RM. 9.—

„Mit der Neubearbeitung der Deliusschen Beamtenhaftpflichtgesetze, welche den neuesten Stand der Rechtsprechung und Gesetzgebung lückenlos wiedergibt, wird einem dringenden Bedürfnis abgeholfen. Das Buch wird überall mit Freuden begrüßt werden und jedem Ratsuchenden ein zuverlässiger Führer sein.“ Juristische Wochenschrift Nr. 24/25, v. 15./22. VI. 1929.

Blume, E., und **Weirauch**, W., **Die Eisenbahn-Verkehrsordnung** vom 16. Mai 1928 mit Allgemeinen Ausführungsbestimmungen sowie dem Internationalen Übereinkommen über den Eisenbahnfrachtverkehr vom 30. Mai 1925 und dem Internationalen Übereinkommen über den Eisenbahn-Personen- und Gepäckverkehr vom 12. Juni 1925. Textausgabe mit Anmerkungen. Vierte Auflage. Taschenformat. X, 482 Seiten. 1928. (Guttentagsche Sammlung Deutscher Reichsgesetze Bd. 91.) . . . . Geb. RM. 8.10

„Das Werk von „Blume-Weirauch“ ist zu bekannt und zu weit verbreitet, als daß noch etwas zu seiner Empfehlung gesagt zu werden brauchte. Schon in seinem Taschenformat bringt es den Zweck zum Ausdruck, auf den es abgestellt ist: dem praktischen Verkehr einen schnellen Überblick über die Zweifel zu ermöglichen, die im einzelnen Falle entstehen können, und durch Anmerkungen von deutlicher Kürze den Anhalt für die Lösung zu geben. Ohne also im wissenschaftlichen Werte irgendwie zurückzustehen, erscheint dies Werk doch seiner ganzen Art nach besonders für den Praktiker, Eisenbahner, Kaufmann usw. bestimmt und geeignet, und diesem wird es auch als Handhabe kaum entbehrlich sein.“ Zentralblatt f. Handelsrecht Nr. 3, 1929.

Fischer, O., und **Staedler**, E., **Die deutsche Post- und Telegraphengesetzgebung.** Teil I: **Postrecht** (mit Ausschluß des internationalen Rechts). Siebente Auflage. 47*, 586 Seiten. 1929. (Guttentagsche Sammlung Deutscher Reichsgesetze Bd. 7.) . . . . Geb. RM. 13.50

„Die Texte sind mit großer Sorgfalt und mit dem Streben nach einschlägiger Vollständigkeit zusammengestellt. Eine Verbesserung gegenüber den früheren Auflagen bedeutet der der Sammlung neu vorangestellte systematische Abriß des geltenden Postrechts.“ Württembergische Industrie Nr. 33 v. 17. VIII. 1929.

Teil II: **Telegraphen- und Fernsprechrecht** (mit Ausschluß des internationalen Rechts). Taschenformat. 495 Seiten. 1930. (Guttentagsche Sammlung Deutscher Reichsgesetze Bd. 7a.) . . . . RM. 11.70

Wie im ersten Teil, so werden auch hier die Erläuterungen unter die folgenden Gesichtspunkte gestellt: 1. Die wechselseitige juristische und tatsächliche Berührung zwischen den sehr zersplitterten Rechtsquellen. 2. Die rechtsgeschichtlichen Zusammenhänge, die zur kritischen Beurteilung des Gegenstandes unerläßlich sind. 3. Die öffentlich-rechtliche Eigenschaft des gesamten Rechtsstoffes. Rechtsprechung und Literatur sind bis in die letzte Zeit berücksichtigt.

Sebba, Julius, **Seewasserstraßenordnung.** (Polizeiverordnung zur Regelung des Verkehrs auf den deutschen Seewasserstraßen vom 31. März 1927.) Taschenformat. 493 Seiten. 1928. (Guttentagsche Sammlung Deutscher Reichsgesetze Bd. 171.) . . . . Geb. RM. 7.65

Die vorliegende Ausgabe ist für die an dem Gesetz interessierten beiden Fachgruppen, die der Nautiker und der Juristen, von gleich großer Bedeutung. Diese Verbindung zweier Kenntnisgebiete gibt dem vorliegenden Kommentar seine besondere Note und seinen großen Wert.

Busse, Rudolf, **Luftrecht einschließlich Luftverkehrsgesetz und Pariser Luftverkehrsabkommen.** Taschenformat. XVIII, 448 Seiten. 1928. (Guttentagsche Sammlung Deutscher Reichsgesetze Bd. 170.) . . Geb. RM. 9.—

Das vorliegende Buch sucht in einem nationalen und internationalen Teil einen klaren Überblick über das gesamte Luftrecht zu geben; der neueste Stand der Rechtsprechung ist hierbei berücksichtigt. Den erläuterten Gesetzesabkommenstexten ist eine systematische Einführung in das gesamte Luftrecht mit seinen vielseitigen Rechtsdisziplinen vorausgeschickt.

Vollmann, Kurt, **Die Straßenverkehrsordnungen** nebst den einschlägigen Nebenbestimmungen. Taschenformat. 312 Seiten. 1929. (Guttentagsche Sammlung Deutscher Reichsgesetze Bd. 175.) . . . . . Geb. RM. 6.30

„Das übersichtliche Werkchen, das uns eine schnelle Information über auftauchende Rechtsfragen auf diesem besonderen Verkehrsgebiete verschafft, kann Polizeibeamten, Gerichten, Anwälten, Fuhrwerksbesitzern, Kraftfahrern und Radfahren zur Anschaffung empfohlen werden.“ Verkehrsrechtl. Rundschau Nr. 5, 1929.

Holzapfel, W., **Die Siedlungsgesetzgebung** im Reich und in Preußen. 347 Seiten. 1920. (Guttentagsche Sammlung Deutscher Reichsgesetze Bd. 140.) Geb. RM. 2.70

Behrend, Ernst, und **Stranz-Hurwitz**, Helene, **Sammlung von Wohlfahrtsgesetzen** des Deutschen Reichs und Preußens nebst den allgemeinen Wohlfahrtsgesetzen von Sachsen, Thüringen, Hamburg, Mecklenburg-Schwerin und -Strelitz, Oldenburg, Lippe und Lübeck.

Teil I: Taschenformat. 560 Seiten. 1923 . . . . . . Geb. RM. 4.50

Teil II: Nebst Ausführungsgesetzen sämtlicher Länder zum Reichsjugendwohlfahrtsgesetz. Taschenformat. XVI, 551 Seiten. 1925. (Guttentagsche Sammlung Deutscher Reichsgesetze Bd. 152 und 152a.) Geb. RM. 8.10

Teil I und II zus. RM. 10.80

„Die kurzen, alles Wesentliche zusammenfassenden Einleitungen zu den einzelnen Gesetzen sind mit außerordentlicher Sachkunde und Klarheit geschrieben; sie genügen zusammen mit den Literaturangaben völlig für den Praktiker, um die Gesetzestexte richtig handhaben zu können. Das Werk ist für alle in der Wohlfahrtspflege Arbeitenden unentbehrlich und sehr praktisch.“
Nachrichtendienst des Deutschen Vereins für öffentliche Fürsorge, Juli 1925.

Wegner, Arthur, Jugendrecht. Ein Lehrbuch zur Einführung. Oktav. IX, 219 Seiten. 1929 . . . . RM. 5.40, geb. RM. 6.75

Drewes, Paul, und Sandré, Emil, Das Reichsgesetz für Jugendwohlfahrt vom 9. Juli 1922 und **Jugendgerichtsgesetz** vom 16. Februar 1923 nebst Nebengesetzen. Zweite Auflage. Taschenformat. XVI, 496 Seiten. 1928. (Guttentagsche Sammlung Deutscher Reichsgesetze Bd. 154.)

Geb. RM. 9.90

„Eine für die Praxis vorzüglich geeignete handliche Ausgabe mit reichem Inhalte, die einen Kommentar in der Regel ersetzen kann. Die reichlichen geschichtlichen Darlegungen vermögen ein gründliches Verständnis der vorgelegten Bestimmungen zu vermitteln.“

Blätter für öffentliche Fürsorge Nr. 2, v. 15. 1. 1929.

Sandré, Emil, Verordnung über die Fürsorgepflicht. Vom 14. Februar 1924. Mit Einschluß der für die Durchführung dieser Verordnung in Frage kommenden reichs- und landesgesetzlichen Bestimmungen. Taschenformat. 342 Seiten. 1925. (Guttentagsche Sammlung Deutscher Reichsgesetze Bd. 160.)

Geb. RM. 5.40

Szczesny, Viktor, Das Lichtspielgesetz vom 12. Mai 1920 mit der Ausführungsverordnung. Einleitung, Gebührenordnung und Sachregister. Taschenformat. 106 Seiten. 1920. (Guttentagsche Sammlung Deutscher Reichsgesetze. Bd. 147.) . . . . Geb. RM. 1.35

Wündisch, Ernst, Das Gesetz über Schußwaffen und Munition vom 12. April 1928 (RGBl. I S. 143) nebst der Ausführungsverordnung der Reichsregierung vom 13. Juli 1928 (RGBl. I S. 198) und dem Preußischen Erlaß zur Durchführung des Gesetzes vom 7. September 1928 (MBliV. S. 925). Taschenformat. 139 Seiten. 1928. (Guttentagsche Sammlung Deutscher Reichsgesetze Bd. 173.) . . . . Geb. RM. 4.50

Durch das Gesetz über Schußwaffen und Munition vom 12. April 1928 sind auf diesem für die Öffentlichkeit so wichtigen Gebiet neue Rechtsverhältnisse geschaffen worden, für die die Praxis exakte Erläuterungen wünscht. Eine solche Erläuterung stellt das vorliegende Buch dar, das, von einem auf diesem Gebiet besonders erfahrenen Sachkenner bearbeitet, eine absolut zuverlässige Darstellung der neuen Bestimmungen enthält. Außer dem Gesetzestext sind die für die Praxis wichtigen Ausführungsbestimmungen des Reiches und Preußens abgedruckt. Auf Übersichtlichkeit, Leichtverständlichkeit und Vollständigkeit der Erläuterungen, die die Hauptvorzüge der Guttentagschen Sammlung sind, wurde auch bei diesem Gesetze Wert gelegt.

Fraustädter, W., und Kreutzberger, M., Das deutsche Ausländerrecht. Die Bestimmungen des Reichsrechts und preußischen Landesrechts. Textausgabe mit Erläuterungen und Sachregister. Taschenformat. 396 Seiten. 1927. (Guttentagsche Sammlung Deutscher Reichsgesetze Bd. 166.) Geb. RM. 8.10

„Eine höchst begrüßenswerte Veranstaltung, aus dem Bedürfnis der Praxis hervorgegangen und mit vollendetem Sachverständnis unternommen. Sowohl die Vollständigkeit der mannigfach verstreuten gesetzlichen Bestimmungen als deren Anordnung, Registrierung und Erläuterung durch Ausführungsbestimmungen, Gerichtsentscheidungen, Verwaltungspraxis ist vortrefflich.“

Niemeyers Zeitschrift für internationales Recht, Bd. 37, 1927.

Voß, Werner, Die reichs- und landesrechtlichen Bestimmungen auf dem Gebiete des Gesundheitswesens. Zusammengestellt und mit Anmerkungen versehen. Taschenformat. 608 Seiten. 1929. (Guttentagsche Sammlung Deutscher Reichsgesetze Bd. 172.) . . . . Geb. RM. 9.90

„Das Buch wird seiner Aufgabe, fast den gesamten Gesetzesstoff in einem einzigen kleinen Bande in die Hand zu geben, gewiß gerecht, und wird sich schnell als unentbehrliches Hilfsmittel für jeden erweisen, der öfter mit dem Gesundheitswesen zu tun hat."

Reichsverwaltungsblatt Nr. 23, v. 8. VI. 1929.

Hippel, W. von, Reichsviehseuchengesetz vom 25. Juni 1909 nebst Ausführungsvorschriften und dem preußischen Ausführungsgesetz. Zweite Auflage. Taschenformat. 486 Seiten. 1913. (Guttentagsche Sammlung Deutscher Reichsgesetze Bd. 103.) . . . . Geb. RM. 3.60

Vorberger, L. von, Vogelschutzgesetz vom 30. Mai 1908 nebst den das Flugwild betreffenden Bestimmungen der Preußischen Jagdordnung. Taschenformat. 57 Seiten. 1909. (Guttentagsche Sammlung Deutscher Reichsgesetze Bd. 89.) . . . . Geb. RM. 0.90

b) Landesrecht

Bitter, von, Handwörterbuch der Preußischen Verwaltung. Dritte, vollständig umgearbeitete Auflage. Unter Mitwirkung zahlreicher hoher Reichs- und preußischer Staatsbeamten herausgegeben von Dr. Bill Drews, Staatsminister a. D., Präsident des Pr. Oberverwaltungsgerichts, und Dr. Franz Hoffmann, Wirklicher Geheimer Oberregierungsrat, Berlin. Lexikon-Oktav. 1928 . . . . RM. 30.—, in Halbleder geb. RM. 36.—

Erster Band, 1. Halbband: Abbaugerechtigkeiten—Fleisch- und Viehagenten. 552 Seiten.

2. Halbband: Fleischvergiftung—Kyffhäuserbund. Seite 553 bis 1134 und IX Seiten.

Zweiter Band: Lackfabriken—Zwischenkredit. VII, 1220 Seiten. (Im Verlage der Firmen: Walter de Gruyter & Co., Berlin; Carl Heymanns Verlag, Berlin; Roßberg'sche Verlagsbuchhandlung, Leipzig.)

Das zentrale Werk der Praxis des Verwaltungsrechts.

Reichelt, H., Verwaltungsgesetzbuch für Preußen. Systematische Zusammenstellung der wichtigsten Verwaltungsgesetze und Verordnungen für Praxis und Unterrichtszwecke. Lexikon-Oktav. VII, 1302 Seiten. 1914. Geb. RM. 7.60

Das Buch ist sehr wertvoll, dem Praktiker unentbehrlich und leistet demjenigen, der sich auf eine Prüfung vorbereitet, vorzügliche Dienste. Allen Verwaltungsbehörden wird das Buch warm empfohlen.

Friedrichs, K., Die Gesetzgebung über die allgemeine Landesverwaltung und Zuständigkeit der Verwaltungs- und Verwaltungsgerichtsbehörden. Dritte, durchgesehene Auflage. Taschenformat. XXIII, 295 Seiten. 1927. (Guttentagsche Sammlung Preußischer Gesetze Bd. 42.) . . . Geb. RM. 4.50

„Soweit sich dies übersehen und beurteilen läßt, ist ihm die Lösung dieser sehr schwierigen, objektiven und kritischen Blick sowie peinlichste Aufmerksamkeit und Sorgfalt erfordernden Aufgabe in hervorragender Weise gelungen und damit ein Werk geschaffen worden, dessen Wert von allen, die dieses Recht täglich anwenden müssen, den Behörden, Beamten, Rechtsanwälten und auch den Parlamentariern, mit Dank anerkannt werden wird."

Ztsch. f. Verwaltungsrecht, Bd. 62, Heft 1/3, 1928.

Pfafferoth, Carl, Preußische Beamtengesetzgebung. Fünfte Auflage. XIV, 280 Seiten. 1916. (Guttentagsche Sammlung Preußischer Gesetze Bd. 2.) Geb. RM. 2.15

Hagemann, Rudolf, Hinterlegungsordnung vom 21. April 1913. Taschenformat. 175 Seiten. 1914. (Guttentagsche Sammlung Preußischer Gesetze Bd. 53.) . . . . Geb. RM. 2.—

Das in der vorteilhaft bekannten Guttentagschen Sammlung erschienene Buch darf als ein Hilfsmittel zu dem nicht immer ganz einfachen Verständnis der neuen Hinterlegungsvorschriften bestens empfohlen werden; es ist klar, übersichtlich und ausführlich.

Aschrott, P. F., Gesetz über die Fürsorgeerziehung Minderjähriger. Vom 2. Juli 1900. Nebst Ausführungsanweisungen. Dritte Auflage. Taschenformat. 374 Seiten. 1917. (Guttentagsche Sammlung Preußischer Gesetze Bd. 28.) . . . . Geb. RM. 2.50

Das Buch gewährt nicht nur einen klaren Einblick in die Gestaltung der Fürsorgeerziehung in Preußen, sondern es gibt auch über die Zweifelsfragen, welche bei der Auslegung des technisch ziemlich unvollkommenen Fürsorgeerziehungsgesetzes in besonders reicher Fülle auftauchen, durchweg eine erschöpfende und zutreffende Auskunft.

Marcks, A., Gesetz, betr. die Unterhaltung der öffentlichen Volksschulen. Taschenformat. 194 Seiten. 1906. (Guttentagsche Sammlung Preußischer Gesetze Bd. 39.) . . . . Geb. RM. 1.60

Das handliche Büchlein wird, von sachkundiger Seite herrührend und praktisch angelegt, Verwaltungsbeamten, Schulvorständen, Lehrern beim Gebrauch gute Dienste leisten.

Ledermann, W., und Brühl, L., Die Städteordnung für die sechs östlichen Provinzen Preußens. Zweite Auflage. Taschenformat. 593 Seiten. 1913. (Guttentagsche Sammlung Preußischer Gesetze Bd. 32.) . . Geb. RM. 5.40

Der Kommentar, eine hervorragende Arbeit, ist von der Kritik und der Praxis so einmütig günstig aufgenommen worden, daß er auch in seiner zweiten durch Gesetzgebung, Literatur und Rechtsprechung der letzten zehn Jahre bereicherten Ausgabe keiner weiteren Empfehlung bedarf.

Wölbling, P., Bildung der neuen Stadtgemeinde Berlin. Zweite Auflage. Taschenformat. 114 Seiten. 1920. (Guttentagsche Sammlung Preußischer Gesetze Bd. 59.) . . . . Geb. RM. 1.15

Die Ebenmäßigkeit mit den Kommentaren anderer Gesetze der Guttentagschen Sammlung erringt der Verfasser durch seine strenge Sachlichkeit. Damit muß seinem Werk die Beachtung bei der Durchführung des Gesetzes und bleibender Wert gesichert erscheinen.

Caro, H., Gesetz, betr. Austritt aus der Landeskirche, vom 14. Mai 1873. Taschenformat. 190 Seiten. 1911. (Guttentagsche Sammlung Preußischer Gesetze Bd. 46.) . . . . Geb. RM. 2.15

Ein sehr praktisches Buch, das in den Anmerkungen zum Wortlaut des Gesetzes eine reiche Fülle von Material bietet für alle möglichen Fragen, die mit Aus- und Übertritt zusammenhängen. Das genau gearbeitete Inhaltsverzeichnis ermöglicht bei gelegentlicher Benutzung ein leichtes Auffinden des Nötigen.

Meyer, O., Gesetz betr. die Anlegung und Veränderung von Straßen und Plätzen in Städten und ländlichen Ortschaften. Taschenformat. 211 Seiten. 1913. (Guttentagsche Sammlung Preußischer Gesetze Bd. 50.) . RM. 2.70

Strauß-Torney, Hugo von, und Saß, Carl, früher Friedrichs, R., Gesetz, betr. Anlegung und Veränderung von Straßen und Plätzen in Städten und ländlichen Ortschaften. (Straßen- und Baufluchtengesetz.) Kommentar. Sechste Auflage. Groß-Oktav. 211 Seiten. 1920. Mit Nachtrag, 1932.
RM. 8.—, geb. RM. 9.50

Das Werk zeigt eine Reichhaltigkeit und Vollständigkeit, die sonst wenigen Kommentaren eigen ist, und übertrifft hierin noch weit die früheren Auflagen. Besonders erwähnenswert ist die geschickte Anordnung der Erläuterungen und das praktische Inhaltsverzeichnis.

Saß, Enteignung auf dem Gebiete des Städtebaues nach der dritten Notverordnung Kapitel III (zweite Verordnung des Reichspräsidenten zur Sicherung von Wirtschaft und Finanzen) vom 5. Juni 1931. Nachtrag zum Straßen- und Baufluchtengesetz von v. Strauß und Torney und Saß, 6. Aufl. RM. —.90

Meyer, O., Gesetz, betr. Enteignung von Grundeigentum. Dritte Auflage. Taschenformat. 249 Seiten. 1927. (Guttentagsche Sammlung Preußischer Gesetze Bd. 37.) . . . . Geb. RM. 4.95

Heine, H., Die preußischen Baupolizeigesetze nebst den sonstigen einschlägigen Reichs- und Landesgesetzen. Taschenformat. 404 Seiten. 1928. (Guttentagsche Sammlung Preußischer Gesetze Bd. 64.) . . . . Geb. RM. 7.20

Diesem Band ist die Aufgabe gestellt, die in erster Linie in Betracht kommenden Gesetze und sonstigen Vorschriften und die im Zusammenhang hiermit entstehenden Rechtsfragen in übersichtlicher Weise zusammenzufassen und zu erörtern. Die Rechtsprechung des Oberverwaltungsgerichts und anderer Gerichte ist hierbei berücksichtigt worden.

Goldschmidt, O., Gesetze gegen die Verunstaltung landschaftlich hervorragender Gegenden mit Ausführungsanweisungen. Taschenformat. 152 Seiten. 1912. (Guttentagsche Sammlung Preußischer Gesetze Bd. 40.) Geb. RM. 2.15

Der Kommentar bietet eine sachgemäße, sorgfältige und erschöpfende Erläuterung der einzelnen gesetzlichen Bestimmungen. Er wird als ein durch Vollständigkeit und Zuverlässigkeit ausgezeichnetes Hilfsmittel jedem Freunde des Heimatschutzes ein willkommener Ratgeber sein.

Stier-Somlo, Fritz, Polizeiverwaltungsgesetz vom 1. Juni 1931 und **Gesetz zur Aufhebung veralteter Polizei- und Strafgesetze** vom 23. Mai 1931. Mit den **Ausführungsbestimmungen** vom 1. Oktober 1931 und einschlägigen Gesetzen. Taschenformat. 447 Seiten. 1932. (Guttentagsche Sammlung Preußischer Gesetze Bd. 65.) . . . . Geb. RM. 7.65

„. . . Diese Ausgabe ist bei weitem die beste und umfassendste von allen Kommentierungen des Gesetzes, und wir können sie dringend empfehlen."
Vierteljahrsschrift f. angew. Kriminalistik, Juni 1932.

Wulff, G., und Herold, F., Wassergesetz vom 7. April 1913. Mit Einleitung, Erläuterungen und Sachregister. Zweite, umgearbeitete Auflage von G. Wulff. Taschenformat. XVI, 665 Seiten. 1928. (Guttentagsche Sammlung Preußischer Gesetze Bd. 52.) . . . . Geb. RM. 10.80

„Gründlichkeit und treffsichere Kürze bilden einen besonderen Vorzug des Werkes." *Ministerialblatt f. d. preuß. innere Verwaltung v. 22. V. 1929.*

Holtgreven, A., und Wolff, Th., Das Wildschadengesetz vom 11. Juli 1891. Kommentar. Vierte, vermehrte und verbesserte Auflage. Oktav. VIII, 216 Seiten. 1902 . . . . RM. 4.—

Dieses Werkchen will einerseits die juristisch zweifelhaften Punkte des Wildschadengesetzes wissenschaftlich erörtern und klarstellen und andererseits allen denjenigen, welche bei der Handhabung dieses Gesetzes in irgendeiner Weise, sei es als Private, Beamte, Grundbesitzer oder als Jagdberechtigte, beteiligt sind, ein praktischer Berater sein.

Born, A., Das preußische Fischereigesetz vom 11. Mai 1916 in der geltenden Fassung. Taschenformat. 428 Seiten. 1928. (Guttentagsche Sammlung Preußischer Gesetze Bd. 62.) . . . . Geb. RM. 6.75

Die Ausgabe bietet eine bis jetzt fehlende neue Darstellung des Fischereigesetzes, in der vor allem die neue Rechtsprechung eingehend verwertet ist. Außer dem Fischereigesetz, das eine ausführliche Erläuterung gefunden hat, sind die wichtigen Ausführungsverordnungen und im Anhang die einschlägigen Bestimmungen anderer für die Anwendung des Fischereigesetzes in Frage kommenden Gesetze berücksichtigt.

Born, A., Die preußischen Jagdgesetze in ihrer geltenden Fassung. Mit Erläuterungen versehen. Taschenformat. 433 Seiten. 1928. (Guttentagsche Sammlung Preußischer Gesetze Bd. 63.) . . . . Geb. RM. 7.20

„Das Buch kann zur Belehrung und Handgebrauch den Gerichten, Landratsämtern, Gemeinden und Forstbehörden sowie allen jagdlich interessierten Personen warm empfohlen werden."

Leipziger Ztsch. f. dtsch. Recht v. 15. V. 1929.

Holzapfel, W., Umlegungsordnung. Taschenformat. 144 Seiten. 1921. (Guttentagsche Sammlung Preußischer Gesetze Bd. 60.) . . . . . RM. 1.60

Holzapfel, der hervorragende Kenner der Auseinandersetzungsgesetze, erläutert die Vorschriften der Umlegungsordnung in seiner scharfsinnigen Art in durchaus erschöpfender Weise und gibt in diesen Erläuterungen ein außerordentlich anschauliches Bild von der Umlegung der Grundstücke. Das Buch ist auch für Laien leicht und gut verständlich und kann jedem, der für die Umlegung Interesse hat, zur Benutzung angelegentlich empfohlen werden.

Holzapfel, W., Gesetz über Landeskulturbehörden. Taschenformat. 176 Seiten. 1919. (Guttentagsche Sammlung Preußischer Gesetze Bd. 57.) Geb. RM. 1.80

Der Titel gibt den Inhalt des Werkchens vollständig an, hinzuzufügen ist aber, daß die Erläuterung, die umfangreich und eingehend ist und der praktischen Handhabung des Gesetzes Schritt für Schritt folgt, aus der Feder eines Mannes herrührt, der durch seine sachliche Qualifikation als gründlicher Kenner der Materie für eine zuverlässige Führung die größte Gewähr bietet.

Kollenscher, M., Rechtsverhältnisse der Juden in Preußen. Taschenformat. VIII, 199 Seiten. 1910. (Guttentagsche Sammlung Preußischer Gesetze Bd. 45.) . . . . RM. 2.15

Eine zusammenfassende, erschöpfende Darstellung der in den verschiedenen Quellen zerstreuten zahlreichen Judengesetze und Verordnungen. Jede Synagogengemeinde und jeder, der sich mit jüdischen Angelegenheiten beschäftigt, müßte dieses Buch besitzen.

3. Steuerrecht

Nieberl, A., Die Reichsabgabenordnung. Für die Praxis erläutert. Dritte, neubearbeitete Auflage. Taschenformat. 644 Seiten. 1932. (Guttentagsche Sammlung Deutscher Reichsgesetze Bd. 143.) . . Geb. RM. 12.—

Das Buch enthält die Gesetzgebung vom Dezember 1930 und die seit dem noch mehrfach umgestaltete Abgabenordnung unter Verwertung alles grundsätzlichen Rechtsprechungsmaterials.

Heilborn, Theodor, Sicherung der Haushalte. (Siehe „Vierte Notverordnung" Seite 13.)

Hollaender, Adolf, **Einkommensteuergesetz und Körperschaftsteuergesetz** nebst den zugehörigen Aus- und Durchführungsbestimmungen, Verordnungen und Erlassen. Taschenformat. XXXIX, 697 Seiten. 1926. Mit Nachtrag 1928. (Guttentagsche Sammlung Deutscher Reichsgesetze Bd. 151.) Geb. RM. 21.60

Das auf die Bedürfnisse der Praxis abgestellte und ihnen gerecht werdende Buch wird jedem gute Dienste leisten, der sich handelnd oder leitend auf dem äußerst unsicheren, ohne Hilfsmittel überhaupt nicht begehbaren Boden der heutigen Einkommensteuer zurechtfinden muß.

Pick, Reichsbewertungsgesetz. Textausgabe mit Anmerkungen. In Bearbeitung.

Schachian, Herbert, **Erbschaftsteuergesetz,** Fassung vom 25. Juni 1931, mit Anmerkungen. Fünfte Auflage. Oktav. 77 Seiten. 1931 . . RM. 2.50

Eine vollständige Darstellung des Erbschaftssteuerrechts und der zugrunde liegenden bürgerlich-rechtlichen Vorschriften des Erbrechts.

Lindemann, Otto, **Umsatzsteuergesetz** (neueste Fassung) mit Ausführungsbestimmungen. Vierte, vermehrte und verbesserte Auflage. Taschenformat. 518 Seiten. 1926. (Guttentagsche Sammlung Deutscher Reichsgesetze Bd. 132.) . . . . Geb. RM. 9.—

„Es handelt sich um einen ausführlichen, gediegenen und klar abgefaßten Kommentar, der den weiteren Vorzug besitzt, auf dem laufenden zu sein. Das Werk kann allen Interessenten nur warm empfohlen werden.“
Industrie- und Handelszeitung 1926.

Lindemann, Otto, **Grunderwerbsteuergesetz** (neueste Fassung) mit den Ausführungsbestimmungen. Zweite, völlig umgearbeitete Auflage. Taschenformat. 186 Seiten. 1926. Mit Nachtrag 1927. (Guttentagsche Sammlung Deutscher Reichsgesetze Bd. 139.) . . . . Geb. RM. 3.60

Das Buch wird manchem in den mannigfachen Streitfragen des in der Praxis sehr einschneidenden Gesetzes ein willkommener Ratgeber sein. Die Erläuterungen zeichnen sich durch Klarheit und Gemeinverständlichkeit im besten Sinne aus.

Hagelberg, E., und **Krämer,** L., **Grunderwerbsteuergesetz** vom 12. September 1919 (RGBl. S. 1617) in der Fassung des Gesetzes vom 11. März 1927 (RGBl. I S. 72) nebst Einleitung, Sachregister und Ausführungsbestimmungen und der einschlägigen Vorschriften des Finanzausgleichs-Steuermilderungsgesetzes und Steuerstrafrechts. Für die Praxis erläutert. Zweite, völlig umgearbeitete und erweiterte Auflage. Groß-Oktav. 355 Seiten. 1928 . . . . Geb. RM. 15.—

„Der maßgebende Kommentar des Grunderwerbsteuergesetzes mit den Ausführungsbestimmungen und den einschlägigen Vorschriften des Finanzausgleichs-Steuermilderungsgesetzes und Steuerstrafrechts. . .“
Der Referendar Nr. 4, v. 15. IV. 1931.

Hagelberg, E., und **Krämer,** L., **Wertzuwachssteuerrecht.** Kommentar. Groß-Oktav. 256 Seiten. 1929 . . . . . . RM. 12.—, geb. RM. 13.50

Die Verfasser kommentieren die neue Wertzuwachssteuerordnung für Berlin und die preußische Mustersteuerordnung. Ihr Buch ist ein Leitfaden für die Steuerpflichtigen und ihre Rechtsberater und die mit der Wertzuwachssteuer befaßten Behörden. Es stellt die rechtliche und wirtschaftliche Bedeutung der Bestimmungen klar. Die Rechtsprechung des Preußischen Oberverwaltungsgerichts wurde erschöpfend berücksichtigt. Auch Spezialfragen wie die Aufwertung und das Schwarzkaufwesen wurden behandelt.

Mattern, Gerhard, **Kommentar zur Beitreibungsordnung.** Oktav. Etwa 300 Seiten. 1933 . . . . Geb. etwa RM. 6.—

Der Verfasser hat auf wissenschaftlicher Grundlage und auf Grund jahrelanger praktischer Erfahrungen die Beitreibungsordnung eingehend unter Berücksichtigung der Änderungen in Gesetzgebung, Rechtsprechung und Literatur erläutert. Das Werk will gerade in der heutigen schweren Zeit ein Helfer und Wegweiser auf dem schwierigen Gebiete des Steuervollstreckungsrechts und der Beitreibungsordnung sein. Es berücksichtigt nicht nur das, was die Vollstreckungsdienststellen brauchen, sondern bringt auch das für die Veranlagungsstellen auf Gebieten, die mit der Vollstreckung zusammenhängen, notwendige Rüstzeug.

Hoepker, Heinrich, **Die Industriebelastungsgesetze** vom 30. August 1924 nebst den Durchführungsbestimmungen zum Gesetz über die Industriebelastung. Taschenformat. XV, 200 Seiten. 1925. Mit Nachträgen. (Guttentagsche Sammlung Deutscher Reichsgesetze Bd. 159.) . . . . . Geb. RM. 3.60

„Die Anmerkungen sind erschöpfend und führen den Leser mit Geschick in die schwierige und neue Materie ein. Rechtsanwälte sowie Kaufleute, für welche die Industriebelastung in Frage kommt, werden das mit einem guten Sachregister ausgestattete Werk mit gleichem Nutzen gebrauchen!“
Industrie- und Handels-Zeitung v. 24. I. 1925.

von Lympius, W., und **von Elbe**, K., **Das Kommunalabgabengesetz und das Kreis- und Provinzialabgabengesetz.** Dargestellt in der Rechtsprechung des Oberverwaltungsgerichts. Groß-Oktav. X, 440 Seiten. 1930.
RM. 22.50, geb. RM. 24.—

„Man muß es als einen besonders glücklichen Gedanken bezeichnen, wenn die Verfasser die gesamte Rechtsprechung des OVG., ja auch die nichtveröffentlichten Entscheidungen auszugsweise in einer Form wiedergegeben haben, die in hohem Grade die Arbeit der Praxis wie auch der Wissenschaft erleichtert. Wenn dieses Werk in hervorragendem Maße geglückt ist, so ist es wohl in erster Linie darauf zurückzuführen, daß beide Verfasser als Mitglieder des OVG. zu den Berufensten in der Abfassung einer solchen Arbeit gehören."
Reichsverwaltungsblatt v. 3. 1. 1931.

Eissler, Kurt, **Staatliche Verwaltungsgebühren.** Gesetz über staatliche Verwaltungsgebühren vom 29. September 1923 nebst Gebührenordnungen und Ausführungsbestimmungen. Taschenformat. 192 Seiten. Mit Nachtrag. 1925. (Guttentagsche Sammlung Preußischer Gesetze Bd. 61.)
Geb. RM. 5.40

„Das Buch ist für alle preußischen staatlichen und kommunalen Behörden unentbehrlich." *Deutsches Beamtenarchiv Nr. 12, 1925.*

Lebbin, Georg, **Nahrungsmittelgesetze** mit Erläuterungen. Zweite, stark vermehrte Auflage in zwei Bänden.

Zweiter Band: **Getränkegesetze und Getränkesteuergesetze** (Wein, Bier, Branntwein, Mineralwasser). Unter Mitarbeit von Rechtsanwalt Dr. Kniebe. Taschenformat. XII, 400 Seiten. 1926. (Guttentagsche Sammlung Deutscher Reichsgesetze Bd. 54b.) . . . . Geb. RM. 9.—

Wündisch, Friedrich, **Das Tabaksteuergesetz** vom 12. September 1919 nebst den Ausführungsbestimmungen vom 26. Februar 1920. Taschenformat. 286 Seiten. 1920. Mit Nachtrag 1925. (Guttentagsche Sammlung Deutscher Reichsgesetze Bd. 146.) . . . . Geb. RM. 3.60

Die Ausgabe kommt den Wünschen der Praxis nach einer erschöpfenden Darstellung des neuen Gesetzes in umfassender Weise entgegen. Das Buch bildet eine ausgezeichnete Informationsquelle für alle Fragen, die in der Praxis vorkommen.

VII. Entscheidungs-Sammlungen und Zeitschriften

Entscheidungen des Reichsarbeitsgerichts. Herausgegeben von den Mitgliedern des Reichsarbeitsgerichts. Oktav.
Band I—X. Je RM. 6.50, geb. RM. 8.—

Entscheidungen des Reichsgerichts. Herausgegeben von den Mitgliedern des Gerichtshofes u. d. Reichsanwaltschaft. Oktav. (2 Sammlungen.)

1. **Entscheidungen in Zivilsachen.** (Werden in Heften im Umfange von etwa 5 bis 6 Bogen sowie in vollständigen Bänden, geheftet und gebunden, ausgegeben. Jährlich 4 Bände.) 1.—137. Band.
Je RM. 6.50, geb. RM. 8.—

Generalregister zum hundertelften bis hundertzwanzigsten Bande der von den Mitgliedern des Gerichtshofes und der Reichsanwaltschaft herausgegebenen **Entscheidungen des Reichsgerichts in Zivilsachen.** Bearbeitet von Hans **Triebel.** Oktav. XXIII, 509 Seiten. 1929.
RM. 15.—, in Halbleder RM. 18.—

Generalregister zum hunderteinundzwanzigsten bis hundertdreißigsten Band. Oktav. XXIV, 755 Seiten. 1932. . . . In Halbleder geb. RM. 22.—

2. **Entscheidungen in Strafsachen.** (Werden in Heften im Umfange von 5 bis 6 Bogen sowie in vollständigen Bänden, geheftet und gebunden, ausgegeben, jährlich 1 Band.) 1.—66. Band. Je RM. 6.50, geb. RM. 8.—

Generalregister zum sechsundfünfzigsten bis fünfundsechzigsten Bande der von den Mitgliedern des Reichsgerichts und der Reichsanwaltschaft herausgegebenen **Entscheidungen des Reichsgerichts in Strafsachen.** Bearbeitet von Hans **Gündel.** Oktav. 458 Seiten. 1932 . . . . In Halbleder geb. RM. 16.—

Schiedsgericht für Oberschlesien. Trybunal Rozjemczy dla Górnego Slaska. Amtliche Sammlung von Entscheidungen des Schiedsgerichts für Oberschlesien, veröffentlicht gemäß der Bestimmung des Art. 592 des Genfer Abkommens vom 15. Mai 1922. Zbiór urzedowy orzeczeń Trybunala Rozjemczego dla Górnego Slaska ogloszony wedle postanowienia art. 592 Konwencji Genewskiej z dnia 15 maja 1922 r. Oktav. Band I. Tom. I. Nr. 1/4. 129 Seiten. 1929. . . . . Pro Band RM. 12.—

Zeitschrift für die gesamte Strafrechtswissenschaft. Gegründet von Fr. von Liszt und A. Dochow. Unter ständiger Mitarbeiterschaft hervorragender Fachmänner herausgegeben von Prof. Dr. **K. von Lilienthal,** Prof. Dr. Ed. **Kohlrausch** und Prof. Dr. **W. Gleispach.** Der Jahrgang besteht aus 8—9 Heften. Quart.

Bd. 1—43. 1881—1922. Je RM. 15.—. Bd. 44. 1922. RM. 25.—. Bd. 45. 1924. RM. 21.—. Bd. 46—49. 1925—1929. Je RM. 30.—. Bd. 50. 1929/30. Bd. 51. 1931. Je RM. 36.—. Bd. 52. 1932. RM. 32.—

Juristische Rundschau. Herausgegeben von Otto **Lindemann,** Ministerialdirektor, Geh. Oberjustizrat, Berlin, Dr. Friedrich **Flad,** Senatspräsident beim Reichsgericht, Leipzig, Fritz **Hartung,** Reichsgerichtsrat, Leipzig, und **Höchstrichterliche Rechtsprechung.** Herausgegeben von Eugen **Friedrichs,** Senatspräsident, Breslau, Dr. Albert **Feisenberger,** Reichsanwalt, Leipzig. — Erscheint am 1. und 15. jeden Monats.

Jahrgang 1933 . . . . . Vierteljährlich RM. 7.50, Einzelheft RM. 1.50

Beilage „Höchstrichterliche Rechtsprechung" einzeln vierteljährlich RM. 5.—

Zeitschrift für ausländisches öffentliches Recht und Völkerrecht. Im Auftrage des Instituts für ausländisches öffentliches Recht und Völkerrecht herausgegeben von Dr. Viktor **Bruns,** Professor an der Universität Berlin, Leiter des Instituts. Lexikon-Oktav.

Band I, Teil 1: Abhandlungen. XXVIII, 657 Seiten. 1929. RM. 43.—

Band I, Teil 2: Urkunden. XVI, 858 Seiten. 1929 . . . RM. 54.—

Band II, Teil 1/2: Abhandlungen: VIII, 304 Seiten. Urkunden: 368 Seiten. 1930 . . . . RM. 45.—

Band II, Nr. 3/4: Abhandlungen: XXIII Seiten. Urkunden: XVIII Seiten u. S. 369—821. 1932 . . . . RM. 60.—

Band III, Nr. 1: Abhandlungen: VI, 162 Seiten. Urkunden: 252 Seiten. 1932 . . . . RM. 30.—

Band III, Nr. 2: Abhandlungen: VII Seiten u. S. 163—296. Urkunden: S. 253—476. 1932 . . . . RM. 25.—

Band III, Nr. 3: Abhandlungen: S. 297—414. Urkunden: S. 477 bis 541. 1932 . . . . RM. 12.—

Zeitschrift für ausländisches und internationales Privatrecht. Herausgegeben in Gemeinschaft mit Ernst **Heymann**, Heinrich **Titze**, Martin **Wolff**, ordentliche Professoren an der Universität Berlin, wissenschaftliche Berater des Instituts, Max **Pagenstecher**, o. Professor an der Universität Hamburg, Franz **Schlegelberger**, Ministerialdirektor im Reichsjustizministerium, Honorarprofessor an der Universität Berlin, von Ernst **Rabel**, o. Professor an der Universität Berlin, Direktor des Instituts. Jährlich 6 Hefte im Umfang von etwa 65 Bogen. Preis des fünften Jahrganges RM. 54.—
Sonderhefte: **Die deutsche Rechtsprechung auf dem Gebiete des internationalen Privatrechts in den Jahren 1926 und 1927.** 1928. RM. 8.—
do. **im Jahre 1928.** 1930 . . . . RM. 11.—
do. **im Jahre 1929.** 1931 . . . . RM. 12.50
do. **im Jahre 1930.** 1932 . . . . RM. 14.—
Sonderheft 1932.
Deutsche Landesreferate zum Internationalen Kongreß für Rechtsvergleichung im Haag 1932. Herausgegeben von Prof. Dr. Ernst Heymann, Berlin. 1932. RM. 14.—

Zeitschrift für Bergrecht. Bis zu seinem Tode herausgegeben von dem Wirkl. Geh. Rat, Berghauptmann a. D. Dr. jur. H. Brassert. Redigiert und herausgegeben von den rechtskundigen Ministerialräten der Bergabteilung des Preußischen Ministeriums für Handel und Gewerbe. Jährlich ein Band von mehreren Heften. Die Hefte erscheinen in zwangloser Folge. Jahrgang 72. 1931/32 . . . . RM. 21.—

Zeitschrift für Bergrecht. Register für Jahrgang 37—40 . . . RM. 14.—

Zeitschrift für das gesamte Luftrecht (ZLR.). Herausgegeben von weiland Dr. jur. Otto **Schreiber**. Erscheint in Bänden zu je vier Heften.
Band I. 1926/28 . . . . RM. 50.—, geb. RM. 55.—
Band II, Heft 1 . . . . RM. 10.—

Bank-Archiv. Zeitschrift für Bank- und Börsenwesen. Begründet von **Riesser.** Unter Mitwirkung von hervorragenden Fachmännern herausgegeben von Dr. Georg **Solmssen.** Schriftleitung: Rechtsanwalt Otto **Bernstein**, geschäftsführendes Vorstandsmitglied des Zentralverbandes des Deutschen Bank- und Bankiergewerbes. Quart. Jährlich 24 Nummern. XXXII. Jahrgang. 1932/33 . . . . Pro Halbjahr RM. 12.—

Veröffentlichungen des Reichs-Aufsichtsamts für Privatversicherung. Groß-Oktav. XXX. Jahrgang. Heft 1—4 . . . . RM. 25.50
Jahrgang 1—29 . . . . Preise auf Anfrage.

Kolibri 360 GmbH
Ferdinand-Jühlke-Straße 7
99095 Erfurt, Deutschland
produktsicherheit@kolibri360.de